重型机械标准

基础

全国机器轴与附件标准化技术委员会
中国标准出版社 编

中国标准出版社
北京

图书在版编目(CIP)数据

重型机械标准. 基础/全国机器轴与附件标准化技术委员会,中国标准出版社编. —北京:中国标准出版社,2018.1

ISBN 978-7-5066-8732-4

Ⅰ.①重… Ⅱ.①全…②中… Ⅲ.①机械—重型—标准—汇编—中国 Ⅳ.①TH-65

中国版本图书馆 CIP 数据核字(2017)第 231019 号

中国标准出版社出版发行
北京市朝阳区和平里西街甲 2 号(100029)
北京市西城区三里河北街 16 号(100045)
网址 www.spc.net.cn
总编室:(010)68533533 发行中心:(010)51780238
读者服务部:(010)68523946
中国标准出版社秦皇岛印刷厂印刷
各地新华书店经销

*

开本 880×1230 1/16 印张 62.25 插页 1 字数 1 884 千字
2018 年 1 月第一版 2018 年 1 月第一次印刷

*

定价 310.00 元

出 版 说 明

随着装备制造业的快速发展，国家将重型装备提到相当重要的位置。重型机械标准作为生产的依据，不仅在重型机械、矿山机械、冶金和起重运输行业得到贯彻和应用，而且在石油、化工、电力、轻工等行业的设备制造中也得到了广泛的应用，这对推动行业的技术进步、提高产品质量、降低成本起到了重要的作用。此外，重型机械标准在大型成套设备及技术引进与合作生产中，作为统一设计、制造与检验的依据，得到了国内外同行的一致认可，因此其用量非常大。

近几年，随着标准的大量制修订，新标准不断出现，读者迫切需要及时了解和掌握标准内容。为满足广大使用者对标准文本的需求，全国机器轴与附件标准化技术委员会和中国标准出版社共同合作，拟出版《重型机械标准》系列汇编。

本套汇编收集了截至2017年7月底以前批准发布的重型机械标准660多项，分6部分出版，内容主要包括：

——基础；

——材料；

——螺纹与紧固件；

——传动；

——液压、润滑、密封及管路附件；

——弹簧、轴承及其他零件和附件。

本汇编为基础部分，共收录81项标准，内容包括：设计要素；公差与配合、形位公差和通用技术条件。

鉴于本汇编收集的标准发布年代不尽相同，汇编时对标准中所用计量单位、符号未做改动。本汇编收集的国家标准的属性已在目录上标明(GB或GB/T)，年号用四位数字表示。鉴于部分国家标准是在标准清理整顿前出版的，故正文部分仍保留原样；读者在使用这些标准时，其属性以目录上标明的为准(标准正文“引用标准”中标准的属性请读者注意查对)。行业标准类同。

我们相信，本汇编的出版，对促进我国重型机械产品质量的提高和行业的发展将起到重要的作用。

编　者

2017年8月

目　录

设计要素

注：本汇编收集的国家标准的属性已在本目录上标明(GB或GB/T)，年号用四位数字表示。鉴于部分国家标准是在标准清理整顿前出版的，现尚未修订，故正文部分仍保留原样；读者在使用这些国家标准时，其属性以本目录上标明的为准(标准正文“引用标准”中标准的属性请读者注意查对)。行业标准的属性和年号类同。

公差与配合、形位公差

通用技术条件

设 计 要 素

ICS 21.060.10
J 13

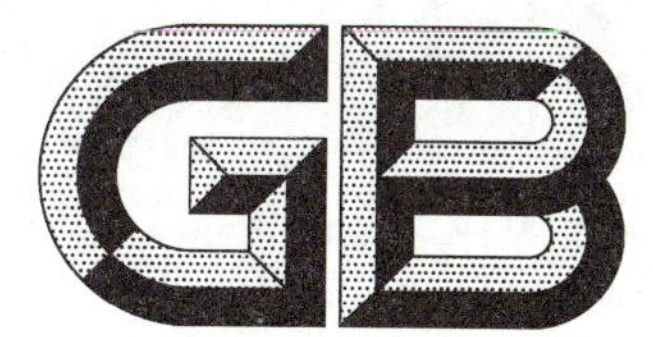

中华人民共和国国家标准

GB/T 2—2016
代替 GB/T 2—2001

紧固件　外螺纹零件末端

Fasteners—Ends of parts with external thread

(ISO 4753:2011,Fasteners—Ends of parts with external ISO metric thread,MOD)

2016-02-24 发布　　　　2016-06-01 实施

中华人民共和国国家质量监督检验检疫总局
中国国家标准化管理委员会　发布

前　　言

本标准按照 GB/T 1.1—2009 给出的规则起草。

本标准代替 GB/T 2—2001《紧固件　外螺纹零件的末端》，与 GB/T 2—2001 相比主要技术变化如下：

——修改标准名称；

——增加螺纹锥端(CA)末端型式(3.2)；

——修改末端倒角角度数值(3.2、3.3)。

本标准使用重新起草法修改采用 ISO 4753:2011《紧固件　ISO 米制外螺纹零件末端》(英文版)。

与 ISO 4753:2011 的技术性差异及其原因如下：

——在规范性引用文件中，用我国标准代替国际标准(第 2 章)，以符合我国紧固件基础标准。

本标准还做了下列编辑性修改：

——修改标准名称。

本标准由中国机械工业联合会提出。

本标准由全国紧固件标准化技术委员会(SAC/TC 85)归口。

本标准负责起草单位：中机生产力促进中心。

本标准参加起草单位：绍兴山耐高压紧固件有限公司、上海金马高强紧固件有限公司。

本标准由全国紧固件标准化技术委员会秘书处负责解释。

本标准所代替标准的历次版本发布情况为：

——GB/T 2—1958、GB/T 2—1976、GB/T 2—1985、GB/T 2—2001。

紧固件　外螺纹零件末端

1　范围

本标准规定了推荐使用的外螺纹零件(如螺栓、螺钉和螺柱)末端的型式尺寸。

本标准适用于标准的或非标准的外螺纹零件。

对每一种末端型式规定一个代号,当螺纹紧固件规定一种末端时,可使用这些代号。

2　规范性引用文件

下列文件对于本文件的应用是必不可少的。凡是注日期的引用文件,仅注日期的版本适用于本文件。凡是不注日期的引用文件,其最新版本(包括所有的修改单)适用于本文件。

GB/T 78　内六角锥端紧定螺钉(GB/T 78—2007,ISO 4027:2003,MOD)

GB/T 5276　紧固件　螺栓、螺钉、螺柱及螺母　尺寸代号和标注(GB/T 5276—2015 ISO 225:2010,MOD)

3　尺寸

3.1　通则

末端的型式尺寸,见图1、图2和表1～表4。

尺寸代号和标注应符合GB/T 5276。

3.2　紧固件公称长度内的末端

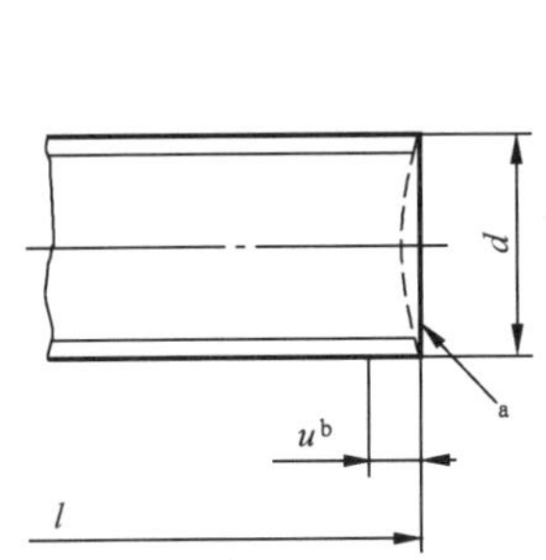

a)　辗制末端(RL)

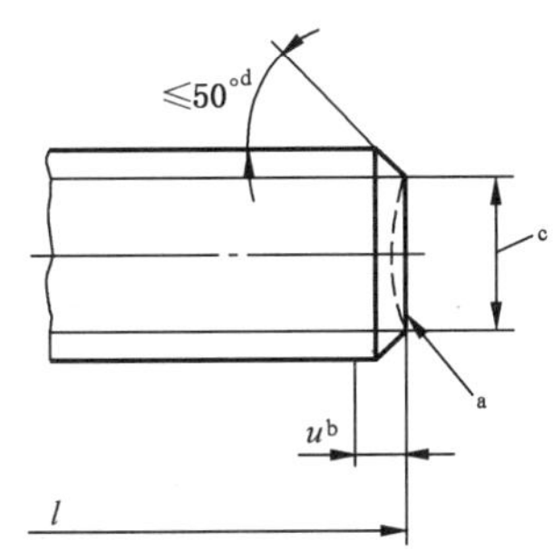

b)　倒角端(CH)

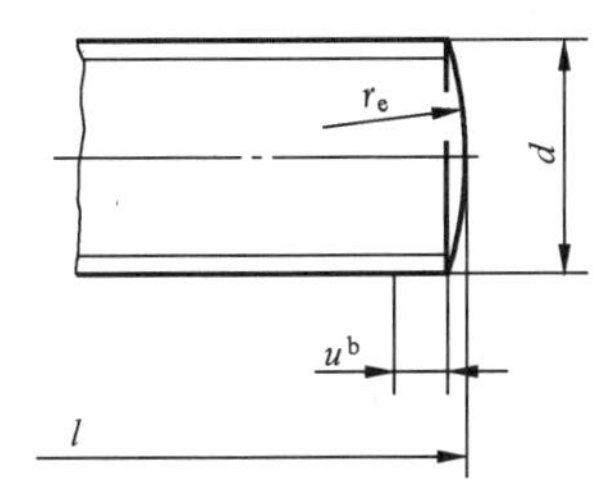

$r_e \approx 1.4d$

c)　倒圆端(RN)

图1

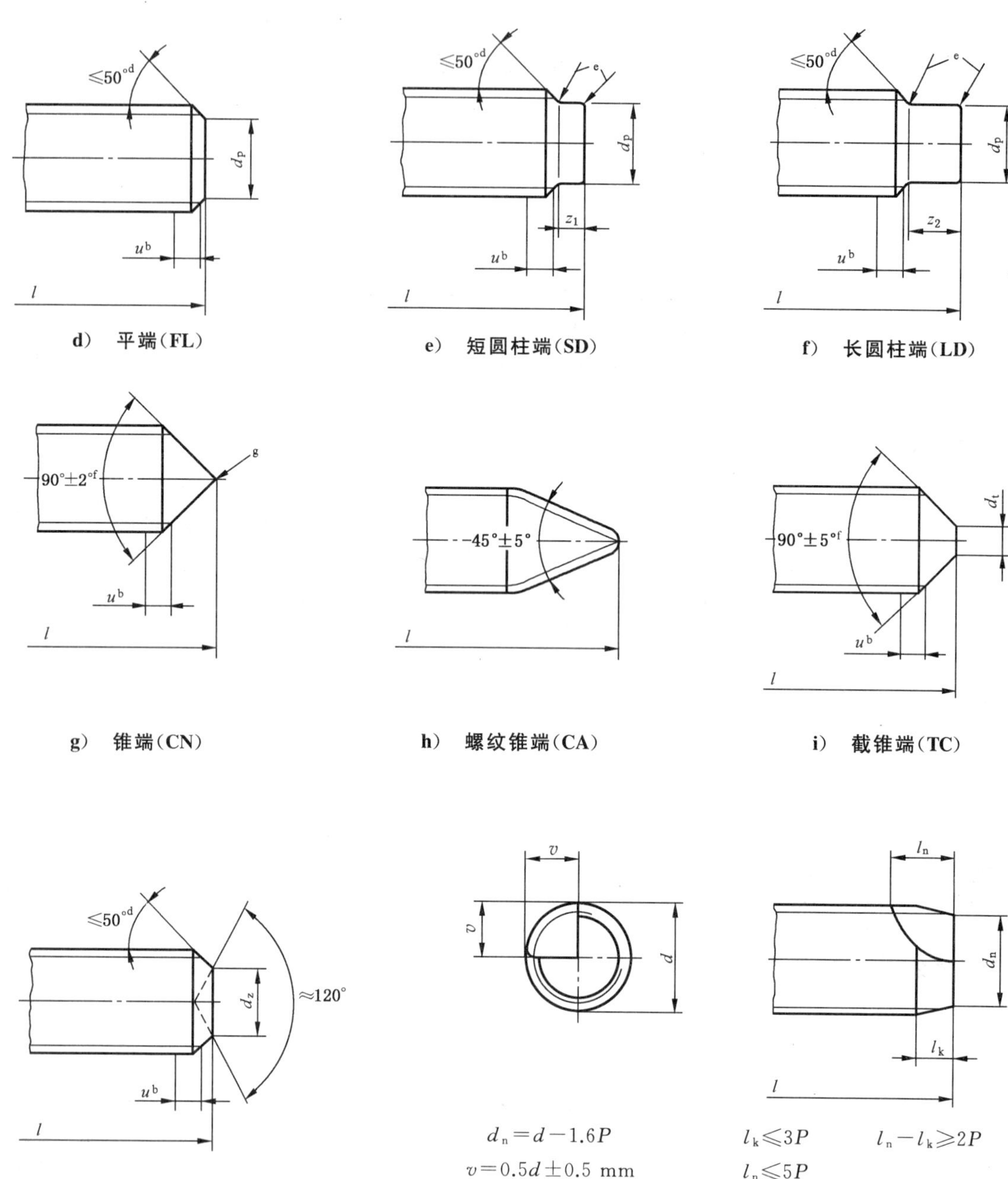

说明：

P——螺距。

a 可带凹面的末端；

b 不完整螺纹长度 $u\leqslant 2P$；

c ≤螺纹小径；

d 角度仅适用于螺纹小径以下的部分；

e 倒圆；

f 对短螺钉为 120°±2°，或按产品标准规定，如 GB/T 78；

g 触摸末端无锋利感。

图 1（续）

表 1 尺寸

单位为毫米

螺纹公称直径 d[a]	d_p h14[b]	d_t[c] h16	d_z h14	z_1 $^{+IT14}_{0}$[d]	z_2 $^{+IT14}_{0}$[d]
1.6	0.8	—	0.8	0.40	0.80
1.8	0.9	—	0.9	0.45	0.90
2	1.0	—	1.0	0.50	1.00
2.2	1.2	—	1.1	0.55	1.10
2.5	1.5	—	1.2	0.63	1.25
3	2.0	—	1.4	0.75	1.50
3.5	2.2	—	1.7	0.88	1.75
4	2.5	—	2.0	1.00	2.00
4.5	3.0	—	2.2	1.12	2.25
5	3.5	—	2.5	1.25	2.50
6	4.0	1.5	3.0	1.50	3.00
7	5.0	2.0	4.0	1.75	3.50
8	5.5	2.0	5.0	2.00	4.00
10	7.0	2.5	6.0	2.50	5.00
12	8.5	3.0	8.0	3.00	6.00
14	10.0	4.0	8.5	3.50	7.00
16	12.0	4.0	10.0	4.00	8.00
18	13.0	5.0	11.0	4.50	9.00
20	15.0	5.0	14.0	5.00	10.00
22	17.0	6.0	15.0	5.50	11.00
24	18.0	6.0	16.0	6.00	12.00
27	21.0	8.0	—	6.70	13.50
30	23.0	8.0	—	7.50	15.00
33	26.0	10.0	—	8.20	16.50
36	28.0	10.0	—	9.00	18.00
39	30.0	12.0	—	9.70	19.50
42	32.0	12.0	—	10.50	21.00
45	35.0	14.0	—	11.20	22.50
48	38.0	14.0	—	12.00	24.00
52	42.0	16.0	—	13.00	26.00

[a] $d \leqslant 1.6$ mm，其尺寸公差按协议。

[b] $d \leqslant 1$ mm，公差按 h13。

[c] $d \leqslant 5$ mm，锥端不要求制出平面部分，可以倒圆。

[d] $d \leqslant 1$ mm，公差按 $^{+IT13}_{0}$。

3.3 紧固件公称长度外的末端

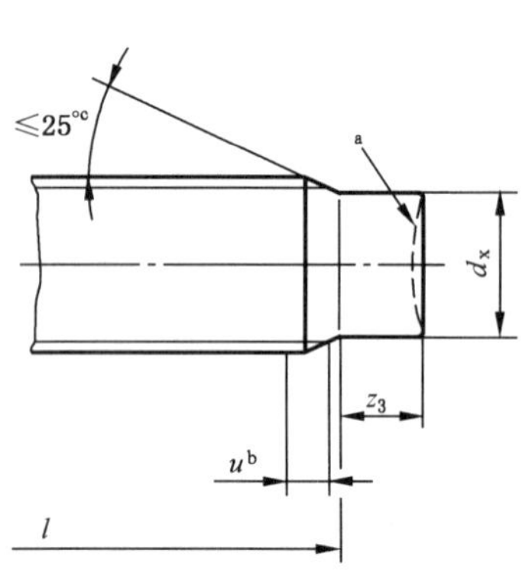

a） 平面导向端（PF）

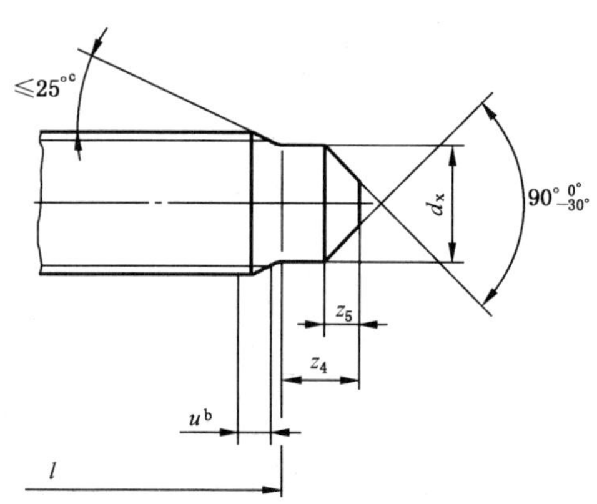

b） 截锥导向端（PC）

[a] 可带凹面的末端；

[b] 不完整螺纹长度 $u \leqslant 2P$；

[c] 角度仅适用于螺纹小径以下的部分。

图 2

表 2 平面导向端尺寸 粗牙

单位为毫米

螺纹规格		M4	M5	M6	M8	M10	M12	M14	M16	M20	M24
d_x [a]	max	2.9	3.8	4.5	6.1	7.8	9.4	11.1	13.1	16.3	19.6
	min	2.7	3.6	4.3	5.9	7.6	9.1	10.8	12.8	15.9	19.2
z_3	$^{+IT17}_{0}$	2.0	2.5	3.0	4.0	5.0	6.0	7.0	8.0	10.0	12.0
[a] 特殊情况下，要求较小直径应单独协议。											

表 3 截锥导向端尺寸 粗牙

单位为毫米

螺纹规格		M4	M5	M6	M8	M10	M12	M14	M16	M20	M24
d_x [a]	max	2.9	3.8	4.5	6.1	7.8	9.4	11.1	13.1	16.3	19.6
	min	2.7	3.6	4.3	5.9	7.6	9.1	10.8	12.8	15.9	19.2
z_4	$^{+IT17}_{0}$	2.0	2.5	3.0	4.0	5.0	6.0	7.0	8.0	10.0	12.0
z_5	max	1.00	1.50	2.00	2.50	3.00	3.50	4.00	4.50	5.00	6.00
	min	0.50	0.75	1.00	1.50	1.50	2.00	2.00	2.50	3.00	4.00
[a] 特殊情况下，要求较小直径应单独协议。											

表4 截锥导向端尺寸 细牙

单位为毫米

螺纹规格		M8×1	M10×1	M12×1.5	M14×1.5	M16×1.5
d_x	max	6.30	8.00	9.60	11.40	13.50
	min	6.08	7.78	9.38	11.13	13.23
z_4	$^{+IT17}_{0}$	4	5	6	7	8
z_5	max	2.5	3.0	3.5	4.0	4.5
	min	1.5	1.5	2.0	2.0	2.5

前　　言

本标准的第2.1和2.2条分别等效采用了ISO 3508:1976《普通螺纹紧固件的螺纹收尾》和ISO 4755:1983《紧固件——ISO米制外螺纹的螺纹退刀槽》。

本标准代替了GB 3—79第一章中的普通螺纹部分，删去了GB 3—79第二章中的米制锥螺纹内容。米制锥螺纹部分将在以后的管螺纹收尾、肩距、退刀槽和倒角标准中统一考虑。

本标准与79年版旧标准相比主要变化如下：

1. 删去了旧标准外螺纹退刀槽的窄系列，使新标准的外螺纹退刀槽参数完全与相应的ISO标准相同；

2. 删去了旧标准对外螺纹倒角所规定的具体C值，使新标准具有较大的灵活性，并且与相应的ISO标准等效；

3. 新标准较旧标准增加规定了外螺纹收尾圆弧和搓(滚)丝螺纹始端不完整螺纹长度内容；

4. 新标准的内螺纹"一般"收尾长度($4P$)较旧标准的($2P$)增长了一倍；新标准继续保留了收尾长度$2P$，但将其列入短组；新标准不设"长"收尾；

5. 新标准的内螺纹"短"退刀槽长度较旧标准的缩短了约半个螺距；

6. 新标准中所使用的代号较旧标准的有较大变化；

7. 删去了旧标准中米制锥螺纹的内容。

本标准提供了刃具加工螺纹所需的部分工艺尺寸，它与刃具的退出时间、刃具的导锥尺寸以及螺纹件的整体尺寸直接相关。

本标准由中华人民共和国机械工业部提出。

本标准由全国螺纹标准化技术委员会归口。

本标准起草单位：机械工业部机械科学研究院。

本标准主要起草人：李晓滨。

中华人民共和国国家标准

GB/T 3—1997

普通螺纹收尾、肩距、退刀槽和倒角

代替 GB 3—79

Run-outs, undercuts and chamfers for general purpose metric screw threads

1 范围

本标准规定了一般紧固连接用普通螺纹的收尾、肩距、退刀槽和倒角尺寸。

与普通螺纹牙型相同或相近螺纹(例如:过渡配合螺纹、大间隙螺纹、超细牙螺纹和小螺纹等)的收尾、肩距、退刀槽和倒角可参照采用本标准的数值。

2 外螺纹

2.1 外螺纹收尾和肩距的型式与尺寸按图1和表1的规定。螺纹收尾的牙底圆弧半径不应小于对完整螺纹所规定的最小牙底圆弧半径。

2.2 外螺纹退刀槽的型式与尺寸按图2和表2的规定。过渡角(α)不应小于30°。

2.3 外螺纹始端端面的倒角一般为45°,也可采用60°或30°倒角;倒角深度应大于或等于螺纹牙型高度。对搓(滚)丝加工的外螺纹,其始端不完整螺纹的轴向长度不能大于$2P$。

3 内螺纹

3.1 内螺纹收尾和肩距的型式与尺寸按图3和表3的规定。

3.2 内螺纹退刀槽的型式与尺寸按图4和表4的规定。

3.3 内螺纹入口端面的倒角一般为120°,也可采用90°倒角;端面倒角直径为:(1.05~1)D。

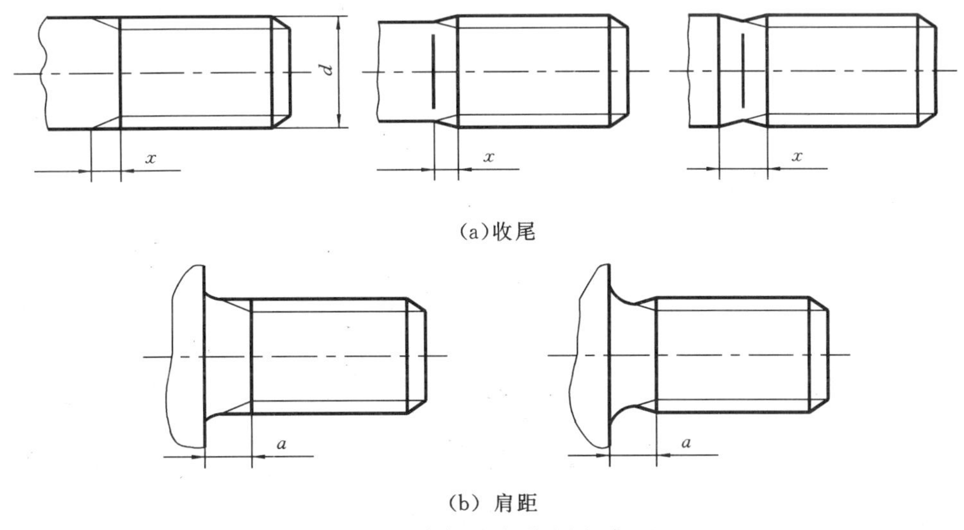

(a)收尾

(b) 肩距

图1 外螺纹的收尾和肩距

国家技术监督局1997-06-06批准　　　　1998-01-01实施

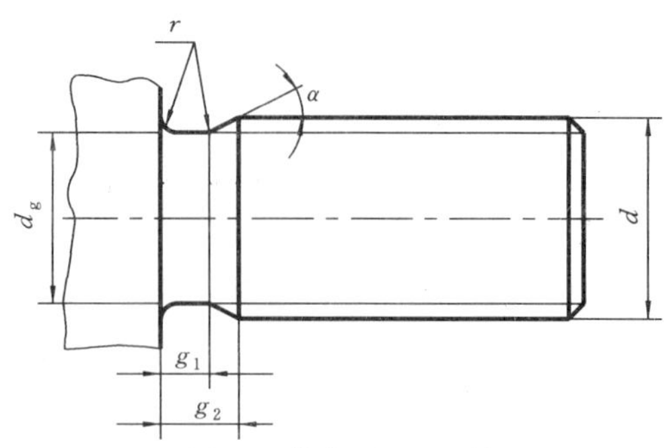

图 2　外螺纹退刀槽

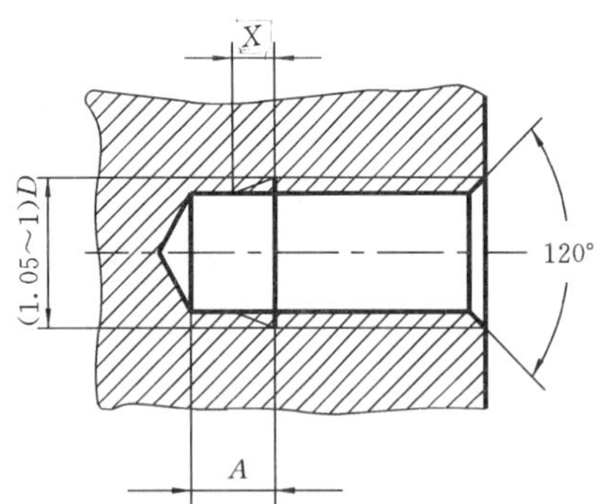

图 3　内螺纹收尾和肩距

图 4　内螺纹退刀槽

表 1　外螺纹的收尾和肩距

mm

螺距 P	收尾 x max		肩距 a max		
	一般	短的	一般	长的	短的
0.2	0.5	0.25	0.6	0.8	0.4
0.25	0.6	0.3	0.75	1	0.5
0.3	0.75	0.4	0.9	1.2	0.6
0.35	0.9	0.45	1.05	1.4	0.7
0.4	1	0.5	1.2	1.6	0.8
0.45	1.1	0.6	1.35	1.8	0.9
0.5	1.25	0.7	1.5	2	1
0.6	1.5	0.75	1.8	2.4	1.2
0.7	1.75	0.9	2.1	2.8	1.4
0.75	1.9	1	2.25	3	1.5
0.8	2	1	2.4	3.2	1.6
1	2.5	1.25	3	4	2
1.25	3.2	1.6	4	5	2.5
1.5	3.8	1.9	4.5	6	3
1.75	4.3	2.2	5.3	7	3.5
2	5	2.5	6	8	4
2.5	6.3	3.2	7.5	10	5

表 1(完)

mm

螺距 P	收尾 x max		肩距 a max		
	一般	短的	一般	长的	短的
3	7.5	3.8	9	12	6
3.5	9	4.5	10.5	14	7
4	10	5	12	16	8
4.5	11	5.5	13.5	18	9
5	12.5	6.3	15	20	10
5.5	14	7	16.5	22	11
6	15	7.5	18	24	12
参考值	≈2.5P	≈1.25P	≈3P	=4P	=2P

注：应优先选用“一般”长度的收尾和肩距；“短”收尾和“短”肩距仅用于结构受限制的螺纹件上；产品等级为B或C级的螺纹紧固件可采用“长”肩距。

表 2　外螺纹的退刀槽

mm

螺距 P	g_2 max	g_1 min	d_g	r ≈
0.25	0.75	0.4	$d-0.4$	0.12
0.3	0.9	0.5	$d-0.5$	0.16
0.35	1.05	0.6	$d-0.6$	0.16
0.4	1.2	0.6	$d-0.7$	0.2
0.45	1.35	0.7	$d-0.7$	0.2
0.5	1.5	0.8	$d-0.8$	0.2
0.6	1.8	0.9	$d-1$	0.4
0.7	2.1	1.1	$d-1.1$	0.4
0.75	2.25	1.2	$d-1.2$	0.4
0.8	2.4	1.3	$d-1.3$	0.4
1	3	1.6	$d-1.6$	0.6
1.25	3.75	2	$d-2$	0.6
1.5	4.5	2.5	$d-2.3$	0.8
1.75	5.25	3	$d-2.6$	1
2	6	3.4	$d-3$	1
2.5	7.5	4.4	$d-3.6$	1.2
3	9	5.2	$d-4.4$	1.6
3.5	10.5	6.2	$d-5$	1.6

表 2(完)

mm

螺距 P	g_2 max	g_1 min	d_g	r ≈
4	12	7	$d-5.7$	2
4.5	13.5	8	$d-6.4$	2.5
5	15	9	$d-7$	2.5
5.5	17.5	11	$d-7.7$	3.2
6	18	11	$d-8.3$	3.2
参考值	≈$3P$	—	—	—

注

1 d 为螺纹公称直径代号。

2 d_g 公差为:h13 ($d>3$mm);
h12 ($d\leqslant 3$mm)。

表 3 内螺纹的收尾和肩距

mm

螺距 P	收尾 X max		肩距 A	
	一般	短的	一般	长的
0.2	0.8	0.4	1.2	1.6
0.25	1	0.5	1.5	2
0.3	1.2	0.6	1.8	2.4
0.35	1.4	0.7	2.2	2.8
0.4	1.6	0.8	2.5	3.2
0.45	1.8	0.9	2.8	3.6
0.5	2	1	3	4
0.6	2.4	1.2	3.2	4.8
0.7	2.8	1.4	3.5	5.6
0.75	3	1.5	3.8	6
0.8	3.2	1.6	4	6.4
1	4	2	5	8
1.25	5	2.5	6	10
1.5	6	3	7	12
1.75	7	3.5	9	14
2	8	4	10	16
2.5	10	5	12	18
3	12	6	14	22
3.5	14	7	16	24
4	16	8	18	26
4.5	18	9	21	29

表 3(完)

mm

螺距 P	收尾 X max		肩距 A	
	一般	短的	一般	长的
5	20	10	23	32
5.5	22	11	25	35
6	24	12	28	38
参考值	$=4P$	$=2P$	$\approx 6\sim 5P$	$\approx 8\sim 6.5P$
注：应优先选用“一般”长度的收尾和肩距；容屑需要较大空间时可选用“长”肩距，结构限制时可选用“短”收尾。				

表 4　内螺纹的退刀槽

mm

螺距 P	G_1		D_g	R $\approx$
	一般	短的		
0.5	2	1	$D+0.3$	0.2
0.6	2.4	1.2		0.3
0.7	2.8	1.4		0.4
0.75	3	1.5		0.4
0.8	3.2	1.6		0.4
1	4	2	$D+0.5$	0.5
1.25	5	2.5		0.6
1.5	6	3		0.8
1.75	7	3.5		0.9
2	8	4		1
2.5	10	5		1.2
3	12	6		1.5
3.5	14	7		1.8
4	16	8		2
4.5	18	9		2.2
5	20	10		2.5
5.5	22	11		2.8
6	24	12		3
参考值	$=4P$	$=2P$	—	$\approx 0.5P$

注

1 “短”退刀槽仅在结构受限制时采用。

2 D_g 公差为 H13。

3 D 为螺纹公称直径代号。

前　言

本标准A型中心孔等同采用国际标准ISO 866:1975《不带护锥的中心钻　A型》附录中A型中心孔的型式和尺寸,B型中心孔等同采用国际标准ISO 2540:1973《带护锥的中心钻　B型》附录中B型中心孔的型式和尺寸,R型中心孔等同采用国际标准ISO 2541:1972《弧形中心钻　R型》附录中R型中心孔的型式和尺寸。本标准C型中心孔等同采用德国标准DIN 332/2—1970《电机转子用带螺纹的60°中心孔》。本标准是对GB/T 145—1985的修订。

本标准在原标准上增加了"前言"、"第1章　范围"及"C型中心孔D_2尺寸"。各章中的条号及内容稍有改变。

本标准自实施之日起,代替GB/T 145—1985。

本标准由中国机械工业联合会提出。

本标准由全国刀具标准化技术委员会归口。

本标准主要起草单位:成都工具研究所。

本标准主要起草人:夏千。

本标准于1959年6月首次发布,于1985年6月第一次修订。

中华人民共和国国家标准

中　心　孔

Center holes

GB/T 145—2001

代替 GB/T 145—1985

1　范围

本标准规定了 A 型、B 型、C 型和 R 型中心孔的型式和尺寸。

本标准适用于 A 型、B 型、C 型和 R 型的中心孔。

2　型式和尺寸

2.1　A 型中心孔的型式按图 1 所示，尺寸由表 1 给出。

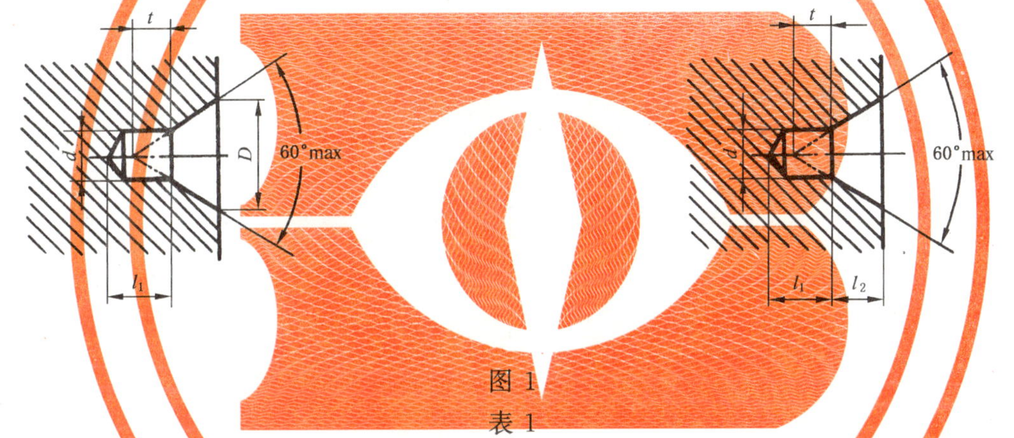

图 1

表 1

mm

d	D	l_2	t 参考尺寸	d	D	l_2	t 参考尺寸
(0.50)	1.06	0.48	0.5	2.50	5.30	2.42	2.2
(0.63)	1.32	0.60	0.6	3.15	6.70	3.07	2.8
(0.80)	1.70	0.78	0.7	4.00	8.50	3.90	3.5
1.00	2.12	0.97	0.9	(5.00)	10.60	4.85	4.4
(1.25)	2.65	1.21	1.1	6.30	13.20	5.98	5.5
1.60	3.35	1.52	1.4	(8.00)	17.00	7.79	7.0
2.00	4.25	1.95	1.8	10.00	21.20	9.70	8.7

注

1　尺寸 l_1 取决于中心钻的长度 l_1，即使中心钻重磨后再使用，此值也不应小于 t 值。

2　表中同时列出了 D 和 l_2 尺寸，制造厂可任选其中一个尺寸。

3　括号内的尺寸尽量不采用。

中华人民共和国国家质量监督检验检疫总局 2001-07-20 批准　　2002-03-01 实施

2.2 B 型中心孔的型式按图 2 所示，尺寸由表 2 给出。

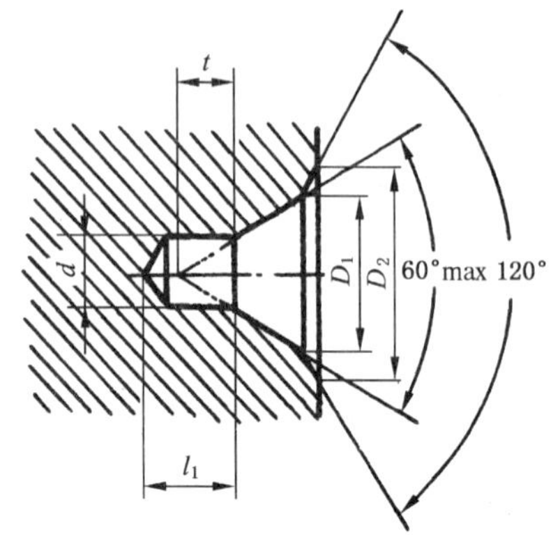

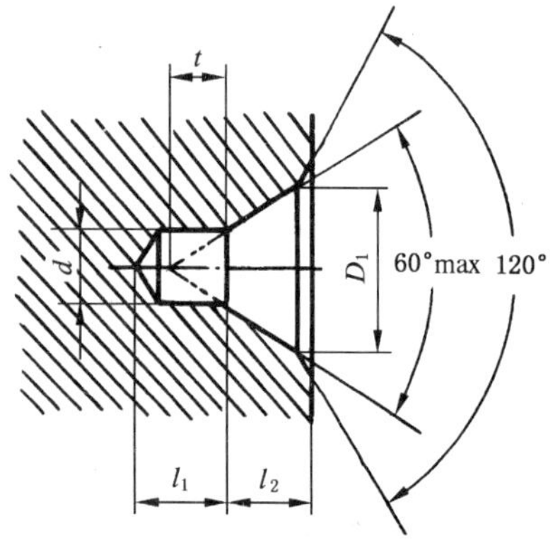

图 2

表 2

mm

d	D_1	D_2	l_2	t 参考尺寸	d	D_1	D_2	l_2	t 参考尺寸
1.00	2.12	3.15	1.27	0.9	4.00	8.50	12.50	5.05	3.5
(1.25)	2.65	4.00	1.60	1.1	(5.00)	10.60	16.00	6.41	4.4
1.60	3.35	5.00	1.99	1.4	6.30	13.20	18.00	7.36	5.5
2.00	4.25	6.30	2.54	1.8	(8.00)	17.00	22.40	9.36	7.0
2.50	5.30	8.00	3.20	2.2	10.00	21.20	28.00	11.66	8.7
3.15	6.70	10.00	4.03	2.8					

注

1 尺寸 l_1 取决于中心钻的长度 l_1，即使中心钻重磨后再使用，此值也不应小于 t 值。

2 表中同时列出了 D_2 和 l_2 尺寸，制造厂可任选其中一个尺寸。

3 尺寸 d 和 D_1 与中心钻的尺寸一致。

4 括号内的尺寸尽量不采用。

2.3 C 型中心孔的型式按图 3 所示，尺寸由表 3 给出。

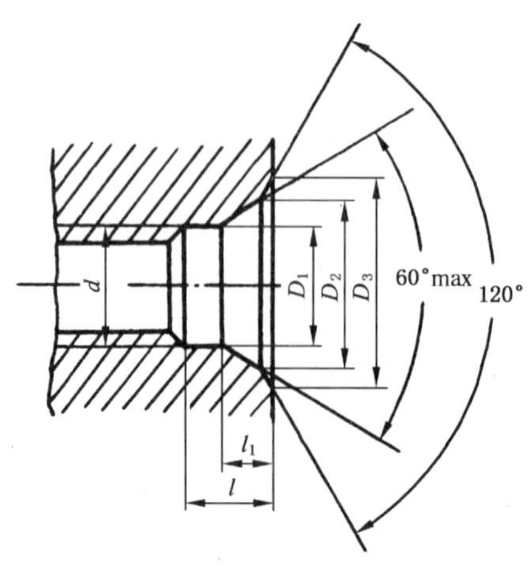

图 3

表 3　　mm

d	D_1	D_2	D_3	l	l_1 参考尺寸	d	D_1	D_2	D_3	l	l_1 参考尺寸
M3	3.2	5.3	5.8	2.6	1.8	M10	10.5	14.9	16.3	7.5	3.8
M4	4.3	6.7	7.4	3.2	2.1	M12	13.0	18.1	19.8	9.5	4.4
M5	5.3	8.1	8.8	4.0	2.4	M16	17.0	23.0	25.3	12.0	5.2
M6	6.4	9.6	10.5	5.0	2.8	M20	21.0	28.4	31.3	15.0	6.4
M8	8.4	12.2	13.2	6.0	3.3	M24	26.0	34.2	38.0	18.0	8.0

2.4　R 型中心孔的型式按图 4 所示，尺寸由表 4 给出。

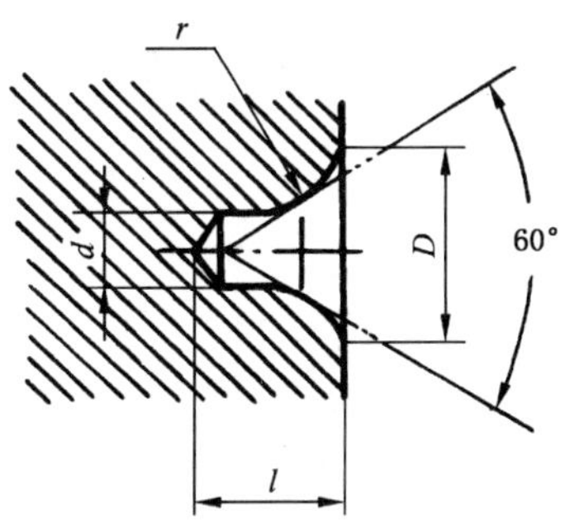

图 4

表 4　　mm

d	D	l_{min}	r max	r min	d	D	l_{min}	r max	r min
1.00	2.12	2.3	3.15	2.50	4.00	8.50	8.9	12.50	10.00
(1.25)	2.65	2.8	4.00	3.15	(5.00)	10.60	11.2	16.00	12.50
1.60	3.35	3.5	5.00	4.00	6.30	13.20	14.0	20.00	16.00
2.00	4.25	4.4	6.30	5.00	(8.00)	17.00	17.9	25.00	20.00
2.50	5.30	5.5	8.00	6.30	10.00	21.20	22.5	31.50	25.00
3.15	6.70	7.0	10.00	8.00					

注：括号内的尺寸尽量不采用。

中华人民共和国国家标准

UDC 621.882
/.884

GB 152.1—88

紧固件　铆钉用通孔

Fasteners—Clearance holes for rivets

代替 GB 152—76
有关部分

1 主题内容

本标准规定了公称直径为 0.6～36mm 的铆钉用通孔尺寸。

2 尺寸

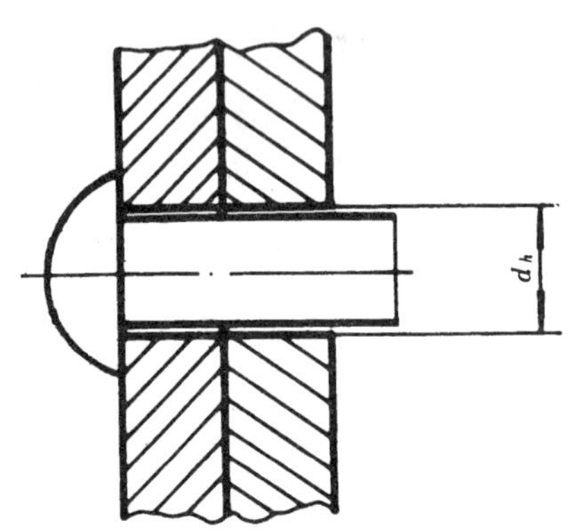

mm

铆钉公称直径 d	0.6	0.7	0.8	1	1.2	1.4	1.6	2	2.5	3	3.5	4	5	6	8
d_h 精装配	0.7	0.8	0.9	1.1	1.3	1.5	1.7	2.1	2.6	3.1	3.6	4.1	5.2	6.2	8.2

铆钉公称直径 d		10	12	14	16	18	20	22	24	27	30	36
d_h	精装配	10.3	12.4	14.5	16.5	—	—	—	—			
	粗装配	11	13	15	17	19	21.5	23.5	25.5	28.5	32	38

附加说明：

本标准由全国紧固件标准化技术委员会提出。

本标准由国家机械工业委员会标准化研究所归口。

本标准由国家机械工业委员会标准化研究所负责起草。

国家机械工业委员会1988-01-26批准　　　　1989-01-01实施

ICS 21.060.10
J 13

中华人民共和国国家标准

GB/T 152.2—2014
部分代替 GB/T 152.2—1988

紧固件　沉头螺钉用沉孔

Fasteners—Countersinks for countersunk head screws

(ISO 15065:2005, Countersinks for countersunk head screws with head configuration in accordance with ISO 7721, MOD)

2014-06-24 发布　　2015-03-01 实施

中华人民共和国国家质量监督检验检疫总局
中国国家标准化管理委员会　发布

前　言

GB/T 152 的本部分是“紧固件通孔及沉孔”系列国家标准之一，该系列标准包括：

——GB/T 152.1　紧固件　铆钉用通孔；

——GB/T 152.2　紧固件　沉头螺钉用沉孔；

——GB/T 152.3　紧固件　圆柱头用沉孔；

——GB/T 152.4　紧固件　六角头螺栓和六角螺母用沉孔；

——GB/T 152.5　紧固件　沉头木螺钉用沉孔；

——GB/T 5277　紧固件　螺栓和螺钉通孔。

本部分是 GB/T 152 的第 2 部分。

本部分按照 GB/T 1.1—2009 给出的规则起草。

本部分部分代替 GB/T 152.2—1988《紧固件　沉头用沉孔》。

本部分与 GB/T 152.2—1988 相比主要变化如下：

——作为独立标准、修改了标准名称；

——增加引用标准；

——取消 M12、M14、M16 和 M20，增加 5.5 mm 的规格(见表 1)；

——不包含沉头木螺钉及半沉头木螺钉用沉孔的内容(见 GB/T 152.2—1988 表 3)；

——增加了标记方法和图纸表示方法(第 4 章和第 5 章)。

本部分修改采用 ISO 15065:2005《头部形状符合 ISO 7721 的沉头螺钉用沉孔》(英文版)。主要修改如下：

——修改了标准名称；

——在引用文件中，用我国标准代替国际标准(第 2 章)；

——取消与引用标准重复的参考文献。

本部分由中国机械工业联合会提出。

本部分由全国紧固件标准化技术委员会(SAC/TC 85)归口。

本部分负责起草单位：中机生产力促进中心。

本部分所代替标准的历次版本发布情况为：

——GB 152—1959、GB 152—1976；

——GB/T 152.2—1988。

紧固件　沉头螺钉用沉孔

1　范围

GB/T 152 的本部分规定了头部形状符合 GB/T 5279 的沉头螺钉、半沉头螺钉、沉头自攻螺钉及半沉头自攻螺钉用沉孔的型式、尺寸与标记。

2　规范性引用文件

下列文件对于本文件的应用是必不可少的。凡是注日期的引用文件，仅注日期的版本适用于本文件。凡是不注日期的引用文件，其最新版本(包括所有的修改单)适用于本文件。

GB/T 5277　紧固件　螺栓和螺钉通孔(GB/T 5277—1985,eqv ISO 273:1979)

GB/T 5279　沉头螺钉　头部形状和测量(GB/T 5279—1985,idt ISO 7721:1983)

3　尺寸

沉孔的型式尺寸见图 1 和表 1。

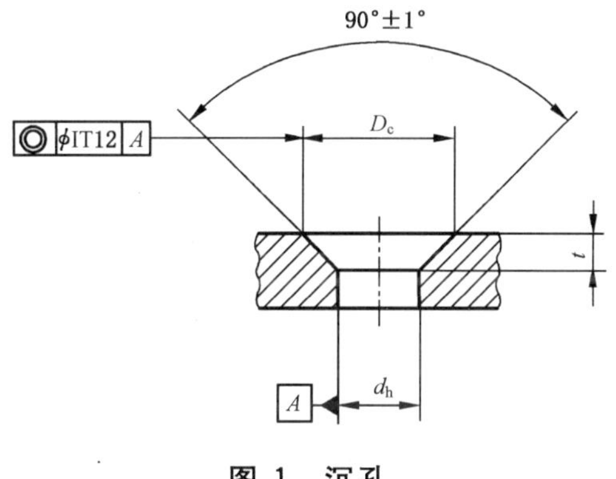

图 1　沉孔

表 1　尺寸

单位为毫米

公称规格	螺纹规格		d_h[a]		D_c		t ≈
			min(公称)	max	min(公称)	max	
1.6	M1.6	—	1.80	1.94	3.6	3.7	0.95
2	M2	ST2.2	2.40	2.54	4.4	4.5	1.05
2.5	M2.5	—	2.90	3.04	5.5	5.6	1.35
3	M3	ST2.9	3.40	3.58	6.3	6.5	1.55
3.5	M3.5	ST3.5	3.90	4.08	8.2	8.4	2.25
4	M4	ST4.2	4.50	4.68	9.4	9.6	2.55

表 1（续）

单位为毫米

公称规格	螺纹规格		d_h[a]		D_c		t
			min(公称)	max	min(公称)	max	≈
5	M5	ST4.8	5.50	5.68	10.40	10.65	2.58
5.5	—	ST5.5	6.00[b]	6.18	11.50	11.75	2.88
6	M6	ST6.3	6.60	6.82	12.60	12.85	3.13
8	M8	ST8	9.00	9.22	17.30	17.55	4.28
10	M10	ST9.5	11.00	11.27	20.0	20.3	4.65

[a] 按 GB/T 5277 中等装配系列的规定，公差带为 H13；

[b] GB/T 5277 中无此尺寸。

4 标记

4.1 标记方法

头部形状符合 GB/T 5279 沉头螺钉用沉孔的标记，应由本部分编号和公称规格组成。

4.2 标记示例

头部形状符合 GB/T 5279、螺纹规格为 M4 的沉头螺钉，或螺纹规格为 ST4.2 的自攻螺钉用公称规格为 4 mm 沉孔的标记：

沉孔　GB/T 152.2-4

5 图纸表示方法

在技术图纸上，沉孔表示方法见图 2。

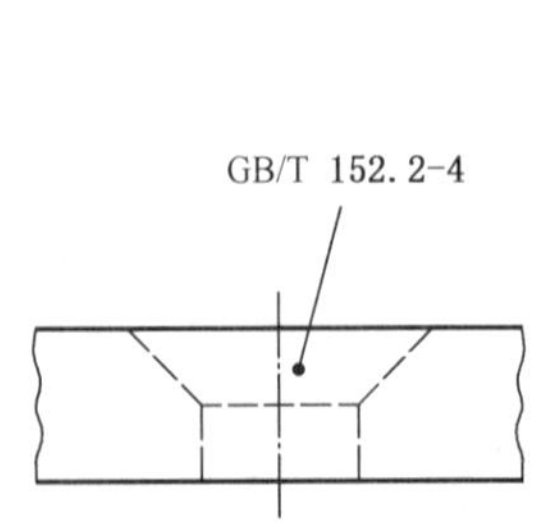

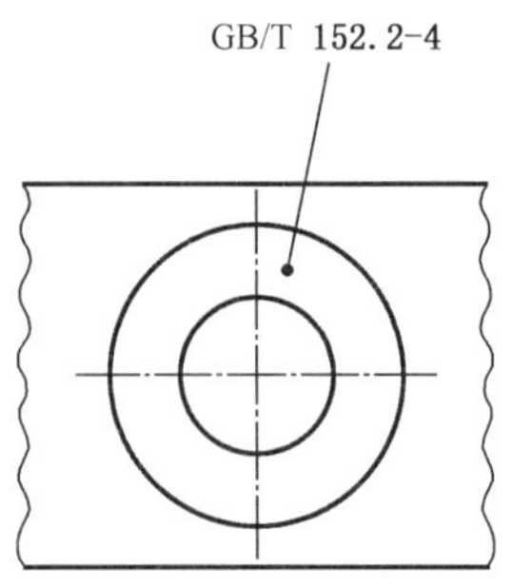

图 2　图纸表示方法

中华人民共和国国家标准

UDC 621.882
/.884
GB 152.3—88

紧固件　圆柱头用沉孔

Fasteners—Counterbores for hexagon socket head screws and slotted cheese head screws

代替 GB 152—76
有关部分

1　主题内容

本标准规定了内六角圆柱头螺钉、内六角花形圆柱头螺钉及开槽圆柱头螺钉用的圆柱头沉孔尺寸。

2　引用标准

GB 70　内六角圆柱头螺钉
GB 65　开槽圆柱头螺钉
GB 6190　内六角花形圆柱头螺钉—4.8 级
GB 6191　内六角花形圆柱头螺钉—8.8 级

3　尺寸

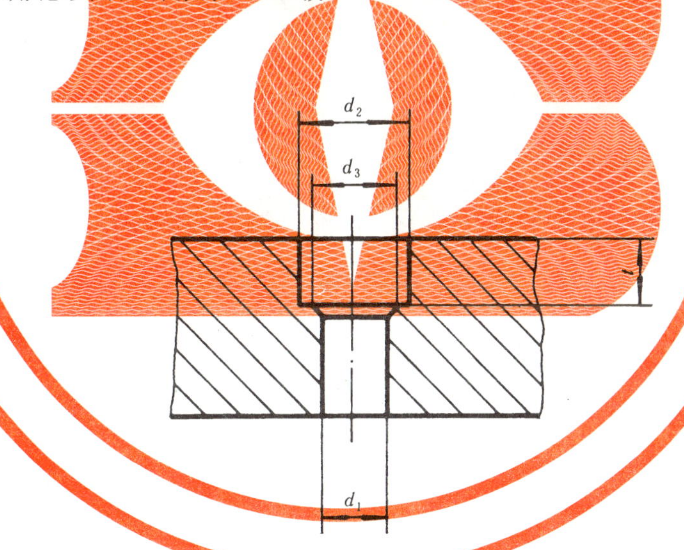

3.1　表 1 适用于 GB 70 用的圆柱头沉孔尺寸。

表 1　　mm

螺纹规格	M1.6	M2	M2.5	M3	M4	M5	M6	M8	M10	M12	M14	M16	M20	M24	M30	M36
d_2	3.3	4.3	5.0	6.0	8.0	10.0	11.0	15.0	18.0	20.0	24.0	26.0	33.0	40.0	48.0	57.0
t	1.8	2.3	2.9	3.4	4.6	5.7	6.8	9.0	11.0	13.0	15.0	17.5	21.5	25.5	32.0	38.0
d_3	—	—	—	—	—	—	—	—	—	16	18	20	24	28	36	42
d_1	1.8	2.4	2.9	3.4	4.5	5.5	6.6	9.0	11.0	13.5	15.5	17.5	22.0	26.0	33.0	39.0

注：尺寸 d_1、d_2 和 t 的公差带均为 H13。

国家机械工业委员会 1988-01-26 批准　　1989-01-01 实施

表 2

mm

螺纹规格	M4	M5	M6	M8	M10	M12	M14	M16	M20
d_2	8	10	11	15	18	20	24	26	33
t	3.2	4.0	4.7	6.0	7.0	8.0	9.0	10.5	12.5
d_3	—	—	—	—	—	16	18	20	24
d_1	4.5	5.5	6.6	9.0	11.0	13.5	15.5	17.5	22.0

注：尺寸 d_1、d_2 和 t 的公差带均为 H13。

3.2 表 2 适用于 GB 6190、GB 6191 及 GB 65 用的圆柱头沉孔尺寸。

附加说明：

本标准由全国紧固件标准化技术委员会提出。

本标准由国家机械工业委员会标准化研究所归口。

本标准由国家机械工业委员会标准化研究所负责起草。

中华人民共和国国家标准

UDC 621.882 /.684

GB 152.4—88

代替 GB 152—76 有关部分

紧固件 六角头螺栓和六角螺母用沉孔

Fasteners—Counterbores for hexagon bolts and nuts

---

1 主题内容

本标准规定了标准对边宽度的六角头螺栓和六角螺母用的沉孔尺寸。

2 尺寸

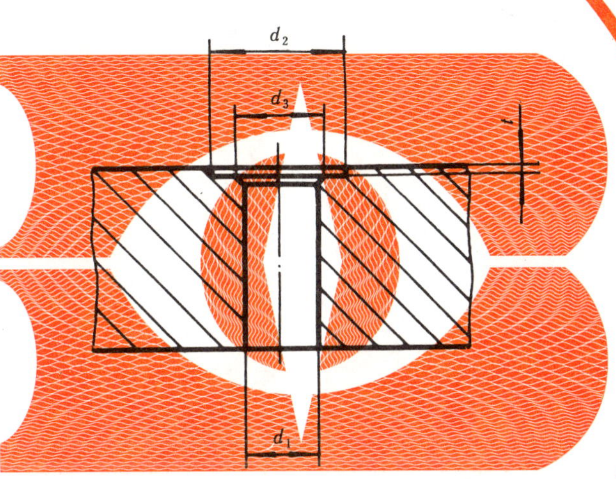

mm

螺纹规格	M1.6	M2	M2.5	M3	M4	M5	M6	M8	M10	M12	M14	M16	M18	M20
d_2	5	6	8	9	10	11	13	18	22	26	30	33	36	40
d_3	—	—	—	—	—	—	—	—	—	16	18	20	22	24
d_1	1.8	2.4	2.9	3.4	4.5	5.5	6.6	9.0	11.0	13.5	15.5	17.5	20.0	22.0
螺纹规格	M22	M24	M27	M30	M33	M36	M39	M42	M45	M48	M52	M56	M60	M64
d_2	43	48	53	61	66	71	76	82	89	98	107	112	118	125
d_3	26	28	33	36	39	42	45	48	51	56	60	68	72	76
d_1	24	26	30	33	36	39	42	45	48	52	56	62	66	70

注：① 对尺寸 t，只要能制出与通孔轴线垂直的圆平面即可。

② 尺寸 d_1 的公差带为 H13；尺寸 d_2 的公差带为 H15。

附加说明：

本标准由全国紧固件标准化技术委员会提出。

本标准由国家机械工业委员会标准化研究所归口。

本标准由国家机械工业委员会标准化研究所负责起草。

国家机械工业委员会 1988-01-26 批准　　　　1989-01-01 实施

ICS 21.060.10
J 13

中华人民共和国国家标准

GB/T 152.5—2014
部分代替 GB/T 152.2—1988

紧固件　沉头木螺钉用沉孔

Fasteners—Countersinks for countersunk head wood screws

2014-06-24 发布　　2015-03-01 实施

中华人民共和国国家质量监督检验检疫总局
中国国家标准化管理委员会　发布

前　言

GB/T 152的本部分是“紧固件通孔及沉孔”系列国家标准之一，该系列标准包括：

——GB/T 152.1　紧固件　铆钉用通孔；

——GB/T 152.2　紧固件　沉头螺钉用沉孔；

——GB/T 152.3　紧固件　圆柱头用沉孔；

——GB/T 152.4　紧固件　六角头螺栓和六角螺母用沉孔；

——GB/T 152.5　紧固件　沉头木螺钉用沉孔；

——GB/T 5277　紧固件　螺栓和螺钉通孔。

本部分是GB/T 152的第5部分。

本部分按照GB/T 1.1—2009给出的规则起草。

本部分部分代替GB/T 152.2—1988《紧固件　沉头用沉孔》。

本部分与GB/T 152.2—1988相比主要变化如下：

——作为独立标准、修改了标准名称；

——不包含沉头螺钉、半沉头螺钉、沉头自攻螺钉及半沉头自攻螺钉用沉孔的内容(见GB/T 152.2—1988表1、表2)；

——增加了标记方法和图纸表示方法(第3章和第4章)。

本标准由中国机械工业联合会提出。

本标准由全国紧固件标准化技术委员会(SAC/TC 85)归口。

本标准负责起草单位：中机生产力促进中心。

本标准所代替标准的历次版本发布情况为：

——GB 152—1959、GB 152—1976；

——GB/T 152.2—1988。

紧固件 沉头木螺钉用沉孔

1 范围

GB/T 152 的本部分规定了符合国家标准沉头木螺钉及半沉头木螺钉用沉头沉孔的型式尺寸与标记。

2 尺寸

沉孔的型式尺寸见图 1 和表 1。

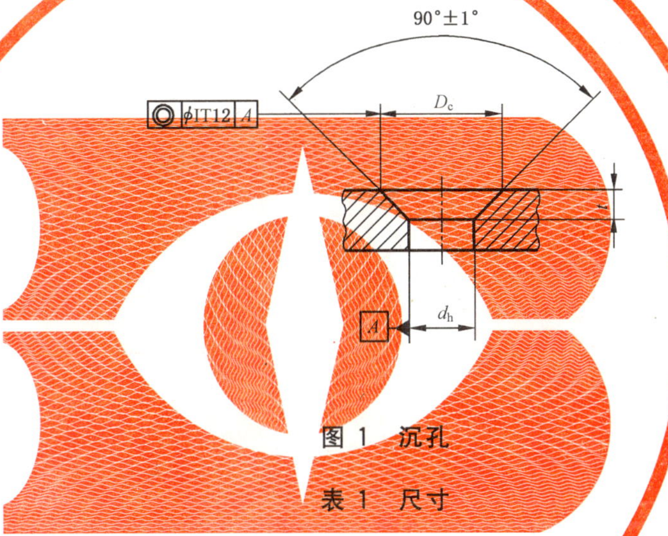

图 1 沉孔

表 1 尺寸

单位为毫米

公称规格	d_h[a]		D_c		t
	min(公称)	max	min(公称)	max	≈
1.6	1.8	1.94	3.7	3.88	1.0
2	2.4	2.54	4.5	4.68	1.2
2.5	2.9	3.04	5.4	5.58	1.4
3	3.4	3.58	6.6	6.82	1.7
3.5	3.9	4.08	7.7	7.92	2.0
4	4.5	4.68	8.6	8.82	2.2
4.5	5.0	5.18	10.1	10.37	2.7
5	5.5	5.68	11.2	11.47	3.0
5.5	6.0	6.18	12.1	12.37	3.2
6	6.6	6.82	13.2	13.47	3.5
7	7.6	7.82	15.3	15.57	4.0
8	9.0	9.22	17.3	17.57	4.5
10	11.0	11.27	21.9	22.23	5.8

[a] 公差带为 H13。

3 标记

3.1 标记方法

头部形状符合国家标准沉头木螺钉及半沉头木螺钉用沉孔的标记，应由本部分编号和公称规格组成。

3.2 标记示例

头部形状符合 GB/T 100、d=4 mm 的开槽沉头木螺钉用公称规格为 4 mm 沉孔的标记：

沉孔 GB/T 152.5-4

4 图纸表示方法

在技术图纸上，沉孔表示方法见图 2。

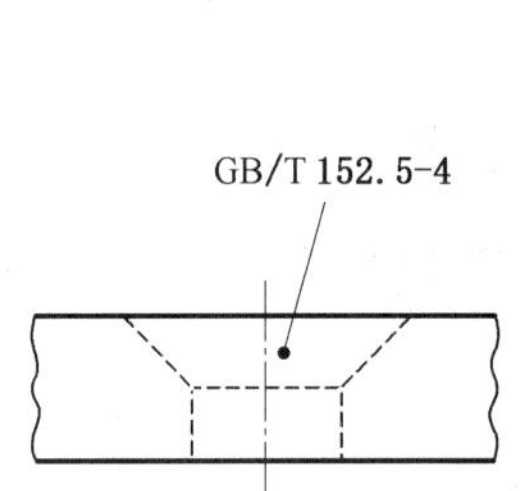

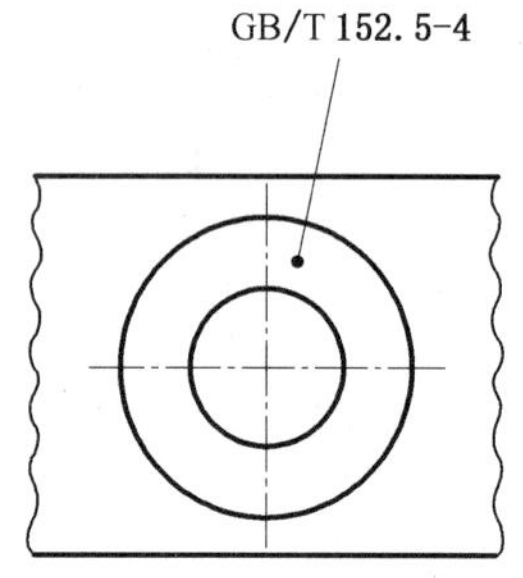

图 2 图纸表示方法

前　言

本标准等效采用 ISO 1119:1998《产品几何量技术规范(GPS)　圆锥的锥度与锥角系列》,是对 GB/T 157—1983《锥度与锥角系列》的修订,在技术内容上与国际标准一致。考虑到标准的适用范围为一般用途的圆锥,在编排上将 ISO 2538 正文中特定用途的圆锥作为标准的附录给出。

本标准在等效采用 ISO 标准的同时,考虑到标准的需要,保留了圆锥表面和圆锥两个术语和定义,并将特定用途的圆锥列为标准的附录。

本标准对 GB/T 157—1989 的主要修改如下:

——重新编排了数值表,推算值尾数有较多的修改;

——增加了以弧度为单位的推算值;

——将特定用途的圆锥由标准正文列为标准的附录。

本标准自实施之日起,代替 GB/T 157—1989。

本标准的附录 A 是标准的附录。

本标准由中国机械工业联合会提出。

本标准由全国产品尺寸和几何技术规范标准化技术委员会归口。

本标准起草单位:机械科学研究院、中国计量科学研究院、中国一拖集团有限公司、天津大学、长安汽车集团有限责任公司。

本标准主要起草人:李晓沛、张恒、张云立、王仲、易守云、赵新霞。

ISO 前言

ISO(国际标准化组织)是由各国标准团体(ISO 成员团体)组成的世界范围的联合组织。国际标准的制定通常由 ISO 的技术委员会来完成。各成员团体若对某技术委员会确立的项目感兴趣,均有权派员参加该项目的工作。与 ISO 保持联系的各国际组织(官方的或非官方的)也可参加有关工作。ISO 与从事电工技术标准化的国际电工委员会(IEC)保持密切合作关系。

经技术委员会通过的国际标准草案提交各成员团体表决,需取得至少有 75%成员团体的同意,才能作为国际标准发布。

国际标准 ISO 1119 由 ISO/TC213“产品尺寸和几何技术规范及检验”技术委员会起草。

本次第二版代替第一版(ISO 1119:1975),其中表内有些数据作了适时的修正,但无技术上的修改。

本国际标准的附录 A 和附录 B 都是提示性的附录。

中华人民共和国国家标准

GB/T 157—2001
eqv ISO 1119:1998

代替 GB/T 157—1989

产品几何量技术规范(GPS) 圆锥的锥度与锥角系列

Geometrical product specifications(GPS)
Series of conical tapers and taper angles

1 范围

本标准规定了机械工程一般用途圆锥的锥度与锥角系列。

本标准仅适用于光滑圆锥,不适用于锥螺纹、伞齿轮等。

圆锥表面尺寸和公差的注法见 GB/T 15754。

2 引用标准

下列标准所包含的条文,通过在本标准中引用而构成为本标准的条文。本标准出版时,所示版本均为有效。所有标准都会被修订,使用本标准的各方应探讨使用下列标准最新版本的可能性。

GB/T 321—1980 优先数和优先数系(eqv ISO 3:1973)

GB/T 15754—1995 技术制图 圆锥的尺寸和公差注法(eqv ISO 3040:1990)

3 定义

本标准采用下列定义。

3.1 圆锥表面 conical surface

与轴线成一定角度,且一端相交于轴线的一条直线段(母线),围绕着该轴线旋转形成的表面(见图 1)。

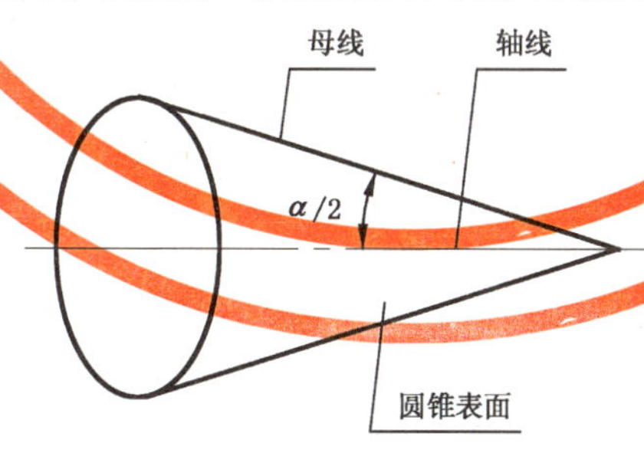

图 1

3.2 圆锥 cone

由圆锥表面与一定尺寸所限定的几何体。

3.3 圆锥角(α) cone angle

在通过圆锥轴线的截面内,两条素线间的夹角(见图 2)。

3.4 锥度(C) rate of taper

两个垂直圆锥轴线截面的圆锥直径 D 和 d 之差与该两截面之间的轴向距离 L 之比(见图 2)。

中华人民共和国国家质量监督检验检疫总局 2001-09-15 批准 2002-04-01 实施

$$C = \frac{D-d}{L}$$

锥度 C 与圆锥角 α 的关系为

$$C = 2\tan\frac{\alpha}{2} = 1:\frac{1}{2}\cot\frac{\alpha}{2}$$

锥度一般用比例或分式形式表示。

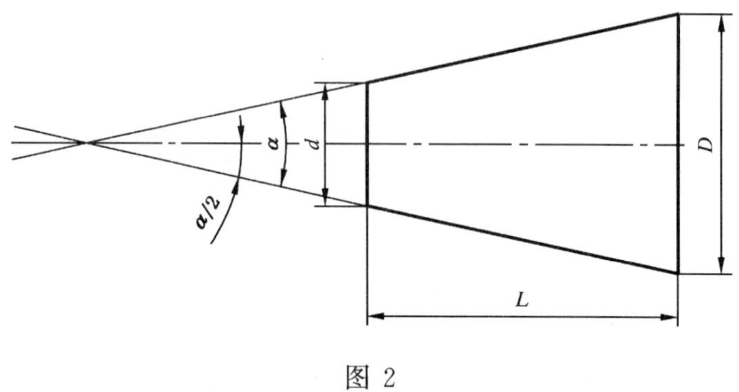

图 2

4 系列

一般用途圆锥的锥度与锥角系列见表 1。选用时，应优先选用系列 1，其次选用系列 2 。

为便于圆锥件的设计、生产和控制，表中给出了圆锥角或锥度的推算值，其有效位数可按需要确定。

表 1 一般用途圆锥的锥度与锥角系列

基本值		推算值			
		圆锥角 α			锥度 C
系列 1	系列 2	(°)(′)(″)	(°)	rad	
120°		—	—	2.094 395 10	1∶0.288 675 1
90°		—	—	1.570 796 33	1∶0.500 000 0
	75°	—	—	1.308 996 94	1∶0.651 612 7
60°		—	—	1.047 197 55	1∶0.866 025 4
45°		—	—	0.785 398 16	1∶1.207 106 8
30°		—	—	0.523 598 78	1∶1.866 025 4
1∶3		18°55′28.7199″	18.924 644 42°	0.330 297 35	—
	1∶4	14°15′0.1177″	14.250 032 70°	0.248 709 99	—
1∶5		11°25′16.2706″	11.421 186 27°	0.199 337 30	—
	1∶6	9°31′38.2202″	9.527 283 38°	0.166 282 46	—
	1∶7	8°10′16.4408″	8.171 233 56°	0.142 614 93	—
	1∶8	7°9′9.6075″	7.152 668 75°	0.124 837 62	—
1∶10		5°43′29.3176″	5.724 810 45°	0.099 916 79	—
	1∶12	4°46′18.7970″	4.771 888 06°	0.083 285 16	—
	1∶15	3°49′5.8975″	3.818 304 87°	0.066 641 99	—
1∶20		2°51′51.0925″	2.864 192 37°	0.049 989 59	—
1∶30		1°54′34.8570″	1.909 682 51°	0.033 330 25	—

表 1(完)

基本值		推算值			
		圆锥角 α			锥度 C
系列 1	系列 2	(°)(′)(″)	(°)	rad	
1∶50		1°8′45.1586″	1.145 877 40°	0.019 999 33	—
1∶100		34′22.6309″	0.572 953 02°	0.009 999 92	—
1∶200		17′11.3219″	0.286 478 30°	0.004 999 99	—
1∶500		6′52.5295″	0.114 591 52°	0.002 000 00	—

注:系列 1 中 120°～1∶3 的数值近似按 R10/2 优先数系列,1∶5～1∶500 按 R10/3 优先数系列(见 GB/T 321)。

附　录　A
（标准的附录）
特定用途的圆锥

A1　本附录提供的圆锥参数（见表A1）主要用于表中最后一栏所指定的用途。

表A1　特定用途的圆锥

基本值	推算值				标准号 GB/T (ISO)	用途
	圆锥角 α			锥度 C		
	(°)(′)(″)	(°)	rad			
11°54′	—	—	0.207 694 18	1∶4.797 451 1	(5237) (8489-5)	纺织机械和附件
8°40′	—	—	0.151 261 87	1∶6.598 441 5	(8489-3) (8489-4) (324.575)	
7°	—	—	0.122 173 05	1∶8.174 927 7	(8489-2)	
1∶38	1°30′27.7080″	1.507 696 67°	0.026 314 27	—	(368)	
1∶64	0°53′42.8220″	0.895 228 34°	0.015 624 68	—	(368)	
7∶24	16°35′39.4443″	16.594 290 08°	0.289 625 00	1∶3.428 571 4	3 837.3 (297)	机床主轴工具配合
1∶12.262	4°40′12.1514″	4.670 042 05°	0.081 507 61	—	(239)	贾各锥度 No.2
1∶12.972	4°24′52.9039″	4.414 695 52°	0.077 050 97	—	(239)	贾各锥度 No.1
1∶15.748	3°38′13.4429″	3.637 067 47°	0.063 478 80	—	(239)	贾各锥度 No.33
6∶100	3°26′12.1776″	3.436 716 00°	0.059 982 01	1∶16.666 666 7	1962 (594-1) (595-1) (595-2)	医疗设备
1∶18.779	3°3′1.2070″	3.050 335 27°	0.053 238 39	—	(239)	贾各锥度 No.3
1∶19.002	3°0′52.3956″	3.014 554 34°	0.052 613 90	—	1443(296)	莫氏锥度 No.5
1∶19.180	2°59′11.7258″	2.986 590 50°	0.052 125 84	—	1443(296)	莫氏锥度 No.6
1∶19.212	2°58′53.8255″	2.981 618 20°	0.052 039 05	—	1443(296)	莫氏锥度 No.0
1∶19.254	2°58′30.4217″	2.975 117 13°	0.051 925 59	—	1443(296)	莫氏锥度 No.4
1∶19.264	2°58′24.8644″	2.973 573 43°	0.051 898 65	—	(239)	贾各锥度 No.6
1∶19.922	2°52′31.4463″	2.875 401 76°	0.050 185 23	—	1443(296)	莫氏锥度 No.3
1∶20.020	2°51′40.7960″	2.861 332 23°	0.049 939 67	—	1443(296)	莫氏锥度 No.2
1∶20.047	2°51′26.9283″	2.857 480 08°	0.049 872 44	—	1443(296)	莫氏锥度 No.1
1∶20.288	2°49′24.7802″	2.823 550 06°	0.049 280 25	—	(239)	贾各锥度 No.0
1∶23.904	2°23′47.6244″	2.396 562 32°	0.041 827 90	—	1443(296)	布朗夏普锥度 №1至№3
1∶28	2°2′45.8174″	2.046 060 38°	0.035 710 49	—	(8382)	复苏器（医用）
1∶36	1°35′29.2096″	1.591 447 11°	0.027 775 99	—	(5356-1)	麻醉器具
1∶40	1°25′56.3516″	1.432 319 89°	0.024 998 70	—		

A2 参用标准

1 ISO 239:1974 钻头卡头锥度

2 ISO 296:1991 机床、工具柄夹紧圆锥
GB/T 1443—1996 机床、工具柄用自夹圆锥

3 ISO 297:1988 手动调换用的刀具柄的 7/24 锥度
GB/T 3837.3—1983 机床工具 7∶24 圆锥联结 工具锥柄

4 ISO 324:1978 纺织机械和附件 染色用交叉卷绕络纱锥形筒、半锥角 4°26′

5 ISO 368:1991 纺纱设备 纺纱和并纱(捻线)机械 锥度为 1∶38 和 1∶64 环键纺纱、并线和捻线锭子用纱管

6 ISO 575:1978 纺织机械和附件 移圈锥筒 半锥角 4°20′

7 ISO 594-1:1996 注射器、针头和某些其他医用设备的用 6%锥度的锥形配件 第 1 部分:一般要求
GB/T 1962—1995 注射器及其他医疗器械 6∶100 圆锥接头

8 ISO 595-1:1986 可重复使用的全玻璃或金属 玻璃医用注射器 第 1 部分:尺寸

9 ISO 595-2:1987 可重复使用的全玻璃或金属 玻璃医用注射器 第 2 部分:设计、性能要求和试验

10 ISO 5237:1978 纺织机械和附件 络纺(交叉卷绕)用锥形管 圆锥半角为 5°57′

11 ISO 5356-1:1996 麻醉剂和呼吸设备、锥形连接器 第 1 部分:锥体和插孔

12 ISO 8382:1988 用于人的复苏器

13 ISO 8489-2:1995 纺织机械和附件 交叉卷绕络纱锥形筒子 第 2 部分:圆锥半角为 3°30′的锥形筒子尺寸、公差和设计

14 ISO 8489-3:1995 纺织机械和附件 交叉卷绕络纱锥形筒子 第 3 部分:圆锥半角为 4°20′的锥形筒子的尺寸、公差和设计

15 ISO 8489-4:1995 纺织机械和附件 交叉卷绕络纱锥形筒子 第 4 部分:圆锥半角为 4°20′,用于卷绕或染色的锥形筒子的尺寸、公差和设计

16 ISO 8489-5:1995 纺织机械和附件 交叉卷绕络纱锥形筒子 第 5 部分:圆锥半角为 5°57′的锥形筒子的尺寸、公差和设计

前言

本标准等同采用ISO 582:1995《滚动轴承 倒角尺寸 最大值》,是对GB/T 274—1991的修订。本次主要修订内容如下:

a)修改了标准的名称;

b)补充了引用标准;

c)增加了表2、表3,原标准的表2、表3现为表4、表5;

d)取消了原标准的第6章和附录A。

本标准自实施之日起,同时代替GB/T 274—1991。

本标准由国家机械工业局提出。

本标准由全国滚动轴承标准化技术委员会归口。

本标准起草单位:国家机械工业局洛阳轴承研究所。

本标准起草人:陈原、宋玉聪。

本标准1964年首次发布,1982年第一次修订,1991年第二次修订。

ISO 前言

ISO 582 由 ISO/TC 4(滚动轴承技术委员会)起草。

ISO 582:1995(第三版)代替 ISO 582:1979(第二版),对第二版进行了技术修订。

引　言

为了保证滚动轴承的倒角尺寸适应于与之相接触的零件尺寸,需要规定倒角尺寸的极限值,而轴承用户和轴承应用的设计者主要关心的则是倒角的最小极限值。

本标准旨在通过规定倒角尺寸来达到滚动轴承的互换性,从而最大限度地减少轴承在应用中可能出现的不协调性。

中华人民共和国国家标准

GB/T 274—2000
idt ISO 582:1995
代替 GB/T 274—1991

滚动轴承　倒角尺寸最大值

Rolling bearings—Chamfer dimension—Maximum values

1　范围

本标准规定了滚动轴承倒角尺寸定义、符号、尺寸最大值以及轴和外壳孔的单一倒角尺寸。

本标准适用于 GB/T 273.1、GB/T 273.2、GB/T 273.3、GB/T 283、GB/T 292、GB/T 305 规定的公制系列滚动轴承套圈或垫圈、圆柱滚子轴承平挡圈和斜挡圈的倒角。

2　引用标准

下列标准所包含的条文，通过在本标准中引用而构成为本标准的条文。本标准出版时，所示版本均为有效。所有标准都会被修订，使用本标准的各方应探讨使用下列标准最新版本的可能性。

GB/T 273.1—1987　滚动轴承　圆锥滚子轴承　外形尺寸方案(neq ISO 355:1977)

GB/T 273.2—1998　滚动轴承　推力轴承　外形尺寸总方案(eqv ISO 104:1994)

GB/T 273.3—1999　滚动轴承　向心轴承　外形尺寸总方案(eqv ISO 15:1998)

GB/T 283—1994　滚动轴承　圆柱滚子轴承　外形尺寸

GB/T 292—1994　滚动轴承　角接触球轴承　外形尺寸

GB/T 305—1998　滚动轴承　外圈上的止动槽和止动环　尺寸和公差(eqv ISO 464:1995)

3　定义

3.1　轴承套圈、垫圈或挡圈的径向倒角尺寸

套圈、垫圈或挡圈的假想尖角处至倒角表面和套圈、垫圈或挡圈端面相交点之间的距离。

3.2　轴承的套圈、垫圈或挡圈的轴向倒角尺寸

套圈、垫圈或挡圈的假想尖角处至倒角表面和套圈、垫圈或挡圈内孔或外圆柱表面相交点之间的距离。

4　符号和缩略语(见图 1 和表 1～表 5)

d:轴承公称内径;

D:轴承公称外径;

r_s:向心轴承、圆锥滚子轴承和推力轴承的单一倒角尺寸;

r_{1s}:圆柱滚子轴承平挡圈和斜挡圈以及止动槽一侧外圈的单一倒角尺寸;圆柱滚子轴承内、外圈窄端面和角接触球轴承外圈窄端面单一倒角尺寸;推力轴承中圈单一倒角尺寸;

r_{as}:轴或外壳孔的单一倒角尺寸;

r_{smin},r_{1smin}:r_s 或 r_{1s}允许的最小单一倒角尺寸;

r_{smax},r_{1smax}:r_s 或 r_{1s}允许的最大单一倒角尺寸;

r_{asmax}:轴或外壳孔允许的最大单一倒角尺寸;

国家质量技术监督局 2000-10-17 批准　　　　2001-05-01 实施

注：倒角表面的确切形状不予规定，但是在轴向平面内其轮廓不应超出与套圈端面和内孔或外圆柱表面相切的圆弧，见图 1。

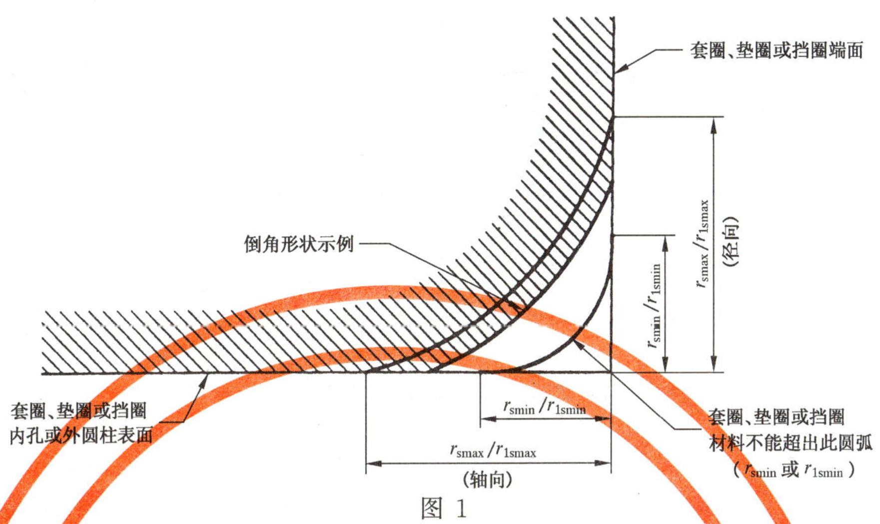

图 1

5 倒角尺寸最大值

5.1 向心轴承(圆锥滚子轴承除外)

5.1.1 符合 GB/T 273.3 规定的向心轴承倒角尺寸最大值按表 1 的规定。

5.1.2 符合 GB/T 283 规定的平挡圈和斜挡圈以及符合 GB/T 305 规定的止动槽一侧外圈倒角尺寸最大值按表 2 的规定。

5.1.3 符合 GB/T 283 规定的内、外圈窄端面以及符合 GB/T 292 规定的外圈窄端面倒角尺寸最大值按表 3 的规定。

5.2 圆锥滚子轴承

符合 GB/T 273.1 规定的内、外圈大端面倒角尺寸最大值按表 4 的规定。

5.3 推力轴承

符合 GB/T 273.2 规定的推力轴承倒角尺寸最大值按表 5 的规定。

表 1 向心轴承倒角尺寸最大值 mm

r_{smin} 1)	d		r_{smax} 2)	
	超过	到	径向	轴向
0.05	—	—	0.1	0.2
0.08	—	—	0.16	0.3
0.1	—	—	0.2	0.4
0.15	—	—	0.3	0.6
0.2	—	—	0.5	0.8
0.3	—	40	0.6	1
	40	—	0.8	1
0.6	—	40	1	2
	40	—	1.3	2
1	—	50	1.5	3
	50	—	1.9	3
1.1	—	120	2	3.5
	120	—	2.5	4
1.5	—	120	2.3	4
	120	—	3	5

表 1(完)　　mm

r_{smin} 1)	d		r_{smax} 2)	
	超过	到	径向	轴向
2	—	80	3	4.5
	80	220	3.5	5
	220	—	3.8	6
2.1	—	280	4	6.5
	280	—	4.5	7
2.5 3)	—	100	3.8	6
	100	280	4.5	6
	280	—	5	7
3	—	280	5	8
	280	—	5.5	8
4	—	—	6.5	9
5	—	—	8	10
6	—	—	10	13
7.5	—	—	12.5	17
9.5	—	—	15	19
12	—	—	18	24
15	—	—	21	30
19	—	—	25	38

1) 轴和外壳孔的最大单一倒角尺寸见第 6 章。

2) 对于宽度≤2 mm 的轴承，r_{smax}的径向值也适用于轴向。

3) GB/T 273.3 中未规定该倒角尺寸。

表 2　圆柱滚子轴承平挡圈和斜挡圈以及止动槽一侧外圈的倒角尺寸最大值　　mm

r_{1smin} 1)	d 或 D		r_{1smax}	
	超过	到	径向	轴向
0.2	—	—	0.5	0.5
0.3	—	40	0.6	0.8
	40	—	0.8	0.8
0.5	—	40	1	1.5
	40	—	1.3	1.5
0.6	—	40	1	1.5
	40	—	1.3	1.5
1	—	50	1.5	2.2
	50	—	1.9	2.2
1.1	—	120	2	2.7
	120	—	2.5	2.7
1.5	—	120	2.3	3.5
	120	—	3	3.5
2	—	80	3	4
	80	220	3.5	4
	220	—	3.8	4
2.1	—	280	4	4.5
	280	—	4.5	4.5

表 2(完) mm

r_{1smin}[1)]	d 或 D		r_{1smax}	
	超过	到	径向	轴向
2.5[2)]	—	100	3.8	5
	100	280	4.5	5
	280	—	5	5
3	—	280	5	5.5
	280	—	5.5	5.5
4	—	—	6.5	6.5
5	—	—	8	8
6	—	—	10	10

1) 轴和外壳孔的最大单一倒角尺寸见第 6 章。
2) GB/T 283 和 GB/T 305 中未规定该倒角尺寸。

表 3 圆柱滚子轴承内、外圈窄端面和角接触球轴承外圈窄端面倒角尺寸最大值 mm

r_{1smin}[1)]	d 或 D		r_{1smax}	
	超过	到	径向	轴向
0.1	—	—	0.2	0.4
0.15	—	—	0.3	0.6
0.2[2)]	—	—	0.5	0.8
0.3	—	40	0.6	1
	40	—	0.8	1
0.6	—	40	1	2
	40	—	1.3	2
1	—	50	1.5	3
	50	—	1.9	3
1.1	—	120	2	3.5
	120	—	2.5	4
1.5	—	120	2.3	4
	120	—	3	5
2	—	80	3	4.5
	80	220	3.5	5
	220	—	3.8	6

1) 轴和外壳孔的最大单一倒角尺寸见第 6 章。
2) GB/T 283 和 GB/T 292 中未规定该倒角尺寸。

表 4 圆锥滚子轴承倒角尺寸最大值 mm

r_{smin}[1)]	d 或 D		r_{smax}	
	超过	到	径向	轴向
0.3	—	40	0.7	1.4
	40	—	0.9	1.6
0.6	—	40	1.1	1.7
	40	—	1.3	2
1	—	50	1.6	2.5
	50	—	1.9	3

表 4(完)

mm

r_{smin}[1)]	d 或 D		r_{smax}	
	超过	到	径向	轴向
1.5	—	120	2.3	3
	120	250	2.8	3.5
	250	—	3.5	4
2	—	120	2.8	4
	120	250	3.5	4.5
	250	—	4	5
2.5	—	120	3.5	5
	120	250	4	5.5
	250	—	4.5	6
3	—	120	4	5.5
	120	250	4.5	6.5
	250	400	5	7
	400	—	5.5	7.5
4	—	120	5	7
	120	250	5.5	7.5
	250	400	6	8
	400	—	6.5	8.5
5	—	180	6.5	8
	180	—	7.5	9
6	—	180	7.5	10
	180	—	9	11

1）轴和外壳孔的最大单一倒角尺寸见第 6 章。

表 5　推力轴承倒角尺寸最大值

mm

r_{smin}[1)]或 r_{1smin}[1)]	r_{smax}或 r_{1smax}
	径向和轴向
0.3	0.8
0.6	1.5
1	2.2
1.1	2.7
1.5	3.5
2	4
2.1	4.5
3	5.5
4	6.5
5	8
6	10
7.5	12.5
9.5	15
12	18
15	21
19	25

表 5(完) mm

<table>
<tr><td rowspan="2">r_{smin}[1)] 或 r_{1smin}[1)]</td><td>r_{smax} 或 r_{1smax}</td></tr>
<tr><td>径向和轴向</td></tr>
<tr><td colspan="2">注：表中规定的倒角尺寸适用于：
a）座圈的底面及外圆柱面倒角；
b）单向轴承的轴圈底面及内孔表面倒角；
c）双向轴承的中圈端面及内孔表面倒角。
1）轴和外壳孔的最大单一倒角尺寸见第 6 章。</td></tr>
</table>

6 轴和外壳孔的单一倒角尺寸

轴和外壳孔允许的最大单一倒角尺寸 r_{asmax} 不应大于相应的套圈或垫圈允许的最小单一倒角尺寸 r_{smin} 或 r_{1smin}。

ICS 17.020
A 20

中华人民共和国国家标准

GB/T 321—2005/ISO 3:1973
代替 GB/T 321—1980

优先数和优先数系

Preferred numbers—Series of preferred numbers

(ISO 3:1973,IDT)

2005-05-16 发布　　　　2005-12-01 实施

中华人民共和国国家质量监督检验检疫总局
中国国家标准化管理委员会　发布

前　言

本标准是 GB/T 321—1980《优先数和优先数系》的修订版。本标准等同采用 ISO 3:1973《优先数和优先数系》。

本标准对 GB/T 321—1980《优先数和优先数系》作如下修改：

——按 GB/T 1.1—2000《标准化工作导则　第 1 部分:标准的结构和编写规则》,调整标准的编排格式；

——等同采用 ISO 3:1973《优先数和优先数系》；

——删去 GB/T 321—1980 中有关《优先数和优先数系的应用指南》和《优先数和优先数化整值系列的选用指南》的内容(另订标准)。

从本标准及 GB/T 19763—2005《优先数和优先数系的应用指南》、GB/T 19764—2005《优先数和优先数化整值系列的选用指南》生效之日起,GB/T 321—1980《优先数和优先数系》废止。

本标准由全国产品尺寸和几何技术规范标准化技术委员会提出。

本标准由全国产品尺寸和几何技术规范标准化技术委员会归口。

本标准起草单位:机械科学研究院中机生产力促进中心、时代集团公司、北京计量检测科学研究院、哈尔滨量具刃具厂。

本标准主要起草人:王欣玲、李晓沛、王忠滨、吴迅、郎岩梅。

本标准所代替标准的历次版本发布情况为：

——GB/T 321—1980。

优先数和优先数系

1 范围

本标准规定了优先数系。

本标准适用于各种量值的分级，特别是在确定产品的参数或参数系列时，应按本标准规定的基本系列值选用。

2 术语与定义

2.1

优先数系 series of preferred numbers

优先数系是公比为$\sqrt[5]{10}$、$\sqrt[10]{10}$、$\sqrt[20]{10}$、$\sqrt[40]{10}$和$\sqrt[80]{10}$，且项值中含有10的整数幂的几何级数的常用圆整值。基本系列表1和补充系列R80表2中列出的1～10这个范围与其一致，这个优先数系可向两个方向无限延伸，表中值乘以10的正整数幂或负整数幂后即可得其他十进制项值。

2.1.1

优先数 preferred numbers

符合R5、R10、R20、R40和R80系列的圆整值(见表1第1～第4列和表2)。

2.1.2

理论值 theoretical values

$(\sqrt[5]{10})^N$、$(\sqrt[10]{10})^N$等理论等比数列的连续项值，其中N为任意整数。

注：理论值一般是无理数，不便于实际应用。

2.1.3

计算值 calculated values

对理论值取五位有效数字的近似值，计算值对理论值的相对误差小于1/20000。

注：在作参数系列的精确计算时可用来代替理论值。

2.1.4

序号 serial numbers

表明优先数排列次序的一个等差数列，它从优先数1.00的序号0开始计算。

2.2

系列代号 designation of series

优先数的所有系列均以字母R为符号开始。

3 优先数系

3.1

基本系列 basic series

R5、R10、R20和R40四个系列是优先数系中的常用系列(见表1)。

注1：基本系列中的优先数常用值，对计算值的相对误差在+1.26%～-1.01%范围内。各系列的公比为：

R5：$q_5=(\sqrt[5]{10})\approx1.60$

R10：$q_{10}=(\sqrt[10]{10})\approx1.25$

R20：$q_{20}=(\sqrt[20]{10})\approx1.12$

R40：$q_{40}=(\sqrt[40]{10})\approx1.06$

注 2：常用值的相对误差$=\frac{常用值-计算值}{计算值}\times100\%$

3.2

补充系列 R80　Complementary R80 series

R80 系列称为补充的系列(见表 2)，它的公比 $q_{80}=(\sqrt[80]{10})\approx1.03$，仅在参数分级很细或基本系列中的优先数不能适应实际情况时，才可考虑采用。

表 1　基本系列

基本系列(常用值)				序号	理论值		基本系列和计算值间的相对误差/%
R5	R10	R20	R40		对数尾数	计算值	
(1)	(2)	(3)	(4)	(5)	(6)	(7)	(8)
1.00	1.00	1.00	1.00	0	000	1.000 0	0
			1.06	1	025	1.059 3	+0.07
		1.12	1.12	2	050	1.122 0	−0.18
			1.18	3	075	1.1885	−0.71
	1.25	1.25	1.25	4	100	1.258 9	−0.71
			1.32	5	125	1.333 5	−1.01
		1.40	1.40	6	150	1.412 5	−0.88
			1.50	7	175	1.496 2	+0.25
1.60	1.60	1.60	1.60	8	200	1.584 9	+0.95
			1.70	9	225	1.678 8	+1.26
		1.80	1.80	10	250	1.778 3	+1.22
			1.90	11	275	1.883 6	+0.87
	2.00	2.00	2.00	12	300	1.995 3	+0.24
			2.12	13	325	2.113 5	+0.31
		2.24	2.24	14	350	2.238 7	+0.06
			2.36	15	375	2.371 4	−0.48
2.50	2.50	2.50	2.50	16	400	2.511 9	−0.47
			2.65	17	425	2.660 7	−0.40
		2.80	2.80	18	450	2.818 4	−0.65
			3.00	19	475	2.985 4	+0.49
	3.15	3.15	3.15	20	500	3.162 3	−0.39
			3.35	21	525	3.349 7	+0.01
		3.55	3.55	22	550	3.548 1	+0.05
			3.75	23	575	3.758 4	−0.22

表 1（续）

基本系列(常用值)				序号	理论值		基本系列和计算值间的相对误差/%
R5	R10	R20	R40		对数尾数	计算值	
(1)	(2)	(3)	(4)	(5)	(6)	(7)	(8)
4.00	4.00	4.00	4.00	24	600	3.981 1	+0.47
			4.25	25	625	4.217 0	+0.78
		4.50	4.50	26	650	4.466 8	+0.74
			4.75	27	675	4.731 5	+0.39
	5.00	5.00	5.00	28	700	5.011 9	−0.24
			5.30	29	725	5.308 8	−0.17
		5.60	5.60	30	750	5.623 4	−0.42
			6.00	31	775	5.956 6	+0.73
6.30	6.30	6.30	6.30	32	800	6.309 6	−0.15
			6.70	33	825	6.683 4	+0.25
		7.10	7.10	34	850	7.079 5	+0.29
			7.50	35	875	7.498 9	+0.01
	8.00	8.00	8.00	36	900	7.943 3	+0.71
			8.50	37	925	8.414 0	+1.02
		9.00	9.00	38	950	8.912 5	+0.98
			9.50	39	975	9.440 6	+0.63
10.00	10.00	10.00	10.00	40	000	10.000 0	0

表 2 补充系列 R80

1.00	1.60	2.50	4.00	6.30
1.03	1.65	2.58	4.12	6.50
1.06	1.70	2.65	4.25	6.70
1.09	1.75	2.72	4.37	6.90
1.12	1.80	2.80	4.50	7.10
1.15	1.85	2.90	4.62	7.30
1.18	1.90	3.00	4.75	7.50
1.22	1.95	3.07	4.87	7.75
1.25	2.00	3.15	5.00	8.00
1.28	2.06	3.25	5.15	8.25
1.32	2.12	3.35	5.30	8.50
1.36	2.18	3.45	5.45	8.75
1.40	2.24	3.55	5.60	9.00
1.45	2.30	3.65	5.80	9.25
1.50	2.35	3.75	6.00	9.50
1.55	2.43	3.85	6.15	9.75

3.3 派生系列

3.3.1 派生系列

派生系列是从基本系列或补充系列 Rr 中,每 p 项取值导出的系列,以 Rr/p 表示,比值 r/p 是 1～10、10～100 等各个十进制数内项值的分级数。

派生系列的公比为:

$$q_{r/p} = q_r^p = (\sqrt[r]{10})^p = 10^{p/r}$$

比值 r/p 相等的派生系列具有相同的公比,但其项值是多义的。例如,派生系列 R10/3 的公比 $q_{10/3} = 10^{3/10} = 1.258\,9^3 \approx 2$,可导出三种不同项值的系列:

1.00, 2.00, 4.00, 8.00

1.25, 2.50, 5.00, 10.0

1.60, 3.15, 6.30, 12.5

3.3.2 一般情况

设:r 是基本系列的指数,r=5,10,20 或 40。

p 是派生系列的间距,即组成派生系列时,在基本系列中所要求的间隔项数。

派生系列公比是:

$$10^{p/r}$$

此外,如 N 是正整数,则派生系列的标志项是:

$$10^{N/40}$$

则派生系列记为:

$$\mathrm{R}^{r/p}(\cdots\cdots 10^{N/40}\cdots\cdots)$$

最后,如 X 是任意整数(正、零或负整数),则派生系列的任意项为:

$$10^{N/40} \times 10^{(p/r)X} = 10^{\left(\frac{N}{40}+\frac{pX}{r}\right)}$$

ICS 25.160.01
J 33

中华人民共和国国家标准

GB/T 324—2008
代替 GB/T 324—1988

焊缝符号表示法

Weld symbolic representation on drawings

(ISO 2553:1992, Welded, brazed and soldered joints—Symbolic representation on drawings, MOD)

2008-06-26 发布　　2009-01-01 实施

中华人民共和国国家质量监督检验检疫总局
中国国家标准化管理委员会　发布

前　言

本标准修改采用ISO 2553:1992《焊接、硬钎焊及软钎焊接头　在图样上的符号表示法》(英文版)。

本标准与ISO 2553:1992相比,主要差异如下:

——删除了国际标准的前言;

——规范性引用文件中删除了ISO 123:1982、ISO 544:1989、ISO 1302:1978、ISO 2560:1973、ISO 3098-1:1974、ISO 3581:1976、ISO 8167:1989,增加了GB/T 12212—1990;

——增加了若干种补充符号;

——尺寸标注方法做了细化;

——删除了国际标准中的部分示例。

本标准代替GB/T 324—1988《焊缝符号表示法》。

本标准与GB/T 324—1988相比主要变化如下:

——适用范围扩大至钎焊接头;

——增加了7种基本符号;

——原来的“辅助符号”和“补充符号”合并为“补充符号”,并在其中增加了圆滑过渡符号,原来的衬垫细分为永久衬垫和临时衬垫;

——示例部分按照实用、简明的原则做了调整。

本标准的附录A为资料性附录。

本标准由全国焊接标准化技术委员会提出并归口。

本标准起草单位:哈尔滨焊接研究所、北京电力建设公司、兰州兰石机械设备有限责任公司。

本标准主要起草人:朴东光、任永宁、雷万庆。

本标准所代替标准的历次版本发布情况为:

——GB 324—1964、GB/T 324—1980、GB/T 324—1988。

焊缝符号表示法

1 范围

本标准规定了焊缝符号的表示规则。

本标准适用于焊接接头的符号标注。

2 规范性引用文件

下列文件中的条款通过本标准的引用而成为本标准的条款。凡是注日期的引用文件，其随后所有的修改单(不包括勘误的内容)或修订版均不适用于本标准，然而，鼓励根据本标准达成协议的各方研究是否可使用这些文件的最新版本。凡是不注日期的引用文件，其最新版本适用于本标准。

GB/T 5185 焊接及相关工艺方法代号(GB/T 5185—2005,ISO 4063:1998,IDT)

GB/T 12212 技术制图 焊缝符号的尺寸、比例及简化表示法

GB/T 16672 焊缝 工作位置 倾角和转角的定义(GB/T 16672—1996,idt ISO 6947:1993)

GB/T 19418 钢的弧焊接头 缺陷质量分级指南(GB/T 19418—2003,ISO 5817:1992,IDT)

3 总则

在技术图样或文件上需要表示焊缝或接头时，推荐采用焊缝符号。必要时，也可采用一般的技术制图方法表示。

焊缝符号应清晰表述所要说明的信息，不使图样增加更多的注解。

完整的焊缝符号包括基本符号、指引线、补充符号、尺寸符号及数据等。为了简化，在图样上标注焊缝时通常只采用基本符号和指引线，其他内容一般在有关的文件中(如焊接工艺规程等)明确。

符号的比例、尺寸及标注位置参见 GB/T 12212 的有关规定。

4 符号

4.1 基本符号

基本符号表示焊缝横截面的基本形式或特征，具体参见表 1，应用参见附录 A。

表 1 基本符号

序号	名称	示意图	符号
1	卷边焊缝(卷边完全熔化)		 八
2	I 形焊缝		 ‖
3	V 形焊缝		 V
4	单边 V 形焊缝		 V

表 1（续）

序号	名　　称	示 意 图	符　　号
5	带钝边 V 形焊缝	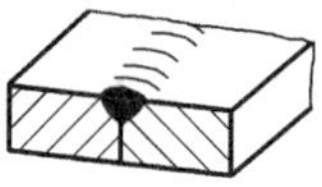	
6	带钝边单边 V 形焊缝	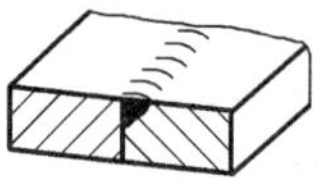	
7	带钝边 U 形焊缝	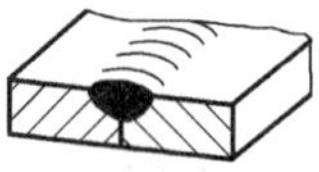	
8	带钝边 J 形焊缝		
9	封底焊缝	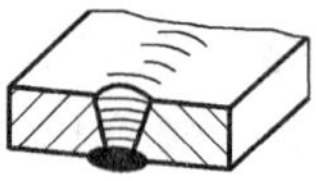	
10	角焊缝	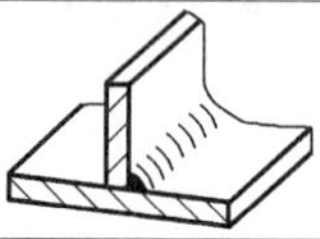	
11	塞焊缝或槽焊缝		
12	点焊缝	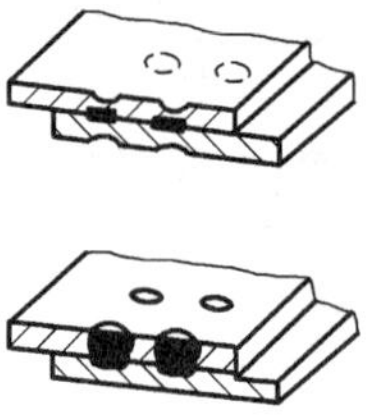	
13	缝焊缝	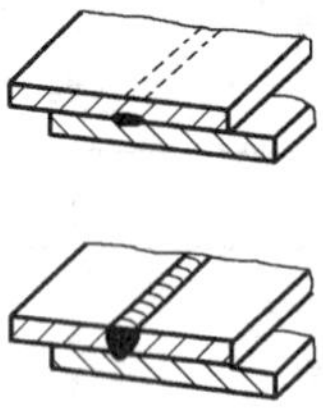	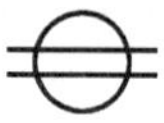
14	陡边 V 形焊缝		
15	陡边单 V 形焊缝	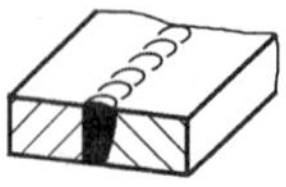	
16	端焊缝		

表 1（续）

序号	名　　　称	示　意　图	符　　号
17	堆焊缝	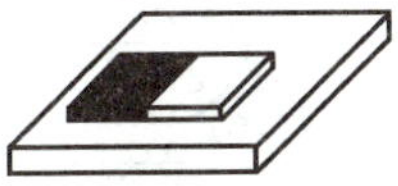	
18	平面连接（钎焊）	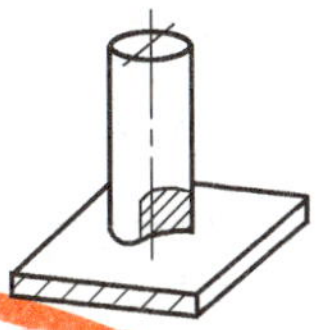 	
19	斜面连接（钎焊）		
20	折叠连接（钎焊）	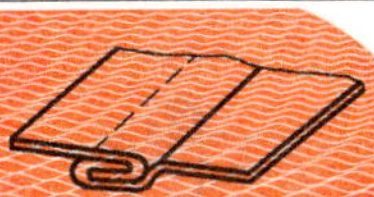	

4.2　基本符号的组合

标注双面焊焊缝或接头时，基本符号可以组合使用，如表 2 所示。

表 2　基本符号的组合

序号	名　　　称	示　意　图	符　　号
1	双面 V 形焊缝 （X 焊缝）	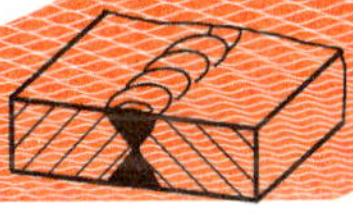	
2	双面单 V 形焊缝 （K 焊缝）		
3	带钝边的双面 V 形焊缝		
4	带钝边的双面单 V 形焊缝	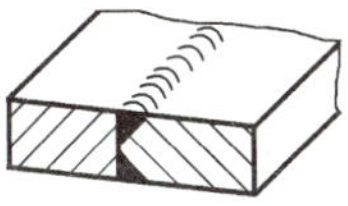	
5	双面 U 形焊缝	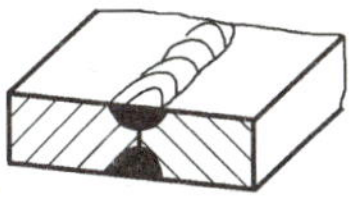	

4.3　补充符号

补充符号用来补充说明有关焊缝或接头的某些特征（诸如表面形状、衬垫、焊缝分布、施焊地点等）。

补充符号参见表 3。

表 3 补充符号

序号	名　称	符　号	说　　明
1	平面		焊缝表面通常经过加工后平整
2	凹面		焊缝表面凹陷
3	凸面		焊缝表面凸起
4	圆滑过渡		焊趾处过渡圆滑
5	永久衬垫	M	衬垫永久保留
6	临时衬垫	MR	衬垫在焊接完成后拆除
7	三面焊缝		三面带有焊缝
8	周围焊缝		沿着工件周边施焊的焊缝 标注位置为基准线与箭头线的交点处
9	现场焊缝		在现场焊接的焊缝
10	尾部		可以表示所需的信息

5 基本符号和指引线的位置规定

5.1 基本要求

在焊缝符号中，基本符号和指引线为基本要素。焊缝的准确位置通常由基本符号和指引线之间的相对位置决定，具体位置包括：

——箭头线的位置；

——基准线的位置；

——基本符号的位置。

5.2 指引线

指引线由箭头线和基准线(实线和虚线)组成，见图 1。

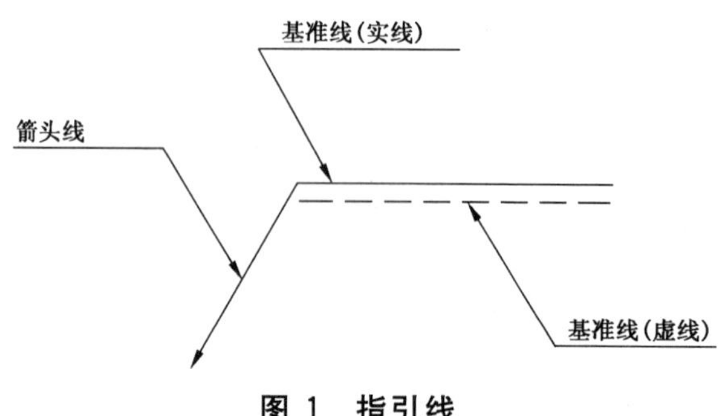

图 1 指引线

5.2.1 箭头线

箭头直接指向的接头侧为“接头的箭头侧”，与之相对的则为“接头的非箭头侧”，参见图 2。

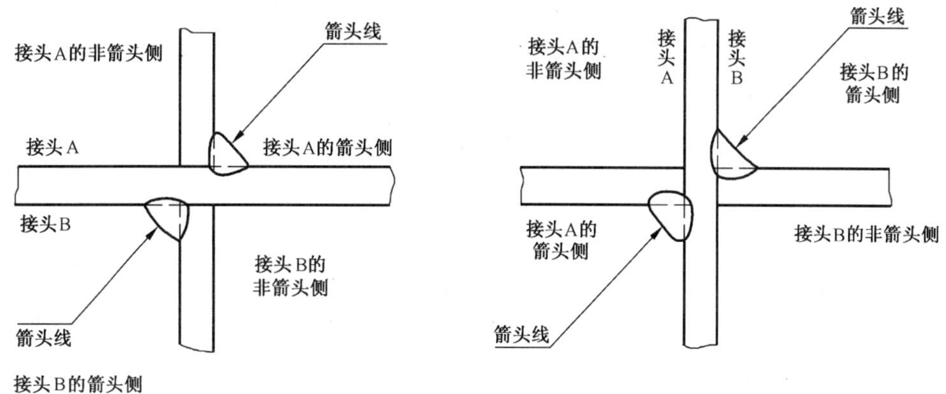

图2 接头的"箭头侧"及"非箭头侧"示例

5.2.2 基准线

基准线一般应与图样的底边平行,必要时也可与底边垂直。

实线和虚线的位置可根据需要互换。

5.3 基本符号与基准线的相对位置

——基本符号在实线侧时,表示焊缝在箭头侧,参见图3a);

——基本符号在虚线侧时,表示焊缝在非箭头侧,参见图3b);

——对称焊缝允许省略虚线,参见图3c);

——在明确焊缝分布位置的情况下,有些双面焊缝也可省略虚线,参见图3d)。

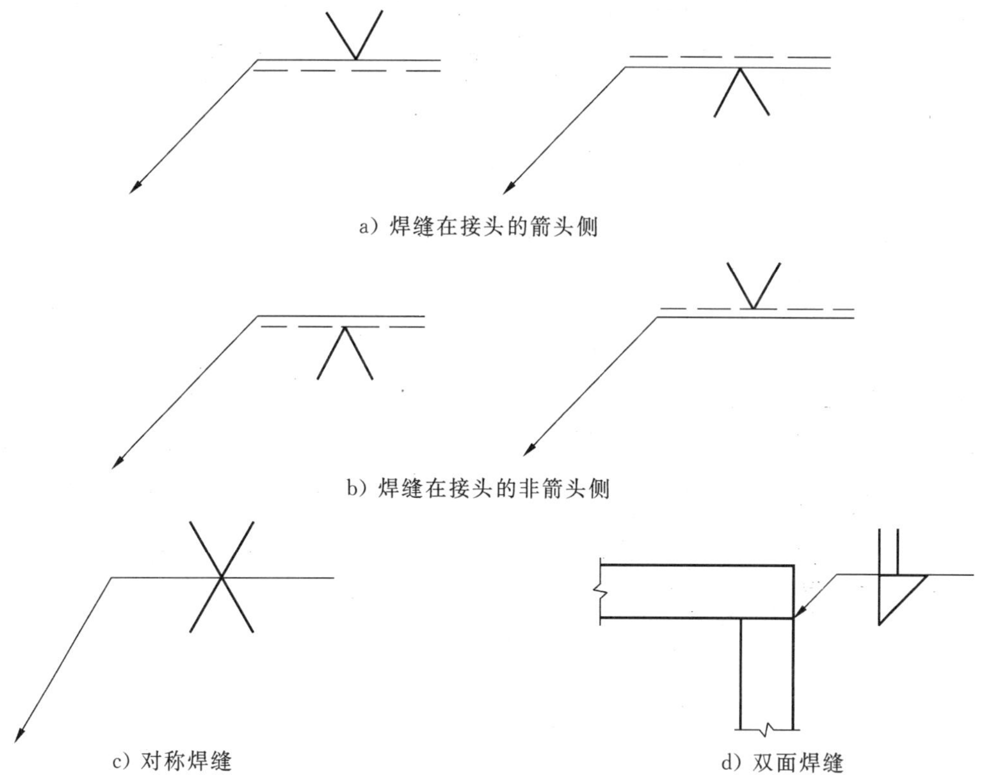

a)焊缝在接头的箭头侧

b)焊缝在接头的非箭头侧

c)对称焊缝

d)双面焊缝

图3 基本符号与基准线的相对位置

6 尺寸及标注

6.1 一般要求

必要时,可以在焊缝符号中标注尺寸。尺寸符号参见表4。

表 4　尺寸符号

符号	名　　称	示　意　图	符号	名　　称	示　意　图
δ	工件厚度	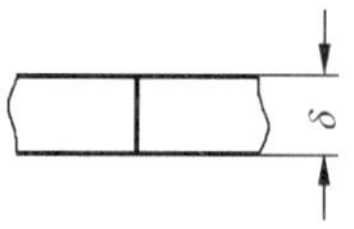 δ	c	焊缝宽度	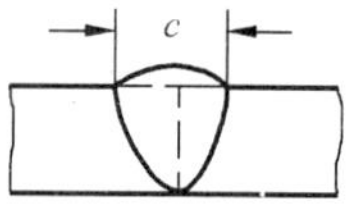 c
α	坡口角度	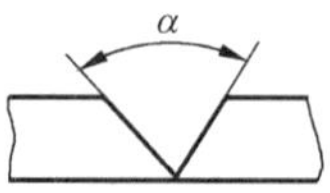 α	K	焊脚尺寸	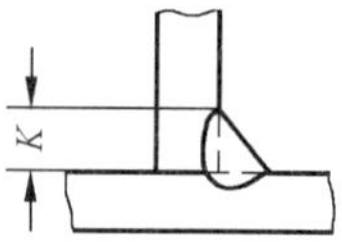 K
β	坡口面角度	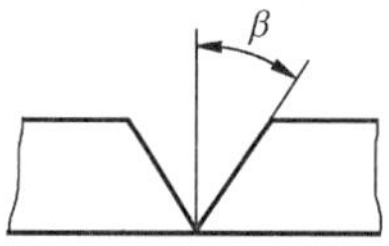 β	d	点焊：熔核直径 塞焊：孔径	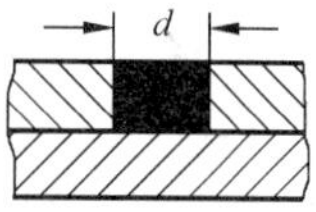 d
b	根部间隙	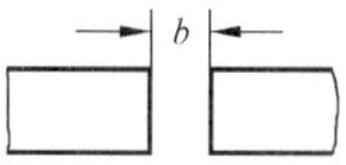 b	n	焊缝段数	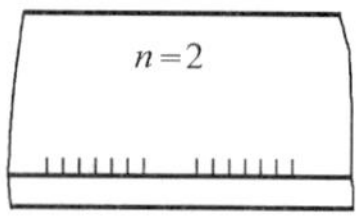 $n=2$
p	钝边	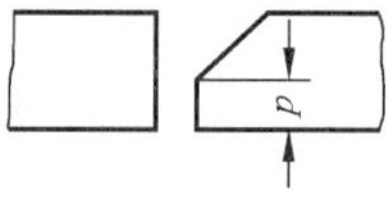 p	l	焊缝长度	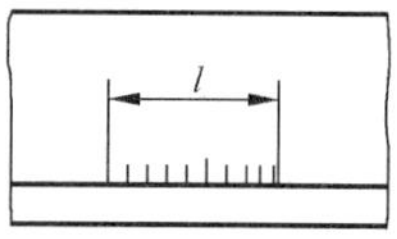 l
R	根部半径	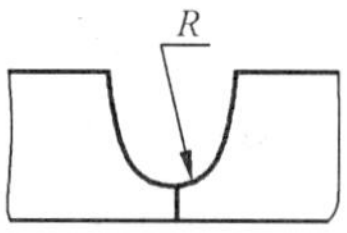 R	e	焊缝间距	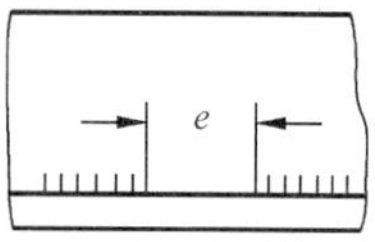 e
H	坡口深度	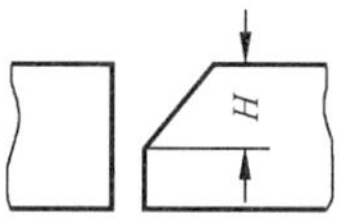 H	N	相同焊缝数量	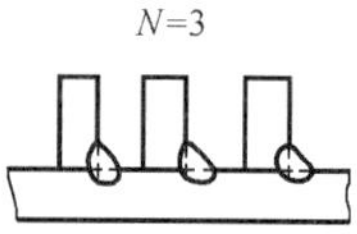 $N=3$
S	焊缝有效厚度	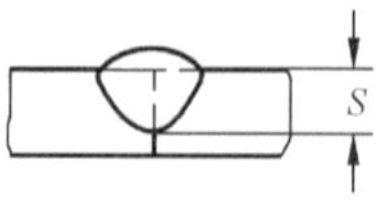 S	h	余高	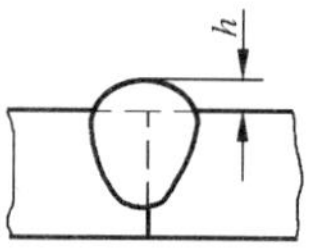 h

6.2　标注规则

尺寸的标注方法参见图 4。

——横向尺寸标注在基本符号的左侧；

——纵向尺寸标注在基本符号的右侧；

——坡口角度、坡口面角度、根部间隙标注在基本符号的上侧或下侧；

——相同焊缝数量标注在尾部；

——当尺寸较多不易分辨时，可在尺寸数据前标注相应的尺寸符号。

当箭头线方向改变时，上述规则不变。

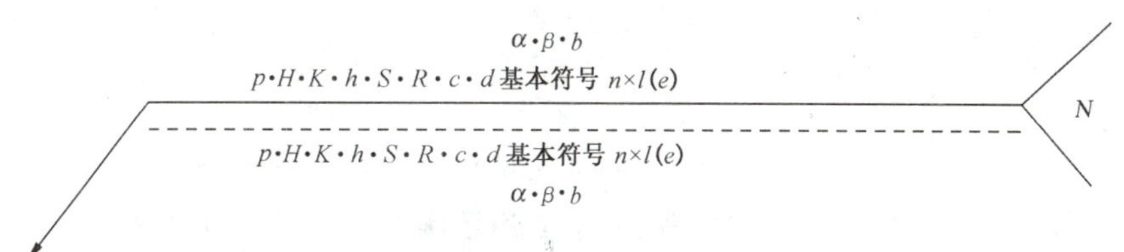

图 4 尺寸标注方法

6.3 关于尺寸的其他规定

确定焊缝位置的尺寸不在焊缝符号中标注，应将其标注在图样上。

在基本符号的右侧无任何尺寸标注又无其他说明时，意味着焊缝在工件的整个长度方向上是连续的。

在基本符号的左侧无任何尺寸标注又无其他说明时，意味着对接焊缝应完全焊透。

塞焊缝、槽焊缝带有斜边时，应标注其底部的尺寸。

附 录 A
（资料性附录）
焊缝符号的应用示例

A.1 基本符号的应用

表 A.1 给出了基本符号的应用示例。

表 A.1 基本符号的应用示例

序号	符号	示 意 图	标 注 示 例	备 注
1	V			
2	Y			
3	◺			
4	X			
5	K			

A.2 补充符号应用示例

A.2.1 表 A.2 和表 A.3 给出了补充符号的应用及标注示例。

表 A.2 补充符号应用示例

序号	名　　称	示 意 图	符　　号
1	平齐的 V 形焊缝		
2	凸起的双面 V 形焊缝		
3	凹陷的角焊缝	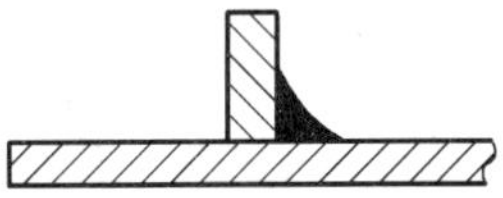	
4	平齐的 V 形焊缝和封底焊缝		
5	表面过渡平滑的角焊缝	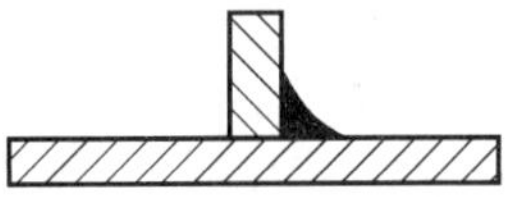	

表 A.3 补充符号的标注示例

序号	符号	示 意 图	标 注 示 例	备注
1		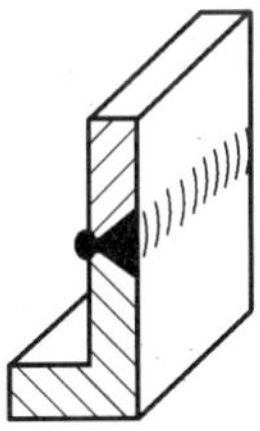	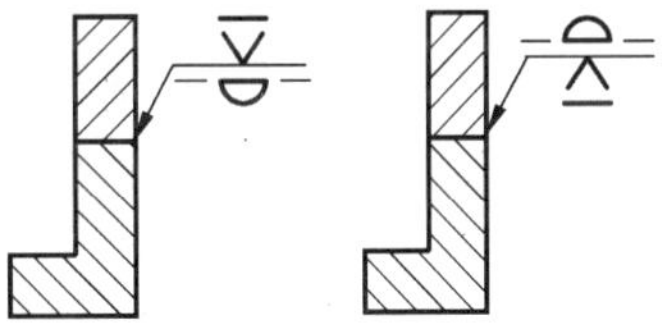	
2		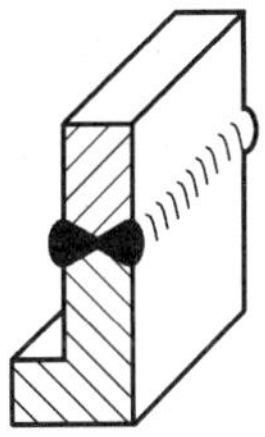	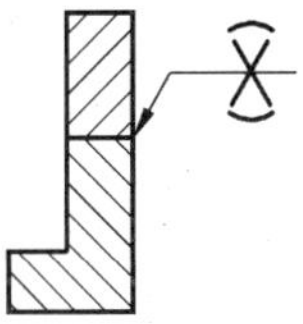	
3		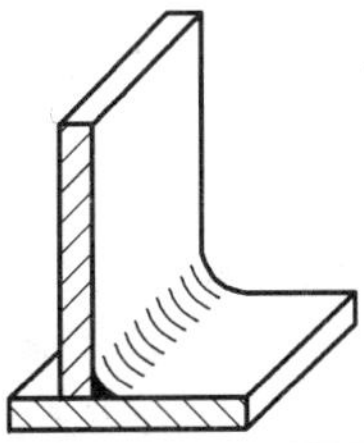	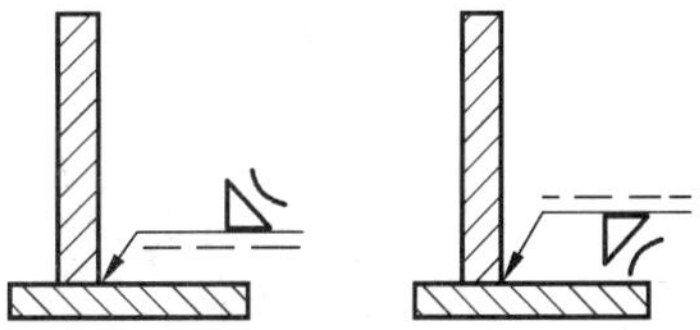	

A.2.2 其他补充说明

A.2.2.1 周围焊缝

当焊缝围绕工件周边时,可采用圆形的符号,如图 A.1 所示。

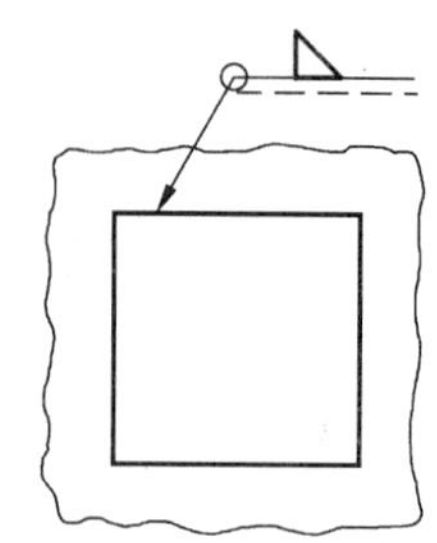

图 A.1 周围焊缝的标注

A.2.2.2 现场焊缝

用一个小旗表示野外或现场焊缝,如图 A.2。

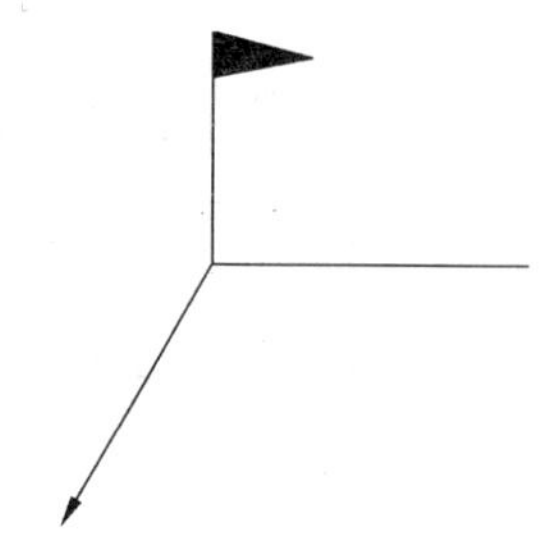

图 A.2 现场焊缝的表示

A.2.2.3 焊接方法的标注

必要时,可以在尾部标注焊接方法代号,见图 A.3。

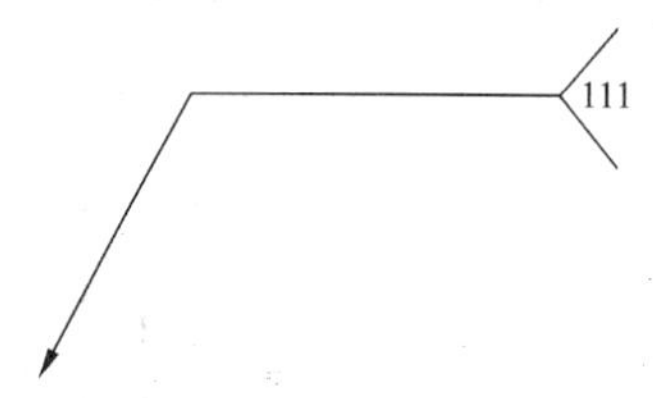

图 A.3 焊接方法的尾部标注

A.2.2.4 尾部标注内容的次序

尾部需要标注的内容较多时,可参照如下次序排列:

——相同焊缝数量;

——焊接方法代号(按照 GB/T 5185 规定);

——缺欠质量等级(按照 GB/T 19418 规定);

——焊接位置(按照 GB/T 16672 规定);

——焊接材料(如按照相关焊接材料标准);

——其他。

每个款项应用斜线“/”分开。

为了简化图样,也可以将上述有关内容包含在某个文件中,采用封闭尾部给出该文件的编号(如 WPS 编号或表格编号等),参见图 A.4。

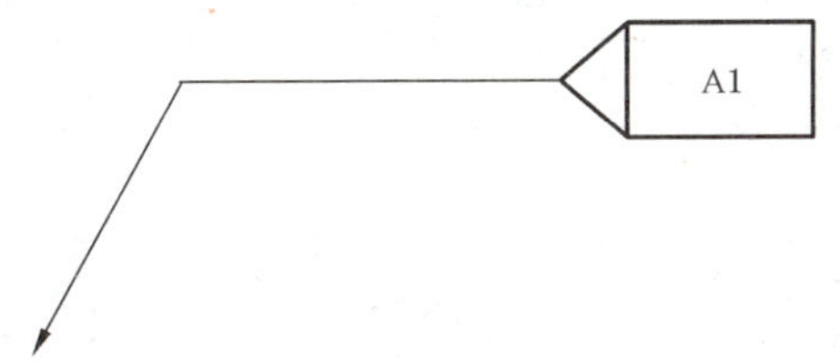

图 A.4 封闭尾部示例

A.3 尺寸标注示例

表 A.4 给出了尺寸标注的示例。

表 A.4 尺寸标注的示例

序号	名称	示意图	尺寸符号	标注方法
1	对接焊缝	S	S:焊缝有效厚度	S
2	连续 角焊缝	K	K:焊脚尺寸	K
3	断续 角焊缝	l (e) l	l:焊缝长度; e:间距; n:焊缝段数; K:焊脚尺寸	K n×l(e)
4	交错断续 角焊缝	l (e) l (e) l l (e) l	l:焊缝长度; e:间距; n:焊缝段数; K:焊脚尺寸	K n×l (e) K n×l (e)
5	塞焊缝 或 槽焊缝	c c l (e) l	l:焊缝长度; e:间距; n:焊缝段数; c:槽宽	c n×l(e)

表 A.4（续）

序号	名称	示意图	尺寸符号	标注方法
5	塞焊缝 或 槽焊缝	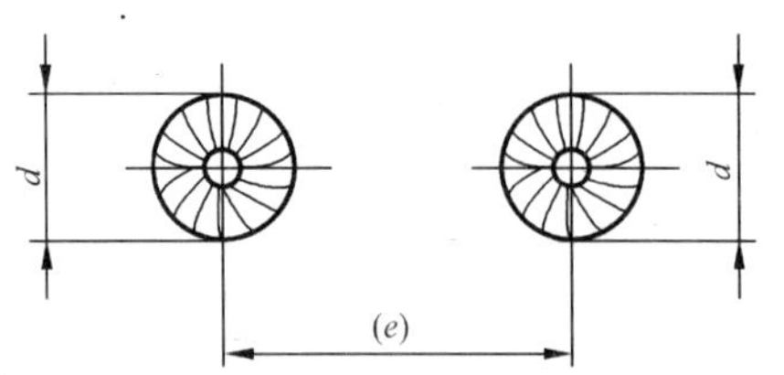 d (e) d	e:间距； n:焊缝段数； d:孔径	 d ┌┐ n×(e)
6	点焊缝	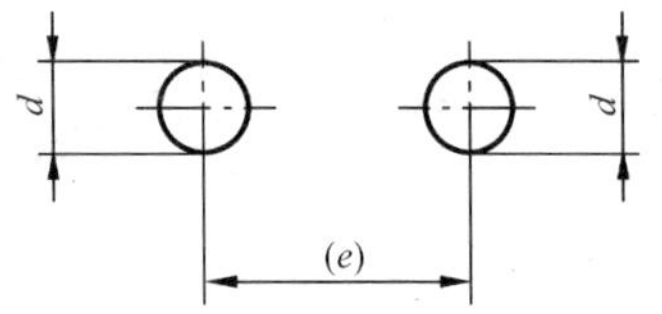 d (e) d	n:焊点数量； e:焊点距； d:熔核直径	 d ○ n×(e)
7	缝焊缝	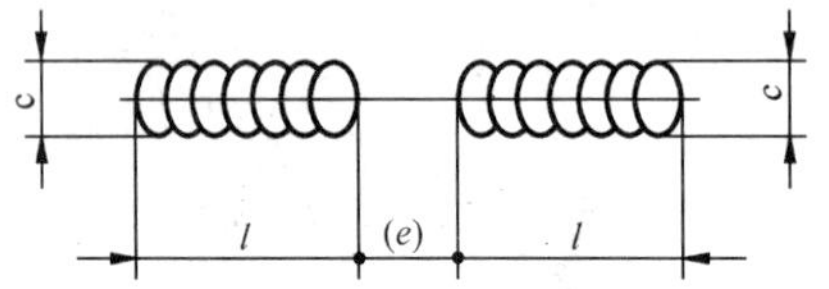 c l (e) l c	l:焊缝长度； e:间距； n:焊缝段数； c:焊缝宽度	 c ⊖ n×l(e)

ICS 25.160.01
J 33

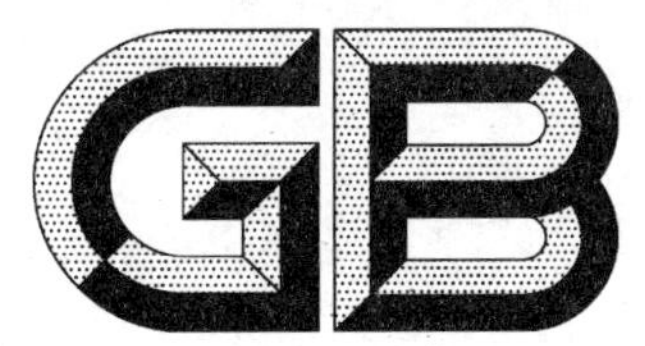

中华人民共和国国家标准

GB/T 985.1—2008
代替 GB/T 985—1988

气焊、焊条电弧焊、气体保护焊和高能束焊的推荐坡口

Recommended joint preparation for gas welding, manual metal arc welding, gas-shield arc welding and beam welding

(ISO 9692-1:2003, Welding and allied processes—Recommendations for joint preparation—Part 1: Manual metal arc welding, gas-shield arc welding, gas welding, TIG welding and beam welding of steels, MOD)

2008-03-31 发布　　2008-09-01 实施

中华人民共和国国家质量监督检验检疫总局
中国国家标准化管理委员会　发布

前　　言

GB/T 985 分为如下 4 个部分：

——GB/T 985.1　气焊、焊条电弧焊、气体保护焊和高能束焊的推荐坡口；

——GB/T 985.2　埋弧焊的推荐坡口；

——GB/T 985.3　铝及铝合金气体保护焊的推荐坡口；

——GB/T 985.4　复合钢的推荐坡口。

本部分为 GB/T 985.1。

本部分修改采用 ISO 9692-1:2003《焊接及相关工艺　推荐的焊接坡口　第 1 部分:钢的焊条电弧焊、熔化极气体保护焊、气焊、TIG 焊和高能束焊》(英文版)。

本部分根据 ISO 9692-1:2003 重新起草。本标准与 ISO 9692-1:2003 相比,技术内容修改如下：

——增加了附录 A。

为了便于使用，本部分做了下列编辑性修改：

——删除了国际标准的前言；

——将标准名称改为“气焊、焊条电弧焊、气体保护焊和高能束焊的推荐坡口”；

——对 ISO 9692-1:2003 中引用的其他国际标准,有被等同或修改采用为我国标准的用我国标准代替对应的国际标准；

——表中的序号做了调整。

本部分代替 GB/T 985—1988《气焊、手工电弧焊及气体保护焊焊缝坡口的基本形式和尺寸》。

本部分与 GB/T 985—1988 相比主要变化如下：

——适用范围增加了高能束焊接头；

——坡口按照单面焊和双面焊划分；

——针对每种坡口推荐了相应的焊接方法；

——增加了窄间隙焊接坡口。

本部分的附录 A 为资料性附录。

本部分由全国焊接标准化技术委员会提出并归口。

本部分起草单位:哈尔滨焊接研究所、东方锅炉(集团)股份有限公司。

本部分主要起草人:朴东光、潘乾刚、储继君。

本部分所代替标准的历次版本发布情况为：

——GB 985—1967、GB 985—1980、GB/T 985—1988。

气焊、焊条电弧焊、气体保护焊和高能束焊的推荐坡口

1 范围

GB/T 985 的本部分规定了钢材焊接的坡口形式和尺寸。本部分适用于气焊、焊条电弧焊、气体保护焊和高能束焊接。

2 规范性引用文件

下列文件中的条款通过 GB/T 985 的本部分的引用而成为本部分的条款。凡是注日期的引用文件,其随后所有的修改单(不包括勘误的内容)或修订版均不适用于本部分,然而,鼓励根据本部分达成协议的各方研究是否可使用这些文件的最新版本。凡是不注日期的引用文件,其最新版本适用于本部分。

GB/T 324 焊缝符号表示法(GB/T 324—1988,eqv ISO 2553:1984)

GB/T 5185 焊接及相关工艺方法代号(GB/T 5185—2005,ISO 4063:1998,IDT)

GB/T 16672 焊缝 工作位置 倾角和转角的定义(GB/T 16672—1996,idt ISO 6947:1993)

3 总则

本部分按照完全熔透的原则,规定了对接接头的坡口形式和尺寸。对于不完全熔透的对接接头,允许采用其他形式的焊接坡口。焊缝符号参见 GB/T 324。焊接位置参见 GB/T 16672。

4 焊接方法

表 1～表 4 规定的各类坡口适用于相应的焊接方法。必要时,也可采用两种以上适用方法组合焊接。

焊接方法代号参见 GB/T 5185。

5 坡口底边的打磨

从工艺角度出发,不带钝边的坡口可对其根部的底边进行打磨处理,保留一定的钝边量(2 mm 以内)。

6 坡口的推荐形式和尺寸

6.1 单面对接焊坡口

表 1 规定了单面对接焊的坡口形式和尺寸。在横焊位置焊接时,坡口角(或坡口面角)可适当加大,而且允许是非对称的。给定的间隙也适用于定位焊条件。

6.2 双面对接焊坡口

表 2 规定了双面对接焊的坡口形式和尺寸。在横焊位置焊接时,坡口角(或坡口面角)可适当加大,而且允许是非对称的。给定的间隙也适用于定位焊条件。

6.3 单面角焊缝

表 3 规定了单面角焊缝的接头形式。

6.4 双面角焊缝

表 4 规定了双面角焊缝的接头形式。

表 1　单面对接焊坡口

单位为毫米

序号	母材厚度 t	坡口/接头种类	基本符号	横截面示意图	尺寸：坡口角 α 或坡口面角 β	尺寸：间隙 b	尺寸：钝边 c	尺寸：坡口深度 h	适用的焊接方法	焊缝示意图	备注
1	≤2	卷边坡口	⅄		—	—	—	—	3 111 141 512		通常不填加焊接材料
2	≤4	I形坡口	‖		—	≈t	—	—	3 111 141		—
	3<t≤8					3≤b≤8			13		必要时加衬垫
						≈t			141[a]		
	≤15					≤1[b]			52		
						0					

表 1（续）

单位为毫米

序号	母材厚度 t	坡口/接头种类	基本符号	横截面示意图	尺寸				适用的焊接方法	焊缝示意图	备注
					坡口角 α 或坡口面角 β	间隙 b	钝边 c	坡口深度 h			
3	≤100	I形坡口（带衬垫）	—		—	—	—	—	51		—
		I形坡口（带锁底）	—								
4	3<t≤10	V形坡口	∨		40°≤α≤60°	≤4	≤2	—	3 111 13 141		必要时加衬垫
	8<t≤12				6°≤α≤8°	—			52[b]		
5	>16	陡边坡口	⊻		5°≤β≤20°	5≤b≤15	—	—	111 13		带衬垫

表 1（续）

单位为毫米

序号	母材厚度 t	坡口/接头种类	基本符号	横截面示意图	尺寸：坡口角 α 或坡口面角 β	尺寸：间隙 b	尺寸：钝边 c	尺寸：坡口深度 h	适用的焊接方法	焊缝示意图	备注
6	$5 \leqslant t \leqslant 40$	V 形坡口（带钝边）	Y	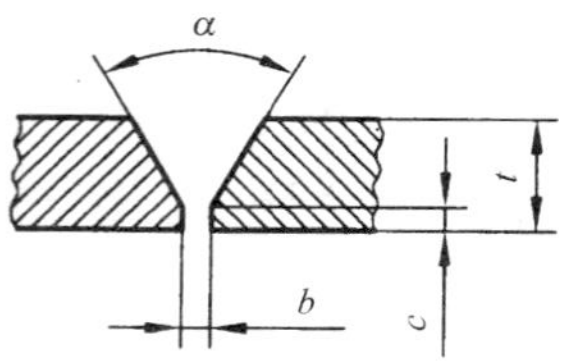	$\alpha \approx 60^\circ$	$1 \leqslant b \leqslant 4$	$2 \leqslant c \leqslant 4$	—	111 13 141	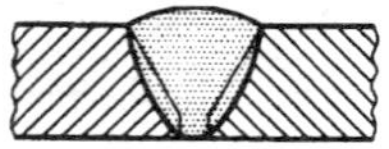	—
7	>12	U-V 形组合坡口		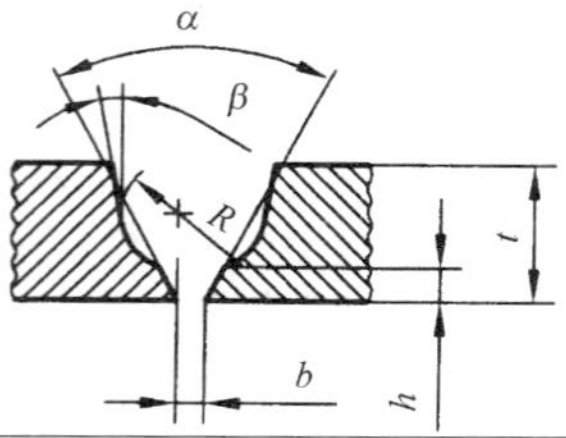	$60^\circ \leqslant \alpha \leqslant 90^\circ$ $8^\circ \leqslant \beta \leqslant 12^\circ$	$1 \leqslant b \leqslant 3$	—	≈ 4	111 13 141	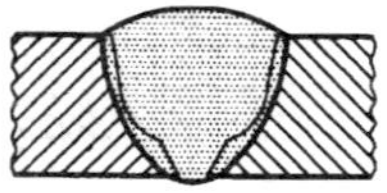	$6 \leqslant R \leqslant 9$
8	>12	V-V 形组合坡口		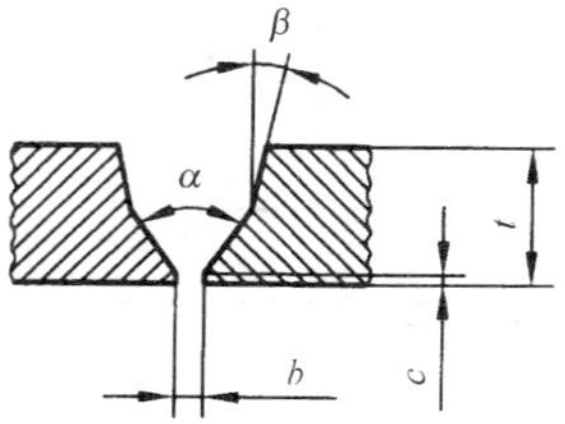	$60^\circ \leqslant \alpha \leqslant 90^\circ$ $10^\circ \leqslant \beta \leqslant 15^\circ$	$2 \leqslant b \leqslant 4$	>2	—	111 13 141	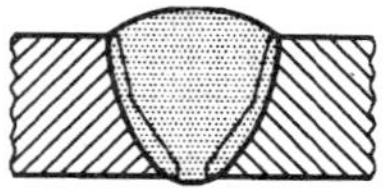	—
9	>12	U 形坡口		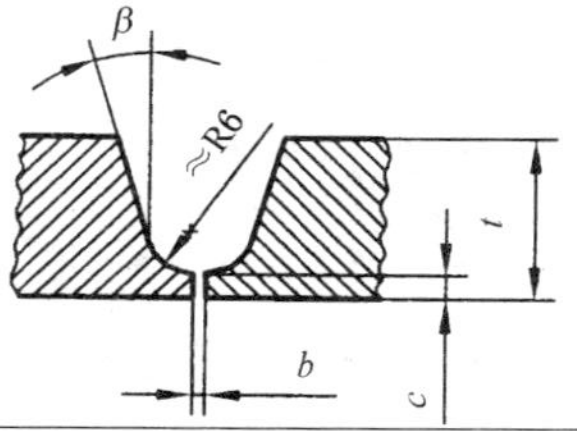	$8^\circ \leqslant \beta \leqslant 12^\circ$	$\leqslant 4$	$\leqslant 3$	—	111 13 141	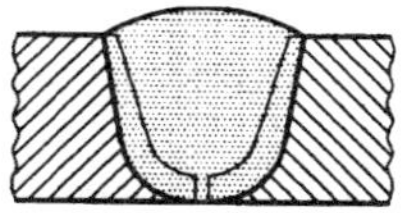	—

表 1（续）

单位为毫米

序号	母材厚度 t	坡口/接头种类	基本符号	横截面示意图	尺寸：坡口角 α 或坡口面角 β	尺寸：间隙 b	尺寸：钝边 c	尺寸：坡口深度 h	适用的焊接方法	焊缝示意图	备注
10	$3<t\leqslant 10$	单边 V 形坡口		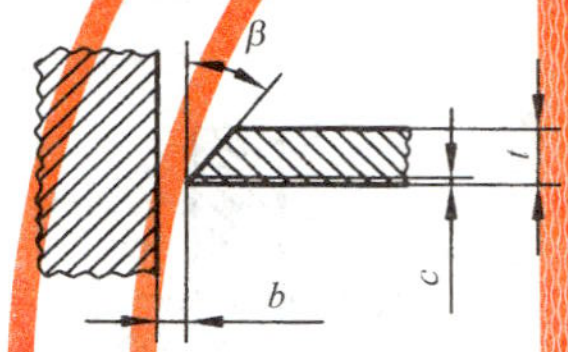 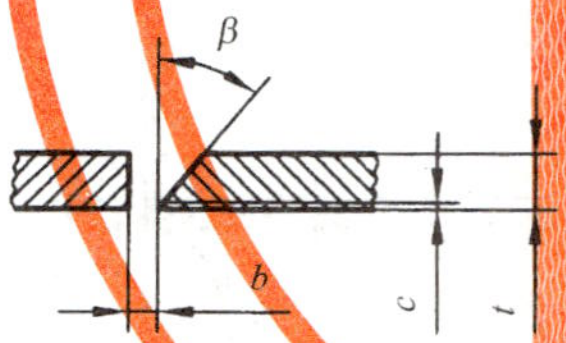	$35°\leqslant\beta\leqslant 60°$	$2\leqslant b\leqslant 4$	$1\leqslant c\leqslant 2$	—	111 13 141	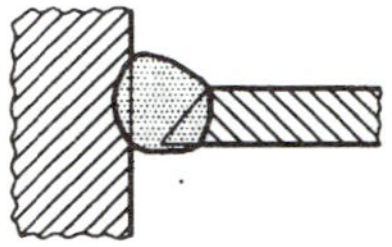 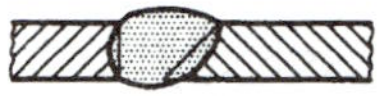	—
11	>16	单边陡边坡口			$15°\leqslant\beta\leqslant 60°$	$6\leqslant b\leqslant 12$	—	—	111		带衬垫
						≈ 12			13 141		

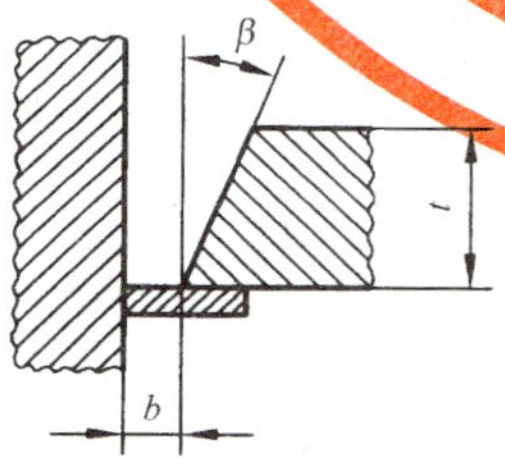

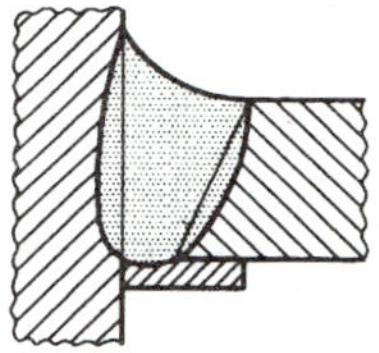

表 1（续）

单位为毫米

序号	母材厚度 t	坡口/接头种类	基本符号	横截面示意图	尺寸：坡口角 α 或坡口面角 β	尺寸：间隙 b	尺寸：钝边 c	尺寸：坡口深度 h	适用的焊接方法	焊缝示意图	备注
12	>16	J形坡口	⊬	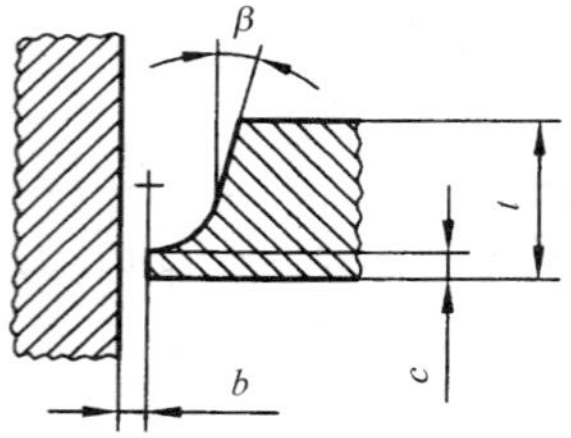	$10° \leqslant \beta \leqslant 20°$	$2 \leqslant b \leqslant 4$	$1 \leqslant c \leqslant 2$	—	111 13 141	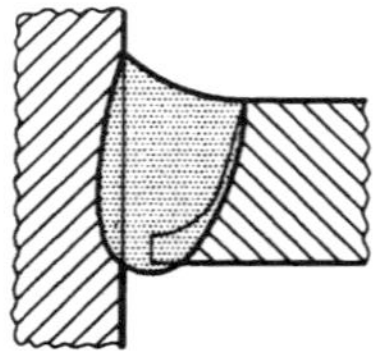	—
13	$\leqslant 15$	T形接头		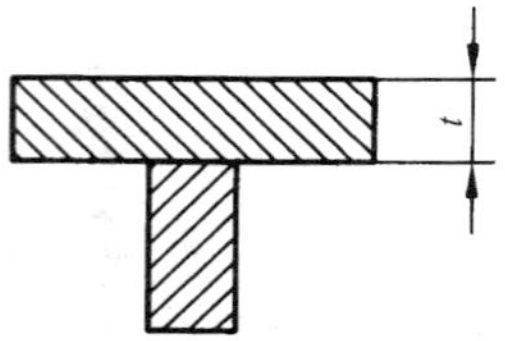	—	—	—	—	52		—
	$\leqslant 100$								51		
14	$\leqslant 15$	T形接头		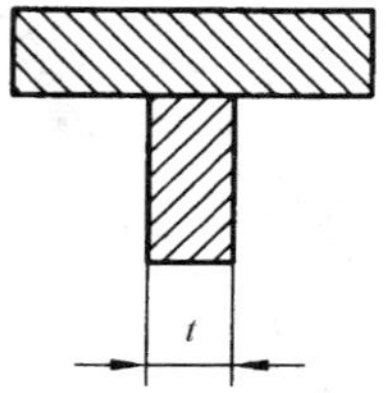	—	—	—	—	52	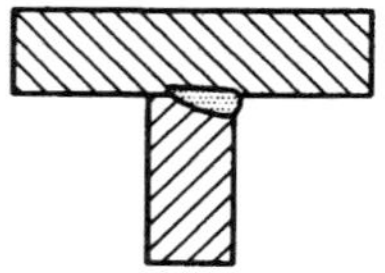	—
	$\leqslant 100$								51		

[a] 该种焊接方法不一定适用于整个工件厚度范围的焊接。

[b] 需要添加焊接材料。

表 2 双面对接焊坡口

单位为毫米

序号	母材厚度 t	坡口/接头种类	基本符号	横截面示意图	尺寸：坡口角 α 或坡口面角 β	尺寸：间隙 b	尺寸：钝边 c	尺寸：坡口深度 h	适用的焊接方法	焊缝示意图	备注
1	≤8	I形坡口	‖		—	≈t/2	—	—	111 141 13		—
	≤15					0			52		
2	3≤t≤40	V形坡口			α≈60°	≤3	≤2	—	111 141		封底
					40°≤α≤60°				13		
3	>10	带钝边V形坡口			α≈60°	1≤b≤3	2≤c≤4	—	111 141		特殊情况下可适用更小的厚度和气保焊方法。注明封底
					40°≤α≤60°				13		

表 2（续）

单位为毫米

序号	母材厚度 t	坡口/接头种类	基本符号	横截面示意图	尺寸：坡口角 α 或坡口面角 β	尺寸：间隙 b	尺寸：钝边 c	尺寸：坡口深度 h	适用的焊接方法	焊缝示意图	备注
4	>10	双 V 形坡口（带钝边）			$\alpha \approx 60°$	$1 \leqslant b \leqslant 4$	$2 \leqslant c \leqslant 6$	$h_1 = h_2 = \frac{t-c}{2}$	111 141		—
					$40° \leqslant \alpha \leqslant 60°$				13		
5	>10	双 V 形坡口			$\alpha \approx 60°$	$1 \leqslant b \leqslant 3$	$\leqslant 2$	$\approx t/2$	111 141		—
					$40° \leqslant \alpha \leqslant 60°$				13		
		非对称双 V 形坡口			$\alpha_1 \approx 60°$ $\alpha_2 \approx 60°$			$\approx t/3$	111 141		—
					$40° \leqslant \alpha_1 \leqslant 60°$ $40° \leqslant \alpha_2 \leqslant 60°$				13		

表 2（续）

单位为毫米

序号	母材厚度 t	坡口/接头种类	基本符号	横截面示意图	尺寸：坡口角 α 或坡口面角 β	尺寸：间隙 b	尺寸：钝边 c	尺寸：坡口深度 h	适用的焊接方法	焊缝示意图	备注
6	>12	U 形坡口			$8° \leqslant \beta \leqslant 12°$	$1 \leqslant b \leqslant 3$ $\leqslant 3$	≈ 5	—	111 13 141[a]		封底
7	$\geqslant 30$	双 U 形坡口			$8° \leqslant \beta \leqslant 12°$	$\leqslant 3$	≈ 3	$\approx \frac{t-c}{2}$	111 13 141[a]		可制成与 V 形坡口相似的非对称坡口形式
8	$3 \leqslant t \leqslant 30$	单边 V 形坡口			$35° \leqslant \beta \leqslant 60°$	$1 \leqslant b \leqslant 4$	$\leqslant 2$	—	111 13 141[a]		封底

表 2（续）

单位为毫米

序号	母材厚度 t	坡口/接头种类	基本符号	横截面示意图	尺寸：坡口角 α 或坡口面角 β	尺寸：间隙 b	尺寸：钝边 c	尺寸：坡口深度 h	适用的焊接方法	焊缝示意图	备注
9	>10	K 形坡口			$35° \leqslant \beta \leqslant 60°$	$1 \leqslant b \leqslant 4$	≤2	≈$t/2$ 或 ≈$t/3$	111 13 141[a]		可制成与V形坡口相似的非对称坡口形式
10	>16	J 形坡口			$10° \leqslant \beta \leqslant 20°$	$1 \leqslant b \leqslant 3$	≥2	—	111 13 141[a]		封底

表 2（续）

单位为毫米

序号	母材厚度 t	坡口/接头种类	基本符号	横截面示意图	尺寸 坡口角 α 或坡口面角 β	间隙 b	钝边 c	坡口深度 h	适用的焊接方法	焊缝示意图	备注
11	＞30	双 J 形坡口			$10° \leqslant \beta \leqslant 20°$	≤3	≥2	$-\frac{t-c}{2}$	111 13 141[a]		可制成与V形坡口相似的非对称坡口形式
							＜2	$\approx t/2$			
12	≤25	T 形接头			—	—	—	—	52		—
	≤170								51		

[a] 该种焊接方法不一定适用于整个工件厚度范围的焊接。

表 3　角焊缝的接头形式(单面焊)

单位为毫米

序号	母材厚度 t	接头形式	基本符号	横截面示意图	尺寸		适用的焊接方法[a]	焊缝示意图
					角度 α	间隙 b		
1	$t_1>2$ $t_2>2$	T形接头	◺		$70°\leqslant\alpha\leqslant100°$	$\leqslant2$	3 111 13 141	
2	$t_1>2$ $t_2>2$	搭接			—	$\leqslant2$	3 111 13 141	
3	$t_1>2$ $t_2>2$	角接			$60°\leqslant\alpha\leqslant120°$	$\leqslant2$	3 111 13 141	

[a] 这些焊接方法不一定适用于整个工件厚度范围的焊接。

表 4　角焊缝的接头形式(双面焊)

单位为毫米

序号	母材厚度 t	接头形式	基本符号	横截面示意图	尺寸：角度 α	尺寸：间隙 b	适用的焊接方法[a]	焊缝示意图
1	$t_1>3$ $t_2>3$	角接	◁		$70^\circ\leqslant\alpha\leqslant100^\circ$	$\leqslant2$	3 111 13 141	
2	$t_1>2$ $t_2>5$	角接			$60^\circ\leqslant\alpha\leqslant120^\circ$	—	3 111 13 141	
3	$2\leqslant t_1\leqslant4$ $2\leqslant t_2\leqslant4$	T 形接头			—	$\leqslant2$	3 111 13 141	
	$t_1>4$ $t_2>4$					—		

[a] 这些焊接方法不一定适用于整个工件厚度范围的焊接。

附　录　A
（资料性附录）
窄间隙焊接坡口

表 A.1　窄间隙热丝焊坡口

单位为毫米

序号	母材厚度 t	坡口/接头种类	基本符号	横截面示意图	尺寸				适用的焊接方法	焊缝示意图	备注
					坡口角 α 或 坡口面角 β	间隙 b	钝边 c	坡口深度 h			
1	$20 \leqslant t \leqslant 150$	U形坡口			$1° \leqslant \beta \leqslant 1.5°$	—	$c \approx 2$	—	141（热丝）		

ICS 25.160.01
J 33

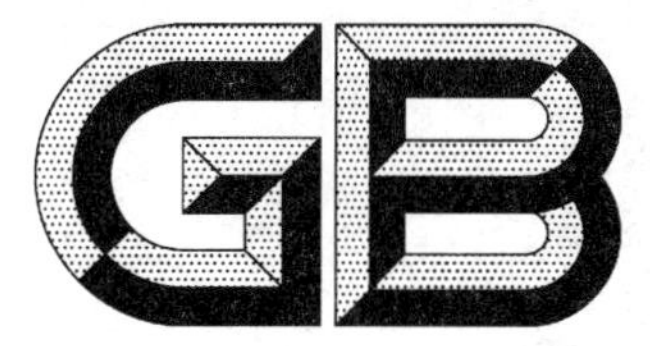

中华人民共和国国家标准

GB/T 985.2—2008
代替 GB/T 986—1988

埋弧焊的推荐坡口

Recommended joint preparation for submerged arc welding

(ISO 9692-2:1998,Welding and allied processes—Joint preparation—
Part 2:Submerged arc welding of steels,MOD)

2008-03-31 发布　　　　2008-09-01 实施

中华人民共和国国家质量监督检验检疫总局
中国国家标准化管理委员会　发布

前　　言

GB/T 985 分为如下 4 个部分：

——GB/T 985.1　气焊、焊条电弧焊、气体保护焊和高能束焊的推荐坡口；

——GB/T 985.2　埋弧焊的推荐坡口；

——GB/T 985.3　铝及铝合金气体保护焊的推荐坡口；

——GB/T 985.4　复合钢的推荐坡口。

本部分为 GB/T 985.2。

本部分修改采用 ISO 9692-2:1998《焊接及相关工艺　推荐的焊接坡口　第 2 部分:钢的埋弧焊》(英文版)。

本部分根据 ISO 9692-2:1998 重新起草。本标准与 ISO 9692-2:1998 相比，技术内容修改如下：

——规范性引用文件中删除了 ISO 3834、ISO 9692 和 ISO 9956；

——增加了附录 A。

为了便于使用，本部分做了下列编辑性修改：

——删除了国际标准的前言；

——将标准名称改为"埋弧焊的推荐坡口"；

——对 ISO 9692-2:1998 中引用的其他国际标准，有被等同或修改采用为我国标准的用我国标准代替对应的国际标准；

——表中的序号做了调整。

本部分代替 GB/T 986—1988《埋弧焊焊缝坡口的基本形式和尺寸》。

本部分与 GB/T 986—1988 相比主要变化如下：

——坡口按照单面焊和双面焊划分；

——增加了窄间隙焊接坡口。

本部分的附录 A 为资料性附录。

本部分由全国焊接标准化技术委员会提出并归口。

本部分起草单位：哈尔滨焊接研究所、东方锅炉(集团)股份有限公司。

本部分主要起草人：朴东光、潘乾刚、储继君。

本部分所代替标准的历次版本发布情况为：

——GB 986—1967、GB 986—1980、GB/T 986—1988。

埋弧焊的推荐坡口

1 范围

GB/T 985 的本部分规定了钢材焊接的坡口形式和尺寸。本部分适用于埋弧焊工艺方法。

2 规范性引用文件

下列文件中的条款通过 GB/T 985 的本部分的引用而成为本部分的条款。凡是注日期的引用文件，其随后所有的修改单(不包括勘误的内容)或修订版均不适用于本部分，然而，鼓励根据本部分达成协议的各方研究是否可使用这些文件的最新版本。凡是不注日期的引用文件，其最新版本适用于本部分。

GB/T 324 焊缝符号表示法（GB/T 324—1988，eqv ISO 2553：1984）

GB/T 16672 焊缝 工作位置 倾角和转角的定义（GB/T 16672—1996，ISO 6947：1993，IDT）

3 总则

本部分按照完全熔透的原则，规定了对接接头的坡口形式和尺寸。对于不完全熔透的对接接头，允许采用其他形式的焊接坡口。

4 焊接位置

本部分规定的坡口主要针对的是 GB/T 16672 中的平焊和平角焊位置(PA 和 PB)，采用横焊位置(PC 位置)时，可考虑采用其他的坡口形式和尺寸。

5 坡口形式

表 1 和表 2 规定了推荐的坡口形式和尺寸。基本符号参见 GB/T 324。

在采用定位焊接的情况下，表 1 和表 2 中的间隙是完成定位焊之后的间隙。

本部分未规定衬垫的材料和尺寸，衬垫的选择和使用应结合具体工况条件。

表 1 单面对接焊坡口

单位为毫米

焊缝					坡口形式和尺寸					焊接位置	备注
序号	工件厚度 t	名称	基本符号	焊缝示意图	横截面示意图	坡口角 α 或坡口面角 β	间隙 b、圆弧半径 R	钝边 c	坡口深度 h		
1	$3 \leqslant t \leqslant 12$	平对接焊缝	||	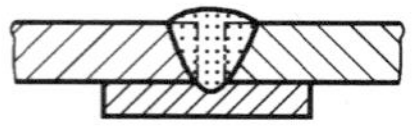	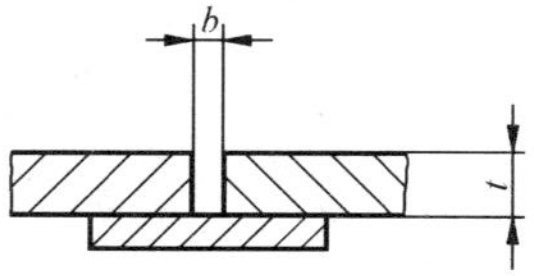	—	$b \leqslant 0.5t$ 最大 5	—	—	PA	带衬垫，衬垫厚度至少：5 mm 或 0.5t
2	$10 \leqslant t \leqslant 20$	V 形焊缝	V	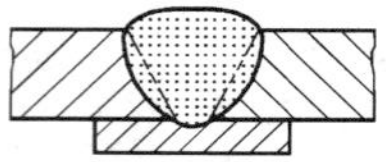	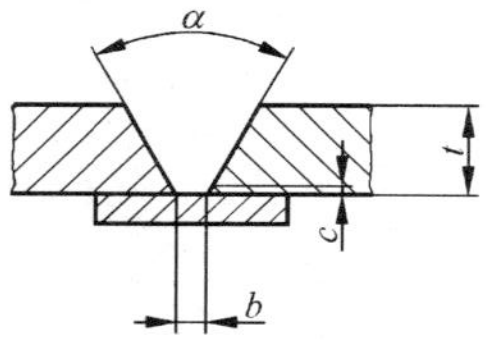	$30° \leqslant \alpha \leqslant 50°$	$4 \leqslant b \leqslant 8$	$c \leqslant 2$	—	PA	带衬垫，衬垫厚度至少：5 mm 或 0.5t
3	$t > 20$	陡边 V 形焊缝	⊻	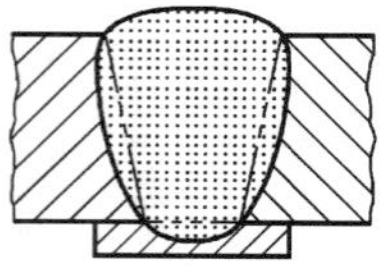	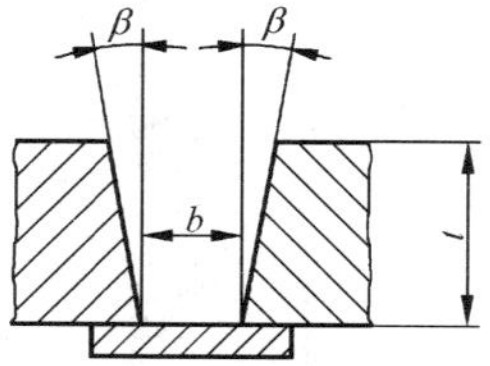	$4° \leqslant \beta \leqslant 10°$	$16 \leqslant b \leqslant 25$	—	—	PA	带衬垫，衬垫厚度至少：5 mm 或 0.5t
4	$t > 12$	双 V 形组合焊缝	≫	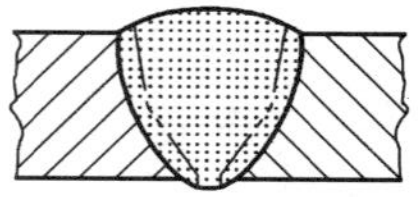	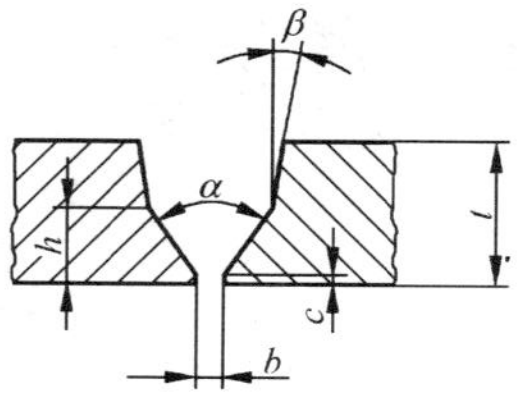	$60° \leqslant \alpha \leqslant 70°$ $4° \leqslant \beta \leqslant 10°$	$1 \leqslant b \leqslant 4$	$0 \leqslant c \leqslant 3$	$4 \leqslant h \leqslant 10$	PA	根部焊道可采用合适的方法焊接
5	$t \geqslant 12$	U-V 形组合焊缝	Y	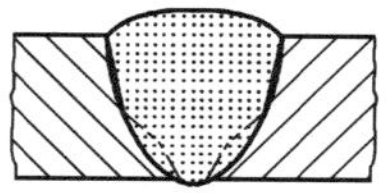	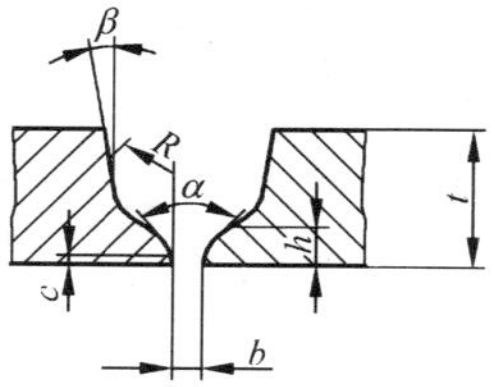	$60° \leqslant \alpha \leqslant 70°$ $4° \leqslant \beta \leqslant 10°$	$1 \leqslant b \leqslant 4$ $5 \leqslant R \leqslant 10$	$0 \leqslant c \leqslant 3$	$4 \leqslant h \leqslant 10$	PA	根部焊道可采用合适的方法焊接

表 1（续）

单位为毫米

焊缝					坡口形式和尺寸					焊接位置	备注
序号	工件厚度 t	名称	基本符号	焊缝示意图	横截面示意图	坡口角 α 或坡口面角 β	间隙 b、圆弧半径 R	钝边 c	坡口深度 h		
6	$t \geqslant 30$	U 形焊缝		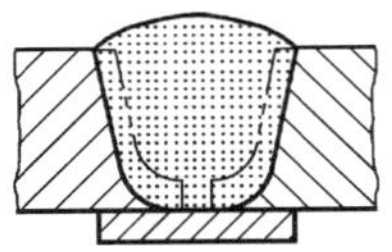	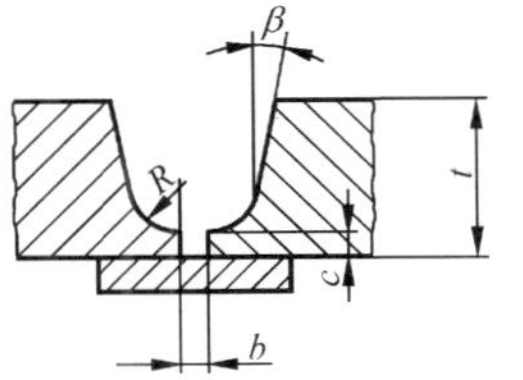	$4° \leqslant \beta \leqslant 10°$	$1 \leqslant b \leqslant 4$ $5 \leqslant R \leqslant 10$	$2 \leqslant c \leqslant 3$	—	PA	带衬垫，衬垫厚度至少：5 mm 或 $0.5t$
7	$3 \leqslant t \leqslant 16$	单边 V 形焊缝		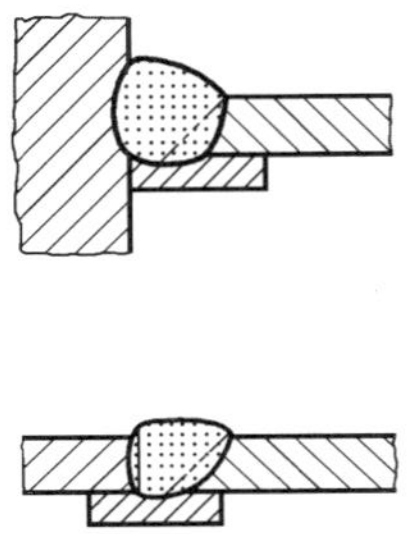	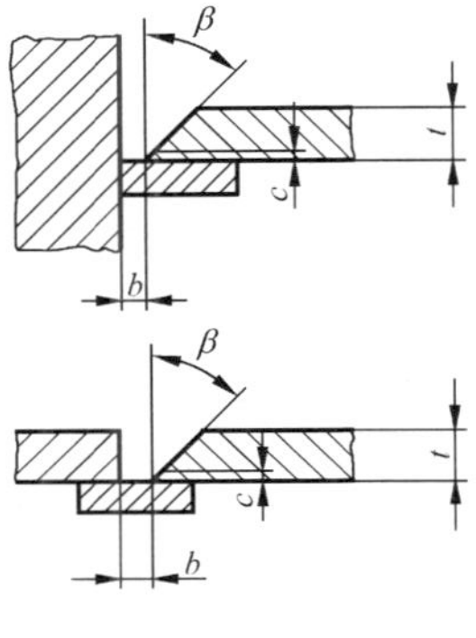	$30° \leqslant \beta \leqslant 50°$	$1 \leqslant b \leqslant 4$	$c \leqslant 2$	—	PA PB	带衬垫，衬垫厚度至少：5 mm 或 $0.5t$
8	$t \geqslant 16$	单边陡边 V 形焊缝		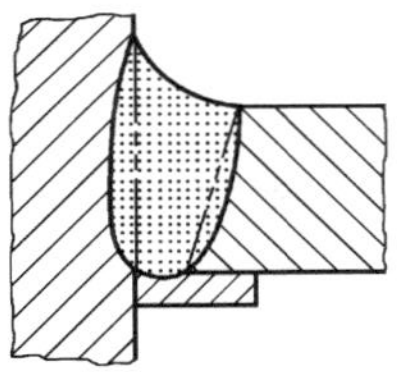	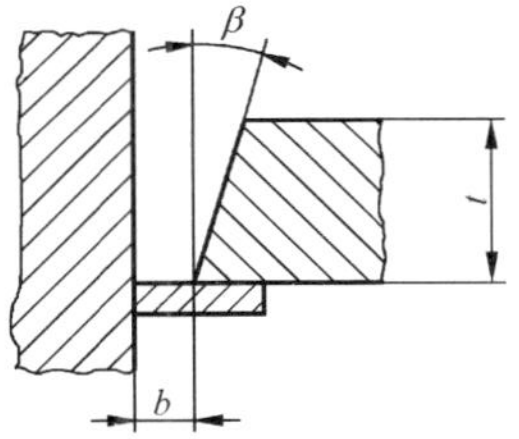	$8° \leqslant \beta \leqslant 10°$	$5 \leqslant b \leqslant 15$	—	—	PA PB	带衬垫，衬垫厚度至少：5 mm 或 $0.5t$

表 1（续）

单位为毫米

焊缝					坡口形式和尺寸					焊接位置	备注
序号	工件厚度 t	名称	基本符号	焊缝示意图	横截面示意图	坡口角 α 或坡口面角 β	间隙 b、圆弧半径 R	钝边 c	坡口深度 h		
9	$t \geqslant 16$	J 形焊缝	 ⊬	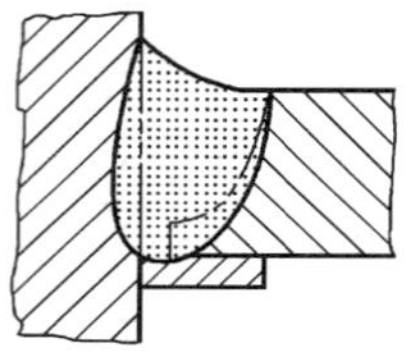	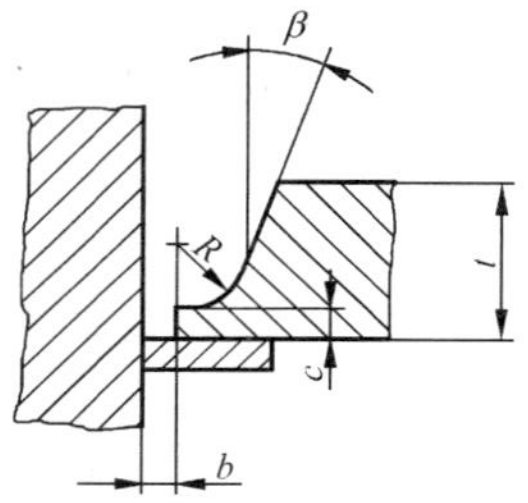	$4° \leqslant \beta \leqslant 10°$	$2 \leqslant b \leqslant 4$ $5 \leqslant R \leqslant 10$	$2 \leqslant c \leqslant 3$	—	PA PB	带衬垫，衬垫厚度至少：5 mm 或 0.5t

表 2　双面对接焊坡口

单位为毫米

焊缝					坡口形式和尺寸					焊接位置	备　注
序号	工件厚度 t	名称	基本符号	焊缝示意图	横截面示意图	坡口角 α 或坡口面角 β	间隙 b、圆弧半径 R	钝边 c	坡口深度 h		
1	$3 \leqslant t \leqslant 20$	平对接焊缝	 ǁ		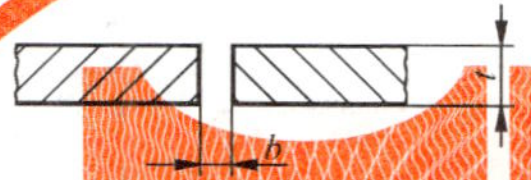	—	$b \leqslant 2$	—	—	PA	间隙应符合公差要求
2	$10 \leqslant t \leqslant 35$	带钝边 V 形焊缝/封底			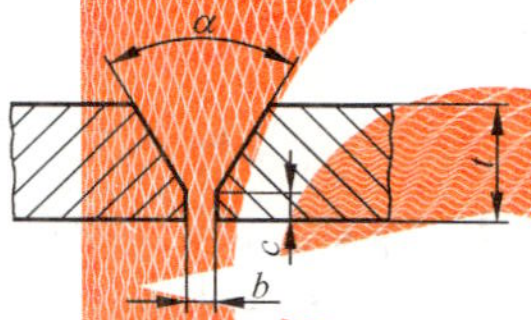	$30° \leqslant \alpha \leqslant 60°$	$b \leqslant 4$	$4 \leqslant c \leqslant 10$	—	PA	根部焊道可用其他方法焊接
3	$10 \leqslant t \leqslant 20$	V 形焊缝/平对接焊缝			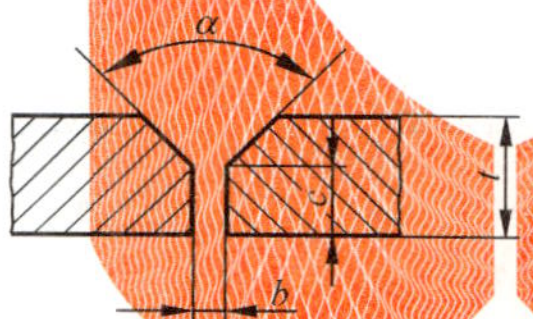	$60° \leqslant \alpha \leqslant 80°$	$b \leqslant 4$	$5 \leqslant c \leqslant 15$	—	PA	根部焊道可用其他方法焊接
4	$t \geqslant 16$	带钝边的双 V 形焊缝		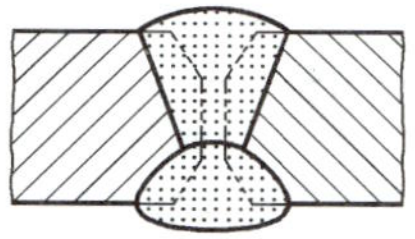	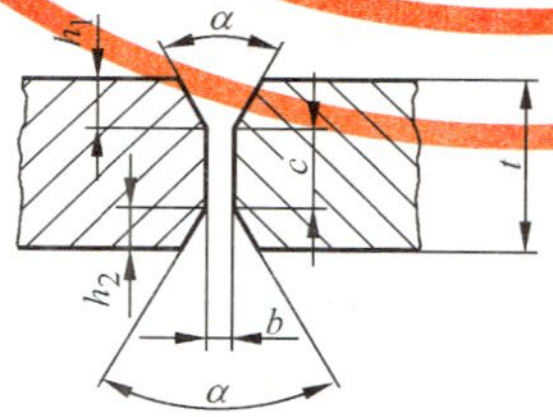	$30° \leqslant \alpha \leqslant 70°$	$b \leqslant 4$	$4 \leqslant c \leqslant 10$	$h_1 = h_2$	PA	—

表 2（续）

单位为毫米

焊缝					坡口形式和尺寸					焊接位置	备注
序号	工件厚度 t	名称	基本符号	焊缝示意图	横截面示意图	坡口角 α 或坡口面角 β	间隙 b、圆弧半径 R	钝边 c	坡口深度 h		
5	$t \geqslant 30$	U 形焊缝/封底焊缝		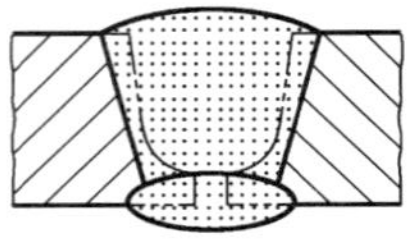	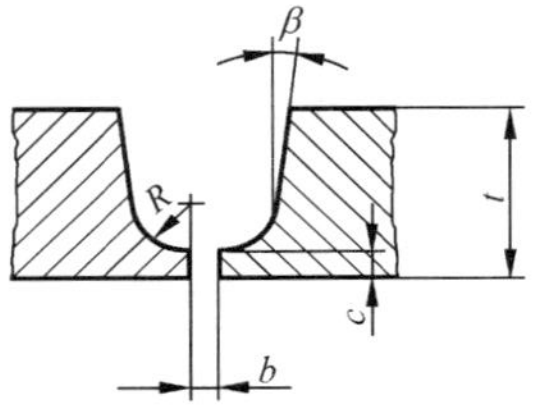	$5° \leqslant \beta \leqslant 10°$	$b \leqslant 4$ $5 \leqslant R \leqslant 10$	$4 \leqslant c \leqslant 10$	—	PA	—
6	$t \geqslant 50$	双 U 形焊缝		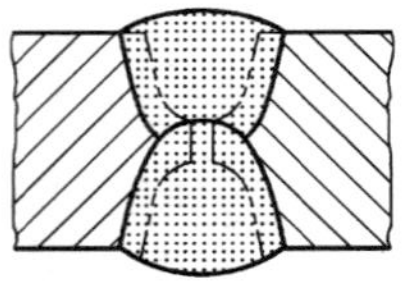	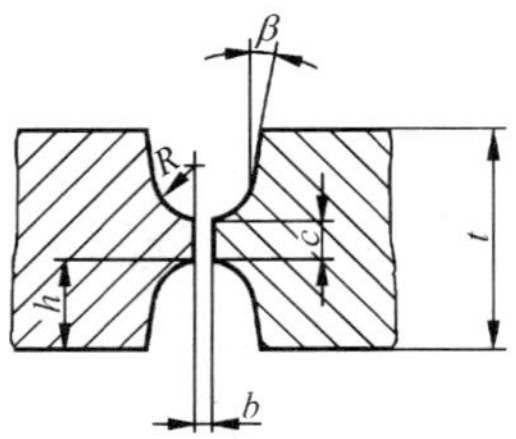	$5° \leqslant \beta \leqslant 10°$	$b \leqslant 4$ $5 \leqslant R \leqslant 10$	$4 \leqslant c \leqslant 10$	$h=0.5$ $(t-c)$	PA	与双 V 形对称坡口相似，这种坡口可制成对称的形式
7	$t \geqslant 12$	带钝边的 K 形焊缝		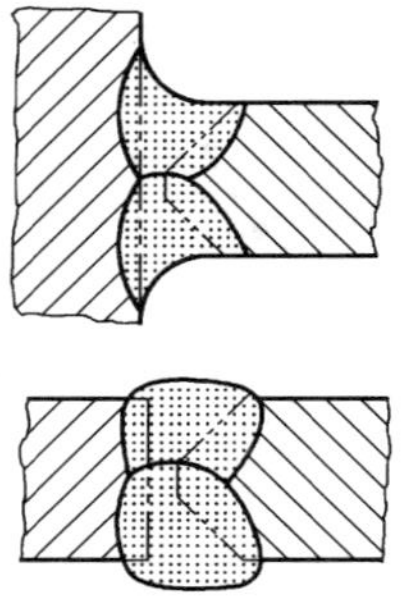	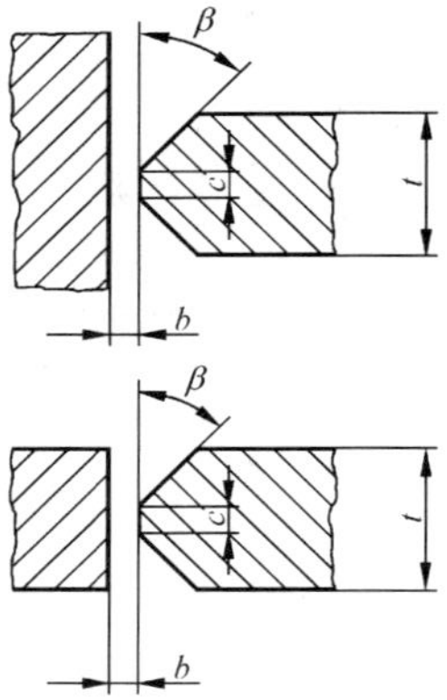	$30° \leqslant \beta \leqslant 50°$	$b \leqslant 4$	$4 \leqslant c \leqslant 10$	—	PA PB	与双 V 形对称坡口相似，这种坡口可制成对称的形式。 必要时可进行打底焊

表 2（续）

单位为毫米

焊缝					坡口形式和尺寸					焊接位置	备注
序号	工件厚度 t	名称	基本符号	焊缝示意图	横截面示意图	坡口角 α 或坡口面角 β	间隙 b、圆弧半径 R	钝边 c	坡口深度 h		
8	$t \geqslant 20$	J形焊缝/封底焊缝		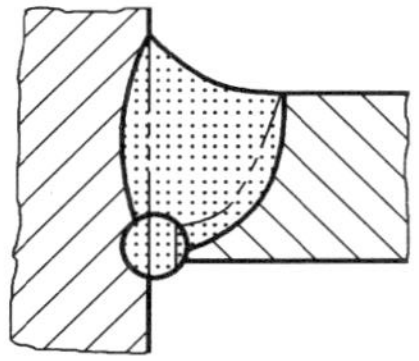	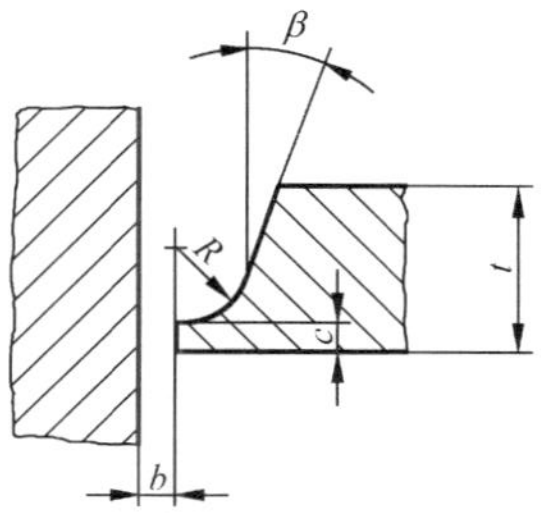	$5° \leqslant \beta \leqslant 10°$	$b \leqslant 4$ $5 \leqslant R \leqslant 10$	$4 \leqslant c \leqslant 10$	—	PA PB	必要时可进行打底焊接
9	$t < 12$	单边V形焊缝		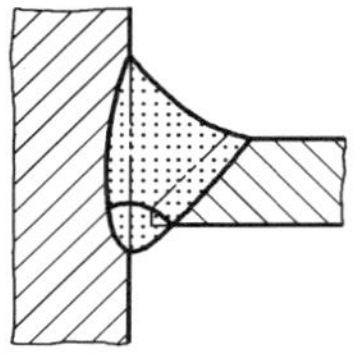	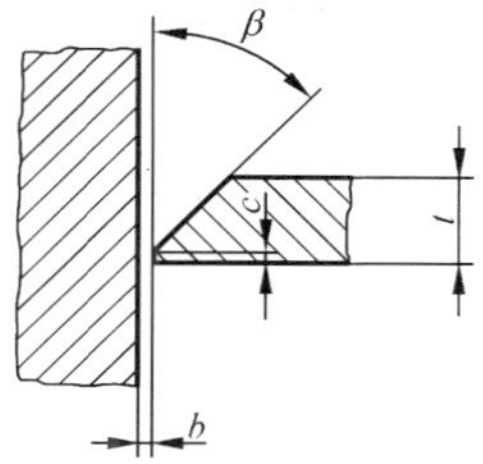	$30° \leqslant \beta \leqslant 50°$	$b \leqslant 4$	$c \leqslant 2$	—	PA PB	必要时可进行打底焊接
10	$t \geqslant 30$	双面J形焊缝		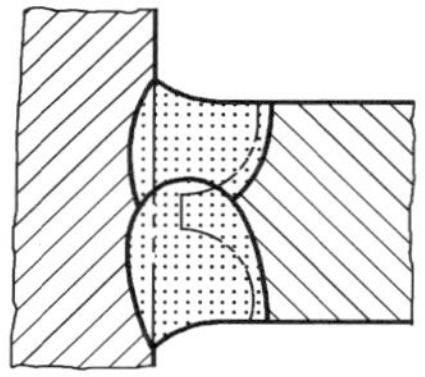	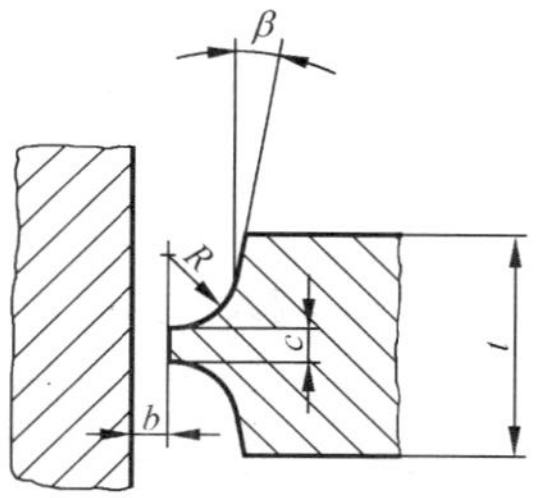	$5° \leqslant \beta \leqslant 10°$	$b \leqslant 4$ $5 \leqslant R \leqslant 10$	$2 \leqslant c \leqslant 7$	—	PA PB	与双V形对称坡口相似，这种坡口可制成对称的形式。 必要时可进行打底焊

表 2（续）

单位为毫米

焊缝					坡口形式和尺寸					焊接位置	备注
序号	工件厚度 t	名称	基本符号	焊缝示意图	横截面示意图	坡口角 α 或坡口面角 β	间隙 b、圆弧半径 R	钝边 c	坡口深度 h		
11	$t \leqslant 12$	双面 J 形焊缝		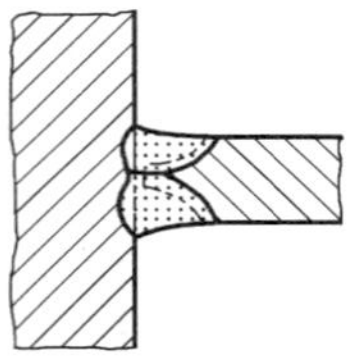	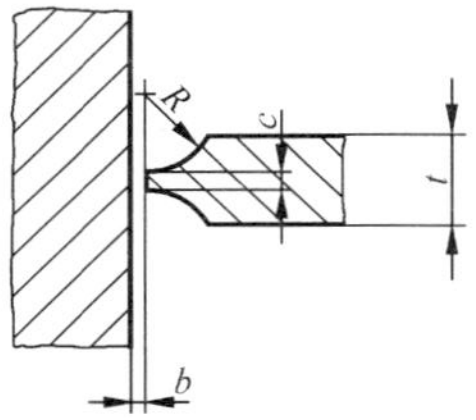	—	$b \leqslant 2$ $5 \leqslant R \leqslant 10$	$2 \leqslant c \leqslant 3$	—	PA PB	单道焊坡口
12	$t > 12$	双面 J 形焊缝		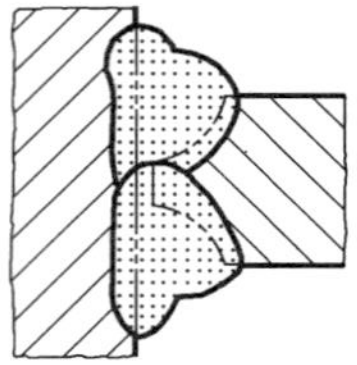	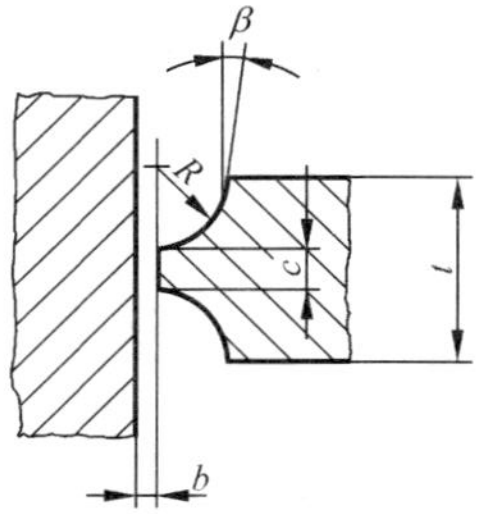	$5° \leqslant \beta \leqslant 10°$	$b \leqslant 4$ $5 \leqslant R \leqslant 10$	$2 \leqslant c \leqslant 7$	—	PA PB	多道焊坡口。 必要时可进行打底焊接

附 录 A
（资料性附录）
窄间隙焊接坡口

表 A.1 窄间隙埋弧焊坡口

单位为毫米

焊缝					坡口形式和尺寸					焊接位置	备注
序号	工件厚度 t	名称	基本符号	焊缝示意图	横截面示意图	坡口角 α 或坡口面角 β	间隙 b、圆弧半径 R	钝边 c	坡口深度 h		
1	$t \geqslant 30$	UY 形坡口		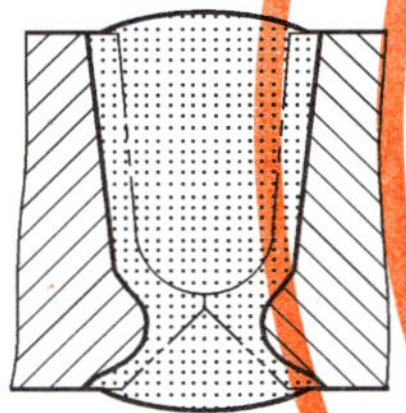	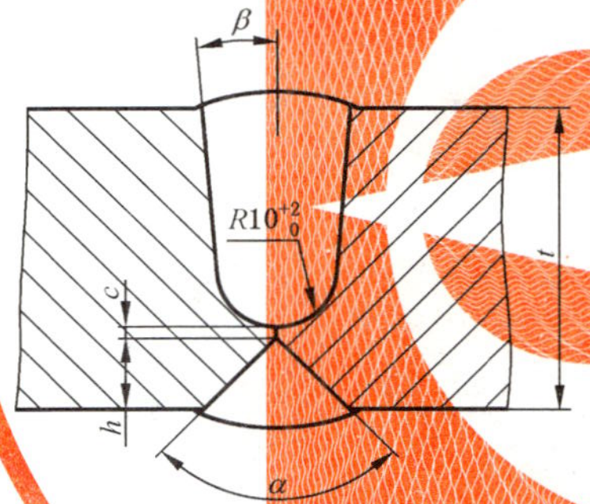 β $R10^{+2}_{0}$ t c h α	$1° \leqslant \beta \leqslant 1.5°$ $85° \leqslant \alpha \leqslant 95°$	$0 \leqslant b \leqslant 2$	$c \approx 2$	$4 \leqslant h \leqslant 10$	PA	适用于环缝，V 形坡口侧焊条电弧焊封底
						$1.5° \leqslant \beta \leqslant 2°$ $85° \leqslant \alpha \leqslant 95°$	$0 \leqslant b \leqslant 2$	$c \approx 2$	$4 \leqslant h \leqslant 10$	PA	适用于纵缝，V 形坡口侧焊条电弧焊封底
2	$t \geqslant 30$	陡边 V 形坡口		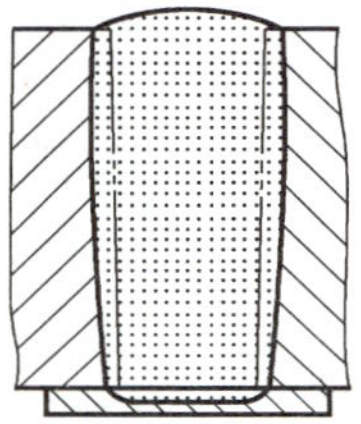	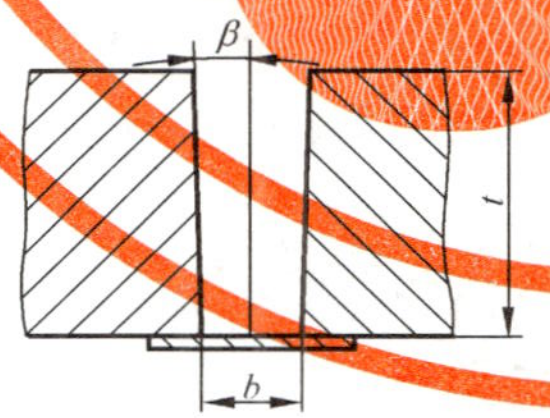 β t b	$1.5° \leqslant \beta \leqslant 2°$	$b \approx 20$	—	—	PA	带衬垫，衬垫厚度至少：10 mm

ICS 25.160.01
J 33

中华人民共和国国家标准

GB/T 985.3—2008

铝及铝合金气体保护焊的推荐坡口

Recommended joint preparation for gas-shield arc welding on aluminium and its alloys

(ISO 9692-3:2000,Welding and allied processes—Recommendations for joint preparation—Part 3:Metal inert gas welding and tungsten inert gas welding of aluminium and its alloys,MOD)

2008-03-31 发布 2008-09-01 实施

中华人民共和国国家质量监督检验检疫总局
中国国家标准化管理委员会 发布

前　言

GB/T 985 分为如下 4 个部分：

——GB/T 985.1　气焊、焊条电弧焊、气体保护焊和高能束焊的推荐坡口；

——GB/T 985.2　埋弧焊的推荐坡口；

——GB/T 985.3　铝及铝合金气体保护焊的推荐坡口；

——GB/T 985.4　复合钢的推荐坡口。

本部分为 GB/T 985.3。

本部分修改采用 ISO 9692-3:2000《焊接及相关工艺　推荐的焊接坡口　第 3 部分：铝及铝合金的气体保护焊》(英文版)。

本部分根据 ISO 9692-3:2000 重新起草。为了便于使用，本部分做了下列编辑性修改：

——删除了国际标准的前言；

——将标准名称改为“铝及铝合金气体保护焊的推荐坡口”；

——对 ISO 9692-1:2003 中引用的其他国际标准，有被等同或修改采用为我国标准的用我国标准代替对应的国际标准；

——表中的序号做了调整。

本部分由全国焊接标准化技术委员会提出并归口。

本部分起草单位：哈尔滨焊接研究所。

本部分主要起草人：朴东光、储继君。

铝及铝合金气体保护焊的推荐坡口

1 范围

GB/T 985 的本部分规定了铝及铝合金焊接的坡口形式和尺寸。

本部分适用于铝及铝合金的气体保护焊方法。

2 规范性引用文件

下列文件中的条款通过 GB/T 985 的本部分的引用而成为本部分的条款。凡是注日期的引用文件，其随后所有的修改单(不包括勘误的内容)或修订版均不适用于本部分，然而，鼓励根据本部分达成协议的各方研究是否可使用这些文件的最新版本。凡是不注日期的引用文件，其最新版本适用于本部分。

GB/T 324 焊缝符号表示法(GB/T 324—1988,eqv ISO 2553:1984)

GB/T 5185 焊接及相关工艺方法代号(GB/T 5185—2005,ISO 4063:1998,IDT)

3 总则

本部分推荐的焊接坡口适用于所有可焊铝及铝合金的全熔透接头，对于不完全熔透的对接接头，允许采用其他形式的焊接坡口。

4 焊接方法

表 1～表 3 规定的各类坡口适用于相应的焊接方法。必要时，也可采用两种以上适用方法组合焊接。

焊接方法代号参见 GB/T 5185。

5 坡口的加工处理

坡口的边缘应采用机械方法(如剪切、锯削、研磨)加工。不得使用矿物油类的清洁剂。采用等离子切割时，应注意切割表面的质量(如不得出现裂纹)。

坡口的纵边(特别是不带衬垫的单面对接焊坡口)应做打磨或倒角处理。

6 坡口形式

表 1～表 3 规定了推荐的坡口形式和尺寸。

具体坡口的选择(坡口角、间隙、钝边)取决于接头厚度、焊接位置和焊接方法。较大的间隙(≥1.5 mm)可采用较小的坡口角。

单面焊时，垫板是坡口的组成部分。

表 1　单面对接焊坡口

单位为毫米

焊缝					坡口形式及尺寸					适用的焊接方法[b]	备　注
序号	工件厚度 t	名称	基本符号[a]	焊缝示意图	横截面示意图	坡口角 α 或坡口面角 β	间隙 b	钝边 c	其他尺寸		
1	$t \leqslant 2$	卷边焊缝			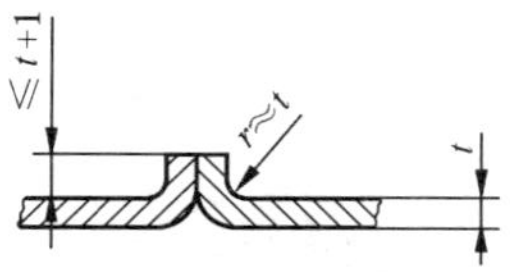	—	—	—	—	141	
2	$t \leqslant 4$	I 形焊缝	‖		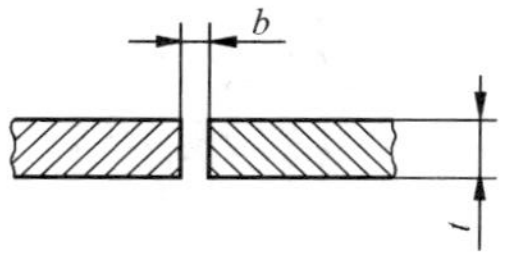	—	$b \leqslant 2$	—	—	141	建议根部倒角
	$2 \leqslant t \leqslant 4$	带衬垫的 I 形焊缝		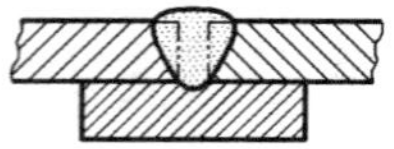	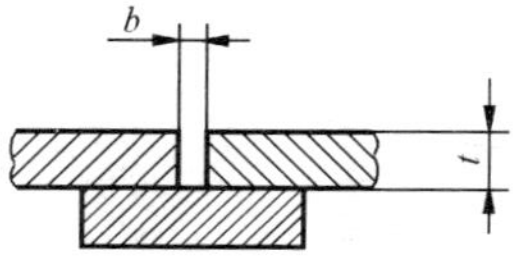	—	$b \leqslant 1.5$	—	—	131	
3	$3 \leqslant t \leqslant 5$	V 形焊缝	V	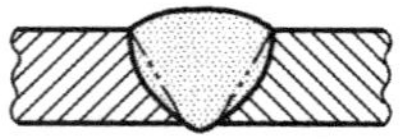	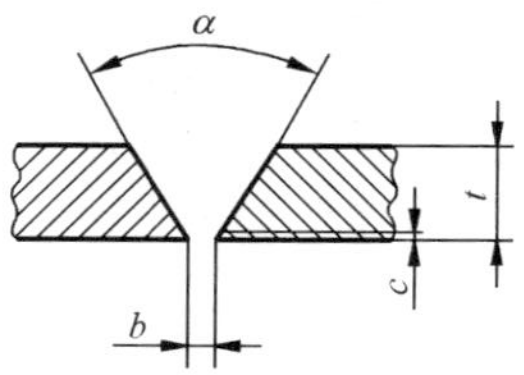	$\alpha \geqslant 50°$	$b \leqslant 3$	$c \leqslant 2$	—	141	
						$60° \leqslant \alpha \leqslant 90°$	$b \leqslant 2$			131	
		带衬垫的 V 形焊缝		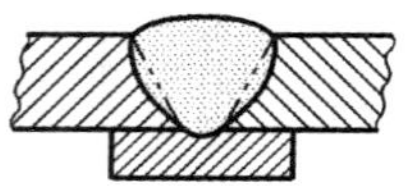	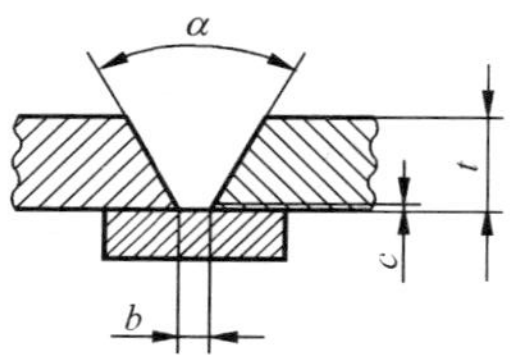	$60° \leqslant \alpha \leqslant 90°$	$b \leqslant 4$	$c \leqslant 2$	—	131	

表 1（续）

单位为毫米

焊缝					坡口形式及尺寸					适用的焊接方法[b]	备注
序号	工件厚度 t	名称	基本符号[a]	焊缝示意图	横截面示意图	坡口角 α 或坡口面角 β	间隙 b	钝边 c	其他尺寸		
4	$8 \leqslant t \leqslant 20$	带衬垫的陡边焊缝		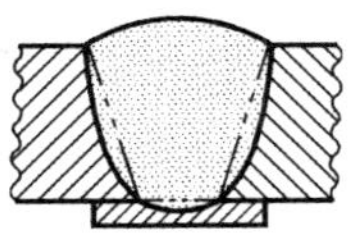	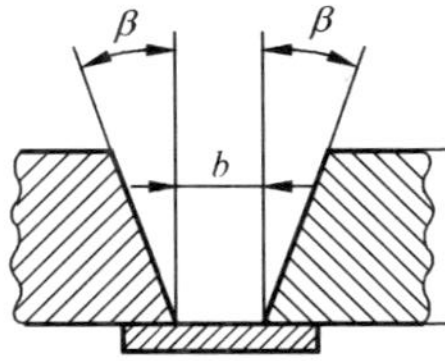	$15° \leqslant \beta \leqslant 20°$	$3 \leqslant b \leqslant 10$	—	—	131	
5	$3 \leqslant t \leqslant 15$	带钝边V形焊缝	Y	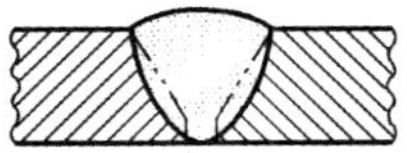	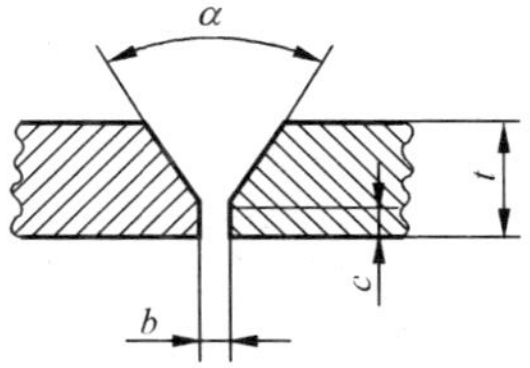	$\alpha \geqslant 50°$	$b \leqslant 2$	$c \leqslant 2$	—	131 141	
	$6 \leqslant t \leqslant 25$	带钝边V形焊缝（带衬垫）		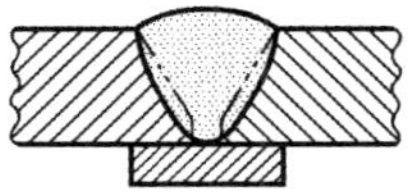	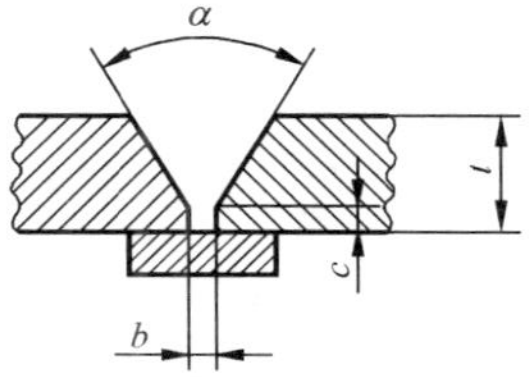	$\alpha \geqslant 50°$	$4 \leqslant b \leqslant 10$	$c = 3$	—	131	
6	板 $t \geqslant 12$ 管 $t \geqslant 5$	带钝边U形焊缝		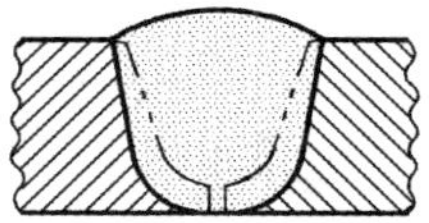	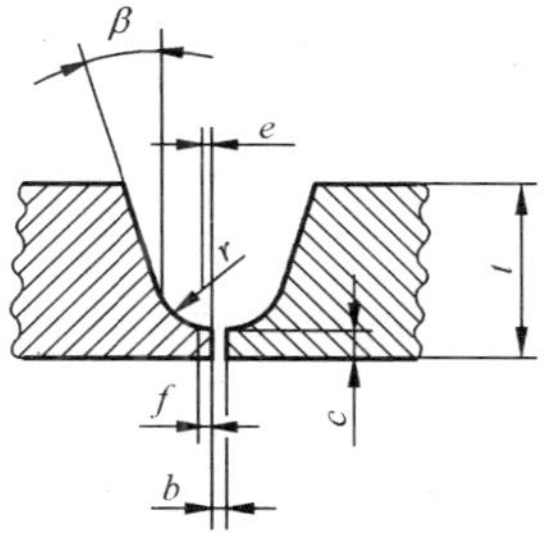	$15° \leqslant \beta \leqslant 20°$	$b \leqslant 2$	$2 \leqslant c \leqslant 4$	$4 \leqslant r \leqslant 6$ $3 \leqslant f \leqslant 4$ $0 \leqslant e \leqslant 4$	141	
	$5 \leqslant t \leqslant 30$					$15° \leqslant \beta \leqslant 20°$	$1 \leqslant b \leqslant 3$	$2 \leqslant c \leqslant 4$		131	根部焊道建议采用 TIG 焊（141）

表 1（续）

单位为毫米

序号	工件厚度 t	名称	基本符号[a]	焊缝示意图	横截面示意图	坡口角 α 或坡口面角 β	间隙 b	钝边 c	其他尺寸	适用的焊接方法[b]	备注
7	$4 \leqslant t \leqslant 10$	单边V形焊缝	⊬			$\beta \geqslant 50°$	$b \leqslant 3$	$c \leqslant 2$	—	131 141	
	$3 \leqslant t \leqslant 20$	带衬垫单边V形焊缝				$50° \leqslant \beta \leqslant 70°$	$b \leqslant 6$	$c \leqslant 2$	—	131 141	
8	$2 \leqslant t \leqslant 20$	锁底焊缝	—			$20° \leqslant \beta \leqslant 40°$	$b \leqslant 3$	$1 \leqslant c \leqslant 3$	—	131 141	
9	$6 \leqslant t \leqslant 40$	锁底焊缝	—			$10° \leqslant \beta \leqslant 20°$	$0 \leqslant b \leqslant 3$	$2 \leqslant c \leqslant 3$	$c_1 \geqslant 1$	131 141	

[a] 基本符号参见 GB/T 324。

[b] 焊接方法代号参见 GB/T 5185。

表 2　双面对接焊坡口

单位为毫米

序号	工件厚度 t	名称	基本符号[a]	焊缝示意图	横截面示意图	坡口角 α 或坡口面角 β	间隙 b	钝边 c	其他尺寸	适用的焊接方法[b]	备注
1	$6 \leqslant t \leqslant 20$	I形焊缝	‖			—	$b \leqslant 6$	—	—	131 141	
2	$6 \leqslant t \leqslant 15$	带钝边V形焊缝封底				$\alpha \geqslant 50°$	$b \leqslant 3$	$2 \leqslant c \leqslant 4$	—	141 131	
3	$6 \leqslant t \leqslant 15$	双面V形焊缝	X			$\alpha \geqslant 60°$	$\leqslant 3$	$c \leqslant 2$	—	141	
	$t > 15$					$\alpha \geqslant 70°$		$c \leqslant 2$		131	
4	$6 \leqslant t \leqslant 15$	带钝边双面V形焊缝				$\alpha \geqslant 50°$	$b \leqslant 3$	$2 \leqslant c \leqslant 4$	$h_1 = h_2$	141	
	$t > 15$					$60° \leqslant \alpha \leqslant 70°$		$2 \leqslant c \leqslant 6$		131	

表 2（续）

单位为毫米

焊缝					坡口形式及尺寸					适用的焊接方法[b]	备注
序号	工件厚度 t	名称	基本符号[a]	焊缝示意图	横截面示意图	坡口角 α 或坡口面角 β	间隙 b	钝边 c	其他尺寸		
5	$3\leqslant t\leqslant 15$	单边V形焊缝封底				$\beta\geqslant 50°$	$b\leqslant 3$	$c\leqslant 2$	—	141 131	
6	$t\geqslant 15$	带钝边双面U形焊缝				$15°\leqslant\beta\leqslant 20°$	$b\leqslant 3$	$2\leqslant c\leqslant 4$	$h=0.5(t-c)$	131	

a 基本符号参见 GB/T 324。

b 焊接方法代号参见 GB/T 5185。

表 3　T 型接头

单位为毫米

焊缝					坡口形式及尺寸					适用的焊接方法[b]	备注
序号	工件厚度 t	名称	基本符号[a]	焊缝示意图	横截面示意图	坡口角 α 或坡口面角 β	间隙 b	钝边 c	其他尺寸		
1	—	单面角焊缝				$\alpha=90°$	$b\leqslant 2$	—	—	141 131	

表 3（续）

单位为毫米

焊缝					坡口形式及尺寸					适用的焊接方法[b]	备注
序号	工件厚度 t	名称	基本符号[a]	焊缝示意图	横截面示意图	坡口角 α 或坡口面角 β	间隙 b	钝边 c	其他尺寸		
2	—	双面角焊缝		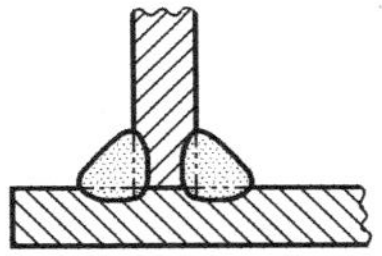	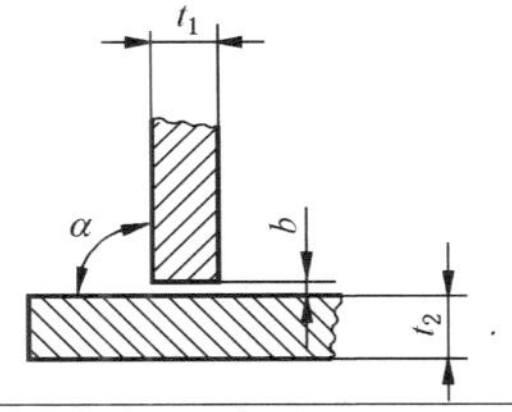	$\alpha=90°$	$b\leqslant 2$	—	—	141 131	
3	$t_1\geqslant 5$	单 V 形焊缝		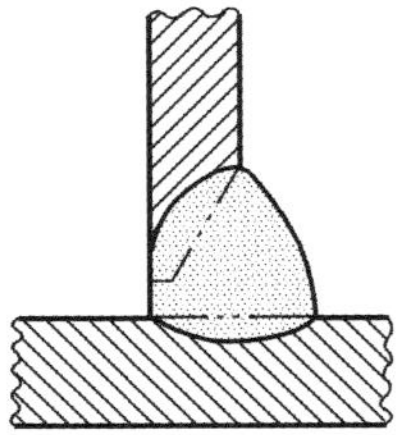	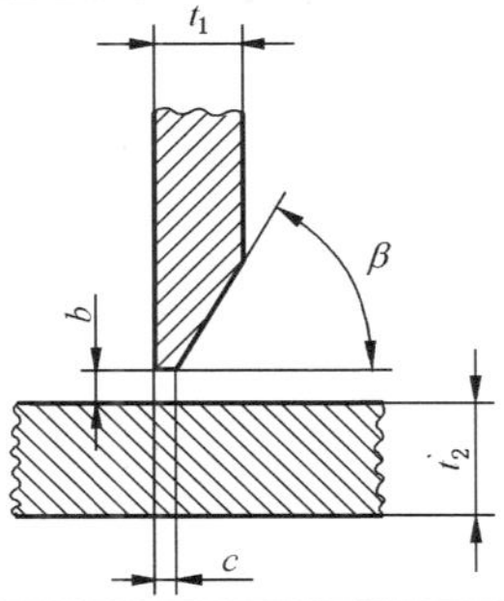	$\beta\geqslant 50°$	$b\leqslant 2$	$c\leqslant 2$	$t_2\geqslant 5$	141 131	
4	$t_1\geqslant 8$	双 V 形焊缝		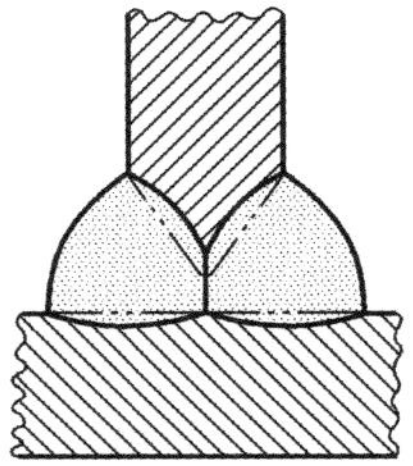	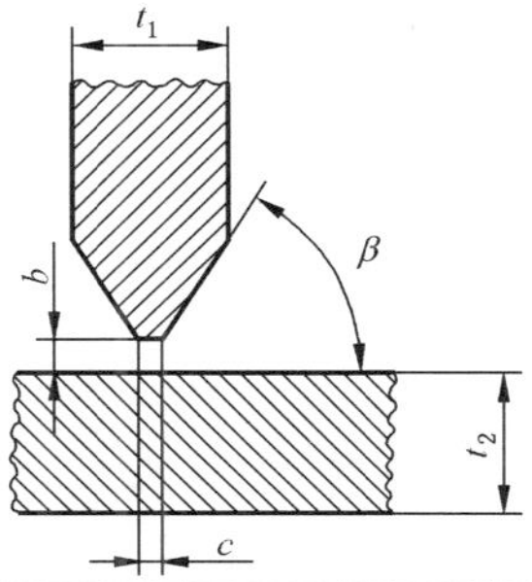	$\beta\geqslant 50°$	$b\leqslant 2$	$c\leqslant 2$	$t_2\geqslant 8$	141 131	采用双人双面同时焊接工艺时，坡口尺寸可适当调整

[a] 基本符号参见 GB/T 324。
[b] 焊接方法代号参见 GB/T 5185。

ICS 25.160.01
J 33

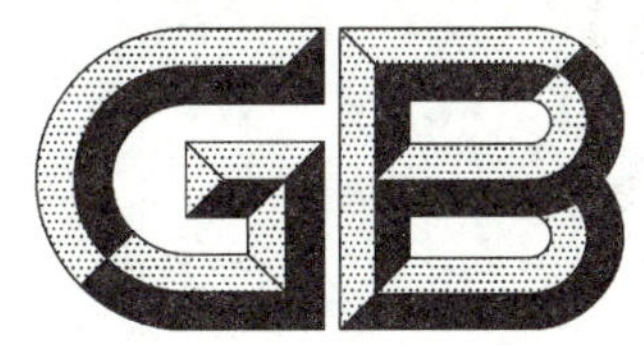

中华人民共和国国家标准

GB/T 985.4—2008

复合钢的推荐坡口

Recommended joint preparation for welding on clad steels

(ISO 9692-4:2003, Welding and allied processes—Recommendations for joint preparation—Part 4: Clad steels, MOD)

2008-03-31 发布　　2008-09-01 实施

中华人民共和国国家质量监督检验检疫总局
中国国家标准化管理委员会　发布

前　言

GB/T 985 分为如下 4 个部分：

——GB/T 985.1　气焊、焊条电弧焊、气体保护焊和高能束焊的推荐坡口；

——GB/T 985.2　埋弧焊的推荐坡口；

——GB/T 985.3　铝及铝合金气体保护焊的推荐坡口；

——GB/T 985.4　复合钢的推荐坡口。

本部分为 GB/T 985.4。

本部分修改采用 ISO 9692-4:2003《焊接及相关工艺　推荐的焊接坡口　第 4 部分:复合钢》(英文版)。

本部分根据 ISO 9692-4:2003 重新起草。为了便于使用，本部分做了下列编辑性修改：

——删除了国际标准的前言；

——将标准名称改为"复合钢的推荐坡口"；

——删除了与本标准技术内容无关的规范性引用文件；

——表中的序号做了调整。

本部分由全国焊接标准化技术委员会提出并归口。

本部分起草单位:哈尔滨焊接研究所。

本部分主要起草人:朴东光、储继君。

复合钢的推荐坡口

1 范围

GB/T 985 的本部分规定了复合钢的焊接坡口形式和尺寸。本部分适用于复合钢的焊接。

2 材料

本部分推荐的焊接坡口通常适合所有可焊的复合钢。但复合层含有钛、锆及其合金时,因为可能产生脆化层,必要时可做适当修正。

3 坡口形式及尺寸

复合钢的坡口形式及尺寸参见表1～表4。

表 1　复合钢双面焊坡口

单位为毫米

序号	工件厚度 t_1	坡　口	示　意　图	坡口角 α、坡口面角 β	间隙 b、半径 R	钝边 c	坡口深度 h	复合层去除宽度 e	备　注
1	$t_1 \leqslant 18$	带钝边的 V 形对接焊缝	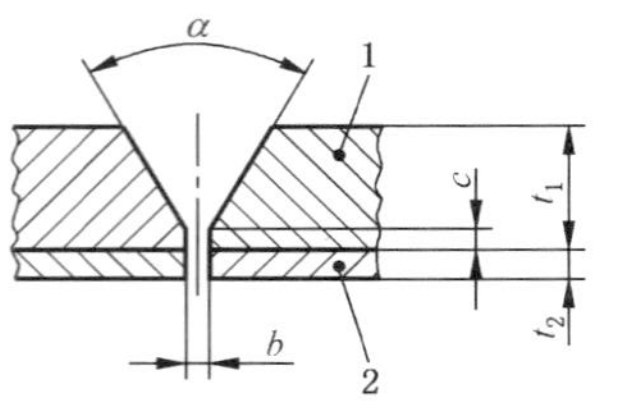	$50° < \alpha < 70°$ $5° < \beta < 15°$	$4 < R < 8$ $b \leqslant 3$	$2 \leqslant c \leqslant 4$	—	—	在复合层侧进行背面打磨或机械加工
2	$t_1 \leqslant 18$	U 形对接焊缝	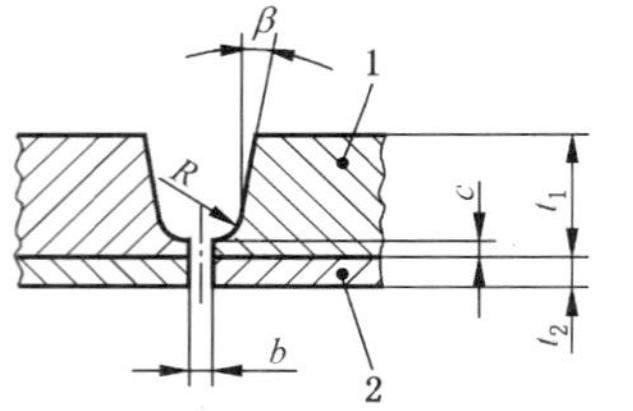						
3	$t_1 > 18$	双 V 形焊缝	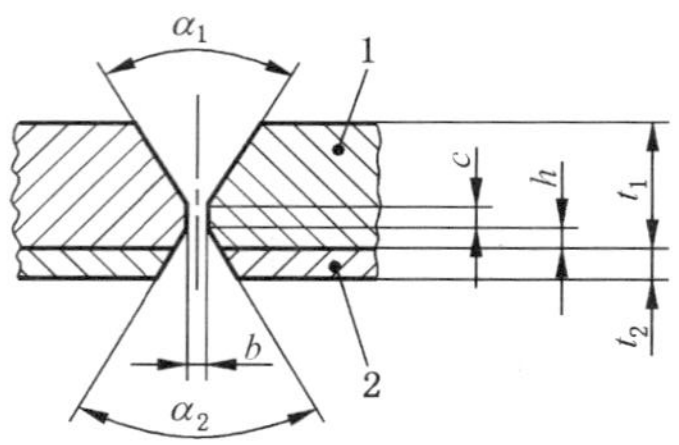	$50° \leqslant \alpha \leqslant 70°$ $5° \leqslant \beta \leqslant 15°$	$4 \leqslant R \leqslant 8$ $b \leqslant 3$	$2 \leqslant c \leqslant 6$	$h = 3$	—	
4	$t_1 > 18$	U-V 形组合焊缝	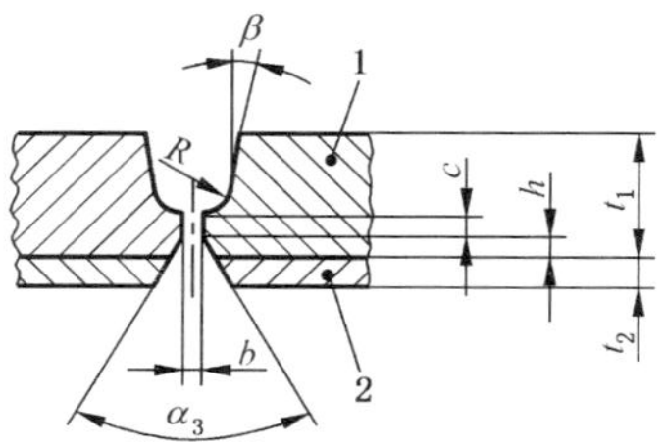						

注：示意图中：1 为基材；2 为复合层；t_2 为复合层厚度。

表 2 复合钢双面焊坡口(复合层做去除加工处理)

单位为毫米

序号	工件厚度 t_1	坡　口	示　意　图	坡口角 α、坡口面角 β	间隙 b、半径 R	钝边 c	坡口深度 h	复合层去除宽度 e	备　注
1	$t_1\leqslant18$	V 形 对接焊缝		$50°\leqslant\alpha\leqslant70°$ $5°\leqslant\beta\leqslant15°$	$3\leqslant b\leqslant5$ $4\leqslant R\leqslant8$	$c\leqslant2$	—	$e\geqslant4$	建议进行背面打磨或机械加工。 邻近的复合层表面应做保护处理,防止打磨颗粒影响。 采用埋弧焊时,e 至少应 8 mm
2	$t_1\leqslant18$	U 形 对接焊缝							
3	$t_1>18$	双 V 形 焊缝		$50°\leqslant\alpha\leqslant70°$	$3\leqslant b\leqslant5$	$c\leqslant2$	$h\approx\frac{1}{3}t_1$	$e\geqslant4$	

注:示意图中:1 为基材;2 为复合层;t_2 为复合层厚度。

表 3　复合钢单面焊坡口

单位为毫米

序号	工件厚度 t_1	坡　口	示　意　图	坡口角 α、坡口面角 β	间隙 b、半径 R	钝边 c	坡口深度 h	复合层去除宽度 e	备　注
1	$t_1<8$	V 形 对接焊缝	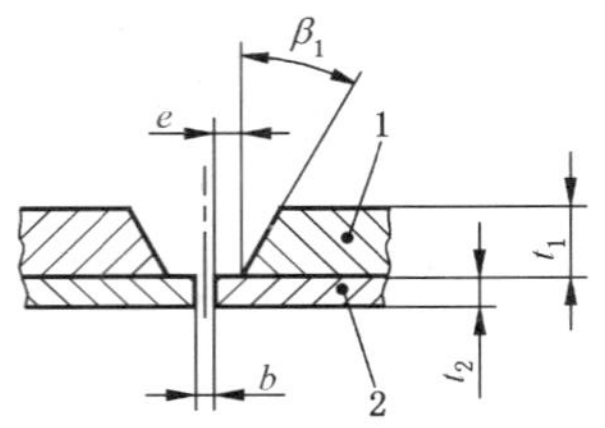	$20°\leqslant\beta_1\leqslant45°$ $20°\leqslant\beta_2\leqslant45°$	$2\leqslant b\leqslant4$	—	—	$e\geqslant3$	
2	$t_1<8$	V-V 形 组合焊缝	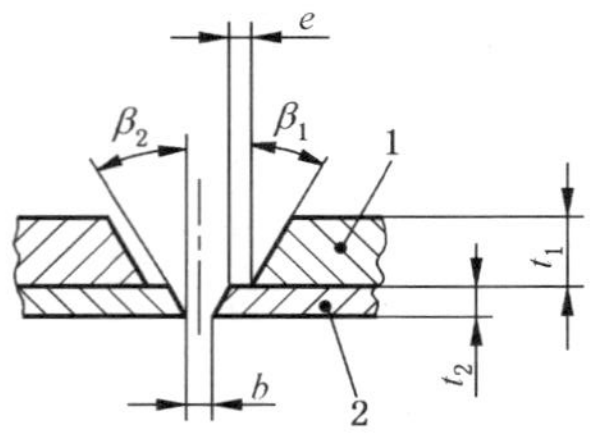						
3	$t_1\leqslant18$ $1\leqslant t_2\leqslant4$	管道 焊缝	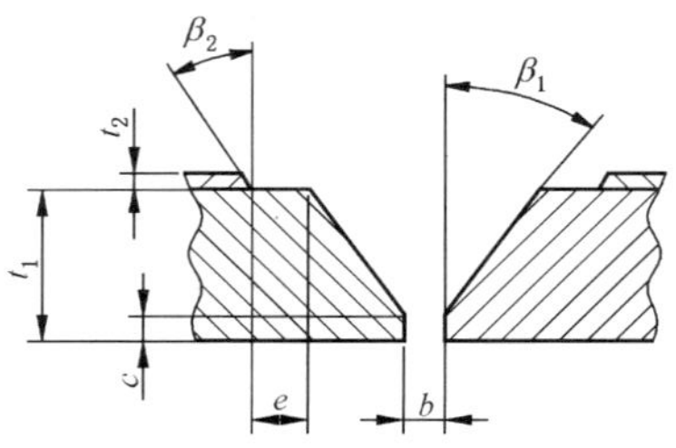	$30°\leqslant\beta_1\leqslant40°$ $20°\leqslant\beta_2\leqslant45°$	$1\leqslant b\leqslant4$	$c\leqslant2$	—	$e\geqslant2$	适合管道焊接

注：示意图中：1 为基材；2 为复合层；t_2 为复合层厚度。

表 4　复合钢焊接坡口(带衬垫、垫板或盖板)

单位为毫米

序号	工件厚度 t_1	坡口	示意图	坡口角 α、坡口面角 β	间隙 b、半径 R	钝边 c	坡口深度 h	复合层去除宽度 e	备注
1	$t_1 \leqslant 18$	V形 对接焊缝	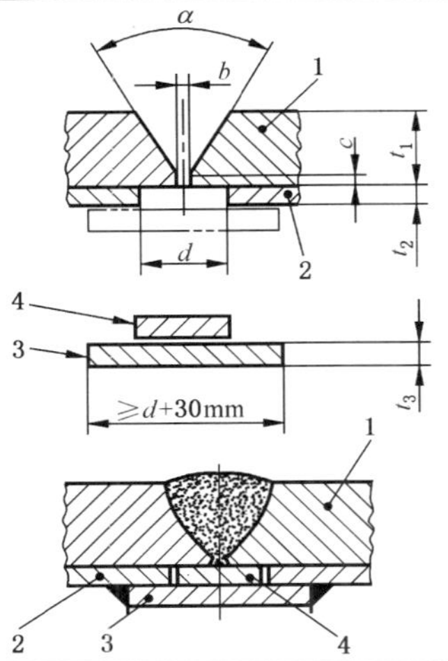	$50° \leqslant \alpha \leqslant 70°$	$b \leqslant 3$	$c \leqslant 2$	—	—	为了组成坡口,在复合层去除之后在复合层一侧放置插件(其尺寸约为: $d \approx (b+10)t_2$ $t_3 \geqslant t_2$
2	$t_1 \leqslant 18$	V形 对接焊缝	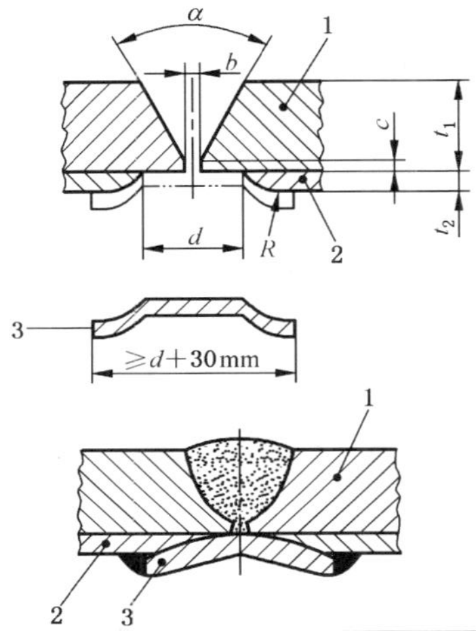	$50° \leqslant \alpha \leqslant 70°$	$b \leqslant 3$ $R > 10$	$c \leqslant 2$	—	—	复合层去除宽度: $d \approx b+15$

注:示意图中:1 为基材;2 为复合层;3 为盖板;4 为垫板;t_2 为复合层厚度。

ICS 17.040.10
J 04

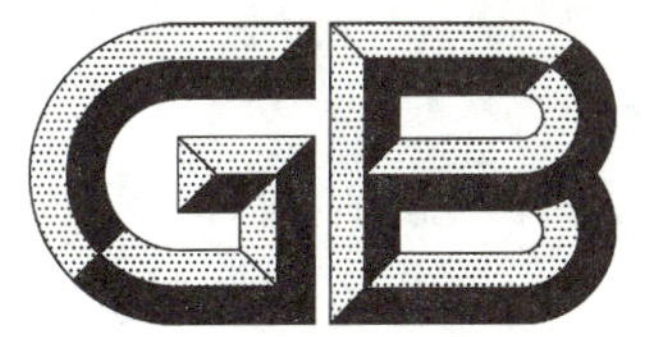

中华人民共和国国家标准

GB/T 1031—2009
代替 GB/T 1031—1995

产品几何技术规范(GPS)
表面结构 轮廓法
表面粗糙度参数及其数值

Geometrical Product Specifications (GPS)—
Surface texture:Profile method—
Surface roughness parameters and their values

2009-03-16 发布　　　　2009-11-01 实施

中华人民共和国国家质量监督检验检疫总局
中国国家标准化管理委员会　发布

前　　言

本标准代替 GB/T 1031—1995《表面粗糙度　参数及其数值》，与 GB/T 1031—1995 相比，主要变化如下：

——增加了标准的前言；

——标准名称增加了引导要素“产品几何技术规范(GPS)”，与新的标准体系取得一致；

——根据 GB/T 3505 中对表面粗糙度参数和定义的规定，将原标准中的“轮廓最大高度”参数代号“R_y”改为“Rz”；将原标准中的“轮廓微观不平度的平均间距”参数代号“S_m”改为“Rsm”；

——根据 GB/T 3505 中对“取样长度”代号的规定，将原标准中的取样长度代号“l”改为“lr”。

本标准的附录 A 和附录 B 均为资料性附录。本标准在 GPS 体系中的位置在附录 B 中说明。

本标准由全国产品尺寸和几何技术规范标准化技术委员会(SAC/TC 240)提出并归口。

本标准起草单位：中机生产力促进中心、哈尔滨量具刃具集团有限责任公司、中国计量科学研究院、时代集团公司、北京市计量检测科学研究院。

本标准主要起草人：王欣玲、郎岩梅、高思田、王忠滨、陈景玉。

本标准所代替标准的历次版本发布情况为：

——GB/T 1031—1983、GB/T 1031—1995。

产品几何技术规范(GPS)
表面结构　轮廓法
表面粗糙度参数及其数值

1　范围

本标准规定了评定表面粗糙度的参数及其数值系列和规定表面粗糙度时的一般规则。

本标准适用于对工业制品的表面粗糙度的评定。

2　规范性引用文件

下列文件中的条款通过本标准的引用而成为本标准的条款。凡是注日期的引用文件,其随后所有的修改单(不包括勘误的内容)或修订版均不适用于本标准,然而,鼓励根据本标准达成协议的各方研究是否可使用这些文件的最新版本。凡是不注日期的引用文件,其最新版本适用于本标准。

GB/T 131—2006　产品几何技术规范(GPS)　技术产品文件中表面结构的表示法(ISO 1302:2002, IDT)

GB/T 3505—2009　产品几何技术规范(GPS)　表面结构　轮廓法　术语、定义及表面结构参数(ISO 4287:1997,IDT)

GB/T 10610—2009　产品几何技术规范(GPS)　表面结构　轮廓法　评定表面结构的规则和方法(ISO 4288:1996,IDT)

GB/Z 20308—2006　产品几何技术规范(GPS)　总体规划(ISO/TR 14638:1995,MOD)

3　术语和定义

本标准采用 GB/T 3505 中所规定的有关术语和定义。

4　评定表面结构的参数及其数值系列

4.1　本标准采用中线制(轮廓法)评定表面粗糙度。

4.2　表面粗糙度参数从下列两项中选取:

——轮廓的算术平均偏差 Ra;

——轮廓的最大高度 Rz。

4.3　在幅度参数(峰和谷)常用的参数值范围内(Ra 为 0.025 μm～6.3 μm,Rz 为 0.1 μm～25 μm)推荐优先选用 Ra。

4.4　轮廓的算术平均偏差 Ra 的数值规定于表 1。

表 1　轮廓的算术平均偏差 *Ra* 的数值

μm

Ra	0.012	0.2	3.2	50
	0.025	0.4	6.3	100
	0.05	0.8	12.5	
	0.1	1.6	25	

4.5　轮廓的最大高度 Rz 的数值规定于表 2。

表 2　轮廓的最大高度 *Rz* 的数值

μm

Rz	0.025 0.05 0.1 0.2	0.4 0.8 1.6 3.2	6.3 12.5 25 50	100 200 400 800	1 600

4.6　根据表面功能的需要，除表面粗糙度高度参数（*Ra*、*Rz*）外可选用下列的附加参数：

——轮廓单元的平均宽度 *Rsm*；

——轮廓的支承长度率 *Rmr*(*c*)。

4.7　附加的评定参数轮廓单元的平均宽度 *Rsm* 的数值规定于表 3；轮廓的支承长度率 *Rmr*(*c*)的数值规定于表 4。

表 3　轮廓单元的平均宽度 *Rsm* 的数值

mm

Rsm	0.006 0.012 5 0.025 0.05	0.1 0.2 0.4 0.8	1.6 3.2 6.3 12.5

表 4　轮廓的支承长度率 *Rmr*(*c*)的数值

Rmr(*c*)	10	15	20	25	30	40	50	60	70	80	90

4.8　选用轮廓的支承长度率参数时，应同时给出轮廓截面高度 *c* 值。它可用微米或 *Rz* 的百分数表示。*Rz* 的百分数系列如下：5%、10%、15%、20%、25%、30%、40%、50%、60%、70%、80%、90%。

5　分类及表面粗糙度参数

5.1　取样长度（*lr*）的数值从表 5 给出的系列中选取。

表 5　取样长度（*lr*）的数值

mm

lr	0.08	0.25	0.8	2.5	8	25

5.2　一般情况下，在测量 *Ra*、*Rz* 时，推荐按表 6 和表 7 选用对应的取样长度，此时取样长度值的标注在图样上或技术文件中可省略。当有特殊要求时，应给出相应的取样长度值，并在图样上或技术文件中注出。

表 6　*Ra* 参数值与取样长度 *lr* 值的对应关系

Ra/μm	*lr*/mm	*ln*/mm (*ln*=5×*lr*)
≥0.008～0.02	0.08	0.4
>0.02～0.1	0.25	1.25
>0.1～2.0	0.8	4.0
>2.0～10.0	2.5	12.5
>10.0～80.0	8.0	40.0

表 7 *Rz* 参数数值与取样长度 *lr* 值的对应关系

$Rz/\mu m$	lr/mm	ln/mm ($ln=5\times lr$)
≥0.025～0.10	0.08	0.4
>0.10～0.50	0.25	1.25
>0.50～10.0	0.8	4.0
>10.0～50.0	2.5	12.5
>50～320	8.0	40.0

5.3 对于微观不平度间距较大的端铣、滚铣及其他大进给走刀量的加工表面，应按标准中规定的取样长度系列选取较大的取样长度值。

5.4 由于加工表面不均匀，在评定表面粗糙度时，其评定长度应根据不同的加工方法和相应的取样长度来确定。一般情况下，当测量 *Ra* 和 *Rz* 时，推荐按表 6 和表 7 选取相应的评定长度。如被测表面均匀性较好，测量时可选用小于 $5\times lr$ 的评定长度值；均匀性较差的表面可选用大于 $5\times lr$ 的评定长度。

6 规定表面粗糙度要求的一般规则

6.1 在规定表面粗糙度要求时，应给出表面粗糙度参数值和测定时的取样长度值两项基本要求。必要时也可规定表面加工纹理、加工方法或加工顺序和不同区域的粗糙度等附加要求。

6.2 表面粗糙度的标注方法应符合 GB/T 131 的规定；缺省评定长度值应符合 GB/T 10610 的规定。

6.3 为保证制品表面质量，可按功能需要规定表面粗糙度参数值。否则，可不规定其参数值，也不需要检查。

6.4 表面粗糙度各参数的数值应在垂直于基准面的各截面上获得。对给定的表面，如截面方向与高度参数(*Ra*、*Rz*)最大值的方向一致时，则可不规定测量截面的方向，否则应在图样上标出。

6.5 对表面粗糙度的要求不适用于表面缺陷。在评定过程中，不应把表面缺陷(如沟槽、气孔、划痕等)包含进去。必要时，应单独规定对表面缺陷的要求。

6.6 根据表面功能和生产的经济合理性，当选用标准中表 1、表 2、表 3 系列值不能满足要求时，可选取补充系列值，参见附录 A。

附 录 A
（资料性附录）
评定表面粗糙度参数的补充系列值

A.1 各参数的补充系列值按表A.1、表A.2、表A.3中的规定选取。

表 A.1 *Ra* 的补充系列值 μm

Ra	0.008	0.080	1.00	10.0
	0.010	0.125	1.25	16.0
	0.016	0.160	2.0	20
	0.020	0.25	2.5	32
	0.032	0.32	4.0	40
	0.040	0.50	5.0	63
	0.063	0.63	8.0	80

表 A.2 *Rz* 的补充系列值 μm

Rz	0.032	0.50	8.0	125
	0.040	0.63	10.0	160
	0.063	1.00	16.0	250
	0.080	1.25	20	320
	0.125	2.0	32	500
	0.160	2.5	40	630
	0.25	4.0	63	1 000
	0.32	5.0	80	1 250

表 A.3 *Rsm* 的补充系列值 mm

Rsm	0.002	0.020	0.25	2.5
	0.003	0.023	0.32	4.0
	0.004	0.040	0.5	5.0
	0.005	0.063	0.63	8.0
	0.008	0.080	1.00	10.0
	0.010	0.125	1.25	
	0.016	0.160	2.0	

附 录 B
（资料性附录）
在 GPS 矩阵模型中的位置

GPS 矩阵的全部详情参见 GB/Z 20308—2006。

B.1 本标准的信息及其应用

本标准规定了评定表面粗糙度的参数及其数值系列和规定表面粗糙度时的一般规则。

B.2 在 GPS 矩阵模型中的位置

本标准是 GPS 通用标准，它影响 GPS 通用标准矩阵中粗糙度轮廓标准链的链环 1，如图 B.1 所述。

GPS 基础标准

GPS 综合标准

GPS 通用标准						
链环号	1	2	3	4	5	6
尺寸						
距离						
半径						
角度						
与基准无关的线形状						
与基准相关的线形状						
与基准无关的面形状						
与基准相关的面形状						
方向						
位置						
圆跳动						
全跳动						
基准						
粗糙度轮廓						
波纹度轮廓						
原始轮廓						
表面缺陷						
棱边						

图 B.1 在 GPS 矩阵模型中的位置

B.3 相关的标准

相关的标准为图 B.1 所示标准链涉及的标准。

前　　言

1　本标准所列换算值(见表1、表2)是对包括碳钢、铬钢、铬钒钢、铬镍钢、铬钼钢、铬镍钼钢、铬锰硅钢、超高强度钢、不锈钢等钢系中主要钢种进行实验的基础上制定的。

2　表1所列各钢系的换算值,适用于含碳量由低到高的钢种;表2主要适用于低碳钢。

3　本标准所列换算值只有当试件组织均匀一致时,才能得到较精确的结果,因此应尽量避免各种换算。

本标准自生效之日起,同时代替GB/T 1172—1974。

本标准由中国计量科学研究院提出并归口。

本标准起草单位:中国计量科学研究院;中国航空工业总公司第三〇四研究所;中国航空工业总公司第六二一研究所;山东莱州试验机总厂。

本标准主要起草人:李玉书、李芷娟、张宏运、唐荣森、孙浩君。

本标准1975年3月1日首次发布,1999年3月23日修订。

本标准由中国计量科学研究院负责解释。

中华人民共和国国家标准

GB/T 1172—1999

代替 GB/T 1172—1974

黑色金属硬度及强度换算值

Conversion of hardness and strength for ferrous metal

1 范围

本标准适用于碳钢、合金钢等钢种的硬度与强度的换算。

2 换算值表

表 1 为碳钢及合金钢硬度与强度换算值。

表 2 为碳钢硬度与强度换算值。

国家质量技术监督局 1999-03-23 批准　　1999-10-01 实施

表

硬度							
洛氏		表面洛氏			维氏	布氏($F/D^2=30$)	
HRC	HRA	HR15N	HR30N	HR45N	HV	HBS	HBW
20.0	60.2	68.8	40.7	19.2	226	225	
20.5	60.4	69.0	41.2	19.8	228	227	
21.0	60.7	69.3	41.7	20.4	230	229	
21.5	61.0	69.5	42.2	21.0	233	232	
22.0	61.2	69.8	42.6	21.5	235	234	
22.5	61.5	70.0	43.1	22.1	238	237	
23.0	61.7	70.3	43.6	22.7	241	240	
23.5	62.0	70.6	44.0	23.3	244	242	
24.0	62.2	70.8	44.5	23.9	247	245	
24.5	62.5	71.1	45.0	24.5	250	248	
25.0	62.8	71.4	45.5	25.1	253	251	
25.5	63.0	71.6	45.9	25.7	256	254	
26.0	63.3	71.9	46.4	26.3	259	257	
26.5	63.5	72.2	46.9	26.9	262	260	
27.0	63.8	72.4	47.3	27.5	266	263	
27.5	64.0	72.7	47.8	28.1	269	266	
28.0	64.3	73.0	48.3	28.7	273	269	
28.5	64.6	73.3	48.7	29.3	276	273	
29.0	64.8	73.5	49.2	29.9	280	276	
29.5	65.1	73.8	49.7	30.5	284	280	
30.0	65.3	74.1	50.2	31.1	288	283	
30.5	65.6	74.4	50.6	31.7	292	287	
31.0	65.8	74.7	51.1	32.3	296	291	
31.5	66.1	74.9	51.6	32.9	300	294	
32.0	66.4	75.2	52.0	33.5	304	298	
32.5	66.6	75.5	52.5	34.1	308	302	
33.0	66.9	75.8	53.0	34.7	313	306	
33.5	67.1	76.1	53.4	35.3	317	310	
34.0	67.4	76.4	53.9	35.9	321	314	
34.5	67.7	76.7	54.4	36.5	326	318	
35.0	67.9	77.0	54.8	37.0	331	323	
35.5	68.2	77.2	55.3	37.6	335	327	
36.0	68.4	77.5	55.8	38.2	340	332	
36.5	68.7	77.8	56.2	38.8	345	336	
37.0	69.0	78.1	56.7	39.4	350	341	

1

抗拉强度 σ_b, N/mm²								
碳 钢	铬 钢	铬钒钢	铬镍钢	铬钼钢	铬 镍 钼 钢	铬 锰 硅 钢	超 高 强度钢	不锈钢
774	742	736	782	747		781		740
784	751	744	787	753		788		749
793	760	753	792	760		794		758
803	769	761	797	767		801		767
813	779	770	803	774		809		777
823	788	779	809	781		816		786
833	798	788	815	789		824		796
843	808	797	822	797		832		806
854	818	807	829	805		840		816
864	828	816	836	813		848		826
875	838	826	843	822		856		837
886	848	837	851	831	850	865		847
897	859	847	859	840	859	874		858
908	870	858	867	850	869	883		868
919	880	869	876	860	879	893		879
930	891	880	885	870	890	902		890
942	902	892	894	880	901	912		901
954	914	903	904	891	912	922		913
965	925	915	914	902	923	933		924
977	937	928	924	913	935	943		936
989	948	940	935	924	947	954		947
1 002	960	953	946	936	959	965		959
1 014	972	966	957	948	972	977		971
1 027	984	980	969	961	985	989		983
1 039	996	993	981	974	999	1 001		996
1 052	1 009	1 007	994	987	1 012	1 013		1 008
1 065	1 022	1 022	1 007	1 001	1 027	1 026		1 021
1 078	1 034	1 036	1 020	1 015	1 041	1 039		1 034
1 092	1 048	1 051	1 034	1 029	1 056	1 052		1 047
1 105	1 061	1 067	1 048	1 043	1 071	1 066		1 060
1 119	1 074	1 082	1 063	1 058	1 087	1 079		1 074
1 133	1 088	1 098	1 078	1 074	1 103	1 094		1 087
1 147	1 102	1 114	1 093	1 090	1 119	1 108		1 101
1 162	1 116	1 131	1 109	1 106	1 136	1 123		1 116
1 177	1 131	1 148	1 125	1 122	1 153	1 139		1 130

表 1

硬度							
洛氏		表面洛氏			维氏	布氏($F/D^2=30$)	
HRC	HRA	HR15N	HR30N	HR45N	HV	HBS	HBW
37.5	69.2	78.4	57.2	40.0	355	345	
38.0	69.5	78.7	57.6	40.6	360	350	
38.5	69.7	79.0	58.1	41.2	365	355	
39.0	70.0	79.3	58.6	41.8	371	360	
39.5	70.3	79.6	59.0	42.4	376	365	
40.0	70.5	79.9	59.5	43.0	381	370	370
40.5	70.8	80.2	60.0	43.6	387	375	375
41.0	71.1	80.5	60.4	44.2	393	380	381
41.5	71.3	80.8	60.9	44.8	398	385	386
42.0	71.6	81.1	61.3	45.4	404	391	392
42.5	71.8	81.4	61.8	45.9	410	396	397
43.0	72.1	81.7	62.3	46.5	416	401	403
43.5	72.4	82.0	62.7	47.1	422	407	409
44.0	72.6	82.3	63.2	47.7	428	413	415
44.5	72.9	82.6	63.6	48.3	435	418	422
45.0	73.2	82.9	64.1	48.9	441	424	428
45.5	73.4	83.2	64.6	49.5	448	430	435
46.0	73.7	83.5	65.0	50.1	454	436	441
46.5	73.9	83.7	65.5	50.7	461	442	448
47.0	74.2	84.0	65.9	51.2	468	449	455
47.5	74.5	84.3	66.4	51.8	475		463
48.0	74.7	84.6	66.8	52.4	482		470
48.5	75.0	84.9	67.3	53.0	489		478
49.0	75.3	85.2	67.7	53.6	497		486
49.5	75.5	85.5	68.2	54.2	504		494
50.0	75.8	85.7	68.6	54.7	512		502
50.5	76.1	86.0	69.1	55.3	520		510
51.0	76.3	86.3	69.5	55.9	527		518
51.5	76.6	86.6	70.0	56.5	535		527
52.0	76.9	86.8	70.4	57.1	544		535
52.5	77.1	87.1	70.9	57.6	552		544
53.0	77.4	87.4	71.3	58.2	561		552
53.5	77.7	87.6	71.8	58.8	569		561
54.0	77.9	87.9	72.2	59.4	578		569
54.5	78.2	88.1	72.6	59.9	587		577

(续)

抗　拉　强　度 σ_b,N/mm^2								
碳　钢	铬　钢	铬钒钢	铬镍钢	铬钼钢	铬　镍 钼　钢	铬　锰 硅　钢	超　高 强度钢	不锈钢
1 192	1 146	1 165	1 142	1 139	1 171	1 155		1 145
1 207	1 161	1 183	1 159	1 157	1 189	1 171		1 161
1 222	1 176	1 201	1 177	1 174	1 207	1 187	1 170	1 176
1 238	1 192	1 219	1 195	1 192	1 226	1 204	1 195	1 193
1 254	1 208	1 238	1 214	1 211	1 245	1 222	1 219	1 209
1 271	1 225	1 257	1 233	1 230	1 265	1 240	1 243	1 226
1 288	1 242	1 276	1 252	1 249	1 285	1 258	1 267	1 244
1 305	1 260	1 296	1 273	1 269	1 306	1 277	1 290	1 262
1 322	1 278	1 317	1 293	1 289	1 327	1 296	1 313	1 280
1 340	1 296	1 337	1 314	1 310	1 348	1 316	1 336	1 299
1 359	1 315	1 358	1 336	1 331	1 370	1 336	1 359	1 319
1 378	1 335	1 380	1 358	1 353	1 392	1 357	1 381	1 339
1 397	1 355	1 401	1 380	1 375	1 415	1 378	1 404	1 361
1 417	1 376	1 424	1 404	1 397	1 439	1 400	1 427	1 383
1 438	1 398	1 446	1 427	1 420	1 462	1 422	1 450	1 405
1 459	1 420	1 469	1 451	1 444	1 487	1 445	1 473	1 429
1 481	1 444	1 493	1 476	1 468	1 512	1 469	1 496	1 453
1 503	1 468	1 517	1 502	1 492	1 537	1 493	1 520	1 479
1 526	1 493	1 541	1 527	1 517	1 563	1 517	1 544	1 505
1 550	1 519	1 566	1 554	1 542	1 589	1 543	1 569	1 533
1 575	1 546	1 591	1 581	1 568	1 616	1 569	1 594	1 562
1 600	1 574	1 617	1 608	1 595	1 643	1 595	1 620	1 592
1 626	1 603	1 643	1 636	1 622	1 671	1 623	1 646	1 623
1 653	1 633	1 670	1 665	1 649	1 699	1 651	1 674	1 655
1 681	1 665	1 697	1 695	1 677	1 728	1 679	1 702	1 689
1 710	1 698	1 724	1 724	1 706	1 758	1 709	1 731	1 725
	1 732	1 752	1 755	1 735	1 788	1 739	1 761	
	1 768	1 780	1 786	1 764	1 819	1 770	1 792	
	1 806	1 809	1 818	1 794	1 850	1 801	1 824	
	1 845	1 839	1 850	1 825	1 881	1 834	1 857	
		1 869	1 883	1 856	1 914	1 867	1 892	
		1 899	1 917	1 888	1 947	1 901	1 929	
		1 930	1 951			1 936	1 966	
		1 961	1 986			1 971	2 006	
		1 993	2 022			2 008	2 047	

表 1

硬度							
洛氏		表面洛氏			维氏	布氏($F/D^2=30$)	
HRC	HRA	HR15N	HR30N	HR45N	HV	HBS	HBW
55.0	78.5	88.4	73.1	60.5	596		585
55.5	78.7	88.6	73.5	61.1	606		593
56.0	79.0	88.9	73.9	61.7	615		601
56.5	79.3	89.1	74.4	62.2	625		608
57.0	79.5	89.4	74.8	62.8	635		616
57.5	79.8	89.6	75.2	63.4	645		622
58.0	80.1	89.8	75.6	63.9	655		628
58.5	80.3	90.0	76.1	64.5	666		634
59.0	80.6	90.2	76.5	65.1	676		639
59.5	80.9	90.4	76.9	65.6	687		643
60.0	81.2	90.6	77.3	66.2	698		647
60.5	81.4	90.8	77.7	66.8	710		650
61.0	81.7	91.0	78.1	67.3	721		
61.5	82.0	91.2	78.6	67.9	733		
62.0	82.2	91.4	79.0	68.4	745		
62.5	82.5	91.5	79.4	69.0	757		
63.0	82.8	91.7	79.8	69.5	770		
63.5	83.1	91.8	80.2	70.1	782		
64.0	83.3	91.9	80.6	70.6	795		
64.5	83.6	92.1	81.0	71.2	809		
65.0	83.9	92.2	81.3	71.7	822		
65.5	84.1				836		
66.0	84.4				850		
66.5	84.7				865		
67.0	85.0				879		
67.5	85.2				894		
68.0	85.5				909		

（完）

抗拉强度σ_b，N/mm²								
碳　钢	铬　钢	铬钒钢	铬镍钢	铬钼钢	铬　镍 钼　钢	铬　锰 硅　钢	超　高 强度钢	不锈钢
		2 026	2 058			2 045	2 090	
							2 135	
							2 181	
							2 230	
							2 281	
							2 334	
							2 390	
							2 448	
							2 509	
							2 572	
							2 639	

表 2

硬度							抗拉强度 σ_b N/mm²
洛氏	表面洛氏			维氏	布氏		
HRB	HR15T	HR30T	HR45T	HV	HBS $F/D^2=10$	HBS $F/D^2=30$	
60.0	80.4	56.1	30.4	105	102		375
60.5	80.5	56.4	30.9	105	102		377
61.0	80.7	56.7	31.4	106	103		379
61.5	80.8	57.1	31.9	107	103		381
62.0	80.9	57.4	32.4	108	104		382
62.5	81.1	57.7	32.9	108	104		384
63.0	81.2	58.0	33.5	109	105		386
63.5	81.4	58.3	34.0	110	105		388
64.0	81.5	58.7	34.5	110	106		390
64.5	81.6	59.0	35.0	111	106		393
65.0	81.8	59.3	35.5	112	107		395
65.5	81.9	59.6	36.1	113	107		397
66.0	82.1	59.9	36.6	114	108		399
66.5	82.2	60.3	37.1	115	108		402
67.0	82.3	60.6	37.6	115	109		404
67.5	82.5	60.9	38.1	116	110		407
68.0	82.6	61.2	38.6	117	110		409
68.5	82.7	61.5	39.2	118	111		412
69.0	82.9	61.9	39.7	119	112		415
69.5	83.0	62.2	40.2	120	112		418
70.0	83.2	62.5	40.7	121	113		421
70.5	83.3	62.8	41.2	122	114		424
71.0	83.4	63.1	41.7	123	115		427
71.5	83.6	63.5	42.3	124	115		430
72.0	83.7	63.8	42.8	125	116		433
72.5	83.9	64.1	43.3	126	117		437
73.0	84.0	64.4	43.8	128	118		440
73.5	84.1	64.7	44.3	129	119		444
74.0	84.3	65.1	44.8	130	120		447
74.5	84.4	65.4	45.4	131	121		451
75.0	84.5	65.7	45.9	132	122		455
75.5	84.7	66.0	46.4	134	123		459
76.0	84.8	66.3	46.9	135	124		463
76.5	85.0	66.6	47.4	136	125		467
77.0	85.1	67.0	47.9	138	126		471
77.5	85.2	67.3	48.5	139	127		475
78.0	85.4	67.6	49.0	140	128		480
78.5	85.5	67.9	49.5	142	129		484
79.0	85.7	68.2	50.0	143	130		489
79.5	85.8	68.6	50.5	145	132		493

表 2(完)

硬度							抗拉强度 σ_b
洛氏	表面洛氏			维氏	布氏		
HRB	HR15T	HR30T	HR45T	HV	HBS		N/mm^2
					$F/D^2=10$	$F/D^2=30$	
80.0	85.9	68.9	51.0	146	133		498
80.5	86.1	69.2	51.6	148	134		503
81.0	86.2	69.5	52.1	149	136		508
81.5	86.3	69.8	52.6	151	137		513
82.0	86.5	70.2	53.1	152	138		518
82.5	86.6	70.5	53.6	154	140		523
83.0	86.8	70.8	54.1	156		152	529
83.5	86.9	71.1	54.7	157		154	534
84.0	87.0	71.4	55.2	159		155	540
84.5	87.2	71.8	55.7	161		156	546
85.0	87.3	72.1	56.2	163		158	551
85.5	87.5	72.4	56.7	165		159	557
86.0	87.6	72.7	57.2	166		161	563
86.5	87.7	73.0	57.8	168		163	570
87.0	87.9	73.4	58.3	170		164	576
87.5	88.0	73.7	58.8	172		166	582
88.0	88.1	74.0	59.3	174		168	589
88.5	88.3	74.3	59.8	176		170	596
89.0	88.4	74.6	60.3	178		172	603
89.5	88.6	75.0	60.9	180		174	609
90.0	88.7	75.3	61.4	183		176	617
90.5	88.8	75.6	61.9	185		178	624
91.0	89.0	75.9	62.4	187		180	631
91.5	89.1	76.2	62.9	189		182	639
92.0	89.3	76.6	63.4	191		184	646
92.5	89.4	76.9	64.0	194		187	654
93.0	89.5	77.2	64.5	196		189	662
93.5	89.7	77.5	65.0	199		192	670
94.0	89.8	77.8	65.5	201		195	678
94.5	89.9	78.2	66.0	203		197	686
95.0	90.1	78.5	66.5	206		200	695
95.5	90.2	78.8	67.1	208		203	703
96.0	90.4	79.1	67.6	211		206	712
96.5	90.5	79.4	68.1	214		209	721
97.0	90.6	79.8	68.6	216		212	730
97.5	90.8	80.1	69.1	219		215	739
98.0	90.9	80.4	69.6	222		218	749
98.5	91.1	80.7	70.2	225		222	758
99.0	91.2	81.0	70.7	227		226	768
99.5	91.3	81.4	71.2	230		229	778
100.0	91.5	81.7	71.7	233		232	788

ICS 21.120.10
J 05

中华人民共和国国家标准

GB/T 1569—2005
代替 GB/T 1569—1990

圆柱形轴伸

Cylindrical shaft ends

2005-05-16 发布　　2005-12-01 实施

中华人民共和国国家质量监督检验检疫总局
中国国家标准化管理委员会　发布

前　言

本标准是对 GB/T 1569—1990《圆柱形轴伸》的修订。本标准与 GB/T 1569—1990 相比主要变化如下：

——按 GB/T 1.1—2000 的规定，将表注放入表中；

——将“附录 A（参考件）”改为“附录 A（规范性附录）”；

——增加了标准的“前言”。

本标准的附录 A 为规范性附录。

本标准自实施之日起，代替 GB/T 1569—1990。

本标准由全国机器轴与附件标准化技术委员会提出并归口。

本标准起草单位：机械科学研究院、石家庄链轮总厂、二重基础件厂、船舶 711 所。

本标准主要起草人：明翠新、许文江、王建农、孔曼军。

圆柱形轴伸

1 范围

本标准规定了圆柱形轴伸(以下简称轴伸)的直径和长度系列。

本标准适用于一般机器之间的联结并传递运动和转矩的场合。

2 规范性引用文件

下列文件中的条款通过本标准的引用而成为本标准的条款。凡是注日期的引用文件,其随后所有的修改单(不包括勘误的内容)或修订版均不适用于本标准,然而,鼓励根据本标准达成协议的各方研究是否可使用这些文件的最新版本。凡是不注日期的引用文件,其最新版本适用于本标准。

GB/T 1801 极限与配合 公差带和配合的选择(eqv ISO 1829:1975)

3 轴伸的直径和长度系列

3.1 轴伸的长度分为长系列和短系列两种。

3.2 轴伸直径的基本尺寸、极限偏差及长度系列应符合图1和表1的规定。

3.3 若采用键联结时,键与键槽应符合有关键标准的规定。

3.4 直径大于630 mm～1 250 mm轴伸的直径和长度系列可参见附录A。

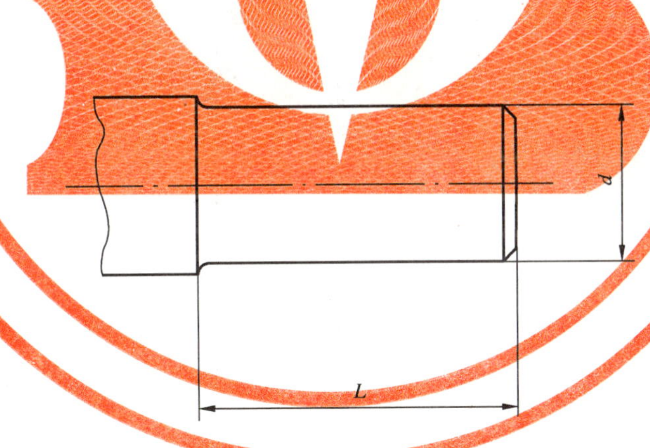

图 1

表 1

单位为毫米

d			*L*	
基本尺寸	极限偏差		长系列	短系列
6	+0.006 −0.002	j6	16	—
7	+0.007 −0.002			
8			20	
9				
10			23	20
11	+0.008 −0.003			
12			30	25
14				
16			40	28
18				
19	+0.009 −0.004			
20			50	36
22				
24				
25			60	42
28				
30			80	58
32	+0.018 +0.002	k6		
35				
38				
40			110	82
42				
45				
48				
50				
55	+0.030 +0.011	m6		
56				
60			140	105
63				
65				
70				
71				
75				
80			170	130

d			*L*	
基本尺寸	极限偏差		长系列	短系列
85	+0.035 +0.013	m6	170	130
90				
95				
100			210	165
110				
120				
125	+0.040 +0.015			
130			250	200
140				
150				
160			300	240
170				
180				
190	+0.046 +0.017		350	280
200				
220				
240			410	330
250				
260	+0.052 +0.020			
280			470	380
300				
320	+0.057 +0.021			
340			550	450
360				
380				
400			650	540
420	+0.063 +0.023			
440				
450				
460				
480				
500				
530	+0.070 +0.026		800	680
560				
600				
630				

附　录　A
（规范性附录）
直径大于630 mm～1 250 mm轴伸的直径和长度系列

A.1　直径大于630 mm～1 250 mm轴伸的基本尺寸、极限偏差和长度系列按表A.1的规定。

表 A.1　　单位为毫米

<table>
<tr><th colspan="2">d</th><th colspan="2">L</th></tr>
<tr><th>基本尺寸</th><th>极限偏差
n6</th><th>长系列</th><th>短系列</th></tr>
<tr><td>670
710
750</td><td rowspan="2">+0.100
+0.050</td><td>900</td><td>780</td></tr>
<tr><td>800
850</td><td rowspan="2">1 000</td><td rowspan="2">880</td></tr>
<tr><td>900
950</td><td rowspan="2">+0.112
+0.056</td></tr>
<tr><td>1 000
1 060</td><td rowspan="4">—</td><td>980</td></tr>
<tr><td>1 120
1 180</td><td rowspan="2">+0.132
+0.066</td><td>1 100</td></tr>
<tr><td>1 250</td><td>1 200</td></tr>
<tr><td></td><td></td><td>1 300</td></tr>
<tr><td colspan="4">注：可根据产品的性能、特点和要求，按GB/T 1801选用不同的极限偏差。</td></tr>
</table>

ICS 21.120.10
J 05

中华人民共和国国家标准

GB/T 1570—2005
代替 GB/T 1570—1990

圆锥形轴伸

Conical shaft ends

2005-05-16 发布　　2005-12-01 实施

中华人民共和国国家质量监督检验检疫总局
中国国家标准化管理委员会　发布

前　　言

本标准是对 GB/T 1570—1990《圆锥形轴伸》的修订。本标准与 GB/T 1570—1990 相比主要变化如下：

——将轴槽深度“t”改为“t_1”；

——增加了标准的“前言”。

本标准的附录 A 和附录 B 为规范性附录。

本标准自实施之日起，代替 GB/T 1570—1990。

本标准由全国机器轴与附件标准化技术委员会提出并归口。

本标准起草单位：机械科学研究院、石家庄链轮总厂、二重基础件厂、船舶 711 所。

本标准主要起草人：明翠新、许文江、王建农、孔曼军。

圆 锥 形 轴 伸

1 范围

本标准规定了 1∶10 圆锥形轴伸(以下简称圆锥形轴伸)的型式和尺寸。

本标准适用于一般机器之间的联结并传递运动和转矩的场合。

2 规范性引用文件

下列文件中的条款通过本标准的引用而成为本标准的条款。凡是注日期的引用文件,其随后所有的修改单(不包括勘误的内容)或修订版均不适用于本标准,然而,鼓励根据本标准达成协议的各方研究是否可使用这些文件的最新版本。凡是不注日期的引用文件,其最新版本适用于本标准。

GB/T 3 普通螺纹收尾、肩距、退刀槽和倒角

GB/T 145 中心孔(GB/T 145—2001,idt ISO 866:1975)

GB/T 197—2003 普通螺纹 公差(ISO 965-1:1998,ISO general purpose metric screw threads—Tolerances—Part 1:Prin ciples and basic data,MOD)

GB/T 1095 平键 键槽的剖面尺寸

GB/T 1096 普通型 平键

GB/T 1800.2—1998 极限与配合 基础 第 2 部分:公差、偏差和配合的基本规定(eqv ISO 286-1:1988)

GB/T 11334—1989 圆锥公差

3 型式和尺寸

圆锥形轴伸分为长系列和短系列两种。可制成带键槽和不带键槽的。

3.1 长系列

3.1.1 直径≤220 mm 的圆锥形轴伸的型式和尺寸按图 1、图 2 和表 1 的规定。带键时,键槽底面与轴线平行。

3.1.2 直径>220 mm 的圆锥形轴伸的型式和尺寸按图 3 和表 2 的规定。带键时,键槽底面与圆锥母线平行。

3.2 短系列

直径≤220 mm 的圆锥形轴伸的型式和尺寸按图 1、图 2 和表 3 的规定。带键时,键槽底面与轴线平行。

3.3 键槽的极限偏差应符合 GB/T 1095 的规定。

3.4 键的型式和尺寸应符合 GB/T 1096 的规定。

3.5 螺纹的公差带选用 GB/T 197—2003 中的 6H、6g。

3.6 中心孔应符合 GB/T 145 的规定。

3.7 螺纹退刀槽应符合 GB/T 3 的规定。

3.8 圆锥角公差按附录 A 选取。

3.9 圆锥形轴伸大端处键槽深度尺寸见附录 B。

1:10
L_2
$L_2/2$
d
d_2
$L_1/2$
L_1
L

b
h
t_1
(G)
d_1

图 1

1:10
L_2
$L_2/2$
d
d_3
$L_1/2$
L_3
L_1

b
t_1
h
(G)
d_1

图 2

1:10
A
L_2
$L_2/2$
A
d
d_1
d_2
$L_1/2$
L_1
L

A-A 旋转
b
h
t_1

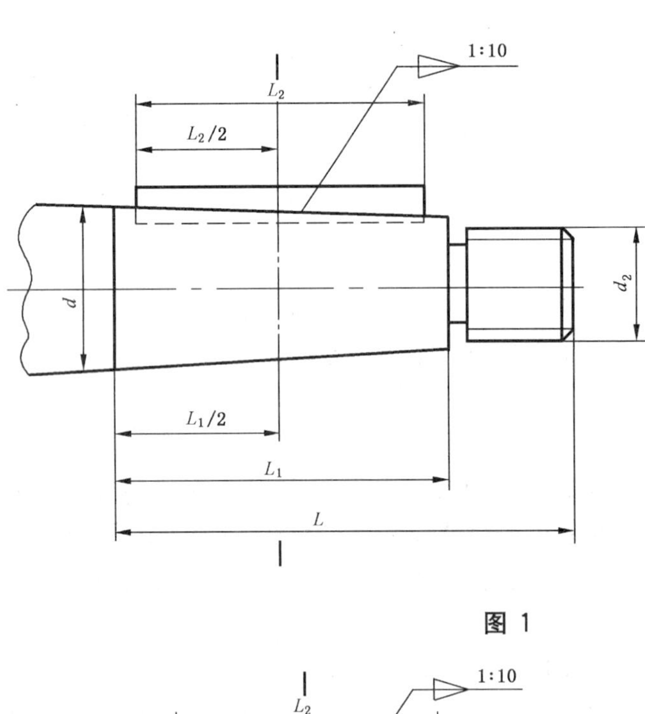

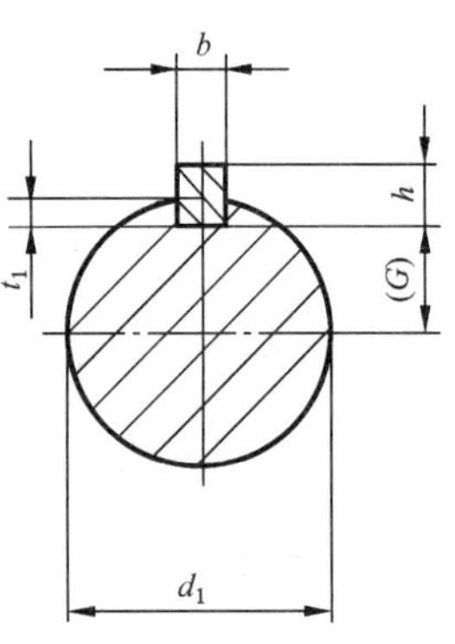

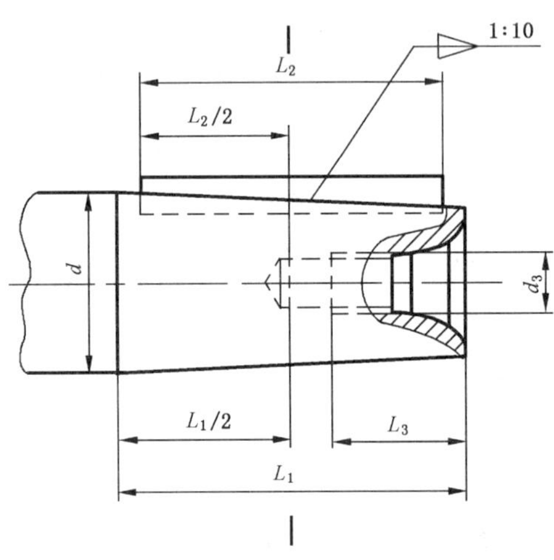

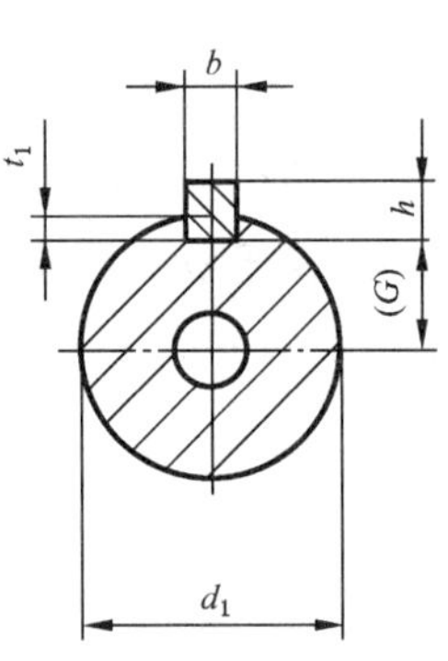

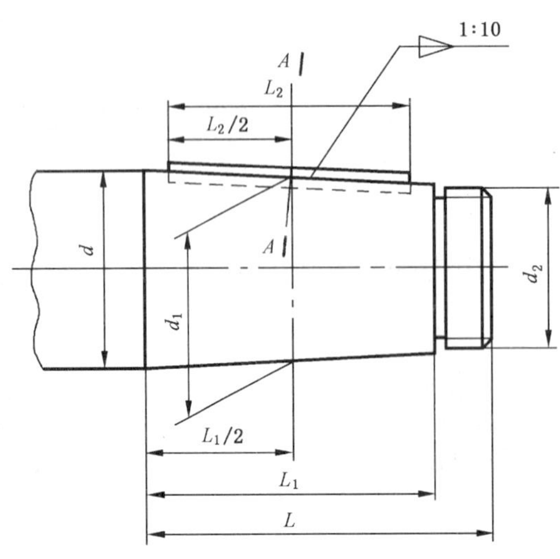

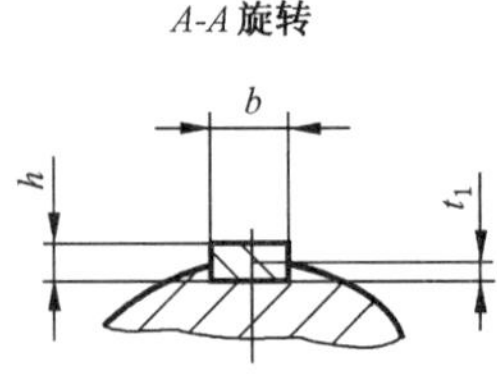

图 3

表 1　直径≤220 mm 的圆锥形轴伸的型式和尺寸

单位为毫米

<table>
<tr><th>d</th><th>L</th><th>L₁</th><th>L₂</th><th>b</th><th>h</th><th>d₁</th><th>t₁</th><th>(G)</th><th>d₂</th><th>d₃</th><th>L₃</th></tr>
<tr><td>6</td><td rowspan="2">16</td><td rowspan="2">10</td><td rowspan="2">6</td><td rowspan="5">—</td><td rowspan="5">—</td><td>5.5</td><td rowspan="5">—</td><td rowspan="5">—</td><td rowspan="2">M4</td><td rowspan="6">—</td><td rowspan="6">—</td></tr>
<tr><td>7</td><td>6.5</td></tr>
<tr><td>8</td><td rowspan="2">20</td><td rowspan="2">12</td><td rowspan="2">8</td><td>7.4</td><td rowspan="4">M6</td></tr>
<tr><td>9</td><td>8.4</td></tr>
<tr><td>10</td><td rowspan="2">23</td><td rowspan="2">15</td><td rowspan="2">12</td><td>9.25</td></tr>
<tr><td>11</td><td rowspan="2">2</td><td rowspan="2">2</td><td>10.25</td><td rowspan="2">1.2</td><td>3.9</td></tr>
<tr><td>12</td><td rowspan="2">30</td><td rowspan="2">18</td><td rowspan="2">16</td><td>11.1</td><td>4.3</td><td rowspan="2">M8×1</td><td rowspan="3">M4</td><td rowspan="3">10</td></tr>
<tr><td>14</td><td rowspan="2">3</td><td rowspan="2">3</td><td>13.1</td><td rowspan="2">1.8</td><td>4.7</td></tr>
<tr><td>16</td><td rowspan="3">40</td><td rowspan="3">28</td><td rowspan="3">25</td><td>14.6</td><td>5.5</td><td rowspan="3">M10×1.25</td></tr>
<tr><td>18</td><td rowspan="4">4</td><td rowspan="4">4</td><td>16.6</td><td rowspan="5">2.5</td><td>5.8</td><td rowspan="2">M5</td><td rowspan="2">13</td></tr>
<tr><td>19</td><td>17.6</td><td>6.3</td></tr>
<tr><td>20</td><td rowspan="3">50</td><td rowspan="3">36</td><td rowspan="3">32</td><td>18.2</td><td>6.6</td><td rowspan="3">M12×1.25</td><td rowspan="3">M6</td><td rowspan="3">16</td></tr>
<tr><td>22</td><td>20.2</td><td>7.6</td></tr>
<tr><td>24</td><td rowspan="4">5</td><td rowspan="4">5</td><td>22.2</td><td>8.1</td></tr>
<tr><td>25</td><td rowspan="2">60</td><td rowspan="2">42</td><td rowspan="2">36</td><td>22.9</td><td rowspan="3">3</td><td>8.4</td><td rowspan="2">M16×1.5</td><td rowspan="2">M8</td><td rowspan="2">19</td></tr>
<tr><td>28</td><td>25.9</td><td>9.9</td></tr>
<tr><td>30</td><td rowspan="4">80</td><td rowspan="4">58</td><td rowspan="4">50</td><td>27.1</td><td>10.5</td><td rowspan="3">M20×1.5</td><td rowspan="3">M10</td><td rowspan="3">22</td></tr>
<tr><td>32</td><td rowspan="3">6</td><td rowspan="3">6</td><td>29.1</td><td rowspan="3">3.5</td><td>11.0</td></tr>
<tr><td>35</td><td>32.1</td><td>12.5</td></tr>
<tr><td>38</td><td>35.1</td><td>14.0</td><td rowspan="2">M24×2</td><td rowspan="2">M12</td><td rowspan="2">28</td></tr>
<tr><td>40</td><td rowspan="7">110</td><td rowspan="7">82</td><td rowspan="7">70</td><td>10</td><td>8</td><td>35.9</td><td>5</td><td>12.9</td></tr>
<tr><td>42</td><td>10</td><td>8</td><td>37.9</td><td rowspan="4">5</td><td>13.9</td><td>M24×2</td><td>M12</td><td>28</td></tr>
<tr><td>45</td><td rowspan="3">12</td><td rowspan="3">8</td><td>40.9</td><td>15.4</td><td rowspan="2">M30×2</td><td rowspan="3">M16</td><td rowspan="3">36</td></tr>
<tr><td>48</td><td>43.9</td><td>16.9</td></tr>
<tr><td>50</td><td>45.9</td><td>17.9</td><td rowspan="3">M36×2</td></tr>
<tr><td>55</td><td rowspan="2">14</td><td rowspan="2">9</td><td>50.9</td><td rowspan="2">5.5</td><td>19.9</td><td rowspan="5">M20</td><td rowspan="5">42</td></tr>
<tr><td>56</td><td>51.9</td><td>20.4</td></tr>
<tr><td>60</td><td rowspan="6">140</td><td rowspan="6">105</td><td rowspan="6">100</td><td rowspan="3">16</td><td rowspan="3">10</td><td>54.75</td><td rowspan="3">6</td><td>21.4</td><td rowspan="3">M42×3</td></tr>
<tr><td>63</td><td>57.75</td><td>22.9</td></tr>
<tr><td>65</td><td>59.75</td><td>23.9</td></tr>
<tr><td>70</td><td rowspan="3">18</td><td rowspan="3">11</td><td>64.75</td><td rowspan="3">7</td><td>25.4</td><td rowspan="3">M48×3</td><td rowspan="3">M24</td><td rowspan="3">50</td></tr>
<tr><td>71</td><td>65.75</td><td>25.9</td></tr>
<tr><td>75</td><td>69.75</td><td>27.9</td></tr>
</table>

表 1（续） 单位为毫米

<table>
<tr><th>d</th><th>L</th><th>L_1</th><th>L_2</th><th>b</th><th>h</th><th>d_1</th><th>t_1</th><th>(G)</th><th>d_2</th><th>d_3</th><th>L_3</th></tr>
<tr><td>80</td><td rowspan="4">170</td><td rowspan="4">130</td><td rowspan="4">110</td><td rowspan="2">20</td><td rowspan="2">12</td><td>73.5</td><td rowspan="2">7.5</td><td>29.2</td><td rowspan="2">M56×4</td><td rowspan="17">—</td><td rowspan="17">—</td></tr>
<tr><td>85</td><td>78.5</td><td>31.7</td></tr>
<tr><td>90</td><td rowspan="2">22</td><td rowspan="4">14</td><td>83.5</td><td rowspan="4">9</td><td>32.7</td><td rowspan="2">M64×4</td></tr>
<tr><td>95</td><td>88.5</td><td>35.2</td></tr>
<tr><td>100</td><td rowspan="4">210</td><td rowspan="4">165</td><td rowspan="4">140</td><td rowspan="2">25</td><td>91.75</td><td>36.9</td><td>M72×4</td></tr>
<tr><td>110</td><td>101.75</td><td>41.9</td><td>M80×4</td></tr>
<tr><td>120</td><td rowspan="3">28</td><td rowspan="3">16</td><td>111.75</td><td rowspan="3">10</td><td>45.9</td><td rowspan="2">M90×4</td></tr>
<tr><td>125</td><td>116.75</td><td>48.3</td></tr>
<tr><td>130</td><td rowspan="3">250</td><td rowspan="3">200</td><td rowspan="3">180</td><td>120</td><td>50</td><td rowspan="2">M100×4</td></tr>
<tr><td>140</td><td rowspan="2">32</td><td rowspan="2">18</td><td>130</td><td rowspan="2">11</td><td>54</td></tr>
<tr><td>150</td><td>140</td><td>59</td><td>M110×4</td></tr>
<tr><td>160</td><td rowspan="3">300</td><td rowspan="3">240</td><td rowspan="3">220</td><td rowspan="2">36</td><td rowspan="2">20</td><td>148</td><td rowspan="2">12</td><td>62</td><td rowspan="2">M125×4</td></tr>
<tr><td>170</td><td>158</td><td>67</td></tr>
<tr><td>180</td><td rowspan="3">40</td><td rowspan="3">22</td><td>168</td><td rowspan="3">13</td><td>71</td><td rowspan="2">M140×6</td></tr>
<tr><td>190</td><td rowspan="3">350</td><td rowspan="3">280</td><td rowspan="3">250</td><td>176</td><td>75</td></tr>
<tr><td>200</td><td>186</td><td>80</td><td rowspan="2">M160×6</td></tr>
<tr><td>220</td><td>45</td><td>25</td><td>206</td><td>15</td><td>88</td></tr>
<tr><td colspan="12">注 1：键槽深度 t_1 可由测量 G 代替，或按附录 B 的规定。
注 2：L_2 可根据需要选取表中的数值。</td></tr>
</table>

表 2 直径＞220 mm 的圆锥形轴伸的型式和尺寸 单位为毫米

<table>
<tr><th>d</th><th>L</th><th>L_1</th><th>L_2</th><th>b</th><th>h</th><th>d_1</th><th>t_1</th><th>d_2</th></tr>
<tr><td>240</td><td rowspan="3">410</td><td rowspan="3">330</td><td rowspan="3">280</td><td rowspan="3">50</td><td rowspan="3">28</td><td>223.5</td><td rowspan="3">17</td><td rowspan="2">M180×6</td></tr>
<tr><td>250</td><td>233.5</td></tr>
<tr><td>260</td><td>243.5</td><td>M200×6</td></tr>
<tr><td>280</td><td rowspan="3">470</td><td rowspan="3">380</td><td rowspan="3">320</td><td>56</td><td rowspan="3">32</td><td>261</td><td rowspan="3">20</td><td rowspan="2">M220×6</td></tr>
<tr><td>300</td><td rowspan="2">63</td><td>281</td></tr>
<tr><td>320</td><td>301</td><td>M250×6</td></tr>
<tr><td>340</td><td rowspan="3">550</td><td rowspan="3">450</td><td rowspan="3">400</td><td rowspan="3">70</td><td rowspan="3">36</td><td>317.5</td><td rowspan="3">22</td><td rowspan="2">M280×6</td></tr>
<tr><td>360</td><td>337.5</td></tr>
<tr><td>380</td><td>357.5</td><td>M300×6</td></tr>
</table>

表 2（续）　　　　单位为毫米

<table>
<tr><th>d</th><th>L</th><th>L_1</th><th>L_2</th><th>b</th><th>h</th><th>d_1</th><th>t_1</th><th>d_2</th></tr>
<tr><td>400</td><td rowspan="7">650</td><td rowspan="7">540</td><td rowspan="7">450</td><td rowspan="3">80</td><td rowspan="3">40</td><td>373</td><td rowspan="3">25</td><td rowspan="2">M320×6</td></tr>
<tr><td>420</td><td>393</td></tr>
<tr><td>440</td><td>413</td><td rowspan="2">M350×6</td></tr>
<tr><td>450</td><td rowspan="4">90</td><td rowspan="4">45</td><td>423</td><td rowspan="4">28</td></tr>
<tr><td>460</td><td>433</td><td rowspan="2">M380×6</td></tr>
<tr><td>480</td><td>453</td></tr>
<tr><td>500</td><td>473</td><td rowspan="2">M420×6</td></tr>
<tr><td>530</td><td rowspan="4">800</td><td rowspan="4">680</td><td rowspan="4">500</td><td rowspan="4">100</td><td rowspan="4">50</td><td>496</td><td rowspan="4">31</td></tr>
<tr><td>560</td><td>526</td><td>M450×6</td></tr>
<tr><td>600</td><td>566</td><td>M500×6</td></tr>
<tr><td>630</td><td>596</td><td>M550×6</td></tr>
<tr><td colspan="9">注：L_2 可根据需要选取表中的数值。</td></tr>
</table>

表 3　短系列圆锥形轴伸的型式和尺寸　　　　单位为毫米

<table>
<tr><th>d</th><th>L</th><th>L_1</th><th>L_2</th><th>b</th><th>h</th><th>d_1</th><th>t_1</th><th>(G)</th><th>d_2</th><th>d_3</th><th>L_3</th></tr>
<tr><td>16</td><td rowspan="3">28</td><td rowspan="3">16</td><td rowspan="3">14</td><td>3</td><td>3</td><td>15.2</td><td>1.8</td><td>5.8</td><td rowspan="3">M10×1.25</td><td>M4</td><td>10</td></tr>
<tr><td>18</td><td rowspan="4">4</td><td rowspan="4">4</td><td>17.2</td><td rowspan="4">2.5</td><td>6.1</td><td rowspan="2">M5</td><td rowspan="2">13</td></tr>
<tr><td>19</td><td>18.2</td><td>6.6</td></tr>
<tr><td>20</td><td rowspan="3">36</td><td rowspan="3">22</td><td rowspan="3">20</td><td>18.9</td><td>6.9</td><td rowspan="3">M12×1.25</td><td rowspan="3">M6</td><td rowspan="3">16</td></tr>
<tr><td>22</td><td>20.9</td><td>7.9</td></tr>
<tr><td>24</td><td rowspan="4">5</td><td rowspan="4">5</td><td>22.9</td><td rowspan="4">3</td><td>8.4</td></tr>
<tr><td>25</td><td rowspan="2">42</td><td rowspan="2">24</td><td rowspan="2">22</td><td>23.8</td><td>8.9</td><td rowspan="2">M16×1.5</td><td rowspan="2">M8</td><td rowspan="2">19</td></tr>
<tr><td>28</td><td>26.8</td><td>10.4</td></tr>
<tr><td>30</td><td rowspan="4">58</td><td rowspan="4">36</td><td rowspan="4">32</td><td>28.2</td><td>11.1</td><td rowspan="3">M20×1.5</td><td rowspan="3">M10</td><td rowspan="3">22</td></tr>
<tr><td>32</td><td rowspan="3">6</td><td rowspan="3">6</td><td>30.2</td><td rowspan="3">3.5</td><td>11.6</td></tr>
<tr><td>35</td><td>33.2</td><td>13.1</td></tr>
<tr><td>38</td><td>36.2</td><td>14.6</td><td rowspan="2">M24×2</td><td rowspan="2">M12</td><td rowspan="2">28</td></tr>
<tr><td>40</td><td>82</td><td>54</td><td>50</td><td>10</td><td>8</td><td>37.3</td><td>5</td><td>13.6</td></tr>
</table>

表 3（续）

单位为毫米

<table>
<tr><th>d</th><th>L</th><th>LL_1</th><th>L_2</th><th>b</th><th>h</th><th>d_1</th><th>t_1</th><th>(G)</th><th>d_2</th><th>d_3</th><th>L_3</th></tr>
<tr><td>42</td><td rowspan="6">82</td><td rowspan="6">54</td><td rowspan="6">50</td><td>10</td><td>8</td><td>39.3</td><td rowspan="4">5</td><td>14.6</td><td></td><td></td><td></td></tr>
<tr><td>45</td><td rowspan="3">12</td><td rowspan="3">8</td><td>42.3</td><td>16.1</td><td rowspan="2">M30×2</td><td rowspan="3">M16</td><td rowspan="3">36</td></tr>
<tr><td>48</td><td>45.3</td><td>17.6</td></tr>
<tr><td>50</td><td>47.3</td><td>18.6</td><td rowspan="3">M36×3</td></tr>
<tr><td>55</td><td rowspan="2">14</td><td rowspan="2">9</td><td>52.3</td><td rowspan="2">5.5</td><td>20.6</td><td rowspan="4">M20</td><td rowspan="4">42</td></tr>
<tr><td>56</td><td>53.3</td><td>21.1</td></tr>
<tr><td>60</td><td rowspan="6">105</td><td rowspan="6">70</td><td rowspan="6">63</td><td rowspan="3">16</td><td rowspan="3">10</td><td>56.5</td><td rowspan="3">6</td><td>22.2</td><td rowspan="3">M42×3</td></tr>
<tr><td>63</td><td>59.5</td><td>23.7</td></tr>
<tr><td>65</td><td>61.5</td><td>24.7</td></tr>
<tr><td>70</td><td rowspan="3">18</td><td rowspan="3">11</td><td>66.5</td><td rowspan="3">7</td><td>26.2</td><td rowspan="3">M48×3</td><td rowspan="3">M24</td><td rowspan="3">50</td></tr>
<tr><td>71</td><td>67.5</td><td>26.7</td></tr>
<tr><td>75</td><td>71.5</td><td>28.7</td></tr>
<tr><td>80</td><td rowspan="4">130</td><td rowspan="4">90</td><td rowspan="4">80</td><td rowspan="2">20</td><td rowspan="2">12</td><td>75.5</td><td rowspan="2">7.5</td><td>30.2</td><td rowspan="2">M56×4</td><td rowspan="17">—</td><td rowspan="17">—</td></tr>
<tr><td>85</td><td>80.5</td><td>32.7</td></tr>
<tr><td>90</td><td rowspan="2">22</td><td rowspan="2">14</td><td>85.5</td><td rowspan="4">9</td><td>33.7</td><td rowspan="2">M64×4</td></tr>
<tr><td>95</td><td>90.5</td><td>36.2</td></tr>
<tr><td>100</td><td rowspan="4">165</td><td rowspan="4">120</td><td rowspan="4">110</td><td rowspan="2">25</td><td rowspan="2">14</td><td>94</td><td>38</td><td>M72×4</td></tr>
<tr><td>110</td><td>104</td><td>43</td><td>M80×4</td></tr>
<tr><td>120</td><td rowspan="3">28</td><td rowspan="3">16</td><td>114</td><td rowspan="3">10</td><td>47</td><td rowspan="2">M90×4</td></tr>
<tr><td>125</td><td>119</td><td>49.5</td></tr>
<tr><td>130</td><td rowspan="3">200</td><td rowspan="3">150</td><td rowspan="3">125</td><td>122.5</td><td>51.2</td><td rowspan="2">M100×4</td></tr>
<tr><td>140</td><td rowspan="2">32</td><td rowspan="2">18</td><td>132.5</td><td rowspan="2">11</td><td>55.2</td></tr>
<tr><td>150</td><td>142.5</td><td>60.2</td><td>M110×4</td></tr>
<tr><td>160</td><td rowspan="3">240</td><td rowspan="3">180</td><td rowspan="3">160</td><td rowspan="2">36</td><td rowspan="2">20</td><td>151</td><td rowspan="2">12</td><td>63.5</td><td rowspan="2">M125×4</td></tr>
<tr><td>170</td><td>161</td><td>68.5</td></tr>
<tr><td>180</td><td rowspan="3">40</td><td rowspan="3">22</td><td>171</td><td rowspan="3">13</td><td>72.5</td><td rowspan="2">M140×6</td></tr>
<tr><td>190</td><td rowspan="3">280</td><td rowspan="3">210</td><td rowspan="3">180</td><td>179.5</td><td>76.7</td></tr>
<tr><td>200</td><td>189.5</td><td>81.7</td><td rowspan="2">M160×6</td></tr>
<tr><td>220</td><td>45</td><td>25</td><td>209.5</td><td>15</td><td>89.7</td></tr>
</table>

注 1：键槽深度 t_1 可由测量 G 代替，或按附录 B 的规定。

注 2：L_2 可根据需要选取表中的数值。

附　录　A
（规范性附录）
圆锥形轴伸圆锥角公差

A.1　直径 d 公差选用 GB/T 1800.2—1998 中的 IT8，其直径 d 的所在截面距圆锥小端端面的轴向极限偏差见表 A.1。

表 A.1

单位为毫米

直径 d	L_1 的轴向极限偏差	直径 d	L_1 的轴向极限偏差
6～10	$^{0}_{-0.22}$	125～180	$^{0}_{-0.63}$
11～18	$^{0}_{-0.27}$	190～250	$^{0}_{-0.72}$
19～30	$^{0}_{-0.33}$	260～300	$^{0}_{-0.81}$
32～50	$^{0}_{-0.39}$	320～400	$^{0}_{-0.89}$
55～80	$^{0}_{-0.46}$	420～500	$^{0}_{-0.97}$
85～120	$^{0}_{-0.54}$	530～630	$^{0}_{-1.10}$

A.2　圆锥角公差：1∶10 圆锥角公差选用 GB/T 11334—1989 中的 AT6。

A.3　用圆锥环规检验时，研合的轴向力应为 100 N，涂层厚度：当圆锥长度 L_1 为 10 mm～40 mm 时为 0.5 μm；当圆锥长度 L_1 大于 40 mm～100 mm 时为 1 μm；当圆锥长度 L_1 大于 100 mm～250 mm 时为 1.5 μm；当圆锥长度 L_1 大于 250 mm～630 mm 时为 2.5 μm；在检验中接触率应不小于 70%。

附　录　B
（规范性附录）
圆锥形轴伸大端处键槽深度尺寸

B.1　对键槽底面平行于轴线的键槽，当按照轴伸大端直径来检验键槽深度时，其数值应符合表 B.1 中 t_2 的规定。t_2 的极限偏差与 t_1 的极限偏差相同。此时，标准中表 1 和表 3 中的 t_1 作为参考尺寸。

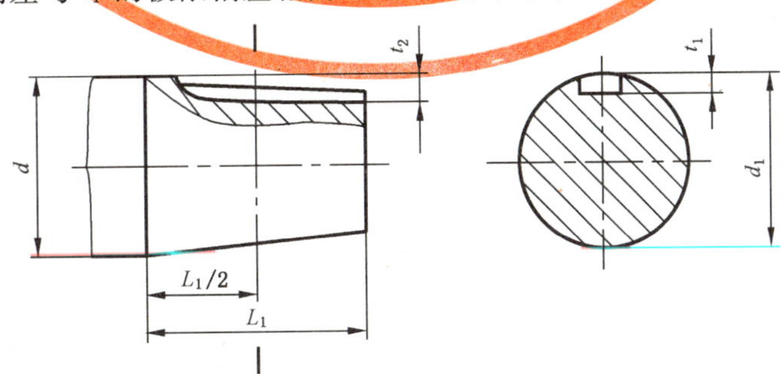

$$t_2=(d-d_1)/2+t_1$$

图 B.1

表 B.1

单位为毫米

d	t_2		d	t_2	
	长系列	短系列		长系列	短系列
11	1.6	—	60	8.6	7.8
12	1.7		65		
14	2.3		70	9.6	8.8
16	2.5	2.2	71		
18	3.2	2.9	75		
19			80	10.8	9.8
20	3.4	3.1	85		
22			90	12.3	11.3
24	3.9	3.6	95		
25	4.1		100	13.1	12.0
28			110		
30	4.5	3.9	120	14.1	13.0
32	5.0	4.4	125		
35			130	15.0	13.8
38			140	16.0	14.8
40	7.1	6.4	150		
42			160	18.0	16.5
45			170		
48			180	19.0	17.5
50			190	20.0	18.3
55	7.6	6.9	200		
56			220	22.0	20.3

ICS 17.020
A 20

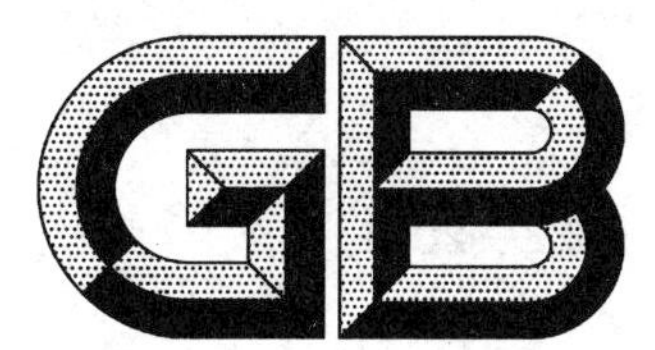

中华人民共和国国家标准

GB/T 2822—2005
代替 GB/T 2822—1981

标 准 尺 寸

Standard linear dimensions

2005-05-16 发布 2005-12-01 实施

中华人民共和国国家质量监督检验检疫总局
中国国家标准化管理委员会 发布

前　言

本标准规定的标准尺寸是根据 GB/T 321—2005《优先数和优先数系》和 GB/T 19764—2005《优先数和优先数化整值系列的选用指南》选用的优先数及其化整值。这样，有利于对机械制造业中常用的线性尺寸进行协调、简化和统一。

本标准主要对 GB/T 2822—1981《标准尺寸》按标准的编写规则作了编辑性修改，而对标准尺寸系列未作任何修改。

本标准代替 GB/T 2822—1981《标准尺寸》。

本标准由全国产品尺寸和几何技术规范标准化技术委员会提出并归口。

本标准起草单位：机械科学研究院中机生产力促进中心。

本标准主要起草人：李晓沛、王欣玲。

本标准第 1 次发布于 1981 年并系第 1 次修订。

标 准 尺 寸

1 范围

本标准规定了0.01 mm～20 000 mm范围内机械制造业中常用的标准尺寸(直径、长度、高度等)系列。

本标准适用于有互换性或系列化要求的主要尺寸(如安装、连接尺寸,有公差要求的配合尺寸,决定产品系列的公称尺寸等)。其他结构尺寸也应尽可能采用。

本标准不适用于由主要尺寸导出的因变量尺寸,工艺上工序间的尺寸和已有相应标准规定的尺寸。

2 规范性引用文件

下列文件中的条款通过本标准的引用而成为本标准的条款。凡是注日期的引用文件,其随后所有的修改单(不包括勘误的内容)或修订版均不适用于本标准,然而,鼓励根据本标准达成协议的各方研究是否可使用这些文件的最新版本。凡是不注日期的引用文件,其最新版本适用于本标准。

GB/T 321 优先数和优先数系(ISO 3,IDT)

GB/T 19764 优先数和优先数化整值系列的选用指南(ISO 497,IDT)

3 标准尺寸系列

尺寸0.01 mm～20 000 mm范围的标准尺寸系列规定于表1～表7。

表1～表7中列出的标准尺寸是根据GB/T 321和GB/T 19764选用的优先数及其化整值系列。选用优先数化整值系列规定的标准尺寸用R′表示。

表1 0.01 mm～0.1 mm标准尺寸系列 单位为毫米

R′		
R′5	R′10	R′20
0.010	0.010	0.010
		0.011
	0.012	**0.012**
		0.014
0.016	0.016	0.016
		0.018
	0.020	0.020
		0.022
0.025	0.025	0.025
		0.028
	0.030	**0.030**
		0.035
0.040	0.040	0.040
		0.045
	0.050	0.050
		0.055
0.060	**0.060**	**0.060**
		0.070
	0.080	0.080
		0.090
0.100	0.100	0.100
注:R′系列中的黑体字,为R系列相应各项优先数的化整值。		

表 2 0.1 mm～1.0 mm 标准尺寸系列

单位为毫米

R		R′	
R10	R20	R′10	R′20
0.100	0.100	0.10	0.10
	0.112		**0.11**
0.125	0.125	**0.12**	**0.12**
	0.140		0.14
0.160	0.160	0.16	0.16
	0.180		0.18
0.200	0.200	0.20	0.20
	0.224		**0.22**
0.250	0.250	0.25	0.25
	0.280		0.28
0.315	0.315	**0.30**	**0.30**
	0.355		**0.35**
0.400	0.400	0.40	0.40
	0.450		0.45
0.500	0.500	0.50	0.50
	0.560		**0.55**
0.630	0.630	**0.60**	**0.60**
	0.710		**0.70**
0.800	0.800	0.80	0.80
	0.900		0.90
1.000	1.000	1.00	1.00
注：R′系列中的黑体字，为 R 系列相应各项优先数的化整值。			

表 3 1.0 mm～10.0 mm 标准尺寸系列

单位为毫米

R		R′	
R10	R20	R′10	R′20
1.00	1.00	1.0	1.0
	1.12		**1.1**
1.25	1.25	**1.2**	**1.2**
	1.40		1.4
1.60	1.60	1.6	1.6
	1.80		1.8
2.00	2.00	2.0	2.0
	2.24		**2.2**
2.50	2.50	2.5	2.5
	2.80		2.8
3.15	3.15	**3.0**	**3.0**
	3.55		**3.5**
4.00	4.00	4.0	4.0
	4.50		4.5
5.00	5.00	5.0	5.0
	5.60		**5.5**
6.30	6.30	**6.0**	**6.0**
	7.10		**7.0**
8.00	8.00	8.0	8.0
	9.00		9.0
10.00	10.00	10.0	10.0
注：R′系列中的黑体字，为 R 系列相应各项优先数的化整值。			

表 4　10 mm～100 mm 标准尺寸系列

单位为毫米

R			R′		
R10	R20	R40	R′10	R′20	R′40
10.0	10.0		10	10	
	11.2			**11**	
12.5	12.5	12.5	**12**	**12**	**12**
		13.2			**13**
	14.0	14.0		14	14
		15.0			15
16.0	16.0	16.0	16	16	16
		17.0			17
	18.0	18.0		18	18
		19.0			19
20.0	20.0	20.0	20	20	20
		21.2			**21**
	22.4	22.4		22	**22**
		23.6			**24**
25.0	25.0	25.0	25	25	25
		26.5			**26**
	28.0	28.0		28	28
		30.0			30
31.5	31.5	31.5	**32**	**32**	**32**
		33.5			**34**
	35.5	35.5		**36**	**36**
		37.5			**38**
40.0	40.0	40.0	40	40	40
		42.5			**42**
	45.0	45.0		45	45
		47.5			**48**
50.0	50.0	50.0	50	50	50
		53.0			53
	56.0	56.0		56	56
		60.0			60
63.0	63.0	63.0	63	63	63
		67.0			67
	71.0	71.0		71	71
		75.0			75
80.0	80.0	80.0	80	80	80
		85.0			85
	90.0	90.0		90	90
		95.0			95
100.0	100.0	100.0	100	100	100

注：R′系列中的黑体字，为 R 系列相应各项优先数的化整值。

表 5　100 mm～1 000 mm 标准尺寸系列

单位为毫米

R			R′		
R10	R20	R40	R′10	R′20	R′40
100	100	100	100	100	100
		106			**105**
	112	112		**110**	**110**
		118			**120**
125	125	125	125	125	125
		132			**130**
	140	140		140	140
		150			150
160	160	160	160	160	160
		170			170
	180	180		180	180
		190			190
200	200	200	200	200	200
		212			**210**
	224	224		**220**	**220**
		236			**240**
250	250	250	250	250	250
		265			**260**
	280	280		280	280
		300			300
315	315	315	**320**	**320**	**320**
		335			**340**
	355	355		**360**	**360**
		375			**380**
400	400	400	400	400	400
		425			**420**
	450	450		450	450
		475			**480**
500	500	500	500	500	500
		530			530
	560	560		560	560
		600			600
630	630	630	630	630	630
		670			670
	710	710		710	710
		750			750
800	800	800	800	800	800
		850			850
	900	900		900	900
		950			950
1 000	1 000	1 000	1 000	1 000	1 000
注：R′系列中的黑体字，为 R 系列相应各项优先数的化整值。					

表 6　1 000 mm～10 000 mm 标准尺寸系列

单位为毫米

R		
R10	R20	R40
1 000	1 000	1 000
		1 060
	1 120	1 120
		1 180
1 250	1 250	1 250
		1 320
	1 400	1 400
		1 500
1 600	1 600	1 600
		1 700
	1 800	1 800
		1 900
2 000	2 000	2 000
		2 120
	2 240	2 240
		2 360
2 500	2 500	2 500
		2 650
	2 800	2 800
		3 000
3 150	3 150	3 150
		3 350
	3 550	3 550
		3 750
4 000	4 000	4 000
		4 250
	4 500	4 500
		4 750
5 000	5 000	5 000
		5 300
	5 600	5 600
		6 000
6 300	6 300	6 300
		6 700
	7 100	7 100
		7 500
8 000	8 000	8 000
		8 500
	9 000	9 000
		9 500
10 000	10 000	10 000

表 7 10 000 mm～20 000 mm 标准尺寸系列

单位为毫米

R		
R10	R20	R40
10 000	10 000	10 000
		10 600
	11 200	11 200
		11 800
12 500	12 500	12 500
		13 200
	14 000	14 000
		15 000
16 000	16 000	16 000
		17 000
	18 000	18 000
		19 000
20 000	20 000	20 000

4 标准尺寸选择

4.1 选择标准尺寸系列及单个尺寸时，应首先在优先数系 R 系列中选。用并按 R10、R20、R40 的顺序，优先选用公比较大的基本系列及其单值。

4.2 如果必须将数值圆整，可在相应的 R′系列中选用标准尺寸，其优选顺序为 Ra5、Ra10、Ra20、Ra40。

4.3 除各表中列出的基本系列外，可采用某个基本系列导出的派生系列，也可采用复合系列。

前　　言

本标准等效采用ISO 2538:1998《产品几何量技术规范(GPS)　棱体的角度与斜度系列》,是对GB/T 4096—1983《棱体的角度与斜度系列》的修订,在技术内容上与国际标准一致。考虑到标准的适用范围为一般用途的棱体,在编排上将ISO 2538正文中特定用途的棱体作为标准的附录给出。

本标准对GB/T 4096—1983的主要修改如下:

——增加了楔体、导棱体等术语及定义和相应的图示;

——重新编排了数值表;

——将特定用途的棱体列为标准的附录。

本标准自实施之日起,代替GB/T 4096—1983。

本标准的附录A是标准的附录。

本标准由中国机械工业联合会提出。

本标准由全国产品尺寸和几何技术规范标准化技术委员会归口。

本标准起草单位:机械科学研究院、中国计量科学研究院、中国一拖集团有限公司、天津大学、长安汽车集团有限公司。

本标准主要起草人:李晓沛、张恒、张云立、王仲、易守云、陈戈。

ISO 前言

ISO(国际标准化组织)是由各国标准团体(ISO 成员团体)组成的世界范围的联合组织。国际标准的制定通常由 ISO 的技术委员会来完成。各成员团体若对某技术委员会确立的项目感兴趣,均有权派员参加该项目的工作。与 ISO 保持联系的各国际组织(官方的或非官方的)也可参加有关工作。ISO 与从事电工标准化的国际电工委员会(IEC)保持密切合作关系。

经技术委员会通过的国际标准草案提交各成员团体表决,需取得至少有 75%的成员团体的同意,才能作为国际标准发布。

国际标准 ISO 2538 由 ISO/TC 213"产品尺寸和几何技术规范及检验"技术委员会起草。

本次第二版代替第一版(ISO 2538:1974),其中表内有些数据作了适时的修正,但无技术上的修改。

本国际标准的附录 A 和附录 B 都是提示性的附录。

中华人民共和国国家标准

产品几何量技术规范(GPS)
棱体的角度与斜度系列

GB/T 4096—2001
eqv ISO 2538:1998
代替 GB/T 4096—1983

**Geometrical product specifications (GPS)
Series of angles and slopes on prisms**

1 范围

本标准规定了一般用途棱体的角度和斜度系列。角度系列从120°～0°30′,斜度系列从1∶10～1∶500。

本标准适用于一般机械工程。

2 定义

本标准采用下列定义。

2.1 棱体 prism

由两个相交平面与一定尺寸所限定的几何体(见图1)。

注:这两个相交平面称为"棱面",当有配合要求时称为"棱体的配合面"。两棱面的交线称为"棱边"。

2.2 多棱体 multiple prism

由几对相交平面与一定尺寸所限定的几何体(见图2)。

注:

1 由两对相交平面与一定尺寸所限定的是双棱体(见图2)。

2 当各对平面相交到一点时,该多棱体是棱锥体(见图3)。

2.3 楔体 wedge

小角度的棱体。

2.4 导棱体 slide prism

V形体 vee-block

燕尾体 dovetail

特定的大角度棱体(见图4和图5)。

注:这些特定的棱体常用于机床的导轨。

2.5 棱体角(β) prism angle

两相交棱面间的夹角(见图1)。

注:棱体配合面间的夹角称为"棱体的配合角"。

2.6 棱体中心平面(E_M) center plane of prism

通过棱边平分棱体角 β 的平面(见图7)。

2.7 棱体高 height of prism

在平行于棱边并垂直于一个棱面的某指定截面上测量的高度(如图6中的 H 和 h)。

2.8 棱体厚 thickness of prism

中华人民共和国国家质量监督检验检疫总局 2001-09-15 批准　　2002-04-01 实施

在平行于棱边并垂直于棱体中心平面 E_M 的某指定截面上测量的厚度(如图 7 中的 T 和 t)。

2.9 棱体斜度(S) prism slope

两指定截面的棱体高 H 和 h 之差与该两截面之间的距离 L 之比(见图 6)。

$$S = \frac{H - h}{L}$$

棱体斜度 S 与棱体角 β 的关系为

$$S = \tan\beta = 1 : \cot\beta$$

2.10 棱体比率(C_p) rate of prism

两指定截面的棱体厚 T 和 t 之差与该两截面之间的距离 L 之比(见图 7)。

$$C_p = \frac{T - t}{L}$$

棱体比率 C_p 与棱体角 β 的关系为

$$C_p = 2\tan\frac{\beta}{2} = 1 : \frac{1}{2}\cot\frac{\beta}{2}$$

3 系列

一般用途棱体的角度与斜度系列规定于表 1。选用棱体角时,应优先选用系列 1,其次选用系列 2。

为便于棱体的设计、生产和控制,表 2 给出了棱体角和棱体斜度所对应的棱体比率、斜度和角度的推算值,其有效位数可按需要确定。

表 1 一般用途棱体的角度与斜度系列

棱体角				棱体斜度 S
系列 1		系列 2		
β	$\beta/2$	β	$\beta/2$	
120°	60°	—	—	—
90°	45°	—	—	—
—	—	75°	37°30′	—
60°	30°	—	—	—
45°	22°30′	—	—	—
—	—	40°	20°	—
30°	15°	—	—	—
20°	10°	—	—	—
15°	7°30′	—	—	—
—	—	10°	5°	—
—	—	8°	4°	—
—	—	7°	3°30′	—
—	—	6°	3°	—
—	—	—	—	1 : 10
5°	2°30′	—	—	—
—	—	4°	2°	—
—	—	3°	1°30′	—

表 1(完)

棱体角				棱体斜度 S
系列 1		系列 2		
β	$\beta/2$	β	$\beta/2$	
—	—	—	—	1 : 20
—	—	2°	1°	—
—	—	—	—	1 : 50
—	—	1°	0°30′	—
—	—	—	—	1 : 100
—	—	0°30′	0°15′	—
—	—	—	—	1 : 200
—	—	—	—	1 : 500

表 2 推算值

基本值		推算值		
β	S	C_p	S	β
120°	—	1 : 0.288 675	—	—
90°	—	1 : 0.500 000	—	—
75°	—	1 : 0.651 613	1 : 0.267 949	—
60°	—	1 : 0.866 025	1 : 0.577 350	—
45°	—	1 : 1.207 107	1 : 1.000 000	—
40°	—	1 : 1.373 739	1 : 1.191 754	—
30°	—	1 : 1.866 025	1 : 1.732 051	—
20°	—	1 : 2.835 641	1 : 2.747 477	—
15°	—	1 : 3.797 877	1 : 3.732 051	—
10°	—	1 : 5.715 026	1 : 5.671 282	—
8°	—	1 : 7.150 333	1 : 7.115 370	—
7°	—	1 : 8.174 928	1 : 8.144 346	—
6°	—	1 : 9.540 568	1 : 9.514 364	—
—	1 : 10	—	—	5°42′38.1″
5°	—	1 : 11.451.883	1 : 11.430 052	—
4°	—	1 : 14.318 127	1 : 14.300 666	—
3°	—	1 : 19 094 230	1 : 19.081 137	—
—	1 : 20	—	—	2°51′44.7″
2°	—	1 : 28.644 981	1 : 28.636 253	—
—	1 : 50	—	—	1°8′44.7″
1°	—	1 : 57.294 325	1 : 57.289 962	—
—	1 : 100	—	—	34′22.6″
0°30′	—	1 : 114.590 832	1 : 114.588 650	—
—	1 : 200	—	—	17′11.3″
—	1 : 500	—	—	6′52.5″

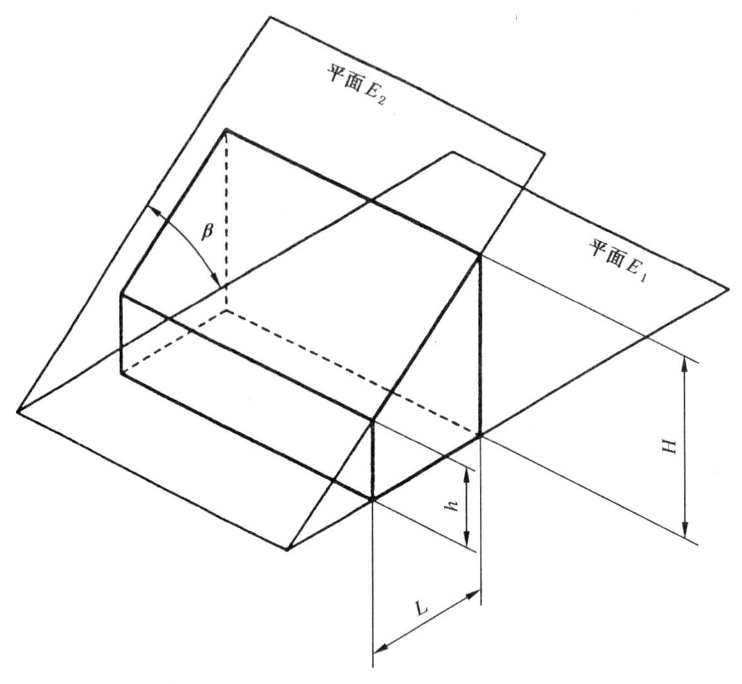

图 1　棱体或楔体

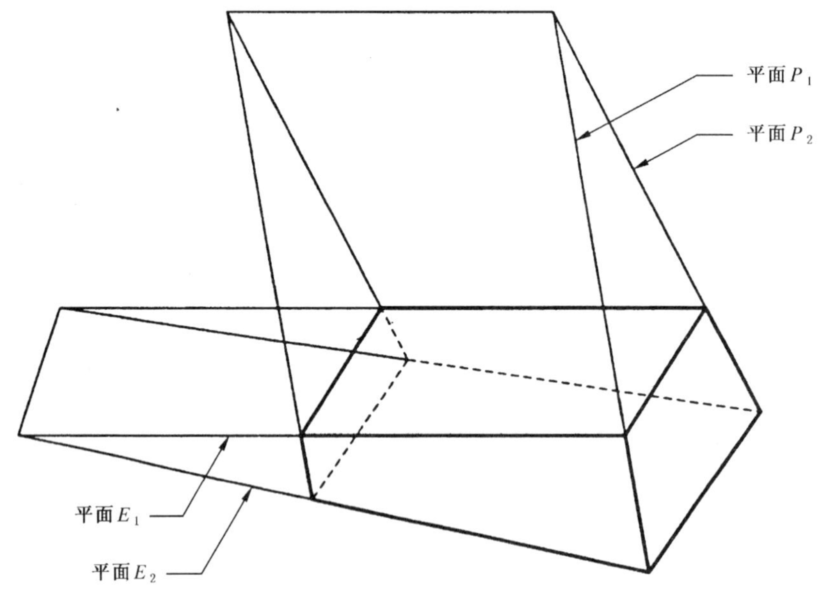

图 2　多(双)棱体

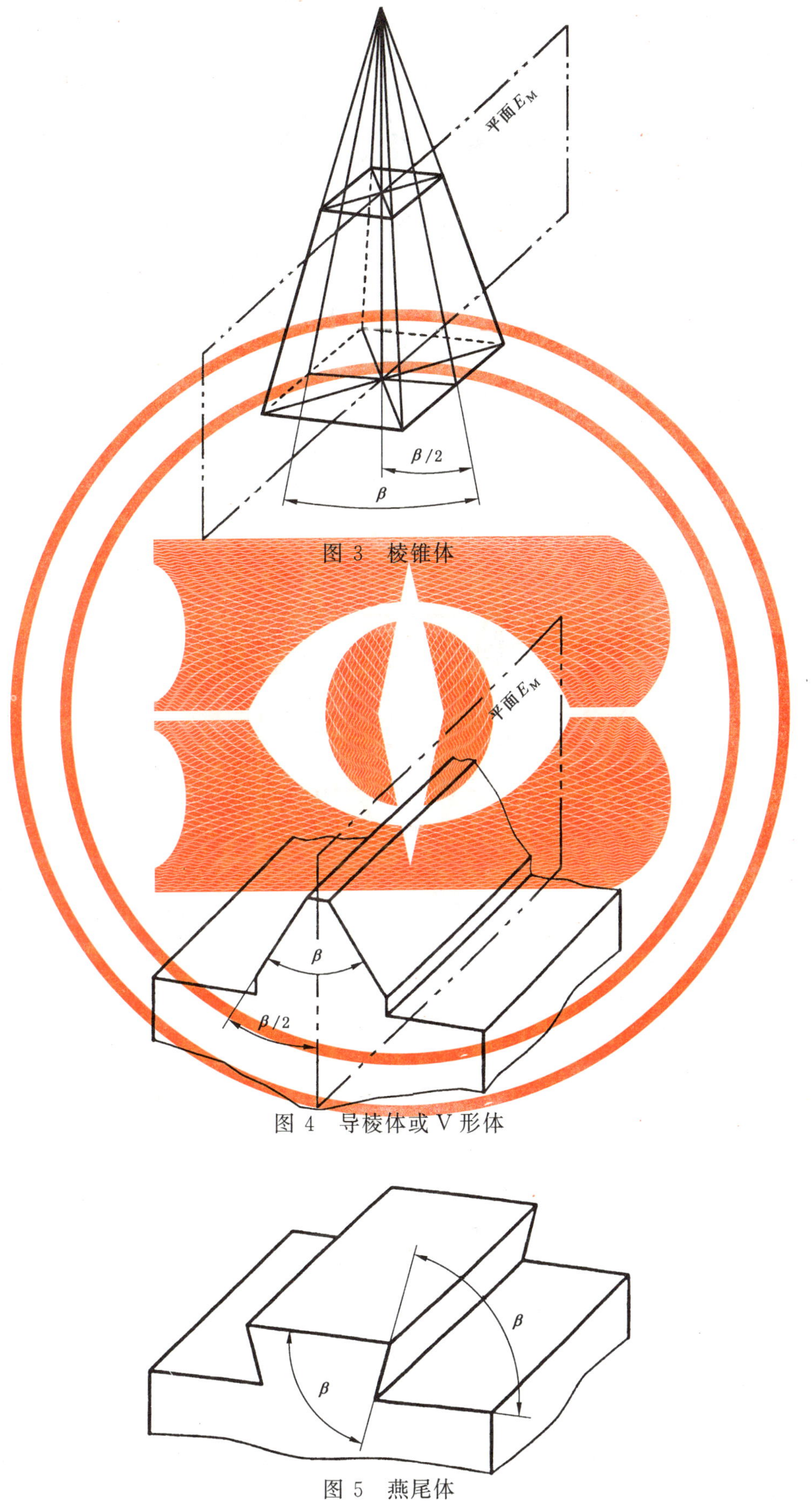

图 3　棱锥体

图 4　导棱体或 V 形体

图 5　燕尾体

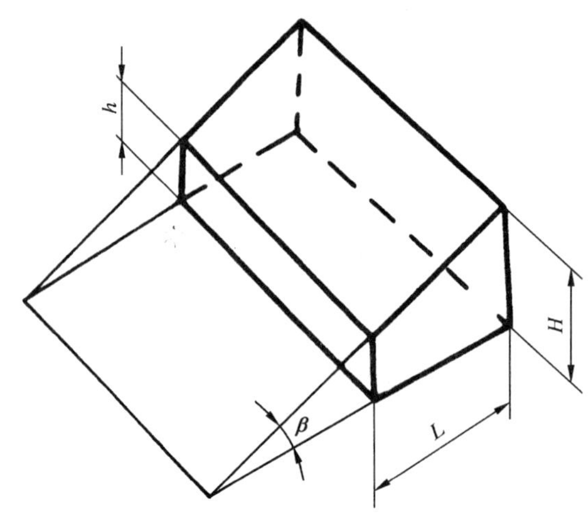

图6 棱体高

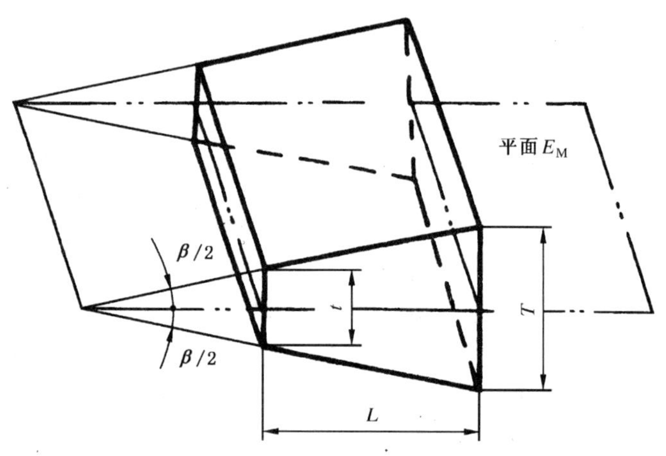

图7 棱体厚

附 录 A
（标准的附录）
特定用途的棱体

本附录提供的棱体参数（见表 A1）只用于表中右边一栏所指定的用途。

表 A1 特定用途的棱体

棱体角		推算值		用途
β	$\beta/2$	C_p	S	
108°	54°	1∶0.363 271	—	V 形体
72°	36°	1∶0.688 191	—	
55°	27°30	1∶0.960 491	1∶0.700 207	燕尾体
50°	25°	1∶1.072 253	1∶0.839 100	

前　　言

在生产活动中，某些生产设备因设计缺陷而造成的人员伤害事故以及尘、毒、噪声、辐射等危害是比较严重的。为贯彻落实"中华人民共和国标准化法"和"安全第一，预防为主"的方针，生产设备的设计、制造部门有责任从设计、制造上采取相应安全卫生技术措施，使新设计的生产设备在使用过程中能够满足有关安全卫生的诸项要求。然而，我国各类生产设备的专项安全卫生设计标准尚很少，大多数生产设备的安全卫生设计要求都包含在产品标准中。但是，这些要求难免不尽全面。为满足广大工程技术人员、职业安全卫生监察和环境保护部门乃至生产管理部门的工作需要，从治"本"上入手，尽快改善我国劳动保护和环境保护现状，本标准规定了生产设备安全卫生设计的基本原则、一般要求和特殊要求，以使生产设备设计、制造部门有所遵循。

本标准是参照德国国家标准 DIN 31000/VDE 1000—1993《技术设备符合安全要求设计的一般原则》、俄罗斯国家标准 ГОСТ12.2.003—1992《生产设备·安全总则》制订的。在技术内容上与上述标准相一致，在编写规则上按 GB/T 1.1—1993《标准化工作导则　第1单元：标准的起草与表述规则　第1部分：标准编写的基本规定》执行。

在对 GB 5083—1985 进行修订时，原标准框架未做大变动，但删除了不属于技术内容而只属于政令方面的条款，以及在实施过程中证明难以实现的内容。对原标准中某些技术内容现已形成专项国家标准的条款，改为引用标准形式给出。同时，增加了一些新的技术内容。

本标准从生效之日起，同时代替 GB 5083—1985。

本标准由中华人民共和国国家经贸委安全生产局提出。

本标准由辽宁省安全科学研究院归口。

本标准起草单位：辽宁省安全科学研究院。

本标准主要起草人：樊锡瑛、汤大纲。

中华人民共和国国家标准

GB 5083—1999

代替 GB 5083—1985

生产设备安全卫生设计总则

General rules for designing the production facilities in accordance with safety and health requirements

1 范围

本标准规定了各类生产设备安全卫生设计的基本原则、一般要求和特殊要求。

本标准适用于除空中、水上交通工具,水上设施,电气设备以及核能设备之外的各类生产设备。

本标准是各类生产设备安全卫生设计的基础标准。制订各类生产设备安全卫生设计的专用标准,应符合本标准的规定,并使其具体化。

2 引用标准

下列标准所包含的条文,通过在本标准中引用而构成为本标准的条文。本标准出版时,所示版本均为有效。所有标准都会被修订,使用本标准的各方应探讨使用下列标准最新版本的可能性。

GB 2893—1982 安全色

GB 2894—1996 安全标志

GB 4053.1—1993 固定式钢直梯安全技术条件

GB 4053.2—1993 固定式钢斜梯安全技术条件

GB 4053.3—1993 固定式工业防护栏杆安全技术条件

GB 4053.4—1983 固定式工业钢平台

GB/T 6527.2—1986 安全色使用导则

GB 10434—1989 作业场所局部振动卫生标准

GB 12265—1990 机械防护安全距离

GB/T 14774—1993 工作座椅一般人类工效学要求

GB/T 14775—1993 操纵器一般人类工效学要求

GB 15052—1994 起重机械危险部位与标志

GB 50034—1992 工业企业照明设计标准

GB J87—85 工业企业噪声控制设计规范

3 定义

本标准采用下列定义:

3.1 生产设备 production facilities

生产过程中,为生产、加工、制造、检验、运输、安装、贮存、维修产品而使用的各种机器、设施、装置和器具。

3.2 安全卫生防护装置 safety and health guard device

配置在生产设备上,起保障人员、生产过程和设备安全卫生作用的附属物件或设施。

国家质量技术监督局 1999-05-14 批准 1999-12-01 实施

4 基本原则

4.1 生产设备及其零部件，必须有足够的强度、刚度、稳定性和可靠性。在按规定条件制造、运输、贮存、安装和使用时，不得对人员造成危险。

4.2 生产设备在正常生产和使用过程中，不应向工作场所和大气排放超过国家标准规定的有害物质，不应产生超过国家标准规定的噪声、振动、辐射和其他污染。对可能产生的有害因素，必须在设计上采取有效措施加以防护。

4.3 设计生产设备，应体现人类工效学原则，最大限度地减轻生产设备对操作者造成的体力、脑力消耗以及心理紧张状况。

4.4 设计生产设备，应通过下列途径保证其安全卫生：

a）选择最佳设计方案并进行安全卫生评价；

b）对可能产生的危险因素和有害因素采取有效防护措施；

c）在运输、贮存、安装、使用和维修等技术文件中写明安全卫生要求。

4.5 设计生产设备，当安全卫生技术措施与经济效益发生矛盾时，应优先考虑安全卫生技术上的要求，并应按下列等级顺序选择安全卫生技术措施：

a）直接安全卫生技术措施——生产设备本身应具有本质安全卫生性能，即保证设备即使在异常情况下，也不会出现任何危险和产生有害作用；

b）间接安全卫生技术措施——若直接安全卫生技术措施不能实现或不能完全实现时，则必须在生产设备总体设计阶段，设计出其效果与主体先进性相当的安全卫生防护装置。安全卫生防护装置的设计、制造任务不应留给用户去承担。

c）提示性安全卫生技术措施——若直接和间接安全卫生技术措施不能实现或不能完全实现时，则应以说明书或在设备上设置标志等适当方式说明安全使用生产设备的条件。

4.6 生产设备在规定的整个使用期限内，均应满足安全卫生要求。对于可能影响安全操作、控制的零部件、装置等应规定符合产品标准要求的可靠性指标。

5 一般要求

5.1 适应性

在规定使用期限内，生产设备应满足使用环境要求，特别是满足防腐蚀、耐磨损、抗疲劳、抗老化和抵御失效的要求。

5.2 材料

5.2.1 用于制造生产设备的材料，在规定使用期限内必须能承受在规定使用条件下可能出现的各种物理的、化学的和生物的作用。

5.2.2 在正常使用环境下，对人有危害的材料不宜用来制造生产设备。若必须使用时，则应采取可靠的安全卫生技术措施以保障人员的安全和健康。

5.2.3 生产设备及其零部件的安全使用期限，应小于其材料在使用条件下的老化或疲劳期限。

5.2.4 易被腐蚀或空蚀的生产设备及其零部件应选用耐腐蚀或耐空蚀材料制造，并应采取防蚀措施。同时，应规定检查和更换周期。

5.2.5 禁止使用能与工作介质发生反应而造成危害（爆炸或生成有害物质等）的材料。

5.2.6 处理可燃气体、易燃和可燃液体的设备，其基础和本体应使用非燃烧材料制造。

5.3 稳定性

5.3.1 生产设备不应在振动、风载或其他可预见的外载荷作用下倾覆或产生允许范围外的运动。

5.3.2 生产设备若通过形体设计和自身的质量分布不能满足或不能完全满足稳定性要求时，则必须采取某种安全技术措施，以保证其具有可靠的稳定性。

5.3.3 对有司机驾驶或操纵并有可能发生倾覆的可行驶生产设备，其稳定系数必须大于1并应设计倾覆保护装置。

5.3.4 若所要求的稳定性必须在安装或使用地点采取特别措施或确定的使用方法才能达到时，则应在生产设备上标出，并在使用说明书中详细说明。

5.3.5 对有抗地震要求的生产设备，应在设计上采取特殊抗震安全卫生措施，并在说明书中明确指出该设备所能达到的抗地震烈度能力及有关要求。

5.4 表面、角和棱

在不影响使用功能的情况下，生产设备可被人员接触到的部分及其零部件应设计成不带易伤人的锐角、利棱、凹凸不平的表面和较突出的部位。

5.5 操纵器、信号和显示器

5.5.1 操纵器

设计、选用和配置操纵器应与人体操作部位的特性(特别是功能特性)以及控制任务相适应，除应符合 GB/T 14775 规定外，还应满足以下要求：

——生产设备关键部位的操纵器，一般应设电气或机械联锁装置；

——对可能出现误动作或被误操作的操纵器，应采取必要的保护措施。

5.5.2 信号和显示器

设计、选用和配置信号与显示器，应适应人的感觉特性并满足以下要求：

a) 信号和显示器应在安全、清晰、迅速的原则下，根据工艺流程、重要程度和使用频繁程度，配置在人员易看到和易听到的范围内。信号和显示器的性能、形式和数量，应与信息特性相适应。当其数量较多时，应根据其功能和显示的种类分区排列。区与区之间要有明显界限；

b) 信号和显示器应清晰易辩、准确无误并应消除眩光、频闪效应，与操作者的距离、角度应适宜；

c) 当多种视觉信号和显示器放在一起时，与背景间及相互间的颜色、亮度和对比度应适宜；

d) 生产设备上易发生故障或危险性较大的区域，应配置声、光或声、光组合的报警装置。事故信号，宜能显示故障的位置和种类。危险信号，应具有足够强度并与其他信号有明显区别，其强度应明显高于生产设备使用现场其他声、光信号的强度。

5.6 控制系统

5.6.1 控制和调节装置

5.6.1.1 控制装置应保证，当动力源发生异常(偶然或人为地切断或变化)时，也不会造成危险。必要时，控制装置应能自动切换到备用动力源和备用设备系统。

5.6.1.2 自动或半自动控制系统应设有必要的保护装置，以防止控制指令紊乱。同时，在每台设备上还应辅以能单独操纵的手动控制装置。

5.6.1.3 对复杂的生产设备和重要的安全系统，应配置自动监控装置。

5.6.1.4 重要生产设备的控制装置应安装在使操作人员能看到整个设备动作的位置上。对于某些在起动设备时看不见全貌的生产设备，应配置开车预警信号装置。预警信号装置应有足够的报警时间。

5.6.1.5 控制系统应保证，即使系统发生故障或损坏时也不致造成危害。系统内关键的元器件、控制阀等均应符合可靠性指标要求。

5.6.1.6 控制装置和作为安全技术措施的离合器、制动装置和联锁装置，应具有良好的可靠性并符合其产品标准规定的可靠性指标要求。

5.6.1.7 调节装置应采用自动联锁装置，以防止误操作和自动调节、自动操纵线(管)路等的误通断。

5.6.2 紧急开关

5.6.2.1 若存在下列情况的可能性之一时，生产设备则必须配置紧急开关：

——发生事故或出现设备功能紊乱时，不能迅速通过停车开关来终止危险的运行；

——不能通过一个开关迅速中断若干个能造成危险的运动单元；

——由于切断某个单元会导致其他危险；

——在操纵台处不能看到所控制的全貌。

5.6.2.2 紧急开关必须有足够的数量，应在所有控制点和给料点都能迅速而无危险地触及到。紧急开关的形状应有别于一般开关，其颜色应为红色或有鲜明的红色标记。

5.6.2.3 生产设备由紧急开关停车后，其残余能量可能引起危险时，必须设有与之联动的减缓运行或防逆转装置。必要时，应设有能迅速制动的安全装置。

5.6.3 意外起动的预防

5.6.3.1 对于在调整、检查、维修时需要察看危险区域或人体局部(手或臂)需要伸进危险区域的生产设备，设计上必须采取防止意外起动措施：

——在对危险区域进行防护(例如机械式防护)的同时，还应能强制切断设备的起动控制和动力源系统；

——在总开关柜上设有多把锁，只有开启全部锁时才能合闸；

——控制或联锁元件应直接位于危险区域，并只能由此处起动或停车；

——用可拔出的开关钥匙；

——设备上具有多种操纵和运转方式的选择器，应能锁闭在按预定的操作方式所选择的位置上。选择器的每一位置，仅能与一种操纵方式或运转方式相对应。

——使设备势能处于最小值。

5.6.3.2 生产设备因意外起动可能危及人身安全时，必须配置起强制作用的安全防护装置。必要时，应配置两种以上互为联锁的安全装置，以防止意外起动。

5.6.3.3 当动力源因故偶然切断后又重新自动接通时，控制装置应能避免生产设备产生危险运转。

5.7 工作位置

生产设备上供人员作业的工作位置应安全可靠。其工作空间应保证操作人员的头、臂、手、腿、足在正常作业中有充分的活动余地。危险作业点应留有足够的退避空间。

操作位置高度在距地面 20 m 以上的生产设备，宜配置安全可靠的载人升降附属设备。

5.7.1 操作姿势

生产设备上的操作位置，宜能保证操作者交替采用坐姿和立姿。通常宜优先设计坐姿。

5.7.2 座位

生产设备上设置的座位应适合人体需要和功能的发挥。必要时，座位应能适当进行高度、角度和水平调节。

座位结构、尺寸应符合人类工效学原则并应满足工作需要和不易疲劳的要求。只要空间尺寸允许，座位必须设有保护人体腰椎的腰靠。设计时，可按 GB/T 14774 执行。

供司机操作用的座位，应保证司机承受的振动降到合理的最低程度。座位的固定应使其能承受住所有的，特别是倾覆时所承受的负荷。

5.7.3 操纵室

5.7.3.1 操纵室必须保证人员操作的安全、方便和舒适。同时宜保证操作者在座位上能直接控制全部操作部位及操作件并使其具有良好的视野。

5.7.3.2 操纵室应采用防火材料制造，其门窗透光部分应采用透明易清洗的安全材料制造，并应保证操作者在操纵室内就能擦拭。必要时，应在门窗透光部分上配置擦拭装置。

5.7.3.3 操纵室应具有防御外界有害作用(如噪声、振动、粉尘、毒物、热辐射和落物等)的良好性能。当操纵室工作环境温度低于－5℃或高于 35℃时，应配置空调装置或安全的采暖、降温装置。

5.7.3.4 操纵室应保证操作人员在事故状态下能安全撤出。对有可能发生倾覆的可行驶生产设备，除应设置保护操纵室的安全支撑外，还应设置能从里面打开的紧急安全出口。

5.7.4 防滑和防高处坠落

设计操作位置,必须充分考虑人员脚踏和站立的安全性。

a) 若操作人员经常变换工作位置,则必须在生产设备上配置安全走板。安全走板的宽度应不小于500 mm;

b) 若操作人员进行操作、维护、调节的工作位置在坠落基准面 2 m 以上时,则必须在生产设备上配置供站立的平台和防坠落的护栏、护板或安全圈等。设计梯子、钢平台和防护栏杆,按 GB 4053.1、GB 4053.2、GB 4053.3、GB 4053.4 执行。

c) 生产设备应具有良好的防渗漏性能。对有可能产生渗漏的生产设备,应有适宜的收集和排放装置,必要时,应设有特殊防滑地板。

5.8 照明

5.8.1 生产设备必须保证操作点和操作区域有足够的照度,但要避免各种频闪效应和眩光现象。对可移动式设备,其灯光设计按有关专业标准执行。其他设备,照明设计按 GB 50034 执行。

5.8.2 生产设备内部需要经常观察的部位,应备有照明装置或符合安全电压要求的电源插座。

5.9 吊装和搬运

5.9.1 能够用手工进行搬运的生产设备,必须设计成易于搬运或在其上设有能进行安全搬运的部位或部件(如把手)。

5.9.2 因重量、尺寸、外形等因素限制而不能用手工进行搬运的生产设备,应在外形设计上采取措施,使之适应于一般起吊装置吊装或在其上设计出供起吊的部位或部件(如起吊孔、起吊环等)。设计吊装位置,必须保证吊装平稳并能避免发生倾覆或塑性变形。

5.10 检查和维修

5.10.1 设计生产设备,必须考虑检查和维修的安全性、方便性。必要时,应随设备配备专用检查、维修工具或装置。

5.10.2 需要进行检查和维修的部位,必须能处于安全状态。需要定期更换的部件,必须保证其装配和拆卸没有危险。

5.10.3 需进入内部检查、维修的生产设备,特别是缺氧和含有毒介质的设备,必须设有明显的提示操作人员采用安全措施的标志。

5.10.4 在检查、维修时,对断开动力源之后仍有可能存在残余能量的生产设备,设计上必须保证其能量可被安全释放或消除。

5.10.5 动力源切断后再重新接通时会对检查、维修人员构成危险的生产设备,必须设有止动联锁控制装置。

6 特殊要求

6.1 可动零部件

6.1.1 人员易触及的可动零部件,应尽可能封闭或隔离。

6.1.2 对操作人员在设备运行时可能触及的可动零部件,必须配置必要的安全防护装置。

6.1.3 对运行过程中可能超过极限位置的生产设备或零部件,应配置可靠的限位装置。

6.1.4 若可动零部件(含其载荷)所具有的动能或势能可能引起危险时,则必须配置限速、防坠落或防逆转装置。

6.1.5 设计安全防护装置,应满足下列要求:

——使操作者触及不到运转中的可动零部件。其防护距离应符合 GB 12265 的要求;

——在操作者接近可动零部件并有可能发生危险的紧急情况下,设备应不能起动或能立即自动停机、制动;

——避免在安全防护装置和可动零部件之间产生接触危险;

——安全防护装置应便于调节、检查和维修,并不得成为危险源;

——安全防护装置应符合产品标准规定的可靠性指标要求。

6.1.6　以操作人员的操作位置所在平面为基准，凡高度在 2 m 之内的所有传动带、转轴、传动链、联轴节、带轮、齿轮、飞轮、链轮、电锯等外露危险零部件及危险部位，都必须设置安全防护装置。

6.2　高速旋转与易飞出物

6.2.1　高速旋转零部件必须配置具有足够强度、刚度和合适形状、尺寸的防护罩，必要时，应在设计中规定此类零部件的检查周期和更换标准。

6.2.2　生产设备运行过程中或突然中断动力源时，若运动部位的紧固联接件或被加工物料等有松脱或飞甩的可能性，则应在设计中采取防松脱措施，配置防护罩或防护网等安全防护装置。

6.3　过冷与过热

若生产设备的灼热或过冷部位可能造成危险，则必须配置防接触屏蔽。

6.4　防火与防爆

6.4.1　生产、使用、贮存和运输易燃易爆物质和可燃物质的生产设备，应根据其燃点、闪点、爆炸极限等不同性质采取相应预防措施：

——实行密闭；

——严禁跑、冒、滴、漏；

——配置监测报警、防爆泄压装置及消防安全设施；

——避免摩擦撞击；

——消除接近燃点、闪点的高温因素；

——消除电火花和静电积聚；

——设置惰性气体(氮气、二氧化碳、水蒸气等)置换及保护系统；

——在输送可燃气体管道和放空管道上设置水封、阻火器等安全装置；

——进行抗震设计等。

6.4.2　爆炸和火灾危险场所使用的电气设备，必须符合相应的防爆等级并按有关标准执行。

爆炸和火灾危险场所使用的仪器、仪表必须具有与之配套使用的电气设备相应的防爆等级。

6.4.3　因物料爆聚、分解反应造成超温、超压可能引起火灾、爆炸危险的生产设备，应设置报警信号系统、自动和手动紧急泄压排放装置。

6.4.4　对有突然超压或瞬间分解爆炸危险物料的生产设备，应装设爆破板等安全设施。

6.5　液压和气压

使用压力介质的生产设备，必须保证充填、应用、回收和清除过程的安全，特别是：

——应能避免排出带压液体或气体造成危险；

——隔离能源装置必须可靠；

——高压管道的固定必须可靠，应能承受住预定的内、外载荷。

6.6　噪声和振动

能产生噪声和振动的各类生产设备，都必须在产品标准中明确规定噪声、振动指标限值，并在设计中采取有效防治措施。对固有强噪声、强振动设备，宜设置隔离或遥控装置。

生产设备噪声、振动的限值指标应符合 GB J87 和 GB 10434 的规定。

6.7　粉尘和毒物

6.7.1　凡工艺过程中能产生粉尘、有害气体和其他毒物的生产设备，应尽量采用自动加料、自动卸料和密闭装置，并必须设置吸收、净化、排放装置或能与净化、排放系统联接的接口，以保证工作场所和排放的有害物浓度符合国家标准规定。

6.7.2　对于有毒、有害物质的密闭系统，应避免跑、冒、滴、漏。必要时，应配置监测、报警装置。对生产过程中尘、毒危害严重的生产设备，必须设计、安装可靠的事故处理装置及应急防护设施。

6.8　放(辐)射

凡能产生放(辐)射的生产设备,必须采取有效的屏蔽措施,并应尽量采用远距离操作或自动化作业。同时,应设有监测、报警和联锁装置。

6.9 激光

设计生产设备上配置的激光装置必须达到如下要求:

——能阻止无意发射;

——有效屏蔽。屏蔽应能防止应用发射、反射或散射及二次辐射对人员造成伤害;

——用于观察和调节激光装置的光学仪器必须安全可靠,并不得成为激光辐射危险源。

6.10 雷击

在使用过程中有可能遭受雷击的生产设备,必须采取适当的防护措施,以使雷击时产生的电荷被安全、迅速导入大地。

7 其他

7.1 生产设备易发生危险的部位必须有安全标志。安全标志的图形、符号、文字、颜色等均必须符合 GB 2893、GB 2894、GB 6527.2、GB 15052 等标准规定。

7.2 在生产设备使用说明书中除含有必要的技术内容外,还必须包括搬运、贮存、安装、调试、操作、维修、保养该生产设备的专项安全卫生要求内容。

ICS 25.160.10
J 33

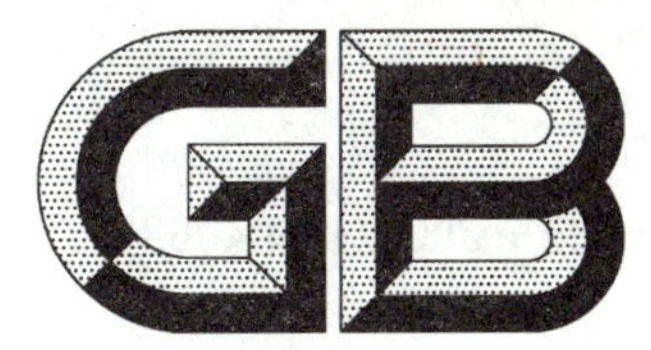

中华人民共和国国家标准

GB/T 5185—2005/ISO 4063:1998
代替 GB/T 5185—1985

焊接及相关工艺方法代号

Welding and allied processes—Nomenclature of processes and reference numbers

(ISO 4063:1998,IDT)

2005-08-10 发布 2006-04-01 实施

中华人民共和国国家质量监督检验检疫总局
中国国家标准化管理委员会 发布

前　言

本标准等同采用ISO 4063:1998《焊接及相关工艺方法　焊接方法名称和代号》(英文版)。

为了保证标准的协调性和可操作性，本标准在等同转化国际标准时做了必要的编辑性改动。

与ISO 4063标准相比，本标准在内容方面主要有如下变化：

——直接采用了GB/T 3375《焊接术语》的定义；

——在正常的标注方法基础上，增加了代号的简化标注方法和示例。

本标准是对GB/T 5185—1985《金属焊接及钎焊方法在图样上的表示代号》的修订，与GB/T 5185—1985相比，主要有两方面变化：

——增加了新型的焊接方法；

——删除了一些陈旧、落后的焊接方法代号。

本标准自实施之日起代替GB/T 5185—1985。

本标准的附录A为资料性附录。

本标准由中国机械工业联合会提出。

本标准由全国焊接标准化技术委员会归口。

本标准负责起草单位：哈尔滨焊接研究所。

本标准主要起草人：朴东光。

本标准于1985年首次制定，本次系首次修订。

焊接及相关工艺方法代号

1 范围

本标准规定了焊接及相关工艺方法代号。

本标准规定的这种代号体系可用于计算机、图样、工作文件和焊接工艺规程等。

2 规范性引用文件

下列文件中的条款通过本标准的引用而成为本标准的条款。凡是注日期的引用文件,其随后所有的修改单(不包括勘误的内容)或修订版均不适用于本标准,然而,鼓励根据本标准达成协议的各方研究是否可使用这些文件的最新版本。凡是不注日期的引用文件,其最新版本适用于本标准。

GB/T 3375 焊接术语

3 标注方法

本标准所涉及的焊接及相关工艺方法,其定义按照 GB/T 3375 标准的相关规定。

需要对某种工艺方法做完整的标注时,应采用完整的标注方法,即"工艺方法+标准编号+工艺方法代号"。如"摩擦焊方法"可采用如下方法:

工艺方法 GB/T 5185—42

在不会产生误解的情况下,一般可以采用简化的方法,即仅标注代号。如"摩擦焊方法"可采用"42"表示。

4 焊接及相关工艺方法代号

每种工艺方法可通过代号加以识别。焊接及相关工艺方法一般采用三位数代号表示。其中,一位数代号表示工艺方法大类,二位数代号表示工艺方法分类,而三位数代号表示某种工艺方法。

焊接及相关工艺方法代号如下:

1 电弧焊

101 金属电弧焊

11 无气体保护的电弧焊
111 焊条电弧焊
112 重力焊
114 自保护药芯焊丝电弧焊

12 埋弧焊
121 单丝埋弧焊
122 带极埋弧焊
123 多丝埋弧焊
124 添加金属粉末的埋弧焊
125 药芯焊丝埋弧焊

13 熔化极气体保护电弧焊
131 熔化极惰性气体保护电弧焊(MIG)
135 熔化极非惰性气体保护电弧焊(MAG)
136 非惰性气体保护的药芯焊丝电弧焊
137 惰性气体保护的药芯焊丝电弧焊

14 非熔化极气体保护电弧焊
141 钨极惰性气体保护电弧焊(TIG)

15 等离子弧焊
151 等离子 MIG 焊
152 等离子粉末堆焊

18 其他电弧焊方法
185 磁激弧对焊

2 电阻焼

21 点焊
211 单面点焊
212 双面点焊

22 缝焊
221 搭接缝焊
222 压平缝焊
225 薄膜对接缝焊
226 加带缝焊

23 凸焊
231 单面凸焊
232 双面凸焊

24 闪光焊
241 预热闪光焊
242 无预热闪光焊

25 电阻对焊

29 其他电阻焊方法
291 高频电阻焊

3 气焊

31 氧燃气焊
311 氧乙炔焊
312 氧丙烷焊
313 氢氧焊

4 压力焊

41 超声波焊
42 摩擦焊
44 高机械能焊
441 爆炸焊
45 扩散焊
47 气压焊
48 冷压焊

5 高能束焊

51 电子束焊
511 真空电子束焊
512 非真空电子束焊

52 激光焊
521 固体激光焊
522 气体激光焊

7 其他焊接方法

71 铝热焊
72 电渣焊
73 气电立焊

74 感应焊
741 感应对焊
742 感应缝焊

75 光辐射焊
753 红外线焊

77 冲击电阻焊

78 螺柱焊
782 电阻螺柱焊
783 带瓷箍或保护气体的电弧螺柱焊
784 短路电弧螺柱焊
785 电容放电螺柱焊
786 带点火嘴的电容放电螺柱焊
787 带易熔颈箍的电弧螺柱焊
788 摩擦螺柱焊

8 切割和气刨

81 火焰切割

82 电弧切割
821 空气电弧切割
822 氧电弧切割

83 等离子弧切割
84 激光切割
86 火焰气刨

87 电弧气刨
871 空气电弧气刨
872 氧电弧气刨

88 等离子气刨

9 硬钎焊、软钎焊及钎接焊

91 硬钎焊
911 红外线硬纤焊
912 火焰硬钎焊
913 炉中硬钎焊
914 浸渍硬钎焊
915 盐浴硬钎焊
916 感应硬钎焊
918 电阻硬钎焊
919 扩散硬钎焊
924 真空硬钎焊

93 其他硬钎焊

94 软钎焊

941 红外线软钎焊
942 火焰软钎焊
943 炉中软钎焊
944 浸渍软钎焊
945 盐浴软钎焊
946 感应软钎焊
947 超声波软钎焊
948 电阻软钎焊
949 扩散软钎焊

951 波峰软钎焊
952 烙铁软钎焊
954 真空软钎焊
956 拖焊

96 其他软钎焊

97 钎接焊
971 气体钎接焊
972 电弧钎接焊

附 录 A
（资料性附录）
其他焊接方法

本附录给出了一些在旧标准(GB/T 5185—1985)中规定的焊接方法代号。这些焊接方法由于在技术上比较陈旧、落后，在标准更新时被删除了。但这些焊接方法仍可能用于某些特定场合，或者出现在以前的各种文件中。

这些焊接方法代号如下：

113 光焊丝电弧焊

115 涂层焊丝电弧焊

118 躺焊

149 原子氢焊

181 碳弧焊

32 空气燃气焊

321 空气乙炔焊

322 空气丙烷焊

43 锻焊

752 弧光光束焊

781 电弧螺柱焊

917 超声波硬钎焊

923 摩擦硬钎焊

953 刮擦软钎焊

中华人民共和国国家标准

UDC 621.882.15+621.882.6

紧固件　螺栓和螺钉通孔

GB 5277—85

Fasteners—Clearance holes for bolts and screws

代替 GB 152—76 有关部分

本标准规定了螺纹规格为M1～M150的螺栓和螺钉用通孔尺寸。

本标准等效采用国际标准ISO 273—1979《紧固件—螺栓和螺钉通孔》。

1　尺寸

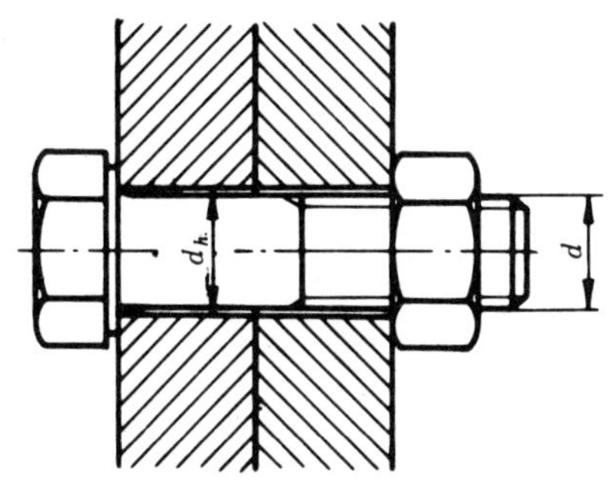

mm

螺纹规格 d	通孔 d_h		
	系列		
	精装配	中等装配	粗装配
M1	1.1	1.2	1.3
M1.2	1.3	1.4	1.5
M1.4	1.5	1.6	1.8
M1.6	1.7	1.8	2
M1.8	2	2.1	2.2
M2	2.2	2.4	2.6
M2.5	2.7	2.9	3.1
M3	3.2	3.4	3.6
M3.5	3.7	3.9	4.2
M4	4.3	4.5	4.8
M4.5	4.8	5	5.3
M5	5.3	5.5	5.8
M6	6.4	6.6	7
M7	7.4	7.6	8
M8	8.4	9	10

国家标准局1985-08-01发布　　　　1986-06-01实施

续表 mm

螺纹规格 d	通孔 d_h		
	系列		
	精装配	中等装配	粗装配
M10	10.5	11	12
M12	13	13.5	14.5
M14	15	15.5	16.5
M16	17	17.5	18.5
M18	19	20	21
M20	21	22	24
M22	23	24	26
M24	25	26	28
M27	28	30	32
M30	31	33	35
M33	34	36	38
M36	37	39	42
M39	40	42	45
M42	43	45	48
M45	46	48	52
M48	50	52	56
M52	54	56	62
M56	58	62	66
M60	62	66	70
M64	66	70	74
M68	70	74	78
M72	74	78	82
M76	78	82	86
M80	82	86	91
M85	87	91	96
M90	93	96	101
M95	98	101	107
M100	104	107	112
M105	109	112	117
M110	114	117	122
M115	119	122	127
M120	124	127	132
M125	129	132	137
M130	134	137	144
M140	144	147	155
M150	155	158	165

2 公差

如无特殊要求，通孔公差按下列规定：

精装配系列：H12；

中等装配系列：H13；

粗装配系列：H14。

如有必要避免通孔边缘与螺栓头下圆角发生干涉时，建议倒角。

附加说明：

本标准由中华人民共和国机械工业部提出，由机械工业部标准化研究所归口。

本标准由机械工业部标准化研究所负责起草。

ICS 21.100.20
J 11

中华人民共和国国家标准

GB/T 5868—2003
代替 GB/T 5868—1986

滚动轴承 安装尺寸

Rolling bearings—Mounting dimensions

2003-10-29 发布 2004-05-01 实施

中华人民共和国
国家质量监督检验检疫总局 发布

前 言

本标准代替 GB/T 5868—1986《滚动轴承　安装尺寸》。

本标准与 GB/T 5868—1986 相比主要变化如下：

——按照 GB/T 1.1—2000 修改了编写格式；

——更改了各类轴承代号(1986 年版的表 1～表 5 及附录 A 的表 A.1，本版的表 1～表 13)；

——增加了符号的含义(见第 3 章)；

——更改了参数符号(1986 年版的第 5 章～第 7 章及附录 A，本版的 4.5～4.7)；

——将“安装尺寸”合为一章(1986 年版的第 3 章～第 7 章，本版的第 4 章)；

——增加了圆柱滚子轴承“F_w”或“E_w”尺寸(见表 3、表 4)；

——更改了圆柱滚子轴承、圆锥滚子轴承个别尺寸段的安装尺寸(1986 年版的表 3、表 4，本版的表 3、表 4、表 6～表 10)；

——增加了实体外圈滚针轴承的安装尺寸(见 4.4)；

——将原附录中的“推力调心滚子轴承安装尺寸”移至标准正文(1986 年版的附录 A，本版的 4.7)；

——增加了资料性附录“带紧定套向心轴承的安装尺寸”(见附录 A)。

本标准的附录 A 为资料性附录。

本标准由中国机械工业联合会提出。

本标准由全国滚动轴承标准化技术委员会(CSBTS/TC 98)归口。

本标准起草单位：洛阳轴承研究所。

本标准主要起草人：马素青。

本标准所代替标准的历次版本发布情况为：

——GB/T 5868—1986。

滚动轴承 安装尺寸

1 范围

本标准规定了安装滚动轴承的轴及外壳等与轴承有关连的尺寸(以下简称安装尺寸)。

本标准适用于普通使用条件下、外形尺寸符合 GB/T 273.1—2003、GB/T 273.2—1998 和 GB/T 273.3—1999的轴承。

2 规范性引用文件

下列文件中的条款通过本标准的引用而成为本标准的条款。凡是注日期的引用文件,其随后所有的修改单(不包括勘误的内容)或修订版均不适用于本标准,然而,鼓励根据本标准达成协议的各方研究是否可使用这些文件的最新版本。凡是不注日期的引用文件,其最新版本适用于本标准。

GB/T 273.1—2003 滚动轴承 圆锥滚子轴承 外形尺寸总方案(ISO 355:1977,MOD)

GB/T 273.2—1998 滚动轴承 推力轴承 外形尺寸 总方案(eqv ISO 104:1994)

GB/T 273.3—1999 滚动轴承 向心轴承 外形尺寸 总方案(eqv ISO 15:1998)

GB/T 274—2000 滚动轴承 倒角尺寸 最大值(idt ISO 582:1995)

3 符号(见图 1~图 6)

B_a、B_b—隔圈内孔宽度

D—轴承公称外径

D_a—外壳孔挡肩直径

D_b—外圈、挡圈等的内径或外壳孔挡肩的直径

d—轴承公称内径

d_a—轴肩直径

d_b、d_c、d_d—内圈、挡圈、隔圈等的外径或轴、内孔的直径

d_l—紧定衬套内径

E_w—滚子(针)组外径

F_w—滚子(针)组内径

h—轴和外壳孔的挡肩高度

N_b、N_t—隔离宽度

r_{smin}—轴承最小单一倒角尺寸

r_{asmax}—轴和外壳孔最大单一圆角半径

S_a—与圆锥滚子轴承保持架相对的外圈宽端面安装用退刀槽宽度

S_b—与圆锥滚子轴承保持架相对的外圈窄端面安装用退刀槽宽度

4 安装尺寸

4.1 轴和外壳孔的最大单一圆角半径(r_{asmax})

为了保证轴承端面与挡肩接触,轴上与外壳孔内的圆角与滚动轴承内、外圈倒角之间应留有间隙,安装向心轴承或推力轴承的轴和外壳孔的最大单一圆角半径(r_{asmax})应符合表 1 的规定。

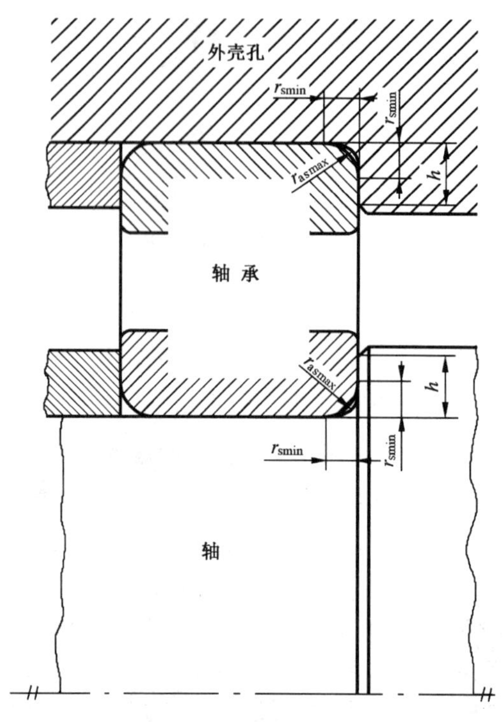

图 1

表 1 轴和外壳孔的最大单一圆角半径

单位为毫米

r_{smin}	r_{asmax}	r_{smin}	r_{asmax}
0.05	0.05	2	2
0.08	0.08	2.1	2
0.1	0.1	3	2.5
0.15	0.15	4	3
0.2	0.2	5	4
0.3	0.3	6	5
0.6	0.6	7.5	6
1	1	9.5	8
1.1	1.1	12	10
1.5	1.5	15	12

4.2 深沟球轴承、角接触球轴承、调心球轴承及调心滚子轴承的挡肩高度(h)

确定挡肩高度时，应保证挡肩与轴承端面充分接触，同时还应便于轴承安装和拆卸工具的使用。在一般和特殊情况下，挡肩最小高度(h_{min})应符合表 2 的规定。

表 2 挡肩最小高度

单位为毫米

r_{smin}	h min		r_{smin}	h min	
	一般情况	特殊情况[a]		一般情况	特殊情况[a]
0.05	0.2	—	2	5	4.5
0.08	0.3	—	2.1	6	5.5
0.1	0.4	—	3	7	6.5
0.15	0.6	—	4	9	8
0.2	0.8	—	5	11	10
0.3	1.2	1	6	14	12
0.6	2.5	2	7.5	18	—
1	3	2.5	9.5	22	—
1.1	3.5	3.3	12	27	—
1.5	4.5	4	15	32	—

a 特殊情况是指推力载荷极小，或设计上要求挡肩必须小的情况。

4.3 圆柱滚子轴承的安装尺寸

圆柱滚子轴承为可分离型轴承，为使其分部件便于分别安装与拆卸，该类轴承的安装尺寸应符合表3、表4的规定。

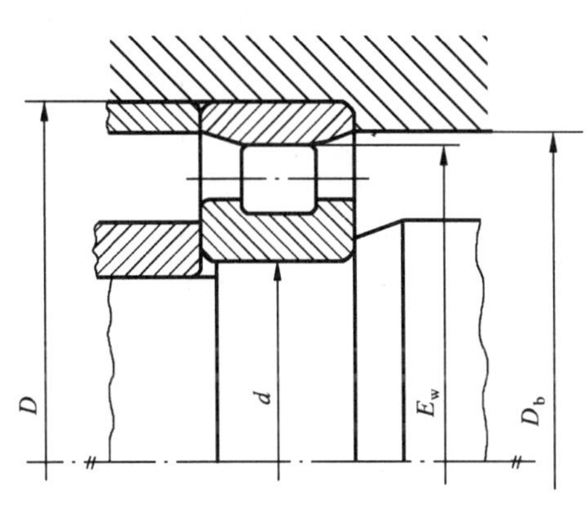

N 型

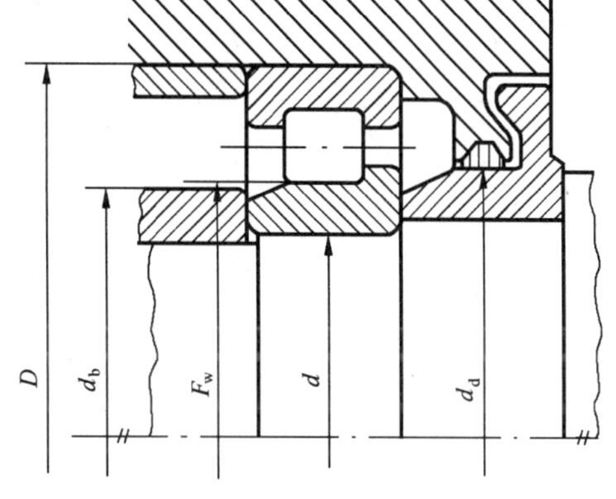

NJ 型

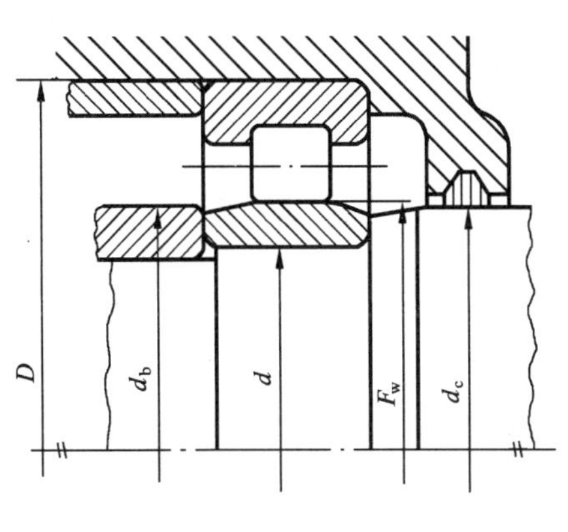

NU 型

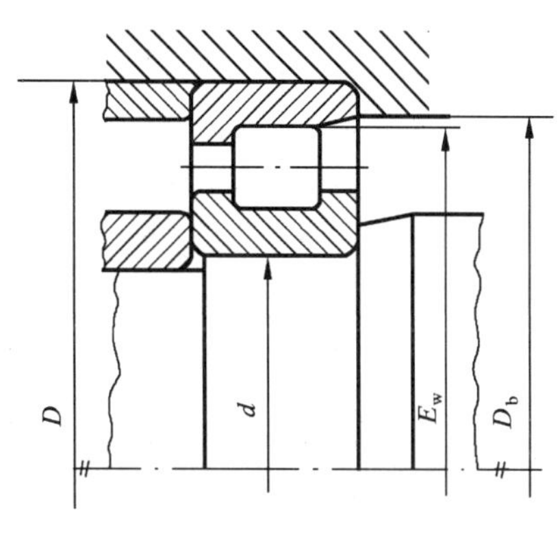

NF 型

图 2

表 3　10 系列、02 系列圆柱滚子轴承安装尺寸

单位为毫米

d	10 系列				02 系列						
	D	NU 1000E			D	NU 200E NJ 200E		NU 200E	NJ 200E	N 200E NF 200E	
		F_w	d_b max	d_c min		F_w	d_b max	d_c min	d_d min	E_w	D_b min
20	—	—	—	—	47	26.5	26	29	32	41.5	42
25	47	30.5	30	32	52	31.5	31	34	37	46.5	47
30	55	36.5	35	38	62	37.5	37	40	44	55.5	56
35	62	42	41	44	72	44	43	46	50	64	64
40	68	47	46	49	80	49.5	49	52	56	71.5	72
45	75	52.5	52	54	85	54.5	54	57	61	76.5	77
50	80	57.5	57	59	90	59.5	58	62	67	81.5	83
55	90	64.5	63	66	100	66	65	68	73	90	91
60	95	69.5	68	71	110	72	71	75	80	100	100
65	100	74.5	73	76	120	78.5	77	81	87	108.5	109
70	110	80	78	82	125	83.5	82	86	92	113.5	114
75	115	85	83	87	130	88.5	87	90	96	118.5	120
80	125	91.5	90	94	140	95.3	94	97	104	127.3	128
85	130	96.5	95	99	150	100.5	99	104	110	136.5	137
90	140	103	101	106	160	107	105	110	116	145	146
95	145	108	106	111	170	112.5	111	116	123	154.5	155
100	150	113	111	116	180	119	117	122	130	163	164
105	160	119.5	118	122	190	125	124	130	137	173	173
110	170	125	124	128	200	132.5	130	137	144	180.5	182
120	180	135	134	138	215	143.5	141	144	156	195.5	196
130	200	148	146	151	230	153.5	151	158	168	209.5	208
140	210	158	156	161	250	169	166	171	182	225	225
150	225	169.5	167	173	270	182	179	184	196	242	242
160	240	180	178	184	290	195	192	197	210	259	261
170	260	193	190	197	310	207	204	211	223	279	280
180	280	205	203	209	320	217	214	221	233	289	290
190	290	215	213	219	340	230	227	234	247	306	307
200	310	229	226	233	360	243	240	247	261	323	323
220	340	250	248	254	400	268	266	273	289	—	—
240	360	270	268	275	440	293	290	298	316	—	—
260	400	296	292	300	480	317	315	323	343	—	—

表 4　03 系列、04 系列圆柱滚子轴承安装尺寸

单位为毫米

d	03 系列							04 系列				
	D	NU 300E NJ 300E		NU 300E	NJ 300E	N 300E NF 300E		D	NU 400 NJ 400		NU 400	NJ 400
		F_w	d_b max	d_c min	d_d min	E_w	D_b min		F_w	d_b max	d_c min	d_d min
20	52	27.5	27	30	33	45.4	47	—	—	—	—	—
25	62	34	33	37	40	54	55	—	—	—	—	—
30	72	40.5	40	44	48	62.6	64	90	45	44	47	52
35	80	46.2	45	48	53	70.2	71	100	53	52	55	61
40	90	52	51	55	60	80	80	110	58	57	60	67
45	100	58.5	57	60	66	88.5	89	120	64.5	63	66	74
50	110	65	63	67	73	97	98	130	70.8	69	73	81
55	120	70.5	69	72	80	106.5	107	140	77.2	76	79	87
60	130	77	75	79	86	115	116	150	83	82	85	94
65	140	82.5	81	85	93	124.5	125	160	89.5	88	91	100
70	150	89	87	92	100	133	134	180	100	99	102	112
75	160	95	93	97	106	143	143	190	104.5	103	107	118
80	170	101	99	105	114	151	151	200	110	109	112	124
85	180	108	106	110	119	160	160	210	115.5	111	115	128
90	190	113.5	111	117	127	169.5	170	225	123.5	122	125	139
95	200	121.5	119	124	134	177.5	178	240	133.5	132	136	149
100	215	127.5	125	132	143	191.5	192	250	139	137	141	156
105	225	133	132	137	149	201	201	260	144.5	143	147	162
110	240	143	140	145	158	211	211	280	155	153	157	173
120	260	154	151	156	171	230	230	310	170	168	172	190
130	280	167	164	169	184	247	247	340	185	183	187	208
140	300	180	176	182	198	260	260	360	196	195	200	222
150	320	193	190	195	213	283	283	380	209	208	216	237
160	340	204	200	211	228	300	300	—	—	—	—	—
170	360	218	216	223	241	318	318	—	—	—	—	—
180	380	231	227	235	255	—	—	—	—	—	—	—
190	400	245	240	248	268	—	—	—	—	—	—	—
200	420	258	254	263	283	—	—	—	—	—	—	—

4.4　实体外圈滚针轴承的安装尺寸

实体外圈滚针轴承为可分离型轴承，为使其分部件便于分别安装与拆卸，该类轴承的安装尺寸应符合表 5 的规定。

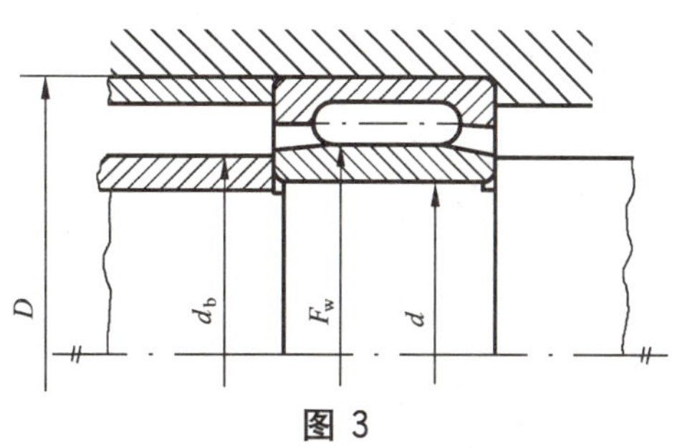

图 3

表 5　实体外圈滚针轴承安装尺寸

单位为毫米

d	NA 48 系列			NA 49 系列		
	D	F_w	d_b max	D	F_w	d_b max
15	—	—	—	28	20	19
17	—	—	—	30	22	21
20	—	—	—	37	25	24
22	—	—	—	39	28	27
25	—	—	—	42	30	29
28	—	—	—	45	32	31
30	—	—	—	47	35	34
32	—	—	—	52	40	39
35	—	—	—	55	42	41
40	—	—	—	62	48	47
45	—	—	—	68	52	51
50	—	—	—	72	58	57
55	—	—	—	80	63	61
60	—	—	—	85	68	66
65	—	—	—	90	72	70
70	—	—	—	100	80	78
75	—	—	—	105	85	83
80	—	—	—	110	90	88
85	—	—	—	120	100	98
90	—	—	—	125	105	103
95	—	—	—	130	110	108
100	—	—	—	140	115	113
110	140	120	118	150	125	123
120	150	130	128	165	135	133
130	165	145	143	180	150	148
140	175	155	153	190	160	158
150	190	165	163	—	—	—
160	200	175	173	—	—	—
170	215	185	183	—	—	—
180	225	195	193	—	—	—
190	240	210	203	—	—	—
200	250	220	218	—	—	—

4.5　圆锥滚子轴承的安装尺寸

圆锥滚子轴承的保持架凸出外圈端面，为避免保持架与相关机器零件接触，圆锥滚子轴承的安装尺寸应符合表 6～表 11 的规定。

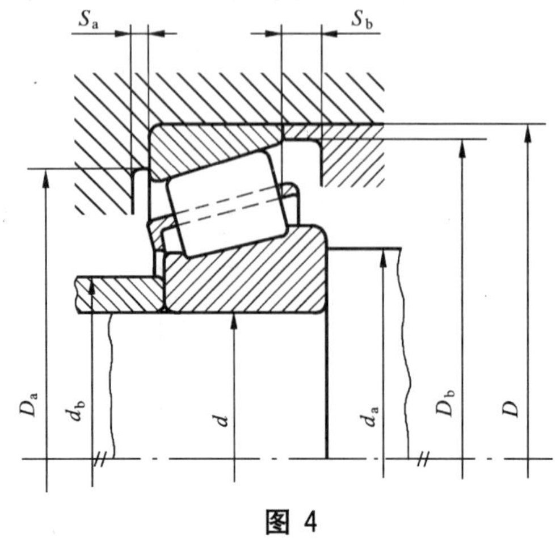

图 4

表 6　02 系列圆锥滚子轴承安装尺寸

单位为毫米

d	302 系列							
	D	d_a min	d_b max	D_a min	D_a max	D_b min	S_a min	S_b min
17	40	23	23	34	34	37	2	2.5
20	47	26	27	40	41	43	2	3.5
25	52	31	31	44	46	48	2	3.5
30	62	36	37	53	56	57	2	3.5
32	65	38	39	56	59	60	3	3.5
35	72	42	44	62	65	67	3	3.5
40	80	47	49	69	73	74	3	4.0
45	85	52	54	74	78	80	3	5.0
50	90	57	58	79	83	85	3	5.0
55	100	64	64	88	91	94	4	5.0
60	110	69	70	96	101	103	4	5.0
65	120	74	77	106	111	113	4	5.0
70	125	79	81	110	116	118	4	5.5
75	130	84	86	115	121	124	4	5.5
80	140	90	91	124	130	133	4	6.0
85	150	95	97	132	140	141	5	6.5
90	160	100	103	140	150	151	5	6.5
95	170	107	109	149	158	160	5	7.5
100	180	112	115	157	168	169	5	8.0
105	190	117	122	165	178	178	6	9.0
110	200	122	129	174	188	188	6	9.0
120	215	132	140	187	203	202	6	9.5
130	230	144	152	203	216	218	7	10.0
140	250	154	163	219	236	235	9	11.0
150	270	164	175	234	256	251	9	11.0
160	290	174	189	252	276	270	9	12.0
170	310	188	201	269	292	290	9	14.0
180	320	198	209	278	302	299	9	14.0
190	340	208	223	298	322	320	9	14.0
200	360	218	235	315	342	338	9	16.0

表 7　03 系列圆锥滚子轴承安装尺寸　　单位为毫米

d	303 系列							
	D	d_a	d_b	D_a		D_b	S_a	S_b
		min	max	min	max	min	min	min
15	42	21	22	36	36	38	2	3.5
17	47	23	25	40	41	42	3	3.5
20	52	27	28	44	45	47	3	3.5
25	62	32	35	54	55	57	3	3.5
30	72	37	41	62	65	66	3	5.0
35	80	44	45	70	71	74	3	5.0
40	90	49	52	77	81	82	3	5.5
45	100	54	59	86	91	92	3	5.5
50	110	60	65	95	100	102	4	6.5
55	120	65	71	104	110	112	4	6.5
60	130	72	77	112	118	121	5	7.5
65	140	77	83	122	128	131	5	8.0
70	150	82	89	130	138	140	5	8.0
75	160	87	95	139	148	149	5	9.0
80	170	92	102	148	158	159	5	9.5
85	180	99	107	156	166	168	6	10.5
90	190	104	113	165	176	177	6	10.5
95	200	109	118	172	186	185	6	11.5
100	215	114	127	184	201	198	6	12.5
105	225	119	133	193	211	207	7	12.5
110	240	124	142	206	226	221	8	12.5
120	260	134	153	221	246	238	8	13.5
130	280	145	164	239	262	257	8	15.0
140	300	155	176	255	282	275	9	15.0
150	320	165	189	273	302	294	9	17.0
160	340	175	201	290	322	312	9	17.0
170	360	185	214	307	342	331	10	18.0
180	380	198	228	327	362	351	10	19.0

表 8　13 系列圆锥滚子轴承安装尺寸　　单位为毫米

d	313 系列							
	D	d_a	d_b	D_a		D_b	S_a	S_b
		min	max	min	max	min	min	min
25	62	32	33	47	55	59	3	5.5
30	72	37	38	55	65	68	3	7.0
35	80	44	43	62	71	76	4	8.0
40	90	49	49	71	81	86	4	8.5
45	100	54	55	79	91	95	4	9.5
50	110	60	60	87	100	105	4	10.5
55	120	65	64	94	110	114	4	10.5
60	130	72	70	103	118	124	5	11.5
65	140	77	76	111	128	133	5	13.0
70	150	82	81	118	138	142	5	13.0
75	160	87	87	127	148	153	6	14.0
80	170	92	92	134	158	160	6	15.5
85	180	99	98	143	166	170	6	16.5
90	190	104	103	151	176	180	6	16.5
95	200	109	108	157	186	188	6	17.5
100	215	114	117	168	201	203	7	21.5
105	225	119	122	176	211	212	7	22.0
110	240	124	132	188	226	225	7	25.0
120	260	134	141	203	246	245	9	26.0
130	280	147	151	218	262	263	9	28.0
140	300	157	163	235	282	282	9	30.0
150	320	167	174	251	302	302	9	32.0

表 9　20 系列圆锥滚子轴承安装尺寸

单位为毫米

d	320 系列							
	D	d_a min	d_b max	D_a min	D_a max	D_b min	S_a min	S_b min
28	52	34	33	45	46	49	3	4.0
30	55	36	35	48	49	52	3	4.0
32	58	38	38	50	52	55	3	4.0
35	62	41	40	54	56	59	4	4.0
40	68	46	46	60	62	65	4	4.5
45	75	51	51	67	69	72	4	4.5
50	80	56	56	72	74	77	4	4.5
55	90	62	63	81	83	86	4	5.5
60	95	67	67	85	88	91	4	5.5
65	100	72	72	90	93	97	4	5.5
70	110	77	78	98	103	105	5	6.0
75	115	82	83	103	108	110	5	6.0
80	125	87	89	112	117	120	6	7.0
85	130	92	94	117	122	125	6	7.0
90	140	99	100	125	131	134	6	8.0
95	145	104	105	130	136	140	6	8.0
100	150	109	109	134	141	144	6	8.0
105	160	115	116	143	150	154	6	9.0
110	170	120	122	152	160	163	7	9.0
120	180	130	131	161	170	173	7	9.0
130	200	140	144	178	190	192	8	11.0
140	210	150	153	187	200	202	8	11.0
150	225	162	164	200	213	216	8	12.0
160	240	172	175	213	228	231	8	13.0
170	260	182	187	230	248	249	10	14.0
180	280	192	199	247	268	267	10	16.0
190	290	202	209	257	278	279	10	16.0
200	310	212	221	273	298	297	11	17.0
220	340	234	243	300	326	326	12	19.0
240	360	254	261	318	346	346	12	19.0
260	400	278	287	352	382	383	14	22.0
280	420	298	305	370	402	402	14	22.0
300	460	318	329	404	442	439	15	26.0
320	480	338	350	424	462	461	15	26.0

表 10　22 系列圆锥滚子轴承安装尺寸

单位为毫米

d	322 系列							
	D	d_a min	d_b max	D_a min	D_a max	D_b min	S_a min	S_b min
30	62	36	37	52	56	58	3	4.5
35	72	42	43	61	65	67	3	5.5
40	80	47	48	68	73	75	3	6.0
45	85	52	53	73	78	80	3	6.0
50	90	57	58	78	83	85	3	6.0
55	100	64	63	87	91	95	4	6.0
60	110	69	69	95	101	104	4	6.0
65	120	74	75	104	111	115	4	6.0
70	125	79	80	108	116	119	4	6.5
75	130	84	85	115	121	125	4	6.5
80	140	90	90	122	130	134	5	7.5
85	150	95	96	130	140	143	5	8.5
90	160	100	101	138	150	153	5	8.5
95	170	107	107	145	158	162	5	8.5
100	180	112	113	154	168	171	5	10.0
105	190	117	119	161	178	180	5	10.0
110	200	122	125	170	188	191	6	10.0
120	215	132	135	181	203	205	7	11.5
130	230	144	144	193	216	220	7	14.0
140	250	154	157	210	236	239	8	14.0
150	270	164	170	226	256	256	8	17.0
160	290	174	181	242	276	276	10	17.0
170	310	188	194	259	292	296	10	20.0
180	320	198	202	267	302	305	10	20.0
190	340	208	215	286	322	325	10	22.0
200	360	218	222	302	342	342	11	22.0

表 11　23 系列圆锥滚子轴承安装尺寸　　单位为毫米

d	323 系列							
	D	d_a min	d_b max	D_a min	D_a max	D_b min	S_a min	S_b min
17	47	23	24	39	41	43	3	4.5
20	52	27	27	43	45	47	3	4.5
25	62	32	33	52	55	57	3	5.5
30	72	37	39	59	65	66	4	6.0
35	80	44	44	66	71	74	4	8.0
40	90	49	50	73	81	82	4	8.5
45	100	54	56	82	91	93	4	8.5
50	110	60	62	90	100	102	5	9.5
55	120	65	68	99	110	111	5	10.5
60	130	72	73	107	118	121	6	11.5
65	140	77	80	117	128	131	6	12.0
70	150	82	86	125	138	140	6	12.0
75	160	87	91	133	148	150	7	13.0
80	170	92	98	142	158	160	7	13.5
85	180	99	103	150	166	168	8	14.5
90	190	104	108	157	176	178	8	14.5
95	200	109	114	166	186	187	8	16.5
100	215	114	123	177	201	201	8	17.5
105	225	119	128	185	211	210	8	18.5
110	240	124	137	198	226	223	9	19.5
120	260	134	148	213	246	241	9	21.5

4.6　推力球轴承的安装尺寸

安装推力球轴承时，轴肩直径(d_a)及外壳孔的挡肩直径(D_a)应符合表 12 的规定。

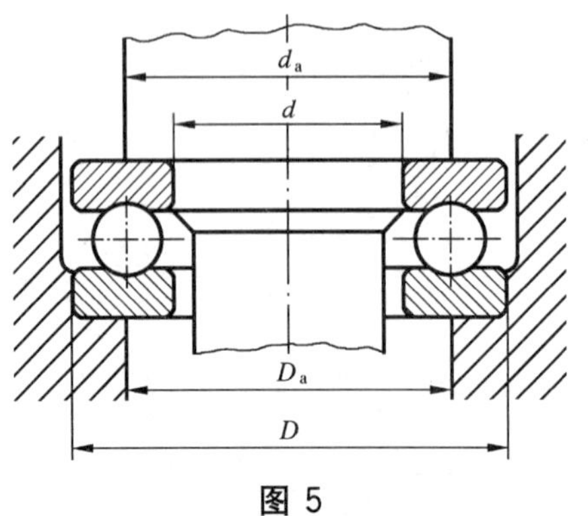

图 5

表 12 推力球轴承安装尺寸

单位为毫米

d	511 系列			512 系列			513 系列			514 系列		
	D	d_a min	D_a max	D	d_a min	D_a max	D	d_a min	D_a max	D	d_a min	D_a max
10	24	18	16	26	20	16	—	—	—	—	—	—
12	26	20	18	28	22	18	—	—	—	—	—	—
15	28	23	20	32	25	22	—	—	—	—	—	—
17	30	25	22	35	28	24	—	—	—	—	—	—
20	35	29	26	40	32	28	—	—	—	—	—	—
25	42	35	32	47	38	34	52	41	36	60	46	39
30	47	40	37	52	43	39	60	48	42	70	54	46
35	52	45	42	62	51	46	68	55	48	80	62	53
40	60	52	48	68	57	51	78	63	55	90	70	60
45	65	57	53	73	62	56	85	69	61	100	78	67
50	70	62	58	78	67	61	95	77	68	110	86	74
55	78	69	64	90	76	69	105	85	75	120	94	81
60	85	75	70	95	81	74	110	90	80	130	102	88
65	90	80	75	100	86	79	115	95	85	140	110	95
70	95	85	80	105	91	84	125	103	92	150	118	102
75	100	90	85	110	96	89	135	111	99	160	125	110
80	105	95	90	115	101	94	140	116	104	170	133	117
85	110	100	95	125	109	101	150	124	111	180	141	124
90	120	108	102	135	117	108	155	129	116	190	149	131
100	135	121	114	150	130	120	170	142	128	210	165	145
110	145	131	124	160	140	130	190	158	142	230	181	159
120	155	141	134	170	150	140	210	173	157	250	196	174
130	170	154	146	190	166	154	225	186	169	270	212	188
140	180	164	156	200	176	164	240	199	181	280	222	198
150	190	174	166	215	189	176	250	209	191	300	238	212
160	200	184	176	225	199	186	270	225	205	—	—	—
170	215	197	188	240	212	198	280	235	215	—	—	—
180	225	207	198	250	222	208	300	251	229	—	—	—
190	240	220	210	270	238	222	320	266	244	—	—	—
200	250	230	220	280	248	232	340	282	258	—	—	—
220	270	250	240	300	268	252	—	—	—	—	—	—
240	300	276	264	340	299	281	—	—	—	—	—	—
260	320	296	284	360	319	301	—	—	—	—	—	—
280	350	322	308	380	339	321	—	—	—	—	—	—
300	380	348	332	420	371	349	—	—	—	—	—	—
320	400	368	352	440	391	369	—	—	—	—	—	—
340	420	388	372	460	411	389	—	—	—	—	—	—
360	440	408	392	500	442	418	—	—	—	—	—	—

4.7 推力调心滚子轴承的安装尺寸

安装推力调心滚子轴承时，轴肩直径(d_a)及外壳孔的挡肩直径(D_a)应符合表13的规定。

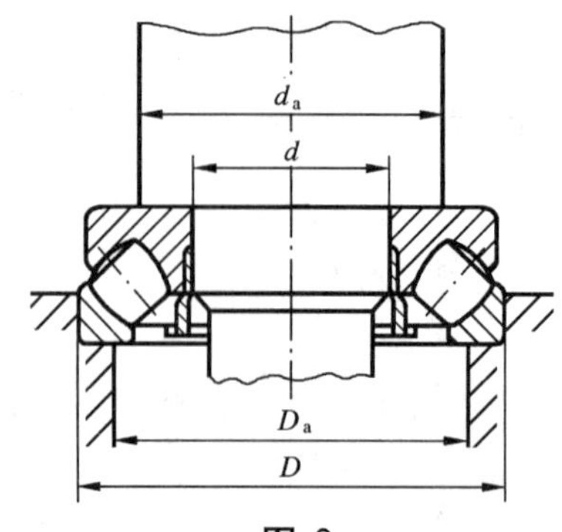

图 6

表 13 推力调心滚子轴承安装尺寸

单位为毫米

d	292系列			293系列			294系列		
	D	d_a min	D_a max	D	d_a min	D_a max	D	d_a min	D_a max
60	—	—	—	—	—	—	130	90	107
65	—	—	—	—	—	—	140	100	115
70	—	—	—	—	—	—	150	105	124
75	—	—	—	—	—	—	160	115	132
80	—	—	—	—	—	—	170	120	141
85	—	—	—	150	115	129	180	130	150
90	—	—	—	155	118	135	190	135	158
100	—	—	—	170	132	148	210	150	175
110	—	—	—	190	145	165	230	165	192
120	—	—	—	210	160	182	250	180	210
130	—	—	—	225	170	195	270	195	227
140	—	—	—	240	185	208	280	205	237
150	—	—	—	250	195	220	300	220	253
160	—	—	—	270	210	236	320	230	271
170	—	—	—	280	220	247	340	245	288
180	—	—	—	300	235	263	360	260	305
190	—	—	—	320	250	281	380	275	322
200	280	235	258	340	265	298	400	290	338
220	300	260	277	360	285	316	420	310	360
240	340	285	311	380	300	337	440	330	381
260	360	305	331	420	330	372	480	360	419
280	380	325	351	440	350	394	520	390	446
300	420	355	386	480	380	429	540	410	471
320	440	375	406	500	400	449	580	435	507
340	460	395	427	540	430	484	620	465	541
360	500	420	461	560	450	504	640	485	560
380	520	440	480	600	480	538	670	510	587

表 13(续)

单位为毫米

d	292 系列			293 系列			294 系列		
	D	d_a min	D_a max	D	d_a min	D_a max	D	d_a min	D_a max
400	540	460	500	620	500	557	710	540	622
420	580	490	534	650	525	585	730	560	643
440	600	510	554	680	548	614	780	595	684
460	620	530	575	710	575	638	800	615	704
480	650	555	603	730	593	660	850	645	744
500	670	575	622	750	615	683	870	670	765
530	710	611	661	800	650	724	920	700	810
560	750	645	697	850	691	770	980	750	860
600	800	690	744	900	735	815	1 030	800	900
表中所列数值适用于轻、中载荷的情况，当载荷增大时应增大 d_a 减小 D_a。									

4.8 带紧定套向心轴承的安装尺寸

带紧定套向心轴承的安装尺寸参见附录 A。

附 录 A
（资料性附录）
带紧定套向心轴承的安装尺寸

为将带紧定套向心轴承精确地固定在轴上，一般使用隔圈，隔圈的内部尺寸应能保证轴承轴向精确定位，并易于紧定套的拆卸，隔圈内部尺寸参见表 A.1、表 A.2。

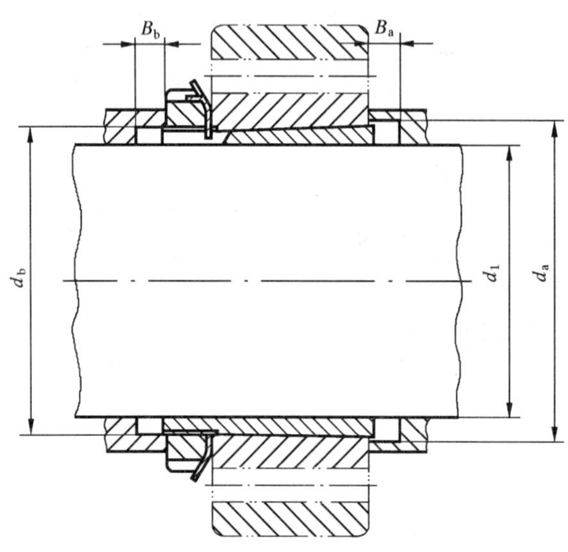

图 A.1

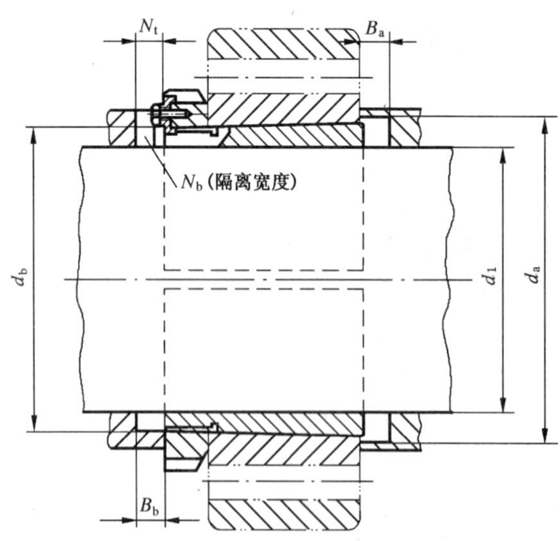

图 A.2

表 A.1 带 H2、H3、H23 系列紧定套向心轴承安装尺寸

单位为毫米

d_1	d	d_b min	B_b min	紧定套系列 H2 d_a min	H2 轴承尺寸系列 02 B_a min	H3 d_a min	H3 轴承尺寸系列 22 B_a min	H3 轴承尺寸系列 03 B_a min	H23 d_a min	H23 轴承尺寸系列 32 B_a min	H23 轴承尺寸系列 23 B_a min
17	20	21	5	23	5	23	5	8	24	—	5
20	25	26	5	28	6	28	5	6	30	—	5
25	30	31	5	33	6	33	5	6	35	—	5
30	35	36	5	38	5	39	5	7	40	—	5
35	40	41	6	43	5	44	5	5	45	—	5
40	45	46	6	48	5	50	7	5	50	—	5
45	50	51	6	53	5	55	9	5	56	—	5
50	55	56	6	60	6	60	10	6	61	—	6
55	60	61	7	64	6	65	9	6	66	—	6
60	65	66	7	70	6	70	8	6	72	—	6
60	70	71	7	75	6	75	9	6	76	—	6
65	75	76	7	80	6	80	12	6	82	—	6
70	80	81	7	85	6	85	12	6	88	—	6
75	85	86	7	90	7	91	12	7	94	—	7
80	90	91	7	95	7	96	10	7	100	18	7
85	95	96	8	100	7	102	9	7	105	18	7
90	100	101	8	106	7	108	8	7	110	19	7
95	105	106	8	116	7	113	—	8	—	—	—
100	110	111	8	116	7	118	6	9	121	17	7
110	120	121	8	—	—	—	—	—	131	17	7
115	130	131	8	—	—	—	—	—	142	21	8
125	140	141	9	—	—	—	—	—	152	22	8
135	150	151	9	—	—	—	—	—	163	20	8
140	160	161	9	—	—	—	—	—	174	18	8
150	170	171	9	—	—	—	—	—	185	18	8
160	180	181	9	—	—	—	—	—	195	22	8
170	190	191	10	—	—	—	—	—	206	21	9
180	200	201	10	—	—	—	—	—	216	19	9
200	220	221	10	—	—	—	—	—	236	10	9
220	240	241	—	—	—	—	—	—	257	6	11
240	260	261	—	—	—	—	—	—	278	2	11
260	280	281	—	—	—	—	—	—	299	11	12

表 A.2 带 H30、H31、H32、H39 系列紧定套向心轴承安装尺寸 单位为毫米

d_1	d	d_b min	B_b min	紧定套系列													
				H30 H39	H31 H32	H30 H39	H31 H32	H30			H31			H32		H39	
				N_b min		N_t min		d_a min	轴承尺寸系列		d_a min	轴承尺寸系列		d_a min	轴承尺寸系列	d_a min	轴承尺寸系列
									30	02		31	32		32		39
									B_a min			B_a min			B_a min		B_a min
90	100	101	8	—	—	—	—	—	—	—	106	6	—	—	—	—	—
100	110	111	8	—	—	—	—	—	—	—	117	7	—	—	—	—	—
110	120	121	8	—	—	—	—	127	7	13	128	7	11	—	—	—	—
115	130	131	8	—	—	—	—	137	8	20	138	8	8	—	—	—	—
125	140	141	9	—	—	—	—	147	8	19	149	8	8	—	—	—	—
135	150	151	9	—	—	—	—	158	8	19	160	8	15	—	—	—	—
140	160	161	9	—	—	—	—	168	8	20	170	8	14	—	—	—	—
150	170	171	9	—	—	—	—	179	8	23	180	8	10	—	—	—	—
160	180	181	9	—	—	—	—	189	8	30	191	8	18	—	—	—	—
170	190	191	10	—	—	—	—	199	9	29	202	9	21	—	—	—	—
180	200	201	10	—	—	—	—	210	9	33	212	9	24	—	—	—	—
200	220	221	10	20	—	14	—	231	9	34	233	9	21	—	—	229	12
220	240	241	12	20	—	15	—	251	11	31	254	11	19	—	—	249	12
240	260	261	12	20	—	15	—	272	11	35	276	11	25	—	—	270	12
260	280	281	12	24	—	15	—	292	12	38	296	12	28	—	—	290	12
280	300	301	12	24	24	15	16	313	12	45	318	12	32	321	12	312	12
300	320	321	12	24	24	16	18	334	13	42	338	13	39	343	13	332	13
320	340	341	14	24	28	16	22	355	14	—	360	14	—	364	14	352	14
340	360	361	14	28	28	16	22	375	14	—	380	14	—	385	14	372	14
360	380	381	14	28	32	18	22	396	15	—	401	15	—	405	15	394	15
380	400	401	14	28	32	18	24	417	15	—	421	15	—	427	15	414	15
400	420	421	16	32	32	18	24	437	16	—	443	16	—	449	16	434	16
410	440	441	16	32	36	22	24	458	17	—	463	17	—	469	17	454	17
430	460	461	16	32	36	22	24	478	17	—	484	17	—	490	17	474	17
450	480	481	16	36	36	22	24	499	18	—	505	18	—	512	18	496	18
470	500	501	16	36	40	22	24	519	18	—	527	18	—	534	18	516	18
500	530	531	20	40	40	26	30	551	20	—	558	20	—	566	20	547	20
530	560	561	20	40	45	26	30	582	20	—	589	20	—	596	20	577	20
560	600	601	20	40	45	26	30	623	22	—	632	22	—	639	22	619	22
600	630	631	20	45	50	26	30	654	22	—	663	22	—	672	22	650	22
630	670	671	20	45	50	26	30	695	22	—	704	22	—	712	22	690	22
670	710	711	20	50	55	26	34	736	26	—	745	26	—	753	26	732	26
710	750	751	20	55	60	26	34	778	26	—	787	26	—	796	26	772	26
750	800	801	24	55	60	26	34	829	28	—	838	28	—	848	28	825	28
800	850	851	24	60	70	30	34	880	28	—	890	28	—	900	28	876	28
850	900	901	24	60	70	30	34	931	30	—	942	30	—	950	30	924	30
900	950	951	24	60	70	30	34	983	30	—	994	30	—	1 000	30	976	30
950	1 000	1 001	24	60	70	30	39	1 034	33	—	1 047	33	—	1 055	33	1 028	33
1 000	1 060	1 061	24	60	70	30	39	1 096	33	—	1 110	33	—	—	—	1 090	33

ICS 25.010
J 05

中华人民共和国国家标准

GB/T 6403.1—2008
代替 GB/T 6403.1—1986

球 面 半 径

Radii of sphere surfaces

2008-09-22 发布 2009-05-01 实施

中华人民共和国国家质量监督检验检疫总局
中国国家标准化管理委员会 发布

前言

GB/T 6403 分为五个部分：

——GB/T 6403.1 球面半径；

——GB/T 6403.2 润滑槽；

——GB/T 6403.3 滚花；

——GB/T 6403.4 零件倒圆与倒角；

——GB/T 6403.5 砂轮越程槽。

本部分为 GB/T 6403 的第 1 部分。

本部分是对 GB/T 6403.1—1986《球面半径》的修订。

本部分与 GB/T 6403.1—1986 相比主要差异如下：

——按照 GB/T 1.1—2000 要求进行了编辑性的修改；

——增加了标准的前言；

——增加了标准的适用范围。

本部分由全国机器轴与附件标准化技术委员会提出并归口。

本部分起草单位：中机生产力促进中心、石家庄链轮总厂、德阳立达基础件有限公司、中国船舶重工集团公司 711 研究所。

本部分主要起草人：明翠新、许文江、王建农、孔曼军、邓哲。

本部分所代替标准的历次版本发布情况为：

——GB/T 6403.1—1986。

球 面 半 径

1 范围

GB/T 6403 的本部分规定了一般机械零件的球面半径尺寸。

本部分适用于一般机械零件的球面半径。

2 球面半径系列值的一般规定

球面半径系列值按表 1 选取，优先选用表中第 1 系列值。

表 1 球面半径系列值

单位为毫米

第 1 系列	0.2	0.4	0.6	1.0	1.6	2.5	4.0	6.0	10	16	20
第 2 系列	0.3	0.5	0.8	1.2	2.0	3.0	5.0	8.0	12	18	22
第 1 系列	25	32	40	50	63	80	100	125	160	200	250
第 2 系列	28	36	45	56	71	90	110	140	180	220	280
第 1 系列	320	400	500	630	800	1 000	1 250	1 600	2 000	2 500	3 200
第 2 系列	360	450	560	710	900	1 100	1 400	1 800	2 200	2 800	

3 球面半径的应用

球面半径的应用举例如下图所示。

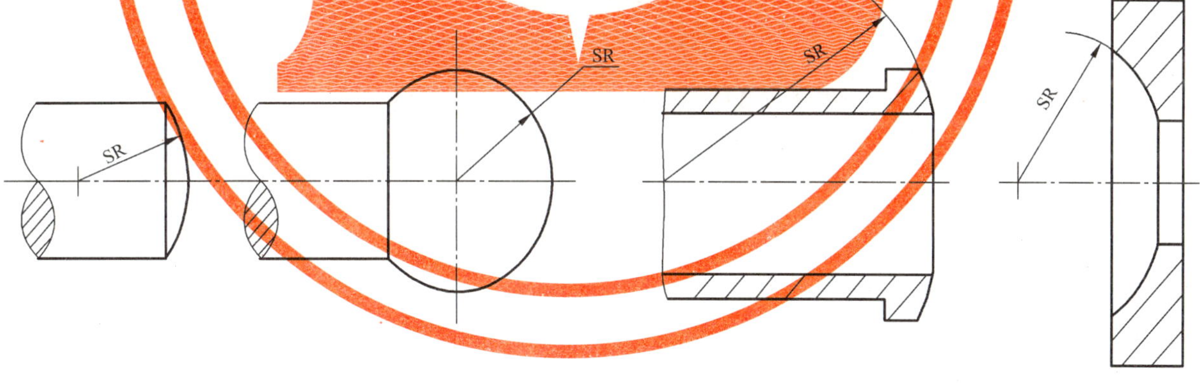

ICS 25.010
J 05

中华人民共和国国家标准

GB/T 6403.2—2008
代替 GB/T 6403.2—1986

润 滑 槽

Lubricating grooves

2008-09-22 发布 2009-05-01 实施

中华人民共和国国家质量监督检验检疫总局
中国国家标准化管理委员会 发布

前　　言

GB/T 6403 分为五个部分：

——GB/T 6403.1　球面半径；

——GB/T 6403.2　润滑槽；

——GB/T 6403.3　滚花；

——GB/T 6403.4　零件倒圆与倒角；

——GB/T 6403.5　砂轮越程槽。

本部分为 GB/T 6403 的第 2 部分。

本部分是对 GB/T 6403.2—1986《润滑槽》的修订。

本部分与 GB/T 6403.2—1986 相比主要差异如下：

——按照 GB/T 1.1—2000 要求进行了编辑性的修改；

——增加了标准的前言；

——增加了标准的适用范围。

本部分由全国机器轴与附件标准化技术委员会提出并归口。

本部分起草单位：中机生产力促进中心、石家庄链轮总厂、德阳立达基础件有限公司、中国船舶重工集团公司 711 研究所。

本部分主要起草人：明翠新、许文江、王建农、孔曼军、邓哲。

本部分所代替标准的历次版本发布情况为：

——GB/T 6403.2—1986。

润 滑 槽

1 范围

GB/T 6403 的本部分规定了一般用途的滑动轴承润滑槽和平面润滑槽的型式和尺寸。

本部分适用于一般用途的滑动轴承润滑槽和平面润滑槽。

2 滑动轴承上用的润滑槽型式和尺寸

2.1 径向轴承的润滑槽型式

径向轴承的润滑槽型式如图 1 所示。图 1a)～图 1d)用于轴瓦、轴套,图 1e)用于轴上。

图 1

2.2 推力轴承的润滑槽型式

推力轴承的润滑槽型式如图 2 所示。图 2a)和图 2b)用于推力轴承上，图 2c)用于轴端面上。

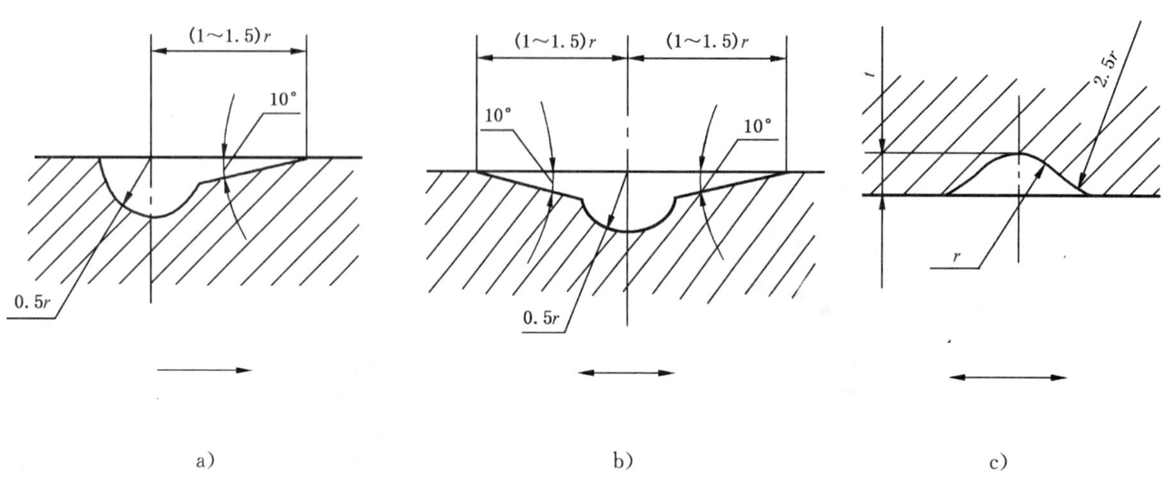

a)　　b)　　c)

注：图中箭头说明运动方向为单向或双向。

图 2

2.3 滑动轴承上用的润滑槽结构尺寸

滑动轴承上用的润滑槽结构尺寸按表 1 规定。

表 1　润滑槽结构尺寸　　单位为毫米

直径 D	直径 d	t	r	R	B	f	b
≤50		0.8	1.0	1.0	—	—	—
		1.0	1.6	1.6	—	—	—
		1.6	3.0	6.0	5.0	1.6	4.0
>50 <120		2.0	4.0	10	8.0	2.0	6.0
		2.5	5.0	16	10	2.0	8.0
		3.0	6.0	20	12	2.5	10
>120		4.0	8.0	25	16	3.0	12
		5.0	10	32	20	3.0	16
		6.0	12	40	25	4.0	20

3 平面上用的润滑槽型式和尺寸

3.1 平面上用的润滑槽型式

平面上用的润滑槽型式如图 3 和图 4 所示。

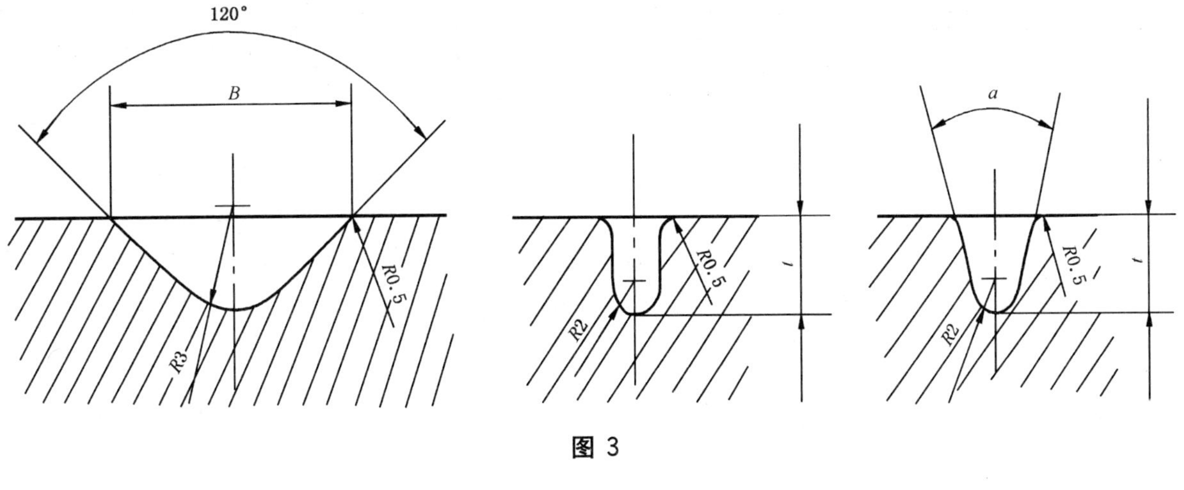

图 3

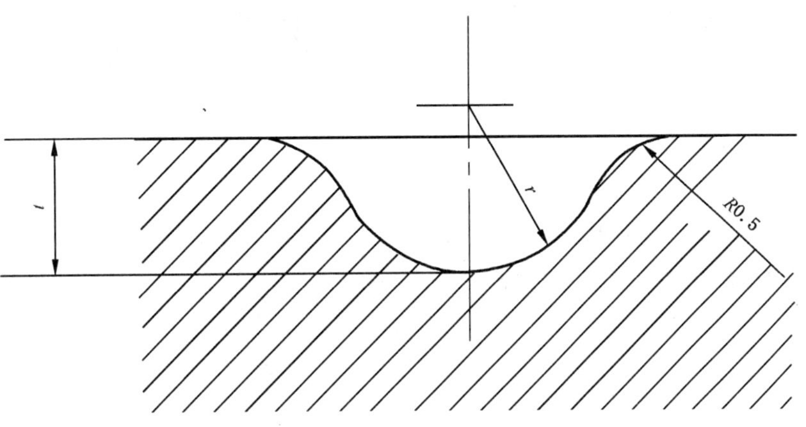

图 4

3.2 平面上用的润滑槽尺寸

3.2.1 图 3 所示润滑槽尺寸按表 2 选取。

表 2 润滑槽尺寸(图 3 适用) 单位为毫米

B	4,6,10,12,16
α/(°)	15,30,45
t	3,4,5

3.2.2 图 4 所示润滑槽尺寸按表 3 选取。

表 3 润滑槽尺寸(图 4 适用) 单位为毫米

t	1.0	1.6	2.0
r	1.6	2.5	4.0

4 修棱

标准中未注明尺寸的棱边,按小于 0.5 mm 倒圆。

ICS 25.010
J 05

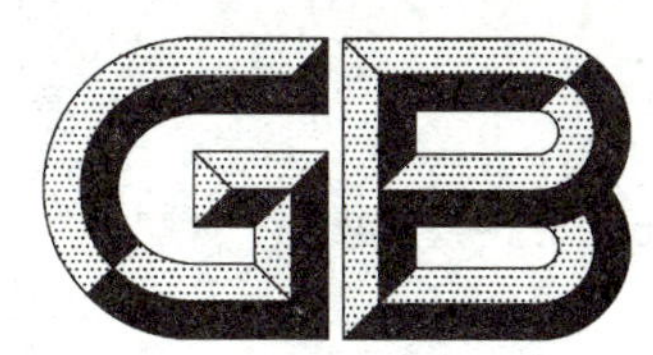

中华人民共和国国家标准

GB/T 6403.3—2008
代替 GB/T 6403.3—1986

2008-09-22 发布　　　　2009-05-01 实施

中华人民共和国国家质量监督检验检疫总局
中国国家标准化管理委员会　发布

前 言

GB/T 6403 分为五个部分：

——GB/T 6403.1 球面半径；

——GB/T 6403.2 润滑槽；

——GB/T 6403.3 滚花；

——GB/T 6403.4 零件倒圆与倒角；

——GB/T 6403.5 砂轮越程槽。

本部分为 GB/T 6403 的第 3 部分。

本部分是对 GB/T 6403.3—1986《滚花》的修订。

本部分与 GB/T 6403.3—1986 相比主要差异如下：

——按照 GB/T 1.1—2000 要求进行了编辑性的修改；

——增加了标准的前言；

——增加了标准的适用范围；

——增加了标准的技术要求。

本部分由全国机器轴与附件标准化技术委员会提出并归口。

本部分起草单位：中机生产力促进中心、石家庄链轮总厂、德阳立达基础件有限公司、中国船舶重工集团公司 711 研究所。

本部分主要起草人：明翠新、许文江、王建农、孔曼军、邓哲。

本部分所代替标准的历次版本发布情况为：

——GB/T 6403.3—1986。

滚　　花

1　范围

GB/T 6403 的本部分规定了一般用途的圆柱表面滚花型式和尺寸。

本部分适用于一般用途的圆柱表面滚花。

2　滚花的型式

滚花的型式如图 1 所示。

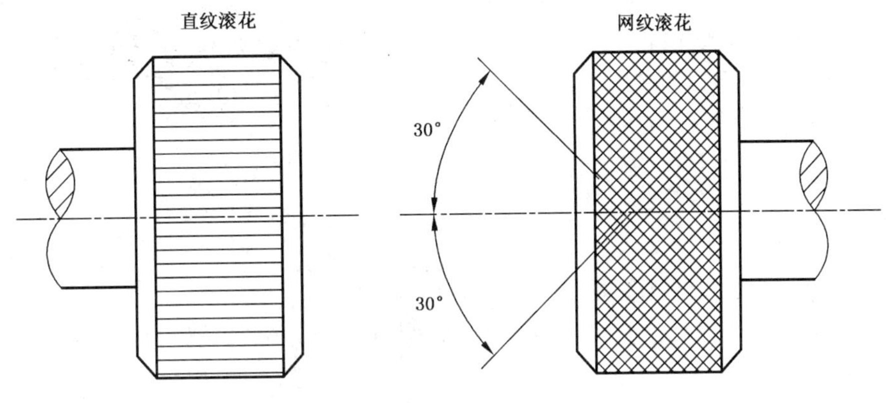

图 1

3　滚花花纹的形状

滚花花纹的形状是假定工作直径为无穷大时花纹的垂直截面，如图 2 所示。

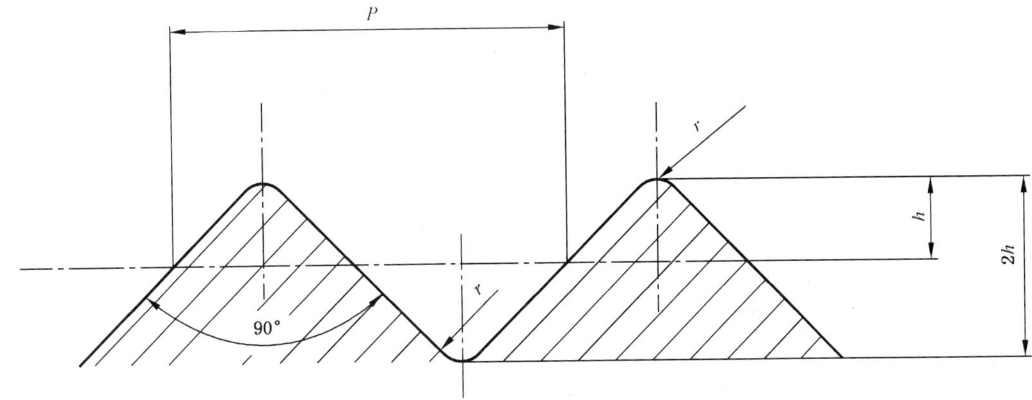

图 2

4 滚花的尺寸规格

滚花的尺寸规格应符合表1的规定。

表1 滚花的尺寸规格

单位为毫米

模数 m	h	r	节距 P
0.2	0.132	0.06	0.628
0.3	0.198	0.09	0.942
0.4	0.264	0.12	1.257
0.5	0.326	0.16	1.571
注：表中 $h=0.785m-0.414r$。			

5 标记

模数 $m=0.3$ mm 的直纹滚花：

直纹 m0.3 GB/T 6403.3—2008

模数 $m=0.4$ mm 的网纹滚花：

网纹 m0.4 GB/T 6403.3—2008

6 技术要求

6.1 滚花前工作表面粗糙度轮廓算术平均偏差 $Ra \leqslant 12.5$ μm。

6.2 滚花后工作直径大于滚花前直径，其值 $\Delta \approx (0.8 \sim 1.6)m$，$m$ 为模数。

ICS 25.010
J 05

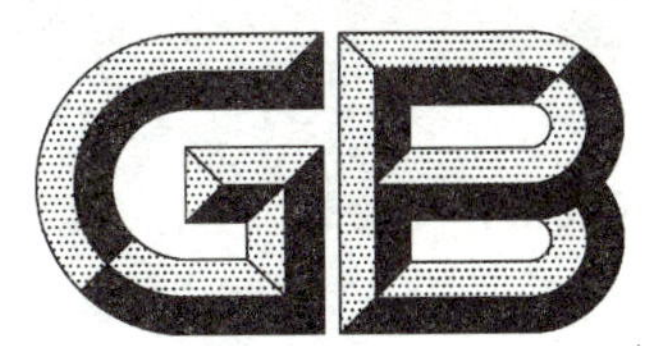

中华人民共和国国家标准

GB/T 6403.4—2008
代替 GB/T 6403.4—1986

零件倒圆与倒角

Rounding and chamfer of parts

2008-09-22 发布　　2009-05-01 实施

中华人民共和国国家质量监督检验检疫总局
中国国家标准化管理委员会　发布

前　　言

GB/T 6403分为五个部分：

——GB/T 6403.1　球面半径；

——GB/T 6403.2　润滑槽；

——GB/T 6403.3　滚花；

——GB/T 6403.4　零件倒圆与倒角；

——GB/T 6403.5　砂轮越程槽。

本部分为GB/T 6403的第4部分。

本部分是对GB/T 6403.4—1986《零件倒圆与倒角》的修订。

本部分与GB/T 6403.4—1986相比主要差异如下：

——按照GB/T 1.1—2000要求进行了编辑性的修改；

——增加了标准的前言；

——增加了标准的适用范围；

——增加了标准的规范性引用文件；

——增加了图注和条文注；

——修改了表1与表A.1中的错误数据。

本部分的附录A为规范性附录，附录B为资料性附录。

本部分由全国机器轴与附件标准化技术委员会提出并归口。

本部分起草单位：中机生产力促进中心、石家庄链轮总厂、德阳立达基础件有限公司、中国船舶重工集团公司711研究所。

本部分主要起草人：明翠新、许文江、王建农、孔曼军、邓哲。

本部分所代替标准的历次版本发布情况为：

——GB/T 6403.4—1986。

零件倒圆与倒角

1 范围

GB/T 6403 的本部分规定了一般机械切削加工零件的外角和内角的倒圆、倒角。

本部分适用于一般机械切削加工零件的外角和内角的倒圆、倒角。不适用于有特殊要求的倒圆、倒角。

2 规范性引用文件

下列文件中的条款通过 GB/T 6403 的本部分的引用而成为本部分的条款。凡是注日期的引用文件,其随后所有的修改单(不包括勘误的内容)或修订版均不适用于本部分,然而,鼓励根据本部分达成协议的各方研究是否可使用这些文件的最新版本。凡是不注日期的引用文件,其最新版本适用于本部分。

GB/T 4458.4 机械制图 尺寸标注

3 倒圆、倒角型式

倒圆、倒角型式如图 1 所示,其尺寸系列值见表 1。

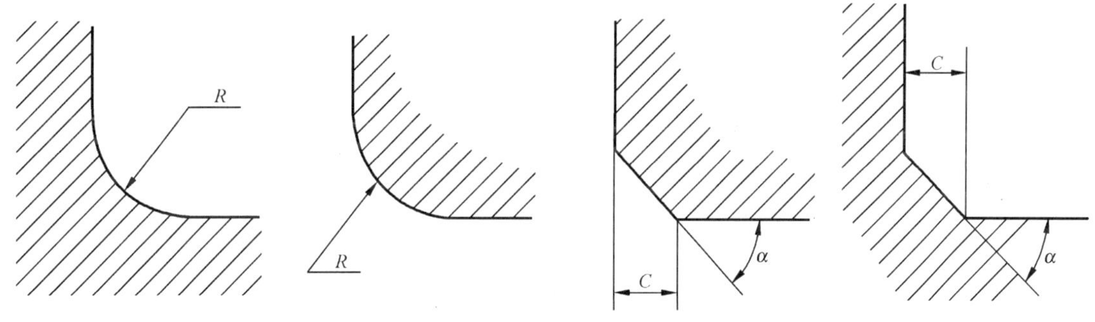

注:α 一般采用 45°,也可采用 30°或 60°。倒圆半径、倒角的尺寸标注符合 GB/T 4458.4 的要求。

图 1 倒圆、倒角图

表 1 倒圆、倒角尺寸系列值

单位为毫米

R、C													
R、C	0.1	0.2	0.3	0.4	0.5	0.6	0.8	1.0	1.2	1.6	2.0	2.5	3.0
	4.0	5.0	6.0	8.0	10	12	16	20	25	32	40	50	—

4　内角、外角分别为倒圆、倒角(倒角为45°)的装配型式

内角、外角分别为倒圆、倒角(倒角为45°)的装配型式如图2所示。R_1、C_1 的偏差为正;R、C 的偏差为负。

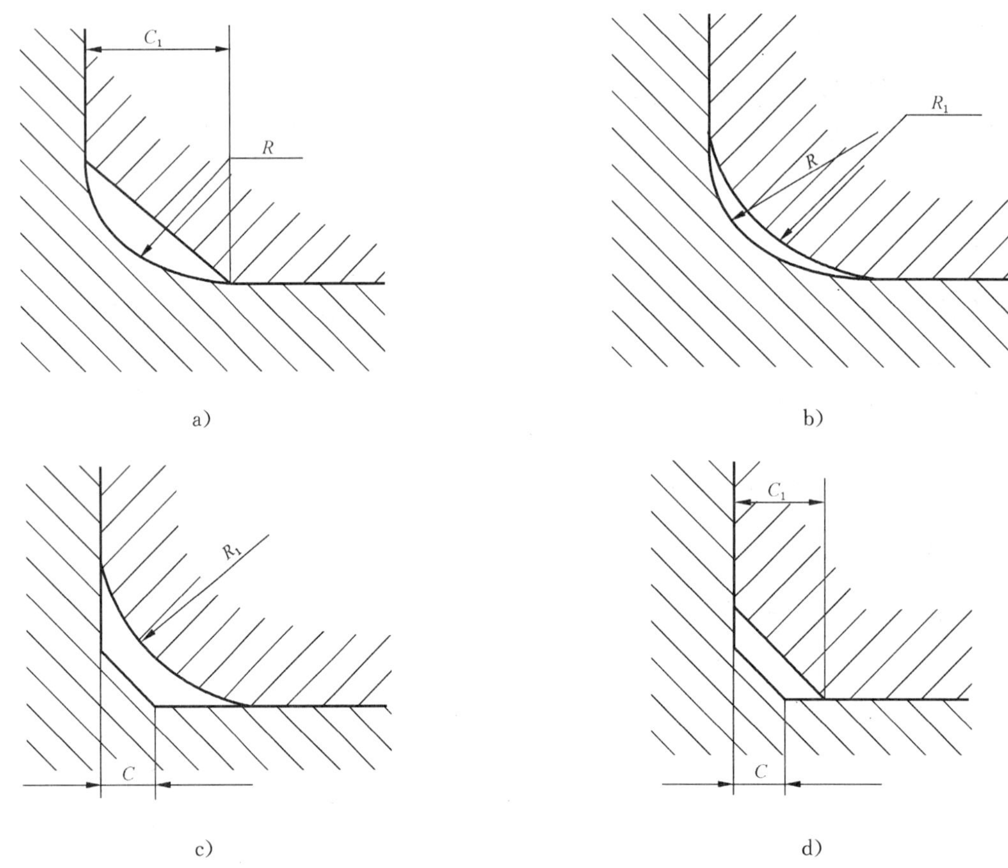

图2　内角、外角分别为倒圆、倒角的装配图

5　R、R_1、C、C_1 的确定

5.1　内角倒圆,外角倒角时,$C_1>R$,见图2a)。

5.2　内角倒圆,外角倒圆时,$R_1>R$,见图2b)。

5.3　内角倒角,外角倒圆时,$C<0.58R_1$,见图2c)。

5.4　内角倒角,外角倒角时,$C_1>C$,见图2d)。

注:上述关系装配时,内角与外角取值要适当,外角的倒圆或倒角过大会影响零件工作面,内角的倒圆或倒角过小会产生应力集中。C_{max} 与 R_1 的关系见附录A,C 和 R 值见附录B。

附 录 A
（规范性附录）
内角倒角，外角倒圆时 C 的最大值 C_{max} 与 R_1 的关系

本附录规定了内角倒角，外角倒圆（见图 A.1）时 C 的最大值 C_{max} 与 R_1 的关系，见表 A.1。

表 A.1 内角倒角，外角倒圆时 C 的最大值 C_{max} 与 R_1 的关系

单位为毫米

R_1	0.1	0.2	0.3	0.4	0.5	0.6	0.8	1.0	1.2	1.6	2.0
C_{max}	—	0.1	0.1	0.2	0.2	0.3	0.4	0.5	0.6	0.8	1.0
R_1	2.5	3.0	4.0	5.0	6.0	8.0	10	12	16	20	25
C_{max}	1.2	1.6	2.0	2.5	3.0	4.0	5.0	6.0	8.0	10	12

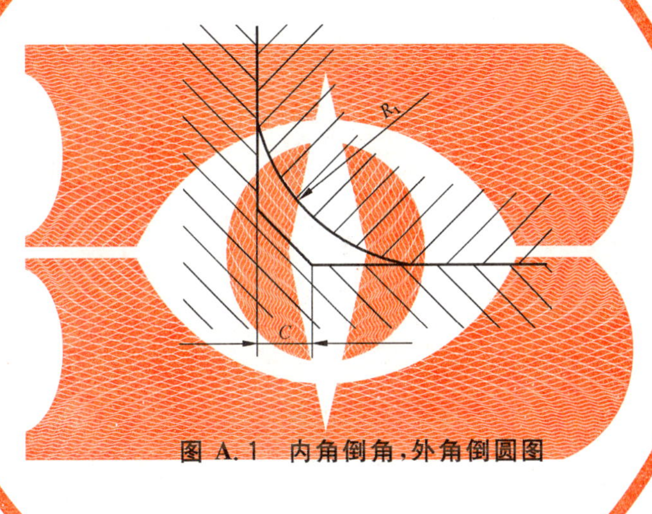

图 A.1 内角倒角，外角倒圆图

附　录　B
（资料性附录）
与直径 ϕ 相应的倒角 C、倒圆 R 的推荐值

本附录给出了与直径 ϕ 相应的倒角 C、倒圆 R 的推荐值，见表 B.1。

表 B.1　与直径 ϕ 相应的倒角 C、倒圆 R 的推荐值

单位为毫米

ϕ	<3	>3～6	>6～10	>10～18	>18～30	>30～50
C 或 R	0.2	0.4	0.6	0.8	1.0	1.6
ϕ	>50～80	>80～120	>120～180	>180～250	>250～320	>320～400
C 或 R	2.0	2.5	3.0	4.0	5.0	6.0
ϕ	>400～500	>500～630	>630～800	>800～1 000	>1 000～1 250	>1 250～1 600
C 或 R	8.0	10	12	16	20	25

ICS 25.010
J 05

中华人民共和国国家标准

GB/T 6403.5—2008
代替 GB/T 6403.5—1986

砂轮越程槽

Relief grooves for grinding wheels

2008-09-22 发布　　2009-05-01 实施

中华人民共和国国家质量监督检验检疫总局
中国国家标准化管理委员会　发布

前　言

GB/T 6403 分为五个部分：

——GB/T 6403.1　球面半径；

——GB/T 6403.2　润滑槽；

——GB/T 6403.3　滚花；

——GB/T 6403.4　零件倒圆与倒角；

——GB/T 6403.5　砂轮越程槽。

本部分为 GB/T 6403 的第 5 部分。

本部分是对 GB/T 6403.5—1986《砂轮越程槽》的修订。

本部分与 GB/T 6403.5—1986 相比主要差异如下：

——按照 GB/T 1.1—2000 要求进行了编辑性的修改；

——增加了标准的前言；

——增加了标准的适用范围；

——增加了表名；

——将表注移入表内；

——修改了图 3 中角度的标记错误。

本部分由全国机器轴与附件标准化技术委员会提出并归口。

本部分起草单位：中机生产力促进中心、石家庄链轮总厂、德阳立达基础件有限公司、中国船舶重工集团公司 711 研究所。

本部分主要起草人：明翠新、许文江、王建农、孔曼军、邓哲。

本部分所代替标准的历次版本发布情况为：

——GB/T 6403.5—1986 。

砂 轮 越 程 槽

1 范围

GB/T 6403 的本部分规定了一般结构零件磨削面的砂轮越程槽的型式与尺寸。

本部分适用于一般结构零件磨削面的砂轮越程槽。

2 回转面及端面砂轮越程槽

2.1 回转面及端面砂轮越程槽的型式如图 1 所示。

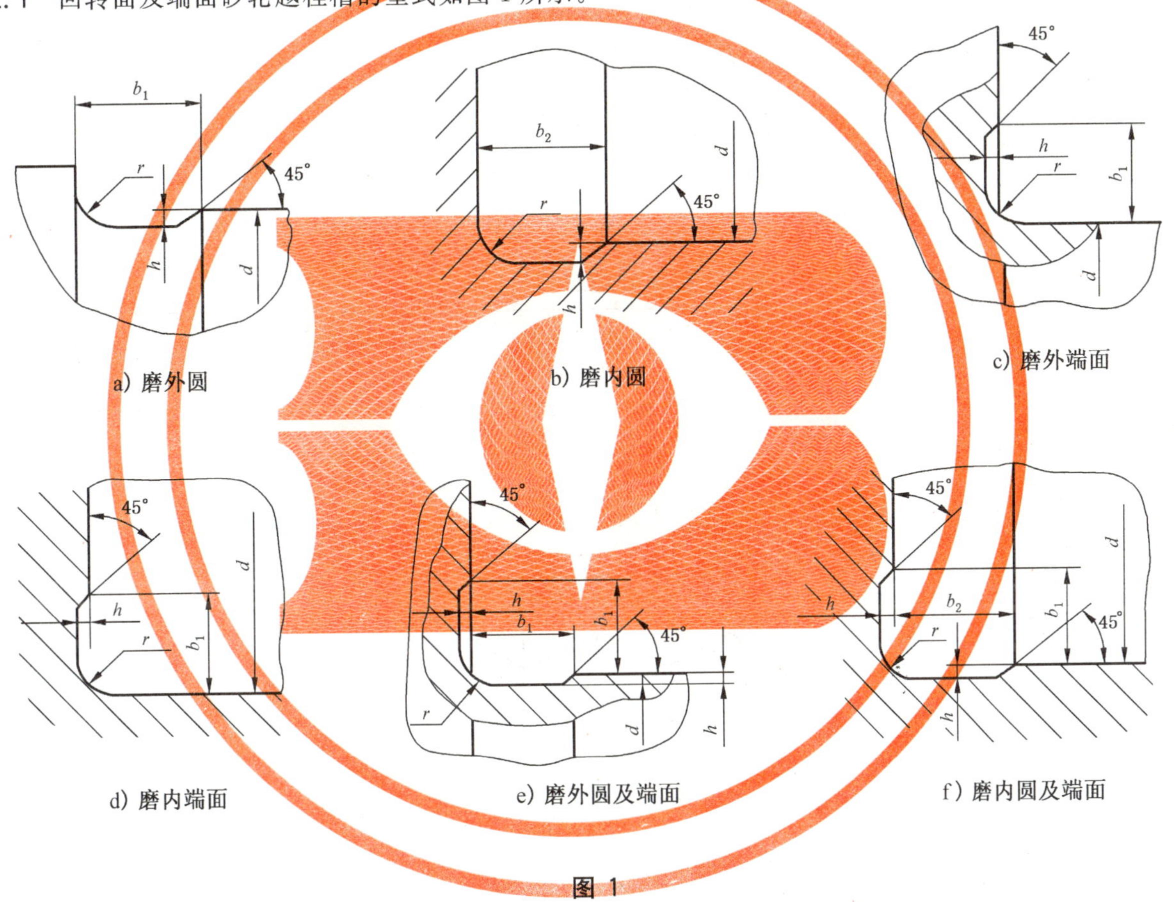

图 1

2.2 回转面及端面砂轮越程槽的尺寸见表 1。

表 1 回转面及端面砂轮越程槽的尺寸

单位为毫米

b_1	0.6	1.0	1.6	2.0	3.0	4.0	5.0	8.0	10
b_2	2.0	3.0		4.0		5.0		8.0	10
h	0.1	0.2		0.3	0.4		0.6	0.8	1.2
r	0.2	0.5		0.8	1.0		1.6	2.0	3.0
d	~10			10~50		50~100		100	
注 1：越程槽内与直线相交处，不允许产生尖角。 注 2：越程槽深度 h 与圆弧半径 r，要满足 $r \leqslant 3h$。									

2.3 磨削具有数个直径的工件时,可使用同一规格的越程槽。

2.4 直径 d 值大的零件,允许选择小规格的砂轮越程槽。

2.5 砂轮越程槽的尺寸公差和表面粗糙度根据该零件的结构、性能确定。

3 平面砂轮越程槽

平面砂轮越程槽的型式如图 2 所示,尺寸见表 2。

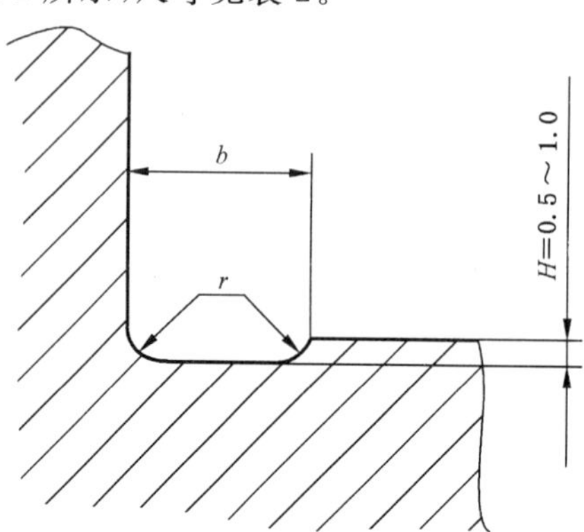

图 2

表 2 平面砂轮越程槽的尺寸

单位为毫米

b	2	3	4	5
r	0.5	1.0	1.2	1.6

4 V 形砂轮越程槽

V 形砂轮越程槽的型式如图 3 所示,尺寸见表 3。

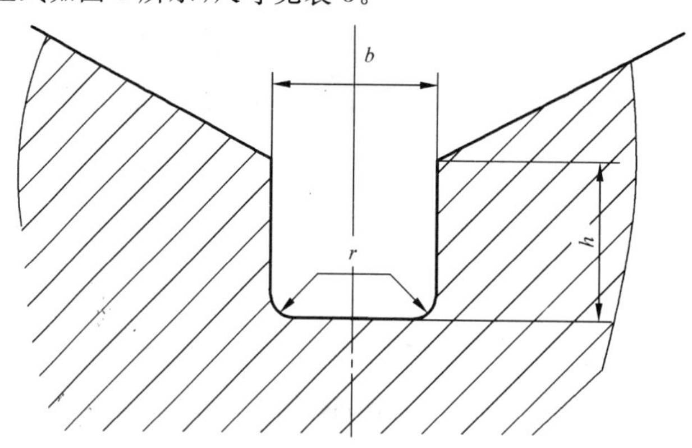

图 3

表 3 V 形砂轮越程槽的尺寸

单位为毫米

b	2	3	4	5
h	1.6	2.0	2.5	3.0
r	0.5	1.0	1.2	1.6

5 燕尾导轨砂轮越程槽

燕尾导轨砂轮越程槽的型式如图 4 所示,尺寸见表 4。

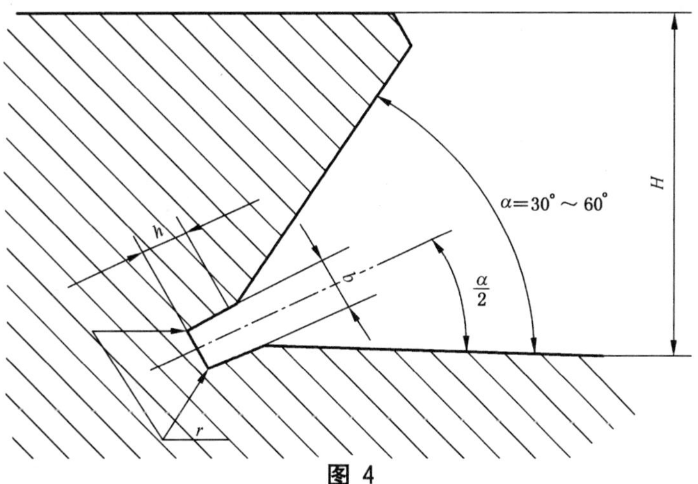

图 4

表 4 燕尾导轨砂轮越程槽的尺寸

单位为毫米

H	≤5	6	8	10	12	16	20	25	32	40	50	63	80
b	1	2		3			4			5			6
h													
r	0.5	0.5		1.0			1.6			1.6			2.0

6 矩形导轨砂轮越程槽

矩形导轨砂轮越程槽的型式如图 5 所示，尺寸见表 5。

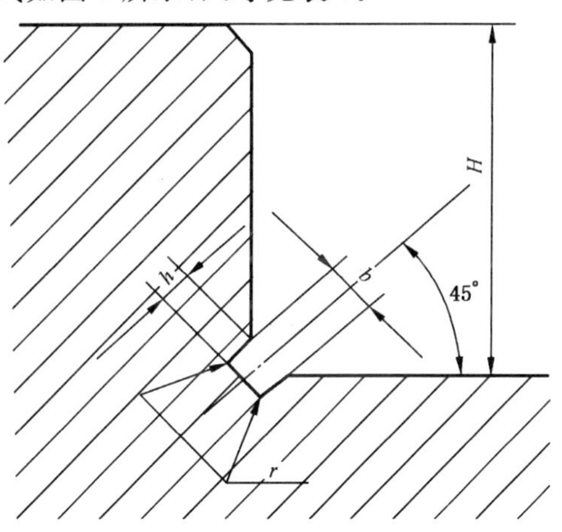

图 5

表 5 矩形导轨砂轮越程槽的尺寸

单位为毫米

H	8	10	12	16	20	25	32	40	50	63	80	100
b	2				3				5		8	
h	1.6				2.0				3.0		5.0	
r	0.5				1.0				1.6		2.0	

ICS 21.120.10
J 05

中华人民共和国国家标准

GB/T 12217—2005
代替 GB/T 12217—1990

机器 轴高

Machines—Shaft heights

(ISO 496:1973, Driving and driven machines—Shaft heights, NEQ)

2005-05-16 发布 2005-12-01 实施

中华人民共和国国家质量监督检验检疫总局
中国国家标准化管理委员会 发布

前　　言

本标准非等效采用 ISO 496:1973《主动和从动机器　轴高》,同时是对 GB/T 12217—1990《机器　轴高》的修订。本标准与 ISO 496 的主要差异是将国际标准中米制尺寸参数纳入标准中。

本标准与 GB/T 12217—1990 相比主要变化如下:

——标准编写格式按 GB/T 1.1—2000 的规定;

——增加了标准的“前言”。

本标准自实施之日起,代替 GB/T 12217—1990。

本标准由全国机器轴与附件标准化技术委员会提出并归口。

本标准起草单位:机械科学研究院、石家庄链轮总厂、航空工业总公司 301 研究所、上海电器科学研究所。

本标准主要起草人:明翠新、许文江、刘启国。

机器 轴高

1 范围

本标准规定了主动和从动机器轴高的基本尺寸及其公差。

本标准适用于主动机器和从动机器。

2 规范性引用文件

下列文件中的条款通过本标准的引用而成为本标准的条款。凡是注日期的引用文件，其随后所有的修改单(不包括勘误的内容)或修订版均不适用于本标准，然而，鼓励根据本标准达成协议的各方研究是否可使用这些文件的最新版本。凡是不注日期的引用文件，其最新版本适用于本标准。

GB/T 321 优先数和优先数系

3 术语定义

轴高 shaft height *h*

从轴伸中心线到机器支承平面间的距离，该距离不包括安装时所用的垫片(衬垫)，如果机器需要配备绝缘垫片时，其垫片的厚度应包括在内。

4 基本尺寸

4.1 轴高 h 的基本尺寸按 GB/T 321 分为Ⅰ、Ⅱ、Ⅲ和Ⅳ四个系列，尺寸应符合图 1 和表 1 的规定。

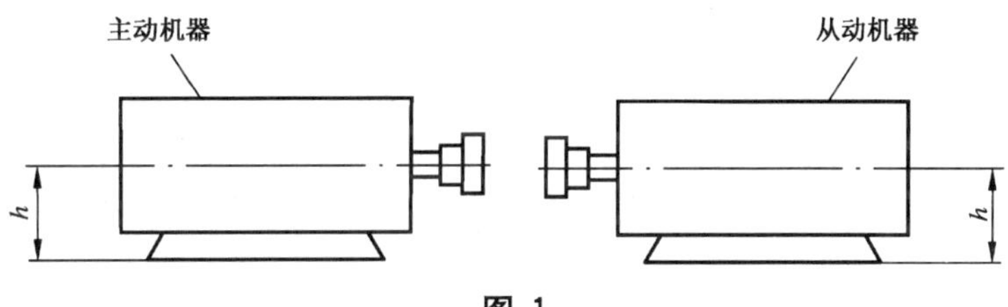

图 1

表 1 轴高的基本尺寸

单位为毫米

轴高 h				轴高 h			
Ⅰ	Ⅱ	Ⅲ	Ⅳ	Ⅰ	Ⅱ	Ⅲ	Ⅳ
25	25	25	25	40	40	40	40
			26				42
		28	28			45	45
			30				48
	32	32	32		50	50	50
			34				53
		36	36			56	56
			38				60

表 1(续)

单位为毫米

轴 高 *h*				轴 高 *h*			
Ⅰ	Ⅱ	Ⅲ	Ⅳ	Ⅰ	Ⅱ	Ⅲ	Ⅳ
63	63	63	63				335
			67			355	355
		71	71				375
			75	400	400	400	400
	80	80	80				425
		90	90			450	450
			95				475
100	100	100	100		500	500	500
			105				530
		112	112			560	560
			118				600
	125	125	125	630	630	630	630
			132				670
		140	140			710	710
			150				750
160	160	160	160		800	800	800
			170				850
		180	180			900	900
			190				950
	200	200	200	1 000	1 000	1 000	1 000
			212				1 060
		225	225			1 120	1 120
			236				1 180
250	250	250	250		1 250	1 250	1 250
			265				1 320
		280	280			1 400	1 400
			300				1 500
	315	315	315	1 600	1 600	1 600	1 600
注：优先选用第Ⅰ系列数值。如果不能满足需要时，可选用第Ⅱ系列的数值，其次选用第Ⅲ系列的数值，第Ⅳ系列的数值尽量不采用。							

4.2 当轴高尺寸大于 1 600 mm 时，推荐选用 160 mm～1 000 mm 范围内的数值再乘以 10。

5 公差

轴高的极限偏差和平行度公差适用于直接并装于同一共同底座的主动机器和从动机器，见图 2。

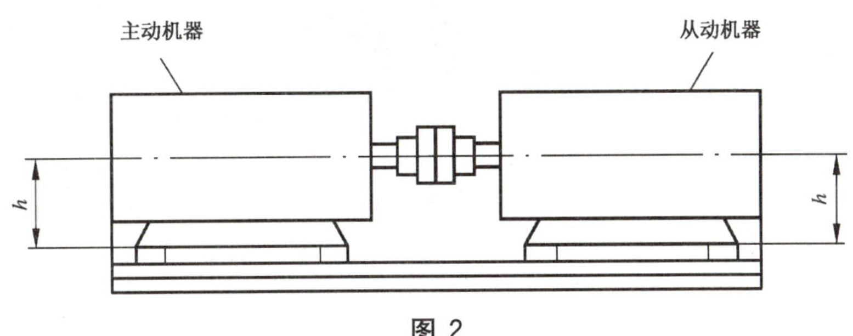

图 2

5.1 轴高的极限偏差一般应符合表 2 的规定。

表 2 轴高的极限偏差

单位为毫米

轴 高 h	电动机、从动机器减速器	除电动机以外的主动机器
	极限偏差	
25～50	0 −0.4	+0.4 0
>50～250	0 −0.5	+0.5 0
>250～630	0 −1.0	+1.0 0
>630～1 000	0 −1.5	+1.5 0
>1 000	0 −2.0	+2.0 0

注：对于支承平面不在底部的机器，选用极限偏差时应按轴伸轴线到机器底部的距离选取，即假设支承面是在机器底部的最低点。

5.2 机器底部到轴中心线的端点之间的平行度误差应符合表 3 的规定。

表 3 平行度误差最大值

单位为毫米

轴 高 h	平行度误差		
	$L<2.5h$	$2.5h \leqslant L \leqslant 4h$	$L>4h$
25～50	0.2	0.3	0.4
>50～250	0.25	0.4	0.5
>250～630	0.5	0.75	1.0
>630～1 000	0.75	1.0	1.5
>1 000	1.0	1.5	2.0

注 1：L 为轴的全长(一般应在轴的两端测量，若不能在两端点测量时，可取轴上任意两点，其测量结果应按轴的全长和该两点间的距离之比相应增大)。

注 2：对于支承平面不在底部的机器，选用平行度误差时，h 应按轴伸轴线到机器底部的距离选取，即假设支承面是在机器底部的最低点。

ICS 77.180
H 94

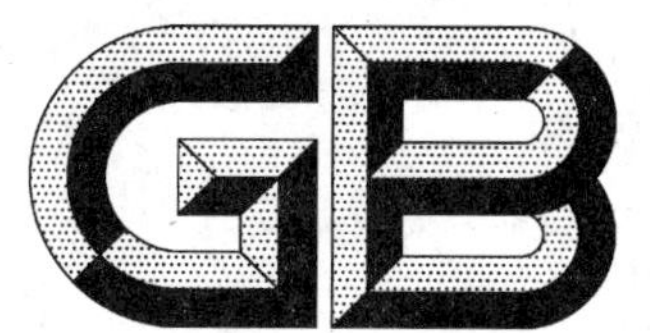

中华人民共和国国家标准

GB/T 13313—2008
代替 GB/T 13313—1991

轧辊肖氏、里氏硬度试验方法

Methods of Shore and Leeb hardness testing for rolls

2008-09-11 发布　　2009-05-01 实施

中华人民共和国国家质量监督检验检疫总局
中国国家标准化管理委员会　发布

前　言

本标准代替 GB/T 13313—1991《轧辊肖氏硬度试验方法》。

本标准与 GB/T 13313—1991 的主要技术差异如下：

——名称变更为《轧辊肖氏、里氏硬度试验方法》；

——规范性引用文件做了补充、调整；

——增添了里氏硬度的表示、测试方法，及其对试验仪器、被测轧辊、数据处理、试验报告的要求；

——增加了检测高精轧辊时对硬度计、硬度块的要求；

——明确了硬度计、硬度块的检定依据；

——提高了被测轧辊测试硬度表面粗糙度的要求；

——考虑了冷、热加工对试样表面硬度的影响；

——增加了对测试现场的环境要求；

——辊身直径小于等于 300 mm 的轧辊，辊身测试母线数确定为 2 条；辊身直径大于 300 mm、小于等于 500 mm 的轧辊，增加了一条辊身测试母线；

——对测试母线的分布做了规定；

——增添了锻钢、铸铁、铸钢轧辊的 HSD-HLD 硬度对照表；

——硬度计的日常比对不再使用比对辊，改为标准硬度块；

——删去了原标准中附录 A《C 型肖氏硬度计主要技术参数》、附录 B《E 型肖氏硬度计主要技术参数》、附录 C《比对辊主要技术参数》；

——删去了原标准中附录 D《硬度换算表》中的 HRA 及其数据，对布氏硬度 HBW 和维氏硬度 HV 数据做了进一步修改和补充。

本标准的附录 A、附录 B 均是资料性附录。

本标准由中国钢铁工业协会提出。

本标准由中冶集团北京冶金设备研究设计总院归口。

本标准起草单位：中钢集团邢台机械轧辊有限公司、中冶集团北京冶金设备研究设计总院、中国测试技术研究院。

本标准起草人：郝进元、赵宝林、林巨才、杨金刚、张云波。

本标准 1991 年 12 月首次发布。

轧辊肖氏、里氏硬度试验方法

1 范围

本标准规定了轧辊肖氏硬度和里氏硬度的表示、测试方法，对试验仪器、被测轧辊、数据处理、试验报告的要求以及硬度换算表。

本标准适用于各种类型的锻钢、铸钢及铸铁轧辊的肖氏硬度和里氏硬度测定。

2 规范性引用文件

下列文件中的条款通过本标准的引用而成为本标准的条款。凡是注日期的引用文件，其随后所有的修改单(不包括勘误的内容)或修订版均不适用于本标准，然而，鼓励根据本标准达成协议的各方研究是否可使用这些文件的最新版本。凡是不注日期的引用文件，其最新版本适用于本标准。

GB/T 1172—1999 黑色金属硬度及强度换算值

GB/T 4341 金属肖氏硬度试验方法

GB/T 8170 数值修约规则

GB/T 17394—1998 金属里氏硬度试验方法

JJG 346 肖氏硬度计

JJG 347 标准肖氏硬度块

JJG 747 里氏硬度计

3 试验原理

3.1 肖氏硬度试验原理

将规定形状、质量的金刚石冲头从固定的高度 h_0 落在试样表面上，冲头弹起一定高度 h，用 h 与 h_0 的比值计算肖氏硬度值。计算公式如式(1)所示：

$$HS = K\frac{h}{h_0} \quad \cdots\cdots(1)$$

式中：

HS——肖氏硬度；

K——肖氏硬度系数。

3.2 里氏硬度试验原理

用规定质量的冲击体在弹力作用下以一定速度冲击试样表面，用冲头在距表面 1 mm 处的回弹速度与冲击速度的比值计算硬度值。计算公式如式(2)所示：

$$HL = 1\,000\frac{v_R}{v_A} \quad \cdots\cdots(2)$$

式中：

HL——里氏硬度；

v_R——冲击体回弹速度；

v_A——冲击体冲击速度。

4 硬度值的表示

4.1 肖氏硬度值的表示

在肖氏硬度符号 HS 前示出硬度数值，在 HS 后示出硬度标尺类型。

例如：45HSC、45HSD 和 45HSE 分别表示 C 型、D 型和 E 型硬度计测定的硬度值为 45。

4.2 里氏硬度值的表示

在里氏硬度符号 HL 前示出硬度数值，在 HL 后示出冲击装置类型。

例如：700HLD、700HLE 表示用 D 型、E 型冲击装置测定的里氏硬度值为 700。

5 试验仪器

5.1 肖氏硬度计

5.1.1 轧辊肖氏硬度测试通常采用 D 型（机械式）、C 型（气动式）肖氏硬度计，其示值误差应不大于 ±2.5HS，重复性应不大于 2.5HS。检测硬度均匀度要求高的轧辊时，可采用高精度数字显示的 D 型或 E 型肖氏硬度计，其示值误差应不大于 ±2.0HS，重复性应不大于 2.0HS。

5.1.2 肖氏硬度计的主要技术指标应符合 JJG 346 的规定。

5.1.3 肖氏硬度计检定时采用的标准肖氏硬度块应符合 JJG 347 的要求。检测硬度均匀度要求高的轧辊时，标准肖氏硬度块在硬度范围大于 75HSD 时的均匀度应≤1.2HSD。

5.1.4 肖氏硬度计、硬度块按 JJG 346、JJG 347 的规定进行检定。

5.1.5 肖氏硬度计日常比对宜采用标准肖氏硬度块进行。

5.2 里氏硬度计

5.2.1 轧辊里氏硬度测试通常采用 D 型，如有需要，可采用其他类型冲击装置。里氏硬度计的示值误差应不大于 ±12HL，重复性应不大于 12HL。检测硬度均匀度要求高的轧辊时，里氏硬度计的示值误差应不大于 ±9HL，重复性应不大于 9HL。

5.2.2 里氏硬度计的主要技术参数和检定时采用的标准里氏硬度块应符合 JJG 747 的要求。检测硬度均匀度要求高的轧辊时，标准里氏硬度块在硬度范围大于 760HL 时的均匀度应≤6HL。

5.2.3 里氏硬度计、硬度块按 JJG 747 的规定进行检定。

5.2.4 里氏硬度计日常比对宜采用标准里氏硬度块进行。

6 被测轧辊

6.1 采用肖氏硬度计检测时，轧辊直径应不小于 65 mm，被测片状轧辊厚度应不小于 10 mm，如不在试台上测试，轧辊质量应大于 4 kg。

6.2 采用 D 型里氏硬度计检测时，轧辊直径应不小于 30 mm，被测片状轧辊厚度应不小于 5 mm，如不在试台上测试，轧辊质量应大于 5 kg。

6.3 测试表面粗糙度 Ra≤1.6 μm。

6.4 采用其他类型里氏硬度计检测时，对被测轧辊的要求应符合 GB/T 17394 的规定。

6.5 在制备试样表面时，应尽量避免由于受冷、热加工等对试样表面硬度的影响。

6.6 轧辊表面应清洁，无磁性、油脂、氧化皮、涂料等外来污物。

7 测试方法

7.1 测试前准备

7.1.1 测试前肖氏/里氏硬度计应按被测轧辊的硬度范围用同一硬度等级标准肖氏/里氏硬度块校验。

7.1.2 被测轧辊应稳固地水平放置。

7.1.3 轧辊硬度测试一般应在 10 ℃～35 ℃温度下进行，现场不能有强烈振动、严重粉尘、腐蚀性介质或强磁场。

7.2 测试操作

7.2.1 肖氏硬度测试

7.2.1.1 硬度测试时，应按 GB/T 4341 操作，硬度计可采用 V 型支架或手持，必须保证计测筒垂直状态。

7.2.1.2 在试台上测试硬度时压紧力约为200 N。手持计测筒或用V型支架测试时，压紧力应使计测筒与轧辊表面保持接触。

7.2.1.3 D型肖氏硬度计释放冲头时，操作轮的回转时间约为1 s并缓慢复位。C型硬度计读取冲头反弹瞬间最高位置时应迅速、准确。E型肖氏硬度计操作时应平稳，选择正确的测试方向。

7.2.1.4 硬度测量时，两相邻压痕中心距离不应小于2 mm。压痕中心距试样边缘的距离不应小于4 mm，同一压痕不得重复冲击。

7.2.2 里氏硬度测试

7.2.2.1 硬度测试前，根据轧辊直径选择适当的支撑环，以保证冲头冲击瞬间位置偏差在±0.5 mm之内。

7.2.2.2 硬度测试按以下程序进行：

a) 向下推动加载套或用其他方式锁住冲击体；

b) 将冲击装置支撑环紧压在轧辊表面上，冲击方向应与试验面垂直；

c) 平稳地按动冲击装置释放钮；

d) 读取硬度示值。

7.2.2.3 硬度测试时，冲击装置应尽可能垂直向下，对于其他冲击方向所测定的硬度值，如果硬度计没有修正功能，应按GB/T 17394—1998中附录A进行修正。

7.2.2.4 对于小质量的轧辊，在试验时应予以适当的固定或耦合以保证冲击时不产生位移或弹动。

7.2.2.5 硬度测量时，两相邻压痕中心距离不应小于4 mm。压痕中心距试样边缘的距离不应小于5 mm，同一压痕不得重复冲击。

7.3 测试部位及点数

7.3.1 对锻钢冷轧工作辊及支承辊测试部位及点数应符合表1规定。辊身每条母线上测试点数应不少于3点。

表 1

辊身直径 ϕ/mm	辊身			辊颈	
	点距		母线数	各辊颈每条母线测试点数	母线数
	辊身长度 ≤1 200 mm	辊身长度 >1 200 mm			
≤300	≤150	≤200	2	1	1
>300			4	2	2

7.3.2 对使用条件要求严格的铸钢轧辊、铸铁轧辊，测试部位及点数应符合表2规定。

表 2

辊身直径 ϕ/mm	母线数		辊身每条母线测试点数		各辊颈每条母线测试点数	
	辊身	辊颈	辊身长度/mm		辊颈长度/mm	
			≤2 000	>2 000	≤600	>600
≤600	2	2	3	5	1	2
>600	4	2	3	5	2	2

7.3.3 一般用途的铸钢、铸铁及普通锻钢轧辊应至少在一条母线上测试，辊身不少于3个测试点，辊颈至少1个测试点。

7.3.4 辊身及辊颈表面硬度测试母线在辊身圆周方向均布。

7.3.5 带槽轧辊、片状轧辊等硬度测试一般应在工作面上进行，如测试困难可与用户协商确定。

7.3.6 冷轧工作辊及有软带要求的其他轧辊，辊身两端软带不进行硬度测试。

7.3.7 测试点的硬度一般是指通过该点母线 30 mm 线段内测试硬度的平均值。

8 数据处理

8.1 连续五次读数的算术平均值为该测试点的硬度值。

8.2 测试时，允许读到 0.5 个刻度时平均值应按 GB/T 8170 规定修约到整数，允许读到 0.1 个刻度时平均值应修约到 0.5 个单位。

8.3 测试点硬度值分散度较大时，允许在该测试点范围内按 7.2 重新测定。

9 试验报告

试验报告应包括以下内容：

a) 各测试点肖氏硬度或里氏硬度的算术平均值及本支轧辊的最大值、最小值；

b) 所用肖氏硬度计或里氏硬度计的型号；

c) 试验条件(支撑方式、测试方式、测试环境温度、测试方向等)；

d) 测试操作人员。

附 录 A
（资料性附录）
硬 度 换 算 表

表 A.1 系采用肖氏硬度基准机和洛氏硬度基准机，在试块上进行硬度比对试验后，将数据数学归纳做出 HSD-HRC 硬度换算表，再与 GB/T 1172—1999 联用得到。

表 A.1 硬度换算表

肖氏 HSD	洛氏 HRC	维氏 HV	布氏 HBW $(F/D^2=30)$	肖氏 HSD	洛氏 HRC	维氏 HV	布氏 HBW $(F/D^2=30)$	肖氏 HSD	洛氏 HRC	维氏 HV	布氏 HBW $(F/D^2=30)$
34.0	20.0	226	225	56.0	42.8	414	401	78.0	57.9	654	627
34.5	20.8	230	228	56.5	43.2	418	405	78.5	58.2	660	630
35.0	21.5	233	232	57.0	43.6	422	410	79.0	58.5	666	634
35.5	22.2	236	235	57.5	44.0	428	415	79.5	58.8	671	637
36.0	22.9	240	239	58.0	44.4	433	420	80.0	59.1	678	640
36.5	23.6	244	242	58.5	44.7	438	424	80.5	59.4	685	642
37.0	24.2	249	246	59.0	45.1	443	429	81.0	59.7	692	644
37.5	24.9	252	250	59.5	45.5	448	435	81.5	60.0	698	647
38.0	25.5	256	254	60.0	45.8	454	440	82.0	60.3	705	649
38.5	26.1	260	257	60.5	46.2	458	444	82.5	60.6	711	651
39.0	26.7	264	261	61.0	46.6	462	448	83.0	60.9	718	—
39.5	27.3	267	265	61.5	46.9	466	453	83.5	61.2	725	—
40.0	27.9	272	269	62.0	47.3	471	458	84.0	61.5	733	—
40.5	28.5	276	273	62.5	47.6	476	464	84.5	61.8	741	—
41.0	29.1	281	277	63.0	48.0	482	470	85.0	62.1	748	—
41.5	29.7	287	281	63.5	48.3	487	475	85.5	62.4	756	—
42.0	30.2	290	285	64.0	48.7	492	481	86.0	62.6	763	—
42.5	30.7	293	289	64.5	49.0	497	486	86.5	62.9	770	—
43.0	31.3	297	293	65.0	49.4	502	491	87.0	63.2	776	—
43.5	31.8	301	297	65.5	49.7	507	497	87.5	63.5	782	—
44.0	32.3	305	301	66.0	50.0	512	502	88.0	63.8	789	—
44.5	32.8	309	305	66.5	50.4	518	508	88.5	64.0	795	—
45.0	33.3	314	309	67.0	50.7	523	514	89.0	64.3	802	—
45.5	33.8	318	313	67.5	51.1	528	519	89.5	64.6	810	—
46.0	34.3	323	317	68.0	51.4	534	525	90.0	64.8	817	—
46.5	34.8	329	321	68.5	51.7	539	531	90.5	65.1	823	—
47.0	35.3	333	325	69.0	52.1	545	536	91.0	65.4	830	—
47.5	35.7	338	329	69.5	52.4	551	542	91.5	65.6	838	—
48.0	36.2	343	333	70.0	52.7	556	548	92.0	65.9	847	—
48.5	36.6	347	337	70.5	53.1	562	554	92.5	66.1	855	—
49.0	37.1	351	341	71.0	53.4	568	560	93.0	66.4	862	—
49.5	37.5	355	346	71.5	53.7	573	565	93.5	66.6	869	—
50.0	38.0	360	350	72.0	54.0	578	569	94.0	66.9	875	—
50.5	38.4	364	354	72.5	54.4	585	575	94.5	(67.1)	881	—
51.0	38.8	367	358	73.0	54.7	590	580	95.0	(67.3)	888	—
51.5	39.2	371	362	73.5	55.0	596	585	95.5	(67.6)	895	—
52.0	39.7	377	366	74.0	55.3	602	590	96.0	(67.8)	902	—
52.5	40.1	382	370	74.5	55.7	608	595	96.5	(68.0)	909	—
53.0	40.5	387	375	75.0	56.0	615	601	97.0	(68.2)	(916)	—
53.5	40.9	393	380	75.5	56.3	621	605	97.5	(68.5)	(923)	—
54.0	41.3	397	384	76.0	56.6	627	610	98.0	(68.7)	(930)	—
54.5	41.7	401	388	76.5	56.9	634	615	98.5	(68.9)	(937)	—
55.0	42.1	405	392	77.0	57.2	641	618	99.0	(69.1)	(944)	—
55.5	42.5	410	397	77.5	57.6	648	623	99.5	(69.3)	(951)	—

注：表中括弧表示当超过仪器的测量范围时，数据仅供参考。

附　录　B
（资料性附录）
HSD-HLD 硬度对照表

表 B.1、表 B.2、表 B.3 系采用肖氏硬度工作机和里氏硬度工作机，在锻钢、铸铁、铸钢轧辊实物上进行硬度比对试验后，将数据数学归纳做出的 HSD-HLD 硬度对照表。

表 B.1　锻钢轧辊 HSD-HLD 硬度对照表

肖氏 HSD	里氏 HLD	肖氏 HSD	里氏 HLD	肖氏 HSD	里氏 HLD	肖氏 HSD	里氏 HLD	肖氏 HSD	里氏 HLD
35	517	50	622	65	710	80	791	95	863
36	525	51	628	66	715	81	796	96	868
37	532	52	634	67	721	82	801	97	872
38	540	53	640	68	726	83	805	98	875
39	548	54	646	69	732	84	810	99	880
40	555	55	653	70	737	85	815	100	884
41	562	56	659	71	742	86	820	101	888
42	569	57	665	72	747	87	825	102	894
43	576	58	671	73	753	88	830	103	898
44	582	59	677	74	758	89	835	104	902
45	588	60	683	75	764	90	839	105	906
46	594	61	688	76	770	91	844	—	—
47	601	62	693	77	775	92	849	—	—
48	608	63	699	78	781	93	853	—	—
49	615	64	704	79	786	94	858	—	—

表 B.2　铸铁轧辊 HSD-HLD 硬度对照表

肖氏 HSD	里氏 HLD	肖氏 HSD	里氏 HLD	肖氏 HSD	里氏 HLD	肖氏 HSD	里氏 HLD
30	477	45	585	60	677	75	761
30.5	481	45.5	589	60.5	680	75.5	763
31	484	46	592	61	683	76	766
31.5	488	46.5	596	61.5	687	76.5	768
32	491	47	599	62	690	77	771
32.5	495	47.5	603	62.5	693	77.5	773
33	498	48	606	63	696	78	776
33.5	502	48.5	609	63.5	699	78.5	778
34	505	49	612	64	702	79	781
34.5	509	49.5	615	64.5	705	79.5	784
35	512	50	618	65	708	80	786
35.5	516	50.5	621	65.5	711	80.5	789
36	519	51	624	66	714	81	791
36.5	523	51.5	627	66.5	717	81.5	794
37	526	52	630	67	720	82	796
37.5	530	52.5	633	67.5	723	82.5	799
38	533	53	636	68	726	83	801
38.5	537	53.5	640	68.5	728	83.5	804
39	540	54	643	69	731	84	806
39.5	543	54.5	646	69.5	733	84.5	809
40	547	55	649	70	736	85	811
40.5	550	55.5	652	70.5	739	85.5	814
41	554	56	655	71	741	86	816
41.5	558	56.5	658	71.5	744	86.5	819
42	562	57	660	72	746	87	821
42.5	566	57.5	663	72.5	748	87.5	824
43	570	58	666	73	751	88	826
43.5	574	58.5	668	73.5	753	—	—
44	578	59	671	74	756	—	—
44.5	581	59.5	674	74.5	758	—	—

表 B.3 铸钢轧辊 HSD-HLD 对照表

肖氏 HSD	里氏 HLD	肖氏 HSD	里氏 HLD	肖氏 HSD	里氏 HLD	肖氏 HSD	里氏 HLD
25	441	40	546	55	649	70	732
25.5	445	40.5	550	55.5	652	70.5	735
26	448	41	553	56	655	71	737
26.5	452	41.5	557	56.5	658	71.5	740
27	455	42	560	57	661	72	742
27.5	459	42.5	564	57.5	664	72.5	745
28	462	43	567	58	667	73	747
28.5	466	43.5	571	58.5	670	73.5	750
29	469	44	574	59	673	74	752
29.5	473	44.5	578	59.5	676	74.5	755
30	476	45	581	60	679	75	757
30.5	480	45.5	585	60.5	682	—	—
31	483	46	588	61	685	—	—
31.5	487	46.5	592	61.5	688	—	—
32	490	47	595	62	691	—	—
32.5	494	47.5	599	62.5	694	—	—
33	497	48	602	63	697	—	—
33.5	501	48.5	606	63.5	700	—	—
34	504	49	609	64	702	—	—
34.5	508	49.5	613	64.5	705	—	—
35	511	50	616	65	707	—	—
35.5	515	50.5	620	65.5	710	—	—
36	518	51	623	66	712	—	—
36.5	522	51.5	627	66.5	715	—	—
37	525	52	630	67	717	—	—
37.5	529	52.5	634	67.5	720	—	—
38	532	53	637	68	722	—	—
38.5	536	53.5	640	68.5	725	—	—
39	539	54	643	69	727	—	—
39.5	543	54.5	646	69.5	730	—	—

ICS 25.220.40
A 29

中华人民共和国国家标准

GB/T 13911—2008
代替 GB/T 13911—1992

金属镀覆和化学处理标识方法

Designation for metallic coating and chemical treatment

2008-07-01 发布 2009-02-01 实施

中华人民共和国国家质量监督检验检疫总局
中国国家标准化管理委员会 发布

前　言

本标准是对 GB/T 13911—1992 的修订，主要技术内容与 GB/T 13911—1992《金属镀覆和化学处理表示方法》相比有如下改变：

——按照国际标准和我国标准惯例，将标准名称“金属镀覆和化学处理表示方法”修改为“金属镀覆和化学处理标识方法”；

——根据 GB/T 1.1—2000 要求增加了前言部分；

——修改了适用范围，本标准不适用于铝及铝合金化学处理标识；

——增加了引用标准部分；

——修改了原标准中的应用示例，采用了现行标准的示例说明；

——根据镀覆应用范围，删除了铝及铝合金阳极氧化化学处理内容。

本标准由中国机械工业联合会提出。

本标准由全国金属与非金属覆盖层标准化技术委员会(SAC/TC 57)归口。

本标准起草单位：武汉材料保护研究所。

本标准主要起草人：贾建新、毛祖国、张德忠、何杰、邓日智。

本标准所代替标准的历次版本发布情况为：

——GB/T 13911—1992。

金属镀覆和化学处理标识方法

1 范围

本标准规定了金属镀覆和化学处理的标识方法。

本标准适用于金属和非金属制件上进行电镀、化学镀以及化学处理的标识。

铝及铝合金表面化学处理的标识方法可参照本标准规定的通用标识方法。

注：对金属镀覆和化学处理有本标准未予规定的要求时，允许在有关的技术文件中加以说明。

2 规范性引用文件

下列文件中的条款通过本标准的引用而成为本标准的条款。凡是注日期的引用文件，其随后所有的修改单(不包括勘误的内容)或修订版均不适用于本标准，然而，鼓励根据本标准达成协议的各方研究是否可使用这些文件的最新版本。凡是不注日期的引用文件，其最新版本适用于本标准。

GB/T 3138 金属镀覆和化学处理与有关过程术语(GB/T 3138—1995,neq ISO 2079:1981)

GB/T 9797 金属覆盖层 镍+铬和铜+镍+铬电镀层(GB/T 9797—2005,ISO 1456:2003,IDT)

GB/T 9798 金属覆盖层 镍电沉积层(GB/T 9798—2005,ISO 1458:2002,IDT)

GB/T 9799 金属覆盖层 钢铁上的锌电镀层(GB/T 9799—1997,eqv ISO 2081:1986)

GB/T 11379 金属覆盖层 工程用铬电镀层(GB/T 11379—2008,ISO 6158:2004,IDT)

GB/T 12332 金属覆盖层 工程用镍电镀层(GB/T 12332—2008,ISO 4526:2004,IDT)

GB/T 12599 金属覆盖层 锡电镀层 技术规范和试验方法(GB/T 12599—2002,ISO 2093:1986,MOD)

GB/T 12600 金属覆盖层 塑料上镍+铬电镀层(GB/T 12600—2005,ISO 4525:2003,IDT)

GB/T 13913 金属覆盖层 化学镀(自催化)镍-磷合金镀层 规范和试验方法(GB/T 13913—2008, ISO 4527:2003,IDT)

GB/T 13346 金属覆盖层 钢铁上的镉电镀层(GB/T 13346—1992,idt ISO 2082:1986)

GB/T 17461 金属覆盖层 锡-铅合金电镀层(GB/T 17461—1998,eqv ISO 7587:1986)

GB/T 17462 金属覆盖层 锡-镍合金电镀层(GB/T 17462—1998,eqv ISO 2179:1986)

ISO 4521 金属覆盖层 工程用银和银合金电镀层

ISO 4523 金属覆盖层 工程用金和金合金电镀层

3 术语和定义

GB/T 3138 中确立的术语和定义适用于本标准。

4 金属镀覆及化学处理标识方法

4.1 金属镀覆及化学处理的标识通常由四个部分组成：

第 1 部分包括镀覆方法，该部分为组成标识的必要元素；

第 2 部分包括执行的标准和基体材料，该部分为组成标识的必要元素；

第 3 部分包括镀层材料、镀层要求和镀层特征，该部分构成了镀覆层的主要工艺特性，组成的标识随工艺特性变化而变化；

第 4 部分包括每部分的详细说明，如，化学处理的方式、应力消除的要求和合金元素的标注。该部分为组成标识的可选择元素(见第 5 章)。

金属镀覆及化学后处理的通用标识见表1。

表1 单金属及多层镀覆及化学后处理的通用标识

基本信息					底镀层			中镀层			面镀层			
镀覆方法	本标准号	-	基体材料	/	底镀层	最小厚度	底镀层特征	中镀镀层	最小厚度	中镀层特征	面镀层	最小厚度	面镀层特征	后处理
注：典型标识示例，电镀层 GB/T 9797-Fe/Cu20a Ni30b Cr mc（见5.1）。														

镀覆标识顺序说明：

a) 镀覆方法应用中文表示。为便于使用，常用中文：电镀、化学镀、机械镀、电刷镀、气相沉积等表示。

b) 本标准号为相应镀覆层执行的国家标准号、或者行业标准号；如不执行国家或行业标准则应标识该产品的企业标准号，并注明该标准为企业标准，不允许无标准号产品；

c) 标准号后连接短横杠“-”；

d) 基体材料用符号表示，见表2常用基体材料的表示符号，对合金材料的镀覆必要时还必须标注出合金元素成分和含量；

e) 基体材料后用斜杠“/”隔开；

f) 当需要底镀层时，应标注底镀层材料、最小厚度(单位为 μm)，底镀层特征有要求时应按典型标识(见第5章)规定注明底镀层特征符号，如无特征要求，则表示镀层无特殊要求，允许省略底镀层特征符号。对合金材料的镀覆必要时还必须标注出合金元素成分和含量。如果不需底镀层，则不需标注；

g) 当需要中镀层时，应标注中镀层材料、最小厚度(单位为 μm)，中镀层特征有要求时应按典型标识(见第5章)规定注明中镀层特征符号，如无特征要求，则表示镀层无特殊要求，允许省略中镀层特征符号。对合金材料的镀覆必要时还必须标注出合金元素成分和含量。如果不需中镀层，则不需标注；

h) 应标注面镀层材料及最小厚度标识。面镀层特征有要求时应按典型标识(见第5章)规定注明面镀层特征符号。对合金材料的镀覆必要时还必须标注出合金元素成分和含量。如无特征要求，则表示镀层无特殊要求，则应省略镀层特征符号；

i) 镀层后处理为化学处理、电化学处理和热处理，标注方法见典型标识规定(见第5章)。

j) 必要时需标注合金镀层材料的标识，二元合金镀层应在主要元素后面加括弧标注主要元素含量，并用一横杠连接次要元素，如：Sn(60)-Pb 表示锡铅合金镀层，其中锡质量含量为60%；合金成分含量无需标注或不便标注时，允许不标注。三元合金标注出二种元素成分的含量，依次类推。

4.2 金属镀覆方法及化学处理常用符号

金属材料用化学元素符号表示，合金材料用其主要成分的化学元素符号表示，非金属材料用国际通用缩写字母表示。常用基体材料的表示符号见表2。

表2 常用基体材料的表示符号

材料名称	符号
铁、钢	Fe
铜及铜合金	Cu
铝及铝合金	Al

表 2（续）

材料名称	符号
锌及锌合金	Zn
镁及镁合金	Mg
钛及钛合金	Ti
塑料	PL
其他非金属	（宜采用元素符号或通用名称英文缩写）

5 典型镀覆层的标识示例

5.1 金属基体上镍+铬和铜+镍+铬电镀层标识

金属基体上镍+铬、铜+镍+铬电镀层的标识见 GB/T 9797 标识的规定。镀层特征标识见表 3，典型标识示例如下，非典型标识参见 GB/T 9797：

示例 1：电镀层 GB/T 9797-Fe/Cu20a Ni30b Cr mc

该镀覆标识表示，在钢铁基体上镀覆 20 μm 延展并整平铜+30 μm 光亮镍+0.3 μm 微裂纹铬的电镀层标识。

示例 2：电镀层 GB/T 9797-Zn/Cu20a Ni20b Cr mc

该镀覆标识表示，在锌合金基体上镀覆 20 μm 延展并整平铜+20 μm 光亮镍+0.3 μm 微裂纹铬的电镀层标识。

示例 3：电镀层 GB/T 9797-Cu/Ni25b Cr mp

该镀覆标识表示，在铜合金基体上镀覆 25 μm 半光亮镍+0.3 μm 微孔铬的电镀层标识。

示例 4：电镀层 GB/T 9797-Al/Ni20s Cr r

该镀覆标识表示，在铝合金基体上镀覆 20 μm 缎面镍+0.3 μm 常规铬的电镀层标识。

表 3 铜、镍、铬镀层特征符号

镀层种类	符号	镀层特征
铜镀层	a	表示镀出延展、整平铜
镍镀层	b	表示全光亮镍
	p	表示机械抛光的暗镍或半光亮镍
	s	表示非机械抛光的暗镍，半光亮镍或缎面镍
	d	表示双层或三层镍
铬镀层	r	表示普通铬（即常规铬）
	mc	表示微裂纹铬
	mp	表示微孔铬

注：mc 微裂纹铬，常规厚度为 0.3 μm。某些特殊工序要求较厚的铬镀层（约 0.8 μm）。在这种情况下，镀层标识应包括最小局部厚度，如：Cr mc(0.8)。

5.2 塑料上镍+铬电镀层标识

塑料上镍+铬、铜+镍+铬电镀层的标识见 GB/T 12600 标识的规定，镀层特征标识见表 3。标识示例及说明如下：

示例 1：电镀层 GB/T 12600-PL/Cu15a Ni10b Cr mp(或 mc)

该镀覆标识表示，塑料基体上镀覆 15 μm 延展并整平铜+10 μm 光亮镍+0.3 μm 微孔或微裂纹铬的电镀层标识。

示例 2：电镀层 GB/T 12600-PL/Ni20dp Ni20d Cr mp

该镀覆标识表示，塑料基体上镀覆 20 μm 延展镍+20 μm 双层镍+0.3 μm 微孔铬的电镀层标识。

注：dp 表示从专门预镀溶液中电镀延展性柱状镍镀层。

5.3 金属基体上装饰性镍、铜+镍电镀层标识

金属基体上镍、铜+镍电镀层的标识见 GB/T 9798 标识的规定，镀层特征标识见表 3。标识示例及说明如下：

示例 1：电镀层 GB/T 9798-Fe/Cu20a Ni25s

该镀覆标识表示，钢铁基体上镀覆 20 μm 延展并整平铜+25 μm 缎面镍的电镀层标识。

示例 2：电镀层 GB/T 9798-Fe/Ni30p

该镀覆标识表示，钢铁基体上镀覆 30 μm 半光亮镍的电镀层标识。

示例 3：电镀层 GB/T 9798-Zn/Cu10a Ni15b

该镀覆标识表示，锌合金基体上镀覆 10 μm 延展并整平铜+15 μm 全光亮镍的电镀层标识。

示例 4：电镀层 GB/T 9798-Cu/Ni10b

该镀覆标识表示，铜合金基体上镀覆 10 μm 全光亮镍的电镀层标识。

示例 5：电镀层 GB/T 9798-Al/Ni25b

该镀覆标识表示，铝合金基体上镀覆 25 μm 全光亮镍的电镀层标识。

5.4 钢铁上锌电镀层、镉电镀层的标识

钢铁基体上锌电镀层、镉电镀层的标识见 GB/T 9799 和 GB/T 13346 标识的规定。标识中有关电镀锌、镉电镀层化学处理及分类符号见表 4。标识示例及说明如下：

示例 1：电镀层 GB/T 9799-Fe/Zn 25 c1A

该标识表示，在钢铁基体上电镀锌层至少为 25 μm，电镀后镀层光亮铬酸盐处理。

示例 2：电镀层 GB/T 13346-Fe/Cd 8 c2C

该标识表示，在钢铁基体上电镀镉层至少为 8 μm，电镀后镀层彩虹铬酸盐处理。

表 4 电镀锌和电镀镉后铬酸盐处理的表示符号

后处理名称	符　号	分　级	类　型
光亮铬酸盐处理	c	1	A
漂白铬酸盐处理			B
彩虹铬酸盐处理		2	C
深处理			D

5.5 工程用铬电镀层标识

工程用铬电镀层的标识见 GB/T 11379 的规定。标识中工程用铬镀层特征符号见表 5。为确保镀层与基体金属之间的结合力良好，工程用铬在镀前和镀后有时需要热处理。镀层热处理特征符号见表 6，热处理特征标识见 GB/T 11379。标识示例及说明如下：

示例 1：电镀层 GB/T 11379-Fe//Cr50hr

该标识表示，在低碳钢基体上直接电镀厚度为 50 μm 的常规硬铬(Cr50hr)电镀层的标识。

示例 2：电镀层 GB/T 11379-Al//Cr250hp

该标识表示，在铝合金基体上直接电镀厚度为 250 μm 的多孔铬电镀层的标识。

示例 3：电镀层 GB/T 11379-Fe// Ni10sf/Cr25hr

该标识表示，在钢基体上电镀底镀层为 10 μm 厚的无硫镍+25 μm 的常规硬铬电镀层的标识。

示例 4：电镀层 GB/T 11379-Fe/[SR(210)2]/Cr50hr/[ER(210)22]

该标识表示，在钢基体上电镀厚度为 50 μm 的常规硬铬电镀层，电镀前在 210 ℃下进行消除应力的热处理 2 h，电镀后在 210 ℃下进行降低脆性的热处理 22 h。

注 1：铬镀层及面镀层和底镀层的符号，每一层之间按镀层的先后顺序用斜线(/)分开。镀层标识应包括镀层的厚度(以微米计)和热处理要求。工序间不作要求的步骤应用双斜线(//)标明。

注 2：镀层热处理特征标识，例如：[SR(210)1]表示在 210 ℃下消除应力处理 1 h。

表 5 工程用铬电镀层特征符号

铬电镀层的特征	符 号
常规硬铬	hr
混合酸液中电镀的硬铬	hm
微裂纹硬铬	hc
微孔硬铬	hp
双层铬	hd
特殊类型的铬	hs

表 6 热处理特征符号

热处理特征	符 号
表示消除应力的热处理	SR
表示降低氢脆敏感性的热处理	ER
表示其他的热处理	HT

5.6 工程用镍电镀层标识

工程用镍电镀层的标识见 GB/T 12332 的规定。标识中工程镍镀层类型、含硫量及延展性标识见表 7。为确保镀层与基体金属之间的结合力良好，工程用镍在镀前和镀后有时需要热处理。镀层热处理特征符号见表 6。标识示例及说明如下：

示例 1：电镀层 GB/T 12332-Fe//Ni50sf

该标识表示，在碳钢基体上电镀最小局部厚度为 50 μm、无硫的工程用镍电镀层的标识。

示例 2：电镀层 GB/T 12332-Al//Ni75pd

该标识表示，在铝合金基体上电镀的最小局部厚度为 75 μm、无硫的、镍层含有共沉积的碳化硅颗粒的工程用镍电镀层的标识。

示例 3：电镀层 GB/T 12332-Fe/[SR(210)2]/Ni25sf/[ER(210)22]

该标识表示，在高强度钢基体上电镀的最小局部厚度为 25 μm、无硫的工程用镍电镀层，电镀前在 210 ℃下进行消除应力的热处理 2 h，电镀后在 210 ℃下进行降低脆性的热处理 22 h。

注：镍或镍合金镀层及底镀层和面镀层的符号，每一层之间按镀层的先后顺序用斜线分(/)开。镀层标识应包括镀层的以微米计的厚度和热处理要求。工序间不作要求的步骤应用双斜线(//)标明。

表 7 不同类型的镍电镀层的符号、硫含量及延展性

镍电镀层的类型	符 号	硫含量(质量分数)/%	延展性/%
无硫	sf	<0.005	>8
含硫	sc	>0.04	—
镍母液中分散有微粒的无硫镍	pd	< 0.005	>8

5.7 化学镀(自催化)镍磷合金镀层标识

化学镀镍磷镀层的质量与基体金属的特性、镀层及热处理条件有密切关系(见 GB/T 13913 的说明和规定)。所以化学镀镍磷镀层的标识包括 4.1 规定的通用标识外，必要时还应包括基体金属特殊合金的标识、基体和镀层消除内应力的要求、化学镀镍-磷镀层中的磷含量。双斜线(//)将用于指明某一步骤或操作没有被列举或被省略。

化学镀镍-磷镀层应用符号 NiP 标识，并在紧跟其后的圆括弧中填入镀层磷含量的数值，然后再在其后标注出化学镀镍-磷镀层的最小局部厚度，单位 μm。

典型标识示例如下，非典型的化学镀层的标识参见 GB/T 13913。

示例 1：化学镀镍-磷镀层 GB/T 13913-Fe＜16Mn＞[SR(210)22]/NiP(10)15/Cr0.5[ER(210)22]

该标识表示，在 16Mn 钢基体上化学镀含磷量为 10%(质量分数)，厚 15 μm 的镍-磷镀层，化学镀前要求在 210 ℃温度下进行 22 h 的消除应力的热处理，化学镀镍后再在其表面电镀 0.5 μm 厚的铬。最后在 210 ℃温度下进行 22 h 的消除氢脆的热处理。

示例 2：化学镀镍-磷镀层 GB/T 13913-Al＜2B12＞//NiP(10)15/Cr0.5//

该标识表示，在铝合金基体上镀覆与例 1 相同的镀层，不需要热处理。

示例 3：化学镀镍-磷镀层 GB/T 13913-Cu＜H68＞//NiP(10)15/Cr0.5//

该标识表示，在铜合金基体上镀覆与例 1 相同的镀层，不需要热处理。

5.8 工程用银和银合金电镀层标识

工程用银和银合金电镀层的标识见 ISO 4521 标识的规定。贵金属镀层常用厚度见表 8。典型标识示例如下，非典型标识参见 ISO 4521：

示例 1：电镀层 ISO 4521-Fe/Ag10

该标识表示，在钢铁金属基体上电镀厚度为 10 μm 的银电镀层的标识。

示例 2：电镀层 ISO 4521-Fe/Cu10 Ni10 Ag5

该标识表示，在钢铁金属基体上电镀厚度为 10 μm 铜电镀层＋10 μm 镍电镀层＋5 μm 的银电镀层的标识。

示例 3：电镀层 ISO 4521-Al/Ni20 Ag5

该标识表示，在铝或铝合金基体上电镀厚度为 20 μm 镍镀层＋5 μm 的银电镀层的标识。

5.9 工程用金和金合金电镀层标识

工程用金和金合金电镀层的标识见 ISO 4523 标识的规定。如果需要表示金的金属纯度时，可在该金属的元素符号后用括号(　)列出质量百分数，精确至小数点后一位。贵金属镀层常用厚度见表 8。标识示例及说明如下：

示例 1：电镀层 ISO 4523-Fe/Au(99.9)2.5

该标识表示，在钢铁金属基体上电镀厚度为 2.5 μm 纯度为 99.9%的金电镀层的标识。

示例 2：电镀层 ISO 4523-Fe/Cu10 Ni5 Au1

该标识表示，在钢铁金属基体上电镀厚度为 10 μm 铜镀层，再电镀厚度为 5 μm 镍镀层后，电镀 1 μm的金电镀层的标识。

示例 3：电镀层 ISO 4523-Al/Ni20 Au0.5

该标识表示，在铝或铝合金基体上电镀厚度为 20 μm 镍镀层后，电镀 0.5 μm 金电镀层的标识。

注 1：关于金合金的定义及标识见 ISO 4523。

注 2：必要时，银和银合金镀层的厚度也可采用 2 μm 的倍数。

表 8　银和银合金镀层、金和金合金镀层常用厚度

单位为微米

银和银合金镀层厚度	金和金合金镀层厚度
2	0.25
5	0.5
10	1
20	2.5
40	5
—	10

5.10 金属基体上锡电镀层、锡-铅电镀层、锡-镍合金电镀层标识

金属基体上锡电镀层、锡-铅电镀层、锡-镍合金电镀层的表面特征在某些情况下与镀层的使用要求有关(见 GB/T 12599、GB/T 17461、GB/T 17462 的说明)。锡和锡合金电镀层的标识应包括镀层表面

特征内容(见表9),合金电镀层应在主要金属符号后用括号标注主要元素的含量。非典型标识参见GB/T 12599、GB/T 17461、GB/T 17462,典型标识示例如下:

示例1:电镀层 GB/T 12599-Fe /Ni2.5 Sn5 f

该标识表示,在钢或铁基体金属上,镀覆2.5 μm镍底镀层+5 μm锡镀层,镀后应用熔流处理。

示例2:电镀层 GB/T 17461-Fe/Ni5 Sn60-Pb 10f

该标识表示,在钢铁基体上,镀覆5 μm镍底镀层+10 μm公称含锡量为60%(质量比)的锡-铅镀层,并且镀后经过热熔处理的锡-铅合金电镀层。

示例3:电镀层 GB/T 17462-Fe/Cu 2.5 SnNi 10

该标识表示,在钢铁基体上,镀覆5 μm镍底镀层+10 μm锡含量无要求的锡-镍合金电镀层的标识。

表9 锡和锡合金镀层表面特征符号

镀层表面特征	符　　号
无光镀层	m
光亮镀层	b
熔流处理的镀层	f

前　　言

本标准是等同采用国际标准 ISO 370:1975《公差尺寸　英寸和毫米的互换算》(1997 年复审确认)进行制定的,在技术内容和编写顺序上与该国际标准一致。

本标准根据尺寸的公差和功能的不同,给出了英寸和毫米的互换算式、换算方法、修约规则和英寸到毫米的换算表。在最经济的情况下,以保证互换算后尺寸的互换性。

本标准的附录 A、附录 B 都是标准的附录。

本标准由全国产品尺寸和几何技术规范标准化技术委员会提出并归口。

本标准起草单位:机械科学研究院、东风朝阳柴油机公司。

本标准主要起草人:李晓沛、周亚娟。

中华人民共和国国家标准

公差尺寸
英寸和毫米的互换算

GB/T 18776—2002
idt ISO 370:1975

Tolerance dimensions—
Conversion form inches into millimetres and vice versa

1 范围

本标准规定了英寸和毫米间相互换算的方法,以保证互换算后规定公差的互换性。

2 通则

2.1 应用换算式 1 in=25.4 mm,得到的换算数值的小数位数通常超过要求的精确值。为此,需按照公差尺寸所规定的公差数值的大小对换算结果作适当的修约。

2.2 应用表 1 和表 2 给出的修约规定,在最不利的极端情况下也能保证两规定的极限均不超过公差值的 2%到 2.5%。

2.2.1 应用方法 A 能修约到最接近的舍入值,平均来看,换算得到的公差仍与原公差相等。

除有明确的规定外,一般采用方法 A。由方法 A 换算得到的极限尺寸更有利于互换性和检验。

2.2.2 应用方法 B 是向公差带内修约,平均来看,换算得到的公差比原公差小。

对必须完全保持原极限(特殊是需用原量规检查工件)时,需通过专门的协议才采用方法 B。

按方法 A 和方法 B 英寸换算为毫米和毫米换算为英寸,分别在本标准的第 3 章和第 4 章中规定。补充的专用方法在本标准的第 5 章中规定。

在本标准的附录中以换算式 1 in=25.4 mm,给出了英寸和毫米的互换算表。

3 英寸换算为毫米

3.1 方法 A(一般规则)

a) 对每个英寸尺寸,仅考虑其最大和最小两个极限。

b) 用换算式 1 in=25.4 mm 准确地将两对应的极限值换算为毫米(可查附录 A 英寸到毫米的换算表)。

c) 按原英寸公差(即英寸的两极限之差)将换算结果修约为如表 1 所列的最接近的舍入值。

使用此方法,在最不利的极限情况下能保证原规定的两个极限值换算后的修约误差都将不超过公差值的 2%。

3.2 方法 B(按专门的协议)

两极限向公差带内修约,即上极限修约到比其略小的值,下极限修约到比其略大的值。其余的与方法 A 相同。

中华人民共和国国家质量监督检验检疫总局 2002-07-15 批准　　2003-01-01 实施

表 1

原英寸公差		修约到的位数
大于或等于	小于	
in	in	mm
0.000 01	0.000 1	0.000 01
0.000 1	0.001	0.000 1
0.001	0.01	0.001
0.01	0.1	0.01
0.1	1	0.1

3.3 换算举例

假设某一尺寸用英寸表示如下：

1.950±0.016(=1.966,1.934)

查附录A英寸到毫米的换算表，两极限尺寸为：

49.936 4 和 49.123 6

原公差等于0.032 in，在表1的0.01 in和0.1 in之间。

采用方法A，要修约舍入到0.01 mm位数的最接近的毫米值：

49.94 和 49.12

按照方法B，两极限向公差带内修约后的极限尺寸的毫米值为：

49.93 和 49.13

4 毫米换算为英寸

4.1 方法A(一般规则)

a) 对每个毫米尺寸，仅考虑其最大和最小两个极限。

b) 用换算式1 mm=1/25.4 in准确地将两对应的极限值换算为英寸(可查附录B毫米到英寸的换算表)。

c) 按原毫米公差(即毫米的两极限之差)将换算结果修约为如表2所列的最接近的舍入值。

使用此方法，在最不利的极端情况下能保证原规定的两极限值换算后的修约误差都将不超过公差值的2.5%。

4.2 方法B(按专门的协议)

两极限向公差带内修约，即上极限修约到比其略小的值，下极限修约到比其略大的值。其余的与方法A相同。

表 2

原毫米公差		修约到的位数
大于或等于	小于	
mm	mm	in
0.000 5	0.005	0.000 001
0.005	0.05	0.000 01
0.05	0.5	0.000 1
0.5	5	0.001
5	50	0.01

4.3 换算举例

假设一尺寸用毫米表示如下：

49.5±0.4(=49.9,49.1)

查附录B毫米到英寸的换算表,得两极限尺寸为:

1.964 567 0 和 1.933 070 9

原公差等于0.8 mm,在表2的0.5 mm和5 mm之间。

采用方法A,要修约舍入到0.001位数的最接近的英寸值:

1.965 和 1.933

按照方法B,两侧向公差带内修约后极限尺寸的英寸值为:

1.964 和 1.934

5 专用的方法

5.1 修约到最接近的舍入值

若要修约的数值正处于两最接近的舍入值中间,则最好取其平均值。

5.2 基本尺寸和偏差

为避免尺寸修约误差的积累,主要应转换其极限尺寸。对由一个基本尺寸和两个偏差表示的尺寸,应换算其极限尺寸。

然而(当指定用方法B时除外),制造者可以原公差为基础,任意分别将基本尺寸换算为最接近的舍入值,换算每个偏差至公差带内。它比方法A更能保证其互换性,但转换后的公差将会减小。

5.3 与测量不确定度相应的极限

若表1、表2给出的最小公差修约对现有测量不确定度来说过小,则应单独确定符合互换性的各极限尺寸。

例如:若测量不确定度限于±0.001 mm,则(1±0.000 5)in的换算值可修约到25.413 mm和25.387 mm,以代替25.412 7 mm和25.387 3 mm。此时,该两极限尺寸的修约误差都没有超过公差的1.2%。

5.4 位置公差

如用坐标的理论正确尺寸表示一个点,该点的尺寸公差用位置度公差表示,则理论正确尺寸应独立换算到最接近的舍入值,而偏差应向公差带内转换。全部转换都依原公差而定。

5.5 与无公差的坐标尺寸相关的公差尺寸

若注公差尺寸位于一平面上,而该平面的位置由无公差的坐标尺寸给定(例如某些圆锥面的尺寸标注),则:

a) 随意换算修约坐标尺寸至最接近的舍入值;

b) 在由修约得到的坐标尺寸表示的平面上,以转换过来的测量单位精确计算规定的公差带的最大和最小极限尺寸;

c) 按本标准的规定修约这些极限尺寸。

例如:假定锥度为0.05的某一圆锥体,在由无公差的位置尺寸0.93 in表示的坐标面上的直径为(1±0.002)in。由于圆锥的锥度,公差带的极限尺寸取决于坐标面的位置。因此,如把尺寸0.93 in=23.622 mm修约为23.6 mm,比修约前减少了0.022 mm,当把两原极限尺寸精确地换算为毫米时,在修约前应用0.022×0.05=0.001 1(mm)进行适当的修正。

附 录 A
（标准的附录）
英寸到毫米的换算表

本附录以换算式 1 in＝25.4 mm 给出了英寸到毫米的换算表。

A1 分数英寸

分数英寸到毫米的换算见表 A1。

表 A1

in		mm	in		mm
1/64	0.015 625	0.396 875	33/64	0.515 625	13.096 875
1/32	0.031 250	0.793 750	17/32	0.531 250	13.493 750
3/64	0.046 875	1.190 625	35/64	0.546 875	13.890 625
1/16	0.062 500	1.587 500	9/16	0.562 500	14.287 500
5/64	0.078 125	1.984 375	37/64	0.578 125	14.684 375
3/32	0.093 750	2.381 250	19/32	0.593 750	15.081 250
7/64	0.109 375	2.778 125	39/64	0.609 375	15.478 125
1/8	0.125 000	3.175 000	5/8	0.625 000	15.875 000
9/64	0.140 625	3.571 875	41/64	0.640 625	16.271 875
5/32	0.156 250	3.968 750	21/32	0.656 250	16.668 750
11/64	0.171 875	4.365 625	43/64	0.671 875	17.065 625
3/16	0.187 500	4.762 500	11/16	0.687 500	17.462 500
13/64	0.203 125	5.159 375	45/64	0.703 125	17.859 375
7/32	0.218 750	5.556 250	23/32	0.718 750	18.256 250
15/64	0.234 375	5.953 125	47/64	0.734 375	18.653 125
1/4	0.250 000	6.350 000	3/4	0.750 000	19.050 000
17/64	0.265 625	6.746 875	49/64	0.765 625	19.446 875
9/32	0.281 250	7.143 750	25/32	0.781 250	19.843 750
19/64	0.296 875	7.540 625	51/64	0.796 875	20.240 625
5/16	0.312 500	7.937 500	13/16	0.812 500	20.637 500
21/64	0.328 125	8.334 375	53/64	0.828 125	21.034 375
11/32	0.343 750	8.731 250	27/32	0.843 750	21.431 250
23/64	0.359 375	9.128 125	55/64	0.859 375	21.828 125
3/8	0.375 000	9.525 000	7/8	0.875 000	22.225 000
25/64	0.390 625	9.921 875	57/64	0.890 625	22.621 875
13/32	0.406 250	10.318 750	29/32	0.906 250	23.018 750
27/64	0.421 875	10.715 625	59/64	0.921 875	23.415 625
7/16	0.437 500	11.112 500	15/16	0.937 500	23.812 500
29/64	0.453 125	11.509 375	61/64	0.953 125	24.209 375
15/32	0.468 750	11.906 250	31/32	0.968 750	24.606 250
31/64	0.484 375	12.303 125	63/64	0.984 375	25.003 125
1/2	0.500 000	12.700 000	1	1.000 000	25.400 000

A2 小数英寸和整数英寸

小数英寸到毫米的换算见表A2;整数英寸到毫米的换算见表A3。

表A2

in	mm	in	mm	in	mm
0.001	0.025 4	0.01	0.254	0.1	2.54
0.002	0.050 8	0.02	0.508	0.2	5.08
0.003	0.076 2	0.03	0.762	0.3	7.62
0.004	0.101 6	0.04	1.016	0.4	10.16
0.005	0.127 0	0.05	1.270	0.5	12.70
0.006	0.152 4	0.06	1.524	0.6	15.24
0.007	0.177 8	0.07	1.778	0.7	17.78
0.008	0.203 2	0.08	2.032	0.8	20.32
0.009	0.228 6	0.09	2.286	0.9	22.86

表A3

in	mm	in	mm	in	mm	in	mm
1	25.4	26	660.4	51	1 295.4	76	1 930.4
2	50.8	27	685.8	52	1 320.8	77	1 955.8
3	76.2	28	711.2	53	1 346.2	78	1 981.2
4	101.6	29	736.6	54	1 371.6	79	2 006.6
5	127.0	30	762.0	55	1 397.0	80	2 032.0
6	152.4	31	787.4	56	1 422.4	81	2 057.4
7	177.8	32	812.8	57	1 447.8	82	2 082.8
8	203.2	33	838.2	58	1 473.2	83	2 108.2
9	228.6	34	863.6	59	1 498.6	84	2 133.6
10	254.0	35	889.0	60	1 524.0	85	2 159.0
11	279.4	36	914.4	61	1 549.4	86	2 184.4
12	304.8	37	939.8	62	1 547.8	87	2 209.8
13	330.2	38	965.2	63	1 600.2	88	2 235.2
14	355.6	39	990.6	64	1 625.6	89	2 260.6
15	381.0	40	1 016.0	65	1 651.0	90	2 286.0
16	406.4	41	1 041.4	66	1 676.4	91	2 311.4
17	431.8	42	1 066.8	67	1 701.8	92	2 336.8
18	457.2	43	1 092.2	68	1 727.2	93	2 362.2
19	482.6	44	1 117.6	69	1 752.6	94	2 387.6
20	508.0	45	1 143.0	70	1 778.0	95	2 413.0
21	533.4	46	1 168.4	71	1 803.4	96	2 438.4
22	558.8	47	1 193.8	72	1 828.8	97	2 463.8
23	584.2	48	1 219.2	73	1 854.2	98	2 489.2
24	609.6	49	1 244.6	74	1 879.6	99	2 514.6
25	635.0	50	1 270.0	75	1 905.0	100	2 540.0

附　录　B
（标准的附录）
毫米到英寸的换算表

本附录以换算式 1 mm＝1/25.4 in 给出了毫米到英寸的换算表。小数毫米到英寸的换算见表 B1；整数毫米到英寸的换算见表 B2。

表 B1

mm	in	mm	in	mm	in
0.001	0.000 039 4	0.01	0.000 393 7	0.1	0.003 937 0
0.002	0.000 078 7	0.02	0.000 787 4	0.2	0.007 874 0
0.003	0.000 118 1	0.03	0.001 181 1	0.3	0.011 811 0
0.004	0.000 157 5	0.04	0.001 574 8	0.4	0.015 748 0
0.005	0.000 196 9	0.05	0.001 968 5	0.5	0.019 685 0
0.006	0.000 236 2	0.06	0.002 362 2	0.6	0.023 622 0
0.007	0.000 275 6	0.07	0.002 755 9	0.7	0.027 559 1
0.008	0.000 315 0	0.08	0.003 149 6	0.8	0.031 496 1
0.009	0.000 354 3	0.09	0.003 543 3	0.9	0.035 433 1

表 B2

mm	in	mm	in	mm	in	mm	in
1	0.039 370 1	26	1.023 622 0	51	2.007 874 0	76	2.992 126 0
2	0.078 740 2	27	1.062 992 1	52	2.047 244 1	77	3.031 496 1
3	0.118 110 2	28	1.102 362 2	53	2.086 614 2	78	3.070 866 1
4	0.157 480 3	29	1.141 732 3	54	2.125 984 2	79	3.110 236 2
5	0.196 850 4	30	1.181 102 4	55	2.165 354 3	80	3.149 606 3
6	0.236 220 5	31	1.220 472 4	56	2.204 724 4	81	3.188 976 4
7	0.275 590 6	32	1.259 842 5	57	2.244 094 5	82	3.228 346 5
8	0.314 960 6	33	1.299 212 6	58	2.283 464 6	83	3.267 716 5
9	0.354 330 7	34	1.338 582 7	59	2.322 834 6	84	3.307 086 6
10	0.393 700 8	35	1.377 952 8	60	2.362 204 7	85	3.346 456 7
11	0.433 070 9	36	1.417 322 8	61	2.401 574 8	86	3.385 826 8
12	0.472 440 9	37	1.456 692 9	62	2.440 944 9	87	3.425 196 8
13	0.511 811 0	38	1.496 063 0	63	2.480 315 0	88	3.464 566 9
14	0.511 181 1	39	1.535 433 1	64	2.519 685 0	89	3.503 937 0
15	0.590 551 2	40	1.574 803 1	65	2.559 055 1	90	3.543 307 1
16	0.629 921 3	41	1.614 173 2	66	2.598 425 2	91	3.582 677 2
17	0.669 291 3	42	1.653 543 3	67	2.637 795 3	92	3.622 047 2
18	0.708 661 4	43	1.692 913 4	68	2.677 165 4	93	3.661 417 3
19	0.748 031 5	44	1.732 283 5	69	2.716 535 4	94	3.700 787 4
20	0.787 401 6	45	1.771 653 5	70	2.755 905 5	95	3.740 157 5
21	0.826 771 7	46	1.811 023 6	71	2.795 275 6	96	3.779 527 6
22	0.866 141 7	47	1.850 393 7	72	2.834 645 7	97	3.818 897 6
23	0.905 511 8	48	1.889 763 8	73	2.874 015 7	98	3.858 267 7
24	0.944 881 9	49	1.929 133 9	74	2.913 385 8	99	3.897 637 8
25	0.984 252 0	50	1.968 503 9	75	2.952 755 9	100	3.937 007 9

公差与配合、形位公差

ICS 21.100.20
J 11

中华人民共和国国家标准

GB/T 275—2015
代替 GB/T 275—1993

滚动轴承　配合

Rolling bearings—Fits

2015-02-04 发布　　2015-10-01 实施

中华人民共和国国家质量监督检验检疫总局
中国国家标准化管理委员会　发布

前　言

本标准按照 GB/T 1.1—2009 给出的规则起草。

本标准代替 GB/T 275—1993《滚动轴承与轴和外壳的配合》，与 GB/T 275—1993 相比，主要技术变化如下：

——修改了标准名称（见封面和首页，1993 年版的封面和首页）；

——修改了轴承公差等级代号表示方法（见第 1 章和表 6，1993 年版的第 1 章和表 6）；

——细化并重新编排了配合选择的基本原则（见第 3 章，1993 年版的第 3 章）；

——增加了“套圈运转及承载情况”表（见表 1）；

——修改了向心轴承载荷大小的划分标准（见表 2，1993 年版的表 1）；

——细化了向心轴承与轴和轴承座孔配合表中的示例（见表 3、表 4，1993 年版的表 2、表 3）；

——修改了基准标注符号（见图 4，1993 年版的图 4）；

——删除了表面粗糙度代号 Rz 及其数值（见 1993 年版的表 7）；

——增加了直径 500 mm 以上轴承座孔的几何公差和配合表面的粗糙度（见表 7 和表 8）；

——修改了附录的性质，增加了向心轴承（圆锥滚子轴承除外）与直径 500 mm 以上轴承座孔配合的计算值（见附录 A，1993 年版的附录 A）；

——删除了公称内径 400 mm～500 mm 圆锥滚子轴承与轴配合的计算值（见 1993 年版的表 A.5）。

本标准由中国机械工业联合会提出。

本标准由全国滚动轴承标准化技术委员会（SAC/TC 98）归口。

本标准起草单位：洛阳轴承研究所有限公司、苏州轴承厂股份有限公司、浙江优特轴承有限公司、上海斐赛轴承科技有限公司、慈兴集团有限公司。

本标准主要起草人：李飞雪、张小玲、郑子勋、赵联春、黎桂华。

本标准所代替标准的历次版本发布情况为：

——GB 275—1964、GB 275—1984、GB/T 275—1993。

滚动轴承　配合

1　范围

本标准规定了一般工作条件下的滚动轴承(以下简称"轴承")与轴和轴承座孔配合选择的基本原则和要求。

注：一般工作条件系指主机对旋转精度、运转平稳性、工作温度等无特殊要求的情况。

本标准规定的配合适用于下列情况：

a) 轴承外形尺寸符合 GB/T 273.1—2011、GB/T 273.2—2006、GB/T 273.3—2015，且公称内径$d \leqslant 500$ mm；

b) 轴承公差符合 GB/T 307.1—2005 中的 0、6(6X)级；

c) 轴承游隙符合 GB/T 4604.1—2012 中的 N 组；

d) 轴为实心或厚壁钢制轴；

e) 轴承座为钢或铸铁件。

本标准不适用于无内(外)圈轴承和特殊用途轴承(如飞机机架轴承、仪器轴承、机床主轴轴承等)。

2　配合选择的基本原则

2.1　运转条件

套圈相对于载荷方向旋转或摆动时，应选择过盈配合；套圈相对于载荷方向固定时，可选择间隙配合，见表 1。载荷方向难以确定时，宜选择过盈配合。

表 1　套圈运转及承载情况

套圈运转情况	典型示例	示意图	套圈承载情况	推荐的配合
内圈旋转 外圈静止 载荷方向恒定	皮带驱动轴		内圈承受旋转载荷 外圈承受静止载荷	内圈过盈配合 外圈间隙配合
内圈静止 外圈旋转 载荷方向恒定	传送带托辊 汽车轮毂轴承		内圈承受静止载荷 外圈承受旋转载荷	内圈间隙配合 外圈过盈配合
内圈旋转 外圈静止 载荷随内圈旋转	离心机、振动筛、 振动机械		内圈承受静止载荷 外圈承受旋转载荷	内圈间隙配合 外圈过盈配合
内圈静止 外圈旋转 载荷随外圈旋转	回转式破碎机		内圈承受旋转载荷 外圈承受静止载荷	内圈过盈配合 外圈间隙配合

2.2　载荷大小

载荷越大，选择的配合过盈量应越大。当承受冲击载荷或重载荷时，一般应选择比正常、轻载荷时更紧的配合。对向心轴承,载荷的大小用径向当量动载荷 P_r 与径向额定动载荷 C_r 的比值区分,见表 2。

表 2 向心轴承载荷大小

载荷大小	P_r/C_r
轻载荷	≤0.06
正常载荷	>0.06～0.12
重载荷	>0.12

2.3 轴承尺寸

随着轴承尺寸的增大,选择的过盈配合过盈量应越大或间隙配合间隙量应越大。

2.4 轴承游隙

采用过盈配合会导致轴承游隙减小,应检验安装后轴承的游隙是否满足使用要求,以便正确选择配合及轴承游隙。

2.5 温度

轴承在运转时,其温度通常要比相邻零件的温度高,造成轴承内圈与轴的配合变松,外圈可能因为膨胀而影响轴承在轴承座中的轴向移动。因此,应考虑轴承与轴和轴承座的温差和热的流向。

2.6 旋转精度

对旋转精度和运转平稳性有较高要求的场合,一般不采用间隙配合。在提高轴承公差等级的同时,轴承配合部位也应相应提高精度。

注:与 0、6(6X)级轴承配合的轴,其尺寸公差等级一般为 IT6,轴承座孔一般为 IT7。

2.7 轴和轴承座的结构和材料

对于剖分式轴承座,外圈不宜采用过盈配合。当轴承用于空心轴或薄壁、轻合金轴承座时,应采用比实心轴或厚壁钢或铸铁轴承座更紧的过盈配合。

2.8 安装和拆卸

间隙配合更易于轴承的安装和拆卸。对于要求采用过盈配合且便于安装和拆卸的应用场合,可采用可分离轴承或锥孔轴承。

2.9 游动端轴承的轴向移动

当以不可分离轴承作游动支承时,应以相对于载荷方向固定的套圈作为游动套圈,选择间隙或过渡配合。

3 公差带的选择

3.1 向心轴承

3.1.1 向心轴承和轴的配合,轴公差带按表 3 选择。

表 3 向心轴承和轴的配合——轴公差带

<table>
<tr><td colspan="8">圆柱孔轴承</td></tr>
<tr><td colspan="3" rowspan="2">载荷情况</td><td rowspan="2">举例</td><td>深沟球轴承、调心球轴承和角接触球轴承</td><td>圆柱滚子轴承和圆锥滚子轴承</td><td>调心滚子轴承</td><td>公差带</td></tr>
<tr><td colspan="4">轴承公称内径/mm</td></tr>
<tr><td rowspan="3">内圈承受旋转载荷或方向不定载荷</td><td colspan="2">轻载荷</td><td>输送机、轻载齿轮箱</td><td>≤18
>18～100
>100～200
—</td><td>—
≤40
>40～140
>140～200</td><td>—
≤40
>40～100
>100～200</td><td>h5
j6[a]
k6[a]
m6[a]</td></tr>
<tr><td colspan="2">正常载荷</td><td>一般通用机械、电动机、泵、内燃机、正齿轮传动装置</td><td>≤18
>18～100
>100～140
>140～200
>200～280
—
—</td><td>—
≤40
>40～100
>100～140
>140～200
>200～400
—</td><td>—
≤40
>40～65
>65～100
>100～140
>140～280
>280～500</td><td>j5 js5
k5[b]
m5[b]
m6
n6
p6
r6</td></tr>
<tr><td colspan="2">重载荷</td><td>铁路机车车辆轴箱、牵引电机、破碎机等</td><td>—</td><td>>50～140
>140～200
>200
—</td><td>>50～100
>100～140
>140～200
>200</td><td>n6[c]
p6[c]
r6[c]
r7[c]</td></tr>
<tr><td rowspan="2">内圈承受固定载荷</td><td rowspan="2">所有载荷</td><td>内圈需在轴向易移动</td><td>非旋转轴上的各种轮子</td><td colspan="3" rowspan="2">所有尺寸</td><td>f6
g6</td></tr>
<tr><td>内圈不需在轴向易移动</td><td>张紧轮、绳轮</td><td>h6
j6</td></tr>
<tr><td colspan="3">仅有轴向载荷</td><td colspan="4">所有尺寸</td><td>j6、js6</td></tr>
<tr><td colspan="8">圆锥孔轴承</td></tr>
<tr><td colspan="2" rowspan="2">所有载荷</td><td colspan="2">铁路机车车辆轴箱</td><td>装在退卸套上</td><td>所有尺寸</td><td colspan="2">h8(IT6)[d,e]</td></tr>
<tr><td colspan="2">一般机械传动</td><td>装在紧定套上</td><td>所有尺寸</td><td colspan="2">h9(IT7)[d,e]</td></tr>
</table>

[a] 凡精度要求较高的场合，应用 j5、k5、m5 代替 j6、k6、m6。

[b] 圆锥滚子轴承、角接触球轴承配合对游隙影响不大，可用 k6、m6 代替 k5、m5。

[c] 重载荷下轴承游隙应选大于 N 组。

[d] 凡精度要求较高或转速要求较高的场合，应选用 h7(IT5)代替 h8(IT6)等。

[e] IT6、IT7 表示圆柱度公差数值。

3.1.2 向心轴承和轴承座孔的配合，孔公差带按表 4 选择。

表 4 向心轴承和轴承座孔的配合——孔公差带

<table>
<tr><th colspan="2" rowspan="2">载荷情况</th><th rowspan="2">举例</th><th rowspan="2">其他状况</th><th colspan="2">公差带[a]</th></tr>
<tr><th>球轴承</th><th>滚子轴承</th></tr>
<tr><td rowspan="2">外圈承受固定载荷</td><td>轻、正常、重</td><td rowspan="2">一般机械、铁路机车车辆轴箱</td><td>轴向易移动，可采用剖分式轴承座</td><td colspan="2">H7、G7[b]</td></tr>
<tr><td>冲击</td><td rowspan="2">轴向能移动，可采用整体或剖分式轴承座</td><td colspan="2" rowspan="2">J7、JS7</td></tr>
<tr><td rowspan="3">方向不定载荷</td><td>轻、正常</td><td rowspan="2">电机、泵、曲轴主轴承</td></tr>
<tr><td>正常、重</td><td rowspan="5">轴向不移动，采用整体式轴承座</td><td colspan="2">K7</td></tr>
<tr><td>重、冲击</td><td>牵引电机</td><td colspan="2">M7</td></tr>
<tr><td rowspan="3">外圈承受旋转载荷</td><td>轻</td><td>皮带张紧轮</td><td>J7</td><td>K7</td></tr>
<tr><td>正常</td><td rowspan="2">轮毂轴承</td><td>M7</td><td>N7</td></tr>
<tr><td>重</td><td>—</td><td>N7、P7</td></tr>
<tr><td colspan="6">[a] 并列公差带随尺寸的增大从左至右选择。对旋转精度有较高要求时，可相应提高一个公差等级。
[b] 不适用于剖分式轴承座。</td></tr>
</table>

3.1.3 向心轴承与轴、轴承座孔配合的计算值参见附录 A。

3.2 推力轴承

3.2.1 推力轴承和轴的配合，轴公差带按表 5 选择。

表 5 推力轴承和轴的配合——轴公差带

<table>
<tr><th colspan="2">载荷情况</th><th>轴承类型</th><th>轴承公称内径/mm</th><th>公差带</th></tr>
<tr><td colspan="2">仅有轴向载荷</td><td>推力球和推力圆柱滚子轴承</td><td>所有尺寸</td><td>j6、js6</td></tr>
<tr><td rowspan="2">径向和轴向联合载荷</td><td>轴圈承受固定载荷</td><td rowspan="2">推力调心滚子轴承、推力角接触球轴承、推力圆锥滚子轴承</td><td>≤250
>250</td><td>j6
js6</td></tr>
<tr><td>轴圈承受旋转载荷或方向不定载荷</td><td>≤200
>200～400
>400</td><td>k6[a]
m6
n6</td></tr>
<tr><td colspan="5">[a] 要求较小过盈时，可分别用 j6、k6、m6 代替 k6、m6、n6。</td></tr>
</table>

3.2.2 推力轴承和轴承座孔的配合，孔公差带按表 6 选择。

表 6　推力轴承和轴承座孔的配合——孔公差带

<table>
<tr><th colspan="2">载荷情况</th><th>轴承类型</th><th>公差带</th></tr>
<tr><td colspan="2" rowspan="3">仅有轴向载荷</td><td>推力球轴承</td><td>H8</td></tr>
<tr><td>推力圆柱、圆锥滚子轴承</td><td>H7</td></tr>
<tr><td>推力调心滚子轴承</td><td>—[a]</td></tr>
<tr><td rowspan="3">径向和轴向联合载荷</td><td>座圈承受固定载荷</td><td rowspan="3">推力角接触球轴承、推力调心滚子轴承、推力圆锥滚子轴承</td><td>H7</td></tr>
<tr><td rowspan="2">座圈承受旋转载荷或方向不定载荷</td><td>K7[b]</td></tr>
<tr><td>M7[c]</td></tr>
<tr><td colspan="4">[a] 轴承座孔与座圈间间隙为 0.001D(D 为轴承公称外径)。
[b] 一般工作条件。
[c] 有较大径向载荷时。</td></tr>
</table>

4　轴承与轴和轴承座孔配合的常用公差带

0 级公差轴承与轴和轴承座孔配合的常用公差带见图 1、图 2。

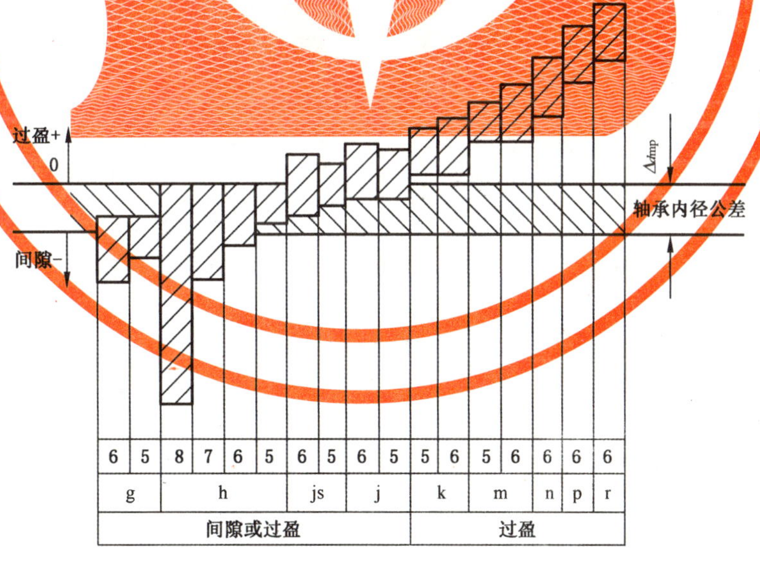

图 1　0 级公差轴承与轴配合的常用公差带关系图

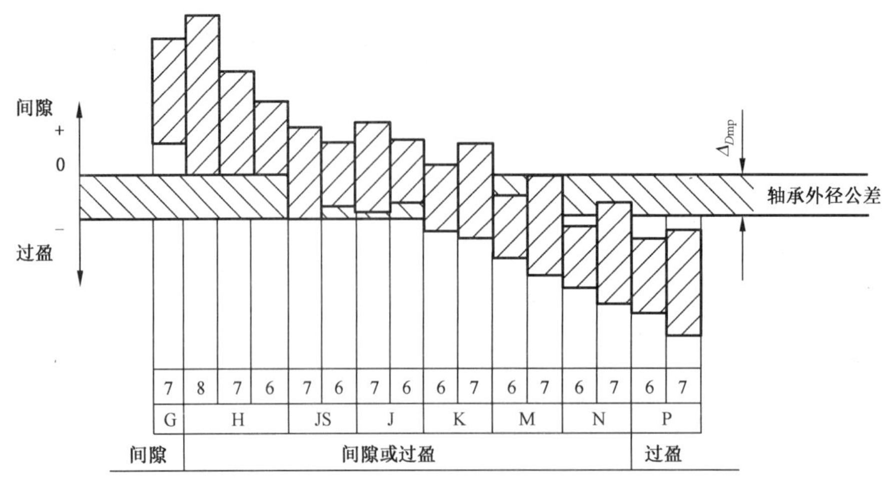

图 2 0级公差轴承与轴承座孔配合常用公差带关系图

5 配合表面及挡肩的几何公差

轴颈和轴承座孔表面的圆柱度公差、轴肩及轴承座孔肩的轴向圆跳动(见图 3、图 4)按表 7 的规定。

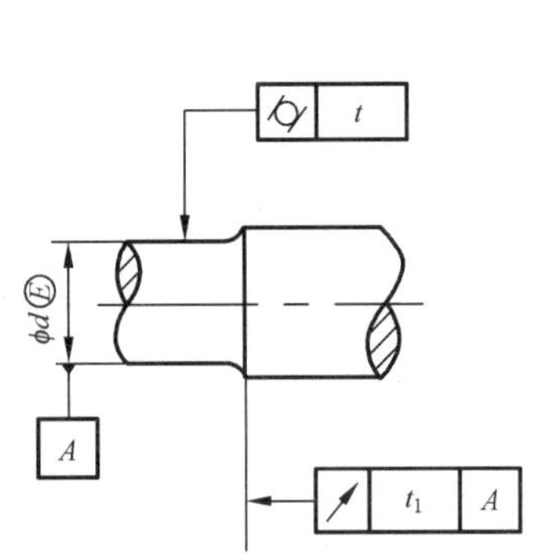

图 3 轴颈的圆柱度公差和轴肩的轴向圆跳动

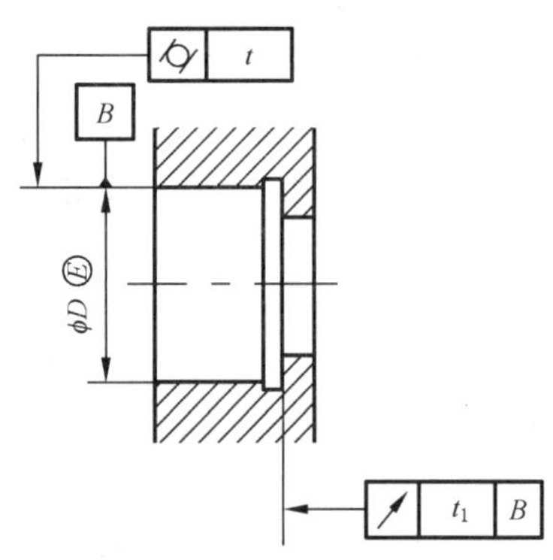

图 4 轴承座孔表面的圆柱度公差和孔肩的轴向圆跳动

表 7 轴和轴承座孔的几何公差

公称尺寸/mm		圆柱度 t/μm				轴向圆跳动 t_1/μm			
		轴颈		轴承座孔		轴肩		轴承座孔肩	
		轴承公差等级							
>	≤	0	6(6X)	0	6(6X)	0	6(6X)	0	6(6X)
—	6	2.5	1.5	4	2.5	5	3	8	5
6	10	2.5	1.5	4	2.5	6	4	10	6
10	18	3	2	5	3	8	5	12	8
18	30	4	2.5	6	4	10	6	15	10
30	50	4	2.5	7	4	12	8	20	12
50	80	5	3	8	5	15	10	25	15

表 7（续）

公称尺寸/mm		圆柱度 t/μm				轴向圆跳动 t_1/μm			
		轴颈		轴承座孔		轴肩		轴承座孔肩	
		轴承公差等级							
>	≤	0	6(6X)	0	6(6X)	0	6(6X)	0	6(6X)
80	120	6	4	10	6	15	10	25	15
120	180	8	5	12	8	20	12	30	20
180	250	10	7	14	10	20	12	30	20
250	315	12	8	16	12	25	15	40	25
315	400	13	9	18	13	25	15	40	25
400	500	15	10	20	15	25	15	40	25
500	630	—	—	22	16	—	—	50	30
630	800	—	—	25	18	—	—	50	30
800	1 000	—	—	28	20	—	—	60	40
1 000	1 250	—	—	33	24	—	—	60	40

6 配合表面及端面的表面粗糙度

轴颈和轴承座孔配合表面的表面粗糙度要求按表 8 的规定。

表 8 配合表面及端面的表面粗糙度

轴或轴承座孔直径/mm		轴或轴承座孔配合表面直径公差等级					
		IT7		IT6		IT5	
		表面粗糙度 Ra/μm					
>	≤	磨	车	磨	车	磨	车
—	80	1.6	3.2	0.8	1.6	0.4	0.8
80	500	1.6	3.2	1.6	3.2	0.8	1.6
500	1 250	3.2	6.3	1.6	3.2	1.6	3.2
端面		3.2	6.3	6.3	6.3	6.3	3.2

附　录　A
（资料性附录）
向心轴承与轴和轴承座孔配合的计算值

A.1　向心轴承(圆锥滚子轴承除外)与轴和轴承座孔配合的计算值

参见表 A.1～表 A.4。

A.2　圆锥滚子轴承与轴和轴承座孔配合的计算值

参见表 A.5～表 A.6。

表 A.1 0 级公差向心轴承(圆锥滚子轴承除外)与轴的配合

公称尺寸/mm		轴承内径偏差 Δ_{dmp}/μm		轴公差带																													
				g6		g5		h6		h5		j5		j6		js6		k5		k6		m5		m6		n6		p6		r6		r7	
				轴颈直径的极限偏差/μm																													
>	≤	上	下	上	下	上	下	上	下	上	下	上	下	上	下	上	下	上	下	上	下	上	下	上	下	上	下	上	下	上	下	上	下
3	6	0	−8	−4	−12	−4	−9	0	−8	0	−5	+3	−2	+6	−2	+4	−4	+6	+1	+9	+1	+9	+4	+12	+4	+16	+8	+20	+12	—	—	—	—
6	10	0	−8	−5	−14	−5	−11	0	−9	0	−6	+4	−2	+7	−2	+4.5	−4.5	+7	+1	+10	+1	+12	+6	+15	+6	+19	+10	+24	+15	—	—	—	—
10	18	0	−8	−6	−17	−6	−14	0	−11	0	−8	+5	−3	+8	−3	+5.5	−5.5	+9	+1	+12	+1	+15	+7	+18	+7	+23	+12	+29	+18	—	—	—	—
18	30	0	−10	−7	−20	−7	−16	0	−13	0	−9	+5	−4	+9	−4	+6.5	−6.5	+11	+2	+15	+2	+17	+8	+21	+8	+28	+15	+35	+22	—	—	—	—
30	50	0	−12	−9	−25	−9	−20	0	−16	0	−11	+6	−5	+11	−5	+8	−8	+13	+2	+18	+2	+20	+9	+25	+9	+33	+17	+42	+26	—	—	—	—
50	80	0	−15	−10	−29	−10	−23	0	−19	0	−13	+6	−7	+12	−7	+9.5	−9.5	+15	+2	+21	+2	+24	+11	+30	+11	+39	+20	+51	+32	—	—	—	—
80	120	0	−20	−12	−34	−12	−27	0	−22	0	−15	+6	−9	+13	−9	+11	−11	+18	+3	+25	+3	+28	+13	+35	+13	+45	+23	+59	+37	—	—	—	—
120 140 160	140 160 180	0	−25	−14	−39	−14	−32	0	−25	0	−18	+7	−11	+14	−11	+12.5	−12.5	+21	+3	+28	+3	+33	+15	+40	+15	+52	+27	+68	+43	+88 +90 +93	+63 +65 +68	—	—
180 200 225	200 225 250	0	−30	−15	−44	−15	−35	0	−29	0	−20	+7	−13	+16	−13	+14.5	−14.5	+24	+4	+33	+4	+37	+17	+46	+17	+60	+31	+79	+50	+106 +109 +113	+77 +80 +84	+123 +126 +130	+77 +80 +84
250 280	280 315	0	−35	−17	−49	−17	−40	0	−32	0	−23	+7	−16	—	—	+16	−16	+27	+4	+36	+4	+43	+20	+52	+20	+66	+34	+88	+58	+126 +130	+94 +98	+146 +150	+94 +98
315 355	355 400	0	−40	−18	−54	−18	−43	0	−36	0	−25	+7	−18	—	—	+18	−18	+29	+4	+40	+4	+46	+21	+57	+21	+73	+37	+98	+62	+144 +150	+108 +114	+165 +171	+108 +114
400 450	450 500	0	−45	−20	−60	−20	−47	0	−40	0	−27	+7	−20	—	—	+20	−20	+32	+5	+45	+5	+50	+23	+63	+23	+80	+40	+108	+68	+166 +172	+126 +132	+189 +195	+126 +132

公称尺寸/mm		间隙或过盈/μm																		过盈/μm											
>	≤	最大间隙	最大过盈	最大间隙	最大过盈	最大间隙	最大过盈	最大间隙	最大过盈	最大间隙	最大过盈	最大间隙	最大过盈	最大间隙	最大过盈	最小	最大	最小	最大	最小	最大	最小	最大	最小	最大	最小	最大	最小	最大	最小	最大
3	6	12	4	9	4	8	8	5	8	2	11	2	14	4	12	1	14	1	17	4	17	4	20	8	24	12	28	—	—	—	—
6	10	14	3	11	3	9	8	6	8	2	12	2	15	4.5	12.5	1	15	1	18	6	20	6	23	10	27	15	32	—	—	—	—
10	18	17	2	14	2	11	8	8	8	3	13	3	16	5.5	13.5	1	17	1	20	7	23	7	26	12	31	18	37	—	—	—	—
18	30	20	3	16	3	13	10	9	10	4	15	4	19	6.5	16.5	2	21	2	25	8	27	8	31	15	38	22	45	—	—	—	—
30	50	25	3	20	3	16	12	11	12	5	18	5	23	8	20	2	25	2	30	9	32	9	37	17	45	26	54	—	—	—	—
50	80	29	5	23	5	19	15	13	15	7	21	7	27	9.5	24.5	2	30	2	36	11	39	11	45	20	54	32	68	—	—	—	—
80	120	34	8	27	8	22	20	15	20	9	26	9	33	11	31	3	38	3	45	13	48	13	55	23	65	37	79	—	—	—	—
120 140 160	140 160 180	39	11	32	11	25	25	18	25	11	32	11	39	12.5	37.5	3	46	3	53	15	58	15	65	27	77	43	93	63 65 68	113 115 118	—	—
180 200 225	200 225 250	44	15	35	15	29	30	20	30	13	37	13	46	14.5	44.5	4	54	4	53	17	67	17	76	31	90	50	109	77 80 84	136 139 143	77 80 84	153 156 160
250 280	280 315	49	18	40	18	32	35	23	35	16	42	—	—	16	51	4	62	4	71	20	78	20	87	34	101	58	123	94 98	161 165	94 98	181 185
315 355	355 400	54	22	43	22	36	40	25	40	18	47	—	—	18	58	4	69	4	80	21	86	21	97	37	113	62	138	108 114	184 190	108 114	205 211
400 450	450 500	60	25	47	25	40	45	27	45	20	52	—	—	20	65	5	77	5	90	23	95	23	108	40	125	68	153	126 132	211 217	126 132	234 240

表 A.2 0级公差向心轴承(圆锥滚子轴承除外)与轴承座孔的配合

公称尺寸/mm		轴承外径偏差 Δ_{Dmp}/μm		孔公差带																															
				G7		H8		H7		H6		J7		J6		JS7		JS6		K6		K7		M6		M7		N6		N7		P6		P7	
				轴承座孔直径的极限偏差/μm																															
>	≤	上	下	上	下	上	下	上	下	上	下	上	下	上	下	上	下	上	下	上	下	上	下	上	下	上	下	上	下	上	下	上	下	上	下
10	18	0	−8	+24	+6	+27	0	+18	0	+11	0	+10	−8	+6	−5	+9	−9	+5.5	−5.5	+2	−9	+6	−12	−4	−15	0	−18	−9	−20	−5	−23	−15	−26	−11	−29
18	30	0	−9	+28	+7	+33	0	+21	0	+13	0	+12	−9	+8	−5	+10	−10	+6.5	−6.5	+2	−11	+6	−15	−4	−17	0	−21	−11	−24	−7	−28	−18	−31	−14	−35
30	50	0	−11	+34	+9	+39	0	+25	0	+16	0	+14	−11	+10	−6	+12	−12	+8	−8	+3	−13	+7	−18	−4	−20	0	−25	−12	−28	−8	−33	−21	−37	−17	−42
50	80	0	−13	+40	+10	+46	0	+30	0	+19	0	+18	−12	+13	−6	+15	−15	+9.5	−9.5	+4	−15	+9	−21	−5	−24	0	−30	−14	−33	−9	−39	−26	−45	−21	−51
80	120	0	−15	+47	+12	+54	0	+35	0	+22	0	+22	−13	+16	−6	+17	−17	+11	−11	+4	−18	+10	−25	−6	−28	0	−35	−16	−38	−10	−45	−30	−52	−24	−59
120	150	0	−18	+54	+14	+63	0	+40	0	+25	0	+26	−14	+18	−7	+20	−20	+12.5	−12.5	+4	−21	+12	−28	−8	−33	0	−40	−20	−45	−12	−52	−36	−61	−28	−68
150	180	0	−25	+54	+14	+63	0	+40	0	+25	0	+26	−14	+18	−7	+20	−20	+12.5	−12.5	+4	−21	+12	−28	−8	−33	0	−40	−20	−45	−12	−52	−36	−61	−28	−68
180	250	0	−30	+61	+15	+72	0	+46	0	+29	0	+30	−16	+22	−7	+23	−23	+14.5	−14.5	+5	−24	+13	−33	−8	−37	0	−46	−22	−51	−14	−60	−41	−70	−33	−79
250	315	0	−35	+69	+17	+81	0	+52	0	+32	0	+36	−16	+25	−7	+26	−26	+16	−16	+5	−27	+16	−36	−9	−41	0	−52	−25	−57	−14	−66	−47	−79	−36	−88
315	400	0	−40	+75	+18	+89	0	+57	0	+36	0	+39	−18	+29	−7	+28	−28	+18	−18	+7	−29	+17	−40	−10	−46	0	−57	−26	−62	−16	−73	−51	−87	−41	−98
400	500	0	−45	+83	+20	+97	0	+63	0	+40	0	+43	−20	+33	−7	+31	−31	+20	−20	+8	−32	+18	−45	−10	−50	0	−63	−27	−67	−17	−80	−55	−95	−45	−108
500	630	0	−50	+92	+22	+110	0	+70	0	+44	0	—	—	—	—	+35	−35	+22	−22	0	−44	0	−70	−26	−70	−26	−96	−44	−88	−44	−114	−78	−122	−78	−148
630	800	0	−75	+104	+24	+125	0	+80	0	+50	0	—	—	—	—	+40	−40	+25	−25	0	−50	0	−80	−30	−80	−30	−110	−50	−100	−50	−130	−88	−138	−88	−168
800	1 000	0	−100	+116	+26	+140	0	+90	0	+56	0	—	—	—	—	+45	−45	+28	−28	0	−56	0	−90	−34	−90	−34	−124	−56	−112	−56	−146	−100	−156	−100	−190
1 000	1 250	0	−125	+133	+28	+165	0	+105	0	+66	0	—	—	—	—	+52	−52	+33	−33	0	−66	0	−105	−40	−106	−40	−145	−66	−132	−66	−171	−120	−186	−120	−225

公称尺寸/mm		间隙/μm		间隙或过盈/μm																												过盈/μm			
>	≤	最大	最小	最大间隙	最大过盈	最大间隙	最大过盈	最大间隙	最大过盈	最大间隙	最大过盈	最大间隙	最大过盈	最大间隙	最大过盈	最大间隙	最大过盈	最大间隙	最大过盈	最大间隙	最大过盈	最大间隙	最大过盈	最大间隙	最大过盈	最大间隙	最大过盈	最大[a]间隙	最大过盈	最大间隙	最大过盈	最小	最大	最小	最大
10	18	32	6	35	0	26	0	19	0	18	8	14	5	17	9	13.5	5.5	10	9	14	12	4	15	8	18	−1	20	3	23	7	26	3	29
18	30	37	7	42	0	30	0	22	0	21	9	17	5	19	10	15.5	6.5	11	11	15	15	5	17	9	21	−2	24	2	28	9	31	5	35
30	50	45	9	50	0	36	0	27	0	25	11	21	6	23	12	19	8	14	13	18	18	7	20	11	25	−1	28	3	33	10	37	6	42
50	80	53	10	59	0	43	0	32	0	31	12	26	6	28	15	22.5	9.5	17	15	22	21	8	24	13	30	−1	33	4	39	13	45	8	51
80	120	62	12	69	0	50	0	37	0	37	13	31	6	32	17	26	11	19	18	25	25	9	28	15	35	−1	38	5	45	15	52	9	59
120	150	72	14	81	0	58	0	43	0	44	14	36	7	38	20	30.5	12.5	22	21	30	28	10	33	18	40	−2	45	6	52	18	61	10	68
150	180	79	14	88	0	65	0	50	0	51	14	43	7	45	20	37.5	12.5	29	21	37	28	17	33	25	40	5	45	13	52	11	61	3	68
180	250	91	15	102	0	76	0	59	0	60	16	52	7	53	23	44.5	14.5	35	24	43	33	22	37	30	46	8	51	16	60	11	70	3	79
250	315	104	17	116	0	87	0	67	0	71	16	60	7	61	26	51	16	40	27	51	36	26	41	35	52	10	57	21	66	12	79	1	88
315	400	115	18	129	0	97	0	76	0	79	18	69	7	68	28	58	18	47	29	57	40	30	46	40	57	14	62	24	73	11	87	1	98
400	500	128	20	142	0	108	0	85	0	88	20	78	7	76	31	65	20	53	32	63	45	35	50	45	63	18	67	28	80	10	95	0	108
500	630	142	22	160	0	120	0	94	0	—	—	—	—	85	35	72	22	50	44	50	70	24	70	24	96	6	88	6	114	28	122	28	148
630	800	179	24	200	0	155	0	125	0	—	—	—	—	115	40	100	25	75	50	75	80	45	80	45	110	25	100	25	130	13	138	13	168
800	1 000	216	26	240	0	190	0	156	0	—	—	—	—	145	45	128	28	100	56	100	90	66	90	66	124	44	112	44	146	0	156	0	190
1 000	1 250	258	28	290	0	230	0	191	0	—	—	—	—	177	52	158	33	125	66	125	105	85	106	85	145	59	132	59	171	−5[b]	186	−5[b]	225

[a] “—”号表示过盈。

[b] “—”号表示间隙。

表 A.3　6 级公差向心轴承(圆锥滚子轴承除外)与轴的配合

公称尺寸/mm		轴承内径偏差 Δ_{dmp}/μm		轴公差带																													
				g6		g5		h6		h5		j5		j6		js6		k5		k6		m5		m6		n6		p6		r6		r7	
				轴颈直径的极限偏差/μm																													
>	≤	上	下	上	下	上	下	上	下	上	下	上	下	上	下	上	下	上	下	上	下	上	下	上	下	上	下	上	下	上	下	上	下
3	6	0	−7	−4	−12	−4	−9	0	−8	0	−5	+3	−2	+6	−2	+4	−4	+6	+1	+9	+1	+9	+4	+12	+4	+16	+8	+20	+12	—	—	—	—
6	10	0	−7	−5	−14	−5	−11	0	−9	0	−6	+4	−2	+7	−2	+4.5	−4.5	+7	+1	+10	+1	+12	+6	+15	+6	+19	+10	+24	+15	—	—	—	—
10	18	0	−7	−6	−17	−6	−14	0	−11	0	−8	+5	−3	+8	−3	+5.5	−5.5	+9	+1	+12	+1	+15	+7	+18	+7	+23	+12	+29	+18	—	—	—	—
18	30	0	−8	−7	−20	−7	−16	0	−13	0	−9	+5	−4	+9	−4	+6.5	−6.5	+11	+2	+15	+2	+17	+8	+21	+8	+28	+15	+35	+22	—	—	—	—
30	50	0	−10	−9	−25	−9	−20	0	−16	0	−11	+6	−5	+11	−5	+8	−8	+13	+2	+18	+2	+20	+9	+25	+9	+33	+17	+42	+26	—	—	—	—
50	80	0	−12	−10	−29	−10	−23	0	−19	0	−13	+6	−7	+12	−7	+9.5	−9.5	+15	+2	+21	+2	+24	+11	+30	+11	+39	+20	+51	+32	—	—	—	—
80	120	0	−15	−12	−34	−12	−27	0	−22	0	−15	+6	−9	+13	−9	+11	−11	+18	+3	+25	+3	+28	+13	+35	+13	+45	+23	+59	+37	—	—	—	—
120 140 160	140 160 180	0	−18	−14	−39	−14	−32	0	−25	0	−18	+7	−11	+14	−11	+12.5	−12.5	+21	+3	+28	+3	+33	+15	+40	+15	+52	+27	+68	+43	+88 +90 +93	+63 +65 +68	—	—
180 200 225	200 225 250	0	−22	−15	−44	−15	−35	0	−29	0	−20	+7	−13	+16	−13	+14.5	−14.5	+24	+4	+33	+4	+37	+17	+46	+17	+60	+31	+79	+50	+106 +109 +113	+77 +80 +84	+123 +126 +130	+77 +80 +84
250 280	280 315	0	−25	−17	−49	−17	−40	0	−32	0	−23	+7	−16	—	—	+16	−16	+27	+4	+36	+4	+43	+20	+52	+20	+68	+34	+88	+56	+126 +130	+94 +98	+146 +150	+94 +98
315 355	355 400	0	−30	−18	−54	−18	−43	0	−36	0	−25	+7	−18	—	—	+18	−18	+29	+4	+40	+4	+46	+21	+57	+21	+73	+37	+98	+62	+144 +150	+108 +114	+165 +171	+108 +114
400 450	450 500	0	−35	−20	−60	−20	−47	0	−40	0	−27	+7	−20	—	—	+20	−20	+32	+5	+45	+5	+50	+23	+63	+23	+80	+40	+108	+68	+166 +172	+126 +132	+189 +195	+126 +132

公称尺寸/mm		间隙或过盈/μm														过盈/μm															
>	≤	最大间隙	最大过盈	最大间隙	最大过盈	最大间隙	最大过盈	最大间隙	最大过盈	最大间隙	最大过盈	最大间隙	最大过盈	最大间隙	最大过盈	最小	最大	最小	最大	最小	最大	最小	最大	最小	最大	最小	最大	最小	最大	最小	最大
3	6	12	3	9	3	8	7	5	7	2	10	2	13	4	11	1	13	1	16	4	16	4	19	8	23	12	27	—	—	—	—
6	10	14	2	11	2	9	7	6	7	2	11	2	14	4.5	11.5	1	14	1	17	6	19	6	22	10	26	15	31	—	—	—	—
10	18	17	1	14	1	11	7	8	7	3	12	3	15	5.5	12.5	1	16	1	19	7	22	7	25	12	30	18	39	—	—	—	—
18	30	20	1	16	1	13	8	9	8	4	13	4	17	6.5	14.5	2	19	2	23	8	25	8	29	15	36	22	43	—	—	—	—
30	50	25	1	20	1	16	10	11	10	5	16	5	21	8	18	2	23	2	28	9	30	9	35	17	43	26	52	—	—	—	—
50	80	29	2	23	2	19	12	13	12	7	18	7	24	9.5	21.5	2	27	2	33	11	36	11	42	20	51	32	63	—	—	—	—
80	120	34	3	27	3	22	15	15	15	9	21	9	28	11	26	3	33	3	40	13	43	13	50	23	60	37	74	—	—	—	—
120 140 160	140 160 180	39	4	32	4	25	18	18	18	11	25	11	32	12.5	30.5	3	39	3	46	15	51	15	58	27	70	43	86	63 65 68	106 108 111	—	—
180 200 225	200 225 250	44	7	35	7	29	22	20	22	13	29	13	38	14.5	36.5	4	46	4	55	17	59	17	68	31	82	50	101	77 80 84	128 131 135	77 80 84	145 148 152
250 280	280 315	49	8	40	8	32	25	23	25	16	32	—	—	16	41	4	52	4	61	20	68	20	77	34	91	58	113	94 98	151 155	94 98	171 175
315 355	355 400	54	12	43	12	36	30	25	30	18	37	—	—	18	48	4	59	4	70	21	76	21	87	37	103	62	128	108 114	174 180	108 114	195 201
400 450	450 500	60	15	47	15	40	35	27	35	20	42	—	—	20	55	5	67	5	80	23	85	23	98	40	115	68	143	126 132	201 207	126 132	224 230

表 A.4 6级公差向心轴承(圆锥滚子轴承除外)与轴承座孔的配合

公称尺寸/mm		轴承外径偏差 Δ_{Dmp}/μm		孔公差带																															
				G7		H8		H7		H6		J7		J6		JS7		JS6		K6		K7		M6		M7		N6		N7		P6		P7	
				轴承座孔直径的极限偏差/μm																															
>	≤	上	下	上	下	上	下	上	下	上	下	上	下	上	下	上	下	上	下	上	下	上	下	上	下	上	下	上	下	上	下	上	下	上	下
10	18	0	−7	+24	+6	+27	0	+18	0	+11	0	+10	−8	+6	−5	+9	−9	+5.5	−5.5	+2	−9	+6	−12	−4	−15	0	−18	−9	−20	−5	−23	−15	−26	−11	−29
18	30	0	−8	+28	+7	+33	0	+21	0	+13	0	+12	−9	+8	−5	+10	−10	+6.5	−6.5	+2	−11	+6	−15	−4	−17	0	−21	−11	−24	−7	−28	−18	−31	−14	−35
30	50	0	−9	+34	+9	+39	0	+25	0	+16	0	+14	−11	+10	−6	+12	−12	+8	−8	+3	−13	+7	−18	−4	−20	0	−25	−12	−28	−8	−33	−21	−37	−17	−42
50	80	0	−11	+40	+10	+46	0	+30	0	+19	0	+18	−12	+13	−6	+15	−15	+9.5	−9.5	+4	−15	+9	−21	−5	−24	0	−30	−14	−33	−9	−39	−26	−45	−21	−51
80	120	0	−13	+47	+12	+54	0	+35	0	+22	0	+22	−13	+16	−6	+17	−17	+11	−11	+4	−18	+10	−25	−6	−28	0	−35	−16	−38	−10	−45	−30	−52	−24	−59
120	150	0	−15	+54	+14	+63	0	+40	0	+25	0	+26	−14	+18	−7	+20	−20	+12.5	−12.5	+4	−21	+12	−28	−8	−33	0	−40	−20	−45	−12	−52	−36	−61	−28	−68
150	180	0	−18	+54	+14	+63	0	+40	0	+25	0	+26	−14	+18	−7	+20	−20	+12.5	−12.5	+4	−21	+12	−28	−8	−33	0	−40	−20	−45	−12	−52	−36	−61	−28	−68
180	250	0	−20	+61	+15	+72	0	+46	0	+29	0	+30	−16	+22	−7	+23	−23	+14.5	−14.5	+5	−24	+13	−33	−8	−37	0	−46	−22	−51	−14	−60	−41	−70	−33	−79
250	315	0	−25	+69	+17	+81	0	+52	0	+32	0	+36	−16	+25	−7	+26	−26	+16	−16	+5	−27	+16	−36	−9	−41	0	−52	−25	−57	−14	−66	−47	−79	−36	−88
315	400	0	−28	+75	+18	+89	0	+57	0	+36	0	+39	−18	+29	−7	+28	−28	+18	−18	+7	−29	+17	−40	−10	−46	0	−57	−26	−62	−16	−73	−51	−87	−41	−98
400	500	0	−33	+83	+20	+97	0	+63	0	+40	0	+43	−20	+33	−7	+31	−31	+20	−20	+8	−32	+18	−45	−10	−50	0	−63	−27	−67	−17	−80	−55	−95	−45	−108
500	630	0	−38	+92	+22	+110	0	+70	0	+44	0	—	—	—	—	+35	−35	+22	−22	0	−44	0	−70	−26	−70	−26	−96	−44	−88	−44	−114	−78	−122	−78	−148
630	800	0	−45	+104	+24	+125	0	+80	0	+50	0	—	—	—	—	+40	−40	+25	−25	0	−50	0	−80	−30	−80	−30	−110	−50	−100	−50	−130	−88	−138	−88	−168
800	1 000	0	−60	+116	+26	+140	0	+90	0	+56	0	—	—	—	—	+45	−45	+28	−28	0	−56	0	−90	−34	−90	−34	−124	−56	−112	−56	−146	−100	−156	−100	−190

公称尺寸/mm		间隙/μm		间隙或过盈/μm																												过盈/μm			
>	≤	最大	最小	最大间隙	最大过盈	最大间隙	最大过盈	最大间隙	最大过盈	最大间隙	最大过盈	最大间隙	最大过盈	最大间隙	最大过盈	最大间隙	最大过盈	最大间隙	最大过盈	最大间隙	最大过盈	最大间隙	最大过盈	最大间隙	最大过盈	最大间隙	最大过盈	最大[a]间隙	最大过盈	最大[a]间隙	最大过盈	最小	最大	最小	最大
10	18	31	6	34	0	25	0	18	0	17	8	13	5	16	9	12.5	5.5	9	9	13	12	3	15	7	18	−2	20	2	23	8	26	4	29
18	30	36	7	41	0	29	0	21	0	20	9	16	5	18	10	14.5	6.5	10	11	14	15	4	17	8	21	−3	24	1	28	10	31	6	35
30	50	43	9	48	0	34	0	25	0	23	11	19	6	21	12	17	8	12	13	16	18	5	20	9	25	−3	28	1	33	12	37	8	42
50	80	51	10	57	0	41	0	30	0	29	12	24	6	26	15	20.5	9.5	15	15	20	21	6	24	11	30	−3	33	2	39	15	45	10	51
80	120	60	12	67	0	48	0	35	0	35	13	29	6	30	17	24	11	17	18	23	25	7	28	13	35	−3	38	3	45	17	52	11	59
120	150	69	14	78	0	55	0	40	0	41	14	33	7	35	20	27.5	12.5	19	21	27	28	7	33	15	40	−5	45	3	52	21	61	13	68
150	180	72	14	81	0	58	0	43	0	44	14	36	7	38	20	30.5	12.5	22	21	30	28	10	33	18	40	−2	45	6	52	18	61	10	68
180	250	81	15	92	0	66	0	49	0	50	16	42	7	43	23	34.5	14.5	25	24	33	33	12	37	20	46	−2	51	6	60	21	70	13	79
250	315	94	17	106	0	77	0	57	0	61	16	50	7	51	26	41	16	30	27	41	36	16	41	25	52	0	57	11	66	22	79	11	88
315	400	103	18	117	0	85	0	64	0	67	18	57	7	56	28	46	18	35	29	45	40	18	46	28	57	2	62	12	73	23	87	13	98
400	500	116	20	130	0	96	0	73	0	76	20	66	7	64	31	53	20	41	32	51	45	23	50	33	63	6	67	16	80	22	95	12	108
500	630	130	22	148	0	108	0	82	0	—	—	—	—	73	35	60	22	50	44	38	70	12	70	12	96	−6	88	−6	114	40	122	40	148
630	800	149	24	170	0	125	0	95	0	—	—	—	—	85	40	70	25	75	50	45	80	15	80	15	110	−5	100	−5	130	43	138	43	168
800	1 000	176	26	200	0	150	0	116	0	—	—	—	—	105	45	88	28	100	56	60	90	26	90	26	124	4	112	4	146	40	156	40	190

[a] “—”号表示过盈。

表 A.5 0、6X 级公差圆锥滚子轴承与轴的配合

公称尺寸/mm		轴承内径偏差 Δ_{dmp}/μm		轴公差带																													
				f6		g6		g5		h6		h5		j5		j6		js6		k5		k6		m5		m6		n6		p6		r6	
				轴颈直径的极限偏差/μm																													
>	≤	上	下	上	下	上	下	上	下	上	下	上	下	上	下	上	下	上	下	上	下	上	下	上	下	上	下	上	下	上	下	上	下
10	18	0	−12	−16	−27	−6	−17	−6	−14	0	−11	0	−8	+5	−3	+8	−3	+5.5	−5.5	+9	+1	+12	+1	+15	+7	+18	+7	+23	+12	+29	+18	—	—
18	30	0	−12	−20	−33	−7	−20	−7	−16	0	−13	0	−9	+5	−4	+9	−4	+6.5	−6.5	+11	+2	+15	+2	+17	+8	+21	+8	+28	+15	+35	+22	—	—
30	50	0	−12	−25	−41	−9	−25	−9	−20	0	−16	0	−11	+6	−5	+11	−5	+8	−8	+13	+2	+18	+2	+20	+9	+25	+9	+33	+17	+42	+26	—	—
50	80	0	−15	−30	−49	−10	−29	−10	−23	0	−19	0	−13	+6	−7	+12	−7	+9.5	−9.5	+15	+2	+21	+2	+24	+11	+30	+11	+39	+20	+51	+32	—	—
80	120	0	−20	−36	−58	−12	−34	−12	−27	0	−22	0	−15	+6	−9	+13	−9	+11	−11	+18	+3	+25	+3	+28	+13	+35	+13	+45	+23	+59	+37	—	—
120 140 160	140 160 180	0	−25	−43	−68	−14	−39	−14	−32	0	−25	0	−18	+7	−11	+14	−11	+12.5	−12.5	+21	+3	+28	+3	+33	+15	+40	+15	+52	+27	+68	+43	+88 +90 +93	+63 +65 +68
180 200 225	200 225 250	0	−30	−50	−79	−15	−44	−15	−35	0	−29	0	−20	+7	−13	+16	−13	+14.5	−14.5	+24	+4	+33	+4	+37	+17	+46	+17	+60	+31	+79	+50	+106 +109 +113	+77 +80 +84
250 280	280 315	0	−35	−56	−88	−17	−49	−17	−40	0	−32	0	−23	+7	−16	—	—	+16	−16	+27	+4	+36	+4	+43	+20	+52	+20	+66	+34	+88	+56	+126 +130	+94 +98
315 355	355 400	0	−40	−62	−98	−18	−54	−18	−43	0	−36	0	−25	+7	−18	—	—	+18	−18	+29	+4	+40	+4	+46	+21	+57	+21	+73	+37	+98	+62	+144 +150	+108 +114

公称尺寸/mm		间隙/μm		间隙或过盈/μm																过盈/μm											
>	≤	最大	最小	最大间隙	最大过盈	最大间隙	最大过盈	最大间隙	最大过盈	最大间隙	最大过盈	最大间隙	最大过盈	最大间隙	最大过盈	最大间隙	最大过盈	最大间隙	最大过盈	最小	最大	最小	最大	最小	最大	最小	最大	最小	最大	最小	最大
10	18	27	4	17	6	14	6	11	12	8	12	3	18	3	20	5.5	17.5	—	—	—	—	—	—	—	—	—	—	—	—	—	—
18	30	33	8	20	5	16	5	13	12	9	12	4	18	4	21	6.5	18.5	2	23	2	27	—	—	—	—	—	—	—	—	—	—
30	50	41	13	25	3	20	3	16	12	11	12	5	18	5	23	8	20	2	25	2	30	9	32	9	37	—	—	—	—	—	—
50	80	49	15	29	5	23	5	19	15	13	15	7	21	7	27	9.5	24.5	2	30	2	36	11	39	11	45	20	54	—	—	—	—
80	120	58	16	34	8	27	8	22	20	15	20	9	26	9	33	11	31	3	38	3	45	13	48	13	55	23	65	37	79	—	—
120 140 160	140 160 180	68	18	39	11	32	11	25	25	18	25	11	32	11	39	12.5	37.5	3	46	3	53	15	58	15	65	27	77	43	93	63 65 68	113 115 118
180 200 225	200 225 250	79	20	44	15	35	15	29	30	20	30	13	37	13	46	14.5	44.5	4	54	4	63	17	67	17	67	31	90	50	109	77 80 84	136 139 143
250 280	280 315	88	21	49	18	40	18	32	35	23	35	16	42	—	—	16	51	4	62	4	71	20	78	20	87	34	101	56	123	94 98	161 165
315 355	355 400	98	22	54	22	43	22	36	40	25	40	18	47	—	—	18	58	4	69	4	80	21	86	21	97	37	113	62	138	108 114	184 190

表 A.6　0、6X 级公差圆锥滚子轴承与轴承座孔的配合

公称尺寸/mm		轴承外径偏差 Δ_{Dmp}/μm		孔公差带																															
				G7		H8		H7		H6		J7		J6		JS7		JS6		K6		K7		M6		M7		N6		N7		P6		P7	
				轴承座孔直径的极限偏差/μm																															
>	≤	上	下	上	下	上	下	上	下	上	下	上	下	上	下	上	下	上	下	上	下	上	下	上	下	上	下	上	下	上	下	上	下	上	下
30	50	0	−14	+34	+9	+39	0	+25	0	+16	0	+14	−11	+10	−6	+12	−12	+8.5	−8.5	+3	−13	+7	−18	−4	−20	0	−25	−12	−28	−8	−33	−21	−37	−17	−42
50	80	0	−16	+40	+10	+46	0	+30	0	+19	0	+18	−12	+13	−6	+15	−15	+9.5	−9.5	+4	−15	+9	−21	−5	−24	0	−30	−14	−33	−9	−39	−26	−45	−21	−51
80	120	0	−18	+47	+12	+54	0	+35	0	+22	0	+22	−13	+16	−6	+17	−17	+11	−11	+4	−18	+10	−25	−6	−28	0	−35	−16	−38	−10	−45	−30	−52	−24	−59
120	150	0	−20	+54	+14	+63	0	+40	0	+25	0	+26	−14	+18	−7	+20	−20	+12.5	−12.5	+4	−21	+12	−28	−8	−33	0	−40	−20	−45	−12	−52	−36	−61	−28	−68
150	180	0	−25	+54	+14	+63	0	+40	0	+25	0	+26	−14	+18	−7	+20	−20	+12.5	−12.5	+4	−21	+12	−28	−8	−33	0	−40	−20	−45	−12	−52	−36	−61	−28	−68
180	250	0	−30	+61	+15	+72	0	+46	0	+29	0	+30	−16	+22	−7	+23	−23	+14.5	−14.5	+5	−24	+13	−33	−8	−37	0	−46	−22	−51	−14	−60	−41	−70	−33	−79
250	315	0	−35	+69	+17	+81	0	+52	0	+32	0	+36	−16	+25	−7	+26	−26	+16	−16	+5	−27	+16	−36	−9	−41	0	−52	−25	−57	−14	−66	−47	−79	−36	−88
315	400	0	−40	+75	+18	+89	0	+57	0	+36	0	+39	−18	+29	−7	+28	−28	+18	−18	+7	−29	+17	−40	−10	−46	0	−57	−26	−62	−16	−73	−51	−87	−41	−98
400	500	0	−45	+83	+20	+97	0	+63	0	+40	0	+43	−20	+33	−7	+31	−31	+20	−20	+8	−32	+18	−45	−10	−50	0	−63	−27	−67	−17	−80	−55	−95	−45	−108

公称尺寸/mm		间隙/μm		间隙或过盈/μm																										过盈/μm			
>	≤	最大	最小	最大间隙	最大过盈	最大间隙	最大过盈	最大间隙	最大过盈	最大间隙	最大过盈	最大间隙	最大过盈	最大间隙	最大过盈	最大间隙	最大过盈	最大间隙	最大过盈	最大间隙	最大过盈	最大间隙	最大过盈	最大间隙	最大过盈	最大间隙	最大过盈	最大间隙	最大过盈	最小	最大	最小	最大
30	50	48	9	50	0	39	0	30	0	28	11	24	6	26	12	22	8	17	13	21	18	10	20	14	25	2	28	6	33	7	37	3	42
50	80	56	10	59	0	46	0	35	0	34	12	29	6	31	15	25.5	9.5	20	15	25	21	11	24	16	30	2	33	7	39	10	45	5	51
80	120	65	12	69	0	53	0	40	0	40	13	34	6	35	17	29	11	22	18	28	25	12	28	18	35	2	38	8	45	12	52	6	59
120	150	74	14	81	0	60	0	45	0	46	14	38	7	40	20	32.5	12.5	24	21	32	28	12	33	20	40	0	45	8	52	16	61	8	68
150	180	79	14	88	0	65	0	50	0	51	14	43	7	45	20	37.5	12.5	29	21	37	28	17	33	25	40	5	45	13	52	11	61	3	68
180	250	91	15	102	0	76	0	59	0	60	16	52	7	53	23	44.5	14.5	35	24	43	33	22	37	30	46	8	51	16	60	11	70	3	79
250	315	104	17	116	0	87	0	67	0	71	16	60	7	61	26	51	16	40	27	51	36	26	41	35	52	10	57	21	66	12	79	1	88
315	400	115	18	129	0	97	0	76	0	79	18	69	7	68	28	58	18	47	29	57	40	30	46	40	57	14	62	24	73	11	87	1	98
400	500	128	20	142	0	108	0	85	0	88	20	78	7	76	31	65	20	53	32	63	45	35	50	45	63	18	67	28	80	10	95	0	108

参 考 文 献

[1] GB/T 273.1—2011 滚动轴承 外形尺寸总方案 第1部分:圆锥滚子轴承
[2] GB/T 273.2—2006 滚动轴承 推力轴承 外形尺寸总方案
[3] GB/T 273.3—2015 滚动轴承 外形尺寸总方案 第3部分:向心轴承
[4] GB/T 307.1—2005 滚动轴承 向心轴承 公差
[5] GB/T 4604.1—2012 滚动轴承 游隙 第1部分:向心轴承的径向游隙

ICS 17.040.10
J 04

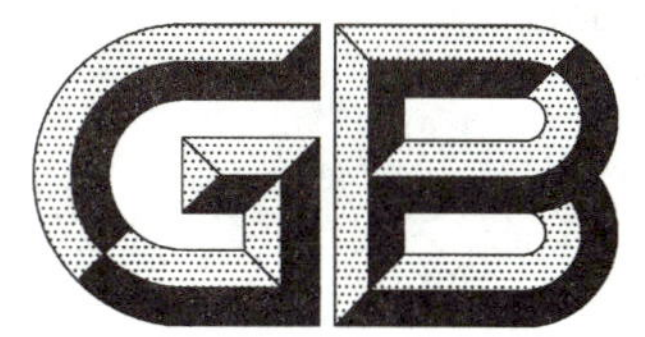

中华人民共和国国家标准

GB/T 1182—2008/ISO 1101:2004
代替 GB/T 1182—1996

产品几何技术规范(GPS) 几何公差 形状、方向、位置和跳动公差标注

**Geometrical Product Specifications(GPS)—
Geometrical tolerancing—
Tolerances of form, orientation, location and run-out**

(ISO 1101:2004,IDT)

2008-02-28 发布 2008-08-01 实施

中华人民共和国国家质量监督检验检疫总局
中国国家标准化管理委员会 发布

前　言

本标准规定了工件几何公差(形状、方向、位置和跳动公差)标注的基本要求和方法。本标准适用于工件的几何公差标注。

本标准等同采用 ISO 1101:2004《产品几何技术规范(GPS)　几何公差　形状、方向、位置和跳动公差标注》(英文版)。主要差异如下:

——按照汉语习惯作了编辑性修改,删除了国际标准的前言;

——删除了国际标准的导言;

——针对国际标准第 18 章中的尺寸、角度标注的不一致性,本标准在表 3 中作了编辑性修改。如在"公差带的定义"栏中公差带图例的线性尺寸和角度尺寸统一用 L、α 等字母注出,"标注及解释"栏中图例的线性尺寸和角度尺寸统一用数字注出。

本标准中的"几何公差"即旧标准中的"形状和位置公差"。

为与相关标准的术语取得一致,将旧标准"中心要素"改为"导出要素","轮廓要素"改为"组成要素","测得要素"改为"提取要素"等。

本标准的附录 A 和附录 C 为资料性附录,附录 B 为规范性附录。

本标准由全国产品尺寸和几何技术规范标准化技术委员会提出并归口。

本标准起草单位:机械科学研究院中机生产力促进中心、中国航空综合技术研究所、北京理工大学、国家机动车产品质量监督检验中心(上海)、华中科技大学、航天二院 23 所、航天二院 206 所。

本标准主要起草人:王欣玲、王喜力、刘巽尔、杨东拜、倪新珉、陈景玉、崔瑞志、李柱、刘启国、刘宏宇、李学真。

本标准所代替标准的历次版本发布情况为:

——GB 1182—1974、GB/T 1182—1980、GB/T 1182—1996;

——GB 1183—1975、GB/T 1183—1980。

引　　言

本标准是产品几何技术规范(GPS)系列中通用的 GPS 标准之一(见 GB/Z 20308—2006)。它涉及形状、方向、位置和跳动公差这些标准链的第 1、第 2 两个链环;涉及基准标准链的第 1 个链环。

本标准与 GPS 矩阵之间关系的详细说明见附录 C。

本标准提出了几何公差的基础概念,描述了几何公差的基本原理。查阅本标准第 2 章和表 2 所提到的相关标准可以获得更加详细的相关信息。

有关图例中字体的比例、尺寸的规定见 GB/T 14691。为了规范化,本标准图例按第 1 角投影画出,尺寸和公差数值都采用米制。如果使用第 3 角投影和其他计量单位,本标准的规定仍然适用。

本标准中的图例只用于解释条款内容,并不反映实际应用情况。因此,这些图例所表现的只是相应的一般原则,图中的尺寸、公差也可能是不完整的。

本标准的附录 A 只提供参考资料,它列出一些以前曾经使用过的标注方法,这些标注方法在本版本中已经废止,以后不再使用。

各种要素的定义取自 GB/T 18780.1 和 GB/T 18780.2。这两项标准给出的术语有别于以前曾经使用过的术语。

本标准中的“轴线”和“中心平面”用于表述理想形状的导出要素,“中心线”和“中心面”用于表述非理想形状的导出要素。另外,下列线型用于解释性的示意图,仅出现在 GB/T 4457 所规定的非技术图样中。

要素层次	要素类型	要素形式	线型	
			可见的	不可见的
公称要素 (理想要素)	组成(实体)要素	点 线 表面 / 平面	粗实线	细虚线
	导出要素	点 线 / 轴线 面 / 平面	细长点画线	细点画线
实际要素	组成要素	表面	粗不规则实线	细不规则虚线
提取要素	轮廓表面	点 线 表面	粗短虚线	细短虚线
导出要素	导出要素	点 线 面	粗点	细点
拟合要素	组成要素	点 直线 表面 / 平面	粗双虚双点线	细双虚双点线
	导出要素	点 直线 平面	粗长双点画线	细双点画线

表(续)

要素层次	要素类型	要素形式	线型	
			可见的	不可见的
拟合要素	基准	点 直线 表面/平面	粗长画双短画线	细长画双短画线
公差带界限、各公差平面		线 面	细实线	细虚线
截面、说明用的平面、图示平面、辅助平面		线 面	细长短虚线	细短虚线
延长线、尺寸线、指引线		线	细实线	细虚线
注:表中规定的线型与图例中线型不完全一致,本表仅供参考。				

产品几何技术规范(GPS) 几何公差 形状、方向、位置和跳动公差标注

1 范围

本标准规定了工件几何公差(形状、方向、位置和跳动公差)标注的基本要求和方法。

本标准适用于工件的几何公差标注。

注：在第2章及表2中引用的标准给出了更详细的信息。

2 规范性引用文件

下列文件中的条款通过本标准的引用而成为本标准的条款。凡是注日期的引用文件，其随后所有的修改单(不包括勘误的内容)或修订版均不适用于本标准，然而，鼓励根据本标准达成协议的各方研究是否可使用这些文件的最新版本。凡是不注日期的引用文件，其最新版本适用于本标准。

GB/T 4249 公差原则(GB/T 4249—1996,eqv ISO 8015:1985)

GB/T 4457.4 机械制图 图样画法 图线(GB/T 4457.4—2002,eqv ISO 128-24:1999)

GB/T 13319 产品几何量技术规范(GPS)几何公差 位置度公差注法(GB/T 13319—2003,ISO 5458:1998,IDT)

GB/T 16671 形状和位置公差 最大实体要求、最小实体要求和可逆要求(GB/T 16671—1996,eqv ISO/DIS 2692:1996)

GB/T 16892 形状和位置公差 非刚性零件注法(GB/T 16892—1997,eqv ISO 10579:1993)

GB/T 17773 形状和位置公差 延伸公差带及其表示法(GB/T 17773—1999,eqv ISO 10578:1992)

GB/T 17851 形状和位置公差 基准和基准体系(GB/T 17851—1999,eqv ISO 5459:1981)

GB/T 17852 形状和位置公差 轮廓的尺寸和公差注法(GB/T 17852—1999,eqv ISO 1660:1982)

GB/T 18780.1 产品几何量技术规范(GPS)几何要素 第1部分：基本术语和定义(GB/T 18780.1—2002,ISO 14660-1:1999,IDT)

GB/T 18780.2 产品几何量技术规范(GPS)几何要素 第2部分：圆柱面和圆锥面的提取中心线、平行平面的提取中心面、提取要素的局部尺寸(GB/T 18780.2—2003,ISO 14660-2:1999,IDT)

ISO/TS 12180-1:2003 产品几何技术规范(GPS) 圆柱度 第1部分:圆柱度词汇和参数

ISO/TS 12180-2:2003(E) 产品几何技术规范(GPS) 圆柱度 第2部分:规范操作算子

ISO/TS 12181-1:2003 产品几何技术规范(GPS) 圆度 第1部分:圆度词汇和参数

ISO/TS 12181-2:2003 产品几何技术规范(GPS) 圆度 第2部分:规范操作算子

ISO/TS 12780-1:2003 产品几何技术规范(GPS)直线度 第1部分:直线度词汇和参数

ISO/TS 12780-2:2003 产品几何技术规范(GPS)直线度 第2部分:规范操作算子

ISO/TS 12781-1:2003 产品几何技术规范(GPS) 平面度 第1部分:平面度词汇和参数

ISO/TS 12781-2:2003 产品几何技术规范(GPS) 平面度 第2部分:规范操作算子

ISO/TS 17450-2:2002 产品几何量技术规范(GPS)一般概念 第2部分:基本原则、规范、操作算子和不确定度

3 术语和定义

GB/T 18780.1、GB/T 18780.2 给出的术语和定义及下列术语和定义适用于本标准。

3.1

公差带 tolerance zone

由一个或几个理想的几何线或面所限定的、由线性公差值表示其大小的区域。

4 基本概念

4.1 应按照功能要求给定几何公差,同时考虑制造和检测上的要求。

注:在图样上标注的几何公差并不一定要指明应采用的特定的加工、测量或检验方法。

4.2 对要素规定的几何公差确定了公差带,该要素应限定在公差带之内。

4.3 要素是工件上的特定部位,如点、线或面。这些要素可以是组成要素(如圆柱体的外表面),也可以是导出要素(如中心线或中心面),见 GB/T 18780.1。

4.4 根据公差的几何特征及其标注方式,公差带的主要形状如下:

——一个圆内的区域;

——两同心圆之间的区域;

——两等距线或两平行直线之间的区域;

——一个圆柱面内的区域;

——两同轴圆柱面之间的区域;

——两等距面或两平行平面之间的区域;

——一个圆球面内的区域。

4.5 除非有进一步限制的要求,例如标有附加性说明(见图 8),被测要素在公差带内可以具有任何形状、方向或位置。

4.6 除非另有规定(见第 12 章及第 13 章),公差适用于整个被测要素。

4.7 相对于基准给定的几何公差并不限定基准要素本身的几何误差。基准要素的几何公差可另行规定。

5 符号

几何公差的几何特征、符号和附加符号见表 1 和表 2。

表 1 几何特征符号

公差类型	几何特征	符 号	有无基准	参见条款
形状公差	直线度	—	无	18.1
	平面度	⏥	无	18.2
	圆度	○	无	18.3
	圆柱度	⌭	无	18.4
	线轮廓度	⌒	无	18.5
	面轮廓度	⌓	无	18.7

表 1(续)

公差类型	几何特征	符　　号	有无基准	参见条款
方向公差	平行度	//	有	18.9
	垂直度	⊥	有	18.10
	倾斜度	∠	有	18.11
	线轮廓度	⌒	有	18.6
	面轮廓度	⌓	有	18.8
位置公差	位置度	⌖	有或无	18.12
	同心度 (用于中心点)	◎	有	18.13
	同轴度 (用于轴线)	◎	有	18.13
	对称度	⌯	有	18.14
	线轮廓度	⌒	有	18.6
	面轮廓度	⌓	有	18.8
跳动公差	圆跳动	↗	有	18.15
	全跳动	⌰	有	18.16

表 2　附加符号

说　　明	符　　号	参见的章条和标准
被测要素		第 7 章
基准要素	A　A	第 9 章及 GB/T 17851
基准目标	ϕ2 / A1	GB/T 17851
理论正确尺寸	50	第 11 章
延伸公差带	Ⓟ	第 13 章及 GB/T 17773
最大实体要求	Ⓜ	第 14 章及 GB/T 16671

表 2(续)

说　明	符　号	参见的章条和标准
最小实体要求	Ⓛ	第 15 章及 GB/T 16671
自由状态条件(非刚性零件)	Ⓕ	第 16 章及 GB/T 16892
全周(轮廓)		10.1
包容要求	Ⓔ	GB/T 4249
公共公差带	CZ	8.5
小径	LD	10.2
大径	MD	10.2
中径、节径	PD	10.2
线素	LE	18.9.4
不凸起	NC	6.3
任意横截面	ACS	18.13.1

注 1：GB/T 1182—1996 中规定的基准符号为 Ⓐ。

注 2：如需标注可逆要求，可采用符号 Ⓡ，见 GB/T 16671。

6　公差框格

6.1　用公差框格标注几何公差时，公差要求注写在划分成两格或多格的矩形框格内。各格自左至右顺序标注以下内容(见图 1～图 5)：

——几何特征符号；

——公差值，以线性尺寸单位表示的量值。如果公差带为圆形或圆柱形，公差值前应加注符号"ϕ"；如果公差带为圆球形，公差值前应加注符号"$S\phi$"；

——基准，用一个字母表示单个基准或用几个字母表示基准体系或公共基准(见图 2～图 5)。

| 0.1 |

| // | 0.1 | A |

| ϕ0.1 | A | C | B |

| $S\phi$0.1 | A | B | C |

| ϕ0.1 | A—B |

图 1　图 2　图 3　图 4　图 5

6.2　当某项公差应用于几个相同要素时，应在公差框格的上方被测要素的尺寸之前注明要素的个数，并在两者之间加上符号"×"(见图 6 和图 7)。

图 6　图 7

6.3　如果需要限制被测要素在公差带内的形状，应在公差框格的下方注明(见图 8)。

注：参见表 2。

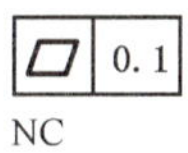

图 8

6.4 如果需要就某个要素给出几种几何特征的公差，可将一个公差框格放在另一个的下面(见图 9)。

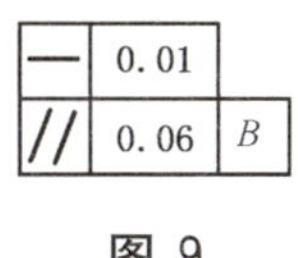

图 9

7 被测要素

按下列方式之一用指引线连接被测要素和公差框格。指引线引自框格的任意一侧，终端带一箭头。

——当公差涉及轮廓线或轮廓面时，箭头指向该要素的轮廓线或其延长线(应与尺寸线明显错开，见图 10、图 11)；箭头也可指向引出线的水平线，引出线引自被测面(见图 12)。

——当公差涉及要素的中心线、中心面或中心点时，箭头应位于相应尺寸线的延长线上(见图 13～图 15)。

需要指明被测要素的形式(是线而不是面)时，应在公差框格附近注明(见图 89)。

注：当被测要素是线素时，可能需要规定被测线素所在截面的方向，见图 89。

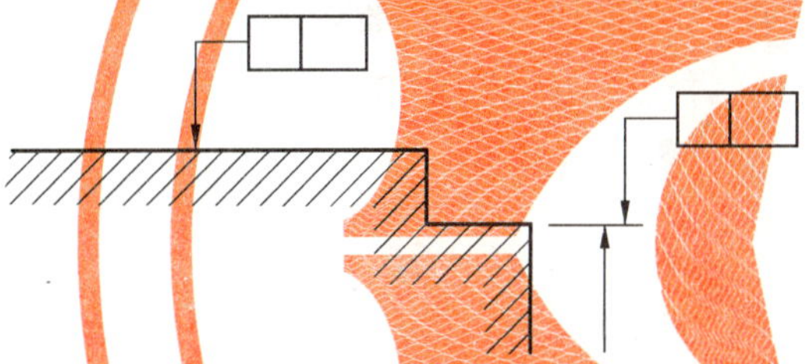

图 10

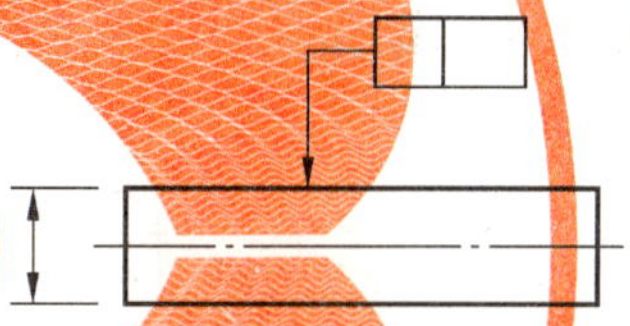

图 11

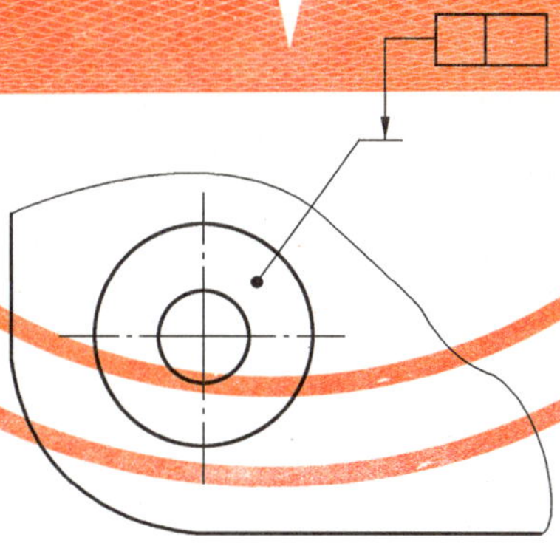

图 12

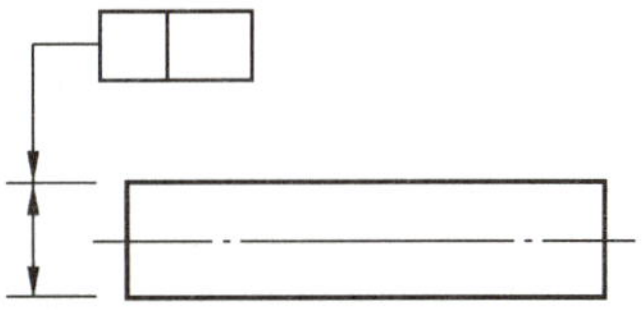

图 13

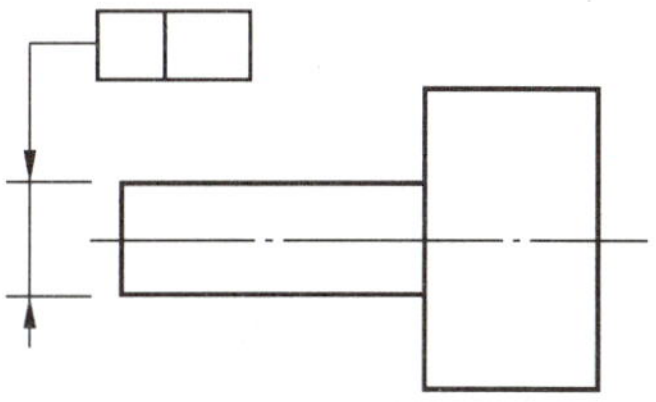

图 14

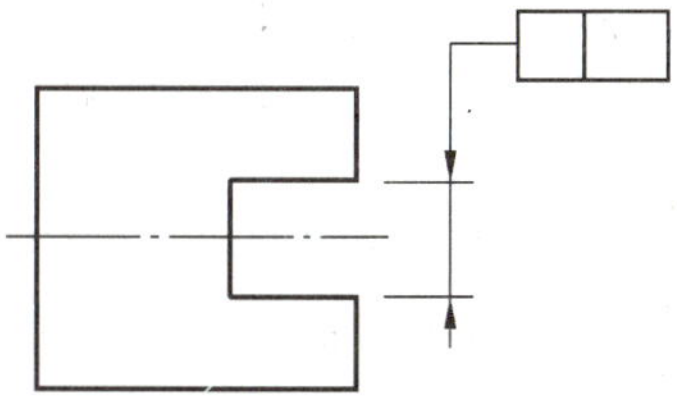

图 15

8 公差带

8.1 公差带的宽度方向为被测要素的法向(示例见图 16 和图 17)。另有说明时除外(见图 18 和图 19)。

注:指引线箭头的方向不影响对公差的定义。

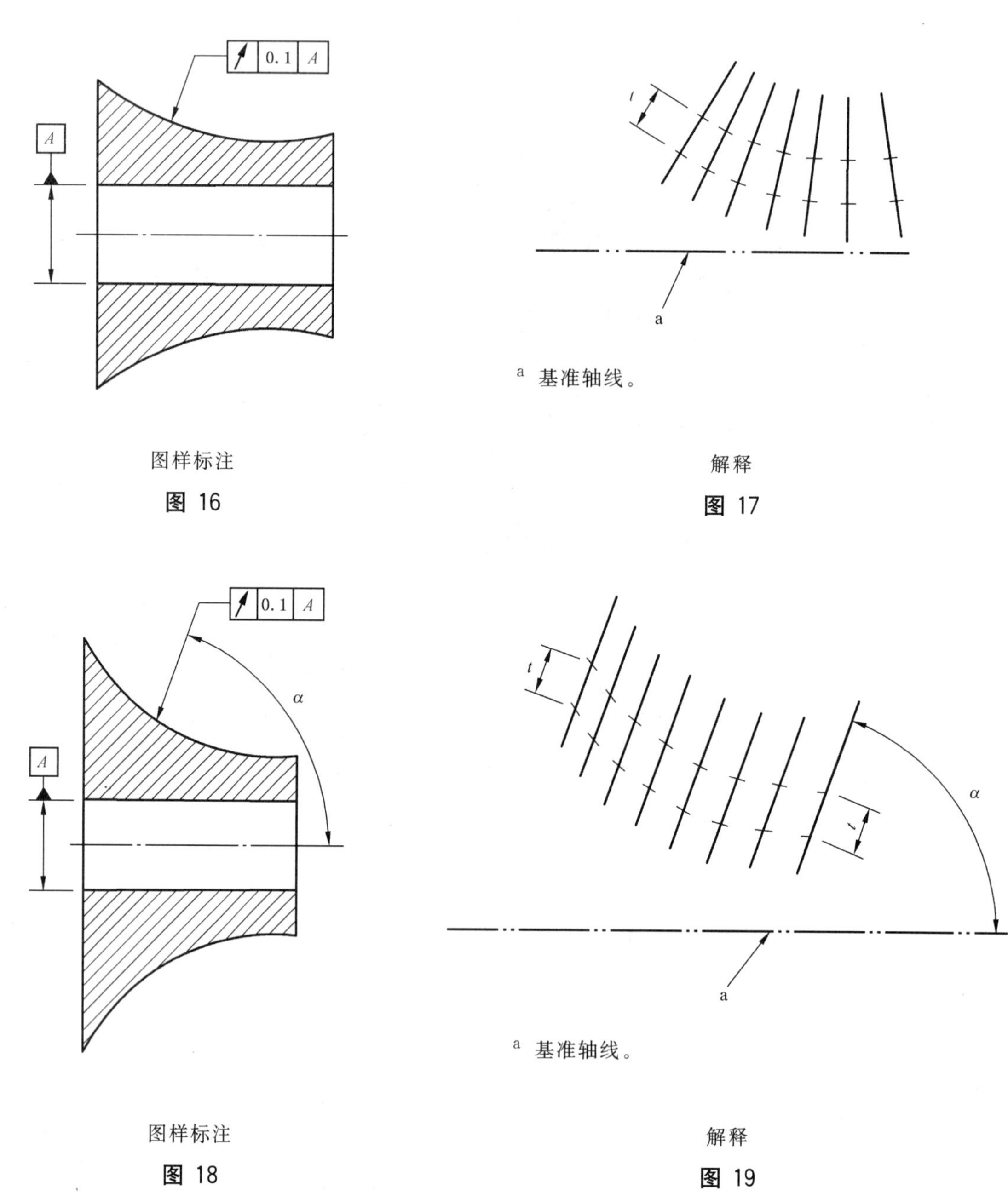

a 基准轴线。

图样标注

图 16

解释

图 17

图样标注

图 18

解释

图 19

图 18 中 α 角应注出(即使它等于 90°)。

圆度公差带的宽度应在垂直于公称轴线的平面内确定。

8.2 当中心点、中心线、中心面在一个方向上给定公差时:

——除非另有说明,位置公差公差带的宽度方向为理论正确尺寸(TED)图框的方向,并按指引线箭头所指互成 0°或 90°(见图 20);

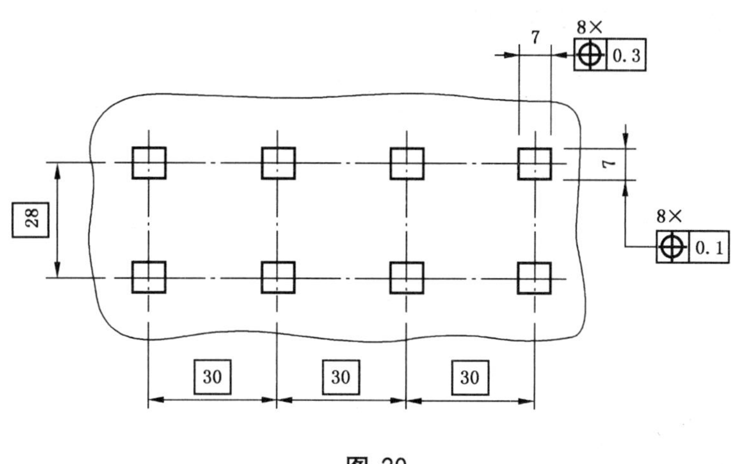

图 20

——除非另有说明，方向公差公差带的宽度方向为指引线箭头方向，与基准成 0°或 90°(见图 21、图 22)；

——除非另有规定，当在同一基准体系中规定两个方向的公差时，它们的公差带是互相垂直的(见图 21、图 22)。

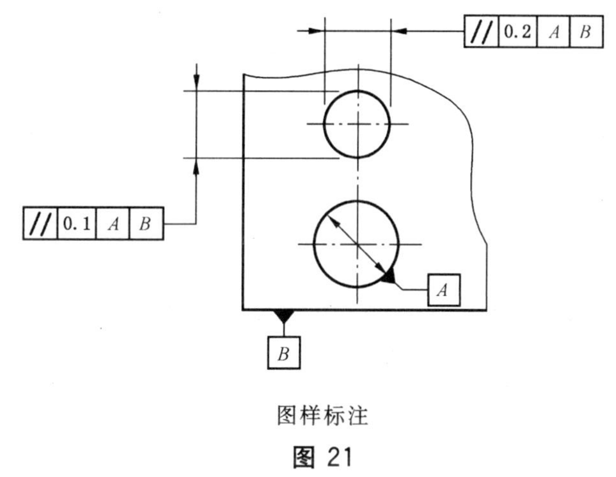

图样标注

图 21

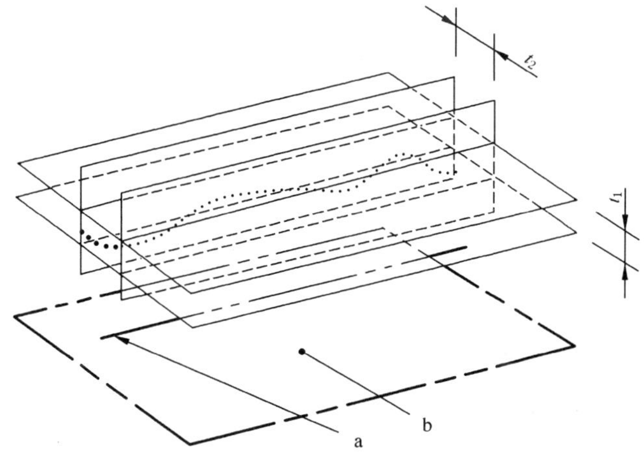

a 基准轴线；

b 基准平面。

解释

图 22

8.3 若公差值前面标注符号“ϕ”，公差带为圆柱形（见图 23 和图 24）或圆形；若公差值前面标注符号“$S\phi$”，公差带为圆球形。

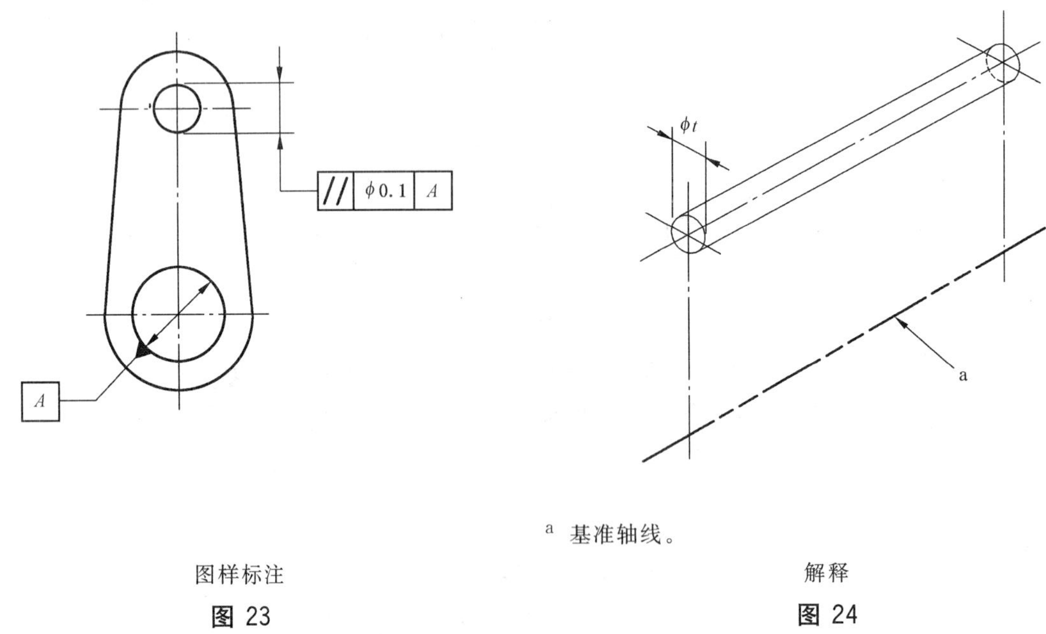

a 基准轴线。

图样标注

图 23

解释

图 24

8.4 一个公差框格可以用于具有相同几何特征和公差值的若干个分离要素（见图 25）。

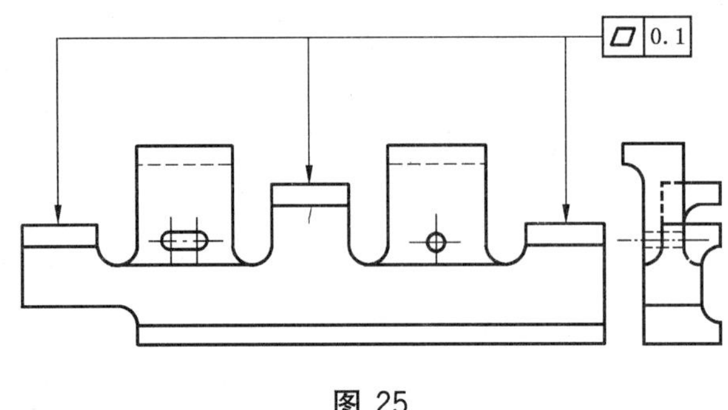

图 25

8.5 若干个分离要素给出单一公差带时，可按图 26 在公差框格内公差值的后面加注公共公差带的符号 CZ。

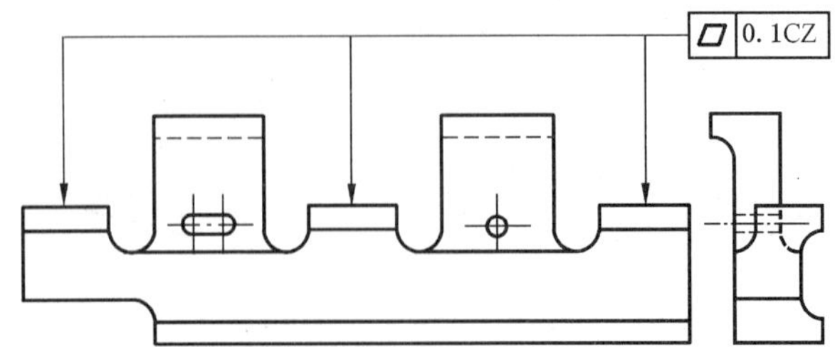

图 26

9 基准

9.1 基准应按 9.2～9.5 所示规定标注。详见 GB/T 17851。

9.2 与被测要素相关的基准用一个大写字母表示。字母标注在基准方格内，与一个涂黑的或空白的三角形相连以表示基准(见图 27 和图 28)；表示基准的字母还应标注在公差框格内。涂黑的和空白的基准三角形含义相同。

图 27　　　　图 28

9.3 带基准字母的基准三角形应按如下规定放置：

——当基准要素是轮廓线或轮廓面时，基准三角形放置在要素的轮廓线或其延长线上(与尺寸线明显错开，见图 29)；基准三角形也可放置在该轮廓面引出线的水平线上(见图 30)。

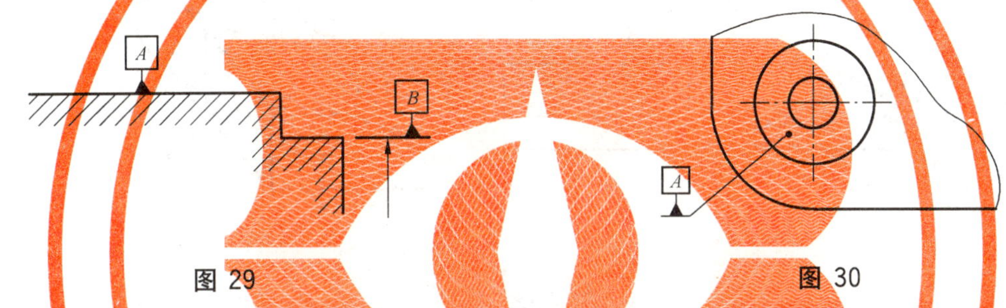

图 29　　　　图 30

——当基准是尺寸要素确定的轴线、中心平面或中心点时，基准三角形应放置在该尺寸线的延长线上(见图 31～图 33)。如果没有足够的位置标注基准要素尺寸的两个尺寸箭头，则其中一个箭头可用基准三角形代替(见图 32 和图 33)。

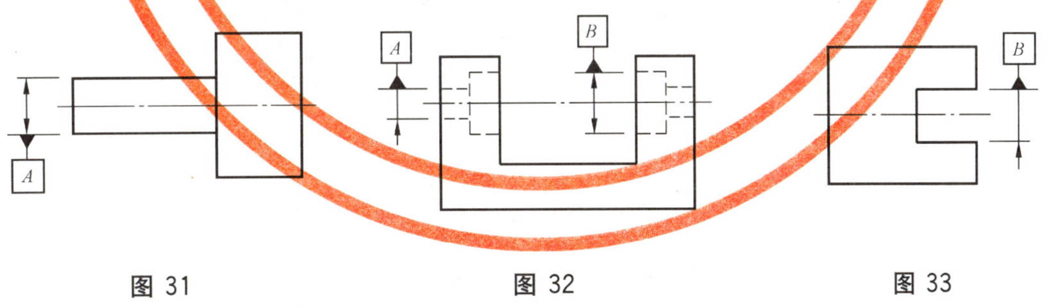

图 31　　　　图 32　　　　图 33

9.4 如果只以要素的某一局部作基准，则应用粗点画线示出该部分并加注尺寸(见图 34)，参见 GB/T 4457.4表 2。

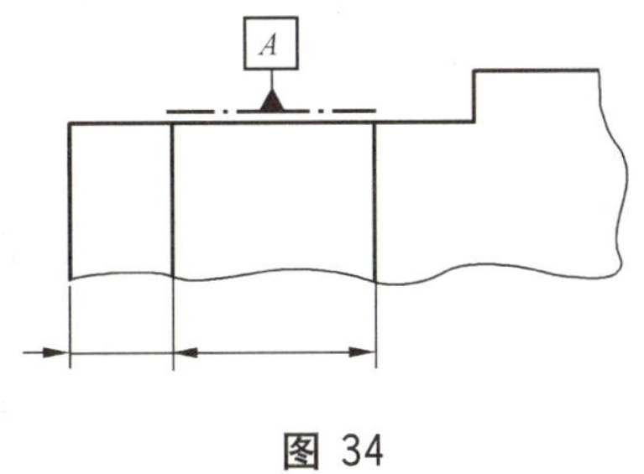

图 34

9.5 以单个要素作基准时，用一个大写字母表示(见图 35)。

以两个要素建立公共基准时，用中间加连字符的两个大写字母表示(示例见图 36)。

以两个或三个基准建立基准体系(即采用多基准)时，表示基准的大写字母按基准的优先顺序自左至右填写在各框格内(见图 37)。

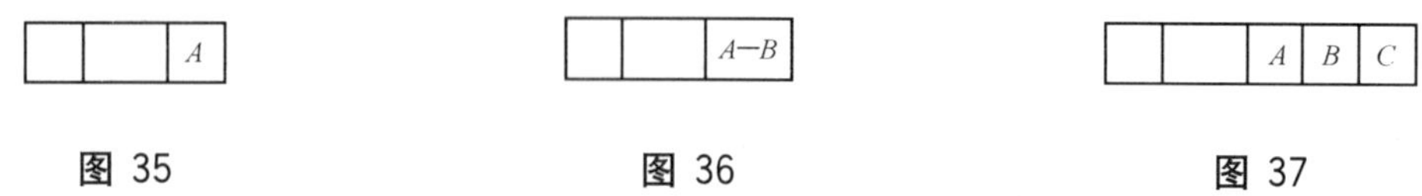

图 35　　图 36　　图 37

10 附加标记

10.1 如果轮廓度特征适用于横截面的整周轮廓或由该轮廓所示的整周表面时，应采用“全周”符号表示(见图 38 和图 39)。“全周”符号并不包括整个工件的所有表面，只包括由轮廓和公差标注所表示的各个表面(见图 38 和图 39)。

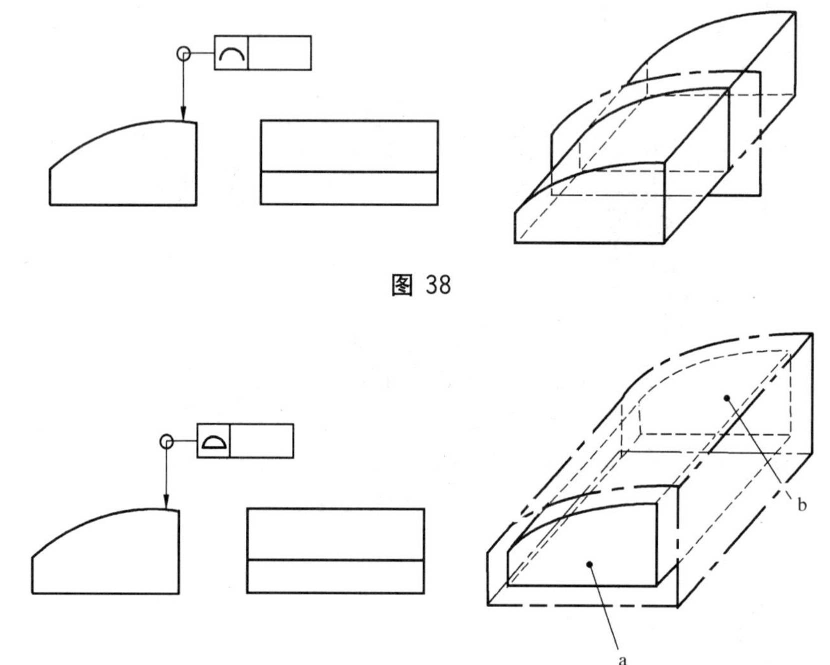

图 38

注：图中长画短画线表示所涉及的要素，不涉及图中的表面 a 和表面 b 。

图 39

10.2 以螺纹轴线为被测要素或基准要素时，默认为螺纹中径圆柱的轴线，否则应另有说明，例如用“MD”表示大径，用“LD”表示小径(见图 40、41 示例)。以齿轮、花键轴线为被测要素或基准要素时，需说明所指的要素，如用“PD”表示节径，用“MD”表示大径，用“LD”表示小径。

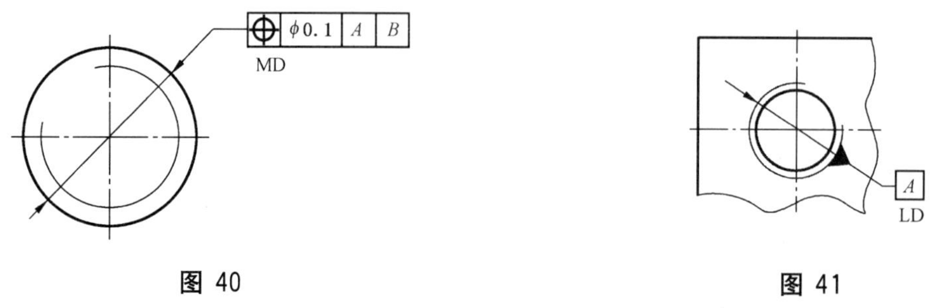

图 40　　图 41

11 理论正确尺寸

当给出一个或一组要素的位置、方向或轮廓度公差时，分别用来确定其理论正确位置、方向或轮廓的尺寸称为理论正确尺寸(TED)。

TED 也用于确定基准体系中各基准之间的方向、位置关系。

TED 没有公差，并标注在一个方框中(见图 42 和图 43 示例)。

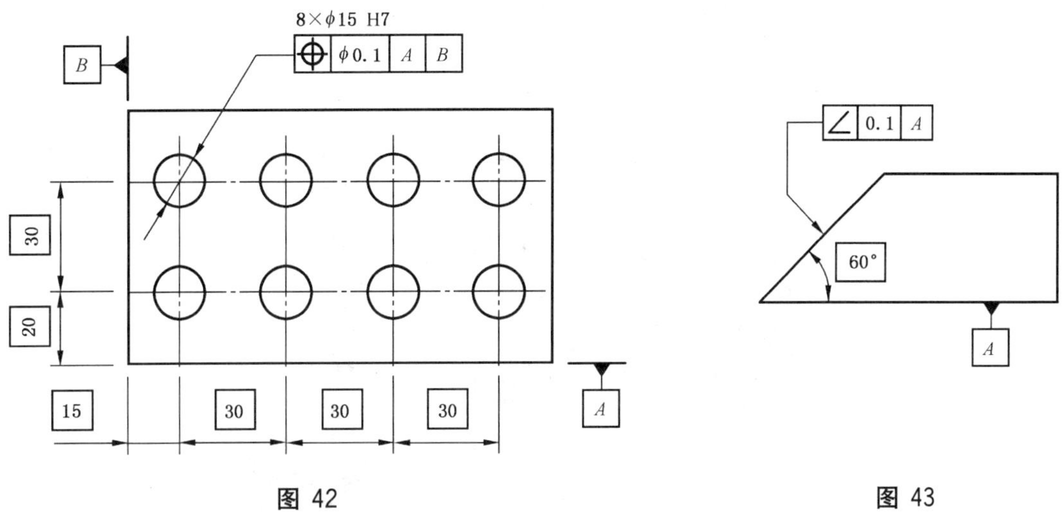

图 42　　　　图 43

12 限定性规定

12.1 需要对整个被测要素上任意限定范围标注同样几何特征的公差时，可在公差值的后面加注限定范围的线性尺寸值，并在两者间用斜线隔开[见图 44 a)]。如果标注的是两项或两项以上同样几何特征的公差，可直接在整个要素公差框格的下方放置另一个公差框格[见图 44 b)]。

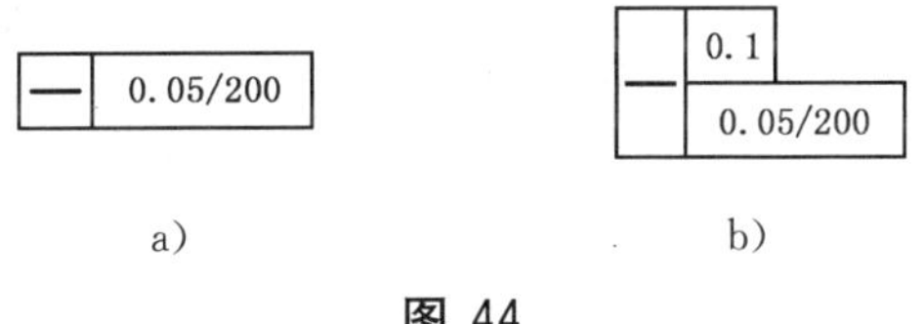

a)　　　　b)

图 44

12.2 如果给出的公差仅适用于要素的某一指定局部，应采用粗点画线示出该局部的范围，并加注尺寸(见图 45 和图 46)。详见 GB/T 4457.4。

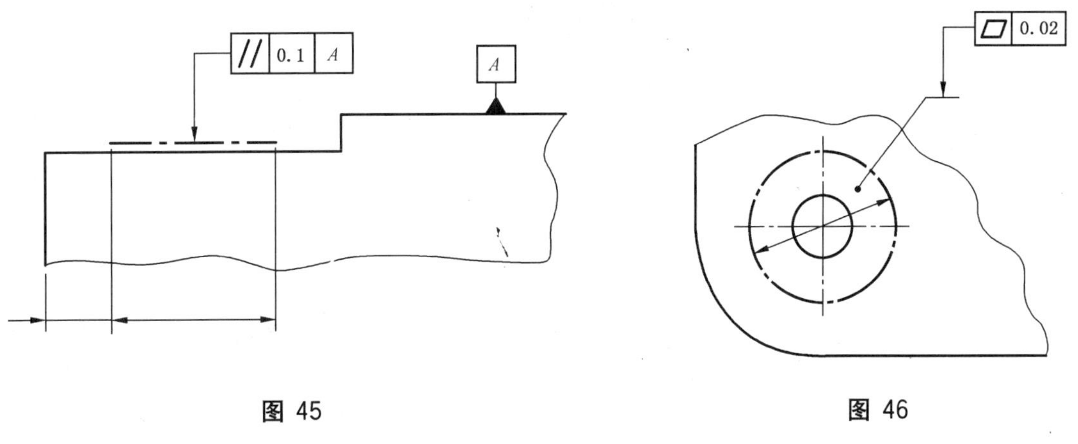

图 45　　　　图 46

12.3 局部要素作基准时的标注方法见 9.4。

12.4 对被测要素在公差带内的形状的限制见 6.3 和第 7 章。

13 延伸公差带

延伸公差带用规范的附加符号Ⓟ表示(见图 47)。详见 GB/T 17773。

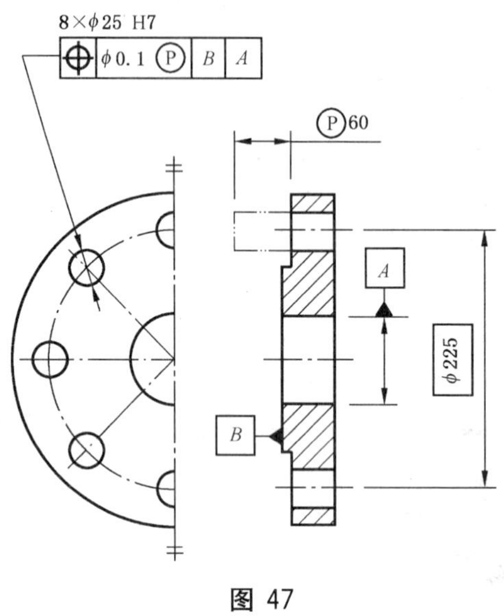

图 47

14 最大实体要求

最大实体要求用规范的附加符号Ⓜ表示。该附加符号可根据需要单独或者同时标注在相应公差值和(或)基准字母的后面(见图 48～图 50 示例)。详见 GB/T 16671。

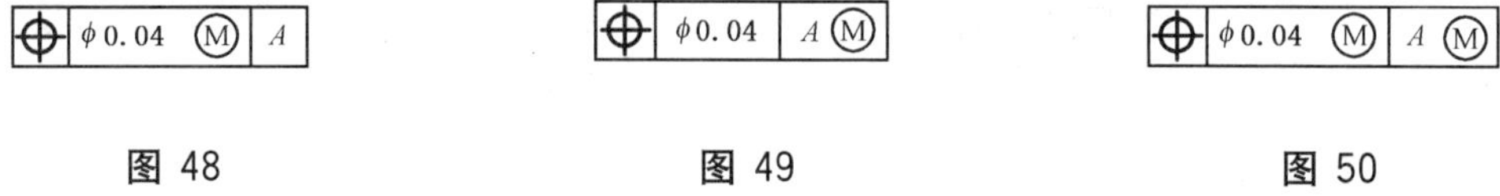

图 48　　图 49　　图 50

15 最小实体要求

最小实体要求用规范的附加符号Ⓛ表示。该附加符号可根据需要单独或者同时标注在相应公差值和(或)基准字母的后面(见图 51～图 53 示例)。详见 GB/T 16671。

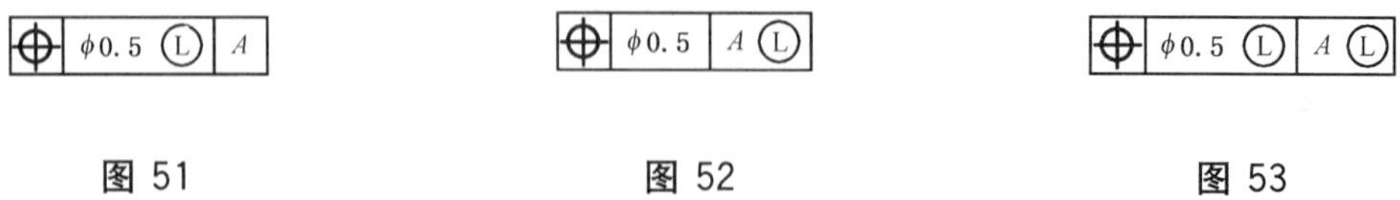

图 51　　图 52　　图 53

16 自由状态下的要求

非刚性零件自由状态下的公差要求应该用在相应公差值的后面加注规范的附加符号Ⓕ的方法表示(见图 54 和图 55)。详见 GB/T 16892。

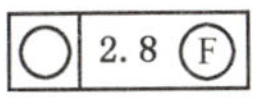

○	2.8 Ⓕ

图 54

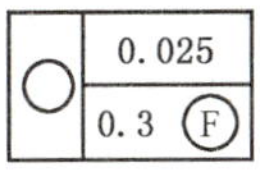

○	0.025
	0.3 Ⓕ

图 55

注：各附加符号Ⓟ、Ⓜ、Ⓛ、Ⓕ和CZ，可同时用于同一个公差框格中(见图56)。

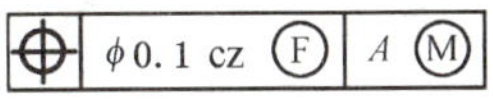

⌖	ϕ0.1 cz Ⓕ	A Ⓜ

图 56

17 各类几何公差之间的关系

如果功能需要，可以规定一种或多种几何特征的公差以限定要素的几何误差。限定要素某种类型几何误差的几何公差，亦能限制该要素其他类型的几何误差。

要素的位置公差可同时控制该要素的位置误差、方向误差和形状误差。

要素的方向公差可同时控制该要素的方向误差和形状误差。

要素的形状公差只能控制该要素的形状误差。

18 几何公差的定义

本章以示例的形式对各种几何公差及其公差带作出了定义和解释(见表3)。随定义给出的示意图只示出与特定定义相应的几何误差的允许范围。

表 3　公差带的定义、标注和解释

尺寸单位为毫米(mm)

符号	公差带的定义	标注及解释
	18.1　直线度公差	
—	公差带为在给定平面内和给定方向上，间距等于公差值 t 的两平行直线所限定的区域(图 57)。 a 任一距离。 图 57 公差带为间距等于公差值 t 的两平行平面所限定的区域(图 59)。 图 59 由于公差值前加注了符号 ϕ，公差带为直径等于公差值 ϕt 的圆柱面所限定的区域(图 61) 图 61	在任一平行于图示投影面的平面内，上平面的提取(实际)线应限定在间距等于 0.1 的两平行直线之间(图 58)。 — 0.1 图 58 提取(实际)的棱边应限定在间距等于 0.1 的两平行平面之间(图 60)。 — 0.1 图 60 外圆柱面的提取(实际)中心线应限定在直径等于 $\phi 0.08$ 的圆柱面内(图 62) — ϕ0.08 图 62

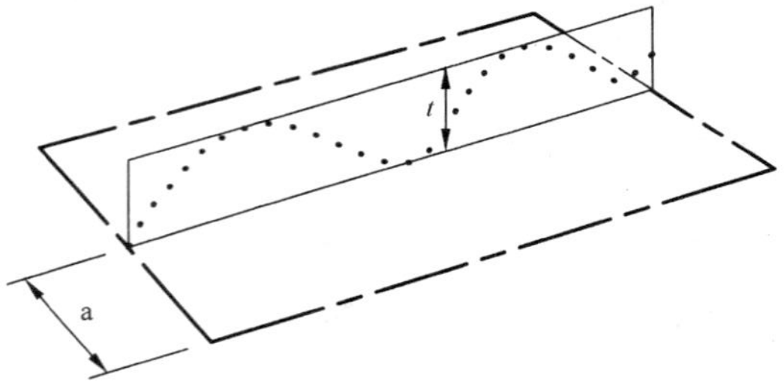

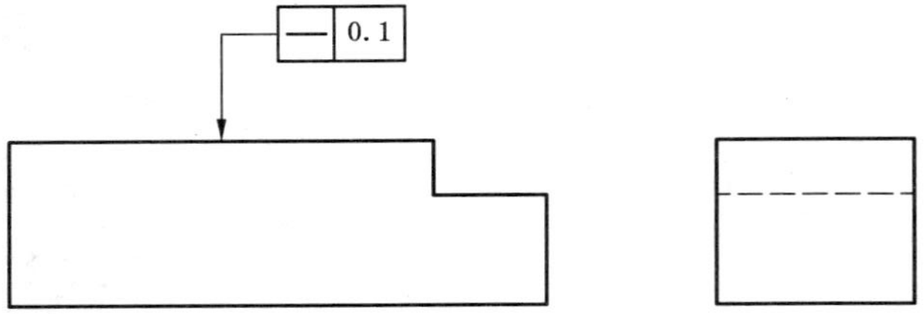

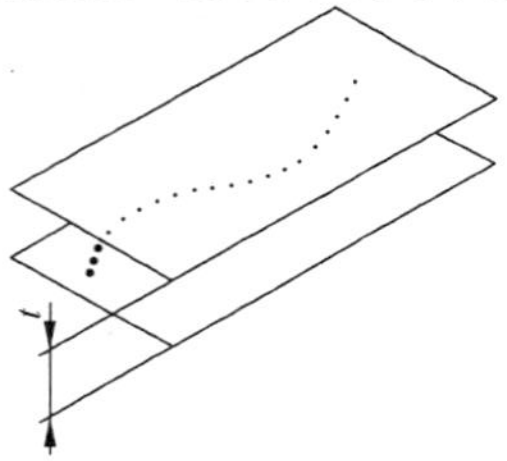

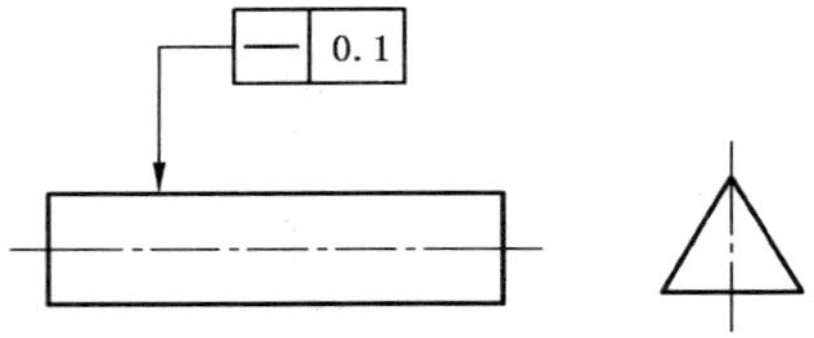

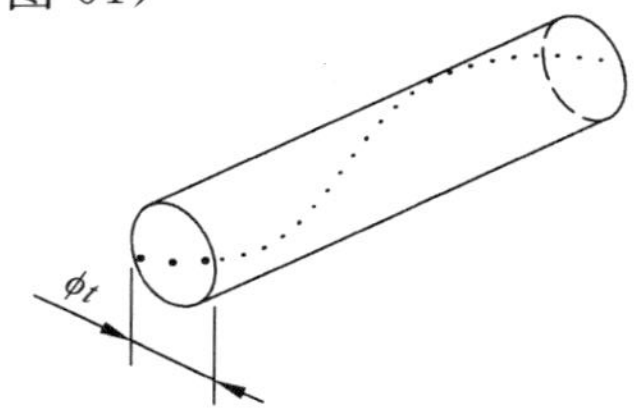

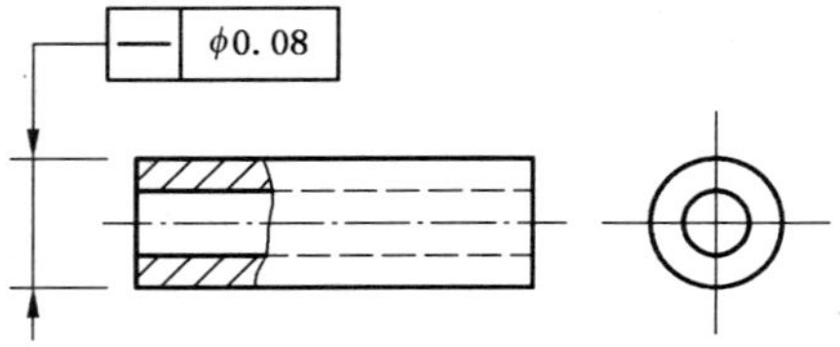

表 3(续)

尺寸单位为毫米(mm)

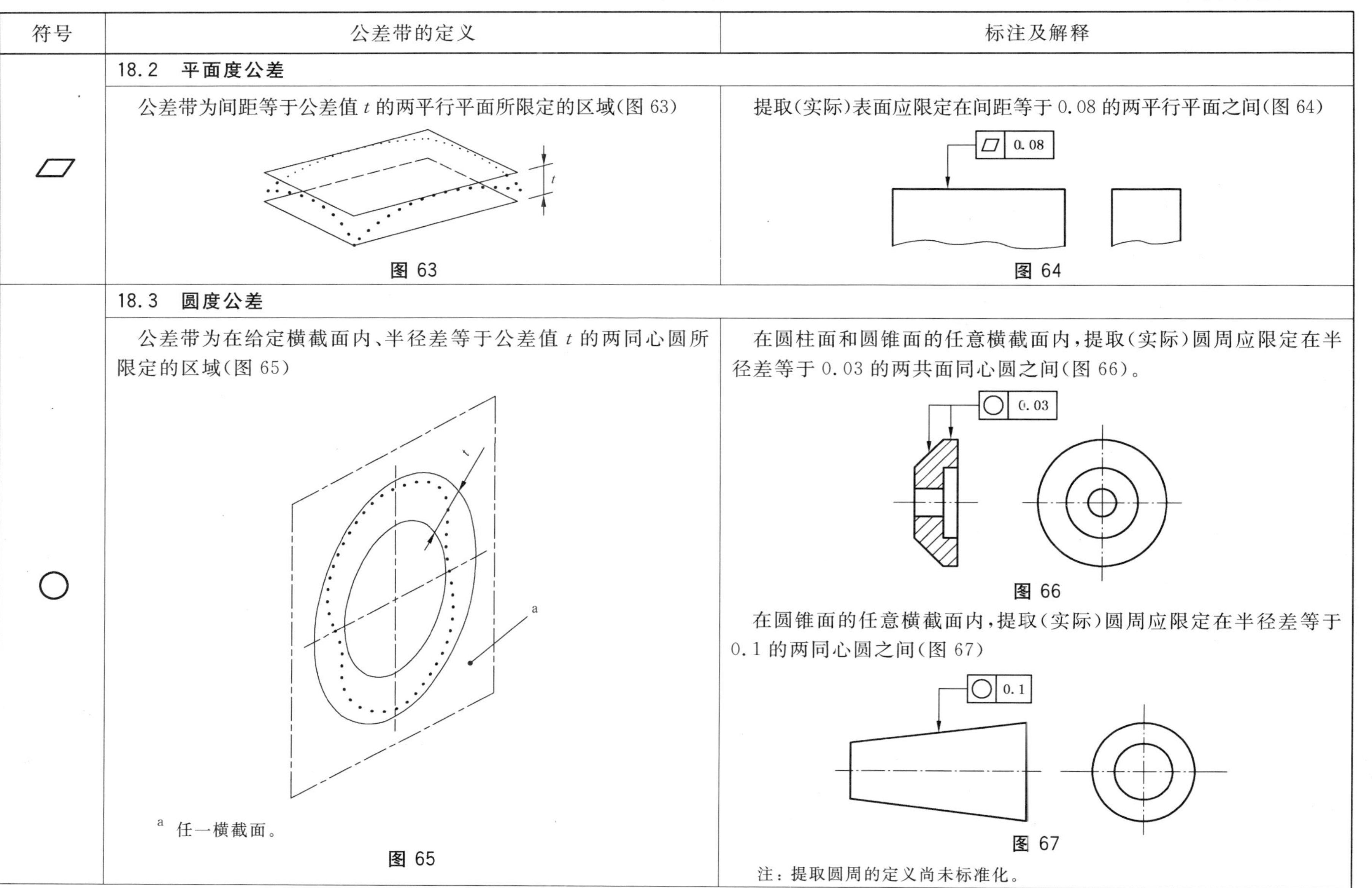

符号	公差带的定义	标注及解释
	18.2　平面度公差	
⏥	公差带为间距等于公差值 t 的两平行平面所限定的区域(图 63) 图 63	提取(实际)表面应限定在间距等于 0.08 的两平行平面之间(图 64) 图 64
	18.3　圆度公差	
○	公差带为在给定横截面内、半径差等于公差值 t 的两同心圆所限定的区域(图 65) [a] 任一横截面。 图 65	在圆柱面和圆锥面的任意横截面内，提取(实际)圆周应限定在半径差等于 0.03 的两共面同心圆之间(图 66)。 图 66 在圆锥面的任意横截面内，提取(实际)圆周应限定在半径差等于 0.1 的两同心圆之间(图 67) 图 67 注：提取圆周的定义尚未标准化。

表 3(续)

尺寸单位为毫米(mm)

符号	公差带的定义	标注及解释
	18.4　圆柱度公差	
⌭	公差带为半径差等于公差值 t 的两同轴圆柱面所限定的区域(图 68) 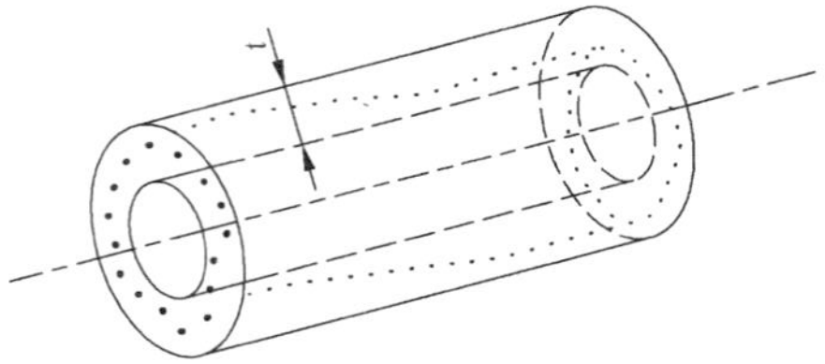 图 68	提取(实际)圆柱面应限定在半径差等于 0.1 的两同轴圆柱面之间(图 69) 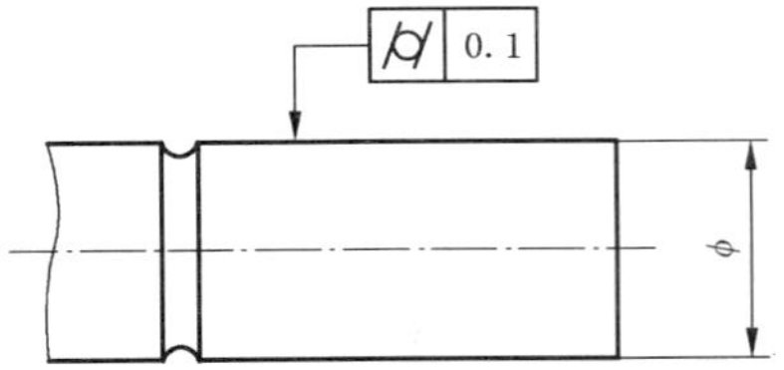 ⌭ 0.1 图 69
	18.5　无基准的线轮廓度公差(见 GB/T 17852)	
⌒	公差带为直径等于公差值 t、圆心位于具有理论正确几何形状上的一系列圆的两包络线所限定的区域(图 70) 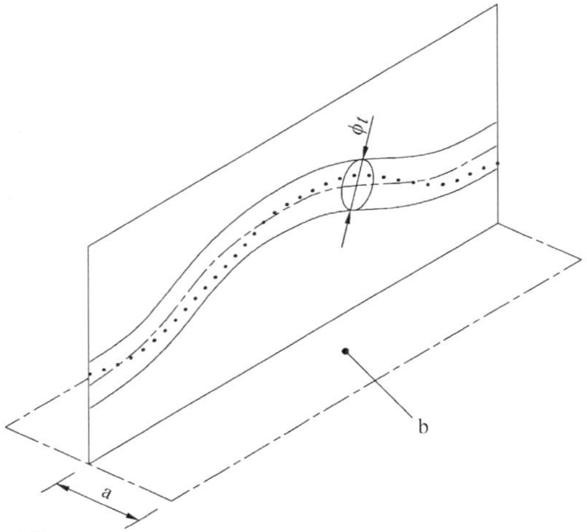 a 任一距离; b 垂直于图 71 视图所在平面。 图 70	在任一平行于图示投影面的截面内,提取(实际)轮廓线应限定在直径等于 0.04、圆心位于被测要素理论正确几何形状上的一系列圆的两包络线之间(图 71) 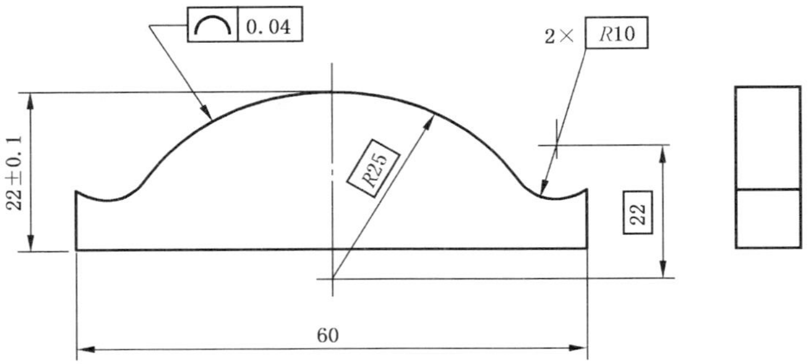 ⌒ 0.04　2× R10　R25　22±0.1　22　60 图 71

表 3(续)

尺寸单位为毫米(mm)

符号	公差带的定义	标注及解释
	18.6 相对于基准体系的线轮廓度公差(见 GB/T 17852)	
⌒	公差带为直径等于公差值 t、圆心位于由基准平面 A 和基准平面 B 确定的被测要素理论正确几何形状上的一系列圆的两包络线所限定的区域(图 72) 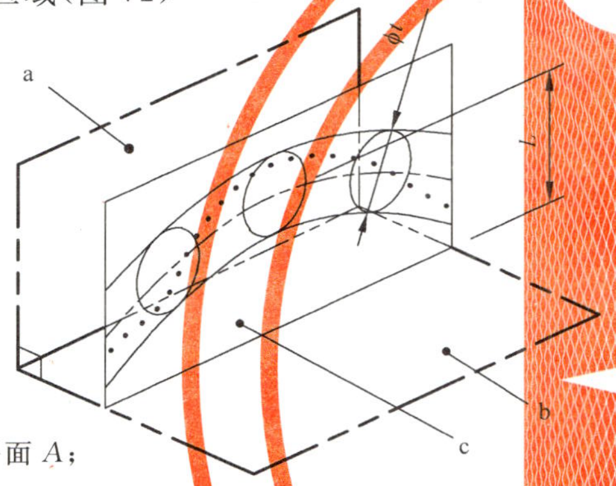 a 基准平面 A; b 基准平面 B; c 平行于基准 A 的平面。 图 72	在任一平行于图示投影平面的截面内,提取(实际)轮廓线应限定在直径等于 0.04、圆心位于由基准平面 A 和基准平面 B 确定的被测要素理论正确几何形状上的一系列圆的两等距包络线之间(图 73) 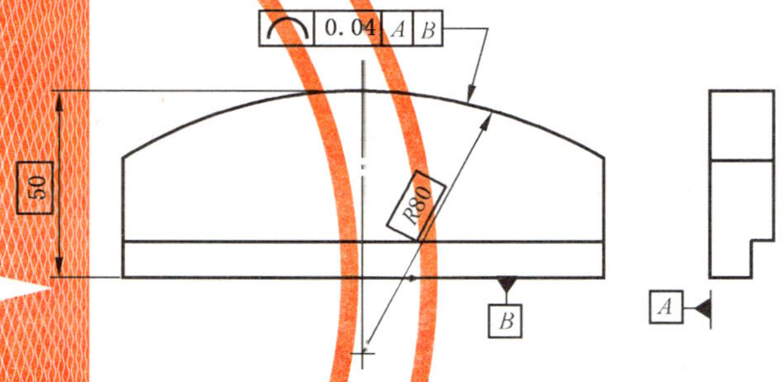 图 73
	18.7 无基准的面轮廓度公差(见 GB/T 17852)	
⌓	公差带为直径等于公差值 t、球心位于被测要素理论正确形状上的一系列圆球的两包络面所限定的区域(图 74) 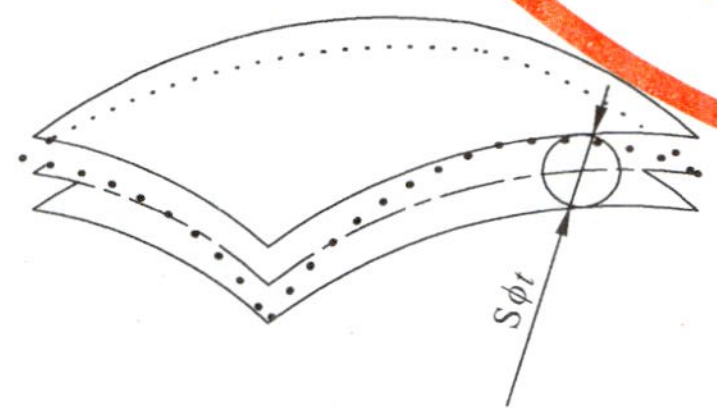 图 74	提取(实际)轮廓面应限定在直径等于 0.02、球心位于被测要素理论正确几何形状上的一系列圆球的两等距包络面之间(图 75) 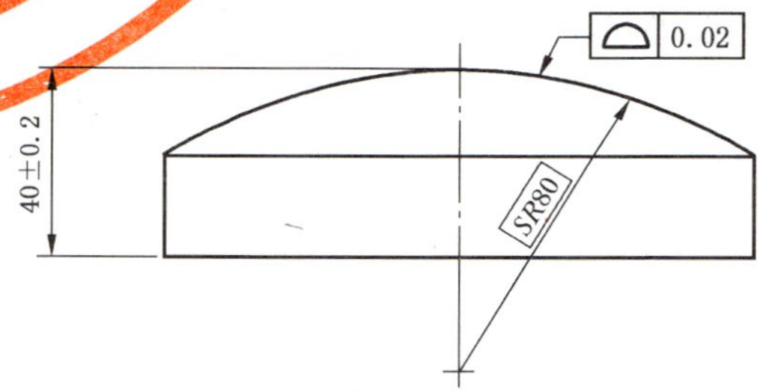 图 75

表 3(续)

尺寸单位为毫米(mm)

符号	公差带的定义	标注及解释
	18.8 相对于基准的面轮廓度公差(见 GB/T 17852)	
⌓	公差带为直径等于公差值 t、球心位于由基准平面 A 确定的被测要素理论正确几何形状上的一系列圆球的两包络面所限定的区域(图 76) a 基准平面。 **图 76**	提取(实际)轮廓面应限定在直径等于 0.1、球心位于由基准平面 A 确定的被测要素理论正确几何形状上的一系列圆球的的两等距包络面之间(图 77) **图 77**
	18.9 平行度公差	
	18.9.1 线对基准体系的平行度公差	
//	公差带为间距等于公差值 t、平行于两基准的两平行平面所限定的区域(图 78) a 基准轴线； b 基准平面。 **图 78**	提取(实际)中心线应限定在间距等于 0.1、平行于基准轴线 A 和基准平面 B 的两平行平面之间(图 79) **图 79**

表 3(续)

尺寸单位为毫米(mm)

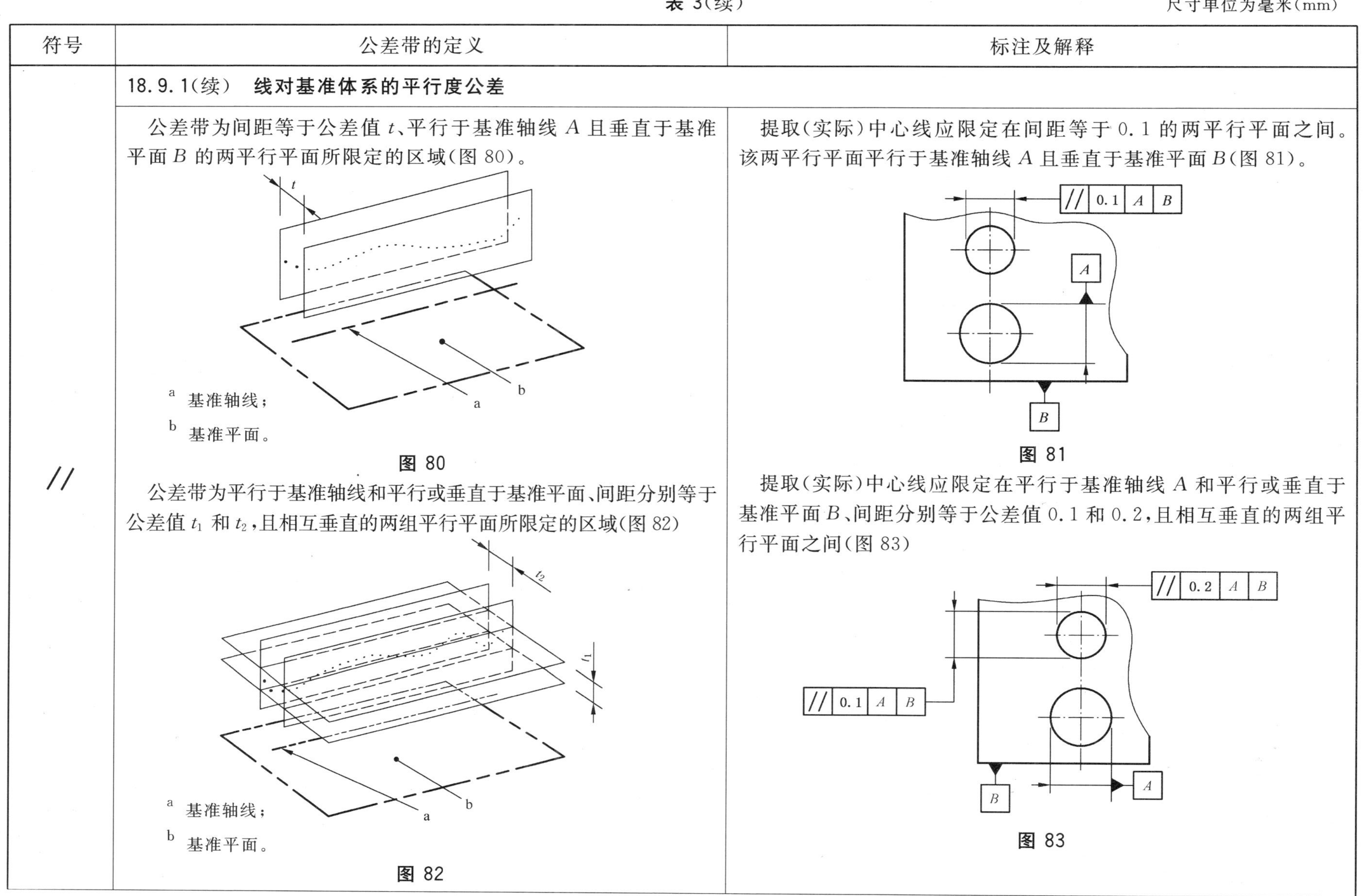

符号	公差带的定义	标注及解释
//	**18.9.1(续)　线对基准体系的平行度公差**	
	公差带为间距等于公差值 t、平行于基准轴线 A 且垂直于基准平面 B 的两平行平面所限定的区域(图 80)。 a 基准轴线； b 基准平面。 图 80	提取(实际)中心线应限定在间距等于 0.1 的两平行平面之间。该两平行平面平行于基准轴线 A 且垂直于基准平面 B(图 81)。 图 81
	公差带为平行于基准轴线和平行或垂直于基准平面、间距分别等于公差值 t_1 和 t_2，且相互垂直的两组平行平面所限定的区域(图 82) a 基准轴线； b 基准平面。 图 82	提取(实际)中心线应限定在平行于基准轴线 A 和平行或垂直于基准平面 B、间距分别等于公差值 0.1 和 0.2，且相互垂直的两组平行平面之间(图 83) 图 83

表 3（续）

尺寸单位为毫米(mm)

<table>
<tr><th>符号</th><th>公差带的定义</th><th>标注及解释</th></tr>
<tr><td rowspan="4">//</td><td colspan="2">18.9.2　**线对基准线的平行度公差**</td></tr>
<tr><td>若公差值前加注了符号 ϕ，公差带为平行于基准轴线、直径等于公差值 ϕt 的圆柱面所限定的区域(图 84) 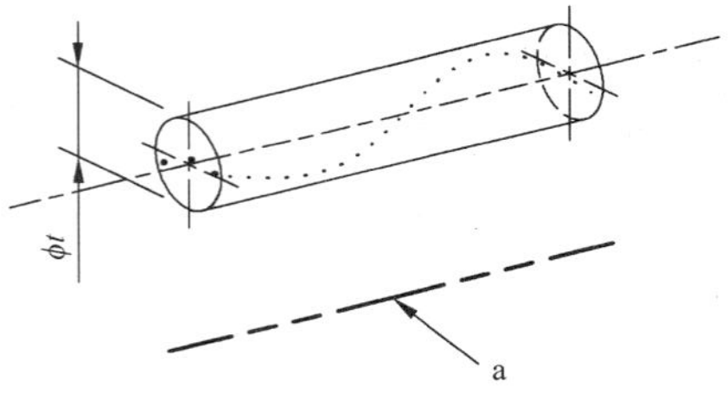

a 基准轴线。
图 84</td><td>提取(实际)中心线应限定在平行于基准轴线 A、直径等于 ϕ0.03 的圆柱面内(图 85) 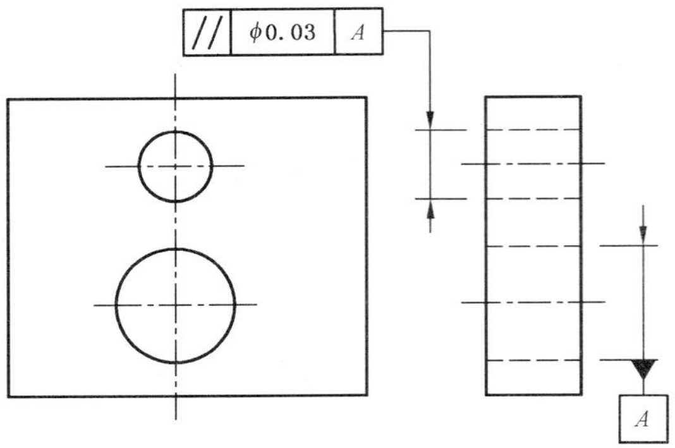

// | ϕ0.03 | A
图 85</td></tr>
<tr><td colspan="2">18.9.3　**线对基准面的平行度公差**</td></tr>
<tr><td>公差带为平行于基准平面、间距等于公差值 t 的两平行平面所限定的区域(图 86) 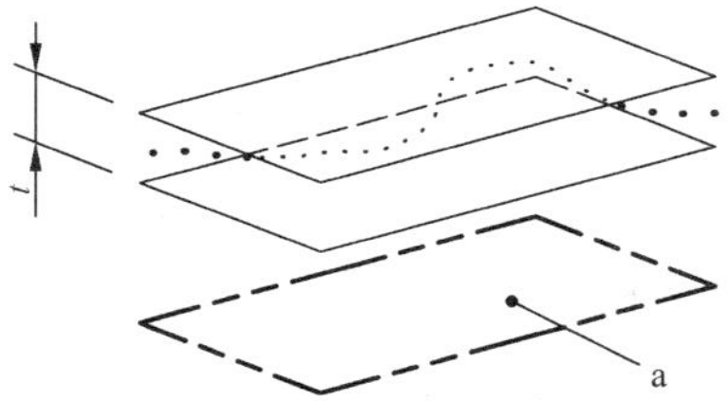

a 基准平面。
图 86</td><td>提取(实际)中心线应限定在平行于基准平面 B、间距等于 0.01 的两平行平面之间(图 87) 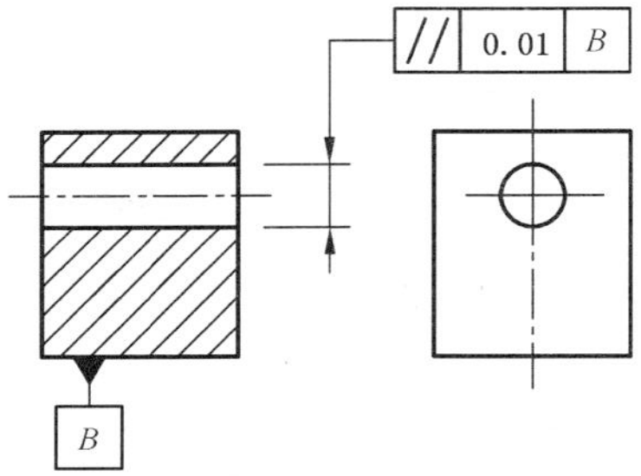

// | 0.01 | B
图 87</td></tr>
</table>

表 3(续)

尺寸单位为毫米(mm)

符号	公差带的定义	标注及解释
//	**18.9.4 线对基准体系的平行度公差**	
	公差带为间距等于公差值 t 的两平行直线所限定的区域。该两平行直线平行于基准平面 A 且处于平行于基准平面 B 的平面内(图 88) a 基准平面 A; b 基准平面 B。 图 88	提取(实际)线应限定在间距等于 0.02 的两平行直线之间。该两平行直线平行于基准平面 A、且处于平行于基准平面 B 的平面内(图 89) // 0.02 A B LE 图 89
	18.9.5 面对基准线的平行度公差	
	公差带为间距等于公差值 t、平行于基准轴线的两平行平面所限定的区域(图 90) a 基准轴线。 图 90	提取(实际)表面应限定在间距等于 0.1、平行于基准轴线 C 的两平行平面之间(图 91) // 0.1 C 图 91

表 3(续)

尺寸单位为毫米(mm)

符号	公差带的定义	标注及解释
//	**18.9.6 面对基准面的平行度公差**	
	公差带为间距等于公差值 t、平行于基准平面的两平行平面所限定的区域(图 92) a 基准平面。 图 92	提取(实际)表面应限定在间距等于 0.01、平行于基准 D 的两平行平面之间(图 93) 图 93
⊥	**18.10 垂直度公差**	
	18.10.1 线对基准线的垂直度公差	
	公差带为间距等于公差值 t、垂直于基准线的两平行平面所限定的区域(图 94) a 基准线。 图 94	提取(实际)中心线应限定在间距等于 0.06、垂直于基准轴线 A 的两平行平面之间(图 95) 图 95

表 3(续)

尺寸单位为毫米(mm)

<table>
<tr><th>符号</th><th>公差带的定义</th><th>标注及解释</th></tr>
<tr><td rowspan="2">⊥</td><td colspan="2">18.10.2　**线对基准体系的垂直度公差**</td></tr>
<tr><td>公差带为间距等于公差值 t 的两平行平面所限定的区域。该两平行平面垂直于基准平面 A,且平行于基准平面 B(图 96)
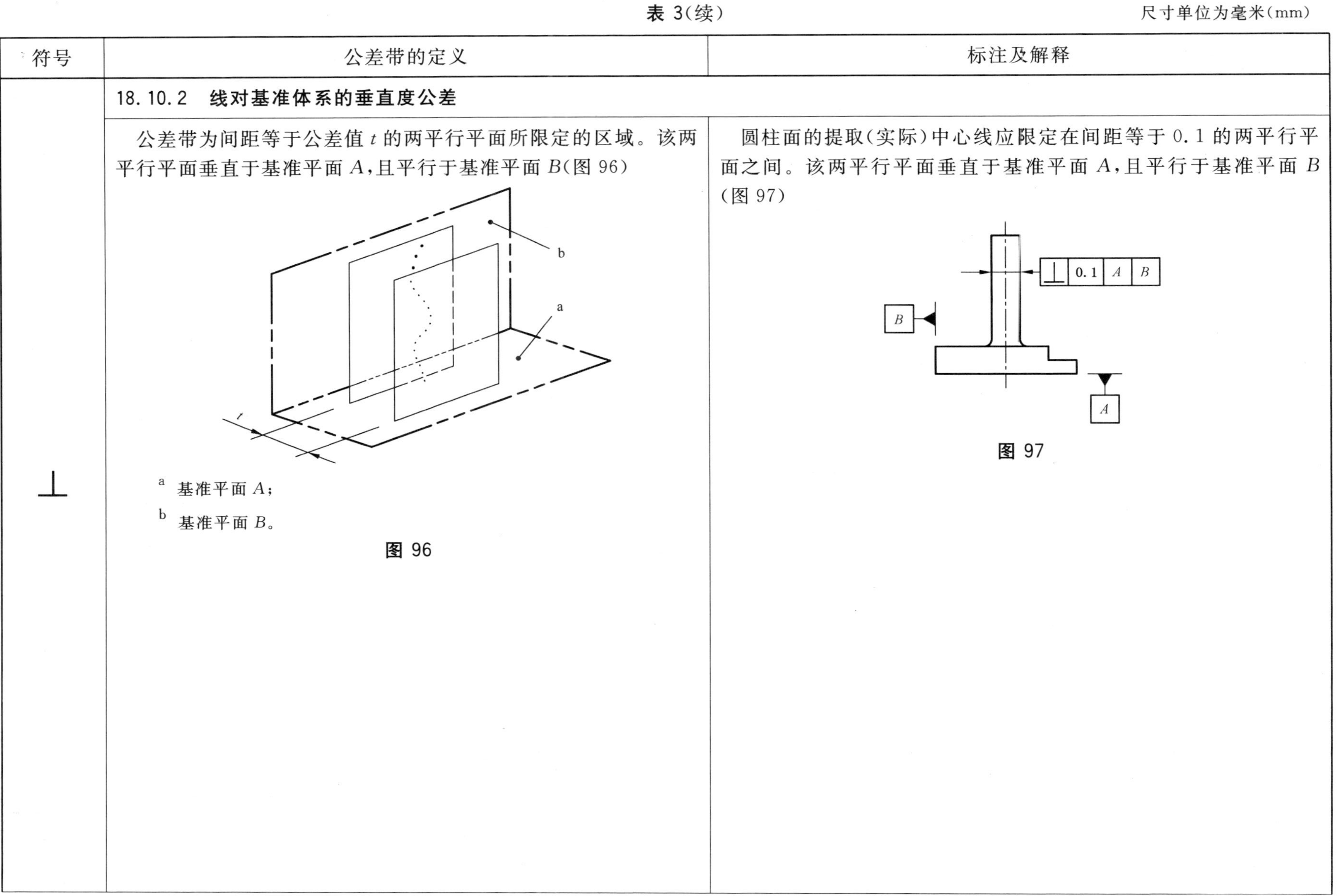

a 基准平面 A;
b 基准平面 B。
图 96</td><td>圆柱面的提取(实际)中心线应限定在间距等于 0.1 的两平行平面之间。该两平行平面垂直于基准平面 A,且平行于基准平面 B(图 97)

图 97</td></tr>
</table>

表 3(续)

尺寸单位为毫米(mm)

<table>
<tr><th>符号</th><th>公差带的定义</th><th>标注及解释</th></tr>
<tr><td rowspan="2">⊥</td><td colspan="2">18.10.2(续)　**线对基准体系的垂直度公差**</td></tr>
<tr><td>公差带为间距分别等于公差值 t_1 和 t_2，且互相垂直的两组平行平面所限定的区域。该两组平行平面都垂直于基准平面 A。其中一组平行平面垂直于基准平面 B(见图 98)，另一组平行平面平行于基准平面 B(见图 99) 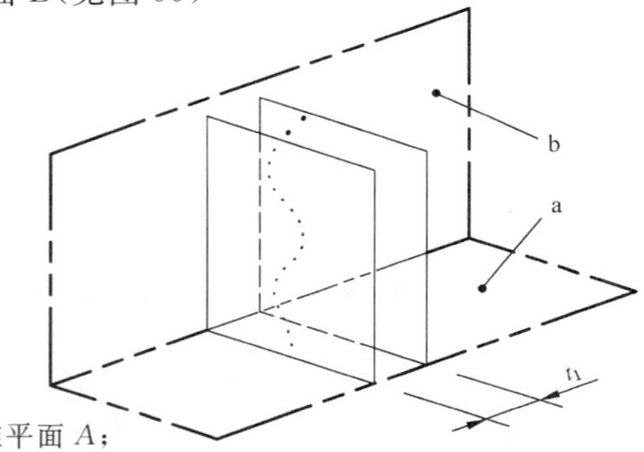

[a] 基准平面 A；
[b] 基准平面 B。
图 98 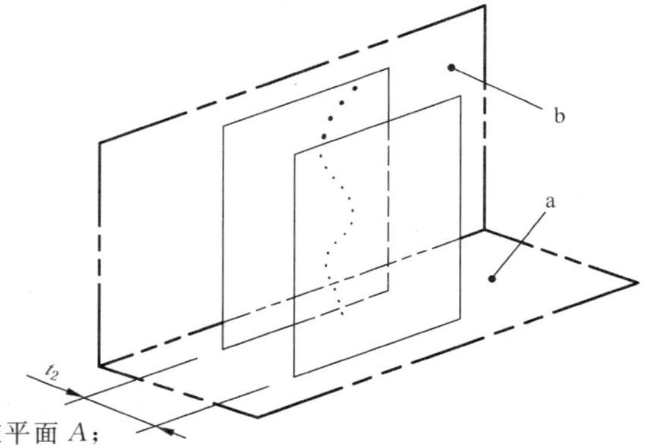

[a] 基准平面 A；
[b] 基准平面 B。
图 99</td><td>圆柱的提取(实际)中心线应限定在间距分别等于 0.1 和 0.2，且相互垂直的两组平行平面内。该两组平行平面垂直于基准平面 A 且垂直或平行于基准平面 B(图 100) 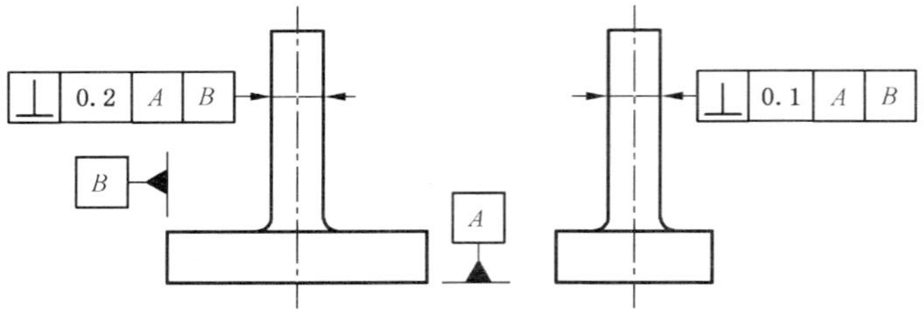

图 100</td></tr>
</table>

表 3(续)

尺寸单位为毫米(mm)

<table>
<tr><th>符号</th><th>公差带的定义</th><th>标注及解释</th></tr>
<tr><td rowspan="4">⊥</td><td colspan="2">18.10.3 **线对基准面的垂直度公差**</td></tr>
<tr><td>若公差值前加注符号 ϕ,公差带为直径等于公差值 ϕt、轴线垂直于基准平面的圆柱面所限定的区域(图 101)

a 基准平面。
图 101</td><td>圆柱面的提取(实际)中心线应限定在直径等于 ϕ0.01、垂直于基准平面 A 的圆柱面内(图 102)

图 102</td></tr>
<tr><td colspan="2">18.10.4 **面对基准线的垂直度公差**</td></tr>
<tr><td>公差带为间距等于公差值 t 且垂直于基准轴线的两平行平面所限定的区域(图 103)

a 基准轴线。
图 103</td><td>提取(实际)表面应限定在间距等于 0.08 的两平行平面之间。该两平行平面垂直于基准轴线 A(图 104)

图 104</td></tr>
</table>

表 3(续)

尺寸单位为毫米(mm)

符号	公差带的定义	标注及解释
⊥	**18.10.5　面对基准平面的垂直度公差**	
	公差带为间距等于公差值 t、垂直于基准平面的两平行平面所限定的区域(图 105) 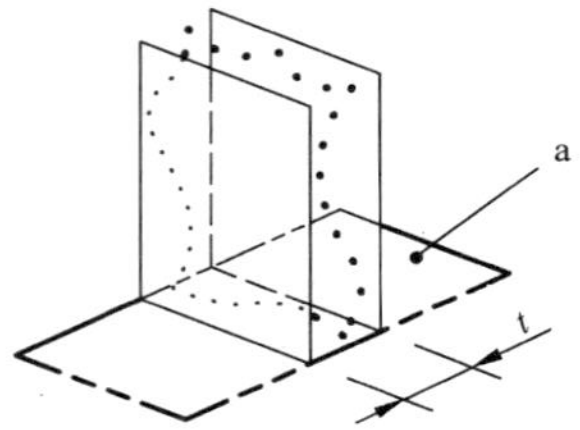 a 基准平面。 **图 105**	提取(实际)表面应限定在间距等于 0.08、垂直于基准平面 A 的两平行平面之间(图 106) 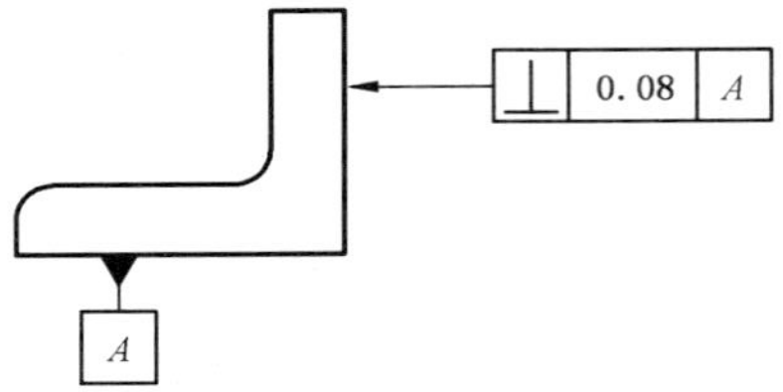 **图 106**

表 3(续)

尺寸单位为毫米(mm)

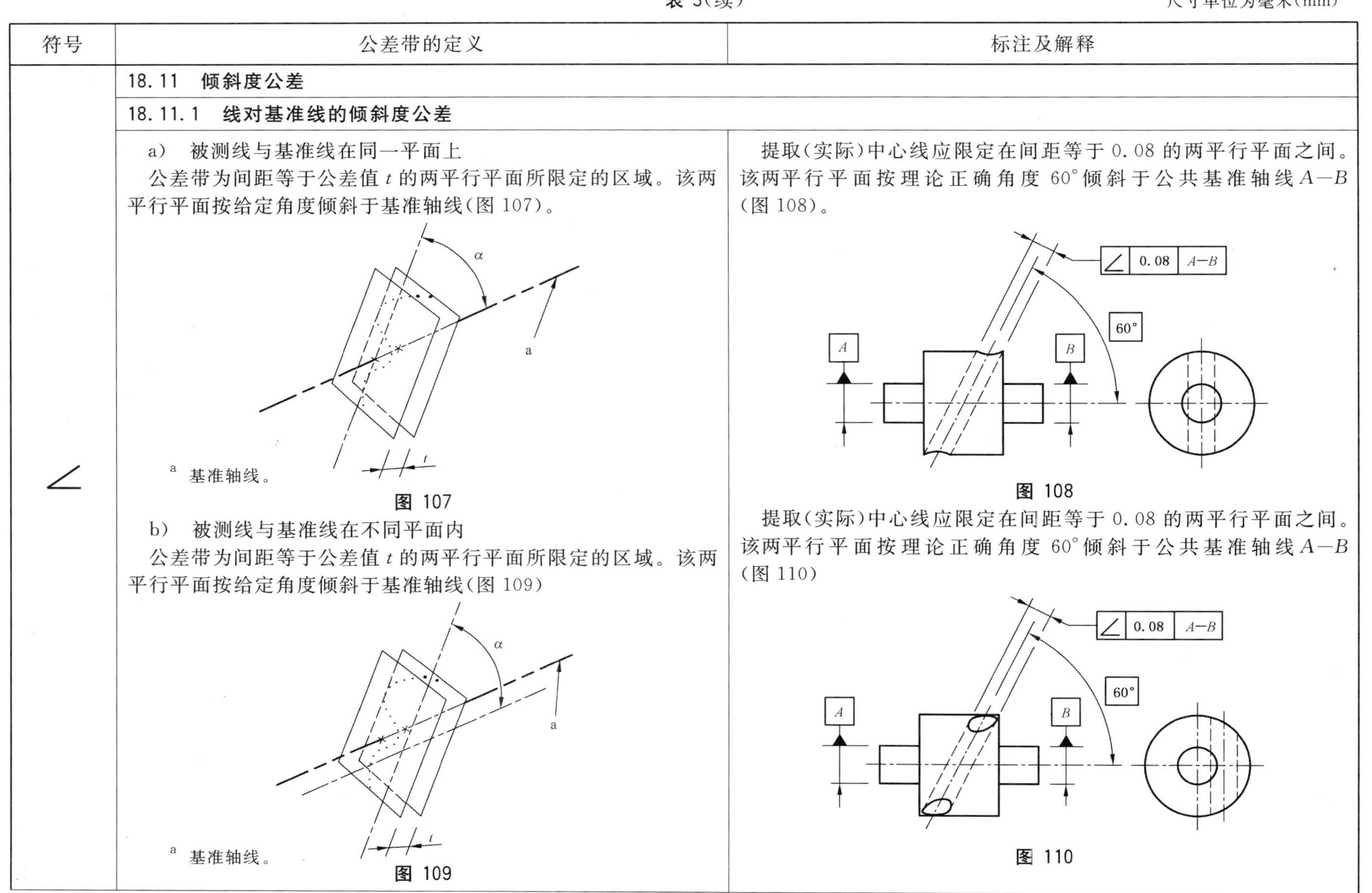

符号	公差带的定义	标注及解释
∠	**18.11　倾斜度公差**	
	18.11.1　线对基准线的倾斜度公差	
	a)　被测线与基准线在同一平面上 公差带为间距等于公差值 t 的两平行平面所限定的区域。该两平行平面按给定角度倾斜于基准轴线(图 107)。 [a] 基准轴线。 图 107	提取(实际)中心线应限定在间距等于 0.08 的两平行平面之间。该两平行平面按理论正确角度 60°倾斜于公共基准轴线 $A—B$(图 108)。 图 108
	b)　被测线与基准线在不同平面内 公差带为间距等于公差值 t 的两平行平面所限定的区域。该两平行平面按给定角度倾斜于基准轴线(图 109) [a] 基准轴线。 图 109	提取(实际)中心线应限定在间距等于 0.08 的两平行平面之间。该两平行平面按理论正确角度 60°倾斜于公共基准轴线 $A—B$(图 110) 图 110

表 3(续)

尺寸单位为毫米(mm)

<table>
<tr><th>符号</th><th>公差带的定义</th><th>标注及解释</th></tr>
<tr><td rowspan="2">∠</td><td colspan="2">18.11.2 线对基准面的倾斜度公差</td></tr>
<tr><td>公差带为间距等于公差值 t 的两平行平面所限定的区域。该两平行平面按给定角度倾斜于基准平面(图 111)。
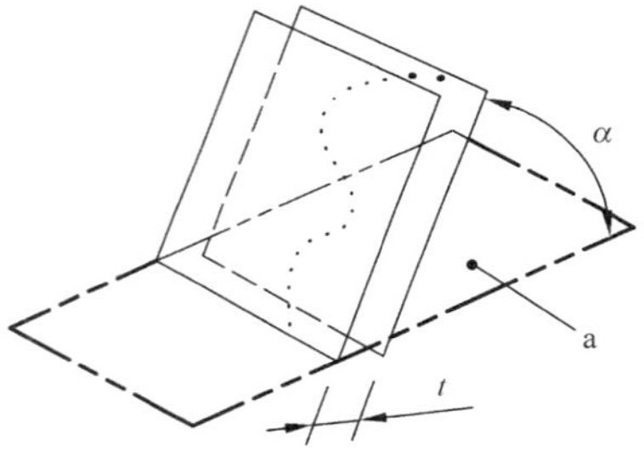

a 基准平面。
图 111
公差值前加注符号 ϕ,公差带为直径等于公差值 ϕt 的圆柱面所限定的区域。该圆柱面公差带的轴线按给定角度倾斜于基准平面 A 且平行于基准平面 B(图 113)
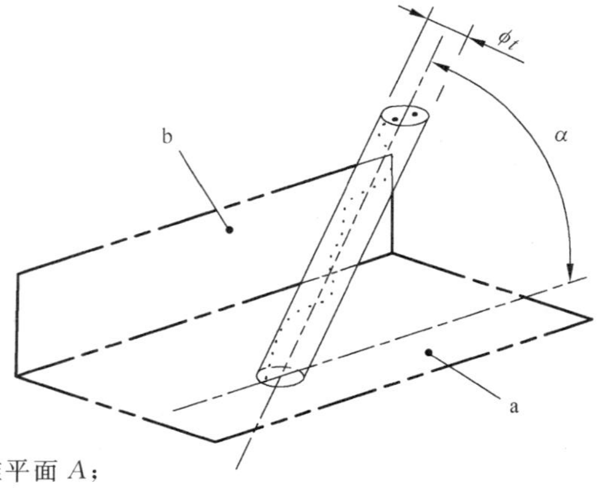

a 基准平面 A;
b 基准平面 B。
图 113</td><td>提取(实际)中心线应限定在间距等于 0.08 的两平行平面之间。该两平行平面按理论正确角度 60°倾斜于基准平面 A(图 112)。
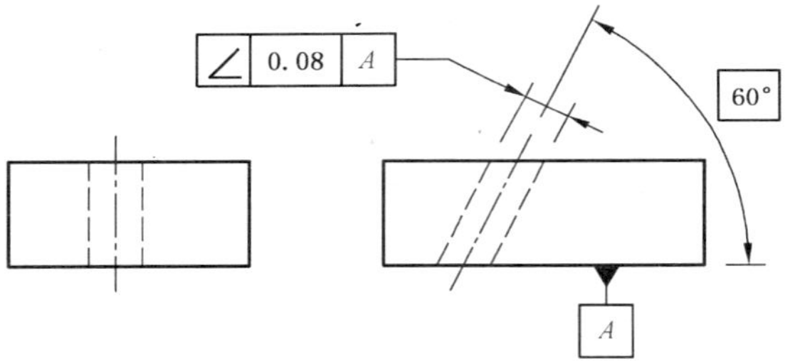

图 112
提取(实际)中心线应限定在直径等于 ϕ0.1 的圆柱面内。该圆柱面的中心线按理论正确角度 60°倾斜于基准平面 A 且平行于基准平面 B(图 114)
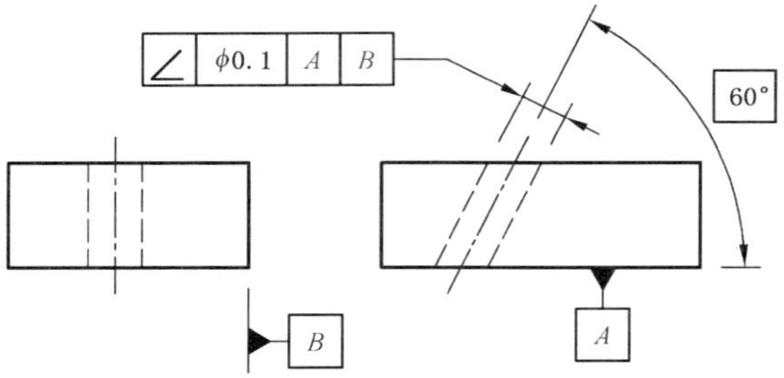

图 114</td></tr>
</table>

表 3(续)

尺寸单位为毫米(mm)

<table>
<tr><th>符号</th><th>公差带的定义</th><th>标注及解释</th></tr>
<tr><td rowspan="4">∠</td><td colspan="2">18.11.3　面对基准线的倾斜度公差</td></tr>
<tr><td>公差带为间距等于公差值 t 的两平行平面所限定的区域。该两平行平面按给定角度倾斜于基准直线(图 115)
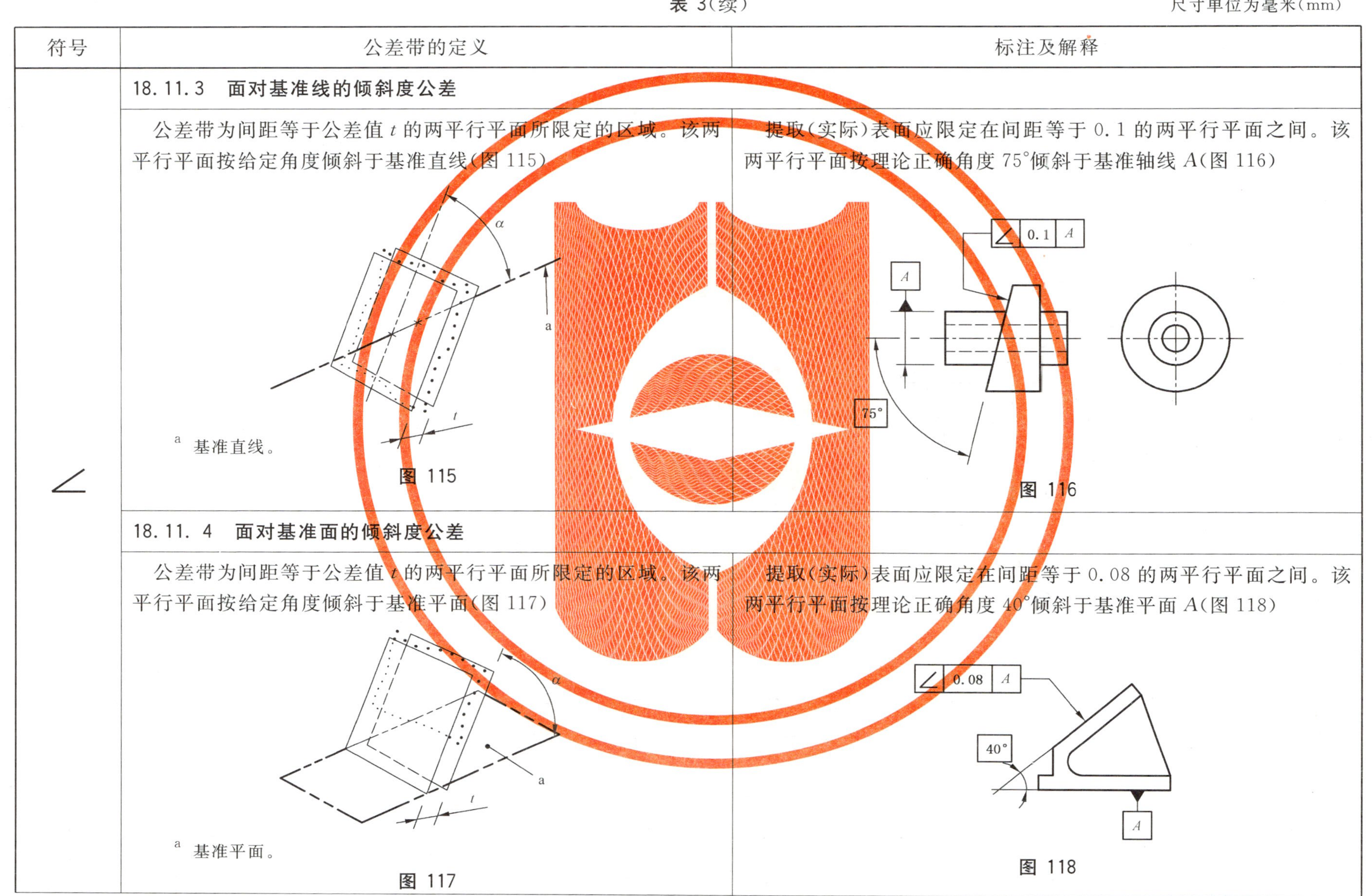
a 基准直线。
图 115</td><td>提取(实际)表面应限定在间距等于 0.1 的两平行平面之间。该两平行平面按理论正确角度 75°倾斜于基准轴线 A(图 116)
图 116</td></tr>
<tr><td colspan="2">18.11.4　面对基准面的倾斜度公差</td></tr>
<tr><td>公差带为间距等于公差值 t 的两平行平面所限定的区域。该两平行平面按给定角度倾斜于基准平面(图 117)
a 基准平面。
图 117</td><td>提取(实际)表面应限定在间距等于 0.08 的两平行平面之间。该两平行平面按理论正确角度 40°倾斜于基准平面 A(图 118)
图 118</td></tr>
</table>

表 3(续)

尺寸单位为毫米(mm)

符号	公差带的定义	标注及解释
	18.12　位置度公差(GB/T 13319)	
	18.12.1　点的位置度公差	
⌖	公差值前加注 $S\phi$,公差带为直径等于公差值 $S\phi t$ 的圆球面所限定的区域。该圆球面中心的理论正确位置由基准 A、B、C 和理论正确尺寸确定(图 119) [a] 基准平面 A; [b] 基准平面 B; [c] 基准平面 C。 **图 119**	提取(实际)球心应限定在直径等于 $S\phi 0.3$ 的圆球面内。该圆球面的中心由基准平面 A、基准平面 B、基准中心平面 C 和理论正确尺寸 30、25 确定(图 120) 注:提取(实际)球心的定义尚未标准化。 **图 120**

表 3(续)

尺寸单位为毫米(mm)

符号	公差带的定义	标注及解释
	18.12.2 线的位置度公差	
⌖	给定一个方向的公差时，公差带为间距等于公差值 t、对称于线的理论正确位置的两平行平面所限定的区域。线的理论正确位置由基准平面 A、B 和理论正确尺寸确定。公差只在一个方向上给定(图 121) a 基准平面 A； b 基准平面 B。 图 121	各条刻线的提取(实际)中心线应限定在间距等于 0.1、对称于基准平面 A、B 和理论正确尺寸 25、10 确定的理论正确位置的两平行平面之间(图 122) 图 122

表 3(续)

尺寸单位为毫米(mm)

<table>
<tr><th>符号</th><th>公差带的定义</th><th>标注及解释</th></tr>
<tr><td rowspan="2">⊕</td><td colspan="2">18.12.2(续)　**线的位置度公差**</td></tr>
<tr><td>给定两个方向的公差时，公差带为间距分别等于公差值 t_1 和 t_2、对称于线的理论正确(理想)位置的两对相互垂直的平行平面所限定的区域。线的理论正确位置由基准平面 C、A 和 B 及理论正确尺寸确定。该公差在基准体系的两个方向上给定(图 123、图 124) 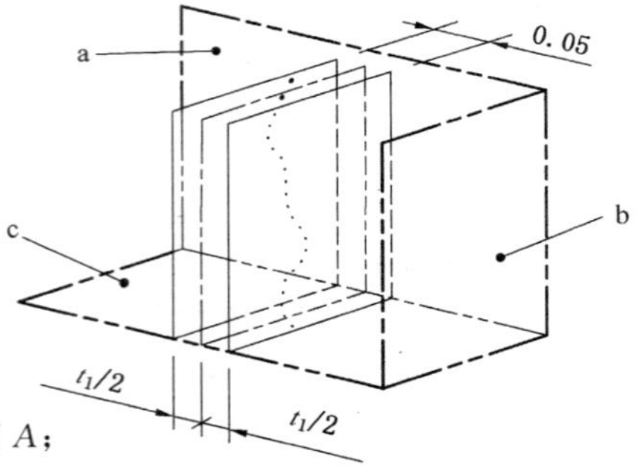

a 基准平面 A；
b 基准平面 B；
c 基准平面 C。

图 123 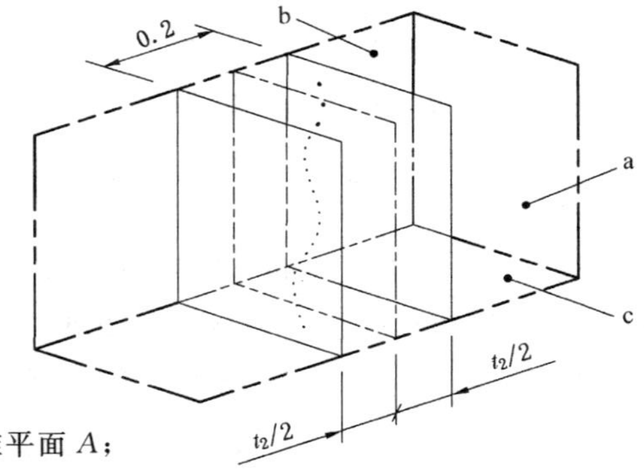

a 基准平面 A；
b 基准平面 B；
c 基准平面 C。

图 124</td><td>各孔的测得(实际)中心线在给定方向上应各自限定在间距分别等于 0.05 和 0.2、且相互垂直的两对平行平面内。每对平行平面对称于由基准平面 C、A、B 和理论正确尺寸 20、15、30 确定的各孔轴线的理论正确位置(图 125) 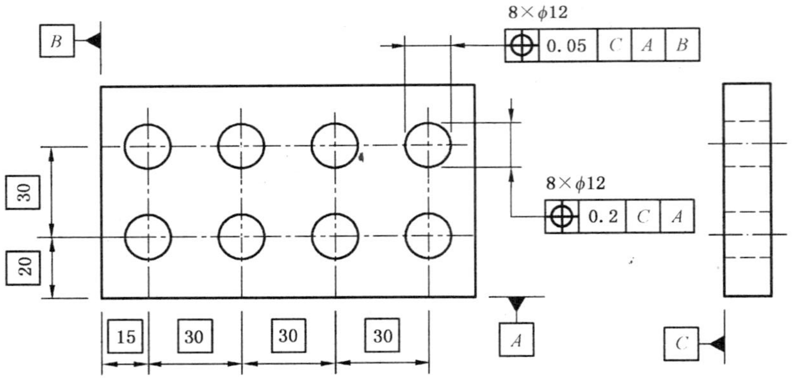

图 125</td></tr>
</table>

表 3(续)

尺寸单位为毫米(mm)

<table>
<tr><th>符号</th><th>公差带的定义</th><th>标注及解释</th></tr>
<tr><td rowspan="2">⌖</td><td colspan="2">18.12.2(续)　**线的位置度公差**</td></tr>
<tr><td>公差值前加注符号 ϕ,公差带为直径等于公差值 ϕt 的圆柱面所限定的区域。该圆柱面的轴线的位置由基准平面 C、A、B 和理论正确尺寸确定(图 126) 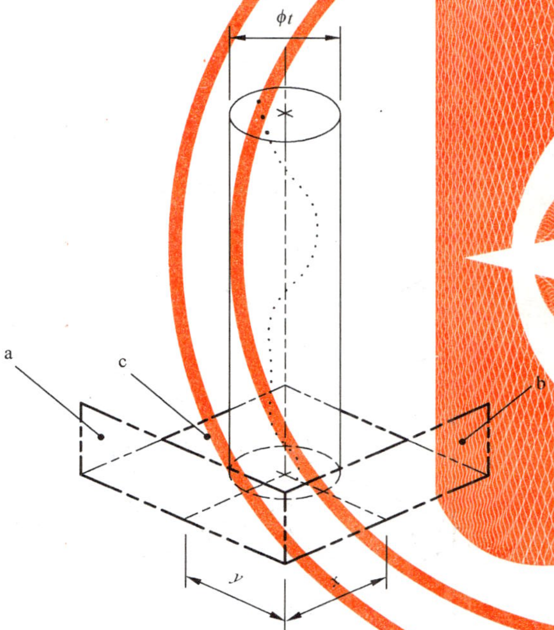

[a] 基准平面 A;
[b] 基准平面 B;
[c] 基准平面 C。

图 126</td><td>提取(实际)中心线应限定在直径等于 $\phi 0.08$ 的圆柱面内。该圆柱面的轴线的位置应处于由基准平面 C、A、B 和理论正确尺寸 100、68 确定的理论正确位置上(图 127)。 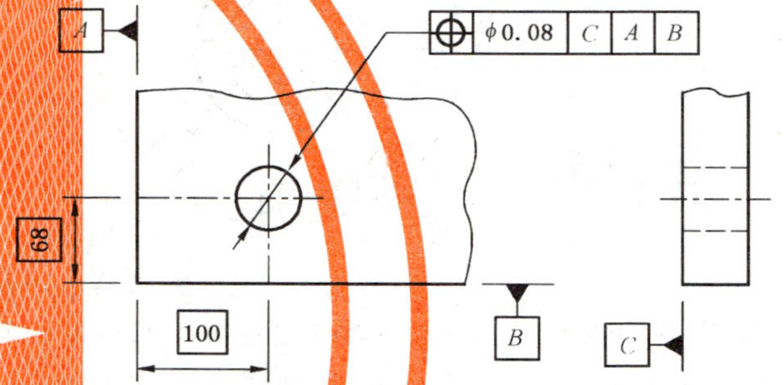

图 127

各提取(实际)中心线应各自限定在直径等于 $\phi 0.1$ 的圆柱面内。该圆柱面的轴线应处于由基准平面 C、A、B 和理论正确尺寸 20、15、30 确定的各孔轴线的理论正确位置上(图 128) 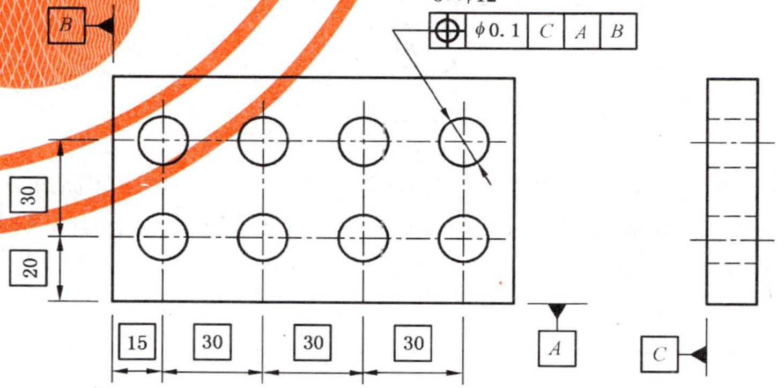

图 128</td></tr>
</table>

表 3(续)

尺寸单位为毫米(mm)

符号	公差带的定义	标注及解释
	18.12.3 轮廓平面或者中心平面的位置度公差	
⌖	公差带为间距等于公差值 t,且对称于被测面理论正确位置的两平行平面所限定的区域。面的理论正确位置由基准平面、基准轴线和理论正确尺寸确定(图 129) 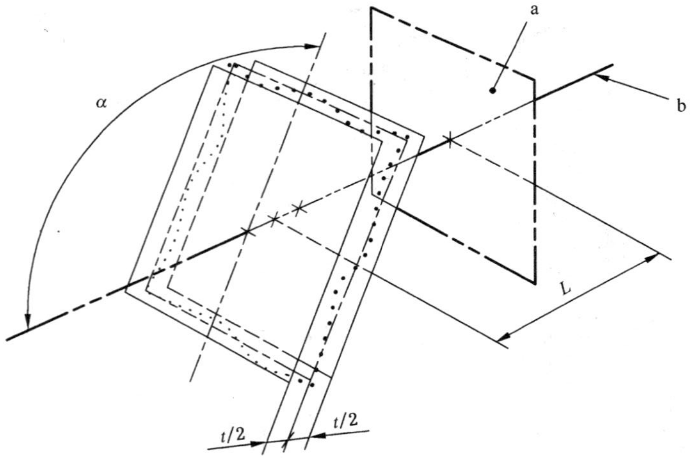 a 基准平面; b 基准轴线。 **图 129**	提取(实际)表面应限定在间距等于 0.05、且对称于被测面的理论正确位置的两平行平面之间。该两平行平面对称于由基准平面 A、基准轴线 B 和理论正确尺寸 15、105°确定的被测面的理论正确位置(图 130)。 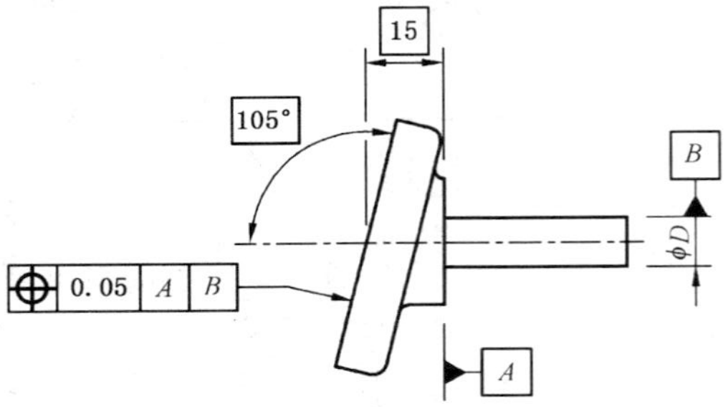 **图 130** 提取(实际)中心面应限定在间距等于 0.05 的两平行平面之间。该两平行平面对称于由基准轴线 A 和理论正确角度 45°确定的各被测面的理论正确位置(图 131) 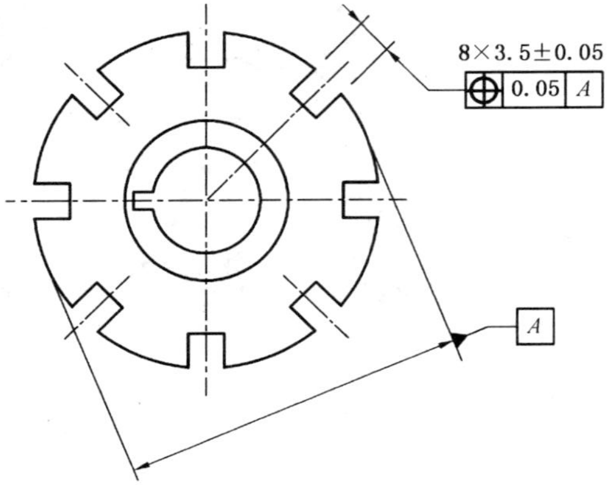 注:有关 8 个缺口之间理论正确角度的默认规定见 GB/T 13319。 **图 131**

表 3(续)

尺寸单位为毫米(mm)

符号	公差带的定义	标注及解释
	18.13 同心度和同轴度公差	
	18.13.1 点的同心度公差	
◎	公差值前标注符号 ϕ,公差带为直径等于公差值 ϕt 的圆周所限定的区域。该圆周的圆心与基准点重合(图 132) 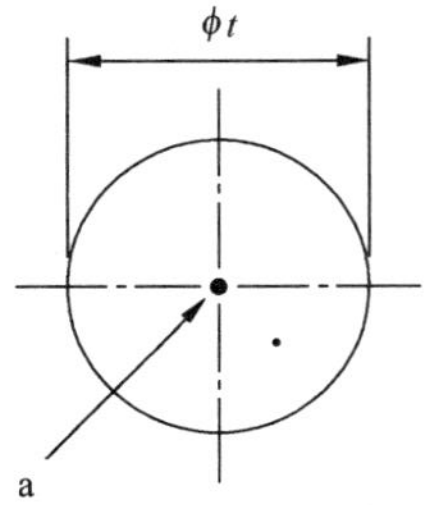 a 基准点。 图 132	在任意横截面内,内圆的提取(实际)中心应限定在直径等于 $\phi 0.1$,以基准点 A 为圆心的圆周内(图 133) 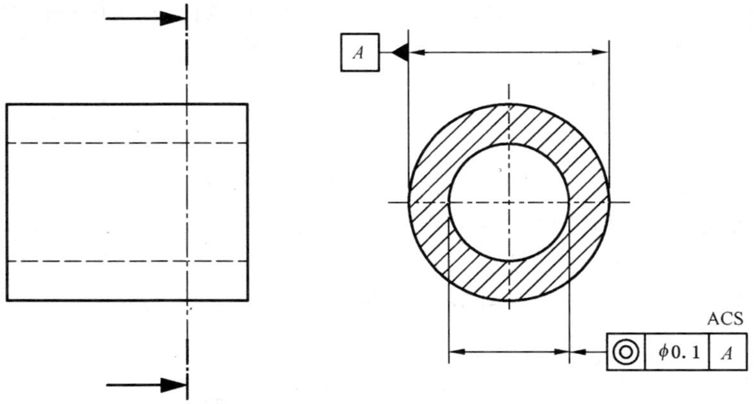 图 133

表 3(续)

尺寸单位为毫米(mm)

<table>
<tr><th>符号</th><th>公差带的定义</th><th>标注及解释</th></tr>
<tr><td rowspan="2">◎</td><td colspan="2">18.13.2 **轴线的同轴度公差**</td></tr>
<tr><td>公差值前标注符号 ϕ,公差带为直径等于公差值 ϕt 的圆柱面所限定的区域。该圆柱面的轴线与基准轴线重合(图 134) 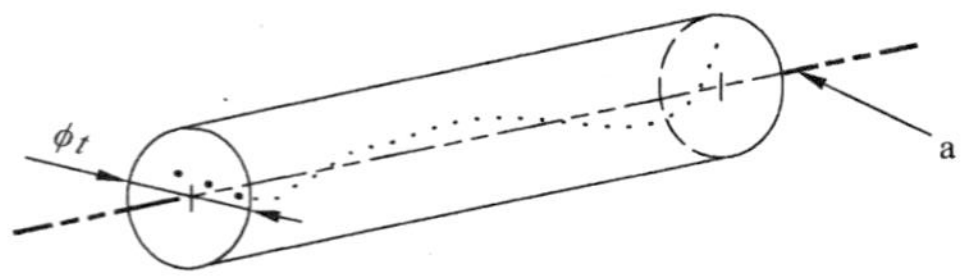

a 基准轴线。
图 134</td><td>大圆柱面的提取(实际)中心线应限定在直径等于 ϕ0.08、以公共基准轴线$A-B$为轴线的圆柱面内(图 135)。 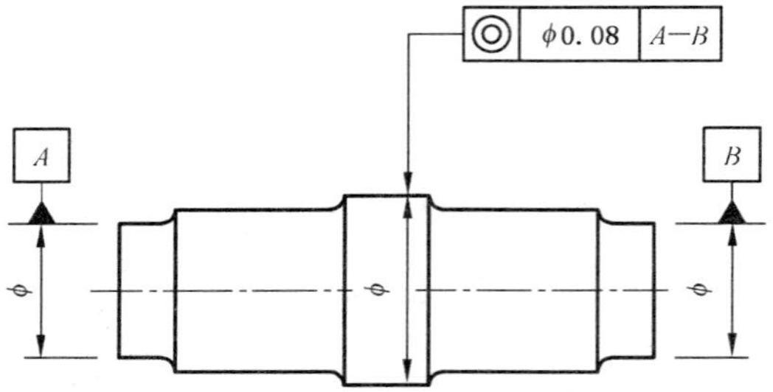

图 135

大圆柱面的提取(实际)中心线应限定在直径等于 ϕ0.1、以基准轴线 A 为轴线的圆柱面内(见图 136)。
大圆柱面的提取(实际)中心线应限定在直径等于 ϕ0.1、以垂直于基准平面 A 的基准轴线 B 为轴线的圆柱面内(见图 137) 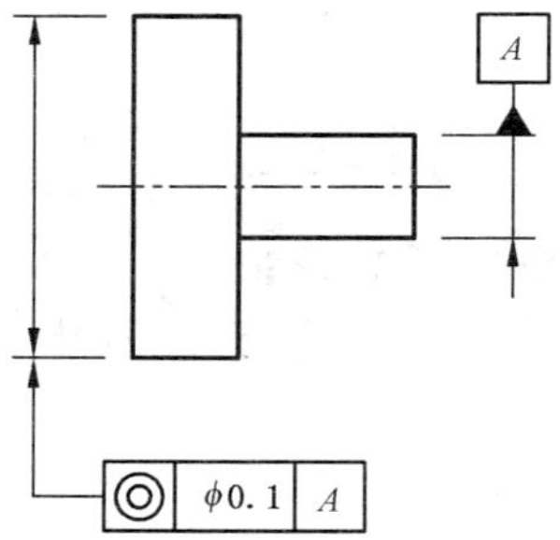

图 136 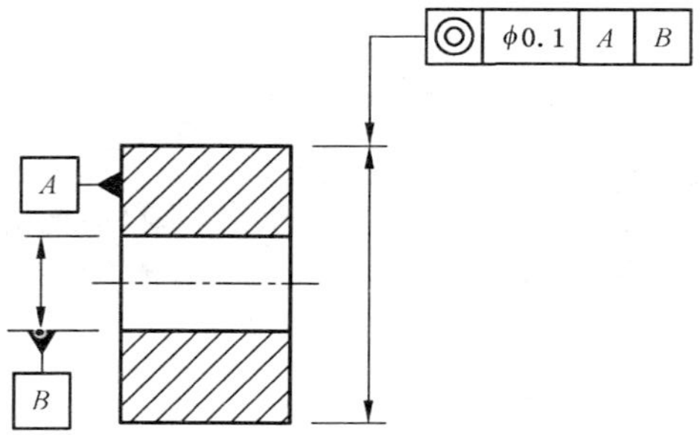

图 137</td></tr>
</table>

表 3(续)

尺寸单位为毫米(mm)

符号	公差带的定义	标注及解释
	18.14 对称度公差	
	18.14.1 中心平面的对称度公差	
⌯	公差带为间距等于公差值 t,对称于基准中心平面的两平行平面所限定的区域(图 138) 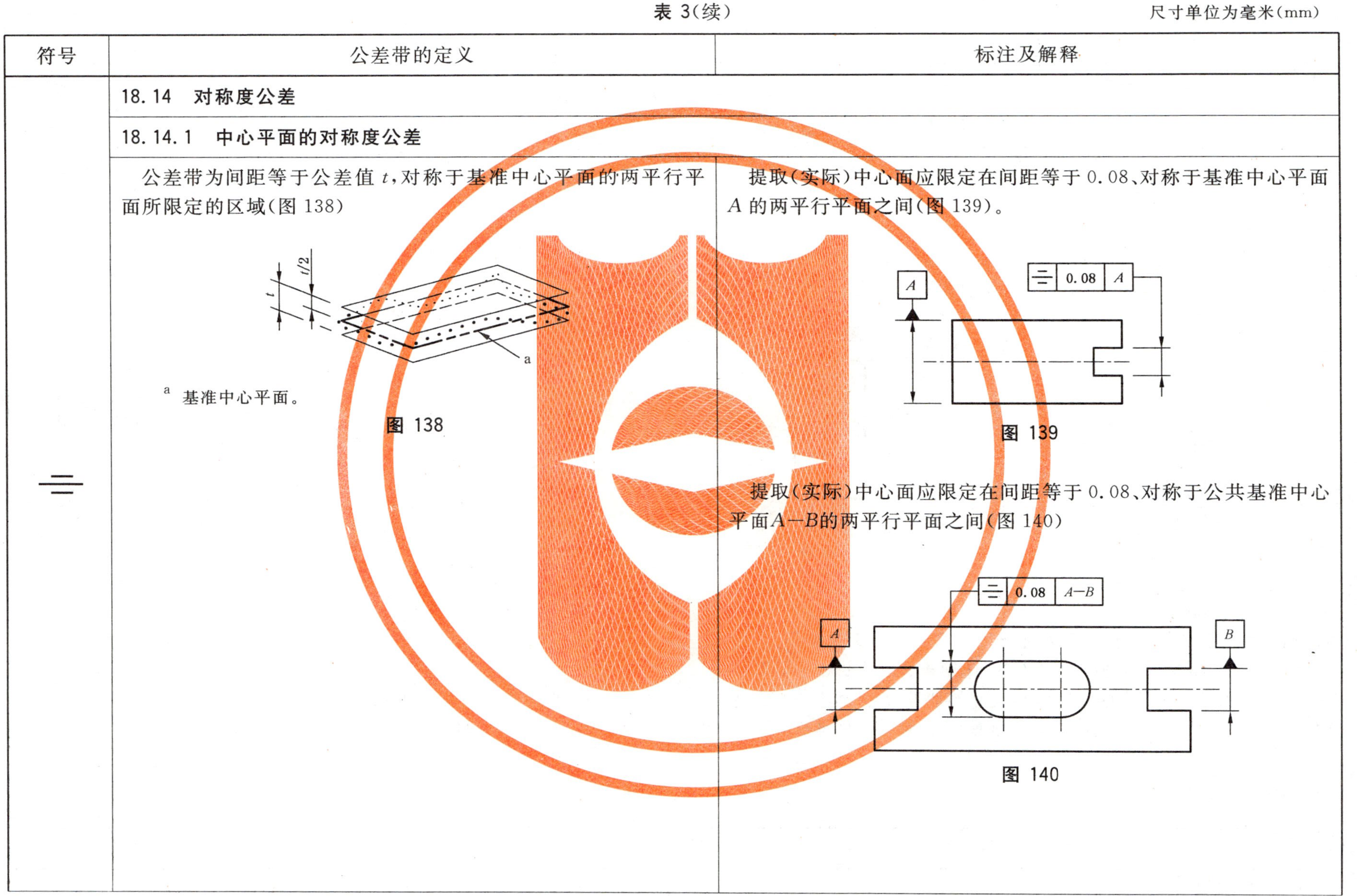 a 基准中心平面。 图 138	提取(实际)中心面应限定在间距等于 0.08、对称于基准中心平面 A 的两平行平面之间(图 139)。 图 139 提取(实际)中心面应限定在间距等于 0.08、对称于公共基准中心平面 A—B 的两平行平面之间(图 140) 图 140

表 3(续)

尺寸单位为毫米(mm)

<table>
<tr><th>符号</th><th>公差带的定义</th><th>标注及解释</th></tr>
<tr><td rowspan="3">↗</td><td colspan="2">18.15　圆跳动公差</td></tr>
<tr><td colspan="2">18.15.1　径向圆跳动公差</td></tr>
<tr><td>公差带为在任一垂直于基准轴线的横截面内、半径差等于公差值 t、圆心在基准轴线上的两同心圆所限定的区域(图 141) 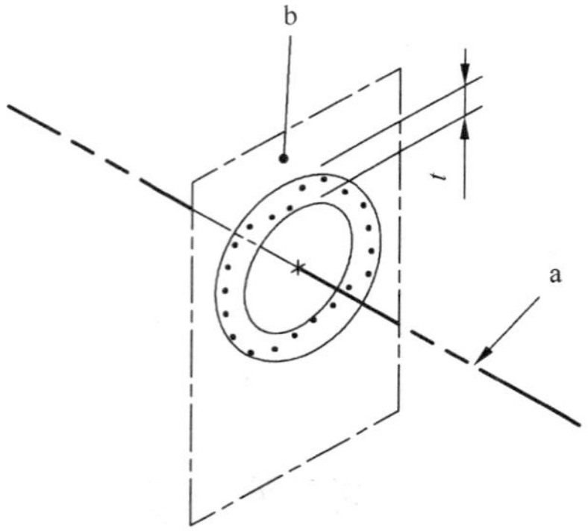

a 基准轴线；
b 横截面。

图 141</td><td>在任一垂直于基准 A 的横截面内，提取(实际)圆应限定在半径差等于 0.1，圆心在基准轴线 A 上的两同心圆之间(见图 142)。
在任一平行于基准平面 B、垂直于基准轴线 A 的截面上，提取(实际)圆应限定在半径差等于 0.1，圆心在基准轴线 A 上的两同心圆之间(见图 143)。 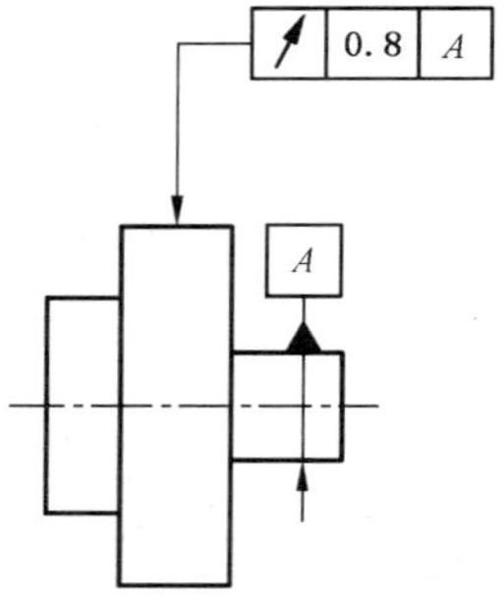

↗ 0.8 A
图 142 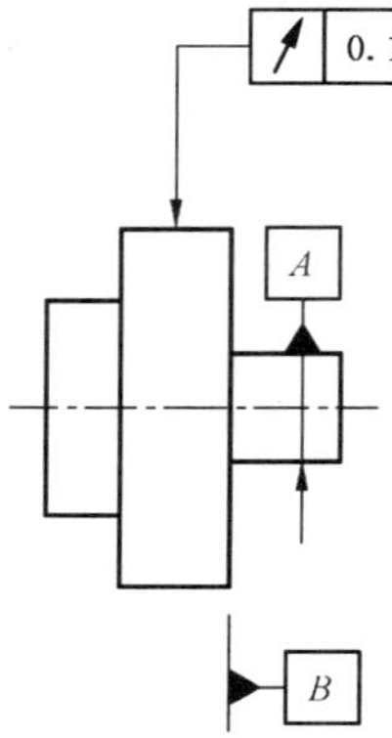

↗ 0.1 B A
图 143

在任一垂直于公共基准轴线 $A-B$ 的横截面内，提取(实际)圆应限定在半径差等于 0.1、圆心在基准轴线 $A-B$ 上的两同心圆之间(图 144) 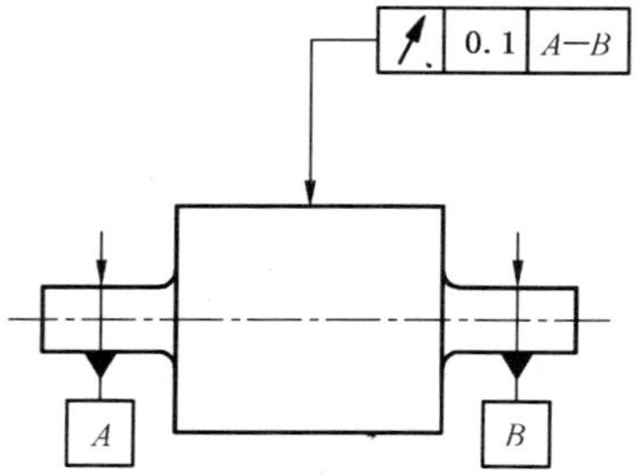

↗ 0.1 A—B
图 144</td></tr>
</table>

表 3(续)

尺寸单位为毫米(mm)

符号	公差带的定义	标注及解释
	18.15.1(续) **径向圆跳动公差**	
	圆跳动通常适用于整个要素,但亦可规定只适用于局部要素的某一指定部分(标注见图 145)	在任一垂直于基准轴线 A 的横截面内,提取(实际)圆弧应限定在半径差等于 0.2、圆心在基准轴线 A 上的两同心圆弧之间(图 145、图 146) 图 145 图 146
↗	18.15.2 **轴向圆跳动公差**	
	公差带为与基准轴线同轴的任一半径的圆柱截面上,间距等于公差值 t 的两圆所限定的圆柱面区域(图 147) a 基准轴线; b 公差带; c 任意直径。 图 147	在与基准轴线 D 同轴的任一圆柱形截面上,提取(实际)圆应限定在轴向距离等于 0.1 的两个等圆之间(图 148) 图 148

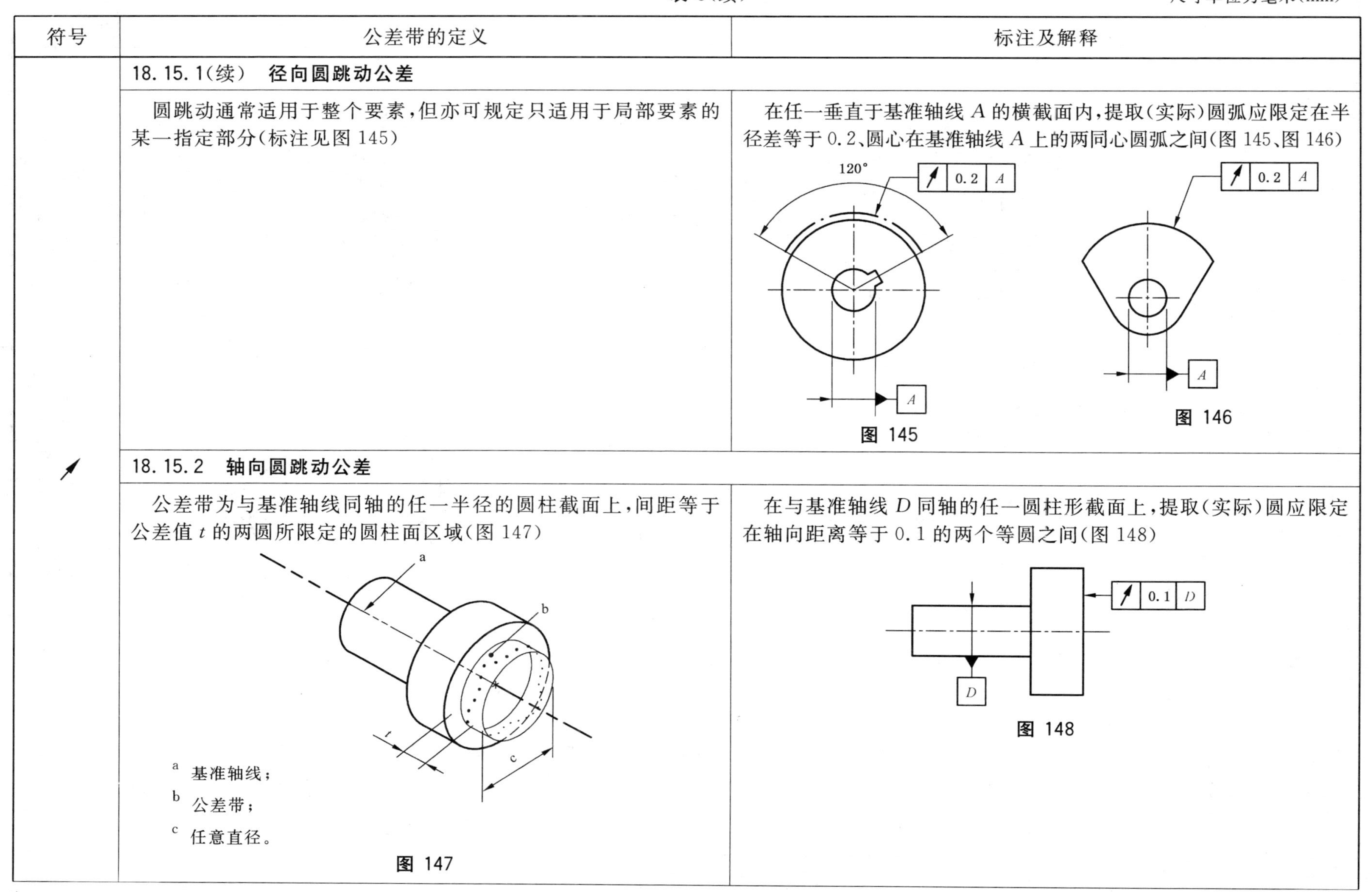

表 3(续)

尺寸单位为毫米(mm)

符号	公差带的定义	标注及解释
	18.15.3 斜向圆跳动公差	
↗	公差带为与基准轴线同轴的某一圆锥截面上,间距等于公差值 t 的两圆所限定的圆锥面区域(图 149)。 除非另有规定,测量方向应沿被测表面的法向 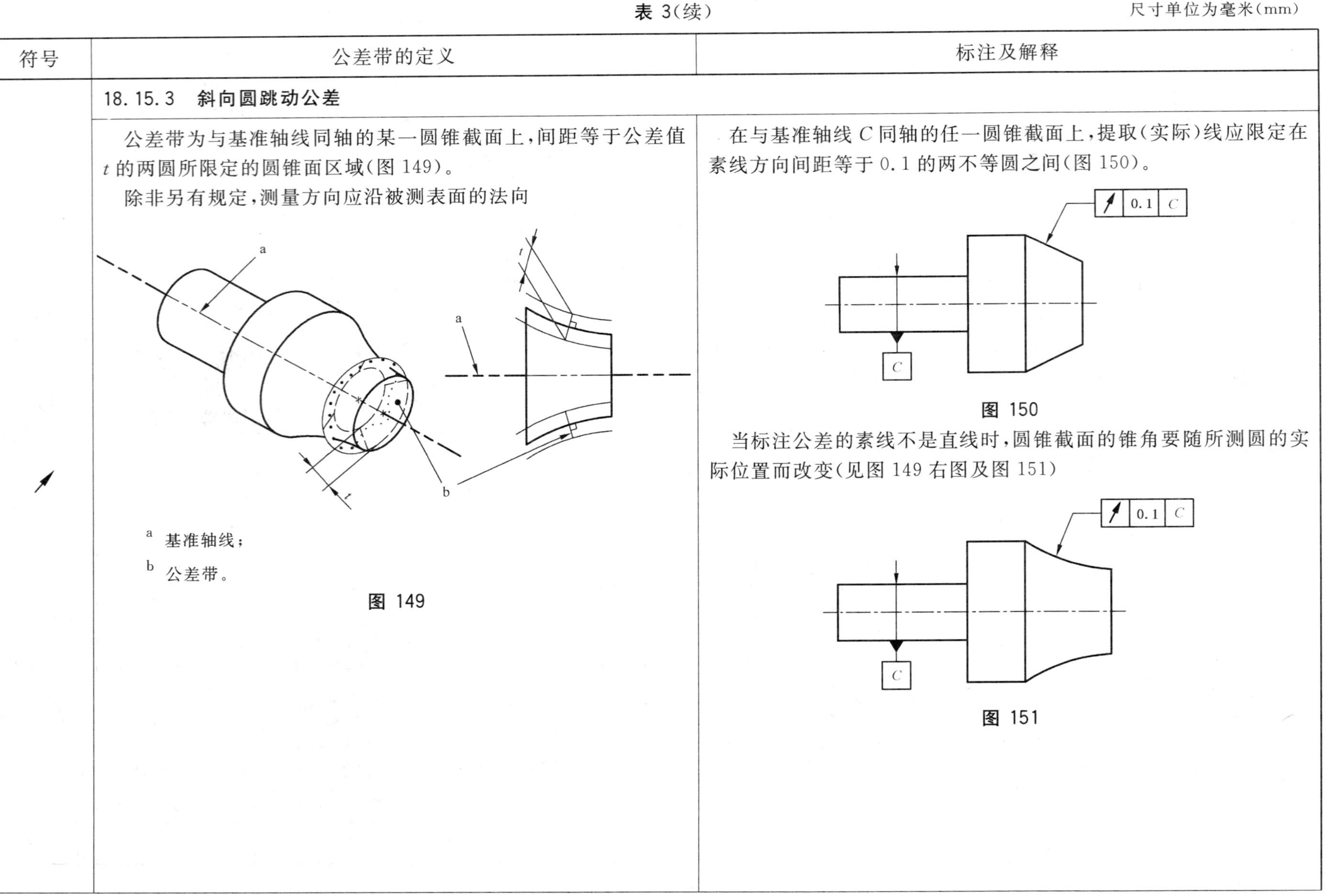 a 基准轴线; b 公差带。 图 149	在与基准轴线 C 同轴的任一圆锥截面上,提取(实际)线应限定在素线方向间距等于 0.1 的两不等圆之间(图 150)。 图 150 当标注公差的素线不是直线时,圆锥截面的锥角要随所测圆的实际位置而改变(见图 149 右图及图 151) 图 151

表 3(续)

尺寸单位为毫米(mm)

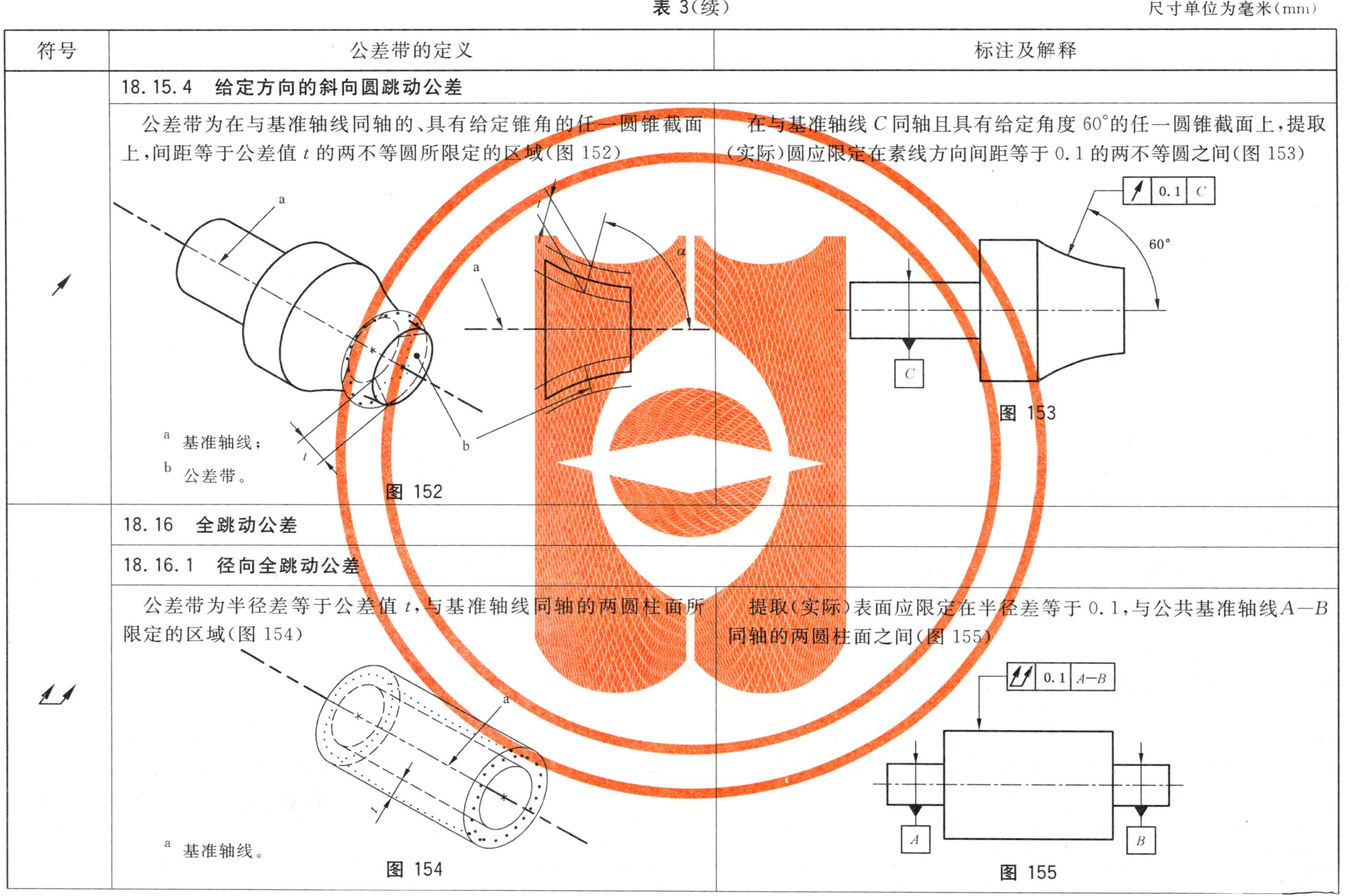

符号	公差带的定义	标注及解释
	18.15.4 给定方向的斜向圆跳动公差	
	公差带为在与基准轴线同轴的、具有给定锥角的任一圆锥截面上，间距等于公差值 t 的两不等圆所限定的区域(图 152) a 基准轴线； b 公差带。 图 152	在与基准轴线 C 同轴且具有给定角度 60°的任一圆锥截面上，提取(实际)圆应限定在素线方向间距等于 0.1 的两不等圆之间(图 153) 图 153
	18.16 全跳动公差	
	18.16.1 径向全跳动公差	
	公差带为半径差等于公差值 t，与基准轴线同轴的两圆柱面所限定的区域(图 154) a 基准轴线。 图 154	提取(实际)表面应限定在半径差等于 0.1，与公共基准轴线 $A—B$ 同轴的两圆柱面之间(图 155) 图 155

表 3(续)

尺寸单位为毫米(mm)

符号	公差带的定义	标注及解释
	18.16.2 轴向全跳动公差	
⌰	公差带为间距等于公差值 t,垂直于基准轴线的两平行平面所限定的区域(图 156) a 基准轴线; b 提取表面。 **图 156**	提取(实际)表面应限定在间距等于 0.1、垂直于基准轴线 D 的两平行平面之间(图 157) **图 157**

附 录 A
（资料性附录）
废止的标注方法

A.1 本附录列出了若干曾经使用、现已废止的标注方法。实践表明，这些方法所示含义模糊，所以不再使用。本附录仅供参考。

注：图 A.1～图 A.4、图 A.6 和图 A.7 在 GB/T 1182—1980 中曾被采用过，在 GB/T 1182—1996 中已经取消这些标注方法。

A.2 当公差涉及单个轴线、单个中心平面（见图 A.1）或者公共轴线、公共中心平面（见图 A.2 和图 A.3）时，曾经用末端带箭头的指引线将它们与公差框格直接连接。这种方法由本标准图 13～图 15 所示标注方法替代。

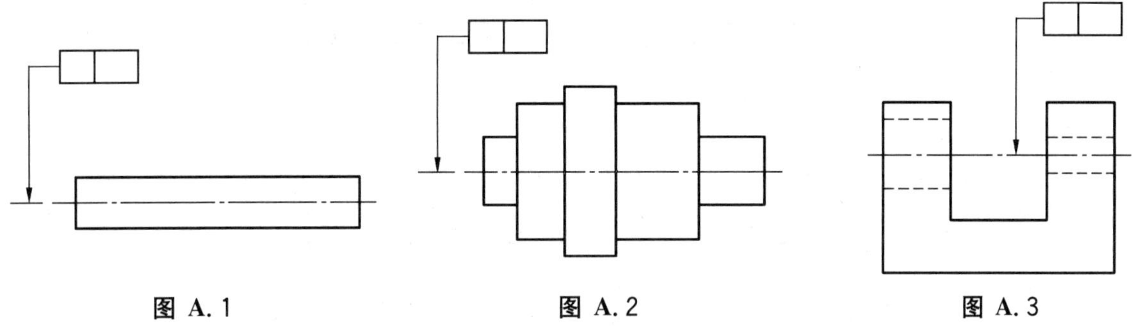

图 A.1　　图 A.2　　图 A.3

A.3 以轴线、中心平面、公共轴线、公共中心平面（见图 A.4）为基准时，曾经将它们与基准要素代号直接连接。这种方法由本标准图 33 所示标注方法替代。

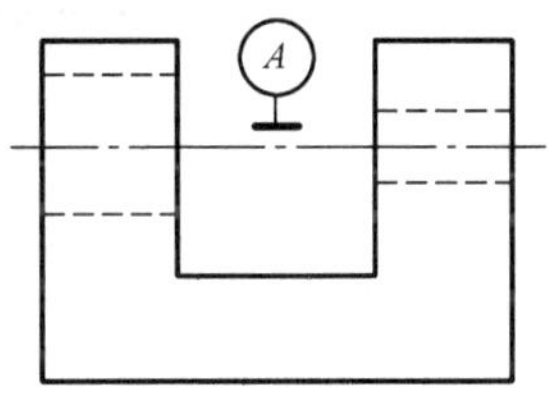

图 A.4

A.4 曾经在标注基准字母时没有给出它们的先后顺序（见图 A.5），这样就不能清楚地区别第 1 基准与第 2 基准。这曾经用作图 37 所示方法的另一种选择。

注：GB/T 1182—1990 和 GB/T 1182—1996 均未用过这种方法。

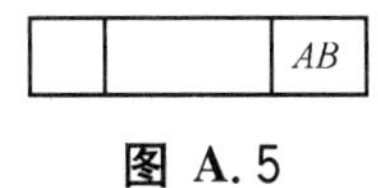

图 A.5

A.5 用指引线直接连接公差框格和基准要素（见图 A.6 和图 A.7）的方法，由本标准 9.3 所示标注方法替代。

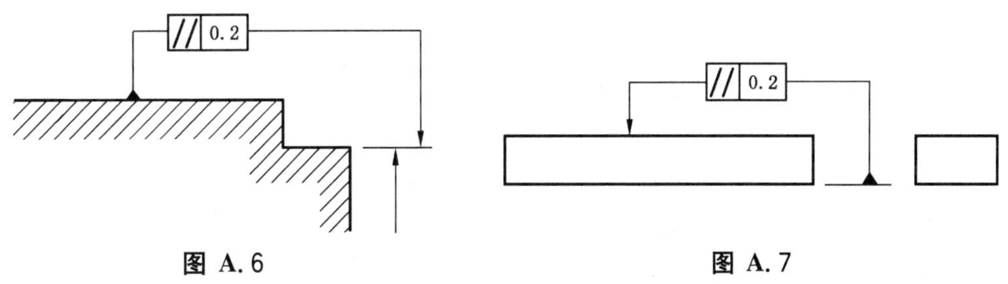

图 A.6　　图 A.7

A.6 对若干个被测要素分别给出相同的公差带时，图A.8所示的方法曾经作为替代本标准8.4(图 25)所示标注方法使用。

A.7 在公差框格上方注写“公共公差带”的方法(见图 A.9 和图 A.10)由本标准 8.5(图 26)所示标注方法替代。

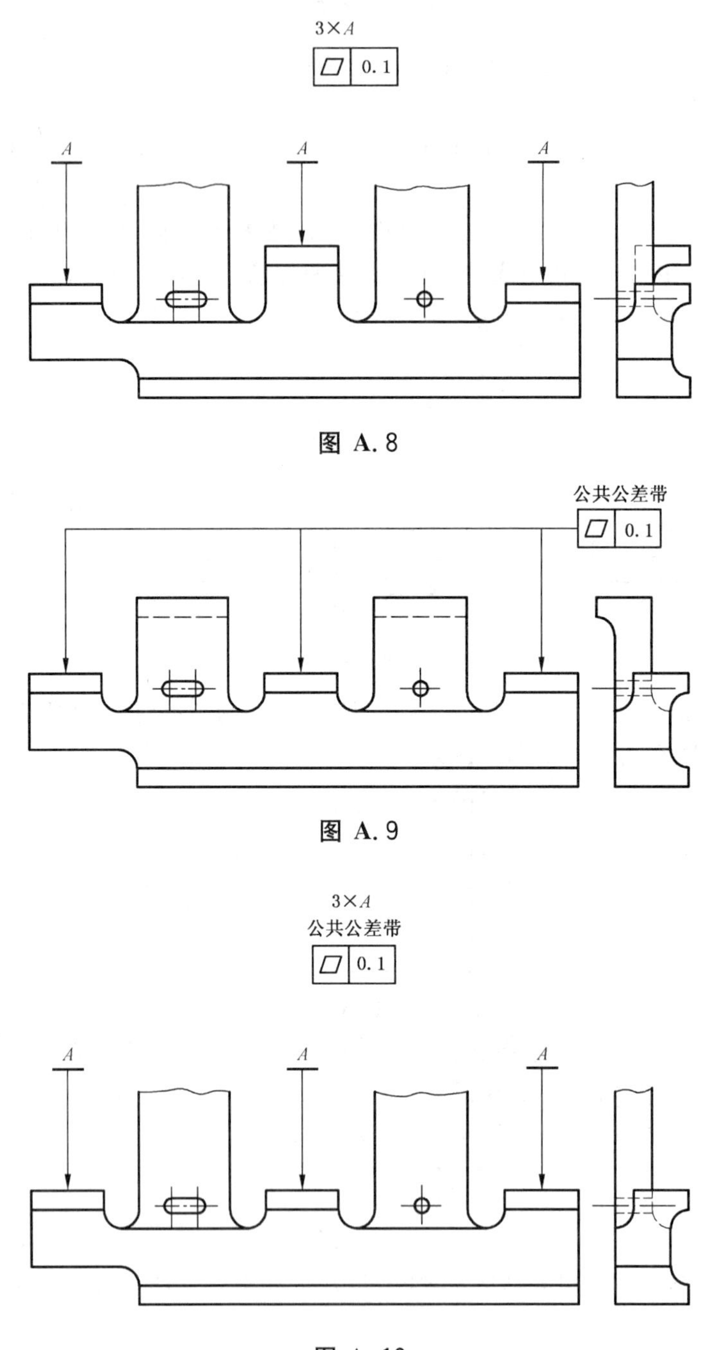

图 A.8

图 A.9

图 A.10

附　录　B
（规范性附录）
几何误差的评定

B.1　概述

关于如何评定圆柱度、圆度、平面度、直线度的几何误差的国际标准制定已经有了进展（见 ISO/TS 2180-1、ISO/TS 2180-2、ISO/TS 2181-1、ISO/TS 2181-2、ISO/TS 2780-1、ISO/TS 2780-2、ISO/TS 2781-1、ISO/TS 2781-2）。

本标准发布时，对 UPR（undulations per revolution 每转波数）滤波器和探针针尖半径，以及圆柱度、圆度、平面度、直线度的拟合方法（如参考圆柱面、参考圆、参考平面和参考线的条件）的默认规定尚未最终取得一致意见。这意味着圆柱度、圆度、平面度、直线度的规范还必须明确说明用哪些值进行规范操作（按 ISO/TS 17450-2），以取得唯一确定的结果。

注：本标准的修正案将给出关于专用规范操作的标注方法。

由于尚未取得一致的默认规定，以下只能选用在理想几何要素概念的基础上给出的公差带定义，以供参考。给出的这些例子用来说明怎样评定组成要素的提取（实际）要素的形状误差并将它们与公差带作比较。应该注意：所选择的这些公差带定义并未描述所需规范操作的完整程序，只制定了一些尚未取得完全一致的默认规定，以供专用规范操作的标注方法的标准发布之前使用。

B.2　直线度

当单一被测要素处于距离小于或等于给定公差值的两直线之间时，其直线度是合格的。这两直线的方向取决于它们之间的最大距离为尽可能小的值。图 B.1 给出了某个给定截面上直线度的示例。

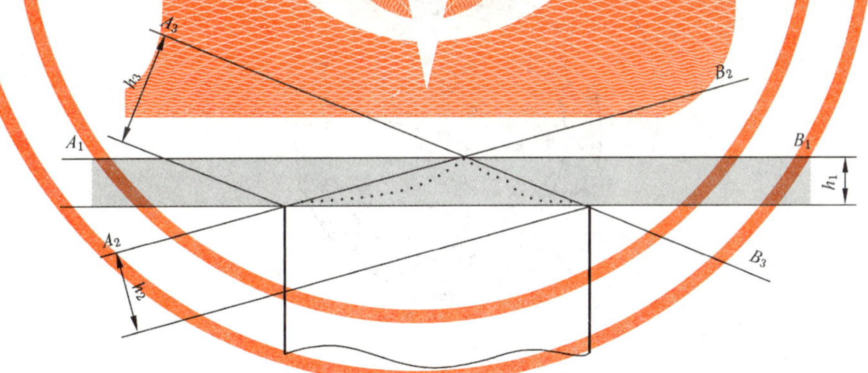

图 B.1

直线可能的方向：　A_1—B_1　　A_2—B_2　　A_3—B_3；
相应距离：　　　　h_1　　　　h_2　　　　h_3；
在图 B.1 情况下，$h_1 < h_2 < h_3$。
由此，两直线恰当的方向应该是 A_1—B_1。距离 h_1 应该不大于给定的公差值。

B.3　平面度

当单一被测要素处于距离小于或等于给定公差值的两平面之间时，其平面度是合格的。这两平面的方向取决于它们之间的最大距离为尽可能小的值。如图 B.2 所示。

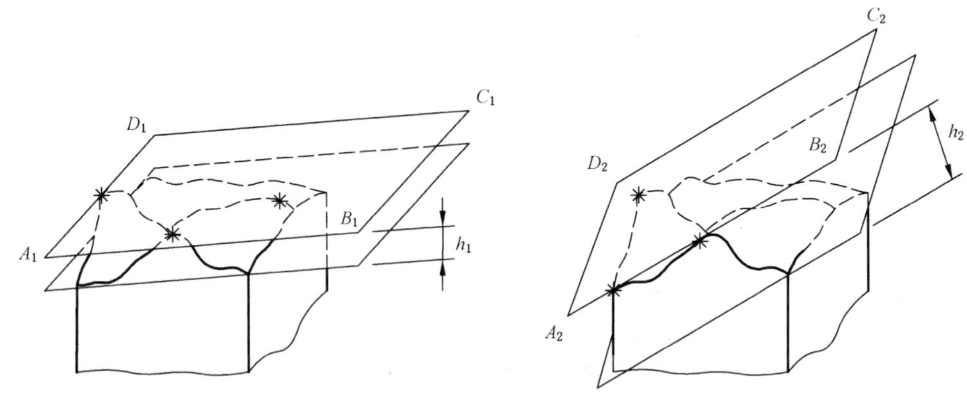

图 B.2

平面可能的方向： $A_1—B_1—C_1—D_1$，$A_2—B_2—C_2—D_2$；

相应距离： h_1， h_2；

在图 B.2 情况下，$h_1<h_2$。

由此，两平面恰当的方向应该是 $A_1—B_1—C_1—D_1$。距离 h_1 应该不大于给定的公差值。

B.4 圆度

当单一被测要素处于半径差小于或等于给定公差值的两同心圆之间时，其圆度是合格的。这两圆的圆心位置和半径值取决于它们的半径差为尽可能小的值。图 B.3 给出某个横截面上的示例。

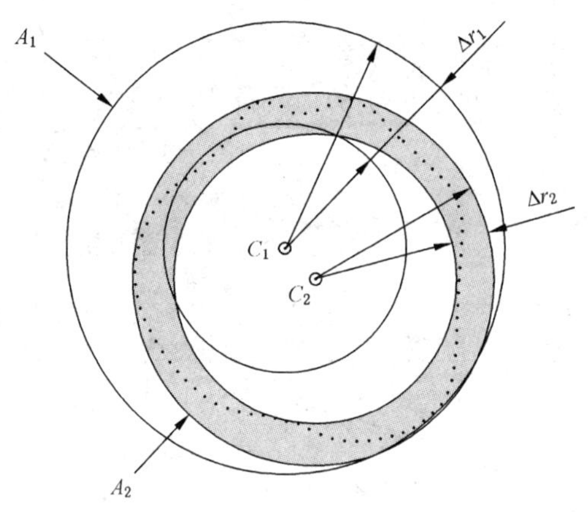

图 B.3

两同心圆圆心的可能位置和它们的最小半径差：

两同心圆 A_1 的圆心 C_1，半径差 Δr_1；

两同心圆 A_2 的圆心 C_2，半径差 Δr_2；

在图 B.3 情况下，$\Delta r_2<\Delta r_1$。

由此，两同心圆的确切位置应该选定 A_2。半径差 Δr_2 应该不大于给定的公差值。

B.5 圆柱度

当单一被测要素处于半径差小于或等于给定公差值的两同轴圆柱面之间时，其圆柱度是合格的。这两个圆柱面的轴线位置和半径值取决于它们的半径差为尽可能的最小值。如图 B.4 所示。

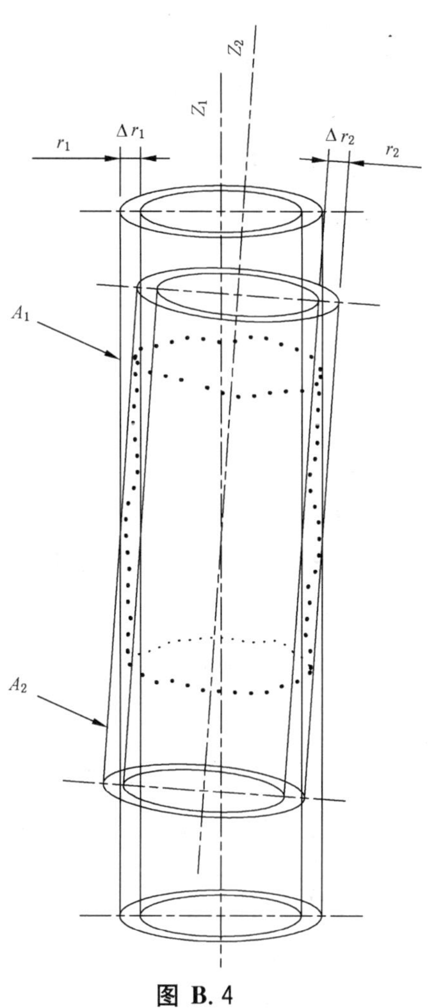

图 B.4

两同轴圆柱面轴线的可能位置和它们的最小半径差：

两同轴圆柱面 A_1 的轴线 Z_1，半径差 Δr_1，

两同轴圆柱面 A_2 的轴线 Z_2，半径差 Δr_2，

在图 B.4 情况下，$\Delta r_2 < \Delta r_1$。

因此，两同轴圆柱面的确切位置应该选定 A_2。半径差 Δr_2 应该不大于给定的公差值。

附 录 C
(资料性附录)
在 GPS 矩阵模式中的位置

C.1 概述

GPS 标准矩阵模式见 GB/Z 20308—2006。

C.2 本标准的信息及用途

本标准内容包括工件几何公差的基本信息,叙述几何公差初始基础概念并阐释它的基本原理。

C.3 在 GPS 矩阵模式中的位置

本标准是一项 GPS 通用标准,它在 GPS 通用的矩阵中影响标准链的连环 1 和 2,如图 C.1 图解所示。

GPS 综合标准

GPS基础标准	GPS 通用标准						
	链环号	1	2	3	4	5	6
	尺寸						
	距离						
	半径						
	角度						
	与基准无关的线形状	√	√				
	与基准相关的线形状	√	√				
	与基准无关的面形状	√	√				
	与基准相关的面形状	√	√				
	方向	√	√				
	位置	√	√				
	圆跳动	√	√				
	全跳动	√	√				
	基准	√					
	粗糙度轮廓						
	波纹度轮廓						
	原始轮廓						
	表面缺陷						
	棱边						

图 C.1

C.4 相关标准

图 C.1 所示标准链中的标准与本标准有关。

前　　言

本标准是根据国际标准 ISO 2768-2:1989《一般几何公差—— 第 2 部分　未注几何公差》对 GB 1184—80《形状和位置公差　未注公差》进行修订的。在技术内容上与 ISO 2768-2 等效。

本标准在保证与 ISO 2768-2 等效的同时，考虑到标准的实用性，保留了原 GB 1184 中有关注出公差值的规定，作为附录 B；并将 ISO 2768-2 的两个附录合并为一个作为附录 A。

本标准与原 1980 年标准的差别较大，所有给出未注公差值的项目、公差等级的划分、给出的未注公差值皆以现行的 ISO 2768-2 为准，与原 GB 1184—80 的数值体系完全不同。

本标准的主要内容包括有关定义、形位公差的未注公差值、图样表示法、特殊情况下的未注公差值及形位公差的注出公差值等方面的内容。

本标准从 1997 年 7 月 1 日起实施，同时代替 GB 1184—80。

本标准的附录 A 和附录 B 都是提示的附录。

本标准由中华人民共和国机械工业部提出。

本标准由全国形状和位置公差标准化技术委员会归口。

本标准起草单位：机械工业部机械标准化研究所。

本标准主要起草人：周忠、汪恺。

ISO 前言

ISO(国际标准化组织)是一个世界范围的国家级标准化组织(ISO 成员)的联合会,国际标准的制定工作由 ISO 各技术委员会进行。每个成员组织,对某一主题的技术委员会感兴趣,就有权参加该委员会工作,其他与 ISO 协作的政府间或非政府间的国际组织也可以参加工作。ISO 与 IEC(国际电工委员会)在所有有关电工技术标准化的内容上进行密切合作。

由技术委员会提出的国际标准草案,散发给各成员组织,由各成员组织投票表决,至少需要 75%的赞成票才能作为国际标准公布。

ISO 2768-2 由 ISO/TC 3 极限与配合技术委员会起草。

ISO 2768-2 与 ISO 2768-1 共同代替 ISO 2768:1973。

ISO 2768 在一般公差的总标题下包括下列部分:

——第一部分:线性和角度尺寸的未注公差

——第二部分:几何公差的未注公差

ISO 2768 的附录 A 和附录 B 都是提示性的附录。

中华人民共和国国家标准

形状和位置公差 未注公差值

GB/T 1184—1996
eqv ISO 2768-2:1989

代替 GB 1184—80

Geometrical tolerancing—
Geometrical tolerance for features without individual tolerance indications

1 适用范围

本标准主要适用于用去除材料方法形成的要素,也可用于其他方法形成的要素,但使用时应确定本部门的制造精度是否是在本标准规定的未注公差值之内。

2 引用标准

下列标准所包含的条文,通过在本标准中引用而构成为本标准的条文。本标准出版时,所示版本均为有效。所有标准都会被修订,使用本标准的各方应探讨使用下列标准最新版本的可能性。

GB/T 1182—1996 形状和位置公差 通则、定义、符号和图样表示法

GB/T 1804—92 一般公差 线性尺寸的未注公差

GB/T 4249—1996 公差原则

3 定义

本标准采用 GB/T 1182 给出的定义。

4 通则

本标准所规定的公差等级考虑了各类工厂的一般制造精度,如由于功能要求需对某个要素提出更高的公差要求时,应按照 GB/T 1182 的规定在图样上直接标注;更粗的公差要求只有对工厂有经济效益时才需注出。

在图样或有关文件中采用本标准规定的形位公差未注公差时,应按照本标准第 6 章的规定进行标注,它适用于所有没有单独标注形位公差的要素。

除本标准规定的各项目未注公差外,其他项目如线、面轮廓度、倾斜度、位置度和全跳动均应由各要素的注出或未注形位公差、线性尺寸公差或角度公差控制。

5 形位公差的未注公差值

5.1 形状公差的未注公差值

5.1.1 直线度和平面度

表 1 给出了直线度和平面度的未注公差值。在表 1 中选择公差值时,对于直线度应按其相应线的长度选择;对于平面度应按其表面的较长一侧或圆表面的直径选择。

国家技术监督局 1996-12-18 批准 1997-07-01 实施

表 1　直线度和平面度的未注公差值　mm

公差等级	基本长度范围					
	≤10	>10～30	>30～100	>100～300	>300～1 000	>1 000～3 000
H	0.02	0.05	0.1	0.2	0.3	0.4
K	0.05	0.1	0.2	0.4	0.6	0.8
L	0.1	0.2	0.4	0.8	1.2	1.6

5.1.2　圆度

圆度的未注公差值等于标准的直径公差值，但不能大于表 4 中的径向圆跳动值〔见附录 A（提示的附录）中图 A2〕。

5.1.3　圆柱度

圆柱度的未注公差值不做规定。

注

1　圆柱度误差由三个部分组成：圆度、直线度和相对素线的平行度误差，而其中每一项误差均由它们的注出公差或未注公差控制。

2　如因功能要求，圆柱度应小于圆度、直线度和平行度的未注公差的综合结果，应在被测要素上按 GB/T 1182 的规定注出圆柱度公差值。

3　采用包容要求。

5.2　位置公差的未注公差值

5.2.1　平行度

平行度的未注公差值等于给出的尺寸公差值，或是直线度和平面度未注公差值中的相应公差值取较大者。应取两要素中的较长者作为基准，若两要素的长度相等则可选任一要素为基准（见附录 A 的图 A4）。

5.2.2　垂直度

表 2 给出了垂直度的未注公差值。取形成直角的两边中较长的一边作为基准，较短的一边作为被测要素；若两边的长度相等则可取其中的任意一边作为基准。

表 2　垂直度未注公差值　mm

公差等级	基本长度范围			
	≤100	>100～300	>300～1 000	>1 000～3 000
H	0.2	0.3	0.4	0.5
K	0.4	0.6	0.8	1
L	0.6	1	1.5	2

5.2.3　对称度

表 3 给出了对称度的未注公差值。应取两要素中较长者作为基准，较短者作为被测要素；若两要素长度相等则可选任一要素为基准。

注：对称度的未注公差值用于至少两个要素中的一个是中心平面，或两个要素的轴线相互垂直，见附录 A 图 A5。

表 3　对称度未注公差值　mm

公差等级	基本长度范围			
	≤100	>100～300	>300～1 000	>1 000～3 000
H	0.5			
K	0.6		0.8	1
L	0.6	1	1.5	2

5.2.4 同轴度

同轴度的未注公差值未作规定。

在极限状况下,同轴度的未注公差值可以和表 4 中规定的径向圆跳动的未注公差值相等。应选两要素中的较长者为基准,若两要素长度相等则可选任一要素为基准。

5.2.5 圆跳动

表 4 给出了圆跳动(径向、端面和斜向)的未注公差值。

对于圆跳动的未注公差值,应以设计或工艺给出的支承面作为基准,否则应取两要素中较长的一个作为基准;若两要素的长度相等则可选任一要素为基准。

表 4 圆跳动的未注公差值 mm

公差等级	圆跳动公差值
H	0.1
K	0.2
L	0.5

6 未注公差值的图样表示法

若采用本标准规定的未注公差值,应在标题栏附近或在技术要求、技术文件(如企业标准)中注出标准号及公差等级代号:

"GB/T 1184-×";

7 注出公差值

本标准给出的注出公差值见附录 B(提示的附录)。

8 拒收

除另有规定,当零件要素的形位误差超出未注公差值而零件的功能没有受到损害时,不应当按惯例拒收。

附 录 A

（提示的附录）

形位公差未注公差值的概念和解释

A1 形位公差的未注公差值的概念和标注

未注公差值符合工厂的常用精度等级，不需在图样上注出；由于功能原因某要素要求比“未注公差值”小的公差数值不属于未注公差的范畴，应按 GB/T 1182 的规定进行标注；如功能要求允许大于未注公差值，而这个较大的公差值会给工厂带来经济效益，则这个较大的形位公差值应单独注在要素上，例如金属薄壁件、挠性材质零件（如橡胶件、塑料件）等。

A2 一般情况下，工厂的机加工和常用的工艺方法不会加工出较大误差值，因此扩大公差值通常不会给工厂制造带来经济效益。

A3 采用未注公差值的优点

a）图样易读，可高效地进行信息交换；

b）节省设计时间，不用详细地计算公差值，只需了解某要素的功能是否允许大于或等于未注公差值；

c）图样很清楚地指出哪些要素可以用一般加工方法加工，既保证工程质量又不需一一检测；

d）对于大多数零件来说，注出形位公差值的要素是由于功能要求采用相应小的公差值，必然给生产带来特殊的效益，有利于安排生产、质量控制和检验；

e）由于“工厂的常用精度”在合同生效前就已经知道，图样完整无疑，购买者和提供分合同的工程师可更方便地进行谈判，避免在购销之间造成争论。

A4 工厂必须做到的几点：

——能测出工厂常用精度值；

——图样上未注公差值等于或大于工厂常用精度时才能接收；

——抽样检查以保证工厂常用精度不被破坏。

A5 拒收

功能允许的公差值经常大于形位公差的未注公差值，实际上零件的功能往往并不因为零件某一要素超出（或偶尔超出）形位公差的未注公差值而被损害。

只有在超出形位公差的未注公差值会损害零件功能时才能被拒收。

A6 形位公差未注公差值的适用范围

形位公差的未注公差值适用于遵守独立原则的零件要素，也适用于某些遵守包容要求的零件要素，在要素处处都是最大实体尺寸时也适用（示例见图 A1）。

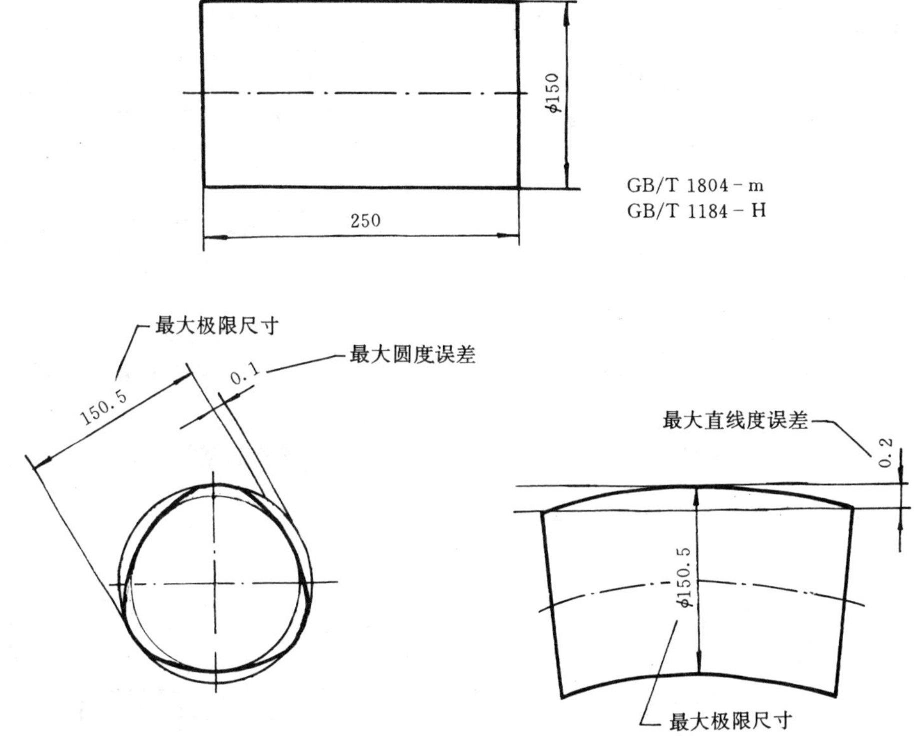

图 A1　独立原则：在同一要素上的最大允许误差

A7　圆度的未注公差示例

示例见图 A2。

示例 1，圆要素注出直径公差值 $25_{-0.1}^{\ 0}$，圆度未注公差值等于尺寸公差值 0.1。

示例 2，圆要素直径采用未注公差值，按 GB/T 1804 中的 m 级。

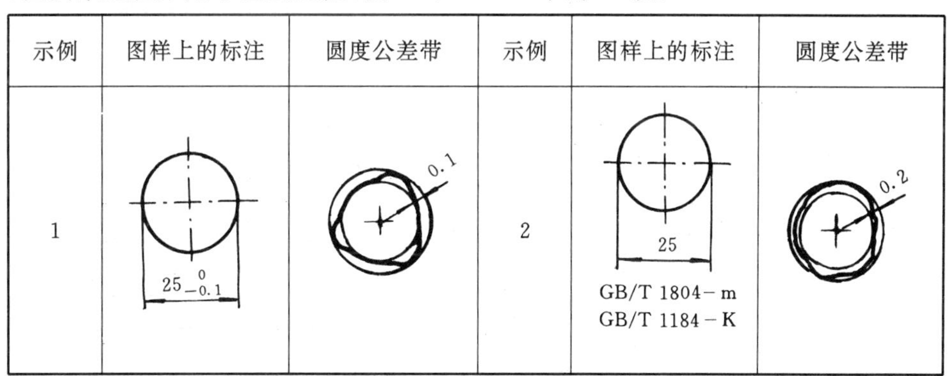

示例	图样上的标注	圆度公差带	示例	图样上的标注	圆度公差带
1	$25_{-0.1}^{\ 0}$	0.1	2	25 GB/T 1804－m GB/T 1184－K	0.2

图 A2　圆度未注公差示例

A8　圆柱度(见 5.1.3)

由于圆度、直线度和相对素线的平行度同时受到尺寸公差的限制，因此它们综合形成的未注公差值应小于上述三种公差值的综合结果。为简单起见，可采用包容要求Ⓔ或注出圆柱度公差。

A9　平行度

由于形位公差采用公差带的概念，平行度误差可由尺寸公差值控制(见图 A3)；如果要素处处均为最大实体尺寸，则由直线度、平面度控制(见图 A4)。

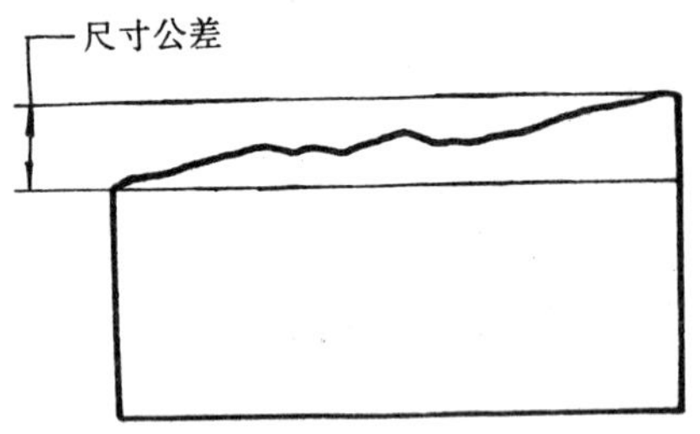

平行度误差≤尺寸公差值

图 A3 平行度未注公差示例

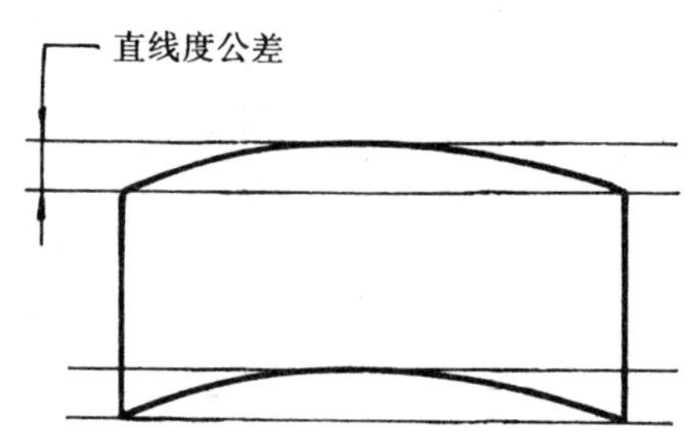

平行度误差≤直线度公差

图 A4 平行度未注公差示例

A10 对称度

对称度应取较长要素为基准，如两要素长度相等则可选任一要素为基准。示例见图 A5。

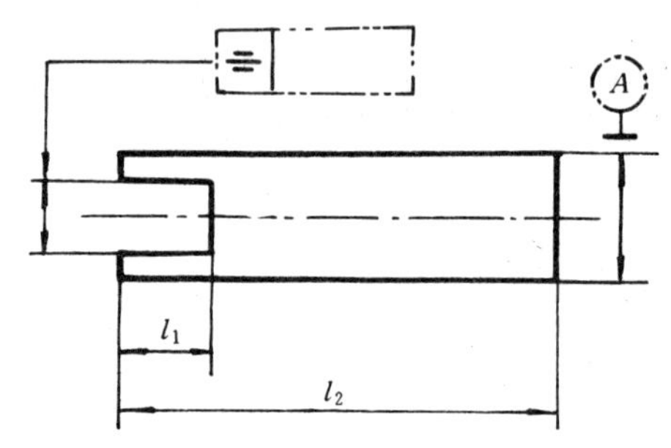

a) 基准：较长要素(l_2)

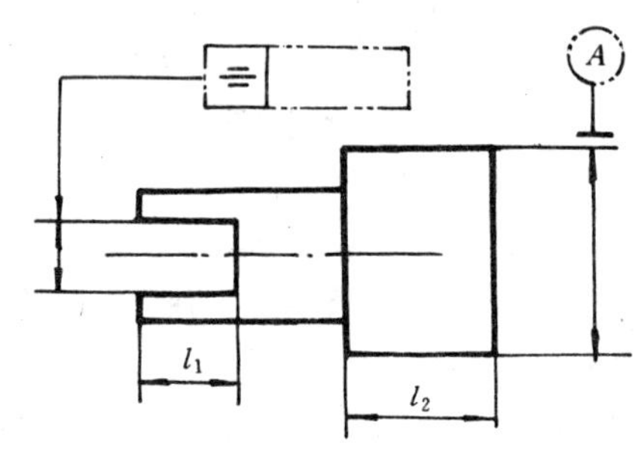

b) 基准：较长要素(l_2)

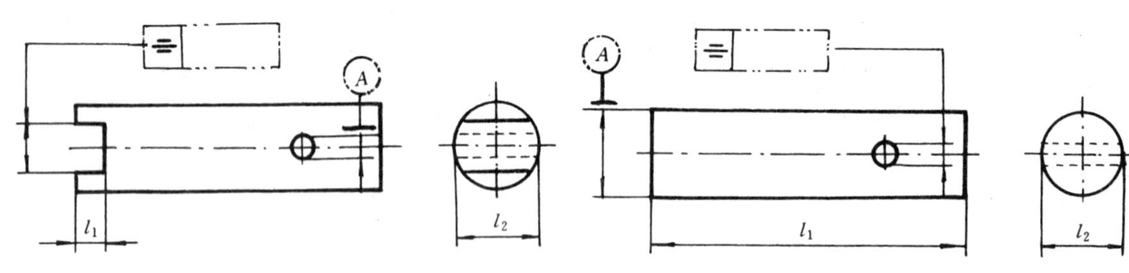

c) 基准：较长要素(l_2)

d) 基准：较长要素(l_1)

图 A5 对称度示例

A11 图样综合示例

综合图样示例及解释见图 A6。

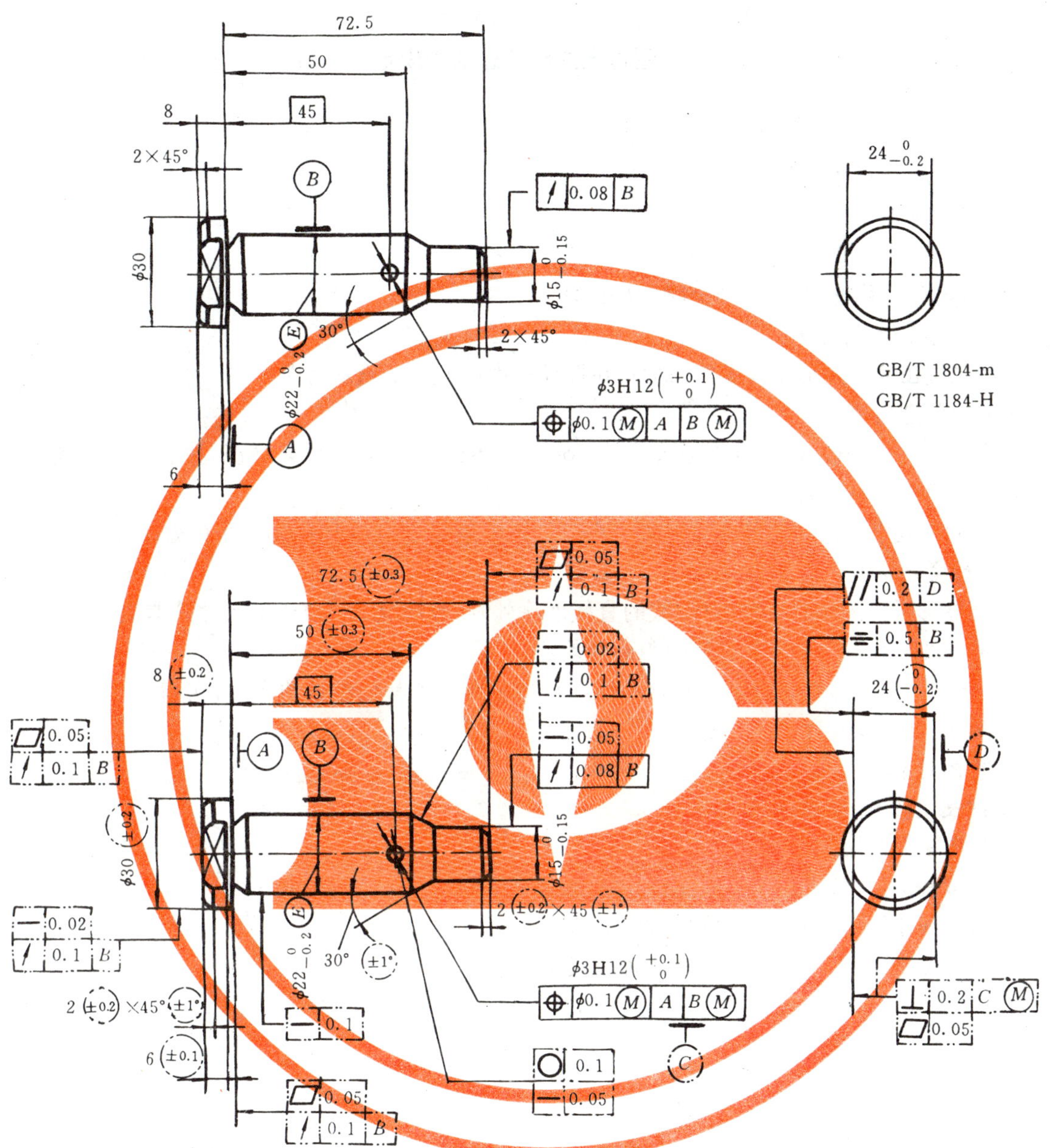

图 A6　图样示例

注

1　用细双点划线表示的公差值(框格或图)是未注公差值，由于车间加工时能达到或小于 GB/T 1184 所规定的未注公差值，因此，该公差值在车间加工时能自动达到，通常不要求检查。

2　有些公差值同时限制了该要素上的其他项目的误差，如垂直度公差也限制了直线度误差，因而图中没有表示所有的未注公差值。

附　录　B
（提示的附录）
图样上注出公差值的规定

B1　本附录提出了下列项目的公差值或数系表：

a）直线度、平面度（表 B1）；

b）圆度、圆柱度（表 B2）；

c）平行度、垂直度、倾斜度（表 B3）；

d）同轴度、对称度、圆跳动和全跳动（表 B4）；

e）位置度数系（表 B5）。

B2　本附录提出的公差值是以零件和量具在标准温度（20℃）下测量为准。

B3　公差值的选用原则

B3.1　根据零件的功能要求，并考虑加工的经济性和零件的结构、刚性等情况，按表中数系确定要素的公差值。并考虑下列情况：

a）在同一要素上给出的形状公差值应小于位置公差值。如要求平行的两个表面，其平面度公差值应小于平行度公差值；

b）圆柱形零件的形状公差值（轴线的直线度除外）一般情况下应小于其尺寸公差值；

c）平行度公差值应小于其相应的距离公差值。

B3.2　对于下列情况，考虑到加工的难易程度和除主参数外其他参数的影响，在满足零件功能的要求下，适当降低 1～2 级选用。

a）孔相对于轴；

b）细长比较大的轴或孔；

c）距离较大的轴或孔；

d）宽度较大（一般大于 1/2 长度）的零件表面；

e）线对线和线对面相对于面对面的平行度；

f）线对线和线对面相对于面对面的垂直度。

表 B1　直线度、平面度

主参数 L mm	公差等级											
	1	2	3	4	5	6	7	8	9	10	11	12
	公差值，μm											
≤10	0.2	0.4	0.8	1.2	2	3	5	8	12	20	30	60
>10～16	0.25	0.5	1	1.5	2.5	4	6	10	15	25	40	80
>16～25	0.3	0.6	1.2	2	3	5	8	12	20	30	50	100
>25～40	0.4	0.8	1.5	2.5	4	6	10	15	25	40	60	120
>40～63	0.5	1	2	3	5	8	12	20	30	50	80	150
>63～100	0.6	1.2	2.5	4	6	10	15	25	40	60	100	200
>100～160	0.8	1.5	3	5	8	12	20	30	50	80	120	250
>160～250	1	2	4	6	10	15	25	40	60	100	150	300
>250～400	1.2	2.5	5	8	12	20	30	50	80	120	200	400
>400～630	1.5	3	6	10	15	25	40	60	100	150	250	500
>630～1 000	2	4	8	12	20	30	50	80	120	200	300	600
>1 000～1 600	2.5	5	10	15	25	40	60	100	150	250	400	800
>1 600～2 500	3	6	12	20	30	50	80	120	200	300	500	1 000
>2 500～4 000	4	8	15	25	40	60	100	150	250	400	600	1 200
>4 000～6 300	5	10	20	30	50	80	120	200	300	500	800	1 500
>6 300～10 000	6	12	25	40	60	100	150	250	400	600	1 000	2 000

主参数 *L* 图例

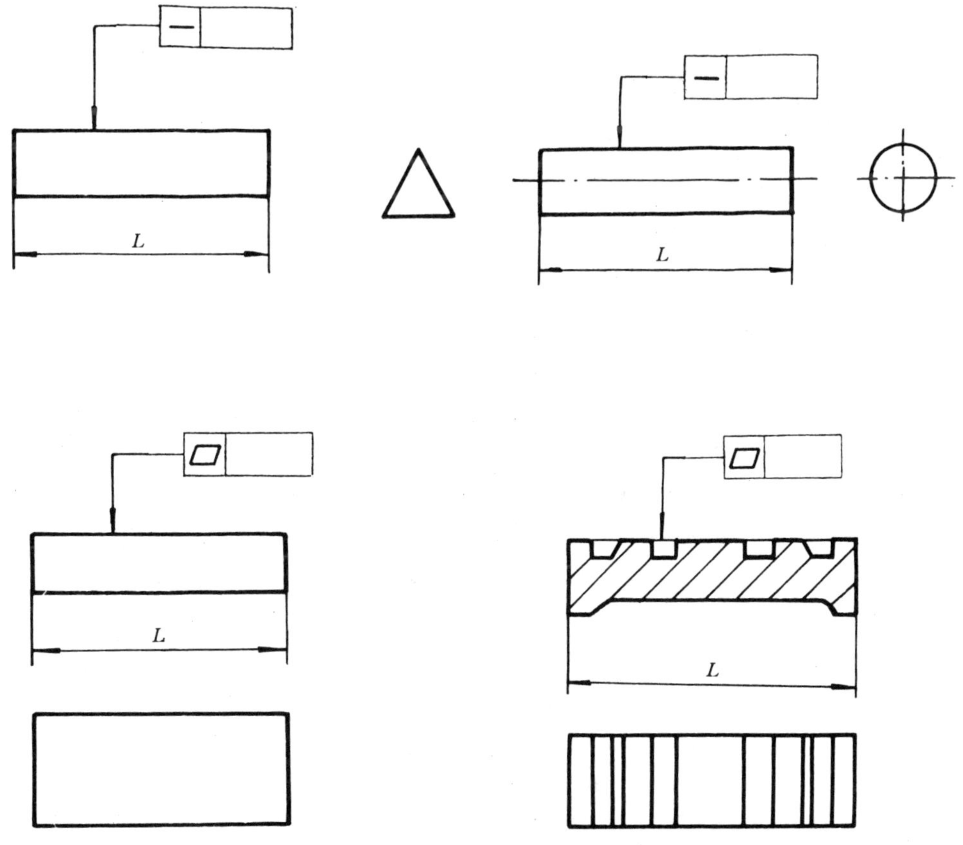

表 B2　圆度、圆柱度

主参数 d(D) mm	公差等级												
	0	1	2	3	4	5	6	7	8	9	10	11	12
	公差值，μm												
≤3	0.1	0.2	0.3	0.5	0.8	1.2	2	3	4	6	10	14	25
>3～6	0.1	0.2	0.4	0.6	1	1.5	2.5	4	5	8	12	18	30
>6～10	0.12	0.25	0.4	0.6	1	1.5	2.5	4	6	9	15	22	36
>10～18	0.15	0.25	0.5	0.8	1.2	2	3	5	8	11	18	27	43
>18～30	0.2	0.3	0.6	1	1.5	2.5	4	6	9	13	21	33	52
>30～50	0.25	0.4	0.6	1	1.5	2.5	4	7	11	16	25	39	62
>50～80	0.3	0.5	0.8	1.2	2	3	5	8	13	19	30	46	74
>80～120	0.4	0.6	1	1.5	2.5	4	6	10	15	22	35	54	87
>120～180	0.6	1	1.2	2	3.5	5	8	12	18	25	40	63	100
>180～250	0.8	1.2	2	3	4.5	7	10	14	20	29	46	72	115
>250～315	1.0	1.6	2.5	4	6	8	12	16	23	32	52	81	130
>315～400	1.2	2	3	5	7	9	13	18	25	36	57	89	140
>400～500	1.5	2.5	4	6	8	10	15	20	27	40	63	97	155

主参数 *d*(*D*)图例

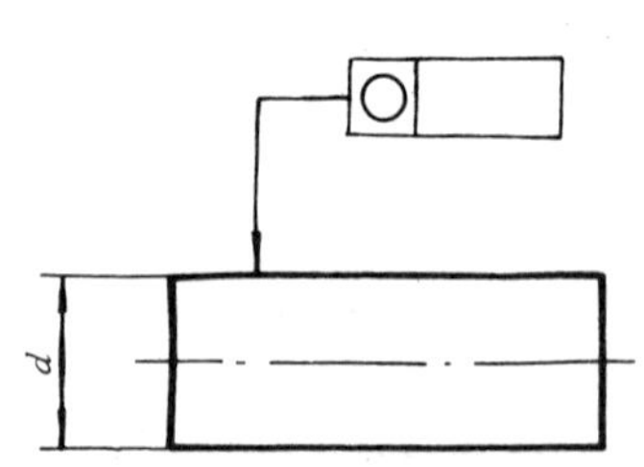

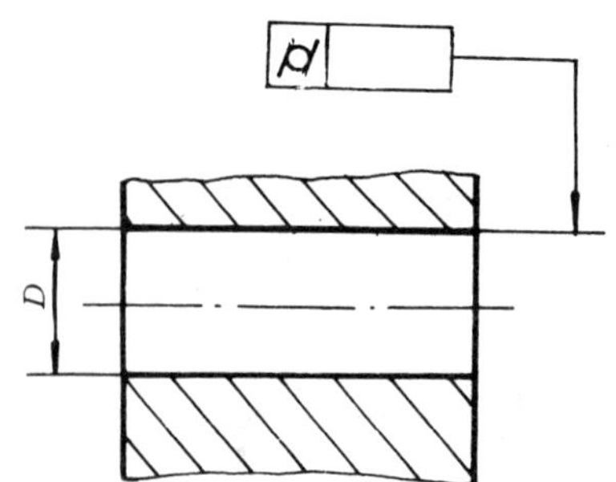

表 B3　平行度、垂直度、倾斜度

主参数 $L,d(D)$ mm	公差等级											
	1	2	3	4	5	6	7	8	9	10	11	12
	公差值，μm											
≤10	0.4	0.8	1.5	3	5	8	12	20	30	50	80	120
＞10～16	0.5	1	2	4	6	10	15	25	40	60	100	150
＞16～25	0.6	1.2	2.5	5	8	12	20	30	50	80	120	200
＞25～40	0.8	1.5	3	6	10	15	25	40	60	100	150	250
＞40～63	1	2	4	8	12	20	30	50	80	120	200	300
＞63～100	1.2	2.5	5	10	15	25	40	60	100	150	250	400
＞100～160	1.5	3	6	12	20	30	50	80	120	200	300	500
＞160～250	2	4	8	15	25	40	60	100	150	250	400	600
＞250～400	2.5	5	10	20	30	50	80	120	200	300	500	800
＞400～630	3	6	12	25	40	60	100	150	250	400	600	1 000
＞630～1 000	4	8	15	30	50	80	120	200	300	500	800	1 200
＞1 000～1 600	5	10	20	40	60	100	150	250	400	600	1 000	1 500
＞1 600～2 500	6	12	25	50	80	120	200	300	500	800	1 200	2 000
＞2 500～4 000	8	15	30	60	100	150	250	400	600	1 000	1 500	2 500
＞4 000～6 300	10	20	40	80	120	200	300	500	800	1 200	2 000	3 000
＞6 300～10 000	12	25	50	100	150	250	400	600	1 000	1 500	2 500	4 000

主参数 $L,d(D)$ 图例

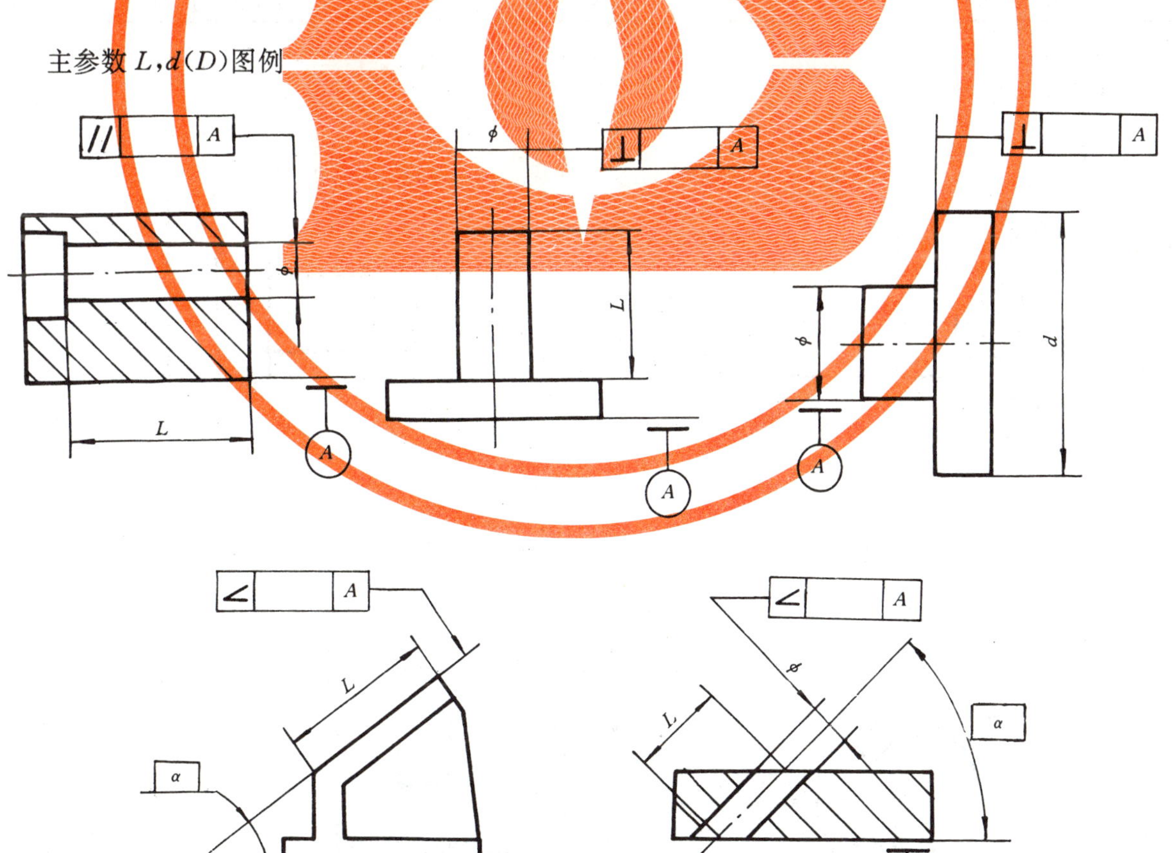

表 B4　同轴度、对称度、圆跳动和全跳动

主参数 d(D),B,L mm	公差等级											
	1	2	3	4	5	6	7	8	9	10	11	12
	公差值,μm											
≤1	0.4	0.6	1.0	1.5	2.5	4	6	10	15	25	40	60
>1~3	0.4	0.6	1.0	1.5	2.5	4	6	10	20	40	60	120
>3~6	0.5	0.8	1.2	2	3	5	8	12	25	50	80	150
>6~10	0.6	1	1.5	2.5	4	6	10	15	30	60	100	200
>10~18	0.8	1.2	2	3	5	8	12	20	40	80	120	250
>18~30	1	1.5	2.5	4	6	10	15	25	50	100	150	300
>30~50	1.2	2	3	5	8	12	20	30	60	120	200	400
>50~120	1.5	2.5	4	6	10	15	25	40	80	150	250	500
>120~250	2	3	5	8	12	20	30	50	100	200	300	600
>250~500	2.5	4	6	10	15	25	40	60	120	250	400	800
>500~800	3	5	8	12	20	30	50	80	150	300	500	1 000
>800~1 250	4	6	10	15	25	40	60	100	200	400	600	1 200
>1 250~2 000	5	8	12	20	30	50	80	120	250	500	800	1 500
>2 000~3 150	6	10	15	25	40	60	100	150	300	600	1 000	2 000
>3 150~5 000	8	12	20	30	50	80	120	200	400	800	1 200	2 500
>5 000~8 000	10	15	25	40	60	100	150	250	500	1 000	1 500	3 000
>8 000~10 000	12	20	30	50	80	120	200	300	600	1 200	2 000	4 000

主参数 d(D),B,L 图例

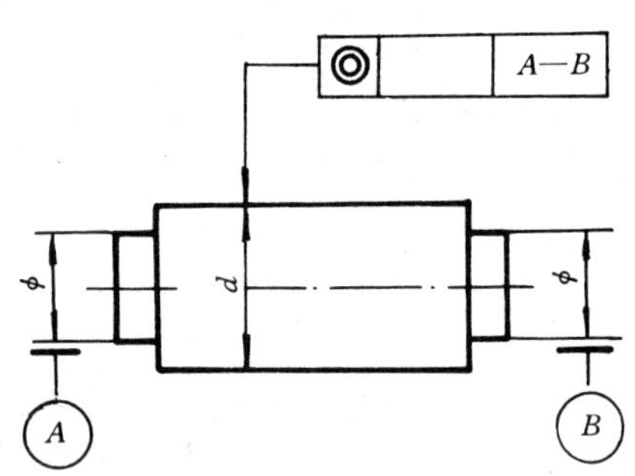

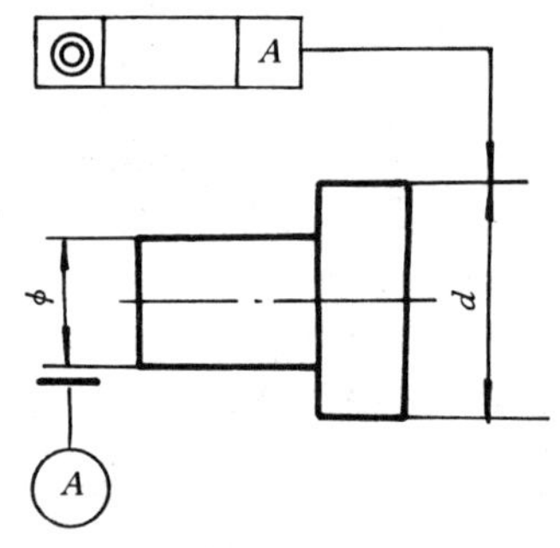

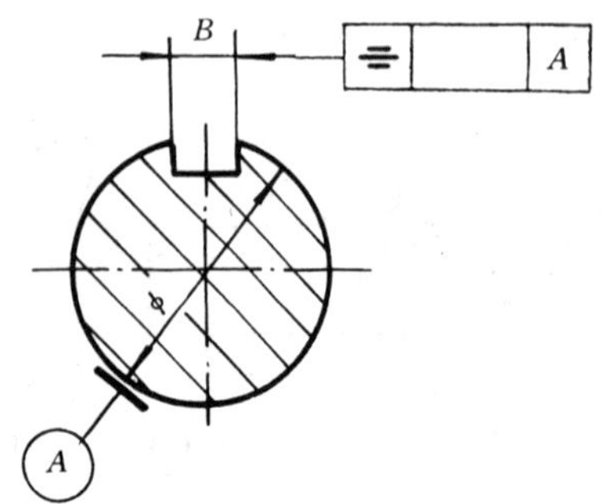

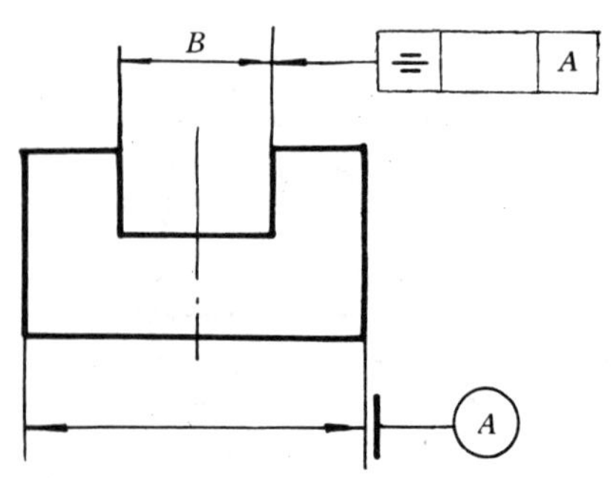

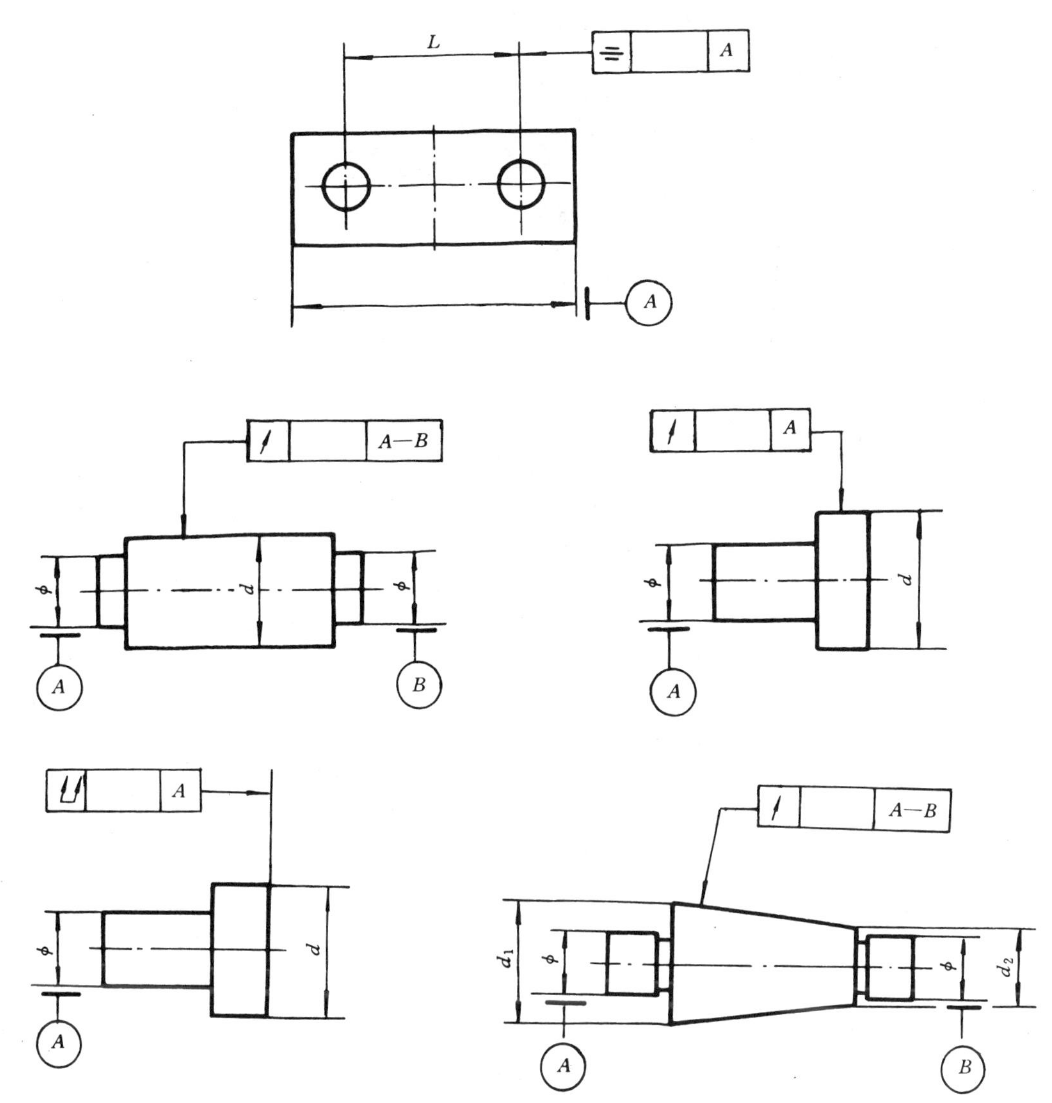

当被测要素为圆锥面时，取 $d=\frac{d_1+d_2}{2}$

表 B5　位置度数系

μm

1	1.2	1.5	2	2.5	3	4	5	6	8
1×10^n	1.2×10^n	1.5×10^n	2×10^n	2.5×10^n	3×10^n	4×10^n	5×10^n	6×10^n	8×10^n

注：n 为正整数。

ICS 17.040.10
J 04

中华人民共和国国家标准

GB/T 1800.1—2009
代替 GB/T 1800.1—1997,GB/T 1800.2—1998,GB/T 1800.3—1998

产品几何技术规范(GPS) 极限与配合 第1部分:公差、偏差和配合的基础

Geometrical Product Specifications (GPS)—
Limits and fits—
Part 1:Bases of tolerances, deviations and fits

(ISO 286-1:1988,ISO system of limits and fits—
Part 1:Bases of tolerances,deviations and fits,MOD)

2009-03-16 发布　　2009-11-01 实施

中华人民共和国国家质量监督检验检疫总局
中国国家标准化管理委员会　发布

前　言

GB/T 1800 的本部分是根据 ISO 286-1:1988 对 GB/T 1800.1—1997、GB/T 1800.2—1998 和 GB/T 1800.3—1998 进行整合修订。

GB/T 1800《产品几何技术规范(GPS) 极限与配合》根据 ISO 286:1988 重新起草,分为两部分。GB/T 1800.1—1997、GB/T 1800.2—1998 和 GB/T 1800.3—1998 合并为第 1 部分,GB/T 1800.4—1999 修改为第 2 部分:

——第 1 部分:公差、偏差和配合的基础;

——第 2 部分:标准公差等级和孔、轴的极限偏差表。

本部分为 GB/T 1800 的第 1 部分,修改采用 ISO 286-1:1988《ISO 极限与配合制　第 1 部分:公差、偏差和配合的基础》,同时考虑 ISO 286-1:1988 的最新修订版本 ISO/DIS 286-1:2007《产品几何技术规范(GPS)ISO 极限与配合制　第 1 部分:公差、偏差和配合的基础》进行修订,在文本结构上与 ISO 286-1:1988 对应,在基本概念、公差、偏差和配合的代号、表示方面均与 ISO 286-1:1988 一致。主要修改内容如下:

——标准名称增加引导要素:产品几何技术规范(GPS);

——"基本尺寸"改为"公称尺寸";上偏差、下偏差、最大极限尺寸和最小极限尺寸分别修改为上极限偏差、下极限偏差、上极限尺寸和下极限尺寸;

——用"实际(组成)要素"、"提取组成要素的局部尺寸"代替"实际尺寸"和"局部实际尺寸"的概念;

——增加了"尺寸要素"、"实际(组成)要素"、"提取组成要素"、"拟合组成要素"、"提取圆柱面的局部尺寸"和"两平行提取表面的局部尺寸"的术语和定义的引用;

——删除了 4.3 注公差尺寸的解释和相关的"最大实体极限"和"最小实体极限"术语;

——增加了附录 C"在 GPS 矩阵模型中的位置"。

本部分代替 GB/T 1800.1—1997《极限与配合　基础　第 1 部分:词汇》、GB/T 1800.2—1998《极限与配合　基础　第 2 部分:公差、偏差和配合的基本规定》和 GB/T 1800.3—1998《极限与配合　基础　第 3 部分:标准公差和基本偏差》。

本部分的附录 A、附录 B 和附录 C 均为资料性附录。本标准在 GPS 体系中的位置在附录 C 中说明。

本部分由全国产品尺寸和几何技术规范标准化技术委员会提出并归口。

本部分起草单位:中机生产力促进中心、中原工学院、西安交通大学、郑州大学、浙江亚太机电股份有限公司。

本部分主要起草人:李晓沛、赵则祥、赵卓贤、张琳娜、乔雪涛、施瑞康、陈景玉。

本部分所代替标准的历次版本发布情况为:

——GB 1800—1979;

——GB/T 1800.1—1997、GB/T 1800.2—1998、GB/T 1800.3—1998。

产品几何技术规范(GPS)
极限与配合
第1部分:公差、偏差和配合的基础

1 范围

GB/T 1800的本部分规定了极限与配合制的基本术语和定义、公差、偏差和配合的代号表示及标准公差值、基本偏差值。

本部分适用于具有圆柱型和两平行平面型的线性尺寸要素。

2 规范性引用文件

下列文件中的条款通过GB/T 1800的本部分的引用而成为本部分的条款。凡是注日期的引用文件,其随后所有的修改单(不包括勘误的内容)或修订版均不适用于本部分,然而,鼓励根据本部分达成协议的各方研究是否可使用这些引用文件的最新版本。凡是不注日期的引用文件,其最新版本适用于本部分。

GB/T 18780.1—2002 产品几何量技术规范(GPS) 几何要素 第1部分:基本术语和定义(ISO 14660-1:1999,IDT)

GB/T 18780.2—2003 产品几何量技术规范(GPS) 几何要素 第2部分:圆柱面和圆锥面的提取中心线、平行平面的提取中心面、提取要素的局部尺寸(ISO 14660-2:1999,IDT)

GB/T 19765—2005 产品几何量技术规范(GPS) 产品几何技术规范和检验的标准参考温度(ISO 1:2002,IDT)

GB/Z 20308—2006 产品几何技术规范(GPS) 总体规划(ISO/TR 14638:1995,MOD)

3 术语和定义

GB/T 18780.1—2002和GB/T 18780.2—2003确立的以及下列术语和定义适用于本部分。

3.1

尺寸要素 feature of size

由一定大小的线性尺寸或角度尺寸确定的几何形状。

[GB/T 18780.1—2002中2.2]

3.2

实际(组成)要素 real (integral) feature

由接近实际(组成)要素所限定的工件实际表面的组成要素部分。

[GB/T 18780.1—2002中2.4.1]

3.3

提取组成要素 extracted integral feature

按规定方法,由实际(组成)要素提取有限数目的点所形成的实际(组成)要素的近似替代。

(GB/T 18780.1—2002中2.5)

3.4

拟合组成要素 associated integral feature

按规定方法,由提取组成要素形成的并具有理想形状的组成要素。

[GB/T 18780.1—2002中2.6]

3.5

轴 shaft

通常，指工件的圆柱形外尺寸要素，也包括非圆柱形的外尺寸要素(由二平行平面或切面形成的被包容面)。

3.5.1

基准轴 basic shaft

在基轴制配合中选作基准的轴。

注：对本标准，即上极限偏差为零的轴。

3.6

孔 hole

通常，指工件的圆柱形内尺寸要素，也包括非圆柱形的内尺寸要素(由二平行平面或切面形成的包容面)。

3.6.1

基准孔 basic hole

在基孔制配合中选作基准的孔。

注：对本标准，即下极限偏差为零的孔。

3.7

尺寸 size

以特定单位表示线性尺寸值的数值。

3.7.1

公称尺寸 nominal size

由图样规范确定的理想形状要素的尺寸，见图1。

注1：通过它应用上、下极限偏差可计算出极限尺寸。

注2：公称尺寸可以是一个整数或一个小数值，例如32，15，8.75，0.5，……。

3.7.2

提取组成要素的局部尺寸 local size of an extracted integral feature

一切提取组成要素上两对应点之间距离的统称。

注：为方便起见，可将提取组成要素的局部尺寸简称为提取要素的局部尺寸。

3.7.2.1

提取圆柱面的局部尺寸 local size of an extracted cylinder

要素上两对应点之间的距离。其中：两对应点之间的连线通过拟合圆圆心；横截面垂直于由提取表面得到的拟合圆柱面的轴线。

[GB/T 18780.2—2003中3.5]

3.7.2.2

两平行提取表面的局部尺寸 local size of two parallel extracted surfaces

两平行对应提取表面上两对应点之间的距离。其中：所有对应点的连线均垂直于拟合中心平面；拟合中心平面是由两平行提取表面得到的两拟合平行平面的中心平面(两拟合平行平面之间的距离可能与公称距离不同)。

[GB/T 18780.2—2003中3.6]

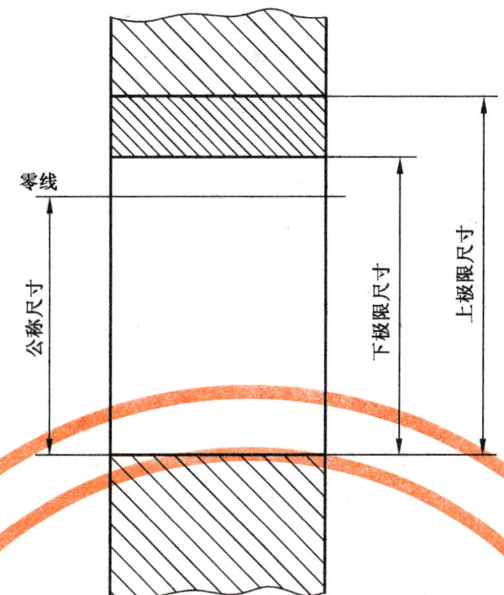

图 1　公称尺寸、上极限尺寸和下极限尺寸

3.7.3

极限尺寸　limits of size

尺寸要素允许的尺寸的两个极端。提取组成要素的局部尺寸应位于其中，也可达到极限尺寸。

3.7.3.1

上极限尺寸　upper limit of size

尺寸要素允许的最大尺寸（见图 1）。

注：在以前的版本中，上极限尺寸被称为最大极限尺寸。

3.7.3.2

下极限尺寸　lower limit of size

尺寸要素允许的最小尺寸（见图 1）。

注：在以前的版本中，下极限尺寸被称为最小极限尺寸。

3.8

极限制　limit system

经标准化的公差与偏差制度。

3.9

零线　zero line

在极限与配合图解中，表示公称尺寸的一条直线，以其为基准确定偏差和公差（见图 1）。

通常，零线沿水平方向绘制，正偏差位于其上，负偏差位于其下（见图 2）。

3.10

偏差　deviation

某一尺寸减其公称尺寸所得的代数差。

3.10.1

极限偏差　limit deviations

上极限偏差和下极限偏差。

注：轴的上、下极限偏差代号用小写字母 es，ei 表示；孔的上、下极限偏差代号用大写字母 ES，EI 表示（见图 2）。

3.10.1.1

上极限偏差(ES,es)　upper limit deviation

上极限尺寸减其公称尺寸所得的代数差(见图 2)。

注：在以前的版本中，上极限偏差被称为上偏差。

3.10.1.2

下极限偏差(EI,ei)　lower limit deviation

下极限尺寸减其公称尺寸所得的代数差(见图 2)。

注：在以前的版本中，下极限偏差被称为下偏差。

3.10.2

基本偏差　fundamental deviation

在本标准极限与配合制中，确定公差带相对零线位置的那个极限偏差(见图 2)。

注：它可以是上极限偏差或下极限偏差，一般为靠近零线的那个偏差，如图 2 为下极限偏差。

3.11

尺寸公差(简称公差)　size tolerance

上极限尺寸减下极限尺寸之差，或上极限偏差减下极限偏差之差。它是允许尺寸的变动量。

注：尺寸公差是一个没有符号的绝对值。

3.11.1

标准公差(IT)　standard tolerance

本标准极限与配合制中，所规定的任一公差。

注：字母 IT 为"国际公差"的英文缩略语。

3.11.2

标准公差等级　standard tolerance grades

在本标准极限与配合制中，同一公差等级(例如 IT7)对所有公称尺寸的一组公差被认为具有同等精确程度。

3.11.3

公差带　tolerance zone

在公差带图解中，由代表上极限偏差和下极限偏差或上极限尺寸和下极限尺寸的两条直线所限定的一个区域。它是由公差大小和其相对零线的位置如基本偏差来确定(见图 2)。

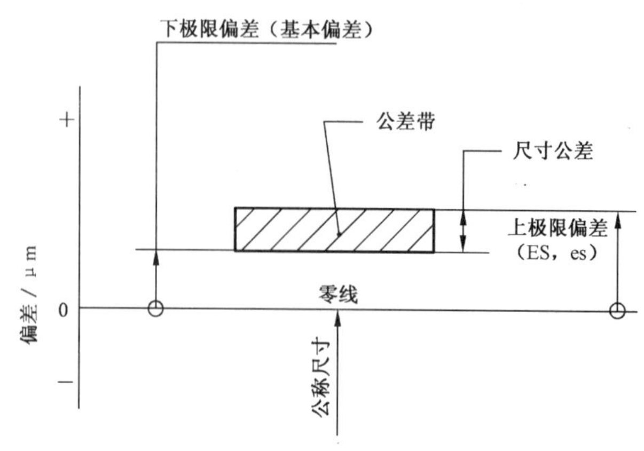

图 2　公差带图解

3.11.4

标准公差因子(i,I)　standard tolerance factor

在本标准极限与配合制中，用以确定标准公差的基本单位，该因子是基本尺寸的函数。

注1：标准公差因子 i 用于公称尺寸至500 mm；

注2：标准公差因子 I 用于公称尺寸大于500 mm。

3.12

间隙　clearance

孔的尺寸减去相配合的轴的尺寸之差为正(见图3)。

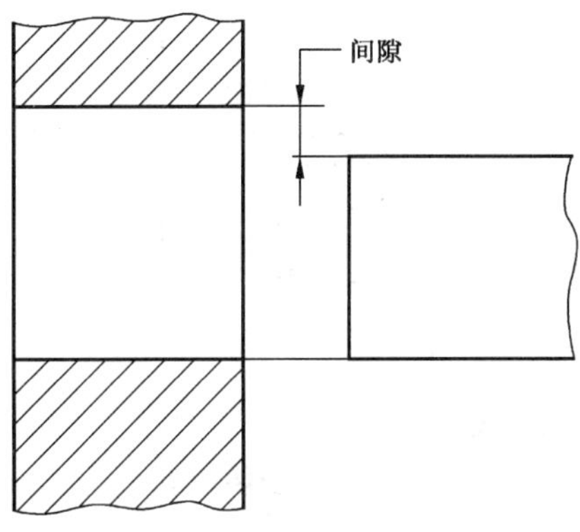

图3　间隙

3.12.1

最小间隙　minimum clearance

在间隙配合中，孔的下极限尺寸与轴的上极限尺寸之差(见图4)。

3.12.2

最大间隙　maximum clearance

在间隙配合或过渡配合中，孔的上极限尺寸与轴的下极限尺寸之差(见图4和5)。

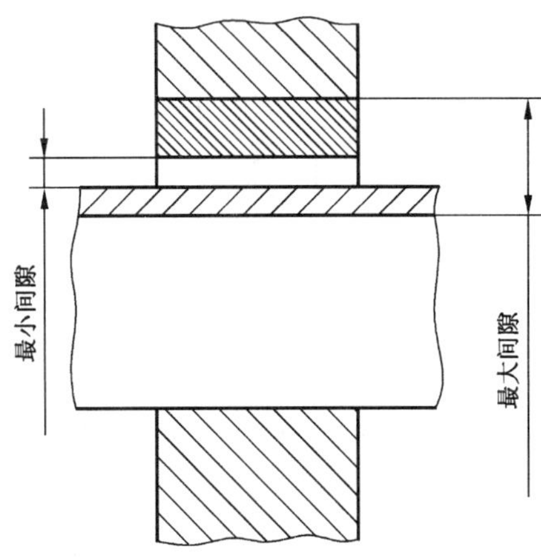

图4　间隙配合

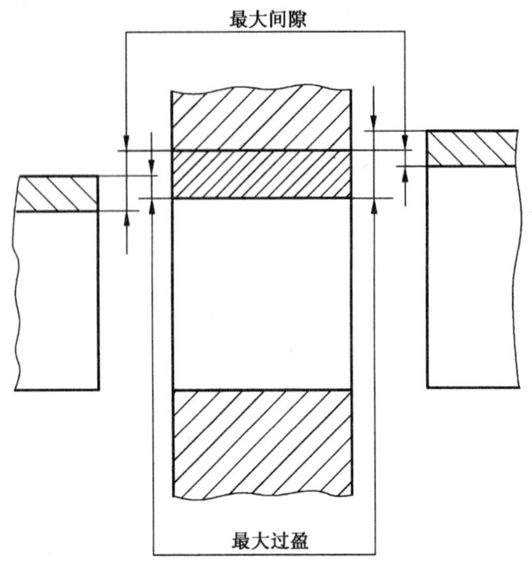

图 5　过渡配合

3.13

过盈　interference

孔的尺寸减去相配合的轴的尺寸之差为负(见图 6)。

3.13.1

最小过盈　minimum interference

在过盈配合中,孔的上极限尺寸与轴的下极限尺寸之差(见图 7)。

3.13.2

最大过盈　maximum interference

在过盈配合或过渡配合中,孔的下极限尺寸与轴的上极限尺寸之差(见图 5 和图 7)。

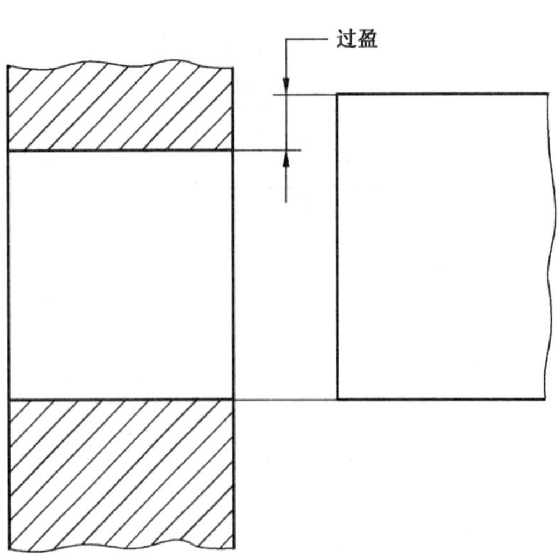

图 6　过盈

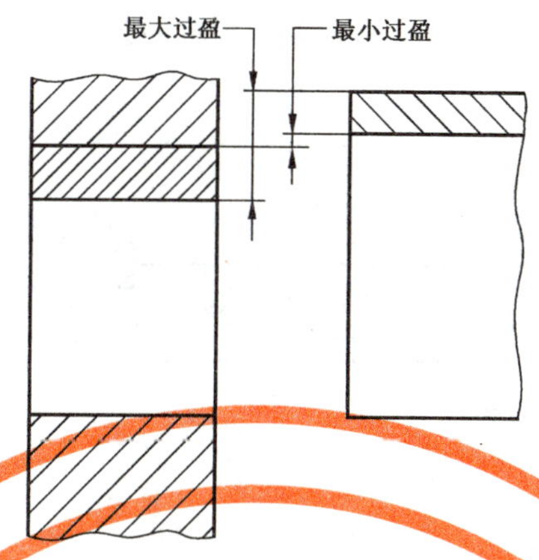

图7 过盈配合

3.14

配合 fit

公称尺寸相同的并且相互结合的孔和轴公差带之间的关系。

3.14.1

间隙配合 clearance fit

具有间隙(包括最小间隙等于零)的配合。此时,孔的公差带在轴的公差带之上(见图8)。

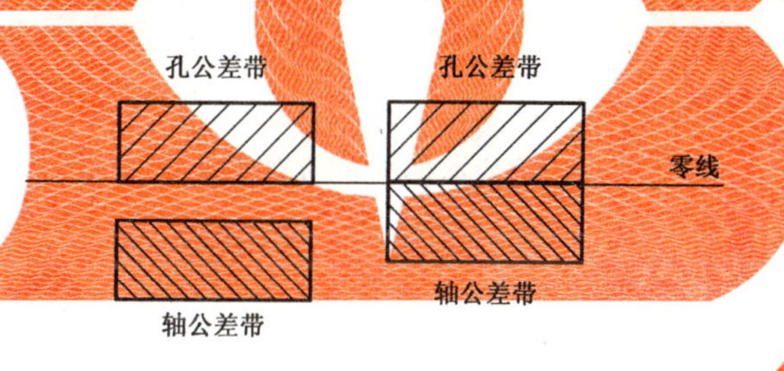

图8 间隙配合的示意图

3.14.2

过盈配合 interference fit

具有过盈(包括最小过盈等于零)的配合。此时,孔的公差带在轴的公差带之下(见图9)。

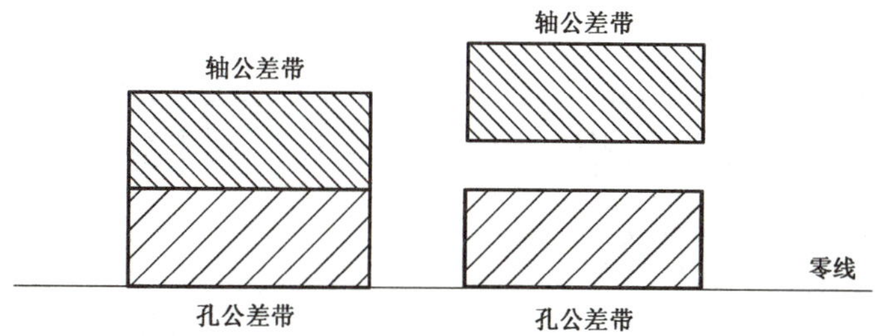

图9 过盈配合的示意图

3.14.3

过渡配合 transition fit

可能具有间隙或过盈的配合。此时,孔的公差带与轴的公差带相互交叠(见图 10)。

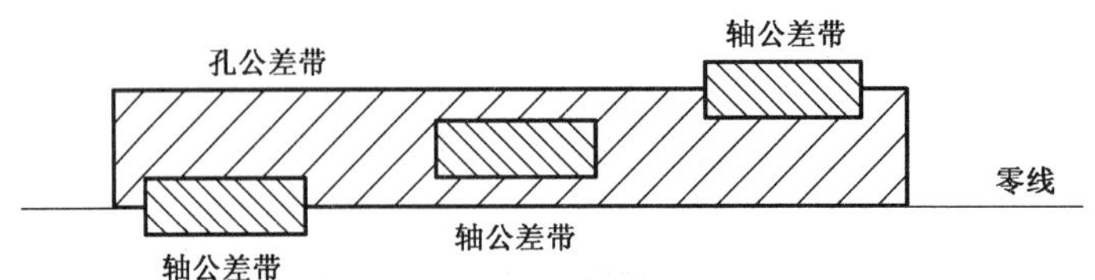

图 10 过渡配合的示意图

3.14.4

配合公差 variation of fit

组成配合的孔与轴的公差之和。它是允许间隙或过盈的变动量。

注:配合公差是一个没有符号的绝对值。

3.15

配合制 fit system

同一极限制的孔和轴组成的一种配合制度。

3.15.1

基轴制配合 shaft-basis system of fits

基本偏差为一定的轴的公差带,与不同基本偏差的孔的公差带形成各种配合的一种制度。

对本标准极限与配合制,是轴的上极限尺寸与公称尺寸相等、轴的上极限偏差为零的一种配合制(见图 11)。

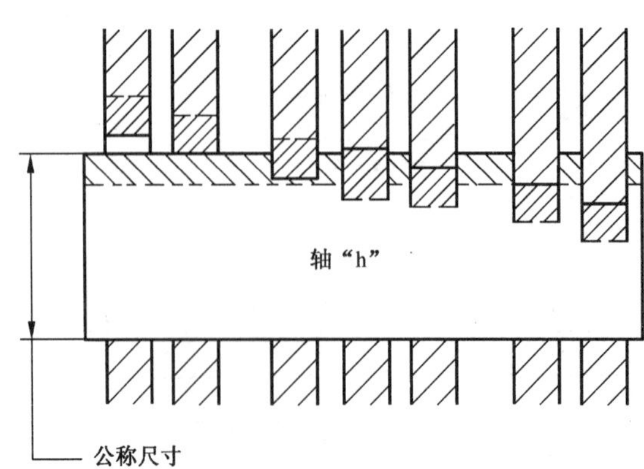

注:水平实线代表孔或轴的基本偏差。虚线代表另一个极限,表示孔与轴之间可能的不同组合与它们的公差等级有关。

图 11 基轴制配合

3.15.2

基孔制配合　hole-basis system of fits

基本偏差为一定的孔的公差带，与不同基本偏差的轴的公差带形成各种配合的一种制度。

对本标准极限与配合制，是孔的下极限尺寸与公称尺寸相等、孔的下极限偏差为零的一种配合制（见图 12）。

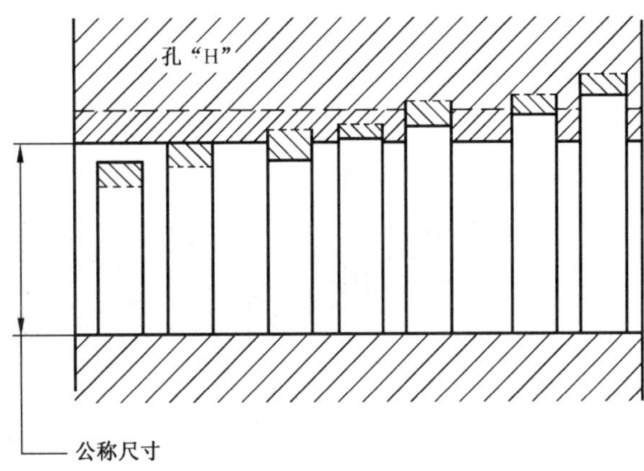

注：水平实线代表孔或轴的基本偏差。虚线代表另一个极限，表示孔与轴之间可能的不同组合与它们的公差等级有关。

图 12　基孔制配合

4　公差、偏差和配合的代号及表示

4.1　代号

4.1.1　标准公差等级代号

标准公差等级代号用符号 IT 和数字组成，例如：IT7。当其与代表基本偏差的字母一起组成公差带时，省略 IT 字母，如 h7。

注：标准公差等级分 IT01、IT0、IT1～IT18，共 20 级。基本尺寸至 3 150 mm 的各级的标准公差数值见附录 A。

4.1.2　偏差代号

4.1.2.1　基本偏差代号

基本偏差代号，对孔用大写字母 A，……，ZC 表示，对轴用小写字母 a，……，zc 表示（见图 13 和图 14），各 28 个。其中，基本偏差 H 代表基准孔，h 代表基准轴。

注：为避免混淆，不用下列字母：I，i；L，l；O，o；Q，q；W，w。

公称尺寸至 3 150 mm 的轴、孔的基本偏差数值分别见表 2 和表 3。

4.1.2.2　上极限偏差代号

上极限偏差代号，对孔用大写字母“ES”表示，对轴用小写字母“es”表示。

4.1.2.3　下极限偏差代号

下极限偏差代号，对孔用大写字母“EI”表示，对轴用小写字母“ei”表示。

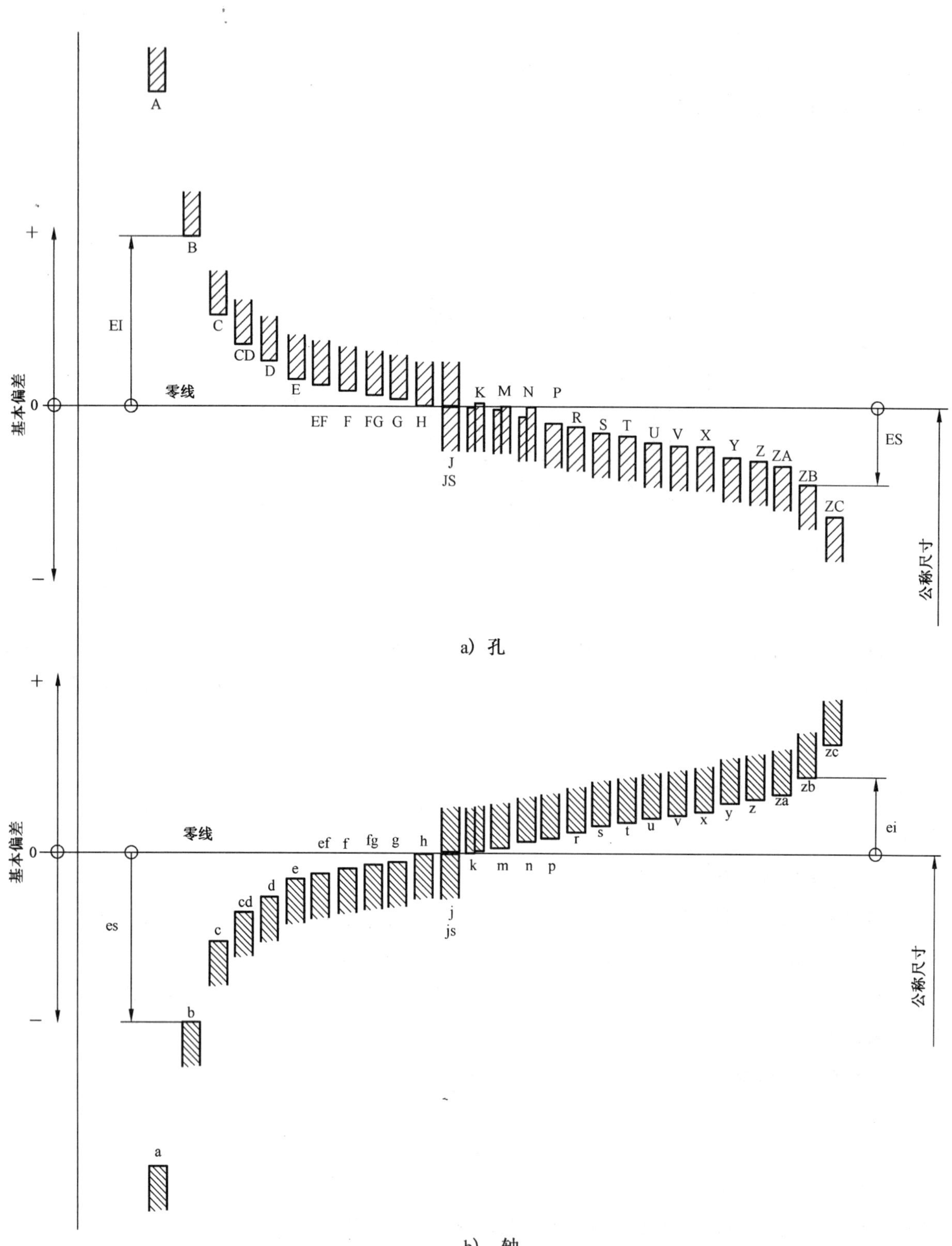

注 1：按照惯例，基本偏差是靠近零线最近的那个极限偏差。

注 2：有关 J/j、K/k、M/m 和 N/n 基本偏差的详情见图 14。

图 13 基本偏差系列示意图

偏差
A~G
H
JS
J
K
M
N
P~ZC
+
0
−
零线
IT
EI
ES
EI:
等级≤8
等级>8
M7
M8
所有其他等级
N5~N8
N9~N16
注：ES=EI+IT 或
EI=ES−IT
a) 孔
偏差
a~g
h
js
j
k
m~zc
es
ei
IT
等级
k4~k7
3 mm<基本尺寸≤
500 mm
所有其他等级
注：ei=es−IT 或
es=ei+IT
b) 轴

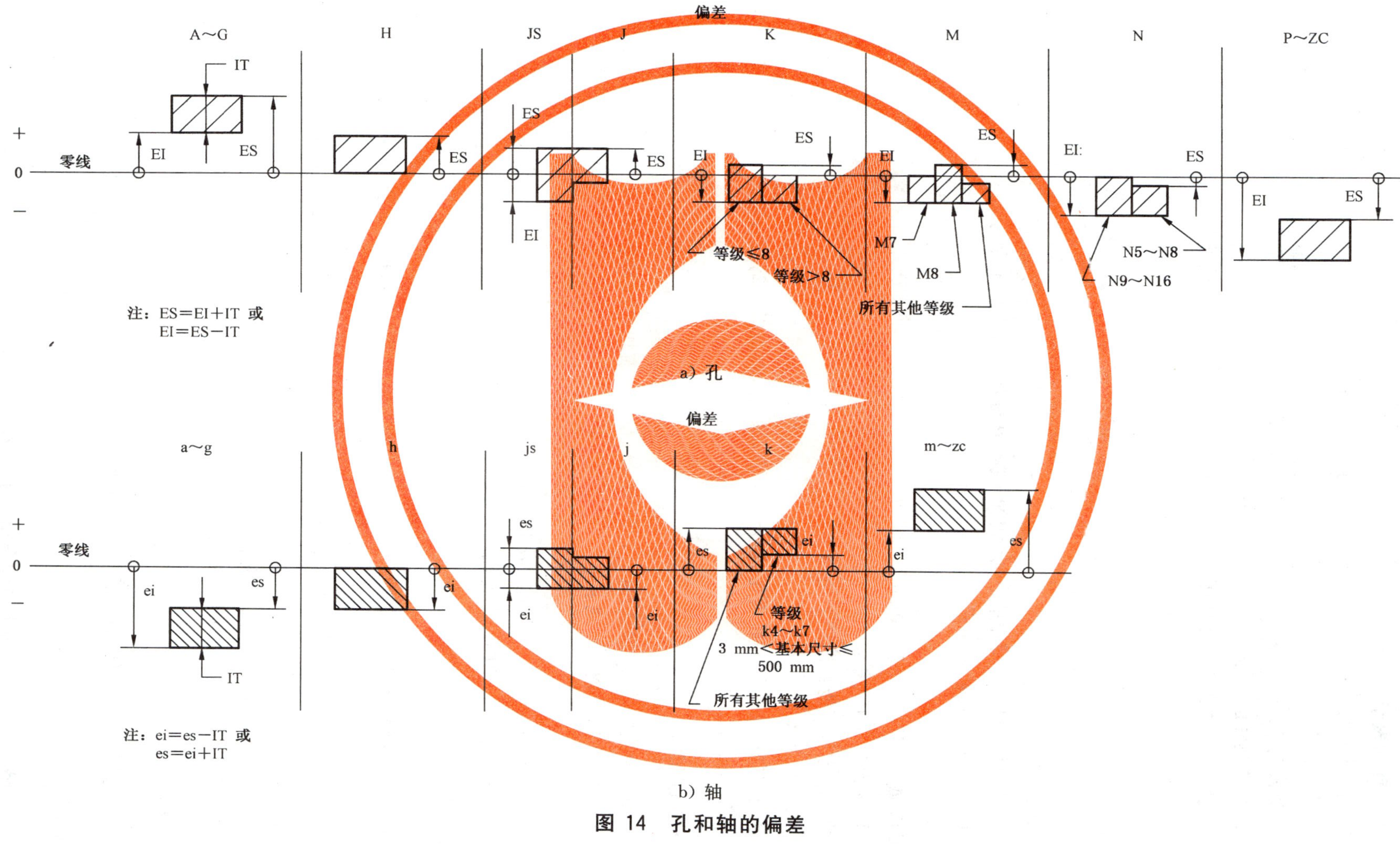

图 14 孔和轴的偏差

4.2 表示

4.2.1 公差带的表示

公差带用基本偏差的字母和公差等级数字表示。例如：

H7 为孔公差带；

h7 为轴公差带。

4.2.2 注公差尺寸的表示

注公差的尺寸用公称尺寸后跟所要求的公差带或(和)对应的偏差值表示。例如：

32H7

80js15

100g6

$100^{-0.012}_{-0.034}$

$100g6(^{-0.012}_{-0.034})$

当使用字母组的装置传输信息时，例如电报，在标注前加注以下字母：

对孔为 H 或 h；对轴为 S 或 s。

例如：

50H5 或为 H50H5 或 h50h5

50h6 或为 S50H6 或 s50h6

这种表示方法不能在图样上使用。

4.2.3 配合的表示

配合用相同的公称尺寸后跟孔、轴公差带表示。孔、轴公差带写成分数形式，分子为孔公差带，分母为轴公差带。例如：

52H7/g6 或 $52\ \frac{H7}{g6}$

当使用字母组的装置传输信息时，例如电报，在标注前加注以下字母：

对孔为 H 或 h；对轴为 S 或 s。

例如：

52H5/g6 或为 H52H7/S52G6 或 h52h7/s52g6

这种表示方法不能在图样上使用。

5 配合分类

配合分基孔制配合和基轴制配合。在一般情况下，优先选用基孔制配合。如有特殊需要，允许将任一孔、轴公差带组成配合。

配合有间隙配合、过渡配合和过盈配合。属于哪一种配合取决于孔、轴公差带的相互关系。

基孔制(基轴制)配合中：

基本偏差 a～h(A～H)用于间隙配合；

基本偏差 j～zc(J～ZC)用于过渡配合和过盈配合。

6 标准参考温度

本标准极限与配合制所规定的尺寸的标准参考温度是 20 ℃(见 GB/T 19765—2005)。

7 图解表示

图 15 用图解表示了本极限与配合制所确定的主要术语。

实际上，可使用如图 16 所示的示意图表示。通常工件的轴线始终位于图的下方(在图中不示出)。

该图例中，孔的两个偏差均为正，轴的两个偏差均为负。

8 公称尺寸至 3 150 mm 的标准公差

8.1 标准公差的由来

在附录 A 中给出了计算标准公差的公式和数值修约规则。

8.2 标准公差等级(IT)的公差数值

公称尺寸至 3 150 mm 的标准公差等级 IT1～IT18 的公差数值规定于表 1。

注：公称尺寸至 500 mm 的标准公差等级 IT01 和 IT0 的公差数值在附录 A 中给出。

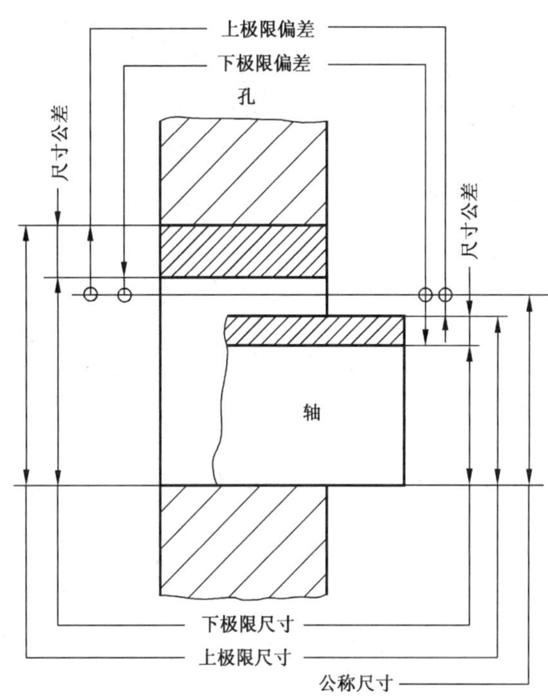

图 15 术语图解

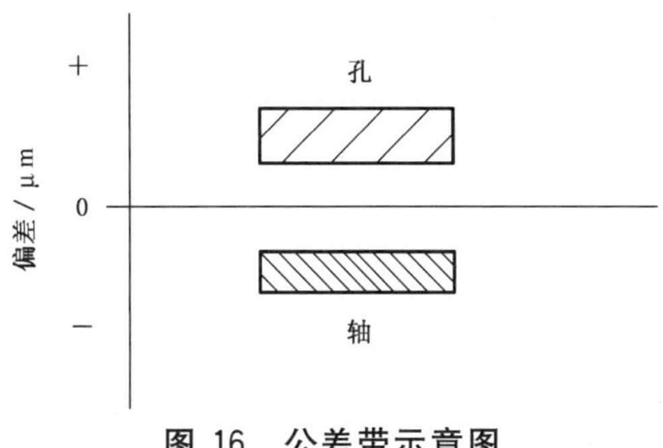

图 16 公差带示意图

9 公称尺寸至 3 150 mm 的基本偏差

9.1 基本偏差的由来

在附录 A 中给出了计算基本偏差的公式和数值修约规则。

9.2 轴的基本偏差

轴的基本偏差 a～h 和 k～zc 及其"＋"或"－"如图 17 所示。

轴的基本偏差数值规定于表 2。

轴的另一个偏差，下极限偏差(ei)和上极限偏差(es)可由轴的基本偏差和标准公差(IT)求得(见图 17)。

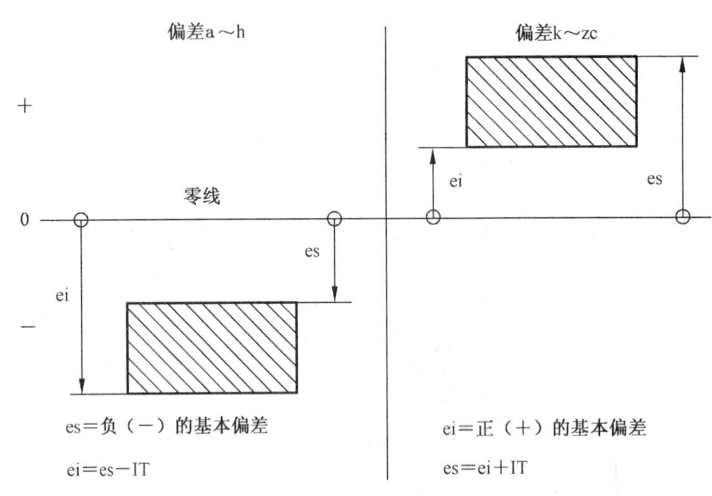

图 17 轴的偏差

9.3 孔的基本偏差

孔的基本偏差 A～H 和 K～ZC 及其"＋"或"－"如图 18 所示。

孔的基本偏差数值规定于表 3。

孔的另一个偏差，上极限偏差(ES)和下极限偏差(ei)可由孔的基本偏差和标准公差(IT)求得(见图 18)。

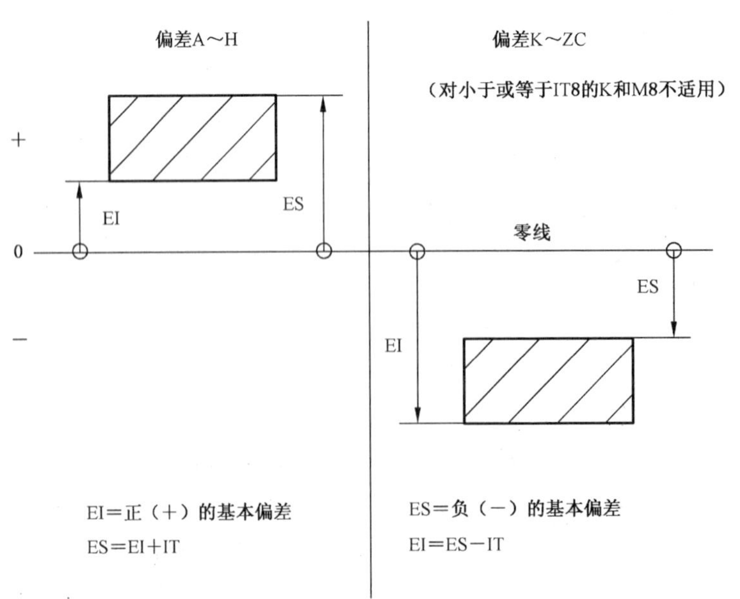

图 18 孔的偏差

9.4 基本偏差 js 和 JS

基本偏差 js 和 JS 是标准公差(IT)带对称分布于零线的两侧(见图 19),即:

对 js:$es=\frac{IT}{2}$;

$ei=-\frac{IT}{2}$。

对 JS:$ES=\frac{IT}{2}$;

$ES=-\frac{IT}{2}$。

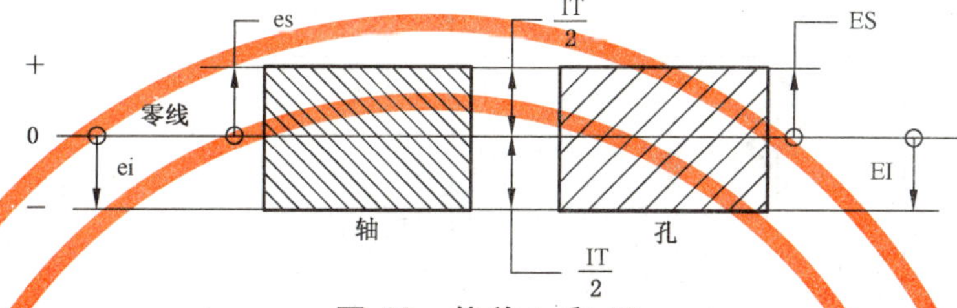

图 19 偏差 js 和 JS

9.5 基本偏差 j 和 J

大部分基本偏差 j 和 J 是标准公差(IT)带不对称分布于零线的两侧。

表 1 公称尺寸至 3 150 mm 的标准公差数值

公称尺寸/mm		标准公差等级																	
		IT1	IT2	IT3	IT4	IT5	IT6	IT7	IT8	IT9	IT10	IT11	IT12	IT13	IT14	IT15	IT16	IT17	IT18
大于	至	μm											mm						
—	3	0.8	1.2	2	3	4	6	10	14	25	40	60	0.1	0.14	0.25	0.4	0.6	1	1.4
3	6	1	1.5	2.5	4	5	8	12	18	30	48	75	0.12	0.18	0.3	0.48	0.75	1.2	1.8
6	10	1	1.5	2.5	4	6	9	15	22	36	58	90	0.15	0.22	0.36	0.58	0.9	1.5	2.2
10	18	1.2	2	3	5	8	11	18	27	43	70	110	0.18	0.27	0.43	0.7	1.1	1.8	2.7
18	30	1.5	2.5	4	6	9	13	21	33	52	84	130	0.21	0.33	0.52	0.84	1.3	2.1	3.3
30	50	1.5	2.5	4	7	11	16	25	39	62	100	160	0.25	0.39	0.62	1	1.6	2.5	3.9
50	80	2	3	5	8	13	19	30	46	74	120	190	0.3	0.46	0.74	1.2	1.9	3	4.6
80	120	2.5	4	6	10	15	22	35	54	87	140	220	0.35	0.54	0.87	1.4	2.2	3.5	5.4
120	180	3.5	5	8	12	18	25	40	63	100	160	250	0.4	0.63	1	1.6	2.5	4	6.3
180	250	4.5	7	10	14	20	29	46	72	115	185	290	0.46	0.72	1.15	1.85	2.9	4.6	7.2
250	315	6	8	12	16	23	32	52	81	130	210	320	0.52	0.81	1.3	2.1	3.2	5.2	8.1
315	400	7	9	13	18	25	36	57	89	140	230	360	0.57	0.89	1.4	2.3	3.6	5.7	8.9
400	500	8	10	15	20	27	40	63	97	155	250	400	0.63	0.97	1.55	2.5	4	6.3	9.7
500	630	9	11	16	22	32	44	70	110	175	280	440	0.7	1.1	1.75	2.8	4.4	7	11
630	800	10	13	18	25	36	50	80	125	200	320	500	0.8	1.25	2	3.2	5	8	12.5
800	1 000	11	15	21	28	40	56	90	140	230	360	560	0.9	1.4	2.3	3.6	5.6	9	14
1 000	1 250	13	18	24	33	47	66	105	165	260	420	660	1.05	1.65	2.6	4.2	6.6	10.5	16.5
1 250	1 600	15	21	29	39	55	78	125	195	310	500	780	1.25	1.95	3.1	5	7.8	12.5	19.5
1 600	2 000	18	25	35	46	65	92	150	230	370	600	920	1.5	2.3	3.7	6	9.2	15	23
2 000	2 500	22	30	41	55	78	110	175	280	440	700	1 100	1.75	2.8	4.4	7	11	17.5	28
2 500	3 150	26	36	50	68	96	135	210	330	540	860	1 350	2.1	3.3	5.4	8.6	13.5	21	33

注 1:公称尺寸大于 500 mm 的 IT1~IT5 的标准公差数值为试行的。

注 2:公称尺寸小于或等于 1 mm 时,无 IT14~IT18。

表 2　轴的基本偏差数值

单位为微米(μm)

基本尺寸/mm		基本偏差数值(上极限偏差 es)											
		所有标准公差等级											
大于	至	a	b	c	cd	d	e	ef	f	fg	g	h	js
—	3	−270	−140	−60	−34	−20	−14	−10	−6	−4	−2	0	偏差＝ $\pm\frac{IT_n}{2}$，式中 IT_n 是 IT 值数
3	6	−270	−140	−70	−46	−30	−20	−14	−10	−6	−4	0	
6	10	−280	−150	−80	−56	−40	−25	−18	−13	−8	−5	0	
10	14	−290	−150	−95		−50	−32		−16		−6	0	
14	18												
18	24	−300	−160	−110		−65	−40		−20		−7	0	
24	30												
30	40	−310	−170	−120		−80	−50		−25		−9	0	
40	50	−320	−180	−130									
50	65	−340	−190	−140		−100	−60		−30		−10	0	
65	80	−360	−200	−150									
80	100	−380	−220	−170		−120	−72		−36		−12	0	
100	120	−410	−240	−180									
120	140	−460	−260	−200		−145	−85		−43		−14	0	
140	160	−520	−280	−210									
160	180	−580	−310	−230									
180	200	−660	−340	−240		−170	−100		−50		−15	0	
200	225	−740	−380	−260									
225	250	−820	−420	−280									
250	280	−920	−480	−300		−190	−110		−56		−17	0	
280	315	−1 050	−540	−330									
315	355	−1 200	−600	−360		−210	−125		−62		−18	0	
355	400	−1 350	−680	−400									
400	450	−1 500	−760	−440		−230	−135		−68		−20	0	
450	500	−1 650	−840	−480									
500	560					−260	−145		−76		−22	0	
560	630												
630	710					−290	−160		−80		−24	0	
710	800												
800	900					−320	−170		−86		−26	0	
900	1 000												
1 000	1 120					−350	−195		−98		−28	0	
1 120	1 250												
1 250	1 400					−390	−220		−110		−30	0	
1 400	1 600												
1 600	1 800					−430	−240		−120		−32	0	
1 800	2 000												
2 000	2 240					−480	−260		−130		−34	0	
2 240	2 500												
2 500	2 800					−520	−290		−145		−38	0	
2 800	3 150												

表 2（续）

单位为微米（μm）

基本尺寸/mm		基本偏差数值(下极限偏差 ei)																		
		IT5 和 IT6	IT7	IT8	IT4～IT7	≤IT3 >IT7	所有标准公差等级													
大于	至	j			k		m	n	p	r	s	t	u	v	x	y	z	za	zb	zc
—	3	−2	−4	−6	0	0	+2	+4	+6	+10	+14		+18		+20		+26	+32	+40	+60
3	6	−2	−4		+1	0	+4	+8	+12	+15	+19		+23		+28		+35	+42	+50	+80
6	10	−2	−5		+1	0	+6	+10	+15	+19	+23		+28		+34		+42	+52	+67	+97
10	14	−3	−6		+1	0	+7	+12	+18	+23	+28		+33		+40		+50	+64	+90	+130
14	18													+39	+45		+60	+77	+108	+150
18	24	−4	−8		+2	0	+8	+15	+22	+28	+35		+41	+47	+54	+63	+73	+98	+136	+188
24	30											+41	+48	+55	+64	+75	+88	+118	+160	+218
30	40	−5	−10		+2	0	+9	+17	+26	+34	+43	+48	+60	+68	+80	+94	+112	+148	+200	+274
40	50											+54	+70	+81	+97	+114	+136	+180	+242	+325
50	65	−7	−12		+2	0	+11	+20	+32	+41	+53	+66	+87	+102	+122	+144	+172	+226	+300	+405
65	80									+43	+59	+75	+102	+120	+146	+174	+210	+274	+360	+480
80	100	−9	−15		+3	0	+13	+23	+37	+51	+71	+91	+124	+146	+178	+214	+258	+335	+445	+585
100	120									+54	+79	+104	+144	+172	+210	+254	+310	+400	+525	+690
120	140	−11	−18		+3	0	+15	+27	+43	+63	+92	+122	+170	+202	+248	+300	+365	+470	+620	+800
140	160									+65	+100	+134	+190	+228	+280	+340	+415	+535	+700	+900
160	180									+68	+108	+146	+210	+252	+310	+380	+465	+600	+780	+1 000
180	200	−13	−21		+4	0	+17	+31	+50	+77	+122	+166	+236	+284	+350	+425	+520	+670	+880	+1 150
200	225									+80	+130	+180	+258	+310	+385	+470	+575	+740	+960	+1 250
225	250									+84	+140	+196	+284	+340	+425	+520	+640	+820	+1 050	+1 350
250	280	−16	−26		+4	0	+20	+34	+56	+94	+158	+218	+315	+385	+475	+580	+710	+920	+1 200	+1 550
280	315									+98	+170	+240	+350	+425	+525	+650	+790	+1 000	+1 300	+1 700
315	355	−18	−28		+4	0	+21	+37	+62	+108	+190	+268	+390	+475	+590	+730	+900	+1 150	+1 500	+1 900
355	400									+114	+208	+294	+435	+530	+660	+820	+1 000	+1 300	+1 650	+2 100
400	450	−20	−32		+5	0	+23	+40	+68	+126	+232	+330	+490	+595	+740	+920	+1 100	+1 450	+1 850	+2 400
450	500									+132	+252	+360	+540	+660	+820	+1 000	+1 250	+1 600	+2 100	+2 600
500	560				0	0	+26	+44	+78	+150	+280	+400	+600							
560	630									+155	+310	+450	+660							
630	710				0	0	+30	+50	+88	+175	+340	+500	+740							
710	800									+185	+380	+560	+840							
800	900				0	0	+34	+56	+100	+210	+430	+620	+940							
900	1 000									+220	+470	+680	+1 050							
1 000	1 120				0	0	+40	+66	+120	+250	+520	+780	+1 150							
1 120	1 250									+260	+580	+840	+1 300							
1 250	1 400				0	0	+48	+78	+140	+300	+640	+960	+1 450							
1 400	1 600									+330	+720	+1 050	+1 600							
1 600	1 800				0	0	+58	+92	+170	+370	+820	+1 200	+1 850							
1 800	2 000									+400	+920	+1 350	+2 000							
2 000	2 240				0	0	+68	+110	+195	+440	+1 000	+1 500	+2 300							
2 240	2 500									+460	+1 100	+1 650	+2 500							
2 500	2 800				0	0	+76	+135	+240	+550	+1 250	+1 900	+2 900							
2 800	3 150									+580	+1 400	+2 100	+3 200							

注：基本尺寸小于或等于 1 mm 时，基本偏差 a 和 b 均不采用。公差带 js7～js11，若 IT_n 值数是奇数，则取偏差$=\pm\frac{IT_n-1}{2}$。

表 3　孔的基本偏差数值

单位为微米(μm)

公称尺寸/mm 大于	公称尺寸/mm 至	基本偏差数值 下极限偏差 EI 所有标准公差等级 A	B	C	CD	D	E	EF	F	FG	G	H	JS	上极限偏差 ES J IT6	J IT7	J IT8	K ≤IT8	K >IT8	M ≤IT8	M >IT8	N ≤IT8	N >IT8	P 至 ZC ≤IT7
—	3	+270	+140	+60	+34	+20	+14	+10	+6	+4	+2	0	偏差=$\pm\frac{IT_n}{2}$，式中 IT_n 是 IT 值数	+2	+4	+6	0	0	−2	−2	−4	−4	在大于 IT7 的相应数值上增加一个 Δ 值
3	6	+270	+140	+70	+46	+30	+20	+14	+10	+6	+4	0		+5	+6	+10	−1+Δ		−4+Δ	−4	−8+Δ	0	
6	10	+280	+150	+80	+56	+40	+25	+18	+13	+8	+5	0		+5	+8	+12	−1+Δ		−6+Δ	−6	−10+Δ	0	
10	14	+290	+150	+95		+50	+32		+16		+6	0		+6	+10	+15	−1+Δ		−7+Δ	−7	−12+Δ	0	
14	18																						
18	24	+300	+160	+110		+65	+40		+20		+7	0		+8	+12	+20	−2+Δ		−8+Δ	−8	−15+Δ	0	
24	30																						
30	40	+310	+170	+120		+80	+50		+25		+9	0		+10	+14	+24	−2+Δ		−9+Δ	−9	−17+Δ	0	
40	50	+320	+180	+130																			
50	65	+340	+190	+140		+100	+60		+30		+10	0		+13	+18	+28	−2+Δ		−11+Δ	−11	−20+Δ	0	
65	80	+360	+200	+150																			
80	100	+380	+220	+170		+120	+72		+36		+12	0		+16	+22	+34	−3+Δ		−13+Δ	−13	−23+Δ	0	
100	120	+410	+240	+180																			
120	140	+460	+260	+200		+145	+85		+43		+14	0		+18	+26	+41	−3+Δ		−15+Δ	−15	−27+Δ	0	
140	160	+520	+280	+210																			
160	180	+580	+310	+230																			
180	200	+660	+340	+240		+170	+100		+50		+15	0		+22	+30	+47	−4+Δ		−17+Δ	−17	−31+Δ	0	
200	225	+740	+380	+260																			
225	250	+820	+420	+280																			
250	280	+920	+480	+300		+190	+110		+56		+17	0		+25	+36	+55	−4+Δ		−20+Δ	−20	−34+Δ	0	
280	315	+1 050	+540	+330																			
315	355	+1 200	+600	+360		+210	+125		+62		+18	0		+29	+39	+60	−4+Δ		−21+Δ	−21	−37+Δ	0	
355	400	+1 350	+680	+400																			
400	450	+1 500	+760	+440		+230	+135		+68		+20	0		+33	+43	+66	−5+Δ		−23+Δ	−23	−40+Δ	0	
450	500	+1 650	+840	+480																			
500	560					+260	+145		+76		+22	0					0		−26		−44		
560	630																						
630	710					+290	+160		+80		+24	0					0		−30		−50		
710	800																						
800	900					+320	+170		+86		+26	0					0		−34		−56		
900	1 000																						
1 000	1 120					+350	+195		+98		+28	0					0		−40		−66		
1 120	1 250																						
1 250	1 400					+390	+220		+110		+30	0					0		−48		−78		
1 400	1 600																						
1 600	1 800					+430	+240		+120		+32	0					0		−58		−92		
1 800	2 000																						
2 000	2 240					+480	+260		+130		+34	0					0		−68		−110		
2 240	2 500																						
2 500	2 800					+520	+290		+145		+38	0					0		−76		−135		
2 800	3 150																						

表 3（续）

单位为微米（μm）

公称尺寸/mm		基本偏差数值												Δ值					
		上极限偏差 ES																	
		标准公差等级大于 IT7												标准公差等级					
大于	至	P	R	S	T	U	V	X	Y	Z	ZA	ZB	ZC	IT3	IT4	IT5	IT6	IT7	IT8
—	3	−6	−10	−14		−18		−20		−26	−32	−40	−60	0	0	0	0	0	0
3	6	−12	−15	−19		−23		−28		−35	−42	−50	−80	1	1.5	1	3	4	6
6	10	−15	−19	−23		−28		−34		−42	−52	−67	−97	1	1.5	2	3	6	7
10	14	−18	−23	−28		−33		−40		−50	−64	−90	−130	1	2	3	3	7	9
14	18						−39	−45		−60	−77	−108	−150						
18	24	−22	−28	−35		−41	−47	−54	−63	−73	−98	−136	−188	1.5	2	3	4	8	12
24	30				−41	−48	−55	−64	−75	−88	−118	−160	−218						
30	40	−26	−34	−43	−48	−60	−68	−80	−94	−112	−148	−200	−274	1.5	3	4	5	9	14
40	50				−54	−70	−81	−97	−114	−136	−180	−242	−325						
50	65	−32	−41	−53	−66	−87	−102	−122	−144	−172	−226	−300	−405	2	3	5	6	11	16
65	80		−43	−59	−75	−102	−120	−146	−174	−210	−274	−360	−480						
80	100	−37	−51	−71	−91	−124	−146	−178	−214	−258	−335	−445	−585	2	4	5	7	13	19
100	120		−54	−79	−104	−144	−172	−210	−254	−310	−400	−525	−690						
120	140	−43	−63	−92	−122	−170	−202	−248	−300	−365	−470	−620	−800	3	4	6	7	15	23
140	160		−65	−100	−134	−190	−228	−280	−340	−415	−535	−700	−900						
160	180		−68	−108	−146	−210	−252	−310	−380	−465	−600	−780	−1 000						
180	200	−50	−77	−122	−166	−236	−284	−350	−425	−520	−670	−880	−1 150	3	4	6	9	17	26
200	225		−80	−130	−180	−258	−310	−385	−470	−575	−740	−960	−1 250						
225	250		−84	−140	−196	−284	−340	−425	−520	−640	−820	−1 050	−1 350						
250	280	−56	−94	−158	−218	−315	−385	−475	−580	−710	−920	−1 200	−1 550	4	4	7	9	20	29
280	315		−98	−170	−240	−350	−425	−525	−650	−790	−1 000	−1 300	−1 700						
315	355	−62	−108	−190	−268	−390	−475	−590	−730	−900	−1 150	−1 500	−1 900	4	5	7	11	21	32
355	400		−114	−208	−294	−435	−530	−660	−820	−1 000	−1 300	−1 650	−2 100						
400	450	−68	−126	−232	−330	−490	−595	−740	−920	−1 100	−1 450	−1 850	−2 400	5	5	7	13	23	34
450	500		−132	−252	−360	−540	−660	−820	−1 000	−1 250	−1 600	−2 100	−2 600						
500	560	−78	−150	−280	−400	−600													
560	630		−155	−310	−450	−660													
630	710	−88	−175	−340	−500	−740													
710	800		−185	−380	−560	−840													
800	900	−100	−210	−430	−620	−940													
900	1 000		−220	−470	−680	−1 050													
1 000	1 120	−120	−250	−520	−780	−1 150													
1 120	1 250		−260	−580	−840	−1 300													
1 250	1 400	−140	−300	−640	−960	−1 450													
1 400	1 600		−330	−720	−1 050	−1 600													
1 600	1 800	−170	−370	−820	−1 200	−1 850													
1 800	2 000		−400	−920	−1 350	−2 000													
2 000	2 240	−195	−440	−1 000	−1 500	−2 300													
2 240	2 500		−460	−1 100	−1 650	−2 500													
2 500	2 800	−240	−550	−1 250	−1 900	−2 900													
2 800	3 150		−580	−1 400	−2 100	−3 200													

注 1：公称尺寸小于或等于 1 mm 时，基本偏差 A 和 B 及大于 IT8 的 N 均不采用。公差带 JS7 至 JS11，若 IT_n 值数是奇数，则取偏差 $=\pm\frac{IT_{n-1}}{2}$。

注 2：对小于或等于 IT8 的 K、M、N 和小于或等于 IT7 的 P 至 ZC，所需 Δ 值从表内右侧选取。例如：18 mm～30 mm 段的 K7，Δ=8 μm，所以 ES=−2+8=+6 μm；18 mm～30 mm 段的 S6，Δ=4 μm，所以 ES=−35+4=−31 μm。特殊情况：250 mm～315 mm 段的 M6，ES=−9 μm（代替−11 μm）。

附　录　A
（资料性附录）
标准公差和基本偏差的由来

为了完整地理解和使用本标准，本附录给出了本标准极限与配合的基础、标准公差和基本偏差数值的由来。

A.1　公称尺寸分段

公称尺寸分主段落和中间段落规定于表 A.1。标准公差和基本偏差是按表中的公称尺寸段计算的。中间段落仅用于计算尺寸至 500 mm 的轴的基本偏差 a～c 及 r～zc 或孔的基本偏差 A～C 及 R～ZC 和计算尺寸大于 500 mm～3 150 mm 的轴的基本偏差 r～u 及孔的基本偏差 R～U。

在计算各公称尺寸段的标准公差和基本偏差时，公式中的 D 用每一尺寸段中首尾两个尺寸（D_1 和 D_2）的几何平均值，即：

$$D = \sqrt{D_1 \times D_2}$$

对小于或等于 3 mm 的公称尺寸段，用 1 mm 和 3 mm 的几何平均值 $D=\sqrt{1\times3}=1.732$ mm 来计算标准公差和基本偏差。

表 A.1　公称尺寸分段

单位为毫米

主段落		中间段落	
大于	至	大于	至
—	3	无细分段	
3	6		
6	10		
10	18	10 14	14 18
18	30	18 24	24 30
30	50	30 40	40 50
50	80	50 65	65 80
80	120	80 100	100 120
120	180	120 140 160	140 160 180
180	250	180 200 225	200 225 250
250	315	250 280	280 315
315	400	315 355	355 400
400	500	400 450	450 500
500	630	500 560	560 630
630	800	630 710	710 800
800	1 000	800 900	900 1 000
1 000	1 250	1 000 1 120	1 120 1 250
1 250	1 600	1 250 1 400	1 400 1 600
1 600	2 000	1 600 1 800	1 800 2 000
2 000	2 500	2 000 2 240	2 240 2 500
2 500	3 150	2 500 2 800	2 800 3 150

A.2 标准公差的由来

A.2.1 通则

极限与配合在公称尺寸至 500 mm 内规定了 IT01、IT0、IT1、……、IT18 共 20 个标准公差等级；公称尺寸大于 500 mm～3 150 mm 内规定了 IT1～IT18 共 18 个标准公差等级。

标准公差等级 IT01 和 IT0 在工业中很少用到，所以在标准文本中没有给出该两公差等级的标准公差数值，但为满足使用者需要，在表 A.2 中给出了这些数值。

表 A.2 IT01 和 IT0 的标准公差数值

公称尺寸/mm		标准公差等级	
		IT01	IT0
大于	至	公差/μm	
—	3	0.3	0.5
3	6	0.4	0.6
6	10	0.4	0.6
10	18	0.5	0.8
18	30	0.6	1
30	50	0.6	1
50	80	0.8	1.2
80	120	1	1.5
120	180	1.2	2
180	250	2	3
250	315	2.5	4
315	400	3	5
400	500	4	6

A.2.2 公称尺寸至 500 mm 的标准公差的由来

A.2.2.1 IT01～IT4 的标准公差

等级 IT01、IT0 和 IT1 的标准公差数值由表 A.3 给出的公式计算。对等级 IT2、IT3 和 IT4 没有给出计算公式，其标准公差数值在 IT1 和 IT5 的数值之间大致按几何级数递增。

表 A.3 IT01、IT0 和 IT1 的标准公差计算公式 单位为微米

标准公差等级	计算公式
IT01	$0.3+0.008D$
IT0	$0.5+0.012D$
IT1	$0.8+0.02D$
注：式中 D 为公称尺寸段的几何平均值，单位为毫米。	

A.2.2.2 IT5～IT18 的标准公差

等级 IT5～IT18 的标准公差数值作为标准公差因子 i 的函数，由表 A.4 所列计算公式求得。

标准公差因子 i 由下式计算：

$$i = 0.45\sqrt[3]{D} + 0.001D$$

式中：i 的单位为微米(μm)；D 是公称尺寸段的几何平均值，单位为毫米(mm)。

A.2.3 公称尺寸大于 500 mm～3 150 mm 的标准公差(IT)的由来

等级 IT1～IT18 的标准公差数值作为标准公差因子 I 的函数，由表 A.4 所列计算公式求得。

标准公差因子 I 由下式计算：

$$I = 0.004D + 2.1$$

式中：I 的单位为微米(μm)；D 是公称尺寸段的几何平均值，单位为毫米(mm)。

表 A.4 IT1～IT18 的标准公差计算公式

公称尺寸/mm		标准公差等级																	
		IT1	IT2	IT3	IT4	IT5	IT6	IT7	IT8	IT9	IT10	IT11	IT12	IT13	IT14	IT15	IT16	IT17	IT18
大于	至	标准公差计算公式/μm																	
—	500	—	—	—	—	$7i$	$10i$	$16i$	$25i$	$40i$	$64i$	$100i$	$160i$	$250i$	$400i$	$640i$	$1\ 000i$	$1\ 600i$	$2\ 500i$
500	3 150	$2I$	$2.7I$	$3.7I$	$5I$	$7I$	$10I$	$16I$	$25I$	$40I$	$64I$	$100I$	$160I$	$250I$	$400I$	$640I$	$1\ 000I$	$1\ 600I$	$2\ 500I$
注1：公称尺寸至 500 mm 的 IT1～IT4 的标准公差计算见 A.2.2.1。 注2：从 IT6 起，其规律为：每增 5 个等级，标准公差增加至 10 倍，也可用于延伸超过 IT18 的 IT 等级。																			

A.2.4 标准公差数值的修约

等级至 IT11 的标准公差计算结果按表 A.5 的规则修约。

等级大于 IT11 的标准公差数值是由 IT7～IT11 的标准公差数值延伸来的，故不需再修约。

表 A.5 等级至 IT11 的标准公差数值的修约　　单位为微米

计算结果		公称尺寸	
		至 500 mm	大于 500 mm～3 150 mm
自	至	修约成整倍数	
0	60	1	1
60	100	1	2
100	200	5	5
200	500	10	10
500	1 000	—	20
1 000	2 000	—	50
2 000	5 000	—	100
5 000	10 000	—	200
10 000	20 000	—	500
20 000	50 000	—	1 000
注：表 1 和表 A.2 中，为了使数值分布得更好，有的没有采用这一规则。			

A.3 基本偏差的由来

A.3.1 轴的基本偏差

轴的基本偏差按表 A.6 给出的公式计算。

由表 A.6 中计算公式求得的轴的基本偏差，一般是最靠近零线的那个极限偏差，即 a～h 为轴的上极限偏差(es)，k～zc 为轴的下极限偏差(ei)。

除轴 j 和 js(严格地说两者无基本偏差)外，轴的基本偏差的数值与选用的标准公差等级无关。

A.3.2 孔的基本偏差

孔的基本偏差按表 A.6 中给出的公式计算。

一般对同一字母的孔的基本偏差与轴的基本偏差相对于零线是完全对称的。即:孔与轴的基本偏差对应(例如 A 对应 a)时,两者的基本偏差的绝对值相等,而符号相反:

$$EI = -es \quad 或 \quad ES = -ei$$

该规则适用于所有的基本偏差,但以下情况例外:

a) 公称尺寸大于 3 mm～500 mm,标准公差等级大于 IT8 的孔的基本偏差 N,其数值(ES)等于零。

b) 在公称尺寸大于 3 mm～500 mm 的基孔制或基轴制配合中,给定某一公差等级的孔要与更精一级的轴相配(例如 H7/p6 和 P7/h6),并要求具有同等的间隙或过盈(见图 A.1)。此时,计算的孔的基本偏差应附加一个 Δ 值,即

$$ES = ES(计算值) + \Delta$$

式中:Δ 是公称尺寸段内给定的某一标准公差等级 ITn 与更精一级的标准公差等级IT($n-1$)的差值。

例如:公称尺寸段 18 mm～30 mm 的 P7:

$$\Delta = ITn - IT(n-1) = IT7 - IT6 = 21 - 13 = 8\ \mu m$$

注:b)中给出的特殊规则仅适用于公称尺寸大于 3 mm、标准公差等级小于或等于 IT8 的孔的基本偏差 K、M、N 和标准公差等级小于或等于 IT7 的孔的基本偏差 P～ZC。

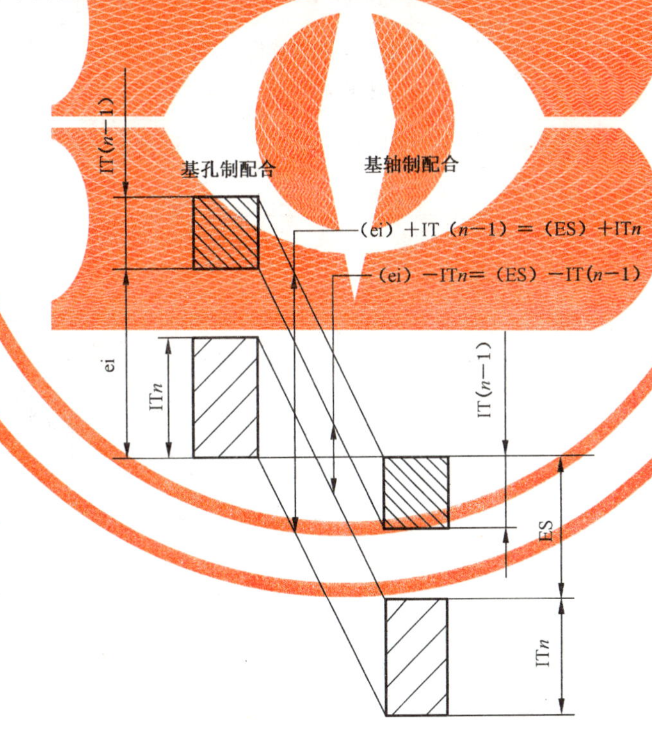

图 A.1 A.3.2b)中给定规则的图解

由表 A.6 中计算公式求得的孔的基本偏差,一般是最靠近零线的那个极限偏差,即 A～H 为孔的下极限偏差(EI),K～ZC 为孔的上极限偏差(ES)。

除孔 J 和 JS(严格地说两者无基本偏差)外,基本偏差的数值与选用的标准公差等级无关。

A.3.3 基本偏差数值的修约

由表 A.6 计算得到的轴、孔基本偏差的计算结果按表 A.7 的规则修约。

表 A.6 轴和孔的基本偏差计算公式

公称尺寸/mm		轴			公式	孔			公称尺寸/mm	
大于	至	基本偏差	符号	极限偏差		极限偏差	符号	基本偏差	大于	至
1	120	a	−	es	$265+1.3D$	EI	+	A	1	120
120	500				$3.5D$				120	500
1	160	b	−	es	$\approx 140+0.85D$	EI	+	B	1	160
160	500				$\approx 1.8D$				160	500
0	40	c	−	es	$52D^{0.2}$	EI	+	C	0	40
40	500				$95+0.8D$				40	500
0	10	cd	−	es	C、c 和 D、d 值的几何平均值	EI	+	CD	0	10
0	3 150	d	−	es	$16D^{0.44}$	EI	+	D	0	3 150
0	3 150	e	−	es	$11D^{0.41}$	EI	+	E	0	3 150
0	10	ef	−	es	E、e 和 F、f 值的几何平均值	EI	+	EF	0	10
0	3 150	f	−	es	$5.5D^{0.41}$	EI	+	F	0	3 150
0	10	fg	−	es	F、f 和 G、g 值的几何平均值	EI	+	FG	0	10
0	3 150	g	−	es	$2.5D^{0.34}$	EI	+	G	0	3 150
0	3 150	h	无符号	es	偏差=0	EI	无符号	H	0	3 150
0	500	j			无公式			J	0	500
0	3 150	js	+ −	es ei	$0.5\mathrm{IT}n$	EI ES	+ −	JS	0	3 150
0	500	k	+	ei	$0.6\sqrt[3]{D}$	ES	−	K	0	500
500	3 150		无符号		偏差=0		无符号		500	3 150
0	500	m	+	ei	IT7−IT6	ES	−	M	0	500
500	3 150				$0.024D+12.6$				500	3 150
0	500	n	+	ei	$5D^{0.34}$	ES	−	N	0	500
500	3 150				$0.04D+21$				500	3 150
0	500	p	+	ei	IT7+0～5	ES	−	P	0	500
500	3 150				$0.072D+37.8$				500	3 150
0	3 150	r	+	ei	P、p 和 S、s 值的几何平均值	ES	−	R	0	3 150
0	50	s	+	ei	IT8+1～4	ES	−	S	0	50
50	3 150				IT7+$0.4D$				50	3 150
24	3 150	t	+	ei	IT7+$0.63D$	ES	−	T	24	3 150
0	3 150	u	+	ei	IT7+D	ES	−	U	0	3 150

表 A.6（续）

公称尺寸/mm		轴			公式	孔			公称尺寸/mm	
大于	至	基本偏差	符号	极限偏差		极限偏差	符号	基本偏差	大于	至
14	500	v	+	ei	IT7+1.25D	ES	—	V	14	500
0	500	x	+	ei	IT7+1.6D	ES	—	X	0	500
18	500	y	+	ei	IT7+2D	ES	—	Y	18	500
0	500	z	+	ei	IT7+2.5D	ES	—	Z	0	500
0	500	za	+	ei	IT8+3.15D	ES	—	ZA	0	500
0	500	zb	+	ei	IT9+4D	ES	—	ZB	0	500
0	500	zc	+	ei	IT10+5D	ES	—	ZC	0	500

注 1：公式中 D 是公称尺寸段的几何平均值，mm；基本偏差的计算结果以 μm 计。

注 2：j、J 只在表 2、表 3 中给出其值。

注 3：公称尺寸至 500 mm 轴的基本偏差 k 的计算公式仅适用于标准公差等级 IT4～IT7，对所有其他公称尺寸和所有其他 IT 等级的基本偏差 k=0；孔的基本偏差 K 的计算公式仅适用于标准公差等级小于或等于 IT8，对所有其他公称尺寸和所有其他 IT 等级的基本偏差 K=0。

注 4：孔的基本偏差 K～ZC 的计算见 A3.2b)。

表 A.7 基本偏差的修约

计算结果		公称尺寸		
		至 500 mm		大于 500 mm～3 150 mm
		基本偏差		
		a～g A～G	k～zc K～ZC	d～u D～U
自	至	修约成整倍数		
5	45	1	1	1
45	60	2	1	1
60	100	5	1	2
100	200	5	2	5
200	300	10	2	10
300	500	10	5	10
500	560	10	5	20
560	600	20	5	20
600	800	20	10	20
800	1 000	20	20	20
1 000	2 000	50	50	50
2 000	5 000		100	100
…	…			…
20×10^n	50×10^n			1×10^n
50×10^n	100×10^n			2×10^n
100×10^n	200×10^n			5×10^n

附 录 B
（资料性附录）
应用举例

B.1 通则

本附录列出了基本偏差与标准公差的某些特定的适用范围以及计算孔与轴的极限偏差和极限尺寸的示例。

应用本标准时，如需要计算孔与轴的极限偏差和极限尺寸，可按标准的表1～表3、附录A的表A.1～表A.3进行。

B.2 再提特定适用要点

应用本标准表列的标准公差和基本偏差计算极限偏差时，要注意以下特定的适用范围：

——只对大于1 mm的公称尺寸提供轴与孔的基本偏差a、A，b、B；

——只对小于或等于3 mm的公称尺寸提供轴的公差带j8；

——只对大于24 mm、14 mm和18 mm的公称尺寸分别提供轴与孔的基本偏差t、T，v、V和y、Y；

——只对大于1 mm的公称尺寸提供标准公差等级IT14～IT18；

——只对大于1 mm的公称尺寸提供标准公差等级大于IT8的孔的基本偏差N。

B.3 计算举例

B.3.1 确定轴 ϕ40g11 的极限偏差和极限尺寸

公称尺寸段：30 mm～50 mm（由表A.1）；

标准公差＝160 μm（由表1）；

基本偏差＝－9 μm（由表2）；

上极限偏差＝基本偏差＝－9 μm；

下极限偏差＝基本偏差－标准公差＝－9－160＝－169 μm；

极限尺寸：上极限尺寸＝40－0.009＝39.991 mm；

下极限尺寸＝40－0.169＝39.831 mm。

B.3.2 确定孔 ϕ130N4 的极限偏差和极限尺寸

公称尺寸段：120 mm～180 mm（由表A.1）；

标准公差＝12 μm（由表1）；

基本偏差＝－27＋Δ（由表3）＝－27＋4＝－23 μm；

上极限偏差＝基本偏差＝－23 μm；

下极限偏差＝基本偏差－标准公差＝－23－12＝－35 μm；

极限尺寸：上极限尺寸＝130－0.023＝129.977 mm；

下极限尺寸＝130－0.035＝129.965 mm。

附 录 C
（资料性附录）
在 GPS 矩阵模型中的位置

GPS 矩阵的全部详情参见 GB/Z 20308—2006。

C.1 本部分标准的信息及其应用

本部分规定了 ISO 极限与配合制，并且对公差和偏差的基本概念和相关术语进行了定义，进而对配合的术语进行了定义，并解释了“基准孔”原则和“基准轴”原则。

C.2 在 GPS 矩阵模型中的位置

本部分是 GPS 通用标准，它影响 GPS 通用标准矩阵中尺寸标准链的链环 1 和 2，如图 C.1 所示。

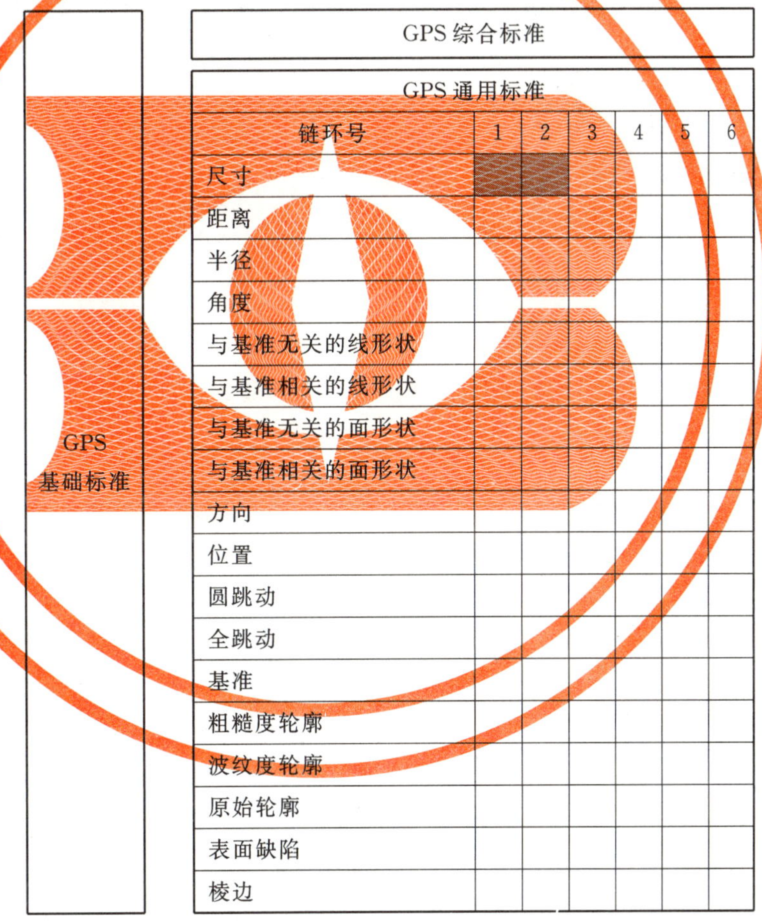

图 C.1 在 GPS 矩阵模型中的位置

C.3 相关的标准

相关的标准为图 C.1 所示标准链涉及的标准。

ICS 17.040.10
J 04

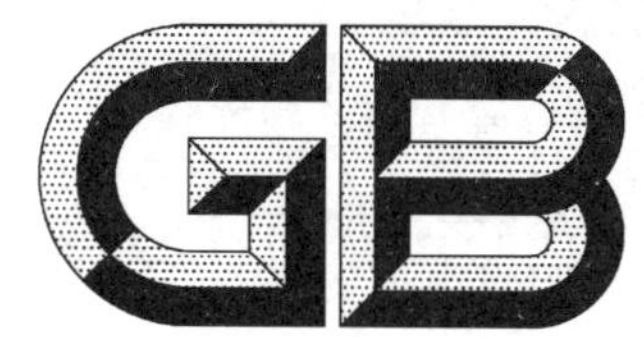

中华人民共和国国家标准

GB/T 1800.2—2009
代替 GB/T 1800.4—1999

产品几何技术规范(GPS) 极限与配合 第2部分:标准公差等级和孔、轴极限偏差表

Geometrical Product Specifications (GPS)—Limits and fits—Part 2: Tables of standard tolerance grades and limit deviations for holes and shafts

(ISO 286-2:1988, ISO System of limits and fits—Part 2: Tables of standard tolerance grades and limit deviations for holes and shafts, MOD)

2009-03-16 发布　　2009-11-01 实施

中华人民共和国国家质量监督检验检疫总局
中国国家标准化管理委员会　发布

前　言

GB/T 1800《产品几何技术规范(GPS)　极限与配合》根据 ISO 286:1988 重新起草,分为两部分。GB/T 1800.1—1997、GB/T 1800.2—1998 和 GB/T 1800.3—1998 合并为第 1 部分,GB/T 1800.4—1999 修改为第 2 部分:

——第 1 部分:公差、偏差和配合的基础;

——第 2 部分:标准公差等级和孔、轴的极限偏差表。

本部分为 GB/T 1800 的第 2 部分,修改采用 ISO 286-2:1988《ISO 极限与配合制　第 2 部分:标准公差等级和孔、轴的极限偏差表》,在文本结构上与 ISO 286-2:1988 完全对应。为与 ISO GPS 标准体系协调一致,进行了如下一些修改:

——标准名称增加引导要素:产品几何技术规范(GPS);

——"基本尺寸"改为"公称尺寸";"上偏差"和"下偏差"分别修改为"上极限偏差"和"下极限偏差";

——增加了附录 B"在 GPS 矩阵模型中的位置"。

本部分代替 GB/T 1800.4—1999《极限与配合　标准公差等级和孔、轴的极限偏差表》。

本部分的附录 A 和附录 B 均为资料性附录。本部分在 GPS 体系中的位置在附录 B 中说明。

本部分由全国产品尺寸和几何技术规范标准化技术委员会提出并归口。

本部分起草单位:中机生产力促进中心、浙江亚太机电股份有限公司、中原工学院、西安交通大学、郑州大学。

本部分主要起草人:李晓沛、赵则祥、施瑞康、赵卓贤、张琳娜、乔雪涛、陈景玉。

本部分所代替标准的历次版本发布情况为:

——GB/T 1800.4—1999。

产品几何技术规范(GPS)
极限与配合
第2部分:标准公差等级和
孔、轴极限偏差表

1 范围

GB/T 1800的本部分规定了孔和轴常用公差带的极限偏差数值,其数值是按GB/T 1800.1中的标准公差和基本偏差数值表计算得到的。它包括孔的上极限偏差ES和轴的上极限偏差es、孔的下极限偏差EI和轴的下极限偏差ei的数值(见图1)。

本部分适用于圆柱和非圆柱形光滑工件的尺寸要素。

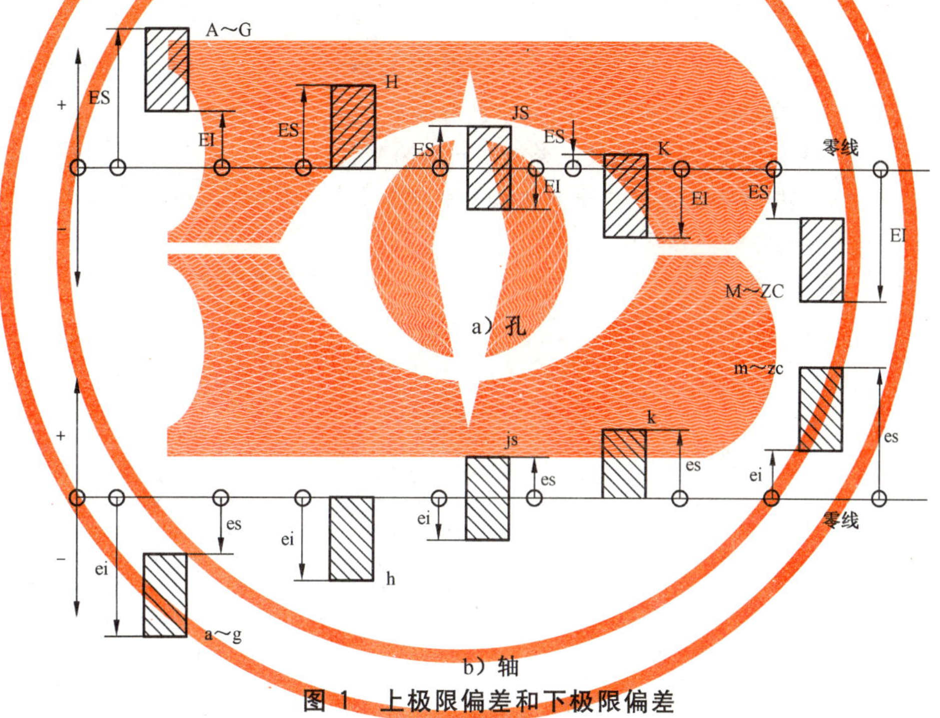

图1 上极限偏差和下极限偏差

2 规范性引用文件

下列文件中的条款通过GB/T 1800的本部分的引用而成为本部分的条款。凡是注日期的引用文件,其随后所有的修改单(不包括勘误的内容)或修订版均不适用于本部分,然而,鼓励根据本部分达成协议的各方研究是否可使用这些文件的最新版本。凡是不注日期的引用文件,其最新版本适用于本部分。

GB/T 1800.1—2009 产品几何技术规范(GPS) 极限与配合 第1部分:公差、偏差和配合的基础(ISO 286-1:1988,MOD)

GB/T 1801—2009 产品几何技术规范(GPS) 极限与配合 公差带和配合的选择(ISO 1829:1975,MOD)

GB/Z 20308—2006 产品几何技术规范(GPS) 总体规划(ISO/TR 14638:1995,MOD)

3 标准公差等级

为使用方便，本标准将 GB/T 1800.1—2009 中规定的公称尺寸至 3 150 mm 的标准公差等级 IT1～IT18 及其公差数值一并列出(见表 1)。

4 孔的极限偏差

本部分规定的孔的公差带，对公称尺寸至 500 mm 的见图 2，公称尺寸大于 500 mm～3 150 mm 的见图 3，对应的极限偏差列于表 2～表 16。

关于推荐选用的孔公差带见 GB/T 1801—2009。

5 轴的极限偏差

本部分规定的轴的公差带，对公称尺寸至 500 mm 的见图 4，公称尺寸大于 500 mm～3 150 mm 的见图 5，对应的极限偏差列于表 17～表 32。

关于推荐选用的轴公差带见 GB/T 1801—2009。

6 表 2～表 32 的说明

a) 表中除基本偏差为 JS 和 js 的公差带之外，上极限偏差 ES 或 es 的数值列于下极限偏差 EI 或 ei 的数值之上。JS 和 js 的上、下极限偏差是对称于零线的。

b) 如需要表中空格内的极限偏差，其公差带的基本偏差数值可按 GB/T 1800.1—2009。

c) 表中有的用双细横线将公称尺寸至 500 mm 和公称尺寸大于 500 mm 的两者极限偏差数值隔开以示区别，因两者的计算基础不同。

d) 表 2、表 14、表 15、表 16、表 17、表 30、表 31、表 32 对公称尺寸大于 500 mm 的未规定其极限偏差。

					H1	JS1								
					H2	JS2								
		EF3 F3	FG3 G3	H3	JS3	K3	M3 N3	P3	R3	S3				
		EF4 F4	FG4 G4	H4	JS4	K4	M4 N4	P4	R4	S4				
	E5	EF5 F5	FG5 G5	H5	JS5	K5	M5 N5	P5	R5	S5	T5 U5	V5 X5		
	CD6 D6 E6	EF6 F6	FG6 G6	H6	JS6	J6 K6	M6 N6	P6	R6	S6	T6 U6	V6 X6 Y6	Z6 ZA6	
	CD7 D7 E7	EF7 F7	FG7 G7	H7	JS7	J7 K7	M7 N7	P7	R7	S7	T7 U7	V7 X7 Y7	Z7 ZA7	ZB7 ZC7
B8 C8	CD8 D8 E8	EF8 F8	FG8 G8	H8	JS8	J8 K8	M8 N8	P8	R8	S8	T8 U8	V8 X8 Y8	Z8 ZA8	ZB8 ZC8
A9 B9 C9	CD9 D9 E9	EF9 F9	FG9 G9	H9	JS9	K9	M9 N9	P9	R9	S9	U9	X9 Y9	Z9 ZA9	ZB9 ZC9
A10 B10 C10	CD10 D10 E10	EF10 F10	FG10 G10	H10	JS10	K10	M10 N10	P10	R10	S10	U10	X10 Y10	Z10 ZA10	ZB10 ZC10
A11 B11 C11	D11			H11	JS11		N11						Z11 ZA11	ZB11 ZC11
A12 B12 C12	D12			H12	JS12									
A13 B13 C13	D13			H13	JS13									
				H14	JS14									
				H15	JS15									
				H16	JS16									
				H17	JS17									
				H18	JS18									
2	3	4	5	6	7	8	9	10	11	12	13	14	15	16
表														

图 2 公称尺寸至 500 mm 的孔的公差带示图

表 1　标准公差数值

公称尺寸/mm		标准公差等级																	
		IT1	IT2	IT3	IT4	IT5	IT6	IT7	IT8	IT9	IT10	IT11	IT12	IT13	IT14	IT15	IT16	IT17	IT18
大于	至	μm											mm						
—	3	0.8	1.2	2	3	4	6	10	14	25	40	60	0.1	0.14	0.25	0.4	0.6	1	1.4
3	6	1	1.5	2.5	4	5	8	12	18	30	48	75	0.12	0.18	0.3	0.48	0.75	1.2	1.8
6	10	1	1.5	2.5	4	6	9	15	22	36	58	90	0.15	0.22	0.36	0.58	0.9	1.5	2.2
10	18	1.2	2	3	5	8	11	18	27	43	70	110	0.18	0.27	0.43	0.7	1.1	1.8	2.7
18	30	1.5	2.5	4	6	9	13	21	33	52	84	130	0.21	0.33	0.52	0.84	1.3	2.1	3.3
30	50	1.5	2.5	4	7	11	16	25	39	62	100	160	0.25	0.39	0.62	1	1.6	2.5	3.9
50	80	2	3	5	8	13	19	30	46	74	120	190	0.3	0.46	0.74	1.2	1.9	3	4.6
80	120	2.5	4	6	10	15	22	35	54	87	140	220	0.35	0.54	0.87	1.4	2.2	3.5	5.4
120	180	3.5	5	8	12	18	25	40	63	100	160	250	0.4	0.63	1	1.6	2.5	4	6.3
180	250	4.5	7	10	14	20	29	46	72	115	185	290	0.46	0.72	1.15	1.85	2.9	4.6	7.2
250	315	6	8	12	16	23	32	52	81	130	210	320	0.52	0.81	1.3	2.1	3.2	5.2	8.1
315	400	7	9	13	18	25	36	57	89	140	230	360	0.57	0.89	1.4	2.3	3.6	5.7	8.9
400	500	8	10	15	20	27	40	63	97	155	250	400	0.63	0.97	1.55	2.5	4	6.3	9.7
500	630	9	11	16	22	32	44	70	110	175	280	440	0.7	1.1	1.75	2.8	4.4	7	11
630	800	10	13	18	25	36	50	80	125	200	320	500	0.8	1.25	2	3.2	5	8	12.5
800	1 000	11	15	21	28	40	56	90	140	230	360	560	0.9	1.4	2.3	3.6	5.6	9	14
1 000	1 250	13	18	24	33	47	66	105	165	260	420	660	1.05	1.65	2.6	4.2	6.6	10.5	16.5
1 250	1 600	15	21	29	39	55	78	125	195	310	500	780	1.25	1.95	3.1	5	7.8	12.5	19.5
1 600	2 000	18	25	35	46	65	92	150	230	370	600	920	1.5	2.3	3.7	6	9.2	15	23
2 000	2 500	22	30	41	55	78	110	175	280	440	700	1 100	1.75	2.8	4.4	7	11	17.5	28
2 500	3 150	26	36	50	68	96	135	210	330	540	860	1 350	2.1	3.3	5.4	8.6	13.5	21	33

注 1：公称尺寸大于 500 mm 的 IT1～IT5 的标准公差数值为试行。

注 2：公称尺寸小于或等于 1 mm 时，无 IT14～IT18。

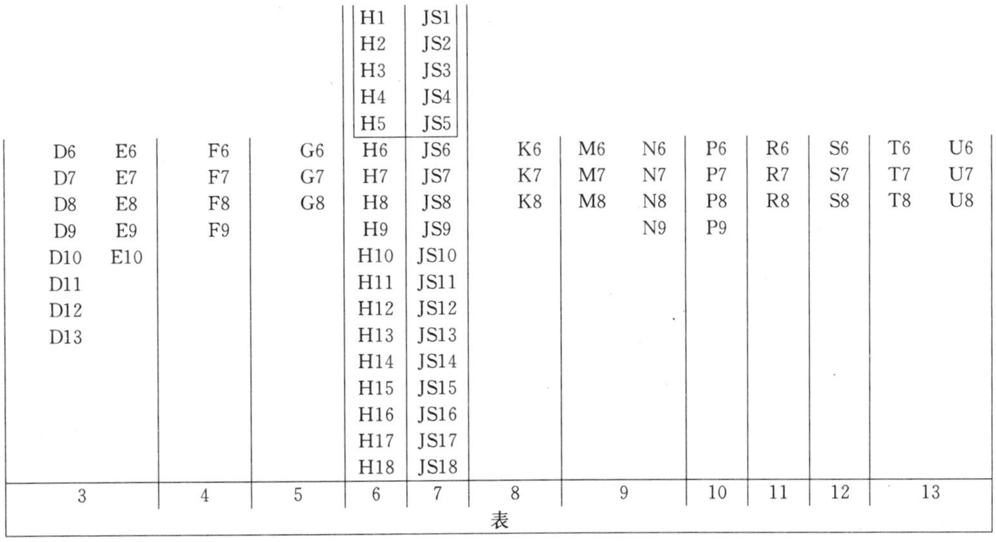

				H1	JS1								
				H2	JS2								
				H3	JS3								
				H4	JS4								
				H5	JS5								
D6	E6	F6	G6	H6	JS6	K6	M6	N6	P6	R6	S6	T6	U6
D7	E7	F7	G7	H7	JS7	K7	M7	N7	P7	R7	S7	T7	U7
D8	E8	F8	G8	H8	JS8	K8	M8	N8	P8	R8	S8	T8	U8
D9	E9	F9		H9	JS9			N9	P9				
D10	E10			H10	JS10								
D11				H11	JS11								
D12				H12	JS12								
D13				H13	JS13								
				H14	JS14								
				H15	JS15								
				H16	JS16								
				H17	JS17								
				H18	JS18								
3		4	5	6	7	8	9		10	11	12	13	
表													

注：框格内的公差带 H1～H5 和 JS1～JS5 为试用。

图 3　公称尺寸大于 500 mm～3 150 mm 的孔的公差带示图

17	18	19	20	21	22	23	24	25	26	27	28	29	30	31	32
					h1	js1									
					h2	js2									
		ef3	f3 fg3	g3	h3	js3	k3	m3 n3	p3	r3	s3				
		ef4	f4 fg4	g4	h4	js4	k4	m4 n4	p4	r4	s4				
	cd5 d5	e5 ef5	f5 fg5	g5	h5	js5	j5 k5	m5 n5	p5	r5	s5	t5 u5	v5 x5		
	cd6 d6	e6 ef6	f6 fg6	g6	h6	js6	j6 k6	m6 n6	p6	r6	s6	t6 u6	v6 x6 y6	z6 za6	
	cd7 d7	e7 ef7	f7 fg7	g7	h7	js7	j7 k7	m7 n7	p7	r7	s7	t7 u7	v7 x7 y7	z7 za7	zb7 zc7
c8	cd8 d8	e8 ef8	f8 fg8	g8	h8	js8	j8 k8	m8 n8	p8	r8	s8	t8 u8	v8 x8 y8	z8 za8	zb8 zc8
a9 b9 c9	cd9 d9	e9 ef9	f9 fg9	g9	h9	js9	k9	m9 n9	p9	r9	s9	u9	x9 y9	z9 za9	zb9 zc9
a10 b10 c10	cd10 d10	e10 ef10	f10 fg10	g10	h10	js10	k10		p10	r10	s10		x10 y10	z10 za10	zb10 zc10
a11 b11 c11	d11				h11	js11	k11							z11 za11	zb11 zc11
a12 b12 c12	d12				h12	js12	k12								
a13 b13	d13				h13	js13	k13								
					h14	js14									
					h15	js15									
					h16	js16									
					h17	js17									
					h18	js18									
表															

图 4 公称尺寸至 500 mm 的轴的公差带示图

18	19	20	21	22	23	24	25	26	27	28	29
				h1	js1						
				h2	js2						
				h3	js3						
				h4	js4						
				h5	js5						
	e6	f6	g6	h6	js6	k6	m6 n6	p6	r6	s6	t6 u6
d7	e7	f7	g7	h7	js7	k7	m7 n7	p7	r7	s7	t7 u7
d8	e8	f8	g8	h8	js8	k8		p8	r8	s8	u8
d9	e9	f9		h9	js9	k9					
d10	e10			h10	js10	k10					
d11				h11	js11	k11					
				h12	js12	k12					
				h13	js13	k13					
				h14	js14						
				h15	js15						
				h16	js16						
				h17	js17						
				h18	js18						
表											

注：框格内的公差带 h1～h5 和 js1～js5 为试用。

图 5 公称尺寸大于 500 mm～3 150 mm 的轴的公差带示图

表 2　孔 A、B 和 C 的极限偏差

单位为微米

公称尺寸/mm		A					B						C					
大于	至	9	10	11	12	13	8	9	10	11	12	13	8	9	10	11	12	13
—	3	+295 +270	+310 +270	+330 +270	+370 +270	+410 +270	+154 +140	+165 +140	+180 +140	+200 +140	+240 +140	+280 +140	+74 +60	+85 +60	+100 +60	+120 +60	+160 +60	+200 +60
3	6	+300 +270	+318 +270	+345 +270	+390 +270	+450 +270	+158 +140	+170 +140	+188 +140	+215 +140	+260 +140	+320 +140	+88 +70	+100 +70	+118 +70	+145 +70	+190 +70	+250 +70
6	10	+316 +280	+338 +280	+370 +280	+430 +280	+500 +280	+172 +150	+186 +150	+208 +150	+240 +150	+300 +150	+370 +150	+102 +80	+116 +80	+138 +80	+170 +80	+230 +80	+300 +80
10	18	+333 +290	+360 +290	+400 +290	+470 +290	+560 +290	+177 +150	+193 +150	+220 +150	+260 +150	+330 +150	+420 +150	+122 +95	+138 +95	+165 +95	+205 +95	+275 +95	+365 +95
18	30	+352 +300	+384 +300	+430 +300	+510 +300	+630 +300	+193 +160	+212 +160	+244 +160	+290 +160	+370 +160	+490 +160	+143 +110	+162 +110	+194 +110	+240 +110	+320 +110	+440 +110
30	40	+372 +310	+410 +310	+470 +310	+560 +310	+700 +310	+209 +170	+232 +170	+270 +170	+330 +170	+420 +170	+560 +170	+159 +120	+182 +120	+220 +120	+280 +120	+370 +120	+510 +120
40	50	+382 +320	+420 +320	+480 +320	+570 +320	+710 +320	+219 +180	+242 +180	+280 +180	+340 +180	+430 +180	+570 +180	+169 +130	+192 +130	+230 +130	+290 +130	+380 +130	+520 +130
50	65	+414 +340	+460 +340	+530 +340	+640 +340	+800 +340	+236 +190	+264 +190	+310 +190	+380 +190	+490 +190	+650 +190	+186 +140	+214 +140	+260 +140	+330 +140	+440 +140	+600 +140
65	80	+434 +360	+480 +360	+550 +360	+660 +360	+820 +360	+246 +200	+274 +200	+320 +200	+390 +200	+500 +200	+660 +200	+196 +150	+224 +150	+270 +150	+340 +150	+450 +150	+610 +150
80	100	+467 +380	+520 +380	+600 +380	+730 +380	+920 +380	+274 +220	+307 +220	+360 +220	+440 +220	+570 +220	+760 +220	+224 +170	+257 +170	+310 +170	+390 +170	+520 +170	+710 +170
100	120	+497 +410	+550 +410	+630 +410	+760 +410	+950 +410	+294 +240	+327 +240	+380 +240	+460 +240	+590 +240	+780 +240	+234 +180	+267 +180	+320 +180	+400 +180	+530 +180	+720 +180
120	140	+560 +460	+620 +460	+710 +460	+860 +460	+1090 +460	+323 +260	+360 +260	+420 +260	+510 +260	+660 +260	+890 +260	+263 +200	+300 +200	+360 +200	+450 +200	+600 +200	+830 +200

表 2（续）

单位为微米

公称尺寸/mm		A					B						C					
大于	至	9	10	11	12	13	8	9	10	11	12	13	8	9	10	11	12	13
140	160	+620 +520	+680 +520	+770 +520	+920 +520	+1150 +520	+343 +280	+380 +280	+440 +280	+530 +280	+680 +280	+910 +280	+273 +210	+310 +210	+370 +210	+460 +210	+610 +210	+840 +210
160	180	+680 +580	+740 +580	+830 +580	+980 +580	+1210 +580	+373 +310	+410 +310	+470 +310	+560 +310	+710 +310	+940 +310	+293 +230	+330 +230	+390 +230	+480 +230	+630 +230	+860 +230
180	200	+775 +660	+845 +660	+950 +660	+1120 +660	+1380 +660	+412 +340	+455 +340	+525 +340	+630 +340	+800 +340	+1060 +340	+312 +240	+355 +240	+425 +240	+530 +240	+700 +240	+960 +240
200	225	+855 +740	+925 +740	+1030 +740	+1200 +740	+1460 +740	+452 +380	+495 +380	+565 +380	+670 +380	+840 +380	+1100 +380	+332 +260	+375 +260	+445 +260	+550 +260	+720 +260	+980 +260
225	250	+935 +820	+1005 +820	+1110 +820	+1280 +820	+1540 +820	+492 +420	+535 +420	+605 +420	+710 +420	+880 +420	+1140 +420	+352 +280	+395 +280	+465 +280	+570 +280	+740 +280	+1000 +280
250	280	+1050 +920	+1130 +920	+1240 +920	+1440 +920	+1730 +920	+561 +480	+610 +480	+690 +480	+800 +480	+1000 +480	+1290 +480	+381 +300	+430 +300	+510 +300	+620 +300	+820 +300	+1110 +300
280	315	+1180 +1050	+1260 +1050	+1370 +1050	+1570 +1050	+1860 +1050	+621 +540	+670 +540	+750 +540	+860 +540	+1060 +540	+1350 +540	+411 +330	+460 +330	+540 +330	+650 +330	+850 +330	+1140 +330
315	355	+1340 +1200	+1430 +1200	+1560 +1200	+1770 +1200	+2000 +1200	+689 +600	+740 +600	+830 +600	+960 +600	+1170 +600	+1490 +600	+449 +360	+500 +360	+590 +360	+720 +360	+930 +360	+1250 +360
355	400	+1490 +1350	+1580 +1350	+1710 +1350	+1920 +1350	+2240 +1350	+769 +680	+820 +680	+910 +680	+1040 +680	+1250 +680	+1570 +680	+489 +400	+540 +400	+630 +400	+760 +400	+970 +400	+1290 +400
400	450	+1655 +1500	+1750 +1500	+1900 +1500	+2130 +1500	+2470 +1500	+857 +760	+915 +760	+1010 +760	+1160 +760	+1390 +760	+1730 +760	+537 +440	+595 +440	+690 +440	+840 +440	+1070 +440	+1410 +440
450	500	+1805 +1650	+1900 +1650	+2050 +1650	+2280 +1650	+2620 +1650	+937 +840	+995 +840	+1090 +840	+1240 +840	+1470 +840	+1810 +840	+577 +480	+635 +480	+730 +480	+880 +480	+1110 +480	+1450 +480

注：公称尺寸小于 1 mm 时，各级的 A 和 B 均不采用。

表 3 孔 CD、D 和 E 的极限偏差

单位为微米

公称尺寸/mm		CD					D								E					
大于	至	6	7	8	9	10	6	7	8	9	10	11	12	13	5	6	7	8	9	10
—	3	+40 +34	+44 +34	+48 +34	+59 +34	+74 +34	+26 +20	+30 +20	+34 +20	+45 +20	+60 +20	+80 +20	+120 +20	+160 +20	+18 +14	+20 +14	+24 +14	+28 +14	+39 +14	+54 +14
3	6	+54 +46	+58 +46	+64 +46	+76 +46	+94 +46	+38 +30	+42 +30	+48 +30	+60 +30	+78 +30	+105 +30	+150 +30	+210 +30	+25 +20	+28 +20	+32 +20	+38 +20	+50 +20	+68 +20
6	10	+65 +56	+71 +56	+78 +56	+92 +56	+114 +56	+49 +40	+55 +40	+62 +40	+76 +40	+98 +40	+130 +40	+190 +40	+260 +40	+31 +25	+34 +25	+40 +25	+47 +25	+61 +25	+83 +25
10	18						+61 +50	+68 +50	+77 +50	+93 +50	+120 +50	+160 +50	+230 +50	+320 +50	+40 +32	+43 +32	+50 +32	+59 +32	+75 +32	+102 +32
18	30						+78 +65	+86 +65	+98 +65	+117 +65	+149 +65	+195 +65	+275 +65	+395 +65	+49 +40	+53 +40	+61 +40	+73 +40	+92 +40	+124 +40
30	50						+96 +80	+105 +80	+119 +80	+142 +80	+180 +80	+240 +80	+330 +80	+470 +80	+61 +50	+66 +50	+75 +50	+89 +50	+112 +50	+150 +50
50	80						+119 +100	+130 +100	+146 +100	+174 +100	+220 +100	+290 +100	+400 +100	+560 +100	+73 +60	+79 +60	+90 +60	+106 +60	+134 +60	+180 +60
80	120						+142 +120	+155 +120	+174 +120	+207 +120	+260 +120	+340 +120	+470 +120	+660 +120	+87 +72	+94 +72	+107 +72	+125 +72	+159 +72	+212 +72
120	180						+170 +145	+185 +145	+208 +145	+245 +145	+305 +145	+395 +145	+545 +145	+775 +145	+103 +85	+110 +85	+125 +85	+148 +85	+185 +85	+245 +85
180	250						+199 +170	+216 +170	+242 +170	+285 +170	+355 +170	+460 +170	+630 +170	+890 +170	+120 +100	+129 +100	+146 +100	+172 +100	+215 +100	+285 +100
250	315						+222 +190	+242 +190	+271 +190	+320 +190	+400 +190	+510 +190	+710 +190	+1000 +190	+133 +110	+142 +110	+162 +110	+191 +110	+240 +110	+320 +110

表 3（续）

单位为微米

公称尺寸/mm		CD					D								E					
大于	至	6	7	8	9	10	6	7	8	9	10	11	12	13	5	6	7	8	9	10
315	400						+246 +210	+267 +210	+299 +210	+350 +210	+440 +210	+570 +210	+780 +210	+1100 +210	+150 +125	+161 +125	+182 +125	+214 +125	+265 +125	+355 +125
400	500						+270 +230	+293 +230	+327 +230	+385 +230	+480 +230	+630 +230	+860 +230	+1200 +230	+162 +135	+175 +135	+198 +135	+232 +135	+290 +135	+385 +135
500	630						+304 +260	+330 +260	+370 +260	+435 +260	+540 +260	+700 +260	+960 +260	+1360 +260		+189 +145	+215 +145	+255 +145	+320 +145	+425 +145
630	800						+340 +290	+370 +290	+415 +290	+490 +290	+610 +290	+790 +290	+1090 +290	+1540 +290		+210 +160	+240 +160	+285 +160	+360 +160	+480 +160
800	1 000						+376 +320	+410 +320	+460 +320	+550 +320	+680 +320	+880 +320	+1220 +320	+1720 +320		+226 +170	+260 +170	+310 +170	+400 +170	+530 +170
1 000	1 250						+416 +350	+455 +350	+515 +350	+610 +350	+770 +350	+1010 +350	+1400 +350	+2000 +350		+261 +195	+300 +195	+360 +195	+455 +195	+615 +195
1 250	1 600						+468 +390	+515 +390	+585 +390	+700 +390	+890 +390	+1170 +390	+1640 +390	+2340 +390		+298 +220	+345 +220	+415 +220	+530 +220	+720 +220
1 600	2 000						+522 +430	+580 +430	+660 +430	+800 +430	+1030 +430	+1350 +430	+1930 +430	+2730 +430		+332 +240	+390 +240	+470 +240	+610 +240	+840 +240
2 000	2 500						+590 +480	+655 +480	+760 +480	+920 +480	+1180 +480	+1580 +480	+2230 +480	+3280 +480		+370 +260	+435 +260	+540 +260	+700 +260	+960 +260
2 500	3 150						+655 +520	+730 +520	+850 +520	+1060 +520	+1380 +520	+1870 +520	+2 620 +520	+3820 +520		+425 +290	+500 +290	+620 +290	+830 +290	+1150 +290

注：各级的 CD 主要用于精密机械和钟表制造业。

表 4 孔 EF 和 F 的极限偏差

单位为微米

公称尺寸/mm		EF								F							
大于	至	3	4	5	6	7	8	9	10	3	4	5	6	7	8	9	10
—	3	+12 +10	+13 +10	+14 +10	+16 +10	+20 +10	+24 +10	+35 +10	+50 +10	+8 +6	+9 +6	+10 +6	+12 +6	+16 +6	+20 +6	+31 +6	+46 +6
3	6	+16.5 +14	+18 +14	+19 +14	+22 +14	+26 +14	+32 +14	+44 +14	+62 +14	+12.5 +10	+14 +10	+15 +10	+18 +10	+22 +10	+28 +10	+40 +10	+58 +10
6	10	+20.5 +18	+22 +18	+24 +18	+27 +18	+33 +18	+40 +18	+54 +18	+76 +18	+15.5 +13	+17 +13	+19 +13	+22 +13	+28 +13	+35 +13	+49 +13	+71 +13
10	18									+19 +16	+21 +16	+24 +16	+27 +16	+34 +16	+43 +16	+59 +16	+86 +16
18	30									+24 +20	+26 +20	+29 +20	+33 +20	+41 +20	+53 +20	+72 +20	+104 +20
30	50									+29 +25	+32 +25	+36 +25	+41 +25	+50 +25	+64 +25	+87 +25	+125 +25
50	80											+43 +30	+49 +30	+60 +30	+76 +30	+104 +30	
80	120											+51 +36	+58 +36	+71 +36	+90 +36	+123 +36	
120	180											+61 +43	+68 +43	+83 +43	+106 +43	+143 +43	
180	250											+70 +50	+79 +50	+96 +50	+122 +50	+165 +50	
250	315											+79 +56	+88 +56	+108 +56	+137 +56	+186 +56	
315	400											+87 +62	+98 +62	+119 +62	+151 +62	+202 +62	
400	500											+95 +68	+108 +68	+131 +68	+165 +68	+223 +68	
500	630												+120 +76	+146 +76	+186 +76	+251 +76	
630	800												+130 +80	+160 +80	+205 +80	+280 +80	
800	1 000												+142 +86	+176 +86	+226 +86	+316 +86	
1 000	1 250												+164 +98	+203 +98	+263 +98	+358 +98	
1 250	1 600												+188 +110	+235 +110	+305 +110	+420 +110	
1 600	2 000												+212 +120	+270 +120	+350 +120	+490 +120	
2 000	2 500												+240 +130	+305 +130	+410 +130	+570 +130	
2 500	3 150												+280 +145	+355 +145	+475 +145	+685 +145	

注：各级的 EF 主要用于精密机械和钟表制造业。

表 5 孔 FG 和 G 的极限偏差

单位为微米

公称尺寸/mm		FG								G							
大于	至	3	4	5	6	7	8	9	10	3	4	5	6	7	8	9	10
—	3	+6 +4	+7 +4	+8 +4	+10 +4	+14 +4	+18 +4	+29 +4	+44 +4	+4 +2	+5 +2	+6 +2	+8 +2	+12 +2	+16 +2	+27 +2	+42 +2
3	6	+8.5 +6	+10 +6	+11 +6	+14 +6	+18 +6	+24 +6	+36 +6	+54 +6	+6.5 +4	+8 +4	+9 +4	+12 +4	+16 +4	+22 +4	+34 +4	+52 +4
6	10	+10.5 +8	+12 +8	+14 +8	+17 +8	+23 +8	+30 +8	+44 +8	+66 +8	+7.5 +5	+9 +5	+11 +5	+14 +5	+20 +5	+27 +5	+41 +5	+63 +5
10	18									+9 +6	+11 +6	+14 +6	+17 +6	+24 +6	+33 +6	+49 +6	+76 +6
18	30									+11 +7	+13 +7	+16 +7	+20 +7	+28 +7	+40 +7	+59 +7	+91 +7
30	50									+13 +9	+16 +9	+20 +9	+25 +9	+34 +9	+48 +9	+71 +9	+109 +9
50	80											+23 +10	+29 +10	+40 +10	+56 +10		
80	120											+27 +12	+34 +12	+47 +12	+66 +12		
120	180											+32 +14	+39 +14	+54 +14	+77 +14		
180	250											+35 +15	+44 +15	+61 +15	+87 +15		
250	315											+40 +17	+49 +17	+69 +17	+98 +17		
315	400											+43 +18	+54 +18	+75 +18	+107 +18		
400	500											+47 +20	+60 +20	+83 +20	+117 +20		
500	630												+66 +22	+92 +22	+132 +22		
630	800												+74 +24	+104 +24	+149 +24		
800	1 000												+82 +26	+116 +26	+166 +26		
1 000	1 250												+94 +28	+133 +28	+193 +28		
1 250	1 600												+108 +30	+155 +30	+225 +30		
1 600	2 000												+124 +32	+182 +32	+262 +32		
2 000	2 500												+144 +34	+209 +34	+314 +34		
2 500	3 150												+173 +38	+248 +38	+368 +38		

注：各级的 FG 主要用于精密机械和钟表制造业。

表 6 孔 H 的极限偏差

公称尺寸/mm		H																	
		1	2	3	4	5	6	7	8	9	10	11	12	13	14	15	16	17	18
大于	至	偏差 μm											偏差 mm						
—	3	+0.8 0	+1.2 0	+2 0	+3 0	+4 0	+6 0	+10 0	+14 0	+25 0	+40 0	+60 0	+0.1 0	+0.14 0	+0.25 0	+0.4 0	+0.6 0		
3	6	+1 0	+1.5 0	+2.5 0	+4 0	+5 0	+8 0	+12 0	+18 0	+30 0	+48 0	+75 0	+0.12 0	+0.18 0	+0.3 0	+0.48 0	+0.75 0	+1.2 0	+1.8 0
6	10	+1 0	+1.5 0	+2.5 0	+4 0	+6 0	+9 0	+15 0	+22 0	+36 0	+58 0	+90 0	+0.15 0	+0.22 0	+0.36 0	+0.58 0	+0.9 0	+1.5 0	+2.2 0
10	18	+1.2 0	+2 0	+3 0	+5 0	+8 0	+11 0	+18 0	+27 0	+43 0	+70 0	+110 0	+0.18 0	+0.27 0	+0.43 0	+0.7 0	+1.1 0	+1.8 0	+2.7 0
18	30	+1.5 0	+2.5 0	+4 0	+6 0	+9 0	+13 0	+21 0	+33 0	+52 0	+84 0	+130 0	+0.21 0	+0.33 0	+0.52 0	+0.84 0	+1.3 0	+2.1 0	+3.3 0
30	50	+1.5 0	+2.5 0	+4 0	+7 0	+11 0	+16 0	+25 0	+39 0	+62 0	+100 0	+160 0	+0.25 0	+0.39 0	+0.62 0	+1 0	+1.6 0	+2.5 0	+3.9 0
50	80	+2 0	+3 0	+5 0	+8 0	+13 0	+19 0	+30 0	+46 0	+74 0	+120 0	+190 0	+0.3 0	+0.46 0	+0.74 0	+1.2 0	+1.9 0	+3 0	+4.6 0
80	120	+2.5 0	+4 0	+6 0	+10 0	+15 0	+22 0	+35 0	+54 0	+87 0	+140 0	+220 0	+0.35 0	+0.54 0	+0.87 0	+1.4 0	+2.2 0	+3.5 0	+5.4 0
120	180	+3.5 0	+5 0	+8 0	+12 0	+18 0	+25 0	+40 0	+63 0	+100 0	+160 0	+250 0	+0.4 0	+0.63 0	+1 0	+1.6 0	+2.5 0	+4 0	+6.3 0
180	250	+4.5 0	+7 0	+10 0	+14 0	+20 0	+29 0	+46 0	+72 0	+115 0	+185 0	+290 0	+0.46 0	+0.72 0	+1.15 0	+1.85 0	+2.9 0	+4.6 0	+7.2 0
250	315	+6 0	+8 0	+12 0	+16 0	+23 0	+32 0	+52 0	+81 0	+130 0	+210 0	+320 0	+0.52 0	+0.81 0	+1.3 0	+2.1 0	+3.2 0	+5.2 0	+8.1 0

表 6（续）

公称尺寸/mm		H																	
		1	2	3	4	5	6	7	8	9	10	11	12	13	14	15	16	17	18
大于	至	偏差																	
		μm											mm						
315	400	+7 0	+9 0	+13 0	+18 0	+25 0	+36 0	+57 0	+89 0	+140 0	+230 0	+360 0	+0.57 0	+0.89 0	+1.4 0	+2.3 0	+3.6 0	+5.7 0	+8.9 0
400	500	+8 0	+10 0	+15 0	+20 0	+27 0	+40 0	+63 0	+97 0	+155 0	+250 0	+400 0	+0.63 0	+0.97 0	+1.55 0	+2.5 0	+4 0	+6.3 0	+9.7 0
500	630	+9 0	+11 0	+16 0	+22 0	+32 0	+44 0	+70 0	+110 0	+175 0	+280 0	+440 0	+0.7 0	+1.1 0	+1.75 0	+2.8 0	+4.4 0	+7 0	+11 0
630	800	+10 0	+13 0	+18 0	+25 0	+36 0	+50 0	+80 0	+125 0	+200 0	+320 0	+500 0	+0.8 0	+1.25 0	+2 0	+3.2 0	+5 0	+8 0	+12.5 0
800	1 000	+11 0	+15 0	+21 0	+28 0	+40 0	+56 0	+90 0	+140 0	+230 0	+360 0	+560 0	+0.9 0	+1.4 0	+2.3 0	+3.6 0	+5.6 0	+9 0	+14 0
1 000	1 250	+13 0	+18 0	+24 0	+33 0	+47 0	+66 0	+105 0	+165 0	+260 0	+420 0	+660 0	+1.05 0	+1.65 0	+2.6 0	+4.2 0	+6.6 0	+10.5 0	+16.5 0
1 250	1 600	+15 0	+21 0	+29 0	+39 0	+55 0	+78 0	+125 0	+195 0	+310 0	+500 0	+780 0	+1.25 0	+1.95 0	+3.1 0	+5 0	+7.8 0	+12.5 0	+19.5 0
1 600	2 000	+18 0	+25 0	+35 0	+46 0	+65 0	+92 0	+150 0	+230 0	+370 0	+600 0	+920 0	+1.5 0	+2.3 0	+3.7 0	+6 0	+9.2 0	+15 0	+23 0
2 000	2 500	+22 0	+30 0	+41 0	+55 0	+78 0	+110 0	+175 0	+280 0	+440 0	+700 0	+1100 0	+1.75 0	+2.8 0	+4.4 0	+7 0	+11 0	+17.5 0	+28 0
2 500	3 150	+26 0	+36 0	+50 0	+68 0	+96 0	+135 0	+210 0	+330 0	+540 0	+860 0	+1350 0	+2.1 0	+3.3 0	+5.4 0	+8.6 0	+13.5 0	+21 0	+33 0

注 1：IT14～IT18 只用于大于 1 mm 的公称尺寸。

注 2：黑框中的数值，即公称尺寸大于 500 mm～3 150 mm，IT1～IT5 的偏差值为试用。

表 7　孔 JS 的极限偏差

公称尺寸/mm		JS																	
		1	2	3	4	5	6	7	8	9	10	11	12	13	14	15	16	17	18
大　于	至	偏差 μm											偏差 mm						
—	3	±0.4	±0.6	±1	±1.5	±2	±3	±5	±7	±12	±20	±30	±0.05	±0.07	±0.125	±0.2	±0.3		
3	6	±0.5	±0.75	±1.25	±2	±2.5	±4	±6	±9	±15	±24	±37	±0.06	±0.09	±0.15	±0.24	±0.375	±0.6	±0.9
6	10	±0.5	±0.75	±1.25	±2	±3	±4.5	±7	±11	±18	±29	±46	±0.075	±0.11	±0.18	±0.29	±0.45	±0.75	±1.1
10	18	±0.6	±1	±1.5	±2.5	±4	±5.5	±9	±13	±21	±36	±55	±0.09	±0.135	±0.215	±0.35	±0.55	±0.9	±1.35
18	30	±0.75	±1.25	±2	±3	±4.5	±6.5	±10	±16	±26	±42	±65	±0.105	±0.165	±0.26	±0.42	±0.65	±1.05	±1.65
30	50	±0.75	±1.25	±2	±3.5	±5.5	±8	±12	±19	±31	±50	±80	±0.125	±0.195	±0.31	±0.5	±0.8	±1.25	±1.95
50	80	±1	±1.5	±2.5	±4	±6.5	±9.5	±15	±23	±37	±60	±95	±0.15	±0.23	±0.37	±0.6	±0.95	±1.5	±2.3
80	120	±1.25	±2	±3	±5	±7.5	±11	±17	±27	±43	±70	±110	±0.175	±0.27	±0.435	±0.7	±1.1	±1.75	±2.7
120	180	±1.75	±2.5	±4	±6	±9	±12.5	±20	±31	±50	±80	±125	±0.2	±0.315	±0.5	±0.8	±1.25	±2	±3.15
180	250	±2.25	±3.5	±5	±7	±10	±14.5	±23	±36	±57	±92	±145	±0.23	±0.36	±0.575	±0.925	±1.45	±2.3	±3.6
250	315	±3	±4	±6	±8	±11.5	±16	±26	±40	±65	±105	±160	±0.28	±0.405	±0.65	±1.05	±1.6	±2.6	±4.05
315	400	±3.5	±4.5	±6.5	±9	±12.5	±18	±28	±44	±70	±115	±180	±0.285	±0.445	±0.7	±1.15	±1.8	±2.85	±4.45
400	500	±4	±5	±7.5	±10	±13.5	±20	±31	±48	±77	±125	±200	±0.315	±0.485	±0.775	±1.25	±2	±3.15	±4.85
500	630	±4.5	±5.5	±8	±11	±16	±22	±35	±55	±87	±140	±220	±0.35	±0.55	±0.875	±1.4	±2.2	±3.5	±5.5
630	800	±5	±6.5	±9	±12.5	±18	±25	±40	±62	±100	±160	±250	±0.4	±0.625	±1	±1.6	±2.5	±4	±6.25
800	1 000	±5.5	±7.5	±10.5	±14	±20	±28	±45	±70	±115	±180	±280	±0.45	±0.7	±1.15	±1.8	±2.8	±4.5	±7
1 000	1 250	±6.5	±9	±12	±16.5	±23.5	±33	±52	±82	±130	±210	±330	±0.525	±0.825	±1.3	±2.1	±3.3	±5.25	±8.25
1 250	1 600	±7.5	±10.5	±14.5	±19.5	±27.5	±39	±62	±97	±155	±250	±390	±0.625	±0.975	±1.55	±2.5	±3.9	±6.25	±9.75
1 600	2 000	±9	±12.5	±17.5	±23	±32.5	±46	±75	±115	±185	±300	±460	±0.75	±1.15	±1.85	±3	±4.6	±7.5	±11.5
2 000	2 500	±11	±15	±20.5	±27.5	±39	±55	±87	±140	±220	±350	±550	±0.875	±1.4	±2.2	±3.5	±5.5	±8.75	±14
2 500	3 150	±13	±18	±25	±34	±48	±67.5	±105	±165	±270	±430	±675	±1.05	±1.65	±2.7	±4.3	±6.75	±10.5	±16.5

注 1：为避免相同值的重复，表列值以“±×”给出，可为 ES=+×、EI=−×，例如，$^{+0.23}_{-0.23}$ mm。

注 2：IT14～IT18 只用于大于 1 mm 的公称尺寸。

注 3：黑框中的数值，即公称尺寸大于 500 mm～3 150 mm，IT1～IT5 的偏差值为试用。

表 8 孔 J 和 K 的极限偏差

单位为微米

公称尺寸/mm		J				K							
大于	至	6	7	8	9	3	4	5	6	7	8	9	10
—	3	+2 −4	+4 −6	+6 +8		0 −2	0 −3	0 −4	0 −6	0 −10	0 −14	0 −25	0 −40
3	6	+5 −3	±6	+10 −8		0 −2.5	+0.5 −3.5	0 −5	+2 −6	+3 −9	+5 −13		
6	10	+5 −4	+8 −7	+12 −10		0 −2.5	+0.5 −3.5	+1 −5	+2 −7	+5 −10	+6 −16		
10	18	+6 −5	+10 −8	+15 −12		0 −3	+1 −4	+2 −6	+2 −9	+6 −12	+8 −19		
18	30	+8 −5	+12 −9	+20 −13		−0.5 −4.5	0 −6	+1 −8	+2 −11	+6 −15	+10 −23		
30	50	+10 −6	+14 −11	+24 −15		−0.5 −4.5	+1 −6	+2 −9	+3 −13	+7 −18	+12 −27		
50	80	+13 −6	+18 −12	+28 −18				+3 −10	+4 −15	+9 −21	+14 −32		
80	120	+16 −6	+22 −13	+34 −20				+2 −13	+4 −18	+10 −25	+16 −38		
120	180	+18 −7	+26 −14	+41 −22				+3 −15	+4 −21	+12 −28	+20 −43		
180	250	+22 −7	+30 −16	+47 −25				+2 −18	+5 −24	+13 −33	+22 −50		
250	315	+25 −7	+36 −16	+55 −26				+3 −20	+5 −27	+16 −36	+25 −56		
315	400	+29 −7	+39 −18	+60 −29				+3 −22	+7 −29	+17 −40	+28 −61		
400	500	+33 −7	+43 −20	+66 −31				+2 −25	+8 −32	+18 −45	+29 −68		
500	630								0 −44	0 −70	0 −110		
630	800								0 −50	0 −80	0 −125		
800	1 000								0 −56	0 −90	0 −140		
1 000	1 250								0 −66	0 −105	0 −165		
1 250	1 600								0 −78	0 −125	0 −195		
1 600	2 000								0 −92	0 −150	0 −230		
2 000	2 500								0 −110	0 −175	0 −280		
2 500	3 150								0 −135	0 −210	0 −330		

注 1：J9、J10 等公差带对称于零线，其偏差值可见 JS9、JS10 等。
注 2：公称尺寸大于 3 mm 时，大于 IT8 的 K 的偏差值不作规定。
注 3：公称尺寸大于 3 mm～6 mm 的 J7 的偏差值与对应尺寸段的 JS7 等值。

表 9　孔 M 和 N 的极限偏差

单位为微米

公称尺寸/mm		M								N								
大于	至	3	4	5	6	7	8	9	10	3	4	5	6	7	8	9	10	11
—	3	−2 −4	−2 −5	−2 −6	−2 −8	−2 −12	−2 −16	−2 −27	−2 −42	−4 −6	−4 −7	−4 −8	−4 −10	−4 −14	−4 −18	−4 −29	−4 −44	−4 −64
3	6	−3 −5.5	−2.5 −6.5	−3 −8	−1 −9	0 −12	+2 −16	−4 −34	−4 −52	−7 −9.5	−6.5 −10.5	−7 −12	−5 −13	−4 −16	−2 −20	0 −30	0 −48	0 −75
6	10	−5 −7.5	−4.5 −8.5	−4 −10	−3 −12	0 −15	+1 −21	−6 −42	−6 −64	−9 −11.5	−8.5 −12.5	−8 −14	−7 −16	−4 −19	−3 −25	0 −36	0 −58	0 −90
10	18	−6 −9	−5 −10	−4 −12	−4 −15	0 −18	+2 −25	−7 −50	−7 −77	−11 −14	−10 −15	−9 −17	−9 −20	−5 −23	−3 −30	0 −43	0 −70	0 −110
18	30	−6.5 −10.5	−6 −12	−5 −14	−4 −17	0 −21	+4 −29	−8 −60	−8 −92	−13.5 −17.5	−13 −19	−12 −21	−11 −24	−7 −28	−3 −36	0 −52	0 −84	0 −130
30	50	−7.5 −11.5	−6 −13	−5 −16	−4 −20	0 −25	+5 −34	−9 −71	−9 −109	−15.5 −19.5	−14 −21	−13 −24	−12 −28	−8 −33	−3 −42	0 −62	0 −100	0 −160
50	80			−6 −19	−5 −24	0 −30	+5 −41					−15 −28	−14 −33	−9 −39	−4 −50	0 −74	0 −120	0 −190
80	120			−8 −23	−6 −28	0 −35	+6 −48					−18 −33	−16 −38	−10 −45	−4 −58	0 −87	0 −140	0 −220
120	180			−9 −27	−8 −33	0 −40	+8 −55					−21 −39	−20 −45	−12 −52	−4 −67	0 −100	0 −160	0 −250
180	250			−11 −31	−8 −37	0 −46	+9 −63					−25 −45	−22 −51	−14 −60	−5 −77	0 −115	0 −185	0 −290
250	315			−13 −36	−9 −41	0 −52	+9 −72					−27 −50	−25 −57	−14 −66	−5 −86	0 −130	0 −210	0 −320
315	400			−14 −39	−10 −46	0 −57	+11 −78					−30 −55	−26 −62	−16 −73	−5 −94	0 −140	0 −230	0 −360
400	500			−16 −43	−10 −50	0 −63	+11 −86					−33 −60	−27 −67	−17 −80	−6 −103	0 −155	0 −250	0 −400
500	630				−26 −70	−26 −96	−26 −136						−44 −88	−44 −114	−44 −154	−44 −219		
630	800				−30 −80	−30 −110	−30 −155						−50 −100	−50 −130	−50 −175	−50 −250		
800	1 000				−34 −90	−34 −124	−34 −174						−56 −112	−56 −146	−56 −196	−56 −286		
1 000	1 250				−40 −106	−40 −145	−40 −205						−66 −132	−66 −171	−66 −231	−66 −326		
1 250	1 600				−48 −126	−48 −173	−48 −243						−78 −156	−78 −203	−78 −273	−78 −388		
1 600	2 000				−58 −150	−58 −208	−58 −288						−92 −184	−92 −242	−92 −322	−92 −462		
2 000	2 500				−68 −178	−68 −243	−68 −348						−110 −220	−110 −285	−110 −390	−110 −550		
2 500	3 150				−76 −211	−76 −286	−76 −406						−135 −270	−135 −345	−135 −465	−135 −675		

注：公差带 N9、N10 和 N11 只用于大于 1 mm 的公称尺寸。

表 10 孔 P 的极限偏差

单位为微米

公称尺寸/mm		P							
大于	至	3	4	5	6	7	8	9	10
—	3	−6 −8	−6 −9	−6 −10	−6 −12	−6 −16	−6 −20	−6 −31	−6 −46
3	6	−11 −13.5	−10.5 −14.5	−11 −16	−9 −17	−8 −20	−12 −30	−12 −42	−12 −60
6	10	−14 −16.5	−13.5 −17.5	−13 −19	−12 −21	−9 −24	−15 −37	−15 −51	−15 −73
10	18	−17 −20	−16 −21	−15 −23	−15 −26	−11 −29	−18 −45	−18 −61	−18 −88
18	30	−20.5 −24.5	−20 −26	−19 −28	−18 −31	−14 −35	−22 −55	−22 −74	−22 −106
30	50	−24.5 −28.5	−23 −30	−22 −33	−21 −37	−17 −42	−26 −65	−26 −88	−26 −126
50	80			−27 −40	−26 −45	−21 −51	−32 −78	−32 −106	
80	120			−32 −47	−30 −52	−24 −59	−37 −91	−37 −124	
120	180			−37 −55	−36 −61	−28 −68	−43 −106	−43 −143	
180	250			−44 −64	−41 −70	−33 −79	−50 −122	−50 −165	
250	315			−49 −72	−47 −79	−36 −88	−56 −137	−56 −186	
315	400			−55 −80	−51 −87	−41 −98	−62 −151	−62 −202	
400	500			−61 −88	−55 −95	−45 −108	−68 −165	−68 −223	
500	630				−78 −122	−78 −148	−78 −188	−78 −253	
630	800				−88 −138	−88 −168	−88 −213	−88 −288	
800	1 000				−100 −156	−100 −190	−100 −240	−100 −330	
1 000	1 250				−120 −186	−120 −225	−120 −285	−120 −380	
1 250	1 600				−140 −218	−140 −265	−140 −335	−140 −450	
1 600	2 000				−170 −262	−170 −320	−170 −400	−170 −540	
2 000	2 500				−195 −305	−195 −370	−195 −475	−195 −635	
2 500	3 150				−240 −375	−240 −450	−240 −570	−240 −780	

表 11 孔 R 的极限偏差

单位为微米

公称尺寸/mm		R							
大于	至	3	4	5	6	7	8	9	10
—	3	-10 -12	-10 -13	-10 -14	-10 -16	-10 -20	-10 -24	-10 -35	-10 -50
3	6	-14 -16.5	-13.5 -17.5	-14 -19	-12 -20	-11 -23	-15 -33	-15 -45	-15 -63
6	10	-18 -20.5	-17.5 -21.5	-17 -23	-16 -25	-13 -28	-19 -41	-19 -55	-19 -77
10	18	-22 -25	-21 -26	-20 -28	-20 -31	-16 -34	-23 -50	-23 -66	-23 -93
18	30	-26.5 -30.5	-26 -32	-25 -34	-24 -37	-20 -41	-28 -61	-28 -80	-10 -112
30	50	-32.5 -36.5	-31 -38	-30 -41	-29 -45	-25 -50	-34 -73	-34 -96	-34 -134
50	65			-36 -49	-35 -54	-30 -60	-41 -87		
65	80			-38 -51	-37 -56	-32 -62	-43 -89		
80	100			-46 -61	-44 -66	-38 -73	-51 -105		
100	120			-49 -64	-47 -69	-41 -76	-54 -108		
120	140			-57 -75	-56 -81	-48 -88	-63 -126		
140	160			-59 -77	-58 -83	-50 -90	-65 -128		
160	180			-62 -80	-61 -86	-53 -93	-68 -131		
180	200			-71 -91	-68 -97	-60 -106	-77 -149		
200	225			-74 -94	-71 -100	-63 -109	-80 -152		
225	250			-78 -98	-75 -104	-67 -113	-84 -156		
250	280			-87 -110	-85 -117	-74 -126	-94 -175		
280	315			-91 -114	-89 -121	-78 -130	-98 -179		
315	355			-101 -126	-97 -133	-87 -144	-108 -197		

表 11（续）

单位为微米

公称尺寸/mm		R							
大于	至	3	4	5	6	7	8	9	10
355	400			−107 −132	−103 −139	−93 −150	−114 −203		
400	450			−119 −146	−113 −153	−103 −166	−126 −223		
450	500			−125 −152	−119 −159	−109 −172	−132 −229		
500	560				−150 −194	−150 −220	−150 −260		
560	630				−155 −199	−155 −225	−155 −265		
630	710				−175 −225	−175 −255	−175 −300		
710	800				−185 −235	−185 −265	−185 −310		
800	900				−210 −266	−210 −300	−210 −350		
900	1 000				−220 −276	−220 −310	−220 −360		
1 000	1 120				−250 −316	−250 −355	−250 −415		
1 120	1 250				−260 −326	−260 −365	−260 −425		
1 250	1 400				−300 −378	−300 −425	−300 −495		
1 400	1 600				−330 −408	−330 −455	−330 −525		
1 600	1 800				−370 −462	−370 −520	−370 −600		
1 800	2 000				−400 −492	−400 −550	−400 −630		
2 000	2 240				−440 −550	−440 −615	−440 −720		
2 240	2 500				−460 −570	−460 −635	−460 −740		
2 500	2 800				−550 −685	−550 −760	−550 −880		
2 800	3 150				−580 −715	−580 −790	−580 −910		

表 12 孔 S 的极限偏差

单位为微米

公称尺寸/mm		S							
大于	至	3	4	5	6	7	8	9	10
—	3	−14 −16	−14 −17	−14 −18	−14 −20	−14 −24	−14 −28	−14 −39	−14 −54
3	6	−18 −20.5	−17.5 −21.5	−18 −23	−16 −24	−15 −27	−19 −37	−19 −49	−19 −67
6	10	−22 −24.5	−21.5 −25.5	−21 −27	−20 −29	−17 −32	−23 −45	−23 −59	−23 −81
10	18	−27 −30	−26 −31	−25 −33	−25 −36	−21 −39	−28 −55	−28 −71	−28 −98
18	30	−33.5 −37.5	−33 −39	−32 −41	−31 −44	−27 −48	−35 −68	−35 −87	−35 −119
30	50	−41.5 −45.5	−40 −47	−39 −50	−38 −54	−34 −59	−43 −82	−43 −105	−43 −143
50	65			−48 −61	−47 −66	−42 −72	−53 −99	−53 −127	
65	80			−54 −67	−53 −72	−48 −78	−59 −105	−59 −133	
80	100			−66 −81	−64 −86	−58 −93	−71 −125	−71 −158	
100	120			−74 −89	−72 −94	−66 −101	−79 −133	−79 −166	
120	140			−86 −104	−85 −110	−77 −117	−92 −155	−92 −192	
140	160			−94 −112	−93 −118	−85 −125	−100 −163	−100 −200	
160	180			−102 −120	−101 −126	−93 −133	−108 −171	−108 −208	
180	200			−116 −136	−113 −142	−105 −151	−122 −194	−122 −237	
200	225			−124 −144	−121 −150	−113 −159	−130 −202	−130 −245	
225	250			−134 −154	−131 −160	−123 −169	−140 −212	−140 −255	
250	280			−151 −174	−149 −181	−138 −190	−158 −239	−158 −288	
280	315			−163 −186	−161 −193	−150 −202	−170 −251	−170 −300	
315	355			−183 −208	−179 −215	−169 −226	−190 −279	−190 −330	

表 12（续）

单位为微米

公称尺寸/mm		S							
大于	至	3	4	5	6	7	8	9	10
355	400			−201 −226	−197 −233	−187 −244	−208 −297	−208 −348	
400	450			−225 −252	−219 −259	−209 −272	−232 −329	−232 −387	
450	500			−245 −272	−239 −279	−229 −292	−252 −349	−252 −407	
500	560				−280 −324	−280 −350	−280 −390		
560	630				−310 −354	−310 −380	−310 −420		
630	710				−340 −390	−340 −420	−340 −465		
710	800				−380 −430	−380 −460	−380 −505		
800	900				−430 −486	−430 −520	−430 −570		
900	1 000				−470 −526	−470 −560	−470 −610		
1 000	1 120				−520 −586	−520 −625	−520 −685		
1 120	1 250				−580 −646	−580 −685	−580 −745		
1 250	1 400				−640 −718	−640 −765	−640 −835		
1 400	1 600				−720 −798	−720 −845	−720 −915		
1 600	1 800				−820 −912	−820 −970	−820 −1050		
1 800	2 000				−920 −1012	−920 −1070	−920 −1150		
2 000	2 240				−1000 −1110	−1000 −1175	−1000 −1280		
2 240	2 500				−1100 −1210	−1100 −1275	−1100 −1380		
2 500	2 800				−1250 −1385	−1250 −1460	−1250 −1580		
2 800	3 150				−1400 −1535	−1400 −1610	−1400 −1730		

表 13　孔 T 和 U 的极限偏差

单位为微米

公称尺寸/mm		T				U					
大于	至	5	6	7	8	5	6	7	8	9	10
—	3					−18 −22	−18 −24	−18 −28	−18 −32	−18 −43	−18 −58
3	6					−22 −27	−20 −28	−19 −31	−23 −41	−23 −53	−23 −71
6	10					−26 −32	−25 −34	−22 −37	−28 −50	−28 −64	−28 −86
10	18					−30 −38	−30 −41	−26 −44	−33 −60	−33 −76	−33 −103
18	24					−38 −47	−37 −50	−33 −54	−41 −74	−41 −93	−41 −125
24	30	−38 −47	−37 −50	−33 −54	−41 −74	−45 −54	−44 −57	−40 −61	−48 −81	−48 −100	−48 −132
30	40	−44 −55	−43 −59	−39 −64	−48 −87	−56 −67	−55 −71	−51 −76	−60 −99	−60 −122	−60 −160
40	50	−50 −61	−49 −65	−45 −70	−54 −93	−66 −77	−65 −81	−61 −86	−70 −109	−70 −132	−70 −170
50	65		−60 −79	−55 −85	−66 −112		−81 −100	−76 −106	−87 −133	−87 −161	−87 −207
65	80		−69 −88	−64 −94	−75 −121		−96 −115	−91 −121	−102 −148	−102 −176	−102 −222
80	100		−84 −106	−78 −113	−91 −145		−117 −139	−111 −146	−124 −178	−124 −211	−124 −264
100	120		−97 −119	−91 −126	−104 −158		−137 −159	−131 −166	−144 −198	−144 −231	−144 −284
120	140		−115 −140	−107 −147	−122 −185		−163 −188	−155 −195	−170 −233	−170 −270	−170 −330
140	160		−127 −152	−119 −159	−134 −197		−183 −208	−175 −215	−190 −253	−190 −290	−190 −350
160	180		−139 −164	−131 −171	−146 −209		−203 −228	−195 −235	−210 −273	−210 −310	−210 −370
180	200		−157 −186	−149 −195	−166 −238		−227 −256	−219 −265	−236 −308	−236 −351	−236 −421
200	225		−171 −200	−163 −209	−180 −252		−249 −278	−241 −287	−258 −330	−258 −373	−258 −443
225	250		−187 −216	−179 −225	−196 −268		−275 −304	−267 −313	−284 −356	−284 −399	−284 −469
250	280		−209 −241	−198 −250	−218 −299		−306 −338	−295 −347	−315 −396	−315 −445	−315 −525
280	315		−231 −263	−220 −272	−240 −321		−341 −373	−330 −382	−350 −431	−350 −480	−350 −560

表 13（续）

单位为微米

公称尺寸/mm		T				U					
大于	至	5	6	7	8	5	6	7	8	9	10
315	355		−257 −293	−247 −304	−268 −357		−379 −415	−369 −426	−390 −479	−390 −530	−390 −620
355	400		−283 −319	−273 −330	−294 −383		−424 −460	−414 −471	−435 −524	−435 −575	−435 −665
400	450		−317 −357	−307 −370	−330 −427		−477 −517	−467 −530	−490 −587	−490 −645	−490 −740
450	500		−347 −387	−337 −400	−360 −457		−527 −567	−517 −580	−540 −637	−540 −695	−540 −790
500	560		−400 −444	−400 −470	−400 −510		−600 −644	−600 −670	−600 −710		
560	630		−450 −494	−450 −520	−450 −560		−660 −704	−660 −730	−660 −770		
630	710		−500 −550	−500 −580	−500 −625		−740 −790	−740 −820	−740 −865		
710	800		−560 −610	−560 −640	−560 −685		−840 −890	−840 −920	−840 −965		
800	900		−620 −676	−620 −710	−620 −760		−940 −996	−940 −1030	−940 −1080		
900	1 000		−680 −736	−680 −770	−680 −820		−1050 −1106	−1050 −1140	−1050 −1190		
1 000	1 120		−780 −846	−780 −885	−780 −945		−1150 −1216	−1150 −1255	−1150 −1315		
1 120	1 250		−840 −906	−840 −945	−840 −1005		−1300 −1366	−1300 −1405	−1300 −1465		
1 250	1 400		−960 −1038	−960 −1085	−960 −1155		−1450 −1528	−1450 −1575	−1450 −1645		
1 400	1 600		−1050 −1128	−1050 −1175	−1050 −1245		−1600 −1678	−1600 −1725	−1600 −1795		
1 600	1 800		−1200 −1292	−1200 −1360	−1200 −1430		−1850 −1942	−1850 −2000	−1850 −2080		
1 800	2 000		−1350 −1442	−1350 −1500	−1350 −1580		−2000 −2092	−2000 −2150	−2000 −2230		
2 000	2 240		−1500 −1610	−1500 −1675	−1500 −1780		−2300 −2410	−2300 −2475	−2300 −2580		
2 240	2 500		−1650 −1760	−1650 −1825	−1650 −1930		−2500 −2610	−2500 −2675	−2500 −2780		
2 500	2 800		−1900 −2035	−1900 −2110	−1900 −2230		−2900 −3035	−2900 −3110	−2900 −3230		
2 800	3 150		−2100 −2235	−2100 −2310	−2100 −2430		−3200 −3335	−3200 −3410	−3200 −3530		

注：公称尺寸至 24 mm 的 T5～T8 的偏差值未列入表内，建议以 U5～U8 代替。如非要 T5～T8，则可按 GB/T 1800.1计算。

表 14 孔 V、X 和 Y 的极限偏差

单位为微米

公称尺寸/mm		V				X						Y				
大于	至	5	6	7	8	5	6	7	8	9	10	6	7	8	9	10
—	3					−20 −24	−20 −26	−20 −30	−20 −34	−20 −45	−20 −60					
3	6					−27 −32	−25 −33	−24 −36	−28 −46	−28 −58	−28 −76					
6	10					−32 −38	−31 −40	−28 −43	−34 −56	−34 −70	−34 −92					
10	14					−37 −45	−37 −48	−33 −51	−40 −67	−40 −83	−40 −110					
14	18	−36 −44	−36 −47	−32 −50	−39 −66	−42 −50	−42 −53	−38 −56	−45 −72	−45 −88	−45 −115					
18	24	−44 −53	−43 −56	−39 −60	−47 −80	−51 −60	−50 −63	−46 −67	−54 −87	−54 −106	−54 −138	−59 −72	−55 −76	−63 −96	−63 −115	−63 −147
24	30	−52 −61	−51 −64	−47 −68	−55 −88	−61 −70	−60 −73	−56 −77	−64 −97	−64 −116	−64 −148	−71 −84	−67 −88	−75 −108	−75 −127	−75 −159
30	40	−64 −75	−63 −79	−59 −84	−68 −107	−76 −87	−75 −91	−71 −96	−80 −119	−80 −142	−80 −180	−89 −105	−85 −110	−94 −133	−94 −156	−94 −194
40	50	−77 −88	−76 −92	−72 −97	−81 −120	−93 −104	−92 −108	−88 −113	−97 −136	−97 −159	−97 −197	−109 −125	−105 −130	−114 −153	−114 −176	−114 −214
50	65		−96 −115	−91 −121	−102 −148		−116 −135	−111 −141	−122 −168	−122 −196		−138 −157	−133 −163	−144 −190		
65	80		−114 −133	−109 −139	−120 −166		−140 −159	−135 −165	−146 −192	−146 −220		−168 −187	−163 −193	−174 −220		
80	100		−139 −161	−133 −168	−146 −200		−171 −193	−165 −200	−178 −232	−178 −265		−207 −229	−201 −236	−214 −268		
100	120		−165 −187	−159 −194	−172 −226		−203 −225	−197 −232	−210 −264	−210 −297		−247 −269	−241 −276	−254 −308		
120	140		−195 −220	−187 −227	−202 −265		−241 −266	−233 −273	−248 −311	−248 −348		−293 −318	−285 −325	−300 −363		
140	160		−221 −246	−213 −253	−228 −291		−273 −298	−265 −305	−280 −343	−280 −380		−333 −358	−325 −365	−340 −403		
160	180		−245 −270	−237 −277	−252 −315		−303 −328	−295 −335	−310 −373	−310 −410		−373 −398	−365 −405	−380 −443		
180	200		−275 −304	−267 −313	−284 −356		−341 −370	−333 −379	−350 −422	−350 −465		−416 −445	−408 −454	−425 −497		
200	225		−301 −330	−293 −339	−310 −382		−376 −405	−368 −414	−385 −457	−385 −500		−461 −490	−453 −499	−470 −542		
225	250		−331 −360	−323 −369	−340 −412		−416 −445	−408 −454	−425 −497	−425 −540		−511 −540	−503 −549	−520 −592		

表 14（续）

单位为微米

公称尺寸/mm		V				X						Y				
大于	至	5	6	7	8	5	6	7	8	9	10	6	7	8	9	10
250	280		−376 −408	−365 −417	−385 −466		−466 −498	−455 −507	−475 −556	−475 −605		−571 −603	−560 −612	−580 −661		
280	315		−416 −448	−405 −457	−425 −506		−516 −548	−505 −557	−525 −606	−525 −655		−641 −673	−630 −682	−650 −731		
315	355		−464 −500	−454 −511	−475 −564		−579 −615	−569 −626	−590 −679	−590 −730		−719 −755	−709 −766	−730 −819		
355	400		−519 −555	−509 −566	−530 −619		−649 −685	−639 −696	−660 −749	−660 −800		−809 −845	−799 −856	−820 −909		
400	450		−582 −622	−572 −635	−595 −692		−727 −767	−717 −780	−740 −837	−740 −895		−907 −947	−897 −960	−920 −1017		
450	500		−647 −687	−637 −700	−660 −757		−807 −847	−797 −860	−820 −917	−820 −975		−987 −1027	−977 −1040	−1000 −1097		

注 1：公称尺寸至 14 mm 的 V5～V8 的偏差值未列入表内，建议以 X5～X8 代替。如非要 V5～V8，则可按 GB/T 1800.1计算。

注 2：公称尺寸至 18 mm 的 Y6～Y10 的偏差值未列入表内，建议以 Z6～Z10 代替。如非要 Y6～Y10，则可按 GB/T 1800.1计算。

表 15　孔 Z 和 ZA 的极限偏差

单位为微米

公称尺寸/mm		Z						ZA					
大于	至	6	7	8	9	10	11	6	7	8	9	10	11
—	3	−26 −32	−26 −36	−26 −40	−26 −51	−26 −66	−26 −86	−32 −38	−32 −42	−32 −46	−32 −57	−32 −72	−32 −92
3	6	−32 −40	−31 −43	−35 −53	−35 −65	−35 −83	−35 −110	−39 −47	−38 −50	−42 −60	−42 −72	−42 −90	−42 −117
6	10	−39 −48	−36 −51	−42 −64	−42 −78	−42 −100	−42 −132	−49 −58	−46 −61	−52 −74	−52 −88	−52 −110	−52 −142
10	14	−47 −58	−43 −61	−50 −77	−50 −93	−50 −120	−50 −160	−61 −72	−57 −75	−64 −91	−64 −107	−64 −134	−64 −174
14	18	−57 −68	−53 −71	−60 −87	−60 −103	−60 −130	−60 −170	−74 −85	−70 −88	−77 −104	−77 −120	−77 −147	−77 −187
18	24	−69 −82	−65 −86	−73 −106	−73 −125	−73 −157	−73 −203	−94 −107	−90 −111	−98 −131	−98 −150	−98 −182	−98 −228
24	30	−84 −97	−80 −101	−88 −121	−88 −140	−88 −172	−88 −218	−114 −127	−110 −131	−118 −151	−118 −170	−118 −202	−118 −248
30	40	−107 −123	−103 −128	−112 −151	−112 −174	−112 −212	−112 −272	−143 −159	−139 −164	−148 −187	−148 −210	−148 −248	−148 −308
40	50	−131 −147	−127 −152	−136 −175	−136 −198	−136 −236	−136 −296	−175 −191	−171 −196	−180 −219	−180 −242	−180 −280	−180 −340
50	65		−161 −191	−172 −218	−172 −246	−172 −292	−172 −362		−215 −245	−226 −272	−226 −300	−226 −346	−226 −416

表 15（续）

单位为微米

公称尺寸/mm		Z						ZA					
大于	至	6	7	8	9	10	11	6	7	8	9	10	11
65	80		−199 −229	−210 −256	−210 −284	−210 −330	−210 −400		−263 −293	−274 −320	−274 −348	−274 −394	−274 −464
80	100		−245 −280	−258 −312	−258 −345	−258 −398	−258 −478		−322 −357	−335 −389	−335 −422	−335 −475	−335 −555
100	120		−297 −332	−310 −364	−310 −397	−310 −450	−310 −530		−387 −422	−400 −454	−400 −487	−400 −540	−400 −620
120	140		−350 −390	−365 −428	−365 −465	−365 −525	−365 −615		−455 −495	−470 −533	−470 −570	−470 −630	−470 −720
140	160		−400 −440	−415 −478	−415 −515	−415 −575	−415 −665		−520 −560	−535 −598	−535 −635	−535 −695	−535 −785
160	180		−450 −490	−465 −528	−465 −565	−465 −625	−465 −715		−585 −625	−600 −663	−600 −700	−600 −760	−600 −850
180	200		−503 −549	−520 −592	−520 −635	−520 −705	−520 −810		−653 −699	−670 −742	−670 −785	−670 −855	−670 −960
200	225		−558 −604	−575 −647	−575 −690	−575 −760	−575 −865		−723 −769	−740 −812	−740 −855	−740 −925	−740 −1030
225	250		−623 −669	−640 −712	−640 −755	−640 −825	−640 −930		−803 −849	−820 −892	−820 −935	−820 −1005	−820 −1110
250	280		−690 −742	−710 −791	−710 −840	−710 −920	−710 −1030		−900 −952	−920 −1001	−920 −1050	−920 −1130	−920 −1240
280	315		−770 −822	−790 −871	−790 −920	−790 −1000	−790 −1110		−980 −1032	−1000 −1081	−1000 −1130	−1000 −1210	−1000 −1320
315	355		−879 −936	−900 −989	−900 −1040	−900 −1130	−900 −1260		−1129 −1186	−1150 −1239	−1150 −1290	−1150 −1380	−1150 −1510
355	400		−979 −1036	−1000 −1089	−1000 −1140	−1000 −1230	−1000 −1360		−1279 −1336	−1300 −1389	−1300 −1440	−1300 −1530	−1300 −1660
400	450		−1077 −1140	−1100 −1197	−1100 −1255	−1100 −1350	−1100 −1500		−1427 −1490	−1450 −1547	−1450 −1605	−1450 −1700	−1450 −1850
450	500		−1227 −1290	−1250 −1347	−1250 −1405	−1250 −1500	−1250 −1650		−1577 −1640	−1600 −1697	−1600 −1755	−1600 −1850	−1600 −2000

表 16　孔 ZB 和 ZC 的极限偏差

单位为微米

公称尺寸/mm		ZB					ZC				
大于	至	7	8	9	10	11	7	8	9	10	11
—	3	−40 −50	−40 −54	−40 −65	−40 −80	−40 −100	−60 −70	−60 −74	−60 −85	−60 −100	−60 −120
3	6	−46 −58	−50 −68	−50 −80	−50 −98	−50 −125	−76 −88	−80 −98	−80 −110	−80 −128	−80 −155
6	10	−61 −76	−67 −89	−67 −103	−67 −125	−67 −157	−91 −106	−97 −119	−97 −133	−97 −155	−97 −187
10	14	−83 −101	−90 −117	−90 −133	−90 −160	−90 −200	−123 −141	−130 −157	−130 −173	−130 −200	−130 −240

表 16（续）

单位为微米

公称尺寸/mm		ZB					ZC				
大于	至	7	8	9	10	11	7	8	9	10	11
14	18	−101 −119	−108 −135	−108 −151	−108 −178	−108 −218	−143 −161	−150 −177	−150 −193	−150 −220	−150 −260
18	24	−128 −149	−136 −169	−136 −188	−136 −220	−136 −266	−180 −201	−188 −221	−188 −240	−188 −272	−188 −318
24	30	−152 −173	−160 −193	−160 −212	−160 −244	−160 −290	−210 −231	−218 −251	−218 −270	−218 −302	−218 −348
30	40	−191 −216	−200 −239	−200 −262	−200 −300	−200 −360	−265 −290	−274 −313	−274 −336	−274 −374	−274 −434
40	50	−233 −258	−242 −281	−242 −304	−242 −342	−242 −402	−316 −341	−325 −364	−325 −387	−325 −425	−325 −485
50	65	−289 −319	−300 −346	−300 −374	−300 −420	−300 −490	−394 −424	−405 −451	−405 −479	−405 −525	−405 −595
65	80	−349 −379	−360 −406	−360 −434	−360 −480	−360 −550	−469 −499	−480 −526	−480 −554	−480 −600	−480 −670
80	100	−432 −467	−445 −499	−445 −532	−445 −585	−445 −665	−572 −607	−585 −639	−585 −672	−585 −725	−585 −805
100	120	−512 −547	−525 −579	−525 −612	−525 −665	−525 −745	−677 −712	−690 −744	−690 −777	−690 −830	−690 −910
120	140	−605 −645	−620 −683	−620 −720	−620 −780	−620 −870	−785 −825	−800 −863	−800 −900	−800 −960	−800 −1050
140	160	−685 −725	−700 −763	−700 −800	−700 −860	−700 −950	−885 −925	−900 −963	−900 −1000	−900 −1060	−900 −1150
160	180	−765 −805	−780 −843	−780 −880	−780 −940	−780 −1030	−985 −1025	−1000 −1063	−1000 −1100	−1000 −1160	−1000 −1250
180	200	−863 −909	−880 −952	−880 −995	−880 −1065	−880 −1170	−1133 −1179	−1150 −1222	−1150 −1265	−1150 −1335	−1150 −1440
200	225	−943 −989	−960 −1032	−960 −1075	−960 −1145	−960 −1250	−1233 −1279	−1250 −1322	−1250 −1365	−1250 −1435	−1250 −1540
225	250	−1033 −1079	−1050 −1122	−1050 −1165	−1050 −1235	−1050 −1340	−1333 −1379	−1350 −1422	−1350 −1465	−1350 −1535	−1350 −1640
250	280	−1180 −1232	−1200 −1281	−1200 −1330	−1200 −1410	−1200 −1520	−1530 −1582	−1550 −1631	−1550 −1680	−1550 −1760	−1550 −1870
280	315	−1280 −1332	−1300 −1381	−1300 −1430	−1300 −1510	−1300 −1620	−1680 −1732	−1700 −1781	−1700 −1830	−1700 −1910	−1700 −2020
315	355	−1479 −1536	−1500 −1589	−1500 −1640	−1500 −1730	−1500 −1860	−1879 −1936	−1900 −1989	−1900 −2040	−1900 −2130	−1900 −2260
355	400	−1629 −1686	−1650 −1739	−1650 −1790	−1650 −1880	−1650 −2010	−2079 −2136	−2100 −2189	−2100 −2240	−2100 −2330	−2100 −2460
400	450	−1827 −1890	−1850 −1947	−1850 −2005	−1850 −2100	−1850 −2250	−2377 −2440	−2400 −2497	−2400 −2555	−2400 −2650	−2400 −2800
450	500	−2077 −2140	−2100 −2197	−2100 −2255	−2100 −2350	−2100 −2500	−2577 −2640	−2600 −2697	−2600 −2755	−2600 −2850	−2600 −3000

表 17　轴 a、b 和 c 的极限偏差

单位为微米

公称尺寸/mm		a					b						c				
大于	至	9	10	11	12	13	8	9	10	11	12	13	8	9	10	11	12
—	3	−270 −295	−270 −310	−270 −330	−270 −370	−270 −410	−140 −154	−140 −165	−140 −180	−140 −200	−140 −240	−140 −280	−60 −74	−60 −85	−60 −100	−60 −120	−60 −160
3	6	−270 −300	−270 −318	−270 −345	−270 −390	−270 −450	−140 −158	−140 −170	−140 −188	−140 −215	−140 −260	−140 −320	−70 −88	−70 −100	−70 −118	−70 −145	−70 −190
6	10	−280 −316	−280 −338	−280 −370	−280 −430	−280 −500	−150 −172	−150 −186	−150 −208	−150 −240	−150 −300	−150 −370	−80 −102	−80 −116	−80 −138	−80 −170	−80 −230
10	18	−290 −333	−290 −360	−290 −400	−290 −470	−290 −560	−150 −177	−150 −193	−150 −220	−150 −260	−150 −330	−150 −420	−95 −122	−95 −138	−95 −165	−95 −205	−95 −275
18	30	−300 −352	−300 −384	−300 −430	−300 −510	−300 −630	−160 −193	−160 −212	−160 −244	−160 −290	−160 −370	−160 −490	−110 −143	−110 −162	−110 −194	−110 −240	−110 −320
30	40	−310 −372	−310 −410	−310 −470	−310 −560	−310 −700	−170 −209	−170 −232	−170 −270	−170 −330	−170 −420	−170 −560	−120 −159	−120 −182	−120 −220	−120 −280	−120 −370
40	50	−320 −382	−320 −420	−320 −480	−320 −570	−320 −710	−180 −219	−180 −242	−180 −280	−180 −340	−180 −430	−180 −570	−130 −169	−130 −192	−130 −230	−130 −290	−130 −380
50	65	−340 −414	−340 −460	−340 −530	−340 −640	−340 −800	−190 −236	−190 −264	−190 −310	−190 −380	−190 −490	−190 −650	−140 −136	−140 −214	−140 −260	−140 −330	−140 −440
65	80	−360 −434	−360 −480	−360 −550	−360 −660	−360 −820	−200 −246	−200 −274	−200 −320	−200 −390	−200 −500	−200 −660	−150 −196	−150 −224	−150 −270	−150 −340	−150 −450
80	100	−380 −467	−380 −520	−380 −600	−380 −730	−380 −920	−220 −274	−220 −307	−220 −360	−220 −440	−220 −570	−220 −760	−170 −224	−170 −257	−170 −310	−170 −390	−170 −520
100	120	−410 −497	−410 −550	−410 −630	−410 −760	−410 −950	−240 −294	−240 −327	−240 −380	−240 −460	−240 −590	−240 −780	−180 −234	−180 −267	−180 −320	−180 −400	−180 −530
120	140	−460 −560	−460 −620	−460 −710	−460 −860	−460 −1090	−260 −323	−260 −360	−260 −420	−260 −510	−260 −660	−260 −890	−200 −263	−200 −300	−200 −360	−200 −450	−200 −600

表 17（续）

单位为微米

公称尺寸/mm		a					b						c				
大于	至	9	10	11	12	13	8	9	10	11	12	13	8	9	10	11	12
140	160	−520 −620	−520 −680	−520 −770	−520 −920	−520 −1150	−280 −343	−280 −380	−280 −440	−280 −530	−280 −680	−280 −910	−210 −273	−210 −310	−210 −370	−210 −460	−210 −610
160	180	−580 −680	−580 −740	−580 −830	−580 −980	−580 −1210	−310 −373	−310 −410	−310 −470	−310 −560	−310 −710	−310 −940	−230 −293	−230 −330	−230 −390	−230 −480	−230 −630
180	200	−660 −775	−660 −845	−660 −950	−660 −1120	−660 −1380	−340 −412	−340 −455	−340 −525	−340 −630	−340 −800	−340 −1060	−240 −312	−240 −355	−240 −425	−240 −530	−240 −700
200	225	−740 −855	−740 −925	−740 −1030	−740 −1200	−740 −1460	−380 −452	−380 −495	−380 −565	−380 −670	−380 −840	−380 −1100	−260 −332	−260 −375	−260 −445	−260 −550	−260 −720
225	250	−820 −935	−820 −1005	−820 −1110	−820 −1280	−820 −1540	−420 −492	−420 −535	−420 −605	−420 −710	−420 −880	−420 −1140	−280 −352	−280 −395	−280 −465	−280 −570	−280 −740
250	280	−920 −1050	−920 −1130	−920 −1240	−920 −1440	−920 −1730	−480 −561	−480 −610	−480 −690	−480 −800	−480 −1000	−480 −1290	−300 −381	−300 −430	−300 −510	−300 −620	−300 −820
280	315	−1050 −1180	−1050 −1260	−1050 −1370	−1050 −1570	−1050 −1860	−540 −621	−540 −670	−540 −750	−540 −860	−540 −1060	−540 −1350	−330 −411	−330 −460	−330 −540	−330 −650	−330 −850
315	355	−1200 −1340	−1200 −1430	−1200 −1560	−1200 −1770	−1200 −2090	−600 −689	−600 −740	−600 −830	−600 −960	−600 −1170	−600 −1490	−360 −449	−360 −500	−360 −590	−360 −720	−360 −930
355	400	−1350 −1490	−1350 −1580	−1350 −1710	−1350 −1920	−1350 −2240	−680 −769	−680 −820	−680 −910	−680 −1040	−680 −1250	−680 −1570	−400 −489	−400 −540	−400 −630	−400 −760	−400 −970
400	450	−1500 −1655	−1500 −1750	−1500 −1900	−1500 −2 130	−1500 −2470	−760 −857	−760 −915	−760 −1010	−760 −1160	−760 −1390	−760 −1730	−440 −537	−440 −595	−440 −690	−440 −840	−440 −1070
450	500	−1650 −1805	−1650 −1900	−1650 −2050	−1650 −2280	−1650 −2620	−840 −937	−840 −995	−840 −1090	−840 −1240	−840 −1470	−840 −1810	−480 −577	−480 −635	−480 −730	−480 −880	−480 −1110

注：公称尺寸小于 1 mm 时，各级的 a 和 b 均不采用。

表 18 轴 cd 和 d 的极限偏差

单位为微米

公称尺寸/mm		cd						d								
大于	至	5	6	7	8	9	10	5	6	7	8	9	10	11	12	13
—	3	−34 −38	−34 −40	−34 −44	−34 −48	−34 −59	−34 −74	−20 −24	−20 −26	−20 −30	−20 −34	−20 −45	−20 −60	−20 −80	−20 −120	−20 −160
3	6	−46 −51	−46 −54	−46 −58	−46 −64	−46 −76	−46 −94	−30 −35	−30 −38	−30 −42	−30 −48	−30 −60	−30 −78	−30 −105	−30 −150	−30 −210
6	10	−56 −62	−56 −65	−56 −71	−56 −78	−56 −92	−56 −114	−40 −46	−40 −49	−40 −55	−40 −62	−40 −76	−40 −98	−40 −130	−40 −190	−40 −260
10	18							−50 −58	−50 −61	−50 −68	−50 −77	−50 −93	−50 −120	−50 −160	−50 −230	−50 −320
18	30							−65 −74	−65 −78	−65 −86	−65 −98	−65 −117	−65 −149	−65 −195	−65 −275	−65 −395
30	50							−80 −91	−80 −96	−80 −105	−80 −119	−80 −142	−80 −180	−80 −240	−80 −330	−80 −470
50	80							−100 −113	−100 −119	−100 −130	−100 −146	−100 −174	−100 −220	−100 −290	−100 −400	−100 −560
80	120							−120 −135	−120 −142	−120 −155	−120 −174	−120 −207	−120 −260	−120 −340	−120 −470	−120 −660
120	180							−145 −163	−145 −170	−145 −185	−145 −208	−145 −245	−145 −305	−145 −395	−145 −545	−145 −775
180	250							−170 −190	−170 −199	−170 −216	−170 −242	−170 −285	−170 −355	−170 −460	−170 −630	−170 −890
250	315							−190 −213	−190 −222	−190 −242	−190 −271	−190 −320	−190 −400	−190 −510	−190 −710	−190 −1000

表 18（续）

单位为微米

公称尺寸/mm		cd						d								
大于	至	5	6	7	8	9	10	5	6	7	8	9	10	11	12	13
315	400							−210 −235	−210 −246	−210 −267	−210 −299	−210 −350	−210 −440	−210 −570	−210 −780	−210 −1100
400	500							−230 −257	−230 −270	−230 −293	−230 −327	−230 −385	−230 −480	−230 −630	−230 −860	−230 −1200
500	630									−260 −330	−260 −370	−260 −435	−260 −540	−260 −700		
630	800									−290 −370	−290 −415	−290 −490	−290 −610	−290 −790		
800	1 000									−320 −410	−320 −460	−320 −550	−320 −680	−320 −880		
1 000	1 250									−350 −455	−350 −515	−350 −610	−350 −770	−350 −1010		
1 250	1 600									−390 −515	−390 −585	−390 −700	−390 −890	−390 −1170		
1 600	2 000									−430 −580	−430 −660	−430 −800	−430 −1030	−430 −1350		
2 000	2 500									−480 −655	−480 −760	−480 −920	−480 −1180	−480 −1580		
2 500	3 150									−520 −730	−520 −850	−520 −1060	−520 −1380	−520 −1870		

注：各级的 cd 主要用于精密机械和钟表制造业。

表 19　轴 e 和 ef 的极限偏差

单位为微米

公称尺寸/mm		e						ef							
大于	至	5	6	7	8	9	10	3	4	5	6	7	8	9	10
—	3	−14 −18	−14 −20	−14 −24	−14 −28	−14 −39	−14 −54	−10 −12	−10 −13	−10 −14	−10 −16	−10 −20	−10 −24	−10 −35	−10 −50
3	6	−20 −25	−20 −28	−20 −32	−20 −38	−20 −50	−20 −68	−14 −16.5	−14 −18	−14 −19	−14 −22	−14 −26	−14 −32	−14 −44	−14 −62
6	10	−25 −31	−25 −34	−25 −40	−25 −47	−25 −61	−25 −83	−18 −20.5	−18 −22	−18 −24	−18 −27	−18 −33	−18 −40	−18 −54	−18 −76
10	18	−32 −40	−32 −43	−32 −50	−32 −59	−32 −75	−32 −102								
18	30	−40 −49	−40 −53	−40 −61	−40 −73	−40 −92	−40 −124								
30	50	−50 −61	−50 −66	−50 −75	−50 −89	−50 −112	−50 −150								
50	80	−60 −73	−60 −79	−60 −90	−60 −106	−60 −134	−60 −180								
80	120	−72 −87	−72 −94	−72 −107	−72 −126	−72 −212	−72 −159								
120	180	−85 −103	−85 −110	−85 −125	−85 −148	−85 −185	−85 −245								
180	250	−100 −120	−100 −129	−100 −146	−100 −172	−100 −215	−100 −285								
250	315	−110 −133	−110 −142	−110 −162	−110 −191	−110 −240	−110 −320								
315	400	−125 −150	−125 −161	−125 −182	−125 −214	−125 −265	−125 −355								
400	500	−135 −162	−135 −175	−135 −198	−135 −232	−135 −290	−135 −385								
500	630		−145 −189	−145 −215	−145 −255	−145 −320	−145 −425								
630	800		−160 −210	−160 −240	−160 −285	−160 −360	−160 −480								
800	1 000		−170 −226	−170 −260	−170 −310	−170 −400	−170 −530								
1 000	1 250		−195 −261	−195 −300	−195 −360	−195 −455	−195 −615								
1 250	1 600		−220 −298	−220 −345	−220 −415	−220 −530	−220 −720								
1 600	2 000		−240 −332	−240 −390	−240 −470	−240 −610	−240 −840								
2 000	2 500		−260 −370	−260 −435	−260 −540	−260 −700	−260 −960								
2 500	3 150		−290 −425	−290 −500	−290 −620	−290 −830	−290 −1150								

注：各级的 ef 主要用于精密机械和钟表制造业。

表 20 轴 f 和 fg 的极限偏差

单位为微米

公称尺寸/mm		f								fg							
大于	至	3	4	5	6	7	8	9	10	3	4	5	6	7	8	9	10
—	3	−6 −8	−6 −9	−6 −10	−6 −12	−6 −16	−6 −20	−6 −31	−6 −46	−4 −6	−4 −7	−4 −8	−4 −10	−4 −14	−4 −18	−4 −29	−4 −44
3	6	−10 −12.5	−10 −14	−10 −15	−10 −18	−10 −22	−10 −28	−10 −40	−10 −58	−6 −8.5	−6 −10	−6 −11	−6 −14	−6 −18	−6 −24	−6 −36	−6 −54
6	10	−13 −15.5	−13 −17	−13 −19	−13 −22	−13 −28	−13 −35	−13 −49	−13 −71	−8 −10.5	−8 −12	−8 −14	−8 −17	−8 −23	−8 −30	−8 −44	−8 −66
10	18	−16 −19	−16 −21	−16 −24	−16 −27	−16 −34	−16 −43	−16 −59	−16 −86								
18	30	−20 −24	−20 −26	−20 −29	−20 −33	−20 −41	−20 −53	−20 −72	−20 −104								
30	50	−25 −29	−25 −32	−25 −36	−25 −41	−25 −50	−25 −64	−25 −87	−25 −125								
50	80		−30 −38	−30 −43	−30 −49	−30 −60	−30 −76	−30 −104									
80	120		−36 −46	−36 −51	−36 −58	−36 −71	−36 −90	−36 −123									
120	180		−43 −55	−43 −61	−43 −68	−43 −83	−43 −106	−43 −143									
180	250		−50 −64	−50 −70	−50 −79	−50 −96	−50 −122	−50 −165									
250	315		−56 −72	−56 −79	−56 −88	−56 −108	−56 −137	−56 −185									
315	400		−62 −80	−62 −87	−62 −98	−62 −119	−62 −151	−62 −202									
400	500		−68 −88	−68 −95	−68 −108	−68 −131	−68 −165	−68 −223									
500	630				−76 −120	−76 −146	−76 −186	−76 −251									
630	800				−80 −130	−80 −160	−80 −205	−80 −280									
800	1 000				−86 −142	−86 −176	−86 −226	−86 −316									
1 000	1 250				−98 −164	−98 −203	−98 −263	−98 −358									
1 250	1 600				−110 −188	−110 −235	−110 −305	−110 −420									
1 600	2 000				−120 −212	−120 −270	−120 −350	−120 −490									
2 000	2 500				−130 −240	−130 −305	−130 −410	−130 −570									
2 500	3 150				−145 −280	−145 −355	−145 −475	−145 −685									

注：各级的 fg 主要用于精密机械和钟表制造业。

表 21 轴 g 的极限偏差

单位为微米

公称尺寸/mm		g							
大于	至	3	4	5	6	7	8	9	10
—	3	−2 −4	−2 −5	−2 −6	−2 −8	−2 −12	−2 −16	−2 −27	−2 −42
3	6	−4 −6.5	−4 −8	−4 −9	−4 −12	−4 −16	−4 −22	−4 −34	−4 −52
6	10	−5 −7.5	−5 −9	−5 −11	−5 −14	−5 −20	−5 −27	−5 −41	−5 −63
10	18	−6 −9	−6 −11	−6 −14	−6 −17	−6 −24	−6 −33	−6 −49	−6 −76
18	30	−7 −11	−7 −13	−7 −16	−7 −20	−7 −28	−7 −40	−7 −59	−7 −91
30	50	−9 −13	−9 −16	−9 −20	−9 −25	−9 −34	−9 −48	−9 −71	−9 −109
50	80		−10 −18	−10 −23	−10 −29	−10 −40	−10 −56		
80	120		−12 −22	−12 −27	−12 −34	−12 −47	−12 −66		
120	180		−14 −26	−14 −32	−14 −39	−14 −54	−14 −77		
180	250		−15 −29	−15 −35	−15 −44	−15 −61	−15 −87		
250	315		−17 −33	−17 −40	−17 −49	−17 −69	−17 −98		
315	400		−18 −36	−18 −43	−18 −54	−18 −75	−18 −107		
400	500		−20 −40	−20 −47	−20 −60	−20 −83	−20 −117		
500	630				−22 −66	−22 −92	−22 −132		
630	800				−24 −74	−24 −104	−24 −149		
800	1 000				−26 −82	−26 −116	−26 −166		
1 000	1 250				−28 −94	−28 −133	−28 −193		
1 250	1 600				−30 −108	−30 −155	−30 −225		
1 600	2 000				−32 −124	−32 −182	−32 −262		
2 000	2 500				−34 −144	−34 −209	−34 −314		
2 500	3 150				−38 −173	−38 −248	−38 −368		

表 22 轴 h 的极限偏差

公称尺寸/mm		h																	
		1	2	3	4	5	6	7	8	9	10	11	12	13	14	15	16	17	18
大于	至	偏差 μm											偏差 mm						
—	3	0 −0.8	0 −1.2	0 −2	0 −3	0 −4	0 −6	0 −10	0 −14	0 −25	0 −40	0 −60	0 −0.1	0 −0.14	0 −0.25	0 −0.4	0 −0.6		
3	6	0 −1	0 −1.5	0 −2.5	0 −4	0 −5	0 −8	0 −12	0 −18	0 −30	0 −48	0 −75	0 −0.12	0 −0.18	0 −0.3	0 −0.48	0 −0.75	0 −1.2	0 −1.8
6	10	0 −1	0 −1.5	0 −2.5	0 −4	0 −6	0 −9	0 −15	0 −22	0 −36	0 −58	0 −90	0 −0.15	0 −0.22	0 −0.36	0 −0.58	0 −0.9	0 −1.5	0 −2.2
10	18	0 −1.2	0 −2	0 −3	0 −5	0 −8	0 −11	0 −18	0 −27	0 −43	0 −70	0 −110	0 −0.18	0 −0.27	0 −0.43	0 −0.7	0 −1.1	0 −1.8	0 −2.7
18	30	0 −1.5	0 −2.5	0 −4	0 −6	0 −9	0 −13	0 −21	0 −33	0 −52	0 −84	0 −130	0 −0.21	0 −0.33	0 −0.52	0 −0.84	0 −1.3	0 −2.1	0 −3.3
30	50	0 −1.5	0 −2.5	0 −4	0 −7	0 −11	0 −16	0 −25	0 −39	0 −62	0 −100	0 −160	0 −0.25	0 −0.39	0 −0.62	0 −1	0 −1.6	0 −2.5	0 −3.9
50	80	0 −2	0 −3	0 −5	0 −8	0 −13	0 −19	0 −30	0 −46	0 −74	0 −120	0 −190	0 −0.3	0 −0.46	0 −0.74	0 −1.2	0 −1.9	0 −3	0 −4.6
80	120	0 −2.5	0 −4	0 −6	0 −10	0 −15	0 −22	0 −35	0 −54	0 −87	0 −140	0 −220	0 −0.35	0 −0.54	0 −0.87	0 −1.4	0 −2.2	0 −3.5	0 −5.4
120	180	0 −3.5	0 −5	0 −8	0 −12	0 −18	0 −25	0 −40	0 −63	0 −100	0 −160	0 −250	0 −0.4	0 −0.63	0 −1	0 −1.6	0 −2.5	0 −4	0 −6.3
180	250	0 −4.5	0 −7	0 −10	0 −14	0 −20	0 −29	0 −46	0 −72	0 −115	0 −185	0 −290	0 −0.46	0 −0.72	0 −1.15	0 −1.85	0 −2.9	0 −4.6	0 −7.2
250	315	0 −6	0 −8	0 −12	0 −16	0 −23	0 −32	0 −52	0 −81	0 −130	0 −210	0 −320	0 −0.52	0 −0.81	0 −1.3	0 −2.1	0 −3.2	0 −5.2	0 −8.1

表 22（续）

公称尺寸/mm		h																	
		1	2	3	4	5	6	7	8	9	10	11	12	13	14	15	16	17	18
大于	至	偏差 μm											偏差 mm						
315	400	0 −7	0 −9	0 −13	0 −18	0 −25	0 −36	0 −57	0 −89	0 −140	0 −230	0 −360	0 −0.57	0 −0.89	0 −1.4	0 −2.3	0 −3.6	0 −5.7	0 −8.9
400	500	0 −8	0 −10	0 −15	0 −20	0 −27	0 −40	0 −63	0 −97	0 −155	0 −250	0 −400	0 −0.63	0 −0.97	0 −1.55	0 −2.5	0 −4	0 −6.3	0 −9.7
500	630	0 −9	0 −11	0 −16	0 −22	0 −32	0 −44	0 −70	0 −110	0 −175	0 −280	0 −440	0 −0.7	0 −1.1	0 −1.75	0 −2.8	0 −4.4	0 −7	0 −11
630	800	0 −10	0 −13	0 −18	0 −25	0 −36	0 −50	0 −80	0 −125	0 −200	0 −320	0 −500	0 −0.8	0 −1.25	0 −2	0 −3.2	0 −5	0 −8	0 −12.5
800	1 000	0 −11	0 −15	0 −21	0 −28	0 −40	0 −56	0 −90	0 −140	0 −230	0 −360	0 −560	0 −0.9	0 −1.4	0 −2.3	0 −3.6	0 −5.6	0 −9	0 −14
1 000	1 250	0 −13	0 −18	0 −24	0 −33	0 −47	0 −66	0 −105	0 −165	0 −260	0 −420	0 −660	0 −1.05	0 −1.65	0 −2.6	0 −4.2	0 −6.6	0 −10.5	0 −16.5
1 250	1 600	0 −15	0 −21	0 −29	0 −39	0 −55	0 −78	0 −125	0 −195	0 −310	0 −500	0 −780	0 −1.25	0 −1.95	0 −3.1	0 −5	0 −7.8	0 −12.5	0 −19.5
1 600	2 000	0 −18	0 −25	0 −35	0 −46	0 −65	0 −92	0 −150	0 −230	0 −370	0 −600	0 −920	0 −1.5	0 −2.3	0 −3.7	0 −6	0 −9.2	0 −15	0 −23
2 000	2 500	0 −22	0 −30	0 −41	0 −55	0 −78	0 −110	0 −175	0 −280	0 −440	0 −700	0 −1100	0 −1.75	0 −2.8	0 −4.4	0 −7	0 −11	0 −17.5	0 −28
2 500	3 150	0 −26	0 −36	0 −50	0 −68	0 −96	0 −135	0 −210	0 −330	0 −540	0 −860	0 −1350	0 −2.1	0 −3.3	0 −5.4	0 −8.6	0 −13.5	0 −21	0 −33

注 1：IT14～IT18 只用于大于 1 mm 的公称尺寸。

注 2：黑框中的数值，即公称尺寸大于 500 mm～3 150 mm，IT1～IT5 的偏差值为试用。

表 23 轴 js 的极限偏差

公称尺寸/mm		js																	
		1	2	3	4	5	6	7	8	9	10	11	12	13	14	15	16	17	18
大于	至	偏差 μm											偏差 mm						
—	3	±0.4	±0.6	±1	±1.5	±2	±3	±5	±7	±12	±20	±30	±0.05	±0.07	±0.125	±0.2	±0.3		
3	6	±0.5	±0.75	±1.25	±2	±2.5	±4	±6	±9	±15	±24	±37	±0.06	±0.09	±0.15	±0.24	±0.375	±0.6	±0.9
6	10	±0.5	±0.75	±1.25	±2	±3	±4.5	±7	±11	±18	±29	±45	±0.075	±0.11	±0.18	±0.29	±0.45	±0.75	±1.1
10	18	±0.6	±1	±1.5	±2.5	±4	±5.5	±9	±13	±21	±35	±55	±0.09	±0.135	±0.215	±0.35	±0.55	±0.9	±1.35
18	30	±0.75	±1.25	±2	±3	±4.5	±6.5	±10	±16	±26	±42	±65	±0.105	±0.165	±0.26	±0.42	±0.65	±1.05	±1.65
30	50	±0.75	±1.25	±2	±3.5	±5.5	±8	±12	±19	±31	±50	±80	±0.125	±0.195	±0.31	±0.5	±0.8	±1.25	±1.95
50	80	±1	±1.5	±2.5	±4	±6.5	±9.5	±15	±23	±37	±60	±95	±0.15	±0.23	±0.37	±0.6	±0.95	±1.5	±2.3
80	120	±1.25	±2	±3	±5	±7.5	±11	±17	±27	±43	±70	±110	±0.175	±0.27	±0.435	±0.7	±1.1	±1.75	±2.7
120	180	±1.75	±2.5	±4	±6	±9	±12.5	±20	±31	±50	±80	±125	±0.2	±0.315	±0.5	±0.8	±1.25	±2	±3.15
180	250	±2.25	±3.5	±5	±7	±10	±14.5	±23	±36	±57	±92	±145	±0.23	±0.36	±0.575	±0.925	±1.45	±2.3	±3.6
250	315	±3	±4	±6	±8	±11.5	±16	±26	±40	±65	±105	±160	±0.26	±0.405	±0.65	±1.05	±1.6	±2.6	±4.05
315	400	±3.5	±4.5	±6.5	±9	±12.5	±18	±28	±44	±70	±115	±180	±0.285	±0.445	±0.7	±1.15	±1.8	±2.85	±4.45
400	500	±4	±5	±7.5	±10	±13.5	±20	±31	±48	±77	±125	±200	±0.315	±0.485	±0.775	±1.25	±2	±3.15	±4.85
500	630	±4.5	±5.5	±8	±11	±16	±22	±35	±55	±87	±140	±220	±0.35	±0.55	±0.875	±1.4	±2.2	±3.5	±5.5
630	800	±5	±6.5	±9	±12.5	±18	±25	±40	±62	±100	±160	±250	±0.4	±0.625	±1	±1.6	±2.5	±4	±6.25
800	1 000	±5.5	±7.5	±10.5	±14	±20	±28	±45	±70	±115	±180	±280	±0.45	±0.7	±1.15	±1.8	±2.8	±4.5	±7
1 000	1 250	±6.5	±9	±12	±16.5	±23.5	±33	±52	±82	±130	±210	±330	±0.525	±0.825	±1.3	±2.1	±3.3	±5.25	±8.25
1 250	1 600	±7.5	±10.5	±14.5	±19.5	±27.5	±39	±62	±97	±155	±250	±390	±0.625	±0.975	±1.55	±2.5	±3.9	±6.25	±9.75
1 600	2 000	±9	±12.5	±17.5	±23	±32.5	±46	±75	±115	±185	±300	±460	±0.75	±1.15	±1.85	±3	±4.6	±7.5	±11.5
2 000	2 500	±11	±15	±20.5	±27.5	±39	±55	±87	±140	±220	±350	±550	±0.875	±1.4	±2.2	±3.5	±5.5	±8.75	±14
2 500	3 150	±13	±18	±25	±34	±48	±67.5	±105	±165	±270	±430	±675	±1.05	±1.65	±2.7	±4.3	±6.75	±10.5	±16.5

注 1：为避免相同值的重复，表列值以“±×”给出，可为 es=+×、ei=-×，例如 $^{+0.23}_{-0.23}$ mm。

注 2：IT14～IT18 只用于大于 1 mm 的公称尺寸。

注 3：黑框中的数值，即公称尺寸大于 500 mm～3 150 mm，IT1～IT5 的偏差值为试用。

表 24　轴 j 和 k 的极限偏差

单位为微米

公称尺寸/mm		j				k										
大于	至	5	6	7	8	3	4	5	6	7	8	9	10	11	12	13
—	3	±2	+4 −2	+6 −4	+8 −6	+2 0	+3 0	+4 0	+6 0	+10 0	+14 0	+25 0	+40 0	+60 0	+100 0	+140 0
3	6	+3 −2	+6 −2	+8 −4		+2.5 0	+5 +1	+6 +1	+9 +1	+13 +1	+18 0	+30 0	+48 0	+75 0	+120 0	+180 0
6	10	+4 −2	+7 −2	+10 −5		+2.5 0	+5 +1	+7 +1	+10 +1	+16 +1	+22 0	+36 0	+58 0	+90 0	+150 0	+220 0
10	18	+5 −3	+8 −3	+12 −6		+3 0	+6 +1	+9 +1	+12 +1	+19 +1	+27 0	+43 0	+70 0	+110 0	+180 0	+270 0
18	30	+5 −4	+9 −4	+13 −8		+4 0	+8 +2	+11 +2	+15 +2	+23 +2	+33 0	+52 0	+84 0	+130 0	+210 0	+330 0
30	50	+6 −5	+11 −5	+15 −10		+4 0	+9 +2	+13 +2	+18 +2	+27 +2	+39 0	+62 0	+100 0	+160 0	+250 0	+390 0
50	80	+6 −7	+12 −7	+18 −12			+10 +2	+15 +2	+21 +2	+32 +2	+46 0	+74 0	+120 0	+190 0	+300 0	+460 0
80	120	+6 −9	+13 −9	+20 −15			+13 +3	+18 +3	+25 +3	+38 +3	+54 0	+87 0	+140 0	+220 0	+350 0	+540 0
120	180	+7 −11	+14 −11	+22 −18			+15 +3	+21 +3	+28 +3	+43 +3	+63 0	+100 0	+160 0	+250 0	+400 0	+630 0
180	250	+7 −13	+16 −13	+25 −21			+18 +4	+24 +4	+33 +4	+50 +4	+72 0	+115 0	+185 0	+290 0	+460 0	+720 0
250	315	+7 −16	±16	±26			+20 +4	+27 +4	+36 +4	+56 +4	+81 0	+130 0	+210 0	+320 0	+520 0	+810 0
315	400	+7 −18	±18	+29 −28			+22 +4	+29 +4	+40 +4	+61 +4	+89 0	+140 0	+230 0	+360 0	+570 0	+890 0
400	500	+7 −20	±20	+31 −32			+25 +5	+32 +5	+45 +5	+68 +5	+97 0	+155 0	+250 0	+400 0	+630 0	+970 0
500	630								+44 0	+70 0	+110 0	+175 0	+280 0	+440 0	+700 0	+1100 0
630	800								+50 0	+80 0	+125 0	+200 0	+320 0	+500 0	+800 0	+1250 0
800	1 000								+56 0	+90 0	+140 0	+230 0	+360 0	+560 0	+900 0	+1400 0
1 000	1 250								+66 0	+105 0	+165 0	+260 0	+420 0	+660 0	+1050 0	+1650 0
1 250	1 600								+78 0	+125 0	+195 0	+310 0	+500 0	+780 0	+1250 0	+1950 0
1 600	2 000								+92 0	+150 0	+230 0	+370 0	+600 0	+920 0	+1500 0	+2300 0
2 000	2 500								+110 0	+175 0	+280 0	+440 0	+700 0	+1100 0	+1750 0	+2800 0
2 500	3 150								+135 0	+210 0	+330 0	+540 0	+860 0	+1350 0	+2100 0	+3300 0

注：j5、j6 和 j7 的某些极限值与 js5、js6 和 js7 一样用“±×”表示。

表 25　轴 m 和 n 的极限偏差

单位为微米

公称尺寸/mm		m							n						
大于	至	3	4	5	6	7	8	9	3	4	5	6	7	8	9
—	3	+4 +2	+5 +2	+6 +2	+8 +2	+12 +2	+16 +2	+27 +2	+6 +4	+7 +4	+8 +4	+10 +4	+14 +4	+18 +4	+29 +4
3	6	+6.5 +4	+8 +4	+9 +4	+12 +4	+16 +4	+22 +4	+34 +4	+10.5 +8	+12 +8	+13 +8	+16 +8	+20 +8	+26 +8	+38 +8
6	10	+8.5 +6	+10 +6	+12 +6	+15 +6	+21 +6	+28 +6	+42 +6	+12.5 +10	+14 +10	+16 +10	+19 +10	+25 +10	+32 +10	+46 +10
10	18	+10 +7	+12 +7	+15 +7	+18 +7	+25 +7	+34 +7	+50 +7	+15 +12	+17 +12	+20 +12	+23 +12	+30 +12	+39 +12	+55 +12
18	30	+12 +8	+14 +8	+17 +8	+21 +8	+29 +8	+41 +8	+60 +8	+19 +15	+21 +15	+24 +15	+28 +15	+36 +15	+48 +15	+67 +15
30	50	+13 +9	+16 +9	+20 +9	+25 +9	+34 +9	+48 +9	+71 +9	+21 +17	+24 +17	+28 +17	+33 +17	+42 +17	+56 +17	+79 +17
50	80		+19 +11	+24 +11	+30 +11	+41 +11				+28 +20	+33 +20	+39 +20	+50 +20		
80	120		+23 +13	+28 +13	+35 +13	+48 +13				+33 +23	+38 +23	+45 +23	+58 +23		
120	180		+27 +15	+33 +15	+40 +15	+55 +15				+39 +27	+45 +27	+52 +27	+67 +27		
180	250		+31 +17	+37 +17	+46 +17	+63 +17				+45 +31	+51 +31	+60 +31	+77 +31		
250	315		+36 +20	+43 +20	+52 +20	+72 +20				+50 +34	+57 +34	+66 +34	+86 +34		
315	400		+39 +21	+46 +21	+57 +21	+78 +21				+55 +37	+62 +37	+73 +37	+94 +37		
400	500		+43 +23	+50 +23	+63 +23	+86 +23				+60 +40	+67 +40	+80 +40	+103 +40		
500	630				+70 +26	+96 +26						+88 +44	+114 +44		
630	800				+80 +30	+110 +30						+100 +50	+130 +50		
800	1 000				+90 +34	+124 +34						+112 +56	+146 +56		
1 000	1 250				+106 +40	+145 +40						+132 +66	+171 +66		
1 250	1 600				+126 +48	+173 +48						+156 +78	+203 +78		
1 600	2 000				+150 +58	+208 +58						+184 +92	+242 +92		
2 000	2 500				+178 +68	+243 +68						+220 +110	+285 +110		
2 500	3 150				+211 +76	+286 +76						+270 +135	+345 +135		

表 26 轴 p 的极限偏差

单位为微米

公称尺寸/mm		p							
大于	至	3	4	5	6	7	8	9	10
—	3	+8 +6	+9 +6	+10 +6	+12 +6	+16 +6	+20 +6	+31 +6	+46 +6
3	6	+14.5 +12	+16 +12	+17 +12	+20 +12	+24 +12	+30 +12	+42 +12	+60 +12
6	10	+17.5 +15	+19 +15	+21 +15	+24 +15	+30 +15	+37 +15	+51 +15	+73 +15
10	18	+21 +18	+23 +18	+26 +18	+29 +18	+36 +18	+45 +18	+61 +18	+88 +18
18	30	+26 +22	+28 +22	+31 +22	+35 +22	+43 +22	+55 +22	+74 +22	+106 +22
30	50	+30 +26	+33 +26	+37 +26	+42 +26	+51 +26	+65 +26	+88 +26	+126 +26
50	80		+40 +32	+45 +32	+51 +32	+62 +32	+78 +32		
80	120		+47 +37	+52 +37	+59 +37	+72 +37	+91 +37		
120	180		+55 +43	+61 +43	+68 +43	+83 +43	+106 +43		
180	250		+64 +50	+70 +50	+79 +50	+96 +50	+122 +50		
250	315		+72 +56	+79 +56	+88 +56	+108 +56	+137 +56		
315	400		+80 +62	+87 +62	+98 +62	+119 +62	+151 +62		
400	500		+88 +68	+95 +68	+108 +68	+131 +68	+165 +68		
500	630				+122 +78	+148 +78	+188 +78		
630	800				+138 +88	+168 +88	+213 +88		
800	1 000				+156 +100	+190 +100	+240 +100		
1 000	1 250				+186 +120	+225 +120	+285 +120		
1 250	1 600				+218 +140	+265 +140	+335 +140		
1 600	2 000				+262 +170	+320 +170	+400 +170		
2 000	2 500				+305 +195	+370 +195	+475 +195		
2 500	3 150				+375 +240	+450 +240	+570 +240		

表 27 轴 r 的极限偏差

单位为微米

公称尺寸/mm		r							
大于	至	3	4	5	6	7	8	9	10
—	3	+12 +10	+13 +10	+14 +10	+16 +10	+20 +10	+24 +10	+35 +10	+50 +10
3	6	+17.5 +15	+19 +15	+20 +15	+23 +15	+27 +15	+33 +15	+45 +15	+63 +15
6	10	+21.5 +19	+23 +19	+25 +19	+28 +19	+34 +19	+41 +19	+55 +19	+77 +19
10	18	+26 +23	+28 +23	+31 +23	+34 +23	+41 +23	+50 +23	+66 +23	+93 +23
18	30	+32 +28	+34 +28	+37 +28	+41 +28	+49 +28	+61 +28	+80 +28	+112 +28
30	50	+38 +34	+41 +34	+45 +34	+50 +34	+59 +34	+73 +34	+96 +34	+134 +34
50	65		+49 +41	+54 +41	+60 +41	+71 +41	+87 +41		
65	80		+51 +43	+56 +43	+62 +43	+72 +43	+89 +43		
80	100		+61 +51	+66 +51	+73 +51	+86 +51	+105 +51		
100	120		+64 +54	+69 +54	+76 +54	+89 +54	+108 +54		
120	140		+75 +63	+81 +63	+88 +63	+103 +63	+126 +63		
140	160		+77 +65	+83 +65	+90 +65	+105 +65	+128 +65		
160	180		+80 +68	+86 +68	+93 +68	+108 +68	+131 +68		
180	200		+91 +77	+97 +77	+106 +77	+123 +77	+149 +77		
200	225		+94 +80	+100 +80	+109 +80	+126 +80	+152 +80		
225	250		+98 +84	+104 +84	+113 +84	+130 +84	+156 +84		
250	280		+110 +94	+117 +94	+126 +94	+146 +94	+175 +94		
280	315		+114 +98	+121 +98	+130 +98	+150 +98	+179 +98		
315	355		+126 +108	+133 +108	+144 +108	+165 +108	+197 +108		

表 27（续）

单位为微米

公称尺寸/mm		r							
大于	至	3	4	5	6	7	8	9	10
355	400		+132 +114	+139 +114	+150 +114	+171 +114	+203 +114		
400	450		+146 +126	+153 +126	+166 +126	+189 +126	+223 +126		
450	500		+152 +132	+159 +132	+172 +132	+195 +132	+229 +132		
500	560				+194 +150	+220 +150	+260 +150		
560	630				+199 +155	+225 +155	+265 +155		
630	710				+225 +175	+255 +175	+300 +175		
710	800				+235 +185	+265 +185	+310 +185		
800	900				+266 +210	+300 +210	+350 +210		
900	1 000				+276 +220	+310 +220	+360 +220		
1 000	1 120				+316 +250	+355 +250	+415 +250		
1 120	1 250				+326 +260	+365 +260	+425 +250		
1 250	1 400				+378 +300	+425 +300	+495 +300		
1 400	1 600				+408 +330	+455 +330	+525 +330		
1 600	1 800				+462 +370	+520 +370	+600 +370		
1 800	2 000				+492 +400	+550 +400	+630 +400		
2 000	2 240				+550 +440	+615 +440	+720 +440		
2 240	2 500				+570 +460	+635 +460	+740 +460		
2 500	2 800				+685 +550	+760 +550	+880 +550		
2 800	3 150				+715 +580	+790 +580	+910 +580		

表 28 轴 s 的极限偏差

单位为微米

公称尺寸/mm		s							
大于	至	3	4	5	6	7	8	9	10
—	3	+16 +14	+17 +14	+18 +14	+20 +14	+24 +14	+28 +24	+39 +14	+54 +14
3	6	+21.5 +19	+23 +19	+24 +19	+27 +19	+31 +19	+37 +19	+49 +19	+67 +19
6	10	+25.5 +23	+27 +23	+29 +23	+32 +23	+38 +23	+45 +23	+59 +23	+81 +23
10	18	+31 +28	+33 +28	+36 +28	+39 +28	+46 +28	+55 +28	+71 +28	+98 +28
18	30	+39 +25	+41 +35	+44 +35	+48 +35	+56 +35	+68 +35	+87 +35	+119 +35
30	50	+47 +43	+50 +43	+54 +43	+59 +43	+68 +43	+82 +43	+105 +43	+143 +43
50	65		+61 +53	+66 +53	+72 +53	+83 +53	+99 +53	+127 +53	
65	80		+67 +59	+72 +59	+78 +59	+89 +59	+105 +59	+133 +59	
80	100		+81 +71	+86 +71	+93 +71	+106 +71	+125 +71	+158 +71	
100	120		+89 +79	+94 +79	+101 +79	+114 +79	+133 +79	+166 +79	
120	140		+104 +92	+110 +92	+117 +92	+132 +92	+155 +92	+192 +92	
140	160		+112 +100	+118 +100	+125 +100	+140 +100	+163 +100	+200 +100	
160	180		+120 +108	+126 +108	+133 +108	+148 +108	+171 +108	+208 +108	
180	200		+136 +122	+142 +122	+151 +122	+168 +122	+194 +122	+237 +122	
200	225		+144 +130	+150 +130	+159 +130	+176 +130	+202 +130	+245 +130	
225	250		+154 +140	+160 +140	+169 +140	+186 +140	+212 +140	+255 +140	
250	280		+174 +158	+181 +158	+190 +158	+210 +158	+239 +158	+288 +158	
280	315		+186 +170	+193 +170	+202 +170	+222 +170	+251 +170	+300 +170	
315	355		+208 +190	+215 +190	+226 +190	+247 +190	+279 +190	+330 +190	

表 28（续）

单位为微米

公称尺寸/mm		s							
大于	至	3	4	5	6	7	8	9	10
355	400		+226 +208	+233 +208	+244 +208	+265 +208	+297 +208	+348 +208	
400	450		+252 +232	+259 +232	+272 +232	+295 +232	+329 +232	+387 +232	
450	500		+272 +252	+279 +252	+292 +252	+315 +252	+349 +252	+407 +252	
500	560				+324 +280	+350 +280	+390 +280		
560	630				+354 +310	+380 +310	+420 +310		
630	710				+390 +340	+420 +340	+465 +340		
710	800				+430 +380	+460 +380	+505 +380		
800	900				+486 +430	+520 +430	+570 +430		
900	1 000				+526 +470	+560 +470	+610 +470		
1 000	1 120				+586 +520	+625 +520	+685 +520		
1 120	1 250				+646 +580	+685 +580	+745 +580		
1 250	1 400				+718 +640	+765 +640	+835 +640		
1 400	1 600				+798 +720	+845 +720	+915 +720		
1 600	1 800				+912 +820	+970 +820	+1050 +820		
1 800	2 000				+1012 +920	+1070 +920	+1150 +920		
2 000	2 240				+1110 +1000	+1175 +1000	+1280 +1000		
2 240	2 500				+1210 +1100	+1275 +1100	+1380 +1100		
2 500	2 800				+1385 +1250	+1460 +1250	+1580 +1250		
2 800	3 150				+1535 +1400	+1610 +1400	+1730 +1400		

表 29 轴 t 和 u 的极限偏差

单位为微米

公称尺寸/mm		t				u				
大于	至	5	6	7	8	5	6	7	8	9
—	3					+22 +18	+24 +18	+28 +18	+32 +18	+43 +18
3	6					+28 +23	+31 +23	+35 +23	+41 +23	+53 +23
6	10					+34 +28	+37 +28	+43 +28	+50 +28	+64 +28
10	18					+41 +33	+44 +33	+51 +33	+60 +33	+76 +33
18	24					+50 +41	+54 +41	+62 +41	+74 +41	+93 +41
24	30	+50 +41	+54 +41	+62 +41	+74 +41	+57 +48	+61 +48	+69 +48	+81 +48	+100 +48
30	40	+59 +48	+64 +48	+73 +48	+87 +48	+71 +60	+76 +60	+85 +60	+99 +60	+122 +60
40	50	+65 +54	+70 +54	+79 +54	+93 +54	+81 +70	+86 +70	+95 +70	+109 +70	+132 +70
50	65	+79 +66	+85 +66	+96 +66	+112 +66	+100 +87	+106 +87	+117 +87	+133 +87	+161 +87
65	80	+88 +75	+94 +75	+105 +75	+121 +75	+115 +102	+121 +102	+132 +102	+148 +102	+176 +102
80	100	+106 +91	+113 +91	+126 +91	+145 +91	+139 +124	+146 +124	+159 +124	+178 +124	+211 +124
100	120	+119 +104	+126 +104	+139 +104	+158 +104	+159 +144	+166 +144	+179 +144	+198 +144	+231 +144
120	140	+140 +122	+147 +122	+162 +122	+185 +122	+188 +170	+195 +170	+210 +170	+233 +170	+270 +170
140	160	+152 +134	+159 +134	+174 +134	+197 +134	+208 +190	+215 +190	+230 +190	+253 +190	+290 +190
160	180	+164 +146	+171 +146	+186 +146	+209 +146	+228 +210	+235 +210	+250 +210	+273 +210	+310 +210
180	200	+186 +166	+195 +166	+212 +166	+238 +166	+256 +236	+265 +236	+282 +236	+308 +236	+351 +236
200	225	+200 +180	+209 +180	+226 +180	+252 +180	+278 +258	+287 +258	+304 +258	+330 +258	+373 +258
225	250	+216 +196	+225 +196	+242 +196	+268 +196	+304 +284	+313 +284	+330 +284	+356 +284	+399 +284
250	280	+241 +218	+250 +218	+270 +218	+299 +218	+338 +315	+347 +315	+367 +315	+396 +315	+445 +315
280	315	+263 +240	+272 +240	+292 +240	+321 +240	+373 +350	+382 +350	+402 +350	+431 +350	+480 +350

表 29（续）

单位为微米

公称尺寸/mm		t				u				
大于	至	5	6	7	8	5	6	7	8	9
315	355	+293 +268	+304 +268	+325 +268	+357 +268	+415 +390	+426 +390	+447 +390	+479 +390	+530 +390
355	400	+319 +294	+330 +294	+351 +294	+383 +294	+460 +435	+471 +435	+492 +435	+524 +435	+575 +435
400	450	+357 +330	+370 +330	+393 +330	+427 +330	+517 +490	+530 +490	+553 +490	+587 +490	+645 +490
450	500	+387 +360	+400 +360	+423 +360	+457 +360	+567 +540	+580 +540	+603 +540	+637 +540	+695 +540
500	560		+444 +400	+470 +400			+644 +600	+670 +600	+710 +600	
560	630		+494 +450	+520 +450			+704 +660	+730 +660	+770 +660	
630	710		+550 +500	+580 +500			+790 +740	+820 +740	+865 +740	
710	800		+610 +560	+640 +560			+890 +840	+920 +840	+965 +840	
800	900		+676 +620	+710 +620			+996 +940	+1030 +940	+1080 +940	
900	1 000		+736 +680	+770 +680			+1106 +1050	+1140 +1050	+1190 +1050	
1 000	1 120		+846 +780	+885 +780			+1216 +1150	+1255 +1150	+1315 +1150	
1 120	1 250		+906 +840	+945 +840			+1366 +1300	+1405 +1300	+1465 +1300	
1 250	1 400		+1038 +960	+1085 +960			+1528 +1450	+1575 +1450	+1645 +1450	
1 400	1 600		+1128 +1050	+1175 +1050			+1678 +1600	+1725 +1600	+1795 +1600	
1 600	1 800		+1292 +1200	+1350 +1200			+1942 +1850	+2000 +1850	+2080 +1850	
1 800	2 000		+1442 +1350	+1500 +1350			+2092 +2000	+2150 +2000	+2230 +2000	
2 000	2 240		+1610 +1500	+1675 +1500			+2410 +2300	+2475 +2300	+2580 +2300	
2 240	2 500		+1760 +1650	+1825 +1650			+2610 +2500	+2675 +2500	+2780 +2500	
2 500	2 800		+2035 +1900	+2110 +1900			+3035 +2900	+3110 +2900	+3230 +2900	
2 800	3 150		+2235 +2100	+2310 +2100			+3335 +3200	+3410 +3200	+3530 +3200	

注：公称尺寸至 24 mm 的 t5～t8 的偏差值未列入表内，建议以 u5～u8 代替。如非要 t5～t8，则可按 GB/T 1800.1计算。

表 30 轴 v、x 和 y 的极限偏差

单位为微米

公称尺寸/mm		v				x						y				
大于	至	5	6	7	8	5	6	7	8	9	10	6	7	8	9	10
—	3					+24 +20	+26 +20	+30 +20	+34 +20	+45 +20	+60 +20					
3	6					+33 +28	+36 +28	+40 +28	+46 +28	+58 +28	+76 +28					
6	10					+40 +34	+43 +34	+49 +34	+56 +34	+70 +34	+92 +34					
10	14					+48 +40	+51 +40	+58 +40	+67 +40	+83 +40	+110 +40					
14	18	+47 +39	+50 +39	+57 +39	+66 +39	+53 +45	+56 +45	+63 +45	+72 +45	+88 +45	+115 +45					
18	24	+56 +47	+60 +47	+68 +47	+80 +47	+63 +54	+67 +54	+75 +54	+87 +54	+106 +54	+138 +54	+76 +63	+84 +63	+96 +63	+115 +63	+147 +63
24	30	+64 +55	+68 +55	+76 +55	+88 +55	+73 +64	+77 +64	+85 +64	+97 +64	+116 +64	+148 +64	+88 +75	+96 +75	+108 +75	+127 +75	+159 +75
30	40	+79 +68	+84 +68	+93 +68	+107 +68	+91 +80	+96 +80	+105 +80	+119 +80	+142 +80	+180 +80	+110 +94	+119 +94	+133 +94	+156 +94	+194 +94
40	50	+92 +81	+97 +81	+106 +81	+120 +81	+108 +97	+113 +97	+122 +97	+136 +97	+159 +97	+197 +97	+130 +114	+139 +114	+153 +114	+176 +114	+214 +114
50	65	+115 +102	+121 +102	+132 +102	+148 +102	+135 +122	+141 +122	+152 +122	+168 +122	+196 +122	+242 +122	+163 +144	+174 +144	+190 +144		
65	80	+133 +120	+139 +120	+150 +120	+166 +120	+159 +146	+165 +146	+176 +146	+192 +146	+220 +146	+266 +146	+193 +174	+204 +174	+220 +174		
80	100	+161 +146	+168 +146	+181 +146	+200 +146	+193 +178	+200 +178	+213 +178	+232 +178	+265 +178	+318 +178	+236 +214	+249 +214	+268 +214		
100	120	+187 +172	+194 +172	+207 +172	+226 +172	+225 +210	+232 +210	+245 +210	+264 +210	+297 +210	+350 +210	+276 +254	+289 +254	+308 +254		

表 30（续）

单位为微米

公称尺寸/mm		v				x						y				
大于	至	5	6	7	8	5	6	7	8	9	10	6	7	8	9	10
120	140	+220 +202	+227 +202	+242 +202	+265 +202	+266 +248	+273 +248	+288 +248	+311 +248	+348 +248	+408 +248	+325 +300	+340 +300	+363 +300		
140	160	+246 +228	+253 +228	+268 +228	+291 +228	+298 +280	+305 +280	+320 +280	+343 +280	+380 +280	+440 +280	+365 +340	+380 +340	+403 +340		
160	180	+270 +252	+277 +252	+292 +252	+315 +252	+328 +310	+335 +310	+350 +310	+373 +310	+410 +310	+470 +310	+405 +380	+420 +380	+443 +380		
180	200	+304 +284	+313 +284	+330 +284	+356 +284	+370 +350	+379 +350	+396 +350	+422 +350	+465 +350	+535 +350	+454 +425	+471 +425	+497 +425		
200	225	+330 +310	+339 +310	+356 +310	+382 +310	+405 +385	+414 +385	+431 +385	+457 +385	+500 +385	+570 +385	+499 +470	+516 +470	+542 +470		
225	250	+360 +340	+369 +340	+386 +340	+412 +340	+445 +425	+454 +425	+471 +425	+497 +425	+540 +425	+610 +425	+549 +520	+566 +520	+592 +520		
250	280	+408 +385	+417 +385	+437 +385	+466 +385	+498 +475	+507 +475	+527 +475	+556 +475	+605 +475	+685 +475	+612 +580	+632 +580	+661 +580		
280	315	+448 +425	+457 +425	+477 +425	+506 +425	+548 +525	+557 +525	+577 +525	+606 +525	+655 +525	+735 +525	+682 +650	+702 +650	+731 +650		
315	355	+500 +475	+511 +475	+532 +475	+564 +475	+615 +590	+626 +590	+647 +590	+679 +590	+730 +590	+820 +590	+766 +730	+787 +730	+819 +730		
355	400	+555 +530	+566 +530	+587 +530	+619 +530	+685 +660	+696 +660	+717 +660	+749 +660	+800 +660	+890 +660	+856 +820	+877 +820	+909 +820		
400	450	+622 +595	+635 +595	+658 +595	+692 +595	+767 +740	+780 +740	+803 +740	+837 +740	+895 +740	+990 +740	+960 +920	+983 +920	+1017 +920		
450	500	+687 +660	+700 +660	+723 +660	+757 +660	+847 +820	+860 +820	+883 +820	+917 +820	+975 +820	+1070 +820	+1040 +1000	+1063 +1000	+1097 +1000		

注 1：公称尺寸至 14 mm 的 v5～v8 的偏差值未列入表内，建议以 x5～x8 代替。如非要 v5～v8，则可按 GB/T 1800.1 计算。

注 2：公称尺寸至 18 mm 的 y6～y10 的偏差值未列入表内，建议以 z6～z10 代替。如非要 y6～y10，则可按 GB/T 1800.1 计算。

表 31 轴 z 和 za 的极限偏差

单位为微米

公称尺寸/mm		z						za					
大于	至	6	7	8	9	10	11	6	7	8	9	10	11
—	3	+32 +26	+36 +26	+40 +26	+51 +26	+66 +26	+86 +26	+38 +32	+42 +32	+46 +32	+57 +32	+72 +32	+92 +32
3	6	+43 +35	+47 +35	+53 +35	+65 +35	+83 +35	+110 +35	+50 +42	+54 +42	+60 +42	+72 +42	+90 +42	+117 +42
6	10	+51 +42	+57 +42	+64 +42	+78 +42	+100 +42	+132 +42	+61 +52	+67 +52	+74 +52	+88 +52	+110 +52	+142 +52
10	14	+61 +50	+68 +50	+77 +50	+93 +50	+120 +50	+160 +50	+75 +64	+82 +64	+91 +64	+107 +64	+134 +64	+174 +64
14	18	+71 +60	+78 +60	+87 +60	+103 +60	+130 +60	+170 +60	+88 +77	+95 +77	+104 +77	+120 +77	+147 +77	+187 +77
18	24	+86 +73	+94 +73	+106 +73	+125 +73	+157 +73	+203 +73	+111 +98	+119 +98	+131 +98	+150 +98	+182 +98	+228 +98
24	30	+101 +88	+109 +88	+121 +88	+140 +88	+172 +88	+218 +88	+131 +118	+139 +118	+151 +118	+170 +118	+202 +118	+248 +118
30	40	+128 +112	+137 +112	+151 +112	+174 +112	+212 +112	+272 +112	+164 +148	+173 +148	+187 +148	+210 +148	+248 +148	+308 +148
40	50	+152 +136	+161 +136	+175 +136	+198 +136	+236 +136	+296 +136	+196 +180	+205 +180	+219 +180	+242 +180	+280 +180	+340 +180
50	65	+191 +172	+202 +172	+218 +172	+246 +172	+292 +172	+362 +172	+245 +226	+256 +226	+272 +226	+300 +226	+346 +226	+416 +226
65	80	+229 +210	+240 +210	+256 +210	+284 +210	+330 +210	+400 +210	+293 +274	+304 +274	+320 +274	+348 +274	+394 +274	+464 +274
80	100	+280 +258	+293 +258	+312 +258	+345 +258	+398 +258	+478 +258	+357 +335	+370 +335	+389 +335	+422 +335	+475 +335	+555 +335

表 31（续）

单位为微米

公称尺寸/mm		z						za					
大于	至	6	7	8	9	10	11	6	7	8	9	10	11
100	120	+332 +310	+345 +310	+364 +310	+397 +310	+450 +310	+530 +310	+422 +400	+435 +400	+454 +400	+487 +400	+540 +400	+620 +400
120	140	+390 +365	+405 +365	+428 +365	+465 +365	+525 +365	+615 +365	+495 +470	+510 +470	+533 +470	+570 +470	+630 +470	+720 +470
140	160	+440 +415	+455 +415	+478 +415	+515 +415	+575 +415	+665 +415	+560 +535	+575 +535	+598 +535	+635 +535	+695 +535	+785 +535
160	180	+490 +465	+505 +465	+528 +465	+565 +465	+625 +465	+715 +465	+625 +600	+640 +600	+663 +600	+700 +600	+760 +600	+850 +600
180	200	+549 +520	+566 +520	+592 +520	+635 +520	+705 +520	+810 +520	+699 +670	+716 +670	+742 +670	+785 +670	+855 +670	+960 +670
200	225	+604 +575	+621 +575	+647 +575	+690 +575	+760 +575	+865 +575	+769 +740	+786 +740	+812 +740	+855 +740	+925 +740	+1030 +740
225	250	+669 +640	+686 +640	+712 +640	+755 +640	+825 +640	+930 +640	+849 +820	+866 +820	+892 +820	+935 +820	+1005 +820	+1110 +820
250	280	+742 +710	+762 +710	+791 +710	+840 +710	+920 +710	+1030 +710	+952 +920	+972 +920	+1001 +920	+1050 +920	+1130 +920	+1240 +920
280	315	+822 +790	+842 +790	+871 +790	+920 +790	+1000 +790	+1110 +790	+1032 +1000	+1052 +1000	+1081 +1000	+1130 +1000	+1210 +1000	+1320 +1000
315	355	+936 +900	+957 +900	+989 +900	+1040 +900	+1130 +900	+1260 +900	+1186 +1150	+1207 +1150	+1239 +1150	+1290 +1150	+1380 +1150	+1510 +1150
355	400	+1036 +1000	+1057 +1000	+1089 +1000	+1140 +1000	+1230 +1000	+1360 +1000	+1336 +1300	+1357 +1300	+1389 +1300	+1440 +1300	+1530 +1300	+1660 +1300
400	450	+1140 +1100	+1163 +1100	+1197 +1100	+1255 +1100	+1350 +1100	+1500 +1100	+1490 +1450	+1513 +1450	+1547 +1450	+1605 +1450	+1700 +1450	+1850 +1450
450	500	+1290 +1250	+1313 +1250	+1347 +1250	+1405 +1250	+1500 +1250	+1650 +1250	+1640 +1600	+1663 +1600	+1697 +1600	+1755 +1600	+1850 +1600	+2000 +1600

表 32 轴 zb 和 zc 的极限偏差

单位为微米

公称尺寸/mm		zb					zc				
大于	至	7	8	9	10	11	7	8	9	10	11
—	3	+50 +40	+54 +40	+65 +40	+80 +40	+100 +40	+70 +60	+74 +60	+85 +60	+100 +60	+120 +60
3	6	+62 +50	+68 +50	+80 +50	+98 +50	+125 +50	+92 +80	+98 +80	+110 +80	+128 +80	+155 +80
6	10	+82 +67	+89 +67	+103 +67	+125 +67	+157 +67	+112 +97	+119 +97	+133 +97	+155 +97	+187 +97
10	14	+108 +90	+117 +90	+133 +90	+160 +90	+200 +90	+148 +130	+157 +130	+173 +130	+200 +130	+240 +130
14	18	+126 +108	+135 +108	+151 +108	+178 +108	+218 +108	+168 +150	+177 +150	+193 +150	+220 +150	+260 +150
18	24	+157 +136	+169 +136	+188 +136	+220 +136	+266 +136	+209 +188	+221 +188	+240 +188	+272 +188	+318 +188
24	30	+181 +160	+193 +160	+212 +160	+244 +160	+290 +160	+239 +218	+251 +218	+270 +218	+302 +218	+348 +218
30	40	+225 +200	+239 +200	+262 +200	+300 +200	+360 +200	+299 +274	+313 +274	+336 +274	+374 +274	+434 +274
40	50	+267 +242	+281 +242	+304 +242	+342 +242	+402 +242	+350 +325	+364 +325	+387 +325	+425 +325	+485 +325
50	65	+330 +300	+346 +300	+374 +300	+420 +300	+490 +300	+435 +405	+451 +405	+479 +405	+525 +405	+595 +405
65	80	+390 +360	+406 +360	+434 +360	+480 +360	+550 +360	+510 +480	+526 +480	+554 +480	+600 +480	+670 +480
80	100	+480 +445	+499 +445	+532 +445	+585 +445	+665 +445	+620 +585	+639 +585	+672 +585	+725 +585	+805 +585
100	120	+560 +525	+579 +525	+612 +525	+665 +525	+745 +525	+725 +690	+744 +690	+777 +690	+830 +690	+910 +690
120	140	+660 +620	+683 +620	+720 +620	+780 +620	+870 +620	+840 +800	+863 +800	+900 +800	+960 +800	+1050 +800
140	160	+740 +700	+763 +700	+800 +700	+860 +700	+950 +700	+940 +900	+963 +900	+1000 +900	+1060 +900	+1150 +900
160	180	+820 +780	+843 +780	+880 +780	+940 +780	+1030 +780	+1040 +1000	+1063 +1000	+1100 +1000	+1160 +1000	+1250 +1000
180	200	+926 +880	+952 +880	+995 +880	+1065 +880	+1170 +880	+1196 +1150	+1222 +1150	+1265 +1150	+1335 +1150	+1440 +1150
200	225	+1006 +960	+1032 +960	+1075 +960	+1145 +960	+1250 +960	+1296 +1250	+1322 +1250	+1365 +1250	+1435 +1250	+1540 +1250
225	250	+1096 +1050	+1122 +1050	+1165 +1050	+1235 +1050	+1340 +1050	+1396 +1350	+1422 +1350	+1465 +1350	+1535 +1350	+1640 +1350

表 32（续）

单位为微米

公称尺寸/mm		zb					zc				
大于	至	7	8	9	10	11	7	8	9	10	11
250	280	+1252 +1200	+1281 +1200	+1330 +1200	+1410 +1200	+1520 +1200	+1602 +1550	+1631 +1550	+1680 +1550	+1760 +1550	+1870 +1550
280	315	+1352 +1300	+1381 +1300	+1430 +1300	+1510 +1300	+1620 +1300	+1752 +1700	+1781 +1700	+1830 +1700	+1910 +1700	+2020 +1700
315	355	+1557 +1500	+1589 +1500	+1640 +1500	+1730 +1500	+1860 +1500	+1957 +1900	+1989 +1900	+2040 +1900	+2130 +1900	+2260 +1900
355	400	+1707 +1650	+1739 +1650	+1790 +1650	+1880 +1650	+2010 +1650	+2157 +2100	+2189 +2100	+2240 +2100	+2330 +2100	+2460 +2100
400	450	+1913 +1850	+1947 +1850	+2005 +1850	+2100 +1850	+2250 +1850	+2463 +2400	+2497 +2400	+2555 +2400	+2650 +2400	+2800 +2400
450	500	+2163 +2100	+2197 +2100	+2255 +2100	+2350 +2100	+2500 +2100	+2663 +2600	+2697 +2600	+2755 +2600	+2850 +2600	+3000 +2600

附 录 A
（资料性附录）
孔、轴公差带的图示

A.1 孔公差带的图示

图 A.1 和图 A.2 给出了选择孔公差带的图示。图 A.1 是以基本偏差(A～ZC) 图示的孔公差带，图 A.2 是以公差等级(IT5～IT11)图示的同一孔公差带。图 A.1 和图 A.2 只示出本标准中给出的部分公差带。

为了比较起见，图中的公差带是以大于 6mm～10 mm 的公称尺寸段给出的 ES、EI 和 IT 的数值绘制的。对该公称尺寸段表中无基本偏差 T、V 和 Y 的公差带，则以大于 24 mm～30 mm 的公称尺寸段给出的数值绘制。

A.2 轴公差带的图示

图 A.3 和图 A.4 给出了选择轴公差带的图示。图 A.3 是以基本偏差(a～zc)图示的轴公差带，图 A.4 是以公差等级(IT5～IT11)图示的同一轴公差带。图 A.3 和图 A.4 只示出本标准中给出的部分公差带。

为了比较起见，图中的公差带是以大于 6 mm～10 mm 的公称尺寸段给出的 es、ei 和 IT 的数值绘制的。对该公称尺寸段表中无基本偏差 t、v 和 y 的公差带，则以大于 24 mm～30 mm 的公称尺寸段给出的数值绘制。

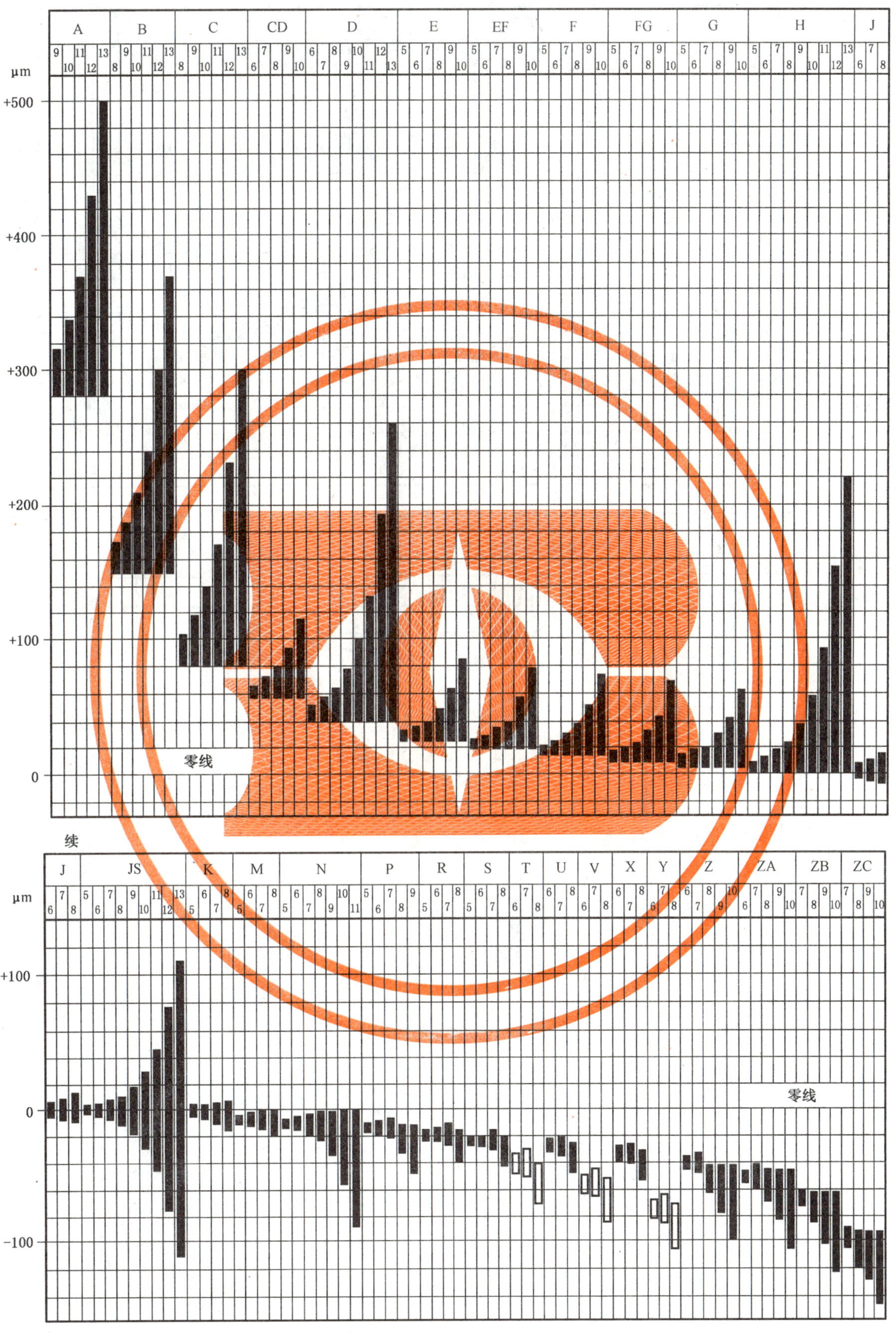

图 A.1 以基本偏差图示的孔公差带

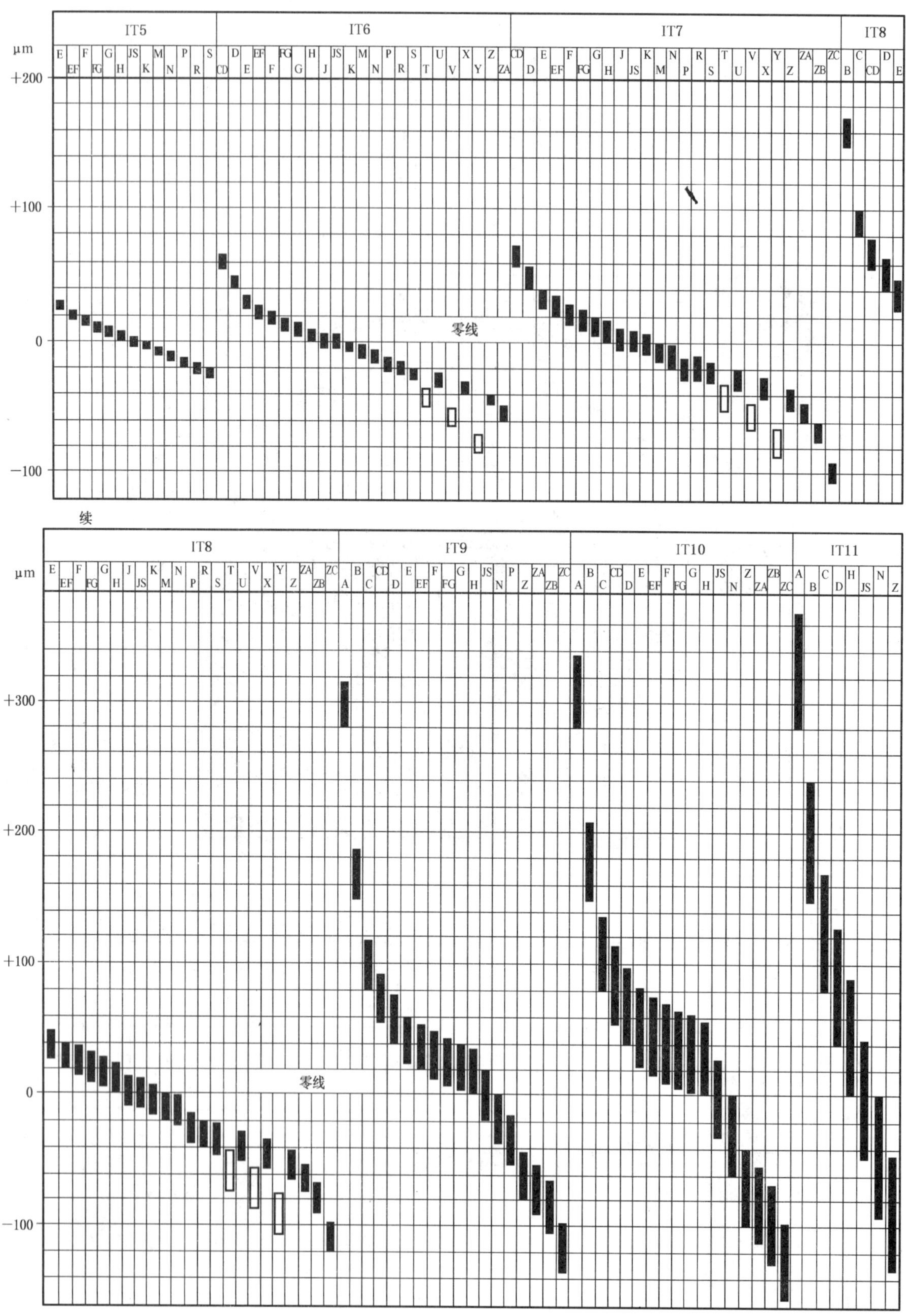

图 A.2 以公差等级图示的孔公差带

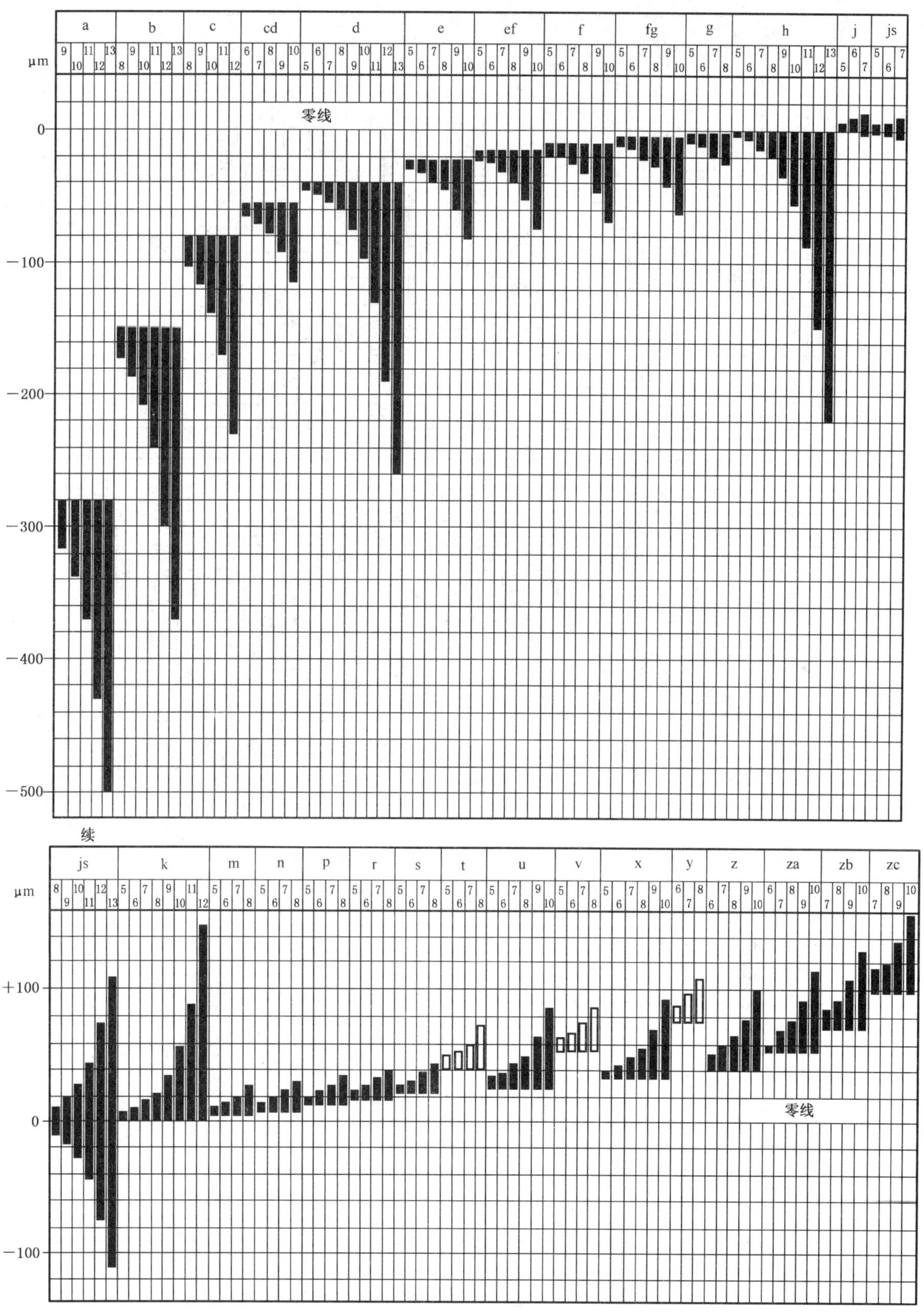

图 A.3　以基本偏差图示的轴公差带

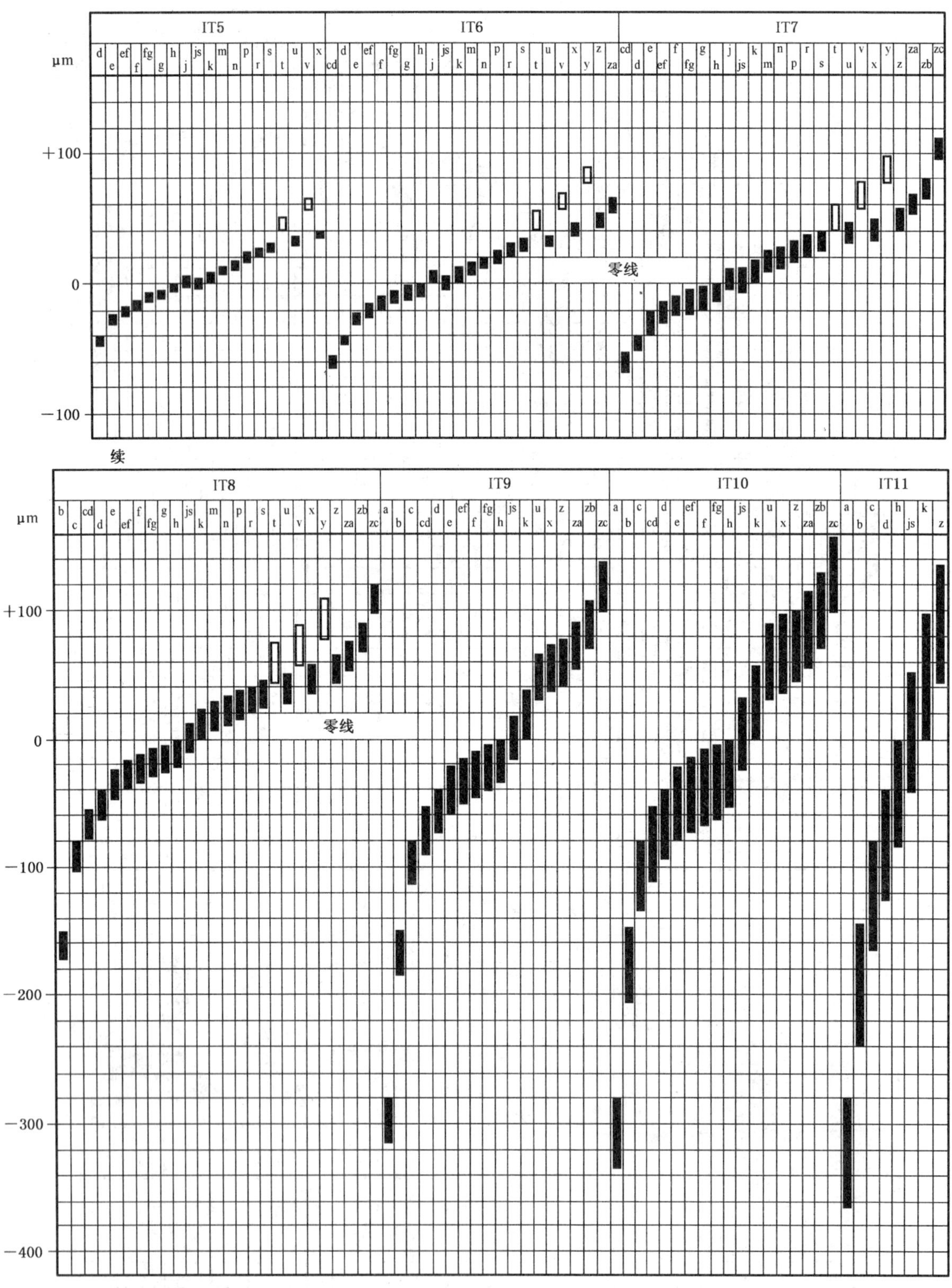

图 A.4　以公差等级图示的轴公差带

附 录 B
（资料性附录）
在 GPS 矩阵模型中的位置

GPS 矩阵的全部详情参见 GB/Z 20308—2006。

B.1 本部分标准的信息及其应用

本部分是 GB/T 1800 的第 2 部分，规定了孔、轴常用公差带的极限偏差数值表。

B.2 在 GPS 矩阵模型中的位置

本部分是 GPS 通用标准，它影响 GPS 通用标准矩阵中尺寸标准链的链环 1 和 2，如图 B.1 所示。

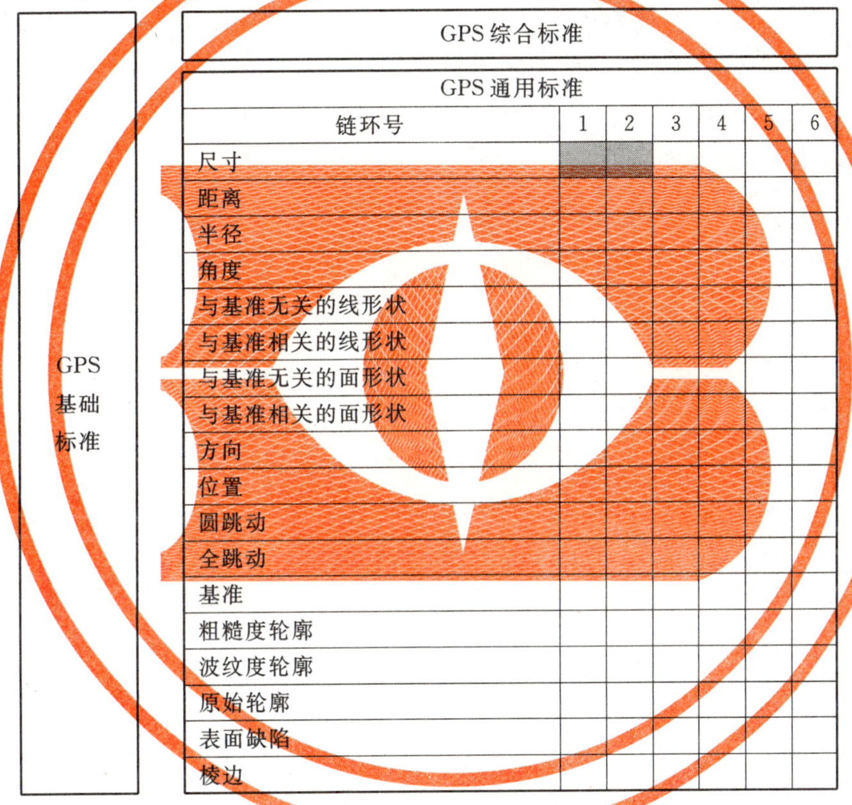

图 B.1 在 GPS 矩阵模型中的位置

B.3 相关的标准

相关的标准为图 B.1 所示标准链涉及的标准。

ICS 17.040.10
J 04

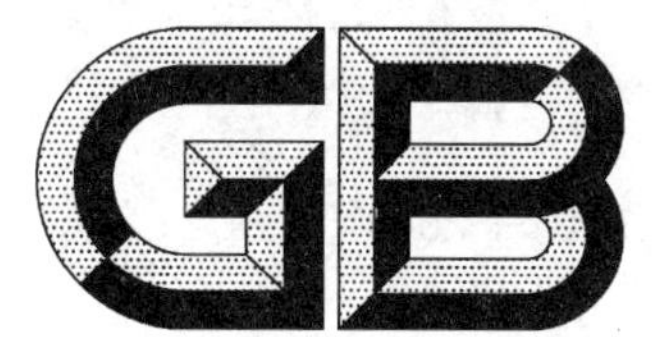

中华人民共和国国家标准

GB/T 1801—2009
代替 GB/T 1801—1999

产品几何技术规范(GPS)
极限与配合
公差带和配合的选择

Geometrical Product Specifications (GPS)—Limits and fits—Selection of tolerance zones and fits

(ISO 1829:1975,Selection of tolerance zones for general purposes,MOD)

2009-03-16 发布　　2009-11-01 实施

中华人民共和国国家质量监督检验检疫总局
中国国家标准化管理委员会 发布

前　言

本标准修改采用ISO 1829:1975《一般用途公差带的选择》,在技术内容上与国际标准一致。考虑到我国国情,从实施本标准的经验与习惯,以及与ISO GPS标准体系协调一致的角度出发,进行了如下一些修改:

——标准名称增加引导要素:产品几何技术规范(GPS);

——增加了配合的规定;

——增加了附录A“公称尺寸至500 mm的优先、常用配合　极限间隙或极限过盈”;

——增加了附录B“公称尺寸大于500 mm配制配合”;

——增加了附录C“公称尺寸大于3 150 mm～10 000 mm标准公差和基本偏差”;

——增加了附录D“在GPS矩阵模型中的位置”。

本标准代替GB/T 1801—1999《极限与配合　公差带和配合的选择》。与1999版相比,主要变化如下:

——标准名称增加引导要素:产品几何技术规范(GPS);

——删掉了引言;

——增加了第3章术语和定义;

——“基本尺寸”改为“公称尺寸”;上偏差、下偏差、最大极限尺寸和最小极限尺寸分别修改为上极限偏差、下极限偏差、上极限尺寸和下极限尺寸;

——增加附录D“在GPS矩阵模型中的位置”。

本标准的附录A、附录B、附录C和附录D均为资料性附录。本标准在GPS体系中的位置在附录D中说明。

本标准由全国产品尺寸和几何技术规范标准化技术委员会提出并归口。

本标准起草单位:中机生产力促进中心、浙江亚太机电股份有限公司、中原工学院、西安交通大学、郑州大学。

本标准主要起草人:李晓沛、赵则祥、施瑞康、赵卓贤、张琳娜、乔雪涛。

本标准所代替标准的历次版本发布情况为:

——GB 1801—1979、GB 1802—1979;

——GB/T 1801—1999。

产品几何技术规范(GPS)
极限与配合
公差带和配合的选择

1 范围

本标准规定了公称尺寸至 3 150 mm 的孔、轴公差带和配合的选择。关于极限与配合的基本规定见 GB/T 1800.1—2009。

本标准适用于具有圆柱型和两平行平面型的线性尺寸要素。

2 规范性引用文件

下列文件中的条款通过本标准的引用而成为本标准的条款。凡是注日期的引用文件,其随后所有的修改单(不包括勘误的内容)或修订版均不适用于本标准,然而,鼓励根据本标准达成协议的各方研究是否可使用这些文件的最新版本。凡是不注日期的引用文件,其最新版本适用于本标准。

GB/T 1800.1—2009 产品几何技术规范(GPS) 极限与配合 第1部分:公差、偏差和配合的基础(ISO 286-1:1988,MOD)

GB/T 1800.2—2009 产品几何技术规范(GPS) 极限与配合 第2部分:标准公差等级和孔、轴极限偏差表(ISO 286-2:1988,MOD)

GB/Z 20308—2006 产品几何技术规范(GPS)总体规划(ISO/TR 14638:1995,MOD)

3 术语和定义

GB/T 1800.1—2009 确立的术语和定义适用于本标准。

4 公差带的选择

4.1 孔公差带

4.1.1 公称尺寸至 500 mm 的孔公差带

公称尺寸至 500 mm 的孔公差带规定如图 1,相应的极限偏差见 GB/T 1800.2—2009 中的表 2～表 15。选择时,应优先选用圆圈中的公差带,其次选用方框中的公差带,最后选用其他的公差带。

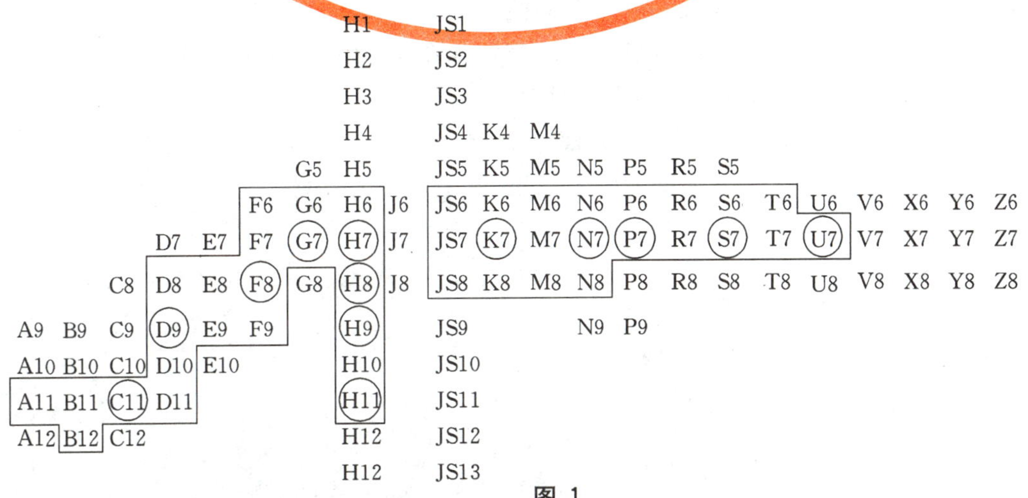

图 1

4.1.2 公称尺寸大于 500 mm～3 150 mm 的孔公差带

公称尺寸大于 500 mm～3 150 mm 的孔公差带规定如图 2，相应的极限偏差见 GB/T 1800.2—2009 中的表 3～表 9。选择时，按需要选用适合的公差带。

			G6	H6	JS6	K6	M6	N6
		F7	G7	H7	JS7	K7	M7	N7
D8	E8	F8		H8	JS8			
D9	E9	F9		H9	JS9			
D10				H10	JS10			
D11				H11	JS11			
				H12	JS12			

图 2

4.2 轴公差带

4.2.1 公称尺寸至 500 mm 的轴公差带

公称尺寸至 500 mm 的轴公差带规定如图 3，相应的极限偏差见 GB/T 1800.2—2009 中的表 17～表 31。选择时，应优先选用圆圈中的公差带，其次选用方框中的公差带，最后选用其他的公差带。

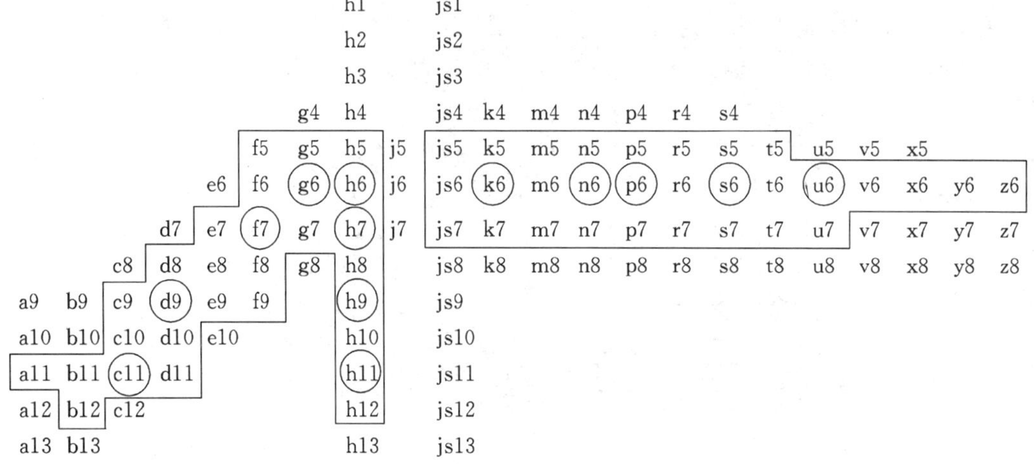

图 3

4.2.2 公称尺寸大于 500 mm～3 150 mm 的轴公差带

公称尺寸大于 500 mm～3 150 mm 的轴公差带规定如图 4，相应的极限偏差见 GB/T 1800.2—2009 中的表 18～表 29。选择时，按需要选用适合的公差带。

			g6	h6	js6	k6	m6	n6	p6	r6	s6	t6	u6
		f7	g7	h7	js7	k7	m7	n7	p7	r7	s7	t7	u7
d8	e8	f8		h8	js8								
d9	e9	f9		h9	js9								
d10				h10	js10								
d11				h11	js11								
				h12	js12								

图 4

5 配合的选择

5.1 公称尺寸至 500 mm 的配合

公称尺寸至 500 mm 的基孔制优先和常用配合规定于表 1，基轴制的优先和常用配合规定于表 2，其极限间隙或极限过盈的数值参见附录 A。选择时，首先选用表中的优先配合，其次选用常用配合。

5.2 公称尺寸大于 500 mm～3 150 mm 的配合

公称尺寸大于 500 mm～3 150 mm 的配合一般采用基孔制的同级配合。根据零件制造特点，如采用配制配合，可参考附录 B 的规定。

表 1 基孔制优先、常用配合

基准孔	轴																				
	a	b	c	d	e	f	g	h	js	k	m	n	p	r	s	t	u	v	x	y	z
	间隙配合								过渡配合			过盈配合									
H6						H6/f5	H6/g5	H6/h5	H6/js5	H6/k5	H6/m5	H6/n5	H6/p5	H6/r5	H6/s5	H6/t5					
H7						H7/f6	◤H7/g6	◤H7/h6	H7/js6	◤H7/k6	H7/m6	◤H7/n6	◤H7/p6	H7/r6	◤H7/s6	H7/t6	◤H7/u6	H7/v6	H7/x6	H7/y6	H7/z6
H8					H8/e7	◤H8/f7	H8/g7	◤H8/h7	H8/js7	H8/k7	H8/m7	H8/n7	H8/p7	H8/r7	H8/s7	H8/t7	H8/u7				
				H8/d8	H8/e8	H8/f8		H8/h8													
H9			H9/c9	◤H9/d9	H9/e9	H9/f9		◤H9/h9													
H10			H10/c10	H10/d10				H10/h10													
H11	H11/a11	H11/b11	◤H11/c11	H11/d11				◤H11/h11													
H12		H12/b12						H12/h12													

注 1：$\frac{H6}{n5}$、$\frac{H7}{p6}$在公称尺寸小于或等于 3 mm 和$\frac{H8}{r7}$在小于或等于 100 mm 时，为过渡配合。

注 2：标注◤的配合为优先配合。

表 2 基轴制优先、常用配合

基准轴	孔																				
	A	B	C	D	E	F	G	H	JS	K	M	N	P	R	S	T	U	V	X	Y	Z
	间隙配合								过渡配合			过盈配合									
h5						F6/h5	G6/h5	H6/h5	JS6/h5	K6/h5	M6/h5	N6/h5	P6/h5	R6/h5	S6/h5	T6/h5					
h6						F7/h6	◤G7/h6	◤H7/h6	JS7/h6	◤K7/h6	M7/h6	◤N7/h6	◤P7/h6	R7/h6	◤S7/h6	T7/h6	◤U7/h6				
h7					E8/h7	◤F8/h7		◤H8/h7	JS8/h7	K8/h7	M8/h7	N8/h7									
h8				D8/h8	E8/h8	F8/h8		H8/h8													
h9				◤D9/h9	E9/h9	F9/h9		◤H9/h9													
h10				D10/h10				H10/h10													
h11	A11/h11	B11/h11	◤C11/h11	D11/h11				◤H11/h11													
h12		B12/h12						H12/h12													
注：标注◤的配合为优先配合。																					

附　录　A
（资料性附录）
公称尺寸至500 mm的优先、常用配合极限间隙或极限过盈

本附录给出了公称尺寸至500 mm的优先、常用配合极限间隙或极限过盈数值表(见表A.1)，用于指导配合的选用。

表A.1　极限间隙或极限过盈

单位为微米

基孔制		H6/f5	H6/g5	H6/h5	H7/f6	◤H7/g6	◤H7/h6	H8/e7	◤H8/f7	H8/g7	◤H8/h7	H8/d8	H8/e8	H8/f8	H8/h8	H9/c9	◤H9/d9
基轴制		F6/h5	G6/h5	H6/h5	F7/h6	◤G7/h6	◤H7/h6	E8/h7	◤F8/h7		◤H8/h7	D8/h8	E8/h8	F8/h8	H8/h8		◤D9/h9
公称尺寸/mm		间隙配合															
大于	至																
—	3	+16 +6	+12 +2	+10 0	+22 +6	+18 +2	+16 0	+38 +14	+30 +6	+26 +2	+24 0	+48 +20	+42 +14	+34 +6	+28 0	+110 +60	+70 +20
3	6	+23 +10	+17 +4	+13 0	+30 +10	+24 +4	+20 0	+50 +20	+40 +10	+34 +4	+30 0	+66 +30	+56 +20	+46 +10	+36 0	+130 +70	+90 +30
6	10	+28 +13	+20 +5	+15 0	+37 +13	+29 +5	+24 0	+62 +25	+50 +13	+42 +5	+37 0	+84 +40	+69 +25	+57 +13	+44 0	+152 +80	+112 +40
10	14	+35 +16	+25 +6	+19 0	+45 +16	+35 +6	+29 0	+77 +32	+61 +16	+51 +6	+45 0	+104 +50	+86 +32	+70 +16	+54 0	+181 +95	+136 +50
14	18																
18	24	+42 +20	+29 +7	+22 0	+54 +20	+41 +7	+34 0	+94 +40	+74 +20	+61 +7	+54 0	+131 +65	+106 +40	+86 +20	+66 0	+214 +110	+169 +65
24	30																
30	40	+52 +25	+36 +9	+27 0	+66 +25	+50 +9	+41 0	+114 +50	+89 +25	+73 +9	+64 0	+158 +80	+128 +50	+103 +25	+78 0	+244 +120	+204 +80
40	50															+254 +130	
50	65	+62 +30	+42 +10	+32 0	+79 +30	+59 +10	+49 0	+136 +60	+106 +30	+86 +10	+76 0	+192 +100	+152 +60	+122 +30	+92 0	+288 +140	+248 +100
65	80															+298 +150	
80	100	+73 +36	+49 +12	+37 0	+93 +36	+69 +12	+57 0	+161 +72	+125 +36	+101 +12	+89 0	+228 +120	+180 +72	+144 +36	+108 0	+344 +170	+294 +120
100	120															+354 +180	
120	140	+86 +43	+57 +14	+43 0	+108 +43	+79 +14	+65 0	+188 +85	+146 +43	+117 +14	+103 0	+271 +145	+211 +85	+169 +43	+126 0	+400 +200	+345 +145
140	160															+410 +210	
160	180															+430 +230	
180	200	+99 +50	+64 +15	+49 0	+125 +50	+90 +15	+75 0	+218 +100	+168 +50	+133 +15	+118 0	+314 +170	+244 +100	+194 +50	+144 0	+470 +240	+400 +170
200	225															+490 +260	
225	250															+510 +280	
250	280	+111 +56	+72 +17	+55 0	+140 +56	+101 +17	+84 0	+243 +110	+189 +56	+150 +17	+133 0	+352 +190	+272 +110	+218 +56	+162 0	+560 +300	+450 +190
280	315															+590 +330	
315	355	+123 +62	+79 +18	+61 0	+155 +62	+111 +18	+93 0	+271 +125	+208 +62	+164 +18	+146 0	+388 +210	+303 +125	+240 +62	+178 0	+640 +360	+490 +210
355	400															+680 +400	
400	450	+135 +68	+87 +20	+67 0	+171 +68	+123 +20	+103 0	+295 +135	+228 +68	+180 +20	+160 0	+424 +230	+329 +135	+262 +68	+194 0	+750 +440	+540 +230
450	500															+790 +480	

注1：表中“+”值为间隙量，“—”值为过盈量。

注2：标注◤的配合为优先配合。

表 A.1（续）

单位为微米

基孔制		H9/e9	H9/f9	H9/h9	H10/c10	H10/d10	H10/h10	H11/a11	H11/b11	H11/c11	H11/d11	H11/h11	H12/b12	H12/h12	H6/js5	
基轴制		E9/h9	F9/h9	H9/h9		D10/h10	H10/h10	A11/h11	B11/h11	C11/h11	D11/h11	H11/h11	B12/h12	H12/h12		JS6/h5
公称尺寸/mm		间隙配合													过渡配合	
大于	至															
—	3	+64 +14	+56 +6	+50 0	+140 +60	+100 +20	+80 0	+390 +270	+260 +140	+180 +60	+140 +20	+120 0	+340 +140	+200 0	+8 −2	+7 −3
3	6	+80 +20	+70 +10	+60 0	+166 +70	+126 +30	+96 0	+420 +270	+290 +140	+220 +70	+180 +30	+150 0	+380 +140	+240 0	+10.5 −2.5	+9 −4
6	10	+97 +25	+85 +13	+72 0	+196 +80	+156 +40	+116 0	+460 +280	+330 +150	+260 +80	+220 +40	+180 0	+450 +150	+300 0	+12 −3	+10.5 −4.5
10	14	+118 +32	+102 +16	+86 0	+235 +95	+190 +50	+140 0	+510 +290	+370 +150	+315 +95	+270 +50	+220 0	+510 +150	+360 0	+15 −4	+13.5 −5.5
14	18															
18	24	+144 +40	+124 +20	+104 0	+278 +110	+233 +65	+168 0	+560 +300	+420 +160	+370 +110	+325 +65	+260 0	+580 +160	+420 0	+17.5 −4.5	+15.5 −6.5
24	30															
30	40	+174 +50	+149 +25	+124 0	+320 +120	+280 +80	+200 0	+630 +310	+490 +170	+440 +120	+400 +80	+320 0	+670 +170	+500 0	+21.5 −5.5	+19 −8
40	50				+330 +130			+640 +320	+500 +180	+450 +130			+680 +180			
50	65	+208 +60	+178 +30	+148 0	+380 +140	+340 +100	+240 0	+720 +340	+570 +190	+520 +140	+480 +100	+380 0	+790 +190	+600 0	+25.5 −6.5	+22.5 −9.5
65	80				+390 +150			+740 +360	+580 +200	+530 +150			+800 +200			
80	100	+246 +72	+210 +36	+174 0	+450 +170	+400 +120	+280 0	+820 +380	+660 +220	+610 +170	+560 +120	+440 0	+920 +220	+700 0	+29.5 −7.5	+26 −11
100	120				+460 +180			+850 +410	+680 +240	+620 +180			+940 +240			
120	140	+285 +85	+243 +43	+200 0	+520 +200	+465 +145	+320 0	+960 +460	+760 +260	+700 +200	+645 +145	+500 0	+1060 +260	+800 0	+34 −9	+30.5 −12.5
140	160				+530 +210			+1020 +520	+780 +280	+710 +210			+1080 +280			
160	180				+550 +230			+1080 +580	+810 +310	+730 +230			+1110 +310			
180	200	+330 +100	+280 +50	+230 0	+610 +240	+540 +170	+370 0	+1240 +660	+920 +340	+820 +240	+750 +170	+580 0	+1260 +340	+920 0	+39 −10	+34.5 −14.5
200	225				+630 +260			+1320 +740	+960 +380	+840 +260			+1300 +380			
225	250				+650 +280			+1400 +820	+1000 +420	+860 +280			+1340 +420			
250	280	+370 +110	+316 +56	+260 0	+720 +300	+610 +190	+420 0	+1560 +920	+1120 +480	+940 +300	+830 +190	+640 0	+1520 +480	+1040 0	+43.5 −11.5	+39 −16
280	315				+750 +330			+1690 +1050	+1180 +540	+970 +330			+1580 +540			
315	355	+405 +125	+342 +62	+280 0	+820 +360	+670 +210	+460 0	+1920 +1200	+1320 +600	+1080 +360	+930 +210	+720 0	+1740 +600	+1140 0	+48.5 −12.5	+43 −18
355	400				+860 +400			+2070 +1350	+1400 +680	+1120 +400			+1820 +680			
400	450	+445 +135	+378 +68	+310 0	+940 +440	+730 +230	+500 0	+2300 +1500	+1560 +760	+1240 +440	+1030 +230	+800 0	+2020 +760	+1260 0	+53.5 −13.5	+47 −20
450	500				+980 +480			+2450 +1650	+1640 +840	+1280 +480			+2100 +840			

表 A.1（续）

单位为微米

基孔制		H6/k5		H6/m5		H7/js6		H7/k6		H7/m6		H7/n6		H8/js7		H8/k7	
基轴制			K6/h5		M6/h5		JS7/h6		K7/h6		M7/h6		N7/h6		JS8/h7		K8/h7
公称尺寸/mm		过渡配合															
大于	至																
—	3	+6 −4	+4 −6	+4 −6	+2 −8	+13 −3	+11 −5	+10 −6	+6 −10	±8	+4 −12	+6 −10	+2 −14	+19 −5	+17 −7	+14 −10	+10 −14
3	6	+7 −6		+4 −9		+16 −4	+14 −6	+11 −9		+8 −12		+4 −16		+24 −6	+21 −9	+17 −13	
6	10	+8 −7		+3 −12		+19.5 −4.5	+16 −7	+14 −10		+9 −15		+5 −19		+29 −7	+26 −11	+21 −16	
10	14	+10 −9		+4 −15		+23.5 −5.5	+20 −9	+17 −12		+11 −18		+6 −23		+36 −9	+31 −13	+26 −19	
14	18																
18	24	±11		+5 −17		+27.5 −6.5	+23 −10	+19 −15		+13 −21		+6 −28		+43 −10	+37 −16	+31 −23	
24	30																
30	40	+14 −13		+7 −20		+33 −8	+28 −12	+23 −18		+16 −25		+8 −33		+51 −12	+44 −19	+37 −27	
40	50																
50	65	+17 −15		+8 −24		+39.5 −9.5	+34 −15	+28 −21		+19 −30		+10 −39		+61 −15	+53 −23	+44 −32	
65	80																
80	100	+19 −18		+9 −28		+46 −11	+39 −17	+32 −25		+22 −35		+12 −45		+71 −17	+62 −27	+51 −38	
100	120																
120	140	+22 −21		+10 −33		+52.5 −12.5	+45 −20	+37 −28		+25 −40		+13 −52		+83 −20	+71 −31	+60 −43	
140	160																
160	180																
180	200	+25 −24		+12 −37		+60.5 −14.5	+52 −23	+42 −33		+29 −46		+15 −60		+95 −23	+82 −36	+68 −50	
200	225																
225	250																
250	280	+28 −27		+12 −43	+14 −41	+68 −16	+58 −26	+48 −36		+32 −52		+18 −66		+107 −26	+92 −40	+77 −56	
280	315																
315	355	+32 −29		+15 −46		+75 −18	+64 −28	+53 −40		+36 −57		+20 −73		+117 −28	+101 −44	+85 −61	
355	400																
400	450	+35 −32		+17 −50		+83 −20	+71 −31	+58 −45		+40 −63		+23 −80		+128 −31	+111 −48	+92 −68	
450	500																

表 A.1（续）

单位为微米

基孔制		$\frac{H8}{m7}$		$\frac{H8}{n7}$		$\frac{H8}{p7}$	$\frac{H6}{n5}$		$\frac{H6}{p5}$		$\frac{H6}{r5}$		$\frac{H6}{s5}$		$\frac{H6}{t5}$	$\frac{H7}{p6}$	
基轴制			$\frac{M8}{h7}$		$\frac{N8}{h7}$			$\frac{N6}{h5}$		$\frac{P6}{h5}$		$\frac{R6}{h5}$		$\frac{S6}{h5}$	$\frac{T6}{h5}$		$\frac{P7}{h6}$
公称尺寸/mm		过渡配合					过 盈 配 合										
大于	至																
—	3	+12 −12	+8 −16	+10 −14	+6 −18	+8 −16	+2 −8	0 −10	0 −10	−2 −12	−4 −14	−6 −16	−8 −18	−10 −20	—	+4 −12	0 −16
3	6	+14 −16		+10 −20		+6 −24	0 −13		−4 −17		−7 −20		−11 −24		—	0 −20	
6	10	+16 −21		+12 −25		+7 −30	−1 −16		−6 −21		−10 −25		−14 −29		—	0 −24	
10	14	+20 −25		+15 −30		+9 −36	−1 −20		−7 −26		−12 −31		−17 −36		—	0 −29	
14	18																
18	24	+25 −29		+18 −36		+11 −43	−2 −24		−9 −31		−15 −37		−22 −44		—	−1 −35	
24	30														−28 −50		
30	40	+30 −34		+22 −42		+13 −51	−1 −28		−10 −37		−18 −45		−27 −54		−32 −59	−1 −42	
45	50														−38 −65		
50	65	+35 −41		+26 −50		+14 −62	−1 −33		−13 −45		−22 −54		−34 −66		−47 −79	−2 −51	
65	80										−24 −56		−40 −72		−56 −88		
80	100	+41 −48		+31 −58		+17 −72	−1 −38		−15 −52		−29 −66		−49 −86		−69 −106	−2 −59	
100	120										−32 −69		−57 −94		−82 −119		
120	140	+48 −55		+36 −67		+20 −83	−2 −45		−18 −61		−38 −81		−67 −110		−97 −140	−3 −68	
140	160										−40 −83		−75 −118		−109 −152		
160	180										−43 −86		−83 −126		−121 −164		
180	200	+55 −63		+41 −77		+22 −96	−2 −51		−21 −70		−48 −97		−93 −142		−137 −186	−4 −79	
200	225										−51 −100		−101 −150		−151 −200		
225	250										−55 −104		−111 −160		−167 −216		
250	280	+61 −72		+47 −86		+25 −108	−2 −57		−24 −79		−62 −117		−126 −181		−186 −241	−4 −88	
280	315										−66 −121		−138 −193		−208 −263		
315	355	+68 −78		+52 −94		+27 −119	−1 −62		−26 −87		−72 −133		−154 −215		−232 −293	−5 −98	
355	400										−78 −139		−172 −233		−258 −319		
400	450	+74 −86		+57 −103		+29 −131	0 −67		−28 −95		−86 −153		−192 −259		−290 −357	−5 −108	
450	500										−92 −159		−212 −279		−320 −387		

注：$\frac{H6}{n5}$、$\frac{H7}{p6}$在公称尺寸小于或等于 3 mm 时，为过渡配合。

表 A.1（续）

单位为微米

基孔制		H7/r6		H7/s6		H7/t6	H7/u6		H7/v6	H7/x6	H7/y6	H7/z6	H8/r7	H8/s7	H8/t7	H8/u7
基轴制			R7/h6		S7/h6	T7/h6		U7/h6								
公称尺寸/mm		过盈配合														
大于	至															
—	3	0 −16	−4 −20	−4 −20	−8 −24	—	−8 −24	−12 −28	—	−10 −26	—	−16 −32	+4 −20	0 −24	—	−4 −28
3	6	−3 −23		−7 −27		—	−11 −31		—	−16 −36	—	−23 −43	+3 −27	−1 −31	—	−5 −35
6	10	−4 −28		−8 −32		—	−13 −37		—	−19 −43	—	−27 −51	+3 −34	−1 −38	—	−6 −43
10	14	−5 −34		−10 −39		—	−15 −44		—	−22 −51	—	−32 −61	+4 −41	−1 −46	—	−6 −51
14	18								−21 −50	−27 −56	—	−42 −71				
18	24	−7 −41		−14 −48		—	−20 −54		−26 −60	−33 −67	−42 −76	−52 −86	+5 −49	−2 −56	—	−8 −62
24	30					−20 −54	−27 −61		−34 −68	−43 −77	−54 −88	−67 −101			−8 −62	−15 −69
30	40	−9 −50		−18 −59		−23 −64	−35 −76		−43 −84	−55 −96	−69 −110	−87 −128	+5 −59	−4 −68	−9 −73	−21 −85
40	50					−29 −70	−45 −86		−56 −97	−72 −113	−89 −130	−111 −152			−15 −79	−31 −95
50	65	−11 −60		−23 −72		−36 −85	−57 −106		−72 −121	−92 −141	−114 −163	−142 −191	+5 −71	−7 −83	−20 −96	−41 −117
65	80	−13 −62		−29 −78		−45 −94	−72 −121		−90 −139	−116 −165	−144 −193	−180 −229	+3 −73	−13 −89	−29 −105	−56 −132
80	100	−16 −73		−36 −93		−56 −113	−89 −146		−111 −168	−143 −200	−179 −236	−223 −280	+3 −86	−17 −106	−37 −126	−70 −159
100	120	−19 −76		−44 −101		−69 −126	−109 −166		−137 −194	−175 −232	−219 −276	−275 −332	0 −89	−25 −114	−50 −139	−90 −179
120	140	−23 −88		−52 −117		−82 −147	−130 −195		−162 −227	−208 −273	−260 −325	−325 −390	0 −103	−29 −132	−59 −162	−107 −210
140	160	−25 −90		−60 −125		−94 −159	−150 −215		−188 −253	−240 −305	−300 −365	−375 −440	−2 −105	−37 −140	−71 −174	−127 −230
160	180	−28 −93		−68 −133		−106 −171	−170 −235		−212 −277	−270 −335	−340 −405	−425 −490	−5 −108	−45 −148	−83 −186	−147 −250
180	200	−31 −106		−76 −151		−120 −195	−190 −265		−238 −313	−304 −379	−379 −454	−474 −549	−5 −123	−50 −168	−94 −212	−164 −282
200	225	−34 −109		−84 −159		−134 −209	−212 −287		−264 −339	−339 −414	−424 −499	−529 −604	−8 −126	−58 −176	−108 −226	−186 −304
225	250	−38 −113		−94 −169		−150 −225	−238 −313		−294 −369	−379 −454	−474 −549	−594 −669	−12 −130	−68 −186	−124 −242	−212 −330
250	280	−42 −126		−106 −190		−166 −250	−263 −347		−333 −417	−423 −507	−528 −612	−658 −742	−13 −146	−77 −210	−137 −270	−234 −367
280	315	−46 −130		−118 −202		−188 −272	−298 −382		−373 −457	−473 −557	−598 −682	−738 −822	−17 −150	−89 −222	−159 −292	−269 −402
315	355	−51 −144		−133 −226		−211 −304	−333 −426		−418 −511	−533 −626	−673 −766	−843 −936	−19 −165	−101 −247	−179 −325	−301 −447
355	400	−57 −150		−151 −244		−237 −330	−378 −471		−473 −566	−603 −696	−763 −856	−943 −1 036	−25 −171	−119 −265	−205 −351	−346 −492
400	450	−63 −166		−169 −272		−267 −370	−427 −530		−532 −635	−677 −780	−857 −960	−1 037 −1 140	−29 −189	−135 −295	−233 −393	−393 −553
450	500	−69 −172		−189 −292		−297 −400	−477 −580		−597 −700	−757 −860	−937 −1 040	−1 187 −1 290	−35 −195	−155 −315	−263 −423	−443 −603

注：$\frac{H8}{r7}$在小于或等于 100 mm 时，为过渡配合。

附　录　B
（资料性附录）
公称尺寸大于500 mm配制配合

公称尺寸大于500 mm的零件除采用互换性生产外，根据其制造特点可采用配制配合。本附录用于指导有关配制配合的正确理解和使用。

B.1　总则

配制配合是以一个零件的实际尺寸为基数，来配制另一个零件的一种工艺措施。一般用于公差等级较高，单件小批生产的配合零件。

是否采用配制配合由设计人员根据零件的生产和使用情况决定。

B.2　对配制配合零件的一般要求

a）　先按互换性生产选取配合。配制的结果应满足此配合公差。

b）　一般选择较难加工，但能得到较高测量精度的那个零件（在多数情况下是孔）作为先加工件，给它一个比较容易达到的公差或按“线性尺寸的未注公差”加工。

c）　配制件（多数情况下是轴）的公差可按所定的配合公差来选取。所以，配制件的公差比采用互换性生产时单个零件的公差要宽。配制件的偏差和极限尺寸以先加工件的实际尺寸为基数来确定。

d）　配制配合是关于尺寸极限方面的技术规定，不涉及其他技术要求，如零件的形状和位置公差、表面粗糙度等，不因采用配制配合而降低。

e）　测量对保证配合性质有很大关系，要注意温度、形状和位置误差对测量结果的影响。配制配合应采用尺寸相互比较的测量方法。在同样条件下测量，使用同一基准装置或校对量具，由同一组计量人员进行测量，以提高测量精度。

B.3　在图样上的标注方法

用代号MF（Matched Fit）表示配制配合，借用基准孔的代号H或基准轴的代号h表示先加工件。在装配图和零件图的相应部位均应标出。装配图上还要标明按互换性生产时的配合要求。

举例：公称尺寸为ϕ3000 mm的孔和轴，要求配合的最大间隙为0.45 mm，最小间隙为0.14 mm，按互换性生产可选用ϕ3000 H6/f6或3000 F6/h6。其最大间隙为0.415 mm，最小间隙为0.145 mm，现确定采用配制配合。

a）　在装配图上标注为：

ϕ3000 H6/f6 MF（先加工件为孔）

或ϕ3000 F6/h6 MF（先加工件为轴）

b）　若先加工件为孔，给一个较容易达到的公差，例如H8在零件图上标注为：

ϕ3000 H8 MF

若按“线性尺寸的未注公差”加工，则标注为：

ϕ3000 MF

c）　配制件为轴，根据已确定的配合公差选取合适的公差带，例如f7，此时其最大间隙为0.355 mm，最小间隙为0.145 mm，图上标注为：

ϕ3000 f7 MF　或　$\phi 3000^{-0.145}_{-0.355}$ MF

B.4 配制件极限尺寸的计算

以B.3中的举例，用尽可能准确的测量方法测出先加工件(孔)的实际尺寸，例如为ϕ3000.195 mm，则配制件(轴)的极限尺寸计算如下：

上极限尺寸＝3000.195－0.145＝3000.05 mm；

下极限尺寸＝3000.195－0.355＝2999.84 mm。

附　录　C
（资料性附录）
公称尺寸大于 3 150 mm～10 000 mm 标准公差和基本偏差

本附录提供的标准公差（见表 C.1）和孔、轴的基本偏差（见表 C.2）的数值，供参考使用。

表 C.1　标准公差数值

公称尺寸/mm		公差等级												
		IT6	IT7	IT8	IT9	IT10	IT11	IT12	IT13	IT14	IT15	IT16	IT17	IT18
大于	至	μm						mm						
3 150	4 000	165	260	410	660	1 050	1 650	2.60	4.10	6.6	10.5	16.5	26.0	41.0
4 000	5 000	200	320	500	800	1 300	2 000	3.20	5.00	8.0	13.0	20.0	32.0	50.0
5 000	6 300	250	400	620	980	1 550	2 500	4.00	6.20	9.8	15.5	25.0	40.0	62.0
6 300	8 000	310	490	760	1 200	1 950	3 100	4.90	7.60	12.0	19.5	31.0	49.0	76.0
8 000	10 000	380	600	940	1 500	2 400	3 800	6.00	9.40	15.0	24.0	38.0	60.0	94.0

表 C.2　孔、轴的基本偏差数值　　单位为微米

轴的基本偏差		上极限偏差(es)						下极限偏差(ei)							
		d	e	f	g	h	js	k	m	n	p	r	s	t	u
公差等级		6～18													
公称尺寸/mm		符号													
大于	至	−	−	−	−				+	+	+	+	+	+	+
3 150	3 550	580	320	160		0	偏差＝±$\frac{IT}{2}$				290	680	1 600	2 400	3 600
3 550	4 000											720	1 750	2 600	4 000
4 000	4 500	640	350	175		0					360	840	2 000	3 000	4 600
4 500	5 000											900	2 200	3 300	5 000
5 000	5 600	720	380	190		0					440	1 050	2 500	3 700	5 600
5 600	6 300											1 100	2 800	4 100	6 400
6 300	7 100	800	420	210		0					540	1 300	3 200	4 700	7 200
7 100	8 000											1 400	3 500	5 200	8 000
8 000	9 000	880	460	230		0					680	1 650	4 000	6 000	9 000
9 000	10 000											1 750	4 400	6 600	10 000
大于	至	+	+	+	+				−	−	−	−	−	−	−
公称尺寸/mm		符号													
公差等级		6～18													
孔的基本偏差		D	E	F	G	H	JS	K	M	N	P	R	S	T	U
		下极限偏差(EI)						上极限偏差(ES)							

附　录　D
（资料性附录）
在 GPS 矩阵模型中的位置

GPS 矩阵的全部详情参见 GB/Z 20308—2006。

D.1　本标准的信息及其应用

本标准给出公称尺寸至 500 mm 孔、轴公差带及配合的选择。

D.2　在 GPS 矩阵模型中的位置

本标准是 GPS 通用标准，它影响 GPS 矩阵中尺寸标准链的链环 1 和链环 2，如图 D.1 所述。

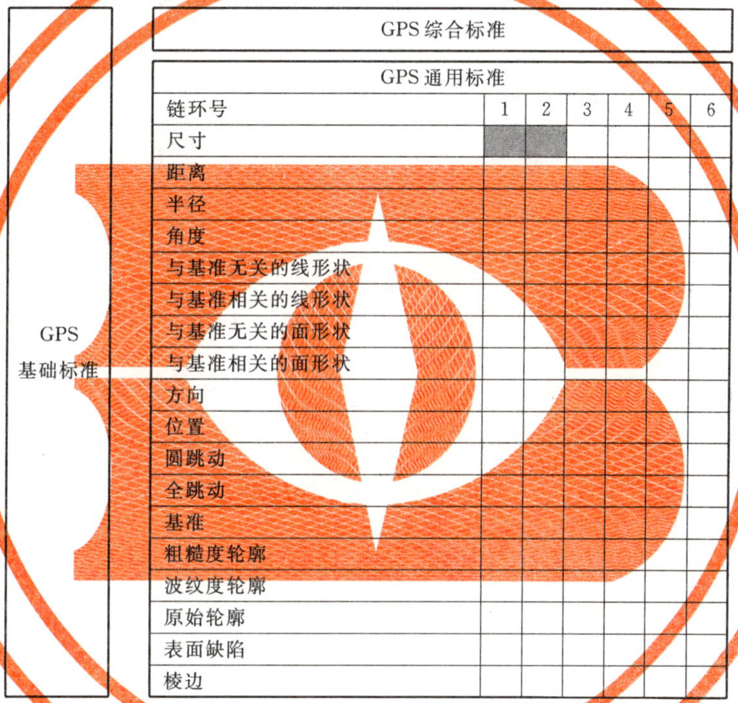

GPS 基础标准	GPS 综合标准						
	GPS 通用标准						
	链环号	1	2	3	4	5	6
	尺寸						
	距离						
	半径						
	角度						
	与基准无关的线形状						
	与基准相关的线形状						
	与基准无关的面形状						
	与基准相关的面形状						
	方向						
	位置						
	圆跳动						
	全跳动						
	基准						
	粗糙度轮廓						
	波纹度轮廓						
	原始轮廓						
	表面缺陷						
	棱边						

图 D.1　在 GPS 矩阵模型中的位置

D.3　相关的标准

相关的标准为图 D.1 所示标准链涉及的标准。

ICS 01.100.20;17.040.10
J 04

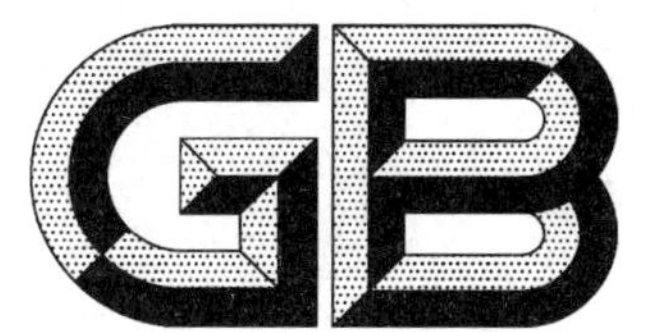

中华人民共和国国家标准

GB/T 4249—2009
代替 GB/T 4249—1996

产品几何技术规范(GPS) 公差原则

**Geometrical Product Specifications(GPS)—
Tolerancing principle**

(ISO 8015:1985,Technical drawings—
Fundamental tolerancing principle,MOD)

2009-03-16 发布 2009-11-01 实施

中华人民共和国国家质量监督检验检疫总局
中国国家标准化管理委员会 发布

前　言

本标准修改采用 ISO 8015:1985《机械制图　基本公差原则》，在文本结构上除了增加术语和定义外，与 ISO 8015:1985 完全对应，基本内容也与 ISO 8015:1985 一致。为与 ISO GPS 标准体系一致，进行了如下一些修改：

——标准名称增加引导要素：产品几何技术规范(GPS)；

——术语定义部分增加了现行 GPS 标准的新概念；

——增加了附录 A“在 GPS 矩阵模型中的位置”。

为便于使用，本标准对 ISO 8015:1985 还做了下列编辑性修改：

——“本国际标准”一词改为“本标准”；

——删除了 ISO 8015:1985 的前言。

本标准代替 GB/T 4249—1996《公差原则》，与 1996 版相比，除以上修改外，主要变化为：

——将“形状和位置公差”改为“几何公差”；

——增加了第 3 章术语和定义，给出最大实体边界、最小实体边界、包容要求的定义；

——第 4 章改为第 5 章，将其中有关叙述部分做了相应修改和补充；

——第 5 章改为第 6 章，简化了最大实体要求、最小实体要求和可逆要求的内容；

——删去了附录 A(提示的附录)“零形位公差”。

本标准的附录 A 为资料性附录。本标准在 GPS 体系中的位置在附录 A 中说明。

本标准由全国产品尺寸和几何技术规范标准化技术委员会提出并归口。

本标准起草单位：中机生产力促进中心、西安交通大学、郑州大学、中原工学院。

本标准主要起草人：李晓沛、赵卓贤、张琳娜、赵则祥、景蔚萱、赵凤霞。

本标准所代替标准的历次版本发布情况为：

——GB 4249—1984、GB/T 4249—1996。

产品几何技术规范(GPS)
公 差 原 则

1 范围

本标准规定了确定尺寸(线性尺寸和角度尺寸)公差和几何公差之间相互关系的原则。

本标准适用于技术制图和有关文件中所标注的尺寸、尺寸公差和几何公差，以确定零件要素的大小、形状、方向和位置特征。

2 规范性引用文件

下列文件中的条款通过本标准的引用而成为本标准的条款。凡是注日期的引用文件，其随后所有的修改单(不包括勘误的内容)或修订版均不适用于本标准，然而，鼓励根据本标准达成协议的各方研究是否可使用这些文件的最新版本。凡是不注日期的引用文件，其最新版本适用于本标准。

GB/T 1800.1—2009 产品几何技术规范(GPS) 极限与配合 第1部分：公差、偏差和配合的基础(ISO 286-1:1988,MOD)

GB/T 1182—2008 产品几何技术规范(GPS) 几何公差 形状、方向、位置和跳动公差标注(ISO 1101:2004,IDT)

GB/T 16671—2009 产品几何技术规范(GPS) 几何公差 最大实体要求、最小实体要求和可逆要求(ISO 2692:2006,MOD)

GB/T 18780.1—2002 产品几何量技术规范(GPS) 几何要素 第1部分：基本术语和定义(ISO 14660-1:1999,IDT)

GB/T 18780.2—2003 产品几何量技术规范(GPS) 几何要素 第2部分：圆柱面和圆锥面的提取中心线、平行平面的提取中心面、提取要素的局部尺寸(ISO 14660-2:1999,IDT)

GB/Z 20308—2006 产品几何技术规范(GPS) 总体规划(ISO/TR 14638:1995,MOD)

3 术语和定义

GB/T 1800.1—2009、GB/T 16671—2009、GB/T 18780.1—2002、GB/T 18780.2—2003 确立的以及下列术语和定义适用于本标准。

3.1

尺寸要素 feature of size

由一定大小的线性尺寸或角度尺寸确定的几何形状。

[GB/T 18780.1—2002 中 2.2]

3.2

实际(组成)要素 real(integral) feature

由接近实际(组成)要素所限定的工件实际表面的组成要素部分。

[GB/T 18780.1—2002 中 2.4.1]

3.3

提取组成要素 extracted integral feature

按规定方法，由实际(组成)要素提取优先数目的点所形成的实际(组成)要素的近似替代。

[GB/T 18780.1—2002 中 2.5]

3.4

提取导出要素　extracted derived feature

由一个或几个提取组成要素得到的中心点、中心线或中心面。

[GB/T 18780.1—2002 中 2.5.1]

3.5

拟合组成要素　extracted integral feature

按规定的方法由提取组成要素形成的并具有理想形状的组成要素。

[GB/T 18780.1—2002 中 2.6]

3.6

提取组成要素的局部尺寸　local size of an extracted integral feature

一切提取组成要素上两对应点之间距离的统称。

注：为方便起见，可将提取组成要素的局部尺寸简称为提取要素的局部尺寸。

[GB/T 1800.1—2009 中 3.7.2]

3.6.1

提取圆柱面的局部尺寸　local size of an extracted cylinder

提取圆柱面的局部直径　local diameter of an extracted cylinder

要素上两对应点之间的距离，其中：

两对应点之间的连线通过拟合圆圆心；

横截面垂直于由提取表面得到的拟合圆柱面的轴线。

[GB/T 18780.2—2003 中 3.5]

3.6.2

两平行提取表面的局部尺寸　local size of two parallel extracted surfaces

两平行对应提取表面上两对应点之间的距离，其中：

所有对应点的连线均垂直于拟合中心平面；

拟合中心平面是由两平行提取表面得到的两拟合平行平面的中心平面(两拟合平行平面之间的距离可能与公称距离不同)。

[GB/T 18780.2—2003 中 3.6]

3.7

最大实体状态　maximum material condition(MMC)

假定提取组成要素的局部尺寸处处位于极限尺寸且使其具有实体最大时的状态。

[GB/T 16671—2009 中 3.9]

3.8

最大实体尺寸　maximum material size(MMS)

确定要素最大实体状态的尺寸。即外尺寸要素的上极限尺寸，内尺寸要素的下极限尺寸。

[GB/T 16671—2009 中 3.10]

3.9

最小实体状态　least material condition(LMC)

假定提取组成要素的局部尺寸处处位于极限尺寸且使其具有实体最小时的状态。

[GB/T 16671—2009 中 3.11]

3.10

最小实体尺寸　least material size(LMS)

确定要素最小实体状态的尺寸。即外尺寸要素的下极限尺寸，内尺寸要素的上极限尺寸。

[GB/T 16671—2009 中 3.12]

3.11

最大实体边界 maximum material boundary(MMB)

最大实体状态的理想形状的极限包容面。

3.12

最小实体边界 least material boundary(LMB)

最小实体状态的理想形状的极限包容面。

3.13

包容要求 envelope requirement

尺寸要素的非理想要素不得违反其最大实体边界 (MMVB)的一种尺寸要素要求。

3.14

最大实体要求 maximum material requirement(MMR)

尺寸要素的非理想要素不得违反其最大实体实效状态(MMVC)的一种尺寸要素要求,也即尺寸要素的非理想要素不得超越其最大实体实效边界(MMVB)的一种尺寸要素要求。

[GB/T 16671—2009 中 3.17]

3.15

最小实体要求 least material requirement(LMR)

尺寸要素的非理想要素不得违反其最小实体实效状态(LMVC)的一种尺寸要素要求,也即尺寸要素的非理想要素不得超越其最小实体实效边界(LMVB) 的一种尺寸要素要求。

[GB/T 16671—2009 中 3.18]

3.16

可逆要求 reciprocity requirement(RPR)

最大实体要求(MMR)或最小实体要求(LMR)的附加要求,表示尺寸公差可以在实际几何误差小于几何公差之间的差值范围内增大。

[GB/T 16671—2009 中 3.19]

4 独立原则

图样上给定的每一个尺寸和几何(形状、方向或位置)要求均是独立的,应分别满足要求。如果对尺寸和几何(形状、方向或位置)要求之间的相互关系有特定要求,应在图样上规定。

5 公差

5.1 尺寸公差

5.1.1 线性尺寸公差

线性尺寸公差仅控制提取要素的局部尺寸,不控制提取圆柱面的奇数棱圆度误差以及由于提取导出要素形状误差引起的提取要素的形状误差(如提取中心线直线度误差引起的提取圆柱面的素线直线度误差或提取中心面平面度误差引起的两对应提取平面的平面度误差)。

形状误差应由单独标注的形状公差、一般几何公差或包容要求、最大实体要求、最小实体要求控制。

示例:图 1a)为一外圆柱面,仅标注了直径公差。此标注说明其提取圆柱面的局部直径必须位于 149.96 mm~150 mm之间,线性尺寸公差(0.04 mm)不控制提取圆柱面的奇数棱圆度误差以及提取中心线直线度误差引起的提取圆柱面的素线直线度误差,如图 1b)所示。

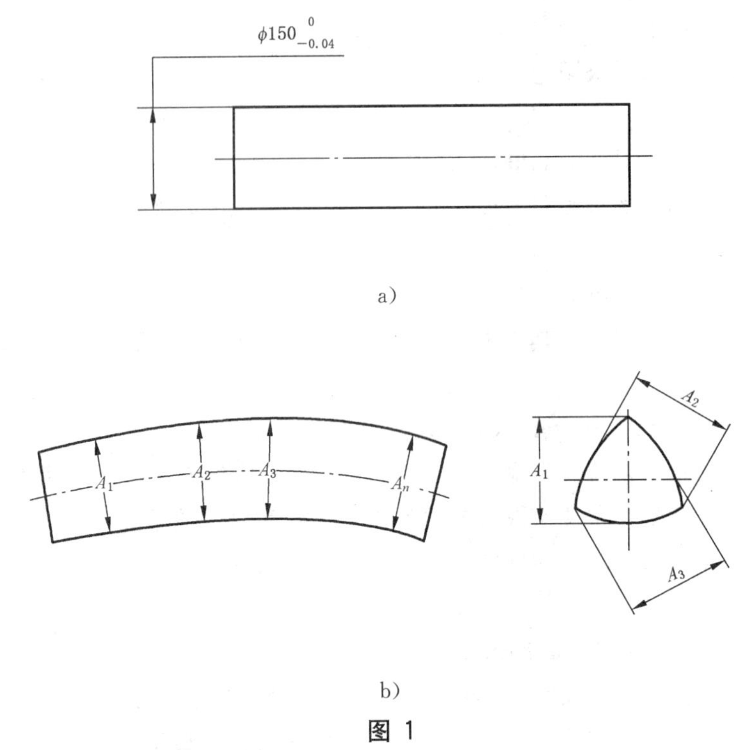

图 1

5.1.2 角度公差

以角度单位标注的角度公差只控制提取组成要素（提取线或提取表面素线）的总方向，不控制提取要素的形状误差。

总方向是指接触线的方向，接触线是与提取组成要素相接触的最大距离为最小的理想直线。

提取要素的形状误差应由单独标注的形状公差或一般形状公差控制。

示例：图 2 为 A、B 两要素之间注有 45°±2°的角度公差。此标注说明 *A*、*B* 两提取组成要素分别按最小条件确定其拟合组成要素（接触线），该两拟合组成要素间的夹角应在规定的两极限角度（43°～47°）之间，角度公差不控制两提取组成要素的形状误差（见图 3）。

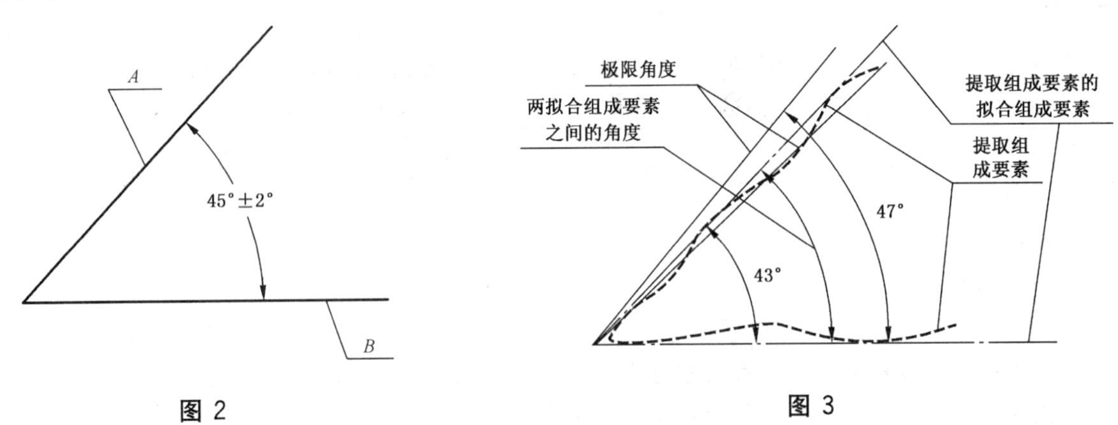

图 2　　图 3

5.2 几何公差

不论注有公差要素的提取要素的局部尺寸如何，提取要素均应位于给定的几何公差带之内，并且其几何误差允许达到最大值。

示例：图 4 为一注有直径公差、素线直线度公差和圆度公差的外圆柱尺寸要素。此标注说明其提取圆柱面的局部尺寸应在上极限尺寸与下极限尺寸之间，其形状误差应在给定的相应形状公差之内。不论提取圆柱面的局部尺寸如何，其形状误差（素线直线度误差和圆度误差包括横截面奇数棱圆误差）均允许达到给定的最大值（见图 5）。

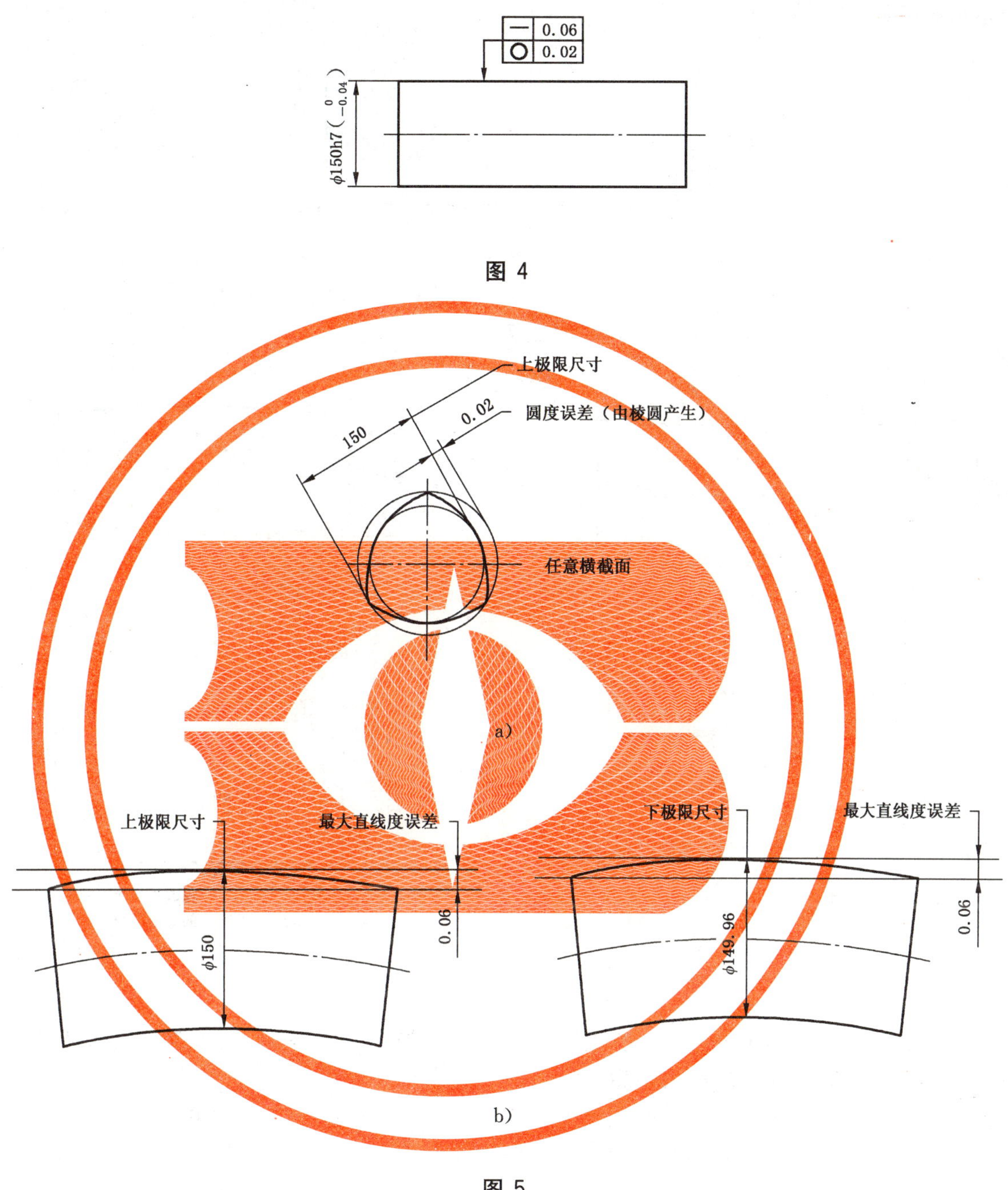

图 4

图 5

6 相关要求

图样上给定的尺寸公差和几何公差相互有关的公差要求，含包容要求、最大实体要求(MMR)[包括附加于最大实体要求的可逆要求(RPR)]和最小实体要求(LMR)[包括附加于最小实体要求的可逆要求(RPR)]。

6.1 包容要求

包容要求适用于圆柱表面或两平行对应面。

包容要求表示提取组成要素不得超越其最大实体边界(MMB)，其局部尺寸不得超出最小实体尺寸(LMS)。

采用包容要求的尺寸要素应在其尺寸极限偏差或公差带代号之后加注符号Ⓔ(见 GB/T 1182—2008),示例如图 6 所示。

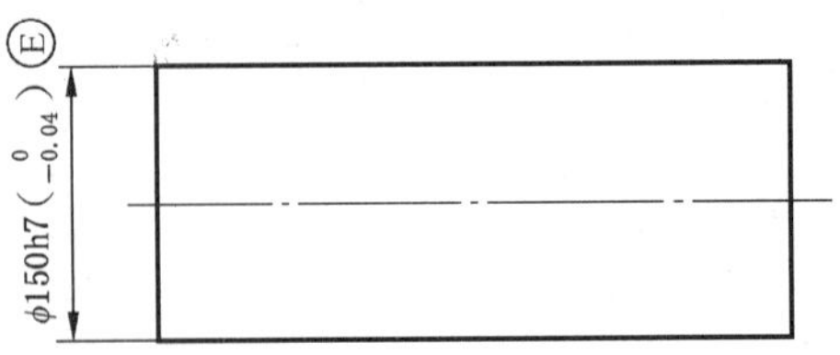

图 6

标注说明:提取圆柱面应在其最大实体边界(MMB)之内,该边界的尺寸为最大实体尺寸(MMS)φ150 mm。其局部尺寸不得小于 149.96 mm(见图 7)。

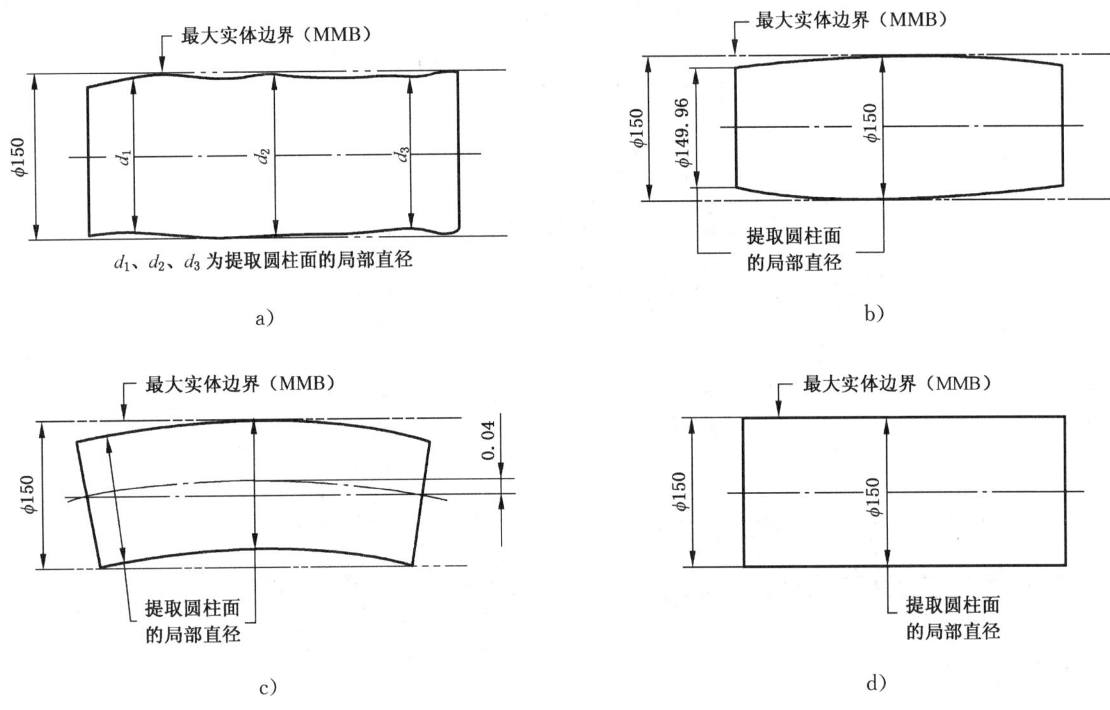

图 7

6.2 最大实体要求(MMR)[包括附加于最大实体要求的可逆要求(RPR)]和最小实体要求(LMR)[包括附加于最小实体要求的可逆要求(LMR)]

如果由于功能和经济原因,需要使要素的尺寸和几何公差相关,可以应用最大实体要求(MMR)[包括附加于最大实体要求的可逆要求(RPR)]和最小实体要求(LMR)[包括附加于最小实体要求的可逆要求(LMR)](见 GB/T 16671—2009)。

7 公差原则的图样标注

图样上或技术文件中采用本标准时,应注明:公差原则按 GB/T 4249。

附　录　A
（资料性附录）
在 GPS 矩阵模型中的位置

GPS 矩阵的全部详情参见 GB/Z 20308—2006。

A.1　本标准的信息及其应用

本标准规定了确定尺寸(线性尺寸和角度尺寸)公差和几何公差之间相互关系的原则。

A.2　在 GPS 矩阵模型中的位置

本标准属于 GPS 基础标准，是确定 GPS 基本原则的标准，如图 A.1 所示。

GPS 基础标准

GPS 综合标准

GPS 通用标准						
链环号	1	2	3	4	5	6
尺寸						
距离						
半径						
角度						
与基准无关的线形状						
与基准相关的线形状						
与基准无关的面形状						
与基准相关的面形状						
方向						
位置						
圆跳动						
全跳动						
基准						
粗糙度轮廓						
波纹度轮廓						
原始轮廓						
表面缺陷						
棱边						

图 A.1

ICS 17.040.10
J 04

中华人民共和国国家标准

GB/T 5371—2004
代替 GB/T 5371—1985

极限与配合　过盈配合的计算和选用

Limits and fits—The calculation and selection of interference fits

2004-11-11 发布　　2005-07-01 实施

中华人民共和国国家质量监督检验检疫总局
中国国家标准化管理委员会　发布

前　　言

本标准是对 GB/T 1800《极限与配合　基础》中规定的过盈配合概念和选择的补充。

本标准代替 GB/T 5371—1985《公差与配合　过盈配合的计算和选用》。本标准与 GB/T 5371 相比，主要变化如下：

a) 为与极限与配合系列标准统一，修订了标准的名称；

b) 对与现行标准不一致的有关术语和基本概念进行了修订；

c) 增加了术语的英文名称；

d) 考虑到国内生产水平的发展，取消了附录 B 和附录 D。

本标准的附录 A、附录 B 均为资料性附录。

本标准由全国产品尺寸和几何技术规范标准化技术委员会提出并归口。

本标准起草单位：机械科学研究院、大同电力机车有限责任公司。

本标准主要起草人：李晓沛、张惠山。

本标准所代替标准的历次版本发布情况为：

——GB/T 5371—1985。

极限与配合
过盈配合的计算和选用

1 范围

本标准规定了过盈配合计算的计算基础、方法、公式和配合的选择。

本标准适用于光滑圆柱面在弹性范围内的过盈联结计算和过盈配合的选用。

2 规范性引用文件

下列文件中的条款通过本标准的引用而成为本标准的条款。凡是注日期的引用文件，其随后所有的修改单（不包括勘误的内容）或修订版均不适用于本标准，然而，鼓励根据本标准达成协议的各方研究是否可使用这些引用文件的最新版本。凡是不注日期的引用文件，其最新版本适用于本标准。

GB/T 1800.1 极限与配合 基础 第1部分：词汇(eqv ISO 286-1)

GB/T 1800.2 极限与配合 基础 第2部分：公差、偏差和配合的基本规定(eqv ISO 286-1)

GB/T 1800.3 极限与配合 基础 第3部分：标准公差和基本偏差数值表(eqv ISO 286-1)

GB/T 1800.4 极限与配合 标准公差等级和孔、轴的极限偏差表(eqv ISO 286-2)

GB/T 1801 极限与配合 公差带和配合的选择(eqv ISO 1829)

3 术语和定义

GB/T 1800.1 确立的以及下列术语和定义适用于本标准。

3.1

过盈量 δ amount of interference

过盈的绝对值。

3.2

基本过盈量 δ_b basic amount of interference

选择过盈配合的基准值。对基孔制配合，其值等于轴的基本偏差的绝对值；对基轴制配合，其值等于孔的基本偏差的绝对值（见图1）。

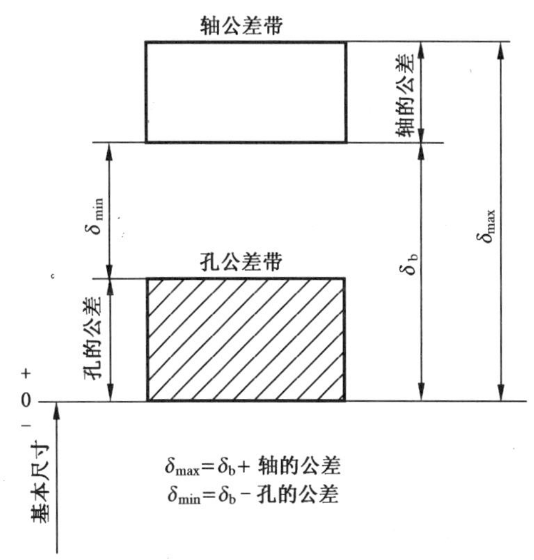

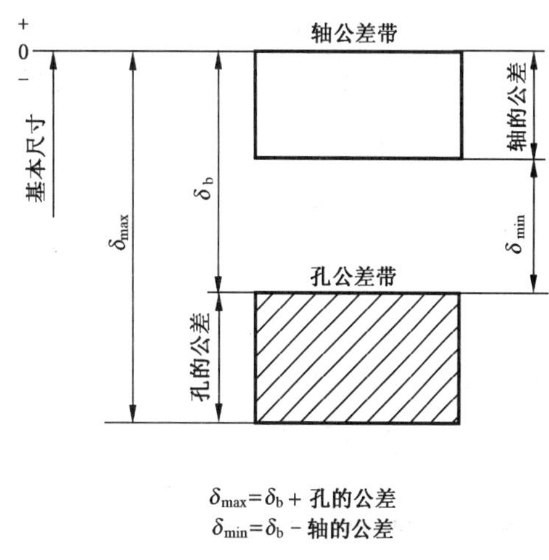

图 1

3.3

过盈联接 interference coupling

利用过盈量使包容件和被包容件形成的固定联结。

3.3.1

纵向过盈联接 lengthways interference coupling

用压入法实现的过盈联结。

3.3.2

横向过盈联接 transverse interference coupling

用胀缩法实现的过盈联结。

3.4

结合面 coupling surfance

在过盈联结中，包容件和被包容件相接触的表面。

3.5

结合直径 d_f coupling diameter

结合面的基本直径(见图 2)。

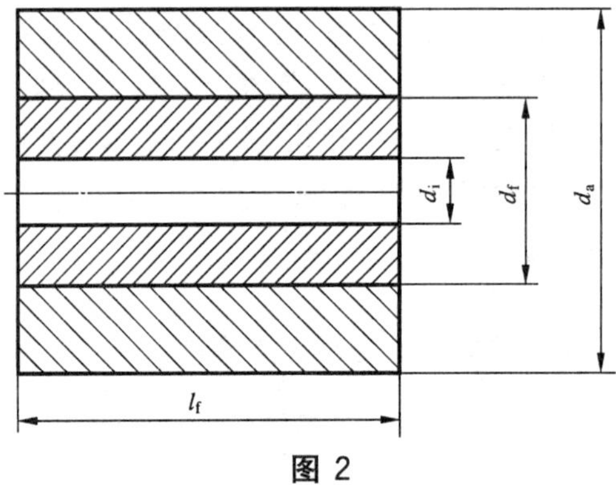

图 2

3.6

结合长度 l_f coupling length

结合面的基本长度(见图 2)。

3.7

直径比 q diameter ratio

相配合的包容件和被包容件的小直径与大直径的比值。

包容件直径比 q_a 等于结合直径 d_f 除以包容件外径 d_a(见图 2)。

被包容件直径比 q_i 等于被包容件内径 d_i(见图 2)除以结合直径 d_f。

3.8

相对过盈量 opposed amount of interference

过盈量 δ 与结合直径 d_f 的比值。

3.9

压平深度 S press depth

包容件或被包容件结合面的表面粗糙度，S_a 或 S_i(见图 3)。

3.10

压平量 amount of press

由于压平深度而使过盈减小的部分。其值等于包容件的压平深度 S_a 和被包容件的压平深度 S_i 之和的两倍。

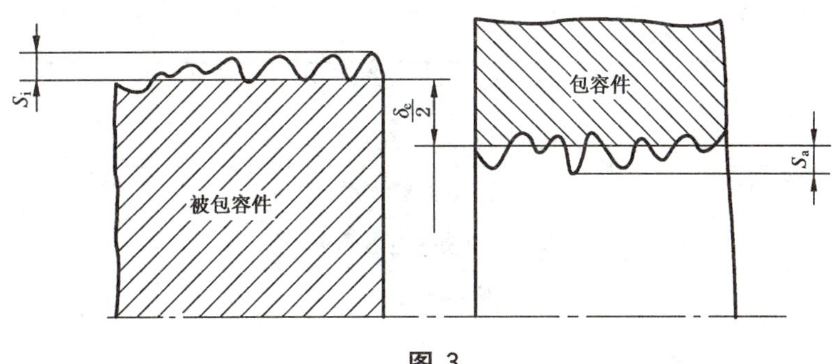

图 3

3.11

结合压力 p_f coupling pressure

作用在结合面上的压力。

3.12

直径变化量 e change amount of diameter

由于结合压力而使相配合的孔、轴直径变化的量。

包容件直径变化量 e_a 为包容件内径的扩大量。

被包容件直径变化量 e_i 为被包容件外径的缩小量。

3.13

有效过盈量 δ_e active amount of interference

在过盈联结中起作用的过盈量。其值等于包容件直径变化量 e_a 和被包容件直径变化量 e_i 之和。

3.14

压入力 P_{xi} press-in force

在实现纵向过盈联结的过程中施加的最大轴向力。

3.15

压出力 P_{xe} press-out force

在解脱过盈联结的过程中施加的最大轴向力。

4 计算用的符号

计算用的主要符合、含义和单位列于表 1。

表 1

符　　号	含　　义	单　　位
δ	过盈量	mm
δ_e	有效过盈量	mm
δ_b	基本过盈量	mm
d_f	结合直径	mm
d_a	包容件外径	mm
d_i	被包容件内径	mm
l_f	结合长度	mm
q_a	包容件直径比	—
q_i	被包容件直径比	—

表 1(续)

符号	含义	单位
S_a	包容件的压平深度	mm
S_i	被包容件的压平深度	mm
e_a	包容件直径变化量	mm
e_i	被包容件直径变化量	mm
p_f	结合压力	N/mm^2
P_{xi}	压入力	N
P_{xe}	压出力	N
F_x	轴向力	N
M	扭矩	N·mm
F_t	传递力	N
μ	摩擦系数	—
υ	泊松比	—
σ_s	屈服极限	N/mm^2
σ_b	强度极限	N/mm^2
E	弹性模量	N/mm^2
Ra	轮廓算术平均偏差	mm
注:除另有说明外,表中符号再加下标“a”表示包容件;“i”表示被包容件。		

5 计算和选用

5.1 计算基础

5.1.1 本计算以两个简单厚壁圆桶在弹性范围内的联结为计算基础。弹性范围系指包容件和被包容件由于结合压力而产生的变形与应力成线性关系,亦即联结件的应力低于其材料的屈服极限(σ_s 或 $\sigma_{0.2}$)。

5.1.2 计算的假定条件

a) 包容件与被包容件处于平面应力状态,即轴向应力 $\sigma_z=0$;

b) 包容件与被包容件在结合长度上结合压力为常数;

c) 材料的弹性模量为常数;

d) 计算的强度理论,按变形能理论。

5.1.3 直径变化量的计算公式

a) 包容件直径变化量 e_a

$$e_a=\frac{p_f\cdot d_f}{E_a}\left(\frac{1+q_a^2}{1-q_a^2}\right)+\frac{p_f\cdot d_f}{E_a}\nu_a=\frac{p_f\cdot d_f}{E_a}\left(\frac{1+q_a^2}{1-q_a^2}+\nu_a\right)$$

b) 被包容件直径变化量

$$e_i=\frac{p_f\cdot d_f}{E_i}\left(\frac{1+q_i^2}{1-q_i^2}\right)-\frac{p_f\cdot d_f}{E_i}\nu_i=\frac{p_f\cdot d_f}{E_i}\left(\frac{1+q_i^2}{1-q_i^2}-\nu_i\right)$$

c) 有效过盈量 δ_e

$$\delta_e=e_a+e_i$$

5.1.4 对于几何形状特殊或具有特殊应力的过盈联结,需进行附加计算。

5.2 计算方法

过盈联结采用公式法进行计算，也可采用图算法进行计算，图算法见附录B(资料性附录)。

5.3 计算公式

5.3.1 过盈联结传递负荷所需的最小过盈量，可按表2的公式进行计算。

表2

序号	计算内容		计算公式	说明
1	传递负荷所需的最小结合压力	传递扭矩	$p_{f\,min}=\frac{2M}{\pi\cdot d_f^2\cdot l_f\cdot\mu}$	
		承受轴向力	$p_{f\,min}=\frac{F_x}{\pi\cdot d_f\cdot l_f\cdot\mu}$	
		传递力	$p_{f\,min}=\frac{F_t}{\pi\cdot d_f\cdot l_f\cdot\mu}$	$F_t=\sqrt{F_x^2+\left(\frac{2M}{d_f}\right)^2}$
2	包容件直径比		$q_a=\frac{d_f}{d_a}$	
3	被包容件直径比		$q_i=\frac{d_i}{d_f}$	对实心轴 $q_i=0$
4	包容件传递负荷所需的最小直径变化量		$e_{a\,min}=p_{f\,min}\frac{d_f}{E_a}\cdot C_a$	$C_a=\frac{1+q_a^2}{1-q_a^2}+\nu_a$ C_a值可查表4
5	被包容件传递负荷所需的最小直径变化量		$e_{i\,min}=p_{f\,min}\frac{d_f}{E_i}\cdot C_i$	$C_i=\frac{1+q_i^2}{1-q_i^2}-\nu_i$ C_i值可查表4
6	传递负荷所需的最小有效过盈量		$\delta_{e\,min}=e_{a\,min}+e_{i\,min}$	
7	考虑压平量的最小过盈量		$\delta_{min}=\delta_{e\,min}+2(S_a+S_i)$	对纵向过盈联结取： $S_a=1.6Ra_a$，$S_i=1.6Ra_i$

5.3.2 过盈联结件不产生塑性变形所允许的最大有效过盈量，可按表3的公式进行计算。

表3

序号	计算内容	计算公式	说明
1	包容件不产生塑性变形所允许的最大结合压力	塑性材料：$p_{fa\,max}=a\sigma_{sa}$ 脆性材料：$p_{fa\,max}=b\frac{\sigma_{ba}}{2\sim3}$	$a=\frac{1-q_a^2}{\sqrt{3+q_a^4}}$，$b=\frac{1-q_a^2}{1+q_a^2}$ a、b值可查图4
2	被包容件不产生塑性变形所允许的最大结合压力	塑性材料：$p_{fi\,max}=c\sigma_{si}$ 脆性材料：$p_{fi\,max}=c\frac{\sigma_{bi}}{2\sim3}$	$c=\frac{1-q_i^2}{2}$，c值可查图4 实心轴 $q_i=0$，此时 $c=0.5$
3	联结件不产生塑性变形的最大结合压力	$p_{f\,max}$取$p_{fa\,max}$和$p_{fi\,max}$中的较小者	
4	联结件不产生塑性变形的传递力	$F_t=p_{f\,max}\cdot\pi\cdot d_f\cdot l_f\cdot\mu$	μ值可查附录A中表A.1或表A.2

表 3(续)

序号	计算内容	计算公式	说明
5	包容件不产生塑性变形所允许的最大直径变化量	$e_{a\,max}=\frac{p_{f\,max}\cdot d_f}{E_a}\cdot C_a$	$C_a=\frac{1+q_a^2}{1-q_a^2}+\gamma_a$ C_a值可查表 4
6	被包容件不产生塑性变形所允许的最大直径变化量	$e_{i\,max}=\frac{p_{f\,max}\cdot d_f}{E_i}\cdot C_i$	$C_i=\frac{1+q_i^2}{1-q_i^2}-\gamma_i$ C_i值可查表 4
7	联结件不产生塑性变形所允许的最大有效过盈量	$\delta_{e\,max}=e_{a\,max}+e_{i\,max}$	

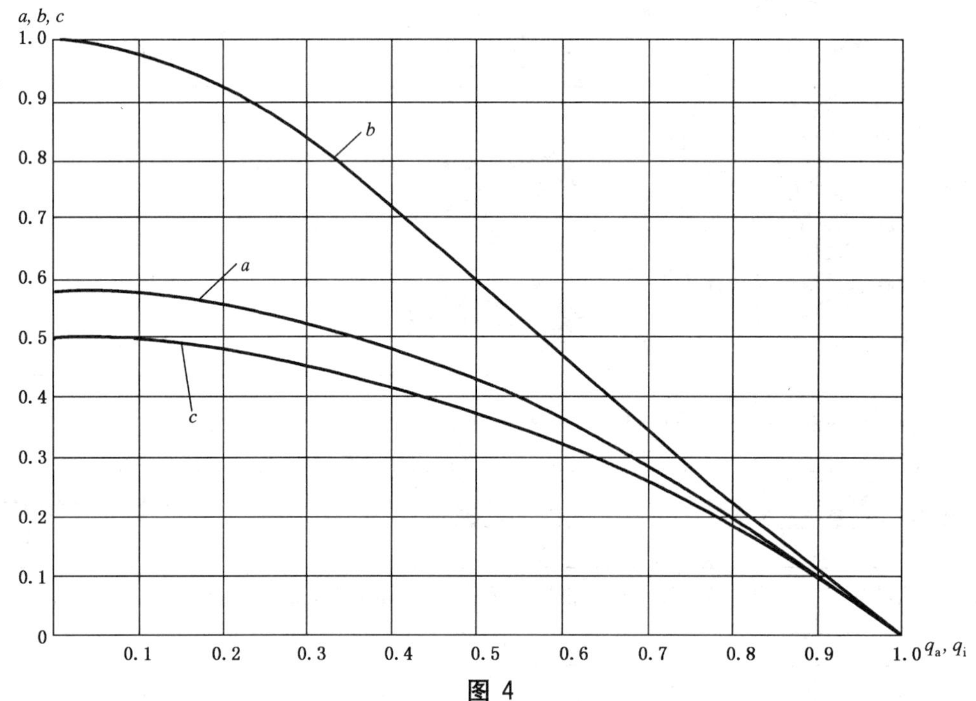

图 4

表 4　系数 C_a 和 C_i

q_a 或 q_i	C_a		C_i	
	$\nu_a=0.3$	$\nu_a=0.25$	$\nu_i=0.3$	$\nu_i=0.25$
0	—	—	0.700	0.750
0.10	1.320	1.270	0.720	0.770
0.14	1.340	1.290	0.740	0.790
0.20	1.383	1.333	0.783	0.833
0.25	1.433	1.383	0.833	0.883
0.28	1.470	1.420	0.870	0.920

表 4(续)

q_a 或 q_i	C_a		C_i	
	$\nu_a=0.3$	$\nu_a=0.25$	$\nu_i=0.3$	$\nu_i=0.25$
0.31	1.512	1.426	0.912	0.962
0.35	1.579	1.529	0.979	1.029
0.40	1.681	1.631	1.081	1.131
0.45	1.808	1.758	1.208	1.258
0.50	1.967	1.917	1.367	1.417
0.53	2.081	2.031	1.481	1.531
0.56	2.214	2.164	1.614	1.664
0.60	2.425	2.375	1.825	1.875
0.63	2.616	2.566	2.016	2.066
0.67	2.929	2.879	2.329	2.379
0.71	3.333	3.283	2.733	2.783
0.75	3.871	3.821	3.271	3.321
0.80	4.855	4.805	4.255	4.305
0.85	6.507	6.457	5.907	5.957
0.90	9.826	9.776	9.226	9.276

5.4 配合的选择

5.4.1 过盈配合按 GB/T 1800.2～GB/T 1800.4 和 GB/T 1801 的规定选择。

5.4.2 选出的配合，其最大过盈量$[\delta_{max}]$和最小过盈量$[\delta_{min}]$应满足下列要求：

a) 保证过盈联结传递给定的负荷

$$[\delta_{min}]>\delta_{min}$$

b) 保证联结件不产生塑性变形

$$[\delta_{max}]\leqslant\delta_{e\,max}$$

5.4.3 配合的选择步骤：

a) 初选基本过盈量 δ_b

一般情况，可取 $\delta_b\approx\dfrac{\delta_{min}+\delta_{e\,max}}{2}$。

当要求有较多的联结强度储备时，可取 $\delta_{e\,max}>\delta_b>\dfrac{\delta_{min}+\delta_{e\,max}}{2}$。

当要求有较多的联结件材料强度储备时，可取 $\delta_{min}<\delta_b<\dfrac{\delta_{min}+\delta_{e\,max}}{2}$。

b) 按初选的基本过盈量 δ_b 和结合直径 d_f，由图 5 查出配合的基本偏差代号。

c) 按基本偏差代号和 $\delta_{e\,max}$、δ_{min}，由 GB/T 1801 和 GB/T 1800.4 确定选用的配合和孔、轴公差带。

5.5 校核计算

过盈联结的最小传递力 $F_{t\,min}$ 和联结件的最大应力 σ_{max}，可按表 5 的公式进行校核计算。

表 5

序号	计 算 内 容	计 算 公 式	说 明
1	最小传递力	$F_{t\,min}=[p_{f\,min}]\cdot\pi\cdot d_f\cdot l_f\cdot\mu$	$[p_{f\,min}]=\dfrac{[\delta_{min}]-2(S_a+S_i)}{d_f\cdot\left(\dfrac{C_a}{E_a}+\dfrac{C_i}{E_i}\right)}$
2	包容件的最大应力	塑性材料：$\sigma_{a\,max}=\dfrac{[p_{f\,max}]}{a}$ 脆性材料：$\sigma_{a\,max}=\dfrac{[p_{f\,max}]}{b}$	$[p_{f\,max}]=\dfrac{[\delta_{max}]}{d_f\cdot\left(\dfrac{C_a}{E_a}+\dfrac{C_i}{E_i}\right)}$
3	被包容件的最大应力	$\sigma_{i\,max}=\dfrac{[p_{f\,max}]}{c}$	

5.6 包容件的外径扩大量和被包容件的内径缩小量的计算

包容件的外径扩大量和被包容件的内径缩小量如需要时可按表 6 的公式计算。

表 6

序号	计 算 内 容	计 算 公 式	说 明
1	包容件的外径扩大量	$\Delta d_a=\dfrac{2p_f\cdot d_a\cdot q_a^2}{E_a(1-q_a^2)}$	p_f 取$(p_{f\,max})$或$(p_{f\,min})$
2	被包容件的内径缩小量	$\Delta d_i=\dfrac{2p_f\cdot d_i}{E_i(1-q_i^2)}$	p_f 取$(p_{f\,max})$或$(p_{f\,min})$

4000
3150
2500
2000
1650
1250
1000
800
630
500
400
315
250
200
160
125
100
80
70
63
50
40
31.5
25
20
16
12.5
10
8
6.3
5
4
δ_b/μm
za
zb
zc
z
y
x
v
u
t
s
r
p
n
基本偏差
t 至 zc
r,s
n,p
>10～14
>14～18
>18～24
>24～30
>30～40
>40～50
>50～65
>65～80
>80～100
>100～120
>120～140
>140～160
>160～180
>180～200
>200～225
>225～250
>250～280
>280～315
>315～355
>355～400
>400～450
>450～500
1～3
>3～6
>6～10
>10～18
>18～30
>30～50
>50～80
>80～120
>120～180
>180～250
>250～315
>315～400
>400～500
d_f/mm

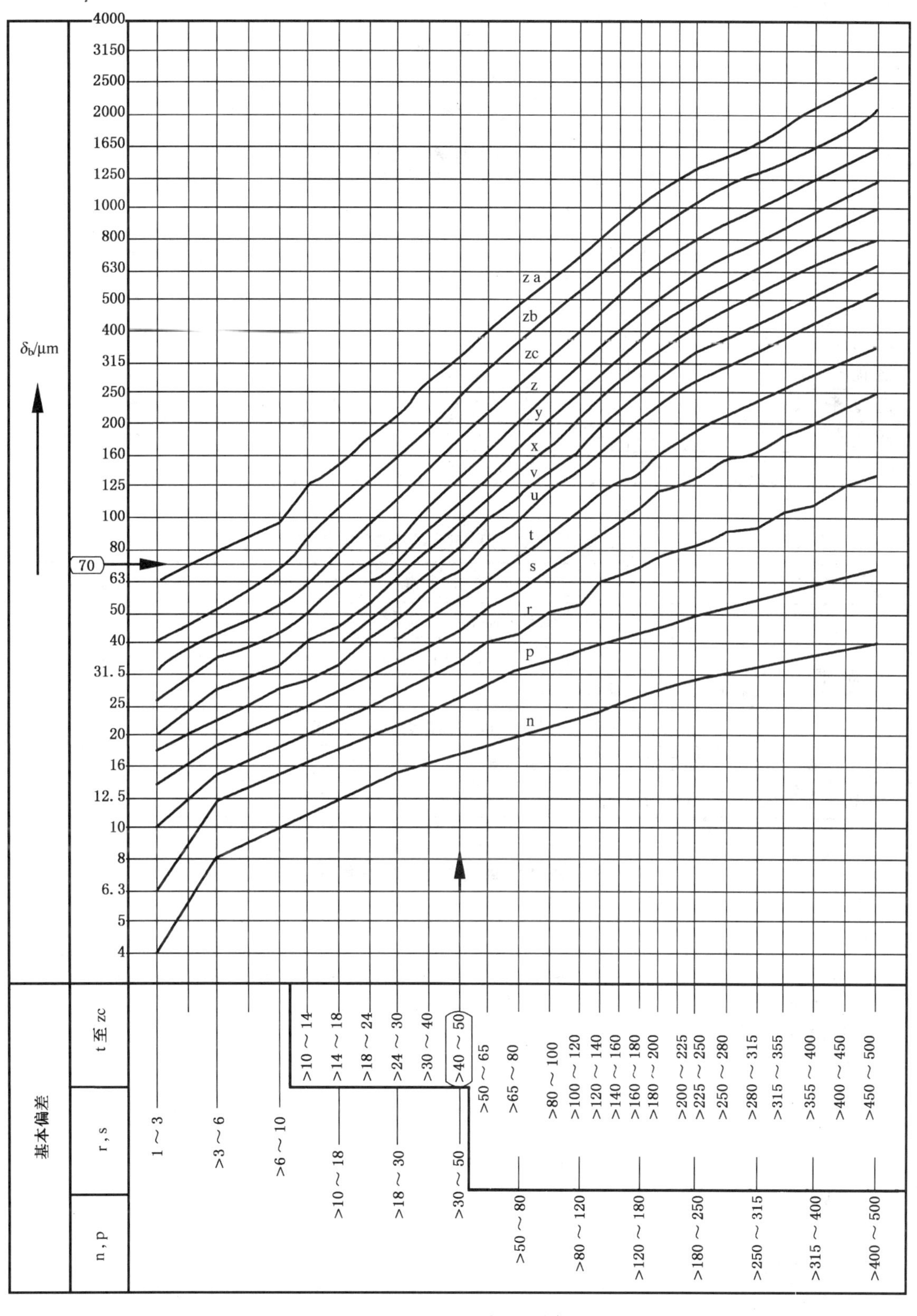

图 5

附　录　A
（资料性附录）
常用材料的摩擦系数、弹性模量、泊松比和线膨胀系数表

表 A.1　纵向过盈联结的摩擦系数

材　　料	摩　擦　系　数　μ	
	无　润　滑	有　润　滑
钢-钢	0.07～0.16	0.05～0.13
钢-铸钢	0.11	0.08
钢-结构钢	0.10	0.07
钢-优质结构钢	0.11	0.08
钢-青铜	0.15～0.2	0.03～0.06
钢-铸铁	0.12～0.15	0.05～0.10
铸铁-铸铁	0.15～0.25	0.05～0.10

表 A.2　横向过盈联结的摩擦系数

材　　料	结合方式、润滑	摩擦系数 μ
钢-钢	油压扩径，压力油为矿物油	0.125
	油压扩径，压力油为甘油，结合面排油干净	0.18
	在电炉中加热包容件至 300℃	0.14
	在电炉中加热包容件至 300℃以后，结合面脱脂	0.2
钢-铸铁	油压扩径，压力油为矿物油	0.1
钢-铝镁合金	无润滑	0.10～0.15

表 A.3　弹性模量、泊松比和线膨胀系数

材　　料	弹性模量 $E/(\mathrm{N/mm^2})$ ≈	泊松比 υ ≈	线膨胀系数 $\alpha/(10^{-6}/℃)$	
			加热　≈	冷却　≈
碳钢、低合金钢合金结构钢	200 000～235 000	0.3～0.31	11	−8.5
灰口铸铁 HT15-33 HT20-40	70 000～80 000	0.24～0.25	10	−8
灰口铸铁 HT25-47 HT30-54	105 000～130 000	0.24～0.26	10	−8
可锻铸铁	90 000～100 000	0.25	10	−8
非合金球墨铸铁	160 000～180 000	0.28～0.29	10	−8
青铜	85 000	0.35	17	−15
黄铜	80 000	0.36～0.37	18	−16
铝合金	69 000	0.32～0.36	21	−20
镁合金	40 000	0.25～0.3	25.5	−25

附 录 B
（资料性附录）
过盈配合的图算法

B.1 应用条件

a） 包容件与被包容件采用相同的材料或$\frac{\upsilon_a}{E_a}=\frac{\upsilon_i}{E_i}$。若$\frac{\upsilon_a}{E_a}\neq\frac{\upsilon_i}{E_i}$时，采用图算法有不大于10%的计算误差；

b） 对屈服点不明显的硬金属则以$\sigma_{0.2}$代替σ_s；

c） 对于脆性材料，则以$\frac{\sigma_b}{2\sim3}$代替σ_s。

B.2 使用说明

B.2.1 包容件直径变化量e_a可按图B.1进行计算，图B.1中各区说明如下：

a） 1a区

以d_f除以d_a，在1a区求得q_a；

b） 2a区

以1a区求得的q_a和包容件容许的弹性变形条件（1.0 σ_{sa}线为不产生塑性变形的极限条件），在2a区求得p_f/σ_{sa}；

c） 3a区

以2a区求得的p_f/σ_{sa}乘以σ_{sa}，在3a区求得p_f；

d） 4a区

在4a区求得p_f和d_f的乘积$p_f\cdot d_f$；

e） 5a区

在5a区求得$p_f\cdot d_f$与l_f的乘积$p_f\cdot d_f\cdot l_f$。

注：乘积中已考虑了相乘的“π”值，以下图区相同；

f） 6a区

以5a区求得的$p_f\cdot d_f\cdot l_f\cdot(\pi)$乘以摩擦系数$\mu$，在6a区求得$F_t$；

g） 7a区

以2a区求得的p_f/σ_{sa}和q_a，在7a区求得$\frac{e_a\cdot E_a}{d_f\cdot\sigma_{sa}}$（中间结果，未给出数值）；

h） 8a区

以7a区求得的$\frac{e_a\cdot E_a}{d_f\cdot\sigma_{sa}}$除以$E_a$，在8a区求得$\frac{e_a}{d_f\cdot\sigma_{sa}}$；

i） 9a区

以8a区求得的$\frac{e_a}{d_f\cdot\sigma_{sa}}$乘以$\sigma_{sa}$，在9a区求得$\frac{e_a}{d_f}$；

j） 10a区

以9a区求得的$\frac{e_a}{d_f}$乘以d_f，在10a区即可求得e_a。

B.2.2 被包容件直径变化量e_i可按图B.2进行计算，图B.2中各区说明如下：

a） 1i区

以d_i除以d_f，在1i区求得q_i；

b) 2i 区

以 1i 区求得的 q_i 和被包容件容许的弹性变形条件（1.0σ_{si}线为不产生塑性变形的极限条件），在 2i 区求得 p_f/σ_{si}；

c) 3i 区

以 2i 区求得的 $p_f/\sigma_{si} \cdot \sigma_{si}$，在 3i 区求得 p_{fi}。

此处求得的 p_{fi}应与由 B.2.1 第 C 步求得的 p_{fa}进行比较，以 p_{fi}和 p_{fa}的较小者作为联结件的结合压力 p_f；

d) 4i 区

在 4i 区求得 p_f 和 d_f 的乘积 $p_f \cdot d_f$；

e) 5i 区

在 5i 区求得 l_f 和 $p_f \cdot d_f$ 的乘积 $l_f \cdot p_f \cdot d_f$；

f) 6i 区

以 5i 区求得的 $p_f \cdot d_f \cdot l_f \cdot (\pi)$乘以 μ，在 6i 区求得 F_t；

g) 7i 区

以 2i 区求得的 p_f/σ_{si}和 q_i 在 7i 区求得的$\frac{e_i \cdot E_i}{d_f \cdot \sigma_{si}}$（中间结果，未给出数值）；

h) 8i 区

以 7i 区求得的$\frac{e_i \cdot E_i}{d_f \cdot \sigma_{si}}$除以 E_i，在 8i 区求得$\frac{e_i}{d_f \cdot \sigma_{si}}$；

i) 9i 区

以 8i 区求得的$\frac{e_i}{d_f \cdot \sigma_{si}}$乘以 σ_{si}，以 9i 区求得$\frac{e_i}{d_f}$；

j) 10i 区

以 9i 区求得的$\frac{e_i}{d_f}$乘以 d_f，即可求得 e_i。

B.2.3 计算结果应乘以表中与所用各参数数列相对应的以 10 为底的幂（$f=10^1$，$f=10^{-1}$，$f=10^{-2}$）。

B.2.4 由图 B.1 和图 B.2 中得出的 e_a 和 e_i 值，即可算出有效过盈 $\delta_e=e_a+e_i$，求出 δ_e 后，$\delta_{e\,min}$应考虑压平量的影响。然后，按本标准中 5.4 选择配合。

ICS 17.040.10
J 04

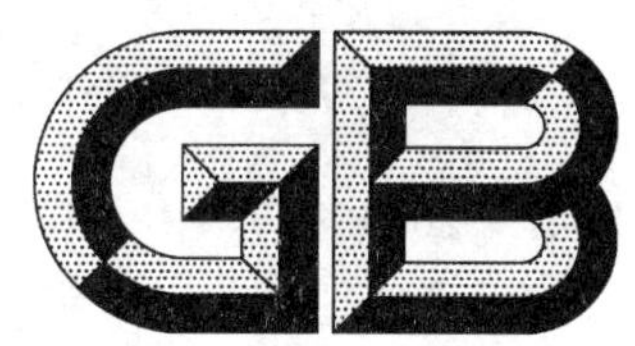

中华人民共和国国家标准

GB/T 5847—2004
代替 GB/T 5847—1986

尺寸链 计算方法

Dimensional chain—Methods of calculation

2004-11-11 发布　　　　2005-07-01 实施

中华人民共和国国家质量监督检验检疫总局
中国国家标准化管理委员会　发布

前　言

本标准代替 GB/T 5847—1986《尺寸链　计算方法》。

本标准与 GB/T 5847—1986 相比主要变化如下：

a）遵照 GB/T 1.1—2000 对标准重新编辑；

b）修改了与现行标准不一致的有关术语；

c）取消了附录 D“尺寸链计算示例”。

本标准的附录 A、附录 B 和附录 C 均为资料性附录。

本标准由全国产品尺寸和几何技术规范标准化技术委员会提出并归口。

本标准起草单位：机械科学研究院、东北大学、太原重型机械学院。

本标准主要起草人：李晓沛、李纯甫、王晓慧。

本标准所代替标准的历次版本发布情况为：

——GB/T 5847—1986。

尺寸链 计算方法

1 范围

本标准规定了尺寸链的形式、计算参数和计算公式。

本标准适用于机械产品中存在尺寸链关系的长度尺寸与角度尺寸及其公差计算。

2 规范性引用文件

下列文件中的条款通过本标准的引用而成为本标准的条款。凡是注日期的引用文件，其随后所有的修改单(不包括勘误的内容)或修订版均不适用于本标准，然而，鼓励根据本标准达成协议的各方研究是否可使用这些引用文件的最新版本。凡是不注日期的引用文件，其最新版本适用于本标准。

GB/T 1800.1—1997 极限与配合 基础 第1部分:词汇(eqv ISO 286-1:1998)

3 术语和定义

GB/T 1800.1 中确立的以及下列术语和定义适用于本标准。

3.1

尺寸链 dimensional chain

在机器装配或零件加工过程中，由相互连接的尺寸形成封闭的尺寸组，见图1a)、b)和图2b)、c)。

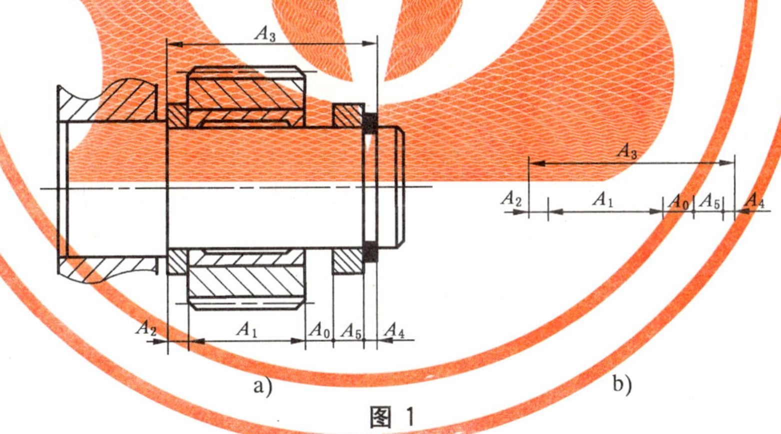

图 1

3.2

环 link

列入尺寸链中的每一个尺寸(图1中 A_0、A_1、A_2、A_3、A_4 及 A_5，图2中 α_0、α_1 及 α_2)。

3.3

封闭环 closing link

尺寸链中在装配过程或加工过程最后形成的一环(图1中 A_0，图2中 α_0)。

3.4

组成环 component link

尺寸链中对封闭环有影响的全部环。这些环中任一环的变动必然引起封闭环的变动(图1中 A_1、A_2、A_3、A_4 及 A_5，图2中 α_1 及 α_2)。

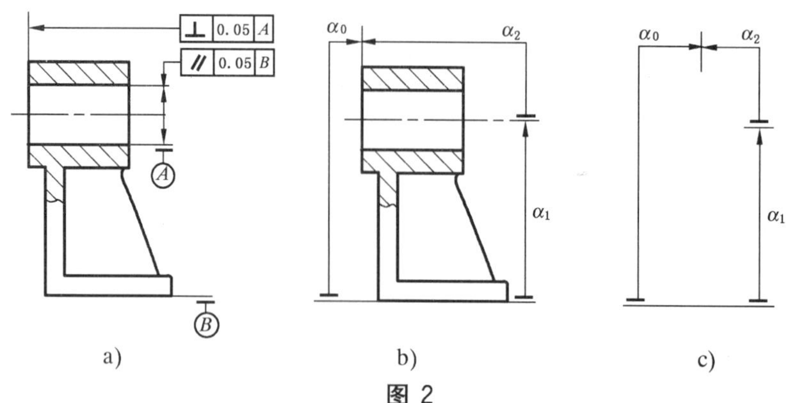

图 2

3.4.1

增环　increasing link

尺寸链中的组成环，由于该环的变动引起封闭环同向变动。同向变动指该环增大时封闭环也增大，该环减小时封闭环也减小(图1中 A_3)。

3.4.2

减环　decresing link

尺寸链中的组成环，由于该环的变动引起封闭环反向变动。反向变动指该环增大时封闭环减小，该环减小时封闭环增大(图1中 A_1、A_2、A_4 及 A_5，图2中 α_1 及 α_2)。

3.4.3

补偿环　compensating link

尺寸链中预先选定的某一组成环，可以通过改变其大小或位置，使封闭环达到规定的要求(图3中 L_2)。

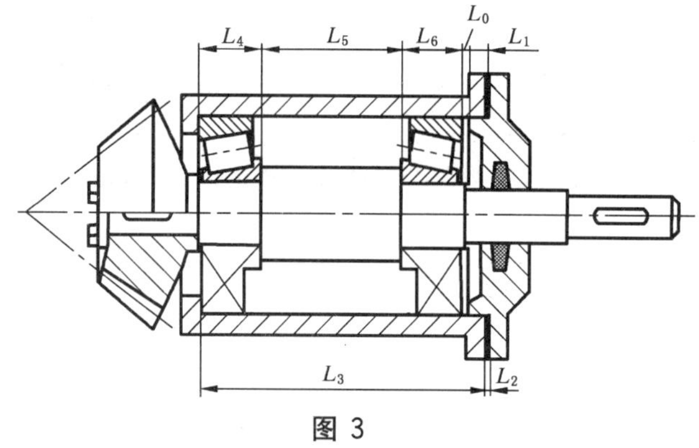

图 3

3.5

传递系数　scaling factor, transformation ratio

表示各组成环对封闭环影响大小的系数。

注1：尺寸链中封闭环和组成环的关系，可用方程式表示，即 $L_0=f(L_1,L_2,\cdots,L_m)$；图1中 $A_0=A_3-(A_1+A_2+A_4+A_5)$，图2中 $\alpha_0=-(\alpha_1+\alpha_2)$。

注2：设第 i 组成环的传递系数为 ζ_i，$\zeta_i=\frac{\partial f}{\partial L_i}$；对于增环，$\zeta_i$ 为正值；对于减环，ζ_i 为负值。

4　尺寸链形式

4.1　长度尺寸链与角度尺寸链

长度尺寸链——全部环为长度尺寸的尺寸链(见图1)；

角度尺寸链——全部环为角度尺寸的尺寸链(见图2)。

4.2 装配尺寸链、零件尺寸链与工艺尺寸链

装配尺寸链——全部组成环为不同零件设计尺寸所形成的尺寸链(见图 4);

零件尺寸链——全部组成环为同一零件设计尺寸所形成的尺寸链(见图 5);

装配尺寸链——全部组成环为同一零件工艺尺寸所形成的尺寸链(见图 6)。

注 1:装配尺寸链与零件尺寸链,统称为设计尺寸链。

注 2:设计尺寸指零件图上标注的尺寸;工艺尺寸指工序尺寸、定位尺寸与测量等尺寸。

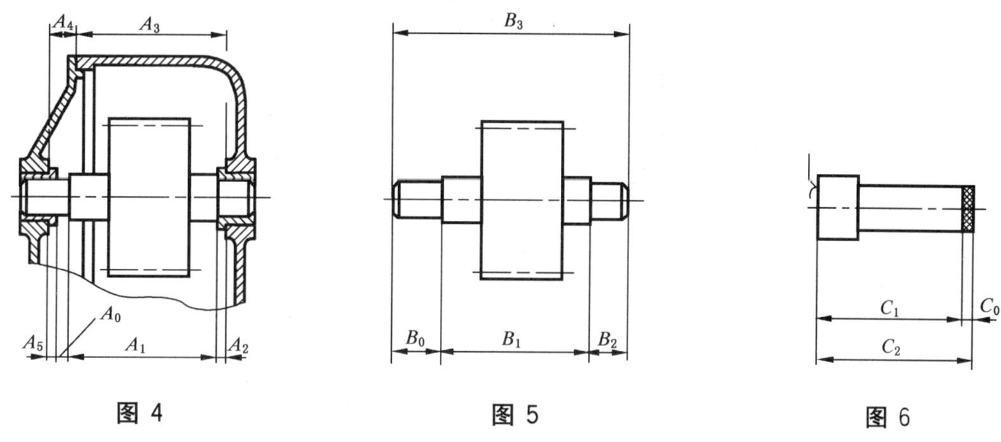

图 4　　图 5　　图 6

4.3 基本尺寸链与派生尺寸链

基本尺寸链——全部组成环皆直接影响封闭环的尺寸链(图 7 中尺寸链 β);

派生尺寸链——一个尺寸链的封闭环为另一个尺寸链组成环的尺寸链(图 7 中尺寸链 α)。

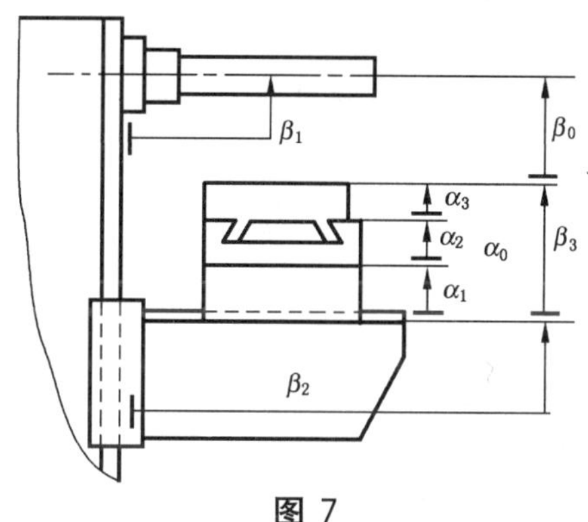

图 7

4.4 标量尺寸链与矢量尺寸链

标量尺寸链——全部组成环为标量尺寸所形成的尺寸链(见图 1～图 6);

矢量尺寸链——全部组成环为矢量尺寸所形成的尺寸链(见图 8)。

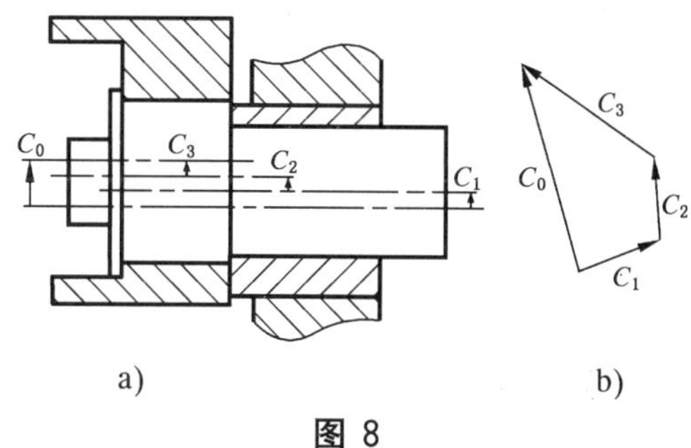

a)　　b)

图 8

4.5 直线尺寸链、平面尺寸链与空间尺寸链

直线尺寸链——全部组成环平行于封闭环的尺寸链(见图 1、图 3～图 6);

平面尺寸链——全部组成环位于一个或几个平行平面内，但某些组成环不平行于封闭环的尺寸链（见图 9）；

空间尺寸链——组成环位于几个不平行平面内的尺寸链。

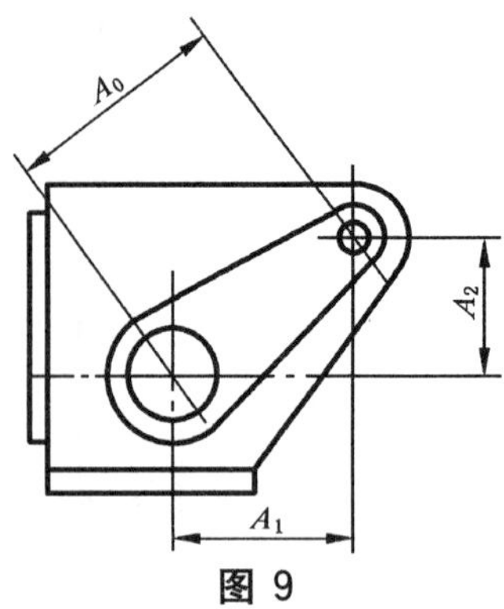

图 9

5 计算参数

5.1 平均偏差 $\overline{X}$

实际偏差的平均值。

5.2 中间偏差 Δ

上偏差与下偏差的平均值。

5.3 相对分布系数 k

表征尺寸分布分散性的系数；正态分布时 $k=1$。

5.4 相对不对称系数 e

表征分布曲线不对称程度的系数；在公差带内对称分布时，$e=0$。

设 T 表示公差，则

$$e=\frac{\overline{X}-\Delta}{\frac{T}{2}}$$

5.5 平均公差 T_{av}

全部组成环取相同公差值时的组成环公差。

5.6 极值公差 T_L

按全部组成环公差算术相加计算的封闭环或组成环公差。

5.7 统计公差 T_S

按各组成环和封闭环统计特性计算的封闭环或组成环公差。

5.7.1 平方公差 T_Q

按全部组成环公差平方和计算的封闭环或组成环公差。

5.7.2 当量公差 T_E

按各组成环具有相同统计特性计算的封闭环或组成环公差。

6 符号

6.1 尺寸链图

尺寸链图中符号，见图 1～图 9。

6.1.1 长度环

用大写英文字母 A、B、C…等表示。

6.1.2 角度环

用小写希腊字母 α、β、γ…等表示。

6.1.3 **封闭环**

加下脚标“0”表示。

6.1.4 **组成环**

加下脚标用阿拉伯数字表示；数字表示各组成环的序号。

6.2 环的特征

环的特征符号及其图例见表 1。

表 1

环的特征		符号	图例
长度环	距离		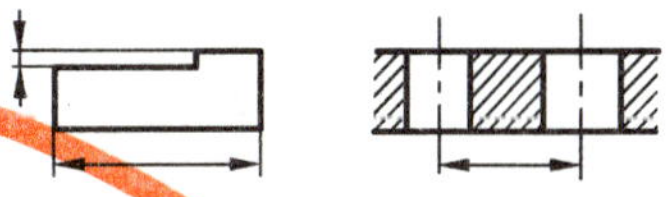
	偏移		
	偏心		
	矢径		
角度环	平行		
	垂直		
	倾斜	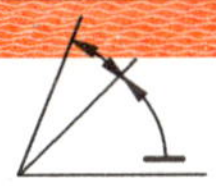	
	角度	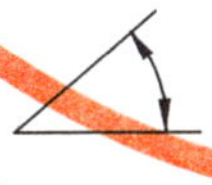	
注：角度环中区分基准要素与被测要素时，符号中短粗线位于基准要素，箭头指向被测要素；当互为基准时，用双箭头符号表示。			

6.3 计算参数

有关尺寸、偏差、公差及计算系数等参数的符号见表 2；各参数间的关系见图 10。

表 2

序号	符号	含义
1	L	基本尺寸
2	L_{max}	最大极限尺寸
3	L_{min}	最小极限尺寸
4	ES	上偏差

表 2（续）

序　　号	符　　号	含　　义
5	EI	下偏差
6	X	实际偏差
7	T	公差
8	Δ	中间偏差
9	$\overline{X}$	平均偏差
10	$\phi(X)$	概率密度函数
11	m	组成环环数
12	ζ	传递系数
13	k	相对分布系数
14	e	相对不对称系数
15	T_{av}	平均公差
16	T_L	极值公差
17	T_S	统计公差
18	T_Q	平方公差
19	T_E	当量公差

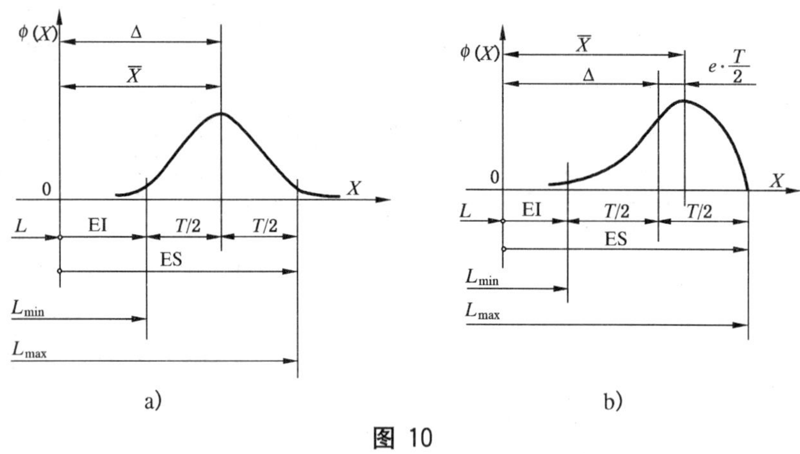

图 10

7　计算公式

尺寸链的计算，主要计算封闭环与组成环的基本尺寸、公差及极限偏差之间的关系。基本公式见表 3。

表 3

序号	计算内容	计算公式	说　　明
1	封闭环基本尺寸	$L_0=\sum_{i=1}^{m}\zeta_i L_i$	下角标“0”表示封闭环，“i”表示组成环及其序号。下同
2	封闭环中间偏差	$\Delta_0=\sum_{i=1}^{m}\zeta_i\left(\Delta_i+e_i\frac{T_i}{2}\right)$	当 $e_i=0$ 时，$\Delta_0=\sum_{i=1}^{m}\zeta_i\Delta_i$

表 3（续）

序号	计算内容		计算公式	说　　明
3	封闭环公差	极值公差	$T_{0L}=\sum_{i=1}^{m}\lvert\zeta_i\rvert T_i$	在给定各组成环公差的情况下，按此计算的封闭环公差 T_{0L}，其公差值最大
		统计公差	$T_{0S}=\frac{1}{k_0}\sqrt{\sum_{i=1}^{m}\zeta_i^2 k_i^2 T_i^2}$	当 $k_0=k_i=1$ 时，得平方公差 $T_{0Q}=\sqrt{\sum_{i=1}^{m}\zeta_i^2 T_i^2}$，在给定各组成环公差的情况下，按此计算的封闭环平方公差 T_{0Q}，其公差值最小。 使 $k_0=1$，$k_i=k$ 时，得当量公差 $T_{0E}=k\sqrt{\sum_{i=1}^{m}\zeta_i^2 T_i^2}$，它是统计公差 T_{0S} 的近似值。 其中 $T_{0L}>T_{0S}>T_{0Q}$
4	封闭环极限偏差		$ES_0=\Delta_0+\frac{1}{2}T_0$ $EI_0=\Delta_0-\frac{1}{2}T_0$	
5	封闭环极限尺寸		$L_{0max}=L_0+ES_0$ $L_{0min}=L_0+EI_0$	
6	组成环平均公差	极值公差	$T_{av,L}=\frac{T_0}{\sum_{i=1}^{m}\lvert\zeta_i\rvert}$	对于直线尺寸链 $\lvert\zeta_i\rvert=1$，则 $T_{av,L}=\frac{T_0}{m}$。在给定封闭环公差情况下，按此计算的组成环平均公差 $T_{av,L}$，其公差值最小
		统计公差	$T_{av,S}=\frac{k_0 T_0}{\sqrt{\sum_{i=1}^{m}\zeta_i^2 k_i^2}}$	当 $k_0=k_i=1$ 时，得组成环平均平方公差 $T_{av,Q}=\frac{T_0}{\sqrt{\sum_{i=1}^{m}\zeta_i^2}}$；直线尺寸链 $\lvert\zeta_i\rvert=1$，则 $T_{av,Q}=\frac{T_0}{\sqrt{m_0}}$，在给定封闭环公差的情况下，按此计算组成环平均平方公差 $T_{av,Q}$，其公差值最大。 使 $k_0=1$，$k_i=k$ 时，得组成环平均当量公差 $T_{av,E}=\frac{T_0}{k\sqrt{\sum_{i=1}^{m}\zeta_i^2}}$；直线尺寸链 $\lvert\zeta_i\rvert=1$，则 $T_{av,E}=\frac{T_0}{k\sqrt{m_1}}$，它是统计公差 $T_{av,S}$ 的近似值。 其中 $T_{av,L}>T_{av,S}>T_{av,Q}$
7	组成环极限偏差		$ES_i=\Delta_i+\frac{1}{2}T_i$ $EI_i=\Delta_i-\frac{1}{2}T_i$	
8	组成环极限尺寸		$L_{imax}=L_i+ES_i$ $L_{imin}=L_i+EI_i$	

附 录 A
（资料性附录）
达到装配尺寸链封闭环公差要求的方法

按产品设计要求、结构特征、公差大小与生产条件，可以采用不同的达到封闭环公差要求的方法。通常有互换法、分组法、修配法与调整法。

A.1 互换法

按互换程度的不同，分为完全互换法与大数互换法。

A.1.1 完全互换法

在全部产品中，装配时各组成环不需要挑选或改变其大小或位置，装入后即能达到封闭环的公差要求。该方法采用极值公差公式计算。

A.1.2 大数互换法

在绝大多数产品中，装配时各组成环不需挑选或改变其大小或位置，装入后即能达到封闭环的公差要求。该方法采用统计公差公式计算。

大数互换法以一定置信水平为依据。通常，封闭环趋近正态分布，取置信水平 $P=99.73\%$，这时相对分布系数 $k_0=1$，在某些生产条件下，要求适当放大组成环公差时，可取较低的 P 值。P 与 k_0 相应数值如表 A.1。

表 A.1

置信水平 $P/(\%)$	99.73	99.5	99	98	95	90
相对分布系数 k_0	1	1.06	1.16	1.29	1.52	1.82

采用大数互换法时，应有适当的工艺措施，排除个别产品超出公差范围或极限偏差。

A.2 分组法

将各组成环按其实际尺寸大小分为若干组，各对应组进行装配，同组零件具有互换性。该方法通常采用极值公差公式计算。

A.3 修配法

装配时去除补偿环的部分材料以改变其实际尺寸，使封闭环达到其公差与极限偏差要求。该方法通常采用极值公差公式计算。

A.4 调整法

装配时用调整的方法改变补偿环的实际尺寸或位置，使封闭环达到其公差与极限偏差要求。一般以螺栓、斜面、挡环、垫片或孔轴联结中的间隙等作为补偿环。该方法通常采用极值公差公式计算。

附 录 B
（资料性附录）
装配尺寸链计算顺序

装配尺寸链的计算顺序框图如图 B.1。

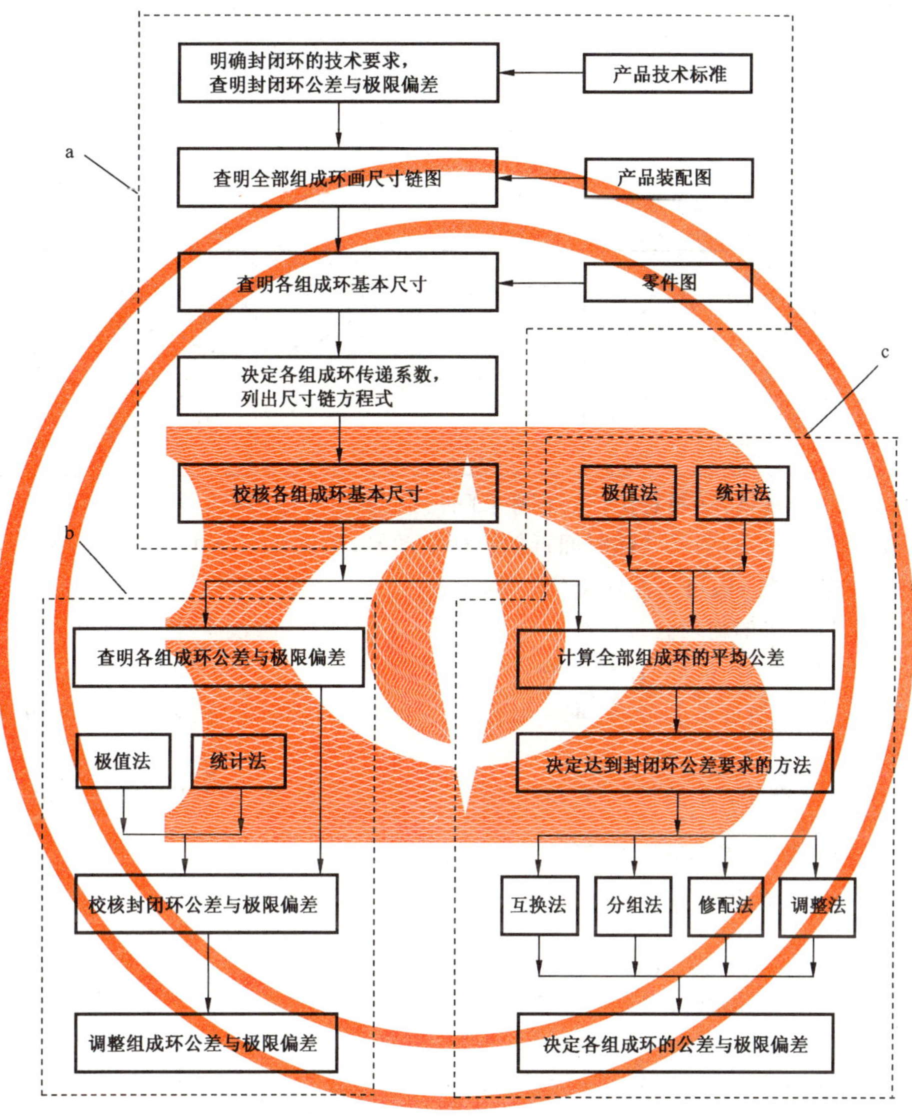

a——基本尺寸计算；

b——公差设计计算；

c——为公差校核计算。

图 B.1

附 录 C
（资料性附录）
系数 e 和 k 的取值

C.1 组成环的分布及其系数

组成环有不同的分布形式，常见的几种分布曲线及其相对不对称系数 e 与相对分布系数 k 的数值见表 C.1。

表 C.1

分布特征	正态分布	三角分布	均匀分布	瑞利分布	偏态分布	
					外尺寸	内尺寸
分布曲线	−3σ　3σ			e·T/2	e·T/2	e·T/2
e	0	0	0	−0.28	0.26	−0.26
k	1	1.22	1.73	1.14	1.17	1.17

C.1.1 大批大量生产条件下，在稳定工艺过程中，工件尺寸趋近正态分布，可取 $e=0$，$k=1$。

C.1.2 在不稳定工艺过程中，当尺寸随时间近似线性变动时，形成均匀分布。计算时没有任何参考的统计数据，尺寸与位置误差一般可当作均匀分布，取 $e=0$，$k=1.73$。

C.1.3 两个分布范围相等的均匀分布相组合，形成三角分布。计算时没有参考的统计数据，尺寸与位置误差亦当作三角分布，取 $e=0$，$k=1.22$。

C.1.4 偏心或径向跳动趋近瑞利分布，取 $e=-0.28$，$k=1.14$。偏心在某一方向的分量，取 $e=0$，$k=1.73$。

C.1.5 平行、垂直误差趋近某些偏态分布；单件小批生产条件下，工件尺寸也可能形成偏态分布，偏向最大实体尺寸这一边，取 $e=\pm0.26$，$k=1.17$。

C.2 封闭环的分布及其系数

C.2.1 各组成环在其公差带内按正态分布时，封闭环亦必按正态分布；各组成环具有各自不同分布时，各组成环具有各自不同分布时，只要组成环数不太小（$m\geqslant5$），各组成环分布范围相差又不太大时，封闭环亦趋近正态分布。因此，通常取 $e_0=0$，$k_0=1$。

C.2.2 当组成环环数较小（$m<5$），各组成环又不按正态分布，这时封闭环亦不同于正态分布；计算时没有参考的统计数据，可取 $e_0=0$，$k_0=1.1\sim1.3$。

ICS 17.040.10
J 04

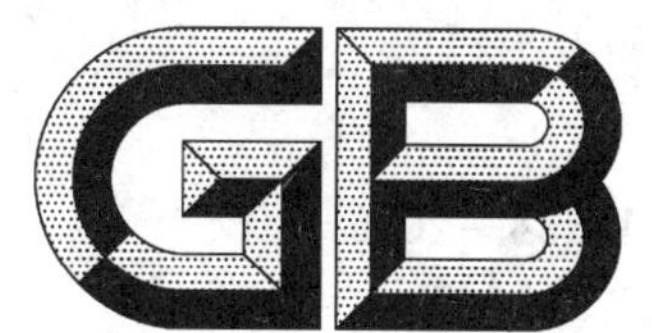

中华人民共和国国家标准

GB/T 11334—2005
代替 GB/T 11334—1989

产品几何量技术规范(GPS)　圆锥公差

Geometrical Product Specifications(GPS)—Cone tolerance

2005-05-16 发布　　2005-12-01 实施

中华人民共和国国家质量监督检验检疫总局
中国国家标准化管理委员会　发布

前言

本标准是对 GB/T 11334—1989《圆锥公差》的修订，主要修改如下：

——为与产品几何量技术规范(GPS)系列标准统一，修订了标准名称；

——对与 GPS 系列标准不一致的有关术语和基本概念进行了修订，如原标准中的基本尺寸(或圆锥)在本标准中统一为公称尺寸(或圆锥)，最大(小)极限圆锥角称为上(下)极限圆锥角，直径公差带称为直径公差区等；

——增加了说明标准在 GPS 矩阵模式中位置的附录 C。

本标准的附录 A、附录 B 和附录 C 均为资料性附录。

本标准由全国产品尺寸和几何技术规范标准化技术委员会提出并归口。

本标准起草单位：机械科学研究院中机生产力促进中心、中原工学院、西安交通大学。

本标准主要起草人：李晓沛、赵则祥、赵卓贤。

GB/T 11334 第 1 次发布于 1989 年，本标准是第 1 次修订。

产品几何量技术规范(GPS) 圆锥公差

1 范围

本标准规定了圆锥公差的术语和定义、圆锥公差的给定方法及公差数值。

本标准适用于锥度 C 从 1∶3～1∶500、长度 L 从 6～630 mm 的光滑圆锥。本标准中的圆锥角公差也适用于按 GB/T 4096 给定的棱体的角度与斜度。

2 规范性引用文件

下列文件中的条款通过本标准的引用而成为本标准的条款。凡是注日期的引用文件,其随后所有的修改单(不包括勘误的内容)或修订版均不适用于本标准,然而,鼓励根据本标准达成协议的各方研究是否可使用这些文件的最新版本。凡是不注日期的引用文件,其最新版本适用于本标准。

GB/T 157 产品几何量技术规范(GPS) 圆锥的锥度与锥角系列(eqv ISO 1119)

GB/T 1184—1996 形状和位置公差 未注公差值(eqv ISO 2768-2)

GB/T 1800.3 极限与配合 基础 第3部分:标准公差和基本偏差数值表(eqv ISO 286-1)

GB/T 4096 产品几何量技术规范(GPS) 棱体的角度与斜度系列(eqv ISO 2538)

GB/T 8170 数值修约规则

3 术语和定义

GB/T 157 确立的以及下列术语和定义适用于本标准。

3.1

公称圆锥 nominal cone

由设计给定的理想形状的圆锥(见图1)。

公称圆锥可用两种形式确定:

a) 一个公称圆锥直径(最大圆锥直径 D、最小圆锥直径 d、给定截面圆锥直径 d_x)、公称圆锥长度 L、公称圆锥角 α 或公称锥度 C;

b) 两个公称圆锥直径和公称圆锥长度 L。

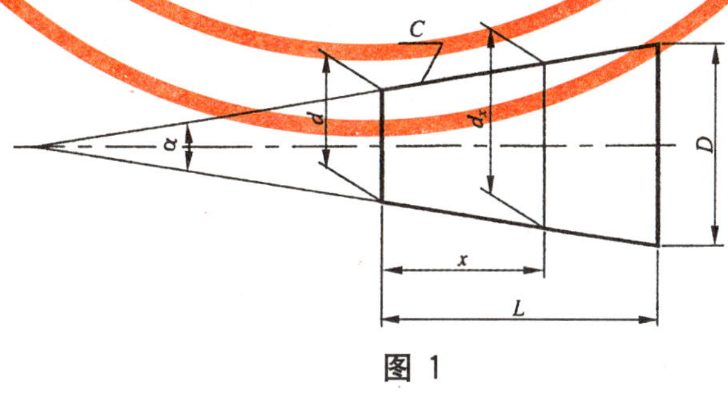

图 1

3.2

实际圆锥 actual cone

实际存在并与周围介质分隔的圆锥。

3.3

实际圆锥直径 d_a actual cone diameter

实际圆锥上的任一直径(见图2)。

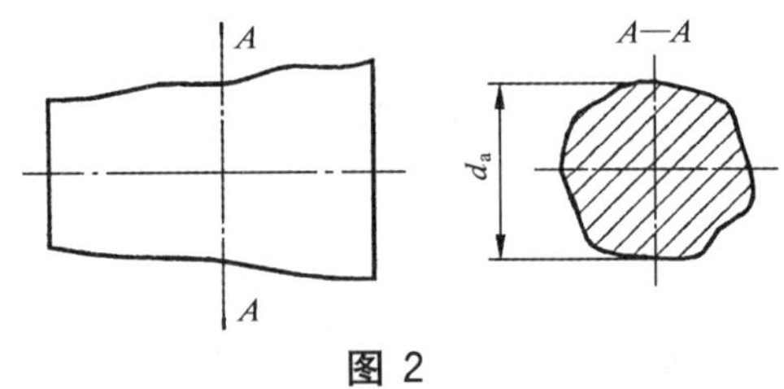

图 2

3.4

实际圆锥角 actual cone angle

实际圆锥的任一轴向截面内,包容其素线且距离为最小的两对平行直线之间的夹角(见图 3)。

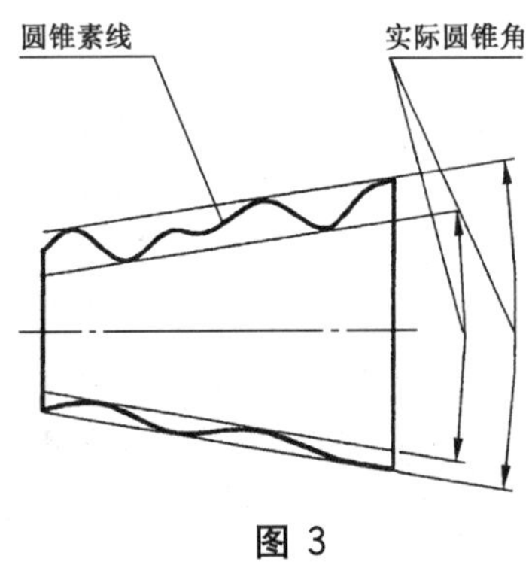

图 3

3.5

极限圆锥 limit cone

与公称圆锥共轴且圆锥角相等,直径分别为上极限直径和下极限直径的两个圆锥。在垂直圆锥轴线的任一截面上,这两个圆锥的直径差都相等(见图 4)。

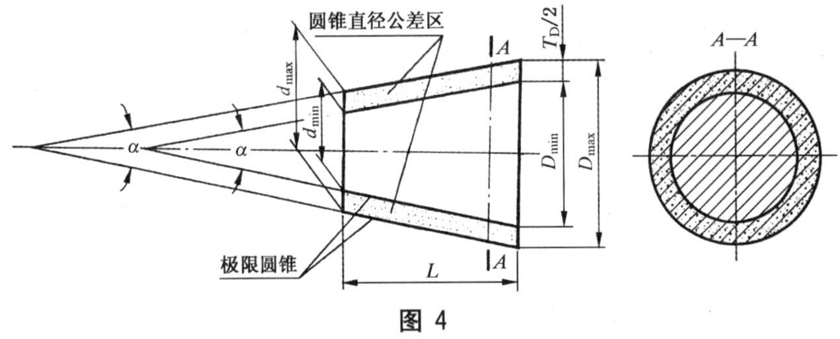

图 4

3.6

极限圆锥直径 limit cone diameter

极限圆锥上的任一直径。例如图 4 中的 D_{max}、D_{min}、d_{max}、d_{min}。

3.7

极限圆锥角 limit cone angle

允许的上极限或下极限圆锥角(见图 5)。

3.8

圆锥直径公差 T_D cone diameter tolerance

圆锥直径的允许变动量(见图 4)。

注:圆锥直径公差是一个没有符号的绝对值。

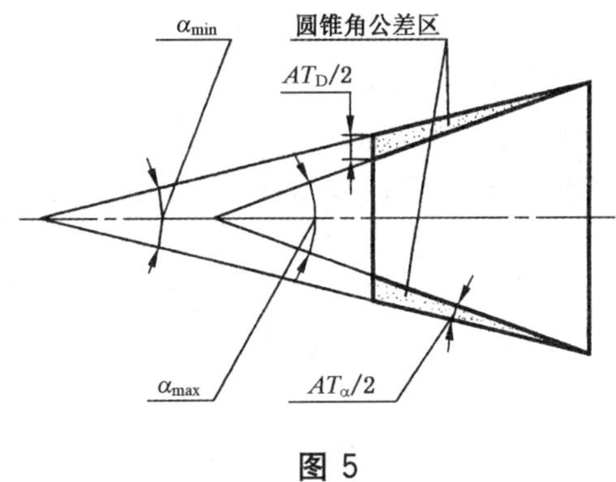

图 5

3.9

圆锥直径公差区　cone diameter tolerance interval

两个极限圆锥所限定的区域。用示意图表示在轴向截面内的圆锥直径公差区时,如图 4 所示。

3.10

圆锥角公差 AT(AT_α 或 AT_D)　cone angle tolerance

圆锥角的允许变动量(见图 5)。

注:圆锥角公差是一个没有符号的绝对值。

3.11

圆锥角公差区　tolerance interval for the cone angle

两个极限圆锥角所限定的区域。用示意图表示圆锥角公差区时,如图 5 所示。

3.12

给定截面圆锥直径公差 T_{DS}　cone section diameter tolerance

在垂直圆锥轴线的给定截面内,圆锥直径允许的变动量(见图 6)。

注:给定截面圆锥直径公差是一个没有符号的绝对值。

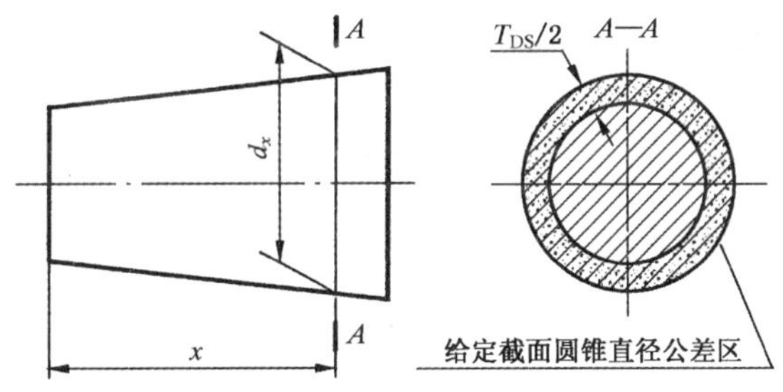

图 6

3.13

给定截面圆锥直径公差区　cone section diameter tolerance interval

在给定的圆锥截面内,由两个同心圆所限定的区域。用示意图表示给定截面圆锥直径公差区时,如图 6 所示。

4　圆锥公差的项目和给定方法

4.1　圆锥公差的项目

a) 圆锥直径公差 T_D;

b) 圆锥角公差 AT,用角度值 AT_α,或线性值 AT_D 给定;

c) 圆锥的形状公差 T_F,包括素线直线度公差和截面圆度公差;

d) 给定截面圆锥直径公差 T_{DS}。

4.2 圆锥公差的给定方法

a) 给出圆锥的公称圆锥角 α(或锥度 C)和圆锥直径公差 T_D。由 T_D 确定两个极限圆锥。此时圆锥角误差和圆锥的形状误差均应在极限圆锥所限定的区域内。

当对圆锥角公差、圆锥的形状公差有更高的要求时,可再给出圆锥角公差 AT、圆锥的形状公差 T_F。此时,AT 和 T_F 仅占 T_D 的一部分。

b) 给出给定截面圆锥直径公差 T_{DS}和圆锥角公差 AT。此时,给定截面圆锥直径和圆锥角应分别满足这两项公差的要求。T_{DS}和 AT 的关系见图 7。

该方法是在假定圆锥素线为理想直线的情况下给出的。

当对圆锥形状公差有更高的要求时,可再给出圆锥的形状公差 T_F。

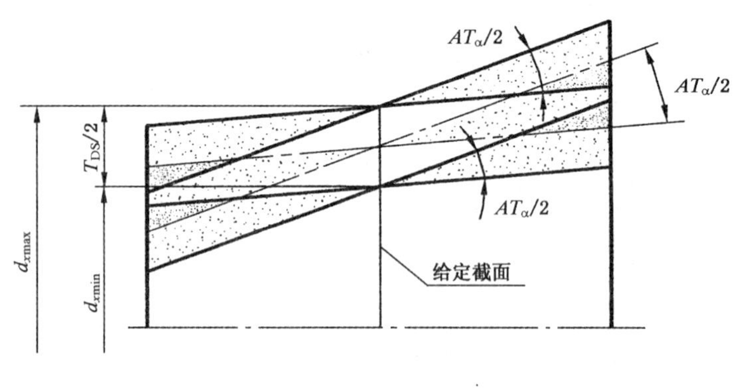

图 7

5 圆锥公差数值

5.1 圆锥直径公差 T_D

圆锥直径公差 T_D,以公称圆锥直径(一般取最大圆锥直径 D)为公称尺寸,按 GB/T 1800.3 规定的标准公差选取。

5.2 给定截面圆锥直径公差 T_{DS}

给定截面圆锥直径公差 T_{DS},以给定截面圆锥直径 d_x 为公称尺寸,按 GB/T 1800.3 规定的标准公差选取。

5.3 圆锥角公差 AT

5.3.1 圆锥角公差 AT 共分 12 个公差等级,用 $AT1$、$AT2$、……、$AT12$ 表示。圆锥角公差的数值见表 1。表 1 中数值用于棱体的角度时,以该角短边长度作为 L 选取公差值。

如需要更高或更低等级的圆锥角公差时,按公比 1.6 向两端延伸得到。更高等级用 $AT0$、$AT01$、……表示,更低等级用 $AT13$、$AT14$、……表示。

5.3.2 圆锥角公差可用两种形式表示:

a) AT_α——以角度单位微弧度或以度、分、秒表示;

b) AT_D——以长度单位微米表示。

AT_α 和 AT_D 的关系如下:

$$AT_D = AT_\alpha \times L \times 10^{-3}$$

式中:

AT_D 单位为 μm;

AT_α 单位为 μrad;

L 单位为 mm。

AT_D 值应按上式计算，表 1 中仅给出于圆锥长度 L 的尺寸段相对应的 AT_D 范围值。AT_D 计算结果的尾数按 GB/T 8170 的规定进行修约，其有效位数应与表 1 中所列该 L 尺寸段的最大范围值的位数相同。

5.3.3 表 1 中 AT_D 取值举例：

例 1：L 为 63 mm，选用 $AT7$，查表 1 得 AT_α 为 315μrad 或 1′05″，AT_D 为 20μm。

例 2：L 为 50 mm，选用 $AT7$，查表 1 得 AT_α 为 315μrad 或 1′05″，则：

$$AT_D = AT_\alpha \times L \times 10^{-3} = 315 \times 50 \times 10^{-3} = 15.75\mu m$$

取 AT_D 为 15.8 μm。

5.4 圆锥角的极限偏差

圆锥角的极限偏差可按单向或双向(对称或不对称)取值(见图 8)。

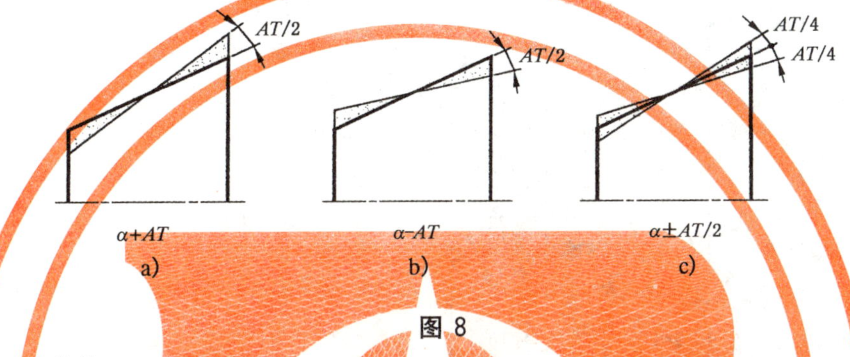

图 8

5.5 圆锥的形状公差

圆锥的形状公差推荐按 GB/T 1184—1996 中附录 B“图样上注出公差值的规定”选取。

表 1 圆锥角公差数值

公称圆锥长度 L/mm		圆锥角公差等级								
		$AT1$			$AT2$			$AT3$		
		AT_{α}		AT_D	AT_{α}		AT_D	AT_{α}		AT_D
大于	至	μrad	(″)	μm	μrad	(″)	μm	μrad	(″)	μm
自 6	10	50	10	>0.3～0.5	80	16	>0.5～0.8	125	26	>0.8～1.3
10	16	40	8	>0.4～0.6	63	13	>0.6～1.0	100	21	>1.0～1.6
16	25	31.5	6	>0.5～0.8	50	10	>0.8～1.3	80	16	>1.3～2.0
25	40	25	5	>0.6～1.0	40	8	>1.0～1.6	63	13	>1.6～2.5
40	63	20	4	>0.8～1.3	31.5	6	>1.3～2.0	50	10	>2.0～3.2
63	100	16	3	>1.0～1.6	25	5	>1.6～2.5	40	8	>2.5～4.0
100	160	12.5	2.5	>1.3～2.0	20	4	>2.0～3.2	31.5	6	>3.2～5.0
160	250	10	2	>1.6～2.5	16	3	>2.5～4.0	25	5	>4.0～6.3
250	400	8	1.5	>2.0～3.2	12.5	2.5	>3.2～5.0	20	4	>5.0～8.0
400	630	6.3	1	>2.5～4.0	10	2	>4.0～6.3	16	3	>6.3～10.0

公称圆锥长度 L/mm		圆锥角公差等级								
		$AT4$			$AT5$			$AT6$		
		AT_{α}		AT_D	AT_{α}		AT_D	AT_{α}		AT_D
大于	至	μrad	(″)	μm	μrad	(′)(″)	μm	μrad	(′)(″)	μm
自 6	10	200	41	>1.3～2.0	315	1′05″	>2.0～3.2	500	1′43″	>3.2～5.0
10	16	160	33	>1.6～2.5	250	52″	>2.5～4.0	400	1′22″	>4.0～6.3
16	25	125	26	>2.0～3.2	200	41″	>3.2～5.0	315	1′05″	>5.0～8.0
25	40	100	21	>2.5～4.0	160	33″	>4.0～6.3	250	52″	>6.3～10.0
40	63	80	16	>3.2～5.0	125	26″	>5.0～8.0	200	41″	>8.0～12.5
63	100	63	13	>4.0～6.3	100	21″	>6.3～10.0	160	33″	>10.0～16.0
100	160	50	10	>5.0～8.0	80	16″	>8.0～12.5	125	26″	>12.5～20.0
160	250	40	8	>6.3～10.0	63	13″	>10.0～16.0	100	21″	>16.0～25.0
250	400	31.5	6	>8.0～12.5	50	10″	>12.5～20.0	80	16″	>20.0～32.0
400	630	25	5	>10.0～16.0	40	8″	>16.0～25.0	63	13″	>25.0～40.0

表 1(续)

公称圆锥长度 L/mm		圆锥角公差等级								
		$AT7$			$AT8$			$AT9$		
		AT_{α}		AT_D	AT_{α}		AT_D	AT_{α}		AT_D
大于	至	μrad	(′)(″)	μm	μrad	(′)(″)	μm	μrad	(′)(″)	μm
自 6	10	800	2′45″	＞5.0～8.0	1 250	4′18″	＞8.0～12.5	2 000	6′52″	＞12.5～20
10	16	630	2′10″	＞6.3～10.0	1 000	3′26″	＞10.0～16.0	1 600	5′30″	＞16～25
16	25	500	1′43″	＞8.0～12.5	800	2′45″	＞12.5～20.0	1 250	4′18″	＞20～32
25	40	400	1′22″	＞10.0～16.0	630	2′10″	＞16.0～20.5	1 000	3′26″	＞25～40
40	63	315	1′05″	＞12.5～20.0	500	1′43″	＞20.0～32.0	800	2′45″	＞32～50
63	100	250	52″	＞16.0～25.0	400	1′22″	＞25.0～40.0	630	2′10″	＞40～63
100	160	200	41″	＞20.0～32.0	315	1′05″	＞32.0～50.0	500	1′43″	＞50～80
160	250	160	33″	＞25.0～40.0	250	52″	＞40.0～63.0	400	1′22″	＞63～100
250	400	125	26″	＞32.0～50.0	200	41″	＞50.0～80.0	315	1′05″	＞80～125
400	630	100	21″	＞40.0～63.0	160	33″	＞63.0～100.0	250	52″	＞100～160

公称圆锥长度 L/mm		圆锥角公差等级								
		$AT10$			$AT11$			$AT12$		
		AT_{α}		AT_D	AT_{α}		AT_D	AT_{α}		AT_D
大于	至	μrad	(′)(″)	μm	μrad	(′)(″)	μm	μrad	(′)(″)	μm
自 6	10	3 150	10′49″	＞20～32	5 000	17′10″	＞32～50	8 000	27′28″	＞50～80
10	16	2 500	8′35″	＞25～40	4000	13′44″	＞40～63	6 300	21′38″	＞63～100
16	25	2000	6′52″	＞32～50	3 150	10′49″	＞50～80	5000	17′10″	＞80～125
25	40	1600	5′30″	＞40～63	2 500	8′35″	＞63～100	4000	13′44″	＞100～160
40	63	1 250	4′18″	＞50～80	2 000	6′52″	＞80～125	3 150	10′49″	＞125～200
63	100	1 000	3′26″	＞63～100	1 600	5′30″	＞100～160	2 500	8′35″	＞160～250
100	160	800	2′45″	＞80～125	1 250	4′18″	＞125～200	2 000	6′52″	＞200～320
160	250	630	2′10″	＞100～160	1 000	3′26″	＞160～250	1 600	5′30″	＞250～400
250	400	500	1′43″	＞125～200	800	2′45″	＞200～320	1 250	4′18″	＞320～500
400	630	400	1′22″	＞160～250	630	2′10″	＞250～400	1 000	3′26″	＞400～630

注：1μrad 等于半径为 1 m，弧长为 1 μm 所对应的圆心角。5 μrad≈1″(秒)；300 μrad≈1′(分)。

附　录　A
（资料性附录）
圆锥直径公差所能限制的最大圆锥角误差

本附录按标准中 4.2 a)所规定的方法，给出圆锥长度 L 为 100 mm、圆锥直径公差 T_D 所能限制的最大圆锥角误差 $\Delta\alpha_{max}$。

表 A.1

圆锥直径公差等级	圆　锥　直　径/mm						
	≤3	>3～6	>6～10	>10～18	>18～30	>30～50	>50～80
	$\Delta\alpha_{max}/\mu rad$						
IT01	3	4	4	5	6	6	8
IT 0	5	6	6	8	10	10	12
IT 1	8	10	10	12	15	15	20
IT 2	12	15	15	20	25	25	30
IT 3	20	25	25	30	40	40	50
IT 4	30	40	40	50	60	70	80
IT 5	40	50	60	80	90	110	130
IT 6	60	80	90	110	130	160	190
IT 7	100	120	150	180	210	250	300
IT 8	140	180	220	270	330	390	460
IT 9	250	300	360	430	520	620	740
IT10	400	480	580	700	840	1 000	1 200
IT11	600	750	900	1 000	1 300	1 600	1 900
IT12	1 000	1 200	1 500	1 800	2 100	2 500	3 000
IT13	1 400	1 800	2 200	2 700	3 300	3 900	4 600
IT14	2 500	3 000	3 600	4 300	5 200	6 200	7 400
IT15	4 000	4 800	5 800	7 000	8 400	10 000	12 000
IT16	6 000	7 500	9 000	11 000	13 000	16 000	19 000
IT17	10 000	12 000	15 000	18 000	21 000	25 000	30 000
IT18	14 000	18 000	22 000	27 000	33 000	39 000	46 000

表 A.1(续)

圆锥直径公差等级	圆锥直径/mm					
	＞80～120	＞120～180	＞180～250	＞250～315	＞315～400	＞400～500
	$\Delta\alpha_{max}/\mu rad$					
IT01	10	12	20	25	30	40
IT 0	15	20	30	40	50	60
IT 1	25	35	45	60	70	80
IT 2	40	50	70	80	90	100
IT 3	60	80	100	120	130	150
IT 4	100	120	140	160	180	200
IT 5	150	180	200	230	250	270
IT 6	220	250	290	320	360	400
IT 7	350	400	460	520	570	630
IT 8	540	630	720	810	890	970
IT 9	870	1 000	1 150	1 300	1 400	1 550
IT10	1 400	1 600	1 850	2 100	2 300	2 500
IT11	2 200	2 500	2 900	3 200	3 600	4 000
IT12	3 500	4 000	4 600	5 200	5 700	6 300
IT13	5 400	6 300	7 200	8 100	8 900	9 700
IT14	8 700	10 000	11 500	13 000	14 000	15 500
IT15	14 000	16 000	18 500	21 000	23 000	25 000
IT16	22 000	25 000	29 000	32 000	36 000	40 000
IT17	35 000	40 000	46 000	52 000	57 000	63 000
IT18	54 000	63 000	72 000	81 000	89 000	97 000

注：圆锥长度不等于 100 mm 时，需将表中的数值乘以 $100/L$，L 的单位为 mm。

附 录 B
（资料性附录）
圆锥公差按本标准 4.2 a)条给定时的标注

当圆锥公差按本标准 4.2 a)所规定的方法给定时，推荐在圆锥直径的极限偏差后标注“Ⓣ”符号，如：

$$\phi 50^{+0.039}_{\ 0}\ Ⓣ$$

注：圆锥公差的标注方法如有相应的国家标准代替时可不按本附录标注。

附 录 C
（资料性附录）
在 GPS 矩阵模式中的位置

C.1 本标准及其用途的信息

本标准用于给定光滑圆锥工件公差的 GPS 规范。

C.2 在 GPS 矩阵模式中的位置

本标准属于通用的 GPS 标准，它影响通用 GPS 矩阵模式中尺寸和角度标准链的链环 1 和 2，如图 C.1 所示。GPS 矩阵模式的详细说明参见 ISO/TR 14638。

综合的 GPS 标准

基础的 GPS 标准

通用的 GPS 标准

链环号	1	2	3	4	5	6
尺寸						
距离						
半径						
角度						
与基准无关的线形状						
与基准相关的线形状						
与基准无关的面形状						
与基准相关的面形状						
方向						
位置						
圆跳动						
全跳动						
基准						
粗糙度轮廓						
波纹度轮廓						
原始轮廓						
表面缺陷						
棱边						

图 C.1

C.3 相关的标准

相关的标准为图 C.1 所示标准链涉及的标准。

ICS 17.040.10
J 04

中华人民共和国国家标准

GB/T 12360—2005
代替 GB/T 12360—1990

产品几何量技术规范(GPS) 圆锥配合

Geometrical product specifications (GPS)—Cone fit

2005-05-16 发布 2005-12-01 实施

中华人民共和国国家质量监督检验检疫总局
中国国家标准化管理委员会 发布

前　言

本标准是对 GB/T 12360—1990《圆锥配合》的修订，主要修改如下：

——为与产品几何量技术规范(GPS)系列标准统一，修订了标准名称；

——将原标准中的“圆锥配合的形成”和“术语及定义”两章合并，形成本标准的“术语和定义”；

——对与现行标准不一致的有关术语和基本概念进行了修订，如将原标准中的“圆锥直径配合公差”修改为“圆锥直径配合量”；

——增加了说明标准在 GPS 矩阵模式中位置的附录 D。

本标准的附录 A、附录 B、附录 C 和附录 D 均为资料性附录。

本标准由全国产品尺寸和几何技术规范标准化技术委员会提出并归口。

本标准起草单位：机械科学研究院中机生产力促进中心、中原工学院、西安交通大学。

本标准主要起草人：李晓沛、赵则祥、赵卓贤。

GB/T 12360 第 1 次发布于 1990 年，本标准是第 1 次修订。

产品几何量技术规范(GPS) 圆锥配合

1 范围

本标准规定了圆锥配合的术语和定义及一般规定。

本标准适用于锥度 C 从 1∶3～1∶500,长度 L 从 6～630 mm,直径至 500 mm 光滑圆锥的配合。其公差的给定方法,按 GB/T 11334—2005《圆锥公差》中 4.2a)的规定。即:

"给出公称圆锥的圆锥角 α(或锥度 C)和圆锥直径公差 T_D,由 T_D 确定两个极限圆锥。此时,圆锥角误差和圆锥的形状误差均在极限圆锥所限定的区域内"。

2 规范性引用文件

下列文件中的条款通过本标准的引用而成为本标准的条款。凡是注日期的引用文件,其随后所有的修改单(不包括勘误的内容)或修订版均不适用于本标准,然而,鼓励根据本标准达成协议的各方研究是否可使用这些文件的最新版本。凡是不注日期的引用文件,其最新版本适用于本标准。

GB/T 157 产品几何量技术规范(GPS) 圆锥的锥度与锥角系列(eqv ISO 1119)

GB/T 11334—2005 产品几何量技术规范(GPS) 圆锥公差

GB/T 1800.3 极限与配合 基础 第3部分:标准公差和基本偏差数值表(eqv ISO 286.1)

GB/T 1801 极限与配合 公差带和配合的选择(eqv ISO 1829)

3 术语和定义

GB/T 157 和 GB/T 11334 确立的以及下列术语和定义适用于本标准。

3.1

圆锥配合 cone fit

圆锥配合有结构型圆锥配合和位移型圆锥配合两种。

3.1.1

结构型圆锥配合 construction type cone fit

由圆锥结构确定装配位置,内、外圆锥公差区之间的相互关系。

结构型圆锥配合可以是间隙配合、过渡配合或过盈配合。图1为由轴肩接触得到间隙配合的结构型圆锥配合示例,图2为由结构尺寸 a 得到过盈配合的结构型圆锥配合示例。

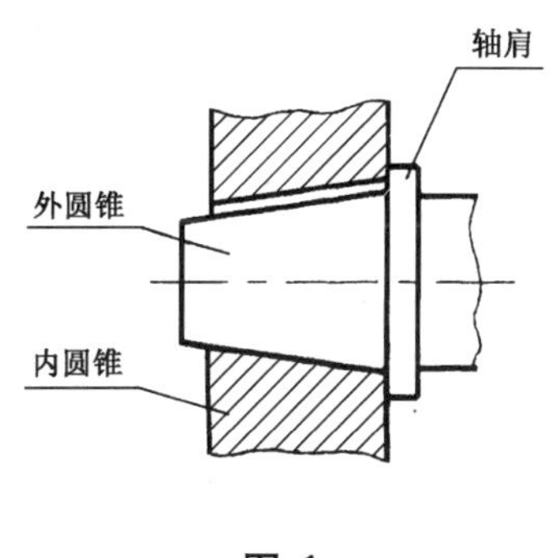

图 1

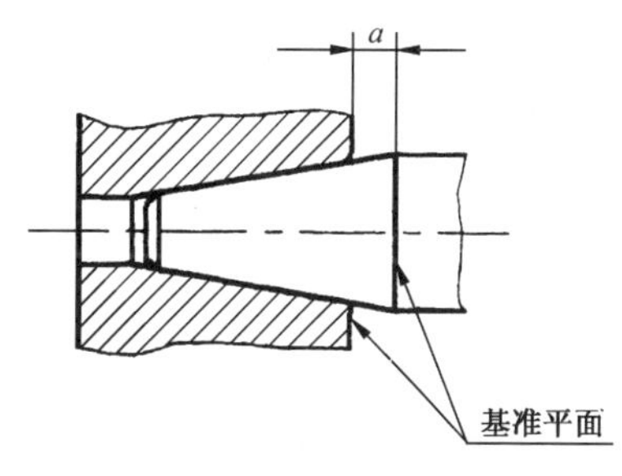

图 2

3.1.2

位移型圆锥配合　axial displacement type cone fit

内、外圆锥在装配时作一定相对轴向位移(E_a)确定的相互关系。

位移型圆锥配合可以是间隙配合或过盈配合。图 3 为给定轴向位移 E_a 得到间隙配合的位移型圆锥配合示例,图 4 为给定装配力 F_s 得到过盈配合的位移型圆锥配合示例。

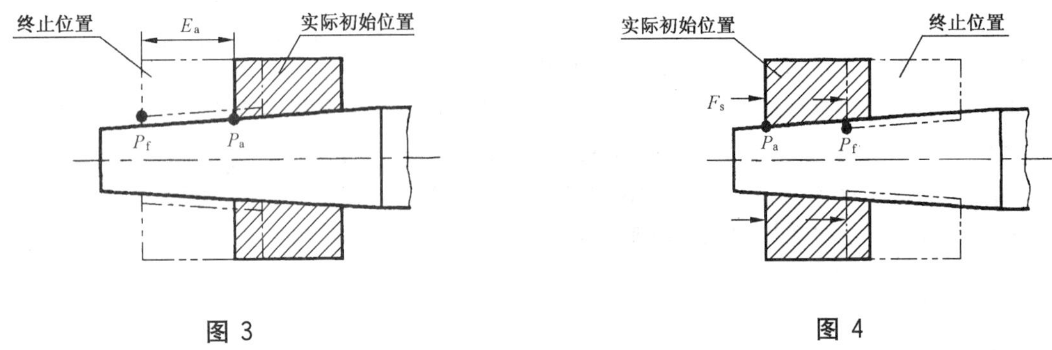

图 3　　　　图 4

3.1.2.1

初始位置 P　starting position

在不施加力的情况下,相互结合的内、外圆锥表面接触时的轴向位置。

3.1.2.2

极限初始位置 P_1、P_2　limit starting position

初始位置允许的界限。

极限初始位置 P_1 为内圆锥的下极限圆锥和外圆锥的上极限圆锥接触时的位置(见图 5)。

极限初始位置 P_2 为内圆锥的上极限圆锥和外圆锥的下极限圆锥接触时的位置(见图 5)。

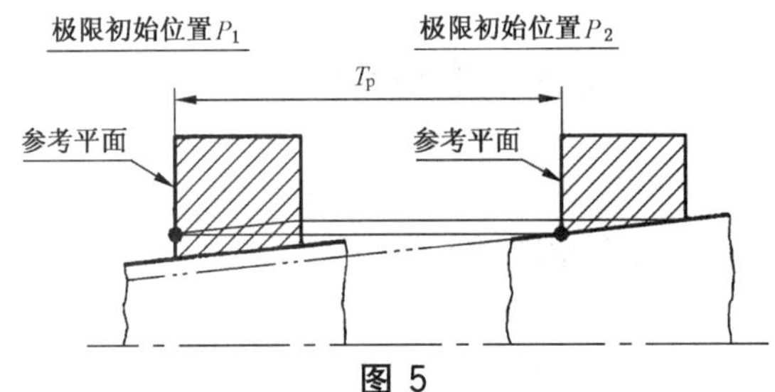

图 5

3.1.2.3

初始位置公差 T_P　tolerance on the starting position

初始位置允许的变动量。它等于极限初始位置 P_1 和 P_2 之间的距离(见图 5)。

$$T_P = \frac{1}{C}(T_{Di} + T_{De})$$

式中:

C——锥度;

T_{Di}——内圆锥直径公差;

T_{De}——外圆锥直径公差。

3.1.2.4

实际初始位置 P_a　actual starting position

相互结合的内、外实际圆锥的初始位置(见图 3、图 4)。它应位于极限初始位置 P_1 和 P_2 之间。

3.1.2.5

终止位置 P_f　final position

相互结合的内、外圆锥,为使其终止状态得到要求的间隙或过盈,所规定的相互轴向位置(见图 3、

图 4)。

3.1.2.6

装配力 F_s　assembly force

相互结合的内、外圆锥,为在终止位置(P_f)得到要求的过盈所施加的轴向力(见图 4)。

3.1.2.7

轴向位移 E_a　axial displacement

相互结合的内、外圆锥,从实际初始位置(P_a)到终止位置(P_f)移动的距离(见图 3)。

3.1.2.8

最小轴向位移 E_{amin}　minimum axial displacement

在相互结合的内、外圆锥的终止位置上,得到最小间隙或最小过盈的轴向位移。

3.1.2.9

最大轴向位移 E_{amax}　maximum axial displacement

在相互结合的内、外圆锥的终止位置上,得到最大间隙或最大过盈的轴向位移。图 6 为在终止位置上得到最大、最小过盈的示例。

3.1.2.10

轴向位移公差 T_E　tolerance on the axial displacement

轴向位移允许的变动量。它等于最大轴向位移(E_{amax})与最小轴向位移(E_{amin})之差(见图 6)。

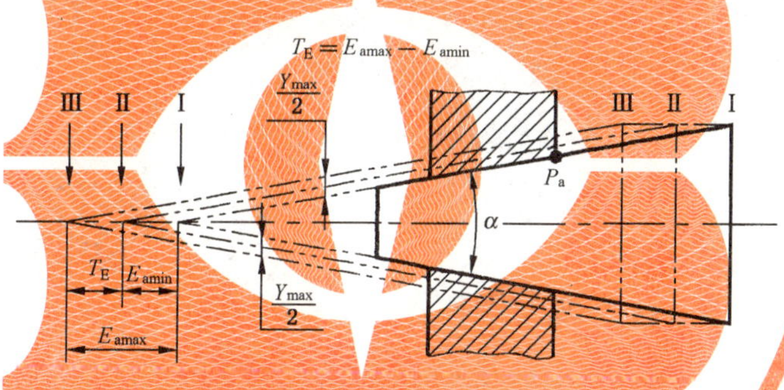

Ⅰ——实际初始位置;

Ⅱ——最小过盈位置;

Ⅲ——最大过盈位置。

图 6

3.2

圆锥直径配合量 T_{Df}　span of cone diameter fit

圆锥配合在配合直径上允许的间隙或过盈的变动量。

注 1:圆锥直径配合量是一个没有符号的绝对值。

注 2:对于结构型圆锥配合,圆锥直径间隙配合量是最大间隙(X_{max})与最小间隙(X_{min})之差;圆锥直径过盈配合量是最小过盈(Y_{min})与最大过盈(Y_{max})之差;圆锥直径过渡配合量是最大间隙(X_{max})与最大过盈(Y_{max})之差。圆锥直径配合量也等于内圆锥直径公差(T_{Di})与外圆锥直径公差(T_{De})之和。即:

圆锥直径间隙配合量　$T_{Df}=X_{max}-X_{min}$

圆锥直径过盈配合量　$T_{Df}=Y_{min}-Y_{max}$

圆锥直径过渡配合量　$T_{Df}=X_{max}-T_{max}$

圆锥直径配合量　$T_{Df}=T_{Di}+T_{De}$

注 3:对于位移型圆锥配合,圆锥直径间隙配合量是最大间隙(X_{max})与最小间隙(X_{min})之差,圆锥直径过盈配合量是最小过盈(Y_{min})与最大过盈(Y_{max})之差;也等于轴向位移公差(T_E)与锥度(C)之积。即:

圆锥直径间隙配合量　$T_{Df}=X_{max}-X_{min}=T_E\times C$

圆锥直径过盈配合量　$T_{Df}=Y_{min}-Y_{max}=T_E\times C$

4 圆锥配合的一般规定

4.1 结构型圆锥配合推荐优先采用基孔制。内,外圆锥直径公差带代号及配合按 GB/T 1801 选取。

如 GB/T 1801 给出的常用配合仍不能满足需要,可按 GB/T 1800.3 规定的基本偏差和标准公差组成所需配合。

4.2 位移型圆锥配合的内、外圆锥直径公差带代号的基本偏差推荐选用 H、h;JS、js。其轴向位移的极限值按 GB/T 1801 规定的极限间隙或极限过盈来计算。

4.3 位移型圆锥配合的轴向位移极限值(E_{amin}、E_{amax})和轴向位移公差(T_E)按下列公式计算:

a) 对于间隙配合:

$$E_{amin} = \frac{1}{C} \times | X_{min} |$$

$$E_{amax} = \frac{1}{C} \times | X_{max} |$$

$$T_E = E_{amax} - E_{amin} = \frac{1}{C} | X_{max} - X_{min} |$$

式中:

C——锥度;

X_{max}——配合的最大间隙;

X_{min}——配合的最小间隙。

b) 对于过盈配合:

$$E_{amin} = \frac{1}{C} \times | Y_{min} |$$

$$E_{amax} = \frac{1}{C} \times | Y_{max} |$$

$$T_E = E_{amax} - E_{amin} = \frac{1}{C} | Y_{max} - Y_{min} |$$

式中:

C——锥度;

Y_{max}——配合的最大过盈;

Y_{min}——配合的最小过盈。

附　录　A
（资料性附录）
圆锥角偏离公称圆锥角时对圆锥配合的影响

A.1　内、外圆锥的圆锥角偏离其公称圆锥角的圆锥角偏差，影响圆锥配合表面的接触质量和对中性能。由圆锥直径公差（T_D）限制的最大圆锥角误差（$\Delta\alpha_{max}$）在GB/T 11334—2005附录A中给出。在完全利用圆锥直径公差区时，圆锥角极限偏差可达$\pm\Delta\alpha_{max}$。

A.2　为使圆锥配合尽可能获得较大的接触长度，应选取较小的圆锥直径公差（T_D），或在圆锥直径公差区内给出更高要求的圆锥角公差。如在给定圆锥直径公差（T_D）后，还需给出圆锥角公差（AT），它们之间的关系应满足下列条件：

a)　圆锥角规定为单向极限偏差（$+AT$或$-AT$）时：

$$AT_D < \Delta\alpha_{Dmax} = T_D$$

$$AT_\alpha < \Delta\alpha_{max} = \frac{T_D}{L} \times 10^3$$

式中：

AT_D——以长度单位表示的圆锥角公差，单位为微米（μm）；

AT_α——以角度单位表示的圆锥角公差，单位为微弧（μrad）；

$\Delta\alpha_{Dmax}$——以长度单位表示的最大圆锥角误差，单位为微米（μm）；

L——公差圆锥长度，单位为毫米（mm）。

b)　圆锥角规定为对称极限偏差（$\pm\frac{AT}{2}$）时：

$$\frac{AT_D}{2} < \Delta\alpha_{Dmax} = T_D$$

$$\frac{AT_\alpha}{2} < \Delta\alpha_{max} = \frac{T_D}{L} \times 10^3$$

满足上述公式而确定的圆锥角公差数值应圆整到GB/T 11334中AT公差系列中的数值（一般应小一些）。

A.3　内、外圆锥的圆锥角偏差给定的方向及其组合，影响配合圆锥初始接触的部位，其影响情况列于表A.1。

A.3.1　当要求初始接触部位为最大圆锥直径时，应规定圆锥角为单向极限偏差，外圆锥为正（$+AT_e$），内圆锥为负（$-AT_i$）。

A.3.2　当要求接触部位为最小圆锥直径时，应规定圆锥角为单向极限偏差，外圆锥为负（$-AT_e$），内圆锥为正（$+AT_i$）。

A.3.3　当对初始接触部位无特殊要求，而要求保证配合圆锥角之间的差别为最小时，内、外圆锥角的极限偏差的方向应相同，可以是对称的（$\pm\frac{AT_e}{2}$，$\pm\frac{AT_i}{2}$），也可以是单向的（$+AT_e$，$+AT_i$或$-AT_e$，$-AT_i$）。

表 A.1

公称圆锥角	圆锥角偏差		简　图	初始接触部位
	内圆锥	外圆锥		
α	$+AT_i$	$-AT_e$	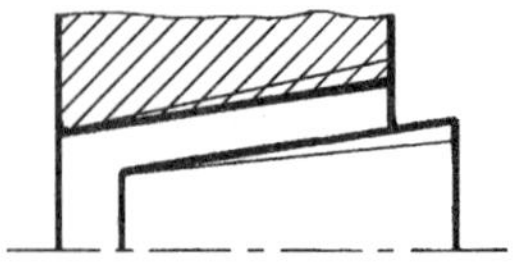	最小圆锥直径
	$-AT_i$	$+AT_e$	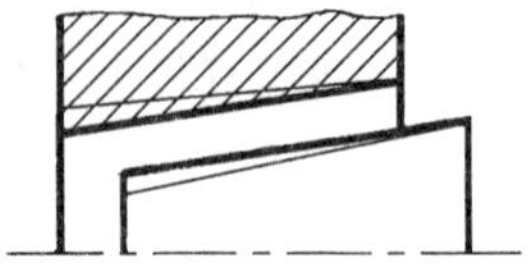	最大圆锥直径
	$+AT_i$	$+AT_e$	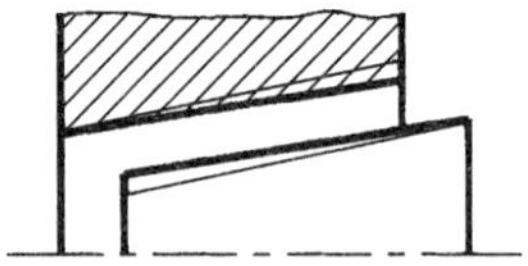	视实际圆锥角而定。可能在最大圆锥直径($\alpha_e > \alpha_i$ 时)，也可能在最小圆锥直径($\alpha_i > \alpha_e$ 时)
	$-AT_i$	$-AT_e$	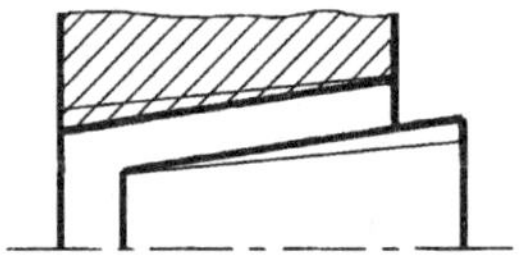	
	$\pm\frac{AT_i}{2}$	$\pm\frac{AT_e}{2}$	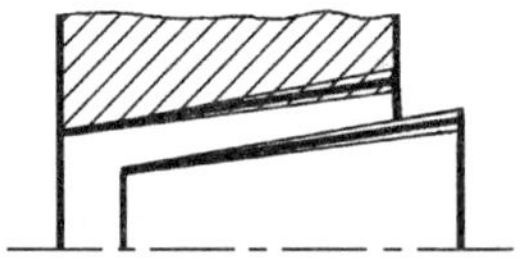	
	$\pm\frac{AT_i}{2}$	$+AT_e$	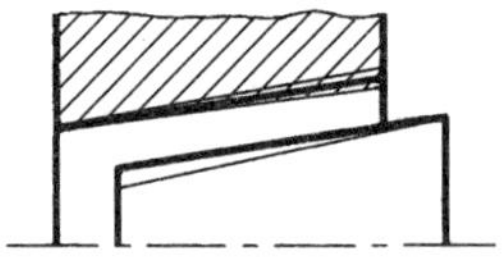	可能在最大圆锥直径($\alpha_e > \alpha_i$ 时)，也可能在最小圆锥直径($\alpha_i > \alpha_e$ 时)，最小圆锥直径接触的可能性比较大
	$-AT_i$	$\pm\frac{AT_e}{2}$	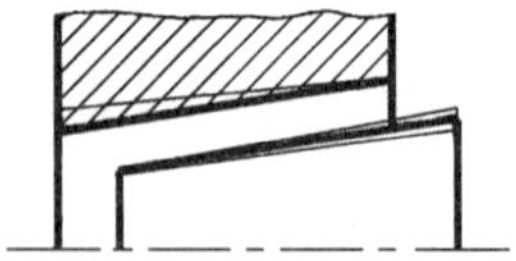	
	$\pm\frac{AT_i}{2}$	$-AT_e$	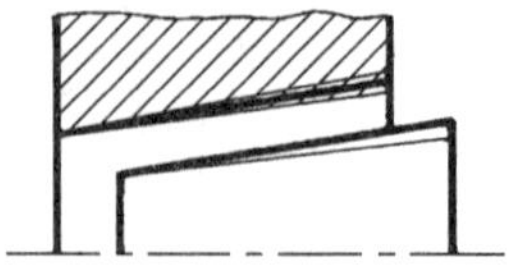	可能在最大圆锥直径($\alpha_e > \alpha_i$ 时)，也可能在最小圆锥直径($\alpha_i > \alpha_e$ 时)，最大圆锥直径接触的可能性比较大
	$+AT_i$	$\pm\frac{AT_e}{2}$	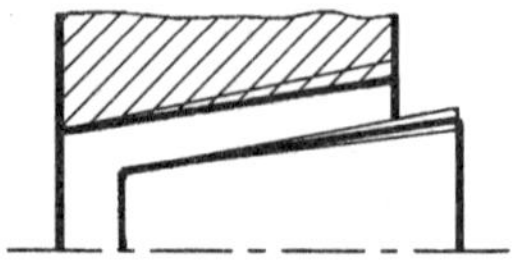	

附 录 B

（资料性附录）

内圆锥或外圆锥的圆锥轴向极限偏差的计算

本附录给出了圆锥配合的内圆锥或外圆锥直径极限偏差转换为轴向极限偏差的计算方法，可用以确定圆锥配合的极限初始位置和圆锥配合后基准平面之间的极限轴向距离；当用圆锥量规检验圆锥直径时，可用以确定与圆锥直径极限偏差相应的圆锥量规的轴向距离。

B.1 圆锥轴向极限偏差的概念

圆锥轴向极限偏差是圆锥的某一极限圆锥与其公称圆锥轴向位置的偏离（见图 B.1、图 B.2）。规定下极限圆锥与公称圆锥的偏离为轴向上偏差（es_z、ES_z）；上极限圆锥与公称圆锥的偏离为轴向下偏差（ei_z、EI_z）。轴向上偏差与轴向下偏差之代数差的绝对值为轴向公差（T_z）。

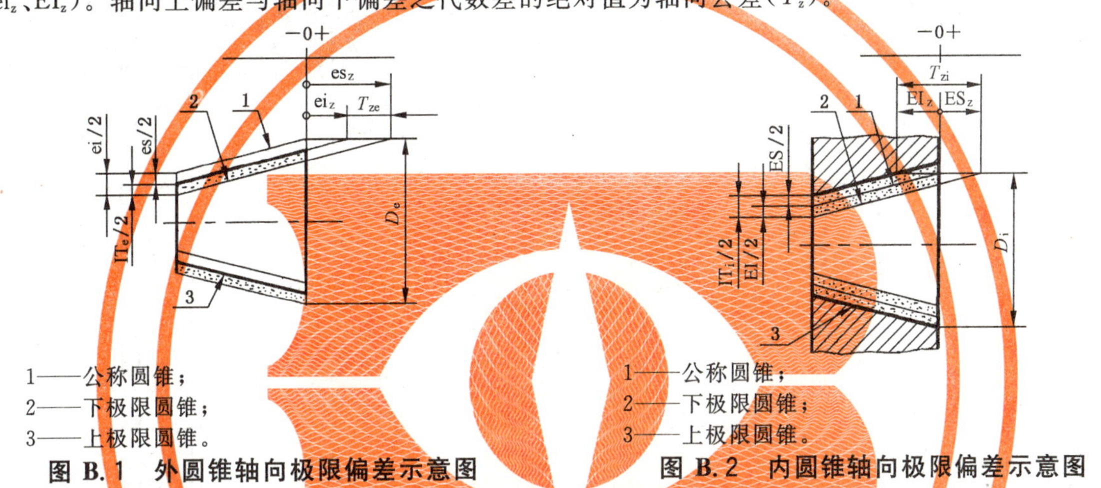

1——公称圆锥；
2——下极限圆锥；
3——上极限圆锥。

图 B.1 外圆锥轴向极限偏差示意图

1——公称圆锥；
2——下极限圆锥；
3——上极限圆锥。

图 B.2 内圆锥轴向极限偏差示意图

B.2 圆锥轴向极限偏差的计算

B.2.1 轴向上偏差

$$\text{外圆锥：} es_z = -\frac{1}{C} \times ei$$

$$\text{内圆锥：} ES_z = -\frac{1}{C} \times EI$$

B.2.2 轴向下偏差

$$\text{外圆锥：} ei_z = -\frac{1}{C} \times es$$

$$\text{内圆锥：} EI_z = -\frac{1}{C} \times ES$$

B.2.3 轴向基本偏差

$$\text{外圆锥：} e_z = -\frac{1}{C} \times \text{直径基本偏差}$$

$$\text{内圆锥：} E_z = -\frac{1}{C} \times \text{直径基本偏差}$$

B.2.4 轴向公差

$$\text{外圆锥：} T_{ze} = \frac{1}{C} \times IT_e$$

$$\text{内圆锥：} T_{zi} = \frac{1}{C} \times IT_i$$

B.3 圆锥轴向极限偏差计算用表

B.3.1 锥度 $C=1:10$ 时，按 GB/T 1800.3 规定的基本偏差计算所得的外圆锥的轴向基本偏差（e_z）列于表 B.1。

表 B.1 锥度 C=1∶10 时,外

基本偏差		a	b	c	cd	d	e	ef	f	fg	g	h	js	j		
公称尺寸		公差														
大于	至	所有等级												5、6	7	8
—	3	+2.7	+1.4	+0.6	+0.34	+0.20	+0.14	+0.1	+0.06	+0.04	+0.02	0		+0.02	+0.04	+0.06
3	6	+2.7	+1.4	+0.7	+0.46	+0.30	+0.2	+0.14	+0.1	+0.06	+0.04	0		+0.02	+0.04	—
6	10	+2.8	+1.5	+0.8	+0.56	+0.40	+0.25	+0.18	+0.13	+0.08	+0.05	0		+0.02	+0.05	—
10	14	+2.9	+1.5	+0.95	—	+0.50	+0.32	—	+0.16	—	+0.06	0		+0.03	+0.06	—
14	18															
18	24	+3	+1.6	+1.1	—	+0.65	+0.4	—	+0.20	—	+0.07	0		+0.04	+0.08	—
24	30															
30	40	+3.1	+1.7	+1.2	—	+0.80	+0.5	—	+0.25	—	+0.09	0		+0.05	+0.1	—
40	50	+3.2	+1.8	+1.3												
50	65	+3.4	+1.9	+1.4	—	+1	+0.60	—	+0.3	—	+0.1	0		+0.07	+0.12	—
65	80	+3.6	+2	+1.5												
80	100	+3.8	+2.2	+1.7	—	+1.2	+0.72	—	+0.36	—	+0.12	0		+0.09	+0.15	—
100	120	+4.1	+2.4	+1.8												
120	140	+4.6	+2.6	+2												
140	160	+5.2	+2.8	+2.1	—	+1.45	+0.85	—	+0.43	—	+0.14	0		+0.11	+0.18	—
160	180	+5.8	+3.1	+2.3												
180	200	+6.6	+3.4	+2.4												
200	225	+7.4	+3.8	+2.6	—	+1.7	+1	—	+0.50	—	+0.15	0		+0.13	+0.21	—
225	250	+8.2	+4.2	+2.8												
250	280	+9.2	+4.8	+3	—	+1.9	+1.1	—	+0.56	—	+0.17	0		+0.16	+0.26	—
280	315	+10.5	+5.4	+3.3												
315	355	+12	+6	+3.6	—	+2.1	+1.25	—	+0.62	—	+0.18	0		+0.18	+0.28	—
355	400	+13.5	+6.8	+4												
400	450	+15	+7.6	+4.4	—	+2.3	+1.35	—	+0.68	—	+0.2	0		+0.20	+0.32	—
450	500	+16.5	+8.4	+4.8												

圆锥的轴向基本偏差(e_z)数值

mm

k		m	n	p	r	s	t	u	v	x	y	z	za	zb	zc
等　级															
≤3,>7	4至7	所有等级													
0	0	−0.02	−0.04	−0.06	−0.1	−0.14	—	−0.18	—	−0.20	—	−0.26	−0.32	−0.4	−0.6
0	−0.01	−0.04	−0.08	−0.12	0.15	−0.19	—	−0.23	—	−0.28	—	−0.35	−0.42	−0.5	−0.8
0	−0.01	−0.06	−0.1	−0.15	−0.19	−0.23	—	−0.28	—	−0.34	—	−0.42	−0.52	−0.67	−0.97
0	−0.01	−0.07	−0.12	−0.18	−0.23	−0.28	—	−0.33	—	−0.4	—	−0.5	−0.64	−0.9	−1.3
								−0.33	−0.39	−0.45	—	−0.6	−0.77	−1.08	−1.5
0	−0.02	−0.08	−0.15	−0.22	−0.28	−0.35	—	−0.41	−0.47	−0.54	−0.63	−0.73	−0.98	−1.36	−1.88
							−0.41	−0.48	−0.55	−0.64	−0.75	−0.88	−1.18	−1.6	−2.18
0	−0.02	−0.09	−0.17	−0.26	−0.34	−0.43	−0.48	−0.6	−0.68	−0.8	−0.94	−1.12	−1.48	−2	−2.74
							−0.54	−0.7	−0.81	−0.97	−1.14	−1.36	−1.80	−2.42	−3.25
0	−0.02	−0.11	−0.2	−0.32	−0.41	−0.53	−0.66	−0.87	−1.02	−1.22	−1.44	−1.72	−2.25	−3	−4.05
					−0.43	−0.59	−0.75	−1.02	−1.2	−1.46	−1.74	−2.1	−2.74	−3.6	−4.8
0	−0.03	−0.13	−0.23	−0.37	−0.51	−0.71	−0.91	−1.24	−1.46	−1.78	−2.14	−2.58	−3.35	−4.45	−5.85
					−0.54	−0.79	−1.04	−1.44	−1.72	−2.10	−2.54	−3.1	−4	−5.25	−6.9
0	−0.03	−0.15	−0.27	−0.43	−0.63	−0.92	−1.22	−1.7	−2.02	−2.48	−3	−3.65	−4.7	−6.2	−8
					−0.65	−1	−1.34	−1.9	−2.28	−2.8	−3.4	−4.15	−5.35	−7	−9
					−0.68	−1.08	−1.46	−2.1	−2.52	−3.1	−3.8	−4.65	−6	−7.8	−10
0	−0.04	−0.17	−0.31	−0.5	−0.77	−1.22	−1.66	−2.36	−2.84	−3.5	−4.25	−5.2	−6.7	−8.8	−11.5
					−0.80	−1.3	−1.8	−2.58	−3.1	−3.85	−4.7	−5.75	−7.4	−9.6	−12.5
					−0.84	−1.4	−1.96	−2.84	−3.4	−4.25	−5.2	−6.4	−8.2	−10.5	−13.5
0	−0.04	−0.2	−0.34	−0.56	−0.94	−1.58	−2.18	−3.15	−3.85	−4.75	−5.8	−7.1	−9.2	−12	−15.5
					0.98	−1.7	−2.4	−3.5	−4.25	−5.25	−6.5	−7.9	−10	−13	−17
0	−0.04	−0.21	−0.37	−0.62	−1.08	−1.9	−2.68	−3.9	−4.75	−5.9	−7.3	−9	−11.5	−15	−19
					−1.14	−2.08	−2.94	−4.35	−5.3	−6.6	−8.2	−10	−13	−16.5	−21
0	−0.05	−0.23	−0.4	−0.68	−1.26	−2.32	−3.3	−4.9	−5.95	−7.4	−9.2	−11	−14.5	−18.5	−24
					−1.32	−2.52	−3.6	−5.4	−6.6	−8.2	−10	−12.5	−16	−21	−26

B.3.2 锥度 $C=1:10$ 时，按 GB/T 1800.3 规定的标准公差计算所得的轴向公差 T_z 的数值列于表 B.2。

B.3.3 当锥度 C 不等于 1∶10 时，圆锥的轴向基本偏差和轴向公差按表 B.1、表 B.2 给出的数值，乘以表 B.3、表 B.4 的换算系数进行计算。

B.3.4 基孔制的轴向极限偏差按表 B.1、表 B.2、表 B.3 和表 B.4 中的数值由下列公式计算：

a） 对内圆锥：

基本偏差为 H 时：

$$\mathrm{ES_z}=0$$

$$\mathrm{EI_z}=-T_{zi}$$

b） 对外圆锥：

基本偏差为 a 到 g 时：

$$\mathrm{es_z}=e_z+T_{ze}$$

$$\mathrm{ei_z}=e_z$$

基本偏差为 h 时：

$$\mathrm{es_z}=+T_{ze}$$

$$\mathrm{ei_z}=0$$

基本偏差为 js 时：

$$\mathrm{es_z}=+\frac{T_{ze}}{2}$$

$$\mathrm{ei_z}=-\frac{T_{ze}}{2}$$

基本偏差为 j 到 zc 时：

$$\mathrm{es_z}=e_z$$

$$\mathrm{ei_z}=e_z-T_{ze}$$

表 B.2 锥度 $C=1:10$ 时，轴向公差（T_z）数值

mm

公称尺寸		公差等级									
大于	至	IT3	IT4	IT5	IT6	IT7	IT8	IT9	IT10	IT11	IT12
—	3	0.02	0.03	0.04	0.06	0.10	0.14	0.25	0.40	0.60	1
3	6	0.025	0.04	0.05	0.08	0.12	0.18	0.30	0.48	0.75	1.2
6	10	0.025	0.04	0.06	0.09	0.15	0.22	0.36	0.58	0.90	1.5
10	18	0.03	0.04	0.08	0.11	0.18	0.27	0.43	0.70	1.1	1.8
18	30	0.04	0.05	0.09	0.13	0.21	0.33	0.52	0.84	1.3	2.1
30	50	0.04	0.07	0.11	0.16	0.25	0.39	0.62	1	1.6	2.5
50	80	0.05	0.08	0.13	0.19	0.30	0.46	0.74	1.2	1.9	3
80	120	0.06	0.10	0.15	0.22	0.35	0.54	0.87	1.4	2.2	3.5
120	180	0.08	0.12	0.18	0.25	0.40	0.63	1	1.6	2.5	4
180	250	0.10	0.14	0.20	0.29	0.46	0.72	1.15	1.85	2.9	4.6
250	315	0.12	0.16	0.23	0.32	0.52	0.81	1.3	2.1	3.2	5.2
315	400	0.13	0.18	0.25	0.36	0.57	0.89	1.4	2.3	3.6	5.7
400	500	0.15	0.20	0.27	0.40	0.63	0.97	1.55	2.5	4	6.3

表 B.3 一般用途圆锥的换算系数

基本值		换算系数	基本值		换算系数
系列 1	系列 2		系列 1	系列 2	
1∶3		0.3		1∶15	1.5
	1∶4	0.4	1∶20		2
1∶5		0.5	1∶30		3
	1∶6	0.6		1∶40	4
	1∶7	0.7	1∶50		5
	1∶8	0.8	1∶100		10
1∶10		1	1∶200		20
	1∶12	1.2	1∶500		50

表 B.4 特殊用途圆锥的换算系数

基本值	换算系数	基本值	换算系数
18°30′	0.3	1∶18.779	1.8
11°54′	0.48	1∶19.002	1.9
8°40′	0.66	1∶19.180	1.92
7°40′	0.75	1∶19.212	1.92
7∶24	0.34	1∶19.254	1.92
1∶9	0.9	1∶19.264	1.92
1∶12.262	1.2	1∶19.922	1.99
1∶12.972	1.3	1∶20.020	2
1∶15.748	1.57	1∶20.047	2
1∶16.666	1.67	1∶20.228	2

附　录　C
（资料性附录）
基准平面极限初始位置和极限终止位置的计算

本附录给出了由相互配合的圆锥基准平面之间的距离（基面距）确定的极限初始位置和极限终止位置的计算方法。

C.1　基准平面间极限初始位置的计算

C.1.1　由内、外圆锥基准平面之间的距离确定的极限初始位置 Z_{pmin} 和 Z_{pmax} 的计算公式列于表 C.1。

注：对于结构型圆锥配合，极限初始位置仅对过盈配合有意义，且在必要时才需计算。

表 C.1

已知参数	基准平面的位置	计算公式	
		Z_{pmin}	Z_{pmax}
圆锥直径极限偏差	在锥体大直径端（见图 C.1）	$Z_p+\frac{1}{C}(ei-ES)$	$Z_p+\frac{1}{C}(es-EI)$
	在锥体小直径端（见图 C.2）	$Z_p+\frac{1}{C}(EI-es)$	$Z_p+\frac{1}{C}(ES-ei)$
圆锥轴向极限偏差	在锥体大直径端（见图 C.1）	$Z_p+EI_z-es_z$	$Z_p+ES_z-ei_z$
	在锥体小直径端（见图 C.2）	$Z_p+ei_z-ES_z$	$Z_p+es_z-EI_z$

注：表中 $Z_p=Z_e-Z_i$；在外圆锥距基准平面为 Z_e 处的 d_{xe} 和内圆锥距基准平面为 Z_i 处的 d_{xi} 是相等的。

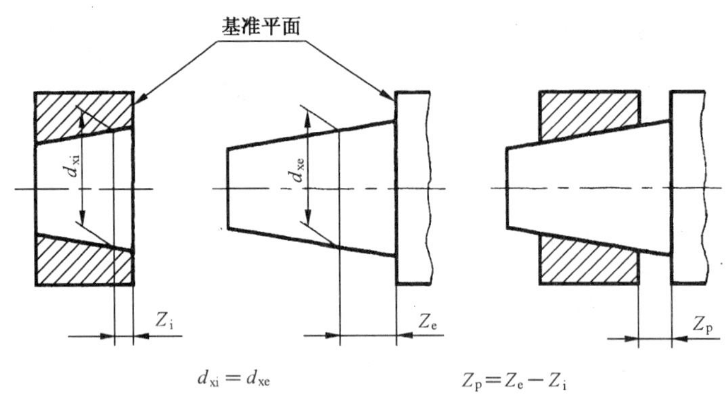

图 C.1

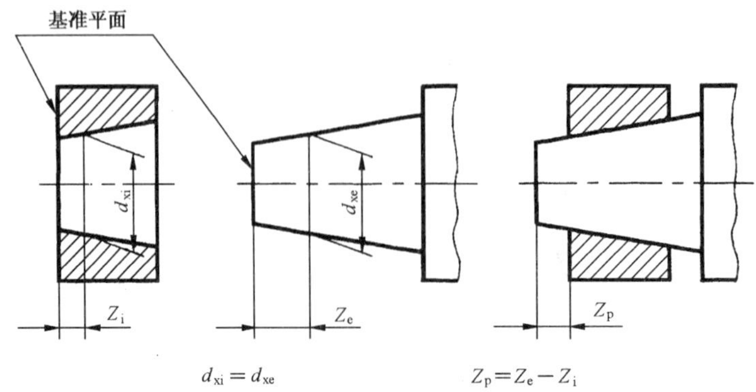

图 C.2

C.1.2 对本标准4.2规定的位移型圆锥配合，可按轴向公差进行简化计算，其计算公式列于表C.2。

表 C.2

配合圆锥直径公差区位置的组合	基准平面的位置	计算公式	
		Z_{pmin}	Z_{pmax}
$\frac{H}{h}$	在锥体大直径端(见图C.1)	$Z_p-(T_{ze}+T_{zi})$	Z_p
	在锥体小直径端(见图C.2)	Z_p	$Z_p+(T_{ze}+T_{zi})$
$\frac{JS}{js}$	在锥体大直径端(见图C.1)	$Z_p-\frac{1}{2}(T_{ze}+T_{zi})$	$Z_p+\frac{1}{2}(T_{ze}+T_{zi})$
	在锥体小直径端(见图C.2)	$Z_p-\frac{1}{2}(T_{ze}+T_{zi})$	$Z_p+\frac{1}{2}(T_{ze}+T_{zi})$

C.2 基准平面间极限终止位置的计算

C.2.1 对于位移型圆锥配合，基准平面之间极限终止位置 $Z_{p\,fmin}$、$Z_{p\,fmax}$ 的计算公式列于表C.3。

表 C.3

已知参数	基准平面的位置	计算公式	
		$Z_{p\,fmin}$	$Z_{p\,fmax}$
间隙配合轴向位移 E_a	在锥体大直径端(见图C.1)	$Z_{p\,min}+E_{amin}$	$Z_{p\,max}+E_{amax}$
	在锥体小直径端(见图C.2)	$Z_{p\,min}-E_{amax}$	$Z_{p\,max}-E_{amin}$
过盈配合轴向位移 E_a	在锥体大直径端(见图C.1)	$Z_{p\,min}-E_{amax}$	$Z_{p\,max}-E_{amin}$
	在锥体小直径端(见图C.2)	$Z_{p\,min}+E_{amin}$	$Z_{p\,max}+E_{amax}$
注：表中 $Z_{p\,min}$、$Z_{p\,max}$ 的值用表C.1的公式确定。			

C.2.2 对于结构型圆锥配合，基准平面之间的极限终止位置由设计给定，不需要进行计算(见图1、图2)。

附　录　D
（资料性附录）
在 GPS 矩阵模式中的位置

D.1　本标准及其用途的信息

本标准用于给定光滑圆锥工件配合的 GPS 规范。

D.2　在 GPS 矩阵模式中的位置

本标准属于通用的 GPS 标准，它影响通用 GPS 矩阵模式中尺寸和角度标准链的链环 1 和 2，如图 D.1 所示。GPS 矩阵模式的详细说明参见 ISO/TR 14638。

<table>
<tr><td rowspan="21">基础的
GPS
标准</td><td colspan="7">综合的 GPS 标准</td></tr>
<tr><td colspan="7">通用的 GPS 标准</td></tr>
<tr><td>链环号</td><td>1</td><td>2</td><td>3</td><td>4</td><td>5</td><td>6</td></tr>
<tr><td>尺寸</td><td></td><td></td><td></td><td></td><td></td><td></td></tr>
<tr><td>距离</td><td></td><td></td><td></td><td></td><td></td><td></td></tr>
<tr><td>半径</td><td></td><td></td><td></td><td></td><td></td><td></td></tr>
<tr><td>角度</td><td></td><td></td><td></td><td></td><td></td><td></td></tr>
<tr><td>与基准无关的线形状</td><td></td><td></td><td></td><td></td><td></td><td></td></tr>
<tr><td>与基准相关的线形状</td><td></td><td></td><td></td><td></td><td></td><td></td></tr>
<tr><td>与基准无关的面形状</td><td></td><td></td><td></td><td></td><td></td><td></td></tr>
<tr><td>与基准相关的面形状</td><td></td><td></td><td></td><td></td><td></td><td></td></tr>
<tr><td>方向</td><td></td><td></td><td></td><td></td><td></td><td></td></tr>
<tr><td>位置</td><td></td><td></td><td></td><td></td><td></td><td></td></tr>
<tr><td>圆跳动</td><td></td><td></td><td></td><td></td><td></td><td></td></tr>
<tr><td>全跳动</td><td></td><td></td><td></td><td></td><td></td><td></td></tr>
<tr><td>基准</td><td></td><td></td><td></td><td></td><td></td><td></td></tr>
<tr><td>粗糙度轮廓</td><td></td><td></td><td></td><td></td><td></td><td></td></tr>
<tr><td>波纹度轮廓</td><td></td><td></td><td></td><td></td><td></td><td></td></tr>
<tr><td>原始轮廓</td><td></td><td></td><td></td><td></td><td></td><td></td></tr>
<tr><td>表面缺陷</td><td></td><td></td><td></td><td></td><td></td><td></td></tr>
<tr><td>棱边</td><td></td><td></td><td></td><td></td><td></td><td></td></tr>
</table>

图 D.1

D.3　相关的标准

相关的标准为图 D.1 所示标准链涉及的标准。

ICS 17.040.10
J 04

中华人民共和国国家标准

GB/T 13319—2003/ISO 5458:1998
代替 GB/T 13319—1991

产品几何量技术规范(GPS) 几何公差 位置度公差注法

Geometrical Product Specifications (GPS)—Geometrical tolerancing—Positional tolerancing

(ISO 5458:1998,IDT)

2003-04-15 发布 2003-11-01 实施

中华人民共和国
国家质量监督检验检疫总局 发布

前　言

本标准等同采用 ISO 5458:1998《产品几何量技术规范(GPS)　几何公差　位置度公差注法》(英文版)。

本标准代替 GB/T 13319—1991《形状和位置公差　位置度公差》。

本标准等同翻译 ISO 5458:1998。

为便于使用,本标准做了下列编辑性修改:

a) 因我国已经等同采用 ISO 14660-1 制定了 GB/T 18780.1,并将该标准放入规范性引用文件,因此删除了 ISO 5458 的资料性附录 A 定义(按 ISO 14660-1 给出);

b) "本国际标准"一词改为"本标准";

c) 删除了 ISO 5458 的前言和引言。

本标准与 GB/T 13319—1991 相比主要变化如下:

——在标准的内容和编排上作了较大的修改,并修改了标准的全称。

——图示中的基准标注代号改为等同 ISO 标准的基准代号。

——删去了 ISO 5458 中没有的内容。

本标准的附录 A、附录 B、附录 C 均为资料性附录。

本标准由全国产品尺寸和几何技术规范标准化技术委员会提出并归口。

本标准起草单位:机械科学研究院、重庆长安汽车集团有限公司、郑州大学、清华大学。

本标准主要起草人:李晓沛、曹霞、张琳娜、方仲彦、陈月祥、王欣玲。

本标准所代替的历次版本发布情况为:

——GB/T 13319—1991。

产品几何量技术规范(GPS)
几何公差　位置度公差注法

1　范围

本标准规定了位置度公差的注法。

本标准给出的位置度公差注法适用于点、直线和平面的定位，例如球的球心、孔或轴的轴线和槽的中心平面等。

注：对非直线或非平面可采用轮廓度公差注法。

2　规范性引用文件

下列文件中的条款通过本标准的引用而成为本标准的条款。凡是注日期的引用文件，其随后所有的修改单(不包括勘误的内容)或修订版均不适用于本标准，然而，鼓励根据本标准达成协议的各方研究是否可使用这些文件的最新版本。凡是不注日期的引用文件，其最新版本适用于本标准。

GB/T 18780.1—2002　产品几何量技术规范(GPS)　几何要素　第1部分：基本术语和定义(ISO 14660-1,IDT)

ISO 1101[1)]　产品几何量技术规范(GPS)　几何公差　通则、定义、符号和图样表示法

3　术语和定义

ISO 1101确立的有关位置度公差和GB/T 18780.1确立的有关要素的术语和定义适用于本标准。

4　位置度公差注法

4.1　通则

位置度公差注法主要由理论正确尺寸、公差框格和基准部分组成。

4.2　基本要求

用位置度公差及与其相关的理论正确尺寸来限定各实际(提取)要素的位置的变动范围，例如，点、轴线、中心平面、公称直线、公称平面，它们之间相互有关或与一个或多个基准有关。

位置度公差带相对于理论正确位置对称分布。

注：当理论正确尺寸排成尺寸链时(见图4)，位置度公差不累积(这与排成尺寸链式的尺寸公差正好相反)。位置度公差允许有一个或多个基准。

4.3　理论正确尺寸

在位置度公差标注中，理论正确尺寸是确定各要素理想位置的尺寸，该尺寸不直接附带公差。

理论正确尺寸(线性的或角度的)按GB/T 1182应围以矩形框格标注，如图2a)、图2b)、图3a)、图4a)、图5a)和图7a)所示。

标注时，对含有0°、90°、180°或0距离的理论正确尺寸可省略注出[见图1a)、图2a)、图4a)和图5a)]。

当位置度公差要素共有同一中心线或轴线时，则可把它们认为是理论正确相关要素。除另有说明，例如与不同的基准相关，或如图2b)所示，用适当的注解说明。

---

1) 将颁布(ISO 1101:1983的修订本)。

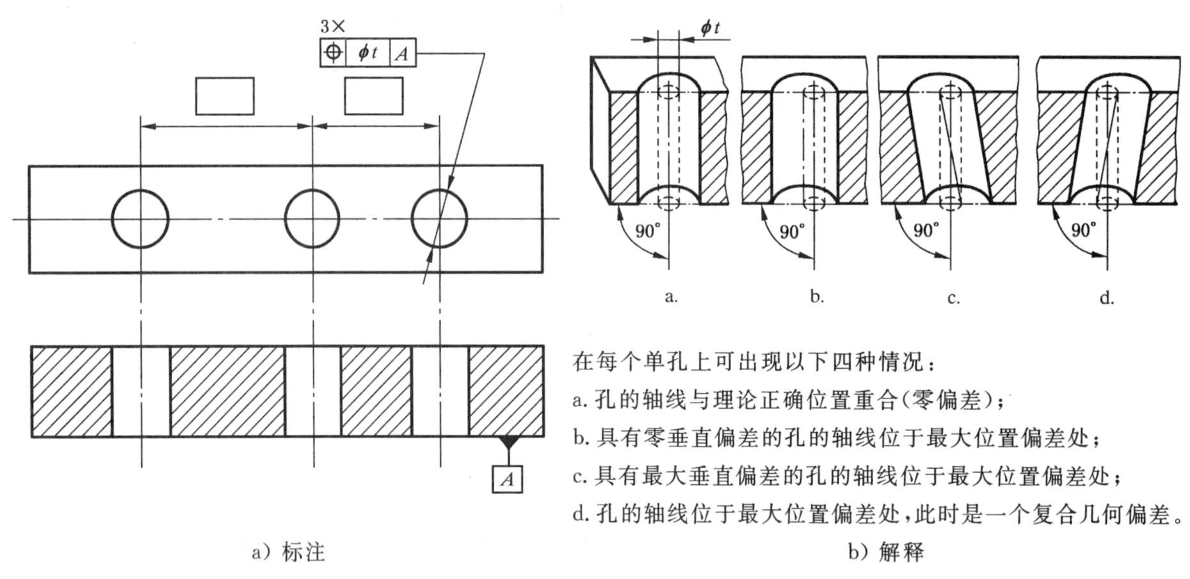

a）标注

在每个单孔上可出现以下四种情况：

a. 孔的轴线与理论正确位置重合(零偏差)；

b. 具有零垂直偏差的孔的轴线位于最大位置偏差处；

c. 具有最大垂直偏差的孔的轴线位于最大位置偏差处；

d. 孔的轴线位于最大位置偏差处，此时是一个复合几何偏差。

b）解释

图 1

附录 A 给出了理论正确尺寸的标注示例。

4.4　圆周分布要素的位置度公差

被注位置度公差要素在圆周上，除另有说明，通常为均匀分布且位置是理论正确位置。

如在同一轴线上表示有两个或多个成组要素，当其无相关基准或有同一相关基准或基准体系(基准按同一优先次序注出或在同一实体状态下)时[见图 2a)]，除另有说明[见图 2b)]，则认为他们共同构成一个单几何图框。

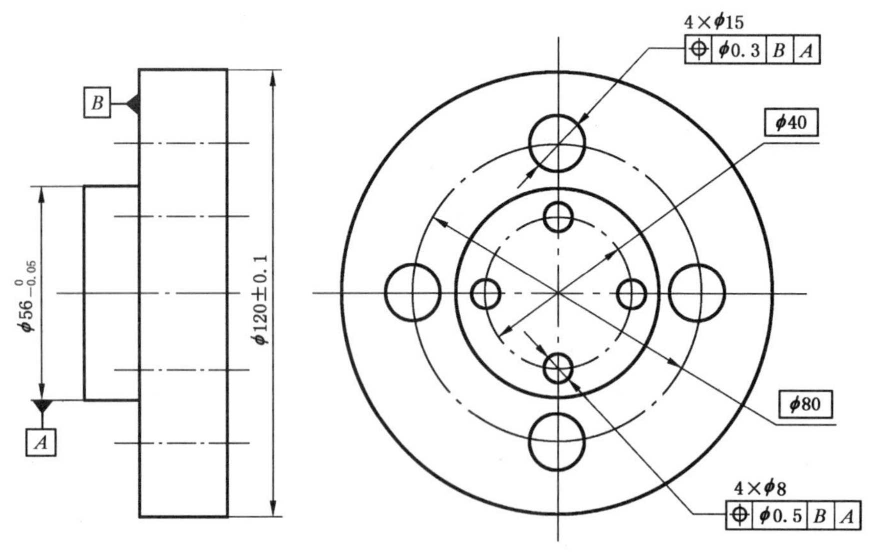

a）

图 2

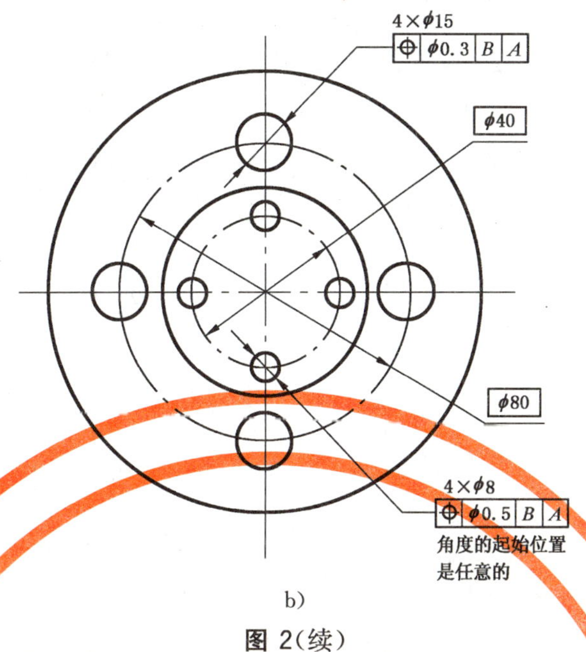

b)

图 2(续)

4.5 位置度公差的方向

4.5.1 仅一个方向的位置度公差

在一个方向上给定位置度公差。此时,公差带是距离为给定的公差值,且以理论位置为中心对称分布的两平行直线(或两平行平面)之间的区域,公差带的宽度方向是框格指引线箭头所指的方向(见图 3)。

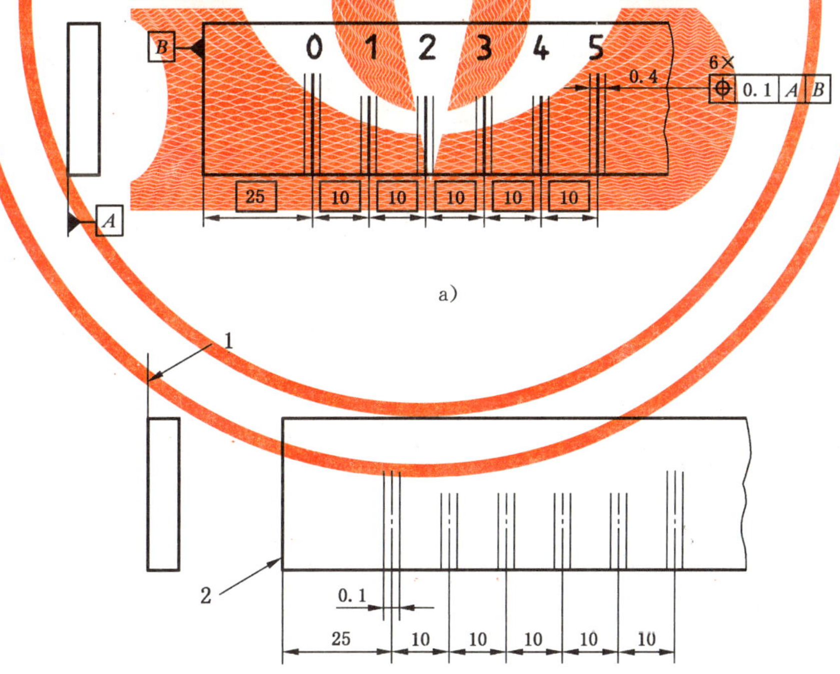

b)

图例标号:

1——模拟基准平面 A;

2——模拟基准平面 B。

每条刻线应位于间距为 0.1 mm 的两条平行直线的公差带内,各公差带彼此相对每条刻线的理论正确位置对称分布。

b)

图 3

4.5.2 两个方向的位置度公差

在相互垂直的两个方向上给定位置度公差。此时，公差带是两相互垂直的距离为给定公差值且以轴线的理想位置为中心对称配置的两平行平面之间的区域。两个公差值可以不相等(见图 4)或相等。

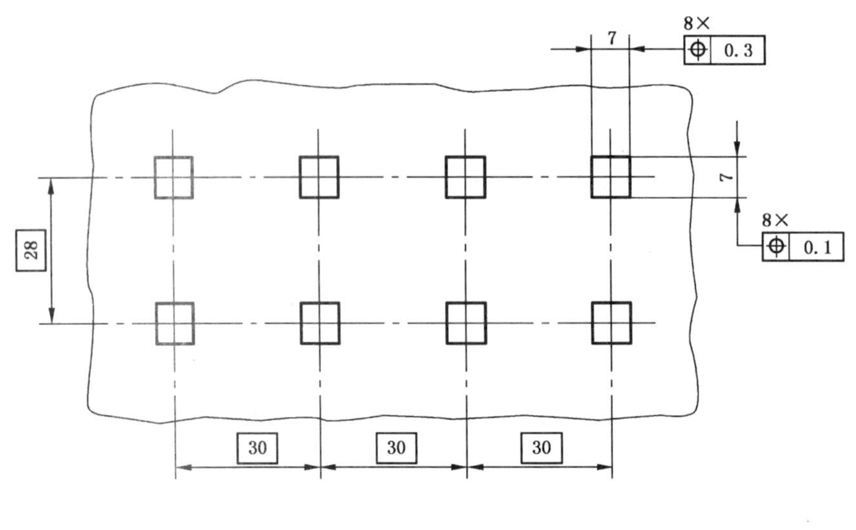

a)标注

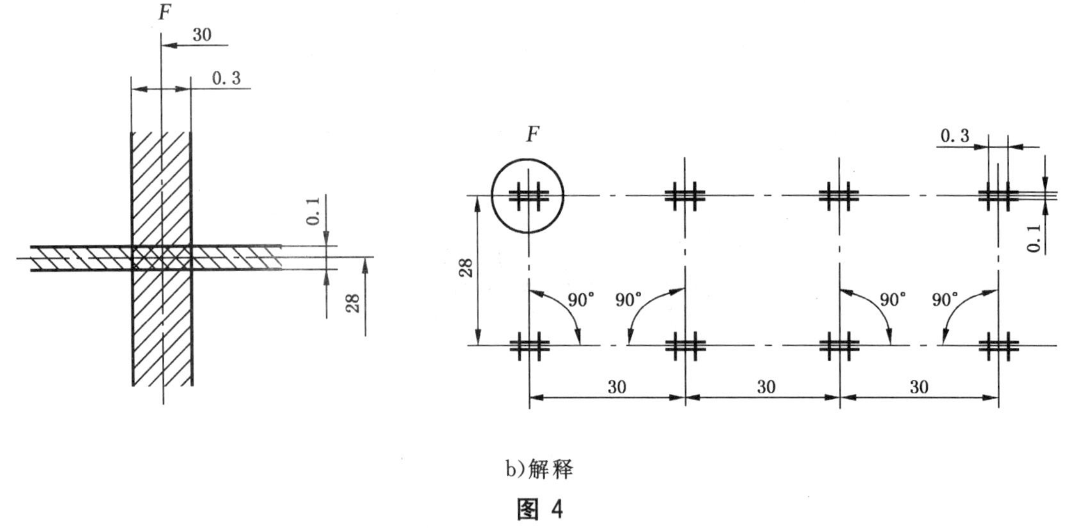

b)解释

图 4

图 4 中由彼此相距 30 mm 的八个公差带构成的矩形几何图框是浮动的，其位置和方向随该工件的实际(提取)要素而定。

每孔应：

——在理论正确尺寸 30 mm 的方向上度量；其实际(提取)中心平面位于位置度公差值 0.3 mm 乘以要素实际长度的矩形横截面的公差带内；

——在理论正确尺寸 28 mm 的方向上度量；其实际(提取)中心平面位于位置度公差值 0.1 mm 乘以要素实际长度的矩形横截面的公差带内；

——公差带的中心平面由理论正确尺寸定位。

4.5.3 任意方向的位置度公差

在任意方向上给定位置度公差。此时，公差带是直径为给定的公差值，且以理想位置为中心(或轴线)的圆、球(或圆柱)内的区域。

由圆柱形公差带给定位置度公差，如图 5 所示。

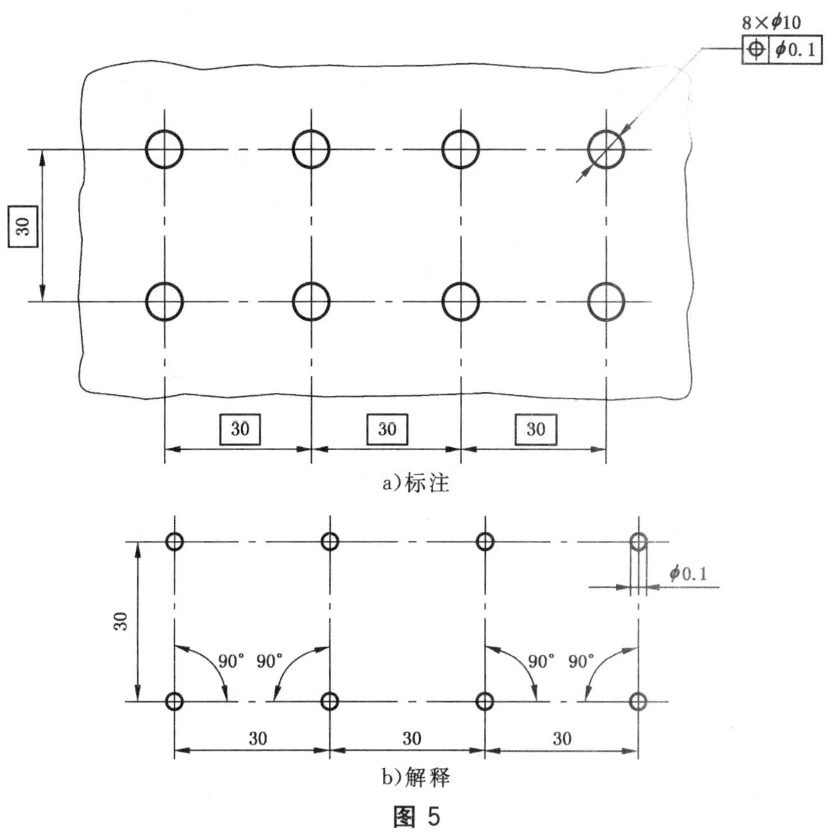

a)标注

b)解释

图 5

图 5 中：

——每孔的实际(提取)轴线应位于直径 0.1 mm 的圆柱形公差带内；圆柱形公差带的轴线位置由理论正确尺寸定位；

——彼此相距 30 mm 的八个公差带构成的“刚性矩形几何图框”是一个浮动(转动和平移)的图框，其位置和方向随该工件的实际(提取)要素而定。

注：对于圆柱形相配要素，位置度公差对理论正确位置是任意方向的，其公差带通常是圆柱形的。这种注法获得的公差区域要比能产生方形(或矩形)的两个方向注法的公差区域大(见图 6)。此时应根据被注公差要素的功能来选择“任意方向”公差带还是两个方向的公差带。

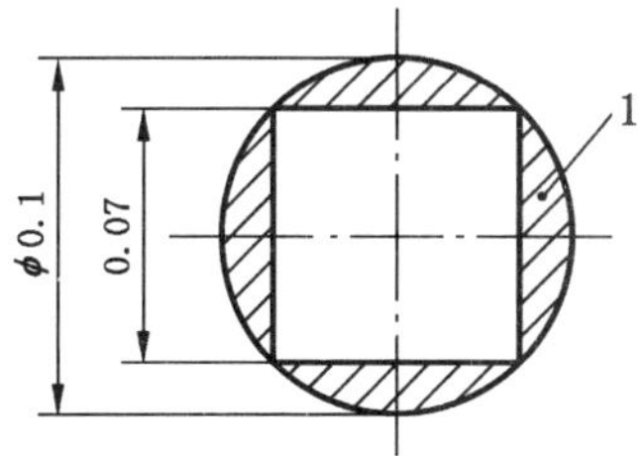

图例标号：

1——57%增大区域。

图 6

5 复合位置度公差注法

如果一组要素内相互之间的位置关系用位置度公差标注，整组要素(几何框图)相对其他要素也用位置度公差定位，则应分别满足各自要求(见图 7)。

对同一组要素给定的复合位置度公差，其标注可由上、下两个框格组成：上框格给出整组要素的定位公差，下框格给出一组要素内各要素相互之间的位置度公差[见图 7a)]。

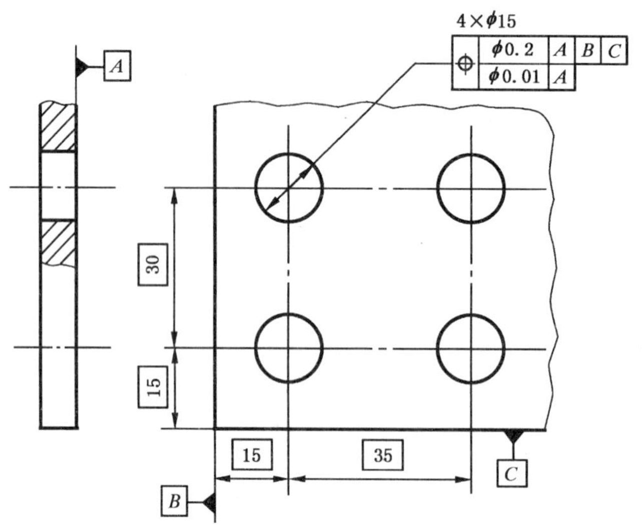

a)标注

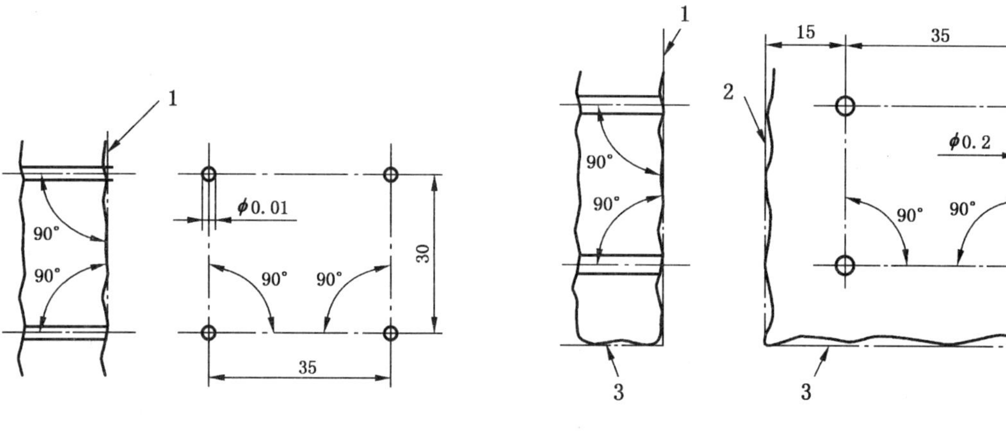

图例标号：

1——模拟基准平面 *A*。

b)解释

图例标号：

1——模拟基准平面 *A*；

2——模拟基准平面 *B*；

3——模拟基准平面 *C*。

c) 解释

图 7

图 7 中：

——四孔的每一个孔的实际(提取)轴线应位于直径 0.01 mm 的圆柱形公差带内。各位置度公差带相互间以其理论正确位置定位，并垂直于基准平面 *A*[见图 7b)]。

——四孔的每一个孔的实际(提取)轴线还应位于直径 0.2 mm 的圆柱形公差带内。各位置度公差带垂直于基准平面 *A*，并以其相互间的理论正确位置和相对基准平面 *B* 和基准平面 *C* 定位[见图 7c)]。

附 录 A
（资料性附录）
位置度公差替代尺寸公差定位的注法

本标准不再推荐一组要素用位置度公差标注，而整组要素的位置又用尺寸公差定位的复合标注（见图 A.1）。它可用本标准第 5 章“复合位置度公差注法”的规定替代。

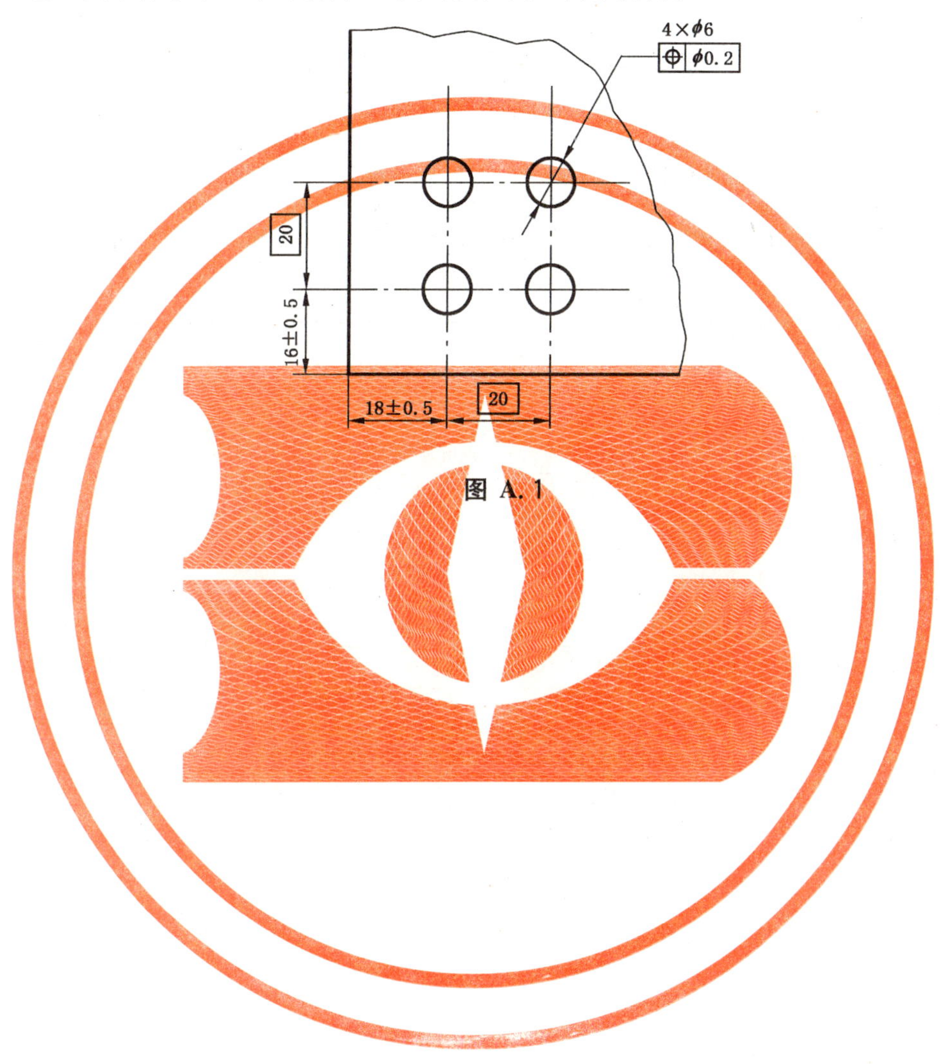

图 A.1

附 录 B
（资料性附录）
在 GPS 标准矩阵模式中的位置

关于 GPS 标准矩阵模式见 ISO/TR 14638。

B.1 本标准及其使用的信息

本标准规定了技术图样上位置度公差的标注方法，并对 ISO 1101 中所规定的位置度公差概念作了补充描述。

B.2 本标准在 GPS 矩阵模式中的位置

本标准是一项通用的 GPS 标准，它在通用的 GPS 矩阵中影响位置标准链的链环 1 和 2，如图 B.1 图解所示。

基础的 GPS 标准

综合的GPS 标准

通用的GPS 标准						
链环号	1	2	3	4	5	6
尺寸						
距离						
半径						
角度						
与基准无关的线形状						
与基准相关的线形状						
与基准无关的面形状						
与基准相关的面形状						
方向						
位置						
圆跳动						
全跳动						
基准						
粗糙度轮廓						
波纹度轮廓						
原始轮廓						
表面缺陷						
棱边						

图 B.1

B.3 相关的标准

相关的标准为图 B.1 所示标准链涉及的标准。

附 录 C
（资料性附录）
参 考 文 献

[1] GB/T 1182—1996 形状和位置公差 通则、定义、符号和图样表示法(eqv ISO 1101:1996)
[2] GB/T 17852—1999 形状和位置公差 轮廓的尺寸和公差注法(eqv ISO 1660:1987)
[3] GB/T 16671—1996 形状和位置公差 最大实体要求、最小实体要求和可逆要求(eqv ISO 2692:1988)
[4] GB/T 17851—1999 形状和位置公差 基准与基准体系(eqv ISO 5459:1981)
[5] ISO/TR 14638:1995 Geometrical Product Specifications (GPS)—Masterplan.

ICS 25.020
J 32

中华人民共和国国家标准

GB/T 13914—2013
代替 GB/T 13914—2002

冲压件尺寸公差

Tolerance of dimensions for stamping parts

2013-06-09 发布　　　　2014-03-01 实施

中华人民共和国国家质量监督检验检疫总局
中国国家标准化管理委员会　发布

前　言

本标准按照 GB/T 1.1—2009 给出的规则起草。

本标准代替 GB/T 13914—2002《冲压件尺寸公差》，与 GB/T 13914—2002 相比，除编辑性修改外，主要技术变化如下：

——增加了平冲压件和成形冲压件的图例（见图 1 和图 2）；

——增加了平冲压件的基本尺寸 0.5（见表 1）；

——增加了成形冲压件的基本尺寸 0.5（见表 2）；

——修改了标准名称的英文翻译（见封面，2002 年版的封面）；

——修改了极限偏差（见第 1 章、第 4 章、4.1、4.2、4.3，2002 年版的第 1 章、第 4 章、4.1、4.2、4.3）；

——修改了名词的英文翻译（见 2.1、2.2，2002 年版的 2.1、2.2）；

——修改了 3.3 内容，对选用本标准规定的表示方法进行了具体规定（见 3.3，2002 年版的 3.3）；

——修改了附表 A.1 中加工方法的内容（见附表 A.1，2002 年版的表 A.1）。

本标准由全国锻压标准化技术委员会（SAC/TC 74）提出并归口。

本标准主要起草单位：一拖（洛阳）福莱格车身有限公司。

本标准主要起草人：游海、李丽春、仝敬泽。

本标准所代替标准的历次版本发布情况为：

——GB/T 13914—1992；

——GB/T 13914—2002。

冲压件尺寸公差

1 范围

本标准规定了金属冲压件的尺寸公差等级、代号、公差数值及偏差数值。

本标准适用于金属板材平冲压件和成形冲压件。

2 术语和定义

下列术语和定义适用于本文件。

2.1

平冲压件 blanking parts

经平面冲裁工序加工而成的冲压件。

2.2

成形冲压件 stamping parts

经弯曲、拉深及其他成形方法加工而成的冲压件。

3 冲压件尺寸公差等级、代号及数值

3.1 平冲压件尺寸公差分 11 个等级，即：ST 1 至 ST 11。ST 表示平冲压件尺寸公差，公差等级代号用阿拉伯数字表示。从 ST 1 至 ST 11 等级依次降低。平冲压件尺寸公差适用于平冲压件，也适用于成形冲压件上经过冲裁工序加工而成的尺寸。平冲压件尺寸公差数值按表 1 规定。基本尺寸 B、D、L 选用示例见图 1。

表 1 平冲压件尺寸公差

单位为毫米

基本尺寸 B、D、L		板材厚度		公差等级										
大于	至	大于	至	ST 1	ST 2	ST 3	ST 4	ST 5	ST 6	ST 7	ST 8	ST 9	ST 10	ST 11
0.5	1	—	0.5	0.008	0.010	0.015	0.020	0.030	0.040	0.060	0.080	0.120	0.160	—
		0.5	1	0.010	0.015	0.020	0.030	0.040	0.060	0.080	0.120	0.160	0.240	—
		1	1.5	0.015	0.020	0.030	0.040	0.060	0.080	0.120	0.160	0.240	0.340	—
1	3	—	0.5	0.012	0.018	0.026	0.036	0.050	0.070	0.100	0.140	0.200	0.280	0.400
		0.5	1	0.018	0.026	0.036	0.050	0.070	0.100	0.140	0.200	0.280	0.400	0.560
		1	3	0.026	0.036	0.050	0.070	0.100	0.140	0.200	0.280	0.400	0.560	0.780
		3	4	0.034	0.050	0.070	0.090	0.130	0.180	0.260	0.360	0.500	0.700	0.980
3	10	—	0.5	0.018	0.026	0.036	0.050	0.070	0.100	0.140	0.200	0.280	0.400	0.560
		0.5	1	0.026	0.036	0.050	0.070	0.100	0.140	0.200	0.280	0.400	0.560	0.780
		1	3	0.036	0.050	0.070	0.100	0.140	0.200	0.280	0.400	0.560	0.780	1.100
		3	6	0.046	0.060	0.090	0.130	0.180	0.260	0.360	0.480	0.680	0.980	1.400
		6		0.060	0.080	0.110	0.160	0.220	0.300	0.420	0.600	0.840	1.200	1.600

表 1（续）

单位为毫米

基本尺寸 B、D、L		板材厚度		公差等级										
大于	至	大于	至	ST 1	ST 2	ST 3	ST 4	ST 5	ST 6	ST 7	ST 8	ST 9	ST 10	ST 11
10	25	—	0.5	0.026	0.036	0.050	0.070	0.100	0.140	0.200	0.280	0.400	0.560	0.780
		0.5	1	0.036	0.050	0.070	0.100	0.140	0.200	0.280	0.400	0.560	0.780	1.100
		1	3	0.050	0.070	0.100	0.140	0.200	0.280	0.400	0.560	0.780	1.100	1.500
		3	6	0.060	0.090	0.130	0.180	0.260	0.360	0.500	0.700	1.000	1.400	2.000
		6		0.800	0.120	0.160	0.220	0.320	0.440	0.600	0.880	1.200	1.600	2.400
25	63	—	0.5	0.036	0.050	0.070	0.100	0.140	0.200	0.280	0.400	0.560	0.780	1.100
		0.5	1	0.050	0.070	0.100	0.140	0.200	0.280	0.400	0.560	0.780	1.100	1.500
		1	3	0.070	0.100	0.140	0.200	0.280	0.400	0.560	0.780	1.100	1.500	2.100
		3	6	0.090	0.120	0.180	0.260	0.360	0.500	0.700	0.980	1.400	2.000	2.800
		6		0.110	0.160	0.220	0.300	0.440	0.600	0.860	1.200	1.600	2.200	3.000
63	160	—	0.5	0.040	0.060	0.090	0.120	0.180	0.260	0.360	0.500	0.700	0.980	1.400
		0.5	1	0.060	0.090	0.120	0.180	0.260	0.360	0.500	0.700	0.980	1.400	2.000
		1	3	0.090	0.120	0.180	0.260	0.360	0.500	0.700	0.980	1.400	2.000	2.800
		3	6	0.120	0.160	0.240	0.320	0.460	0.640	0.900	1.300	1.800	2.500	3.600
		6		0.140	0.200	0.280	0.400	0.560	0.780	1.100	1.500	2.100	2.900	4.200
160	400	—	0.5	0.060	0.090	0.120	0.180	0.260	0.360	0.500	0.700	0.980	1.400	2.000
		0.5	1	0.090	0.120	0.180	0.260	0.360	0.500	0.700	1.000	1.400	2.000	2.800
		1	3	0.120	0.180	0.260	0.360	0.500	0.700	1.000	1.400	2.000	2.800	4.000
		3	6	0.160	0.240	0.320	0.460	0.640	0.900	1.300	1.800	2.600	3.600	4.800
		6		0.200	0.280	0.400	0.560	0.780	1.100	1.500	2.100	2.900	4.200	5.800
400	1 000	—	0.5	0.090	0.120	0.180	0.240	0.340	0.480	0.660	0.940	1.300	1.800	2.600
		0.5	1	—	0.180	0.240	0.340	0.480	0.660	0.940	1.300	1.800	2.600	3.600
		1	3	—	0.240	0.340	0.480	0.660	0.940	1.300	1.800	2.600	3.600	5.000
		3	6	—	0.320	0.450	0.620	0.880	1.200	1.600	2.400	3.400	4.600	6.600
		6		—	0.340	0.480	0.700	1.000	1.400	2.000	2.800	4.000	5.600	7.800
1 000	6 300	—	0.5	—	—	0.260	0.360	0.500	0.700	0.980	1.400	2.000	2.800	4.000
		0.5	1	—	—	0.360	0.500	0.700	0.980	1.400	2.000	2.800	4.000	5.600
		1	3	—	—	0.500	0.700	0.980	1.400	2.000	2.800	4.000	5.600	7.800
		3	6	—	—	—	0.900	1.200	1.600	2.200	3.200	4.400	6.200	8.000
		6		—	—	—	1.000	1.400	1.900	2.600	3.600	5.200	7.200	10.000

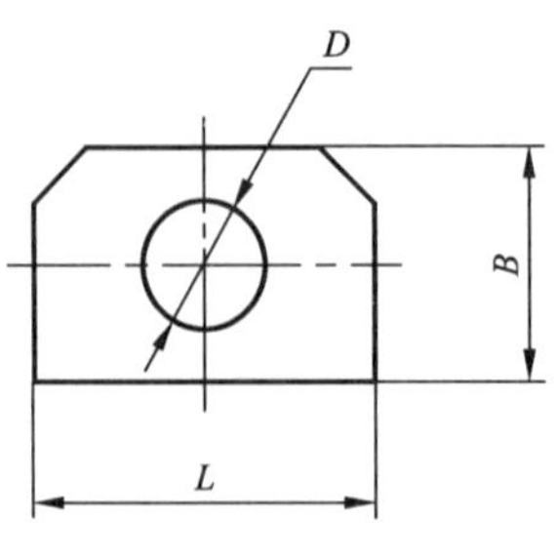

图 1

3.2 成形冲压件尺寸公差分 10 个等级，即：FT 1 至 FT 10。FT 表示成形冲压件尺寸公差，公差等级代号用阿拉伯数字表示。从 FT 1 至 FT 10 等级依次降低。成形冲压件尺寸公差数值按表 2 规定。基本尺寸 D、H、L 选用示例见图 2。

表 2 成形冲压件尺寸公差

单位为毫米

基本尺寸 D、H、L		板材厚度		公差等级									
大于	至	大于	至	FT 1	FT 2	FT 3	FT 4	FT 5	FT 6	FT 7	FT 8	FT 9	FT 10
0.5	1	—	0.5	0.010	0.016	0.026	0.040	0.060	0.100	0.160	0.260	0.400	0.600
		0.5	1	0.014	0.022	0.034	0.050	0.090	0.140	0.220	0.340	0.500	0.900
		1	1.5	0.020	0.030	0.050	0.080	0.120	0.200	0.320	0.500	0.900	1.400
1	3	—	0.5	0.016	0.026	0.040	0.070	0.110	0.180	0.280	0.440	0.700	1.000
		0.5	1	0.022	0.036	0.060	0.090	0.140	0.240	0.380	0.600	0.900	1.400
		1	3	0.032	0.050	0.080	0.120	0.200	0.340	0.540	0.860	1.200	2.000
		3	4	0.040	0.070	0.110	0.180	0.280	0.440	0.700	1.100	1.800	2.800
3	10	—	0.5	0.022	0.036	0.060	0.090	0.140	0.240	0.380	0.600	0.960	1.400
		0.5	1	0.032	0.050	0.080	0.120	0.200	0.340	0.540	0.860	1.400	2.200
		1	3	0.050	0.070	0.110	0.180	0.300	0.480	0.760	1.200	2.000	3.200
		3	6	0.060	0.090	0.140	0.240	0.380	0.600	1.000	1.600	2.600	4.000
		6	—	0.070	0.110	0.180	0.280	0.440	0.700	1.100	1.800	2.800	4.400
10	25	—	0.5	0.030	0.050	0.080	0.120	0.200	0.320	0.500	0.800	1.200	2.000
		0.5	1	0.040	0.070	0.110	0.180	0.280	0.460	0.720	1.100	1.800	2.800
		1	3	0.060	0.100	0.160	0.260	0.400	0.640	1.000	1.600	2.600	4.000
		3	6	0.080	0.120	0.200	0.320	0.500	0.800	1.200	2.000	3.200	5.000
		6		0.100	0.140	0.240	0.400	0.620	1.000	1.600	2.600	4.000	6.400
25	63	—	0.5	0.040	0.060	0.100	0.160	0.260	0.400	0.640	1.000	1.600	2.600
		0.5	1	0.060	0.090	0.140	0.220	0.360	0.580	0.900	1.400	2.200	3.600
		1	3	0.080	0.120	0.200	0.320	0.500	0.800	1.200	2.000	3.200	5.000
		3	6	0.100	0.160	0.260	0.400	0.660	1.000	1.600	2.600	4.000	6.400
		6		0.110	0.180	0.280	0.460	0.760	1.200	2.000	3.200	5.000	8.000
63	160	—	0.5	0.050	0.080	0.140	0.220	0.360	0.560	0.900	1.400	2.200	3.600
		0.5	1	0.070	0.120	0.190	0.300	0.480	0.780	1.200	2.000	3.200	5.000
		1	3	0.100	0.160	0.260	0.420	0.680	1.100	1.300	2.800	4.400	7.000
		3	6	0.140	0.220	0.340	0.540	0.880	1.400	2.200	3.400	5.600	9.000
		6		0.150	0.240	0.380	0.620	1.000	1.600	2.600	4.000	6.600	10.000
160	400	—	0.5	—	0.100	0.160	0.260	0.420	0.700	1.100	1.800	2.800	4.400
		0.5	1	—	0.140	0.240	0.380	0.620	1.000	1.600	2.600	4.000	6.400
		1	3	—	0.220	0.340	0.540	0.880	1.400	2.200	3.400	5.600	9.000
		3	6	—	0.280	0.440	0.700	1.100	1.800	2.800	4.400	7.000	11.000
		6		—	0.340	0.540	0.880	1.400	2.200	3.400	5.600	9.000	14.000

表 2（续）

单位为毫米

基本尺寸 D、H、L		板材厚度		公差等级									
大于	至	大于	至	FT 1	FT 2	FT 3	FT 4	FT 5	FT 6	FT 7	FT 8	FT 9	FT 10
400	1 000	—	0.5	—	—	0.240	0.380	0.620	1.000	1.600	2.600	4.000	6.600
		0.5	1	—	—	0.340	0.540	0.880	1.400	2.200	3.400	5.600	9.000
		1	3	—	—	0.440	0.700	1.100	1.800	2.800	4.400	7.000	11.000
		3	6	—	—	0.560	0.900	1.400	2.200	3.400	5.600	9.000	14.000
		6		—	—	0.620	1.000	1.600	2.600	4.000	6.400	10.000	16.000

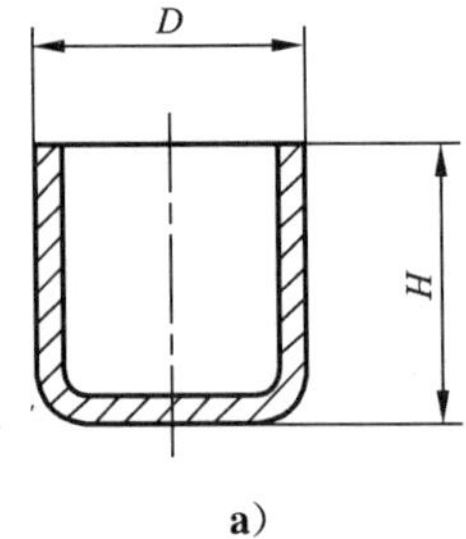

a)

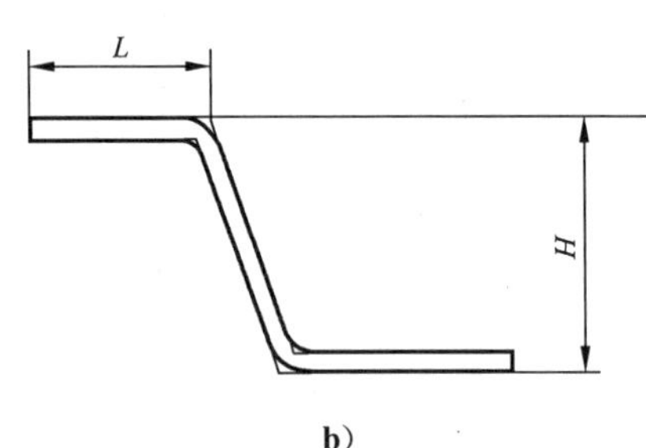

b)

图 2

3.3 采用本标准规定的未注尺寸公差，应在相应的图样、技术文件中用本标准号和公差等级符号表示。例如选用本标准 ST 6 级公差等级时，表示为：GB/T 13914-ST 6；选用本标准 FT 6 级公差等级时，表示为：GB/T 13914-FT 6。

4 冲压件尺寸偏差

4.1 孔（内形）尺寸的偏差数值取表 1、表 2 中给出的公差数值，冠以“+”号作为上偏差，下偏差为“0”。

4.2 轴（外形）尺寸的偏差数值取表 1、表 2 中给出的公差数值，冠以“−”号作为下偏差，上偏差为“0”。

4.3 孔中心距、孔边距、弯曲、拉深及其他成形冲压件的长度、高度及未注尺寸公差的偏差数值，取表 1、表 2中给出的公差数值的一半，冠以“±”号分别作为上、下偏差。

5 公差等级选用

本标准给出的平冲压件、成形冲压件尺寸公差等级选用见附录 A。

附 录 A
（规范性附录）
公差等级选用

A.1 平冲压件尺寸公差等级选用按表 A.1 规定。

表 A.1 平冲压件尺寸公差等级

加工方法	尺寸类型	公差等级										
		ST 1	ST 2	ST 3	ST 4	ST 5	ST 6	ST 7	ST 8	ST 9	ST 10	ST 11
精密冲裁	外形	—	—	—	—	—						
	内形	—	—	—	—							
	孔中心距	—	—	—	—							
	孔边距				—	—	—					
普通平面冲裁	外形		—	—	—	—	—	—	—	—	—	—
	内形		—	—	—	—	—	—	—	—	—	—
	孔中心距		—	—	—	—	—	—	—	—	—	—
	孔边距				—	—	—	—	—	—	—	—
成形冲压冲裁	外形					—	—	—	—	—	—	—
	内形				—	—	—	—	—	—	—	—
	孔中心距				—	—	—	—	—	—	—	—
	孔边距						—	—	—	—	—	—

A.2 成形冲压件尺寸公差等级选用按表 A.2 规定。

表 A.2 成形冲压件尺寸公差等级

加工方法	尺寸类型	公差等级									
		FT 1	FT 2	FT 3	FT 4	FT 5	FT 6	FT 7	FT 8	FT 9	FT 10
拉深	直径	—	—	—	—	—	—	—	—	—	—
	高度			—	—	—	—	—	—	—	—
带凸缘拉深	直径	—	—	—	—	—	—	—	—	—	—
	高度					—	—	—	—	—	—
弯曲	长度					—	—	—	—	—	—
其他成形方法	直径	—	—	—	—	—	—	—	—	—	—
	高度			—	—	—	—	—	—	—	—
	长度				—	—	—	—	—	—	—

ICS 25.020
J 32

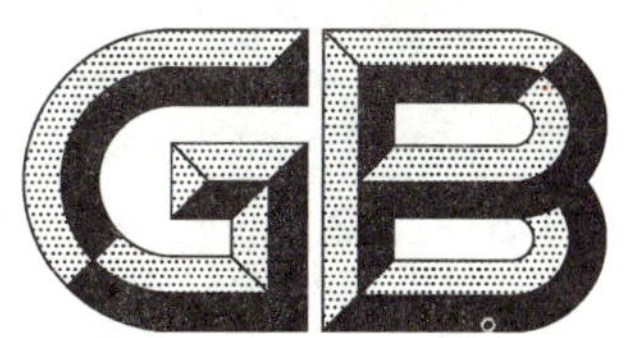

中华人民共和国国家标准

GB/T 13915—2013
代替 GB/T 13915—2002

冲压件角度公差

Tolerance of angles for stamping parts

2013-06-09 发布 2014-03-01 实施

中华人民共和国国家质量监督检验检疫总局
中国国家标准化管理委员会 发布

前　言

本标准按照 GB/T 1.1—2009 给出的规则起草。

本标准代替 GB/T 13915—2002《冲压件角度公差》，与 GB/T 13915—2002 相比，除编辑性修改外，主要技术变化如下：

——增加了冲压件冲裁角度和弯曲角度的图例(见 3.1 和 3.2)；

——修改了标准名称的英文翻译(见封面，2002 年版的封面)；

——修改了名词的英文翻译(见 2.1、2.2，2002 年版的 2.1、2.2)；

——修改了 3.3 中选用本标准规定的表示方法(见 3.3，2002 年版的 3.3)；

——修改了极限偏差(见第 1 章、第 4 章、4.2，2002 年版的第 1 章、第 4 章、4.2)；

——修改了 4.1 中冲压件角度偏差选用范围(见 4.1，2002 年版的 3.3)；

——修改了公差等级选用表格中的厚度区间及选用公差(见附录 A，2002 年版的附录 A)。

本标准由全国锻压标准化技术委员会(SAC/TC 74)提出并归口。

本标准主要起草单位：一拖(洛阳)福莱格车身有限公司。

本标准主要起草人：戴路、祝晶、柳南。

本标准所代替标准的历次版本发布情况为：

——GB/T 13915—1992；

——GB/T 13915—2002。

冲压件角度公差

1 范围

本标准规定了金属冲压件的角度公差等级代号、公差数值及偏差数值。

本标准适用于金属板材冲裁与弯曲的零件。

2 术语和定义

下列术语和定义适用于本文件。

2.1

冲压件冲裁角度 blanking angle for stamping parts

在平冲压件或成形冲压件的平面部分，经冲裁工序加工而成的角度。

2.2

冲压件弯曲角度 bending angle for stamping parts

经弯曲工序加工而成的冲压件的角度。

3 冲压件角度公差等级、代号及数值

3.1 冲压件冲裁角度公差分 6 个等级，即：AT 1 至 AT 6。AT 表示冲压件冲裁角度公差，公差等级代号用阿拉伯数字表示。从 AT 1 至 AT 6 等级依次降低。冲压件冲裁角度公差数值按表 1 规定。冲压件冲裁角度公差应选择较短的边作为主参数。短边尺寸 L 选用示例见图 1。

表 1 冲压件冲裁角度公差

公差等级	短边尺寸 L mm						
	≤10	>10～25	>25～63	>63～160	>160～400	>400～1 000	>1 000
AT 1	0°40′	0°30′	0°20′	0°12′	0°5′	0°4′	—
AT 2	1°	0°40′	0°30′	0°20′	0°12′	0°6′	0°4′
AT 3	1°20′	1°	0°40′	0°30′	0°20′	0°12′	0°6′
AT 4	2°	1°20′	1°	0°40′	0°30′	0°20′	0°12′
AT 5	3°	2°	1°20′	1°	0°40′	0°30′	0°20′
AT 6	4°	3°	2°	1°20′	1°	0°40′	0°30′

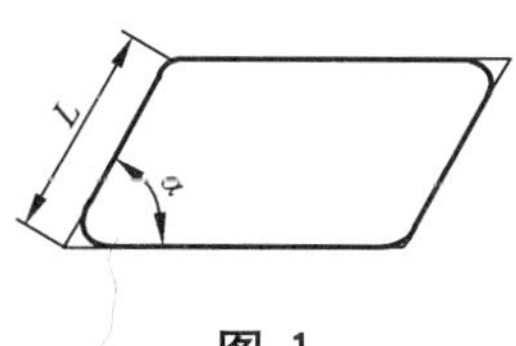

图 1

3.2 冲压件弯曲角度等级分 5 个等级，即：BT 1 至 BT 5。BT 表示冲压件弯曲角度公差，公差等级代

号用阿拉伯数字表示。从 BT 1 至 BT 5 等级依次降低。冲压件弯曲角度公差数值按表 2 规定。冲压件弯曲角度公差应选择较短的边作为主参数。短边尺寸 L 选用示例见图 2。

表 2 冲压件弯曲角度公差

公差等级	短边尺寸 L mm						
	≤10	>10～25	>25～63	>63～160	>160～400	>400～1 000	>1 000
BT 1	1°	0°40′	0°30′	0°16′	0°12′	0°10′	0°8′
BT 2	1°30′	1°	0°40′	0°20′	0°16′	0°12′	0°10′
BT 3	2°30′	2°	1°30′	1°15′	1°	0°45′	0°30′
BT 4	4°	3°	2°	1°30′	1°15′	1°	0°45′
BT 5	6°	4°	3°	2°30′	2°	1°30′	1°

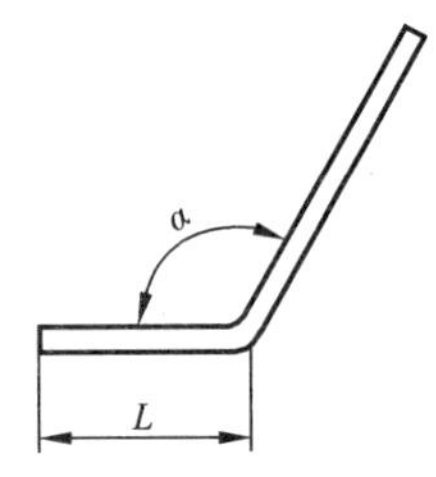

图 2

3.3 采用本标准规定的未注角度公差，应在相应的图样、技术文件中用本标准号和公差等级符号表示。例如选用本标准 BT 4 级公差等级时，表示为：GB/T 13915-BT 4。

4 冲压件角度偏差

4.1 依据使用的需要选用单向或双向偏差。

4.2 未注公差的角度偏差数值，取表 1、表 2 中给出的公差值的一半，冠以“±”号分别作为上下偏差。

5 公差等级选用

本标准给出的冲压件角度公差等级选用见附录 A。

附 录 A
(规范性附录)
公差等级选用

A.1 冲压件冲裁角度公差等级按表 A.1 选用。

表 A.1 冲压件冲裁角度选用表

材料厚度 t mm	公差等级					
	AT 1	AT 2	AT 3	AT 4	AT 5	AT 6
≤2						
>2～4						
>4						

A.2 冲压件弯曲角度公差等级按表 A.2 选用。

表 A.2 冲压件弯曲角度选用表

材料厚度 t mm	公差等级				
	BT 1	BT 2	BT 3	BT 4	BT 5
≤2					
>2～4					
>4					

ICS 25.020
J 32

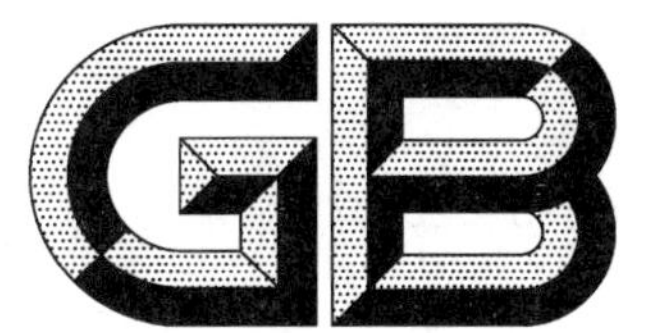

中华人民共和国国家标准

GB/T 13916—2013
代替 GB/T 13916—2002

冲压件形状和位置未注公差

Unnoted tolerance of shape and position for stamping parts

2013-06-09 发布　　2014-03-01 实施

中华人民共和国国家质量监督检验检疫总局
中国国家标准化管理委员会　发布

前　言

本标准按照 GB/T 1.1—2009 给出的规则起草。

本标准代替 GB/T 13916—2002《冲压件形状和位置未注公差》，与 GB/T 13916—2002 相比，除编辑性修改外，主要技术变化如下：

——修改了标准名称的英文翻译(见封面，2002 年版的封面)；

——修改了公差等级(见第 2 章，2002 年版的第 2 章)；

——修改了图形标注(见 3.2 中图 2，2002 年版的图 2)；

——修改了圆柱度未注公差(见 3.4，2002 年版的 3.4)；

——修改了平行度未注公差(见 3.5，2002 年版的 3.5)；

——删除了一组公差数值(见 2002 年版的 3.1 公差等级 5)；

——增加了采用本标准的表示方法(见 4)。

本标准由全国锻压标准化技术委员会(SAC/TC 74)提出并归口。

本标准主要起草单位：一拖(洛阳)福莱格车身有限公司。

本标准主要起草人：戴路、祝晶、李俊英、李高欣。

本标准所代替标准的历次版本发布情况为：

——GB/T 13915—1992；

——GB/T 13915—2002。

冲压件形状和位置未注公差

1 范围

本标准规定了金属冲压件的直线度、平面度、同轴度、对称度的未注公差等级和数值，规定了金属冲压件的圆度、圆柱度、平行度、垂直度、倾斜度的未注公差。

本标准适用于金属板材冲压件。

2 公差等级

冲压件的直线度、平面度、同轴度、对称度未注公差均分为 *f*(精密级)、*m*(中等级)、*c*(粗糙级)、*v*(最粗级)四个公差等级，冲压件的圆度、圆柱度、平行度、垂直度、倾斜度未注公差不分公差等级。

3 公差数值

3.1 直线度、平面度未注公差

直线度、平面度未注公差值按表1规定，平面度未注公差应选择较长的边作为主参数。主参数 *D*、*H*、*L* 选用示例见图1。

表 1 直线度、平面度未注公差

单位为毫米

公差等级	主参数 *D*、*H*、*L*						
	≤10	>10～25	>25～63	>63～160	>160～400	>400～1 000	>1 000
f	0.06	0.10	0.15	0.25	0.40	0.60	0.90
m	0.12	0.20	0.30	0.50	0.80	1.20	1.80
c	0.25	0.40	0.60	1.00	1.60	2.50	4.00
v	0.50	0.80	1.20	2.00	3.20	5.00	8.00

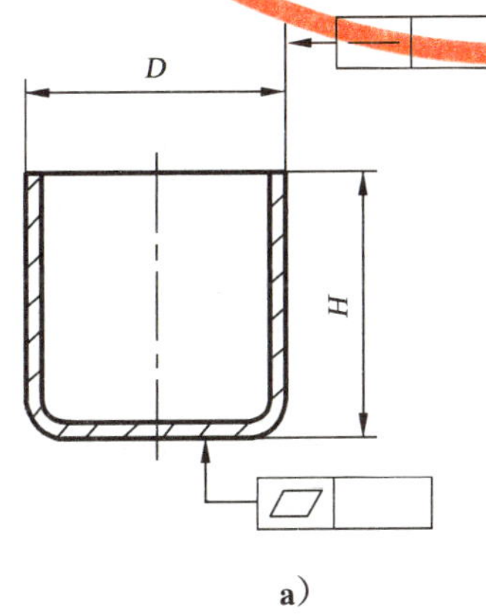

a)

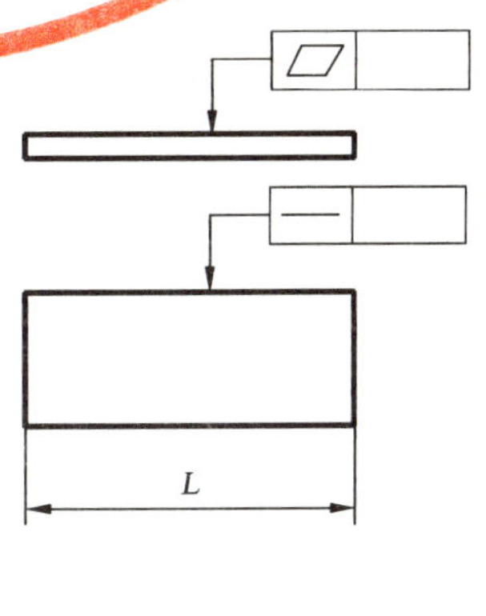

b)

图 1

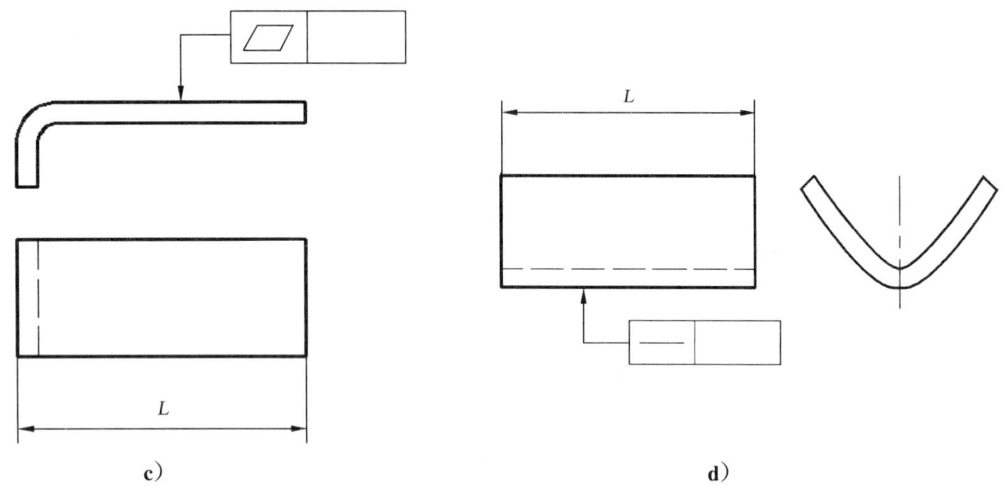

图 1（续）

3.2 同轴度、对称度未注公差

同轴度、对称度未注公差值按表 2 规定。主参数 B、D、d、L 选用示例见图 2。

表 2 同轴度、对称度未注公差

单位为毫米

公差等级	主参数 B、D、d、L							
	≤3	>3～10	>10～25	>25～63	>63～160	>160～400	>400～1 000	>1 000
f	0.12	0.20	0.30	0.40	0.50	0.60	0.80	1.00
m	0.25	0.40	0.60	0.80	1.00	1.20	1.60	2.00
c	0.50	0.80	1.20	1.60	2.00	2.50	3.20	4.00
v	1.00	1.60	2.50	3.20	4.00	5.00	6.50	8.00

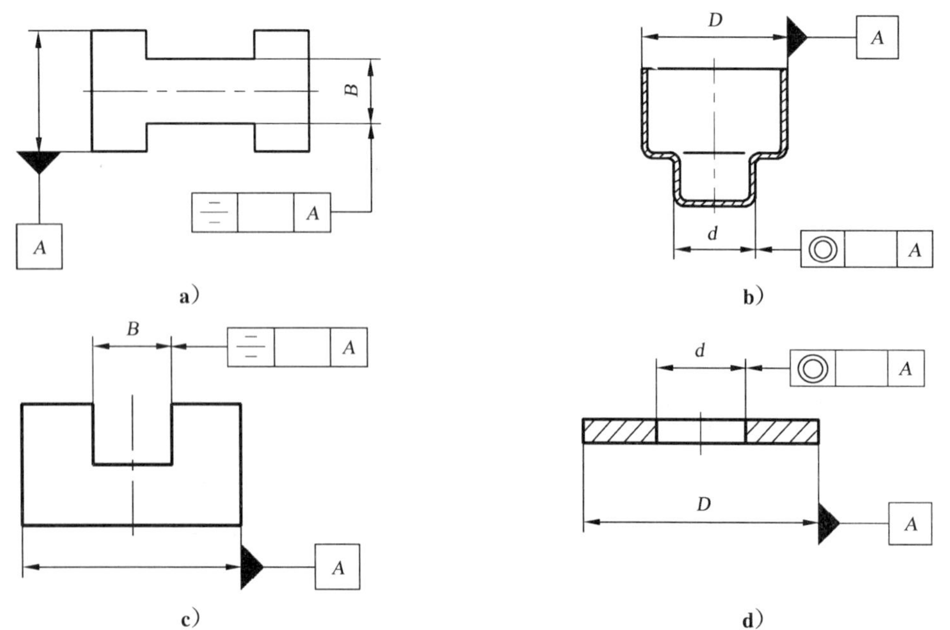

图 2

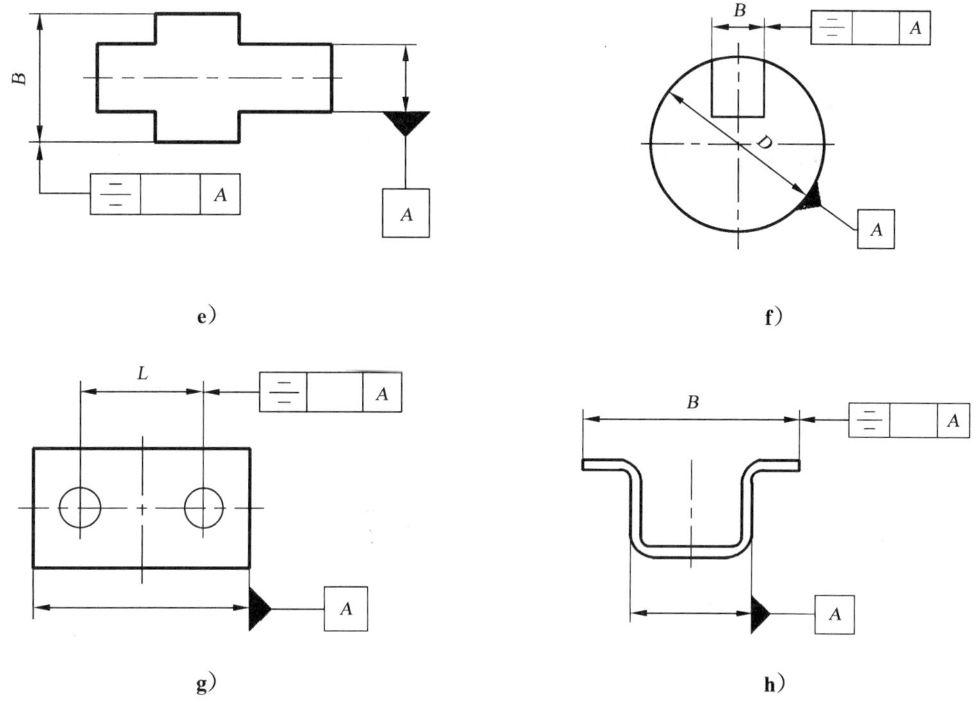

图 2(续)

3.3 圆度未注公差

圆度未注公差值应不大于相应尺寸公差值。

3.4 圆柱度未注公差

圆柱度未注公差由三部分组成:圆度、直线度和相对素线的平行度公差,而每一项公差均由其标注公差或未注公差控制,采用包容要求。

3.5 平行度未注公差

平行度未注公差值等于尺寸公差值或平面(直线)度公差值,两者以较大值为准。

3.6 垂直度、倾斜度未注公差

垂直度、倾斜度未注公差值由角度公差值和直线度公差值分别控制。

4 采用本标准的表示方法

采用本标准规定的未注公差,应在相应的图样、技术文件中用本标准号和公差等级符号表示。例如,选用本标准 m 级公差等级时,表示为:GB/T 13916-m。

中华人民共和国国家标准

技术制图 圆锥的尺寸和公差注法

GB/T 15754—1995

Technical drawings
Dimensioning and tolerancing of cones

本标准等效采用国际标准ISO 3040—1990《技术制图—尺寸和公差注法—圆锥》。

1 主题内容与适用范围

本标准规定了光滑正圆锥(以下简称圆锥)的尺寸和公差注法。

本标准适用于技术图样及有关技术文件。

2 引用标准

GB 157 锥度与锥角系列

GB 1443 工具柄自锁圆锥的尺寸和公差

GB 7093.2 图形符号表示规则 产品技术文件用图形符号

GB 11334 圆锥公差

GB 12360 圆锥配合

3 术语

有关圆锥的基本术语及定义按GB 157的规定。

4 圆锥的尺寸注法

4.1 特征参数

根据圆锥的功能要求(如连接、装配、定心、密封及调节等),应选用表1中的特征参数相互组合进行标注。

4.2 尺寸标注

圆锥的尺寸标注如图1～4所示。附加尺寸(如$\alpha/2$等),可采用参考尺寸的形式标注。

表1

特征参数	字母符号	标注示例	
		优先方法	可选方法
锥度	C	1∶5 1/5	0.2∶1 20%
圆锥角	α	35°	0.6 rad

国家技术监督局1995-11-23批准 1996-07-01实施

续表 1

特征参数	字母符号	标注示例	
		优先方法	可选方法
最大圆锥直径	D		
最小圆锥直径	d		
给定横截面处圆锥直径	d_x		
圆锥长度	L		
总长	L'		
给定横截面的长度	L_x		

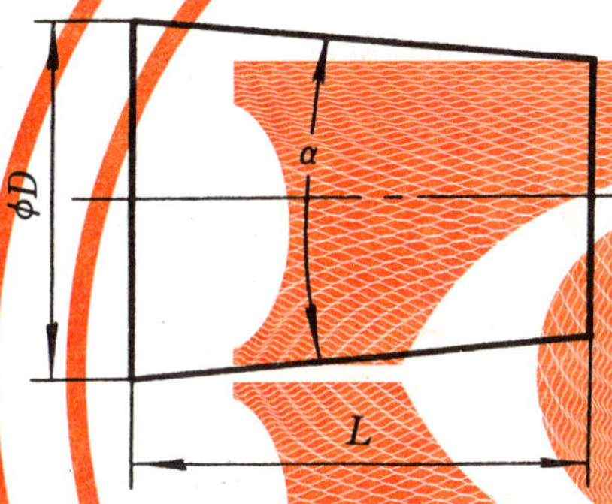

图 1

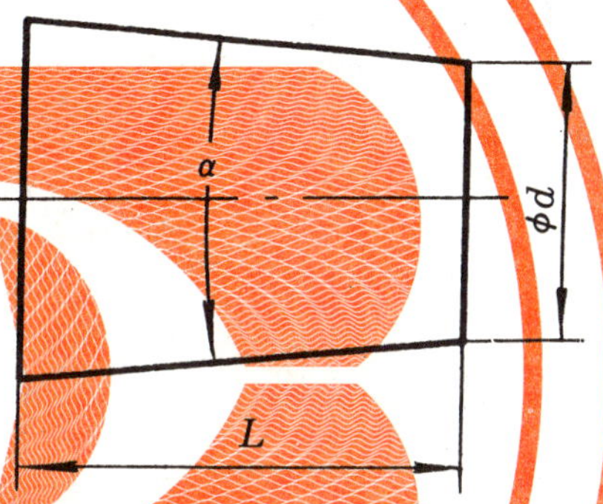

图 2

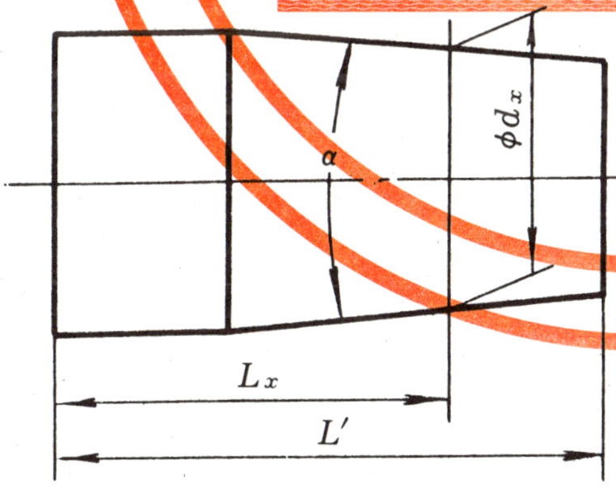

图 3

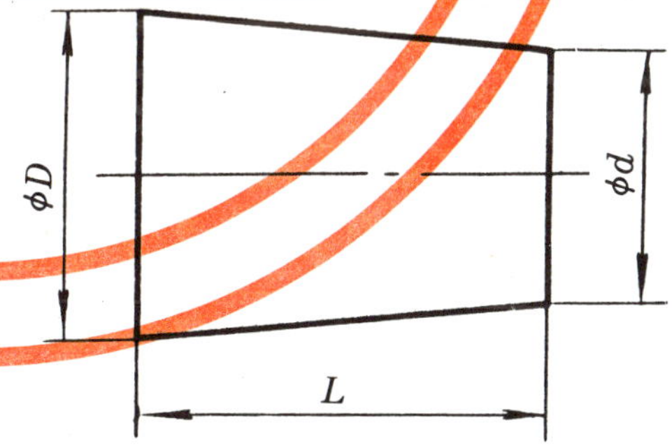

图 4

4.3 锥度标注

4.3.1 表示锥度的图形符号

在图样上应采用图 5 所示的图形符号表示圆锥，该符号应配置在基准线上(图 6)。表示圆锥的图形符号和锥度应靠近圆锥轮廓标注，基准线应通过引出线与圆锥的轮廓素线相连。基准线应与圆锥的轴线平行，图形符号的方向应与圆锥方向相一致。

图形符号的图线宽度见 GB 7093.2 的规定。

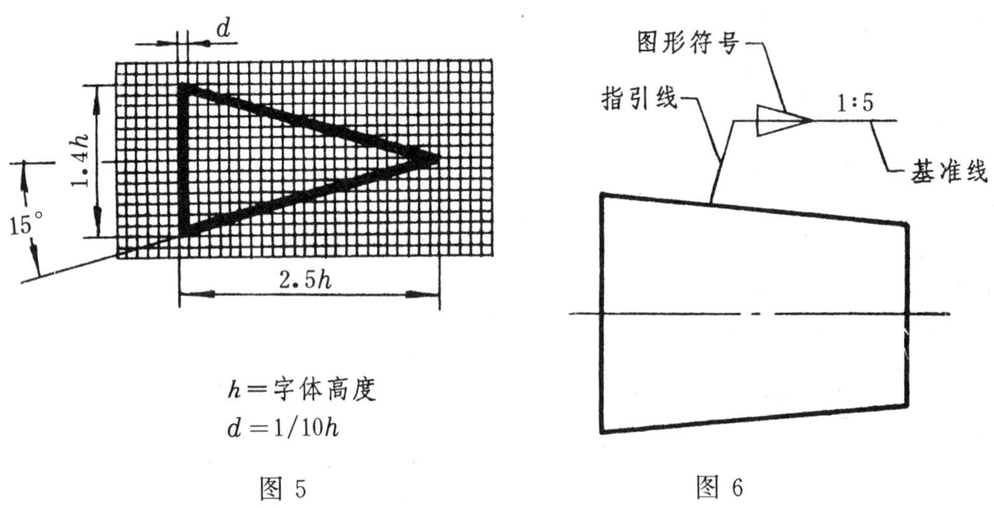

图 5　　图 6

4.3.2　标注方法

锥度在图样上的标注如图 7～9 所示。

当所标注的锥度是标准圆锥系列之一(尤其是莫氏锥度或米制锥度,见 GB 1443)时,可用标准系列号和相应的标记表示(图 10)。

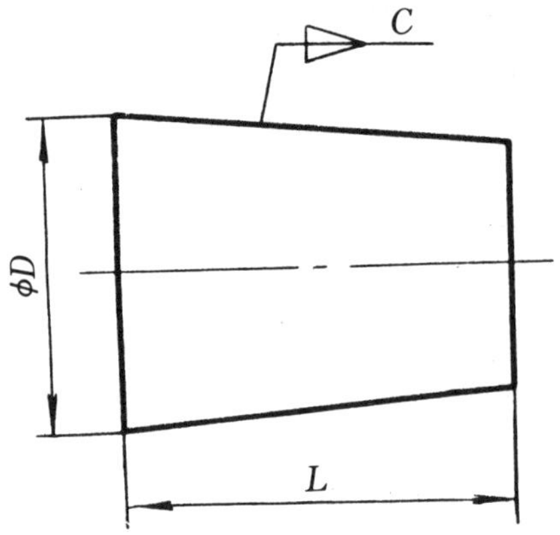

图 7 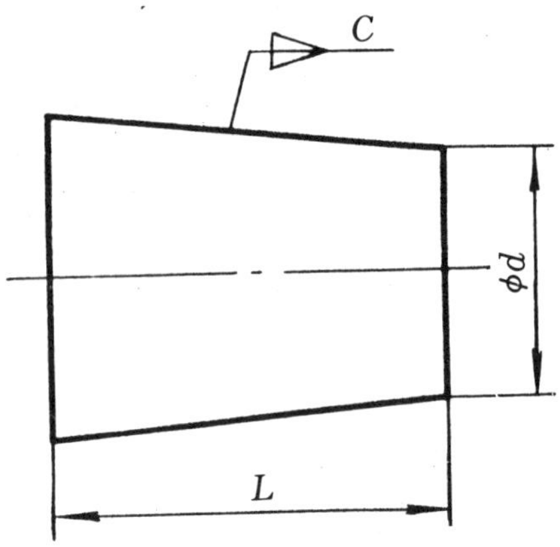　　图 8

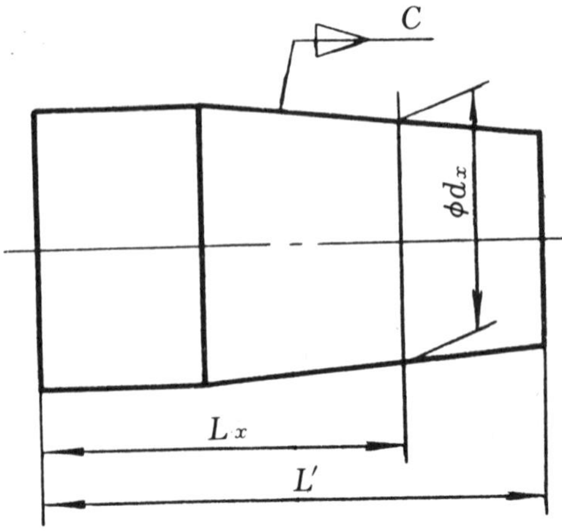

图 9 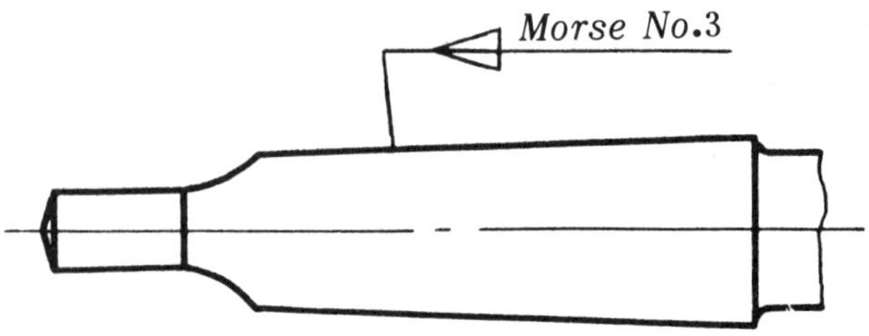　　图 10

5 圆锥的公差注法

5.1 总则

通常,应按 5.2.1～5.2.6 条中规定的面轮廓度法标注圆锥公差。

有配合要求的结构型内、外圆锥,也可采用附录 A(参考件)规定的基本锥度法标注圆锥公差。

当无配合要求时,可采用附录 B(参考件)规定的公差锥度法标注圆锥公差。

5.2 标注示例

5.2.1 给定圆锥角的圆锥公差注法(图 11)

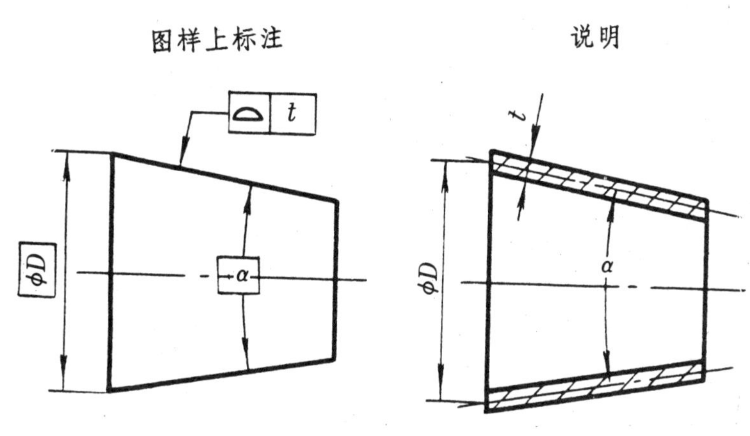

图 11

5.2.2 给定锥度的圆锥公差注法(图 12)

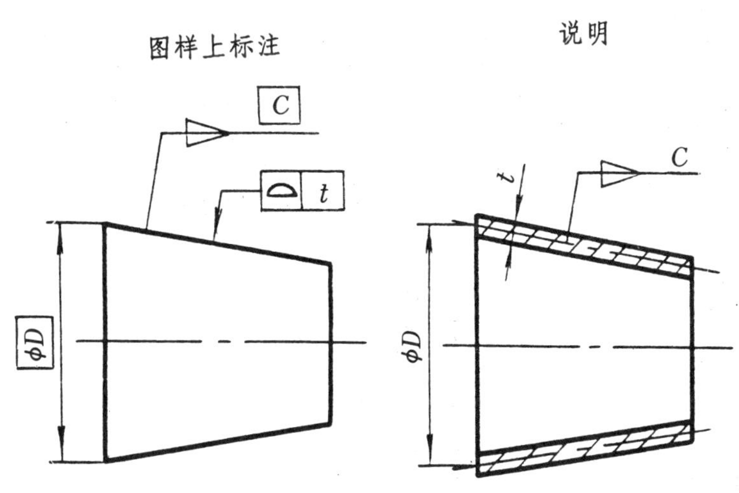

图 12

5.2.3 给定圆锥轴向位置的圆锥公差注法(图 13)

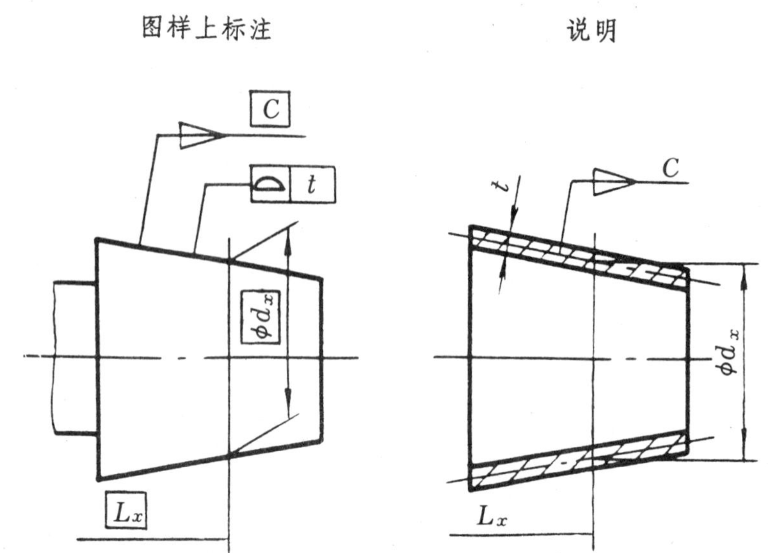

图 13

5.2.4 给定圆锥轴向位置公差的圆锥公差注法(图 14)

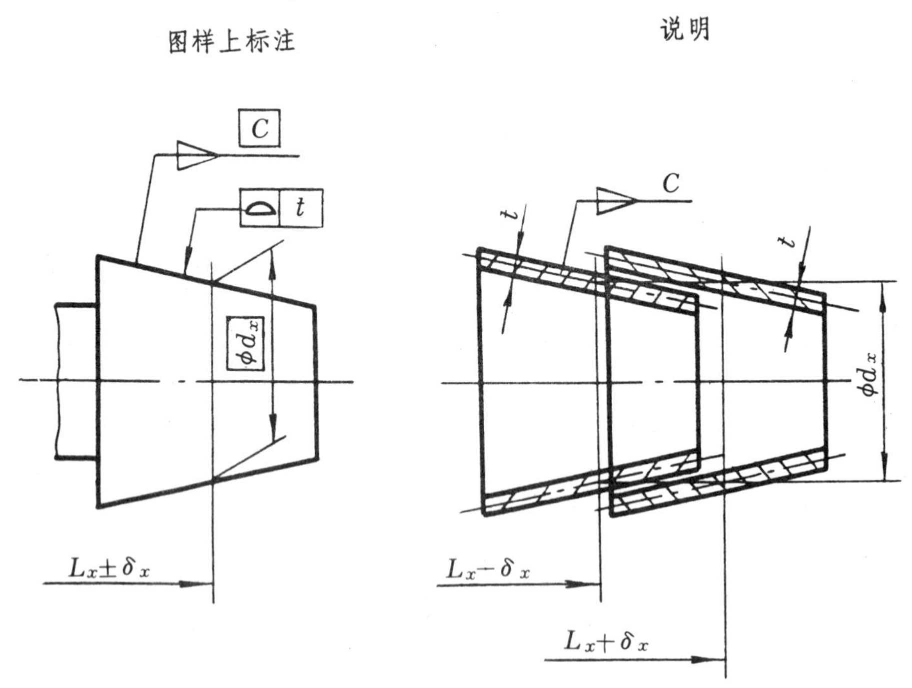

图 14

5.2.5 与基准线有关的圆锥公差的注法(同时确定同轴关系,图 15)

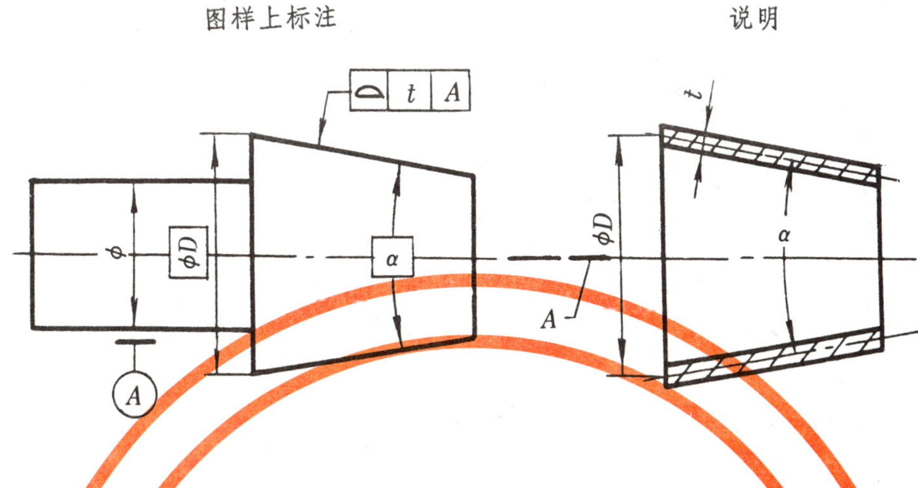

图 15

5.2.6 相配合的圆锥的公差注法(图 16、17)

根据 GB 12360 的要求,相配合的圆锥应保证各装配件的径向和(或)轴向位置。标注两个相配圆锥的尺寸及公差时,应确定:

——具有相同的锥度或锥角;

——标注尺寸公差的圆锥直径的基本尺寸应一致;

——确定直径(图 16)和位置(图 17)的理论正确尺寸与两装配件的基准平面有关。

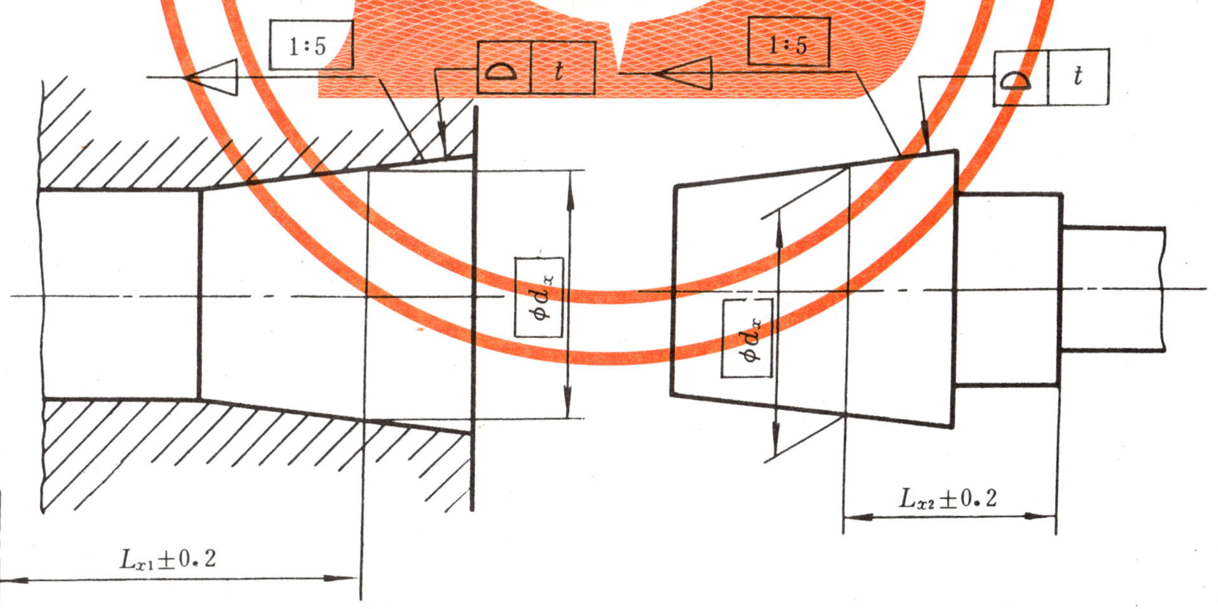

图 16

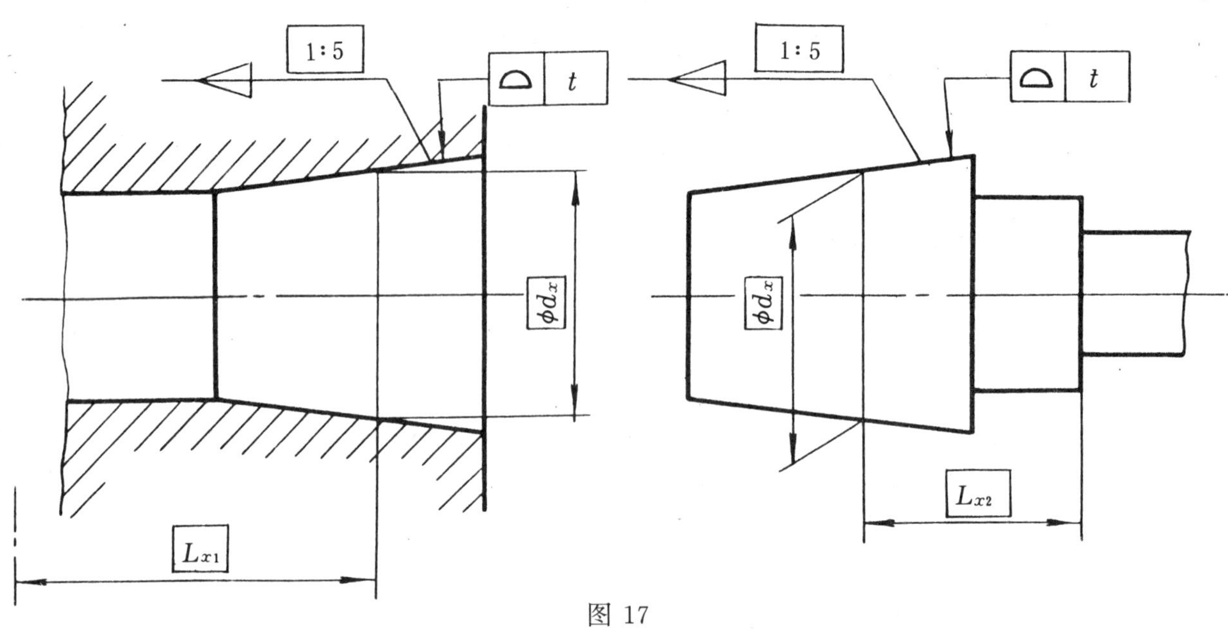

图 17

6 限定条件

必要时,可给出限定条件以保证圆锥实际要素不超过给定的公差带。这些限定条件可在图样上直接给出或在技术要求中说明:

a) 附加形位公差要求,如图 18、图 A3、图 B1 所示。

b) 在技术要求中说明,如:

量规涂色检验,接触率大于 80%。

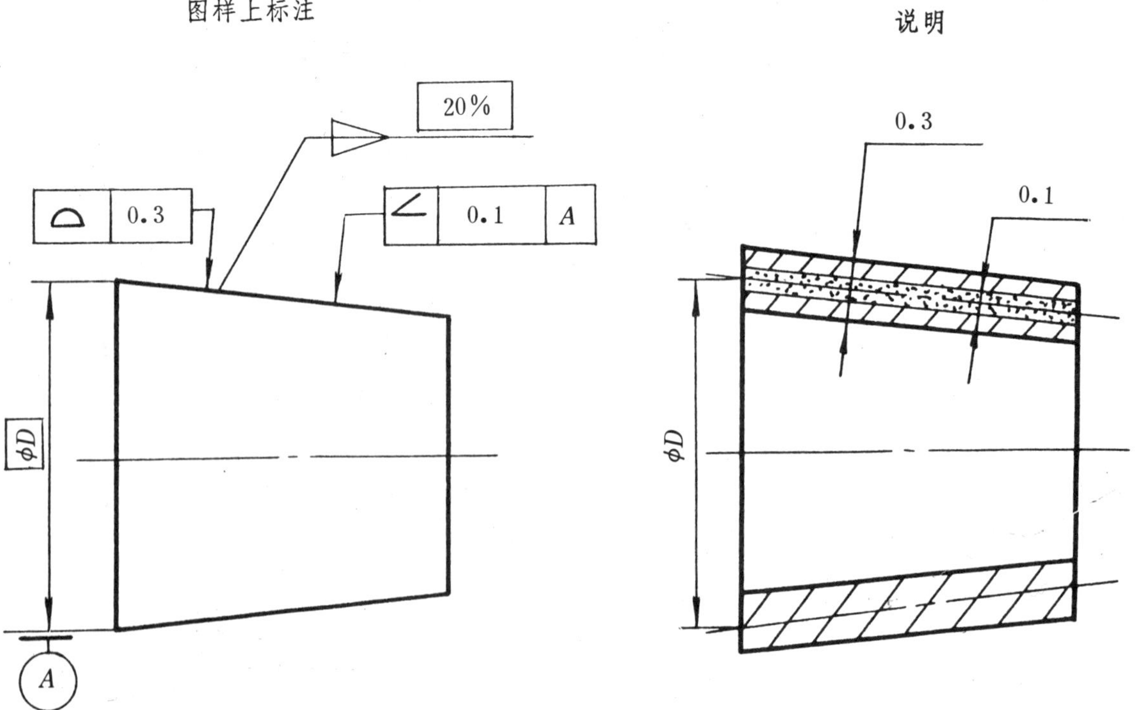

注:倾斜度公差带(包括素线的直线度)在轮廓度公差带内浮动。

图 18

附 录 A
基本锥度法
(与 GB 11334 第一种圆锥公差给定方法一致)
(参考件)

A1 总则

基本锥度法通常适用于有配合要求的结构型内、外圆锥。

基本锥度法是表示圆锥要素尺寸与其几何特征具有相互从属关系的一种公差带的标注方法,即由二同轴圆锥面(圆锥要素的最大实体尺寸和最小实体尺寸)形成两个具有理想形状的包容面公差带。实际圆锥处处不得超越这两个包容面。因此,该公差带既控制圆锥直径的大小及圆锥角的大小,也控制圆锥表面的形状。若有需要,可附加给出圆锥角公差和有关形位公差要求作进一步的控制。

A2 标注示例

A2.1 给定圆锥直径公差 T_D(图 A1)

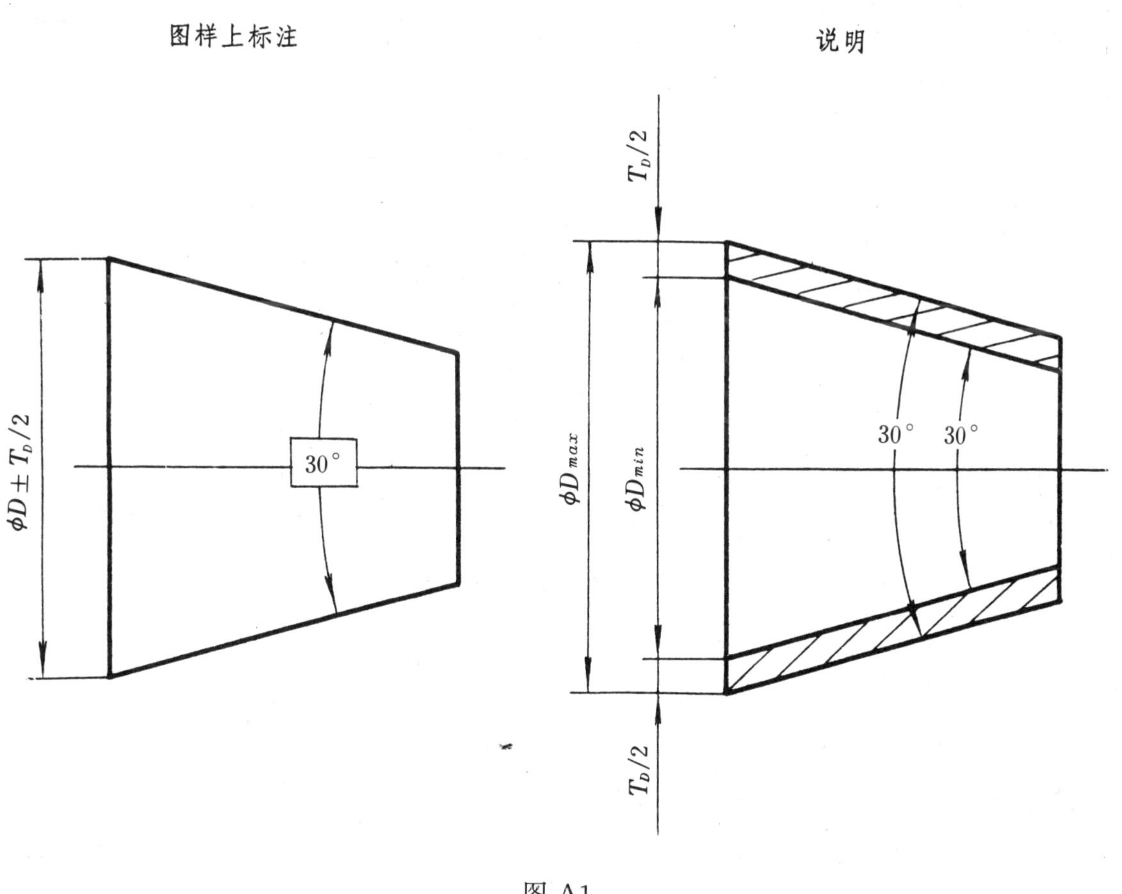

图 A1

A2.2 给定截面圆锥直径公差 T_{DS}(图 A2)

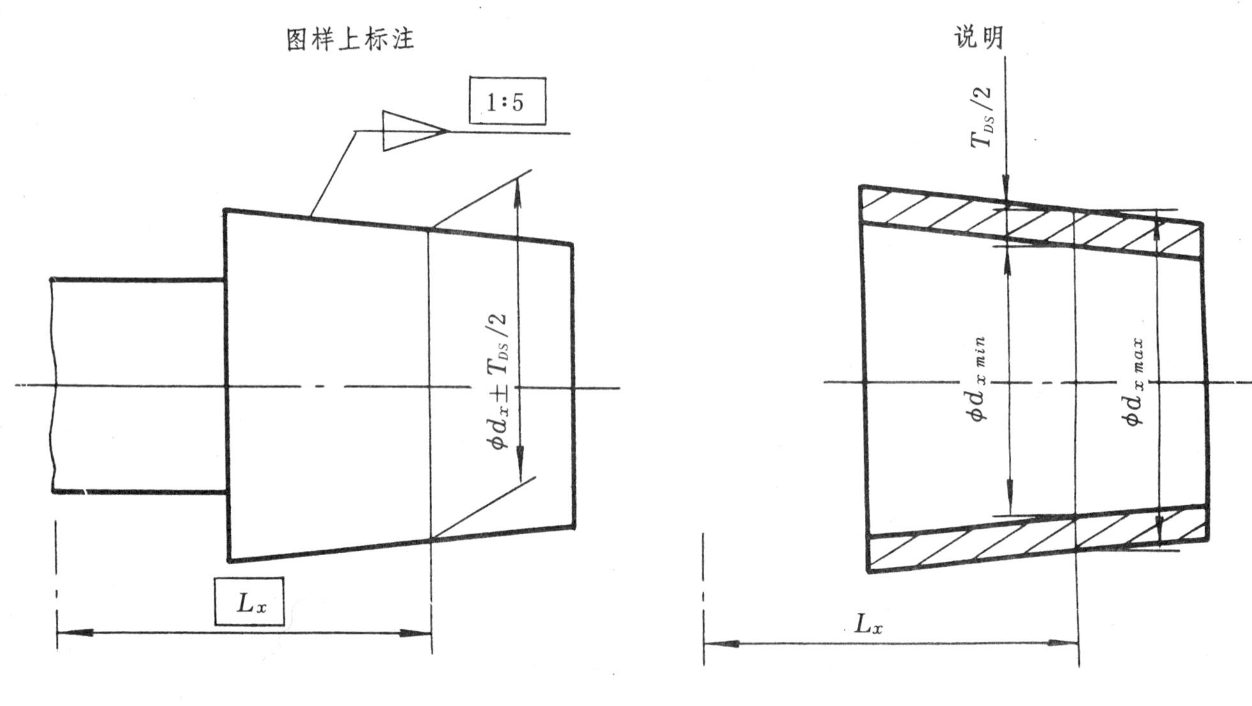

图 A2

A2.3 给定圆锥的形状公差 T_F(图 A3)

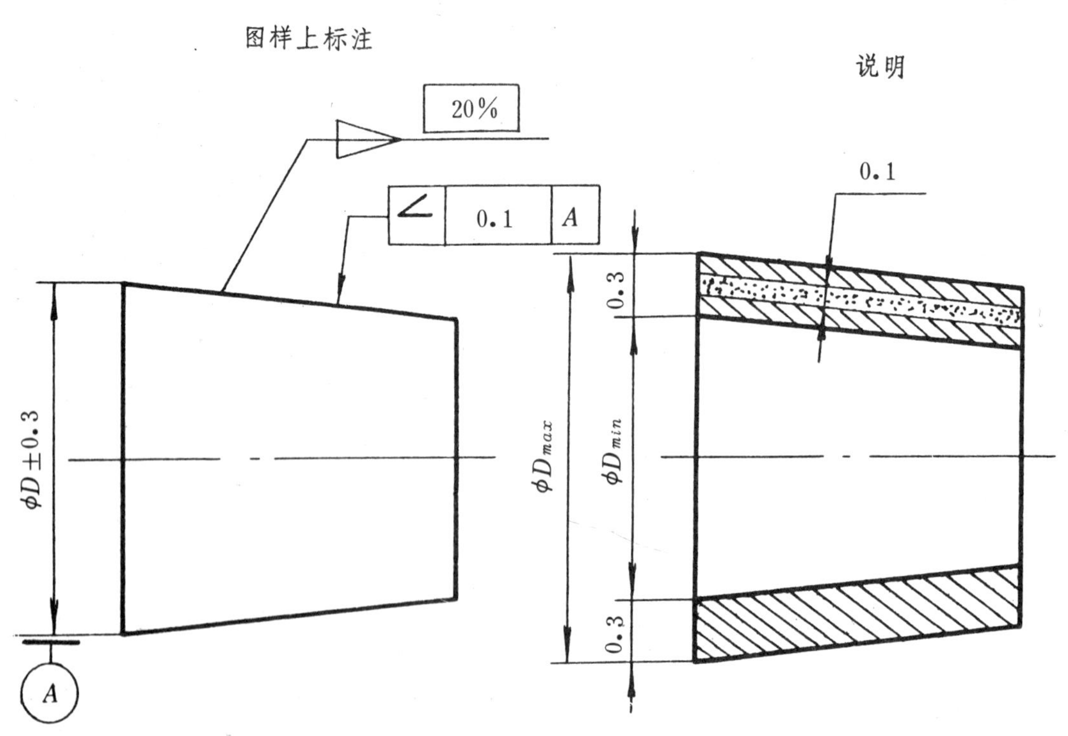

注：倾斜度公差带(包括素线的直线度)在轮廓度公差带内浮动。

图 A3

A2.4 相配合的圆锥的公差注法(图 A4、A5)

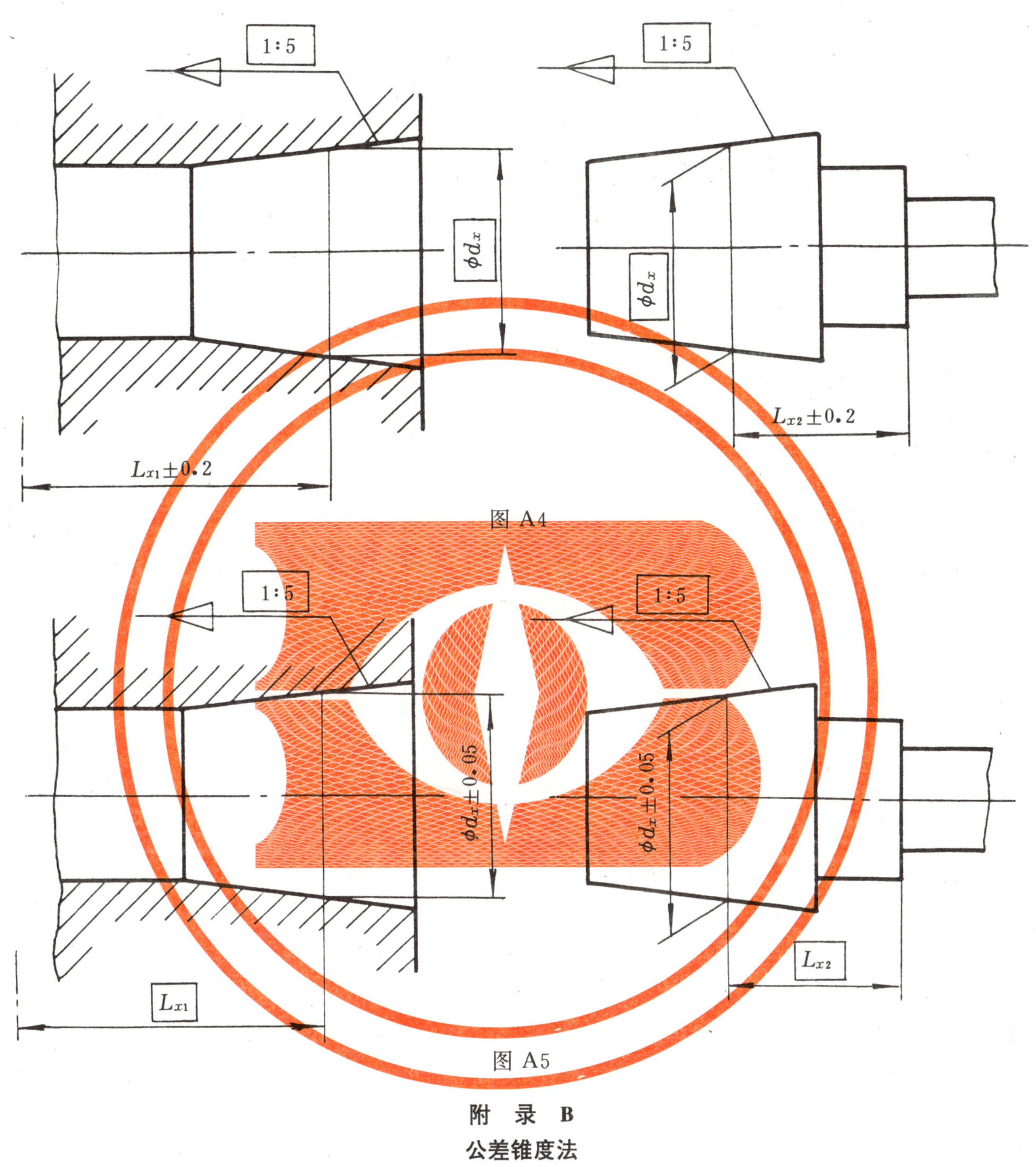

图 A4

图 A5

附 录 B
公差锥度法
（与 GB 11334 第二种圆锥公差给定方法一致）
（参考件）

B1 总则

公差锥度法仅适用于对某给定截面圆锥直径有较高要求的圆锥和密封及非配合圆锥。

公差锥度法是直接给定有关圆锥要素的公差，即同时给出圆锥直径公差和圆锥角公差（图 B1、B2），不构成二同轴圆锥面公差带的标注方法。此时，给定截面圆锥直径公差仅控制该截面圆锥直径偏差，不再控制圆锥角偏差，T_{DS}和 AT 各自分别规定，分别满足要求，故按独立原则解释。若有需要，可附加给出有关形位公差要求作进一步控制（图 B1）。

B2 标注示例

给定最大圆锥直径公差 T_D＋圆锥角公差 AT 的标注示例如图 B1 所示，给定截面圆锥直径公差 T_{DS}圆锥角公差 AT_D 的标注示例如图 B2 所示。

图样上标注

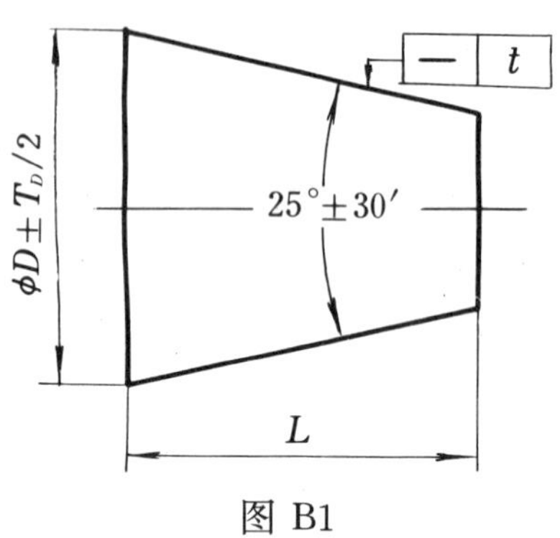

图 B1

说明：该圆锥的最大圆锥直径应由 $\phi D+T_D/2$ 和 $\phi D-T_D/2$ 确定；锥角应在 24°30′与 25°30′之间变化；圆锥的素线直线度公差要求为 t。这些要求应各自独立地考虑。

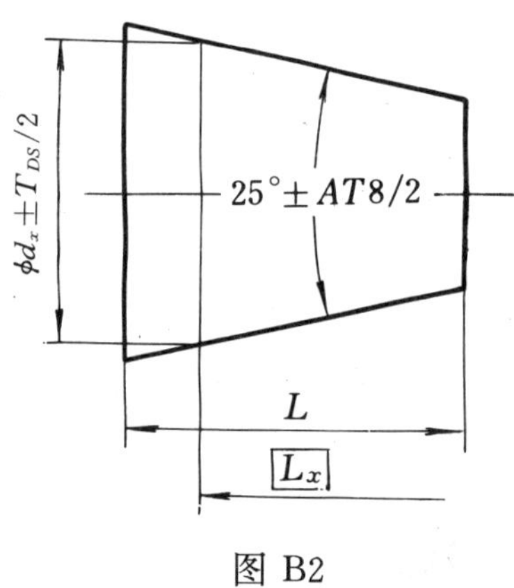

图 B2

说明：该圆锥的给定截面圆锥直径应由 $\phi d_x+T_{DS}/2$ 和 $\phi d_x-T_{DS}/2$ 确定；锥角应在 25°—$AT8/2$ 与 25°＋$AT8/2$ 之间变化。这些要求应各自独立地考虑。

附加说明：

本标准由中华人民共和国机械工业部提出，由机械工业部机械标准化研究所归口。

本标准由机械工业部机械标准化研究所、华中理工大学等单位负责起草。

本标准主要起草人强毅、李晓沛、江天一、周忠。

本标准代替 GB 4458.4—84《机械制图　尺寸注法》第 3.7 条中图 31b 的锥度符号和表 1 中相应的锥度标注示例。

中华人民共和国国家标准

圆锥过盈配合的计算和选用

GB/T 15755—1995

The calculation and selection of cone interference fits

1 主题内容与适用范围

本标准规定了圆锥过盈联结的型式、计算和圆锥过盈配合的选用。

本标准适用于光滑圆锥面在弹性范围内利用油压装拆的过盈联结计算和过盈配合的选用。

2 引用标准

GB 157 锥度与锥角系列

GB 1800 公差与配合 总论 标准公差与基本偏差

GB 1801 公差与配合 尺寸至 500 mm 孔、轴公差带与配合

GB 1802 公差与配合 尺寸大于 500 至 3 150 mm 常用孔、轴公差带

GB 5371 公差与配合 过盈配合的计算和选用

GB 11334 圆锥公差

GB 12360 圆锥配合

3 定义

本标准采用引用标准中所给定的有关术语和定义。

4 符号

计算用的主要符号、含义和单位见表 1。

表 1

符号	含义	单位
δ	过盈量	mm
δ_e	有效过盈量	mm
d_{f1}	结合面最小圆锥直径	mm
d_{f2}	结合面最大圆锥直径	mm
d_m	结合面平均圆锥直径	mm
d_a	包容件外径	mm
d_i	被包容件内径	mm
l_f	结合长度	mm

国家技术监督局1995-11-23批准 1996-07-01实施

续表 1

符号	含义	单位
C	结合面锥度	—
q_a	包容件直径比	—
q_i	被包容件直径比	—
S_a	包容件压平深度	mm
S_i	被包容件压平深度	mm
e_a	包容件直径变化量	mm
e_i	被包容件直径变化量	mm
p_f	结合压力	MPa
p_x	装拆油压	MPa
M	扭矩	N·mm
F_x	轴向力	N
F_t	传递力	N
P_{xi}	压入力	N
P_{xe}	压出力	N
Δp_f	中间套变形所需压力	MPa
E_a	轴向位移量	mm
d	中间套圆柱面直径	mm
d_{fi1}	中间套最小圆锥直径	mm
d_{fi2}	中间套最大圆锥直径	mm
X	中间套与相关件配合间隙	mm
K	安全系数	—
μ	摩擦系数	—
ν	泊松比	—
σ_s	屈服极限	MPa
σ_b	强度极限	MPa
E	弹性模量	MPa
R_a	轮廓算术平均偏差	mm

注：除另有说明外，表中符号再加下标“a”表示包容件；“i”表示被包容件。

5 圆锥过盈联结的特点、型式及用途

5.1 圆锥过盈联结的特点

a. 包容件和被包容件无需加热或冷却就能进行装配；

b. 可实现较小直径的装配；

c. 当轴向定位要求不高时，可得到配合零件的互换性；

d. 可通过控制轴向位移来精确地调整其过盈量；

e. 可实现多次拆装，并不损伤其结合面。

5.2 圆锥过盈联结的型式及用途

圆锥过盈联结有以下两种型式：

a. 不带中间套的圆锥过盈联结（见图 1）

用于中、小尺寸，或不需多次装拆的联结。

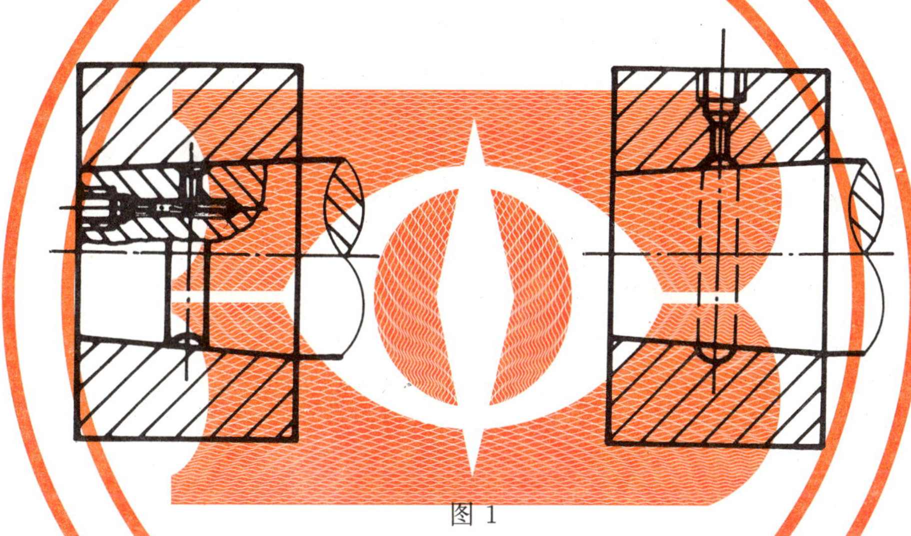

图 1

b. 带中间套的圆锥过盈联结（见图 2、图 3）

用于大型、重载和需多次装拆的联结。图 2 为带外锥面中间套的圆锥过盈联结；图 3 为带内锥面中间套的圆锥过盈联结。

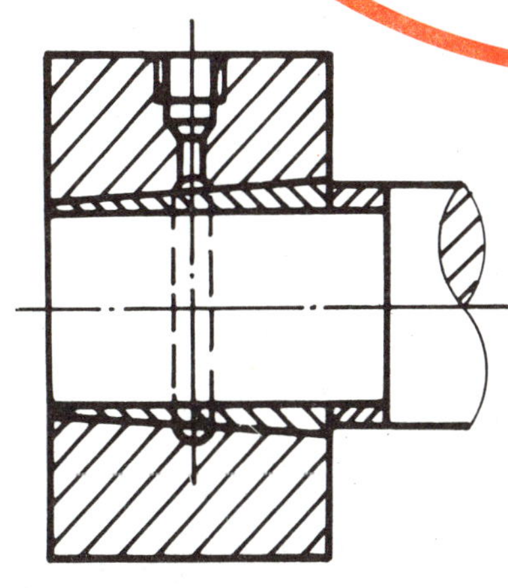

图 2

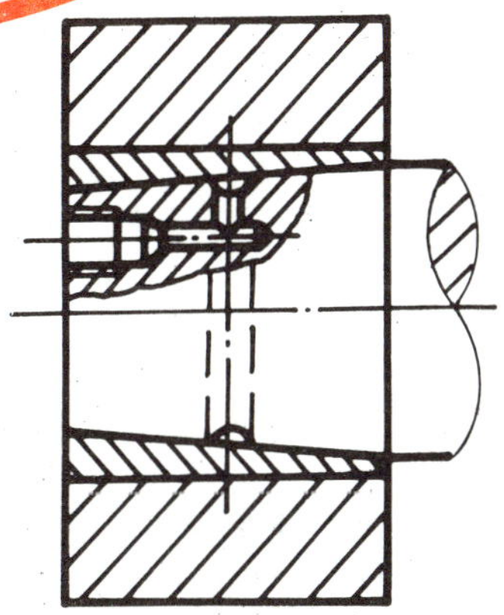

图 3

6 计算和选用

6.1 计算基础与假定条件

本计算以两个简单厚壁圆筒在弹性范围内的联结为计算基础。

计算的假定条件为：包容件与被包容件处于平面应力状态，即轴向应力 $\sigma_z=0$；包容件与被包容件在结合长度上结合压力为常数；材料的弹性模量为常数；计算的强度理论，按变形能理论。

6.2 计算要点

圆锥面过盈联结的计算与 GB 5371 规定的圆柱面过盈联结计算相同，但应注意下列各点：

a. 结合直径 d_f 应以结合面平均圆锥直径 d_m 代替，即：

$$d_m = d_{f2} - \frac{C \cdot l_f}{2}$$

$$\text{或}\ d_m = d_{f1} + \frac{C \cdot l_f}{2}$$

$$\text{或}\ d_m = \frac{1}{2}(d_{f1} + d_{f2})$$

b. 材料是否产生塑性变形，应以装拆油压进行计算。装拆油压一般比实际结合压力大 10%。

c. 用油压装拆时，结合面间存在油膜，因此装拆时的摩擦系数与联结工作时的摩擦系数不同。在联结工作时的摩擦系数，推荐取 $\mu=0.12$；用油压装拆时的摩擦系数，推荐取 $\mu=0.02$。

d. 圆锥过盈联结的锥度 C，推荐选用 1∶20、1∶30、1∶50。其结合长度推荐为 $l_f \leqslant 1.5d_m$。

6.3 计算公式

6.3.1 圆锥过盈联结传递负荷所需的最小过盈量，可按表 2 的公式进行计算。

表 2

序号	计算内容		计算公式	说明
1	传递负荷所需的最小结合压力	传递扭矩	$p_{fmin}=\frac{2M \cdot K}{\pi \cdot d_m^2 \cdot l_f \cdot \mu}$	根据联结的重要程度，推荐 $K=1.2\sim3$。 联结工作时摩擦系数，μ 值查 GB 5371 中附录 A 推荐：$\mu=0.12$
		承受轴向力	$p_{fmin}=\frac{F_x \cdot K}{\pi \cdot d_m \cdot l_f \cdot \mu}$	
		传递力	$p_{fmin}=\frac{F_t \cdot K}{\pi \cdot d_m \cdot l_f \cdot \mu}$	$F_t=\sqrt{F_x^2+\left(\frac{2M}{d_m}\right)^2}$
2	包容件直径比		$q_a=\frac{d_m}{d_a}$	
3	被包容件直径比		$q_i=\frac{d_i}{d_m}$	对实心轴 $q_i=0$
4	包容件传递负荷所需的最小直径变化量		$e_{amin}=p_{fmin} \cdot \frac{d_m}{E_a} \cdot C_a$	$C_a=\frac{1+q_a^2}{1-q_a^2}+\nu_a$ C_a 值可查 GB 5371 中表 4

续表 2

序　号	计　算　内　容	计　算　公　式	说　明
5	被包容件传递负荷所需的最小直径变化量	$e_{imin}=p_{fmin}\cdot\frac{d_m}{E_i}\cdot C_i$	$C_i=\frac{1+q_i^2}{1-q_i^2}-\nu_i$ C_i 值可查 GB 5371 中表 4
6	传递负荷所需的最小有效过盈量	$\delta_{emin}=e_{amin}+e_{imin}$	
7	考虑压平量的最小过盈量	$\delta_{min}=\delta_{emin}+2\cdot(S_a+S_i)$	不带中间套： $S_a=1.6\ R_{aa}$ $S_i=1.6\ R_{ai}$ 带中间套： $S_a=1.6(R_{aa}+R_{aaa})$ $S_i=1.6(R_{ai}+R_{aii})$

6.3.2 圆锥过盈联结件不产生塑性变形所容许的最大有效过盈量，可按表 3 的公式进行计算。

表 3

序　号	计　算　内　容	计　算　公　式	说　明
1	包容件不产生塑性变形所容许的最大结合压力	塑性材料： $p_{famax}=a\cdot\sigma_{sa}$ 脆性材料： $p_{famax}=b\cdot\frac{\sigma_{ba}}{2\sim3}$	$a=\frac{1-q_a^2}{\sqrt{3+q_a^4}}$ $b=\frac{1-q_a^2}{1+q_a^2}$ a、b 值可查 GB 5371 中图 4
2	被包容件不产生塑性变形所容许的最大结合压力	塑性材料： $p_{fimax}=c\cdot\sigma_{si}$ 脆性材料： $p_{fimax}=c\cdot\frac{\sigma_{bi}}{2\sim3}$	$c=\frac{1-q_i^2}{2}$ c 值可查 GB 5371 中图 4 对实心轴 $q_i=0$ 此时 $c=0.5$
3	联结件不产生塑性变形的最大结合压力	p_{fmax}取 p_{famax}和 p_{fimax}中的较小者	
4	包容件不产生塑性变形所容许的最大直径变化量	$e_{amax}=\frac{p_{fmax}\cdot d_m}{E_a}\cdot C_a$	$C_a=\frac{1+q_a^2}{1-q_a^2}+\nu_a$ C_a 值可查 GB 5371 中表 4
5	被包容件不产生塑性变形所容许的最大直径变化量	$e_{imax}=\frac{p_{fmax}\cdot d_m}{E_i}\cdot C_i$	$C_i=\frac{1+q_i^2}{1-q_i^2}-\nu_i$ C_i 可查 GB 5371 中表 4
6	联结件不产生塑性变形所容许的最大有效过盈量	$\delta_{emax}=e_{amax}+e_{imax}$	

6.4 圆锥过盈配合的选用

6.4.1 过盈配合联结件的圆锥公差按 GB 11334 中 4.2a 条给定。即:给出圆锥的理论正确圆锥角 α(或锥度 C)和圆锥直径公差 T_D。由 T_D 确定两个极限圆锥。此时,圆锥角误差和圆锥的形状误差均应在极限圆锥所限定的区域内。

当圆锥角公差、圆锥的形状公差有更高的要求时,可再给出圆锥角公差 AT、圆锥的形状公差 T_F。此时,AT 和 T_F 仅占 T_D 的一部分。

6.4.2 选出的配合,其最大过盈量$[\delta_{max}]$和最小过盈量$[\delta_{min}]$应满足下列要求:

a. 保证过盈联结传递给定的负荷

$[\delta_{min}] > \delta_{min}$

b. 保证联结件不产生塑性变形

$[\delta_{max}] \leqslant \delta_{emax}$

6.4.3 配合的选择步骤

6.4.3.1 对结构型圆锥过盈配合

a. 确定配合基准制,推荐优先选用基孔制。

b. 初选基本过盈量 δ_b

一般情况,可取 $\delta_b \approx \frac{\delta_{min}+\delta_{emax}}{2}$;

当要求有较多的联结强度储备时,可取

$$\delta_{emax} > \delta_b > \frac{\delta_{min}+\delta_{emax}}{2};$$

当要求有较多的联结件材料强度储备时,可取

$$\delta_{min} < \delta_b < \frac{\delta_{min}+\delta_{emax}}{2}。$$

c. 按初选的基本过盈量 δ_b 和以基本圆锥直径(一般取最大圆锥直径)为基本尺寸,由 GB 5371 中图 5 查出配合的基本偏差代号。

d. 按查出的基本偏差代号、基本圆锥直径和 δ_{emax}、δ_{min},由 GB 1801~1802 确定选用的配合和内、外圆锥直径公差带。

6.4.3.2 对位移型圆锥过盈配合

a. 确定内、外圆锥直径公差带,其基本偏差,推荐选用 H、h、Js、js,公差等级按 GB 1800 选取。

b. 对有基面距要求的圆锥过盈配合,应根据基面距的尺寸公差要求,按 GB 12360 附录 C 计算选取内、外圆锥直径公差带。

c. 按 6.4.2 条的规定,由 GB 1801 给出的极限过盈量(或自行确定)选取配合的最大过盈量$[\delta_{max}]$和最小过盈量$[\delta_{min}]$。

d. 按$[\delta_{min}]$和$[\delta_{max}]$计算轴向位移极限值 E_{amin}、E_{amax}和轴向位移公差 T_E。

$$E_{amin} = \frac{1}{C}\cdot[\delta_{min}]$$

$$E_{amax} = \frac{1}{C}\cdot[\delta_{max}]$$

$$T_E = E_{amax} - E_{amin}。$$

6.5 采用油压装拆圆锥过盈联结时,装配和拆卸的参数可按表 4 的公式进行计算。

表 4

序　　号	计 算 内 容	计 算 公 式	说　　明
1	确定中间套尺寸	外锥面中间套：$d_{fi1}=1.03d+3$ $d_{fi2}=d_{fi1}+Cl_f$ 内锥面中间套：$d_{fi2}=0.97d-3$ $d_{fi1}=d_{fi2}-Cl_f$	带中间套的圆锥过盈联结须进行此项计算
2	中间套与相关件圆柱面配合	外锥面中间套： 推荐：$d\leqslant 100$ mm 时按$\frac{G_6}{h_5}$； $d>100\sim 200$ mm 时按$\frac{G_7}{h_6}$； $d>200$ mm 时按$\frac{G_7}{h_7}$。 内锥面中间套： 推荐：$d\leqslant 100$ mm 时按$\frac{H_6}{n_5}$； $d>100$ mm 时按$\frac{H_7}{p_6}$；	
3	中间套与相关件圆柱面配合极限间隙	按 GB 1800 的规定计算： X_{min} X_{max}	计算中间套变形所需压力时按最大间隙
4	轴向位移的极限值	不带中间套： $E_{amin}=\frac{1}{C}\cdot[\delta_{min}]$ $E_{amax}=\frac{1}{C}\cdot[\delta_{max}]$ 带中间套： $E_{amin}=\frac{1}{C}\cdot\{[\delta_{min}]+X_{max}\}$ $E_{amax}=\frac{1}{C}\cdot\{[\delta_{max}]+X_{max}\}$	
5	装配时中间套变形所需压力	$\Delta p_f=\frac{E\cdot X_{max}}{2d}\cdot\left[1-\left(\frac{d}{d_m}\right)^2\right]$	
6	配合的最大结合压力	不带中间套： $[p_{fmax}]=\frac{[\delta_{max}]}{d_m\left(\frac{C_a}{E_a}+\frac{C_i}{E_i}\right)}$ 带中间套： $[p_{fmax}]=\frac{[\delta_{max}]}{d_m\left(\frac{C_a}{E_a}+\frac{C_i}{E_i}\right)}+\Delta p_f$	

续表 4

序　号	计算内容	计算公式	说　明
7	装拆油压	$p_x = 1.1 \cdot [p_{fmax}]$	应使 $p_x < p_{fmax}$，否则应重新选择材料
8	压入力	$P_{xi} = p_x \cdot \pi \cdot d_m \cdot l_f \cdot \left(\mu + \frac{C}{2}\right)$	油压装配时的摩擦系数，推荐 $\mu = 0.02$
9	压出力	$P_{xe} = p_x \cdot \pi \cdot d_m \cdot l_f \cdot \left(\mu - \frac{C}{2}\right)$	油压拆卸时的摩擦系数，推荐 $\mu = 0.02$ 当 $(\mu - c/2)$ 出现负数时，其压出力为负值。应注意采用安全措施，防止弹出

6.6 圆锥过盈联结的验算可按表 5 的公式进行计算。

表 5

序　号	计算内容		计算公式	说　明
1	最小结合压力		$[p_{fmin}] = \frac{[\delta_{min}] - 2(S_a + S_i)}{d_m \cdot \left(\frac{C_a}{E_a} + \frac{C_i}{E_i}\right)}$	S_a 和 S_i 按表 2 序号 7 的规定
2	最小传递负荷	传递扭矩	$M_{min} = \frac{[p_{fmin}] \cdot \pi \cdot d_m^2 \cdot l_f \cdot \mu}{2}$	联结工作时的摩擦系数，μ 值查 GB 5371 中附录 A 推荐：$\mu = 0.12$
		传递力	$F_{tmin} = [p_{fmin}] \cdot \pi \cdot d_m \cdot l_f \cdot \mu$	
3	包容件最大应力		塑性材料： $\sigma_{amax} = \frac{p_x}{a}$ 脆性材料： $\sigma_{amax} = \frac{p_x}{b}$	
4	被包容件最大应力		$\sigma_{imax} = \frac{p_x}{c}$	

6.7 包容件的外径扩大量和被包容件的内径缩小量，可按表 6 的公式进行计算。

表 6

序　号	计算内容	计算公式	说　明
1	包容件的外径扩大量	$\Delta d_a = \frac{2p_f \cdot d_a \cdot q_a^2}{E_a \cdot (1 - q_a^2)}$	p_f 取 $[p_{fmax}]$ 或 $[p_{fmin}]$
2	被包容件的内径缩小量	$\Delta d_i = \frac{2p_f \cdot d_i}{E_i \cdot (1 - q_i^2)}$	p_f 取 $[p_{fmax}]$ 或 $[p_{fmin}]$

附 录 A
圆锥过盈配合计算举例
（参考件）

本附录给出了圆锥过盈配合的计算举例。

A1 已知条件（见表 A1）

表 A1

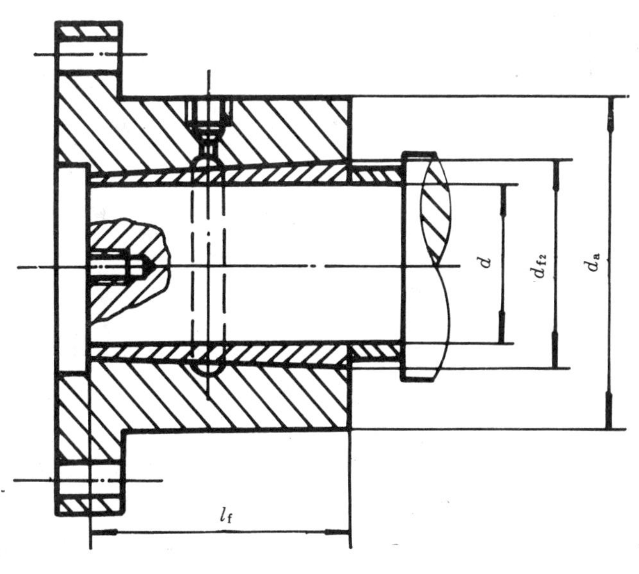

材料：

包容件与被包容件

35CrMo

调质硬度 269～302 HB

中间套：

45

调质硬度 241～286 HB

序 号	名 称	符 号	数 值	单 位
1	包容件外径	d_a	460	mm
2	被包容件内径	d_i	0	mm
3	结合面最大圆锥直径	d_{f2}	320	mm
4	结合面长度	l_f	400	mm
5	结合面锥度	C	1∶50	—
6	中间套圆柱面直径	d	300	mm
7	包容件和被包容件屈服极限	$\sigma_{sa}=\sigma_{si}$	540	MPa
8	包容件和被包容件弹性模量	$E_a=E_i$	210 000	MPa
9	中间套弹性模量	E	210 000	MPa
10	包容件和被包容件泊松比	$\nu_a=\nu_i$	0.3	—
11	传递扭矩	M	370	kN·m
12	承受轴向力	F_x	470	kN
13	圆锥结合面轮廓算术平均偏差	$R_{aa}=R_{ai}$	0.001 6	mm
14	圆柱结合面轮廓算术平均偏差	$R_{aaa}=R_{aii}$	0.001 6	mm

A2 计算步骤和结果(见表 A2)

表 A2

序号	计算内容	计算公式和计算结果	说明
1	传递负荷所需的最小结合压力	$p_{fmin}=\frac{F_t\cdot K}{\pi\cdot d_m\cdot l_f\cdot\mu}$ $=\frac{2\ 388\ 472\times1.5}{\pi\times316\times400\times0.12}$ $=75.2$ MPa	根据联结特性,取 $K=1.5$ $F_t=\sqrt{F_x{}^2+\left(\frac{2M}{d_m}\right)^2}$ $=\sqrt{470\ 000^2+\left(\frac{2\times370\ 000\ 000}{316}\right)^2}$ $=2\ 388\ 472$ N $d_m=d_{f2}-\frac{C\cdot l_f}{2}$ $=320-\frac{\frac{1}{50}\times400}{2}$ $=316$
2	包容件直径比	$q_a=\frac{d_m}{d_a}=\frac{316}{460}=0.687\ 0$	
3	被包容件直径比	$q_i=\frac{d_i}{d_m}=\frac{0}{316}=0$	对实心轴 $q_i=0$
4	包容件传递负荷所需的最小直径变化量	$e_{amin}=p_{fmin}\cdot\frac{d_m}{E_a}\cdot C_a$ $=75.2\times\frac{316}{210\ 000}\times3.087\ 7$ $=0.349\ 4$ mm	$C_a=\frac{1+q_a{}^2}{1-q_a{}^2}+\nu_a$ $=\frac{1+0.687\ 0^2}{1-0.687\ 0^2}+0.3$ $=3.087\ 7$
5	被包容件传递负荷所需的最小直径变化量	$e_{imin}=p_{fmin}\cdot\frac{d_m}{E_i}\cdot C_i$ $=75.2\times\frac{316}{210\ 000}\times0.7$ $=0.079\ 2$ mm	$C_i=\frac{1+q_i{}^2}{1-q_i{}^2}-\nu_i$ $=1-0.3$ $=0.7$
6	传递负荷所需的最小有效过盈量	$\delta_{emin}=e_{amin}+e_{imin}$ $=0.349\ 4+0.079\ 2$ $=0.428\ 6$ mm	
7	考虑压平量的最小过盈量	$\delta_{min}=\delta_{emin}+2(S_a+S_i)$ $=0.428\ 6+2[1.6\times(0.001\ 6$ $+0.001\ 6)+1.6\times(0.001\ 6$ $+0.001\ 6)]$ $=0.449\ 1$ mm	$S_a=1.6\cdot(R_{aa}+R_{aaa})$ $S_i=1.6\cdot(R_{ai}+R_{aii})$

续表 A2

序号	计算内容	计算公式和计算结果	说明
8	包容件不产生塑性变形所容许的最大结合压力	$p_{famax}=a\cdot\sigma_{sa}$ $=0.2941\times540$ $=158.8$ MPa	$a=\frac{1-q_a^2}{\sqrt{3+q_a^4}}=\frac{1-0.6870^2}{\sqrt{3+0.6870^4}}$ $=0.2941$
9	被包容件不产生塑性变形所容许的最大结合压力	$p_{fimax}=c\cdot\sigma_{si}$ $=0.5\times540$ $=270$ MPa	$c=\frac{1-q_i^2}{2}=\frac{1-0}{2}$ $=0.5$
10	联接件不产生塑性变形的最大结合压力	$p_{fmax}=158.8$ MPa	取 p_{famax} 和 p_{fimax} 中的较小者
11	包容件不产生塑性变形所容许的最大直径变化量	$e_{amax}=\frac{p_{fmax}\cdot d_m}{E_a}\cdot C_a$ $=\frac{158.8\times316}{210000}\times3.0877$ $=0.7378$ mm	见序号 4 $C_a=3.0877$
12	被包容件不产生塑性变形所容许的最大直径变化量	$e_{imax}=\frac{p_{fmax}\cdot d_m}{E_i}\cdot C_i$ $=\frac{158.8\times316}{210000}\times0.7$ $=0.1673$ mm	见序号 5 $C_i=0.7$
13	联结件不产生塑性变形所容许的最大有效过盈量	$\delta_{emax}=e_{amax}+e_{imax}$ $=0.7378+0.1673$ $=0.9051$ mm	

A3 选择配合的步骤和结果(见表 A3)

表 A3

序号	项目	结果	说明
1	选择配合的要求	$[\delta_{min}]>0.4491$ mm $[\delta_{max}]<0.9051$ mm	
2	确定内、外圆锥直径公差带	选取:内锥 H7 外锥 h6	
3	选定过盈量	$\frac{H7}{x6}$ $[\delta_{min}]=0.533$ mm $[\delta_{max}]=0.626$ mm	已考虑了安全系数,故使$[\delta_{min}]$接近 δ_{min}

A4 采用油压装拆参数的计算步骤和结果(见表 A4)

表 A4

序 号	项 目	计算公式和计算结果	说 明
1	中间套与相关件圆柱面的配合间隙	选配合 $\phi 300\frac{G7}{h7}$ $X_{max}=0.121$ mm $X_{min}=0.052$ mm	查 GB 1801
2	轴向位移的极限值	$E_{amax}=\frac{[\delta_{max}]+X_{max}}{C}=\frac{0.626+0.121}{\frac{1}{50}}$ $=37.35$ mm $E_{amin}=\frac{[\delta_{min}]+X_{max}}{C}=\frac{0.533+0.121}{\frac{1}{50}}$ $=32.7$ mm	
3	装配时中间套变形所需的压力	$\Delta p_f=\frac{E\cdot X_{max}}{2d}\cdot\left[1-\left(\frac{d}{d_m}\right)^2\right]$ $=\frac{210\ 000\times 0.121}{2\times 300}\times\left[1-\left(\frac{300}{316}\right)^2\right]$ $=4.18$ MPa	
4	实际最大结合压力	$[p_{fmax}]=\frac{[\delta_{max}]}{d_m\cdot\left(\frac{C_a}{E_a}+\frac{C_i}{E_i}\right)}+\Delta p_f$ $=\frac{0.626}{316\times\left(\frac{3.087\ 7}{210\ 000}+\frac{0.7}{210\ 000}\right)}+4.18$ $=114$ MPa	
5	装拆油压	$p_x=1.1\cdot[p_{fmax}]$ $=1.1\times 114$ $=125.4$ MPa	
6	压入力	$P_{xi}=p_x\cdot\pi\cdot d_m\cdot l_f\cdot\left(\mu+\frac{C}{2}\right)$ $=125.4\times\pi\times 316\times 400\times\left(0.02+\frac{\frac{1}{50}}{2}\right)$ $=1\ 493.88$ kN	取 $\mu=0.02$
7	压出力	$P_{xe}=p_x\cdot\pi\cdot d_m\cdot l_f\cdot\left(\mu-\frac{C}{2}\right)$ $=125.4\times\pi\times 316\times 400\times\left(0.02-\frac{\frac{1}{50}}{2}\right)$ $=497.96$ kN	取 $\mu=0.02$

A5 校核计算(见表 A5)

表 A5

<table>
<tr><th>序　号</th><th colspan="2">项　目</th><th>计算公式和计算结果</th><th>说　明</th></tr>
<tr><td>1</td><td colspan="2">实际最小结合压力</td><td>$[p_{fmin}]=\dfrac{[\delta_{min}]-2(S_a+S_i)}{d_m\cdot\left(\dfrac{C_a}{E_a}+\dfrac{C_i}{E_i}\right)}$
$=\dfrac{0.533-2\times(0.005\ 12+0.005\ 12)}{316\times\left(\dfrac{3.087\ 7}{210\ 000}+\dfrac{0.7}{210\ 000}\right)}$
$=89.92$ MPa</td><td>$S_a=1.6\times(0.001\ 6+0.001\ 6)$
$=0.005\ 12$ mm
$S_i=1.6\times(0.001\ 6+0.001\ 6)$
$=0.005\ 12$ mm</td></tr>
<tr><td rowspan="2">2</td><td rowspan="2">传递最小负荷</td><td>传递扭矩</td><td>$M_{min}=\dfrac{[p_{fmin}]\cdot\pi\cdot d_m^2\cdot l_f\cdot\mu}{2}$
$=\dfrac{89.92\times\pi\times316^2\times400\times0.12}{2}$
$=677$ kN·m</td><td>取 $\mu=0.12$</td></tr>
<tr><td>传递力</td><td>$F_{tmin}=[p_{fmin}]\cdot\pi\cdot d_m\cdot l_f\cdot\mu$
$=89.92\times\pi\times316\times400\times0.12$
$=4\ 284.84$ kN</td><td></td></tr>
<tr><td>3</td><td colspan="2">包容件最大应力</td><td>$\sigma_{amax}=\dfrac{p_x}{a}=\dfrac{125.4}{0.294\ 1}$
$=426.4\ \text{MPa}<\sigma_{sa}$</td><td></td></tr>
<tr><td>4</td><td colspan="2">被包容件最大应力</td><td>$\sigma_{imax}=\dfrac{p_x}{c}=\dfrac{125.4}{0.5}$
$=250.8\ \text{MPa}<\sigma_{si}$</td><td></td></tr>
</table>

A6 计算包容件外径扩大量(见表 A6)

表 A6

<table>
<tr><th>序　号</th><th>项　目</th><th>计算公式和计算结果</th><th>说　明</th></tr>
<tr><td>1</td><td>包容件外径扩大量</td><td>$\Delta d_{amax}=\dfrac{2[p_{fmax}]\cdot d_a\cdot q_a^2}{E_a\cdot(1-q_a^2)}$
$=\dfrac{2\times114\times460\times0.687\ 0^2}{210\ 000\times(1-0.687\ 0^2)}=0.446\ 4$ mm
$\Delta d_{amin}=\dfrac{2[p_{fmin}]\cdot d_a\cdot q_a^2}{E_a\cdot(1-q_a^2)}$
$=\dfrac{2\times89.92\times460\times0.687\ 0^2}{210\ 000\times(1-0.687\ 0^2)}=0.352\ 1$ mm</td><td></td></tr>
</table>

附 录 B
实现圆锥过盈联结的一般要求
（参考件）

B1 结构要求

B1.1 为降低圆锥面过盈联结两端的应力集中，在包容件或被包容件端部可采用卸载槽，过渡圆弧等结构形式。

B1.2 联结件材料相同时，为避免粘着和装拆时表面擦伤，包容件和被包容件的结合面应具有不同的表面硬度。

B1.3 为便于装拆，在包容件结合面的两端加工成 15°的倒角，或在被包容件两端加工成过渡圆槽。

B1.4 进油孔和进油环槽，可以设在包容件上，也可以设在被包容件上，以结构设计允许和装拆方便为准。进油环槽的位置，应放在大约位于包容件的重心处，但不能离两端太近，以免影响密封性。

B1.5 进油环槽的边缘必须倒圆，以免影响结合面压力油的挤出。

B1.6 为使油压分布均匀，并能迅速建立油压和释放油压，应在包容件或被包容件结合面上刻排油槽：

a. 在被包容件的结合面上，沿轴向刻有 4～8 条均匀分布的细刻线（见图 B1）。

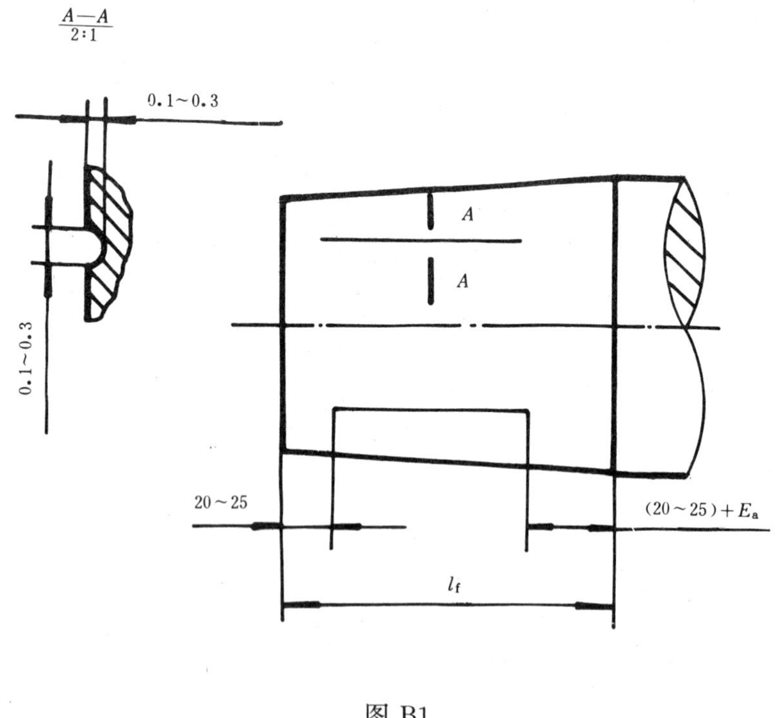

图 B1

b. 也可在包容件的结合面上，刻一条螺旋形的细刻线（见图 B2）。

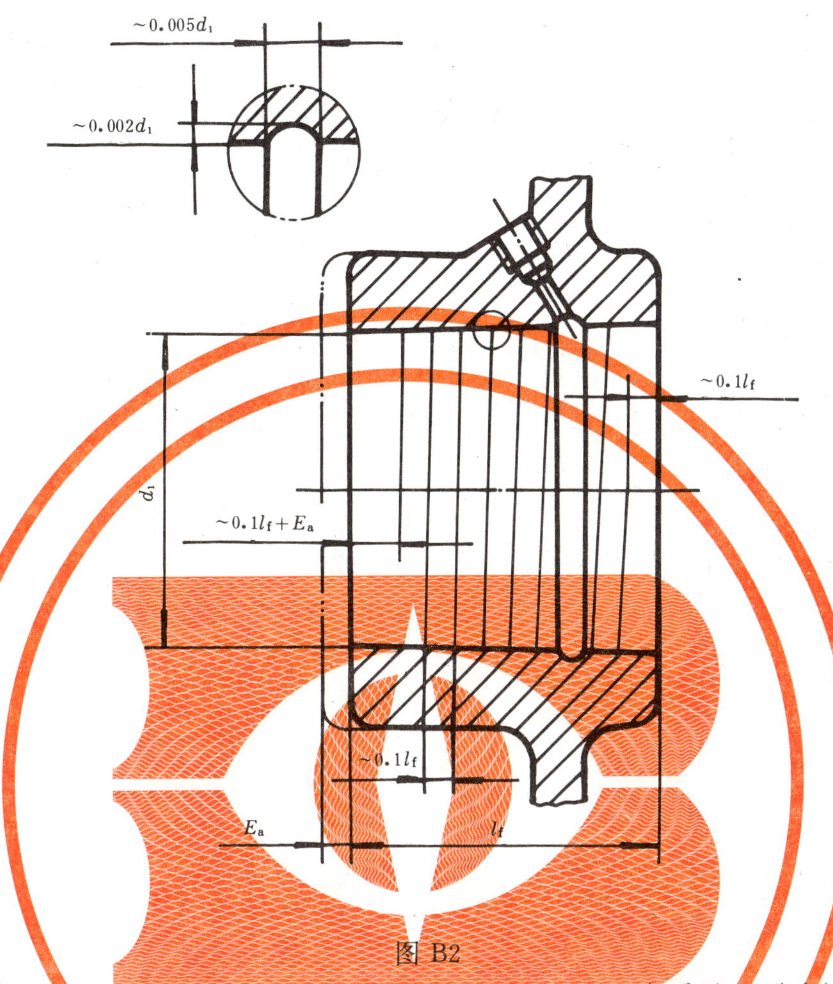

图 B2

B1.7 需多次装拆或大尺寸圆锥过盈联结，应采用中间套。中间套一般采用 45 碳素结构钢，并经调质处理，其硬度 241～286 HB。

B1.8 经多次装拆的圆锥过盈联结，由于表面压平过盈量减小，设计压入行程应比计算值加大 0.5～1 mm。

B2 对结合面的要求

B2.1 尺寸精度

包容件最大圆锥直径公差按 GB 1800 规定的 IT 6 或 IT 7 选取；被包容件的最大圆锥直径公差按 GB 1800 规定的 IT 5 或 IT 6 选取。

B2.2 表面粗糙度：

对圆锥面：当 $d_m \leqslant 180$ mm 时，$R_a \leqslant 0.8$ μm；

$d_m > 180$ mm 时，$R_a \leqslant 1.6$ μm。

对圆柱面：$R_a \leqslant 1.6$ μm。

B2.3 接触精度：

圆锥面接触率，应不低于 80%。

B3 压力油的选择

B3.1 通常使用矿物油，推荐油在 50℃时的运动粘度为 30～45 mm²/s。

B3.2 油应清洁，不得含有杂质和污物。

B4 装配和拆卸

B4.1 装配

B4.1.1 将联结件的结合面擦净，并涂以润滑油。

B4.1.2 将联结件装在一起，用手推移包容件，直至推不动时为止，以此状态下的位置为压入行程的起点。

B4.1.3 压装开始时，轴向压力不能过大。以后随着油压的加大而逐步提高，但不能超过最大轴向压力。

B4.1.4 压装之后，轴向压力应继续保持 15～30 min，以免包容件脱出。

B4.1.5 压装后应放置 3 h 才可承受负荷。

B4.1.6 压装速度一般为 2～5 mm/s。

B4.2 拆卸

B4.2.1 拆卸时高压油应缓慢注入，需 5～10 min 才可将套脱开。

B4.2.2 拆卸时油的压力一般不超过规定值。当拆卸困难时，可适当提高油压，但最大不得超过规定值的 10%。

B4.2.3 锥度大的圆锥过盈联结件，在油压下脱开时有自卸能力$\left(\mu-\frac{C}{2}<0\right)$，必须采取防护措施，防止包容件自动弹出。

附加说明：

本标准由中华人民共和国机械工业部提出。

本标准由全国公差与配合标准化技术委员会归口。

本标准由机械工业部机械标准化研究所、中国第二重型机械集团公司、二重基础件厂负责起草。

本标准主要起草人李晓沛、王建农、赵秉厚、俞汉清、赵光发。

ICS 01.100.20;17.040.10
J 04

中华人民共和国国家标准

GB/T 16671—2009
代替 GB/T 16671—1996

产品几何技术规范(GPS) 几何公差 最大实体要求、最小实体要求和可逆要求

Geometrical Product Specifications (GPS)—Geometrical tolerancing—Maximum material requirement (MMR), least material requirement (LMR) and reciprocity requirement (RPR)

(ISO 2692:2006, MOD)

2009-03-16 发布 2009-11-01 实施

中华人民共和国国家质量监督检验检疫总局
中国国家标准化管理委员会 发布

前　　言

本标准修改采用 ISO 2692:2006《产品几何技术规范(GPS)　几何公差　最大实体要求(MMR)、最小实体要求(LMR)和可逆要求(RPR)》,在文本结构上与 ISO 2692:2006 完全对应,基本概念和规则、符号、标注方法和应用示例等方面均与 ISO 2692:2006 一致。在不影响国际贸易和国际技术交流的前提下,考虑到我国国情,从实施本标准的经验与习惯、以及更好地理解和应用本标准的角度出发,本标准进行了一些修改,主要修改如下:

——“本国际标准”一词改为“本标准”;

——删除了 ISO 2692:2006 的前言和引言;

——将最大/最小实体实效边界(MMVB/LMVB)的概念,列为最大/最小实体实效状态(MMVC/LMVC)的注 1,其作用与最大/最小实体实效状态(MMVC/LMVC)等同;

——在附录 A 应用Ⓜ、Ⓛ、Ⓡ标注公差的各个示例中,补充了尺寸要素的尺寸和其导出要素几何公差关系的分析,并增加了相应的动态公差图;

——删除了 ISO 2692:2006 中一些术语和定义的注释;

——将附录 A 的图 A.1a)、图 A.2a)中形位公差图框中垂直度的符号改为位置度符号。

本标准代替 GB/T 16671—1996《形状和位置公差　最大实体要求、最小实体要求和可逆要求》,与 1996 版相比,主要变化为:

——为与产品几何技术规范(GPS)系列标准统一,修订了标准名称;

——将“形状和位置公差”改为“几何公差”;

——根据 ISO 2692:2006 的术语和定义体系,补充和更新了 GB/T 16671—1996 第 3 章的术语定义;

——将第 4 章最大实体要求和第 5 章最小实体要求合并为一章(本版的第 4 章),并按照 ISO 2692:2006 的第 4 章最大实体要求和最小实体要求进行了改写;

——将附录 E 可逆要求列为第 5 章,并按照 ISO 2692:2006 的第 5 章进行了改写;

——删除了第 6 章代号和附录 A;

——将附录 B、附录 C、附录 D 合并为一个附录(本版的附录 A),并按照 ISO 2692:2006 附录 A 带Ⓜ、Ⓛ、Ⓡ的公差标注示例进行了改写。

本标准的附录 A、附录 B 和附录 C 均为资料性附录。本标准在 GPS 体系中的位置在附录 C 中说明。

本标准由全国产品尺寸和几何技术规范标准化技术委员提出并归口。

本标准起草单位:中机生产力促进中心、西安交通大学、郑州大学、中原工学院。

本标准主要起草人:李晓沛、赵卓贤、张琳娜、赵则祥、景蔚萱、赵凤霞、陈景玉。

本标准所代替标准的历次版本发布情况为:

——GB/T 16671—1996。

产品几何技术规范(GPS) 几何公差 最大实体要求、最小实体要求和可逆要求

1 范围

本标准规定了最大实体要求、最小实体要求和可逆要求的术语和定义、基本规定、图样表示方法及应用示例。

本标准适用于工件尺寸与几何公差需彼此相关以满足其特殊功能要求的情况,例如满足零件可装配性(最大实体要求)、保证最小壁厚(最小实体要求),但最大实体要求和最小实体要求也适用于其他功能要求。

2 规范性引用文件

下列文件中的条款通过本标准的引用而成为本标准的条款。凡是注日期的引用文件,其随后所有的修改单(不包括勘误的内容)或修订版均不适用于本标准,然而,鼓励根据本标准达成协议的各方研究是否可使用这些文件的最新版本。凡是不注日期的引用文件,其最新版本适用于本标准。

GB/T 1800.1—2009 产品几何技术规范(GPS) 极限与配合 第1部分:公差、偏差和配合的基础(ISO 286-1:1988,MOD)

GB/T 1182—2008 产品几何技术规范(GPS) 几何公差 形状、方向、位置和跳动公差标注(ISO 1101:2004,IDT)

GB/T 18780.1—2002 产品几何量技术规范(GPS) 几何要素 第1部分:基本术语和定义(ISO 14660-1:1999,IDT)

GB/T 18780.2—2003 产品几何量技术规范(GPS) 几何要素 第2部分:圆柱面和圆锥面的提取中心线、平行平面的提取中心面、提取要素的局部尺寸(ISO 14660-2:1999,IDT)

GB/Z 20308—2006 产品几何技术规范(GPS) 总体规划(ISO/TR 14638:1995,MOD)

3 术语和定义

GB/T 1800.1—2009、GB/T 18780.1—2002 和 GB/T 18780.2—2003 确立的以及下列术语和定义适用于本标准。

3.1

尺寸要素 feature of size

由一定大小的线性尺寸或角度尺寸确定的几何形状。

[GB/T 18780.1—2002 中 2.2]

3.2

组成要素 integral feature

面和面上的线。

(GB/T 18780.1—2002 中 2.1.1)

3.3

导出要素 derived feature

由一个或几个组成要素得到的中心点、中心线或中心面。

(GB/T 18780.1—2002 中 2.1.2)

3.4

实际(组成)要素　real (integral) feature

由接近实际(组成)要素所限定的工件实际表面的组成要素部分。

[GB/T 18780.1—2002 中 2.4.1]

3.5

提取组成要素　extracted intergral feature

按规定方法,由实际(组成)要素提取有限数目的点所形成的实际(组成)要素的近似替代。

[GB/T 18780.1—2002 中 2.5]

3.6

提取导出要素　extracted derived feature

由一个或几个提取组成要素得到的中心点、中心线或中心面。

[GB/T 18780.1—2002 中 2.5.1]

3.7

拟合组成要素　associated intergral feature

按规定的方法由提取组成要素形成的并具有理想形状的组成要素。

[GB/T 18780.1—2002 中 2.6]

3.8

提取组成要素的局部尺寸　local size of an extracted integral feature

一切提取组成要素上两对应点之间距离的统称。

注：为方便起见,可将提取组成要素的局部尺寸简称为提取要素的局部尺寸。

[GB/T 1800.1—2009 中 3.7.2]

3.8.1

提取圆柱面的局部尺寸　local size of an extracted cylinder

提取圆柱面的局部直径　local diameter of an extracted cylinder

要素上两对应点之间的距离,其中:两对应点之间的连线通过拟合圆圆心;横截面垂直于由提取表面得到的拟合圆柱面的轴线。

[GB/T 18780.2—2003 中 3.5]

3.8.2

两平行提取表面的局部尺寸　local size of two parallel extracted surfaces

两平行对应提取表面上两对应点之间的距离,其中:所有对应点的连线均垂直于拟合中心平面;拟合中心平面是由两平行提取表面得到的两拟合平行平面的中心平面(两拟合平行平面之间的距离可能与公称距离不同)。

[GB/T 18780.2—2003 中 3.6]

3.9

最大实体状态　maximum material condition (MMC)

假定提取组成要素的局部尺寸处处位于极限尺寸且使其具有实体最大时的状态。

3.10

最大实体尺寸　maximum material size (MMS)

确定要素最大实体状态的尺寸。即外尺寸要素的上极限尺寸,内尺寸要素的下极限尺寸。

3.11

最小实体状态　least material condition (LMC)

假定提取组成要素的局部尺寸处处位于极限尺寸且使其具有实体最小时的状态。

3.12

最小实体尺寸 least material size (LMS)

确定要素最小实体状态的尺寸。即外尺寸要素的下极限尺寸,内尺寸要素的上极限尺寸。

3.13

最大实体实效尺寸 maximum material virtual size (MMVS)

尺寸要素的最大实体尺寸与其导出要素的几何公差(形状、方向或位置)共同作用产生的尺寸。

注:对于外尺寸要素,MMVS=MMS+几何公差;对于内尺寸要素,MMVS=MMS−几何公差。

3.14

最大实体实效状态 maximum material virtual condition (MMVC)

拟合要素的尺寸为其最大实体实效尺寸(MMVS)时的状态。

注1:最大实体实效状态对应的极限包容面称之为最大实体实效边界(maximum material virtual boundary,MMVB)。

注2:当几何公差是方向公差时,最大实体实效状态(MMVC)和最大实体实效边界(MMVB)受其方向所约束;当几何公差是位置公差时,最大实体实效状态(MMVC)和最大实体实效边界(MMVB)受其位置所约束。

3.15

最小实体实效尺寸 least material virtual size (LMVS)

尺寸要素的最小实体尺寸与其导出要素的几何公差(形状、方向或位置)共同作用产生的尺寸。

注:对于外尺寸要素,LMVS=LMS−几何公差;对于内尺寸要素,LMVS=LMS+几何公差。

3.16

最小实体实效状态 least material virtual condition (LMVC)

拟合要素的尺寸为其最小实体实效尺寸(LMVS)时的状态。

注1:最小实体实效状态对应的极限包容面称之为最小实体实效边界(least material virtual boundary,LMVB)。

注2:当几何公差是方向公差时,最小实体实效状态(LMVC)和最小实体实效边界(LMVB)受其方向所约束;当几何公差是位置公差时,最小实体实效状态(LMVC)和最小实体实效边界(LMVB)受其位置所约束。

3.17

最大实体要求 maximum material requirement (MMR)

尺寸要素的非理想要素不得违反其最大实体实效状态(MMVC)的一种尺寸要素要求,也即尺寸要素的非理想要素不得超越其最大实体实效边界(MMVB)的一种尺寸要素要求。

3.18

最小实体要求 least material requirement (LMR)

尺寸要素的非理想要素不得违反其最小实体实效状态(LMVC)的一种尺寸要素要求,也即尺寸要素的非理想要素不得超越其最小实体实效边界(LMVB)的一种尺寸要素要求。

3.19

可逆要求 reciprocity requirement (RPR)

最大实体要求(MMR)或最小实体要求(LMR)的附加要求,表示尺寸公差可以在实际几何误差小于几何公差之间的差值范围内增大。

4 最大实体要求(MMR)和最小实体要求(LMR)

4.1 概要

最大实体要求(MMR)和最小实体要求(LMR)涉及组成要素的尺寸和几何公差的相互关系,这些要求只用于尺寸要素的尺寸及其导出要素几何公差的综合要求。

4.2 最大实体要求(MMR)

4.2.1 最大实体要求应用于注有公差的要素

最大实体要求(MMR)在图样上用符号Ⓜ(见 GB/T 1182—2008)标注在导出要素的几何公差值之后。

最大实体要求(MMR)用于注有公差的要素时,对尺寸要素的表面规定了以下规则:

——规则 A 注有公差的要素的提取局部尺寸要:

1) 对于外尺寸要素,等于或小于最大实体尺寸(MMS);

2) 对于内尺寸要素,等于或大于最大实体尺寸(MMS)。

注 1:当标有可逆要求(RPR),即在Ⓜ之后加注Ⓡ时,此规则可以改变。

——规则 B 注有公差的要素的提取局部尺寸要:

1) 对于外尺寸要素,等于或大于最小实体尺寸(LMS);

2) 对于内尺寸要素,等于或小于最小实体尺寸(LMS)。

——规则 C 注有公差的要素的提取组成要素不得违反其最大实体实效状态(MMVC)或其最大实体实效边界(MMVB)。

注 2:当几何公差为形状公差时,标注 0Ⓜ与Ⓔ意义相同。

——规则 D 当一个以上注有公差的要素用同一公差标注,或者是注有公差的要素的导出要素标注方向或位置公差时,其最大实体实效状态或最大实体实效边界要与各自基准的理论正确方向或位置相一致。

4.2.2 最大实体要求应用于基准要素

最大实体要求应用于基准要素时,在图样上用符号Ⓜ标注在基准字母之后。

最大实体要求应用于基准要素时,对基准要素的表面规定了以下规则:

——规则 E 基准要素的提取组成要素不得违反基准要素的最大实体实效状态(MMVC)或最大实体实效边界(MMVB)。

——规则 F 当基准要素的导出要素没有标注几何公差要求,或者注有几何公差但其后没有符号Ⓜ时,基准要素的最大实体实效尺寸(MMVS)为最大实体尺寸(MMS)。

——规则 G 当基准要素的导出要素注有形状公差,且其后有符号Ⓜ时,基准要素的最大实体实效尺寸由 MMS 加上(对外部要素)或减去(对内部要素)该形状公差值。

4.3 最小实体要求(LMR)

4.3.1 最小实体要求应用于注有公差的要素

最小实体要求(LMR)在图样上用符号Ⓛ(见 GB/T 1182—2008)标注在导出要素的几何公差值之后。

最小实体要求(LMR)用于注有公差的要素时,对尺寸要素的表面规定了以下规则:

——规则 H 注有公差的要素的提取局部尺寸要:

1) 对于外尺寸要素,等于或大于最小实体尺寸(LMS);

2) 对于内尺寸要素,等于或小于最小实体尺寸(LMS)。

——规则 I 注有公差的要素的提取局部尺寸要:

1) 对于外尺寸要素,等于或小于最大实体尺寸(MMS);

2) 对于内尺寸要素,等于或大于最大实体尺寸(MMS)。

——规则 J 注有公差的要素的提取组成要素不得违反其最小实体实效状态(LMVC)或其最小实体实效边界(LMVB)。

——规则 K 当一个以上注有公差的要素用同一公差标注,或者是注有公差的要素的的导出要素标注方向或位置公差时,其最小实体实效状态或最小实体实效边界要与各自基准的理论正确方向或位置相一致。

4.3.2 最小实体要求应用于基准要素

最小实体要求应用于基准要素时,在图样上用符号Ⓛ标注在基准字母之后。

最小实体要求应用于基准要素时，对基准要素的表面规定了以下规则：

——规则 L 基准要素的提取组成要素不得违反基准要素的最小实体实效状态(LMVC)或最小实体实效边界(LMVB)。

——规则 M 当基准要素的导出要素没有标注几何公差要求，或者注有几何公差但其后没有符号Ⓛ时，基准要素的最小实体实效尺寸(LMVS)为最小实体尺寸(LMS)。

——规则 N 当基准要素的导出要素注有形状公差，且其后有符号Ⓛ时，基准要素的最小实体实效尺寸由 LMS 减去(对外部要素)或加上(对内部要素)该形状公差值。

5 可逆要求(RPR)

5.1 概述

可逆要求(RPR)是最大实体要求(MMR)或最小实体要求(LMR)的附加要求，在图样上用符号Ⓡ(见 GB/T 1182—2008)标注在Ⓜ或Ⓛ之后。可逆要求仅用于注有公差的要素。在最大实体要求(MMR)或最小实体要求(LMR)附加可逆要求(RPR)后，改变了尺寸要素的尺寸公差，用可逆要求(RPR)可以充分利用最大实体实效状态(MMVC)和最小实体实效状态(LMVC)的尺寸，在制造可能性的基础上，可逆要求(RPR)允许尺寸和几何公差之间相互补偿。

5.2 可逆要求(RPR)用于最大实体要求(MMR)

可逆要求(RPR)在图样上用符号Ⓡ标注在导出要素的几何公差值和符号Ⓜ之后，通过以下规则，改变注有公差要素表面的最大实体要求：

——规则 A 无效；

——规则 B～规则 D 仍然有效。

5.3 可逆要求(RPR)用于最小实体要求(LMR)

可逆要求(RPR)在图样上用符号Ⓡ标注在导出要素的几何公差值和符号Ⓛ之后，通过以下规则，改变注有公差要素表面的最小实体要求：

——规则 H 无效；

——规则 I～规则 K 仍然有效。

附　录　A
（资料性附录）
带Ⓜ、Ⓛ和Ⓡ的公差标注举例

本附录中的图例仅为帮助使用者理解最大实体要求、最小实体要求和可逆要求。有些图例增加了一些详细内容，有些图例则有意不予完整。给出的尺寸和公差值仅仅为了对有关图例进行说明。

例 1　图 A.1 所示零件的预期功能是两销柱要与一个具有两个公称尺寸为 ϕ10 mm 的孔相距 25 mm 的板类零件装配，且要与平面 A 相垂直。

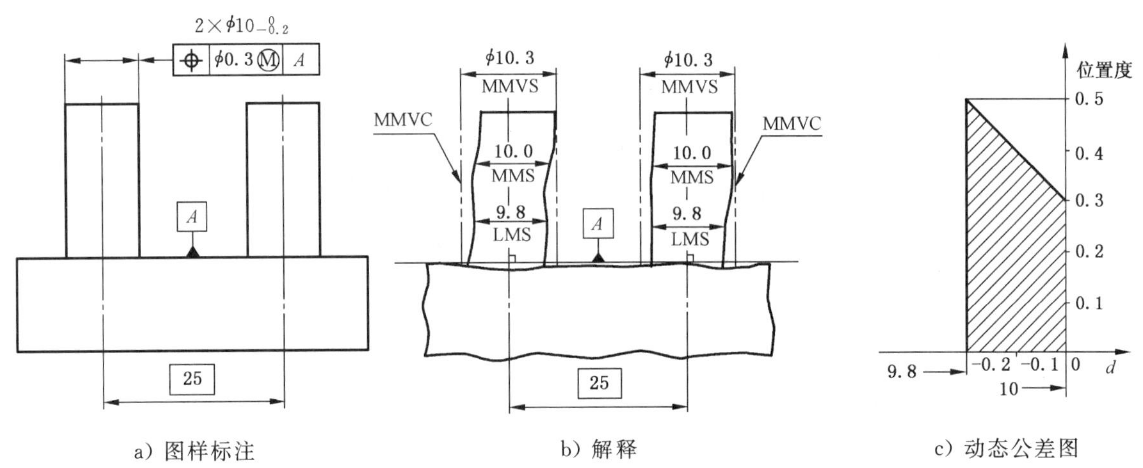

a) 图样标注　　b) 解释　　c) 动态公差图

图 A.1　两外圆柱要素具有尺寸要求和对其轴线具有位置度要求的 MMR 示例

基于本标准给出的规则和定义，对本图例解释如下：

a)　两销柱的提取要素不得违反其最大实体实效状态（MMVC），其直径为 MMVS＝10.3 mm（见规则 C，3.14，3.15 和 3.15 注 1）；

b)　两销柱的提取要素各处的局部直径均应大于 LMS＝9.8 mm[见规则 B 1）和 3.13]且均应小于 MMS＝10.0 mm[见规则 A 1）和 3.11]；

c)　两个 MMVC 的位置处于其轴线彼此相距为理论正确尺寸 25 mm，且与基准 A 保持理论正确垂直（见规则 D）。

补充解释：图 A.1a）中两销柱的轴线位置度公差（ϕ0.3 mm）是这两销柱均为其最大实体状态（MMC）时给定的；若这两销柱均为其最小实体状态（LMC）时，其轴线位置度误差允许达到的最大值可为图 A.1a）中给定的轴线位置度公差（ϕ0.3 mm）与销柱的尺寸公差（0.2 mm）之和 ϕ0.5 mm；当两销柱各自处于最大实体状态（MMC）与最小实体状态（LMC）之间，其轴线位置度公差在 ϕ0.3 mm～ϕ0.5 mm 之间变化。图 A.1c）给出了表述上述关系的动态公差图。

例 2　图 A.2 所示零件的预期功能也是两销柱要与一个具有两个公称尺寸为 ϕ10 mm 的孔相距 25 mm 的板类零件装配，且要与平面 A 相垂直。

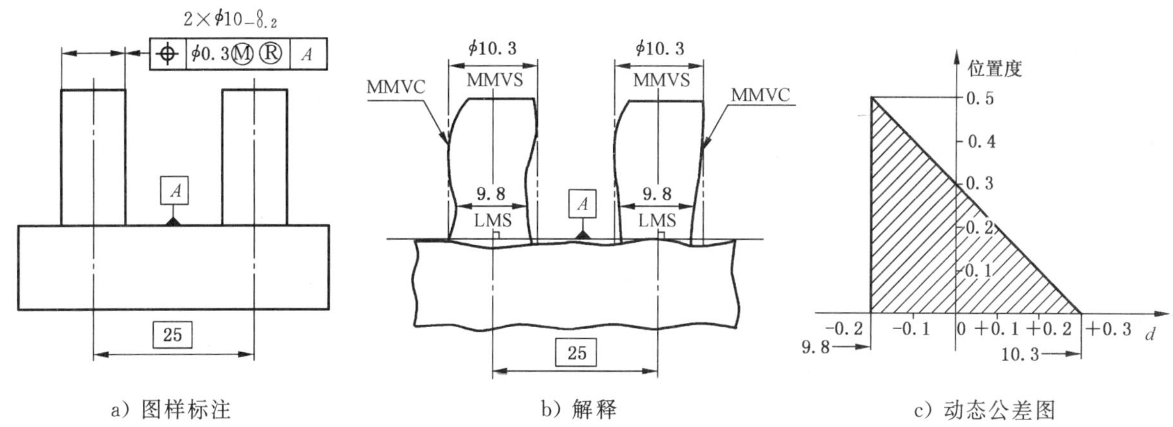

a) 图样标注　　b) 解释　　c) 动态公差图

图 A.2　两外圆柱要素具有尺寸要求和对其轴线具有位置度要求的 MMR 和附加 RPR 示例

基于本标准给出的规则和定义，对本图例解释如下：

a) 两销柱的提取要素不得违反其最大实体实效状态(MMVC)，其直径为 MMVS＝10.3 mm(见规则 C，3.14，3.15 和 3.15 注 1)；

b) 两销柱的提取要素各处的局部直径均应大于 LMS＝9.8 mm[见规则 B 1)和 3.13]；RPR 允许其局部直径从 MMS(＝10.0 mm)增加至 MMVS(＝10.3 mm)；

c) 两个 MMVC 的位置处于其轴线彼此相距为理论正确尺寸 25 mm，且与基准 A 保持理论正确垂直(见规则 D)。

补充解释：图 A.2a)中两销柱的轴线位置度公差(ϕ0.3 mm)是这两销柱均为其最大实体状态(MMC)时给定的；若这两销柱均为其最小实体状态(LMC)时，其轴线位置度误差允许达到的最大值可为图 A.2a)中给定的轴线位置度公差(ϕ0.3 mm)与销柱的尺寸公差(0.2 mm)之和 ϕ0.5 mm；当两销柱各自处于最大实体状态(MMC)与最小实体状态(LMC)之间，其轴线位置度公差在 ϕ0.3 mm～ϕ0.5 mm 之间变化。由于本例还附加了可逆要求(RPR)，因此如果两销柱的轴线位置度误差小于给定的公差(ϕ0.3 mm)时，两销柱的尺寸公差允许大于 0.2 mm，即其提取要素各处的局部直径均可大于它们的最大实体尺寸(MMS＝10 mm)；如果两销柱的轴线位置度误差为零，则两销柱的尺寸公差允许增大至 10.3 mm。图 A.2c)给出了表述上述关系的动态公差图。

例 3　图 A.3a)为一标注公差的轴，其预期的功能是可与一个等长的标注公差的孔形成间隙配合。

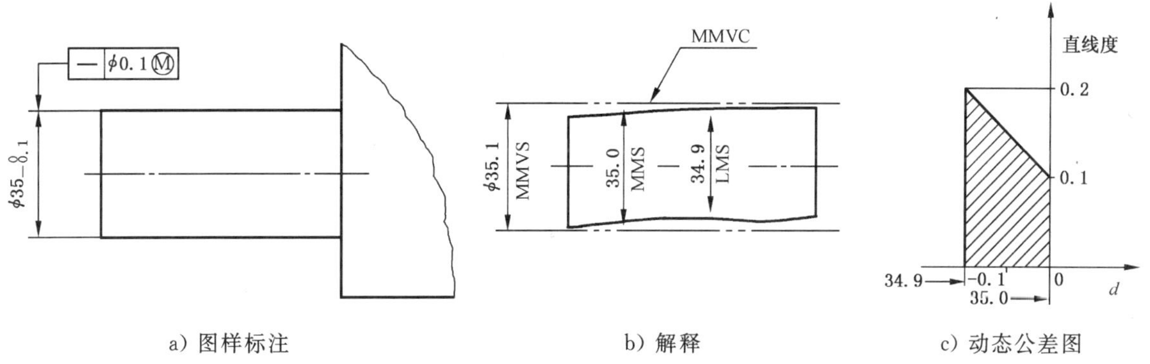

a) 图样标注　　b) 解释　　c) 动态公差图

图 A.3　一个外圆柱要素具有尺寸要求和对其轴线具有形状(直线度)要求的 MMR 示例

基于本标准给出的规则和定义，对本图例解释如下：

a) 轴的提取要素不得违反其最大实体实效状态(MMVC)，其直径为 MMVS=35.1 mm(见规则 C，3.14，3.15 和 3.15 注 1)；

b) 轴的提取要素各处的局部直径应大于 LMS=34.9 mm[见规则 B 1)和 3.13]且应小于 MMS=35.0 mm[见规则 A 1)和 3.11]；

c) MMVC 的方向和位置无约束。

补充解释：图 A.3a)中轴线的直线度公差(ϕ0.1 mm)是该轴为其最大实体状态(MMC)时给定的；若该轴为其最小实体状态(LMC)时，其轴线直线度误差允许达到的最大值可为图 A.3a)中给定的轴线直线度公差(ϕ0.1 mm)与该轴的尺寸公差(0.1 mm)之和 ϕ0.2 mm；若该轴处于最大实体状态(MMC)与最小实体状态(LMC)之间，其轴线直线度公差在 ϕ0.1 mm～ϕ0.2 mm 之间变化。图 A.3c)给出了表述上述关系的动态公差图。

例 4 图 A.4a)为一标注公差的孔，其预期的功能是可与一个等长的标注公差的轴形成间隙配合。

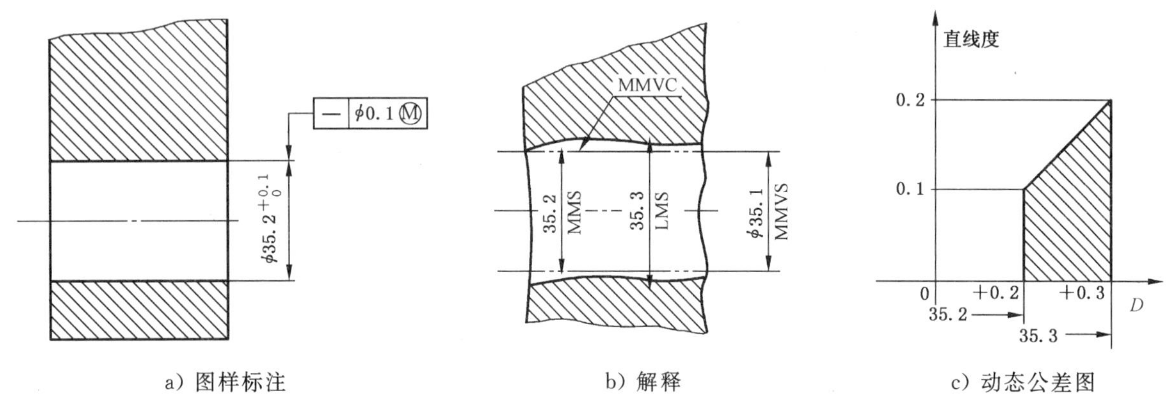

a) 图样标注　　b) 解释　　c) 动态公差图

图 A.4 一个内圆柱要素具有尺寸要求和对其轴线具有形状(直线度)要求的 MMR 示例

基于本标准给出的规则和定义，对本图例解释如下：

a) 孔的提取要素不得违反其最大实体实效状态(MMVC)，其直径为 MMVS=35.1 mm(见规则 C，3.14，3.15 和 3.15 注 1)；

b) 孔的提取要素各处的局部直径应小于 LMS=35.3 mm[见规则 B 2)和 3.13]且应大于 MMS=35.2 mm[见规则 A 2)和 3.11]；

c) MMVC 的方向和位置无约束。

补充解释：图 A.4a)中轴线的直线度公差(ϕ0.1 mm)是该孔为其最大实体状态(MMC)时给定的；若该轴为其最小实体状态(LMC)时，其轴线直线度误差允许达到的最大值可为图 A.4a)中给定的轴线直线度公差(ϕ0.1 mm)与该孔的尺寸公差(0.1 mm)之和 ϕ0.2 mm；若该孔处于最大实体状态(MMC)与最小实体状态(LMC)之间，其轴线直线度公差在 ϕ0.1 mm～ϕ0.2 mm 之间变化。图 A.4c)给出了表述上述关系的动态公差图。

例 5 图 A.5a)为一标注公差的轴,其预期的功能是可与一个等长的标注公差的孔形成间隙配合。

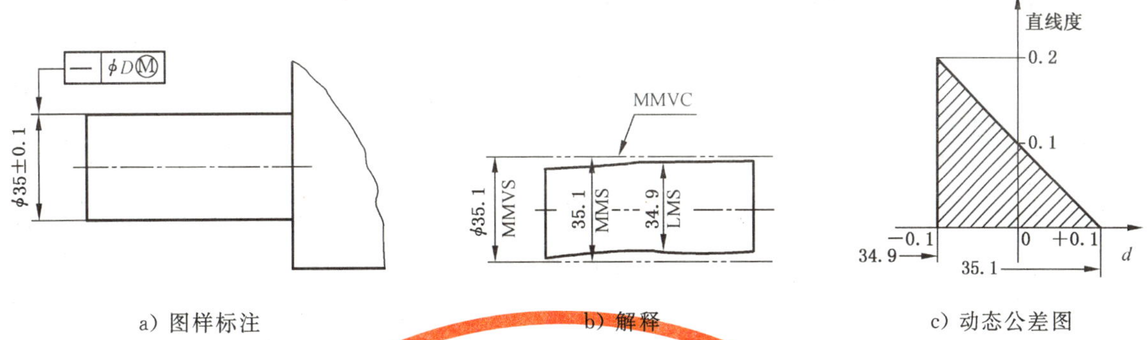

a) 图样标注　　b) 解释　　c) 动态公差图

图 A.5 一个外圆柱要素具有尺寸要求和对其轴线具有形状(直线度)要求的 MMR(具有 0Ⓜ示例)

基于本标准给出的规则和定义,对本图例解释如下:

a) 轴的提取要素不得违反其最大实体实效状态(MMVC),其直径为 MMVS=35.1 mm(见规则 C,3.14,3.15 和 3.15 注 1);

b) 轴的提取要素各处的局部直径应大于 LMS=34.9 mm[见规则 B 1)和 3.13]且应小于 MMS=35.1 mm[见规则 A 1)和 3.11];

c) MMVC 的方向和位置无约束。

补充解释:图 A.5a)中轴线的直线度公差(ϕ0 mm)是该轴为其最大实体状态(MMC)时给定的,轴线直线度公差为零,即该轴为其最大实体状态(MMC)时不允许有轴线直线度误差;若该轴为其最小实体状态(LMC)时,其轴线直线度误差允许达到的最大值可为图 A.5a)中给定的轴线直线度公差(ϕ0 mm)与该轴的尺寸公差(0.2 mm)之和 ϕ0.2 mm,也即其轴线直线度误差允许达到的最大值只等于该轴的尺寸公差(0.2 mm);若该轴处于最大实体状态(MMC)与最小实体状态(LMC)之间,其轴线直线度公差在 ϕ0 mm~ϕ0.2 mm 之间变化。图 A.5c)给出了表述上述关系的动态公差图。

例 6 图 A.6a)为一标注公差的孔,其预期的功能是可与一个等长的标注公差的轴形成间隙配合。

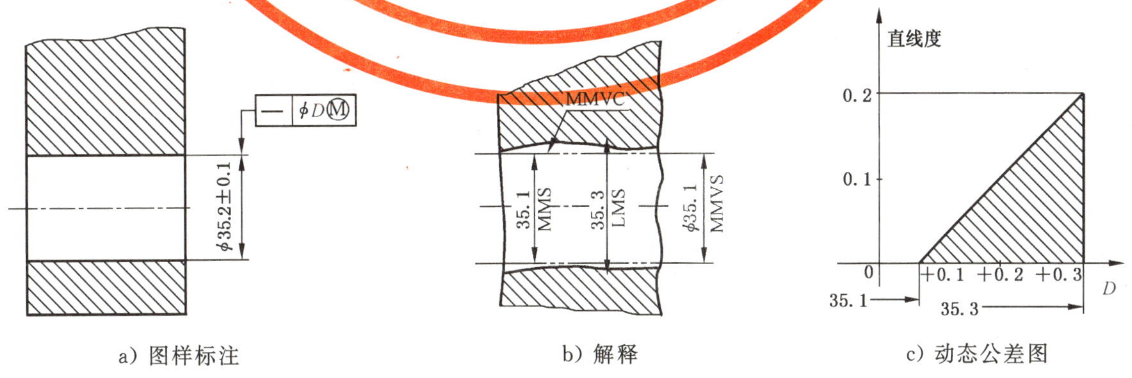

a) 图样标注　　b) 解释　　c) 动态公差图

图 A.6 一个内圆柱要素具有尺寸要求和对其轴线具有形状(直线度)要求的 MMR(具有 0Ⓜ示例)

基于本标准给出的规则和定义，对本图例解释如下：

a) 孔的提取要素不得违反其最大实体实效状态(MMVC)，其直径为 MMVS=35.1 mm(见规则 C，3.14，3.15 和 3.15 注 1)；

b) 孔的提取要素各处的局部直径应小于 LMS=35.3 mm[见规则 B 2)和 3.13]且应大于 MMS=35.1 mm[见规则 A 2)和 3.11]；

c) MMVC 的方向和位置无约束。

补充解释：图 A.6a)中轴线的直线度公差(ϕ0 mm)是该孔为其最大实体状态(MMC)时给定的，轴线直线度公差为其最大实体状态(MMC)时给定的，轴线直线度公差为零，即该孔为其最大实体状态(MMC)时不允许有轴线直线度误差；若该孔为其最小实体状态(LMC)时，其轴线直线度误差允许达到的最大值可为图 A.6a)中给定的轴线直线度公差(ϕ0 mm)与该孔的尺寸公差(0.2 mm)之和 ϕ0.2 mm，也即其轴线直线度误差允许达到的最大值只等于该孔的尺寸公差(0.2 mm)；若该孔处于最大实体状态(MMC)与最小实体状态(LMC)之间，其轴线直线度公差在 ϕ0 mm～ϕ0.2 mm 之间变化。图 A.6 c)给出了表述上述关系的动态公差图。

例 7 图 7a)所示零件的预期功能是与图 8a)所示零件相装配，而且要求轴装入孔内时两基准平面应同时相接触。

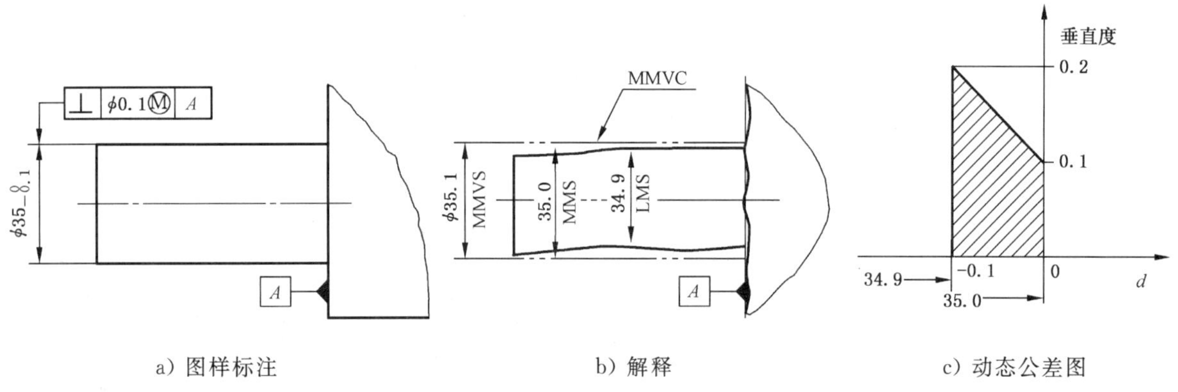

a) 图样标注　　b) 解释　　c) 动态公差图

图 A.7 一个外圆柱要素具有尺寸要求和对其轴线具有方向(垂直度)要求的 MMR 示例

基于本标准给出的规则和定义，对本图例解释如下：

a) 轴的提取要素不得违反其最大实体实效状态(MMVC)，其直径为 MMVS=35.1 mm(见规则 C，3.14，3.15 和 3.15 注 1)；

b) 轴的提取要素各处的局部直径应大于 LMS=34.9 mm[见规则 B 1)和 3.13]且应小于 MMS=35.0 mm[见规则 A 1)和 3.11]；

c) MMVC 的方向与基准垂直，但其位置无约束(见规则 D)。

补充解释：图 A.7a)中轴线的垂直度公差(ϕ0.1 mm)是该轴为其最大实体状态(MMC)时给定的；若该轴为其最小实体状态(LMC)时，其轴线垂直度误差允许达到的最大值可为图 A.7a)中给定的轴线直线度公差(ϕ0.1 mm)与该轴的尺寸公差(0.1 mm)之和 ϕ0.2 mm；若该轴处于最大实体状态(MMC)与最小实体状态(LMC)之间，其轴线垂直度公差在 ϕ0.1 mm～ϕ0.2 mm 之间变化。图 A.7c)给出了表述上述关系的动态公差图。

例 8 图 8a)所示零件的预期功能是与图 7a)所示零件相装配，而且要求轴装入孔内时两基准平面应同时相接触。

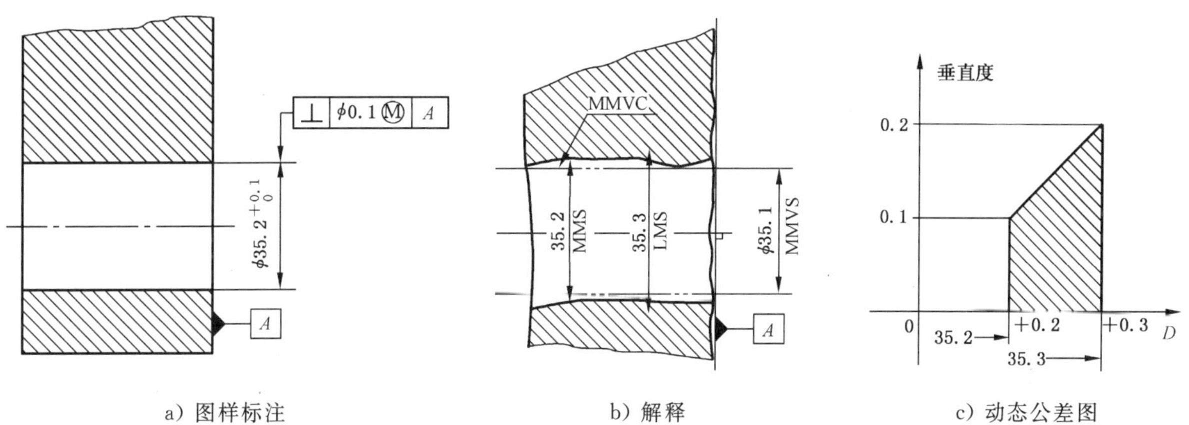

a) 图样标注　　b) 解释　　c) 动态公差图

图 A.8 一个内圆柱要素具有尺寸要求和对其轴线具有方向(垂直度)要求的 MMR 示例

基于本标准给出的规则和定义，对本图例解释如下：

a) 孔的提取要素不得违反其最大实体实效状态(MMVC)，其直径为 MMVS＝35.1 mm(见规则 C，3.14，3.15 和 3.15 注 1)；

b) 孔的提取要素各处的局部直径应小于 LMS＝35.3 mm[见规则 B 2)和 3.13]且应大于 MMS＝35.2 mm[见规则 A 2)和 3.11]；

c) MMVC 的方向与基准相垂直，但其位置无约束(见规则 D)。

补充解释：图 A.8a)中轴线的垂直度公差(ϕ0.1 mm)是该孔为其最大实体状态(MMC)时给定的；若该孔为其最小实体状态(LMC)时，其轴线垂直度误差允许达到的最大值可为图 A.8a)中给定的轴线直线度公差(ϕ0.1 mm)与该孔的尺寸公差(0.1 mm)之和 ϕ0.2 mm；若该孔处于最大实体状态(MMC)与最小实体状态(LMC)之间，其轴线垂直度公差在 ϕ0.1 mm～ϕ0.2 mm 之间变化。图 A.8c)给出了表述上述关系的动态公差图。

例 9 图 A.9a)所示零件的预期功能是与图 A.10a)所示零件相装配，而且要求两基准平面 *A* 相接触，两基准平面 *B* 双方同时与另一零件(图中未画出)的平面相接触。

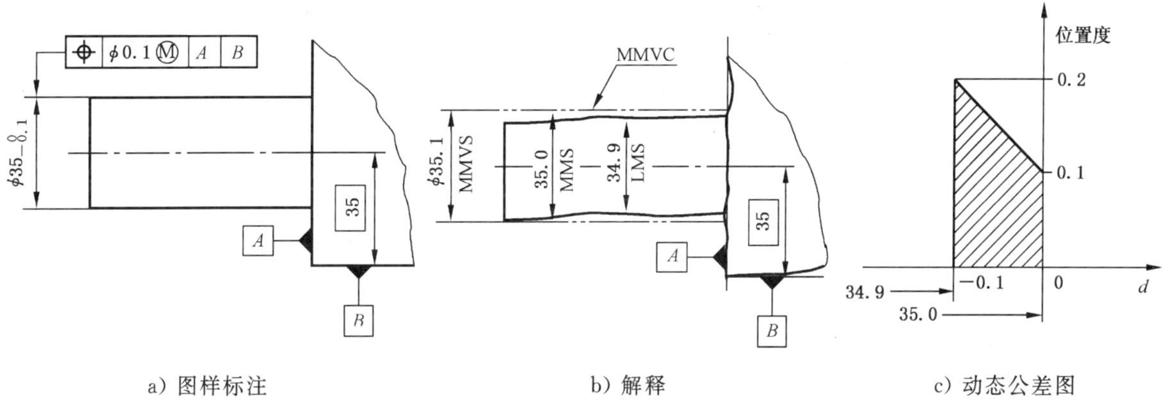

a) 图样标注　　b) 解释　　c) 动态公差图

图 A.9 一个外圆柱要素具有尺寸要求和对其轴线具有位置(位置度)要求的 MMR 示例

基于本标准给出的规则和定义，对本图例解释如下：

a） 轴的提取要素不得违反其最大实体实效状态（MMVC），其直径为 MMVS＝35.1 mm（见规则 C，3.14，3.15 和 3.15 注 1）；

b） 轴的提取要素各处的局部直径应大于 LMS＝34.9 mm［见规则 B 1）和 3.13］且应小于 MMS＝35.0 mm［见规则 A 1）和 3.11］；

c） MMVC 的方向与基准 *A* 相垂直，并且其位置在与基准 *B* 相距 35 mm 的理论正确位置上（见规则 D）。

补充解释：图 A.9a）中轴线的位置度公差（ϕ0.1 mm）是该轴为其最大实体状态（MMC）时给定的；若该轴为其最小实体状态（LMC）时，其轴线位置度误差允许达到的最大值可为图 A.9a）中给定的轴线位置度公差（ϕ0.1 mm）与该轴的尺寸公差（0.1 mm）之和 ϕ0.2 mm；若该轴处于最大实体状态（MMC）与最小实体状态（LMC）之间，其轴线位置度公差在 ϕ0.1 mm～ϕ0.2 mm 之间变化。图 A.9c）给出了表述上述关系的动态公差图。

例 10 图 A.10a）所示零件的预期功能是与图 A.9a）所示零件相装配，而且要求两基准平面 *A* 相接触，两基准平面 *B* 双方同时与另一零件（图中未画出）的平面相接触。

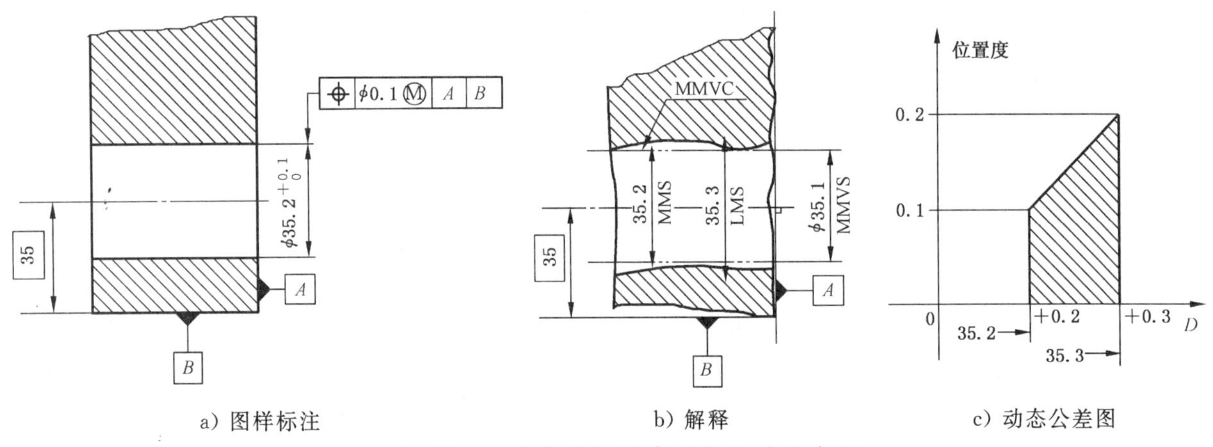

a） 图样标注　　b） 解释　　c） 动态公差图

图 A.10 一个内圆柱要素具有尺寸要求和对其轴线具有位置（位置度）要求的 MMR 示例

基于本标准给出的规则和定义，对本图例解释如下：

a） 孔的提取要素不得违反其最大实体实效状态（MMVC），其直径为 MMVS＝35.1 mm（见规则 C，3.14，3.15 和 3.15 注 1）；

b） 孔的提取要素各处的局部直径应小于 LMS＝35.3 mm［见规则 B 2）和 3.13］且应大于 MMS＝35.2 mm［见规则 A 2）和 3.11］；

c） MMVC 的方向与基准 *A* 相垂直，并且其位置在与基准 *B* 相距 35 mm 的理论正确位置上（见规则 D）。

补充解释：图 A.10a）中轴线的位置度公差（ϕ0.1 mm）是该孔为其最大实体状态（MMC）时给定的；若该孔为其最小实体状态（LMC）时，其轴线位置度误差允许达到的最大值可为图 A.10a）中给定的轴线位置度公差（ϕ0.1 mm）与该孔的尺寸公差（0.1 mm）之和 ϕ0.2 mm；若该孔处于最大实体状态（MMC）与最小实体状态（LMC）之间，其轴线位置度公差在 ϕ0.1 mm～ϕ0.2 mm 之间变化。图 A.10c）给出了表述上述关系的动态公差图。

例 11 图 A.11a)仅说明最小实体要求的一些原则。本图样标注不全,不能控制最小壁厚。在其他要素上缺少最小实体要求,因此不能表示这一功能。本图例可以用位置度、同轴度或同心度标注,其意义均相同。

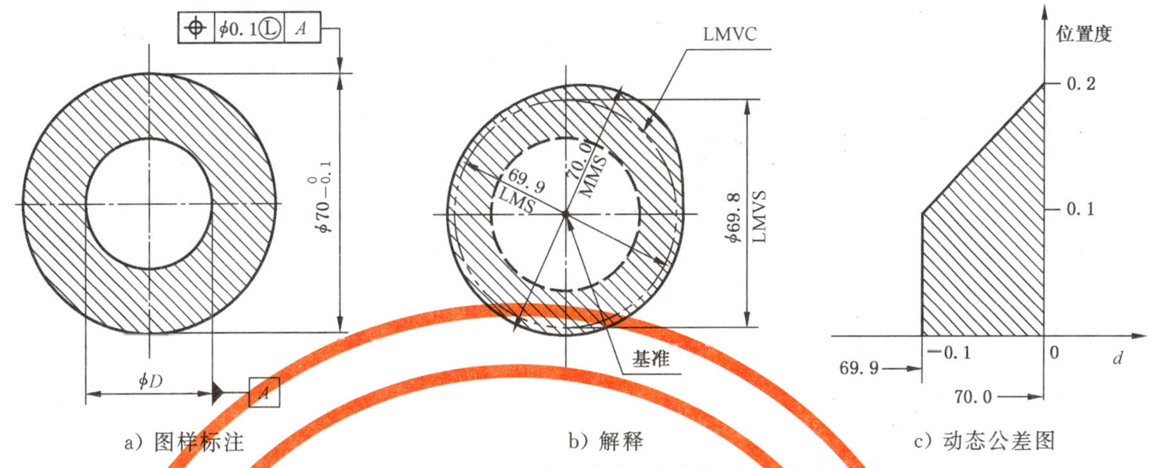

a) 图样标注　　b) 解释　　c) 动态公差图

图 A.11 一个外尺寸要素与一个作为基准的同心内尺寸要素具有位置度要求的 LMR 示例

基于本标准给出的规则和定义,对本图例解释如下:

a) 外尺寸要素的提取要素不得违反其最小实体实效状态(LMVC),其直径为 LMVS=69.8 mm(见规则 J,3.16,3.17 和 3.17 注 1);

b) 外尺寸要素的提取要素各处的局部直径应小于 MMS=70.0 mm[见规则 I 1)和 3.11]且应大于 LMS=69.9 mm[见规则 H 1)和 3.13];

c) LMVC 的方向与基准 A 相平行,并且其位置在与基准 A 同轴的理论正确位置上(见规则 K)。

补充解释:图 A.11a)中轴线的位置度公差(ϕ0.1 mm)是该外尺寸要素为其最小实体状态(LMC)时给定的;若该外尺寸要素为其最大实体状态(MMC)时,其轴线位置度误差允许达到的最大值可为图 A.11a)中给定的轴线位置度公差(ϕ0.1 mm)与该轴的尺寸公差(0.1 mm)之和 ϕ0.2 mm;若该轴处于最小实体状态(LMC)与最大实体状态(MMC)之间,其轴线位置度公差在 ϕ0.1 mm~ϕ0.2 mm 之间变化。图 A.11c)给出了表述上述关系的动态公差图。

例 12 图 A.12a)仅说明最小实体要求的一些原则。本图样标注不全,不能控制最小壁厚。在其他要素上缺少最小实体要求,因此不能表示这一功能。本图例可以用位置度、同轴度或同心度标注,其意义均相同。

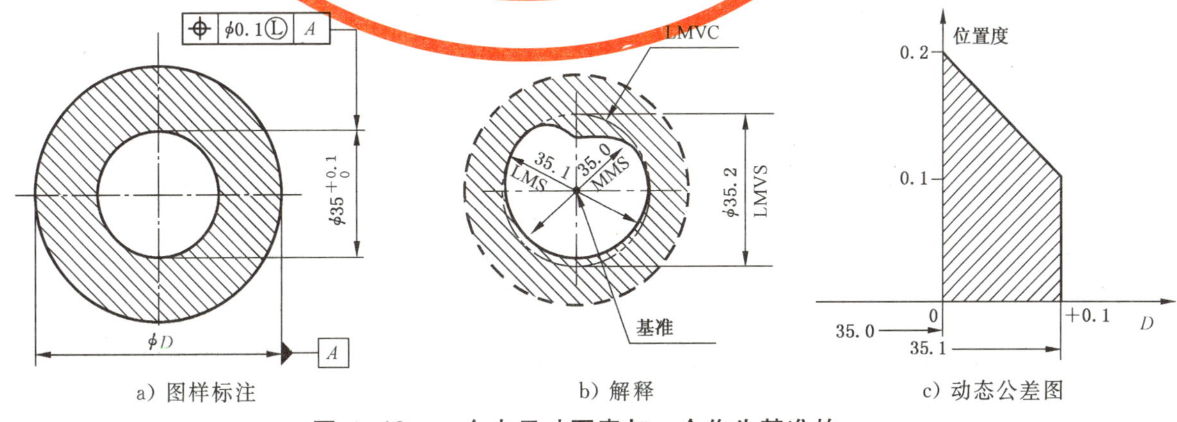

a) 图样标注　　b) 解释　　c) 动态公差图

图 A.12 一个内尺寸要素与一个作为基准的同心外尺寸要素具有位置度要求的 LMR 示例

基于本标准给出的规则和定义，对本图例解释如下：

a) 内尺寸要素的提取要素不得违反其最小实体实效状态(LMVC)，其直径为 LMVS=35.2 mm（见规则 J，3.16，3.17 和 3.17 注 1）；

b) 内尺寸要素的提取要素各处的局部直径应大于 MMS=35.0 mm[见规则 I 2)和 3.11]且应小于 LMS=35.1 mm[见规则 H 2)和 3.13]；

c) LMVC 的方向与基准 *A* 相平行，并且其位置在与基准 *A* 同轴的理论正确位置上(见规则 K)。

补充解释：图 A.12a)中轴线的位置度公差(ϕ0.1 mm)是该内尺寸要素为其最小实体状态(LMC)时给定的；若该内尺寸要素为其最大实体状态(MMC)时，其轴线位置度误差允许达到的最大值可为图 A.12a) 中给定的轴线位置度公差(ϕ0.1 mm)与该内尺寸要素的尺寸公差(0.1 mm)之和 ϕ0.2 mm；若该内尺寸要素处于最小实体状态(LMC)与最大实体状态(MMC)之间，其轴线位置度公差在 ϕ0.1 mm ～ϕ0.2 mm 之间变化。图 A.12c)给出了表述上述关系的动态公差图。

例 13 图 A.13a)仅说明最小实体要求的一些原则。本图样标注不全，不能控制最小壁厚。在其他要素上缺少最小实体要求，因此不能表示这一功能。本图例可以用位置度、同轴度或同心度标注，其意义均相同。

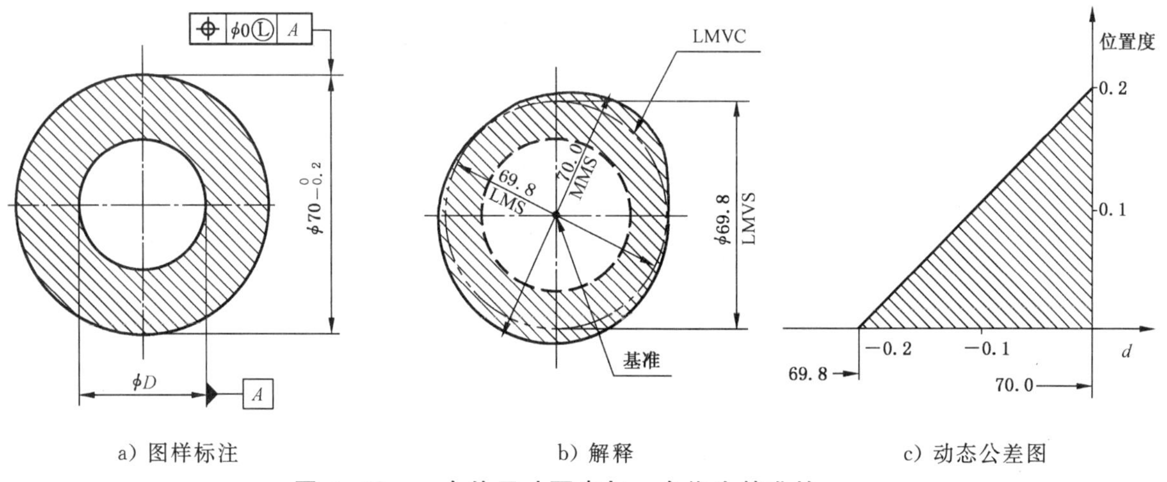

a) 图样标注　　b) 解释　　c) 动态公差图

图 A.13 一个外尺寸要素与一个作为基准的同心内尺寸要素具有位置度要求的 LMR 示例

基于本标准给出的规则和定义，对本图例解释如下：

a) 外尺寸要素的提取要素不得违反其最小实体实效状态(LMVC)，其直径为 LMVS=69.8 mm（见规则 J，3.16，3.17 和 3.17 注 1）；

b) 外尺寸要素的提取要素各处的局部直径应小于 MMS=70.0 mm[见规则 I 1)和 3.11]且应大于 LMS=69.8 mm[见规则 H 1)和 3.13]；

c) LMVC 的方向与基准 *A* 相平行，并且其位置在与基准 *A* 同轴的理论正确位置上(见规则 K)。

补充解释：图 A.13a)中轴线的位置度公差(ϕ0 mm)是该外尺寸要素为其最小实体状态(LMC)时给定的，轴线的位置度公差规定为零，即该尺寸要素为其最小实体状态 LMC)时不允许有轴线位置度误差；若该外尺寸要素为最大实体状态(MMC)时，其轴线位置度误差允许达到的最大值可为图 A.13a)给定的轴线位置度公差(ϕ0 mm)与该外尺寸要素的尺寸公差(0.2 mm)之和 ϕ0.2 mm；若该外尺寸要素处于最小实体状态(LMC)与最大实体状态(MMC)之间，其轴线位置度公差在 ϕ0 mm～ϕ0.2 mm 之间变化。图 A.13 c)给出了表述上述关系的动态公差图。

例 14 图 A.14a)仅说明最小实体要求的一些原则。本图样标注不全,不能控制最小壁厚。在其他要素上缺少最小实体要求,因此不能表示这一功能。本图例可以用位置度、同轴度或同心度标注,其意义均相同。

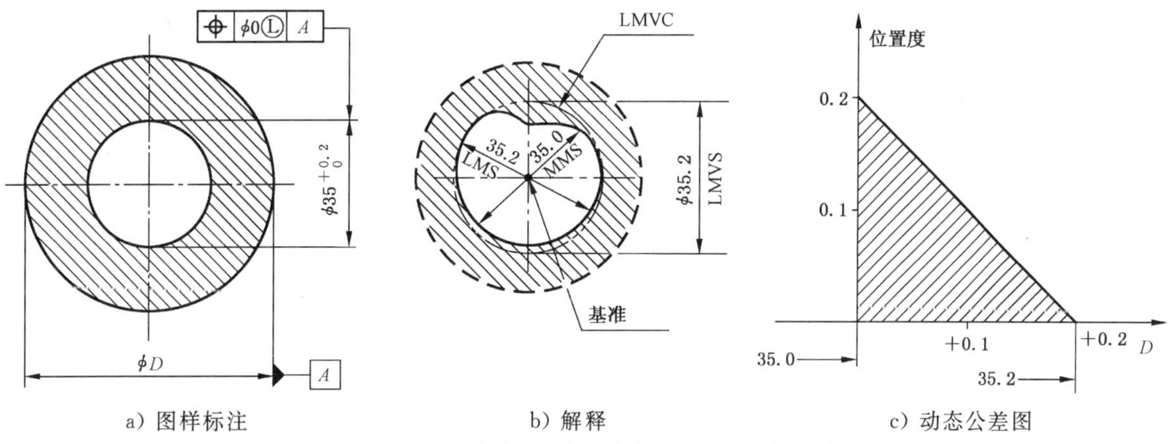

a) 图样标注　　b) 解释　　c) 动态公差图

图 A.14 一个内尺寸要素与一个作为基准的同心外尺寸要素具有位置度要求的 LMR 示例

基于本标准给出的规则和定义,对本图例解释如下:

a) 内尺寸要素的提取要素不得违反其最小实体实效状态(LMVC),其直径为 LMVS=35.2 mm(见规则 J,3.16,3.17 和 3.17 注 1);

b) 内尺寸要素的提取要素各处的局部直径应大于 MMS=35.0 mm[见规则 I 2)和 3.11]且应小于 LMS=35.2 mm[见规则 H 2)和 3.13];

c) LMVC 的方向与基准 A 相平行,并且其位置在与基准 A 同轴的理论正确位置上(见规则 K)。

补充解释:图 A.14a)中轴线的位置度公差(φ0 mm)是该内尺寸要素为其最小实体状态(LMC)时给定的,轴线的位置度公差规定为零,即该尺寸要素为其最小实体状态(LMC)时不允许有轴线位置度误差;若该内尺寸要素为最大实体状态(MMC)时,其轴线位置度误差允许达到的最大值可为图 A.14a)给定的轴线位置度公差(φ0 mm)与该内尺寸要素的尺寸公差(0.2 mm)之和 φ0.2 mm;若该内尺寸要素处于最小实体状态(LMC)与最大实体状态(MMC)之间,其轴线位置度公差在 φ0 mm~φ0.2 mm 之间变化。图 A.14 c)给出了表述上述关系的动态公差图。

例 15 图 A.15a)仅说明最小实体要求的一些原则。本图样标注不全,不能控制最小壁厚。在其他要素上缺少最小实体要求,因此不能表示这一功能。本图例可以用位置度、同轴度或同心度标注,其意义均相同。

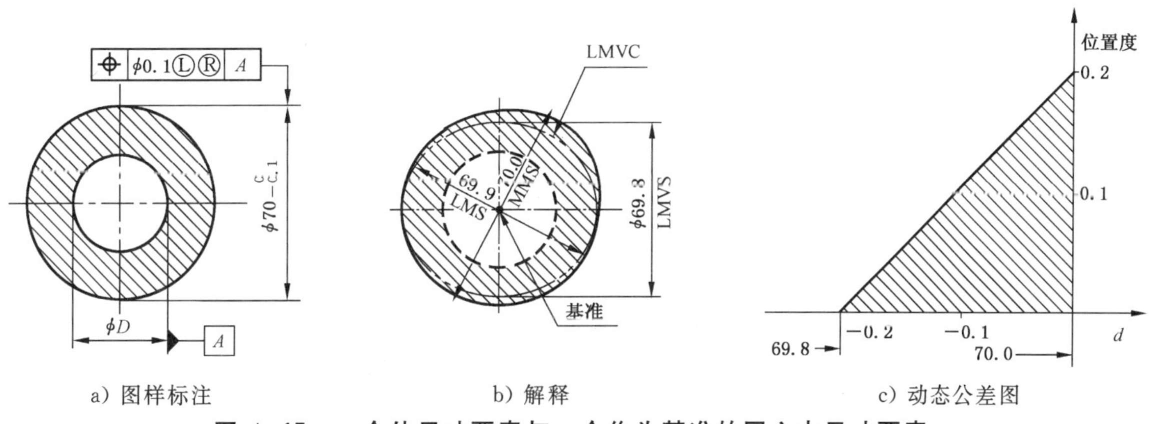

a) 图样标注　　b) 解释　　c) 动态公差图

图 A.15 一个外尺寸要素与一个作为基准的同心内尺寸要素具有位置度要求的 LMR 和附加 RPR 示例

基于本标准给出的规则和定义，对本图例解释如下：

a) 外尺寸要素的提取要素不得违反其最小实体实效状态（LMVC），其直径为 LMVS＝69.8 mm（见规则 J，3.16，3.17 和 3.17 注 1）；

b) 外尺寸要素的提取要素各处的局部直径应小于 MMS＝70.0 mm[见规则 I 1）和 3.11]，RPR 允许其局部直径从 LMS（＝69.9 mm）减小至 LMVS（＝69.8 mm）；

c) LMVC 的方向与基准 A 相平行，并且其位置在与基准 A 同轴的理论正确位置上（见规则 K）。

补充解释：图 A.15 a）中轴线的位置度公差（ϕ0.1 mm）是该外尺寸要素为其最小实体状态（LMC）时给定的；若该外尺寸要素为其最大实体状态（MMC）时，其轴线位置度误差允许达到的最大值可为图 A.15a）中给定的轴线位置度公差（ϕ0.1 mm）与该外尺寸要素尺寸公差（0.1 mm）之和 ϕ0.2 mm；若该外尺寸要素处于最小实体状态（LMC）与最大实体状态（MMC）之间，其轴线位置度公差在 ϕ0.1 mm～ϕ0.2 mm 之间变化。由于本例还附加了可逆要求（RPR），因此如果其轴线位置度误差小于给定的公差（ϕ0.1 mm）时，该外尺寸要素的尺寸公差允许大于 0.1 mm，即其提取要素各处的局部直径均可小于它的最小实体尺寸（LMS＝69.9 mm）；如果其轴线位置度误差为零，则其局部直径允许减小至 69.8 mm。图 A.15 c）给出了表述上述关系的动态公差图。

例 16 图 A.16a）仅说明最小实体要求的一些原则。本图样标注不全，不能控制最小壁厚。在其他要素上缺少最小实体要求，因此不能表示这一功能。本图例可以用位置度、同轴度或同心度标注，其意义均相同。

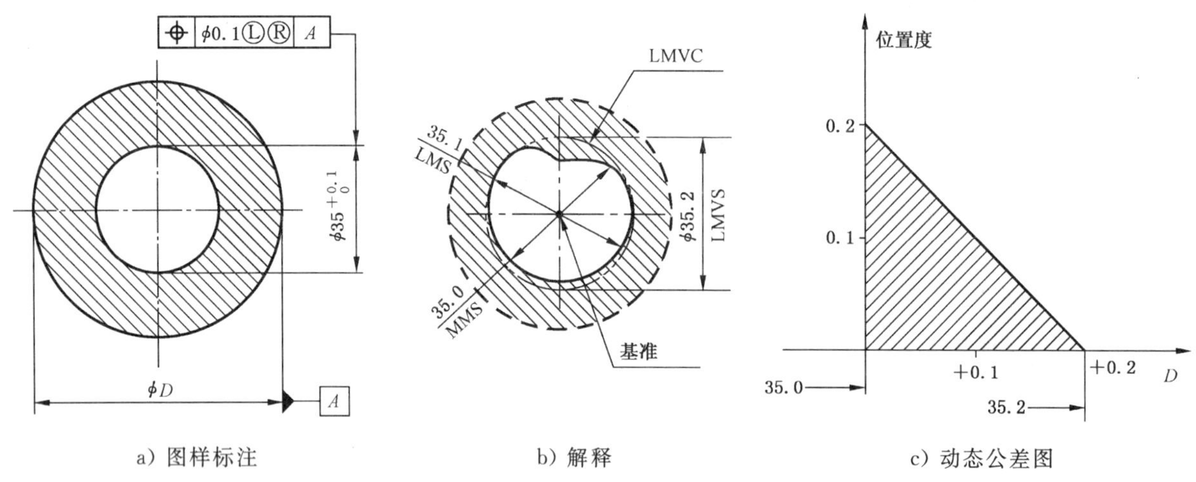

a）图样标注　　b）解释　　c）动态公差图

图 A.16 一个内尺寸要素与一个作为基准的同心外尺寸要素具有位置度要求的 LMR 和附加 RPR 示例

基于本标准给出的规则和定义，对本图例解释如下：

a) 内尺寸要素的提取要素不得违反其最小实体实效状态（LMVC），其直径为 LMVS＝35.2 mm（见规则 J，3.16，3.17 和 3.17 注 1）；

b) 内尺寸要素的提取要素各处的局部直径应大于 MMS＝35.0 mm[见规则 I 2）和 3.11]，RPR 允许其局部直径从 LMS（＝35.1 mm）增大至 LMVS（＝35.2 mm）；

c) LMVC 的方向与基准 A 相平行，并且其位置在与基准 A 同轴的理论正确位置上（见规则 K）。

补充解释：图 A.16a）中轴线的位置度公差（ϕ0.1 mm）是该内尺寸要素为其最小实体状态（LMC）时给定的；若该内尺寸要素为其最大实体状态（MMC）时，其轴线位置度误差允许达到的最大值可为图 A.16a) 中给定的轴线位置度公差(ϕ0.1 mm)与该内尺寸要素尺寸公差(0.1 mm)之和 ϕ0.2 mm;若该外尺寸要素处于最小实体状态(LMC)与最大实体状态(MMC)之间,其轴线位置度公差在 ϕ0.1 mm～ϕ0.2 mm 之间变化。由于本例还附加了可逆要求(RPR),因此如果其轴线位置度误差小于给定的公差(ϕ0.1 mm)时,该内尺寸要素的尺寸公差允许大于 0.1 mm,即其提取要素各处的局部直径均可大于它的最小实体尺寸(LMS=35.1 mm);如果其轴线位置度误差为零,则其局部直径允许增大至 35.2 mm。图 A.16c)给出了表述上述关系的动态公差图。

例 17 图 A.17a)所示零件的预期功能是与图 A.18a)所示零件相装配。

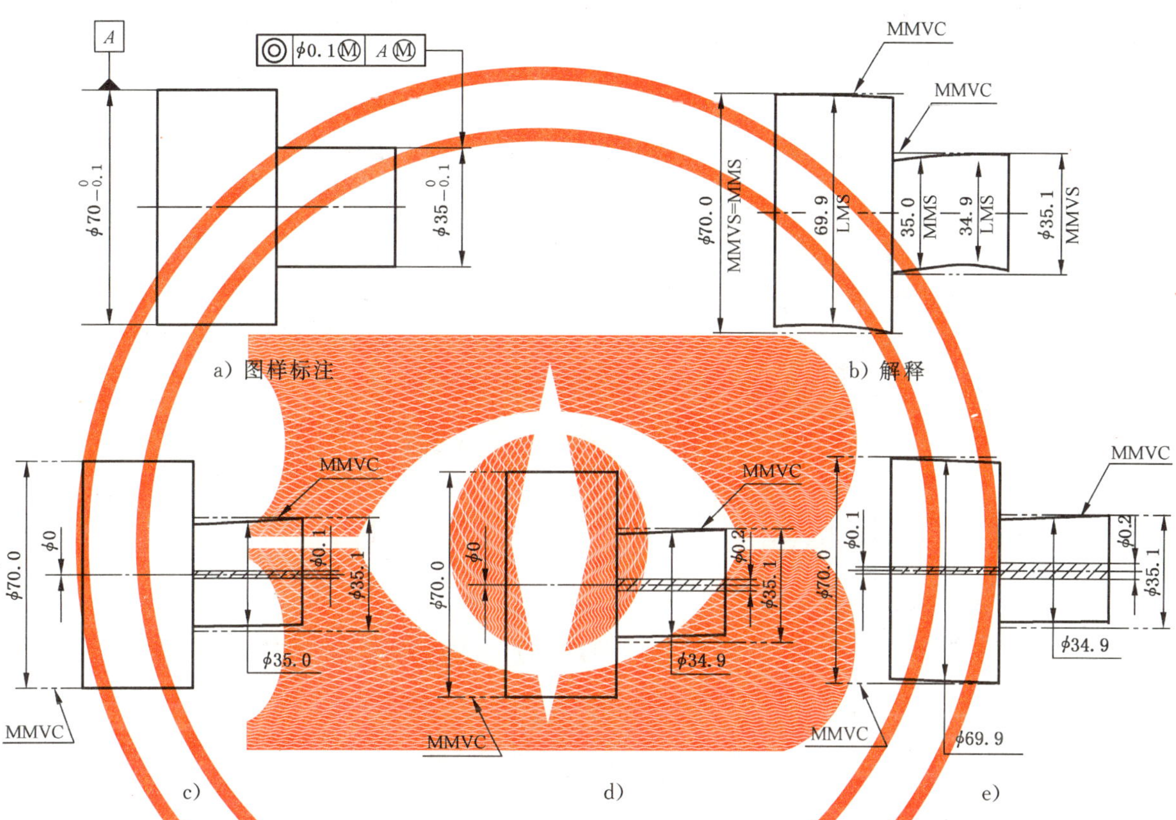

图 A.17 一个外尺寸要素具有尺寸要求和对其轴线具有位置(同轴度)要求的 MMR 和作为基准的外尺寸要素具有尺寸要求同时也用 MMR 的示例

基于本标准给出的规则和定义,对本图例解释如下:

a) 外尺寸要素的提取要素不得违反其最大实体实效状态(MMVC),其直径为 MMVS=35.1 mm(见规则 C,3.14,3.15 和 3.15 注 1);

b) 外尺寸要素的提取要素各处的局部直径应大于 LMS=34.9 mm[见规则 B 1)和 3.13]且应小于 MMS=35.0 mm[见规则 A 1)和 3.11];

c) MMVC 的位置与基准要素的 MMVC 同轴(见规则 D);

d) 基准要素的提取要素不得违反其最大实体实效状态 MMVC,其直径为 MMVS=MMS=70.0 mm(见规则 E,规则 F,3.14,3.15 和 3.15 注 1);

e) 基准要素的提取要素各处的局部直径应大于 LMS=69.9 mm[见规则 B 1)和 3.13]。

补充解释:图 A.17a)中外尺寸要素轴线相对于基准要素轴线的同轴度公差(ϕ0.1 mm)是该外尺寸要素及其基准要素均为其最大实体状态(MMC)时给定的(见图 A.17c);若外尺寸要素为其最小实体状

态(LMC),基准要素仍为其最大实体状态(MMC)时,外尺寸要素的轴线同轴度误差允许达到的最大值可为图 A.17a)中给定的同轴度公差(ϕ0.1 mm)与其尺寸公差(0.1 mm)之和 ϕ0.2 mm[见图 A.17d)];若外尺寸要素处于最大实体状态(MMC)与最小实体状态(LMC)之间,基准要素仍为其最大实体状态(MMC),其轴线同轴度公差在 ϕ0.1 mm～ϕ0.2 mm 之间变化。

若基准要素偏离其最大实体状态(MMC),由此可使其轴线相对于其理论正确位置有一些浮动(偏移、倾斜或弯曲);若基准要素为其最小实体状态(LMC)时,其轴线相对于其理论正确位置的最大浮动量可以达到的最大值为 ϕ0.1(70.0～69.9) mm[见图 A.17e)],在此情况下,若外尺寸要素也为其最小实体状态(LMC),其轴线与基准要素轴线的同轴度误差可能会超过 ϕ0.3 mm[图 A.17a)中给定的同轴度公差(ϕ0.1 mm)、外尺寸要素的尺寸公差(0.1 mm)与基准要素的尺寸公差(0.1 mm)三者之和],同轴度误差的最大值可以根据零件具体的结构尺寸近似估算。

例 18 图 A.18a)所示零件的预期功能是与图 17a)所示零件相装配。

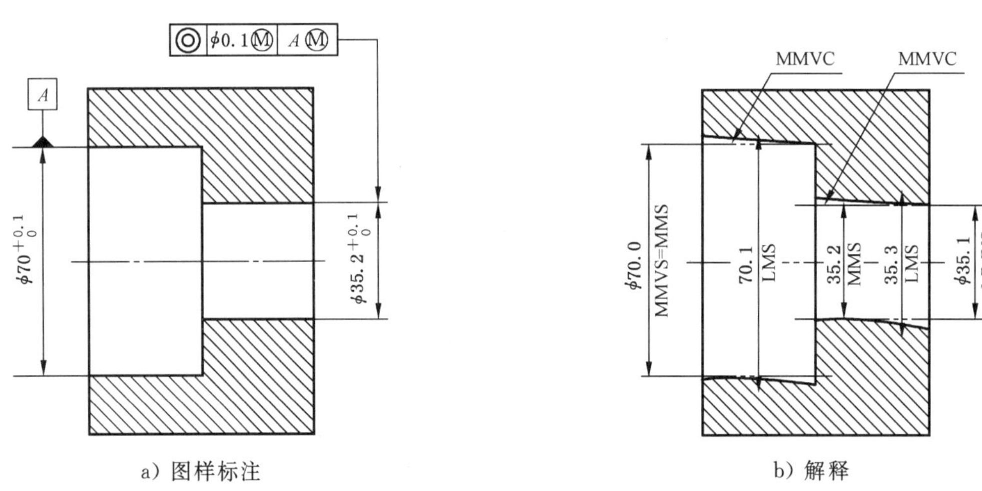

a) 图样标注　　　　b) 解释

图 A.18 一个内尺寸要素具有尺寸要求和对其轴线具有位置(同轴度)要求的 MMR 和作为基准的尺寸要素具有尺寸要求同时也用 MMR 的示例

基于本标准给出的规则和定义,对本图例解释如下:

a) 内尺寸要素的提取要素不得违反其最大实体实效状态(MMVC),其直径为 MMVS=35.1 mm(见规则 C,3.14,3.15 和 3.15 注 1);

b) 内尺寸要素的提取要素各处的局部直径应大于 MMS=35.2 mm[见规则 A 2)和 3.11],且应小于 LMS=35.3 mm[见规则 B 2)和 3.13];

c) MMVC 的位置与基准要素的 MMVC 同轴(见规则 D);

d) 基准要素的提取要素不得违反其最大实体实效状态 MMVC,其直径为 MMVS=MMS=70.0 mm (见规则 E,规则 F,3.14,3.15 和 3.15 注 1);

e) 基准要素的提取要素各处的局部直径应小于 LMS=70.1 mm[见规则 B 2)和 3.13]。

补充解释:图 A.18a)中内尺寸要素轴线相对于基准要素轴线的同轴度公差(ϕ0.1 mm)是该内尺寸要素及其基准要素均为其最大实体状态(MMC)时给定的[类同图 A.18c)];若内尺寸要素为其最小实体状态(LMC),基准要素仍为其最大实体状态(MMC)时,内尺寸要素的轴线同轴度误差允许达到的最大值可为图 A.18a)中给定的同轴度公差(ϕ0.1 mm)与其尺寸公差(0.1 mm)之和 ϕ0.2 mm[类同图 A.17d)];若内尺寸要素处于最大实体状态(MMC)与最小实体状态(LMC)之间,基准要素仍为其最大实体状态(MMC),其轴线同轴度公差在 ϕ0.1 mm～ϕ0.2 mm 之间变化。

若基准要素偏离其最大实体状态(MMC),由此可使其轴线相对于其理论正确位置有一些浮动(偏移、倾斜或弯曲);若基准要素为其最小实体状态(LMC)时,其轴线相对于其理论正确位置的最大浮动量可以达到的最大值为 ϕ0.1(70.0～69.9) mm[类同图 A.17e)],在此情况下,若内尺寸要素也为其最小实体状态(LMC),其轴线与基准要素轴线的同轴度误差可能会超过 ϕ0.3 mm[图 A.18a)中给定的同轴度公差(ϕ0.1 mm)、内尺寸要素的尺寸公差(0.1 mm)与基准要素的尺寸公差(0.1 mm)三者之和],同轴度误差的最大值可以根据零件具体的结构尺寸近似估算。

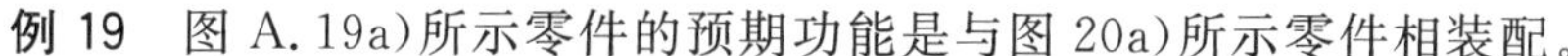

例 19 图 A.19a)所示零件的预期功能是与图 20a)所示零件相装配。

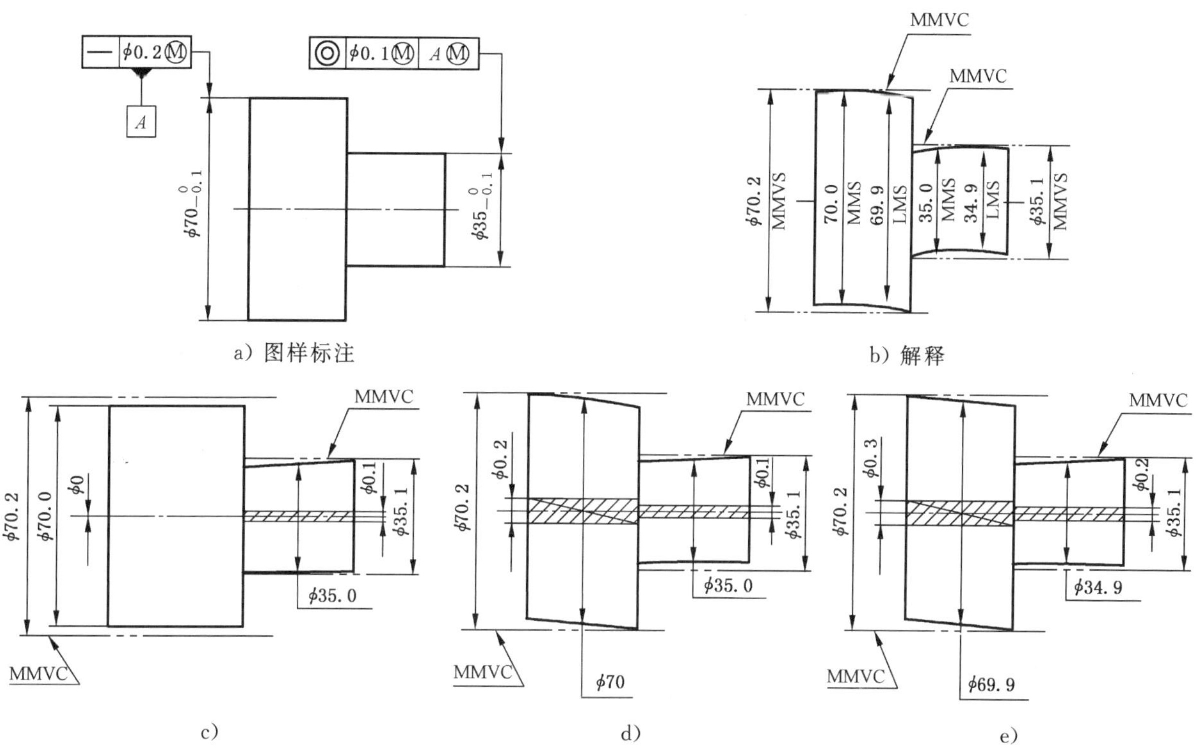

图 A.19 一个外尺寸要素具有尺寸要求和对其轴线具有位置(同轴度)要求的 MMR 和作为基准的外尺寸要素具有尺寸要求和对其轴线具有形状(直线度)要求同时也用 MMR 的示例

基于本标准给出的规则和定义,对本图例解释如下:

a) 外尺寸要素的提取要素不得违反其最大实体实效状态(MMVC),其直径为 MMVS=35.1 mm(见规则 C,3.14,3.15 和 3.15 注 1);

b) 外尺寸要素的提取要素各处的局部直径应大于 LMS=34.9 mm[见规则 B 1)和 3.13],且应小于 MMS=35.0 mm[见规则 A 1)和 3.11];

c) MMVC 的位置与基准要素的 MMVC 同轴(见规则 D);

d) 基准要素的提取要素不得违反其最大实体实效状态(MMVC),其直径为 MMVS=70 mm+0.2 mm= 70.2 mm(见规则 E,规则 G,3.15 和 3.15 注 1);

e) 基准要素的提取要素各处的局部直径应大于 LMS=69.9 mm[见规则 B1)和 3.13],且均应小于 MMS=70.0 mm[见规则 A1)和 3.11];

补充解释:图 A.19a)中外尺寸要素轴线相对于基准要素轴线的同轴度公差(ϕ0.1 mm)是它们均为其最大实体状态(MMC)时给定的,当基准要素的轴线为其理论正确位置时的情况见图 A.19.c)。

若外尺寸要素处于最大实体状态(MMC),基准要素也处于最大实体状态(MMC),但由于它的最大实体实效状态(MMVC)大于最大实体状态(MMC),因此,其轴线相对于理论正确位置可以有一些浮动,在此条件下基准轴线相对于理论正确位置具有最大浮动量(ϕ0.2 mm)[见图 A.19d)]。

若外尺寸要素处于最小实体状态(LMC),基准要素也处于最小实体状态(LMC),此时,基准轴线相对于理论正确位置的浮动量可为 ϕ0.3 mm[基准要素的尺寸公差(0.1 mm)与基准轴线的直线度公差 ϕ0.2 mm 之和][见图 A.19e)],在此情况下同轴度误差为最大,具体数值可以根据零件的具体结构尺寸近似算出。

例 20 图 A.20a)所示零件的预期功能是与图 A.19a)所示零件相装配。

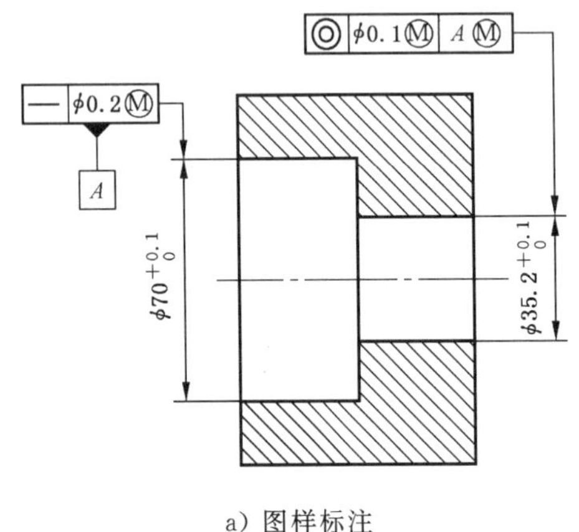

a) 图样标注

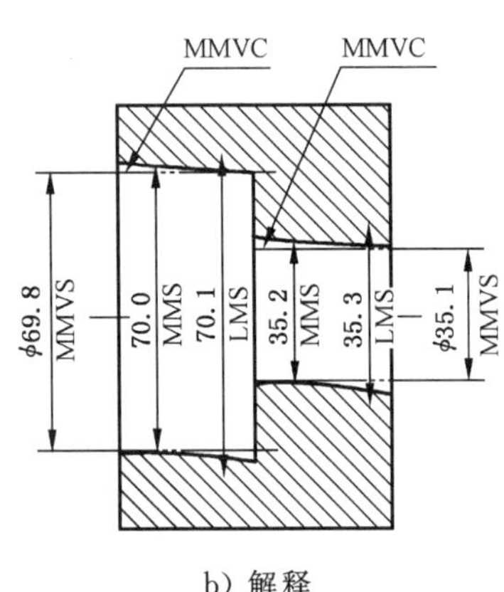

b) 解释

图 A.20 一个内尺寸要素具有尺寸要求和对其轴线具有位置(同轴度)要求的 MMR 和作为基准的内尺寸要素具有尺寸要求和对其轴线具有形状(直线度)要求同时也用 MMR 的示例

基于本标准给出的规则和定义,对本图例解释如下:

a) 内尺寸要素的提取要素不得违反其最大实体实效状态(MMVC),其直径为 MMVS=35.1 mm(见规则 C,3.14,3.15 和 3.15 注 1);

b) 内尺寸要素的提取要素各处的局部直径应大于 MMS=35.2 mm[见规则 B 2)和 3.11],且应小于 LMS=35.3 mm[见规则 A 2)和 3.13];

c) MMVC 的位置与基准要素的 MMVC 同轴(见规则 D);

d) 基准要素的提取要素不得违反其最大实体实效状态(MMVC),其直径为 MMVS=70 mm−0.2 mm=69.8 mm(见规则 E,规则 G,3.15 和 3.15 注 1);

e) 基准要素的提取要素各处的局部直径应小于 LMS=70.1 mm[见规则 B 2)和 3.13],且均应大于 MMS=70.0 mm[见规则 A 2)和 3.11]。

补充解释:图 A.20a)中内尺寸要素轴线相对于基准要素轴线的同轴度公差(ϕ0.1 mm)是它们均为其最大实体状态(MMC)时给定的,当基准要素的轴线为其理论正确位置时的情况类同图 A.19c)。

若内尺寸要素处于最大实体状态(MMC),基准要素也处于最大实体状态(MMC),但由于它的最大实体实效状态(MMVC)小于最大实体状态(MMC),因此,其轴线相对于理论正确位置可以有一些浮动,在此条件下基准轴线相对于理论正确位置具有最大浮动量(ϕ0.2 mm)的情况类同图 A.19d)。

若内尺寸要素处于最小实体状态(LMC),基准要素也处于最小实体状态(LMC),此时,基准轴线相对于理论正确位置的浮动量可为 ϕ0.3 mm[基准要素的尺寸公差(0.1 mm)与基准轴线的直线度公差(ϕ0.2 mm)之和][类同图 A.19e)],在此情况下同轴度误差为最大,具体数值可以根据零件的具体结构尺寸近似算出。

例 21 图 A.21 所示零件的预期功能是承受内压并防止崩裂。

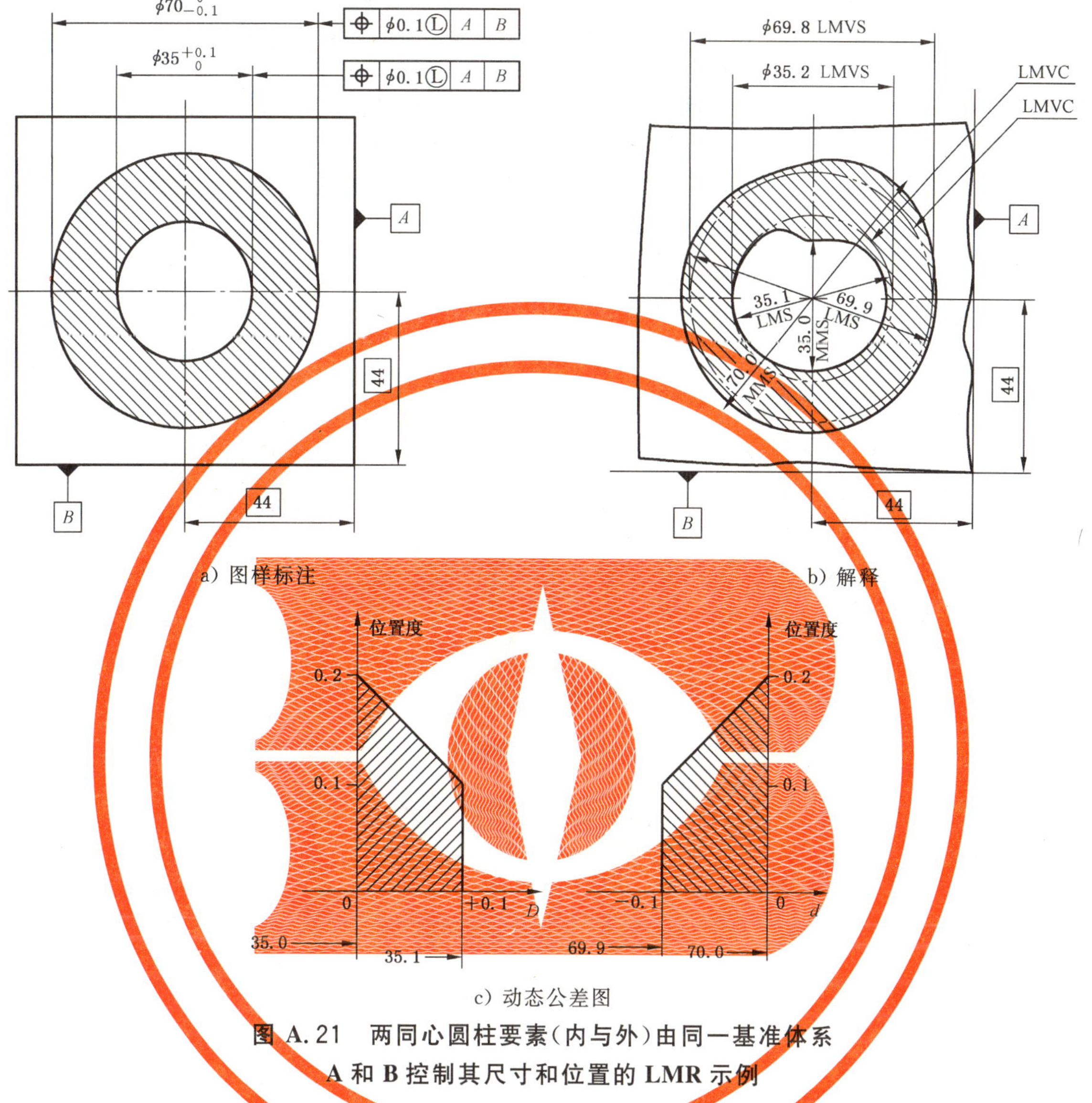

图 A.21 两同心圆柱要素(内与外)由同一基准体系 A 和 B 控制其尺寸和位置的 LMR 示例

基于本标准给出的规则和定义,对本图例解释如下:

a) 外圆柱要素的提取要素不得违反其最小实体实效状态(LMVC),其直径为 LMVS=69.8 mm(见规则 J,3.16,3.17 和 3.17 注 1);

b) 外圆柱要素的提取要素各处的局部直径应小于 MMS=70.0 mm[见规则 I 1)和 3.11]且应大于 LMS=69.9 mm[见规则 H 1)和 3.13];

c) 内圆柱要素的提取要素不得违反其最小实体实效状态,其直径为 LMVS=35.2 mm(见规则 J,3.16,3.17 和 3.17 注 1);

d) 内圆柱要素的提取要素各处的局部直径应大于 MMS=35.0 mm [见规则 I 2) 和 3.11]且应小于 LMS=35.1 mm[见规则 H2)和 3.13];

e) 内、外圆柱要素的最小实体实效状态的理论正确方向和位置应处于距基准体系 *A* 和 *B* 各为 44 mm(见规则 K)。

补充解释:图 A.21a)中内、外圆柱要素轴线的位置度公差(ϕ0.1 mm)均为其最小实体状态(LMC)时给定的;若此内、外圆柱要素均为其最大实体状态(MMC)时,其轴线位置度误差均允许达到的最大值可为图 A.21 中给定的位置度公差(ϕ0.1 mm)与其尺寸公差(0.1 mm)之和 ϕ0.2 mm;若此内、外圆柱要素处于各自的最小实体状态(LMC)与最大实体状态(MMC)之间,各自轴线的位置度公差都在 ϕ0.1 mm~ϕ0.2 mm 之间变化。图 A.21 c)给出了表述上述关系的动态公差图。

例 22 图 A.22a)所示零件的预期功能是承受内压并防止崩裂。

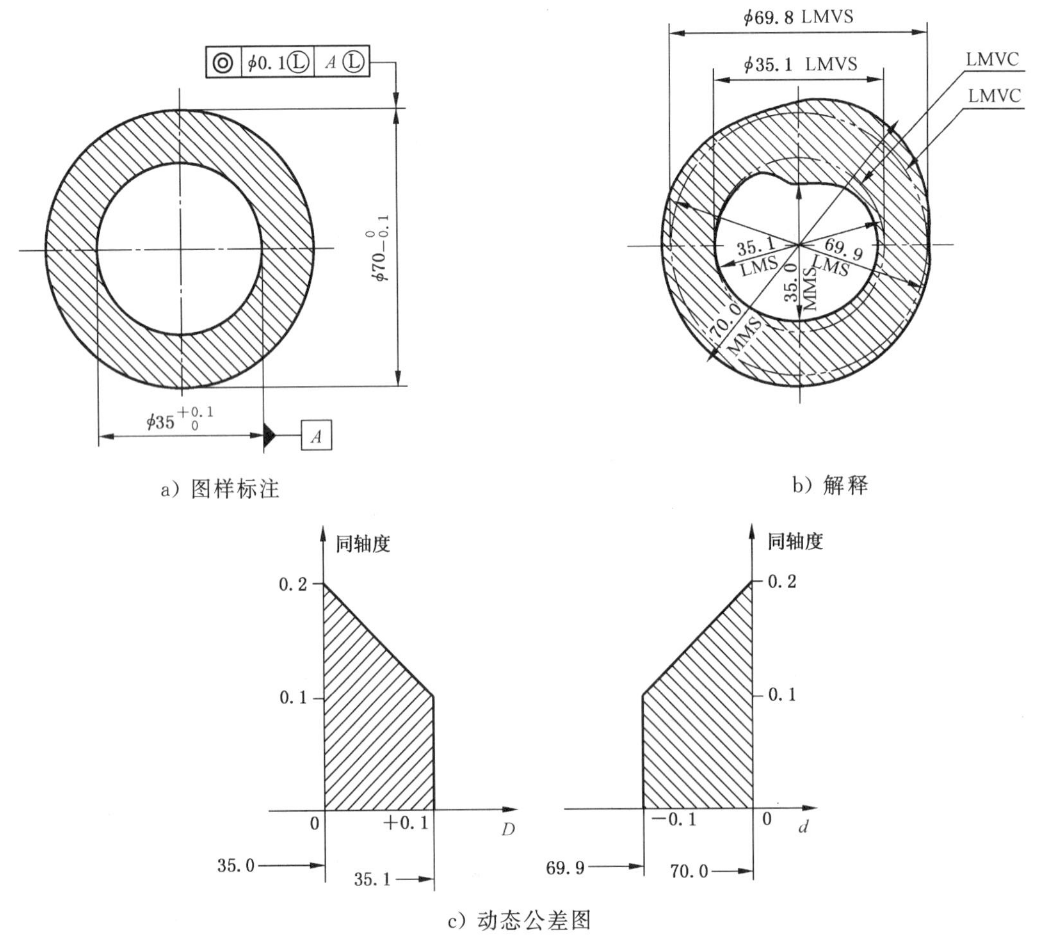

图 A.22 一个外圆柱要素由尺寸和相对于由尺寸和 LMR 控制的内圆柱要素作为基准的位置(同轴度)控制的 LMR 示例

基于本标准给出的规则和定义,对本图例解释如下:

a) 外圆柱要素的提取要素不得违反其最小实体实效状态(LMVC),其直径为 LMVS=69.8 mm(见规则 J,3.10,3.11 和 3.11 注 1);

b) 外圆柱要素的提取要素各处的局部直径应小于 MMS=70.0 mm[见规则 I 1)和 3.5]且应大于 LMS=69.9 mm[见规则 H 1)和 3.7];

c) 内圆柱要素(基准要素)的提取要素不得违反其最小实体实效状态(LMVC),其直径为 LMVS=LMS=35.1 mm(见规则 L,规则 M,3.10,3.11 和 3.11 注 1)

d) 内圆柱要素(基准要素)的提取要素各处的局部直径应大于 MMS=35.0 mm[见规则 I 2)和 3.5] 且应小于 LMS=35.1 mm[见规则 H 2)和 3.7];

e) 外圆柱要素的最小实体实效状态(LMVC)位于内圆柱要素(基准要素)轴线的理论正确位置(见规则 K)。

补充解释:图 A.22a)外圆柱要素轴线相对于内圆柱要素(基准要素)的同轴度公差(ϕ0.1 mm)是它

们均为其最小实体状态(LMC)时给定的;若外圆柱要素为最大实体状态(MMC),内圆柱要素(基准要素)仍为其最小实体状态(LMC),外圆柱要素的轴线同轴度误差允许达到的最大值可为图 A.22a)中给定的同轴度公差(ϕ0.1 mm)与其尺寸公差(0.1 mm)之和 ϕ0.2 mm;若外圆柱要素处于最小实体状态(LMC)与最大实体状态(MMC)之间,内圆柱要素(基准要素)仍为其最小实体状态(LMC),其轴线的同轴度公差在 ϕ0.1 mm～ϕ0.2 mm 之间变化。若内圆柱要素(基准要素)偏离其最小实体状态(LMC),由此可使其轴线相对于理论正确位置有一些浮动;若内圆柱要素(基准要素)为其最大实体状态(MMC)时,其轴线相对于理论正确位置的最大浮动量可以达到的最大值为 ϕ0.1 mm(35.1～35.0)mm [见图 A.22c)],在此情况下,若外圆柱要素也为其最大实体状态(MMC),其轴线与内圆柱要素(基准要素)轴线的同轴度误差可能会超过 ϕ0.3 mm[图 A.22a)中的同轴度公差(ϕ0.1 mm)与外圆柱要素的尺寸公差(0.1 mm)、内圆柱要素(基准要素)的尺寸公差(0.1 mm)三者之和],同轴度误差的最大值可以根据零件的具体结构尺寸近似算出。

例 23 图 A.23a)所示零件的预期功能是可与类似零件形成间隙配合,但两个零件的平面相接触并非功能要求。

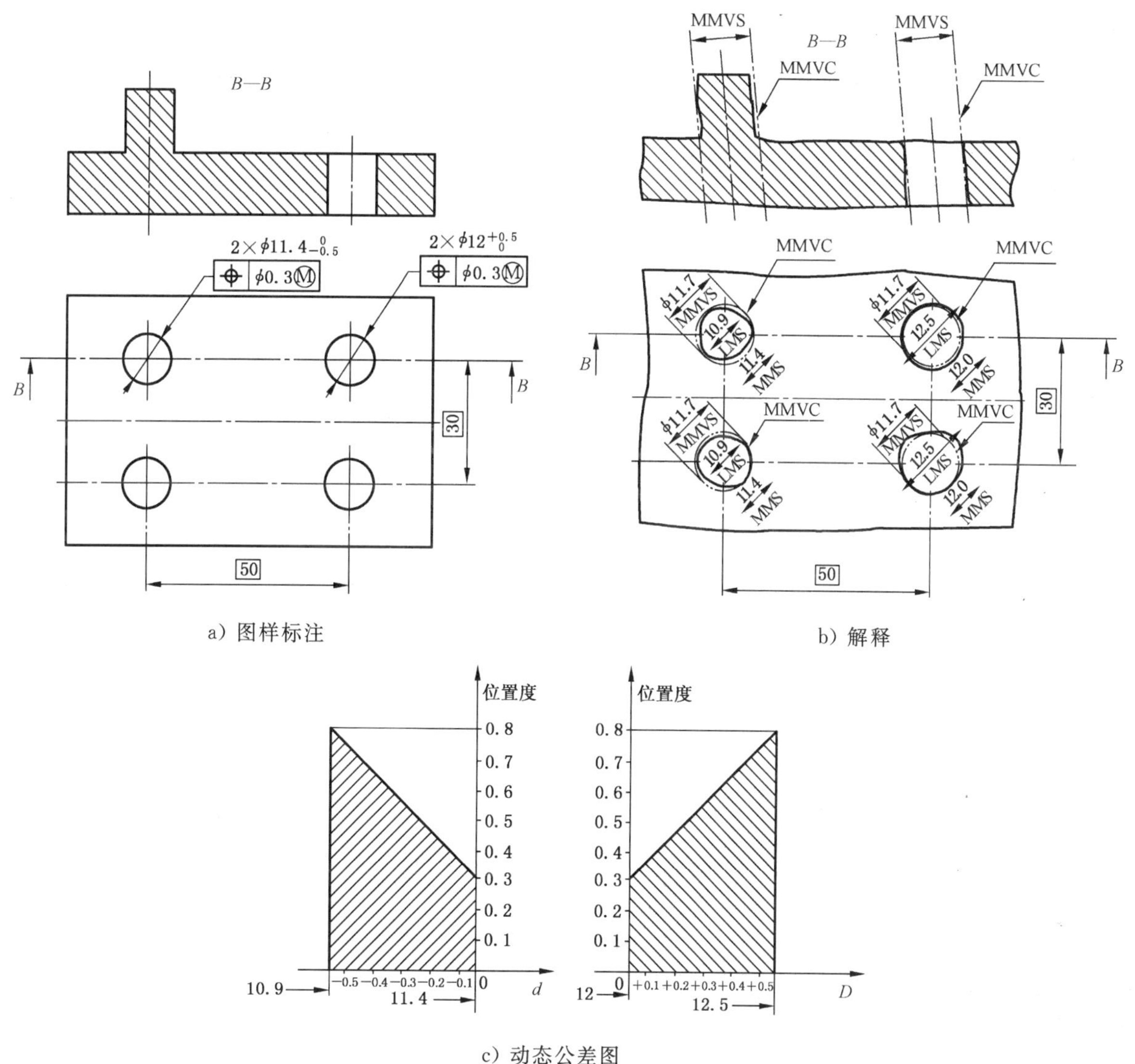

图 A.23 两个销柱和两个孔彼此之间的位置由理论正确尺寸和位置度公差确定,没有应用基准的 MMR 示例

基于本标准给出的规则和定义，对本图例解释如下：

a) 两销柱的提取要素不得违反其最大实体实效状态（MMVC），其直径为 MMVS=11.7 mm（见规则 C，3.14，3.15 和 3.15 注 1）；

b) 两销柱的提取要素各处的局部直径均应大于 LMS=10.9 mm[见规则 B 1）和 3.13]且均应小于 MMS=11.4 mm[见规则 A 1）和 3.11]；

c) 两孔的提取要素不得违反其最大实体实效状态（MMVC），其直径为 MMVS=11.7 mm（见规则 C，3.14，3.15 和 3.15 注 1）；

d) 两孔的提取要素各处的局部直径均应小于 LMS=12.5 mm[见规则 B 2）和 3.13]且均应大于 MMS=12.0 mm[见规则 A 2）和 3.11]；

e) 四个 MMVC 处于彼此相距理论正确尺寸为（30×50）mm 的位置，且彼此理论正确相互平行，对零件的其他部分没有方向或位置要求（见规则 D）。

补充解释：图 A.23a）两销柱和两个孔的轴线位置度公差（ϕ0.3 mm）是它们均为其最大实体状态（MMC）时给定的；若它们均为其最小实体状态（LMC），其轴线位置度误差允许达到的 最大值可为图 A.23）中给定的轴线位置度公差（ϕ0.3 mm）与它们的尺寸公差（0.5 mm）之和。ϕ0.8 mm；若它们各自处于最小实体状态（LMC）与最大实体状态（MMC）之间，其轴线位置度公差在 ϕ0.5 mm～ϕ0.8 mm 之间变化。图 A.23c）给出了表述上述关系的动态公差图。

例 24 图 A.24a）所示零件的预期功能是可与类似零件形成间隙配合，并要求两个零件的平面在配合时要完全相接触。

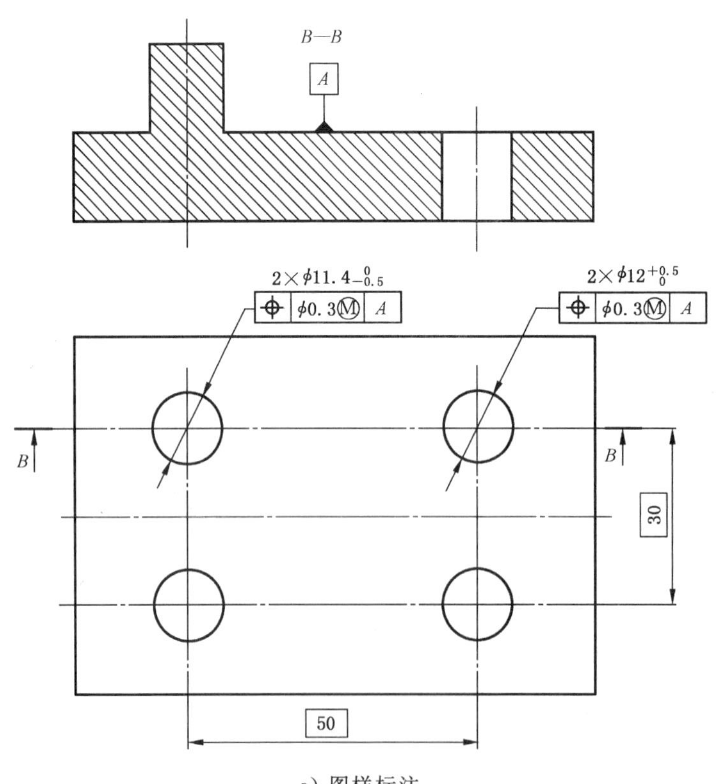

a）图样标注

图 A.24 两个销柱和两个孔彼此之间的位置由理论正确尺寸和具有基准的位置度公差确定的 MMR 示例

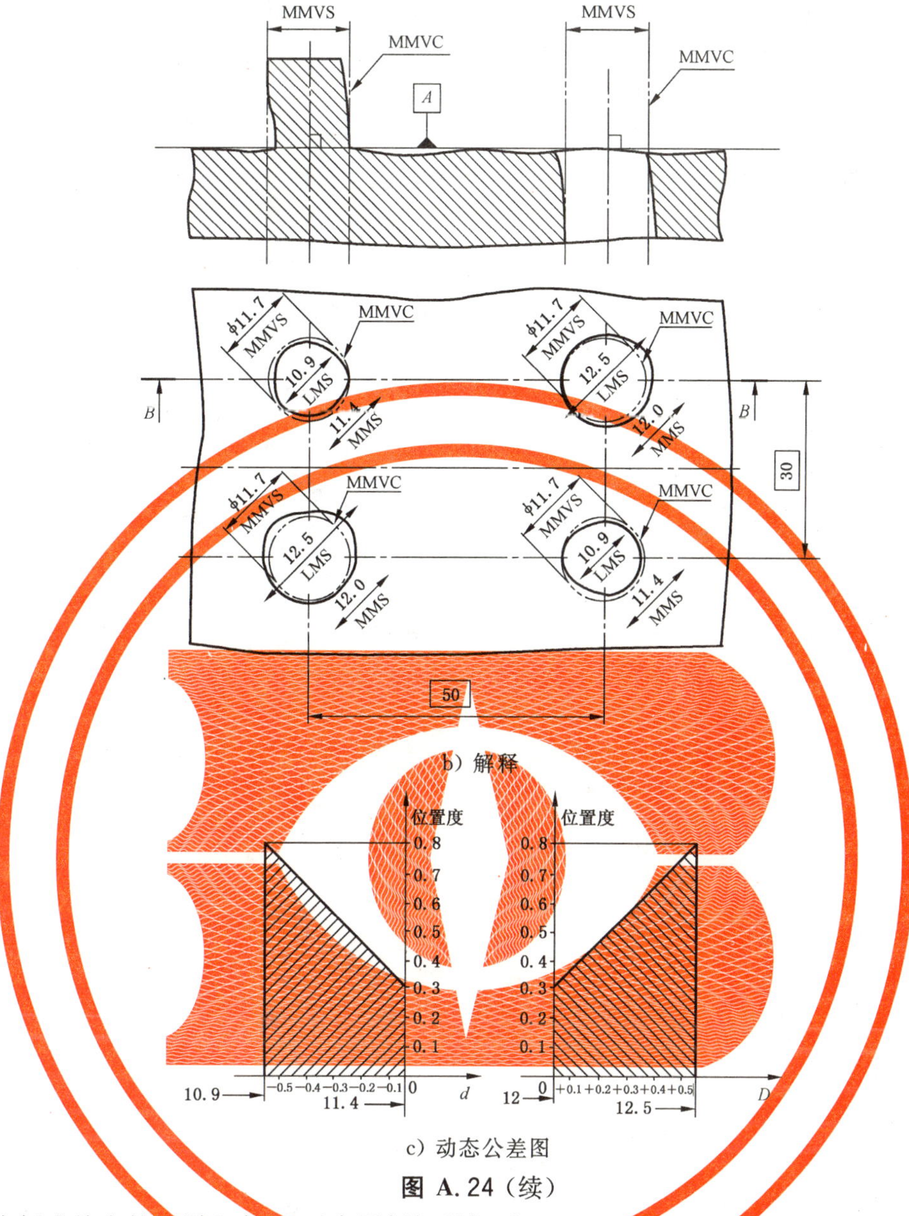

b) 解释

c) 动态公差图

图 A.24（续）

基于本标准给出的规则和定义，对本图例解释如下：

a) 两销柱的提取要素不得违反其最大实体实效状态(MMVC)，其直径为 MMVS=11.7 mm(见规则 C，3.14，3.15 和 3.15 注 1)；

b) 两销柱的提取要素各处的局部直径均应大于 LMS=10.9 mm[见规则 B 1)和 3.13]且均应小于 MMS=11.4 mm[见规则 A 1)和 3.11]；

c) 两孔的提取要素不得违反其最大实体实效状态(MMVC)，其直径为 MMVS=11.7 mm(见规则 C，3.14，3.15 和 3.15 注 1)；

d) 两孔的提取要素各处的局部直径均应小于 LMS=12.5 mm[见规则 B 2)和 3.13]且均应大于 MMS=12.0 mm[见规则 A 2)和 3.11]；

e) 四个 MMVC 处于彼此相距理论正确尺寸为 30 mm×50 mm 的位置，彼此理论正确相互平行，且要与基准 A 相垂直(见规则 D)。

补充解释：图 A.24a)两销柱和两个孔的轴线位置度公差(φ0.3 mm)是它们均为其最大实体状态(MMC)时给定的；若它们均为其最小实体状态(LMC)，其轴线位置度误差允许达到的 最大值可为图 A.23)中给定的轴线位置度公差(φ0.3 mm)与它们的尺寸公差(0.5 mm)之和。φ0.8 mm；若它们各自处于最小实体状态(LMC)与最大实体状态(MMC)之间,其轴线位置度公差在 $\phi 0.5$ mm～$\phi 0.8$ mm 之间变化。图 A.24c)给出了表述上述关系的动态公差图。

例 25 图 A.25 所示零件的功能要求是可与类似零件形成间隙配合,且要使该零件的左端面 B 与类似零件的相应端面完全相接触。

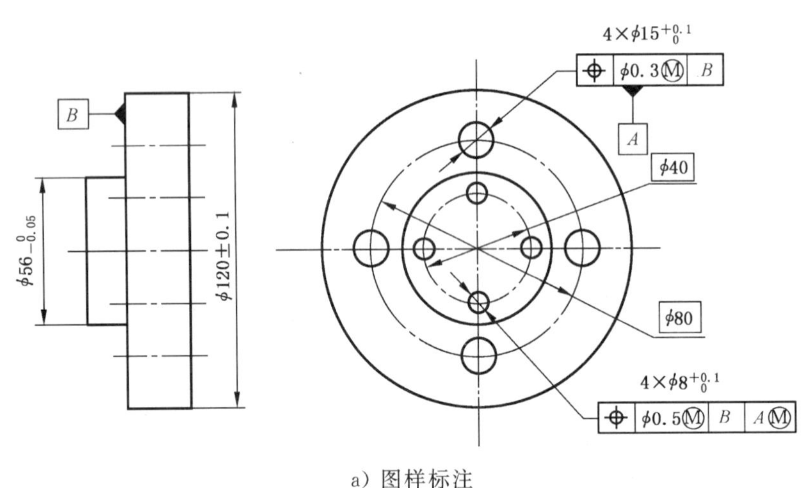

a) 图样标注

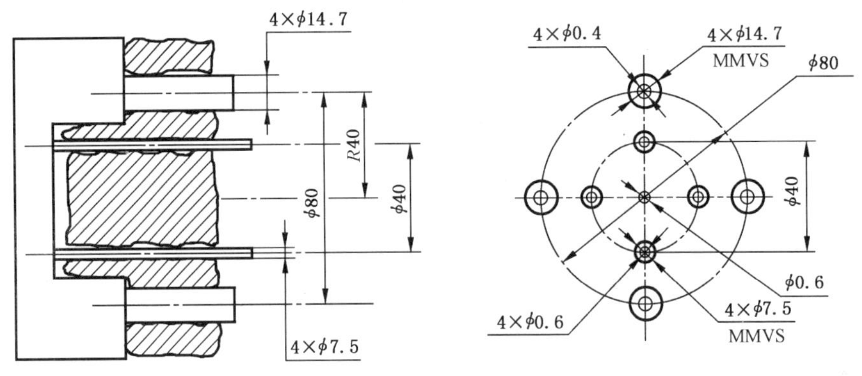

b) 解释

图 A.25 以一组要素为基准的成组要素中各个要素均有尺寸要求和对其轴线又均有位置度求的 MMR 示例

基于本标准给出的规则和定义,对本图例解释如下:

a) $4\times\phi 8^{+0.1}_{0}$孔各自的提取要素均不得违反其最大实体实效状态(MMVC),其直径为 MMVS=7.5 mm(见规则 C,3.14,3.15 和 3.15 注 1);

b) $4\times\phi 8^{+0.1}_{0}$孔各自提取要素各处的局部直径均应小于 LMS=8.1 mm[见规则 B 2)和 3.13]且均应大于 MMS=8.0 mm[见规则 A 2)和 3.11];

c) $4\times\phi 8^{+0.1}_{0}$孔各自的最大实体实效状态(MMVC)均应与基准 B 的理论正确方向和基准 A 的理论正确位置相一致(见规则 D);

d) $4\times\phi 15^{+0.1}_{0}$孔组要素(基准要素)各孔的提取要素均不得违反其最大实体实效状态(MMVC),其直径为 MMVS=14.7 mm(见规则 E,规则 G,3.14,3.15 和 3.15 注 1);

e) $4\times\phi 15^{+0.1}_{0}$孔组要素(基准要素)各孔提取要素各处的局部直径均应小于 LMS=15.1 mm[见规则 B 2)和 3.13]且均应大于 MMS=15.0 mm[见规则 A 2)和 3.11]。

补充解释：图 A.25 a)中 4×$\phi8^{+0.1}_{0}$各孔轴线的位置度公差(ϕ0.5 mm)是它们各自均为其最大实体状态(MMC)，4×$\phi15^{+0.1}_{0}$孔组要素(基准要素)各孔也均为其最大实体状态(MMC)时给定的；若 4×$\phi8^{+0.1}_{0}$ 各孔均为其最小实体状态(LMC)，4×$\phi15^{+0.1}_{0}$孔组要素(基准要素)各孔仍均为其最大实体状态(MMC)时，4×$\phi8^{+0.1}_{0}$各孔轴线的位置度误差允许达到的最大值可为图 A.25 a)中给定的位置度公差(ϕ0.5 mm) 与其尺寸公差(0.1 mm)之和 ϕ0.6m；若 4×$\phi8^{+0.1}_{0}$各孔处于最大实体状态(MMC)与最小实体状态(LMC)之间，4×$\phi15^{+0.1}_{0}$孔组要素(基准要素)各孔仍均为其最大实体状态(MMC)基准要素仍为其最大实体状态(MMC)，4×$\phi8^{+0.1}_{0}$各孔轴线的位置度公差在 ϕ0.5 mm～ϕ0.6 mm 之间变化。

若 4×$\phi15^{+0.1}_{0}$孔组要素(基准要素)各孔偏离其最大实体状态(MMC)，由此可使其轴线相对于其理论正确位置有所浮动，当 4×$\phi15^{+0.1}_{0}$孔组要素(基准要素)各孔均为其最小实体状态(LMC)时，其轴线相对于其理论正确位置的浮动量为最大，若 4×$\phi8^{+0.1}_{0}$各孔也均为其最小实体状态(LMC)，此时 4×$\phi8^{+0.1}_{0}$各孔轴线的位置度误差为最大，但由于 4×$\phi15^{+0.1}_{0}$孔组要素(基准要素)各孔轴线相对于其理论止确位置的浮动方向不一，会使 4×$\phi8^{+0.1}_{0}$各孔轴线的位置度误差一般也不会一致。

图 25b)为表述下述情况的示意图：4×$\phi15^{+0.1}_{0}$孔组要素(基准要素)各孔处于各自最大实体状态(MMC)、4×ϕ0.6 为各自轴线的最大浮动量；4×$\phi15^{+0.1}_{0}$孔组要素(基准要素)各孔处于各自最大实体状态(MMC)、4×ϕ0.4 为各孔轴线的最大浮动量；ϕ6 为 4×$\phi15^{+0.1}_{0}$孔组要素(基准要素)拟合要素的轴线(确定 4×$\phi8^{+0.1}_{0}$孔组要素位置的)的最大浮动量。

附　录　B
（资料性附录）
概念图表

本附录给出了有关最大实体要求和最小实体要求术语和概念图，见图B.1。

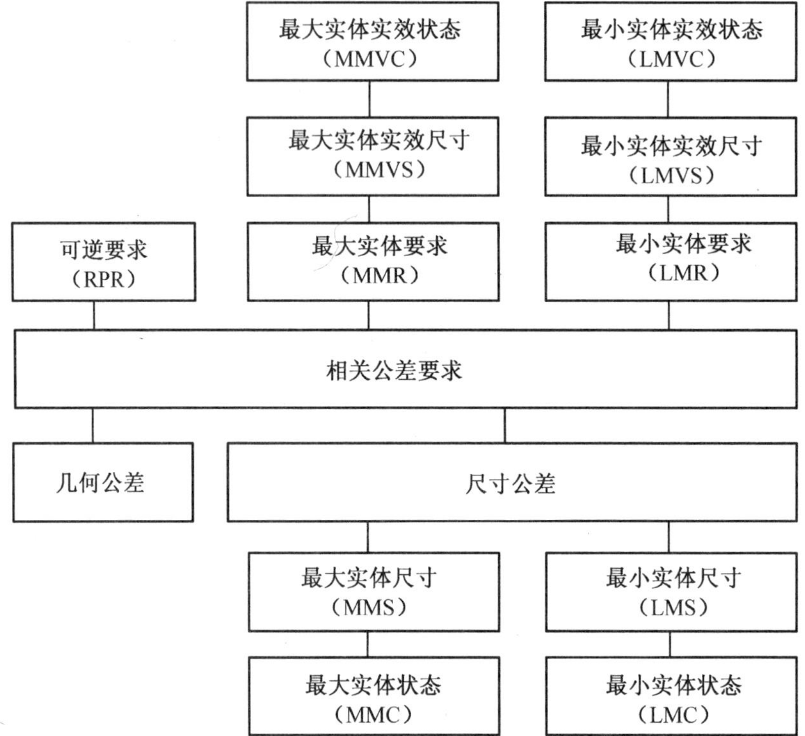

图B.1　有关最大实体要求和最小实体要求术语和概念图

附 录 C
（资料性附录）
在 GPS 矩阵模型中的位置

关于 GPS 矩阵模型详见 GB/Z 20308—2006。

C.1 标准的信息及其应用

本标准定义了允许对配合表达功能要求的最大实体实效要求和用于控制最小壁厚、防止断裂的最小实体要求。它还定义了可逆要求，它要与最大或最小实体要求一同使用。

C.2 在 GPS 矩阵模型中的位置

本标准是 GPS 通用标准，其影响 GPS 通用标准矩阵中尺寸、与基准无关的线的形状、与基准无关的面的形状、方向、位置和基准标准链的第 1、2 和第 3 链环，如图 C.1 所示。

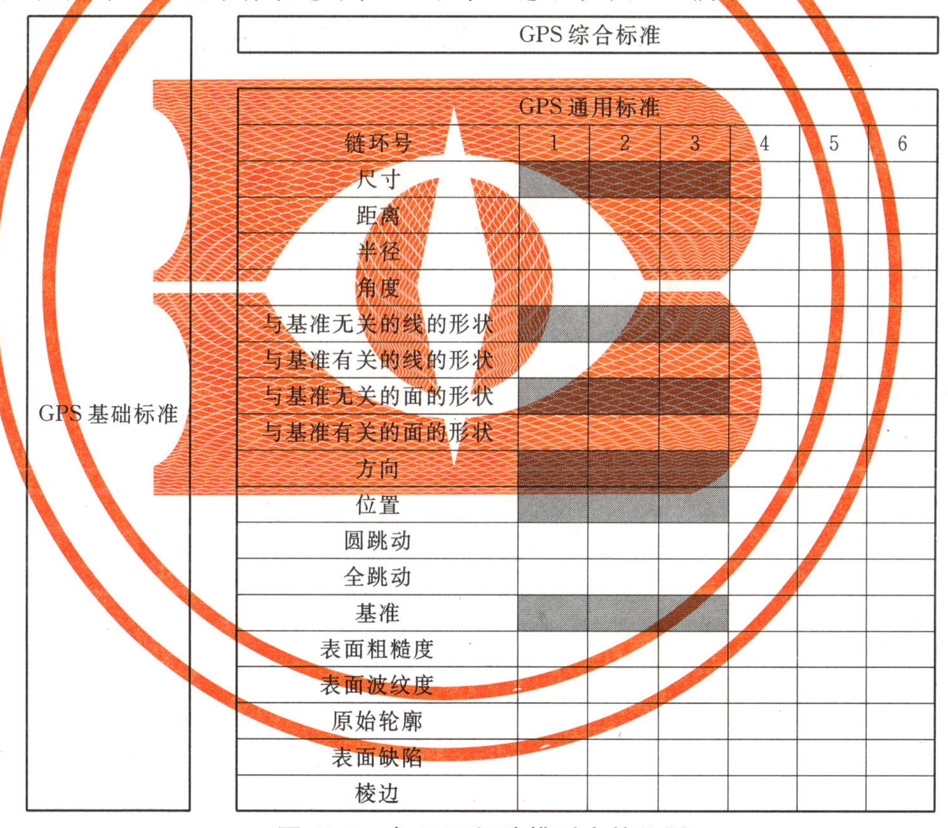

图 C.1 在 GPS 矩阵模型中的位置

C.3 相关的标准

相关的标准为图 C.1 所示标准链涉及的标准。

前言

本标准等效采用国际标准 ISO 10579:1993《技术制图——尺寸和公差注法——非刚性零件》。

本标准在保证与 ISO 10579 等效的同时，考虑到标准的实用性，增加了有关图样标注和示例说明，并专门增加附录 A（提示的附录）给出有关表示图形符号画法的尺寸和比例。另外，根据我国的实际需要，将 ISO 10579 中的附录 A“标注示例及说明”做适当修改后列入标准正文，并删去了 ISO 10579 中的附录 B“标准目录”。

本标准的主要内容包括有关定义、基本原则、图样标注方法、示例和有关符号的画法等内容。

本标准由中华人民共和国机械工业部提出。

本标准由全国形状和位置公差标准化技术委员会归口。

本标准起草单位：机械工业部机械标准化研究所。

本标准主要起草人：周忠、汪恺、刘巽尔、唐保宁、陈增群。

ISO 前言

ISO(国际标准化组织)是一个世界范围的国家级标准化组织(ISO 成员)的联合会,国际标准的制定工作由 ISO 各技术委员会进行。每个成员组织,对某一主题的技术委员会感兴趣,就有权参加该委员会的工作;其他与 ISO 协作的政府间或非政府间的国际组织也可以参加工作。ISO 与 IEC(国际电工委员会)在所有有关电工技术标准化的内容上进行密切合作。

由技术委员会提出的国际标准草案,散发给各成员组织,由各成员组织投票表决,至少需要 75%的赞成票才能作为国际标准公布。

国际标准 ISO 10579 由第十技术委员会(ISO/TC10)"技术制图,产品定义及有关技术文件"的第五分技术委员会(SC5)"尺寸和公差注法"起草。

本国际标准的附录 A 和附录 B 仅供参考。

中华人民共和国国家标准

形状和位置公差 非刚性零件注法

GB/T 16892—1997
eqv ISO 10579:1993

Geometrical tolerancing—
Indication of non-rigid parts

1 范围

本标准规定了非刚性零件的形状和位置公差注法。适用于金属薄壁件，挠性材质的零件如橡胶件、塑料件等非刚性零件。

2 引用标准

下列标准所包含的条文，通过在本标准中引用而构成为本标准的条文。本标准出版时，所示版本均为有效。所有标准都会被修订，使用本标准的各方应探讨使用下列标准最新版本的可能性。

GB/T 1182—1996 形状和位置公差 通则、定义、符号和图样表示法

3 定义

本标准采用下列定义。

3.1 非刚性零件 non-rigid part

在自由状态下相对其处于约束状态下会产生显著变形的零件。

3.2 自由状态 free state

零件只受到重力作用时的状态。

4 基本原则

非刚性零件在自由状态下的允许变形量应满足装配条件下的形位公差要求(装配应在正常的受力状态下进行)。

任何零件均受重力影响，其变形量与零件在自由状态时的放置方向有关。当标注零件在自由状态下的形位公差时，应在图样上注出造成零件变形的各因素(如重力方向、支撑状态等)，示例见5.2条。

5 图样标注

5.1 非刚性零件在图样上的标注

a) 自由状态条件的符号为Ⓕ，并应按照GB/T 1182的规定注在公差框格中形位公差值的后面，见图1。

b) 应在图样上注出自由状态下公差要求的条件，如重力(G)方向或支撑状态等说明。当重力是非刚性零件产生变形的主要因素时，应用箭头和大写字母标明重力方向，见图2。

c) 注明图样要求的约束条件，见图1。

d) 在标题栏附近注明“GB/T 16892—NR”。此时若零件某要素的形位公差值后注有符号Ⓕ，则认为

国家技术监督局1997-06-27批准　　1998-01-01实施

它是处于自由状态下的要求,否则应认为它是处于约束状态下的要求,见图 1。

5.2 示例及说明

示例 1:图 1 的设计要求是当零件处于自由状态时左端圆柱面的圆度误差不得大于 2.5 mm,当零件处于约束状态时右端圆柱面的径向圆跳动不得大于 2 mm。

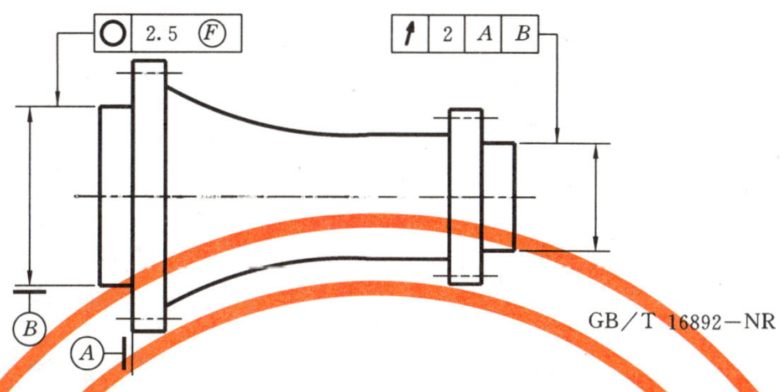

约束条件:基准平面 A 是固定面(用 64 个 M6 的螺栓以 6～15 Nm 的扭矩固定),
基准 B 由其相应的最大实体边界约束。

图 1

示例 2:图 2 的设计要求是当零件处于约束状态时,端面 A 的平面度误差不得大于 0.025 mm,B 面和 C 面的圆度误差分别不得大于 0.05 mm 和 0.1 mm,当零件处于自由状态并按图示重力方向放置时,端面 A 的平面度误差不得大于 0.3 mm,B 面和 C 面的圆度误差分别不得大于 0.5 mm 和 1 mm。

约束条件:基准平面 A 是固定面(用 120 个 M20 的螺栓以 18～20 Nm 的扭矩固定),
基准 B 由其相应的最大实体边界约束。

图 2

附 录 A

（提示的附录）

标注非刚性零件的形位公差用图形符号的比例和尺寸

本标准规定了在图样上标注非刚性零件的形位公差所用符号的比例，这些符号及其字母可以是手写的（用尺子绘制框格），也可由其他方法（如模板、摹绘、机械绘制等）绘制。

在任一图样上与符号连用的字体类型、高度和线型应与该图样上尺寸及其他标记的字体相同。各个符号和框格的比例见图A1和图A2，其他规定见GB/T 1182的附录A。

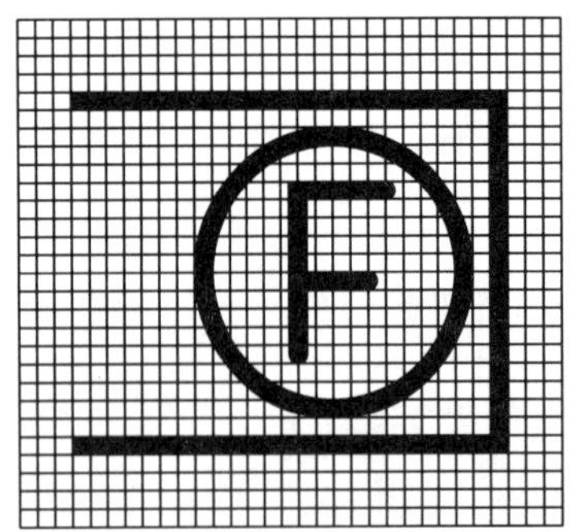

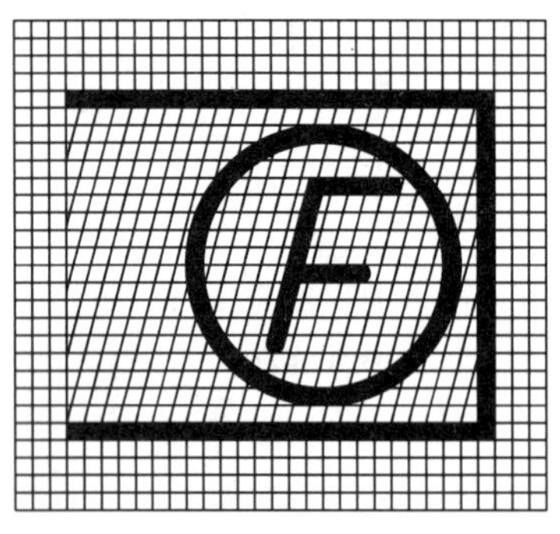

图 A1 自由状态条件

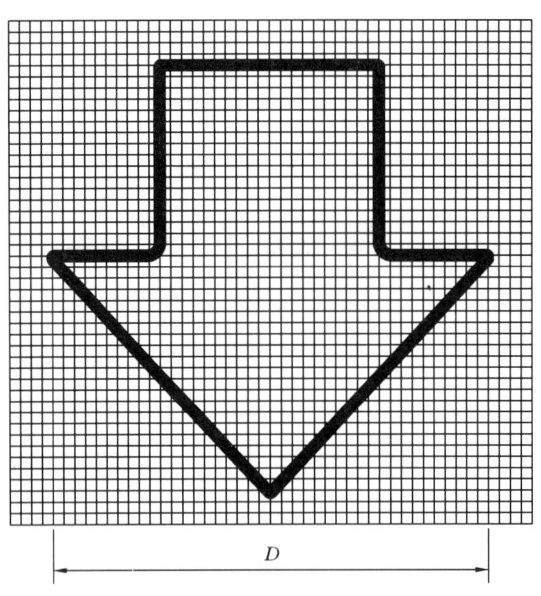

D

图 A2 重力方向

前　　言

本标准是根据 ISO 10578:1992《技术制图　定向和定位公差　延伸公差带》制定的，在技术内容上与 ISO 10578:1992 等效。

本标准规定了延伸公差带的用途、在图样上的标注方法及有关的示例。

本标准在等效采用 ISO 10578:1992 的同时，根据我国实际情况和有关标准的规定对个别内容进行了调整，主要有：

1. 将文中的“几何公差”改称为“形状和位置公差”；

2. 将国际标准中使用的基准符号改为我国标准规定的基准符号；

3. 将 ISO 10578:1992 附录 A 的 A2“延伸公差带的功能长度”提到正文中，以突出其重要性。

本标准由国家机械工业局提出。

本标准由全国形状和位置公差标准化技术委员会归口。

本标准起草单位：机械科学研究院、北京理工大学。

本标准主要起草人：周忠、刘巽尔。

ISO 前言

ISO(国际标准化组织)是一个世界范围的国家级标准化组织(ISO 成员)的联合会,国际标准的制定工作由 ISO 各技术委员会进行。每个成员组织,对某一主题的技术委员会感兴趣,就有权参加该委员会工作;其他与 ISO 协作的政府间或非政府间的国际组织也可以参加工作。ISO 与 IEC(国际电工委员会)在所有有关电工技术标准化的内容上进行密切合作。

由技术委员会提出的国际标准草案,散发给各成员组织,由各成员组织投票表决,至少需要 75%的赞成票才能作为国际标准公布。

ISO 10578:1992 由 ISO/TC 10 技术制图技术委员会起草。

中华人民共和国国家标准

形状和位置公差 延伸公差带及其表示法

GB/T 17773—1999
eqv ISO 10578:1992

Tolerancing of orientation and location
Projected tolerance zone

1 范围

本标准规定了延伸公差带的标注原则和图样表示方法。

2 引用标准

下列标准所包含的条文，通过在本标准中引用而构成为本标准的条文。本标准出版时，所示版本均为有效。所有标准都会被修订，使用本标准的各方应探讨使用下列标准最新版本的可能性。

GB/T 1182—1996 形状和位置公差 通则、定义、符号和图样表示法

3 定义

本标准采用 GB/T 1182 给出的定义。

4 通则

延伸公差带一般用于保证键和螺栓、螺柱、螺钉、销等紧固件在装配时避免干涉。

延伸公差带必须与形状和位置公差联合应用。

5 图样表示

延伸公差带采用符号Ⓟ表示，该符号应置于图样上公差框格中的形位公差值后面。

延伸公差带的最小延伸范围和位置应在图样上相应视图中用细双点划线表示，并标注相应的延伸尺寸及在该尺寸前加注符号Ⓟ，如图 1 所示。

国家质量技术监督局 1999-06-14 批准 1999-11-01 实施

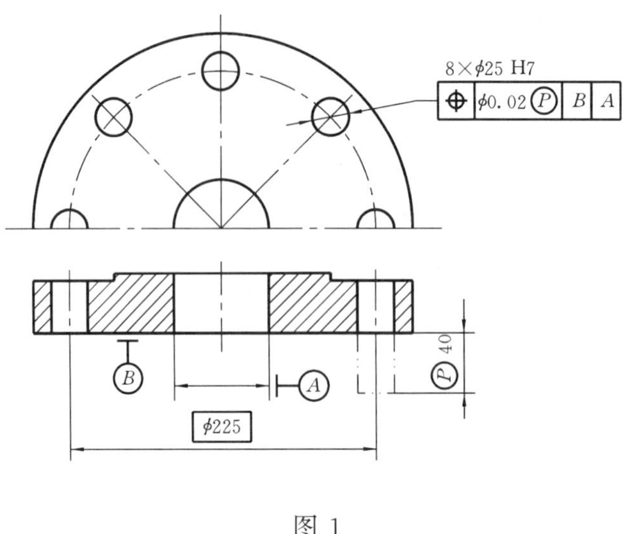

图 1

6 延伸公差带的功能长度

延伸公差带的功能长度应取最小值。当紧固件为螺钉时，其最小给定长度是被连接零件的最大允许厚度，如图 2a)所示；当紧固件为螺栓或销钉时，其最小给定长度是螺栓或销钉延伸部分的最大长度，如图 2b)和 c)所示。

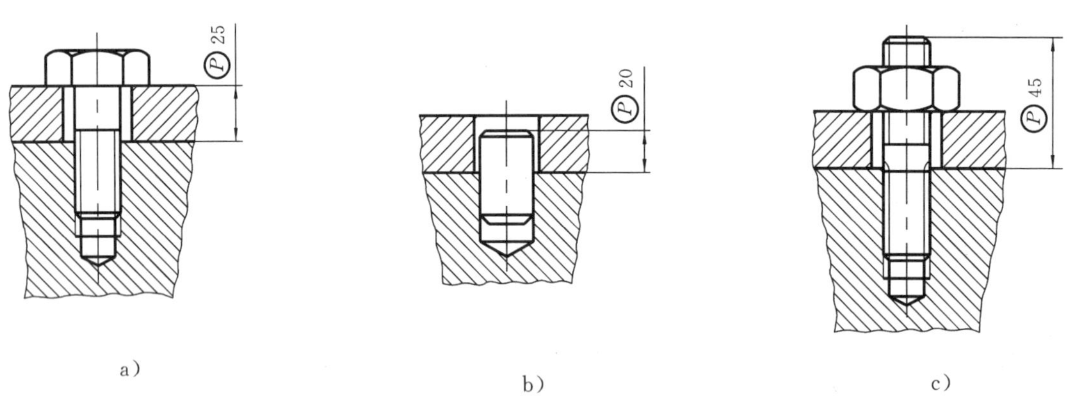

图 2

附 录 A

（提示的附录）

延伸公差带的应用示例

A1 如图 A1 所示，螺钉 3 通过零件 2 紧固于零件 1。

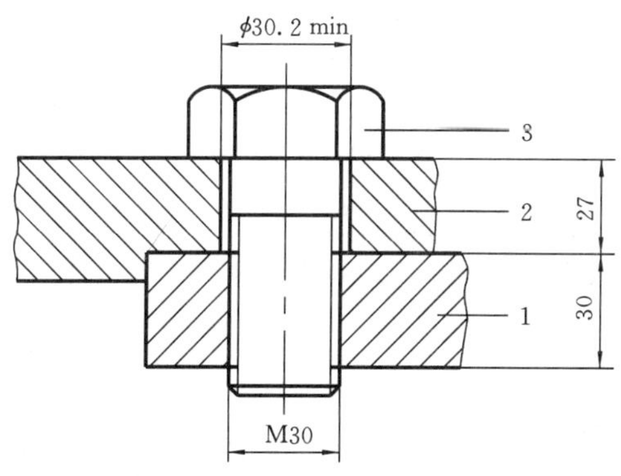

图 A1

对零件 1 的各项要求见图 A2，相应的解释见图 A3。

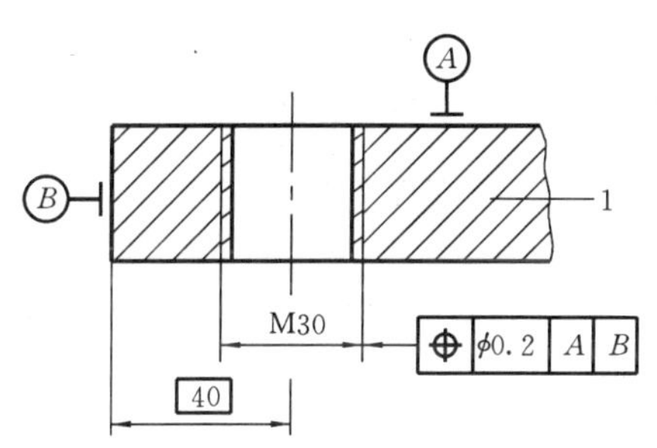

图 A2

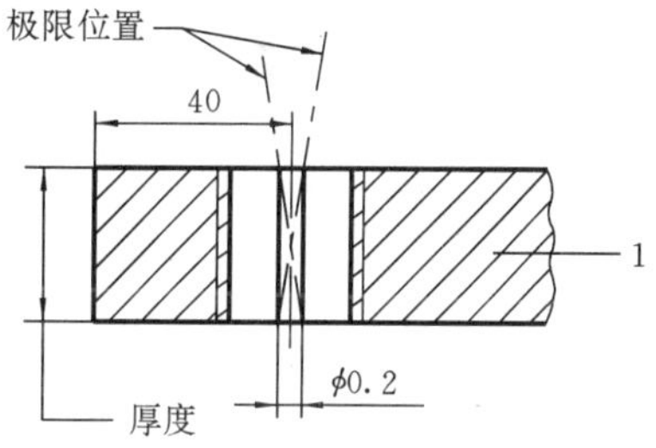

图 A3

零件 1 中螺钉轴线的位置如图 A4 所示，表示螺钉 3 已无法装入。

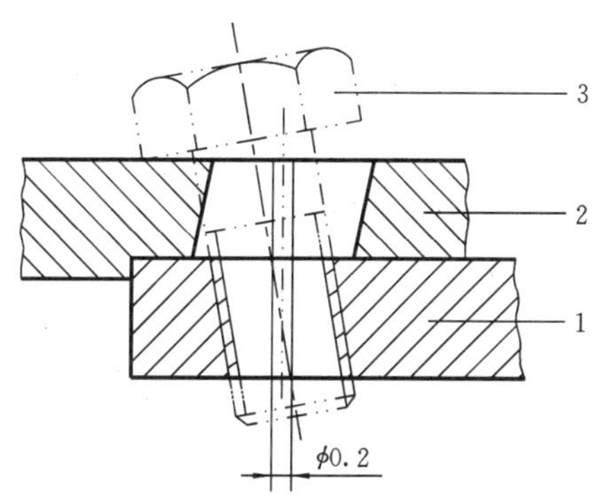

图 A4

此时可以有多种方法排除此现象：

——加大零件 2 中孔的尺寸，如图 A5 所示。但如果螺钉肩部和对中要求不允许，则不可行；

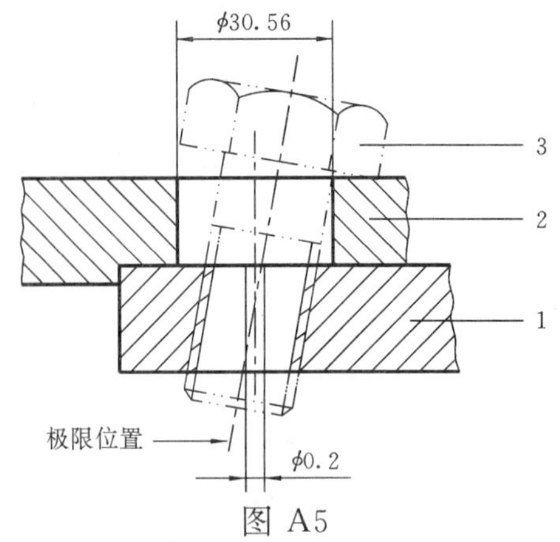

图 A5

——缩紧零件 1 的位置度公差，但将增加零件的制造成本；

——再增加一项公差要求，如垂直度，其公差值应小于位置度公差值，但也将增加制造成本；

——采用延伸公差带，如图 A6 所示。在保证装配的前提下允许最大的公差值，有关解释如图 A7 所示。

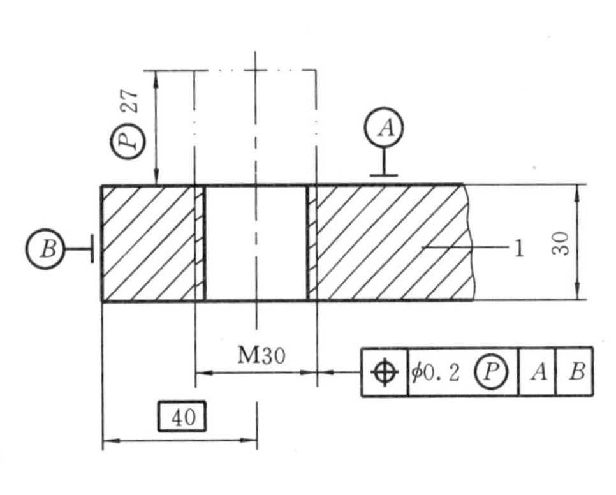

a)

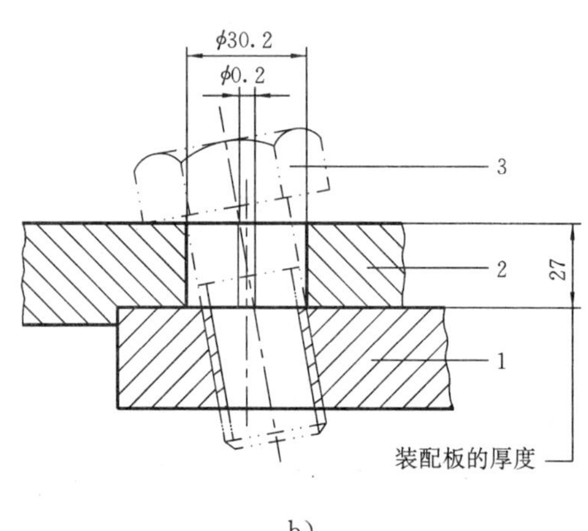

b)

图 A6

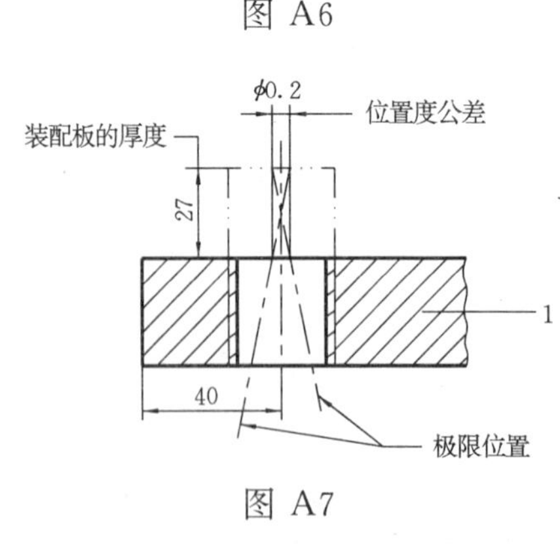

图 A7

ICS 01.100.20
J 04

中华人民共和国国家标准

GB/T 17851—2010
代替 GB/T 17851—1999

产品几何技术规范(GPS) 几何公差 基准和基准体系

Geometrical Product Specifications (GPS)—Geometrical tolerancing—Datums and datum system

(ISO 5459:1981, Technical drawings—Geometrical tolerancing—Datums and datum-systems for geometrical tolerances, MOD)

2011-01-10 发布 2011-10-01 实施

中华人民共和国国家质量监督检验检疫总局
中国国家标准化管理委员会 发布

前　言

本标准修改采用国际标准 ISO 5459:1981《技术制图　几何公差　基准和基准体系》(英文版)。

本标准在保持 ISO 5459:1981 的基本内容不变时,主要修改如下:

——标准名称增加引导要素:产品几何技术规范(GPS);

——标准的适用范围增加了采用基准要素的拟合组成要素或拟合导出要素建立基准时的情况;

——根据现行 GPS 标准,引用了方位要素、尺寸要素、组成要素、导出要素、拟合组成要素、拟合导出要素等术语定义;

——第 5 章"基准的应用"中增加了用基准要素的拟合要素建立基准的示例;

——增加了资料性附录 A"在 GPS 矩阵模型中的位置"。

本标准代替 GB/T 17851—1999《形状和位置公差　基准和基准体系》。本次修订除上述修改外,与 1999 版相比,还有如下变化:

——将"形状和位置公差"改为"几何公差";

——修改了基准的定义;

——修改了图 2 中基准要素的标注错误[本版的图 3a)];

——增加了 6.2 基准字母;

——增加了 7.1 基准目标符号。

本标准附录 A 为资料性附录。

本标准由全国产品几何技术规范标准化技术委员会提出并归口。

本标准起草单位:中机生产力促进中心、郑州大学、西安交通大学、中原工学院。

本标准主要起草人:李晓沛、张琳娜、赵卓贤、赵凤霞、赵则祥。

本标准所代替标准的历次版本发布情况为:

——GB/T 17851—1999。

产品几何技术规范(GPS)
几何公差　基准和基准体系

1　范围

本标准规定了几何公差的基准和基准体系的定义、在技术图样上的标注和在实际应用中的体现方法。

本标准适用于采用模拟基准要素和基准要素的拟合要素建立基准的基本规则。

2　规范性引用文件

下列文件中的条款通过本标准的引用而成为本标准的条款。凡是注日期的引用文件,其随后所有的修改单(不包括勘误的内容)或修订版均不适用于本标准,然而,鼓励根据本标准达成协议的各方研究是否可使用这些文件的最新版本。凡是不注日期的引用文件,其最新版本适用于本标准。

GB/T 1182　产品几何技术规范(GPS)几何公差　形状、方向、位置和跳动公差标注(GB/T 1182—2008,ISO 1101:2004,IDT)

GB/T 16671　产品几何技术规范(GPS)几何公差　最大实体要求、最小实体要求和可逆要求(GB/T 16671—2009,ISO 2692:2006,MOD)

GB/T 18780.1—2002　产品几何量技术规范(GPS)几何要素　第1部分:基本术语和定义(ISO 14660-1:1999,IDT)

GB/Z 20308　产品几何技术规范(GPS)总体规划(GB/Z 20308—2006,ISO/TR 14638:1995,MOD)

GB/Z 24637.1—2009　产品几何技术规范(GPS)通用概念　第1部分:几何规范和验证的模式(ISO/TS 17450-1:2005,IDT)

3　术语和定义

GB/T 1182、GB/T 16671、GB/T 18780.1—2002 和 GB/Z 24637.1—2009 中确立的以及下列术语和定义适用于本标准。

3.1

方位要素　situation feature

能确定要素方向和/或位置的点、直线、平面或螺旋线类要素。

[GB/Z 24637.1—2009,定义3.26]

3.2

尺寸要素　feature of size

由一定大小的线性尺寸或角度尺寸确定的几何形状。

注:尺寸要素可以是圆柱形、球形、两平行对应面、圆锥形或楔形。

[GB/T 18780.1—2002,定义2.2]

3.3

基准　datum

用来定义公差带的位置和/或方向或用来定义实体状态的位置和/或方向(当有相关要求时,如最大实体要求)的一个(组)方位要素。

3.4

基准体系　datum system

由两个或三个单独的基准构成的组合用来确定被测要素几何位置关系。

3.5

基准要素　datum feature

零件上用来建立基准并实际起基准作用的实际(组成)要素(如:一条边、一个表面或一个孔)。

注:由于基准要素的加工存在误差,因此在必要时应对其规定适当的形状公差。

3.6

模拟基准要素　simulated datum feature

在加工和检测过程中用来建立基准并与实际基准要素相接触,且具有足够精度的实际表面(如一个平板、一个支撑或一根心棒)。

注:模拟基准要素是基准的实际体现。

3.7

基准目标　datum target

零件上与加工或检验设备相接触的点、线或局部区域,用来体现满足功能要求的基准。

3.8

组成要素　integral feature

面或面上的线。

注:组成要素是有定义的。

[GB/T 18780.1—2002,定义 2.1.1]

3.9

导出要素　derived feature

由一个或几个组成要素得到的中心点、中心线或中心面。

例如:

1)　球心是由球面得到的导出要素,该球面为组成要素。

2)　圆柱的中心线是由圆柱面得到的导出要素,该圆柱面为组成要素。

[GB/T 18780.1—2002,定义 2.1.2]

3.10

拟合组成要素　associated integral feature

按规定的方法由提取组成要素形成的并具有理想形状的组成要素。

[GB/T 18780.1—2002,定义 2.6]

3.11

拟合导出要素　associated derived feature

由一个或几个拟合组成要素导出的中心点、轴线或中心平面。

[GB/T 18780.1—2002,定义 2.6.1]

4　基准的建立

由于基准要素存在加工误差,它们通常表现为中凹、中凸或锥形等误差,此时可选用下列方法建立基准。

4.1　以一个组成要素做基准

例如:以一条直线或一个平面作为基准,如图 1 所示。

采用模拟基准要素建立基准时,将基准要素放置在模拟基准要素(如平板)上,并使它们之间的最大距离为最小。若基准要素相对于接触表面不能处于稳定状态时,应在两表面之间加上距离适当的支承。

对于线，就用两个支承，如图 1a)所示；对于平面则应使用三个支承。

采用基准要素的拟合要素建立基准时，如图 1b)所示，基准是拟合于基准要素的拟合组成要素。

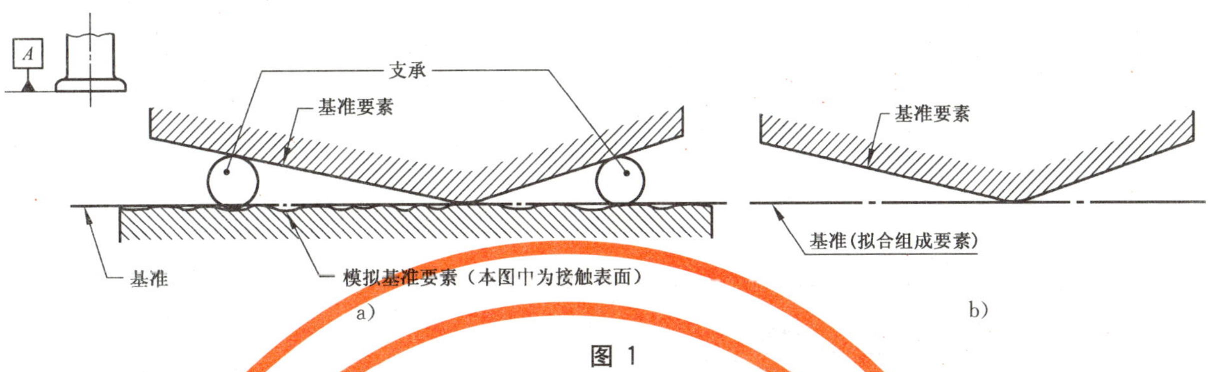

图 1

4.2 以一个导出要素做基准

例如：以一个圆柱面的轴线作为基准，如图 2 所示。

采用模拟基准要素建立基准(如心棒)，体现的是基准孔的最大内接圆柱面，基准即该圆柱面的轴心，此时圆柱面在任何方向的可能摆动量应均等，如图 2a)所示。

采用基准要素的拟合要素建立基准时，基准是基准要素(实际孔)的拟合组成要素的导出要素(轴线)，如图 2b)所示。

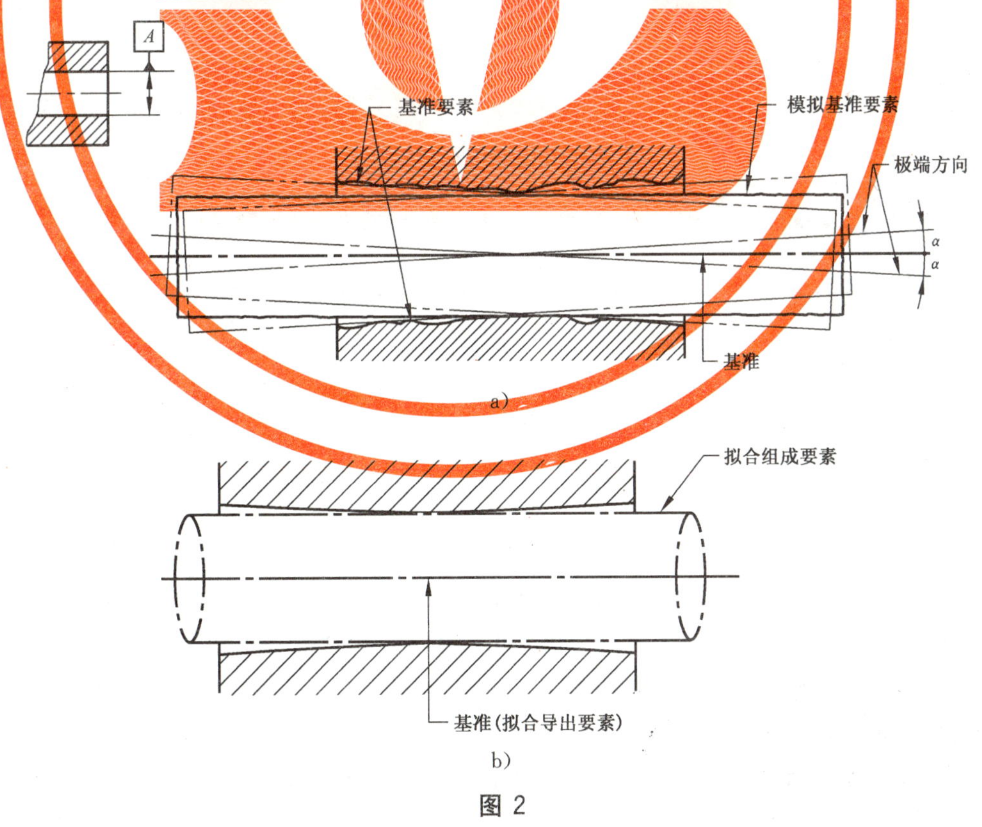

图 2

4.3 以公共导出要素做基准

例如：以两个或两个以上的基准要素的公共导出要素作为基准，如图 3 所示。

采用模拟基准要素建立基准时，基准是同轴的两个模拟基准孔的最小外接圆柱面的公共轴线，如图 3a)所示。

采用基准要素的拟合要素建立基准时，基准是基准要素 A、B 的拟合导出要素的公共轴线，如图 3b)所示。

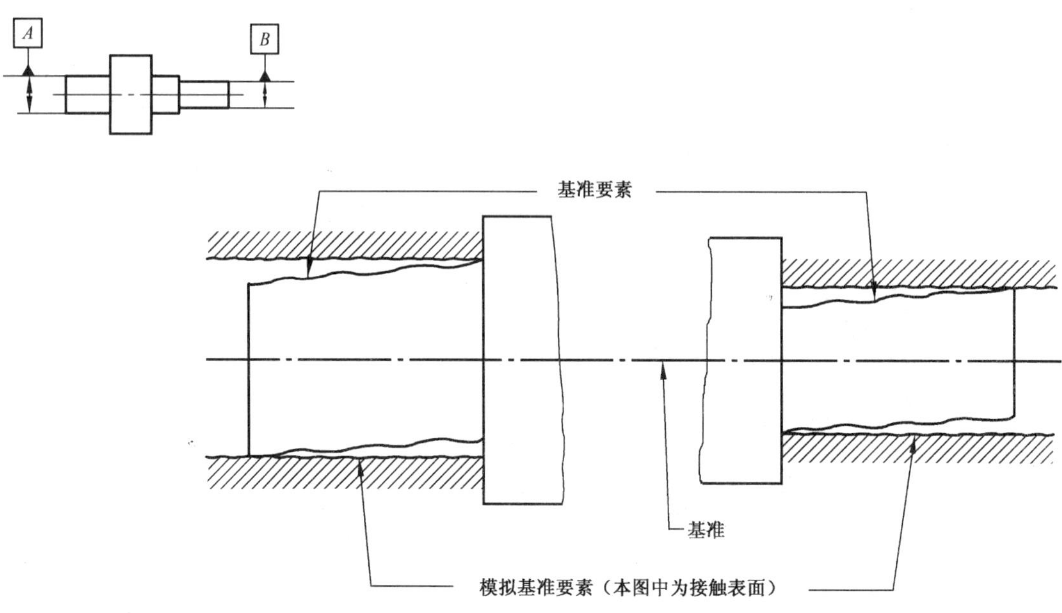

a)

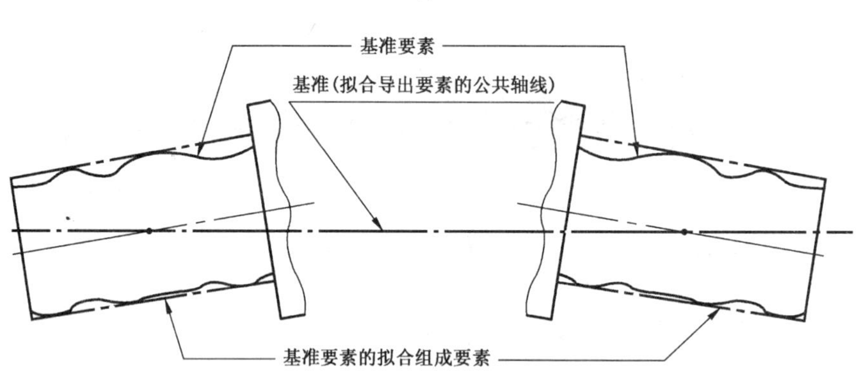

b)

图 3

4.4 以垂直于一个平面的一个圆柱面的轴线做基准

以平面基准 A 和垂直于 A 平面的圆柱面的轴线为基准 B 组成的基准体系，如图 4 所示。

图 4a)中，基准 A 是模拟基准要素建立的平面基准。基准 B 是垂直于基准 A 的最大内接圆柱面(模拟基准轴)的导出要素(轴线)。

图 4b)中，基准 A 是基准要素 A 的拟合组成要素。基准 B 是基准要素 B 的垂直于基准 A 的最大内接圆柱面的拟合导出要素(轴线)。

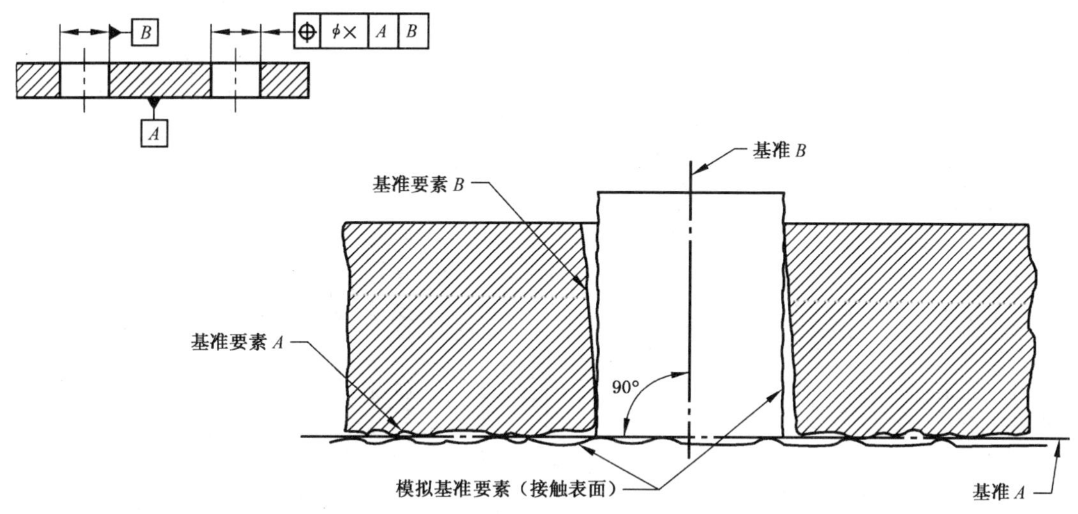

a)

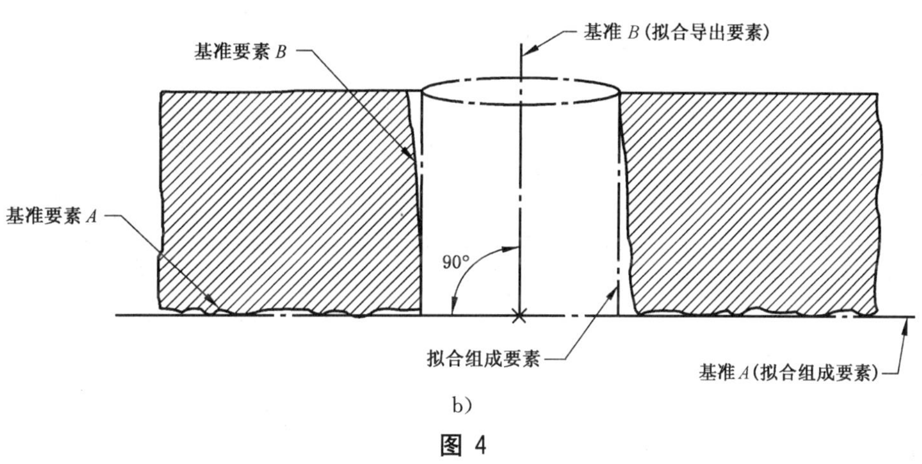

b)

图 4

注：在上述示例中，基准 A 是第一基准，基准 B 是第二基准。

5 基准的应用

基准是用来描述方位要素间方位特征的基础。相应的基准要素和模拟基准要素的特性应与功能要求相适应。

表 1 示例给出：

——基准在技术图样上的标注；

——基准要素；

——如何用模拟基准要素(方法Ⅰ)和基准要素的拟合组成要素或拟合导出要素(方法Ⅱ)来建立基准。

表 1 基准的应用示例

序号	基准	基准要素	基准的建立	
			方法Ⅰ	方法Ⅱ
1-1	基准：点，一个球的球心 A Sφ	实际表面	模拟基准要素＝V型块上四个接触点（体现最小外接球） 基准＝最小外接球的球心	基准＝拟合导出要素（球心） 拟合组成要素＝最小外接球
1-2	基准：点，一个圆的圆心 A	圆的实际轮廓	模拟基准要素＝最大内接圆 基准＝最大内接圆的圆心	拟合组成要素＝最大内接圆 基准＝拟合导出要素（圆心）
1-3	基准：点，一个圆的圆心 A	圆的实际轮廓	模拟基准要素＝最小外接圆 基准＝最小外接圆的圆心	拟合组成要素＝最小外接圆 基准＝拟合导出要素（圆心）
1-4	基准：线，一个孔的轴线 A	实际表面	模拟基准要素＝最大内接圆柱 基准＝最大内接圆柱的轴线	拟合组成要素＝最大内接圆柱面 基准＝拟合导出要素（轴线）
1-5	基准：线，一根轴的轴线 B	实际表面	模拟基准要素＝最小外接圆柱 基准＝最小外接圆柱的轴线	拟合组成要素＝最小外接圆柱面 基准＝拟合导出要素（轴线）

表 1（续）

序号	基准	基准要素	基准的建立	
			方法Ⅰ	方法Ⅱ
1-6	基准：平面，一个零件的表面 A	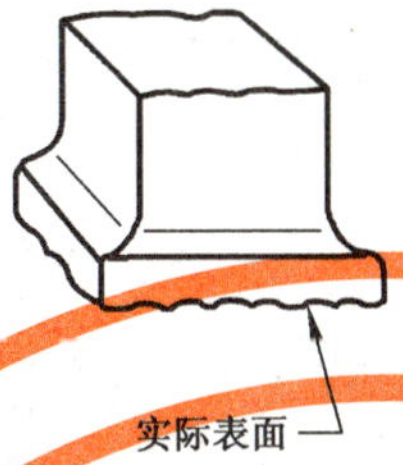 实际表面	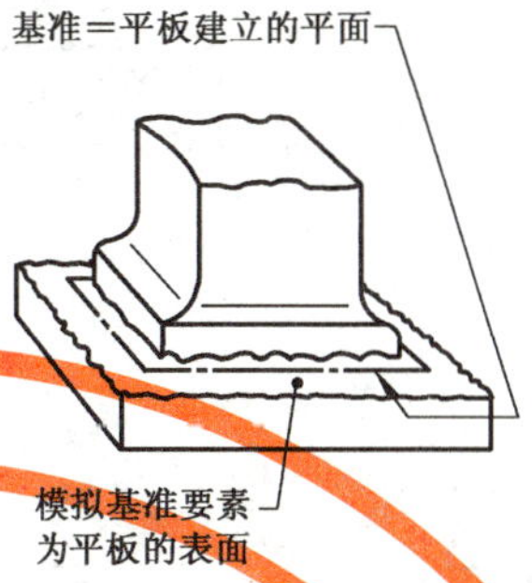 基准＝平板建立的平面 模拟基准要素为平板的表面	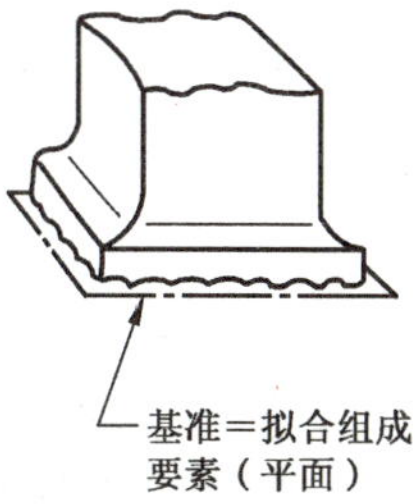 基准＝拟合组成要素（平面） 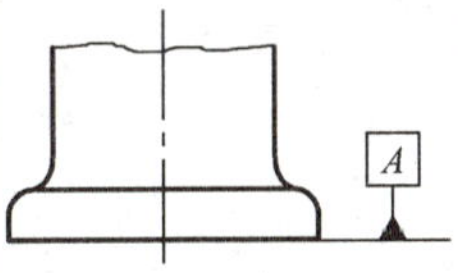
1-7	基准：中心面，一个零件上的两个表面的中心平面 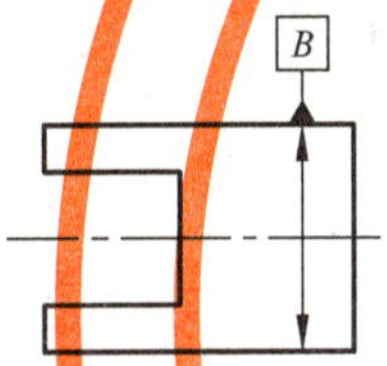 B	 实际表面	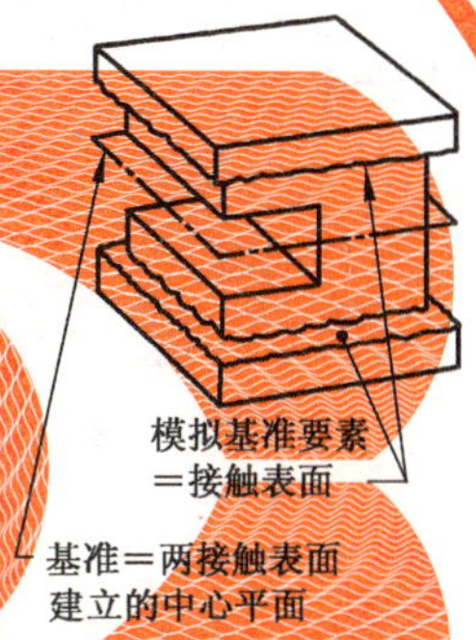 模拟基准要素＝接触表面 基准＝两接触表面建立的中心平面	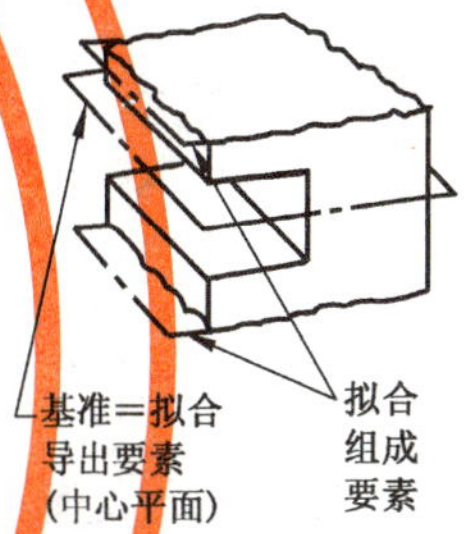 基准＝拟合导出要素（中心平面） 拟合组成要素

6 基准和基准体系的标注

6.1 基准符号

有关基准符号的组成和画法见 GB/T 1182。

6.2 基准字母

用以建立基准的表面通过一个位于基准符号内大写字母来表示。

注 1：一个字母名义上指明一个表面或一个尺寸要素。

注 2：建议不要用字母 I，O，Q 和 X。

注 3：如果一个大的图用完了字母表中的字母，或如果对图的理解有益，也可连续重复用同样的字母。例如：BB，CCC 等。为了便于标准的阅读，在本标准以下部分中仅用一个字母。

6.3 基准和基准体系在公差框格中的表示

6.3.1 由单一要素表示的基准

当基准由单一要素表示时，该基准应在公差框格的第三格中用相应的单个大写的拉丁字母标出，如图 5 所示。

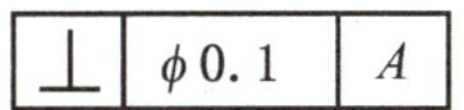

图 5

6.3.2 由两个或多个要素表示的公共基准

当公共基准由两个或多个要素表示时，该基准应在公差框格的第三格中用被短划线分开的两个或多个字母标出，如图6和图7所示。

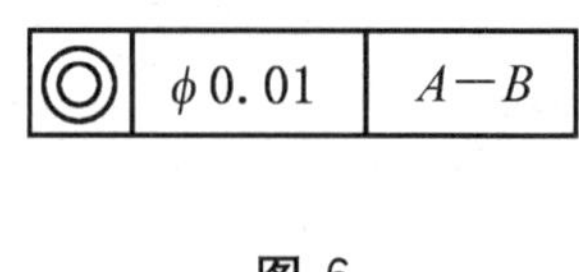

图 6

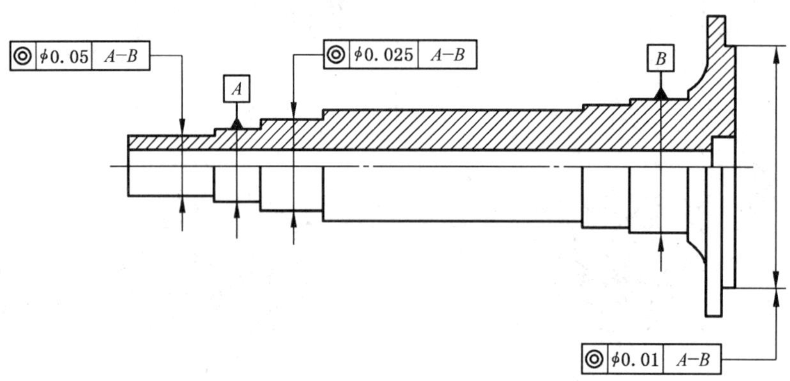

图 7

6.3.3 由两个或三个要素建立的基准体系

当一个基准体系由两个或三个要素建立时，它们的基准代号字母应按各基准的优先顺序在公差框格的第三格到第五格中依次标出。序列中的第一个基准被称作“第一基准”，第二个被称为“第二基准”，第三个被称为“第三基准”，如图8所示。

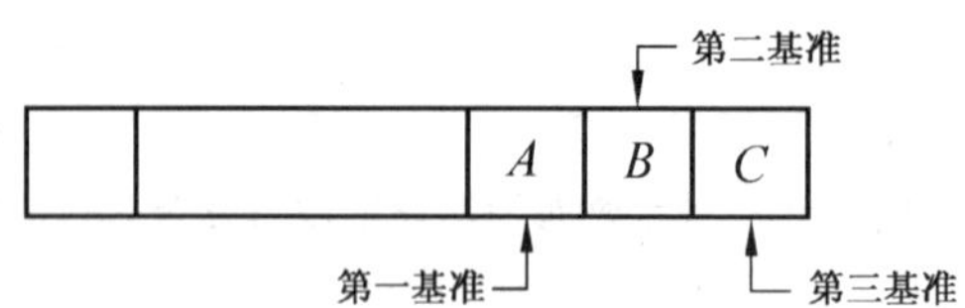

图 8

当在三基面体系中需要用基准目标时，应遵守如下规定：

第一基准：3个基准目标(点或局部区域)；

第二基准：2个基准目标(点或局部区域)；

第三基准：1个基准目标(点或局部区域)。

在图样上标注的基准的顺序对实际控制结果影响很大，如图9和图10所示。其实际控制结果分别如图11a)和b)所示。

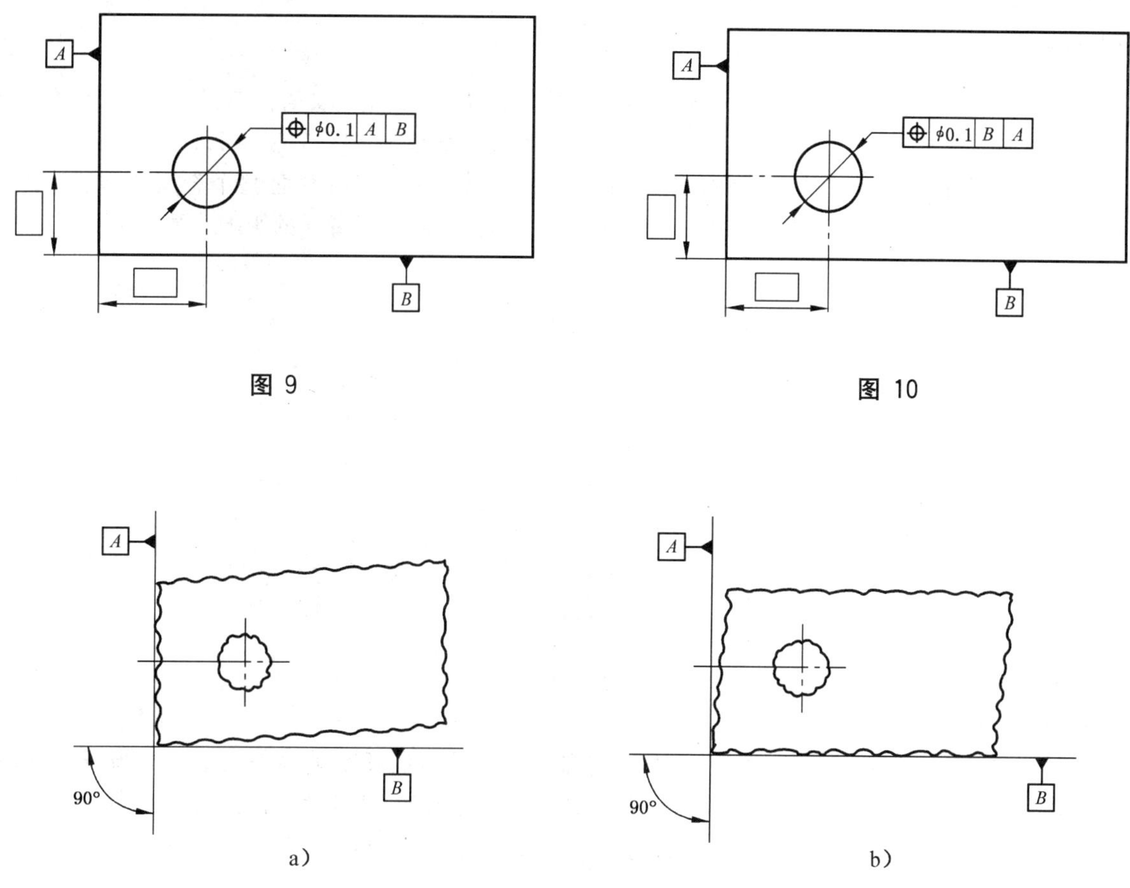

图 9

图 10

a)

b)

图 11

6.4 综合示例

综合标注示例如图 12 所示。

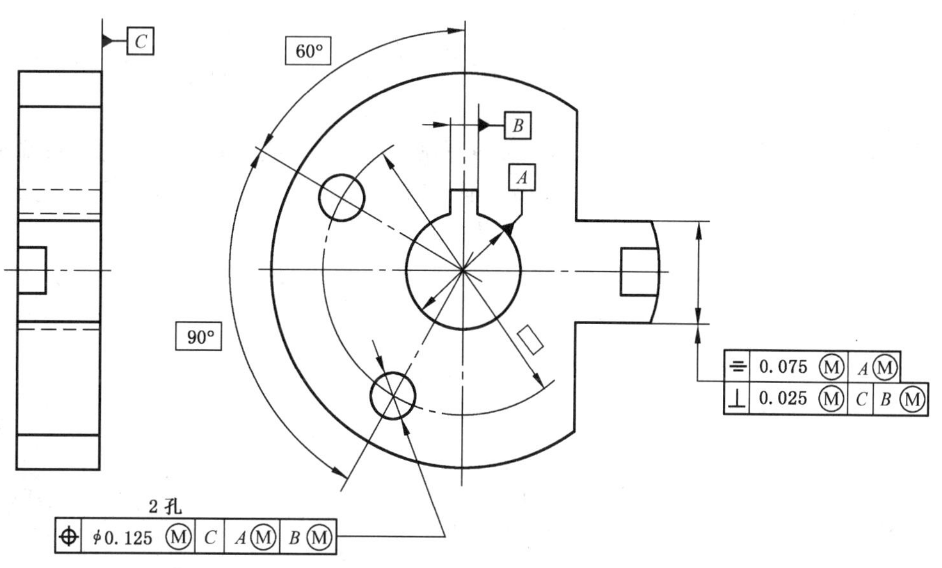

图 12

7 基准目标

就一个表面而言，基准要素可能大大偏离其理想形状，所以若用整个表面做基准要素，则会在加工或检测过程中带来较大的误差，或缺乏再现性，如图 13 所示。因此，需要引入基准目标。

在规定基准目标之前，需要考虑零件的功能是否会由于采用基准目标代替整个表面来构成基准而受到损害。此时，应考虑到可能发生的相对于理想形状和位置的误差所带来的影响。

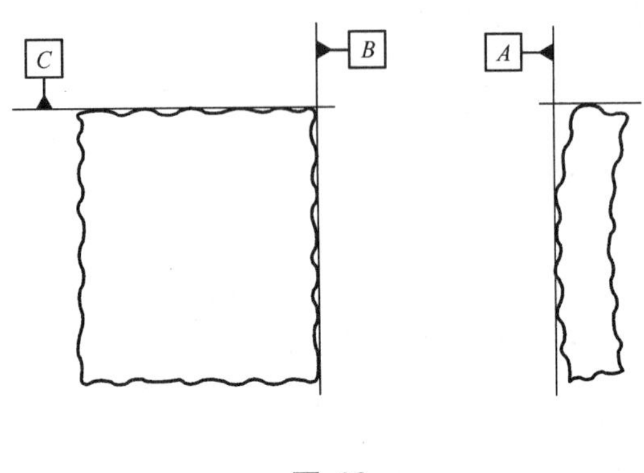

图 13

7.1 基准目标符号

基准目标用基准目标符号表示，如图 14 所示。基准目标符号的圆圈被一个水平线分为两部分，圆圈下部分为一个指明基准目标的字母和数字（从 1 到 n）；上部分为一些附加的信息，例如：基准目标区域的尺寸。当部分面隐藏时，导向线的隐藏部分或参考线应该变为虚线并且以空心圆点结束。

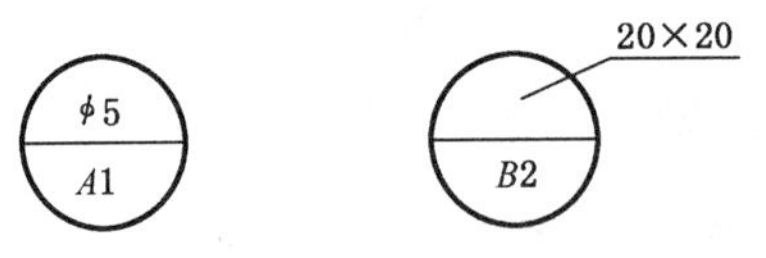

图 14

用以建立基准的基准目标的类型是：

——一个点，该点用一个十字叉"×"表示。基准目标符号通过带箭头的指引线连到该十字叉上（见图 15）；

——一条线，该线通过两个十字叉"×"并用细实线相连来表示，基准目标符号通过带箭头的指引线连在该线上（见图 16），这条线可以是直线或一条任何形状的线。如果线是封闭的，此时两个十字叉可以省略不画。

——一个区域，该区域用双点画线绘出，并用画上与水平成 45°细实线的图形来表示。基准目标符号通过带箭头的指引线与该区域相连（见图 17）。

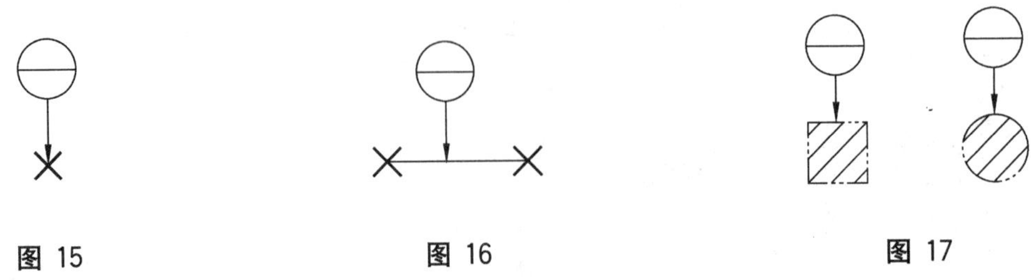

图 15　　图 16　　图 17

7.2 基准目标的应用

基准目标的应用示例如图 18 所示。

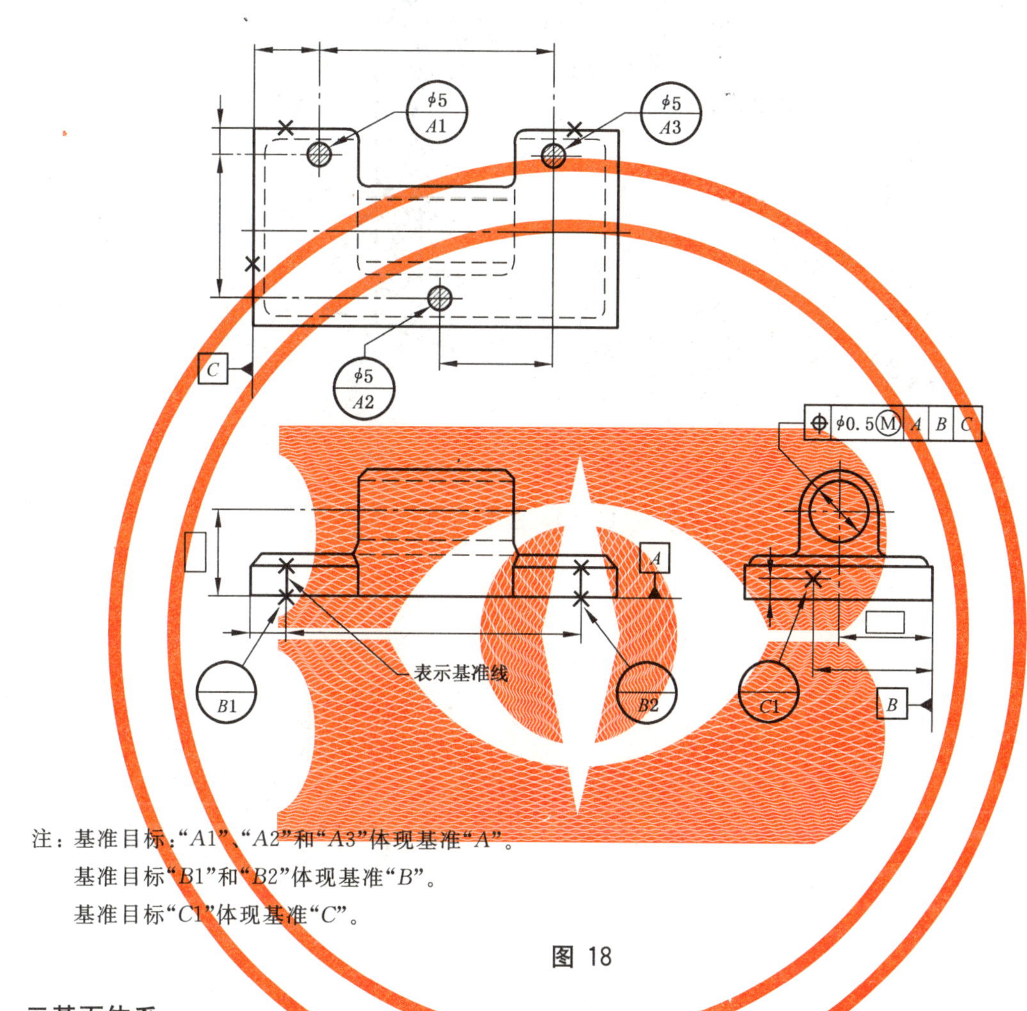

注：基准目标："A1"、"A2"和"A3"体现基准"A"。

基准目标"B1"和"B2"体现基准"B"。

基准目标"C1"体现基准"C"。

图 18

8 三基面体系

定向公差通常仅需一个或两个基准，而定位公差则常需由三个相互垂直的平面组成的三基面体系，此时根据功能要求确定各基准的先后顺序。如图 19 所示。

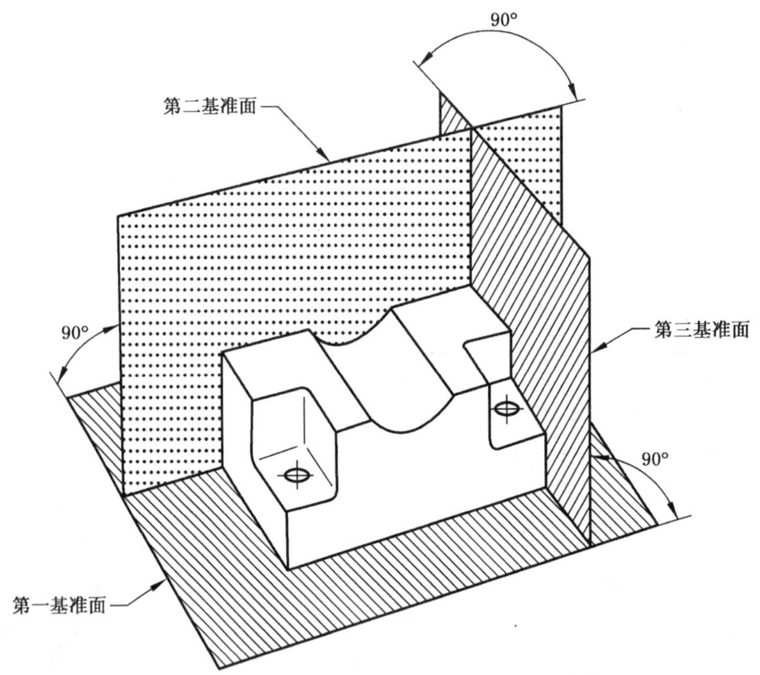

图 19

附 录 A
（资料性附录）
在 GPS 矩阵模型中的位置

GPS 矩阵模型参见 GB/Z 20308—2006。

A.1 本标准的信息及其应用

本标准规定了基准和基准体系的有关定义、在技术图样上的标注方法和在实际中的体现方法。

A.2 在 GPS 矩阵模型中的位置

本标准是 GPS 通用标准，影响 GPS 通用标准矩阵中有关基准链的第 1、2 和第 3 链环，如图 A.1 所示。

GPS 基础标准

GPS 综合标准

GPS 通用标准						
链环号	1	2	3	4	5	6
尺寸						
距离						
半径						
角度						
与基准无关的线形状						
与基准相关的线形状						
与基准无关的面形状						
与基准相关的面形状						
方向						
位置						
圆跳动						
全跳动						
基准						
粗糙度轮廓						
波纹度轮廓						
厚始轮廓						
表面缺陷						
棱边						

图 A.1

A.3 相关的标准

相关的标准为图 A.1 所示标准链涉及的标准。

前　　言

本标准是根据ISO 1660:1982《技术制图　几何公差　轮廓的尺寸和公差注法》制定的，在技术内容上与ISO 1660:1982等效，编写格式按GB/T 1.1—1993。

本标准规定了对零件的复杂形状轮廓进行尺寸和公差标注的方法。

本标准在等效采用ISO 1660:1982的同时，根据我国实际情况和有关标准的规定对个别内容进行了调整和修改，主要有：

1　将文中的“几何公差”改称为“形状和位置公差”；

2　将文中国际标准使用的基准符号改为我国标准规定的基准符号；

3　对ISO 1660:1982中图5中的基准标注进行了修改。

4　将4.1中根据近年来国际标准增加的新内容补充了“或最小实体要求”。

本标准由国家机械工业局提出。

本标准由全国形状和位置公差标准化技术委员会归口。

本标准起草单位：机械标准化研究所。

本标准主要起草人：周忠、王欣玲。

ISO 前言

ISO(国际标准化组织)是一个世界范围的国家级标准化组织(ISO 成员)的联合会,国际标准的制定工作由 ISO 各技术委员会进行。每个成员组织,对某一主题的技术委员会感兴趣,就有权参加该委员会工作;其他与 ISO 协作的政府间或非政府间的国际组织也可以参加工作。ISO 与 IEC(国际电工委员会)在所有有关电工技术标准化的内容上进行密切合作。

由技术委员会提出的国际标准草案散发给各成员组织,由各成员组织投票表决,至少需要 75%的赞成票才能作为国际标准公布。

ISO 1660 由 ISO/TC10“技术制图　产品定义和有关技术文件”技术委员会起草。

中华人民共和国国家标准

形状和位置公差 轮廓的尺寸和公差注法

GB/T 17852—1999
eqv ISO 1660:1982

Geometrical tolerancing—Tolerancing of profile

1 范围

本标准规定了对轮廓(仅在一个二维平面上的轮廓)进行尺寸和公差标注的基本方法。本标准是对GB/T 1182中有关内容的细化和补充。

2 引用标准

下列标准所包含的条文,通过在本标准中引用而构成为本标准的条文。本标准出版时,所示版本均为有效。所有标准都会被修订,使用本标准的各方应探讨使用下列标准最新版本的可能性。

GB/T 1182—1996 形状和位置公差 通则、定义、符号和图样表示法

3 轮廓的尺寸注法

3.1 可用下列方法之一标注轮廓的尺寸。

3.1.1 逐次给出各曲线部分的曲率半径和足够数量的尺寸,以确定曲线各相应组成部分的位置,如图1所示。

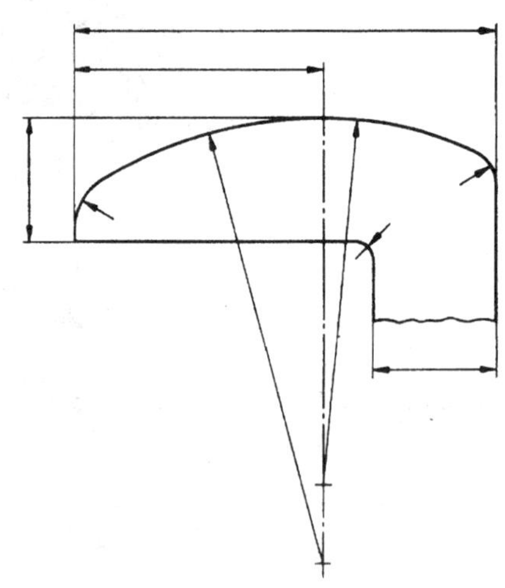

图 1

3.1.2 在轮廓上选取足够数量的点,给出各点的线性坐标尺寸或极坐标尺寸,如图2和图3所示。

3.2 选择上述任何一种方法,必要时可给出与随动件相联系的尺寸,该尺寸应在图样上注明,如图3所示。

国家质量技术监督局 1999-09-03 批准　　2000-03-01 实施

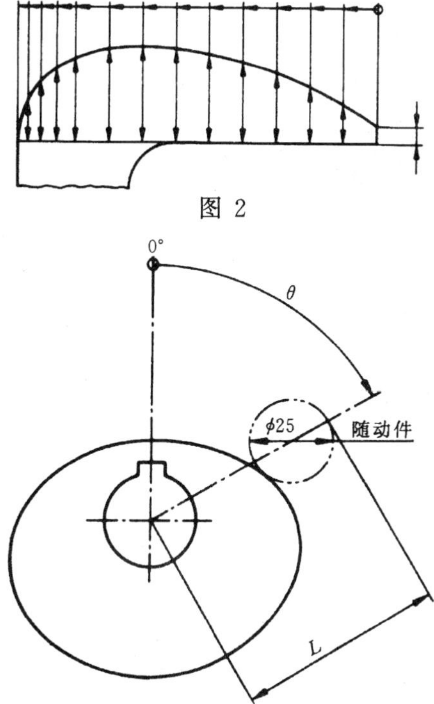

图 2

θ	0°	20°	40°	60°	80°	100°	120°～210°
L	50	52.5	57	63.5	70	74.5	76
θ	230°	260°	280°	300°	320°	340°	
L	75	70	65	59.5	55	52	

图 3

4 公差的表示

轮廓尺寸的公差可由下列方法之一给出，实际轮廓必须控制在给定的公差带内。

4.1 方法 I

公差带平均配置于由理论正确尺寸确定的理想轮廓的两边。在理想轮廓上任一点的法线方向测量时，公差带的宽度都相等。如图 4 和图 5 所示。

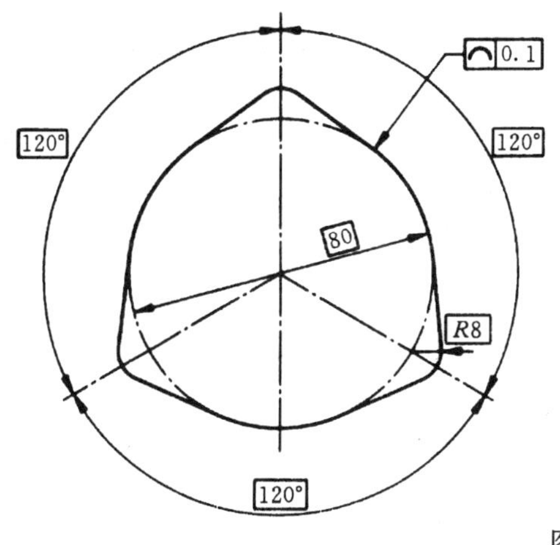

图 4

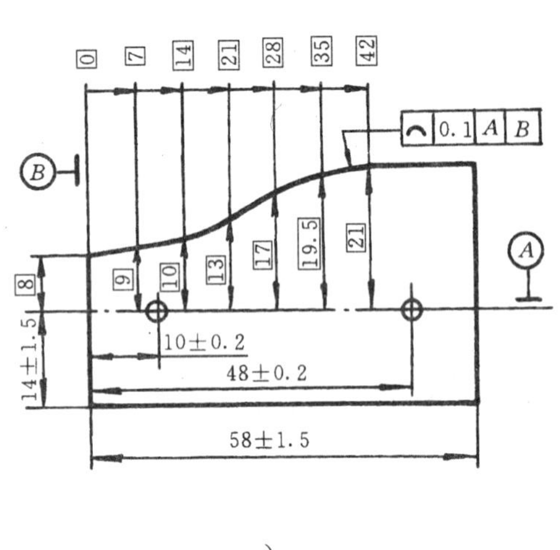

a)

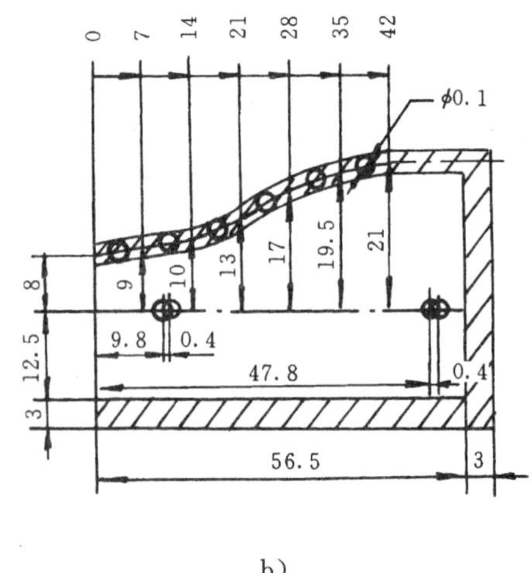

b)

图 5

此时公差带的位置可能与要求应用最大实体要求或最小实体要求的基准要素有关。

4.2 方法Ⅱ

将横(或纵)坐标方向的各尺寸用理论正确尺寸的形式标注,对另一坐标方向的各尺寸则直接注出尺寸公差,如图 6 和图 7 所示。

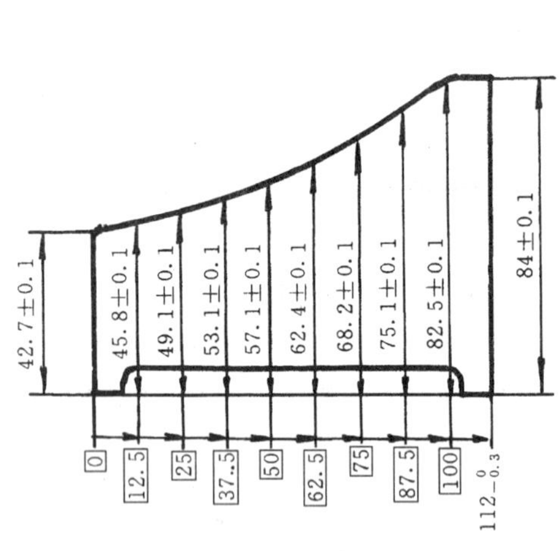

a)

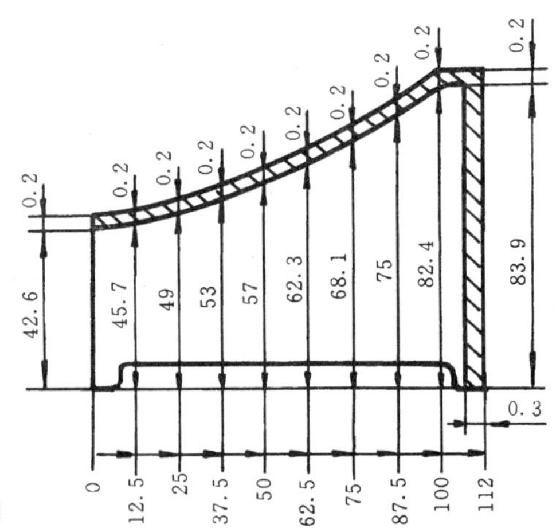

b)

图 6

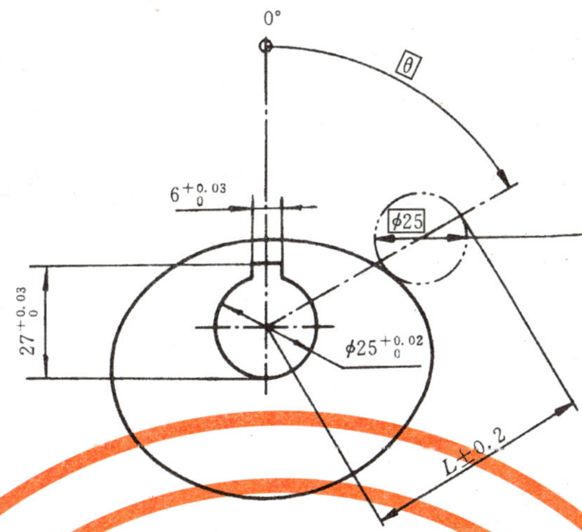

θ	0°	20°	40°	60°	80°	100°	120°～210°	230°	260°	280°	300°	320°	340°
L	50	52.5	57	63.5	70	74.5	76	75	70	65	59.5	55	52

a)

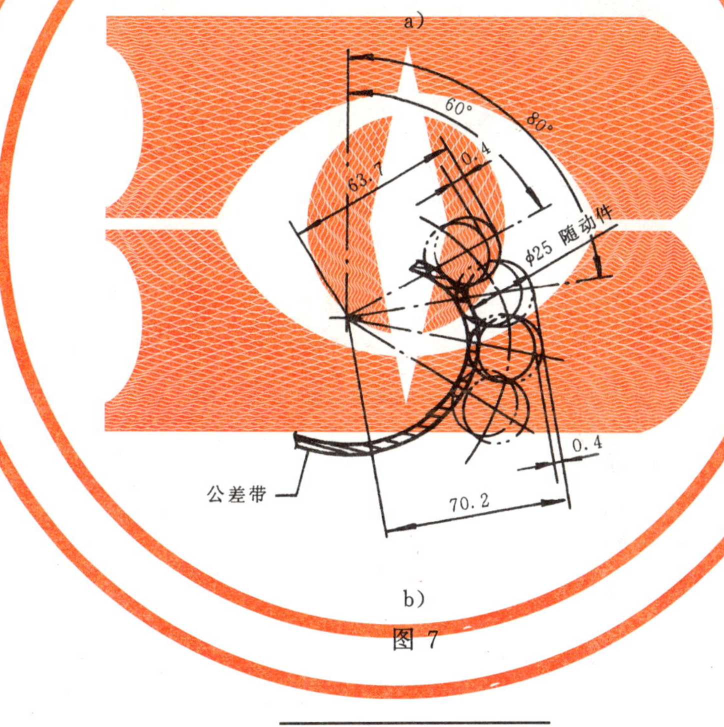

b)

图 7

ICS 17.040.10
J 04

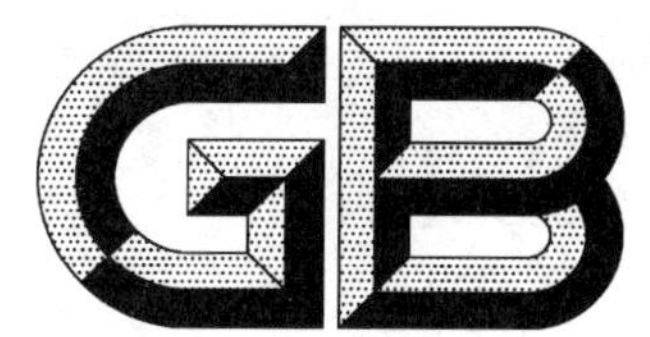

中华人民共和国国家标准化指导性技术文件

GB/Z 24638—2009

产品几何技术规范(GPS) 线性和角度尺寸与公差标注:+/- 极限规范 台阶尺寸、距离、角度尺寸和半径

Geometrical Product Specifications (GPS)—Linear and angular dimensioning and tolerancing: +/- limit specifications—Step dimensions, distances, angular sizes and radii

2009-11-15 发布　　2010-09-01 实施

中华人民共和国国家质量监督检验检疫总局
中国国家标准化管理委员会　发布

前　言

本指导性技术文件的附录 A 和附录 B 均为资料性附录。

本指导性技术文件由全国产品尺寸和几何技术规范标准化技术委员会提出并归口。

本指导性技术文件起草单位:中机生产力促进中心、中原工学院、西安交通大学。

本指导性技术文件主要起草人:李晓沛、赵则祥、乔雪涛、赵卓贤。

产品几何技术规范(GPS) 线性和角度尺寸与公差标注:+/- 极限规范 台阶尺寸、距离、角度尺寸和半径

1 范围

本指导性技术文件规定了功能只与两个要素相关时的台阶尺寸、距离、角度尺寸和半径的±极限规范。

本指导性技术文件仅适用于标注有“GB/Z 24638”的图样。

2 规范性引用文件

下列文件中的条款通过本指导性技术文件的引用而成为本指导性技术文件的条款。凡是注日期的引用文件,其随后所有的修改单(不包括勘误的内容)或修订版均不适用于本指导性技术文件,然而,鼓励根据本指导性技术文件达成协议的各方研究是否可使用这些文件的最新版本。凡是不注日期的引用文件,其最新版本适用于本指导性技术文件。

GB/T 1182 产品几何技术规范(GPS) 几何公差 形状、方向、位置和跳动公差标注(GB/T 1182—2008,ISO 1101:2004,IDT)

GB/T 18780.1 产品几何量技术规范(GPS) 几何要素 第1部分:基本术语和定义(GB/T 18780.1—2002,ISO 14660-1:1999,IDT)

GB/Z 24637.1 产品几何技术规范(GPS) 通用概念 第1部分:几何规范和验证的模式(GB/Z 24637.1—2009,ISO/TS 17450-1:2005,IDT)

3 术语和定义

ISO 129-1、GB/T 1182、GB/T 18780.1 和 GB/Z 24637.1 确立的术语和定义适用于本指导性技术文件。

4 线性尺寸标注

4.1 概述

线性尺寸标注适用于两理想要素之间注有公差的尺寸和距离,否则,应用 GB/T 1182 的要求。

4.2 两平行平面间的距离尺寸标注(台阶尺寸标注)

台阶尺寸是指实体之外朝向相同的两平行平面(组成要素)之间的距离(见图1)。

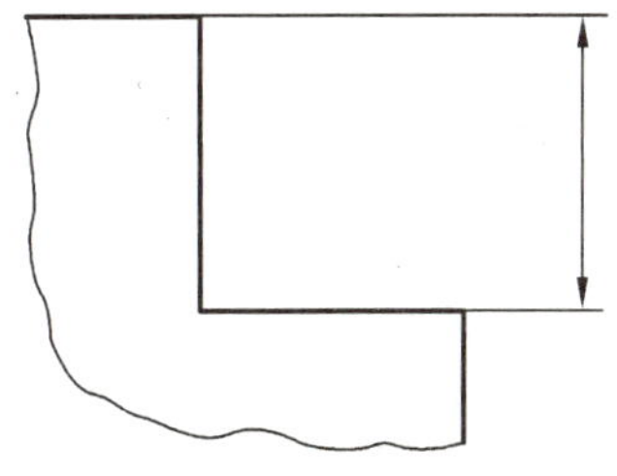

图1 台阶尺寸

两平行平面中的一个平面作为评定基面。

对于本指导性技术文件,台阶尺寸是指评定基面与另一面相接触且平行于评定基面的拟合平面之

间的距离(见图 2)。

评定基面是一个进行任何移动其方位均不变化的接触平面。

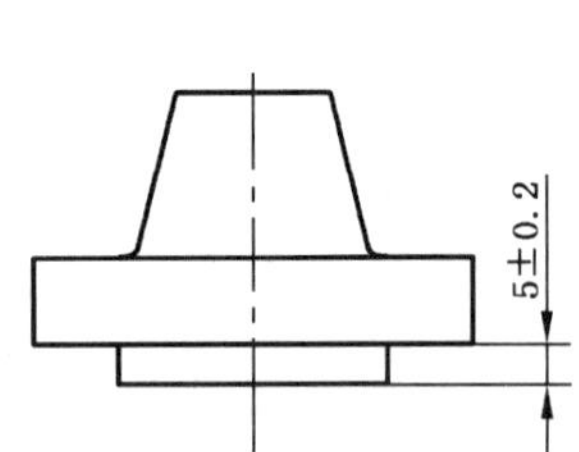

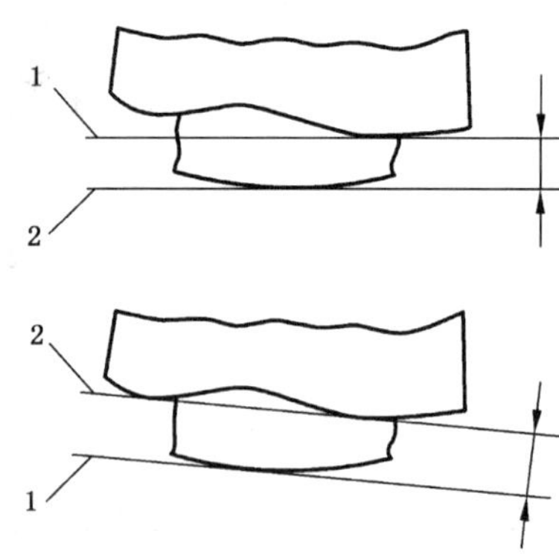

1——接触拟合平面；

2——评定基面。

a) 图样标注　　　　b) 解释(两个平面分别作为评定基面时的情形)

图 2　依照 ISO 129 标注的没有起始符号的台阶尺寸

在依照 ISO 129 对单一要素尺寸标注起始符号时,用该要素作为参照要素(见图 3)。当没有标注起始符号(两端具有箭头的尺寸线)时,两个要素可分别作为参照要素。

注 1：两个要素的形状和方向受单独标注的几何公差或一般形状公差(如平面度)和方向公差(如平行度、垂直度)控制。

注 2：台阶尺寸标注的定义符合装配的功能要求。

注 3：台阶尺寸标注的概念不同于 4.3 中的距离尺寸标注的其他概念。

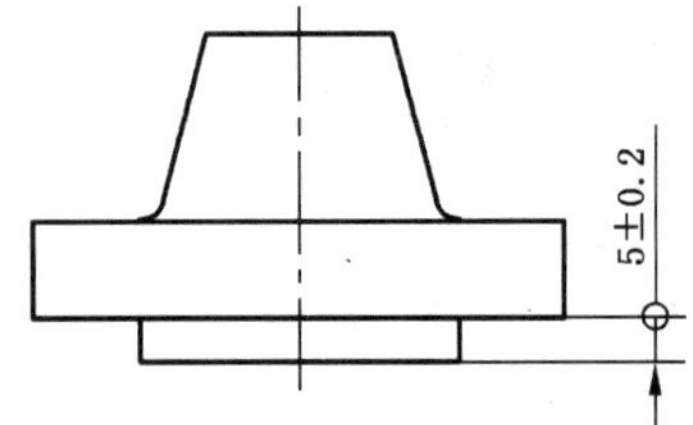

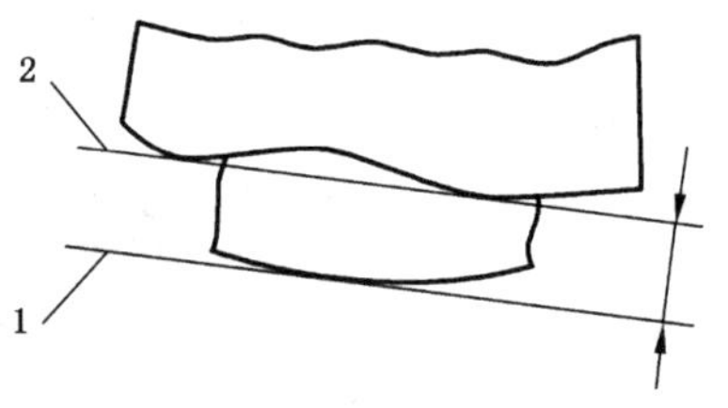

1——接触拟合平面；

2——评定基面。

a) 图样标注　　　　b) 解释

图 3　依照 ISO 129 标注的具有起始符号的台阶尺寸

4.3　两平行要素之间的距离尺寸标注,两要素中至少一个是导出要素

4.3.1　组成要素(平面表面)和导出要素之间的距离

对于一个组成要素(平面表面)与一个导出要素之间的距离,见图 4。

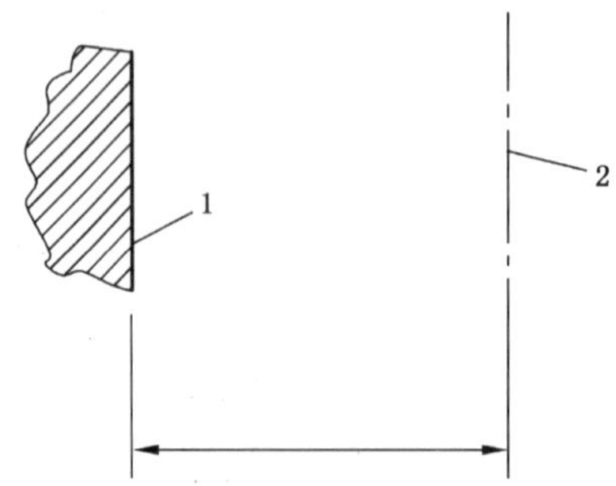

1——组成要素；

2——导出要素。

图 4　组成要素与导出要素之间的距离

两个要素中的一个要素作为参照要素。

对于本指导性技术文件，距离是指在提取导出要素或提取平面要素的长度上，参照要素与垂直于该参照要素的任意截平面上的另一个要素的接触拟合要素之间的距离范围。

该参照要素为：

——对于圆柱，孔的最大内切圆柱的轴线，或轴的最小外接圆柱的轴线，其方位在任何移动下均不变。

——对于平面，其方位在任何移动下均不变。

对于非参照要素，接触拟合要素与参照要素的定义相同。

提取导出要素或提取平面要素的长度由其相邻面的接触拟合要素的距离决定(见图 5)。

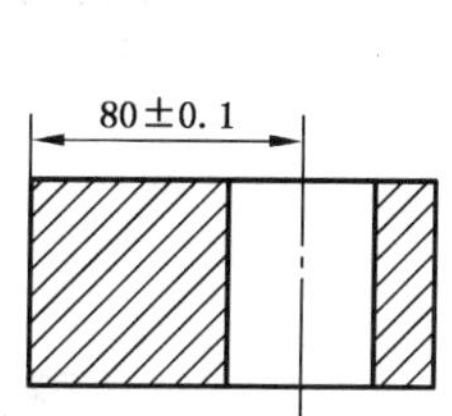

1——接触拟合要素；

2——拟合圆柱轴线。

a、b、c、d——接触拟合要素与拟合圆柱轴线之间的可能距离，取决于参照要素的选择。

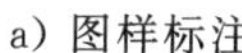

a) 图样标注

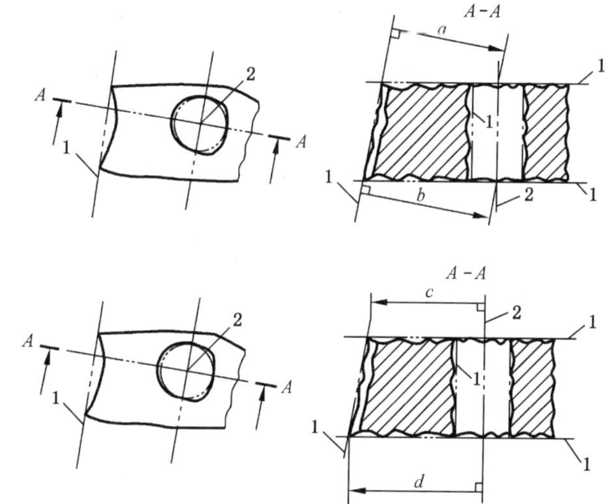

b) 解释(两个要素分别作为参照要素时的情形)

图 5 平面与圆柱轴线之间的距离——可能的参照要素

在依照 ISO 129 对单一要素尺寸标注起始符号时，该要素仅用作参照要素。当没有标注起始符号(两边注有箭头的尺寸线)时，两个要素可分别作为参照要素。

注：本概念不同于 4.2 中的台阶尺寸标注的概念。

4.3.2 两平行圆柱的轴线(导出要素)之间的距离

对于两平行圆柱的轴线(导出要素)之间的距离，见图 6。

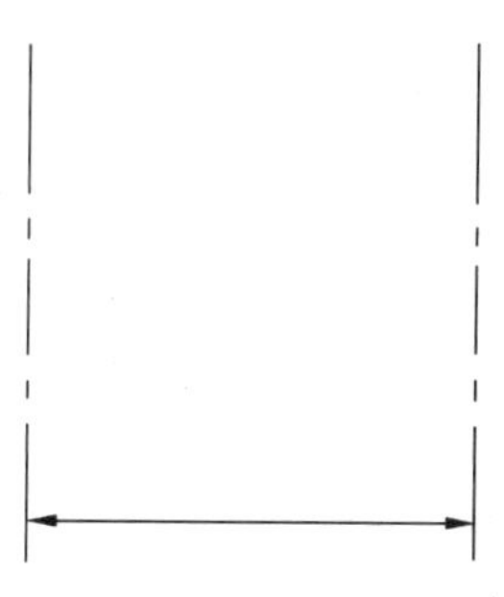

图 6 两导出要素之间的距离

两个要素中的一个要素作为参照要素。

对于本指导性技术文件，距离是指参照要素与垂直于该参照要素的任意截平面上的另一个要素的导出接触拟合要素之间的距离范围。

对于参照要素和接触拟合要素，见 4.3.1。

提取导出要素的长度由接触拟合要素到相邻面的距离决定(见图 7)。

依照 ISO 129 在单一要素上标注起始符号时，该要素作为参照要素。当没有标注起始符号(两边注有箭头的尺寸线)时，两个要素可分别作为参照要素。

注 1：两个要素的形状受单独标注的或一般的形状公差(如：平面度或圆柱度)控制。

注 2：对于孔，距离的定义符合借助于检验心轴的测量方法，适合于某些功能要求。

注 3：本概念与 4.2 中的台阶尺寸标注的概念不同。

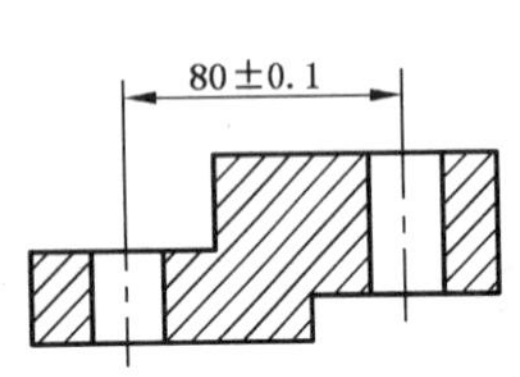

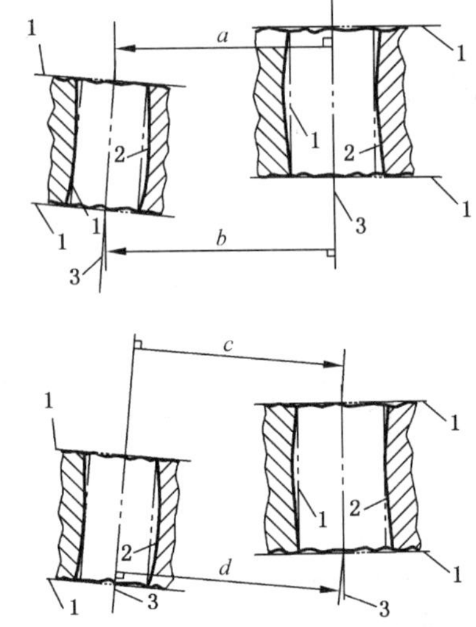

1——接触拟合要素；

2——提取要素；

3——导出圆柱轴线。

a、b、c、d——圆柱轴线之间的可能距离。

a) 图样标注　　b) 解释(两个要素分别作为参照要素时的情形)

图 7　两平行圆柱轴线(导出要素)之间的距离——可能的参照要素

5　角度尺寸标注

5.1　角度距离

参见附录 A。

5.2　角度尺寸

对于本指导性技术文件，角度尺寸对应于诸如圆锥或楔体的尺寸要素。对于要素间的其他角度关系，可应用 GB/T 1182。关于圆锥或楔体的角度尺寸的标注，见图 8。

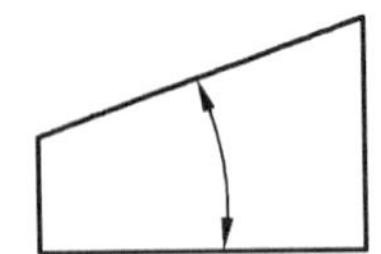

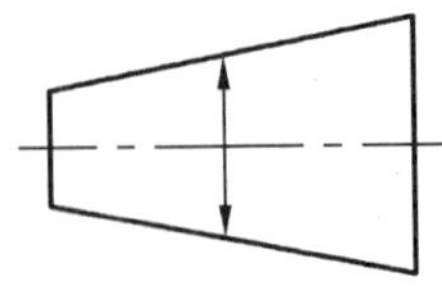

图 8　角度尺寸

对于角度尺寸，没有参照要素。

本指导性技术文件中，角度尺寸是指在一截平面内接触提取要素的两条直线之间的角度。

截平面内两条直线的方向对应于各自的要素，且保证到各自提取要素线的最大距离为最小。

该截平面的方向就是形成最大角时的方向(见图 9)。

注 1：角度尺寸只在截面上定义，而不适应于总体表面。

注 2：该要素的形状受单独标注的或一般的形状公差(如平面度)控制。

注 3：角度尺寸的定义与 GB/T 4249 的定义一致。

注 4：对于导出要素和另一个要素之间的角度距离，参见 A.2。

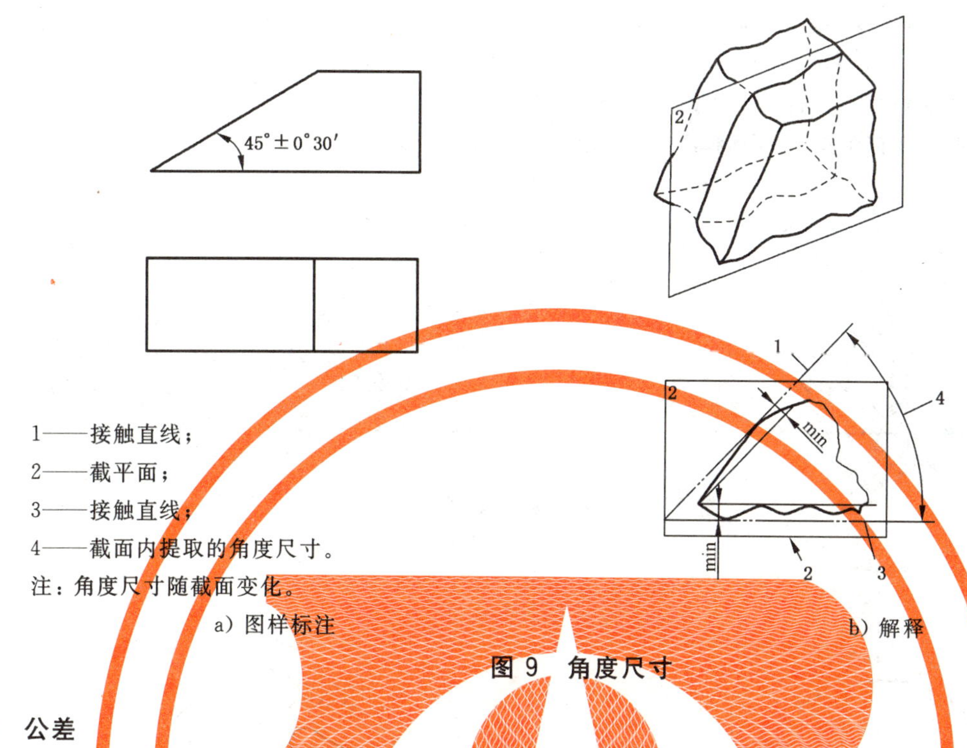

1——接触直线；

2——截平面；

3——接触直线；

4——截面内提取的角度尺寸。

注：角度尺寸随截面变化。

a) 图样标注　　b) 解释

图 9　角度尺寸

6　公差

6.1　注有±极限规范的台阶尺寸

本公差是最大允许台阶尺寸与最小允许台阶尺寸之差，台阶尺寸见 4.2 定义。

6.2　注有±极限规范的距离

本公差是最大允许距离与最小允许距离之差。距离见 4.3 定义。

6.3　注有±极限规范的角度尺寸

本公差是最大允许角度尺寸与最小允许角度尺寸之差。角度尺寸见第 5 章定义。

6.4　注有±极限规范的半径

对于注有±极限偏差规范的半径公差的标注，见图 10。

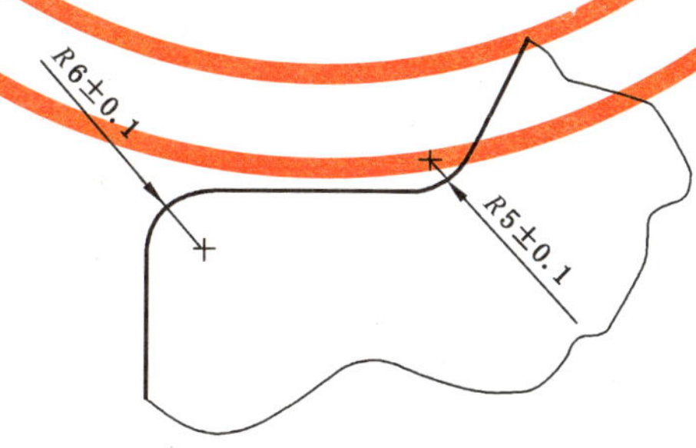

图 10　半径

该要素(线)必须处于截平面内的最大半径和最小半径确定的圆弧内，截平面的方向必须使圆弧的半径最小。使要素处于上述两个圆弧内意味着：

——对于凸要素(线)，提取要素(线)必须在顶点区与最大半径的圆弧接触，而在两边区则与最小半径的圆弧接触，见图 11a)；

——对于凹要素(线),提取要素(线)必须在两边区与最大半径的圆弧接触,而在顶点区则与最小半径的圆弧接触,见图 11b)。

注 1:注有±极限规范的半径只在一截面而非总表面上定义。

注 2:如有必要,要素的三维形状受单独标注的或一般的形状公差控制。

注 3:半径的±极限偏差的定义与使用样板的检测方法相一致。

注 4:本公差标注适应于符合本文件所述和具有图 12、图 13 所示形状的要素。

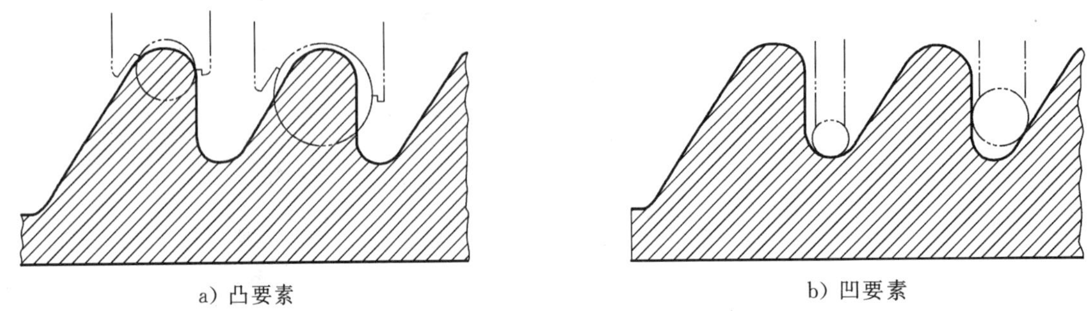

a) 凸要素　　　　b) 凹要素

图 11　半径±极限偏差

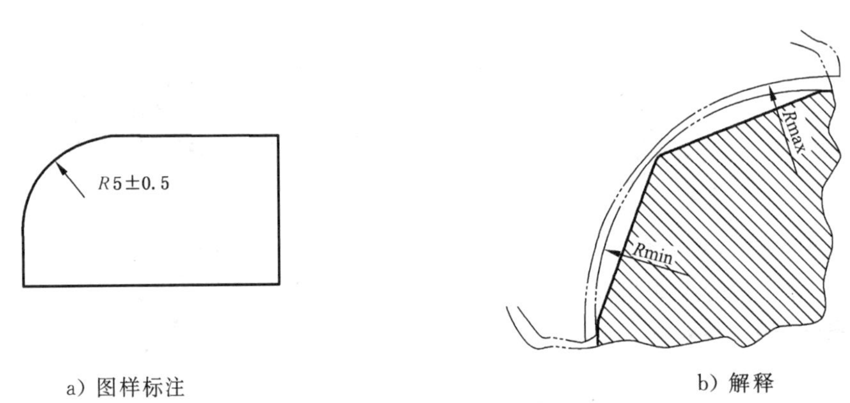

a) 图样标注　　　　b) 解释

图 12　对于外半径注有±极限规范的要素的允许形状

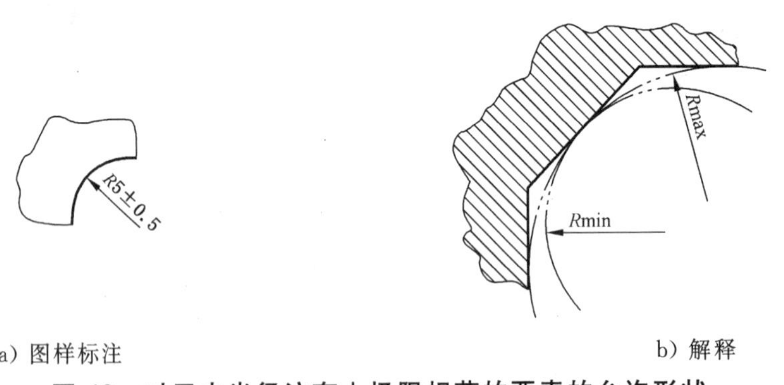

a) 图样标注　　　　b) 解释

图 13　对于内半径注有±极限规范的要素的允许形状

7　图样表示

当图样上应用本指导性技术文件时,应在标题栏内或附近给出下列图样表示:GB/Z 24638。

附 录 A
（资料性附录）
其他标准涵盖的示例

A.1 两个以上尺寸要素之间的线性距离

功能上彼此相关的两个以上尺寸要素之间的距离根据 GB/T 13319 采用位置度公差标注方式标注公差，而不是采用±极限偏差规范方式标注公差。

这是因为±极限偏差规范没有限制所提取的导出要素（实际轴线）与它们的公用节圆柱或公用节平面的偏差，或与节平面之间直角的偏差，见图 A.1。

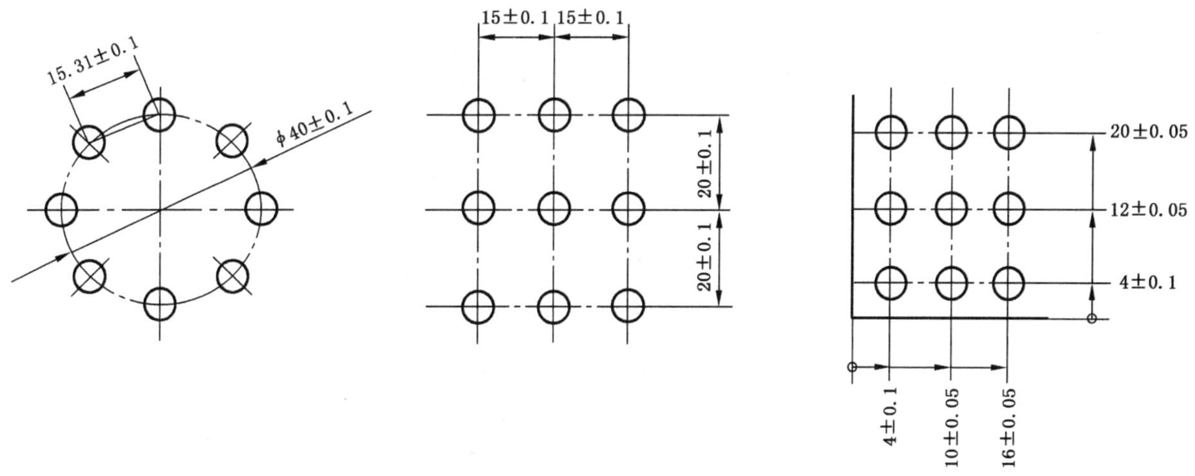

图 A.1 两个以上尺寸要素模式内的距离

其次，即使功能上允许不同的公差（见图 A.2），但±极限偏差并不对图样上通常用中心线表示单独的导出要素（实际轴线）进行区别。它们不允许：

——参照可能有必要表示功能要求的公共基准或基准体系；

——由圆柱零件配合功能所产生的和给定比±极限偏差标注的方形公差带大 57%的圆柱公差带的规范；

——或Ⓜ、Ⓛ和Ⓟ的规范，该规范允许在一定条件下增加公差。

最后，与几何公差相比，台阶尺寸和两个以上要素的距离的±极限规范总是使公差变小。

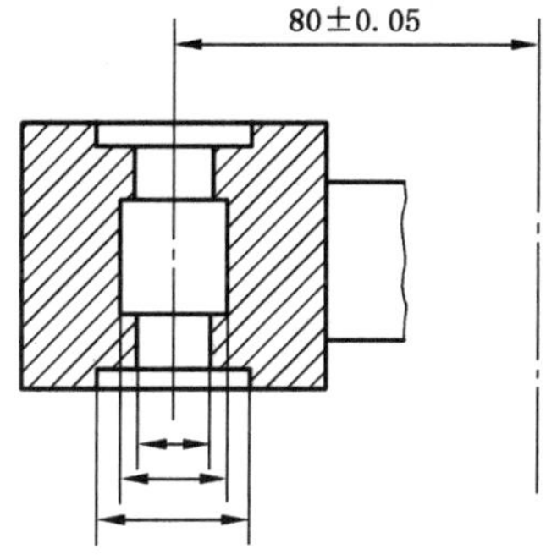

图 A.2 图样上由相同中心线表示的尺寸要素的距离

A.2 相关尺寸要素的角度距离

尺寸要素之间或一个尺寸要素与一个平面要素之间的角度(见图 A.3 和图 A.4)应根据 GB/T 1182 标注公差,例如,用位置度公差标注和±极限规范标注。

角度距离需要确定建立角的顶点的主基准和第二基准。

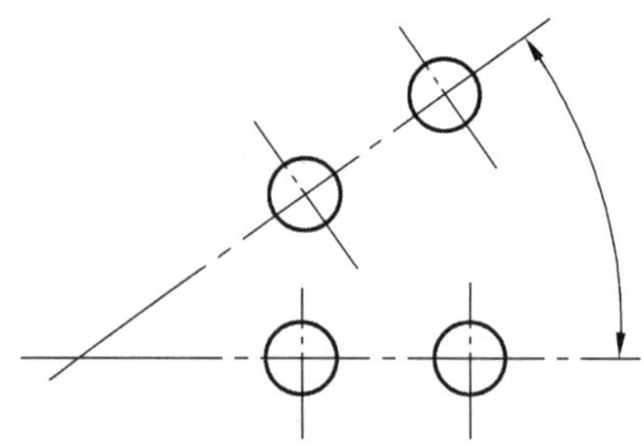

图 A.3 尺寸要素之间的角度距离

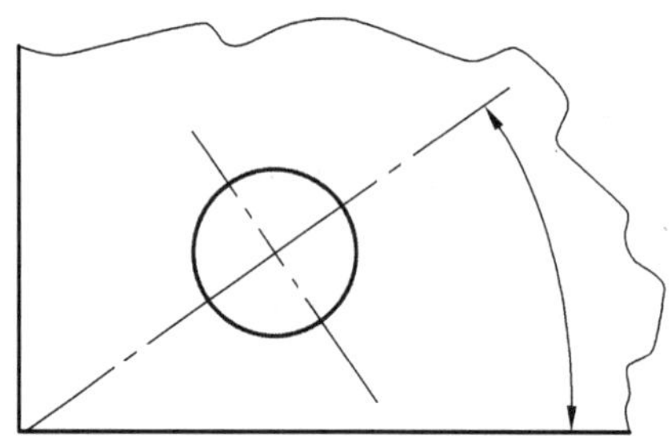

图 A.4 尺寸要素和平面要素之间的角度距离

在图 A.5 的示例中,确定角度水平边的要素和确定顶点位置的两个要素并不明确。

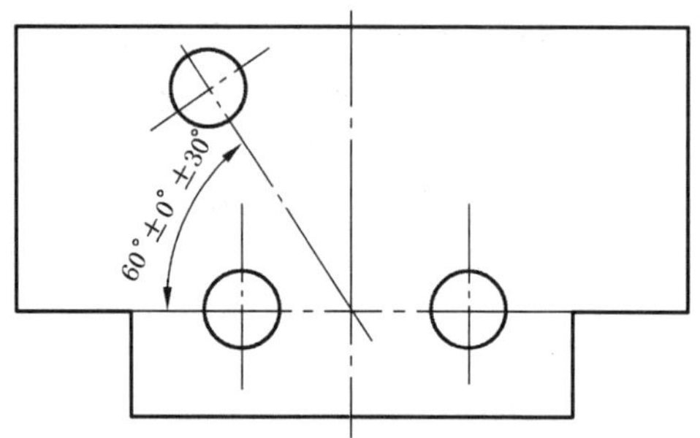

图 A.5 角度距离(不能明确确定)

附 录 B
(资料性附录)
在 GPS 矩阵模型中的位置

GPS 矩阵模型参见 GB/Z 20308—2006。

B.1 关于本指导性技术文件及其使用的信息

本指导性技术文件规定了功能只与两个要素相关时的台阶尺寸、距离、角度尺寸和半径的±极限规范。

B.2 在 GPS 矩阵模型中的位置

本指导性技术文件是 GPS 通用标准，它影响 GPS 通用标准矩阵中尺寸、距离、半径和角度标准链的链环 1 和链环 2，如图 B.1 所示。

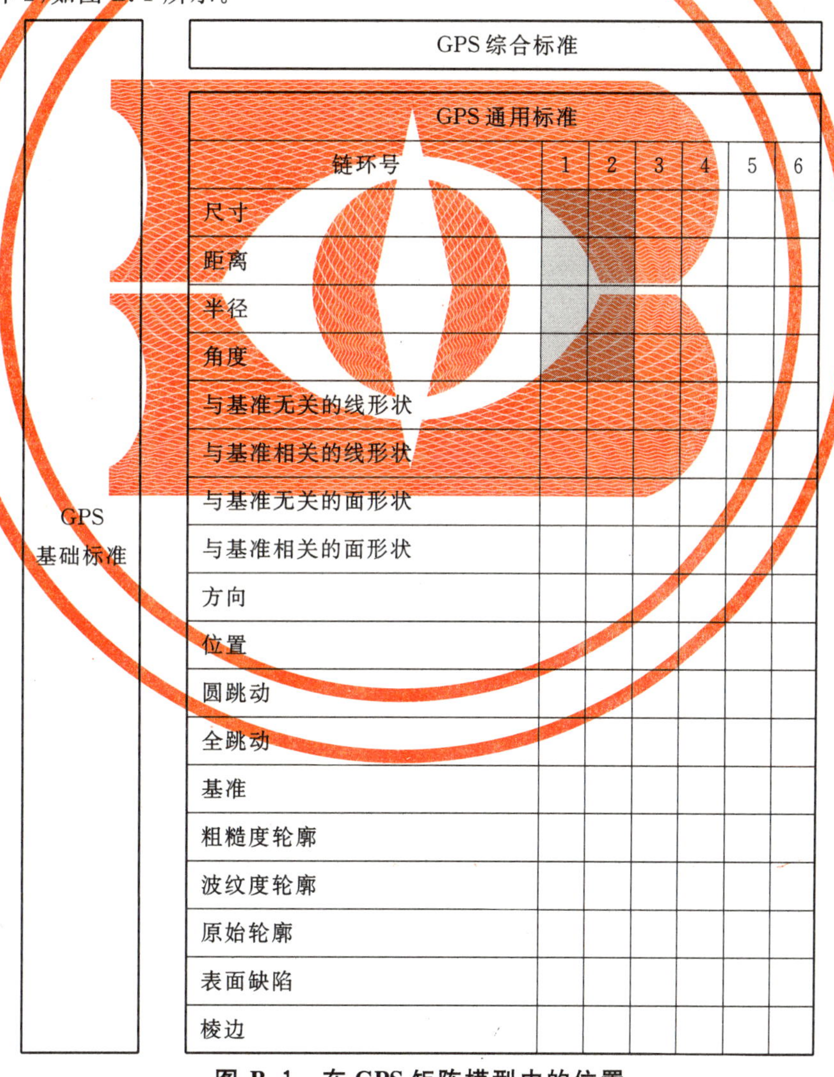

图 B.1 在 GPS 矩阵模型中的位置

B.3 相关标准

相关的标准为图 B.1 所示标准链涉及的标准。

参　考　文　献

［1］ GB/T 4249—2009　产品几何技术规范(GPS)　公差原则.

［2］ GB/T 13319—2003　产品几何量技术规范(GPS)　几何公差　位置度公差注法.

［3］ GB/T 17851—1999　形状和位置公差　基准和基准体系.

［4］ GB/Z 20308—2006　产品几何技术规范(GPS)　总体规划.

［5］ GB/Z 24637.2—2009(ISO/TS 17450-2:2002)　产品几何技术规范(GPS)　通用概念　第2部分:基本原则、规范、操作集和不确定度.

［6］ ISO 129-1:2004　技术制图　尺寸标注　一般概念、定义、实施方法与特殊注法.

通用技术条件

ICS 13.300
A 80

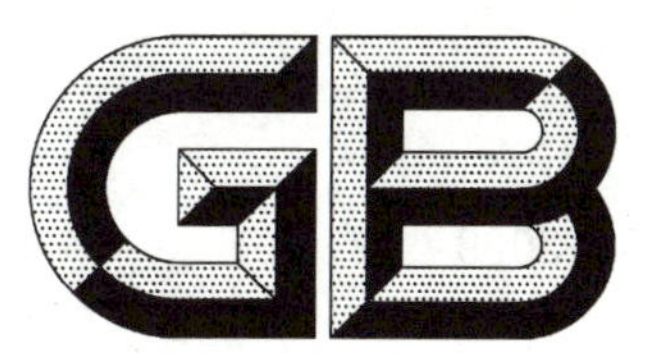

中华人民共和国国家标准

GB 190—2009
代替 GB 190—1990

危险货物包装标志

Packing symbol of dangerous goods

2009-06-21 发布 2010-05-01 实施

中华人民共和国国家质量监督检验检疫总局
中国国家标准化管理委员会 发布

前　言

本标准的第3章、第4章为强制性的，其余为推荐性的。

本标准修改采用联合国《关于危险货物运输的建议书　规章范本》(第15修订版)第5部分：托运程序　第5.2章：标记和标签。本标准与其相比，存在以下技术性差异：

——标志图形采用表格形式叙述；

——删除了与标志使用无关的内容。

本标准代替GB 190—1990《危险货物包装标志》。本标准与GB 190—1990相比主要变化如下：

——爆炸品标签从原有的3个增加为4个；

——气体标签从原有的3个增加为5个；

——易燃液体标签从原有的1个增加为2个；

——第4类物质标签，从原有的3个增加为4个；

——第5类物质标签中，有机过氧化物变动较大；

——毒性物质标签，从原有的3个减少为1个；

——第7类物质标签中，增加裂变性物质标签；

——增加4个标记；

——增加标记和标签使用要求(附录A)。

本标准的附录A为规范性附录。

本标准由全国危险化学品管理标准化技术委员会(SAC/TC 251)提出并归口。

本标准负责起草单位：铁道部标准计量研究所。

本标准主要起草人：张锦、赵靖宇、赵华、兰淑梅、苏学锋。

本标准所代替标准的历次版本发布情况为：

——GB 190—1985、GB 190—1990。

危险货物包装标志

1 范围

本标准规定了危险货物包装图示标志(以下简称标志)的分类图形、尺寸、颜色及使用方法等。

本标准适用于危险货物的运输包装。

2 规范性引用文件

下列文件中的条款通过本标准的引用而成为本标准的条款。凡是注日期的引用文件,其随后所有的修改单(不包括勘误的内容)或修订版均不适用于本标准,然而,鼓励根据本标准达成协议的各方研究是否可使用这些文件的最新版本。凡是不注日期的引用文件,其最新版本适用于本标准。

GB/T 191 包装储运图示标志

GB 6944 危险货物分类和品名编号

GB 11806—2004 放射性物质安全运输规程

GB 12268 危险货物品名表

3 标志分类

标志分为标记(见表1)和标签(见表2)。标记4个;标签26个,其图形分别标示了9类危险货物的主要特性。

表1 标记

序 号	标记名称	标记图形
1	危害环境物质和物品标记	 (符号:黑色,底色:白色)

表 1（续）

序　　号	标记名称	标记图形
2	方向标记	 （符号：黑色或正红色，底色：白色）  （符号：黑色或正红色，底色：白色）
3	高温运输标记	 （符号：正红色，底色：白色）

表 2 标签

序　号	标签名称	标签图形	对应的危险货物类项号
1	爆炸性物质或物品	（符号：黑色，底色：橙红色）	1.1 1.2 1.3
		（符号：黑色，底色：橙红色）	1.4
		（符号：黑色，底色：橙红色）	1.5
		（符号：黑色，底色：橙红色）	1.6
		＊＊ 项号的位置——如果爆炸性是次要危险性，留空白。 ＊ 配装组字母的位置——如果爆炸性是次要危险性，留空白。	

表 2（续）

序　　号	标签名称	标签图形	对应的危险货物类项号
2	易燃气体	 （符号：黑色，底色：正红色） （符号：白色，底色：正红色）	2.1
	非易燃无毒气体	 （符号：黑色，底色：绿色） （符号：白色，底色：绿色）	2.2

表 2（续）

序　　号	标签名称	标签图形	对应的危险货物类项号
2	毒性气体	 （符号：黑色，底色：白色）	2.3
3	易燃液体	 （符号：黑色，底色：正红色） （符号：白色，底色：正红色）	3
4	易燃固体	 （符号：黑色，底色：白色红条）	4.1

表 2（续）

序　　号	标签名称	标签图形	对应的危险货物类项号
4	易于自燃的物质	 （符号：黑色，底色：上白下红）	4.2
	遇水放出易燃气体的物质	 （符号：黑色，底色：蓝色）  （符号：白色，底色：蓝色）	4.3
5	氧化性物质	 （符号：黑色，底色：柠檬黄色）	5.1

表 2（续）

序　　号	标签名称	标签图形	对应的危险货物类项号
5	有机过氧化物	 5.2 （符号：黑色，底色：红色和柠檬黄色）  5.2 （符号：白色，底色：红色和柠檬黄色）	5.2
6	毒性物质	 6 （符号：黑色，底色：白色）	6.1
	感染性物质	 6 （符号：黑色，底色：白色）	6.2

表 2（续）

序　　号	标签名称	标签图形	对应的危险货物类项号
7	一级放射性物质	（符号：黑色，底色：白色，附一条红竖条） 黑色文字，在标签下半部分写上： “放射性” “内装物______” “放射性强度______” 在“放射性”字样之后应有一条红竖条	7A
	二级放射性物质	（符号：黑色，底色：上黄下白，附两条红竖条） 黑色文字，在标签下半部分写上： “放射性” “内装物______” “放射性强度______” 在一个黑边框格内写上：“运输指数” 在“放射性”字样之后应有两条红竖条	7B

表 2（续）

序　号	标签名称	标签图形	对应的危险货物类项号
7	三级放射性物质	（符号：黑色，底色：上黄下白，附三条红竖条） 黑色文字，在标签下半部分写上： “放射性” “内装物______” “放射性强度______” 在一个黑边框格内写上：“运输指数” 在“放射性”字样之后应有三条红竖条	7C
	裂变性物质	（符号：黑色，底色：白色） 黑色文字 在标签上半部分写上：“易裂变” 在标签下半部分的一个黑边 框格内写上：“临界安全指数”	7E
8	腐蚀性物质	（符号：黑色，底色：上白下黑）	8

表 2（续）

序　　号	标签名称	标签图形	对应的危险货物类项号
9	杂项危险物质和物品	9 （符号：黑色，底色：白色）	9

4　标志的尺寸、颜色

4.1　标志的尺寸

标志的尺寸一般分为四种，见表 3。

表 3　标志的尺寸　　单位为毫米

尺寸号别	长	宽
1	50	50
2	100	100
3	150	150
4	250	250
注：如遇特大或特小的运输包装件，标志的尺寸可按规定适当扩大或缩小。		

4.2　标志的颜色

标志的颜色按表 1 和表 2 中规定。

5　标志的使用方法

5.1　储运的各种危险货物性质的区分及其应标打的标志，应按 GB 6944、GB 12268 及有关国家运输主管部门相关规定选取，出口货物的标志应按我国执行的有关国际公约（规则）办理。

5.2　标志的具体使用方法见附录 A。

附 录 A
（规范性附录）
标记和标签使用要求

A.1 标记

A.1.1 除另有规定外，根据 GB 12268 确定的危险货物正式运输名称及相应编号，应标示在每个包装件上。如果是无包装物品，标记应标示在物品上、其托架上或其装卸、储存或发射装置上。

A.1.2 A.1.1 要求的所有包装件标记：

a) 应明显可见而且易读；

b) 应能够经受日晒雨淋而不显著减弱其效果；

c) 应标示在包装件外表面的反衬底色上；

d) 不得与可能大大降低其效果的其他包装件标记放在一起。

A.1.3 救助容器应另外标明“救助”一词。

A.1.4 容量超过 450 L 的中型散货集装箱和大型容器，应在相对的两面作标记。

A.1.5 第 7 类的特殊标记规定：

a) 第 7 类的特殊标记、运输装置和包装形式应符合 GB 11806—2004 的规定。

b) 应在每个包装件的容器外部，醒目而耐久地标上发货人或收货人或两者的识别标志。

c) 对于每个包装件(GB 11806—2004 规定的例外包装件除外)，应在容器外部醒目而耐久地标上前面冠以 GB 12268 编号和正式运输名称。就例外包装件而言，只需要标上前面冠以 GB 12268 编号。

d) 总质量超过 50 kg 的每个包装件应在其容器外部醒目而耐久地标上其许可总质量。

e) 每个包装件：

——如果符合 IP-1 型包装件、IP-2 型包装件或 IP-3 型包装件的设计，应在容器外部醒目且耐久地酌情标上“IP-1 型”、“IP-2 型”或“IP-3 型”；

——如符合 A 型包装件设计，应在容器外部醒目而耐久地标上“A 型”标记；

——如符合 IP-2 型包装件、IP-3 型包装件或 A 型包装件设计，应在容器外部醒目且耐久地标上原设计国的国际车辆注册代号(VRI 代号)和制造商名称，或原设计国运输主管部门规定的其他容器识别标志。

f) 符合运输主管部门所批准设计的每个包装件应在容器外部醒目而耐久地标上下述标记：

——运输主管部门为该设计所规定的识别标记；

——专用于识别符合该设计的每个容器的序号；

——如为 B(U)型或 B(M)型包装件设计，标上“B(U)型”或“B(M)型”；

——如为 C 型包装件设计，标上“C 型”。

g) 符合 B(U)型或 B(M)型或 C 型包装件设计的每个包装件应在其能防火、防水的最外层贮器的外表面用压纹、压印或其他能防火、防水的方式醒目地标上三叶形标志(见图 A.1)。

h) LSA-Ⅰ物质或 SCO-Ⅰ物体如装在贮器或包裹材料里并且按照运输主管部门容许的独家使用方式运输时，可以在这些贮器或包裹材料的外表面上酌情贴上“放射性 LSA-Ⅰ”或“放射性 SCO-Ⅰ”标记。

i) 如果包装件的国际运输需要运输主管部门对设计或装运的批准，而有关国家适用的批准型号不同，那么标记应按照原设计国的批准证书做出。

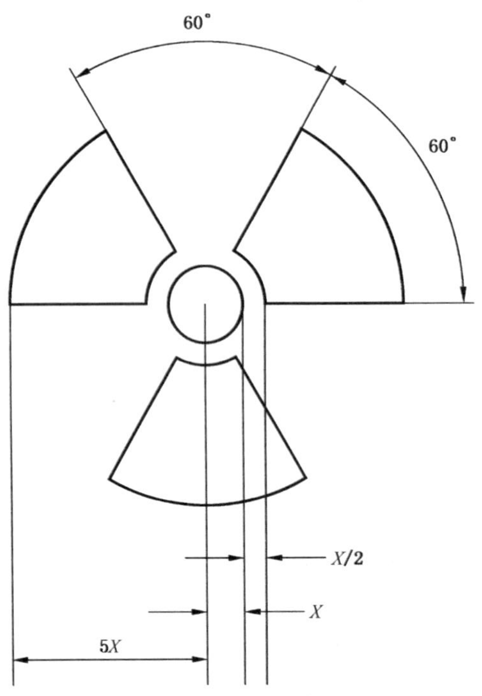

注：其尺寸比例基于半径为 X 的中心圆。X 的最小允许尺寸为 4 mm。

图 A.1 基本的三叶形标志

A.1.6 危害环境物质的特殊标记规定：

a) 装有符合 GB 12268 和 GB 6944 标准中的危害环境物质(UN 3077 和 UN 3082)的包装件，应耐久地标上危害环境物质标记，但以下容量的单容器和带内容器的组合容器除外：

——装载液体的容量为 5 L 或以下；

——装载固体的容量为 5 kg 或以下。

b) 危害环境物质标记，应位于 A.1.1 要求的各种标记附近，应满足 A.1.2 和 A.1.4 的要求。

c) 危害环境物质标记，应如表 1 序号 1 图所示。除非包装件的尺寸只能贴较小的标记，容器的标记尺寸应符合表 3 的规定。对于运输装置，最小尺寸应是 250 mm×250 mm。

A.1.7 方向箭头使用规定：

a) 除 b)规定的情况外：

——内容器装有液态危险货物的组合容器；

——配有通风口的单一容器；

——拟装运冷冻液化气体的开口低温贮器。

应清楚地标上与表 1 序号 2 图所示的包装件方向箭头，或者符合 GB/T 191 规定的方向箭头。方向箭头应标在包装件相对的两个垂直面上，箭头显示正确的朝上方向。标识应是长方形的，大小应与包装件的大小相适应，清晰可见。围绕箭头的长方形边框是可以任意选择的。

b) 下列包装件不需要标方向箭头：

——压力贮器；

——危险货物装在容积不超过 120 mL 的内容器中，内容器与外容器之间有足够的吸收材料，能够吸收全部液体内装物；

——6.2 项感染性物质装在容积不超过 50 mL 的主贮器内；

——第 7 类放射性物质装在 B(U)型、B(M)型或 C 型包装件内；

——任何放置方向都不漏的物品(例如装入温度计、喷雾器等的酒精或汞)。

c) 用于表明包装件正确放置方向以外的箭头，不应标示在按照本标准作标记的包装件上。

A.1.8　高温物质标记使用规定：

运输装置运输或提交运输时，如装有温度不低于 100 ℃的液态物质或者温度不低于 240 ℃的固态物质，应在其每一侧面和每一端面上贴有如表 1 序号 3 图所示的标记。标记为三角形，每边应至少有 250 mm，并且应为红色。

A.2　标签

A.2.1　标签规定

A.2.1.1　这些是表现内装货物的危险性分类标签规定(如表 2 所示)。但表明包装件在装卸或贮藏时应加小心的附加标记或符号(例如，用伞作符号表示包装件应保持干燥)，也可在包装件上适当标明。

A.2.1.2　表明主要和次要危险性的标签应与表 2 中所示的序号 1 至序号 9 所有式样相符。"爆炸品"次要危险性标签应使用序号 1 中带有爆炸式样标签图形。

A.2.1.3　危险货物一览表具体列出的物质或物品，应贴有 GB 12268 一览表第 4 栏下所示危险性的类别标签。危险货物一览表第 5 栏中以类号或项号表示的任何危险性，也须加贴次要危险性标签。但如果第 5 栏下未列出次要危险性，或危险货物一览表虽列出次要危险性但对使用标签的要求可予以豁免的情况下，特殊规定也须加贴次要危险性标签。

A.2.1.4　如果某种物质符合几个类别的定义，而且其名称未具体列在 GB 12268 危险货物一览表中，则应利用 GB 6944 中的规定来确定货物的主要危险性类别。除了需要有该主要危险性类的标签外，还应贴危险货物一览表中所列的次要危险性标签。

装有第 8 类物质的包装件不需要贴 6.1 号式样的次要危险性标签，如果毒性仅仅是由于对生物组织的破坏作用引起的。装有 4.2 项物质的包装件不需要贴 4.1 号式样的次要危险性标签。

A.2.1.5　具有次要危险性的第 2 类气体的标签见表 A.1。

表 A.1

项	GB 6944 所示的次要危险性	主要危险性标签	次要危险性标签
2.1	无	2.1	无
2.2	无	2.2	无
	5.1	2.2	5.1
2.3	无	2.3	无
	2.1	2.3	2.1
	5.1	2.3	5.1
	5.1,8	2.3	5.1,8
	8	2.3	8
	2.1,8	2.3	2.1,8

A.2.1.6　对第 2 类规定有三种不同的标签：一种表示 2.1 项的易燃气体(红色)，一种表示 2.2 项的非易燃无毒气体(绿色)，一种表示 2.3 项的毒性气体(白色)。如果 GB 12268 危险货物一览表表明某一种第 2 类气体具有一种或多种次要危险性，应根据 A.2.1.5 使用标签。

A.2.1.7　除 A.2.2.1.2 规定的要求外，每一标签应：

a)　在包装件尺寸够大的情况下，与正式运输名称贴在包装件的同一表面与之靠近的地方；

b)　贴在容器上不会被容器任何部分或容器配件或者任何其他标签或标记盖住或遮住的地方；

c)　当主要危险性标签和次要危险性标签都需要时，彼此紧挨着贴。

当包装件形状不规则或尺寸太小以致标签无法令人满意地贴上时，标签可用结牢的签条或其他装置挂在包装件上。

A.2.1.8 容量超过 450 L 的中型散货集装箱和大型容器，应在相对的两面贴标签。

A.2.1.9 标签应贴在反衬颜色的表面上。

A.2.1.10 自反应物质标签的特殊规定：

B 型自反应物质应贴有“爆炸品”次要危险性标签（1 号式样），除非运输主管部门已准许具体容器免贴此种标签，因为试验数据已证明自反应物质在此种容器中不显示爆炸性能。

A.2.1.11 有机过氧化物标签的特殊规定：

装有 GB 12268 危险货物一览表表明的 B、C、D、E 或 F 型有机过氧化物的包装件应贴表 2 序号 5 中 5.2 项标签（5.2 号式样）。这个标签也意味着产品可能易燃，因此不需要贴“易燃液体”次要危险性标签（3 号式样）。另外还应贴下列次要危险性标签：

a) B 型有机过氧化物应贴有“爆炸品”次要危险性标签（1 号式样），除非运输主管部门已准许具体容器免贴此种标签，因为试验数据已证明有机过氧化物在此种容器中不显示爆炸性能；

b) 当符合第 8 类物质Ⅰ类或Ⅱ类包装标准时，需要贴“腐蚀性”次要危险性标签（8 号式样）。

A.2.1.12 感染性物质包装件标签的特殊规定：

除了主要危险性标签（6.2 号式样）外，感染性物质包装件还应贴其内装物的性质所要求的任何其他标签。

A.2.1.13 放射性物质标签的特殊规定：

a) 除 GB 11806—2004 为大型货物集装箱和罐体规定的情况外，盛装放射性物质的每个包装件、外包装和货物集装箱应按照该包装件、外包装或货物集装箱的类别（见 GB 11806—2004 表 7）酌情贴上至少两个与 7A 号、7B 号和 7C 号式样相一致的标签。标签应贴在包装件外部两个相对的侧面上或货物集装箱外部的所有四个侧面上。盛装放射性物质的每个外包装应在外包装外部相对的侧面至少贴上两个标签。此外，盛装易裂变材料的每个包装件、外包装和货物集装箱应贴上与 7E 号式样相一致的标签；这类标签适用时应贴在放射性物质标签旁边。标签不得盖住规定的标记。任何与内装物无关的标签应除去或盖住。

b) 应符合 GB 11806—2004 的规定在与 7A 号、7B 号和 7C 号式样相一致的每个标签上填写下述资料：

——内装物：

除 LSA-Ⅰ物质外，以 GB 11806—2004 的 5.3.1.1 表 1 中规定的符号表示的取自该表的放射性核素的名称。对于放射性核素的混合物，应尽量地将限制最严格的那些核素列在该栏内直到写满为止。应在放射性核素的名称后面注明 LSA 或 SCO 的类别。为此，应使用“LSA-Ⅱ”、“LSA-Ⅲ”、“SCO-Ⅰ”及“SCO-Ⅱ”等符号；

对于 LSA-Ⅰ物质，仅需填写符号“LSA-Ⅰ”，无需填写放射性核素的名称。

——放射性活度：放射性内装物在运输期间的最大放射性活度，以贝克勒尔（Bq）为单位加适当的国际单位制词头符号表示。对于易裂变材料，可以克（g）或其倍数为单位表示的易裂变材料质量来代替放射性活度。

——对于外包装和货物集装箱，应在标签的“内装物”栏里和“放射性活度”栏里分别填写“外包装”和“货物集装箱”全部内装物加在一起的 A.2.1.13a）和 A.2.1.13b）所要求的资料，但装有含不同放射性核素的包装件的混合货载的外包装或货物集装箱除外，在它们标签上的这两栏里可填写“见运输票据”。

——运输指数：见 GB 11806—2004 中 6.8[Ⅰ类（白）毋需填写运输指数]。

c) 应在与 7E 号式样相一致的每个标签上填写与运输主管部门颁发的特殊安排批准证书或包装件设计批准证书上相同的临界安全指数（CSI）。

d) 对于外包装和货物集装箱，标签上的临界安全指数栏里应填写外包装或货物集装箱的易裂变内装物加在一起的 A.2.1.13c）所要求的资料。

e) 如果包装件的国际运输需要运输主管部门对设计或装运的批准，而有关国家适用的批准型号不同，那么标记应按照原设计国的批准证书做出。

A.2.2 标签规定

标签应满足本节的规定，并在颜色、符号和一般格式方面与表2所示的标签式样一致。必要时，表2所示的标签可按照下列a)的规定用虚线标出外缘。标签贴在反衬底色上时不需要这么做，规定如下：

a) 标签形状为呈45°角的正方形(菱形)，尺寸符合4.1的规定，但包装件的尺寸只能贴更小的标签和b)规定的情况除外。标签上沿着边缘有一条颜色与符号相同、距边缘5 mm的线。标签应贴在反衬底色上，或者用虚线或实线标出外缘。

b) 第2类的气瓶可根据其形状、放置方向和运输固定装置，贴表2序号2所规定的标签，尺寸符合4.1的规定，但在任何情况下表明主要危险的标签和任何标签上的编号均应完全可见，符号易于辨认。

c) 标签分为上下两半，除1.4项、1.5项或1.6项外，标签的上半部分为图形符号，下半部分为文字和类号或项号和适当的配装组字母。

d) 除1.4项、1.5项和1.6项外，第1类的标签在下半部分标明物质或物品的项号和配装组字母。1.4项、1.5项和1.6项的标签在上半部分标明项号，在下半部分标明配装组字母。1.4项S配装组一般不需要标签。但如果认为这类货物需要有标签，则应依照1.4号式样。

e) 第7类以外的物质的标签，在符号下面的空白部分填写的文字(类号或项号除外)应限于表明危险性质的资料和搬运时应注意的事项。

f) 所有标签上的符号、文字和号码应用黑色表示，但下述情况除外：

——第8类的标签，文字和类号用白色；

——标签底色全部为绿色、红色或蓝色时，符号、文字和号码可用白色；

——贴在装液化石油气的气瓶和气筒上的2.1项标签可以贮器的颜色作底色，但应有足够的颜色对比。

g) 所有标记应经受得住风吹雨打日晒，而不明显降低其效果。

ICS 55.020
A 80

中华人民共和国国家标准

GB/T 191—2008
代替 GB/T 191—2000

包装储运图示标志

Packaging—Pictorial marking for handling of goods

(ISO 780:1997,MOD)

2008-04-01 发布　　2008-10-01 实施

中华人民共和国国家质量监督检验检疫总局
中国国家标准化管理委员会　发布

前　言

本标准修改采用国际标准 ISO 780:1997《包装　储运图示标志》,主要差异如下:

——在国际标准三种规格的基础上,增加了 50 mm 的规格尺寸;

——在 4.1 标志的使用中增加了"印制标志时,外框线及标志名称都要印上,出口货物可省略中文标志名称和外框线;喷涂时,外框线及标志名称可以省略";

——在表 1 中增加了每个标志的完整图形。

本标准代替 GB/T 191—2000《包装储运图示标志》。

本标准与 GB/T 191—2000 相比主要变化如下:

——取消了标志在包装件上的粘贴位置;

——在表 1 中增加了标志图形一栏。

本标准由全国包装标准化技术委员会提出并归口。

本标准起草单位:铁道部标准计量研究所、北京出入境检验检疫协会。

本标准主要起草人:张锦、赵靖宇、徐思桥、苏学锋。

本标准所代替标准的历次版本发布情况为:

——GB/T 191—1963、GB/T 191—1973、GB/T 191—1985、GB/T 191—1990、GB/T 191—2000;

——GB 5892—1985。

包装储运图示标志

1 范围

本标准规定了包装储运图示标志(以下简称标志)的名称、图形符号、尺寸、颜色及应用方法。

本标准适用于各种货物的运输包装。

2 标志的名称和图形符号

标志由图形符号、名称及外框线组成,共17种,见表1。

表1 标志名称及图形

序号	标志名称	图形符号	标志	含义	说明及示例
1	易碎物品		易碎物品	表明运输包装件内装易碎物品,搬运时应小心轻放	见4.2.2 a)。 位置示例
2	禁用手钩		禁用手钩	表明搬运运输包装件时禁用手钩	

表 1(续)

序号	标志名称	图形符号	标　　志	含　义	说明及示例
3	向上		向上	表明该运输包装件在运输时应竖直向上	见 4.2.2 b)。 位置示例 a)　b) c)
4	怕晒		怕晒	表明该运输包装件不能直接照晒	
5	怕辐射		怕辐射	表明该物品一旦受辐射会变质或损坏	

表 1(续)

序号	标志名称	图形符号	标　　志	含　义	说明及示例
6	怕雨		 怕雨	表明该运输包装件怕雨淋	
7	重心		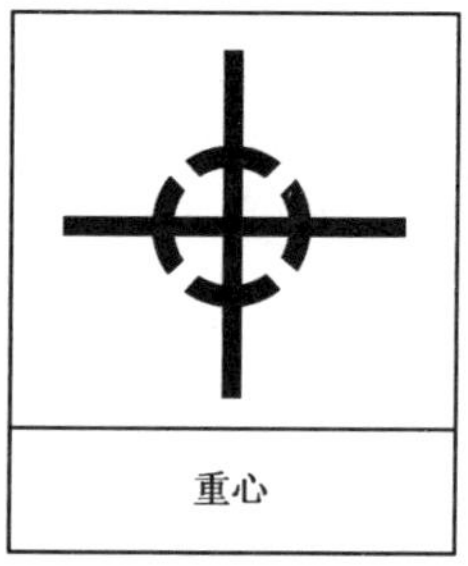 重心	表明该包装件的重心位置，便于起吊	见 4.2.2 c)。 位置示例 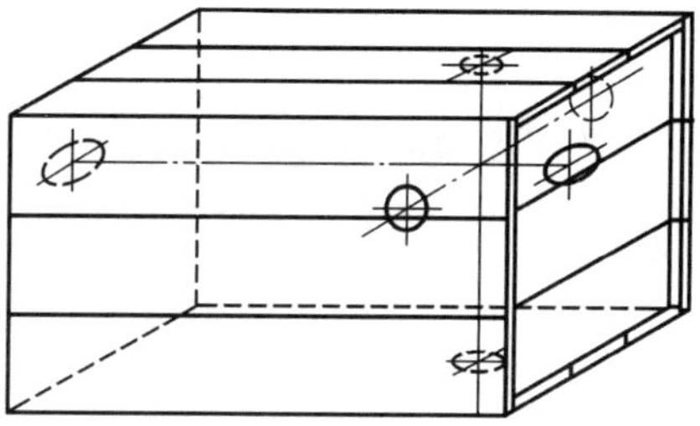 该标志应标在实际位置上
8	禁止翻滚		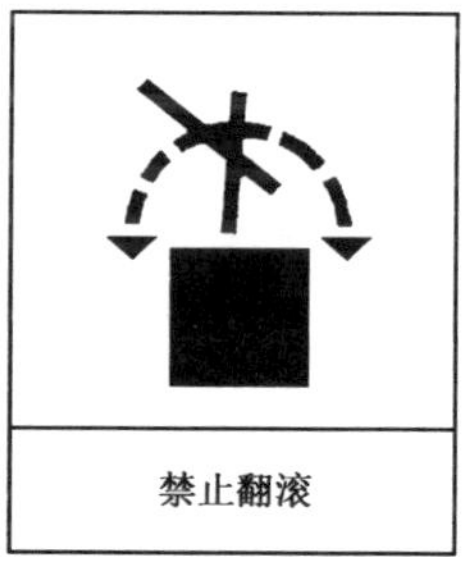 禁止翻滚	表明搬运时不能翻滚该运输包装件	
9	此面禁用手推车		 此面禁用手推车	表明搬运货物时此面禁止放在手推车上	

表 1(续)

序号	标志名称	图形符号	标　志	含　义	说明及示例
10	禁用叉车		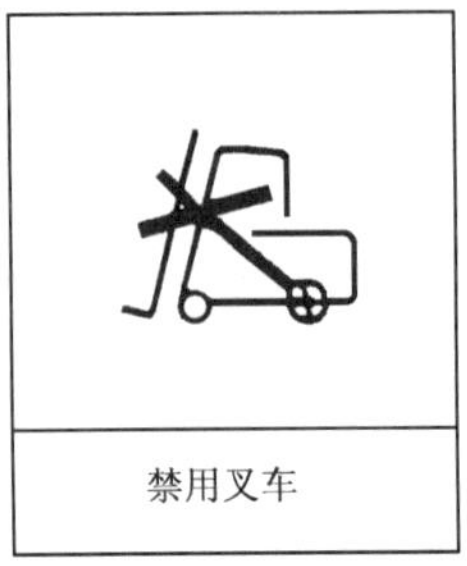 禁用叉车	表明不能用升降叉车搬运的包装件	
11	由此夹起		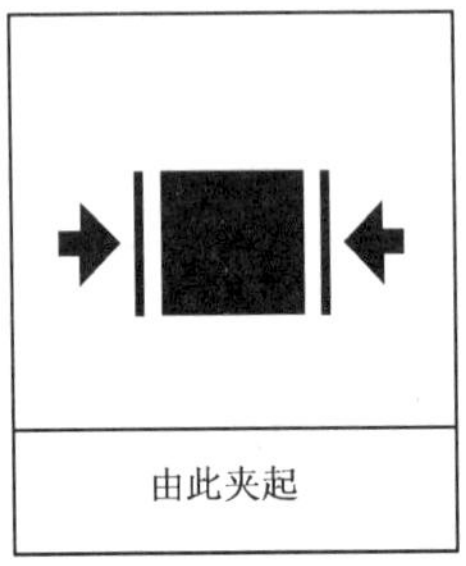 由此夹起	表明搬运货物时可用夹持的面	见 4.2.2 d)。
12	此处不能卡夹		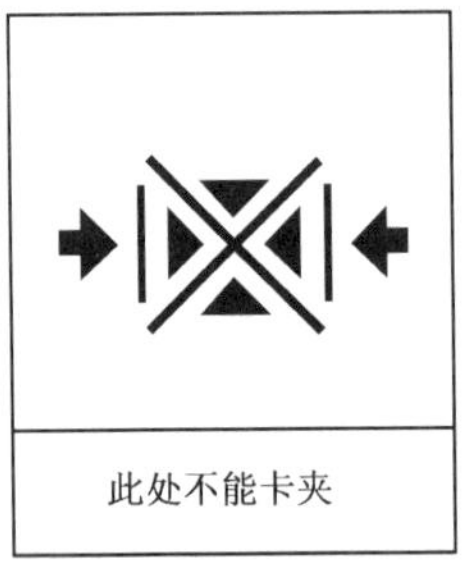 此处不能卡夹	表明搬运货物时不能用夹持的面	
13	堆码质量极限	 …kg max	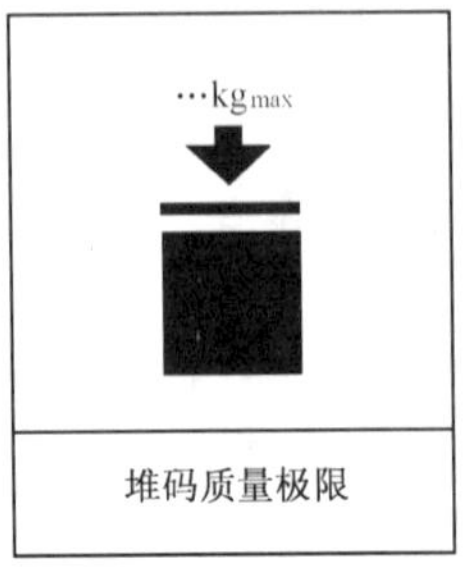 …kg max 堆码质量极限	表明该运输包装件所能承受的最大质量极限	

表 1(续)

序号	标志名称	图形符号	标志	含义	说明及示例
14	堆码层数极限	n	n 堆码层数极限	表明可堆码相同运输包装件的最大层数	包含该包装件，n 表示从底层到顶层的总层数
15	禁止堆码		禁止堆码	表明该包装件只能单层放置	
16	由此吊起		由此吊起	表明起吊货物时挂绳索的位置	见 4.2.2 e)。 位置示例 应标在实际起吊位置上
17	温度极限		温度极限	表明该运输包装件应该保持的温度范围	…℃max …℃min a) …℃min …℃max b)

3 标志尺寸和颜色

3.1 标志尺寸

标志外框为长方形，其中图形符号外框为正方形，尺寸一般分为4种，见表2。如果包装尺寸过大或过小，可等比例放大或缩小。

表2 图形符号及标志外框尺寸

单位为毫米

序号	图形符号外框尺寸	标志外框尺寸
1	50×50	50×70
2	100×100	100×140
3	150×150	150×210
4	200×200	200×280

3.2 标志颜色

标志颜色一般为黑色。

如果包装的颜色使得标志显得不清晰，则应在印刷面上用适当的对比色，黑色标志最好以白色作为标志的底色。

必要时，标志也可使用其他颜色，除非另有规定，一般应避免采用红色、橙色或黄色，以避免同危险品标志相混淆。

4 标志的应用方法

4.1 标志的使用

可采用直接印刷、粘贴、拴挂、钉附及喷涂等方法。印制标志时，外框线及标志名称都要印上，出口货物可省略中文标志名称和外框线；喷涂时，外框线及标志名称可以省略。

4.2 标志的数目和位置

4.2.1 一个包装件上使用相同标志的数目，应根据包装件的尺寸和形状确定。

4.2.2 标志应标注在显著位置上，下列标志的使用应按如下规定：

a) 标志1“易碎物品”应标在包装件所有的端面和侧面的左上角处(见表1标志1的说明及示例)；

b) 标志3“向上”应标在与标志1相同的位置[见表1中标志3示例a)所示]。当标志1和标志3同时使用时，标志3应更接近包装箱角[见表1中标志3示例b)所示]；

c) 标志7“重心”应尽可能标在包装件所有六个面的重心位置上，否则至少也应标在包装件2个侧面和2个端面上(见表1中标志7的说明及示例)；

d) 标志11“由此夹起”只能用于可夹持的包装件上，标注位置应为可夹持位置的两个相对面上，以确保作业时标志在作业人员的视线范围内；

e) 标志16“由此吊起”至少应标注在包装件的两个相对面上(见表1中标志16的说明及示例)。

ICS 55.180.10
A 85

中华人民共和国国家标准

GB/T 1413—2008/ISO 668:1995
代替 GB/T 1413—1998

系列1集装箱 分类、尺寸和额定质量

Series 1 freight containers—
Classification, dimensions and ratings

(ISO 668:1995,IDT)

2008-08-04 发布 2008-10-01 实施

中华人民共和国国家质量监督检验检疫总局
中国国家标准化管理委员会 发布

前　言

本标准等同采用ISO 668:1995《系列1集装箱　分类、尺寸和额定质量》,包括其修正案ISO 668:1995/Amd1:2005和ISO 668:1995/Amd2:2005。

为便于使用,本标准做了下列编辑性修改:

——“本国际标准”一词改为“本标准”;

——删除了国际标准的前言;

——为了避免烦琐,删除了国际标准的部分注,见3.3等;

——用小数点代替了原标准数值使用的逗号,见第4章表1等;

——对于ISO 668:1995引用的其他国际标准中有被等同采用为我国标准的,本标准用引用我国的国家标准代替对应的国际标准,其余未等同采用为我国标准的国际标准,在本标准中均被直接引用(见本标准第2章)。

本标准代替GB/T 1413—1998《系列1集装箱　分类、尺寸和额定质量》。本标准与GB/T 1413—1998相比主要技术差异如下:

——增加了公称长度为45 ft集装箱的相关内容和具体的技术数据(见第4章、5.2.2、5.3.2.1和附录B等);

——集装箱定义第1条中的“可长期反复使用”改为“在有效使用期内可以反复使用”,使之更符合安全作业的原则(见3.1);

——本标准中1BBB、1BB、1B、1BX、1CC、1C和1CX型集装箱的最大额定质量由原来的24 000 kg、25 400 kg统一修订为30 480 kg(见表2);

——本标准中1BBB、1BB、1B、1BX型集装箱长度公差由原来的0 in～$\frac{3}{16}$ in修订为0 in～$\frac{3}{8}$ in(见表2);

——本标准增加了5.2.3,关于鹅颈槽的文字说明;

——在本标准第4章所列各种型号集装箱的尺寸均分别注明是箱体的外部尺寸;

——本标准在关于角件的附录A中,同样也增添了适用于1EEE和1EE型集装箱的角件定位尺寸;

——本标准增加了附录B和附录C。

本标准的附录A、附录B和附录C为规范性附录。

本标准由全国集装箱标准化技术委员会(SAC/TC 6)提出并归口。

本标准起草单位:交通部水运科学研究院、中国铁道科学研究院、中国国际海运集装箱(集团)股份有限公司、中铁集装箱运输有限公司。

本标准主要起草人:费维军、李继春、金菁、唐瑞英、杨磊。

本标准所代替标准的历次版本发布情况为:

——GB 1413—1980、GB/T 1413—1985、GB/T 1413—1998。

系列1集装箱　分类、尺寸和额定质量

1　范围

本标准根据集装箱外部尺寸确定了系列1集装箱的分类，并规定了相应的额定质量，同时确定了部分型号集装箱的最小内部尺寸和门框开口尺寸。

本标准所列的集装箱适用于国际联运。

本标准扼要地规定了系列1集装箱的外部尺寸和部分内部尺寸。每种型号集装箱的具体尺寸已列入ISO 1496的相应的标准中。

2　规范性引用文件

下列文件中的条款通过本标准的引用而成为本标准的条款。凡是注日期的引用文件，其随后所有的修改单(不包括勘误的内容)或修订版均不适用于本标准，然而，鼓励根据本标准达成协议的各方研究是否可使用这些文件的最新版本。凡是不注日期的引用文件，其最新版本适用于本标准。

GB/T 1836　集装箱代码、识别和标记(GB/T 1836—1997,idt ISO 6346:1995)

GB/T 5338　系列1集装箱　技术要求和试验方法　第1部分:通用集装箱(GB/T 5338—2002,ISO 1496-1:1990,IDT)

GB/T 7392　系列1集装箱的技术要求和试验方法　保温集装箱(GB/T 7392—1998,idt ISO 1496-2:1996)

ISO 1161:1984　系列1集装箱　角件技术要求

3　术语和定义

本标准中有关定义与ISO 830集装箱术语的规定一致，但为了便于使用本标准，在此列出相关定义如下。

3.1

集装箱　freight container

一种运输设备，应具备下列条件：

a)　具有足够的强度，在有效使用期内可以反复使用；

b)　适于一种或多种运输方式运送货物，途中无需倒装；

c)　设有供快速装卸的装置，便于从一种运输方式转到另一种运输方式；

d)　便于箱内货物装满和卸空；

e)　内容积等于或大于1 m^3(35.3 ft^3)。

“集装箱”这一术语既不包括车辆也不包括一般包装。

3.2

ISO集装箱　ISO container

按照现行ISO标准生产的集装箱。

3.3

额定质量　rating

集装箱的总质量，在作业时为最高值，在试验时为最低值，通常以字母“R”表示。

3.4

公称尺寸 nominal dimensions

不考虑公差并将其化整到最接近整数的尺寸。

3.5

内部尺寸 internal dimensions

在不考虑顶角件伸入箱内部分的条件下,集装箱的内接最大矩形六面体的尺寸。

除另有规定者外,内部尺寸与内部净空尺寸是同义词。

3.6

门框开口 door opening

通常为设在集装箱端部的门孔,按照箱内最大平行六面体的宽度和高度设置门孔,使货物能无障碍的进入集装箱。

4 分类和型号

系列 1 各种型号集装箱的宽度均为 2 438 mm(8 ft)。

各种型号集装箱的公称长度见表 1。

箱高为 2 896 mm(9 ft 6 in)的集装箱,其型号定为 1EEE、1AAA 和 1BBB 型。

箱高为 2 591 mm(8 ft 6 in)的集装箱,其型号定为 1EE、1AA、1BB 和 1CC 型。

箱高为 2 438 mm(8 ft)的集装箱,其型号定为 1A、1B、1C 和 1D 型。

箱高小于 2 438 mm(8 ft)的集装箱,其型号定为:1AX、1BX、1CX 和 1DX 型。

注:上面规定中所用字母“X”除了指集装箱的高度尺寸在 0 mm(0 ft)~2 438 mm(8 ft)外,无其他特殊含义。

表 1 系列 1 集装箱公称长度

集装箱型号	公称长度	
	m	ft
1EEE 1EE	13.716[a]	45[a]
1AAA 1AA 1A 1AX	12[a]	40[a]
1BBB 1BB 1B 1BX	9	30
1CC 1C 1CX	6	20
1D 1DX	3	10

[a] 某些国家对车辆和装载货物的总长度有法规限制。

5 尺寸、公差和额定质量

5.1 尺寸测量的温度条件

集装箱的尺寸和公差是指在 20 ℃(68 ℉)时的测量值,在其他温度条件下测量值应做相应修正。

5.2 外部尺寸、公差和额定质量

5.2.1 外部尺寸和公差

表 2 所示的外部尺寸和允许公差适用于各种类型集装箱,但对允许降低高度的罐式集装箱、敞顶集装箱、干散货集装箱、平台集装箱和台架式集装箱除外。

5.2.2 额定质量

表 2 所示的额定质量适用于各种类型的集装箱。

特别注意:由于某些特殊运输的需求,出现了一定数量的长度和宽度类似 ISO 系列 1 的专用集装箱,但其额定质量和高度超过本标准的规定,这类集装箱不能充分参与多式联运,其运输需作特殊安排。

表 2 系列 1 集装箱的外部尺寸、允许公差和额定质量

集装箱型号	长度 *L*					宽度 *W*				高度 *H*					额定总质量 *R*[a](总质量)	
	mm	公差 mm	ft	in	公差 in	mm	公差 mm	ft	公差 in	mm	公差 mm	ft	in	公差 in	kg	lb
1EEE	13 716	$^{\ 0}_{-10}$	45		$^{\ 0}_{-\frac{3}{8}}$	2 438	$^{\ 0}_{-5}$	8	$^{\ 0}_{-\frac{3}{16}}$	2 896[b]	$^{\ 0}_{-5}$	9	6[b]	$^{\ 0}_{-\frac{3}{16}}$	30 480[b]	67 200[b]
1EE										2 591[b]	$^{\ 0}_{-5}$	8	6[b]	$^{\ 0}_{-\frac{3}{16}}$		
1AAA	12 192	$^{\ 0}_{-10}$	40		$^{\ 0}_{-\frac{3}{8}}$	2 438	$^{\ 0}_{-5}$	8	$^{\ 0}_{-\frac{3}{16}}$	2 896[b]	$^{\ 0}_{-5}$	9	6[b]	$^{\ 0}_{-\frac{3}{16}}$	30 480[b]	67 200[b]
1AA										2 591[b]	$^{\ 0}_{-5}$	8	6[b]	$^{\ 0}_{-\frac{3}{16}}$		
1A										2 438	$^{\ 0}_{-5}$	8		$^{\ 0}_{-\frac{3}{16}}$		
1AX										<2 438		<8				
1BBB	9 125	$^{\ 0}_{-10}$	29	$11\frac{1}{4}$	$^{\ 0}_{-\frac{3}{8}}$	2 438	$^{\ 0}_{-5}$	8	$^{\ 0}_{-\frac{3}{16}}$	2 896[b]	$^{\ 0}_{-5}$	9	6[b]	$^{\ 0}_{-\frac{3}{16}}$	30 480[b]	67 200[b]
1BB										2 591[b]	$^{\ 0}_{-5}$	8	6[b]	$^{\ 0}_{-\frac{3}{16}}$		
1B										2 438	$^{\ 0}_{-5}$	8		$^{\ 0}_{-\frac{3}{16}}$		
1BX										<2 438		<8				

表 2（续）

<table>
<tr><th rowspan="2">集装箱型号</th><th colspan="5">长度 L</th><th colspan="4">宽度 W</th><th colspan="5">高度 H</th><th colspan="2">额定总质量 R^{a}（总质量）</th></tr>
<tr><th>mm</th><th>公差 mm</th><th>ft</th><th>in</th><th>公差 in</th><th>mm</th><th>公差 mm</th><th>ft</th><th>公差 in</th><th>mm</th><th>公差 mm</th><th>ft</th><th>in</th><th>公差 in</th><th>kg</th><th>lb</th></tr>
<tr><td>1CC</td><td rowspan="3">6 058</td><td rowspan="3">$_{-6}^{0}$</td><td rowspan="3">19</td><td rowspan="3">$10\frac{1}{2}$</td><td rowspan="3">$_{-\frac{1}{4}}^{0}$</td><td rowspan="3">2 438</td><td rowspan="3">$_{-5}^{0}$</td><td rowspan="3">8</td><td rowspan="3">$_{-\frac{3}{16}}^{0}$</td><td>2 591[b]</td><td>$_{-5}^{0}$</td><td>8</td><td>6[b]</td><td>$_{-\frac{3}{16}}^{0}$</td><td rowspan="3">30 480[b]</td><td rowspan="3">67 200[b]</td></tr>
<tr><td>1C</td><td>2 438</td><td>$_{-5}^{0}$</td><td colspan="2">8</td><td>$_{-\frac{3}{16}}^{0}$</td></tr>
<tr><td>1CX</td><td><2 438</td><td></td><td></td><td></td><td></td></tr>
<tr><td>1D</td><td rowspan="2">2 991</td><td rowspan="2">$_{-5}^{0}$</td><td rowspan="2">9</td><td rowspan="2">$9\frac{3}{4}$</td><td rowspan="2">$_{-\frac{3}{16}}^{0}$</td><td rowspan="2">2 438</td><td rowspan="2">$_{-5}^{0}$</td><td rowspan="2">8</td><td rowspan="2">$_{-\frac{3}{16}}^{0}$</td><td>2 438</td><td>$_{-5}^{0}$</td><td colspan="2">8</td><td>$_{-\frac{3}{16}}^{0}$</td><td rowspan="2">10 160</td><td rowspan="2">22 400</td></tr>
<tr><td>1DX</td><td><2 438</td><td></td><td><8</td><td></td><td></td></tr>
<tr><td colspan="17">a 见 5.2.2。
b 某些国家对车辆和装载货物的总高度载荷有法规限制（如铁路和公路部门）。</td></tr>
</table>

5.2.3 鹅颈槽（可选择）

1AAA、1AA、1A、1AX、1BBB、1BB、1B 和 1BX 型集装箱鹅颈槽的设置见附录 C。

5.3 内部尺寸和门框开口尺寸

5.3.1 顶角件伸入箱内的部分

顶角件伸入箱内的部分不作为减少集装箱的内部尺寸（见表 3）。

5.3.2 一般货物通用集装箱（见 GB/T 5338）

这类集装箱的箱型代码应与 GB/T 1836 的规定相一致。

5.3.2.1 最小内部尺寸

集装箱的内部尺寸应尽可能大，但：

——箱型代码为 00 的封闭式集装箱应符合表 3 所规定的最小内部长度、宽度和高度的要求；

——箱型代码为 02 在侧部设有局部开口的集装箱应符合表 3 所规定的最小内部长度和高度的要求；

——箱型代码为 03 的敞顶式集装箱应符合表 3 所规定的最小内部长度和宽度的要求；

——箱型代码为 01 和 04 在侧部和顶部设有开口的集装箱应符合表 3 所规定的最小内部长度的要求；

——箱型代码为 10 和 11 带有透气孔的封闭式集装箱应符合表 3 所规定的最小内部长度和高度的要求；

——箱型代码为 13 的封闭式通风集装箱应符合表 3 所规定的最小内部长度、宽度和高度的要求。

5.3.2.2 最小门框开口尺寸

1A、1B、1C 和 1D 型集装箱（箱型代码为 00 和 02）一端开门的封闭式集装箱，其门框开口尺寸应与该箱体横断面的内部高度和宽度尺寸相当，但不应小于表 3 所列数据。

1EE、1AA、1BB 和 1CC 型集装箱（箱型代码为 00 和 02）一端开门的封闭式集装箱，其门框开口尺寸应与该箱体横断面的内部高度和宽度尺寸相当，但不应小于表 3 所列数据。

1EEE、1AAA 和 1BBB 型集装箱（箱型代码为 00 和 02）一端开门的封闭式集装箱，其门框开口尺寸应与该箱体横断面的内部高度和宽度尺寸相当，但不应小于表 3 所列数据。

表 3　系列 1 通用集装箱的最小内部尺寸和门框开口尺寸

单位为毫米

集装箱型号	最小内部尺寸			最小门框开口尺寸	
	高度	宽度	长度	高度	宽度
1EEE	箱体外部高度减去 241	2 330	13 542	2 566	2 286
1EE			13 542	2 261	
1AAA			11 998	2 566	
1AA			11 998	2 261	
1A			11 998	2 134	
1BBB			8 931	2 566	
1BB			8 931	2 261	
1B			8 931	2 134	
1CC			5 867	2 261	
1C			5 867	2 134	
1D			2 802	2 134	

5.3.3　**保温集装箱（见 GB/T 7392）**

保温集装箱的内部尺寸和门框开口尺寸应尽可能大。门框开口尺寸应与该箱体横断面的内部尺寸相当。

保温集装箱如果设有撑档、隔壁、顶部风道和底部风道的话，则应当从它们的内表面开始测量。

箱型代码为 20、21、22、30、31、32、40、41 和 42 的保温集装箱，其最小内部宽度应为 2 200 mm $\left(7\ \text{ft}\ 2\frac{5}{8}\ \text{in}\right)$。

5.3.4　**其他类型集装箱**

箱体的内部尺寸、门框开口和端部开口尺寸均应尽可能大。

5.4　**角件的定位**

角件沿箱长和箱宽方向的开孔中心距和对角线长度偏差见附录 A。

附　录　A
（规范性附录）
角　　件

角件的定位尺寸（角件开孔的中心距 S 和 P 值以及对角中心距离长度的差值 K_1 和 K_2）见表 A.1 和图 A.1。

45 ft 箱中间角件的定位尺寸同 40 ft 箱角件。

表 A.1

集装箱型号	S			P			K_1 最大[a]		K_2 最大[b]	
	mm	ft	in	mm	ft	in	mm	in	mm	in
1EEE 1EE	13 509	44	$3\frac{7}{8}$	2 259	7	$4\frac{31}{32}$	19	$\frac{3}{4}$	10	$\frac{3}{8}$
1AAA 1AA 1A 1AX	11 985	39	$3\frac{7}{8}$	2 259	7	$4\frac{31}{32}$	19	$\frac{3}{4}$	10	$\frac{3}{8}$
1BBB 1BB 1B 1BX	8 918	29	$3\frac{1}{8}$	2 259	7	$4\frac{31}{32}$	16	$\frac{5}{8}$	10	$\frac{3}{8}$
1CC 1C 1CX	5 853	19	$2\frac{7}{16}$	2 259	7	$4\frac{31}{32}$	13	$\frac{1}{2}$	10	$\frac{3}{8}$
1D 1DX	2 787	9	$1\frac{23}{32}$	2 259	7	$4\frac{31}{32}$	10	$\frac{3}{8}$	10	$\frac{3}{8}$

注：造箱企业注意基准尺寸 S 和 P 数值的精度。

S 和 P 两个尺寸的公差根据本标准所列外部尺寸以及 ISO 1161 规定的角件的尺寸公差进行控制。

[a] K_1 是 D_1 和 D_2 或 D_3 和 D_4 之差，即 $K_1=|D_1-D_2|=|D_3-D_4|$

[b] K_2 是 D_5 和 D_6 之差，即 $K_2=|D_5-D_6|$

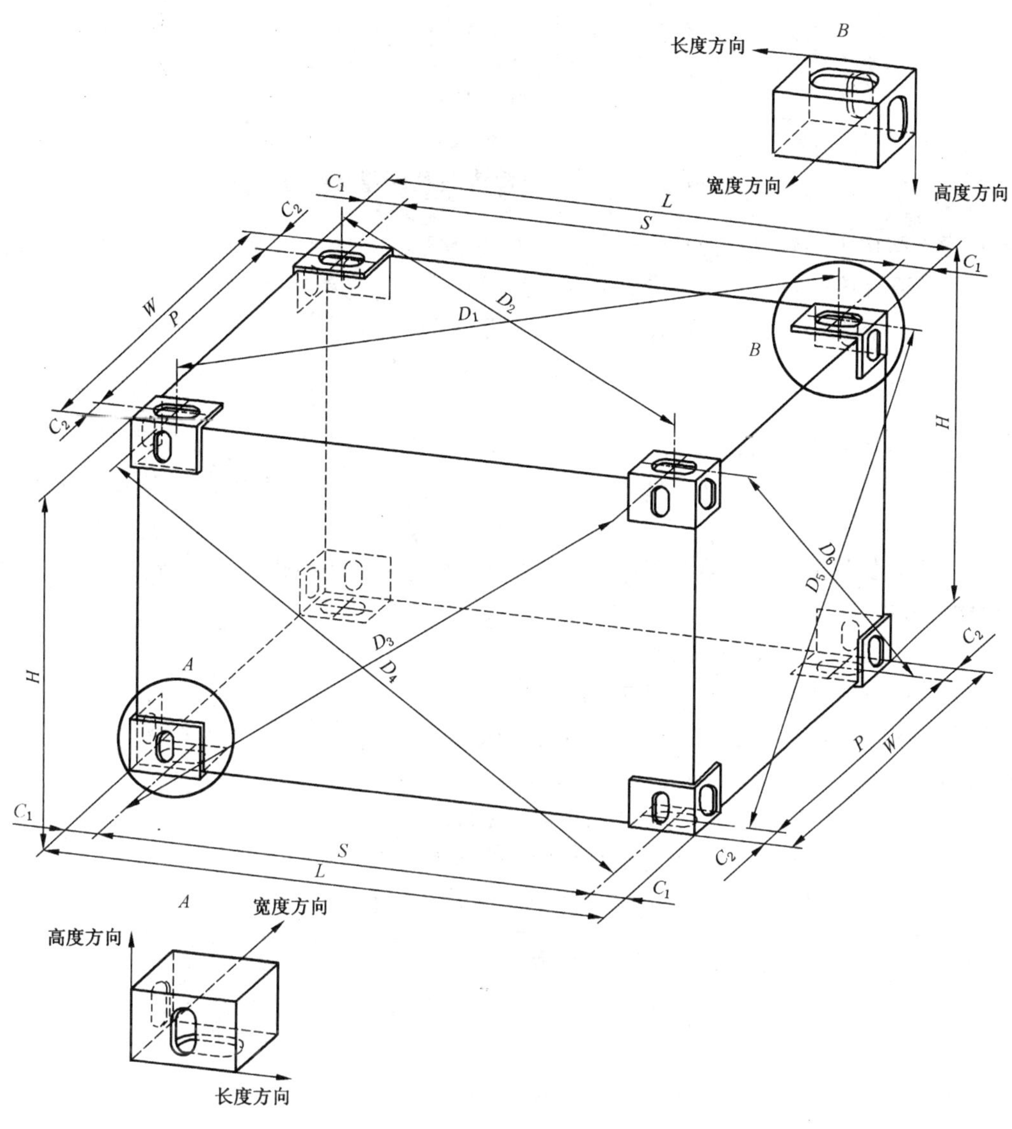

C_1——角件结构尺寸　101.5$_{-1.5}^{\ 0}$ mm(4$_{-1/16}^{\ 0}$ in)；

C_2——角件结构尺寸 89$_{-1.5}^{\ 0}$ mm$\left(3\ \frac{1}{2}{}_{-1/16}^{\ 0}\text{ in}\right)$；

D——角件孔中心对角距离，即 D_1、D_2、D_3、D_4、D_5 和 D_6 等 6 项数据；

H——集装箱外部高度；

L——集装箱外部长度；

P——沿箱体宽度方向的角件孔中心距离；

S——沿箱体长度方向的角件孔中心距离；

W——集装箱外部宽度。

注：沿箱体的边线测量相应的外部长度 L、外部高度 H 和外部宽度 W。

图 A.1　角件定位尺寸

附 录 B
（规范性附录）
集装箱底部结构中载荷传递区的具体要求

B.1 集装箱底部结构中的端横梁及在其中间设置的各个横梁（或具有平整箱底的结构部分）均可形成载荷传递区，可以通过该区域将其所承受的载荷传至载箱车辆上的纵向主梁。载荷传递区位于两条宽度为 375 mm(15 in)的传递带之内，如图 B.1 中的虚线所示。

B.2 底横梁的间距大于 1 000 mm$\left(39\frac{3}{8}\text{ in}\right)$的集装箱（包括非平整箱底结构），其载荷传递区如图 B.2～图 B.9 所示，并且满足以下条件。

B.2.1 端横梁每对载荷传递区的承载能力不应小于 0.5R，即集装箱在专用车辆上不用角件支撑的情况下发生的载荷。

此外，每对中间载荷传递区的承载能力均不应小于 1.5R/n，式中“n”表示载荷传递区的对数，该载荷发生在运输过程中。

B.2.2 成对的载荷传递区数量的最低要求如下：

——1CC、1CC 和 1CX 型集装箱至少有四对；

——1BBB、1BB、1B 和 1BX 型集装箱至少有五对；

——1AAA、1AA、1A 和 1AX 型集装箱至少有五对；

——无连续结构鹅颈槽的 1AAA、1AA、1A 和 1AX 型集装箱至少有六对。

若设置更多对载荷传递区，应在集装箱全长按近似等距来布局。

B.2.3 端横梁与其相邻的一对载荷传递区的间距要求如下：

——具有最少数量成对载荷传递区时，间距为 1 700 mm～2 000 mm $\left(66\frac{15}{16}\text{ in}\sim78\frac{3}{4}\text{ in}\right)$；

——比最少数量仅多一对载荷传递区时，间距为 1 000 mm～2 000 mm $\left(39\frac{3}{8}\text{ in}\sim78\frac{3}{4}\text{ in}\right)$。

B.2.4 每个载荷传递区的纵向尺寸至少为 25 mm(1 in)。

B.3 与鹅颈槽相邻载荷传递区的最低要求如图 B.10 所示。

注：图 B.2～图 B.9 中箱体底部的载荷传递区以黑色示出。图 B.10 中鹅颈槽部位的载荷传递区也以黑色示出。

单位为毫米

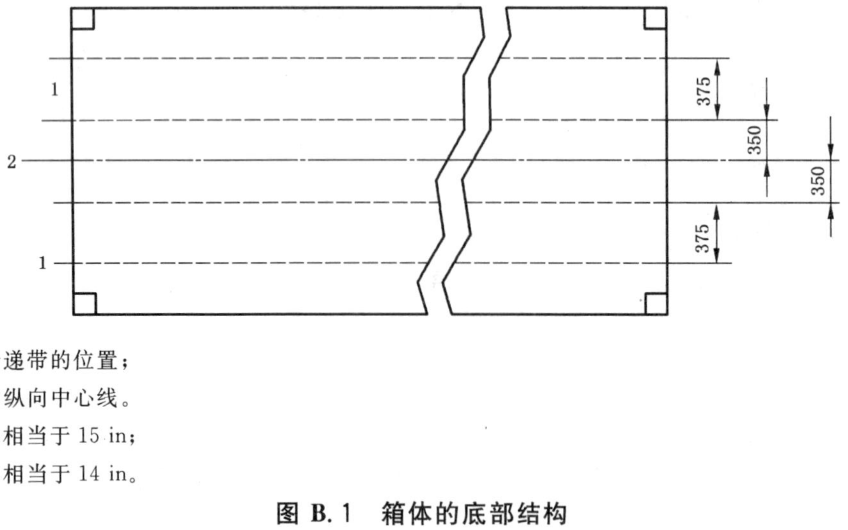

1——载荷传递带的位置；

2——箱体的纵向中心线。

注：375 mm 相当于 15 in；

350 mm 相当于 14 in。

图 B.1 箱体的底部结构

单位为毫米

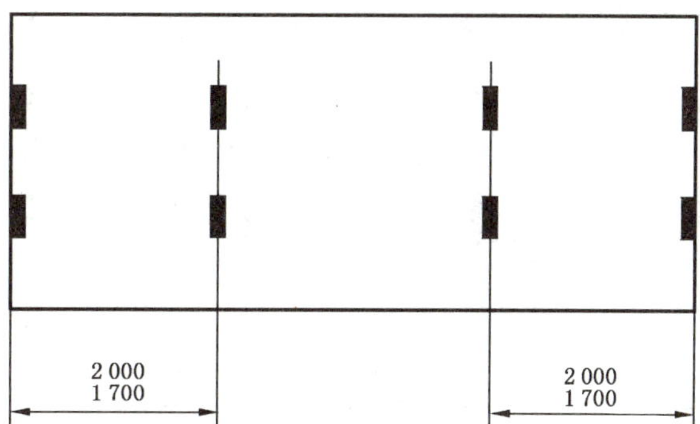

最低要求:四对载荷传递区(在箱体的两端各有一对,另外还有二对在中间)。

注:1 700 mm～2 000 mm 相当于 66 $\frac{15}{16}$ in～78 $\frac{3}{4}$ in。

图 B.2 1CC、1C 或 1CX 型箱底部的最低要求

单位为毫米

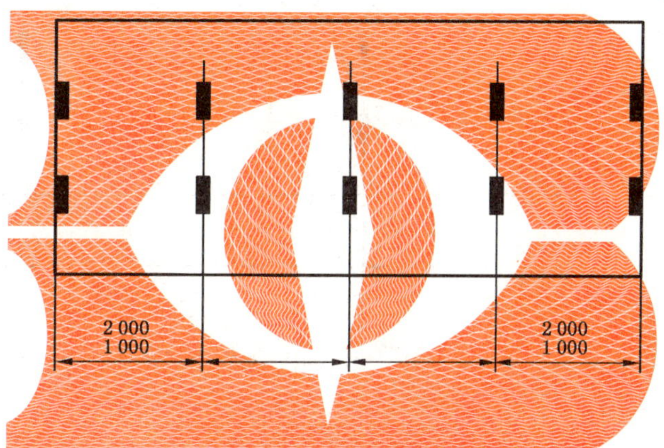

注:1 000 mm～2 000 mm 相当于 39 $\frac{3}{4}$ in～78 $\frac{3}{4}$ in。

图 B.3 1CC、1C 或 1CX 型箱底部设有五对载荷传递区的要求

单位为毫米

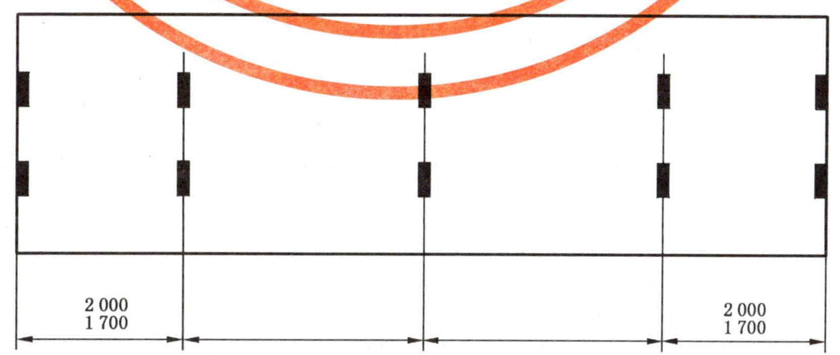

最低要求:五对载荷传递区(在箱体的两端各有一对,另外还有三对在中间)。

注:1 700 mm～2 000 mm 相当于 66 $\frac{15}{16}$ in～78 $\frac{3}{4}$ in。

图 B.4 1BBB、1BB、1B 或 1BX 型箱底部的最低要求

单位为毫米

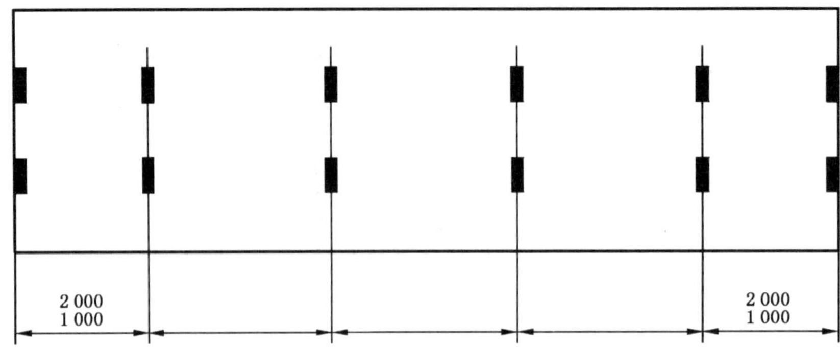

注：1 000 mm～2 000 mm 相当于 39 $\frac{3}{4}$ in～78 $\frac{3}{4}$ in。

图 B.5　1BBB、1BB、1B 或 1BX 型箱底部设有六对载荷传递区的要求

单位为毫米

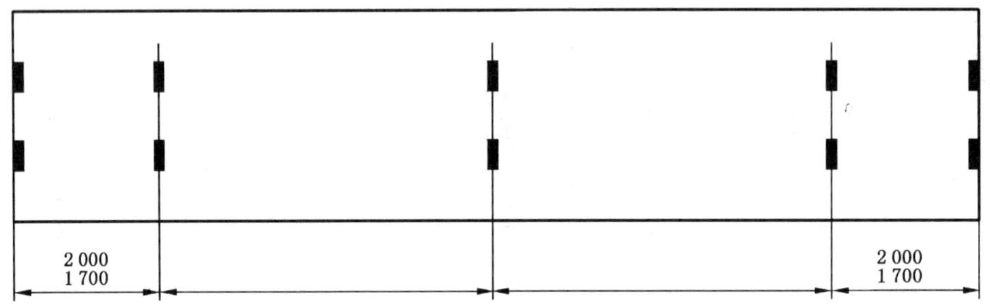

最低要求：五对载荷传递区(在箱体的两端各有一对，另外还有三对在中间)。

注：1 700 mm～2 000 mm 相当于 66 $\frac{15}{16}$ in～78 $\frac{3}{4}$ in。

图 B.6　1AA、1A 或 1AX 型箱底部的最低要求

单位为毫米

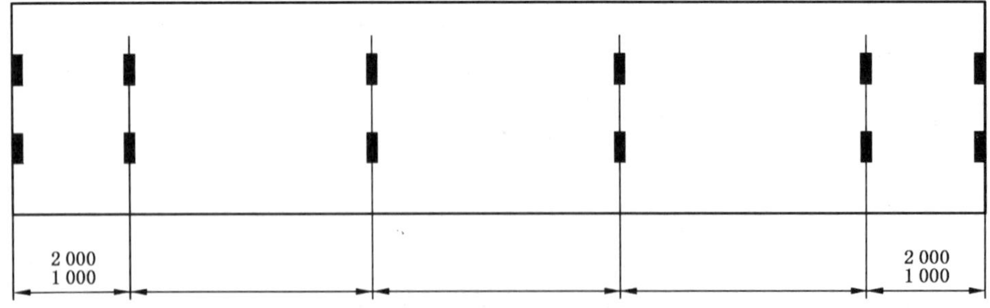

注：1 000 mm～2 000 mm 相当于 39 $\frac{3}{4}$ in～78 $\frac{3}{4}$ in。

图 B.7　1AA、1A 或 1AX 型箱底部没有鹅颈槽，但设有六对载荷传递区的要求

单位为毫米

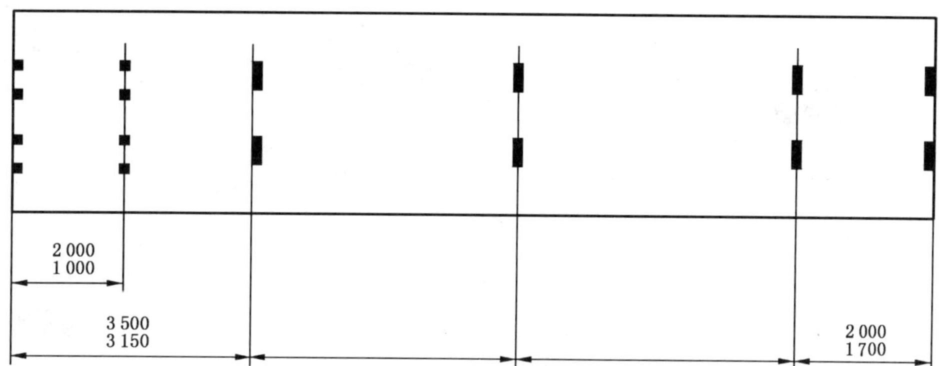

最低要求:六对载荷传递区(在箱体的两端各有一对,另外还有四对在中间)。

鹅颈槽部分的细节详见图 B.10。

注:1 000 mm～2 000 mm 相当于 39 $\frac{3}{4}$ in～78 $\frac{3}{4}$ in;

1 700 mm～2 000 mm 相当于 66 $\frac{15}{16}$ in～78 $\frac{3}{4}$ in;

3 150 mm～3 500 mm 相当于 124 $\frac{1}{4}$ in～137 $\frac{7}{8}$ in。

图 B.8 1AAA、1AA、1A 或 1AX 型箱带有鹅颈槽的底部的最低要求

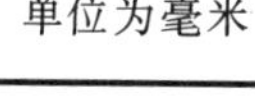
单位为毫米

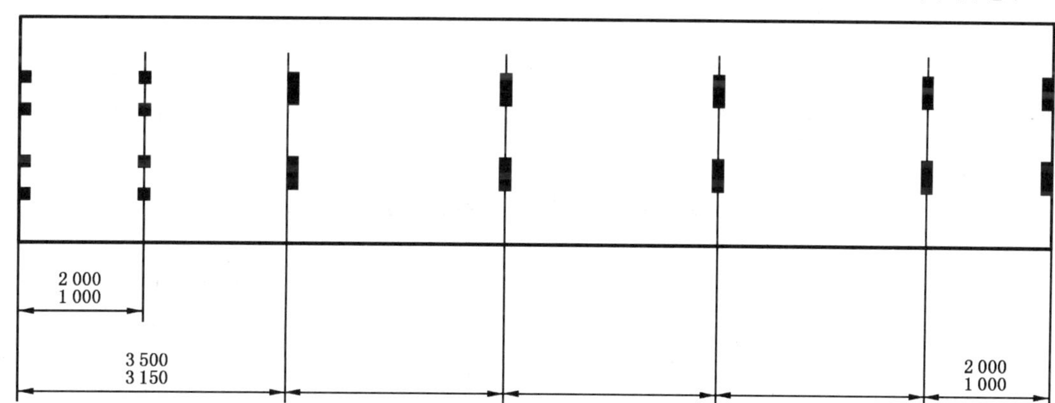

鹅颈槽部分的细节详见图 B.10。

注:1 000 mm～2 000 mm 相当于 39 $\frac{3}{4}$ in～78 $\frac{3}{4}$ in;

3 150 mm～3 500 mm 相当于 124 $\frac{1}{4}$ in～137 $\frac{7}{8}$ in。

图 B.9 1AAA、1AA、1A 或 1AX 型箱底部带有鹅颈槽,并设有七对载荷传递区的要求

单位为毫米

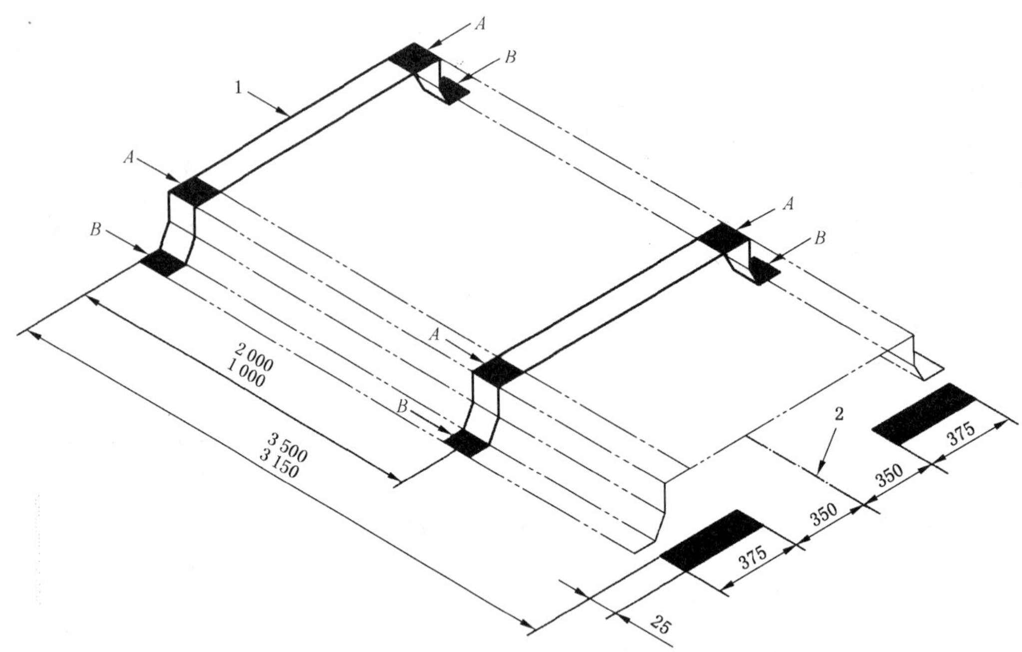

1——箱体的前端；

2——箱体的纵向中心线。

鹅颈槽处的每一个载荷传递区包括两个部分，上面的部分(A)HE 下面的部分(B)。A 和 B 可视为一个载荷传递区，这两部分面积之和 A+B 应当等于或者是大于 1 250 mm^2(1.94 in^2)。

注 1：1 000 mm～2 000 mm 相当于 39 $\frac{3}{4}$ in～78 $\frac{3}{4}$ in；

3 150 mm～3 500 mm 相当于 124 $\frac{1}{4}$ in～137 $\frac{7}{8}$ in；

25 mm 相当于 1 in；

350 mm 相当于 14 in；375 mm 相当于 15 in。

注 2：如果鹅颈槽具有连续的侧梁，那么距箱体前端距离为 3 150 mm$\left(124\ \frac{1}{4}\text{ in}\right)$～3 500 mm $\left(137\ \frac{7}{8}\text{ in}\right)$处的载荷传递区可以省略。

图 B.10 箱体底部鹅颈槽及其附近载荷传递区的最低要求

附 录 C
（规范性附录）
鹅 颈 槽

如果在箱体底部设有鹅颈槽，该处与集装箱挂车上的鹅颈部位相适配的相关尺寸如图 C.1 所示。

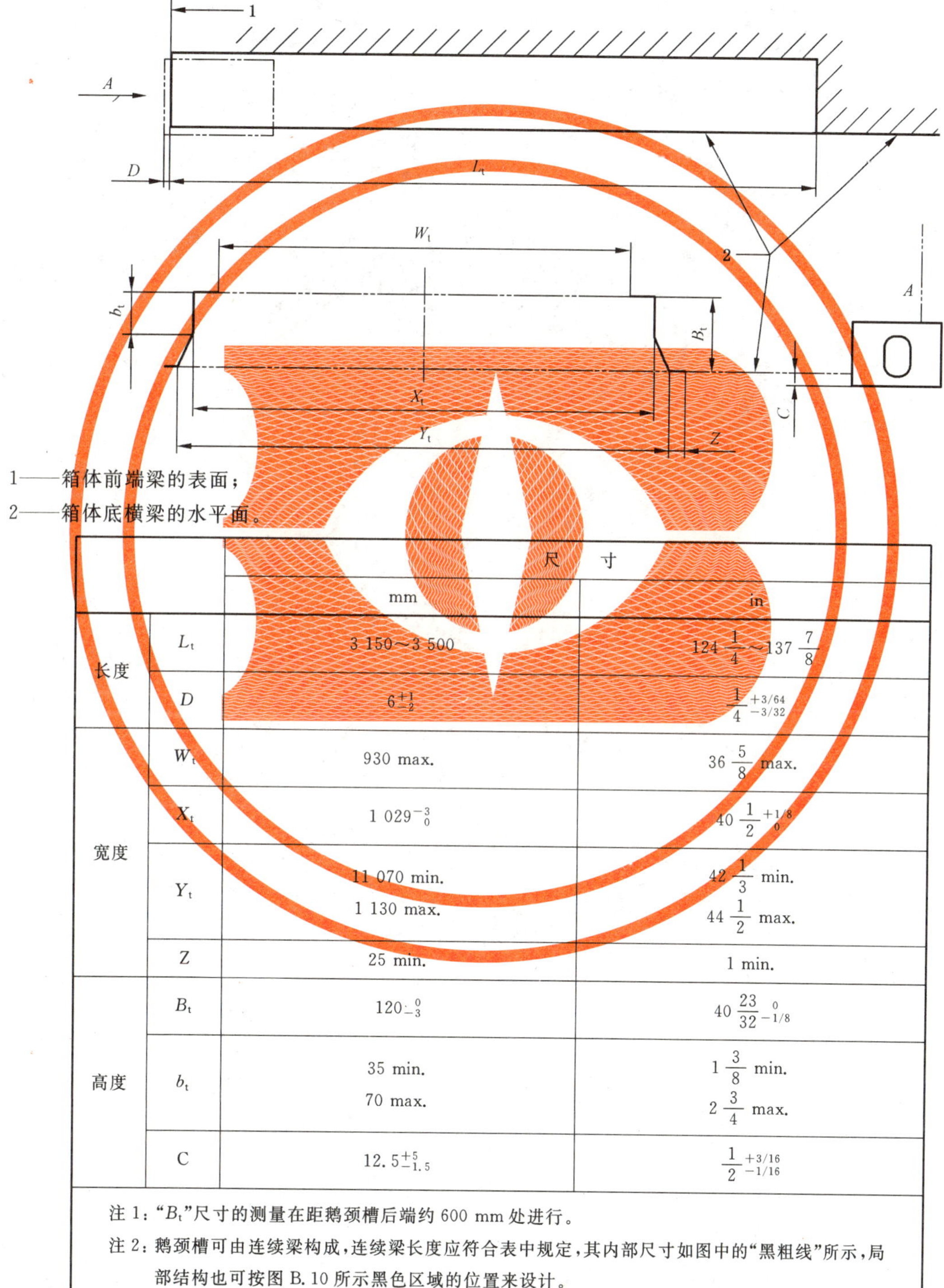

1——箱体前端梁的表面；

2——箱体底横梁的水平面。

		尺寸	
		mm	in
长度	L_t	3 150～3 500	$124\frac{1}{4}$～$137\frac{7}{8}$
	D	6^{+1}_{-2}	$\frac{1}{4}{}^{+3/64}_{-3/32}$
宽度	W_t	930 max.	$36\frac{5}{8}$ max.
	X_t	$1\ 029^{-3}_{0}$	$40\frac{1}{2}{}^{+1/8}_{0}$
	Y_t	11 070 min. 1 130 max.	$42\frac{1}{3}$ min. $44\frac{1}{2}$ max.
	Z	25 min.	1 min.
高度	B_t	120^{0}_{-3}	$40\frac{23}{32}{}^{0}_{-1/8}$
	b_t	35 min. 70 max.	$1\frac{3}{8}$ min. $2\frac{3}{4}$ max.
	C	$12.5^{+5}_{-1.5}$	$\frac{1}{2}{}^{+3/16}_{-1/16}$

注 1：“B_t”尺寸的测量在距鹅颈槽后端约 600 mm 处进行。

注 2：鹅颈槽可由连续梁构成，连续梁长度应符合表中规定，其内部尺寸如图中的“黑粗线”所示，局部结构也可按图 B.10 所示黑色区域的位置来设计。

图 C.1 鹅颈槽尺寸

ICS 55.020
A 83

中华人民共和国国家标准

GB/T 4879—2016
代替 GB/T 4879—1999

防 锈 包 装

Rustproof packaging

2016-02-24 发布 2016-05-24 实施

中华人民共和国国家质量监督检验检疫总局
中国国家标准化管理委员会 发布

前言

本标准按照 GB/T 1.1—2009 给出的规则起草。

本标准代替 GB/T 4879—1999《防锈包装》,除编辑性修改外,与 GB/T 4879—1999 相比主要技术变化如下:

——对第 1 章“范围”进行了重新描述;

——删除了第 3 章“术语”;

——将 1 级包装防锈期限“3～5 年内”修改为“2 年”;将 2 级包装防锈期限“2～3 年内”修改为“1 年”;将 3 级包装防锈期限“2 年内”修改为“0.5 年”(见 3.2);

——增加了特殊包装防锈等级的说明(见 3.2);

——删除了关于防锈材料的规定(见 1999 年版的 5.2.1、5.2.2);

——将“环境要求”(见 1999 年版的 5.3)和“一般要求”合并(见第 4 章);

——删除了“标志”的规定(见 1999 年版的第 8 章);

——将附录 A 中的表 A.4 中的 B3 与 B5 合并、B4 与 B9 合并,并进行适当修改;

——修改了附录 A 中“A.4 包装”的部分内容。

本标准由全国包装标准化技术委员会(SAC/TC 49)提出并归口。

本标准主要起草单位:沈阳防锈包装材料有限责任公司、深圳职业技术学院、泉州市玉杰旋转接头金属软管有限公司、机械科学研究总院、军民融合包装发展建设工作委员会。

本标准主要起草人:黄雪、李伟哲、裴方芳、唐艳秋、陈秀兰、王玉鑫、李建华、朱斌。

本标准所代替标准的历次版本发布情况为:

——GB/T 4879—1985、GB/T 4879—1999。

防 锈 包 装

1 范围

本标准规定了防锈包装等级、一般要求、材料要求、防锈包装方法和试验方法。

本标准适用于防锈包装的设计、生产和检验。

2 规范性引用文件

下列文件对于本文件的应用是必不可少的。凡是注日期的引用文件,仅注日期的版本适用于本文件。凡是不注日期的引用文件,其最新版本(包括所有的修改单)适用于本文件。

GB/T 5048 防潮包装

GB/T 12339 防护用内包装材料

GB/T 14188 气相防锈包装材料选用通则

GB/T 16265 包装材料试验方法 相容性

GB/T 16266 包装材料试验方法 接触腐蚀

GB/T 16267 包装材料试验方法 气相缓蚀能力

GJB 145A—1993 防护包装规范

GJB 2494 湿度指示卡规范

BB/T 0049 包装用矿物干燥剂

3 防锈包装等级

3.1 应根据产品的性质、流通环境条件、防锈期限等因素进行综合考虑来确定防锈包装等级。

3.2 防锈包装等级一般分为1级、2级、3级,见表1。对防锈包装有特殊要求时,可按特殊要求进行。

表1 防锈包装等级

等级	条件		
	防锈期限	温度、湿度	产品性质
1级包装	2年	温度大于30 ℃,相对湿度大于90%	易锈蚀的产品,以及贵重、精密的可能生锈的产品
2级包装	1年	温度在20 ℃～30 ℃之间,相对湿度在70%～90%之间	较易锈蚀的产品、以及较贵重、较精密可能生锈的产品
3级包装	0.5年	温度小于20 ℃,相对湿度小于70%	不易锈蚀的产品

注1:当防锈包装等级的确定因素不能同时满足本表的要求时,应按照三个条件的最严酷条件确定防锈包装等级。亦可按照产品性质、防锈期限、温湿度条件的顺序综合考虑,确定防锈包装等级。

注2:对于特殊要求的防锈包装,主要是防潮要求更高的包装,宜采用更加严格的防潮措施。

4 一般要求

4.1 确定防锈包装等级。并按等级要求包装，在防锈期限内保障产品不产生锈蚀。

4.2 防锈包装操作过程应连续，如果中断应采取暂时性的防锈处理。

4.3 防锈包装过程中应避免手汗等污染物污染产品。

4.4 需进行防锈处理的产品，如处于热状态时，为了避免防锈剂受热流失或分解，应冷却到接近室温后再进行处理。

4.5 涂覆防锈剂的产品，如果需要包敷内包装材料时，应使用中性、干燥清洁的包装材料。

4.6 采用防锈剂防锈的产品，在启封使用时，一般应除去防锈剂。产品在涂覆或除去防锈剂会影响产品性能时，应不使用防锈剂。

4.7 防锈包装作业应在清洁、干燥、温差变化小的环境中进行。

5 材料要求

5.1 产品使用的防锈材料，其质量应符合有关标准的规定。

5.2 干燥剂一般使用矿物干燥剂。矿物干燥剂应符合 BB/T 0049 的规定。

5.3 气相防锈包装材料应符合 GB/T 14188 的有关规定。

5.4 防护用内包装材料应符合 GB/T 12339 的有关规定。

5.5 防锈包装材料除应进行有关试验外，相容性试验应按 GB/T 16265 的规定，接触腐蚀试验应按 GB/T 16266 的规定，气相缓蚀能力试验应按 GB/T 16267 的规定。

5.6 必要时应采用湿度指示卡、湿度指示剂或湿度指示装置，并应尽量远离干燥剂。湿度指示卡应符合 GJB 2494 的有关规定。

6 防锈包装方法

6.1 产品应根据下列条件，确定防锈包装的方法：

a) 产品的特征与表面加工的程度；

b) 运输与贮存的期限；

c) 运输与贮存的环境条件；

d) 产品在流通过程中所承受的载荷程度；

e) 防锈包装等级。

6.2 防锈包装分为清洁、干燥、防锈和包装四个步骤：

a) 清洁。应除去产品表面的尘埃、油脂残留物、汗渍及其他异物。可选用 A.1 的一种或多种方法进行清洗。

b) 干燥。产品的金属表面在清洗后，应立即进行干燥。可选用 A.2 的一种或多种方法进行干燥。

c) 防锈。产品的金属表面在进行清洗、干燥后，根据需要进行防锈处理，可选用 A.3 的一种或多种方法相结合进行防锈。

d) 包装。产品的金属表面在进行清洗、干燥、防锈处理后，进行包装。包装可选用 A.4 的一种或多种方法相结合进行，亦可与 GB/T 5048 的有关防潮包装方法相结合进行防锈包装。

7 试验方法

7.1 防锈包装按GJB 145A—1993中的周期暴露试验A的规定进行。1级包装可选择3个周期暴露试验,2级包装可选择2个周期暴露试验,3级包装可选择1个周期暴露试验。

7.2 经周期暴露试验后,启封检查内装产品和所选材料有无锈蚀、老化、破裂或其他异常情况。

附 录 A
（资料性附录）
常用防锈包装方法

A.1 清洗

常用清洗方法见表A.1。

表A.1 清洗方法

代号	名 称	方 法
Q1	溶剂清洗法	在室温下，将产品全浸或半浸在规定的溶剂中，用刷洗、擦洗等方式进行清洗。大件产品可采用喷洗。洗涤时应注意防止产品表面凝露
Q2	清除汗迹法	在室温下，将产品在置换型防锈油中进行浸洗、摆洗或刷洗，高精密小件产品可在适当装置中用温甲醇清洗
Q3	蒸汽脱脂清洗法	用卤代烃清洗剂，在蒸汽清洗机或其他装置中对产品进行蒸汽脱脂。此法适用于除去油脂状的污染物
Q4	碱液清洗法	将产品在碱液中浸洗、煮洗或喷洗
Q5	乳剂清洗法	将产品在乳剂清洗液中浸洗或喷淋清洗
Q6	表面活性剂清洗法	制品在离子表面活性剂或非离子表面活性剂的水溶液中浸洗、泡刷洗或压力喷洗
Q7	电解清洗法	将产品浸渍在电解液中进行电解清洗
Q8	超声波清洗法	将产品浸渍在各种清洗溶液中，使用超声波进行清洗

A.2 干燥

常用干燥方法见表A.2。

表A.2 干燥方法

代号	名 称	方 法
G1	压缩空气吹干法	用经过干燥的清洁压缩空气吹干
G2	烘干法	在烘箱或烘房内进行干燥
G3	红外线干燥法	用红外灯或远红外线装置直接进行干燥
G4	擦干法	用清洁、干燥的布擦干，注意不允许有纤维物残留在产品上
G5	滴干、晾干法	用溶剂清洗的产品，可用本方法干燥
G6	脱水法	用水基清洗剂清洗的产品，清洗完毕后，应立即采用脱水油进行干燥

A.3 防锈

常用防锈方法见表A.3。

表 A.3 防锈方法

代号	名 称	方 法
F1	防锈油浸涂法	将产品完全浸渍在防锈油中,涂覆防锈油膜
F2	防锈油脂刷涂法	在产品表面刷涂防锈油脂
F3	防锈油脂充填法	在产品内腔充填防锈油脂,充填时应注意使内腔表面全部涂覆,且应留有空隙,并不应泄漏
F4	气相缓蚀剂法	按产品的要求,采用粉剂、片剂或丸剂状气相缓蚀剂,散布或装入干净的布袋或盒中。或将含有气相缓蚀剂的油等非水溶液喷洒于包装空间
F5	气相防锈纸法	对形状比较简单而容易包扎的产品,可用气相防锈纸包封,包封时要求接触或接近金属表面
F6	气相防锈塑料薄膜法	产品要求包装外观透明时采用气相防锈塑料薄膜袋热压焊封
F7	防锈液处理法	可以采用浸涂或喷涂,然后进行干燥

A.4 包装

常用包装方法见表A.4。

表 A.4 包装方法

代号	名 称	方 法	适用防锈等级
B1	一般包装	制品经清洗、干燥后,直接采用防潮、防水包装材料进行包装	3级包装
B2	防锈油脂包装		
B2-1	涂覆防锈油脂	按F1或F2的方法直接涂覆膜或防锈油脂。不采用内包装	3级包装
B2-2	防锈纸包装	按F1或F2的方法涂防锈油脂后,采用耐油性、无腐蚀内包装材料包封	3级包装
B2-3	塑料薄膜包装	按F1或F2的方法涂覆防锈油脂后,装入塑料薄膜制作的袋中,根据需要用黏胶带密封或热压焊封	1级包装 2级包装
B2-4	铝塑薄膜包装	按F1或F2的方法涂覆防锈油脂后,装入铝塑薄膜制作的袋中,热压焊封	1级包装 2级包装
B2-5	防锈油脂充填包装	对密闭内腔的防锈,可按F3的方法进行防锈后,密封包装	1级包装

表 A.4（续）

代号	名　称	方　　法	适用防锈等级
B3	气相防锈材料包装		
B3-1	气相缓蚀剂包装	按照 F4 的方法进行防锈后，再密封包装	1 级包装 2 级包装 3 级包装
B3-2	气相防锈纸包装	按照 F5 的方法进行防锈后，再密封包装	
B3-3	气相防锈塑料薄膜包装	按照 F6 的方法进行防锈时即完成包装	
B3-4	气相防锈油包装	制品内腔密封系统刷涂、喷涂或注入气相防锈油	3 级包装
B4	密封容器包装		
B4-1	金属刚性容器密封包装	按 F1 或 F2 的方法涂防锈油脂后，用耐油脂包装材料包扎和充填缓冲材料，装入金属刚性容器密封，需要时可作减压处理	1 级包装 2 级包装
B4-2	非金属刚性容器密封包装	将防锈后的制品装入采用防潮包装材料制作的非金属刚性容器，用热压焊封或其他方法密封	
B4-3	刚性容器中防锈油浸泡的包装	制品装入刚性容器（金属或非金属）中，用防锈油完全浸渍，然后进行密封	
B4-4	干燥剂包装	制品进行防锈后，与干燥剂一并放入铝塑复合材料等密封包装容器中。必要时可抽取密封容器内部分空气	
B5	可剥性塑料包装		
B5-1	涂覆热浸型可剥性塑料包装	制品长期封存或防止机械碰伤，采用涂覆热浸可剥性塑料包装。需要时，在制品外按其形状包扎无腐蚀的纤维织物（布）或铝箔后，再涂覆热浸型可剥性塑料	1 级包装 2 级包装
B5-2	涂覆溶剂型可剥性塑料包装	制品的孔穴处充填无腐蚀性材料后，在室温下一次涂覆或多次涂覆溶剂型可剥性塑料。多次涂覆时，每次涂覆后应待溶剂完全挥发后，再涂覆	
B6	贴体包装	制品进行防锈后，使用硝基纤维、醋酸纤维、乙基丁基纤维或其他塑料膜片作透明包装，真空成形	2 级包装
B7	充气包装	制品装入密封性良好的金属容器、非金属容器或透湿度小、气密性好、无腐蚀性的包装材料制作的袋中，充干燥空气、氮气或其他惰性气体密封包装。制品可密封内腔，经清洗、干燥后，直接充气密封	1 级包装 2 级包装

ICS 23.100.01
J 20

中华人民共和国国家标准

GB/T 7932—2003/ISO 4414:1998
代替 GB/T 7932—1987

气动系统通用技术条件

Pneumatic fluid power—General rules relating to systems

(ISO 4414:1998,IDT)

2003-11-25 发布 2004-06-01 实施

中华人民共和国
国家质量监督检验检疫总局 发布

前　言

本标准等同采用国际标准 ISO 4414:1998《气压传动　与系统相关的一般规则》(英文版)。

本标准的内容与 ISO 4414:1998《气压传动　与系统相关的一般规则》基本一致,除编辑方面按国家标准规定做适当修改外,与 ISO 4414:1998 有以下几点差异:

——在"规范性引用文件"条款中,按 GB/T 1.1—2000 的要求编写。以对应的国家标准代替了 ISO 标准:"ISO 1219-1:1991"改为"GB/T 786.1"、"ISO 5598:1985"改为"GB/T 17446"、"IEC 204-1:1997"改为"GB/T 5226.1"、"IEC 529:1989"改为"GB 4208",并采用不注日期的引用方式;

——删除 ISO 4414:1998 的前言以及资料性的附录 C、附录 F 和索引;

——压力单位,国际标准为 kPa,本标准为 MPa。

本标准代替国家标准 GB/T 7932—1987《气动系统　通用技术条件》。本标准与 GB/T 7932—1987 相比,编排格式进行了重大调整,充实了许多内容,也删除了与气动系统无关的章节。其主要变化为:

——增加了 7 个引用标准和《术语和定义》一章;

——在安全性方面,本标准对设计、元件选择等多方面提出了具体要求,比原标准考虑更全面,内容更具体;

——对元件和管路的要求比原标准更规范,充实了许多新内容;

——增加了 4 个附录。

本标准的附录 A、附录 B、附录 C 和附录 D 为资料性附录。

本标准由中国机械工业联合会提出。

本标准由全国液压气动标准化技术委员会(SAC/TC3)归口。

本标准起草单位:无锡气动技术研究所。

本标准主要起草人:陈宁、沈德高、李企芳、杨燧然。

本标准所代替标准的历次版本发布情况为:

——GB/T 7932—1987。

引　言

在气动系统中，动力是通过闭合回路中压缩空气或其他（中性）气体来传递和控制的。

气动系统的应用，要求供需双方之间有透彻的理解和准确的沟通。制定本标准的目的就是为了有助于这种理解和沟通。同时，也为气动系统的应用提供了许多有益的实践经验和资料。

本标准有助于：

a）对气动系统和气动元件的要求的确认，并予以规定；

b）对各自的责任范围的认定；

c）使系统及其元件的设计符合规定的要求；

d）对气动系统安全性要求的理解。

本标准所给出的通用技术条件，除已被纳入供需双方契约中的那些条款外，并不具有法律效力。同样，当供需双方起草合同协议条款时，也允许含有与本标准不一致的那些气动条款。必须注意供需双方在起草文件时，应符合国家或当地政府的法规和法律。

带有动词“应”的通用技术条件是来自于很好的工程实践的建议，普遍适用并很少例外。在文中用到“宜”的条款，并不是表示供选择，而是可能会由于某种过程、环境条件或设备的规格的特殊性而需适当地修正。

文中带有“＊”标记的标题或内容部分，表示需要供需双方协商来确定要求和（或）责任的分条款，这些分条款也在附录A中列出。

气动系统通用技术条件

1 范围

本标准规定了在工业生产过程中使用的气动系统的通用技术条件。以此作为对供需双方的一种指导,来保证:

a) 安全性;

b) 系统的连续运行;

c) 维护容易和经济;

d) 系统的使用寿命长。

本标准不适用于工厂中的空气压缩机及与配气系统连接的典型装置。

2 规范性引用文件

下列文件中的条款通过本标准的引用而构成为本标准的条款。凡是注日期的引用文件,其随后所有的修改单(不包括勘误的内容)或修订版均不适用于本标准,然而,鼓励根据本标准达成协议的各方研究是否可使用这些文件的最新版本。凡是不注日期的引用文件,其最新版本适用于本标准。

GB/T 786.1 液压气动图形符号(neq ISO 1219-1)

GB 4208 外壳防护等级(IP代码)(eqv IEC 529)

GB 5226.1 机械安全 机械电气设备 第1部分:通用技术条件(idt IEC 204-1)

GB/T 17446 流体传动系统及元件 术语(idt ISO 5598)

ISO 65:1981 符合ISO 7-1适用于车螺纹的碳钢管

ISO 1219-2 流体传动系统和元件 图形符号和回路图 第2部分:回路图

ISO 5782-1 气压传动 压缩空气过滤器 第1部分:商务文件和具体要求中应包含的主要特性

ISO 6301-1 气压传动 压缩空气油雾器 第1部分:供应商文件和产品标志要求中应包含的主要特性

ISO 6953-1 气压传动 压缩空气调压阀和带过滤器的调压阀 第1部分:商务文件中包含的主要特性及产品标识要求

ISO 8778 气压传动 标准参考大气

3 术语和定义

GB/T 17446确立的以及下列术语和定义适用于本标准。

3.1

执行元件 actuator

把流体能量转换成机械能的元件(例如马达、气缸)。

3.2

试运行 commissioning

需方正式验收系统的程序。

3.3

元件 component

气压传动系统的一个功能部分,由一个或多个零件组成的独立单元(例如:气缸,马达、阀或过滤器等,但不包括管路系统)。

3.4

控制机构　control mechanism

给元件提供输入信号的装置(例如:操纵杆、电磁铁)。

3.5

应急控制　emergency control

把系统带入安全状态的控制功能。

3.6

功能标牌　function plate

包含描述手动操作装置的功能(如:开/关、上/下)或系统执行的功能状态(例如:夹紧,提升、前进)的信息的标识牌。

3.7

中性气体　neutral gas

这种气体与空气的特性类似,所不同的是它在压力和温度的作用下不起反应。

3.8

操作装置　operating device

给控制机构提供输入信号的装置(例如凸轮、电开关)。

3.9

管路　piping

管接头、卡箍和连接件与硬管或软管的任何组合,这种组合可使流体在元件之间流动。

3.10

气动技术　pneumatics

用空气或中性气体作为流体传动介质的科学和技术。

3.11

需方　purchaser

规定对机器、装置、系统或元件的要求,并评定产品是否满足这些要求的一方。

3.12

供方　supplier

承包提供满足需方要求的产品的一方。

3.13

系统　system

由相互连接的元件组成的传递和控制流体能量的装置。

4　要求

4.1　概述

在4.1.1至4.5中给出的要求,适用于本标准范围内的所有系统。

4.1.1　说明书

气动系统应按系统供方提供的说明书和建议进行安装和使用。

4.1.2　语言*

供需双方应商定用于机器标志和适用文件的语言。供方应负责保证译文与原文具有同样的含义。

4.2　危险*

供需双方商定时,应对附录B中所列危险进行评价。这种评价可以包括气动系统对机器的其他部分、系统或环境的影响。附录B中列出的标准可用于这类评价。

只要可行,就应通过设计消除所确认的那些危险。若做不到这一点,则设计应包含针对这些危险的防范措施。

4.3 安全性要求

4.3.1 设计方面的考虑

在设计气动系统时，应考虑到系统的全部动作要求和用途。

气动系统的设计以及元件的选择、使用、安装和调整应保证系统能不间断地工作、延长寿命和操作安全。

一旦出现故障，首要考虑人员的安全，并尽量减少对设备和环境的损害。另外，还应考虑到在预期的操作和使用中可能出现的故障模式。

4.3.2 元件的选择

系统中的所有元件都应进行选择或指定，以确保其使用的安全性。当系统投入预期的使用时，元件应在其额定的极限范围内工作。应选择或指定元件以保证系统在预定运行中能可靠地工作。尤其应注意某些元件的故障模式，它们如果失灵或出现故障可能会使整个系统产生危险。

4.3.3 意外压力

系统的所有部件应在设计上或以其他保护措施，防止压力超过系统或系统任何部分的最高工作压力及各具体元件的额定压力。

系统的设计、制造和调整，应使冲击压力和增压压力减至最低。冲击压力和增压压力不应引起危险。

应考虑由于阻塞、压降或泄漏等原因影响元件安全工作的后果。

4.3.4 机械运动

无论是预期的还是意外的机械运动(包括加速、减速或物体的提升/夹持)，都不应造成对人员有危险的状态。

4.3.5 噪声

当排气造成的声压等级超过了适用的法规和标准的许可时，排气口应使用消声器。在排气口使用的消声器本身不应产生危险。消声器不宜产生有害的背压。

4.3.6 泄漏

泄漏(内泄漏或外泄漏)不应引起危险。

4.3.7 空气中的有害物质

系统的设计、制造和(或)配备，应使排气中的有害物质在空气中传播所引起的危害降低到最小。

4.4 系统要求*

供需双方应确定系统运行和功能的技术规范，其中包括：

a) 工作压力范围；

b) 工作温度范围；

c) 所用流体的类型；

d) 循环速率；

e) 负载循环特性；

f) 元件的使用寿命；

g) 动作顺序；

h) 润滑；

i) 起吊要求；

j) 应急和安全性的要求；

k) 油漆和防护性涂料的详细要求。

4.5 现场条件*

4.5.1 技术要求*

供需双方应确定现场条件，系统设计时应考虑这些条件。

所需的资料例如：

a) 设备的环境温度范围；

b) 设备的环境湿度范围；

c) 可用的公共设施，例如：电、水及废物的处理；

d) 电网的详细资料，例如：电压及其波动范围、频率、可用的功率（如果受限制）等等；

e) 对电气线路的保护；

f) 安装位置超过海拔1 000米以上的高度；

g) 压缩空气的压力、流动能力，湿度和清洁度（如果气动系统中没有包括来自气源的上述条件的规定）；

h) 振动源；

i) 应急措施，例如发生起火、爆炸或其他意外事件的可能性，以及相应可行的应急措施；

j) 异常的环境条件；

k) 防护要求；

l) 法律因素，包括对环境的规定；

m) 其他安全性和特殊性要求。

4.5.2 图样

供方应提供由供需双方共同商定的系统图样，它们包括：

a) 平面布置图，其中包括位置和安装尺寸；

b) 基础要求，其中包括地基的承载能力；

c) 供水要求；

d) 供电要求；

e) 管路布置（经商定，也可以使用照片表示）。

5 系统设计

5.1 回路图

供方应提供符合ISO 1219-2的回路图。该回路图反映系统设计，标识元件并满足条款4的要求。

下列资料应包含在回路图中或附加文件中：

a) 所有装置的名称、目录编号、系列号或设计编号，以及制造商或供方名称的标识；

b) 硬管的口径、壁厚和技术条件及软管总成的通径和技术条件；

c) 各气缸的内径、活塞杆直径，行程长度、估算的预期工作所需的最大力和速度；

d) 各气马达预期工作所需的排气量、最大输出转矩、转速和旋转方向；

e) 压力控制阀的压力设定值；

f) 滤网、过滤器和替换滤芯的型号；

g) 当规定时，给出时间顺序图表，例如循环的时间范围和数据或文字，或二者兼有。该图表表示出执行的操作，包括相关的电控、机械控制和执行器的功能；

h) 气路块内各气路的清晰指示，为此，可以采用边界线或边框线，边界线内仅包括安装在气路块上或气路块内的元件的符号；

i) 各个执行元件沿各个方向的功能的清晰指示；

j) 所有元件或气路块的气口标识（与在元件或气路块上标明的一致）；

k) 所有电信号转换器的标识，与在电路图上标明的一致。

5.2 标识

5.2.1 元件

供方应提供下列详细资料，如可能，应在所有元件上以永久和明显的形式表示出来：

a) 制造商或供方的名称和简要地址；

b) 制造商或供方的产品标识；

c) 额定压力；

d) 表1为各种元件提供所需的附加信息；

e) 符合 GB/T 786.1 的图形符号，包括全部气口的正确标记。

在可用空间不足，可能导致文字太小而看不清楚的场合，可将资料提供在补充材料上，如：说明/维修手册、目录活页或辅助标签上。

可以在元件上或补充材料中给出的供选择的信息见表1。

表1 可以在元件上或补充材料中给出的附加信息

元件	必须的信息	可选择的信息	备注
气马达	旋转方向	耗气量	
摆动马达	回转角度 排气量		
气缸	缸内径 行程长度		
电磁阀	电压 AC 频率或 DC 功率或 VA	防护等级 (IP 额定值)	符合 GB 4208
方向控制阀	工作压力范围 气口尺寸		可用额定压力替代
压力开关	工作压力范围 压差范围 开关承受电压电流的能力	防护等级 (IP 额定值)	可用额定压力替代 符合 GB 4208
过滤器	流动方向 过滤精度(μm) 气口尺寸		见 ISO 5782-1
减压阀	流动方向 气口尺寸	压力调节范围	见 ISO 6953-1
油雾器	流动方向 气口尺寸	最小工作流量 喷油阀调节方向	见 ISO 6301-1
软管	生产日期(年/季)	名义直径 (内径)	
注：所有元件的额定温度可以任选。			

5.2.2 系统内的元件

应给气动系统中的每个元件一个唯一的元件号和(或)字母，此元件号应用在所有的原理图、清单和图样中标识该元件，并应清晰和永久地标注在元件的安装位置附近，而不是标注在该元件上。

集成安装元件(见图1)，其顺序应清晰地标明在该集成件安装位置的附近，而不是标在集装元件上。

5.2.3 气口

所有气口都应有清晰明显的标识，该标识应与回路图上的资料一致。

当元件带有由供方提供的标准气口标识时，这些标识应以与回路图一致的标识进行增补(见 5.2.1 和 5.2.2)。

5.2.4 阀的控制机构

5.2.4.1 非电的控制机构

非电的阀控制机构及其功能应采用与回路图相同标识清晰和永久地标明。

5.2.4.2 电的控制机构

电的控制机构(电磁铁及其附带的插头或电缆)应采用相同的标识标明在电路图和气路图中。

5.2.5 内部装置

设置于集成气路板、安装板、底座或管接头内的阀和其他功能装置(如堵头和通道、梭阀、单向阀等)应在装入口处标上标识。如果装入口位于一个或几个元件之下时,则应在这个(些)元件附近设置标识,并标明“内装”字样。

5.2.6 功能标牌

每个控制台(站)都应在便于观察的位置上安装一个功能标牌。功能标牌上的信息应恰当易懂,并应提供所控制的各个系统功能的明确标识。

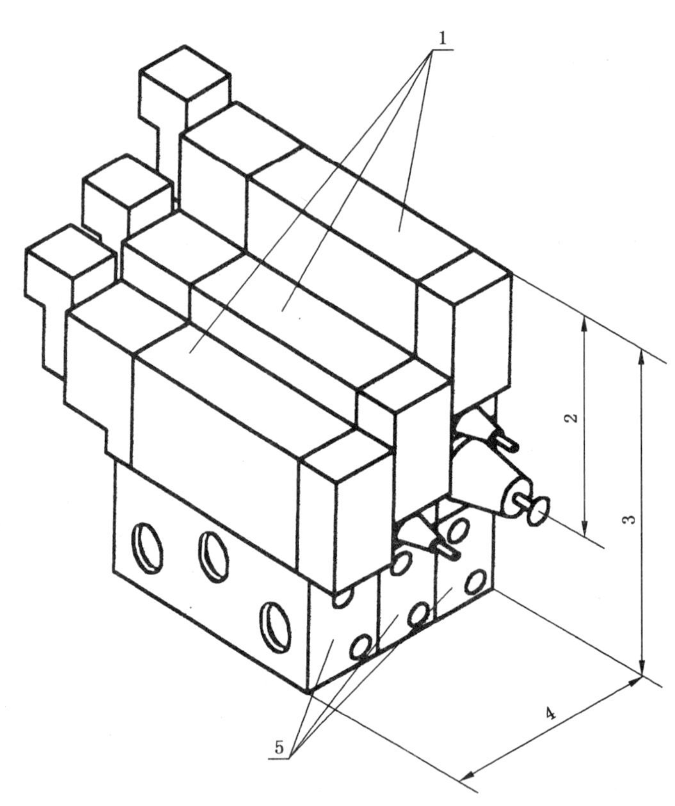

1——单个阀;

2——叠加组件;

3——组;

4——集成组件;

5——单个的集成底板。

注:该图表示一个三组的完整集成组件,其中二组是在集成底板上装有叠加组件,另一组是在集成底板上装有单个阀。

图1 集成组件

5.3 安装、使用和维修

应按照供方提供的说明书和建议选择、使用和安装元件及管路。

宜选择按照认可的国家标准或国际标准制造的元件。

供方应为需方提供详细的安装和使用方法,包括对完成这些工作的人员进行必要的专门培训。

5.3.1 元件更换

元件在安装时应考虑到如何在不拆卸其他机件的情况下方便地进行更换。

5.3.2 维修要求

系统中的元件，包括配管，应易于接近，并且其设置的位置应不妨碍系统的调整和维修。应考虑定期维修，并且维修工作不应要求拆卸其相邻的部件。供方应为需方提供进行定期维修和规定的检修或更换元件应遵守的详细程序，包括对完成这些工作的人员进行必要的专门培训。

5.3.3 起吊设施

质量超过 15 kg 的所有元件或部件应有起吊设施。

5.4 标准件的使用

为便于维修和更换，系统供方提供的元件宜使用市场上通用的零件(键、轴承、填料，密封件、垫圈、插头、紧固件等)和零件连接尺寸(轴和花键的规格、气口的尺寸、底板、安装面或插装孔等)，它们应符合相应的国家标准规定，并带有统一编号。

5.5 密封件和密封装置

a) 不应受空气、水汽、温度和所使用的流体或润滑油脂的不利影响；

b) 应能与邻近接触的材料相容；

c) 应是当发生磨损后仍能保证无泄漏密封的型式；

d) 在确定使用之前，宜进行尽可能接近实际使用条件的试验；

e) 应按照供方的建议储存；

f) 应在其自身寿命限期内使用。

5.6 维修和操作资料

系统供方应为需方提供所有气动设备的维修和操作资料。它们应包括：

a) 说明起动和停机的步骤；

b) 给出要求减压的规程，并且标出系统中靠通常排气装置不能减压的那些部分；

c) 说明调整的步骤；

d) 指出外部的润滑点，要求的润滑剂类型和遵守的润滑周期；

e) 标明需要定期维护的排水口、过滤器、测试点等位置；

f) 说明特殊组件的维修程序；

g) 进一步给出市场能买到的或按国家标准统一编号制造的气动元件内零件的标识；该标识应是元件制造商的零件号或是由采用的国家标准所规定的编号；

h) 列出推荐的备件。

5.7 操作和维修手册

系统供方应提供系统操作与维修的手册，其中包括在 5.6 中描述的要求以及关于元件和管路的说明和(或)维修资料。

6 能量转换元件

6.1 气马达和摆动马达

6.1.1 保护措施

气马达和摆动马达应安装在对可预见损害有防护的地方，或安装适当的防护装置。

应对旋转轴和联轴器采取适当保护，以防止人员遭受危险。

6.1.2 安装

气马达和摆动马达安装在驱动组件上，应具有足够的刚性，以确保其始终同轴和适应负载转矩。应考虑防止来自末端和侧向的力所造成的意外损害。

6.1.2.1 侧向负载

气马达、摆动马达和驱动装置的侧向负载应限制在供方推荐的极限范围之内。

6.1.2.2 驱动联轴器

驱动联轴器采用的类型,应是经供方同意的,适合安装和符合同轴度公差要求的类型。

联轴器的选择和安装应符合气马达或摆动马达的供方规定的安装方式和同轴度公差要求。

6.1.3 负载和速度

起动和停止的转矩,负载变化的影响,以及动负载的动能,是气马达和摆动马达应用中应当考虑的。

6.2 气缸

注:许多气缸是为特定的工业应用类型设计的,其中包括旋转的、回转的、无杆的、绳索的、焊接的、铸铁的、气囊式等等。

6.2.1 适用性

气缸应按下列特性设计和(或)选择。

6.2.1.1 抗纵弯性

应注意气缸的行程长度、负载及气缸的安装,以避免气缸的活塞杆在任一位置产生弯曲或纵弯曲。

6.2.1.2 负载和超载

在遇到超载或持续负载的应用场合,应有足够的结构强度和(或)压力支承强度。

6.2.1.3 安装额定值

应按要求的负载选择安装附件。

附件的尺寸、安装和强度的设计应能承受全行程范围内的任何一个限定位置上的最大负载。

注:气缸的额定压力仅能反映缸体的耐压能力,未考虑安装附件的力传递能力。供方或制造商宜核算安装附件的额定值。

6.2.1.4 结构负载

当气缸用作限位装置时,气缸的尺寸及其安装应按机械部件被限制时产生的最大负载来选择,因为这种负载与通常的工作负载相比会超出很多。

6.2.1.5 抗冲击和振动

安装或连接在气缸上的任何元件都应采取防松措施,以防由冲击和振动而引起的松动。

6.2.2 安装和找正

安装时,气缸应找正使负载力作用在其中心轴线上。不应使任何侧向或径向负载作用于气缸,除非采取相应的措施补偿这类负载。

非刚性安装的气缸应按照供方提供的技术规范使用。

6.2.2.1 安装布置

安装面不应造成气缸扭曲,并应留有热膨胀余量。气缸的安装应易于接近,便于维修、调整缓冲装置和气缸的整体更换。

6.2.2.2 安装紧固件

安装气缸及其附件用的紧固件的设计和安装,应能承受所有可预见的力。宜尽量避免紧固件承受剪切力。脚架式安装的气缸宜具有承受剪切载荷的措施,胜于仅仅依靠紧固件。安装的紧固件应有足够的抗倾覆力矩的能力。

6.2.2.3 找正

安装面的设计应防止在安装时气缸出现变形。气缸的安装应可避免在工作期间受到意外的横向负载。

6.2.3 缓冲装置和减速装置

气缸运行终点在端盖处时,应装缓冲装置或提供一个外部能量吸收装置,将有害的机械冲击力降低到最小。

6.2.4 行程终端限位器

当行程长度由外部的行程终端限位器确定时，应提供一个装置来锁定该可调终端限位器。在使用终端限位器的场合，所用的缓冲器都应始终有效。

6.2.5 活塞行程

活塞的行程应始终大于或等于其标称行程。

6.2.6 活塞杆

活塞杆宜受到保护，以防可能出现的凹痕、刮痕、腐蚀等损伤。

为了便于装配，带外螺纹或内螺纹的活塞杆端部应有适合标准扳手的扁平面。当活塞杆太细无法设置扁平面的情况下，可以省去。

6.2.7 维修

活塞杆上的密封件、密封组件及其他易损件应易于更换。

6.2.8 单作用气缸

单作用气缸宜有可防止任何液体或外部物体侵入的排气口。单作用气缸的排气口的设计和/或定位应避免流体排放时对人员造成伤害。

6.3 储气罐和其他辅助设备

系统(工厂动力系统除外)配备储气罐或其他辅助设备时，应考虑如下要求：

a) 有足够的容量以保持所需压力的稳定；
b) 按照可适用规则进行设计、制造和贴标签；
c) 必要时，提供合适的压力测量装置；
d) 设计有排水口，并保证在回收冷却水的地方不造成冰冻；
e) 在气源关闭时，能排气或与气动系统隔离。隔离开的储气罐上应配有手动排气阀，并应安装适当的、永久性的维修警告标牌。

7 阀

7.1 阀的选择

阀的类型选择应考虑其正确的功能、密封性及抗御可预见的机械和环境影响的能力。

7.2 阀的安装

阀体不宜依靠管路来支撑。装拆时，宜尽量不扰动管路。阀在安装时宜考虑以下几点：

a) 容易靠近、便于装拆、维修和调整；
b) 重力、冲击和振动对阀的影响，尽量减小可能由此引起的偏离；
c) 留有足够的空间，以便安放螺栓和(或)使用扳手以及连接电气线路；
d) 确保阀不致错误地安装在基座上的措施，例如：安装螺栓的图示、气口标识和其他的标识；
e) 流量控制阀宜安装在气缸的气口上或者附近；
f) 带有机械操作控制机构(阀的控制器)的阀安装时，其操作装置的部位不能被损坏。

7.3 集成气路板

当三个或更多的阀紧靠在一起，使用同一进气口时，宜采用集成气路板。

7.3.1 表面平面度和表面粗糙度

集成气路板表面的平面度和粗糙度应符合阀供方的推荐值。

7.3.2 变形

集成气路板在正常的工作压力和工作温度条件下，不应产生引起元件故障的变形。

7.3.3 安装

集成气路板的安装应牢固、可靠。

7.3.4 内部通道

内部通道,包括型芯孔和钻削孔,应无有害的杂质,如氧化皮、毛刺、切屑等。这些杂质会使管路限流或被气流冲出引起任何元件,包括密封件和密封装置的故障和(或)损坏。

7.4 电控阀

7.4.1 电气连接

阀与电源的连接应符合相应的标准,例如:GB 5226.1。对于有危险性的工作场合,应采用适当的防护等级(例如:防爆、防水)。

7.4.2 接线盒

在阀需要配备接线盒时,接线盒的制作应符合下列要求:

a) 按 GB 4208 选定相应的防护等级;

b) 为固定的接线端子和端子的连线(包括连线的附加长度)留有足够的空间;

c) 为电气罩盖配有防松紧固件,例如在螺栓上加装弹簧垫圈;

d) 为电气罩盖加装合适的保险装置,例如金属链;

e) 连接的电缆线不应该绷得太紧。

7.4.3 电磁铁

应选择电磁铁(如:工作频率、额定温度),保证在标称电压变化±10%的范围内能正常工作,还包括按照 GB 4208 的规定选定防护等级。

7.4.4 手动越权控制

当不能使用电气控制时,如果为了安全和其他的原因需要操作电控阀,那么宜备有手动越权控制装置。该装置的设计或选择应能保证其不发生意外的误操作,并当手动控制解除时应自动复位,除非另有规定。

7.5 阀功能的一致性

在阀体上标明图形符号时,该符号的方向应与阀总成的实际功能方向一致。

7.6 安全阀

气路内的压力随时有可能超出元件或管路的额定压力,因此在其附近应安装安全阀。

7.7 快排阀

快排阀的安装应保证排出的气体不会造成对人员的伤害。

8 气源处理元件

注:气源处理元件的选择与使用取决于使用场所的流量和压力要求,以及可供系统用的流量和压力,还取决于气源处理元件所处的环境条件(见 4.4)。

8.1 过滤

8.1.1 过滤器和分离器

为了去除系统中压缩空气的有害物质,应提供过滤装置。

8.1.2 过滤精度

过滤精度应与元件要求和环境条件一致。

8.1.3 过滤器压力

8.1.3.1 压降

如果过滤器的性能变差会导致危险时,应明确指出这种恶化作用。在供方的技术规范中应限定通过过滤元件的最大压降。

8.1.3.2 波动

过滤器不宜安装在压力波动可能会影响其过滤效率的回路中。

8.1.4 维护保养措施

过滤器和分离器应能在不影响管路的情况下进行清洗和排水。因此,应采用可拆装或可更换滤芯的空气过滤器。如果过滤器滤芯的额定值有一种以上,应标明其额定值。

8.1.5 安装位置

过滤器和分离器尽可能安装在离被保护设备最近的地方。既要靠近,又应留有足够的空间,以便更换过滤器滤芯。

8.1.6 排水装置

宜采用排水装置排除过滤器和分离器析出的水分,最好采用自动排水型。必要时,应有防冻措施,以免冻坏。

8.2 压力调节

系统的压力应控制在其安全压力范围内,例如:使用调压阀来控制时,宜为自动调节型。

防止系统超压的最好方法是安装一个或多个压力溢流阀来控制系统各部分的压力,压力损失或临界压降应不会使人员受到伤害。

减压阀并不能用作安全的降压装置,即使它具有足够的降压能力,也决不应该是防止超压的唯一装置。

应依据调压范围和空气流量来选用调压阀(见 ISO 6953-1)。

8.3 润滑

8.3.1 润滑液

8.3.1.1 相容性

必要时,宜为系统推荐合适的润滑液。这种润滑液应与系统中所有的元件、合成橡胶、塑料管和软管相容。

润滑液不应注入任何不需润滑的元件之中,除非供方有特殊规定。

8.3.1.2 处理的预防措施

供方宜提供特定润滑液的危害性的详细资料(4.2 中规定)。这类信息宜包括:

a) 保健方面的要求;

b) 毒性;

c) 一旦起火,出现窒息的危险性;

d) 生物降解能力;

e) 处理的方法。

8.3.2 油雾器

8.3.2.1 油雾器的使用

需要时,应使用油雾器向系统提供润滑。

8.3.2.2 油雾器的安装位置

气路上的油雾器(除再循环型和喷射型外)应安装在需要润滑部件的上游。在那些需要润滑而又无法安装普通油雾器的情况下,宜使用再循环型或喷射型油雾器。油雾器宜安装在既靠近需要润滑的部件,又便于维修的地方。

8.3.3 油雾器的注油

油雾器应设计成能在工作地面上加注润滑油,并不需挪动管路。高度难以接近的油雾器应使用一根加长的注油管,以便能站在地面上注油。

8.4 防护罩

8.4.1 气源处理装置上的非金属杯

为防止过滤器、分离器、过滤减压阀和油雾器上的非金属杯损坏对人员造成伤害,当它的额定压力(以 MPa 或 bar 为单位)与空杯容积(单位为 L)的乘积大于 0.1 MPa * L(1 bar * L)时,杯子外部宜加装防护罩。

8.4.2 气源处理装置上的金属杯

为防止在某些环境里使用塑料杯可能损坏，或无法加装防护罩的场合，宜使用金属杯。

8.5 空气干燥器

在需要减少水汽含量的场合，应使用干燥器。使用干燥器的类型取决于环境和系统的要求，它们可以在下述四种主要类型中选择：

a) 冷冻型；

b) 干燥剂型；

c) 薄膜型；

d) 吸湿型。

干燥器类型的选择应按空气的流量和干燥度要求来确定。

干燥器宜在工作地面上能进行维修。

9 管路

9.1 一般要求

用于系统的管路应符合相应的国家标准。

管材的设计和选择应考虑现场条件。

为减少空气损耗和提供最佳的响应时间，宜将执行元件与方向控制阀之间的容积减到最小。

9.1.1 流量

通过管路的额定流量：

a) 不应产生过分的温度变化或压力降；

b) 不宜超过表2所推荐的最大流量。

宜避免管内径的突然变化而引起的流量的变化。

表2 用于气动系统管路中的最大推荐流量

工作压力		管路内径/mm								
		6	9	13	16	22	28	36	43	50
MPa	(bar)	最大推荐流量/(L/s) (ANR[a])								
0.020	(0.2)	0.18	0.41	0.91	1.7	2.5	4.8	9.8	15	28
0.040	(0.4)	0.28	0.62	1.4	2.6	3.9	7.3	15	22	43
0.063	(0.63)	0.38	0.85	1.9	3.5	5.2	9.9	20	30	59
0.080	(0.8)	0.44	1.0	2.2	4.1	6.2	12	24	36	70
0.100	(1.0)	0.52	1.2	2.6	4.9	7.3	14	28	42	82
0.125	(1.25)	0.62	1.4	3.1	5.8	8.6	16	33	50	97
0.160	(1.6)	0.75	1.7	3.8	7.0	10	20	40	61	120
0.200	(2.0)	0.91	2.0	4.5	8.4	13	24	48	74	140
0.250	(2.5)	1.1	2.5	5.5	10	15	29	58	89	170
0.315	(3.15)	1.3	3.0	6.7	12	19	35	71	110	210
0.400	(4.0)	1.6	3.7	8.3	15	23	43	88	130	260
0.500	(5.0)	2.0	4.6	10	19	28	53	110	160	320
0.630	(6.3)	2.5	5.6	13	23	35	66	130	200	390

表 2(续)

工作压力		管路内径/mm								
		6	9	13	16	22	28	36	43	50
MPa	(bar)	最大推荐流量/(L/s)　(ANR[a])								
0.800	(8.0)	3.1	7.0	16	29	44	82	170	250	490
1.000	(10.0)	3.9	8.7	19	36	54	100	210	310	610
1.250	(12.5)	4.8	10	24	45	67	130	260	390	750
1.600	(16.0)	6.1	13	31	57	85	160	330	490	950

注：这些流量是根据在 20℃，通过长 30 m 的 ISO 65 规定的精制钢管时，在下列压降下确定的：
当内径是 6、9、13 和 16(mm)时，压降为 10%；
当内径为 22、28、36、43 和 50(mm)时，压降为 5%。

a　符合 ISO 8778 规定。

9.1.2　管接头和连接器的使用

在系统中宜尽量减少管接头和连接器的使用数量。

9.1.3　布局设计

管路布局宜避免它被当做踏板或梯子使用。外部负载不宜加在管路上。

管路不应用来支承元件，造成过度的负载施加在管路上。这种负载可能由元件的质量、冲击、振动和冲击压力引起。

管路上的每个连接件都应易于拧紧而不影响其邻近的管路和装置，尤其是在有柔性管和(或)软管汇集处的管接头。

9.1.4　管路的安装

管路标识或安装宜采用这样的方式，即不致产生接错而引起故障或危险。

为了防止可预见的损坏，无论是刚性还是柔性管路，安装时应尽可能消除安装应力，并易于靠近，便于元件的调整、维修、更换或生产作业。

9.1.5　跨越通道的管路

跨越通道的管路应不影响通道的正常使用。可根据现场实情，埋在地下或安装在离地面 2.2 m 的高度以上。这类管路应易于靠近，有牢固的支承。必要时，还应有防止外部损坏的措施。

9.2　管路和管子的要求*

材料、弯曲半径、弯曲性能等宜符合国家相关标准。

选用的塑料管应不受系统中任何流体的有害影响。若不适合或不容许用塑料管时，需方应详细说明。

9.3　管路的支承

9.3.1　支承间隔

任何材质的管路应在其两端或沿其长度方向相隔一定的距离，用合适的支承件牢固地支承。表 3 给出了管路支承件之间最大距离的推荐值。

表 3　管路支承件之间的最大距离

管道类型	标称管外径/mm	支承件之间的最大距离/m
1/8～1/4	≤10	1
3/8～3/4	>10 和≤25	1.5
1～2	>25 和≤50	2
>2	>50	3

9.3.2 安装

支承件应不损害管件或降低流量。

9.3.3 组件间的管路

当设备是由若干互不相联的组件构成时，宜使用刚性安装的隔壁式终端接头或终端多歧接头支承和连接组件之间的管路。

9.4 杂质

管路，包括型芯孔和钻削孔，应排除如氧化皮、毛刺和切屑等杂质，因为它们会使管路限流或被气流冲出引起包括密封件和密封填料的任何元件发生故障和(或)损坏。

9.5 软管总成

9.5.1 要求

软管总成应：

a) 用未经装配使用过的软管，并符合相关国家标准中规定的各项性能要求；

b) 标明软管的生产日期(年份和季度)；

c) 提供由软管制造商推荐的最长储存期限；

d) 提供由系统供方推荐的使用寿命；

e) 在软管制造商推荐的额定压力范围内使用；

f) 不承受超出制造商推荐的冲击或冲击压力。

9.5.2 软管的安装

软管的弯曲半径不宜小于制造商推荐的最小值。

软管总成的安装应：

a) 具有必要的最小长度，以避免在元件工作期间软管产生急剧地折曲和拉紧；

b) 在安装和使用期间，尽量减小其扭曲度。例如，旋转管接头被卡住的情况；

c) 被布置或保护，使软管外皮的摩擦损伤减至最少；

d) 加以支承，如果软管总成的重量可能引起过度变形时采用。

9.5.3 失效的保护措施

如果软管总成或塑料管的失效会构成击打的危险，应将其固定或遮挡。

如果软管总成或塑料管的失效会造成流体喷射危险，应将其遮护。

9.6 快换接头

选用的快换接头，在其连接和拆卸时应满足：

a) 快换接头不应以危险方式施力将其分开；

b) 压缩空气的排放不会产生危险；

c) 在可能存在危险的地方，应设置一个可控制的压力释放系统。

9.7 管路的拆卸

管路的拆卸宜不影响非管路上安装的元件和不使用特殊工具。

10 控制系统

10.1 无指令动作

控制系统的设计应能在整个工作循环周期内，包括启动、关闭、空转、设定及气源故障时，防止出现无指令动作和气动执行元件不正确的动作顺序，尤其是在进行垂直方向和倾斜方向动作时。

10.2 系统保护

10.2.1 气源截止阀

10.2.1.1 所有的气动系统的主气路应备有卸压功能的截止阀。该阀平时应锁定在“关”的位置上，并且能安全地卸去所有系统压力，非控制的测量回路中 0.16 MPa(1.6 bar)或更低的压力除外。

10.2.1.2 如果截止阀的快速打开会使执行机构运动失控，应增加一只软启动(慢启动)阀。

10.2.2 **控制或动力源的失效**

无论使用何种类型的控制或动力源(如电的、气动的等)开关来控制能源的“开”或“关”，能源下降、能源的切断或恢复(意外的或故意的)，应不致产生危险。

10.2.3 **外部负载**

当较强的外部负载作用于执行元件上时，应采取措施防止产生其无法接受的压力。

10.3 **元件**

10.3.1 **可调整的控制机构**

压力和流量的控制元件在其额定值范围内应是可调的。这种调整可以超出其额定值，其额定值不是最大可调节极限。可调节控制机构应保持在规定范围内的设定点，直到重新设定。

10.3.2 **稳定性**

应选择适当的压力和流量控制阀，以保证在工作压力、工作温度和负载变化时不会引起故障和危险。

为了控制系统的稳定性，宜同样考虑与系统特性相关的一些条件。

10.3.3 **抗干扰性**

在压力或流量未经许可的变动可能引起故障和危险的场合，压力和流量控制机构或其外壳应具有特定的抗干扰装置。

10.3.4 **手动操纵杆**

手动操纵杆的运动方向不能混淆。例如：操纵杆向上时，被控设备就不应向下运动。

10.3.5 **系统设定控制**

对于系统设定，提供的任何手动控制都不应引起危险或损坏。

10.3.6 **双手控制**

双手控制装置不应作为保护操作者的唯一措施。

如果需要用双手控制装置时，它们应：

a) 在整个设备运行周期内使每个控制保持动作状态，或者保持到运行周期中危险终止为止；
b) 在整个操作过程中务必同时使用双手，这样可以保护双手，以免被夹住；
c) 设计时应做到，在每一控制点上，不用双手控制，设备就不会运转。只有在两个操作周期之间才能松手。

10.3.7 **带有偏置弹簧或定位器的阀**

有些执行元件要求能保持一定的状态或在选定的位置，为了安全起见，万一控制系统失效，应靠一个带有偏置弹簧或定位器的阀控制，使它到达安全位置。

10.4 **带有伺服阀或比例阀的控制系统**

在用伺服阀或比例阀控制执行元件的地方，控制系统的故障会使执行元件引起危险，这时应提供能保持或恢复控制这些执行元件的措施或方法。

由伺服阀或比例阀进行速度控制的执行元件，如其发生意外运动而造成危险时，应提供一种能保持或促使该执行元件运动到安全位置的方法或措施。

10.5 **其他设计考虑**

10.5.1 **系统参数的监控**

在系统中，运行参数的变化可能产生危险时，应对系统运行参数，例如：温度、压力，提供明确的指示。

10.5.2 **测试点**

在系统中宜提供易于接近的测试口。

当有几路压力需要测试时，应考虑设立一个共用的测试台。

10.5.3 背压

在用组合阀、集成阀或其他共用排气管路的地方，系统设计时宜特别考虑如何避免背压的干扰，因为它会影响系统功能和安全性。

10.5.4 关联装置的控制

当一个系统中具有一个以上的内部相互联系的自动和(或)手动控制装置，并且这些装置中的任何一个发生故障都可能造成危险时，就应提供联锁或其他保护性措施。如有可能，这种联锁宜能中断所有的操作，并且应确保这类中断本身不会引起危险和损害。

10.5.5 顺序控制

10.5.5.1 位置顺序控制

在用压力顺序控制或时间顺序控制出现故障，而其本身又可能产生危险或损坏的场合，应使用位置传感器作顺序控制。只要有可能，通常都应使用位置顺序控制。

10.5.5.2 位置传感器的安装位置

如果位置传感器的位置在完成一次动作顺序或一个循环时间后发生了变化，就应将它恢复到原来的位置上。否则，就应对动作顺序或循环时间作重新调整。

10.6 控制装置的布置

10.6.1 保护

所有控制装置的位置和固定都应有适当的防护措施，以防止：

a) 故障和可预见的损坏；

b) 高温；

c) 腐蚀性气体。

10.6.2 易接近

为了方便调整和维修，控制装置应便于接近。

自动控制装置的定位和安装应易于接近，以便于维修。并且它离工作地面的高度最低不得低于0.6米，最高不高于1.8米，除非其尺寸、功能或管路安装方式要求它们改变位置。

10.6.3 手动控制装置

手动控制装置的定位和安装应：

a) 将控制装置安置在操作人员通常工作位置能到达的范围内；

b) 不得要求操作者越过正在转动或运动的设备后才能操纵控制装置；

c) 不得妨碍操作者进行所需的正常作业；

d) 使其设计、选择和安装都不致让操作人员面临人身危险。

10.6.4 外壳和箱体

10.6.4.1 材料

自动控制装置的外壳、罩盖和门的材料，应使用金属板材或获得批准的代用材料。

10.6.4.2 门和罩盖的型式

外壳和箱体的门或罩盖应：

a) 在打开后，保持束缚状态，以防丢失；

b) 在打开时，不得露出带电的电气端子和接点；

c) 为了密封起见，建议使用有定位的紧固件或紧固机构；

d) 当需方有特殊要求时，配有锁紧装置；*

e) 便于开关。

10.6.4.3 维修空间

控制装置的箱体、外壳、门、罩盖的尺寸及内部安排，应考虑留有足够的维修空间。

10.7 紧急控制装置

每个系统都应有一个紧急停止或紧急控制装置，以保证系统的最大安全。

10.7.1 紧急控制装置的要求

当气动系统使用紧急停止或紧急复位控制装置时，它们应：

a) 易被识别；

b) 安置在每个操作人员的工作位置旁，并且在任何工作条件下都能很快地接近和操作它。为实现这一要求，可能需要附加的控制；

c) 直接操作；

d) 独立并且不受其他控制或节流调整的影响；

e) 所有的紧急控制功能不需要一个以上手动控制的操作；

f) 不产生额外的危险；

g) 任何控制机构不需另配能源。

10.7.2 系统的重新启动

在紧急停止或复位后，需重新启动系统不应引起危险或损坏。

11 诊断和监控

11.1 压力测量

压力测量装置应按系统的最大工作压力值选择。

测量装置的测量范围应是：若压力稳定，最大工作压力不得超过最大刻度值的75％；压力周期变化不得超过最大刻度值的65％。

压力测量装置作为系统的永久性装置时，它们应得到保护，不受压力快速升降的影响。

11.2 电气指示器

电气设备宜装有指示器，它能显示出各个元件上的电信号。

12 清洗和涂漆

在设备作外部清洗和涂漆时，敏感材料应予以保护，避免接触不相容的液体。

在涂漆时，所有铭牌、数据标记和不宜涂漆的地方（如：活塞杆、指示灯等）应遮盖住，待涂漆后再将其移去。

13 运输的准备工作

13.1 管路的标识

当系统结构需要分段运输时，卸下的管路和其相应端口和（或）连接件应作上标识。

13.2 包装

所有设备都应包装完好，保证在运输途中不被损坏、变形、沾染污垢、腐蚀，并应保护好设备上的标识。

13.3 外露部分的保护

在运输途中，暴露在外的孔口、外螺纹应得到保护。这些保护只有在安装之前才能卸去。

14 试运行

14.1 检验试验*

应进行充分的性能试验，以确定其是否符合合同的规定。这些试验可包括模拟操作或子系统和元件的分别试验。供需双方应商定进行这类试验的地点。

14.2 噪声

安装完毕的气动系统和元件在工作时产生的噪声等级应按国家标准或其他相应的标准测量，并控制在规定的范围内。

14.3 流体的泄漏*

除正常的空气消耗外，不应有任何可听得到的泄漏声。进一步的要求，应由供需双方协商同意。

气动系统中的泄漏应在安装过程中妥善解决。泄漏常由易被忽视的螺纹配合引起。同时也应重视诸如插入式接头一类的连接技术，因为气动系统常使用能随着组件一起运动的软管。

14.4 应提供的最终资料

需方应获得一套完整的关于系统交付验收的资料。该资料应包括下列信息：

a) 气动系统的技术规格表(见附录 D)；

b) 符合 ISO 1219-2 的最终回路图(见 5.1)；

c) 零部件明细表(见附录 C)；

d) 顺序说明；

e) 功能图表；

f) 安装图(见 4.5.2)；

g) 维修和操作资料及手册(见 5.6 和 5.7)；

h) 性能试验报告；

i) 流体条件要求；

以上各项都应与系统最后验收相一致。

14.5 更改*

每当供方做出给需方带来影响的更改时，都应记录这些更改并通知需方。

经供、需双方约定，对现存数据资料进行修改或取消时，需方应提出一份修改后的气动系统技术规格表或类似的文件，文件上详细说明气动系统的修改内容和生效日期。供方在收到和接受该修改过的文件后应予以确认。

15 标注说明(引用本标准)

当遵守本标准时，在供、需双方的合同中和验收资料中，以及适当时在产品目录、销售文件和报价单中，可使用下列说明：

“本气动系统符合 GB/T 7932—2003《气动系统通用技术条件》，包括供、需双方间的附加协议。”

附　录　A
（资料性附录）
需要供方与需方商定的项目

以下所列是需要供、需双方商定要求和(或)责任的条款和分条款，在正文中用星号（*）标出。

条款或分条款编号	标题
4.1.2	语言
4.2	危险
4.4	系统要求
4.5	现场条件
4.5.1	技术要求
4.5.2	图样
9.2	管路和管子的要求
10.6.4.2 d)	门和罩盖的型式(锁定方法)
14.1	试运行—检验试验
14.3	试运行—流体的泄漏
14.5	试运行—更改

附 录 B
（资料性附录）
危险情况一览表

表 B.1 列出了使用气动系统时可能产生的危险。

表 B.1 危险情况一览表

危险类型	有关条款			本标准的相关条款或其他相关标准
	ISO/TR 12100-1:1992	ISO/TR 12100-2:1992	ISO/TR 12100-2:1992 附录 A	
机械类危险 —形状； —相对位置； —质量和稳定性(元件的势能)； —质量和速度(元件的动能)； —机械强度不足； —势能由下列方式聚积： —弹性元件(弹簧)； —液压、气压； —真空； —泄漏	4.2		1.3,1.4,1.3.7	4.3.2, 4.3.3, 4.3.4,4.3.6,4.5.1, 5.2.1,5.3.1,5.3.2, 5.6, 6.1.1, 6.2, 7, 8.2, 8.4.1, 9.1.3, 9.1.4,9.1.5,9.1.6, 9.2, 9.5.1, 9.5.2, 9.6,9.3,9.4,13
电气类危险				4.3.5, 4.5.1, 7.4.1,GB/T 5226.1
由于人员可能的接触,火焰、爆炸以及热辐射引起烧伤和烫伤的危险				4.5.1,14.2
噪声产生的危险				4.3.5,14.2
电磁场引起的危险,尤其是无指令的动作		3.7.11	1.5.10,1.5.11	EN 50081-1, EN 50082-1
由机械加工使用和耗损的材料和物体所产生的危险			1.5.13	
接触或吸入有害的液体、气体、烟雾和灰尘而造成的危险				4.3.7,6.2.8,14.4
燃烧或爆炸的危险				4.5.1
由能源不足,机械零件损坏和其他功能失控造成的危险	5.2.2	3	1.2	

表 B.1(续)

危险类型	有关条款			本标准的相关条款或其他相关标准
	ISO/TR 12100-1:1992	ISO/TR 12100-2:1992	ISO/TR 12100-2:1992 附录 A	
能源不足(能量和/或控制回路的) —能源变化; —意外起动; —因指令下达过早而停车的故障; —机器的运动部件或由机械夹持的零件坠落或甩出; —阻碍自动或手动停止; —防护装置不可靠	3.1.6	3.7	1.2.6	4.5.1, 7.4.3, 7.4.4,10.2.2
机器零部件或流体意外的弹出或喷射	4.2.1	3.8,4	1.3.2,1.3.3	4.5.1,9.5.3
控制系统故障或失灵(意外起动或超负荷)	3.15,3.16,3.17	3.7	1.2.7,1.6.3	8.2, 10.1, 10.2.2, 10.2.3,10.3.1,10.3.2, 10.3.3, 10.3.7, 10.4, 10.5.4,10.5.5.1, EN 954-1
装配错误			1.5.4	4.5.1,5.2,7.1, 7.2,9.1.3,9.1.4, 9.1.5,9.2,9.5.2, 9.6,9.3,13
由安全措施和/或暂时失灵或错误定位引起的危险,如:		4		
—起动和停止装置;		3.7	1.2.3,1.2.4	10.2.2
—安全标志和记号;		3.6.7,5.2,5.3,5.4		5.6
—各种类型的警报装置和信息;		5.4	1.7.0,1.7.1	5.2,8.1.3.1,10.5.1
—电源通断装置;		6.2.2	1.6.3	5.6
—应急装置;		6.1	1.6.3	EN418
—为了安全调节和维护保养所用的必要设备及附件	3.3,3.11	3.12,6.2.1,6.2.3, 6.2.6	1.1.2 f),1.1.5	5.3.2,6.1.1, 6.2.4,8.4.1, 9.5.3,10.3.1, 10.3.3

附　录　C
（资料性附录）
零部件明细表示例

序　　号	名　　称	数　　量	供方和型号	回路图依据[a]	提交需方验收的证明

a　ISO 1219-2　指出了引用的方法。

附　录　D
（资料性附录）
气动系统资料格式示例

☐原文　　☐修正

修正编号：________　修正日期：________

<table>
<tr><td>需方查询
编号：________</td><td>需方订货单
编号：________</td><td>发货日期：
________</td></tr>
<tr><td>设备概述</td><td colspan="2">________
________</td></tr>
<tr><td>交　　付</td><td colspan="2">地　　址：________
日　　期：________</td></tr>
<tr><td>使　　用</td><td colspan="2">公　　司：________
部　　门：________</td></tr>
<tr><td>行政管理和/或
技术部门的通讯处</td><td colspan="2">姓　　名：________
____
电话号码：________
地　　址：________
____
邮政编码：________</td></tr>
</table>

附录 D(续)

1	气动设备 □ GB/T 7932《气动系统通用技术条件》 □ 附上的补充协议 □ ________________公司气动标准 □ 工厂或部门补充要求________________ □ 其他标准或法规________________
2	流体特性 空气 最大供给压力________ MPa，最小________ MPa 工作压力________ MPa，如果不是 0.4 MPa 时 最大流量________ L/s 在 0.4 MPa 时　□ 用已有气源 □ 提供气源 压缩机润滑的方式________________ 质量等级(ISO 8573-1)：供给的________要求的________ 最高露点温度：要求________℃
3	环境 海拔________ m　气候　□潮湿　□适中　□干燥　□湿度范围________ 环境温度________℃到________℃ 安置地点　噪声等级________ dB 地面　□木板　□钢筋混凝土　□________________
4	可利用资源 蒸汽□________ kPa　温度________℃ 水　□________ kPa ________ L/min　□纯净的　□未处理的　□有限供给的 电源________ V ________相________ Hz　□A.C.　□D.C. 控制________ V ________相________ Hz　□A.C.　□D.C. 其他________________　□A.C.　□D.C. 废物处理________________
5	其他的场地条件 振动________________ 解决事故的方法________________ 法定要求________________ 保护要求：□围绕机器的警戒网(栅栏) □箱柜的锁定 □控制元件的锁定 □其他________________

附录 D(续)

<table>
<tr><td rowspan="12">6</td><td colspan="5">图样资料
应提供下列资料:</td></tr>
<tr><td colspan="2">准备工作认可采用的</td><td>说　明</td><td colspan="2">设备最终交付日</td></tr>
<tr><td>原　稿</td><td>复制件</td><td></td><td>原　稿</td><td>复制件</td></tr>
<tr><td>□______</td><td>□______</td><td>气动系统图示说明</td><td>□______</td><td>□______</td></tr>
<tr><td>□______</td><td>□______</td><td>电气简图</td><td>□______</td><td>□______</td></tr>
<tr><td>□______</td><td>□______</td><td>气动备件表</td><td>□______</td><td>□______</td></tr>
<tr><td>□______</td><td>□______</td><td>操作顺序</td><td>□______</td><td>□______</td></tr>
<tr><td>□______</td><td>□______</td><td>顺序/时间表</td><td>□______</td><td>□______</td></tr>
<tr><td>□______</td><td>□______</td><td>管路布置</td><td>□______</td><td>□______</td></tr>
<tr><td>□______</td><td>□______</td><td>水源</td><td>□______</td><td>□______</td></tr>
<tr><td>□______</td><td>□______</td><td>平面布置</td><td>□______</td><td>□______</td></tr>
<tr><td>□______</td><td>□______</td><td>基础图</td><td>□______</td><td>□______</td></tr>
<tr><td>6A</td><td colspan="5">原始图样应在订货单完成生效时提交给:
____
□ 图样包括改动的地方
图样是:□卷状　□文件夹　□CAD 磁盘</td></tr>
<tr><td>7</td><td colspan="5">需方指定的图样号:____________________</td></tr>
<tr><td>7A</td><td colspan="5">与需方有关的设备的图样号:____________________</td></tr>
<tr><td>8
需要时,附上系统图表</td><td colspan="5">一般要求(循环速率、负载循环特性、预期寿命)
____
____
____________________</td></tr>
</table>

附录 D(续)

<table>
<tr><td>9
如需要
另附图表</td><td colspan="6">特殊要求(包括非常的环境,如腐蚀、爆炸、清洁度等)
______
______</td></tr>
<tr><td>9A</td><td colspan="6">气动设备　制造商的名称和(或)产品型号
______
______
注：需方最好填满下列空格,这样有利于按清单来选用、采购元件和(或)设备的维修。</td></tr>
<tr><td>9B</td><td colspan="6">备用空气压缩机应是下列之一：
______
______</td></tr>
<tr><td rowspan="5">9C</td><td colspan="6">过滤器应是下列之一：□手动排污　□自动/半自动排污</td></tr>
<tr><td colspan="2">(悬浮)微粒</td><td colspan="2">凝　聚</td><td colspan="2">水汽分离</td></tr>
<tr><td></td><td></td><td></td><td></td><td></td><td></td></tr>
<tr><td></td><td></td><td></td><td></td><td></td><td></td></tr>
<tr><td></td><td></td><td></td><td></td><td></td><td></td></tr>
<tr><td rowspan="3">9D</td><td colspan="6">油雾器应是下列之一：</td></tr>
<tr><td></td><td></td><td></td><td></td><td></td><td></td></tr>
<tr><td></td><td></td><td></td><td></td><td></td><td></td></tr>
<tr><td rowspan="5">9E</td><td colspan="6">调压阀　□带压力表　□不带压力表应是下列之一：</td></tr>
<tr><td colspan="2">溢流型</td><td colspan="2">非溢流型</td><td colspan="2"></td></tr>
<tr><td></td><td></td><td></td><td></td><td></td><td></td></tr>
<tr><td></td><td></td><td></td><td></td><td></td><td></td></tr>
<tr><td></td><td></td><td></td><td></td><td></td><td></td></tr>
<tr><td>9F</td><td colspan="6">过滤调压阀
□组合式　□分列式</td></tr>
</table>

附录 D(续)

10	方向控制阀应是下列之一：					
	电 控				气 控	
	机 控		手 控		单 向 阀	
	梭 阀		其 他		其 他	
10A	快速排气阀应是下列之一：					
10B	其他阀应是下列之一：					
	流量控制阀					
	截止阀					
	双联制动					
	联锁阀					
	溢流阀					
	顺序阀					
	延时阀					
	慢启动/ 软启动					

附录 D(续)

10C	转动结构装置应是下列之一：						
	气动工具		气马达		其　他		
10D	摆动马达应是下列之一：						
10E	气缸应是下列之一：						
	双作用		单作用		其　他		
10F	辅助设备应是下列之一：						
	储气罐 (按压力容器 有关法规)						
	消声器						
	压力开关						
	测试仪器						
	快换接头						
	旋转接头						
10G	塑料管路　□不允许 □允许________ MPa(________ bar)以下						
	塑料管						
	塑料管接头						
	塑料管支承						

附录 D(续)

10H	固定管路　工作压力:0～7 MPa(70 bar)						
	钢管						
	管接头						
	管支承						
	软管和管接头						
	旋转接头						
	阀安装集成块						
	回路集成块						
	铜管						
10I	柔性管路						
	软管						
	软管配件						
10J	注:需方对平常在气动系统中较少使用而又重要的元件(如流量分配器等),可填入下列空格						

ICS 21.100.01
J 12
备案号:20234—2007

中华人民共和国机械行业标准

JB/T 2564—2007
代替 JB/T 2564—1991

滑动轴承座　技术条件

Technical conditions of sliding bearing blok housing

2007-03-06 发布　　2007-09-01 实施

中华人民共和国国家发展和改革委员会　发布

前　　言

本标准代替 JB/T 2564—1991《滑动轴承座　技术条件》。

本标准与 JB/T 2564—1991 相比，主要变化如下：

——增加了标准的“前言”；

——将滑动轴承座的成品检验抽样方法做了相应变动；

——增加了贮存条款。

本标准由中国机械工业联合会提出。

本标准由机械工业冶金设备标准化技术委员会归口。

本标准起草单位：中国第二重型机械集团公司。

本标准主要起草人：赵光发。

本标准所代替标准的历次版本发布情况为：

——JB 2564—1979、JB/T 2564—1991。

滑动轴承座　技术条件

1　范围

本标准规定了型式与尺寸符合 JB/T 2560、JB/T 2561、JB/T 2562、JB/T 2563 的整体有衬正滑动轴承座；对开式二螺柱正滑动轴承座、对开式四螺柱正滑动轴承座、对开式四螺柱斜滑动轴承座（以下简称滑动轴承座）的技术要求、检验规则和标志、包装与贮存。

本标准规定适用于滑动轴承座的生产制造、检验和用户验收。

2　规范性引用文件

下列文件中的条款通过本标准的引用而成为本标准的条款。凡是注日期的引用文件，其随后所有的修改单（不包括勘误的内容）或修订版均不适用于本标准，然而，鼓励根据本标准达成协议的各方研究是否可使用这些文件的最新版本。凡是不注日期的引用文件，其最新版本适用于本标准。

GB/T 1176　铸造铜合金　技术条件（GB/T 1176—1987，neq ISO 1338：1977）

GB/T 1184—1996　形状和位置公差　未注公差值（eqv ISO 2768-2：1989）

GB/T 1800.4—1999　极限与配合　标准公差等级和孔、轴的极限偏差表（eqv ISO 286-2：1988）

GB/T 1804　一般公差　未注公差的线性和角度尺寸的公差（GB/T 1804—2000，eqv ISO 2768-1：1989）

GB/T 2828.1　计数抽样检验程序　第1部分：按接收质量限（AQL）检索的逐批检验抽样计划（GB/T 2828.1—2003，ISO 2859-1：1999，IDT）

GB/T 4879　防锈包装

GB/T 9439　灰铸铁件

GB/T 11352　一般工程用铸造碳钢件（GB/T 11352—1989，neq ISO 3755：1991）

JB/T 2560　整体有衬正滑动轴承座　型式与尺寸

JB/T 2561　对开式二螺柱正滑动轴承座　型式与尺寸

JB/T 2562　对开式四螺柱正滑动轴承座　型式与尺寸

JB/T 2563　对开式四螺柱斜滑动轴承座　型式与尺寸

JB/T 5000.12　重型机械通用技术条件　涂装

JB/T 5000.13　重型机械通用技术条件　包装

3　技术要求

3.1　材料

3.1.1　滑动轴承座的材料采用 HT200 灰铸铁或 ZG200～ZG400 铸钢制造，其力学性能应符合 GB/T 9439或 GB/T 11352 的规定。滑动轴承座亦可采用与其性能相同或优越的其他材料制造。

3.1.2　轴瓦和轴套的材料采用 ZCuAl10Fe3（10-3 铝青铜）制造，轴套也可采用 ZCuSn6Zn6Pb3（6-6-3 锡青铜）制造，其力学性能和化学成分应符合 GB/T 1176 的规定。

3.2　公差

3.2.1　滑动轴承座内孔直径 D 的极限偏差应符合 GB/T 1800.4—1999 的表 6 中 H7 的规定。

3.2.2　滑动轴承座中心高 h 的极限偏差应符合 GB/T 1800.4—1999 的表 22 中 h12 的规定。

3.2.3　轴瓦的外径 D 的极限偏差应符合 GB/T 1800.4—1999 的表 25 中 m6 的规定。

轴套的外径 D 的极限偏差应符合 GB/T 1800.4—1999 的表 28 中 s7 的规定。

3.2.4 轴瓦和轴套的内径 d 的极限偏差应符合 GB/T 1800.4—1999 的表 6 中 H8 的规定。

3.2.5 滑动轴承座底平面的平面度公差应不大于 GB/T 1184—1996 的表 B1 中规定的公差等级 8 级的公差值。

3.2.6 滑动轴承座的内孔直径 D 的圆柱度公差应不大于 GB/T 1184—1996 的表 B2 中规定的公差等级 8 级公差值。

3.2.7 滑动轴承座两端面对内径 D 轴心线的垂直度公差应不大于 GB/T 1184—1996 的表 B3 中规定的公差等级 8 级的公差值。

3.2.8 轴瓦和轴套外径 D 的圆柱度公差应不大于 GB/T 1184—1996 的表 B2 中规定的公差等级 8 级的公差值。

3.2.9 对开式斜滑动轴承座的 45°分合面的角度公差应符合 GB/T 11335 中Ⅴ级精度的规定。

3.2.10 滑动轴承座轴线对底平面的平行度公差应不大于 GB/T 1184—1996 的表 B3 中规定的公差等级 8 级的公差值。

3.3 表面粗糙度

3.3.1 滑动轴承座的内孔直径 D 的表面粗糙度 Ra 最大允许值为 1.6 μm。

3.3.2 轴瓦和轴套的内孔直径 d 和外径 D 的表面粗糙度 Ra 最大允许值为 1.6 μm。

3.4 对铸件的要求

3.4.1 滑动轴承座的表面不允许有裂纹、气孔、缩孔、渣孔和浇铸不足以及其他降低轴承座强度和明显损害外观的铸件缺陷存在，但是，在下列范围内允许存在。

非加工表面的缩孔、气孔及渣孔等缺陷，深度不超过铸件的八分之一，长×宽不大于 5 mm×5 mm，缺陷总数不超过三个，但轴承座的主要受力断面（图 1*a*、*b* 断面中阴影部分）不允许有铸造缺陷。

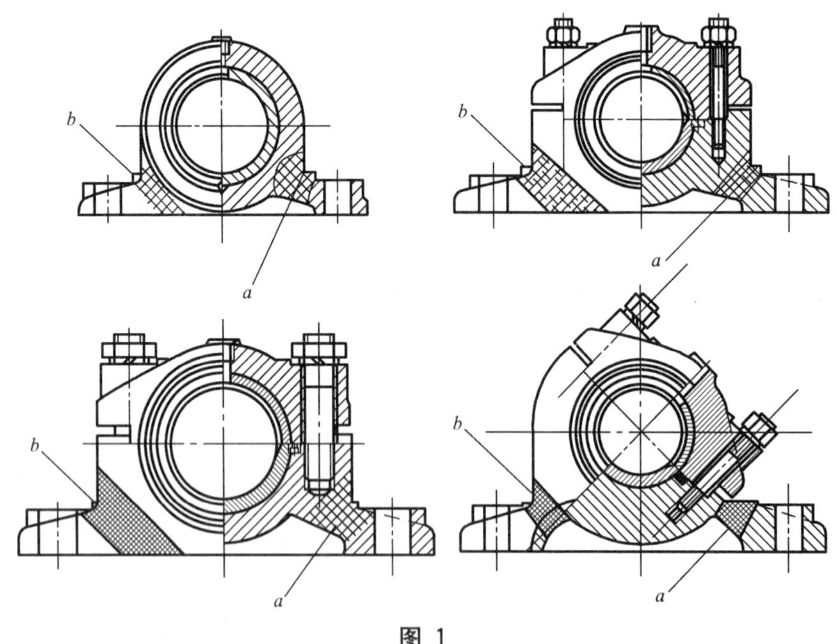

图 1

3.4.2 加工后的表面不允许有砂眼等铸造缺陷。

3.4.3 铸件上的型砂应清除干净，浇口、冒口、结疤及夹砂均应铲除或打磨掉，清理后，毛坯表面应平整、光洁。

3.5 滑动轴承座上铸出的字体（如轴承座型号、制造厂代号或商标）应保证完整、清晰和光洁。

3.6 滑动轴承座毛坯应在机械加工前进行时效处理。

3.7 加工后的轴承座上盖与底座在自由状态下分合面应贴合良好，分合面对轴承座内孔直径 D 的轴线位置度公差为 0.05 mm。

3.8 其他

3.8.1 轴瓦油槽棱边应倒钝、圆滑，内径 d 两端的圆角应圆滑，其圆角半径 R 应符合图样要求。

3.8.2 滑动轴承座表面应涂油漆或喷漆，油漆颜色由制造厂或用户与制造厂协商确定。

3.8.3 滑动轴承座检查合格后，应在所有加工面涂上铸铁防锈剂。

4 滑动轴承座检验规则

4.1 滑动轴承座成品应由制造厂质量检验部门进行检查，质量合格的轴承座应附有质量合格证，方可出厂。

4.2 滑动轴承座应按本标准规定的检验项目进行检验。如用户认为必要时可与制造厂协商增加其他检验项目。

4.3 滑动轴承座的成品检验其抽检方法应按 GB/T 2828.1 的规定其主要项目的合格质量水平 AQL 值取 2.5，次要项目的合格质量水平 AQL 值取 4.0，检验水平定为一般检验水平Ⅰ。主、次要抽检项目见表 1。

表 1

序　号	主要检查项目	序　号	次要检查项目
1	配合表面粗糙度	1	外观质量
2	中心高的偏差	2	其他加工表面粗糙度
3	形位公差		
4	材料		

5 标志、包装与贮存

5.1 滑动轴承座上应铸出轴承型号和制造厂代号，标志在轴承座上的位置和尺寸由制造厂自行规定。

5.2 经终检合格的成品滑动轴承座应按 JB/T 5000.12、JB/T 5000.13 和 GB/T 4879 进行涂装和包装。

5.3 在遵守正常的贮存和保管规则的条件下，应保证在一年内不生锈。防锈期自出厂之日起计算。

ICS 25.120.20
H 90
备案号:21695—2007

中华人民共和国机械行业标准

JB/T 5000.1—2007
代替 JB/T 5000.1—1998

重型机械通用技术条件
第1部分:产品检验

Heavy mechanical general techniques and standards—
Part 1:Check of product

2007-08-28 发布　　　　2008-02-01 实施

中华人民共和国国家发展和改革委员会　发布

前　言

JB/T 5000《重型机械通用技术条件》分为15部分：
——第1部分：产品检验；
——第2部分：火焰切割件；
——第3部分：焊接件；
——第4部分：铸铁件；
——第5部分：有色金属铸件；
——第6部分：铸钢件；
——第7部分：铸钢件补焊；
——第8部分：锻件；
——第9部分：切削加工件；
——第10部分：装配；
——第11部分：配管；
——第12部分：涂装；
——第13部分：包装；
——第14部分：铸钢件无损检测；
——第15部分：锻钢件无损检测。

本部分为JB/T 5000的第1部分。

本部分代替JB/T 5000.1—1998《重型机械通用技术条件　产品检验》。

本部分与JB/T 5000.1—1998相比，主要变化如下：

——焊接件焊接质量评定级别中取消了DS、DK级。
焊缝缺陷等级中取消了Ⅳ级。
尺寸与角度偏差等级中取消了D级。
形位公差等级中取消了H级。

——铸件尺寸公差等级及毛坯基本尺寸分段进行了调整。
铸铁件尺寸分段：＞10 mm～2 500 mm改为＞25 mm～2 500 mm。
有色金属铸件增加一档≤25 mm公差等级为CT9。
铸钢件：尺寸分段改为：＞16 mm～250 mm　　公差等级CT13；
＞250 mm～4 000 mm　　公差等级CT14；
＞4 000 mm～10 000 mm　　公差等级CT15。

——增加了对半成品的检验要求。

——增加了对特殊装置检验的要求。

本部分由中国机械工业联合会提出。

本部分由机械工业冶金设备标准化技术委员会归口。

本部分起草单位：西安重型机械研究所。

本部分主要起草人：张启明、张广勇。

本部分所代替标准的历次版本发布情况为：

——JB/T 5000.1—1998。

重型机械通用技术条件
第1部分:产品检验

1 范围

JB/T 5000的本部分规定了重型机械产品(主要包括冶炼、轧制、重型锻压机械、连铸机械、矿山机械等和与其配套的机械和其他机械)的零部件配套件及外购半成品(原材料)的一般检验要求。

凡图样、技术文件和订货技术要求无特殊要求时,均应符合本部分的规定。

本部分不适用于压力容器。

2 规范性引用文件

下列文件中的条款,通过JB/T 5000的本部分的引用而成为本部分的条款。凡是注日期的引用文件,其随后所有的修改单(不包括勘误的内容)或修订版均不适用于本部分,然而,鼓励根据本部分达成协议的各方研究是否可使用这些文件的最新版本。凡是不注日期的引用文件,其最新版本适用于本部分。

JB/T 5000.2—2007 重型机械通用技术条件 第2部分:火焰切割件
JB/T 5000.3—2007 重型机械通用技术条件 第3部分:焊接件
JB/T 5000.4—2007 重型机械通用技术条件 第4部分:铸铁件
JB/T 5000.5—2007 重型机械通用技术条件 第5部分:有色金属铸件
JB/T 5000.6—2007 重型机械通用技术条件 第6部分:铸钢件
JB/T 5000.8—2007 重型机械通用技术条件 第8部分:锻件
JB/T 5000.9—2007 重型机械通用技术条件 第9部分:切削加工件
JB/T 5000.10—2007 重型机械通用技术条件 第10部分:装配
JB/T 5000.11—2007 重型机械通用技术条件 第11部分:配管
JB/T 5000.12—2007 重型机械通用技术条件 第12部分:涂装
JB/T 5000.13—2007 重型机械通用技术条件 第13部分:包装

3 产品检验依据

a) 订货合同和订货技术条件;
b) 符合a)规定的产品图样、设计文件、制造工艺与有关技术标准。

4 产品检验的一般要求

4.1 半成品(原材料)

半成品是指经过轧制、拉伸、挤压或采用其他方法制造的型材、棒材、管材、板材、条材、带材、盘条和其他类似的产品,其横截面沿长度方向不变。

4.1.1 半成品入厂必须有验收记录,并查证半成品的质量合格证,化学成分与力学性能试验报告。

4.1.2 对材料牌号不明的半成品,应由具有相应资质的检验单位对其检验确定其牌号且提供检验报告方可使用。

4.1.3 根据使用要求,必需对以下半成品进行的检验结果提供书面证明。

a) 厚度≥100 mm且屈服极限≥250 MPa的钢板超声波检测和硬度检验。
b) 屈服极限≥250 MPa的非合金钢:直径≥150 mm的圆钢;

边长≥500 mm 的方钢；

宽度大≥150 mm、厚度≥100 mm 的扁钢；

均应进行超声波检测、抗拉强度和硬度检验。

c) 屈服极限≥350 MPa 的合金钢；

直径≥80 mm 的圆钢；

边长≥80 mm 的方钢；

宽度≥80 mm 且厚度≥80 mm 的扁钢；

必须通过化学分析并进行抗拉强度和硬度检验。

d) 耐热钢：如果在订货合同和图样上有要求，对耐热钢半成品除了进行化学分析外，每个炉号和每个热处理件在允许的最高工作温度条件下，还要求作高温拉力试验。

e) 钢管：外径≥38 mm 且壁厚≥5 mm 的钢管必须按供货技术条件出具检验证明。

4.2 外购件、机电配套件与涂料

a) 优先选用设计文件推荐生产厂家的产品；

b) 凡实施生产许可证产品，应查验生产厂生产许可证与产品质量合格证；

c) 不得使用未经鉴定与无产品质量合格证的产品。

4.3 设备制造厂自制配套件

a) 按图样、技术文件及有关标准进行出厂试验与验收；

b) 由质量检验部门提供产品检验报告与质量合格证；

c) 外协配套件应选用有资质评定合格的供方。

4.4 火焰切割件

a) 按 JB/T 5000.2—2007 中检验条款的规定进行检验；

b) 切割面垂直度、切割面粗糙度及切割件尺寸偏差的图样标注应符合表 1 的规定。

表 1

JB/T 5000.2—2007		图样标注
切割面垂直度等级	1 级	标注
	2 级	不注
切割面粗糙度等级	1 级	标注
	2 级	不注
切割件尺寸偏差等级	A 级	标注
	B 级	不注

4.5 焊接件

a) 按 JB/T 5000.3—2007 中检验条款的规定进行试验；

b) 焊缝缺陷等级、焊接件尺寸偏差及形位公差的图样标注应符合表 2 的规定。

表 2

JB/T 5000.3—2007			图样标注
焊缝质量评定级别	AS	AK	标注
	BS	BK	
	CS	CK	
焊缝缺陷等级		Ⅰ级	标注
		Ⅱ级	
		Ⅲ级	

表 2（续）

JB/T 5000.3—2007		图样标注
尺寸与角度偏差等级	A 级	标注
	B 级	不注
	C 级	标注
形位公差等级	E 级	标注
	F 级	不注
	G 级	标注

4.6 铸件

a） 铸铁件按 JB/T 5000.4—2007 中检验条款的规定进行检验；

b） 有色金属铸件按 JB/T 5000.5—2007 中检验条款的规定进行检验；

c） 铸钢件按 JB/T 5000.6—2007 中检验条款的规定进行检验；

d） 铸件尺寸公差与表面粗糙度的图样标注应符合表 3 的规定。

表 3

JB/T 5000.4—2007 JB/T 5000.5—2007 JB/T 5000.6—2007		铸件毛坯基本尺寸	尺寸公差等级	图样标注
铸件尺寸公差等级	铸铁件	>25 mm～100 mm	CT11	不注
		>100 mm～2 500 mm	CT12	
		>2 500 mm～6 300 mm	CT13	
		>6 300 mm～10 000 mm	CT14	
		其他等级		标注
	有色金属铸件	≤25 mm	CT9	不注
		>25 mm～250 mm	CT10	
		>250 mm～4 000 mm	CT11	
		>4 000 mm～10 000 mm	CT12	
		其他等级		标注
	铸钢件	>16 mm～250 mm	CT13	
		>250 mm～4 000 mm	CT14	
		>4 000 mm～10 000 mm	CT15	
		其他等级		标注
铸件表面粗糙度 μm	铸铁件	手工干型	Ra≤50	不注
		机器干型	Ra≤50	
		湿型	Ra≤100	
	有色金属铸件	砂型	Ra≤50	不注
		金属型和离心铸造	Ra≤25	
	铸钢件	5 t 以下（含 5 t）铸件	Ra≤100	不注
		5 t 以上铸件	Rz≤800	

4.7 锻件

a) 锻件按 JB/T 5000.8—2007 中的检验条款的规定进行检验；

b) 锻件检验级别与尺寸公差的图样标注应符合表 4 的规定。

表 4

<table>
<tr><th colspan="2">JB/T 5000.8—2007</th><th>图样标注</th></tr>
<tr><td rowspan="5">锻件级别</td><td>Ⅰ级</td><td>不注</td></tr>
<tr><td>Ⅱ级</td><td rowspan="4">标注</td></tr>
<tr><td>Ⅲ级</td></tr>
<tr><td>Ⅳ级</td></tr>
<tr><td>Ⅴ级</td></tr>
<tr><td>锻件尺寸公差</td><td>按图样和订货要求</td><td>标注</td></tr>
</table>

4.8 切削加工件

a) 切削加工件按 JB/T 5000.9—2007 中检验条款的规定进行检验；

b) 尺寸公差、形位公差及表面粗糙度的图样标注应符合表 5 的规定。

表 5

<table>
<tr><th colspan="2">JB/T 5000.9—2007</th><th>图样标注</th></tr>
<tr><td>尺寸公差</td><td>JB/T 5000.9—2007 中表 3 和表 4</td><td rowspan="4">不注</td></tr>
<tr><td>角度公差</td><td>JB/T 5000.9—2007 中表 5</td></tr>
<tr><td>形位公差</td><td>JB/T 5000.9—2007 中表 6、表 7、表 8、表 9 和表 10</td></tr>
<tr><td>表面粗糙度</td><td>JB/T 5000.9—2007 中第 9 章表 12</td></tr>
<tr><td colspan="3">注：不符合表 5 规定的要求均应标注。</td></tr>
</table>

4.9 产品装配按 JB/T 5000.10—2007 中检验条款的规定进行检验。

4.10 产品配管按 JB/T 5000.11—2007 中检验条款的规定进行检验。

4.11 涂装

a) 涂装按 JB/T 5000.12—2007 中检验条款的规定进行检验；

b) 除锈等级与腐蚀类别应符合表 6 的规定。

表 6

<table>
<tr><th colspan="2">JB/T 5000.12—2007</th><th>图样标注</th></tr>
<tr><td>除锈等级</td><td>按 JB/T 5000.12—2007 中表 1 选定</td><td rowspan="4">标注</td></tr>
<tr><td>腐蚀类别</td><td>C1 至 C5</td></tr>
<tr><td>涂层厚度</td><td>按 JB/T 5000.12—2007 中表 B.2 选定</td></tr>
<tr><td>面漆颜色</td><td>按照用户要求规定。用户无要求时，可按 JB/T 5000.12—2007 中表 4、表 5 的颜色选定</td></tr>
</table>

4.12 产品包装按 JB/T 5000.13—2007 中检验条款的规定进行检验。

4.13 生产厂对产品的制造质量负责，加工后产品不允许有加工残留物存在（如焊渣、松散的毛刺、铁屑、钻孔用乳化液等），并进行外观检查，保证产品清洁，机加工表面和非加工表面除涂装部分外，应进行防锈和防腐处理。

4.14 对特殊装置的检验，例如起重装置、压力罐装置等必须按照相关标准或有关法律规程进行验收检查。

5 检验记录

5.1 从4.1～4.11中指明的产品质量合格证、产品质量证明书及产品检验报告的格式，由供货厂按有关标准规定执行。

5.2 产品质量检验记录的种类：

a) 主要零件检验记录(包括火焰切割件、焊接件、铸件、锻件、切削加工件)；

b) 零件化学成分、力学性能、金相组织、无损检测报告；

c) 原材料、配套件、密封件、涂料、粘接剂产品质量证明书及合格证；

d) 装配与试车检验报告。

5.3 产品质量检验记录，由制造厂质量检验部门填报与汇总，并建立产品质量档案。如合同约定由第三方对产品质量进行监理，监理方可以见证制造厂的检验过程和检验结果。

5.4 根据订货合同的要求，产品质量检验记录可作为产品质量合格证的附件，提供给用户。

5.5 用户参加联合检验的项目，应在合同中注明。制造厂应将联合检验项目的进度安排提前通知用户。

ICS 25.120.20
H 90
备案号:21696—2007

中华人民共和国机械行业标准

JB/T 5000.2—2007
代替 JB/T 5000.2—1998

重型机械通用技术条件
第2部分:火焰切割件

Heavy mechanical general techniques and standards—
Part 2:Oxygen cutting workpiece

2007-08-28 发布　　2008-02-01 实施

中华人民共和国国家发展和改革委员会　发布

前　　言

JB/T 5000《重型机械通用技术条件》分为15部分：

——第1部分：产品检验；

——第2部分：火焰切割件；

——第3部分：焊接件；

——第4部分：铸铁件；

——第5部分：有色金属铸件；

——第6部分：铸钢件；

——第7部分：铸钢件补焊；

——第8部分：锻件；

——第9部分：切削加工件；

——第10部分：装配；

——第11部分：配管；

——第12部分：涂装；

——第13部分：包装；

——第14部分：铸钢件无损检测；

——第15部分：锻钢件无损检测。

本部分为JB/T 5000的第2部分。

本部分代替JB/T 5000.2—1998《重型机械通用技术条件　火焰切割件》。

本部分与JB/T 5000.2—1998相比，主要变化如下：

——增加了切割厚度分段和长度尺寸区间，修订了部分长度尺寸的极限偏差；

——增加了“表面缺陷”、“上缘熔化”、“挂渣”三项指标的考核；

——取消了坡口角度中的钝边角度θ_1及其偏差要求；

——取消了“适用范围”中关于钛及钛合金板材的内容，增加了切割厚度的适用范围（6 mm～300 mm）；

——参照国家标准，修改了垂直度、倾斜度公差带符号，修订了术语和定义的表达；

——简化了标注方法；

——取消了原附录A“各种火焰切割机具所能达到的表面质量”。

本部分的附录A为资料性附录。

本部分由中国机械工业联合会提出。

本部分由机械工业冶金设备标准化技术委员会归口。

本部分起草单位：大连重工·起重集团有限公司。

本部分主要起草人：王国恕。

本部分所代替标准的历次版本发布情况为：

——JB/T 5000.2—1998。

重型机械通用技术条件
第2部分：火焰切割件

1 范围

JB/T 5000的本部分规定了火焰切割件的切割表面质量要求、检测要求以及切割质量等级要求。

本部分适用于厚度为6 mm～300 mm的低碳钢、中碳钢及普通低合金钢的火焰切割。

2 规范性引用文件

下列文件中的条款通过JB/T 5000的本部分的引用而成为本部分的条款。凡是注日期的引用文件，其随后所有的修改单(不包括勘误的内容)或修订版均不适用于本部分，然而，鼓励根据本部分达成协议的各方研究是否可使用这些文件的最新版本。凡是不注日期的引用文件，其最新版本适用于本部分。

GB/T 985—1988 气焊、手工电弧焊及气体保护焊焊缝坡口的基本形式与尺寸

GB/T 986—1988 埋弧焊焊缝坡口的基本形式和尺寸

3 术语和定义

下列术语和定义适用于本部分。

3.1

火焰切割 flame cutting

利用气体火焰的热能将工件切割处预热到一定温度后，喷出高速切割氧流，使其燃烧并放出热量实现切割的方法。火焰切割又称气割。

3.2

垂直度公差 tolerance of verticality

在本部分中指在垂直于基准平面与切割长度方向的给定截面内的切割表面轮廓线的垂直度公差。其公差带是距离为公差值 t 且垂直于基准平面和切割长度方向的两平行直线之间的区域，见图1。

3.3

倾斜度公差 tolerance of gradient

在本部分中指在垂直于基准平面与切割长度方向的给定截面内的切割表面轮廓线的倾斜度公差。其公差带是距离为公差值 t、与基准平面成一给定角度并垂直于切割长度方向的两平行直线之间的区域，见图2。

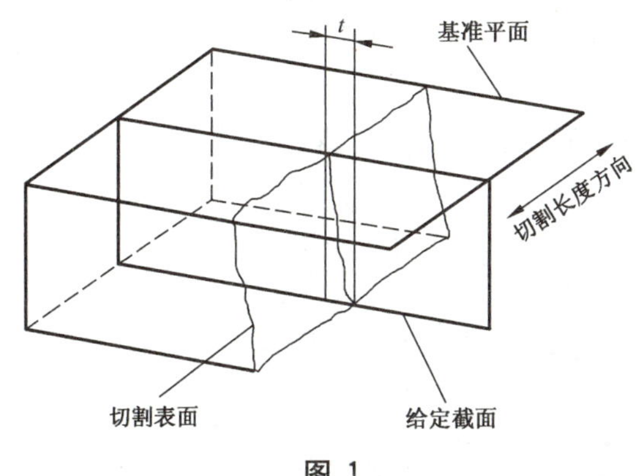

图1

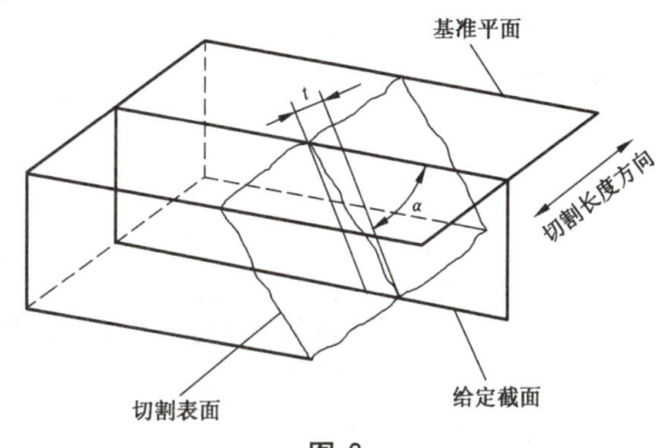

图2

3.4

表面粗糙度 surface roughness

指加工表面上具有的较小间距和峰谷所组成的微观几何形状特征。一般由所采用的加工方法和其他因素形成。

3.5

微观不平度十点高度(Rz) Ten-point height of irregularities(Rz)

在取样长度内五个最大的轮廓峰高的平均值与五个最大的轮廓谷深的平均值之和(见图3)。

$$Rz = \frac{\sum_{i=1}^{5} y_{pi} + \sum_{i=1}^{5} y_{vi}}{5}$$

式中:

y_{pi}——第 i 个最大的轮廓峰高;

y_{vi}——第 i 个最大的轮廓谷深。

图3中 l 为取样长度。

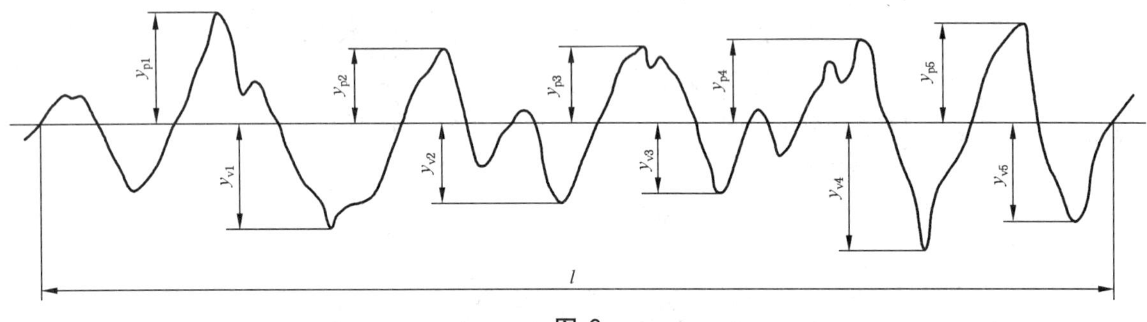

图 3

注:以上术语及定义分别引自GB/T 3375—1994、GB/T 1182—1996、GB/T 1031—1995。

3.6

坡口精度 groove accuracy

坡口精度是指坡口角度 $\theta(\theta_1、\theta_2)$ 的公差和坡口深度 $H(H_1、H_2)$ 的公差(见图4)。

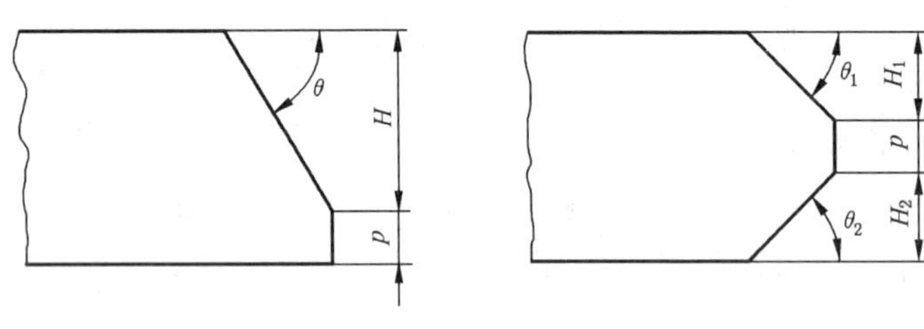

图 4

3.7

表面缺陷 surface defect

切割过程中,由于间断或震动等原因,在切割面上产生明显局部沟痕,使该处表面粗糙度质量突然降低,称为表面缺陷。

3.8

上缘熔化 shoulder melting

切割面上缘经高温熔化而形成圆角,并相伴产生珠状纹迹或飞溅颗粒的现象。

3.9

挂渣 adherent dross

切割过程中被氧吹除并粘附于切割面下方的熔融金属及其氧化物。

4 火焰切割表面质量要求

4.1 垂直度公差和倾斜度公差应符合表1的规定。

表1 切割面的垂直度公差和倾斜度公差

单位为毫米

切割厚度		6～10	>10～20	>20～40	>40～60	>60～80	>80～100	>100～130	>130～160	>160～200	>200～250	>250～300
公差 t	1级	0.5	0.6	0.8	1.0	1.2	1.4	1.7	2.0	2.4	2.9	3.4
	2级	1.2	1.3	1.6	1.9	2.2	2.5	3.0	3.4	4.0	4.8	5.5

注1：当切割厚度 δ 大于300 mm时，推荐按下式计算 t 值：1级：$t=0.4+0.01\delta$；2级：$t=1+0.015\delta$。

注2：当图样上标注出切割件长度尺寸极限偏差时，垂直度公差和倾斜度公差应满足包容要求，即当切割件实际长度尺寸(指尺寸线垂直于切割长度方向的尺寸)达到最大实体尺寸时，垂直度和倾斜度实际误差只能发生在最大实体边界内，不能超出边界外(即只能向实体内偏斜)。

注3：采用手持割炬切割时，欲实现本表数值要求有一定困难，下料时应尽量避免采用(非等级要求的切割面除外)。

4.2 表面粗糙度 Rz 应符合表2的规定。

表2 切割面的表面粗糙度

切割厚度/mm		6～25	>25～50	>50～100	>100～150	>150～200	>200～250	>250～300
粗糙度 $Rz/\mu m$	1级	100	100	200	240	280	350	420
	2级	160	200	250	300	400	500	600

注：采用手持割炬切割时，欲实现本表数值要求有一定困难，故下料过程中应避免采用手持割炬切割。受条件限制不得不采用时，应尽量使用靠板等辅助工装，否则应进行割后打磨，以满足本表粗糙度要求(非等级要求的切割面除外)。

4.3 长度尺寸偏差应符合表3的规定。

表3 切割面的长度尺寸极限偏差

单位为毫米

级别	公称尺寸	切割厚度						
		6～10	>10～50	>50～100	>100～150	>150～200	>200～250	>250～300
		长度尺寸极限偏差						
A级	≤315	±0.5	±0.7	±1.0	±2.0	±2.5	—	—
	>315～1 000	±0.7	±1.0	±2.0	±2.5	±3.0	±3.5	±4.0
	>1 000～2 000	±1.0	±1.5	±2.5	±3.0	±3.5	±4.0	±5.0
	>2 000～4 000	±1.5	±2.0	±3.0	±4.0	±4.5	±5.0	±6.0
	>4 000～6 000	±2.0	±2.5	±3.5	±4.5	±5.0	±6.0	±7.0
	>6 000	±2.5	±3.0	±4.0	±5.0	±6.0	±7.0	±8.0
B级	≤315	±1.0	±1.5	±2.5	±3.0	±3.0	—	—
	>315～1 000	±2.0	±2.5	±3.5	±4.0	±4.5	±4.5	±5.0
	>1 000～2 000	±2.5	±3.0	±4.0	±5.0	±6.0	±6.0	±7.0
	>2 000～4 000	±3.0	±3.5	±4.5	±6.0	±7.0	±7.0	±8.0
	>4 000～6 000	±4.0	±4.5	±5.5	±7.0	±8.0	±9.0	±10.0
	>6 000	±5.0	±5.5	±6.5	±8.0	±9.0	±10.0	±12.0

注：表中极限偏差数值适用于图样上未注公差的尺寸。

4.4 坡口角度及深度偏差应符合表 4 的规定。

表 4 切割面的坡口角度及深度极限偏差

级别	坡口角度 $\theta(\theta_1、\theta_2)$ 极限偏差/(°)	钝边高度 $p \leqslant 4$ mm	钝边高度 $p > 4$ mm
		坡口深度 $H(H_1、H_2)$ 极限偏差/mm	
1 级	±2.5	±0.5	±1.0
2 级	±5	±1.0	±2.0
注：坡口角度和坡口深度极限偏差用于图样上标注坡口角度及钝边高度的场合；当图样上未标注坡口角度及钝边高度而工艺要求制作坡口时，应按照 GB/T 985—1988、GB/T 986—1988 规定的角度范围和钝边高度范围进行制作和检查。			

4.5 表面缺陷应符合表 5 的规定。

表 5 切割面的表面缺陷要求

级别	缺陷宽度/mm	缺陷深度/mm	缺陷间距/m
1 级	≤3	≤1	≥3
2 级	≤5	≤1.5	≥2
注 1：宽度、深度或间距超过本表要求的缺陷，应采用焊补方法将其填满磨平(非等级切割除外)。 注 2：暴露于产品外观表面的缺陷，未超过本表要求时亦应打磨光顺。			

4.6 上缘熔化程度应符合表 6 的规定。

表 6 切割面的上缘熔化程度要求

级别	上缘熔塌圆角半径 r	目视熔化状态
1 级	$r \leqslant 0.5\Delta a$	仅有细微的圆弧连续纹迹，无明显的熔融金属颗粒飞溅
2 级	$r \leqslant \Delta a$	上缘有明显且连续的珠状纹迹，并伴有熔融金属颗粒飞溅
注 1：r 及 Δa 见图 5 及表 8。 注 2：熔塌圆角半径超过本表要求、熔珠飞溅严重且连成条状时，应作等级外处理。		

4.7 挂渣应符合表 7 的规定。

表 7 切割面的挂渣要求

级别	挂渣清除难易程度
1 级	挂渣较少，可轻易剥离和清除；清理后无明显痕迹
2 级	挂渣较多，经敲击可清理干净；清理后有一定痕迹
注：挂渣与母材融成一体、非铲削不能清除、铲后其分离部位有明显金属撕裂痕迹时，为不合格，应打磨消除残余挂渣。	

5 检测要求

5.1 检测垂直度和倾斜度误差时，按图 5 和表 8 的规定确定检测范围 a(扣除 Δa 后的剩余部分)。

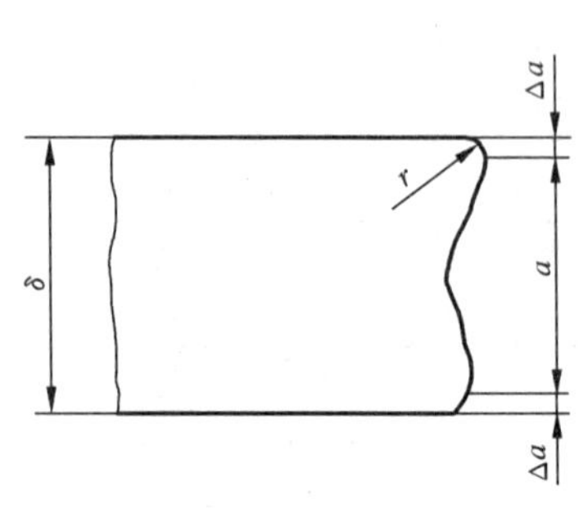

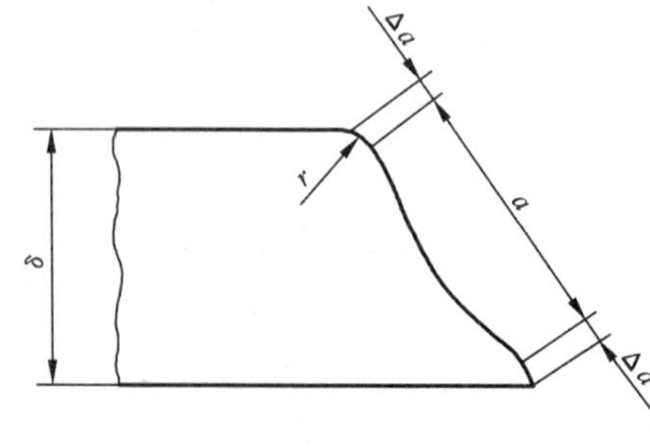

图 5

表 8 垂直度和倾斜度的检测范围

单位为毫米

切割厚度 δ	6～10	>10～20	>20～40	>40～100	>100～150	>150～200	>200～250	>250～300
Δa	0.6	1.0	1.5	2.0	3.0	5.0	8.0	10.0

5.2 检测切割面垂直度、倾斜度、表面粗糙度时，按下列要求确定检测部位：

a) 检测部位不应存在表面缺陷；

b) 检测部位不应紧靠切割面长度方向的端部，至少应相距一个切割厚度尺寸；

c) 检测部位的测量基准面（工件的上表面）应平整、洁净；

d) 评定表面粗糙度的基准线应选在切割面上距工件基准面三分之二处，且与基准面平行。

5.3 检测部位的数量按表 9 规定选取。

表 9 检测部位的数量要求

切割表面质量		切割面长度/mm			测量部位分布
		≤500	>500～1 000	>1 000	
项目	级别	测量部位数量			
垂直度、倾斜度	1	2	3	5	沿切割面长度方向均布
	2	1	2	3	
表面粗糙度（Rz）	1	2	3	5	
	2	1	2	3	
坡口精度	1	2	3	5	
	2	1	2	3	
注：测量部位应尽量选择在误差较大处。					

6 检测方法

切割质量检测参照表 10 的规定进行。

表 10 切割质量检测

项　　目	检 测 方 法	量　　具
垂直度、倾斜度	以工件上表面为基准面进行检测	角尺、塞尺、测量钢丝
表面粗糙度 Rz	与样板比较	切割表面质量样板
尺寸精度	端头对齐拉直	钢直尺、钢卷尺
坡口精度	深度、高度测量	钢直尺、深度卡尺、焊口检测器
	角度测量	焊口检测器、角度规、专用样板
表面缺陷	目视检查	钢直尺、钢卷尺、放大镜
上缘熔化	目视检查	放大镜
挂渣	清渣检查	—

7 切割质量等级

7.1 切割质量等级要求见表 11。

表 11 切割质量等级要求

项　　目	切割质量等级	
	Ⅰ级	Ⅱ级
垂直度、倾斜度	1 级	2 级
表面粗糙度 Rz	1 级	2 级
尺寸精度	A 级	B 级
坡口精度	1 级	2 级
表面缺陷	1 级	2 级
上缘熔化	1 级	2 级
挂渣	1 级	1 级或 2 级
注：坡口表面粗糙度均为 2 级。		

7.2 无特殊要求时，产品零件的切割质量等级通常选用Ⅱ级。

7.3 关键件、重要件的主要表面，其切割质量等级应选用Ⅰ级。

8 标注方法

8.1 选用Ⅱ级质量等级时，在图样和工艺文件中可省略标注。

8.2 选用Ⅰ级质量等级时，按以下方法进行标注(标注时，箭头应指向切割表面的投影轮廓线)：

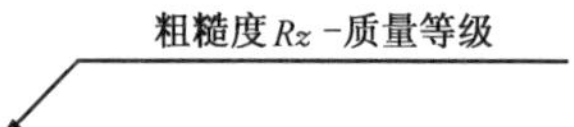

例：粗糙度为 $Rz100\ \mu m$，选用Ⅰ级质量等级的切割表面标注为：

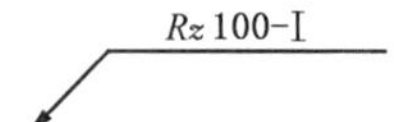

8.3 对允许作非等级切割的辅助件、次要件，应在图样或工艺文件中加以说明。

附 录 A
（资料性附录）
切割余量与最小切割直径

A.1 割缝宽度留量见表 A.1。

表 A.1 割缝宽度留量

单位为毫米

切割厚度	5～10	>10～20	>20～40	>40～60	>60～100	>100～150	>150～180	>180～250	>250～300
普通割嘴号	1	2	3	4	5	6	7	8	9
割缝宽度	2	2.5	3	3.5	5	6.5	7	8	9
快速割嘴号	1	2	3	4	5	6	7	—	—
割缝宽度	1	1.5	2	2.3	3.4	4	4.5	—	—

A.2 切割件预留机械加工余量见表 A.2。

表 A.2 切割件预留机械加工余量

单位为毫米

留量部位及相关项目		切割长度 L 或直径 D	工件厚度				
			≤25	>25～50	>50～100	>100～200	>200～300
			加工余量				
工件外形		≤100	3.0	4.0	5.0	8.0	9.5
		>100～250	3.5	4.5	5.5	8.5	10.0
		>250～630	4.0	5.0	6.0	9.0	10.5
		>630～1 000	4.5	5.5	6.5	9.5	11.0
		>1 000～1 600	5.0	6.0	7.0	10.0	11.5
		>1 600～2 500	5.5	6.5	7.5	10.5	12.0
		>2 500～4 000	6.0	7.0	8.0	11.0	12.5
		>4 000～5 000	6.5	7.5	8.5	11.5	13.0
孔及端面	单孔	—	5	7	10	12	14
	单一端面	—	3	4	6	7	8
	相邻孔及相邻端面	—	中心距或端面距离（与基准间距离）				
		—	≤1 000	>1 000～1 500	>1 500～2 000	>2 000～3 000	>3 000～4 000
		—	孔与中心距或端面与端面距离有关的余量增值				
		—	3	4	5	6	7
加工余量及其切割极限偏差		—	加工余量				
		—	≤6	6～12	>12～16	>16～18	>18
		—	加工余量切割极限偏差				
		—	±1	±2	±3	±4	±5

注 1：端面余量为单面余量。

注 2：加工余量切割极限偏差包含号料极限偏差在内。

注 3：切割厚度大于 100 mm 时，割内孔前应先钻引割孔（ϕ20 mm～ϕ30 mm）。

A.3 火焰切割机所能切割的最小直径见表 A.3。

表 A.3 火焰切割机所能切割的最小直径

单位为毫米

切割厚度	≤50	>50～70	>70～100	>100～150	>150～200	>200～250	>250～300	>300
最小切割直径	50	70	80	100	120	150	180	200

参 考 文 献

[1] GB/T 3375—1994 焊接术语.

[2] GB/T 1182—1996 形状和位置公差 通则、定义、符号和图样表示法(eqv ISO 1101：1996).

[3] GB/T 1031—1995 表面粗糙度 参数及其数值.

[4] GB/T 3505—2000 产品几何技术规范 表面结构 轮廓法 表面结构的术语、定义及参数(eqv ISO 4287：1997).

ICS 25.160
J 33
备案号:21697—2007

中华人民共和国机械行业标准

JB/T 5000.3—2007
代替 JB/T 5000.3—1998

重型机械通用技术条件
第3部分:焊接件

Heavy mechanical general techniques and standards—

Part 3: Welding

2007-08-28 发布 2008-02-01 实施

中华人民共和国国家发展和改革委员会 发布

前　　言

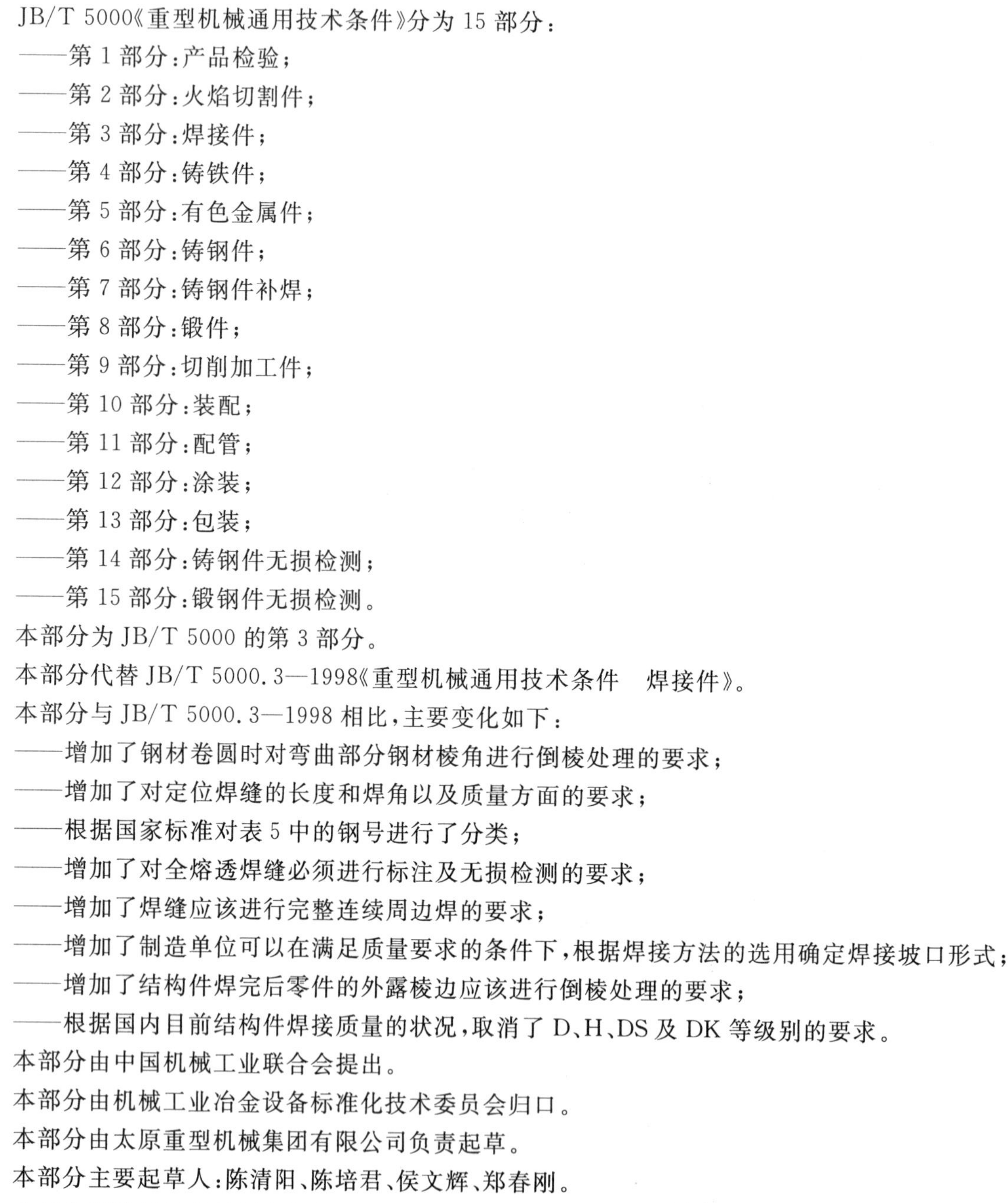

JB/T 5000《重型机械通用技术条件》分为15部分：
——第1部分：产品检验；
——第2部分：火焰切割件；
——第3部分：焊接件；
——第4部分：铸铁件；
——第5部分：有色金属件；
——第6部分：铸钢件；
——第7部分：铸钢件补焊；
——第8部分：锻件；
——第9部分：切削加工件；
——第10部分：装配；
——第11部分：配管；
——第12部分：涂装；
——第13部分：包装；
——第14部分：铸钢件无损检测；
——第15部分：锻钢件无损检测。

本部分为JB/T 5000的第3部分。

本部分代替JB/T 5000.3—1998《重型机械通用技术条件　焊接件》。

本部分与JB/T 5000.3—1998相比，主要变化如下：
——增加了钢材卷圆时对弯曲部分钢材棱角进行倒棱处理的要求；
——增加了对定位焊缝的长度和焊角以及质量方面的要求；
——根据国家标准对表5中的钢号进行了分类；
——增加了对全熔透焊缝必须进行标注及无损检测的要求；
——增加了焊缝应该进行完整连续周边焊的要求；
——增加了制造单位可以在满足质量要求的条件下，根据焊接方法的选用确定焊接坡口形式；
——增加了结构件焊完后零件的外露棱边应该进行倒棱处理的要求；
——根据国内目前结构件焊接质量的状况，取消了D、H、DS及DK等级别的要求。

本部分由中国机械工业联合会提出。

本部分由机械工业冶金设备标准化技术委员会归口。

本部分由太原重型机械集团有限公司负责起草。

本部分主要起草人：陈清阳、陈培君、侯文辉、郑春刚。

本部分所代替标准的历次版本发布情况为：
——JB/T 5000.3—1998。

重型机械通用技术条件
第3部分:焊接件

1 范围

JB/T 5000的本部分规定了钢制焊接件的技术要求,检验方法及图样标注。

本部分适用于重型机械及零部件中焊条电弧焊、气体保护焊和埋弧焊焊接的钢制焊接件。

凡产品图样、技术文件和订货技术条件无特殊要求时,均应符合本部分的规定。

2 规范性引用文件

下列文件中的条款通过JB/T 5000的本部分的引用而成为本部分的条款。凡是注日期的引用文件,其随后所有的修改单(不包括勘误的内容)或修订版均不适用于本部分,然而,鼓励根据本部分达成协议的各方研究是否可使用这些文件的最新版本。凡是不注日期的引用文件,其最新版本适用于本部分。

GB/T 324 焊缝符号表示法(GB/T 324—1988,eqv ISO 2553:1989)

GB/T 985 气焊、手工电弧焊及气体保护焊焊缝坡口的基本形式与尺寸

GB/T 986 埋弧焊焊缝坡口的基本形式与尺寸

GB/T 2649 焊接接头机械性能试验取样方法

GB/T 2650 焊接接头冲击试验方法

GB/T 2651 焊接接头拉伸试验方法

GB/T 2652 焊缝及熔敷金属拉伸试验方法

GB/T 2653 焊接接头弯曲及压扁试验方法

GB/T 2654 焊接接头及堆焊金属硬度试验方法

GB/T 3323 金属熔化焊焊接接头射线照相(GB/T 3323—2005,EN 1435:1997,MOD)

GB/T 11345 钢焊缝手工超声波探伤方法和探伤结果分级

JB/T 3223 焊接材料质量管理规定

JB/T 4735 钢制焊接常压容器

JB/T 5000.2 重型机械通用技术条件 第2部分:火焰切割件

JB/T 5000.11 重型机械通用技术条件 第11部分:配管

JB/T 5000.12 重型机械通用技术条件 第12部分:涂装

JB/T 5926 振动时效效果 评定方法

JB/T 6046 碳钢、低合金钢焊接构件焊后热处理方法

JB/T 6061 无损检测焊缝磁粉检测

JB/T 7949 钢结构焊缝 外形尺寸

3 一般要求

3.1 焊接件的制造应符合设计图样,工艺文件和本部分的规定。

3.2 用于制造焊接件的原材料(钢板、型钢和钢管等)的钢号、规格及尺寸应符合设计图样的要求,材料代用应按有关规定办理代用单。

3.3 用于制造焊接件的原材料、焊接材料(焊条、焊丝、焊剂、保护气体等)进厂时,须经质量检查部门根

据供货单位提供的合格证明书、相应的国家(行业)标准及订货要求，按照工厂“原材料入厂验收规则”验收后，方准入库。

3.4 对于无合格证明书的原材料和焊接材料，须按相关标准进行检验和鉴定，确定其牌号、成分和性能合格后方可使用。

3.5 严禁使用牌号不明及未经过质量检查部门验收的各种材料。

3.6 焊接材料的使用及管理须符合 JB/T 3223 的规定。

3.7 火焰切割件的质量须符合 JB/T 5000.2 的规定。

3.8 焊接件涂装前要进行表面除锈处理，质量须符合 JB/T 5000.12 的规定。

4 钢材的初步矫正

4.1 各种钢材在划线前，其公差不符合 4.2、4.3 的规定者，均须矫正以达到要求的公差。

4.2 钢板局部的平面度不应超过表 1 的规定。

表 1

单位为毫米

1 000 mm 长度内平面度允许值 f	测量工具	简　图
厚度 $\delta \leqslant 14$　$f \leqslant 2$	1 000 长平尺	1 000 f δ
厚度 $\delta > 14$　$f \leqslant 1$		

4.3 型钢在划线前各种变形超过表 2 规定时须经矫正后可划线，且局部波状及平面度在每米长度内不超过 2 mm。

5 钢材的成型弯曲

5.1 钢材的卷圆弯曲，当弯曲半径(内半径)大于下列数值时，可冷弯(见图 1)。但是不管冷弯还是热弯，均应将弯曲部分附近钢板棱角进行倒棱处理。

5.1.1 钢板：对于低合金钢 $R \geqslant 25\delta$；

对于低碳钢 $R \geqslant 20\delta$。

R——弯曲半径；δ——钢板厚度。

5.1.2 工字钢：$R \geqslant 25H$ 或 $R \geqslant 25B$(随弯曲方向而定)；

H——工字钢高；B——工字钢宽。

5.1.3 槽钢：$R \geqslant 45B$ 或 $R \geqslant 25H$(随弯曲方向而定)；

H——槽钢高；B——槽钢宽。

5.1.4 角钢：$R \geqslant 45B$；

B——角钢边宽(对不等边角钢随弯曲方向而定)。

5.2 钢材的卷圆弯曲，当弯曲半径(内半径)小于 5.1 规定的数值时，需根据具体情况由工艺员确定是否在热弯或冷弯后进行退火热处理。

5.3 弯曲成型的筒体尺寸允差按图 2、表 3 的规定。

5.4 筒体与筒体对接环缝或筒体纵缝的错边量 e 不得大于厚度的 20% 且最大不超过 4 mm(见图 3、图 4)。

5.5 管子的弯曲成型，热弯时，加热温度为 900 ℃～1 000 ℃。弯曲过程中温度不得低于 700 ℃，冷弯应在专用的弯管机上进行。

5.6 管子的弯曲半径 R(见图 5)，应符合 JB/T 5000.11 中的规定。

表 2

单位为毫米

角　　钢	全长直线度 $f\leqslant 1.5\ L/1\ 000$	
	翼缘板宽倾斜不成 90°按翼缘板宽（B）计算：$f\leqslant B/100$，但不大于 1.5（不等边角钢按宽翼缘板宽度计算）	
槽钢与工字钢挠度	全长直线度 $f\leqslant 1.5L/1\ 000$	
槽钢与工字钢歪扭	歪扭 当 $L\leqslant 10\ 000$ 时；$f\leqslant 3$ 当 $L>10\ 000$ 时；$f\leqslant 5$	
	腿宽倾斜 $f\leqslant B/100$	

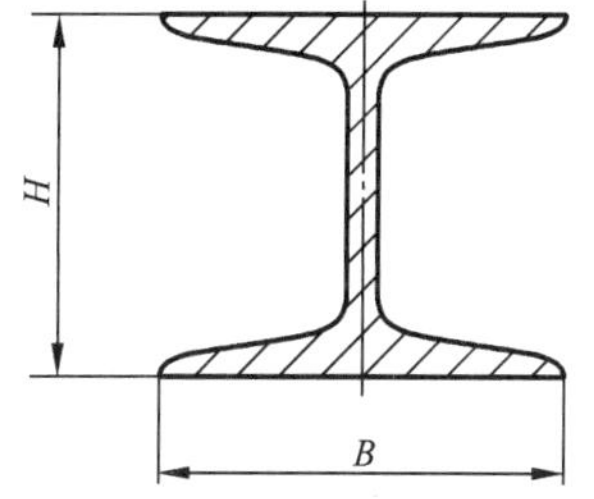

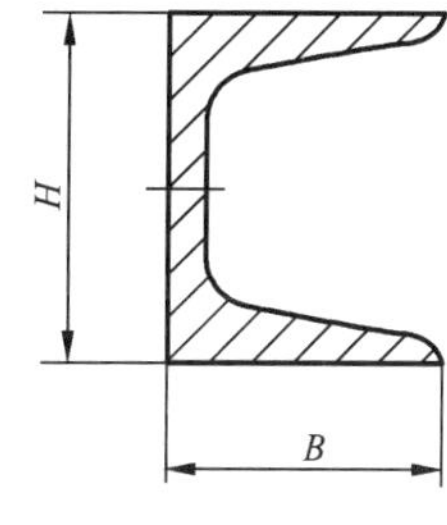

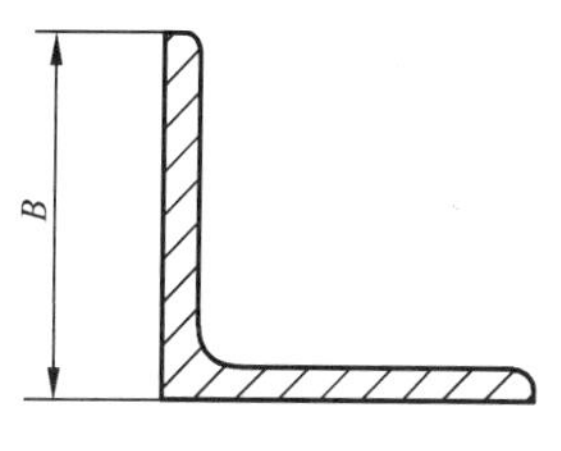

图 1

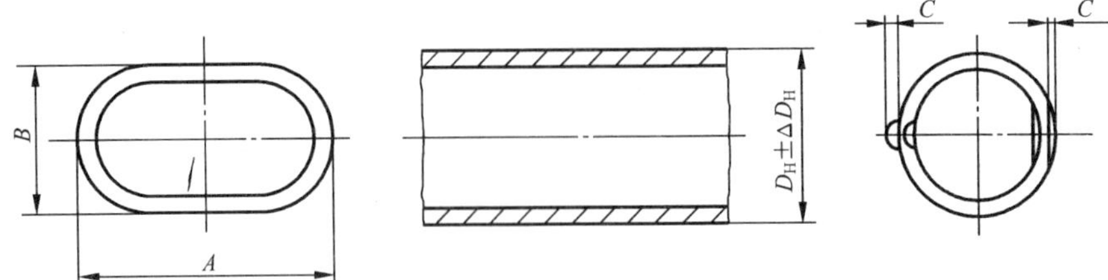

图 2

表 3

单位为毫米

外径 D_H	允差			
	ΔD_H	当筒体壁厚为下列数值的圆度 $A-B$		弯角 C
		≤30	>30	
≤500	±4	6	4	3
>500～1 000	±5	8	5	3
>1 000～1 500	±7	11	7	4
>1 500～2 000	±9	14	9	4
>2 000～2 500	±11	17	11	5
>2 500～3 000	±13	20	13	5
>3 000	±15	23	15	6
注：要求筒体内外表面或单面机械加工时，其卷圆成型校圆后，筒体圆度值可取表中的1/2。				

$$D \leqslant 42\ \text{mm}, R \geqslant 2.5\ D \quad (1)$$

$$D > 42\ \text{mm}, R \geqslant 3\ D \quad (2)$$

式中：

R——弯曲半径；

D——管子外径。

5.7　管子的弯曲半径允差、圆度允差及允许的波纹深度按表 4 规定。

5.8　管子弯曲后壁厚减薄量(受拉面)

5.8.1　冷弯壁厚减薄率 C 不大于 15%，并按式(3)计算：

$$C = (T - T_1)/T \times 100\% \quad (3)$$

式中：

C——管子壁厚减薄率，%；

T——弯曲前管子壁厚，单位为毫米(mm)；

T_1——弯曲后管子壁厚，单位为毫米(mm)。

5.8.2　热弯减薄量不大于壁厚 20%。

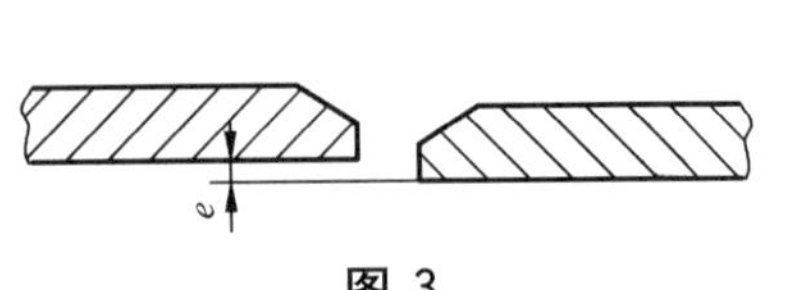

图 3

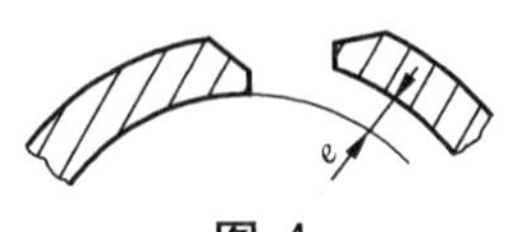

图 4

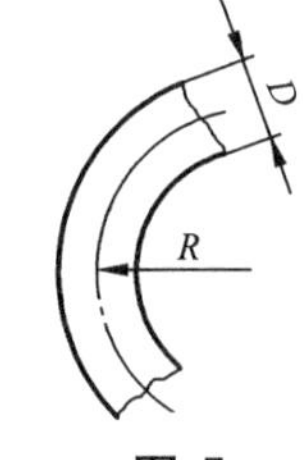

图 5

6 焊接装配

6.1 焊接装配应根据设计图样及工艺要求进行。

6.2 焊接装配前应检查每一零件的几何尺寸和外观质量是否符合设计图样及工艺要求，对不符合要求的零件不准进行装配。

6.3 焊接装配时所使用的量具及工具应保证安全、准确。

6.4 焊接装配所使用的铸铁或铸钢平台的平面度公差≤1 mm/m²，整块平台的平面度公差≤1.5 mm/m²，两块以上平台拼装成的平台的平面度公差≤2 mm/m²。

6.5 焊接装配应考虑焊接时焊工操作的难易程度，从而制定出最合理的装配顺序。

6.6 焊接装配间隙应符合图样及有关标准的要求，在个别情况下，对无间隙和间隙公差在 2 mm 以下的对接焊缝和角焊缝，其局部最大间隙应小于连接件最小壁厚的 30%，且最大的局部间隙不得大于 5 mm并且长度要小于该焊缝总长的 20%。

表 4

单位为毫米

允差名称		管子外径											示意图
		30	38	50	60	70	83	102	108	127	150	200	
弯曲半径 R 的允差	R=75～125	±2	±2	±3	±3	±4	—	—	—	—	—	—	
	R=160～300	±1	±1	±2	±2	±3	—	—	—	—	—	—	
	R=400	—	—	—	—	—	±5	±5	±5	±5	±5	±5	
	R=500～1 000	—	—	—	—	—	±4	±4	±4	±4	±4	±4	
	R>1 000	—	—	—	—	—	±3	±3	±3	±3	±3	±3	
弯曲半径处的圆度 a 或 b	R=75	3.0	—	—	—	—	—	—	—	—	—	—	
	R=100	2.5	3.1	—	—	—	—	—	—	—	—	—	
	R=125	2.3	2.6	3.6	—	—	—	—	—	—	—	—	
	R=160	1.7	2.1	3.2	—	—	—	—	—	—	—	—	
	R=200	—	1.7	2.8	3.6	—	—	—	—	—	—	—	
	R=300	—	1.6	2.6	3.0	1.6	5.8	—	—	—	—	—	
	R=400	—	—	—	2.4	3.8	5.0	7.2	8.1	—	—	—	
	R=500	—	—	—	1.8	3.1	4.2	6.2	P7.0	7.6	—	—	
	R=600	—	—	—	1.5	2.3	3.4	5.1	5.9	6.5	7.5	—	
	R=700	—	—	—	1.2	1.9	2.5	3.6	4.4	5.0	6.0	7.0	
弯曲处的波纹 a		—	1.0	1.5	1.5	2.0	3.0	4.0	5.0	6.0	7.0	8.0	

6.7 焊接装配定位焊

6.7.1 焊接装配定位焊所使用的焊接材料的性能应与正式焊缝焊接时所使用的材料性能相同。

6.7.2 当正式焊缝焊接需要预热时，装配定位焊时也要预热，而且预热温度要比正式预热温度高 30 ℃以上。

6.7.3 定位(点)焊焊缝的长度和焊角大小应由工艺员根据具体的焊接件结构情况确定，定位(点)焊焊缝表面应无裂纹、夹渣及气孔等缺陷。

6.8 禁止在工件的非焊接区任意引弧。

7 焊接

7.1 一般要求

7.1.1 焊工应经过专门培训,合格后才能担任焊接工作。

7.1.2 若钢材没有进行预处理,焊接前应预先清除焊接区域的表面污物,如:铁锈氧化皮,油污,油漆等影响焊缝质量的杂质,清理区域为离焊缝边缘不小于 20 mm。

7.1.3 在露天焊接时,如遇下雨、下雪、大雾及大风等情况,如未加保护措施,不得进行焊接。

7.2 焊前预热

7.2.1 低碳钢的焊接件一般无须预热就可进行焊接,但当环境温度低于 0 ℃或者厚度较大时,焊前也必须根据工艺要求进行预热和缓冷。

7.2.2 低合金结构钢的焊接件必须考虑碳当量、构件厚度、焊接接头的拘束度、环境温度以及所使用的焊接材料等因素确定焊接预热温度,表 5 给出了推荐的预热温度。当采用非低氢焊接材料焊接时应适当降低临界板厚或者适当提高预热温度。具体构件的预热温度由焊接技术人员根据具体情况确定。

7.2.3 不同材质之间焊接预热温度按焊接性差的一种选定。

7.2.4 同种材质而厚度不同时,焊接预热温度按厚度大的选定。

7.2.5 预热区域为焊缝每侧距焊缝中心不小于 2δ(δ 为板厚),且不小于 75 mm。

7.2.6 特殊材料或特殊结构焊接预热温度、层间温度、后热或焊后热处理按工艺要求进行。

表 5

钢号	厚度/mm	焊前预热/℃	钢号	厚度/mm	焊前预热/℃
Q295	—	不预热	Q390	>32	≥100
Q345	>40	≥100	Q420	—	≥100
Q390	≤32	不预热	Q460	—	≥150

7.2.7 对于图样要求全熔透的焊缝,则设计必须在该焊缝处加以标注,并注明无损检测方法、执行的无损检测标准和无损检测级别。

7.2.8 如果图样没有特殊要求,所有焊缝应该进行完整连续的周边焊。

7.2.9 如果图样没有特殊要求,部件焊接完成后,所有零件的外露棱边应该进行倒棱处理。

7.3 焊接件未注尺寸公差与形位公差

7.3.1 长度尺寸公差

表 6 所列的长度尺寸未注极限偏差适用于焊接零件和焊接件的长度尺寸,如外部尺寸、内部尺寸、台阶尺寸、宽度和中心距尺寸等,一般选 B 级,可不标注,选用其他精度等级均应在图样上标注。

7.3.2 角度公差

角度未注极限偏差按表 7 的规定。角度偏差的公称尺寸以短边为基准边,其长度从图样标明的基准点算起,见图 6~图 10。如在图样上不标注角度、而只标注长度尺寸,则允许偏差应以 mm/m 计。一般选 B 级,可不标注,选用其他精度等级均应在图样上标注。

表 6

单位为毫米

精度等级	公称尺寸									
	>30~120	>120~400	>400~1 000	>1 000~2 000	>2 000~4 000	>4 000~8 000	>8 000~12 000	>12 000~16 000	>16 000~20 000	>20 000
A	±1	±1	±2	±3	±4	±5	±6	±7	±8	±9
B	±2	±2	±3	±4	±6	±8	±10	±12	±14	±16
C	±3	±4	±5	±8	±11	±14	±18	±21	±24	±27
注:公称尺寸小于 30 mm,允许偏差±1 mm。										

表 7

精度等级	公称尺寸(短边长度)/mm					
	≤315	>315~1 000	>1 000	≤315	>315~1 000	>1 000
	偏差 $\Delta\alpha$/(°)			偏差 e/mm		
A	±20′	±15′	±10′	±6	±4.5	±3
B	±45′	±30′	±20′	±13	±9	±6
C	±1′	±45′	±30′	±18	±13	±9

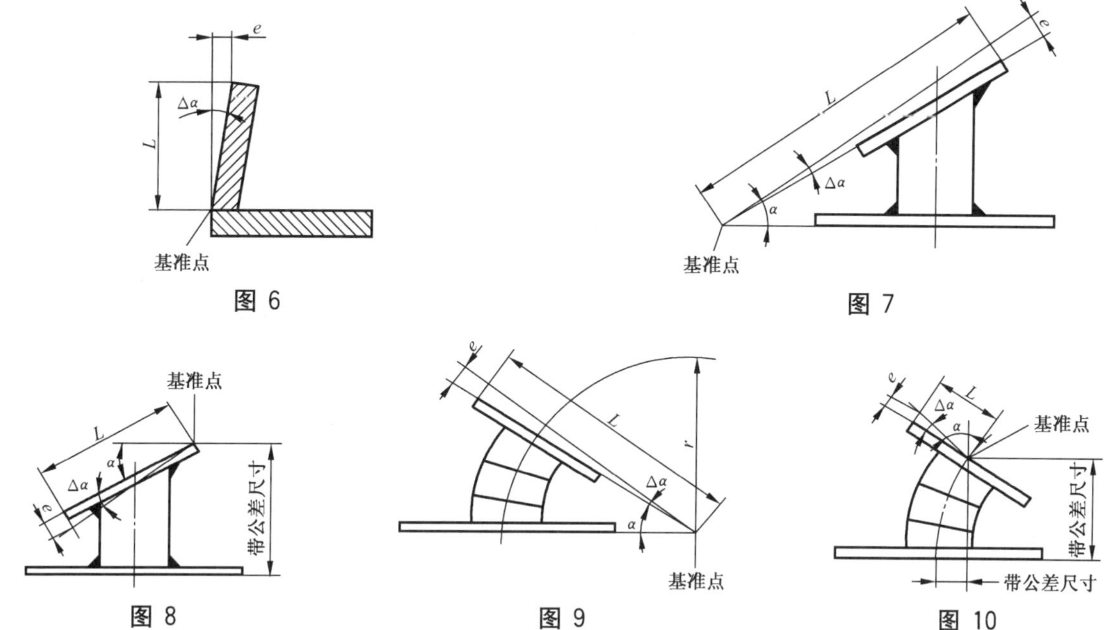

图 6　图 7　图 8　图 9　图 10

7.3.3　焊接件的形位公差

焊接件的未注直线度公差、平面度公差和平行度公差应符合表 8 的规定。一般选 F 级，图样上可不标注，选其他等级在图样上均应标注。

表 8

单位为毫米

精度等级	公称尺寸									
	>30~120	>120~400	>400~1 000	>1 000~2 000	>2 000~4 000	>4 000~8 000	>8 000~12 000	>12 000~16 000	>16 000~20 000	>20 000
E	0.5	1.0	1.5	2.0	3.0	4.0	5.0	6.0	7.0	8.0
F	1.0	1.5	3.0	4.5	6.0	8.0	10	12	14	16
G	1.5	3.0	5.5	9.0	11	16	20	22	25	25

7.3.4　焊接件的尺寸公差与形位公差精度等级选用见表 9。

表 9

精度等级		应用范围
长度尺寸、角度	形位公差	
A	E	尺寸精度要求高、重要的焊接件
B	F	比较重要的结构、焊接和矫直产生的热变形小，成批生产
C	G	一般结构，如箱体结构、焊接和矫直产生的热变形大

7.4　焊缝质量要求和焊接接头缺陷分级按表 10，钢结构焊缝外形尺寸按 JB/T 7949 的规定执行。焊缝质量评定级别按表 11 规定执行，且在图样上进行标注。

表 10

<table>
<tr><th rowspan="2">缺陷名称</th><th rowspan="2">GB/T 6417.1 代号</th><th colspan="4">缺 陷 分 级</th></tr>
<tr><th>Ⅰ</th><th>Ⅱ</th><th>Ⅲ</th><th>Ⅳ</th></tr>
<tr><td>未焊满(指不足)设计要求</td><td>511</td><td colspan="2">不允许</td><td>$\leqslant 0.2+0.02\delta$ 且≤1 mm每 100 mm 焊缝内缺陷总长≤25 mm</td><td>$\leqslant 0.2+0.04\delta$ 且≤2 mm每 100 mm 焊缝内缺陷总长≤25 mm</td></tr>
<tr><td rowspan="2">根部收缩</td><td rowspan="2">515
5013</td><td rowspan="2">不允许</td><td>$\leqslant 0.2+0.02\delta$ 且≤0.5 mm</td><td>$\leqslant 0.2+0.02\delta$ 且≤1 mm</td><td>$\leqslant 0.2+0.04\delta$ 且≤2 mm</td></tr>
<tr><td colspan="3">长度不限</td></tr>
<tr><td>咬边</td><td>5011
5012</td><td colspan="2">不允许[a]</td><td>$\leqslant 0.05\delta$ 且≤0.5 mm 连续长度≤100 mm 且焊缝两侧咬边总长≤10%焊缝总长</td><td>$\leqslant 0.1\delta$ 且≤1 mm长度不限</td></tr>
<tr><td>裂纹</td><td>100</td><td colspan="4">不允许</td></tr>
<tr><td>弧坑裂纹</td><td>104</td><td colspan="3">不允许</td><td>个别长≤5 mm 的弧坑裂纹允许存在</td></tr>
<tr><td>电弧擦伤</td><td>601</td><td colspan="3">不允许</td><td>个别电弧擦伤允许存在</td></tr>
<tr><td>飞溅</td><td>602</td><td colspan="4">清除干净</td></tr>
<tr><td>接头不良</td><td>517</td><td colspan="2">不允许</td><td>造成缺口深度$\leqslant 0.05\delta$且≤0.5 mm 每米焊缝不得超过一处</td><td>缺口深$\leqslant 0.1\delta \leqslant 1$ mm 每米焊缝不得超过一处</td></tr>
<tr><td>焊瘤</td><td>506</td><td colspan="4">不允许</td></tr>
<tr><td>未焊透(按设计焊缝厚度为准)</td><td>402</td><td colspan="2">不允许</td><td>不加垫单面焊允许值$\leqslant 15\%\delta$ 且≤1.5 mm 每 100 mm 焊缝内缺陷总长≤25 mm</td><td>$\leqslant 0.1\delta$ 且≤0.2 mm 每 100 mm 焊缝内缺陷总长≤25 mm</td></tr>
<tr><td>表面夹渣</td><td>300</td><td colspan="2">不允许</td><td>深$\leqslant 0.1\delta$,长$\leqslant 0.3\delta$,且≤10 mm</td><td>深$\leqslant 0.2\delta$,长$\leqslant 0.5\delta$,且≤20 mm</td></tr>
<tr><td>表面气孔</td><td>2017</td><td colspan="2">不允许</td><td>每 50 mm 焊缝长度内允许直径$\leqslant 0.3\delta$ 且≤2 mm的气孔两个孔间距≥6 倍孔径</td><td>每 50 mm 长度焊缝内允许直径$\leqslant 0.4\delta$ 且≤3 mm 气孔两个,孔距≥6 倍孔径</td></tr>
<tr><td>角焊缝厚度不足(按设计焊缝厚度计)</td><td></td><td colspan="2">不允许</td><td>$\leqslant 0.3+0.05\delta$ 且≤1 mm每 100 mm 焊缝长度内缺陷总长度≤25 mm</td><td>$\leqslant 0.3+0.05\delta$ 且≤2 mm 每 100 mm 焊缝长度内缺陷总长度≤25 mm</td></tr>
<tr><td rowspan="2">角焊缝脚不对称[b]</td><td rowspan="2">512</td><td colspan="2">差值$\leqslant 1+0.1a$</td><td>差值$\leqslant 2+0.15a$</td><td>差值$\leqslant 2+0.2a$</td></tr>
<tr><td colspan="4">a——设计焊缝有效厚度</td></tr>
<tr><td rowspan="2">内部缺陷</td><td rowspan="2"></td><td>GB/T 3323Ⅰ级</td><td>GB/T 3323Ⅱ级</td><td>GB/T 3323Ⅱ级</td><td rowspan="2">不要求</td></tr>
<tr><td colspan="2">GB/T 11345 Ⅰ 级</td><td>GB/T 11345 Ⅱ 级</td></tr>
<tr><td colspan="6">注:除注明角焊缝缺陷外其余均为对接、角接焊缝通用。</td></tr>
<tr><td colspan="6">[a] 咬边如经磨削修整并平滑过渡则只按焊缝最小允许值评定。
[b] 特定条件下要求平缓过渡时不受本标准规定限制(如搭接或不等厚板的对接和角接组合焊缝)。</td></tr>
</table>

表 11

焊缝质量评定级别		焊接接头缺陷分级
对接焊缝	角焊缝和其他焊缝	
AS	AK	Ⅰ
BS	BK	Ⅱ
CS	CK	Ⅲ

7.5 筋板倒角尺寸按图 11、图 12 和图 13，尺寸 L 按表 12 选择，选择的大小要保证焊件定位后能在筋板下进行焊接。

如果外形允许，则厚度 12 mm 以下筋板可以采用剪切，这时倒角尺寸采用图 11。

当筋板厚度大于 12 mm 以及由于外形的原因，不管怎样处理，筋板都必须从钢板上气割下来时，倒角尺寸采用图 12。

表 12

单位为毫米

筋 板 厚 度	L 或 r
≤12	25
>12～30	40
>30	50

不重要的焊接件，筋板宽度 100 mm 以下，位置紧凑，筋板可不进行倒角焊接，图样不要求专门标注（见图 13）。因为强度方面的原因，密封焊接时应避免这种形式的筋板。

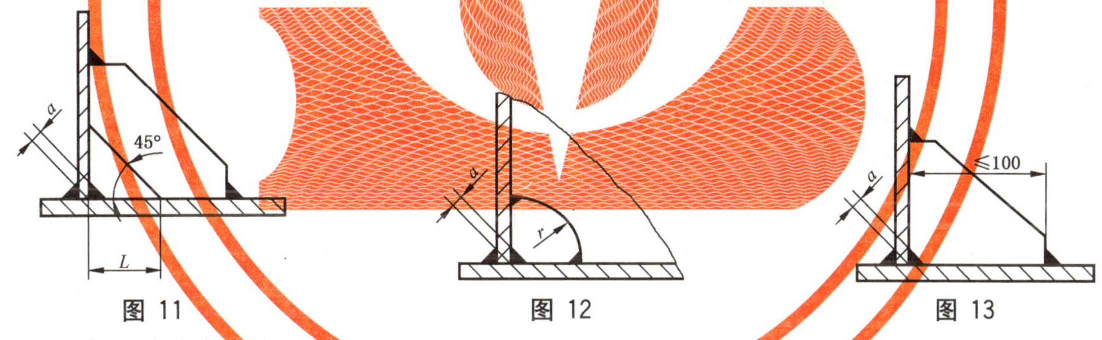

图 11　　图 12　　图 13

7.6 焊接件的消除应力处理

7.6.1 焊接件焊后消除应力处理可按 JB/T 6046 或 JB/T 5926 的规定进行。

7.6.2 有密闭内腔的焊接件，在热处理之前，应在中间隔板或盖板上适当的位置加工 ϕ10 mm 的孔（设计应在图样上注明此孔的位置），使其空腔于外界相通。在盖板上钻的孔，热处理后要重新堵上。

8 焊接结构件加工余量

焊接结构件加工余量应符合表 13 的规定。

表 13

单位为毫米

公称尺寸	余　量	公称尺寸	余　量
≤250	3～4	4 000～7 000	12～16
>250～800	4～6	>7 000～10 000	16～20
>800～2 000	6～8	>10 000～12 000	20～22
>2 000～4 000	8～12	>12 000～25 000	22～26

9 焊接接头及坡口

焊接接头及坡口型式与尺寸应符合 GB/T 985 与 GB/T 986 的规定。在保证焊缝有效厚度及焊接质量的前提下，制造厂可按焊接方法之不同采用与图样不同的坡口形式。

10 检验

10.1 焊缝的型式尺寸和焊接件的形状尺寸应符合图样、工艺文件和本标准的要求。

10.2 制造厂应提供焊接件的检验报告及合格证。

10.3 盛水试漏、液压试验、气密性试验、煤油渗漏试验可参照 JB/T 4735 中相关规定执行。

10.4 焊缝超声波检测应符合 GB/T 11345 的规定。

10.5 焊缝射线检测应符合 GB/T 3323 的规定。

10.6 焊缝表面磁粉检测应符合 JB/T 6061 的规定。

10.7 焊缝需要返修时，需按返修工艺文件执行。

10.8 需要进行力学性能试验的焊缝，应在图样或订货技术要求中注明。焊缝的力学性能试验种类、试样尺寸按 GB/T 2649、GB/T 2650、GB/T 2651、GB/T 2652、GB/T 2653 及 GB/T 2654 的规定执行。试样焊后与工件经过相同的热处理并预先经过外观无损检测。

11 图样标注

11.1 图样上的焊缝符号的标注方法，应符合 GB/T 324 的有关规定。

11.2 焊缝无损检测所采用的标准以及级别要在图样中标明。

11.3 焊接件焊后是否消除应力处理以及种类应在图样或有关技术文件中规定。

11.4 对有预热要求的焊缝应在图样或有关技术文件中标明预热温度。

11.5 设计人员根据焊接件的技术要求填写表 14 并将此表贴在焊接件图样的右上部，也可采取其他形式标注。

表 14

焊接件技术要求	
通用技术要求	JB/T 5000.3—2007
焊缝质量评定级别	
尺寸公差精度等级	
形位公差精度等级	
密封性试验	是/否
耐压试验	是/否
退火(振动)	是/否
除锈	是/否
注 1：表 14 印制剪贴或制成图章加盖在图样上均可。 注 2：也可补充其他技术要求。	

ICS 25.120.20
H 90
备案号:21698—2007

中华人民共和国机械行业标准

JB/T 5000.4—2007
代替 JB/T 5000.4—1998

重型机械通用技术条件
第4部分:铸铁件

Heavy mechanical general techniques and standards—
Part 4:Iron castings

2007-08-28 发布　　2008-02-01 实施

中华人民共和国国家发展和改革委员会　发布

前　言

JB/T 5000《重型机械通用技术条件》分为15部分：
——第1部分：产品检验；
——第2部分：火焰切割件；
——第3部分：焊接件；
——第4部分：铸铁件；
——第5部分：有色金属铸件；
——第6部分：铸钢件；
——第7部分：铸钢件补焊；
——第8部分：锻件；
——第9部分：切削加工件；
——第10部分：装配；
——第11部分：配管；
——第12部分：涂装；
——第13部分：包装；
——第14部分：铸钢件无损检测；
——第15部分：锻钢件无损检测。

本部分为JB/T 5000的第4部分。

本部分代替JB/T 5000.4—1998《重型机械通用技术条件　铸铁件》。

本部分与JB/T 5000.4—1998相比，主要变化如下：
——对表1中黑框推荐的小批和单件生产铸铁件的尺寸公差等级进行调整；
——3.2.4条增加“为减少产生裂纹的危险，内圆角根据工件壁厚应保证表2中的最小值”；
——增加3.2.5　起模斜度；
——增加3.9.6.3　铸件表面粗糙度不含3.9.3和3.9.4允许的缺陷。

本部分的附录A为规范性附录。

本部分由中国机械工业联合会提出。

本部分由机械工业冶金设备标准化技术委员会归口。

本部分负责起草单位：第一重型机械集团公司。

本部分参加起草单位：西安重型机械研究所。

本部分主要起草人：段秀明、李剑平。

本部分所代替标准的历次版本发布情况为：
——JB/T 5000.4—1998。

重型机械通用技术条件
第 4 部分:铸铁件

1 范围

JB/T 5000 的本部分规定了铸铁件的技术要求、试验方法、检验规则、标志与证明。

本部分适用于重型机械中用砂型或导热性与砂型相仿的铸型中铸造的灰铸铁件、球墨铸铁件和耐热铸铁件。

2 规范性引用文件

下列文件中的条款通过 JB/T 5000 的本部分的引用而成为本部分的条款。凡是注日期的引用文件,其随后所有的修改单(不包括勘误的内容)或修订版均不适用于本部分,然而,鼓励根据本部分达成协议的各方研究是否可使用这些文件的最新版本。凡是不注日期的引用文件,其最新版本适用于本部分。

GB/T 1348 球墨铸铁件

GB/T 6060.1 表面粗糙度比较样块 铸造表面(GB/T 6060.1—1997,eqv ISO 2632-3:1979)

GB/T 6414 铸件 尺寸公差与机械加工余量(GB/T 6414—1999,eqv ISO 8062:1994)

GB/T 9437 耐热铸铁件

GB/T 9439 灰铸铁件

GB/T 11351 铸件重量公差

JB/T 5000.12 重型机械通用技术条件 第 12 部分:涂装

3 技术要求

3.1 铸铁件牌号、化学成分和力学性能

3.1.1 灰铸铁件的牌号和力学性能应符合 GB/T 9439 的规定,化学成分由供方自行决定,但应达到 GB/T 9439 规定的牌号及相应的力学性能指标。如需方对化学成分有特殊要求时由供需双方商定。

3.1.2 球墨铸铁件的牌号和力学性能应符合 GB/T 1348 的规定,化学成分由供方自行决定,但应达到 GB/T 1348 规定的牌号及相应的力学性能指标。如需方对化学成分有特殊要求时由供需双方商定。

3.1.3 耐热铸铁件的牌号、化学成分和力学性能应符合 GB/T 9437 的规定。

3.2 尺寸公差及公差带的分布

3.2.1 铸件尺寸公差应符合 GB/T 6414 的规定,常用等级代号与公差见表 1。同一铸件应选用同一种公差等级,公差等级按毛坯铸件基本尺寸选取。

3.2.2 铸件尺寸公差带应相对于毛坯铸件基本尺寸对称分布,即公差的一半位于基本尺寸之上,另一半位于基本尺寸之下(见图 1)。有特殊要求时,公差带也可以不对称分布,但应在图样上标注或技术文件中规定。

毛坯铸件基本尺寸包括必要的机械加工余量(见图 1),分为下列三种情况:

a) 图样中标注的两个非机械加工面间尺寸;

b) 图样中标注的非机械加工内外径、圆角和圆弧;

c) 图样中标注的机械加工尺寸加上加工余量(见图 1)。

表 1 铸铁件尺寸公差

单位为毫米

毛坯铸件基本尺寸	公差等级								
	CT8	CT9	CT10	CT11	CT12	CT13	CT14	CT15	CT16
≤25	1.2	1.7	2.4	3.2	4.6	6.0	8.0	10.0	12.0
>25～40	1.3	1.8	2.6	3.6	5.0	7.0	9.0	11.0	14.0
>40～63	1.4	2.0	2.8	4.0	5.6	8.0	10.0	12.0	16.0
>63～100	1.6	2.2	3.2	4.4	6.0	9.0	11.0	14.0	18.0
>100～160	1.8	2.5	3.6	5.0	7.0	10.0	12.0	16.0	20.0
>160～250	2.0	2.8	4.0	5.6	8.0	11.0	14.0	18.0	22.0
>250～400	2.2	3.2	4.4	6.2	9.0	12.0	16.0	20.0	25.0
>400～630	2.6	3.6	5.0	7.0	10.0	14.0	18.0	22.0	28.0
>630～1 000	2.8	4.0	6.0	8.0	11.0	16.0	20.0	25.0	32.0
>1 000～1 600	3.2	4.6	7.0	9.0	13.0	18.0	23.0	29.0	37.0
>1 600～2 500	3.8	5.4	8.0	10.0	15.0	21.0	26.0	33.0	42.0
>2 500～4 000	4.4	6.2	9.0	12.0	17.0	24.0	30.0	38.0	49.0
>4 000～6 300	—	7.0	10.0	14.0	20.0	28.0	35.0	44.0	56.0
>6 300～10 000	—	—	11.0	16.0	23.0	32.0	40.0	50.0	64.0

注 1：尺寸公差不包括起模斜度。

注 2：图样及技术文件未作规定时，小批和单件生产铸铁件的尺寸公差等级按黑框推荐的等级选取；成批和大量生产铸铁件的尺寸公差等级相应提高两级。

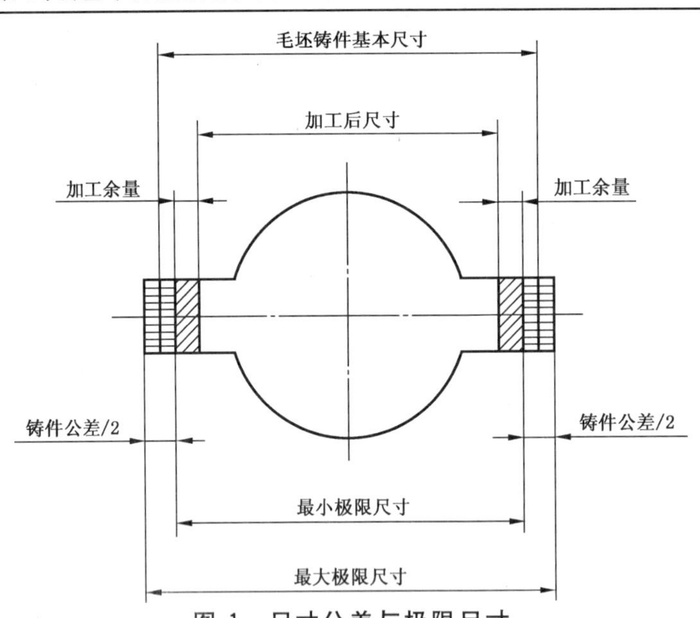

图 1 尺寸公差与极限尺寸

铸件有倾斜的部位，其尺寸公差带应沿倾斜面对称分布(见图 2)。

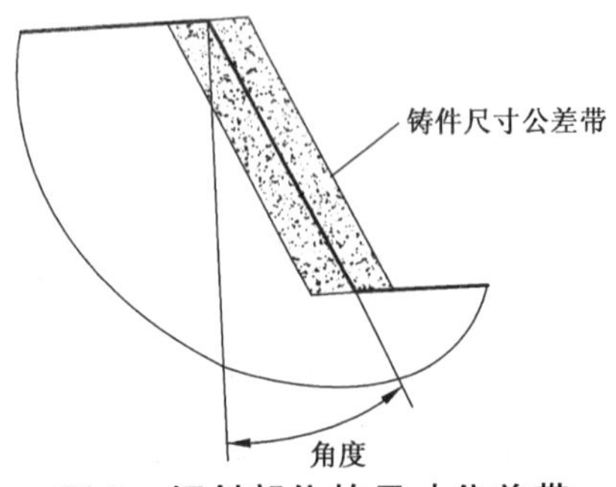

图 2 倾斜部位的尺寸公差带

3.2.3 除非另有规定，壁厚尺寸公差等级可降一级选用。例如：如果图样上标注的一般尺寸公差为CT12，则壁厚尺寸公差为CT13。

3.2.4 非机械加工铸造内、外圆角或圆弧其最小极限尺寸为图样标注尺寸，最大极限尺寸为图样标注尺寸加表1中公差值。

为减少产生裂纹的危险，内圆角根据工件壁厚应保证表2中的最小值。

表2 内圆角

单位为毫米

壁　厚	≤10	>10～30	>30
最小内圆角	6	10	0.33×壁厚

3.2.5 起模斜度

铸件的起模斜度满足了铸件和铸模、模型和铸模之间的相互分离要求，由此造成的与毛坯铸件公称形状相比的尺寸和形状变化不记入公差范围。起模斜度相对于毛坯铸件基本尺寸对称分布。

推荐的起模斜度见表3。

表3 起模斜度

高度/mm	≤18	>18～30	>30～50	>50～80	>80～180	>180～250	>250～315	>315～400	>400～500
起模斜度	(°)					mm			
	2.0	1.5	1.0	0.75	0.5	1.5	2.0	2.5	3.5
高度/mm	>500～630	>630～800	>800～1 000	>1 000～1 250	>1 250～1 600	>1 600～2 000	>2 000～2 500	>2 500～3 150	>3 150～4 000
起模斜度	mm								
	3.5	4.5	5.5	7.0	9.0	11.0	13.5	17.0	21.0
注：高度>180～250以上的“起模斜度”是宽度之差。									

3.3 **错型（错箱）**

除非另有规定，错型值应处在表1所规定的公差范围内（见图3）。当需要进一步限制错型时，应在图样上注明最大错型值。

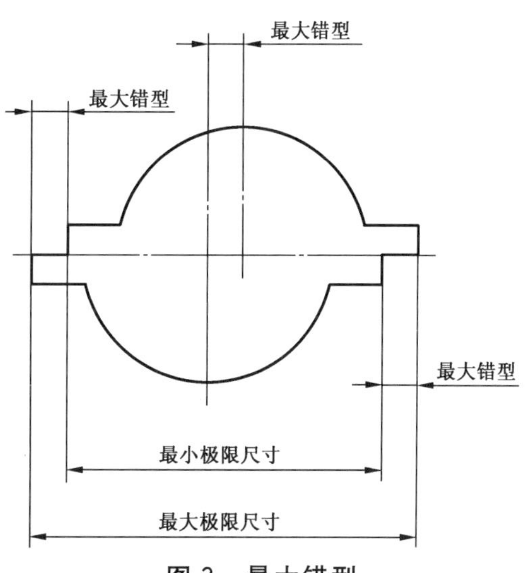

图3 最大错型

3.4 加工余量

除非另有规定，要求的机械加工余量适用于整个毛坯铸件，即对所有需机械加工的表面只规定一个值，且该值应根据最终机械加工后成品铸件的最大外形尺寸，在表4中按相应的尺寸范围选取。

铸件某一部位在铸态下的最大尺寸应不超过成品尺寸与要求的加工余量及铸造总公差之和(见图1)。当采用斜度时，由斜度引起的铸件最大尺寸变化应另外考虑，如图2所示。

3.4.1 加工余量是指一个面的加工余量，数值见表4。一个旋转体或两个面需加工的表面总加工余量应按表4的2倍计算。

表4 铸件加工余量

单位为毫米

铸件最大尺寸	加工余量			
	小批和单件生产		成批和大量生产	
	底面和侧面单个面	孔和顶面加量	底面和侧面单个面	孔和顶面加量
≤180	4	2	3	2
>180～500	5		4	
>500～800	6		5	
>800～1 250	8		7	
>1 250～1 600	10		8	
>1 600～2 500	12	3	10	3
>2 500～3 150	15	4	13	4
>3 150～6 300	17		14	
>6 300～10 000	20	5	17	5

注1：机械加工余量不包括起模斜度。

注2："铸件最大尺寸"是指铸件最终机械加工后的最大轮廓尺寸。

3.4.2 加工余量按铸件最大尺寸选取。

3.4.3 对于有二次加工(指粗加工后返回铸造车间精整修或二次时效后精加工)的铸件，其加工余量为表4的1.2倍～1.5倍。

3.4.4 铸件毛坯尺寸计算示例(见表5)。

铸铁圆环(单件生产)见图4。

铸件尺寸公差等级CT12。

铸铁圆环最大尺寸ϕ1 000 mm，每个面加工余量按表4。

表5 铸铁圆环毛坯尺寸

单位为毫米

加工件公称尺寸	加工余量	尺寸公差	铸件毛坯尺寸	
			最小尺寸	最大尺寸
1 000	+2×8	±5.5	1 010.5	1 021.5
500	−2×8 −2×2	±5	475	485
100	+2×8 +1×2	±3	115	121

注：铸件毛坯尺寸不包括起模斜度。

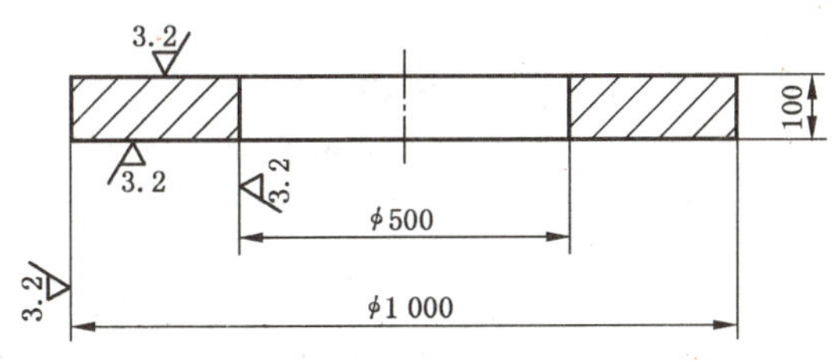

图 4 铸铁圆环

3.5 铸件的几何形状、尺寸

铸件的几何形状、尺寸应符合图样或订货技术条件的要求。

3.6 铸件的热处理

对铸件有人工时效处理(低温退火)或其他热处理要求时,应在图样或订货技术文件中注明。

3.7 铸件质量公差

铸件质量公差按 GB/T 11351 规定执行。当铸件的质量公差作为验收依据时,应在图样或技术文件中注明。

3.8 铸件的冒口切割余量及其处理方法

3.8.1 铸件的冒口切割余量按表 6。

表 6 铸件的冒口切割余量

单位为毫米

冒口残留痕迹	冒口根部最大尺寸									
	≤60	>60~100	>100~200	>200~300	>300~400	>400~500	>500~600	>600~800	>800~1 000	>1 000
最大凸起值	4	5	7	10	14	16	18	25	32	50
凹陷	不得超过该处加工余量的 1/2,最小要有 3 mm~5 mm 的机械加工余量。									

3.8.2 当铸件冒口设置在非加工面上时,应刨磨修平达到表面质量要求。

3.8.3 铸件冒口一般应在热处理前去除。

3.9 表面质量要求

3.9.1 铸件上的型砂、芯砂、芯骨、多肉、粘砂、夹砂等应铲磨平整,清理干净。

3.9.2 对错型、凸台铸偏等应给予修正,达到圆滑过渡,以保证外观质量。

3.9.3 铸件表面铸造缺陷,在不影响使用性能的情况下,经清理后符合下列情况者允许存在:

a) 加工面上的缺陷,经加工应能除去;

b) 铸件非加工外表面凹坑不得超过表 7 的规定。

表 7 在 100 mm×100 mm 范围内允许的凹坑大小

铸件质量/kg	≤2 000	>2 000
凹坑尺寸和数量	φ2 mm~φ3 mm,深 2 mm,三个	φ3 mm~φ6 mm,深 3 mm,三个
注 1:质量不大于 2 000 kg 的铸件,不大于 φ2 mm 的散存凹坑不计。 注 2:质量大于 2 000 kg 的铸件,不大于 φ3 mm 的散存凹坑不计。		

3.9.4 铸件非加工表面的皱褶,深度小于 2 mm,间距应大于 100 mm。

3.9.5 铸件不允许存在的缺陷:

a) 影响铸件使用性能的铸造缺陷,如裂纹、冷隔、缩孔、夹渣等;

b) 重要的螺纹孔、滚动元件的工作面、滚轮的踏面等表面的铸造缺陷;

c) 非加工表面导致泄漏的缺陷;

d) 在订货文件中注明的其他重要工作面上的缺陷。

3.9.6 铸件非加工表面的粗糙度的要求

3.9.6.1 铸件非加工表面的粗糙度应符合表8的规定。

表8 铸件非加工表面粗糙度

单位为微米

手工干型	机器干型	湿型
$Ra \leqslant 50$	$Ra \leqslant 50$	$Ra \leqslant 100$

3.9.6.2 铸件表面粗糙度以GB/T 6060.1规定的比较样块或自制的比较样件对比检查。比较样件由供需双方协商选定和确定。铸件表面有80%面积不低于比较样块时，则认为合格。铸件表面经检验人员确认不低于比较样件时也认为合格。

3.9.6.3 铸件表面粗糙度不含3.9.3和3.9.4允许的缺陷。

3.9.7 铸件如喷丸处理则表面粗糙度以喷丸处理后为准。

3.10 铸件的补焊

3.10.1 铸件在保证使用性能和外观质量的情况下，经技术检验部门同意及需方认可才能进行补焊。

3.10.2 补焊时必须将补焊部位清理干净、露出母材，以保证补焊质量。补焊时应根据铸件的材质、形状、结构和使用要求等制订可靠的补焊工艺并在补焊过程中严格执行。

3.10.3 精度稳定性要求较高，且在补焊过程中有可能产生较大应力的铸件应进行消除应力处理，但冷加工后发现的缺陷采用铸308焊条补焊的除外。

3.11 喷丸、涂底漆

3.11.1 机器产品铸件的非加工表面均需喷丸处理或滚筒清理处理，达到清洁度Sa2 1/2级的要求。喷丸粒度应满足铸件表面质量要求。

3.11.2 铸件在最后喷丸处理后6 h内即应涂底漆。涂底漆时，铸件本身温度和环境温度不得低于涂漆允许的温度。涂漆前，铸件上的粉尘等物应用无油无水压缩空气或吸尘器清理干净。

3.11.3 有关涂漆的要求按JB/T 5000.12的规定。

4 试验方法

4.1 灰铸铁件试验方法应符合GB/T 9439的规定。

4.2 球墨铸铁件试验方法应符合GB/T 1348的规定。

4.3 耐热铸铁件试验方法应符合GB/T 9437的规定。

5 检验规则

5.1 检验权利和检验地点

5.1.1 铸件应由供方技术检验部门检验和验收。需方有权对铸件进行检验。需方要求参加供方检验时，双方应商定提交检验的日期。若需方在商定的时间未能到场，供方可自行检验，并将检验结果提交需方。

5.1.2 除供需双方商定只能在需方检验外，最终检验一般在供方进行。供需双方对铸件质量发生争议时，检验可在双方商定的第三方进行。

5.2 批量的划定

5.2.1 由同一包铁水浇注的铸件为一个批量。

5.2.2 每一批铸件的最大质量为清铲完重2 000 kg的铸件。经供需双方同意，批量的质量可以变动。

5.2.3 如果一个铸件的质量大于或等于2 000 kg时，就单成为一个批量。

5.2.4 当连续不断地熔化大量同一牌号的铁水时，以2 h内所浇注的铸件为一个批量。

5.3 试验次数、试验结果的评定和复验

5.3.1 检验抗拉强度或冲击值时，每批至少取一根抗拉试样或一组(三根)冲击试样进行试验。试验结

果符合要求，则该批铸件为合格；如果试验结果达不到要求，再用双倍同批试样进行复验。

5.3.2 当复验结果都达到要求时，则该批铸件为合格；如果复验中有 1/2 达不到要求时，则该批铸件为不合格。

若因热处理不当造成不合格时，允许再次热处理，但重复热处理的次数不得超过两次。

5.3.3 耐热铸铁件每一批铸件应进行一次化学成分的分析，若化学成分不合格，允许用双倍同批试样重新复验一次，试样全合格时为合格。

5.3.4 铸件以铸态供货时，如果性能达不到要求，经需方同意，供方可将铸件和其代表的试块进行热处理后重新试验。

5.4 几何形状和尺寸

首批铸件和重要铸件，应按图样规定逐件检查几何形状和尺寸。一般铸件及用保证尺寸稳定性方法生产出来的铸件可以抽查，抽查的方法按双方商定的方式进行。

5.5 铸件表面质量

按 3.9 要求验收。

5.6 试验的有效性

如果不是由于铸件本身的质量问题，而是由于下列原因之一造成试验结果不符合要求时，则该试验无效。

a） 试样在试验机上的装卡不当或试验机的操作不当；

b） 试样有铸造缺陷或试样切削加工不当；

c） 拉伸试样在标距外断裂；

d） 试样拉伸、冲击后在断口上有铸造缺陷。

5.7 铸铁件的理化检查

铸铁件的理化检查项目见附录 A。

6 标志与证明

6.1 重要或单独订货的铸件上应有制造厂的标志。

6.2 标志的位置、尺寸和方法应由供需双方商定，但要注意不使铸件质量受到损伤。

6.3 出厂铸件应附有供方检验部门签章的质量证明书，质量证明书应包括下列内容：

a） 制造厂名或工厂标志；

b） 零件号或订货合同号；

c） 材料牌号；

d） 主要检验结果。

附　录　A
（规范性附录）
铸铁件的理化检验

铸铁件的理化检验项目见表A.1。

表 A.1　铸铁件的理化检验项目

材　料	化学成分	力　学　性　能				金　相
		抗拉强度	伸长率	冲击韧度	硬　度	
灰铸铁	－	＋			－	－
球墨铸铁	－	＋	＋	－	－	－
耐热铸铁	＋	－			－	－
注："＋"为必检项目，"－"为抽检项目。						

ICS 25.120.20
H 90
备案号:21699—2007

中华人民共和国机械行业标准

JB/T 5000.5—2007
代替 JB/T 5000.5—1998

重型机械通用技术条件
第5部分:有色金属铸件

Heavy mechanical general techniques and standards—
Part 5: Non-ferrous casting

2007-08-28 发布 2008-02-01 实施

中华人民共和国国家发展和改革委员会 发布

前言

JB/T 5000《重型机械通用技术条件》分为15部分：

——第1部分：产品检验；

——第2部分：火焰切割件；

——第3部分：焊接件；

——第4部分：铸铁件；

——第5部分：有色金属铸件；

——第6部分：铸钢件；

——第7部分：铸钢件补焊；

——第8部分：锻件；

——第9部分：切削加工件；

——第10部分：装配；

——第11部分：配管；

——第12部分：涂装；

——第13部分：包装；

——第14部分：铸钢件无损检测；

——第15部分：锻钢件无损检测。

本部分为JB/T 5000的第5部分。

本部分代替JB/T 5000.5—1998《重型机械通用技术条件　有色金属铸件》。

本部分与JB/T 5000.5—1998相比，主要变化如下：

——表1中将铸件毛坯基本尺寸≤10 mm、>10 mm～16 mm及>16 mm～25 mm尺寸段合并为≤25 mm尺寸段；并将黑线框内公差等级由CT10修改为CT9。

——3.3中内容修改为"除非另有规定，错型应处在表1所规定的公差范围内（见图3）。当需进一步限制错型时，应在图样上注明最大错型值。"

——增加了5.3.3"锌合金铸件单铸试样的形状和尺寸应符合GB/T 1175—1997中4.4的规定。"

——增加了5.7"拉伸性能检验按GB/T 228进行"。

——增加了5.8"硬度检验按GB/T 231.1进行"。

——增加了5.9"硬度检验与拉伸性能检验同时进行且验收方法一致。如仅仅硬度指标不合格，一般不作为报废依据，除非用户在铸件图样或有关文件中另有明确规定"。

——增加了6.1.2"标志的位置、尺寸和方法应由供需双方商定，但要注意不使铸件质量受到损伤"。

——增加了6.2包装"铸件包装应符合JB/T 5000.13的规定"。

本部分由中国机械工业联合会提出。

本部分由机械工业冶金设备标准化技术委员会归口。

本部分负责起草单位：第一重型机械集团公司。

本部分参加起草单位：西安重型机械研究所。

本部分主要起草人：付微、耿宝华。

本部分所代替标准的历次版本发布情况为：

——JB/T 5000.5—1998。

重型机械通用技术条件
第5部分:有色金属铸件

1 范围

JB/T 5000的本部分规定了有色金属铸件的技术要求、试验方法、验收规则和标志与证明。

本部分适用于重型机械用砂型、金属型、离心铸造方法生产的铜合金、铝合金、锌合金铸件。

2 规范性引用文件

下列文件中的条款通过JB/T 5000的本部分的引用而成为本部分的条款。凡是注日期的引用文件,其随后所有的修改单(不包括勘误的内容)或修订版均不适用于本部分,然而,鼓励根据本部分达成协议的各方研究是否可使用这些文件的最新版本。凡是不注日期的引用文件,其最新版本适用于本部分。

GB/T 228 金属材料 室温拉伸试验方法(GB/T 228—2002,eqv ISO 6892:1998)

GB/T 231.1 金属布氏硬度试验 第1部分:试验方法(GB/T 231.1—2002,eqv ISO 6506-1:1999)

GB/T 1173 铸造铝合金(GB/T 1173—1995,neq ASTM B26:1992)

GB/T 1175 铸造锌合金

GB/T 1176 铸造铜合金技术条件(GB/T 1176—1987,neq ISO 1338:1977)

GB/T 6060.1 表面粗糙度比较样块 铸造表面(GB/T 6060.1—1997,eqv ISO 2632-3:1979)

GB/T 6414 铸件 尺寸公差与机械加工余量(GB/T 6414—1999,eqv ISO 8062:1994)

JB/T 5000.13 重型机械通用技术条件 第13部分:包装

3 技术要求

3.1 化学成分及力学性能

3.1.1 铝合金铸件的化学成分及力学性能应符合GB/T 1173的规定。

3.1.2 锌合金铸件的化学成分及力学性能应符合GB/T 1175的规定。

3.1.3 铜合金铸件的化学成分及力学性能应符合GB/T 1176的规定。

3.1.3.1 对承受重载荷、用于关键部位的铜合金铸件,如蜗轮、轮缘、压下螺母和铸件最大尺寸大于500 mm的铜合金铸件,以力学性能为主要验收依据。化学成分允许略有偏差,允许偏差值为各主要成分百分含量上、下限的10%。

3.1.3.2 对承受轻载荷、用于一般部位且铸件最大尺寸不大于500 mm的各种衬套、轴瓦以及滑板类铜合金铸件,化学成分或力学性能均可作为验收依据,两项中有一项合格即可视为合格,另一项只作参考,但必须有数据。

3.2 尺寸公差及公差带的配置

3.2.1 尺寸公差应符合GB/T 6414的规定,常用等级代号与公差见表1。同一铸件选用同一公差等级,公差等级按毛坯铸件基本尺寸选取。

3.2.2 铸件尺寸公差带应相对于毛坯铸件基本尺寸对称分布,即公差的一半位于基本尺寸之上,另一半位于基本尺寸之下(见图1)。有特殊要求时,公差带也可以不对称分布,但应在图样上标注或技术文件中规定。

表 1　铸件尺寸公差数值

单位为毫米

毛坯铸件基本尺寸	公差等级					
	CT8	CT9	CT10	CT11	CT12	CT13
≤25	1.2	1.7	2.4	3.2	4.6	6
>25～40	1.3	1.8	2.6	3.6	5.0	7
>40～63	1.4	2.0	2.8	4.0	5.6	8
>63～100	1.6	2.2	3.2	4.4	6.0	9
>100～160	1.8	2.5	3.6	5.0	7.0	10
>160～250	2.0	2.8	4.0	5.6	8.0	11
>250～400	2.2	3.2	4.4	6.2	9.0	12
>400～630	2.6	3.6	5.0	7.0	10.0	14
>630～1 000	2.8	4.0	6.0	8.0	11.0	16
>1 000～1 600	3.2	4.6	7.0	9.0	13.0	18
>1 600～2 500	3.8	5.4	8.0	10.0	15.0	21
>2 500～4 000	4.4	6.2	9.0	12.0	17.0	24
>4 000～6 300	—	7.0	10.0	14.0	20.0	28
>6 300～10 000	—	—	11.0	16.0	23.0	32

注 1：单件、小批量生产按黑线框内的公差等级选取。

注 2：成批、大量生产比单件、小批量生产相应提高两级选取公差等级。

注 3：凡图样及技术文件未作规定时，应符合粗线框中的公差等级。

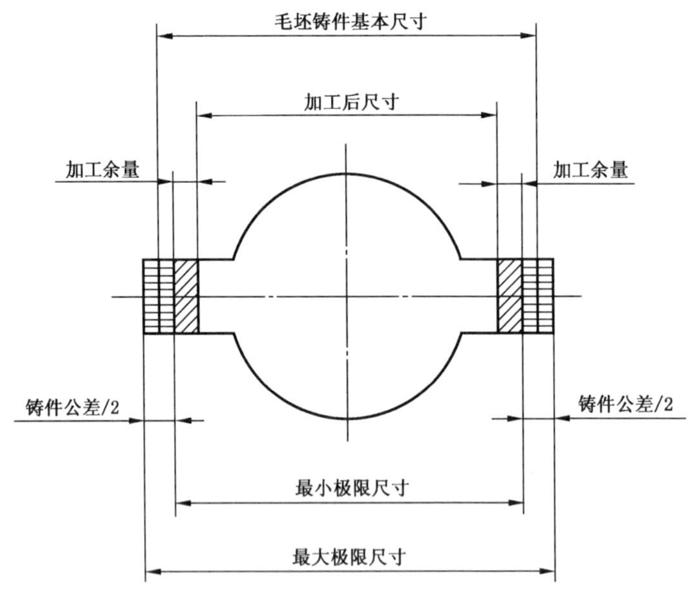

图 1　尺寸公差与极限尺寸

毛坯铸件基本尺寸指：

a）　图样中标注的两个非机械加工面间尺寸；

b）　图样中标注的非机械加工内、外径，圆角和圆弧；

c）　图样中标注的机械加工尺寸加上加工余量(见图 1)。

3.2.3　壁厚尺寸公差等级一般可降一级选用。即图样上一般尺寸公差为 CT10，则壁厚尺寸公差为 CT11。

3.2.4　非机械加工铸造内、外圆角或圆弧，其最小极限尺寸为图样标注尺寸，最大极限尺寸为图样标注尺寸加上公差值。

3.2.5 铸件有倾斜的部位，其尺寸公差带应沿倾斜面对称配置(见图 2)。

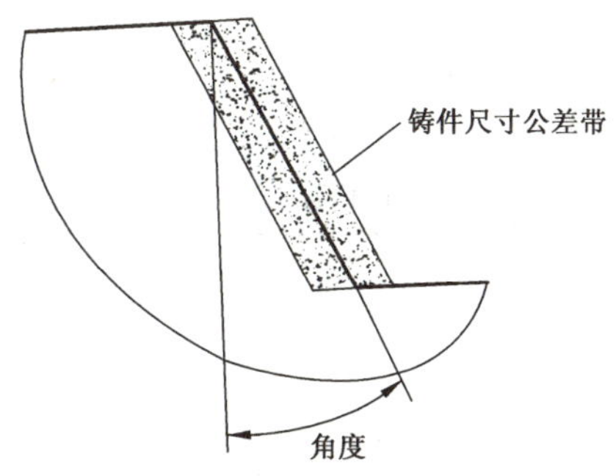

图 2 倾斜部位的尺寸公差带

3.3 错型(错箱)

除非另有规定，错型值应处在表 1 所规定的公差范围内(见图 3)。当需进一步限制错型时，应在图样上注明最大错型值。

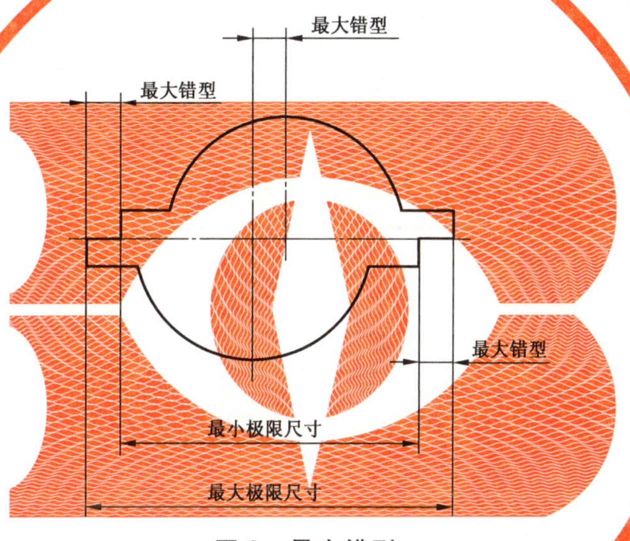

图 3 最大错型

3.4 加工余量

3.4.1 毛坯铸件的加工余量是指一个面的加工余量。一个旋转体或两个面需加工的表面加工余量应按 2 倍计算。

3.4.2 加工余量按铸件最大尺寸从表 2 中选取。

表 2 铸件加工余量

单位为毫米

铸件最大尺寸	加工余量			
	单件、小批		成批、大批	
	底、侧面	孔和顶面加量	底、侧面	孔和顶面加量
≤100	2.5	2	1.5	2
>100～160	3.5		2	
>160～250	4.5		3	
>250～400	5.5		4	
>400～630	6		4.5	
>630～1 000	7		5	

表 2（续）

单位为毫米

铸件最大尺寸	加工余量			
	单件、小批		成批、大批	
	底、侧面	孔和顶面加量	底、侧面	孔和顶面加量
＞1 000～1 600	8	3	6	3
＞1 600～2 500	9		7	
＞250～4 000	12		8	
＞4 000～6 300	16	4	10	4
＞6 300～10 000	20		12	
注：铸件最大尺寸是指最终机械加工后铸件的最大轮廓尺寸。				

3.5　计算毛坯铸件尺寸示例（见表 3）

铜合金圆环见图 4。

铸件尺寸公差等级 CT11。

铸件最大尺寸 ϕ1 000 mm。

每个面加工余量按表 2。

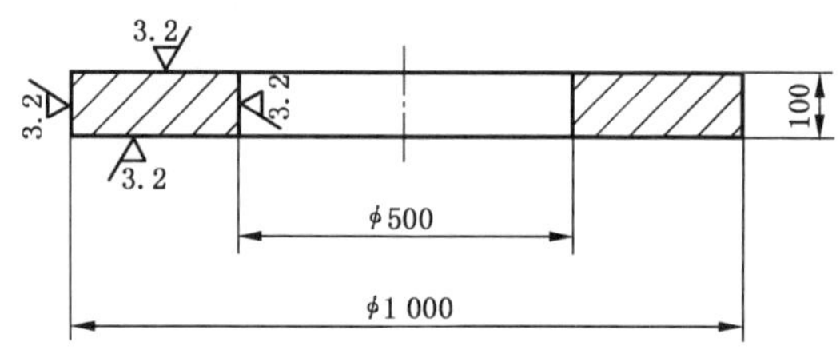

图 4　铜合金圆环

表 3　尺寸示例

单位为毫米

加工后尺寸	加工余量	尺寸公差按 CT11	毛坯铸件	
			最小尺寸	最大尺寸
1 000	+2×7	±4.5	1 009.5	1 018.5
500	−2×7 −2×2	±3.5	478.5	485.5
100	+2×7 +2	±2.5	113.5	118.5
注：毛坯铸件尺寸未计起模斜度。				

3.6　几何形状、尺寸

铸件的几何形状、尺寸应符合图样或订货技术条件的要求。铸件的几何形状和尺寸应逐件进行检查，如果是成批生产的铸件，可以抽查，抽查方法由供需双方协商。

3.7　表面质量要求

3.7.1　铸件非加工表面的粗糙度，砂型铸造 Ra 不大于 50 μm，金属型和离心铸造 Ra 不大于 25 μm。

3.7.2　铸件表面粗糙度以 GB/T 6060.1 规定的比较样块或自制的比较样件对比检查。比较样件由供需双方协商选定和确定。铸件表面有 80％面积不低于比较样块时，则认为合格。铸件表面经检验人员确认不低于比较样件时，也认为合格。

3.7.3　铸件应清除浇冒口、飞刺等。非加工表面上的浇冒口残留量要铲平、磨光，达到表面质量要求。

加工表面上的浇冒口残留量高度按表4的规定。

表4 加工表面的浇冒口残留量

单位为毫米

铸件最大尺寸	浇冒口残留高度
≤600	≤5
>600～1 200	≤10
>1 200	≤15

3.7.4 铸件上的型砂、芯砂及芯骨应清除干净。

3.7.5 铸件上不允许有冷隔、裂纹、穿透性气孔、缩松、氧化物、夹渣等影响使用性能的缺陷存在。

3.7.6 铸件非加工表面允许有直径不大于3 mm、深度不大于该处壁厚1/3、每平方分米内其数量不多于两处的单个缺陷存在。但在缺陷背面的对应位置上，不允许同时存在缺陷。若有更高要求，应在图样或订货协议中注明。

3.7.7 铸件的加工表面允许有经机械加工可以去掉的任何铸造缺陷。但必须对缺陷加以清理，以便确认能否在加工时去掉。

3.7.8 铸件必须进行内部缺陷检查时，应在图样中明确规定或在订货协议中商定。

3.7.9 对要求气密性或盛放液体的铸件，应按图样或订货协议的规定进行气密性或渗透性试验。

3.8 缺陷的修整

3.8.1 下列情况不允许修补：

——与易燃、易爆或剧毒物质接触的承压或密封部位；

——承受高温、高压、强腐蚀的部位；

——螺纹部位、重载荷的主要承载部位；

——铸件上的冷隔及严重的砂眼、气孔、渣孔、缩松和夹渣等缺陷。

3.8.2 除3.8.1规定的情况外，铸件上需要焊补，并且确定可以焊补的缺陷均要焊补或用其他可行的方法进行修补。

3.8.3 焊补时应仔细清理表面，并制定焊接工艺，确保焊接质量。焊接后应进行适当的热处理。

3.8.4 铸件如发生变形允许矫正。矫正后，应检验几何尺寸及有无裂纹等。

4 试验方法

4.1 铝合金铸件的化学成分及力学性能的试验方法应符合GB/T 1173的规定。

4.2 锌合金铸件的化学成分及力学性能的试验方法应符合GB/T 1175的规定。

4.3 铜合金铸件的化学成分及力学性能的试验方法应符合GB/T 1176的规定。

5 验收规则

5.1 检验权利和检验地点

5.1.1 铸件应由供方技术检验部门检验和验收。

5.1.2 需方要求参加供方检验时，双方应商定提交检验的日期。若需方在商定的时间内未能到场，供方可自行检验，并将检验结果提交需方。

5.1.3 除供需双方商定只能在需方检验外，最终检验应在供方进行。

5.1.4 供需双方对铸件质量发生争议时，检验可在双方商定的第三方进行。

5.2 铸件批次的组成

5.2.1 同一熔炼炉次，在8 h以内浇注的，总量不超过1 000 kg，全部铸件采用同一热处理工艺的铸件，可视为一个批次进行检验。

5.2.2　在生产稳定的情况下（包括原材料、熔炼工艺、试验方法、检验等工序的稳定），在一个班次8 h之内浇注的，不同熔炼炉次的同一合金，采用同一热处理工艺的全部铸件，可视为一个批次进行检验。

5.2.3　不同熔炼炉次的同一合金，浇注一个铸件；符合5.2.2要求时，可作为一个批次检验。否则，对各不同熔炼炉次都需要检验其单铸试样的力学性能。

5.3　试样

5.3.1　铜合金铸件单铸试样的形状和尺寸应符合GB/T 1176—1987中附录A的规定。

5.3.2　铝合金铸件单铸试样的形状和尺寸应符合GB/T 1173—1995中2.3的规定。

5.3.3　锌合金铸件单铸试样的形状和尺寸应符合GB/T 1175—1997中4.4的规定。

5.3.4　单铸试样的铸型应使用与铸件相同的铸型材料，且应与铸件同批浇注。需热处理后供货的铸件，单铸试样应与铸件一起进行热处理。

5.3.5　试样因有缺陷而造成试验结果不合格，应重新取样试验，无备用试样时可取本体试样。本体试样的切取部位及尺寸由供需双方商定。

5.3.6　本体试样的抗拉强度平均值应不小于单铸试样的80%，伸长率不小于单铸试样的50%。

5.4　试验次数、试验结果的评定和复验

5.4.1　化学成分和力学性能的试验次数为每批取样一组。对试验次数有特殊要求的，应由供需双方协商决定。

5.4.2　化学成分试样一组两根，允许首次检验一根。只要其中一根符合要求，则该批铸件为合格。如果两根试样的分析结果都不合格，则该批铸件为不合格。

5.4.3　力学性能试样一组三根，首次检验一根。测定的力学性能如果符合要求，则该批铸件为合格。如不符合要求，允许用另外两根试样进行复验。

5.4.4　复验若两根试样都达到要求，则该批铸件仍为合格；若复验结果中仍有一根达不到要求，则该批铸件为不合格。

5.5　铸件几何形状、尺寸和表面质量的验收

5.5.1　铸件几何形状、尺寸的验收应符合3.6的要求。

5.5.2　铸件表面质量的验收应符合3.7的要求。

5.6　试验的有效性

抗拉试验由于下列情况之一使得试验结果不符合要求时，则该试验无效，应重新进行试验：

——试样在试验机上安装不当或试验机的操作不当；

——试样有铸造缺陷或试样切削加工不当；

——试样断在标距外；

——试样拉断后断口上有铸造缺陷。

5.7　拉伸性能检验按GB/T 228进行。

5.8　硬度检验按GB/T 231.1进行。

5.9　硬度检验与拉伸性能试验同时进行且验收方法一致。如仅仅硬度指标不合格，一般不作为报废依据，除非用户在铸件图样或有关文件中另有明确规定。

6　标志与包装

6.1　标志与质量证明书

6.1.1　经检验合格的铸件，应有供方技术检验部门的合格印记。

6.1.2　标志的位置、尺寸和方法应由供需双方商定，但要注意不使铸件质量受到损伤。

6.1.3　铸件出厂应附有供方技术检验部门签章的质量证明书，证明书应包括下列内容：

a）供方名称；

b） 零件号或订货合同号；

c） 材质牌号；

d） 各项检验结果。

6.2 包装

铸件包装应符合 JB/T 5000.13 的规定。

ICS 25.120.20
H 90
备案号:21700—2007

中华人民共和国机械行业标准

JB/T 5000.6—2007
代替 JB/T 5000.6—1998

重型机械通用技术条件
第6部分:铸钢件

Heavy mechanical general techniques and standards—
Part 6:Steel castings

2007-08-28 发布 2008-02-01 实施

中华人民共和国国家发展和改革委员会 发布

前　言

JB/T 5000《重型机械通用技术条件》分为15部分：

——第1部分：产品检验；

——第2部分：火焰切割件；

——第3部分：焊接件；

——第4部分：铸铁件；

——第5部分：有色金属铸件；

——第6部分：铸钢件；

——第7部分：铸钢件补焊；

——第8部分：锻件；

——第9部分：切削加工件；

——第10部分：装配；

——第11部分：配管；

——第12部分：涂装；

——第13部分：包装；

——第14部分：铸钢件无损检测；

——第15部分：锻钢件无损检测。

本部分为JB/T 5000的第6部分。

本部分代替JB/T 5000.6—1998《重型机械通用技术条件　铸钢件》。

本部分与JB/T 5000.6—1998相比，主要变化如下：

——增加了低合金钢材料牌号ZG25Mn并对个别钢种的化学成分和力学性能作了调整；

——增加了冒口切割余量；

——增加了弯曲率的概念；

——增加了重量偏差；

——修改了复试冲击试验的技术要求；

——省略了斜面公差的对称配置图、计算毛坯铸件基本尺寸图及特殊表面加工余量的标注图。

本部分由中国机械工业联合会提出。

本部分由机械工业冶金设备标准化技术委员会归口。

本部分起草单位：沈阳重型机械集团有限责任公司。

本部分主要起草人：周寒、杨树文、刘洪生、吴冬梅、康文、刘先金、贺杨。

本部分所代替标准的历次版本发布情况为：

——JB/T 5000.6—1998。

重型机械通用技术条件
第6部分:铸钢件

1 范围

JB/T 5000的本部分规定了重型机械用碳钢和低合金钢铸件的技术要求、试验方法与检验规则、标志与包装等。

本部分适用于砂型或导热性与砂型相当的铸型中铸造的碳钢和低合金钢铸件。

本部分不适用于高锰钢、耐热钢和不锈钢等特殊钢种。

2 规范性引用文件

下列文件中的条款通过JB/T 5000的本部分的引用而成为本部分的条款。凡是注日期的引用文件,其随后所有的修改单(不包括勘误的内容)或修订版均不适用于本部分,然而,鼓励根据本部分达成协议的各方研究是否可使用这些文件的最新版本。凡是不注日期的引用文件,其最新版本适用于本部分。

GB/T 222 钢的成品化学成分允许偏差

GB/T 223 (所有部分) 钢铁及合金化学分析方法

GB/T 228 金属拉伸试验方法(GB/T 228—2002,eqv ISO 6892:1998)

GB/T 229 金属夏比缺口冲击试验方法(GB/T 229—1994,eqv ISO 148:1983)

GB/T 231.1 金属布氏硬度试验方法(GB/T 231.1—2002,eqv ISO 6506-1:1999)

GB/T 6060.1 表面粗糙度比较样块 铸造表面(GB/T 6060.1—1997,eqv ISO 2632-3:1979)

GB/T 6414—1999 铸件尺寸公差与机械加工余量(eqv ISO 8062:1994)

GB/T 15056 铸造表面粗糙度 评定方法

JB/T 5000.7 重型机械通用技术条件 第7部分:铸钢件焊补

JB/T 5000.12 重型机械通用技术条件 第12部分:涂装

JB/T 5000.13 重型机械通用技术条件 第13部分:包装

JB/T 5105 铸件模样 起模斜度

JB/T 6397—2006 大型碳素结构钢锻件 技术条件

3 技术要求

3.1 牌号、化学成分和力学性能

3.1.1 碳钢牌号、化学成分和力学性能应符合表1和表2的规定。

3.1.2 低合金钢牌号、化学成分和力学性能应符合表3和表4的规定。

3.2 表面质量

3.2.1 铸件上的粘砂、夹砂、飞边、毛刺、浇冒口和氧化皮等应清除干净。

3.2.2 铸件表面粗糙度应符合表5的规定。

表 1　碳钢的化学成分

材料牌号	质量分数/% ≤									
	C	Si	Mn	S	P	残余元素				
						Ni	Cr	Cu	Mo	V
ZG200-400	0.20	0.50	0.80	0.04	0.04	0.30	0.35	0.30	0.20	0.05
ZG230-450	0.30		0.90							
ZG270-500	0.40									
ZG310-570	0.50	0.60								
ZG340-640	0.60									

注 1：各牌号对上限每减少 0.01%的碳，可增加 0.04%的锰，ZG 200-400 的锰至多为 1.00%，其余四个牌号的锰至多为 1.20%。

注 2：残余元素总量不大于 1.00%。如需方无要求，残余元素可不进行分析。

表 2　碳钢的力学性能

材料牌号	力学性能 ≥					
	屈服点 σ_s 或屈服强度 $\sigma_{0.2}$/MPa	抗拉强度 σ_b/MPa	伸长率 δ/%	收缩率 ψ/%	冲击吸收功	
					A_{KV}/J	A_{KU}/J
ZG200-400	200	400	25	40	30	47
ZG230-450	230	450	22	32	25	35
ZG270-500	270	500	18	25	22	27
ZG310-570	310	570	15	21	15	24
ZG340-640	340	640	10	18	10	16

注 1：需方无要求时，A_{KV}、A_{KU} 由供方任选一种。

注 2：表中所列的各牌号性能适用于厚度不大于 100 mm 的铸件。当铸件厚度大于 100 mm 时，表中规定的屈服强度仅供设计参考。

表 3　低合金钢的化学成分

材料牌号	质量分数/%								
	C	Si	Mn	S	P	Cr	Ni	Mo	Cu
ZG20Mn	0.16～0.22	0.60～0.80	1.00～1.30	≤ 0.035	≤ 0.035	—	≤0.40	—	—
ZG25Mn	0.20～0.30	0.30～0.45	1.10～1.30			—	—	—	≤0.30
ZG30Mn	0.27～0.34	0.30～0.50	1.20～1.50			—	—	—	—
ZG35Mn	0.30～0.40	0.60～0.80	1.10～1.40			—	—	—	—
ZG40Mn	0.35～0.45	0.30～0.45	1.20～1.50			—	—	—	—
ZG65Mn	0.60～0.70	0.17～0.37	0.90～1.20			—	—	—	—
ZG40Mn2	0.35～0.45	0.20～0.40	1.60～1.80			—	—	—	—

表 3（续）

<table>
<tr><th rowspan="2">材料牌号</th><th colspan="9">质 量 分 数/%</th></tr>
<tr><th>C</th><th>Si</th><th>Mn</th><th>S</th><th>P</th><th>Cr</th><th>Ni</th><th>Mo</th><th>Cu</th></tr>
<tr><td>ZG50Mn2</td><td>0.45～0.55</td><td>0.20～0.40</td><td>1.50～1.80</td><td rowspan="14">≤
0.035</td><td rowspan="14">≤
0.035</td><td>—</td><td>—</td><td>—</td><td>—</td></tr>
<tr><td>ZG35SiMnMo</td><td>0.32～0.40</td><td>1.10～1.40</td><td>1.10～1.40</td><td>—</td><td>—</td><td>0.20～0.30</td><td>≤0.30</td></tr>
<tr><td>ZG35CrMnSi</td><td>0.30～0.40</td><td>0.50～0.75</td><td>0.90～1.20</td><td>0.50～0.80</td><td>—</td><td>—</td><td>—</td></tr>
<tr><td>ZG20MnMo</td><td>0.17～0.23</td><td>0.20～0.40</td><td>1.10～1.40</td><td>—</td><td>—</td><td>0.20～0.35</td><td>≤0.30</td></tr>
<tr><td>ZG55CrMnMo</td><td>0.50～0.60</td><td>0.25～0.60</td><td>1.20～1.60</td><td>0.60～0.90</td><td>—</td><td>0.20～0.30</td><td>≤0.30</td></tr>
<tr><td>ZG40Cr1</td><td>0.35～0.45</td><td>0.20～0.40</td><td>0.50～0.80</td><td>0.80～1.10</td><td>—</td><td>—</td><td>—</td></tr>
<tr><td>ZG34Cr2Ni2Mo</td><td>0.30～0.37</td><td>0.30～0.60</td><td>0.60～1.00</td><td>1.40～1.70</td><td>1.40～1.70</td><td>0.15～0.35</td><td>—</td></tr>
<tr><td>ZG20CrMo</td><td>0.17～0.25</td><td>0.20～0.45</td><td rowspan="2">0.50～0.80</td><td>0.50～0.80</td><td>—</td><td>0.40～0.60</td><td>—</td></tr>
<tr><td>ZG35Cr1Mo</td><td>0.30～0.37</td><td>0.30～0.50</td><td rowspan="2">0.80～1.20</td><td rowspan="2">≤0.03</td><td rowspan="2">0.20～0.30</td><td>≤0.25</td></tr>
<tr><td>ZG42Cr1Mo</td><td>0.38～0.45</td><td>0.30～0.60</td><td>0.60～1.00</td><td>—</td></tr>
<tr><td>ZG50Cr1Mo</td><td>0.46～0.54</td><td>0.25～0.50</td><td>0.50～0.80</td><td>0.90～1.20</td><td>—</td><td>0.15～0.25</td><td>—</td></tr>
<tr><td>ZG28NiCrMo</td><td>0.25～0.30</td><td>0.30～0.80</td><td>0.60～0.80</td><td>0.35～0.85</td><td>0.40～0.80</td><td>0.35～0.50</td><td>—</td></tr>
<tr><td>ZG30NiCrMo</td><td>0.25～0.35</td><td>0.30～0.60</td><td rowspan="2">0.70～1.00</td><td>0.60～0.90</td><td>0.60～1.10</td><td>0.35～0.50</td><td>—</td></tr>
<tr><td>ZG35NiCrMo</td><td>0.30～0.37</td><td>0.60～0.90</td><td>0.40～0.90</td><td>0.60～0.90</td><td>0.40～0.50</td><td>—</td></tr>
<tr><td colspan="10">注：残余元素含量，Ni≤0.30%，Cr≤0.30%，Cu≤0.25%，Mo≤0.15%，V≤0.05%，残余元素总量不大于1%。如需方无要求，残余元素含量不作为验收依据。</td></tr>
</table>

表 4 低合金钢的力学性能

材料牌号	热处理状态	力学性能							
		σ_s/MPa	σ_b/MPa	δ_5/%	ψ/%	A_{KU}/J	A_{KV}/J	A_{KDVM}/J	HB
ZG20Mn	正火＋回火	≥285	≥495	≥18	≥31	≥39	—	—	≥145
	调质	≥300	500～650	≥24	—	—	≥45	—	150～190
ZG25Mn	正火＋回火	≥295	≥490	≥20	≥35	47	—	—	156～197
ZG30Mn	正火＋回火	≥300	≥550	≥18	≥30	—	—	—	≥163
ZG35Mn	正火＋回火	≥345	≥570	≥12	≥20	≥24	—	—	156～197
	调质	≥415	≥640	≥12	≥25	≥27	—	≥27	207～241
ZG40Mn	正火＋回火	≥295	≥640	≥12	≥30	—	—	—	≥163
ZG65Mn	正火＋回火	不规定	不规定	—	—	—	—	—	—
ZG40Mn2	正火＋回火	≥395	≥590	≥20	≥40	—	≥30	—	≥179
	调质	≥685	≥835	≥13	≥45	≥35	—	≥35	269～302
ZG50Mn2	正火＋回火	≥445	≥785	≥18	≥37	—	—	—	—
ZG35SiMnMo	正火＋回火	≥395	≥640	≥12	≥20	≥24	—	—	—
	调质	≥490	≥690	≥12	≥25	≥27	—	≥27	—
ZG35CrMnSi	正火＋回火	≥345	690	≥14	≥30	—	—	—	≥217

表 4（续）

材料牌号	热处理状态	力学性能							
		σ_s/MPa	σ_b/MPa	δ_5/%	ψ/%	A_{KU}/J	A_{KV}/J	A_{KDVM}/J	HB
ZG20MnMo	正火+回火	≥295	490	≥16	—	≥39	—	—	≥156
ZG55CrMnMo	正火+回火	不规定	不规定	—	—	—	—	—	—
ZG40Cr1	正火+回火	≥345	≥630	≥18	≥26	—	—	—	≥212
ZG34Cr2Ni2Mo	调质	≥700	950～1 000	≥12	—	—	≥32	—	240～290
ZG20CrMo	调质	≥245	≥460	≥18	≥30	≥24	—	—	—
ZG35Cr1Mo	调质	≥490	690～830	≥11	—	—	—	≥21	—
ZG42Cr1Mo	调质	≥510	740～880	≥12	—	—	—	≥27	200～250
ZG50Cr1Mo	调质	≥520	740～880	≥11	—	—	—	≥34	220～260
ZG28NiCrMo	—	≥420	≥630	≥20	≥40	—	—	—	—
ZG30NiCrMo	—	≥590	≥730	≥17	≥35	—	—	—	—
ZG35NiCrMo	—	≥660	≥830	≥14	≥30	—	—	—	—

注 1：需方无要求时，A_{KU}、A_{KV}、A_{KDVM}由供方任选一种。

注 2：HBW 不作为验收依据，仅供设计参数。

表 5 铸件表面粗糙度

铸件质量/kg	表面粗糙度参数值/μm
≤5 000	Ra≤100
>5 000	Rz≤800

3.2.3 铸件缺陷补焊区在非加工表面时，铸件表面粗糙度应符合 3.2.2 的规定；铸件缺陷补焊区在加工表面时，焊补量应满足加工量的要求。

3.2.4 铸件冒口切割痕迹在非加工表面，要切割平整，铸件冒口切割余量在加工表面时，应满足表 6 的规定。

表 6 铸件冒口切割余量

单位为毫米

材质	冒口尺寸					
	≤100×100	≤300×300	≤500×500	≤700×700	≤900×900	>900×900
碳钢	3～8	5～10	7～15	9～18	12～22	15～25

注：合金钢铸件加工面冒口切割余量值可加大 20%～50%。

3.3 焊补

当需方允许对铸件缺陷进行焊补但无要求时，供方可对铸件缺陷焊补，焊补应按 JB/T 5000.7 的规定执行。

3.4 尺寸公差

3.4.1 公差等级按 GB/T 6414—1999 的 CT13～CT15，公差值见表 7。公差等级按毛坯铸件最大尺寸选取，属于此铸件的所有较小尺寸的公差等级与铸件的最大尺寸的公差等级相同。

表 7 铸件尺寸公差值

单位为毫米

毛坯铸件基本尺寸	铸件尺寸公差值				
	CT12	CT13	CT14	CT15	CT16
≤10～16	4.4	—	—	—	—
>16～25	4.6	6	8	10	12
>25～40	5	7	9	11	14
>40～63	5.6	8	10	12	16
>63～100	6	9	11	14	18
>100～160	7	10	12	16	20
>160～250	8	11	14	8	22
>250～400	9	12	16	20	25
>400～630	10	14	18	22	28
>630～1 000	11	16	20	25	32
>1 000～1 600	13	18	23	29	37
>1 600～2 500	15	21	26	33	42
>2 500～4 000	17	24	30	38	49
>4 000～6 300	20	28	35	44	56
>6 300～10 000	23	32	40	50	64

注 1：毛坯铸件基本尺寸是指机械加工前毛坯铸件的尺寸，包括加工余量和起模斜度。

注 2：壁厚采用低一级的公差等级。

注 3：设计时推荐选用粗线框格内公差值。

3.4.2 公差带应对称于毛坯铸件基本尺寸配置，即公差值的一半取正直，另一半取负值（见图 1）。有特殊要求时，公差带也可非对称配置，但应在基本尺寸后单独标注。例如：95±3 或 200^{+3}_{-5}。

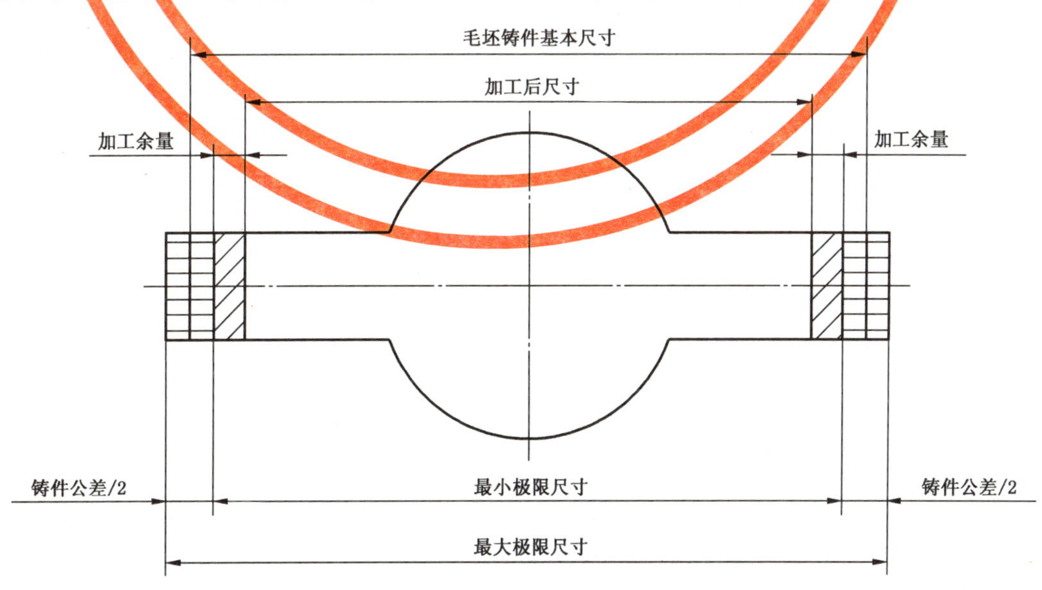

图 1 尺寸公差与极限尺寸

3.4.3 错型（见图 2）值应位于表 6 的公差值之内。设计时若进一步限制错型值，应在图纸上注明最大错型值。

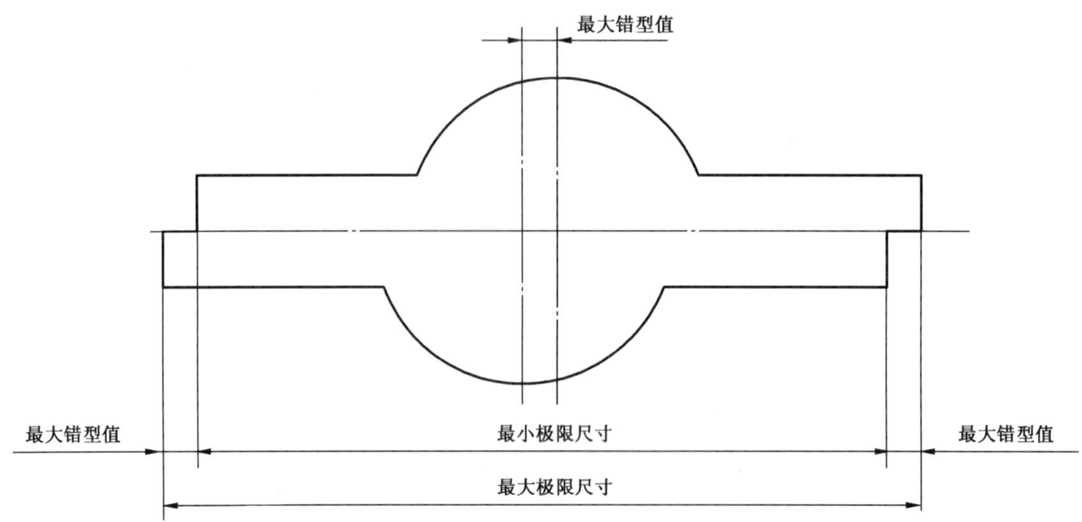

图 2　最大错型

3.4.4　壁厚尺寸公差等级应比该铸件选取的公差等级低一级，例如：该铸件选取的公差等级为 CT13 级，则壁厚尺寸公差等级应为 CT14 级。

3.4.5　铸件非加工的内、外圆角或圆弧，其最小极限尺寸为图样标注尺寸，最大极限尺寸为图样标注尺寸加上公差值。

3.4.6　斜面公差应沿斜面对称配置。

3.5　加工余量

3.5.1　加工余量应符合表 8 的规定，要求的加工余量按最终机械加工后成品铸件的最大轮廓尺寸（见图 3）选取。属于此铸件的所有较小尺寸的加工余量与最大轮廓尺寸的加工余量相同。

表 8　加工余量

单位为毫米

最大轮廓尺寸	加工余量	
	一个面	顶面加量
≤30	4	2
>30～50	5	
>50～180	6	
>180～315	7	
>315～500	8	
>500～800	10	3
>800～1 250	12	
>1 250～1 600	14	4
>1 600～2 500	16	
>2 500～3 150	18	5
>3 150～4 000	20	
>4 000～6 300	25	
>6 300～10 000	30	7
注：加工余量不包括起模斜度。		

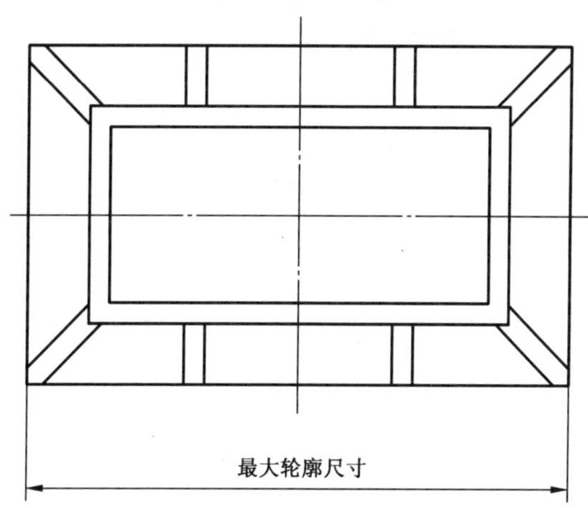

图 3　最终机械加工后成品铸件的最大轮廓尺寸

3.5.2　加工余量是指一个面的加工余量，对于柱面或两面加工的铸件，铸件轮廓尺寸应为最终机械加工后成品尺寸与两倍加工余量之和。

3.5.3　毛坯铸件的最大尺寸应不超过加工后尺寸与要求的加工余量及铸造总公差之和(见图 1)。

3.5.4　毛坯铸件尺寸计算示例见表 9。

铸钢圆盘见图 4。

铸件尺寸公差等级 CT14 级(按表 7)。

铸件最大轮廓尺寸 ϕ1 000 mm。一个面加工余量 12 mm(按表 8)。

表 9　铸钢圆盘毛坯尺寸

单位为毫米

加工后尺寸	加工余量	尺寸公差	毛坯铸件	
			最小尺寸	最大尺寸
1 000	+2×12	±10	1 014	1 034
500	−2×12	±9	467	485
100	+2×12 +1×3	±5.5	121.5	132.5
注：毛坯铸件尺寸未计起模斜度尺寸。				

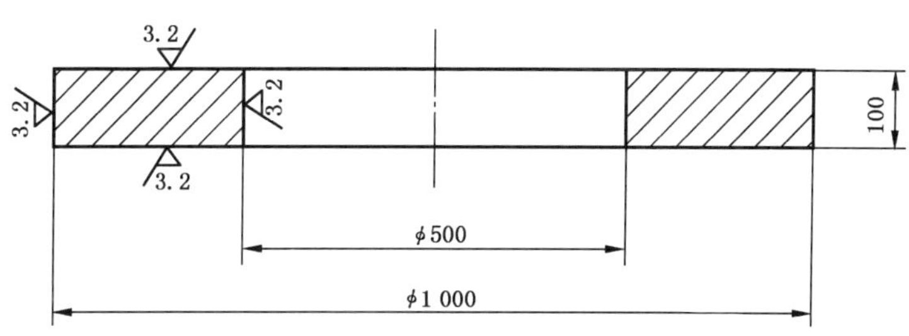

图 4　铸钢圆盘

3.5.5　图样上特殊表面应单独标注加工余量。

3.6　质量偏差

铸件的质量偏差为铸件的实际质量与公称质量差占铸件公称质量的百分比。确定铸件公称质量，应根据铸造工艺计算质量为准，或以首件(首批)合格的实际质量(平均质量)值为准。铸件的质量上偏差应符合表 10 的规定。非特殊要求，不做验收依据。

表 10 铸件质量偏差

公称质量/kg	≤200	>200～500	>500～1 000	>1 000～5 000	>5 000～10 000	>10 000～30 000	>30 000～50 000	>50 000
铸件质量上偏差/%	8	7.5	7	6.5	6	5.5	5	4.5

3.7 起模斜度

铸件的起模斜度应符合 JB/T 5105 的规定。

3.8 弯曲率

在非加工表面，铸件的弯曲量占被检测面长度的百分比。铸件的弯曲变形应符合表 11 的规定。

表 11 铸件弯曲率

被检测面长度/mm	≤200	>200～500	>500～1 000	>1 000～2 500	>2 500
弯曲率/%	1.0	0.8	0.6	0.4	0.3

4 试验方法与检验规则

4.1 化学分析

4.1.1 钢的化学成分应按熔炼炉次逐炉进行检验。

4.1.2 化学分析用试块应在浇注过程中制取。化学分析取样方法应按 GB/T 222 的规定执行。

4.1.3 化学分析方法应按 GB/T 223 的规定执行。

4.1.4 化学分析结果应符合表 1 或表 3 的规定。对两炉以上合浇的铸件，以“权重法”分析结果为准进行验收。

4.2 力学性能试验

4.2.1 力学性能用单铸试块应符合图 5 的规定。当需方无要求时，试块类型由供方任选一种。当需方要求本体试样时由供需方协议商定。

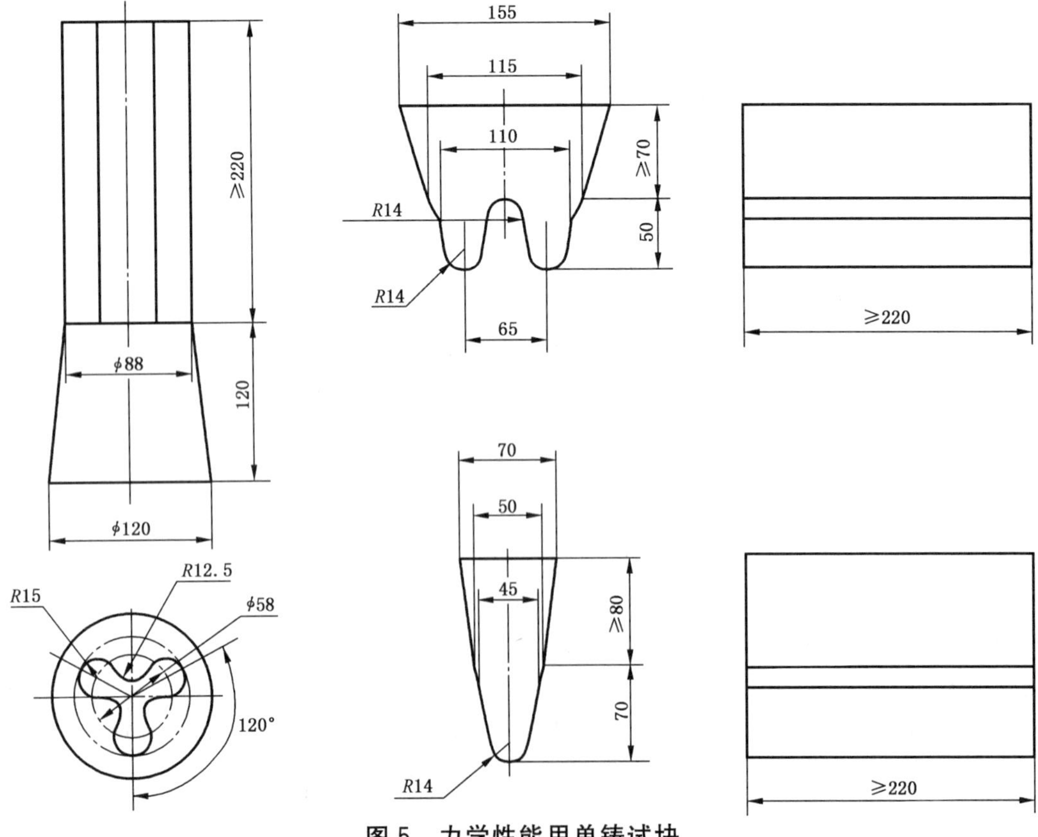

图 5 力学性能用单铸试块

4.2.2 拉伸试验按 GB/T 228 的规定执行。

4.2.3 冲击试验按 GB/T 229 或 JB/T 6397—2006 中附录 A 的规定执行。

4.2.4 布氏硬度试验按 GB/T 231.1 的规定执行或按其他硬度试验方法执行并换算成布氏硬度值。

4.2.5 力学性能试验对同冶炼炉次又同热处理炉次的铸件取一个拉伸试样、三个冲击试样，拉伸试验结果与三个冲击试样试验结果的平均值都应符合表 2 或表 4 的规定，其中一个冲击试样的试验结果可低于规定值，但不得低于规定值的 2/3。

当某项力学性能试验结果不符合规定时，供方应对该项进行复试，复试拉伸试样结果时，取两个备用的拉伸试样，两个试验结果都应符合表 2 或表 4 的规定。复试冲击试验结果时，取三个备用的冲击试样进行试验，该结果与原结果相加重新计算平均值，该平均值应符合表 2 或表 4 的规定，且六个冲击值中低于规定平均值的，不超过两个；低于规定平均值 2/3 的，不超过一个。

当复试结果不符合规定时，应对试块和铸件重新同炉热处理，并重新取样试验。但未经需方同意，重新热处理不应超过两次（回火除外）。

4.3 表面检验

4.3.1 铸件表面粗糙度评定方法按 GB/T 6060.1 和 GB/T 15056 的规定执行。

4.3.2 铸件表面用目视检验。

4.4 尺寸检验

4.4.1 铸件尺寸和几何形状检验应使用量具、样板或划线检查。

4.4.2 铸件产生的变形可通过矫正的方法消除。

5 标志与包装

5.1 标志与质量证明书

5.1.1 标志

每个铸件应做下列标志或其中的一部分：

a) 供方厂名或标识；

b) 供方铸字号；

c) 需方要求的其他标志。

当无法在铸件上做出标志时，标志可打印在附于铸件的标签上。

5.1.2 质量证明书

经检验合格的铸件都应附有质量证明书。证明书包括：

a) 供方厂名或标识；

b) 铸件名称；

c) 图样号或定货合同号；

d) 材料牌号和炉号、供货状态；

e) 化学成分、力学性能及无损检测结果；

f) 出厂日期等。

5.2 涂装与包装

铸件在检验合格后应进行涂装，涂装应符合 JB/T 5000.12 的规定，包装应符合 JB/T 5000.13 的规定。

ICS 25.120.20
H 90
备案号：21701—2007

中华人民共和国机械行业标准

JB/T 5000.7—2007
代替 JB/T 5000.7—1998

重型机械通用技术条件
第7部分：铸钢件补焊

Heavy mechanical general techniques and standards—
Part 7：Repair welding for steel castings

2007-08-28 发布　　2008-02-01 实施

中华人民共和国国家发展和改革委员会　发布

前　言

JB/T 5000《重型机械通用技术条件》分为 15 部分：

——第 1 部分：产品检验；

——第 2 部分：火焰切割件；

——第 3 部分：焊接件；

——第 4 部分：铸铁件；

——第 5 部分：有色金属铸件；

——第 6 部分：铸钢件；

——第 7 部分：铸钢件补焊；

——第 8 部分：锻件；

——第 9 部分：切削加工件；

——第 10 部分：装配；

——第 11 部分：配管；

——第 12 部分：涂装；

——第 13 部分：包装；

——第 14 部分：铸钢件无损检测；

——第 15 部分：锻钢件无损检测。

本部分为 JB/T 5000 的第 7 部分。

本部分代替 JB/T 5000.7—1998《重型机械通用技术条件　铸钢件补焊》。

本部分与 JB/T 5000.7—1998 相比，主要变化如下：

——增加了与材料 ZG25Mn、ZGMn13-5 相关的铸钢件的预热温度和焊接材料的选择；

——增加了清根的技术要求；

——增加了 CO_2 焊的技术要求；

——增加了引弧的规定；

——增加了层间温度的技术要求；

——增加了缺陷等级的规定。

本部分的附录 A、附录 B 均为规范性附录。

本部分由中国机械工业联合会提出。

本部分由机械工业冶金设备标准化技术委员会归口。

本部分起草单位：沈阳重型机械集团有限责任公司。

本部分主要起草人：姚大勇、任凤贤、赵素珍、陈广友、周双宁。

本部分所代替标准的历次版本发布情况为：

——JB/T 5000.7—1998。

重型机械通用技术条件 第7部分:铸钢件补焊

1 范围

JB/T 5000 的本部分规定了铸钢件补焊的焊前准备技术要求、补焊技术要求、焊后热处理及检验等内容。

本部分适用于碳钢、低合金钢和高锰钢铸钢件缺陷在精加工前的补焊。

2 规范性引用文件

下列文件中的条款通过 JB/T 5000 的本部分的引用而成为本部分的条款。凡是注日期的引用文件,其随后所有的修改单(不包括勘误的内容)或修订版均不适用于本部分,然而,鼓励根据本部分达成协议的各方研究是否可使用这些文件的最新版本。凡是不注日期的引用文件,其最新版本适用于本部分。

GB/T 984 堆焊焊条(GB/T 984—2001,eqv ANSI/AWS A5.13)

GB/T 5117 碳钢焊条(GB/T 5117—1995,eqv ANSI/AWS A5.1:1991)

GB/T 5118 低合金钢焊条(GB/T 5118—1995,neq ANSI/AWS A5.5:1981)

GB/T 5680 高锰钢铸件

GB/T 6417.1 金属熔化焊接头缺陷分类及说明(GB/T 6417.1—2005,ISO 6520:1998,IDT)

GB/T 8110 气体保护焊用碳钢、低合金钢焊丝(GB/T 8110—1995,neq ANSI/AWS A5.18:1979)

GB/T 10045 碳钢药芯焊丝(GB/T 10045—2001,eqv ANSI/AWS A5.20:1995)

GB/T 17493 低合金钢药芯焊丝(GB/T 17493—1998,eqv ANSI/AWS A5.29:1980)

JB/T 3223 焊接材料质量管理规程

JB/T 5000.6 重型机械通用技术条件 第6部分:铸钢件

JB/T 6404 大型高锰钢铸件

3 焊前准备技术要求

3.1 缺陷清理和坡口形式

3.1.1 补焊前应将缺陷彻底清除,坡口面应修得平整圆滑,不得存有尖角。

3.1.2 根据铸钢件缺陷情况,对于补焊区域缺陷可采用铲挖、磨削、碳弧气刨、气割或机械加工等方法清除。对于焊接性差的铸钢件,采用碳弧气刨和气割清理缺陷时,应先按表1预热,再清理缺陷,碳弧气刨后须打磨去除增碳层。

3.1.3 补焊区域及坡口周围 20 mm 以内的粘砂、油污、水、铁锈等杂质要彻底清除,应打磨至露出金属表面光泽,特别是使用碱性焊条,更应做好清洁工作。

3.1.4 对裂纹性缺陷,为防止裂纹扩展,可先在裂纹两个端点钻直径不小于 ϕ10 mm 的止裂孔后,再开坡口。

3.1.5 铸钢件缺陷补焊的坡口形式可按表2选择。

3.1.6 在补焊前,应采用超声波检测(UT)或磁粉检测(MT)或渗透检测(PT)及其他方法,按相关规定对铸钢件补焊位置进行检验,以证实缺陷被完全清除。

3.2 焊前预热

3.2.1 焊前预热的温度按表1执行。表1以外的钢种的预热温度按附录A中A.2执行。

3.2.2 预热方式有两种:

a) 整体预热；

b) 局部预热。

当采用局部预热时，无论缺陷有多大，缺陷处每边预热范围的宽度应不小于补焊部位铸钢件壁厚的两倍，并不得小于 75 mm。

3.2.3 在补焊的全过程中，铸钢件预热区的温度不得低于表 1 中规定的预热温度的下限。

表 1 铸钢件补焊的预热温度

<table>
<tr><th>类别</th><th>材料牌号</th><th>预热温度/℃</th><th>备 注</th></tr>
<tr><td rowspan="5">碳素铸钢</td><td>ZG200-400</td><td rowspan="2">—</td><td rowspan="2">不预热</td></tr>
<tr><td>ZG230-450</td></tr>
<tr><td>ZG270-500</td><td>100～150</td><td>一般不预热。形状复杂、缺陷大、刚度大时须预热</td></tr>
<tr><td>ZG310-570</td><td rowspan="2">200～350</td><td rowspan="2"></td></tr>
<tr><td>ZG340-640</td></tr>
<tr><td rowspan="20">低合金铸钢</td><td>ZG20Mn</td><td rowspan="2">150～200</td><td rowspan="2">严格控制温度</td></tr>
<tr><td>ZG25Mn</td></tr>
<tr><td>ZG30Mn</td><td>200～250</td><td rowspan="7">裂纹倾向大，严格控制温度</td></tr>
<tr><td>ZG35Mn</td><td>200～250</td></tr>
<tr><td>ZG40Mn</td><td rowspan="2">250～300</td></tr>
<tr><td>ZG40Mn2</td></tr>
<tr><td>ZG50Mn2</td><td>350～450</td></tr>
<tr><td>ZG35SiMnMo</td><td rowspan="2">250～350</td></tr>
<tr><td>ZG35CrMnSi</td></tr>
<tr><td>ZG20MnMo</td><td>150～200</td><td>严格控制温度</td></tr>
<tr><td>ZG55CrMnMo</td><td rowspan="3">350～450</td><td rowspan="3">焊接性能差，应严格控制温度</td></tr>
<tr><td>ZG40Cr1</td></tr>
<tr><td>ZG34Cr2Ni2Mo</td></tr>
<tr><td>ZG20CrMo</td><td>200～250</td><td rowspan="2">裂纹倾向大，严格控制温度</td></tr>
<tr><td>ZG35Cr1Mo</td><td>250～350</td></tr>
<tr><td>ZG42Cr1Mo</td><td rowspan="2">350～450</td><td rowspan="2">焊接性能差，严格控制温度</td></tr>
<tr><td>ZG50Cr1Mo</td></tr>
<tr><td>ZG28NiCrMo</td><td>250～300</td><td rowspan="3">裂纹倾向大，严格控制温度</td></tr>
<tr><td>ZG30NiCrMo</td><td rowspan="2">300～350</td></tr>
<tr><td>ZG35NiCrMo</td></tr>
<tr><td rowspan="5">高锰钢</td><td>ZGMn13-1</td><td rowspan="5">—</td><td rowspan="5">不预热，在水韧处理后补焊</td></tr>
<tr><td>ZGMn13-2</td></tr>
<tr><td>ZGMn13-3</td></tr>
<tr><td>ZGMn13-4</td></tr>
<tr><td>ZGMn13-5</td></tr>
</table>

表 2　补焊坡口形式

缺　陷	焊缝名称	坡口形式	坡口尺寸
未穿透性裂纹或孔穴	U 形或方、圆形	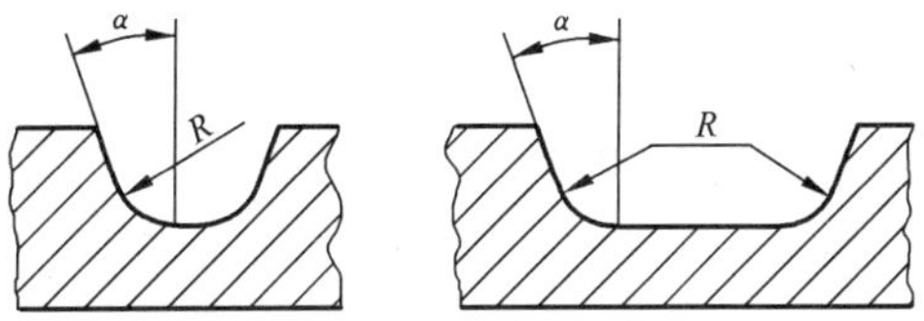	$\alpha>10°$ $R\geqslant5$ mm
穿透性裂纹	钝边 V 形或钝边 X 形	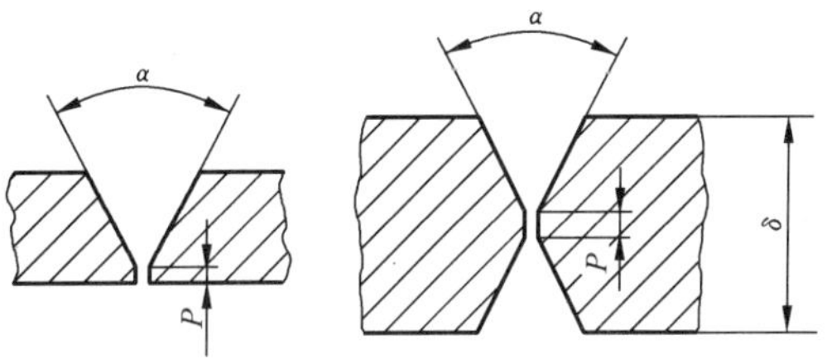	$\alpha=20°\sim120°$ $P=3$ mm～5 mm $\delta<70$ mm
	U 形或双 U 形	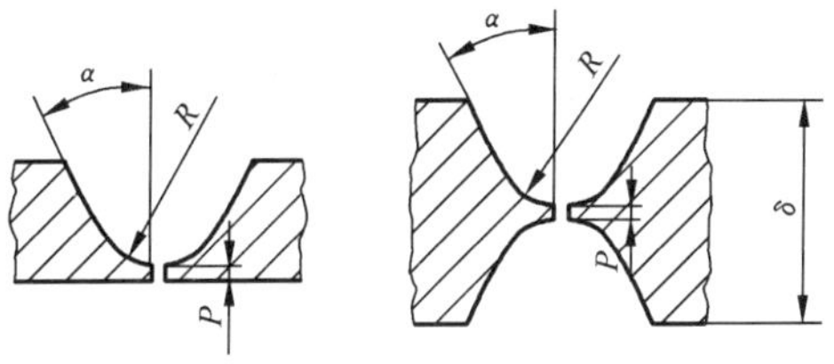	$\alpha>10°$ $P=3$ mm～5 mm $R\geqslant5$ mm $\delta\geqslant70$ mm
穿透性裂纹或孔穴、坡口间隙太大	带垫板钝边 V 形	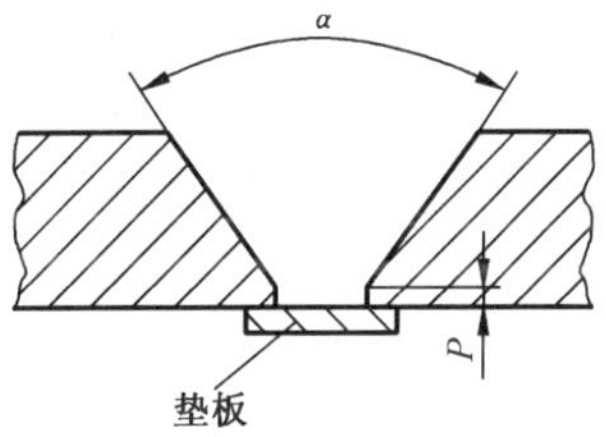 垫板	$\alpha=20°\sim120°$ $P=3$ mm～5 mm 垫板为相同材料或性能相差不大的低碳钢板。厚度与间隙大小有关，最小不得小于 5 mm
尺寸较大的穿透性缺陷	带镶块的钝边 V 形或钝边 X 形	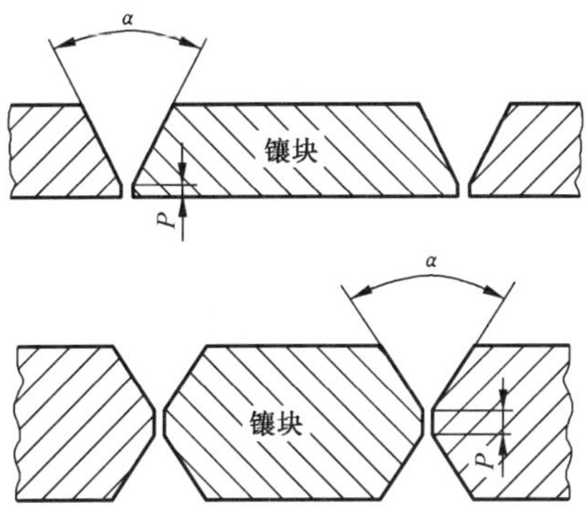 镶块 镶块	$\alpha=20°\sim120°$ $P=3$ mm～5 mm 镶块采用同材料铸件

3.3　焊接材料的选择与使用

3.3.1　需要补焊的铸钢件的化学成分和力学性能应符合 GB/T 5680、JB/T 5000.6 和 JB/T 6404 的规定，根据需要补焊的铸钢件的材料和焊缝强度的要求，按表 3、表 4 规定选择焊接材料。

表 3 铸钢件补焊用焊条

类别	铸钢牌号	不要求等级强度或高温性能或耐蚀性能		要求等级强度或高温性能或耐蚀性能	
		焊条型号	焊条牌号	焊条型号	焊条牌号
碳素铸钢	ZG200-400	E4303	J422	E4303,E4315	J422,J427
	ZG230-450				
	ZG270-500	E4303,E4315	J422,J427	E5016,E5015	J506,J507
	ZG310-570	E5016,E5015	J506,J507	E5516-G,E5516-G	J556,J557
	ZG340-640			E6016-D1,E6015-D1	J606,J607
低合金铸钢	ZG20Mn	E4303,E4315	J422,J427	E5016,E5015	J506,J507
	ZG25Mn				
	ZG30Mn	E5016,E5015	J506,J507	E5516-G,E5515-G	J556,J557
	ZG40Mn			E6016-D1,E6015-D1	J606,J607
	ZG40Mn2				
	ZG40Mn2[a]	E6016-D1,E6015-D1	J606,J607	E7515-G	J757
	ZG50Mn2				
	ZG35Mn	E5016,E5015	J506,J507	E6016-D1,E6015-D1	J606,J607
	ZG35SiMnMo				
	ZG35SiMnMo[a]	E6016-D1,E6015-D1	J606,J607	E7015-D2	J707
	ZG35CrMnSi	E5016,E5015	J506,J507		
	ZG20MnMo	E4316,E4315	J426,J427	E5016,E5015	J506,J507
	ZG55CrMnMo	EDRCrMnMo-15	D397	EDRCrMnMo-15	D397
	ZG40Cr1	E5016,E5015	J506,J507	E6016-D1,E6015-D1	J606,J607
	ZG34Cr2Ni2Mo[a]	E7015-D2,E7015-G	J707,J757	E8515-G	J857,J857Cr
	ZG20CrMo	E5503-B1 E5515-B1 E5503-B2 E5515-B2 E5515-B2-V	R302 R307 R317	E5503-B2 E5515-B2 E5515-B2-V E5518-B2-VW E5515-B2-VNb	R317 R327 R337
	ZG35Cr1Mo	E5016,E5015	J506,J507	E6016-D1,E6015-D1	J606,J607
	ZG35Cr1Mo[a]	E5016,E6016-D1	J506,J606	E7515-G	J757
	ZG42Cr1Mo[a]				
	ZG50Cr1Mo[a]				
	ZG28NiCrMo	E5016,E5015	J506,J507	E6016-D1,E6015-D1	J606,J607
	ZG30NiCrMo	E5016,E6016-D1	J506,J606	E7015-D2	J707,J707Ni
	ZG35NiCrMo			E7515-G	J757,J757Ni
高锰钢	ZGMn13-1	EDMn-A-16,EDMn-B-16	D256,D266	EDMn-A-16 EDMn-B-16	D256,D266
	ZGMn13-2				
	ZGMn13-3				
	ZGMn13-4				
	ZGMn13-5				

注：由于某些钢种在不同的热处理状态(调质或正火+回火)下，其强度差别很大，所以选用的焊条型号也不相同。

[a] 热处理状态为调质状态，焊接在调质后进行。

表 4 铸钢件补焊用焊丝

类别	材料牌号	CO_2 焊填充焊丝及保护气体			
		实芯焊丝	保护气体	药芯焊丝	保护气体
碳素铸钢	ZG200-400	ER49-1 ER50-6	CO_2 或 $Ar+CO_2$	E501T-1	CO_2 或 $Ar+CO_2$
	ZG230-450				
	ZG270-500				
	ZG310-570	ER55-D2	CO_2 或 $Ar+CO_2$	E551T1-A1	CO_2 或 $Ar+CO_2$
	ZG340-640			E601T1-K2	
低合金铸钢	ZG20Mn	ER50-6	CO_2 或 $Ar+CO_2$	E501T-1	CO_2 或 $Ar+CO_2$
	GS20Mn5				
	GS25Mn				
	ZG30Mn	ER55-D2	CO_2 或 $Ar+CO_2$	E601T1-D1	CO_2 或 $Ar+CO_2$
	ZG40Mn				
	ZG40Mn2				
	ZG40Mn2[a]	ER69-3	CO_2 或 $Ar+CO_2$	E700T5-D2	CO_2 或 $Ar+CO_2$
	ZG50Mn2			E701T1-K1	
	GS30Mn5	ER55-D2	CO_2 或 $Ar+CO_2$	E601T1-D1	CO_2 或 $Ar+CO_2$
	ZG35Mn				
	ZG35SiMnMo				
	ZG35SiMnMo[a]	ER69-3	CO_2 或 $Ar+CO_2$	E701T1-K2	CO_2 或 $Ar+CO_2$
	ZG35CrMnSi				
	ZG20MnMo	ER49-1	CO_2 或 $Ar+CO_2$	E501T-1	CO_2 或 $Ar+CO_2$
	ZG55CrMnMo	—	—	YD337-1	CO_2 或 $Ar+CO_2$
	ZG40Cr1	ER55-D2	CO_2 或 $Ar+CO_2$	E601T1-D1	CO_2 或 $Ar+CO_2$
	ZG34Cr2Ni2Mo[a]	—	—	YD337-1	CO_2 或 $Ar+CO_2$
	ZG20CrMo	ER55-B2-MnV	CO_2 或 $Ar+CO_2$	YR301-1	CO_2 或 $Ar+CO_2$
	ZG35Cr1Mo	ER50-6	CO_2 或 $Ar+CO_2$	E501T-1	CO_2 或 $Ar+CO_2$
	ZG35Cr1Mo[a]	ER69-3	CO_2 或 $Ar+CO_2$	E751T1-K4	CO_2 或 $Ar+CO_2$
	ZG42Cr1Mo[a]				
	ZG50Cr1Mo[a]				
	ZG28NiCrMo	ER55-D2	CO_2 或 $Ar+CO_2$	E601T1-D1	CO_2 或 $Ar+CO_2$
	ZG30NiCrMo	ER69-3	CO_2 或 $Ar+CO_2$	E701T1-K2	CO_2 或 $Ar+CO_2$
	ZG35NiCrMo			E751T1-K4	

注 1：由于某些钢种在不同热处理状态(调质或正火+回火)下，其强度差别很大，所以选用的焊丝型号也不相同。

注 2：以上所选焊接填充材料均作为参考，不作为唯一指定材料。

[a] 热处理状态为调质状态。在调质后进行补焊。

3.3.2 用于铸钢件缺陷补焊的焊条，应符合GB/T 984、GB/T 5117、GB/T 5118和JB/T 3223的规定。用于铸钢件缺陷补焊的焊丝，应符合GB/T 10045、GB/T 17493和GB/T 8110的规定。焊接材料的质量管理要符合JB/T 3223的规定。

3.3.3 焊条在使用前应烘干。如果焊条说明书中无特殊规定，酸性焊条应视受潮情况在75 ℃～150 ℃烘干并保温1 h～2 h；碱性低氢型焊条应在350 ℃～450 ℃烘干并保温1 h～2 h，烘干的焊条应放在100 ℃～150 ℃保温箱内，离现场较远时，应带焊条保温筒（带电源）。随用随取，使用时注意保持干燥。

3.3.4 低氢型碱性焊条在常温下放置超过4 h，应重新烘干。重复烘干次数不得超过三次。

3.4 焊接环境

不宜在空气对流的场所进行补焊，室温不低于10 ℃。

4 补焊技术要求

4.1 承担补焊工作的焊工，应在取得指定部门的资格认证后，才能进行操作。

4.2 当发生下列情况之一，应对焊工进行重新考核：

a） 当焊工已经有六个月或六个月以上未按本部分操作时；

b） 当有理由对焊工焊出满足本部分的焊缝的能力有疑问时。

4.3 铸钢件缺陷的补焊应在铸钢件消除铸造应力后进行。

4.4 缺陷允许补焊的范围应按图样或定货技术条件等有关规定执行。

4.5 在条件允许的情况下，尽可能在水平位置施焊。

4.6 焊工施焊时的引弧点，不允许在工件焊缝外的母材上引弧。焊缝区外的母材应避免有电弧擦伤，母材上出现的电弧擦伤应打磨光滑并进行检查，不得有裂纹等缺陷存在。

4.7 对于要求预热的材料，当需要进行多层焊时，其层间温度应等于或稍高于预热温度，如果层间温度低于预热温度，应重新进行预热。

4.8 补焊工作在条件许可的情况下，应连续进行。若中断时，应采取保温措施，再次补焊时，应符合3.2.1的规定。

4.9 补焊时，焊条不应做过大的横向摆动。摆动幅度不得超过焊条直径的三倍。长度大的焊缝应分段退焊，交错焊接，对补焊区域大的位置，应尽可能采用多层多道焊，减少焊接应力的产生。

4.10 对于CO_2焊要注意以下几点要求：

a） 操作时保持一定的焊丝干伸长度，不要忽高忽低；

b） 焊接区域的风速限制在1.0 m/s以下，否则应采用防风装置；

c） 操作时如发现送丝不均匀、导电嘴孔径磨损等，影响焊接过程稳定性的情况时，应停止施焊，排除故障；

d） 应经常清理送丝软管内和导电嘴孔径内的污物；

e） 半自动焊接时，送丝软管的曲率半径不得小于150 mm。

4.11 补焊过程中，若发现裂纹、未熔合、未焊透、夹渣、气孔等影响质量的缺陷时，应及时报告检查员，并采取措施清除缺陷。在确认缺陷已被清除后，才能继续补焊。

4.12 对于加垫板的焊缝与双面焊缝，背面要进行清根。清根处应露出无缺陷的金属，之后进行无损检测加以确认。

4.13 对于加镶块及穿透性裂纹处于孔腔（孔腔内部操作人员无法操作）位置时，只做单面焊接，背面不清根。

4.14 铸钢件表面堆焊时，焊道间的重叠量不得小于焊道宽度的三分之一。

4.15 补焊刚性较大的铸钢件或多层施焊时，除第一层焊道和最后一层焊道外，其余各层焊道，都应用风铲适度锤击。

5 焊后消除应力处理

5.1 当铸钢件补焊部位的坡口深度超过所在部位壁厚的20%或25 mm(以两者中较小者为准)时,补焊后均应进行消除应力处理。

5.2 有必要时可在补焊到坡口深度的1/3～1/2处进行一次中间消除应力处理,消除应力处理后继续施焊,最后再做一次消除应力处理。

5.3 根据铸钢件材料、结构及缺陷等因素,必要时在焊后立即进行消除应力处理。

5.4 焊后消应力热处理温度应低于性能回火温度20 ℃～80 ℃,保温时间根据缺陷焊接厚度来决定,每25 mm保温1 h,最低保温时间在3 h以上。

5.5 整体入炉消除应力处理应保留自动记录处理曲线。

6 检验

6.1 检验人员应按本部分的规定,对补焊区域缺陷的清理、坡口的开制情况、焊工资格以及焊条的烘干情况进行检查。经检查合格后,才能补焊。

6.2 补焊后焊接部位应符合图样和技术要求规定,焊缝的评定见附录B并按铸钢件相同的标准进行检验。

6.3 对铸钢件重大缺陷及出口产品的补焊时,应有补焊技术记录。补焊技术记录应及时、正确、真实地记录补焊过程中的实际情况。

附 录 A
（规范性附录）
预热温度补充规定

A.1 碳钢及合金钢常用的碳当量计算公式（国际焊接学会 IIW 推荐）见式（A.1）：

$$C_E(\%)=C+Mn/6+(Cr+Mo+V)/5+(Ni+Cu)/15 \quad\cdots\cdots(A.1)$$

A.2 碳钢及低合金钢预热温度公式（经验公式）见式（A.2）：

$$T=C_E\times 360 \quad\cdots\cdots(A.2)$$

式中：

T——预热温度，单位为摄氏度（℃）；

C_E——碳当量，%。

A.3 CO_2 气体保护焊焊丝干伸长公式（经验公式）见式（A.3）：

$$L=(10\sim 15)d \quad\cdots\cdots(A.3)$$

式中：

L——干伸长度，单位为毫米（mm）；

d——焊丝直径，单位为毫米（mm）。

A.4 碳当量小于 0.4% 的铸钢件一般不需要热焊，但当存在下列情况之一时，应预热到 100 ℃～150 ℃后，再进行补焊：

a) 补焊的铸钢件是重要件时；

b) 补焊的铸钢件刚性很大时；

c) 车间作业环境的温度不高于 10 ℃。

A.5 预热温度的测定应在距补焊区熔合线影响区一侧 75 mm～100 mm 处进行。

附 录 B
（规范性附录）
焊缝的评定

缺陷限值按表B.1规定执行。

表 B.1

<table>
<tr><th rowspan="2">序号</th><th rowspan="2">缺陷名称</th><th rowspan="2">GB/T 6417.1 代号</th><th rowspan="2">说　明</th><th colspan="3">缺陷质量分级限值</th></tr>
<tr><th>一般 D</th><th>中等 C</th><th>严格 B</th></tr>
<tr><td>1</td><td>裂纹</td><td>100</td><td>除显微裂纹（$h_1 \leqslant 1\ \mathrm{mm}^2$）、弧坑裂纹（见序号2）以外的所有裂纹</td><td colspan="3">不允许</td></tr>
<tr><td>2</td><td>弧坑裂纹</td><td>104</td><td>—</td><td>允许</td><td colspan="2">不允许</td></tr>
<tr><td>3</td><td>铜夹杂</td><td>3024</td><td>—</td><td colspan="3">不允许</td></tr>
<tr><td>4</td><td>未熔合</td><td>401</td><td>—</td><td colspan="2">允许，但是间断性的，而且不得造成表面开裂</td><td>不允许</td></tr>
<tr><td>5</td><td>电弧擦伤</td><td>601</td><td>—</td><td colspan="3">验收准则可能受热处理影响。是否允许取决于母材种类，特别是母材对裂纹的敏感性</td></tr>
<tr><td>6</td><td>咬边</td><td>5011
5012</td><td>要求平滑过度</td><td>$h \leqslant 1.5$ mm</td><td>$h \leqslant 1.0$ mm</td><td>$h \leqslant 0.5$ mm</td></tr>
<tr><td>7</td><td>飞溅</td><td>602</td><td>—</td><td>允许</td><td colspan="2">不允许</td></tr>
</table>

ICS 25.120.20
H 90
备案号：21702—2007

中华人民共和国机械行业标准

JB/T 5000.8—2007
代替 JB/T 5000.8—1998

重型机械通用技术条件
第8部分：锻件

Heavy mechanical general techniques and standards—
Part 8：Forging

2007-08-28 发布　　2008-02-01 实施

中华人民共和国国家发展和改革委员会　发布

前　言

JB/T 5000《重型机械通用技术条件》分为 15 部分：

——第 1 部分：产品检验；

——第 2 部分：火焰切割件；

——第 3 部分：焊接件；

——第 4 部分：铸铁件；

——第 5 部分：有色金属铸件；

——第 6 部分：铸钢件；

——第 7 部分：铸钢件补焊；

——第 8 部分：锻件；

——第 9 部分：切削加工件；

——第 10 部分：装配；

——第 11 部分：配管；

——第 12 部分：涂装；

——第 13 部分：包装；

——第 14 部分：铸钢件无损检测；

——第 15 部分：锻钢件无损检测。

本部分为 JB/T 5000 的第 8 部分。

本部分代替 JB/T 5000.8—1998《重型机械通用技术条件　锻件》。

本部分与 JB/T 5000.8—1998 相比，主要变化如下：

——增加表 3 说明。

——5.2.2.3 中增加：当锻件厚度大于 200 mm 时，允许并排切取试样；当锻件加高部分大于 200 mm时，允许并排切取试样。

——5.2.2.4 中增加：当加大部位大于 200 mm 时，允许在近二分之一处并排切取试样；当锻件壁厚大于 200 mm 时允许在壁厚的近二分之一处并排切取试样。

——增加 5.2.2.5、5.2.3.3。

——表 4 取消对碱性平炉钢的规定，增加对电炉钢钢锭规格和锻造比的规定。

本部分由中国机械工业联合会提出。

本部分由机械工业冶金设备标准化技术委员会归口。

本部分负责起草单位：第一重型机械集团公司。

本部分参加起草单位：第二重型机械集团公司。

本部分主要起草人：郭峰、赵希泉、刘时雨。

本部分所代替标准的历次版本发布情况为：

——JB/T 5000.8—1998。

重型机械通用技术条件
第8部分:锻件

1 范围

JB/T 5000 的本部分规定了一般用途大型锻件的技术要求、检验规则、试验方法、质量合格证书及标志等。

本部分适用于水(油)压机和锻锤自由锻造的碳素钢和合金结构钢大型锻件的订货、制造与检验。

2 规范性引用文件

下列文件中的条款通过 JB/T 5000 的本部分的引用而成为本部分的条款。凡是注日期的引用文件,其随后所有的修改单(不包括勘误的内容)或修订版均不适用于本部分,然而,鼓励根据本部分达成协议的各方研究是否可使用这些文件的最新版本。凡是不注日期的引用文件,其最新版本适用于本部分。

GB/T 223(所有部分) 钢铁及合金化学分析方法

GB/T 226 钢的低倍组织及缺陷酸蚀试验法(GB/T 226—1991,neq ISO 4969:1980)

GB/T 228 金属拉伸试验方法(GB/T 228—2002,eqv ISO 6892:1998)

GB/T 229 金属夏比缺口冲击试验方法(GB/T 229—1994,eqv ISO 148:1983)

GB/T 231.1 金属布氏硬度试验 第1部分:试验方法(GB/T 231.1—2002,eqv ISO 6506-1:1999)

GB/T 1979 结构钢低倍组织缺陷评级图

GB/T 4338 金属材料 高温拉伸试验(GB/T 4338—1995,eqv ISO 783:1989)

GB/T 6394 金属平均晶粒度测定法(GB/T 6394—2002,ASTME 112:1996,MOD)

GB/T 10561 钢中非金属夹杂物显微评定方法(GB/T 10561—1989,eqv ISO 4967:1979)

JB/T 5000.15 重型机械通用技术条件 第15部分:钢锻件无损检测

3 订货要求

3.1 需方应在订货合同或订货协议中写明锻件采用的标准、锻件组别、钢号、相应的技术要求和检验项目以及其他附加说明。

3.2 需方应提供订货图样。

3.3 当需方有补充要求时,应经供需双方商定。

4 技术要求

4.1 制造工艺

4.1.1 冶炼

如需方无特殊要求,冶炼方法由供方自行决定。

4.1.2 锻造

4.1.2.1 钢锭上部和下部均应有足够的切除量,以确保成品锻件无缩孔和严重的偏析。

4.1.2.2 锻件应在有足够能力的锻压机上锻造成形,以保证锻件内部充分锻透。

4.1.2.3 用钢锭锻造时,未经镦粗者,其锻造比一般不小于3;经镦粗者,锻造比不小于2.5。法兰部分的锻造比不小于1.7。当采用先进锻造方法时,其锻造比可适当减小。

4.1.2.4 用锻材或轧材锻造时,锻造比一般不小于1.5,法兰的锻造比不小于1.3。

4.1.2.5 锻件锻后以一定的方式进行热处理，以减小锻造应力，并使其具有良好的机械加工性能，对于以锻后热处理做为最终热处理的锻件，要求热处理后应满足图样技术要求。

4.1.2.6 锻件的形状和尺寸应符合锻件图样和工艺文件的要求。

4.1.3 热处理

锻件的最终热处理应按订货合同或图样上规定的交货状态进行。

4.1.4 机械加工

锻件机械加工应符合订货图规定的尺寸和表面粗糙度。

4.2 化学成分

钢的化学成分应符合订货合同或图样指定标准的规定。

4.3 力学性能

锻件的力学性能应符合指定标准或图样的规定。

4.4 其他

当需方认为有必要时，可提出无损检测、高温强度、低温韧性、晶粒度、夹杂物、金相组织及其他补充要求，检验方法和验收标准由双方协商确定。

5 检验规则与试验方法

5.1 化学成分分析

5.1.1 熔炼分析

5.1.1.1 应在每炉(包)钢水浇注时取样分析。对于多炉合浇的大钢锭，应报告权重法结果。

5.1.1.2 如果取样或试验不符合要求时，可在钢锭或锻件近表面的适当部位取替代试样。

5.1.2 成品分析

如需方提出要求，可在锻件上取样进行成品分析。圆盘件或其他实心件取自二分之一半径至外径之间的任一点，空心件或环件取自内、外表面之间的二分之一处，也可以取自力学性能试样上。成品分析可以代替熔炼分析。对于规定元素的成品分析允许偏差按表1或表2。

表1 普通碳素钢和低合金钢成品化学成分允许偏差

<table>
<tr><th rowspan="2">元素</th><th rowspan="2">成分范围/%</th><th colspan="7">截面积/cm²</th></tr>
<tr><th colspan="2">≤650</th><th>>650~1 300</th><th>>1 300~2 600</th><th>>2 600~5 200</th><th>>5 200~10 400</th><th>>10 400</th></tr>
<tr><td>C</td><td></td><td>+0.02[a]
−0.02</td><td>+0.03[b]
−0.02</td><td>±0.04</td><td>±0.04</td><td>±0.05</td><td>±0.06</td><td>±0.06</td></tr>
<tr><td rowspan="2">Mn</td><td>≤0.80</td><td colspan="2">+0.05
−0.03</td><td rowspan="2">±0.05
±0.10</td><td rowspan="2">±0.05
±0.11</td><td rowspan="2">±0.06
±0.12</td><td rowspan="2">±0.07
±0.12</td><td rowspan="2">±0.08
±0.13</td></tr>
<tr><td>>0.80</td><td colspan="2">+0.10
−0.08</td></tr>
<tr><td>Si</td><td>≤0.35
>0.35</td><td colspan="2">±0.03
±0.05</td><td>±0.03
±0.05</td><td>±0.04
±0.06</td><td>±0.04
±0.07</td><td>±0.05
±0.07</td><td>±0.06
±0.09</td></tr>
<tr><td>S</td><td>≤0.050</td><td colspan="2">+0.005</td><td>+0.005</td><td>+0.005</td><td>+0.005</td><td>+0.006</td><td>+0.006</td></tr>
<tr><td>P</td><td>≤0.050</td><td colspan="2">+0.005</td><td>+0.006</td><td>+0.008</td><td>+0.008</td><td>+0.010</td><td>+0.015</td></tr>
<tr><td colspan="9">注1：截面积指锻件毛坯状态(不包括内孔)时的最大横截面积。
注2：成分范围指锻件规定钢号的成分范围。</td></tr>
<tr><td colspan="9">[a] 适用于低合金钢。
[b] 适用于普通碳素结构钢。</td></tr>
</table>

表 2　优质碳钢和合金结构钢成品化学成分允许偏差

元素	规定化学成分范围/%	截面积/cm²					
		≤650	>650～1 300	>1 300～2 600	>2 600～5 200	>5 200～10 400	>10 400
C	≤0.25 >0.25～0.50 ≥0.50	±0.03	±0.03 ±0.04 ±0.05	±0.03 ±0.04 ±0.05	±0.04 ±0.05 ±0.06	±0.05 ±0.06 ±0.07	±0.05 ±0.06 ±0.07
Si	≤0.35 >0.35	±0.02 ±0.05	±0.03 ±0.06	±0.04 ±0.06	±0.04 ±0.07	±0.05 ±0.07	±0.06 ±0.09
Mn	≤0.90 >0.90	±0.03 ±0.06	±0.04 ±0.06	±0.05 ±0.07	±0.06 ±0.08	±0.07 ±0.08	±0.08 ±0.09
P	≤0.050	+0.008	+0.008	+0.010	+0.010	+0.015	+0.015
S	≤0.030 >0.030	+0.005 +0.010	+0.005 +0.010	+0.005 +0.010	+0.005 +0.010	+0.006 +0.015	+0.006 +0.015
Cr	≤0.90 >0.90～2.10 >2.10～10.00	±0.03 ±0.05 ±0.10	±0.04 ±0.06 ±0.10	±0.04 ±0.06 ±0.10	±0.05 ±0.07 ±0.14	±0.05 ±0.07 ±0.15	±0.06 ±0.08 ±0.16
Ni	≤1.00 >1.00～2.00 >2.00～5.30	±0.03 ±0.05 ±0.07	±0.03 ±0.05 ±0.07	±0.03 ±0.05 ±0.07	±0.03 ±0.05 ±0.07	±0.03 ±0.05 ±0.07	±0.03 ±0.05 ±0.07
Mo	≤0.20 >0.20～0.40 >0.40～1.15	±0.01 ±0.02 ±0.03	±0.02 ±0.03 ±0.04	±0.02 ±0.03 ±0.05	±0.02 ±0.03 ±0.06	±0.03 ±0.04 ±0.07	±0.03 ±0.04 ±0.08
V	≤0.10 >0.10～0.25 >0.25～0.50	±0.01 ±0.02 ±0.03	±0.01 ±0.02 ±0.03	±0.01 ±0.02 ±0.03	±0.01 ±0.02 ±0.03	±0.01 ±0.02 ±0.03	±0.01 ±0.02 ±0.03
Nb	≤0.14 >0.14～0.50	±0.02 ±0.06	±0.02 ±0.06	±0.02 ±0.06	±0.02 ±0.06	±0.03 ±0.07	±0.03 ±0.08
Ti	≤0.85	±0.05	±0.05	±0.05	±0.05	±0.05	±0.05
W	≤1.00 >1.00～4.00	±0.05 ±0.09	±0.05 ±0.09	±0.05 ±0.10	±0.06 ±0.12	±0.06 ±0.12	±0.07 ±0.14
Al	>0.15～0.50 >0.50～2.00	±0.05 ±0.10	±0.05 ±0.10	±0.06 ±0.10	±0.07 ±0.12	±0.07 ±0.12	±0.08 ±0.14
注：截面积指锻件毛坯状态(不包括内孔)时的最大横截面积。							

5.1.3　化学成分分析方法按 GB/T 223 的规定。

5.2　力学性能试验

5.2.1　检验项目和取样数量

锻件的力学性能检验项目和取样数量按需方选定的锻件组别确定，见表 3。

表 3 锻件验收分组

锻件级别	检验项目	组批条件	抽样规定	
			力学性能	硬度
Ⅰ	不检验	—	—	—
Ⅱ	HB	同钢号、同热处理炉次，外形尺寸相同或相近的锻件	—	每批检验 5%，但不少于 5 件，同一锻件硬度差不超过 40 HB，同一批锻件硬度差不超过 50 HB，试验件至少测一处，锻件较长或形状复杂，则在锻件的头、尾、中间各测一处
Ⅲ	HB	单件	—	每件均受检验，硬度差不超过 40 HB，锻件较长或形状复杂，在头、尾和中间各测一处
Ⅳ	$\sigma_s(\sigma_{0.2})$、σ_b、δ、ψ、A_K、HB	同钢号、同热处理炉次、外形尺寸相同或相近的锻件	每批抽检数量 2%，但不得少于两件，同一锻件只取一组试样，即一个拉伸、两个冲击。需方有特殊要求时也可增加试样数量	每件均受检验，硬度差不超过 40 HB，锻件较长或形状复杂，在头、尾和中间各测一处
Ⅴ	$\sigma_s(\sigma_{0.2})$、σ_b、δ、ψ、A_K、HB	单件	每件均受检验，取一组试样即一个拉伸、两个冲击。需方有特殊要求时，可增加试样数量	每件均受检验，硬度差不超过 40 HB，锻件较长或形状复杂，在头、尾和中间各测一处

注 1：对于Ⅳ、Ⅴ组锻件，当力学性能作为验收指标时，则 HB 不作为验收指标，仅用于检验零件硬度的均匀性。当 HB 必须作为验收指标时，应在图样或技术文件中注明。

注 2：除Ⅰ组锻件在图样中不需注明外，其余各组均需注明锻件组别。如不注明则按相应检验项目的较低组别执行。

5.2.2 取样位置

锻件在相当于钢锭一端有足够的加长、加高或加大部位取样，取样位置见图 1～图 4。

5.2.2.1 实心轴类锻件的试样取在离表面三分之一半径处，对方形和长方形的锻件，取自截面对角线距角顶点六分之一处(见图 1)。

5.2.2.2 空心锻件的试样应取在二分之一壁厚上(见图 2)。

5.2.2.3 圆盘锻件当在外径加大部位取样时，试样应取在加大部位的二分之一高度上，当锻件厚度大于 200 mm 时，允许并排切取试样；当在加高部位取样时，试样取自距外缘三分之一半径处，当锻件加高部分大于 200 mm 时，允许并排切取试样(见图 3)。

5.2.2.4 环形锻件在加大部位取样时，应取在二分之一高度上，当加大部位大于 200 mm 时，允许在近二分之一处并排切取试样；在加高部位取样，应取在二分之一壁厚处，当锻件壁厚大于 200 mm 时允许在壁厚的近二分之一处并排切取试样(见图 4)。

5.2.2.5 当锻件取样部位壁厚小于 200 mm 时，允许在边缘取样。

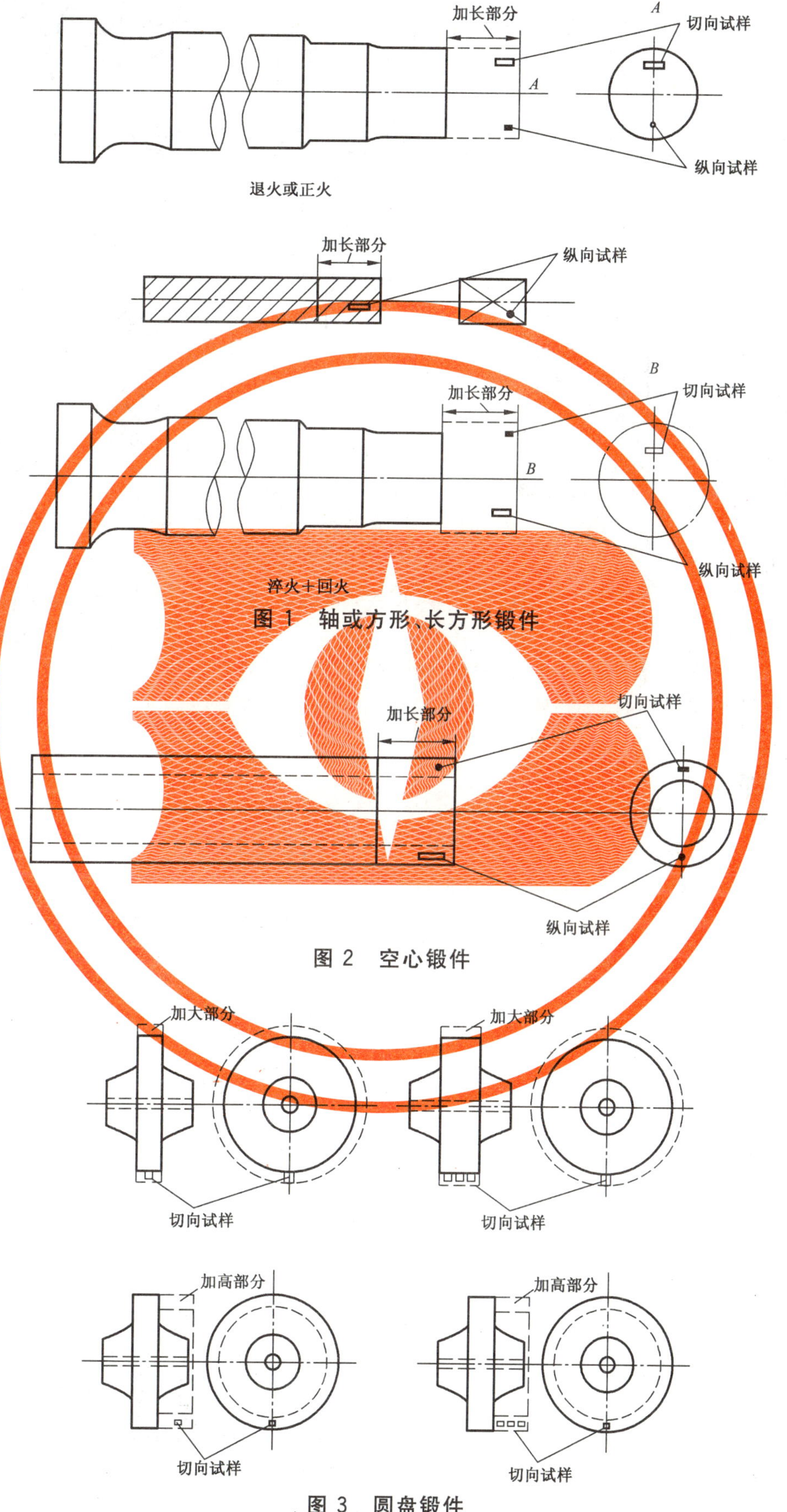

图 1 轴或方形、长方形锻件

图 2 空心锻件

图 3 圆盘锻件

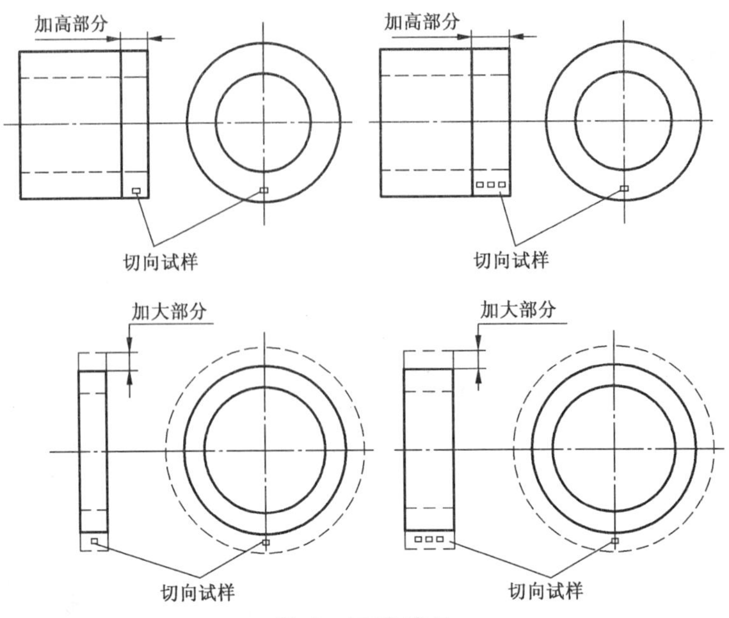

图 4 环类锻件

5.2.3 取样方向

5.2.3.1 轴类、筒形和以拔长变形为主的锻件，其拉伸、冲击试样取轴向（纵向）。当取横向或切向时，其力学性能指标应按表 4 规定的百分数降低。

5.2.3.2 环类、盘类和以镦粗变形为主的锻件，其拉伸、冲击试样取切向。

5.2.3.3 对于环类、盘类锻件，如在外圆处切取轴向（零件轴心线方向）试样时，其力学性能降低数值按表 4 的横向值。

5.2.4 试验方法

5.2.4.1 常温拉伸试验按 GB/T 228 的规定。高温拉伸按 GB/T 4338 的规定。

5.2.4.2 常温 A_{KU} 冲击试验、常温 A_{KV}、低温 A_{KV} 按 GB/T 229 的规定。

5.2.4.3 布氏硬度试验按 GB/T 231.1 的规定。

表 4 切向、横向力学性能指标降低量

力学性能	试样方向	电炉钢					
		1 t～25 t 钢锭锻造锻件			>25 t 钢锭锻造锻件		
		锻造比			锻造比		
		2～3	>3～5	>5	2～3	>3～5	>5
		%					
σ_b	切向	5	5	5	5	5	5
	横向	5	5	5	5	5	5
$\sigma_s(\sigma_{0.2})$	切向	5	5	5	5	5	5
	横向	5	5	5	5	5	5
δ	切向	25	25	35	30	35	40
	横向	25	25	35	30	35	40
ψ	切向	20	20	35	30	35	40
	横向	20	20	35	30	35	40
A_K	切向	25	25	35	30	35	40
	横向	25	25	35	30	35	40

5.2.4.4 钢的晶粒度按 GB/T 6394 评级。夹杂物按 GB/T 10561 评级。

5.2.4.5 钢的低倍组织及缺陷按 GB/T 226 和 GB/T 1979 试验和评级。

5.2.4.6 超声波检测、磁粉检测方法推荐按 JB/T 5000.15 的规定。

6 验收、复验和重新热处理

6.1 锻件不允许有肉眼可见的裂纹、折叠和其他影响使用的外观缺陷，局部缺陷可以清除，但清理深度不得超过加工余量的 75%。锻件非加工面上的缺陷应清理干净并圆滑过渡，清理深度不得超过生产厂的锻件尺寸偏差。对超过加工余量和锻件尺寸偏差的缺陷，在征得需方同意后方可清除并补焊。

6.2 锻件不允许存在白点、内部裂纹和残余缩孔。

6.3 在力学性能试验时，如果试验的试样有缺陷，只要不是因裂纹和白点而使力学性能不符合要求，就允许重新取样试验，作为初次试验结果。

6.4 当某项力学性能初试结果不符合要求时，允许在靠近不合格试样的相邻位置取双倍试样进行该项的复试，复试结果应全部满足要求。复试后任何一项结果仍不合格时，锻件可以进行重新热处理，并重新取样试验。重新热处理(重新奥氏体化)的次数不得超过两次。

7 质量合格证书

质量合格证书内容包括锻件名称、牌号、重量、数量；合同号、图号、炉号、锻件号；合同和图样中规定的各种检验结果。

8 打印包装

8.1 供方在锻件相当于钢锭水口端打印合同号、炉号、锻件号。

8.2 经机械加工的锻件表面要防锈保护。锻件进行包装，以避免运输中损伤。

ICS 25.120.20
H 90
备案号：21703—2007

中华人民共和国机械行业标准

JB/T 5000.9—2007
代替 JB/T 5000.9—1998

重型机械通用技术条件
第9部分：切削加工件

Heavy mechanical general techniques and standards—
Part 9：Cutting

2007-08-28 发布　　2008-02-01 实施

中华人民共和国国家发展和改革委员会　发布

前　言

JB/T 5000《重型机械通用技术条件》分为15部分：

——第1部分：产品检验；

——第2部分：火焰切割件；

——第3部分：焊接件；

——第4部分：铸铁件；

——第5部分：有色金属件；

——第6部分：铸钢件；

——第7部分：铸钢件补焊；

——第8部分：锻件；

——第9部分：切削加工件；

——第10部分：装配；

——第11部分：配管；

——第12部分：涂装；

——第13部分：包装；

——第14部分：铸钢件无损检测；

——第15部分：锻钢件无损检测。

本部分为JB/T 5000的第9部分。

本部分代替JB/T 5000.9—1998《重型机械通用技术条件　切削加工件》。

本部分与JB/T 5000.9—1998相比，主要变化如下：

——未注倒角尺寸由一个定值变为一个范围，倒角尺寸偏大作了调整。

——增加了长度尺寸和角度未注公差的不适用范围。

——对螺孔和光孔位置度公差规定为圆柱形未注位置度公差。修改了部分文字。

——增加了未注表面粗糙度和允许按刀具形状加工部分的插图。修改了部分文字。

——增加了滚压章节。

本部分由中国机械工业联合会提出。

本部分由机械工业冶金设备标准化技术委员会归口。

本部分负责起草单位：中信重型机械公司。

本部分主要起草人：赵宗立、黄丽达。

本部分所代替标准的历次版本发布情况为：

——JB/T 5000.9—1998。

重型机械通用技术条件
第9部分:切削加工件

1 范围

JB/T 5000的本部分规定了切削加工的一般要求和未注公差,对键槽、孔径和孔距、中心孔、未注表面粗糙度以及允许选用的刀具形状等提出了具体要求。

本部分适用于重型机械产品零件的切削加工。

凡产品图样、技术文件无特殊要求时,均应符合本部分的规定。

2 规范性引用文件

下列文件中的条款通过JB/T 5000的本部分的引用而成为本部分的条款。凡是注日期的引用文件,其随后所有的修改单(不包括勘误的内容)或修订版均不适用于本部分,然而,鼓励根据本部分达成协议的各方研究是否可使用这些文件的最新版本。凡是不注日期的引用文件,其最新版本适用于本部分。

GB/T 3 普通螺纹收尾、肩距、退刀槽和倒角(GB/T 3—1997,eqv ISO 3508:1976,ISO 4755:1983)

GB/T 197—2003 普通螺纹 公差(ISO 965-1:1998,MOD)

GB/T 1184—1996 形状和位置公差 未注公差值(eqv ISO 2768-2:1989)

GB/T 1804—2000 一般公差 未注公差的线性和角度尺寸的公差(eqv ISO 2768-1:1989)

GB/T 5277—1985 紧固件 螺栓和螺钉通孔(eqv ISO 273:1979)

3 一般要求

3.1 零件加工后应符合产品图样和技术文件及本部分的要求。

3.2 零件应按工序检查、验收,在前道工序检查合格后方可转入下道工序。

3.3 铸钢件、铸铁件、有色金属铸件、锻件加工后如发现有砂眼、缩孔、夹渣、裂纹等缺陷时,在不降低零件强度和使用性能的前提下,允许按照相关标准的有关规定修补,经检验合格后方可继续加工。

3.4 加工后的零件不允许有毛刺,除产品图样有要求外,不允许有尖棱、尖角。

3.4.1 零件图样中未注明倒角时,应按图1和表1规定倒角,非回转体类零件的倒角参照表1执行,主参数 $D(d)$ 取倒角相邻两几何要素中较短者。

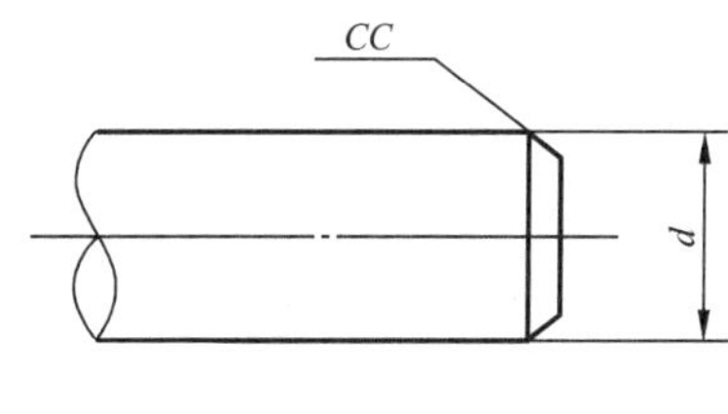

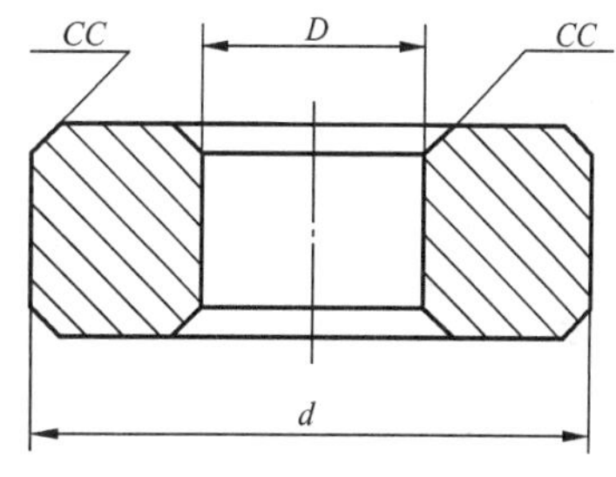

图1

表1 未注倒角尺寸

单位为毫米

$D(d)$	≤100	>100~1 000	>1 000
C	0.3~0.5	0.5~2	2~3

3.4.2　零件图样中未注明倒圆尺寸又无清根要求时，应按图 2 和表 2 的规定倒圆，非回转体类零件的倒圆尺寸参照表 2 执行，主参数 d 取圆角相邻两几何要素中较短者。

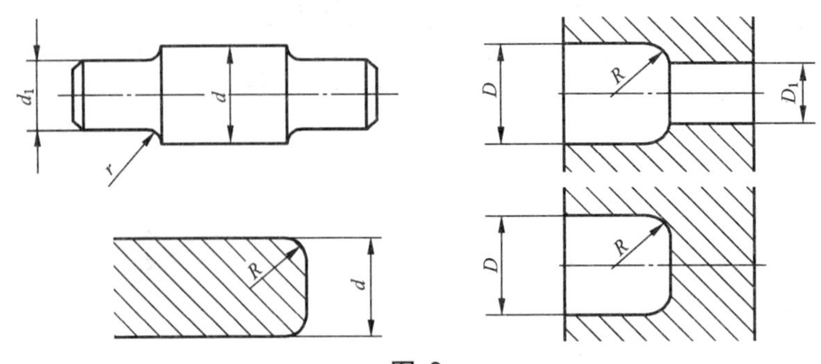

图 2

表 2　未注倒圆尺寸

单位为毫米

$D-D_1$ $d-d_1$	≤4	>4～12	>12～30	>30～80	>80～140	>140～200	>200～320	>300～500
D、d	>3～10	>10～30	>30～80	>80～260	>260～630	>630～1 000	>1 000～1 600	>1 600～2 500
R、r	0.4	1	2	4	8	12	16	20

3.5　精加工后的零件不允许直接摆放在地面上，应采取必要的支撑、保护措施。加工面不允许有锈蚀和影响性能、寿命或外观的磕碰、划伤等缺陷。

3.6　精加工后的配合面、摩擦面和定位面等工作表面不允许打印标记。

3.7　最终工序为热处理的零件，热处理后表面不应有氧化皮。精加工后的配合面、齿面不应有退火、发蓝、变色的现象。

4　未注公差

4.1　长度尺寸、倒圆半径和倒角高度、角度尺寸

4.1.1　适用对象

适用于两个切削加工面之间未注明公差要求的尺寸（通过锯、切截短的零件的尺寸未注公差单独规定）。

未注公差适用于：

——长度尺寸，如：外部尺寸、内部尺寸、台阶尺寸、直径、距离尺寸；

——倒圆半径和倒角高度；

——角度尺寸，包括注有角度的和不注角度的尺寸，如正多边形的角；

——组合在一起的零件加工的长度和角度尺寸。

未注公差不适用于：

——括号内的辅助尺寸；

——方框中的理论尺寸；

——孔中心距、孔的分布圆直径；

——由装配而形成的长度和角度尺寸；

——分度圆直径尺寸及周节对应的圆心角；

——0°、90°、180°或 0 距离的标注。

4.1.2　铸件、火焰切割件和锻件上的一个非加工表面和另一个加工表面之间的尺寸，如未单独给出公差，可采用有关毛坯标准的未注公差。

4.1.3 精度

精度等级按 GB/T 1804—2000 中的 m 级。

4.1.4 长度尺寸

长度尺寸的未注极限偏差应符合表 3 的规定。

表 3 长度尺寸的未注极限偏差

单位为毫米

精度	公称尺寸的极限偏差										
	0.5~6	>6~30	>30~120	>120~400	>400~1 000	>1 000~2 000	>2 000~4 000	>4 000~8 000	>8 000~12 000	>12 000~16 000	>16 000~20 000
m(中等级)	±0.1	±0.2	±0.3	±0.5	±0.8	±1.2	±2	±3	±4	±5	±6
锯切	±1				±2			±3			
注：公称尺寸小于 0.5 mm，偏差直接标注在公称尺寸上。											

4.1.5 倒圆半径和倒角高度

倒圆半径和倒角高度的未注极限偏差应符合表 4 的规定。

表 4 倒圆半径和倒角高度的未注极限偏差

单位为毫米

公称尺寸	0.5~3	>3~6	>6~30	>30~120	>120~400
精度	m(中等级)				
极限偏差	±0.2	±0.5	±1	±2	±3
注：公称尺寸小于 0.5 mm，偏差直接标注在公称尺寸上。					

4.1.6 角度(倾斜度)尺寸

表 5 角度尺寸的未注极限偏差

精 度	短边公称尺寸(mm)的极限角度偏差				
	≤10	>10~50	>50~120	>120~400	>400
m(中等级)	±1°	±0°30′	±0°20′	±0°10′	±0°5′
正切值	0.017 5	0.008 7	0.005 8	0.002 9	0.001 5
c(粗糙级) 用于润滑孔	±1°30′	±1°	±0°30′	±0°15′	±0°10′
正切值	0.026 2	0.017 5	0.008 7	0.004 4	0.002 9
注：以 mm 为单位的最大允许偏差按正切值×短边计算。如需提高精度须在图纸上作相应标记。					

4.2 形位公差

4.2.1 适用对象

适用于切削加工方法形成的几何要素。

4.2.2 公差等级

公差等级按 GB/T 1184—1996 中的 H 级。

4.2.3 形状公差

4.2.3.1 直线度和平面度

直线度和平面度的未注公差按表 6 的规定。

表 6　直线度和平面度的未注公差

单位为毫米

公称尺寸	≤10	>10～30	>30～100	>100～300	>300～1 000	>1 000～3 000	>3 000～6 000	>6 000
公差等级	H 级							
公差值	0.02	0.05	0.1	0.2	0.3	0.4	0.7	1.0
注：对于平面度应按其表面的较长一侧或圆表面的直径选择。								

4.2.3.2　**圆度、圆柱度、线轮廓度和面轮廓度**

形状公差受到尺寸公差范围的限制，圆度、圆柱度、线轮廓度和面轮廓度未注公差值应小于其未注尺寸公差值。

4.2.4　**位置公差**

4.2.4.1　**平行度公差**

平行度的未注公差值取两平行要素的直线度（平面度）和其之间尺寸的未注公差值中较大者。直线度（平面度）的未注公差值以要素中较长者为基准。

4.2.4.2　**垂直度公差**

垂直度的未注公差应符合表 7 的规定。

表 7　垂直度未注公差

单位为毫米

基本尺寸	≤100	>100～300	>300～1 000	>1 000～3 000	>3 000
公差等级	H 级				
公差值	0.2	0.3	0.4	0.5	0.6

4.2.4.3　**倾斜度公差**

倾斜度的未注公差应符合表 5 的规定。

4.2.4.4　**对称度公差**

非回转对称要素的对称度未注公差应符合表 8 的规定。当对称要素中的一个为回转对称，另一个为非回转对称时（如：万向轴的轴头和套筒），未注公差同样适用。

表 8　对称度未注公差

单位为毫米

公差等级	对称度公差
H	0.5

4.2.4.5　**同轴度和圆跳动公差**

同轴度和圆跳动（径向、端面、斜向）的未注公差应符合表 9 的规定。

表 9　同轴度和圆跳动未注公差

单位为毫米

公差等级	圆跳动公差	同轴度公差
H	0.1	0.1

5　键槽对称度未注公差

键槽的对称度未注公差应符合表 10 的规定。

表 10　键槽对称度未注公差

单位为毫米

键槽宽度	>1～3	>3～6	>6～10	>10～18	>18～30	>30～50	>50～120	>120～250
公差	0.02	0.025	0.03	0.04	0.05	0.06	0.08	0.10

6 螺孔和光孔未注位置度公差

表 11 适用于用螺栓或螺钉连接的螺孔和光孔，光孔的孔径按 GB/T 5277—1985 规定的中等装配尺寸给出，粗配合光孔的位置度公差可参照本规定。

位置度公差的标注排除了误差积累。即各个孔距尺寸表示无偏差的理论正确坐标尺寸，螺孔和光孔的未注圆柱形位置度公差应符合表 11 中列出的位置度公差。

表 11 螺孔和光孔未注位置度公差

单位为毫米

<table>
<tr><td colspan="2">螺纹规格</td><td>M4</td><td>M5</td><td>M6</td><td>M8</td><td>M10</td><td>M12</td><td>M16</td><td>M20</td><td>M24</td><td>M30</td><td>M36</td><td>M42</td><td>M48</td><td>M56</td><td>M64</td><td>M72</td><td>M80</td><td>M90</td><td>M100</td></tr>
<tr><td colspan="2">光孔</td><td>4.5</td><td>5.5</td><td>6.6</td><td>9</td><td>11</td><td>13.5</td><td>17.5</td><td>22</td><td>26</td><td>33</td><td>39</td><td>45</td><td>52</td><td>62</td><td>70</td><td>78</td><td>86</td><td>96</td><td>107</td></tr>
<tr><td rowspan="2">位置度公差</td><td>螺栓连接的光孔</td><td colspan="2">φ0.25</td><td>φ0.3</td><td colspan="2">φ0.5</td><td colspan="2">φ0.75</td><td colspan="2">φ1.0</td><td colspan="3">φ1.5</td><td>φ2.0</td><td colspan="5">φ3.0</td><td>φ3.5</td></tr>
<tr><td>螺钉连接的螺孔和光孔</td><td colspan="2">φ0.125</td><td>φ0.15</td><td colspan="2">φ0.25</td><td colspan="2">φ0.375</td><td colspan="2">φ0.5</td><td colspan="3">φ0.75</td><td>φ1.0</td><td colspan="5">φ1.5</td><td>φ1.75</td></tr>
</table>

7 螺纹

7.1 普通螺纹精度按 GB/T 197—2003 规定的 6H/6g 执行。

7.2 普通螺纹收尾、肩距、退刀槽和倒角尺寸按 GB/T 3 执行。

7.3 加工的螺纹表面不允许有黑皮、磕碰、乱扣和毛刺等缺陷。

7.4 内、外螺纹旋入侧在加工螺纹前必须倒角，外螺纹为 45°，内螺纹为 60°，倒角深度等于牙型高度。

7.5 普通螺纹表面粗糙度：内螺纹不大于 *Ra*12.5 μm，外螺纹不大于 *Ra*6.3 μm。

8 中心孔

8.1 中心孔需保留或去除，应在图样上注明；若未注明，则视为中心孔保留或去除均可。

8.2 中心孔的类型、尺寸按相应标准执行。

8.3 中心孔锥面的表面粗糙度：用于粗加工时 *Ra* 值不大于 6.3 μm；用于精加工时 *Ra* 值不大于 3.2 μm；用于精密零件加工时 *Ra* 值不大于 1.6 μm。

9 未注表面粗糙度

图样上未标注的表面粗糙度要求，按表 12 规定。

表 12 未注表面粗糙度

<table>
<tr><td>未注明粗糙度数值的表面（例如：锯切平面的表面等）</td><td>$\overset{50}{\triangledown}$</td></tr>
<tr><td>φ40 以下的孔、长孔、轴端挡板槽、粗加工件、焊接坡口</td><td>$\overset{25}{\triangledown}$</td></tr>
<tr><td>螺栓接触面
——轧制钢板
——其他毛坯表面
——螺栓垂直处</td><td>
$\overset{6.3}{\triangledown}$
$\overset{6.3}{\triangledown}$
$\overset{6.3}{\triangledown}$</td></tr>
</table>

表 12（续）

退刀槽、楔键和平键槽、润滑槽、静密封表面、平面挡圈槽	6.3
圆角及倒角： 内倒圆（倒角）与它相连的精表面相同，外倒圆（倒角）与它相连的粗表面相同	3.2 0.8 3.2 0.8

10 允许按刀具形状加工的规定

图样上按下面例子所示标注时，对不影响零件功能的倒圆、棱角、配合键槽、钻孔底部或埋头孔平面由相应的刀具轮廓形成，但应按图样标注的情形与功能表面交界的位置确定允许变更的尺寸范围。

10.1 车、铣加工的倒圆和棱角可采用下列刀具轮廓。

图样标注：　　　　车、铣件的倒圆和棱角可采用下列刀具轮廓：

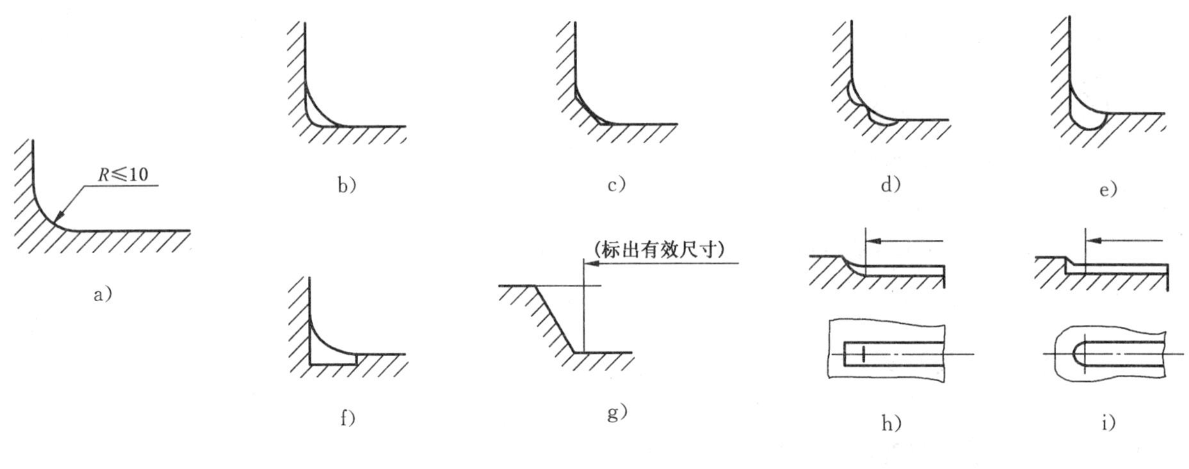

图 3

10.2 钻孔时的端面形状。

图样标注：　　　　几种可能的钻头端面形状：

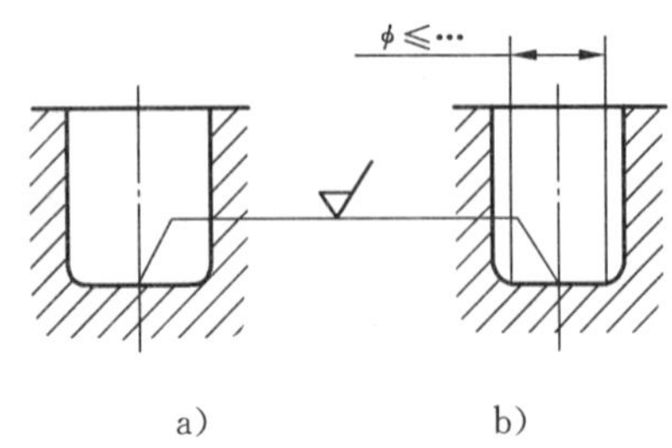

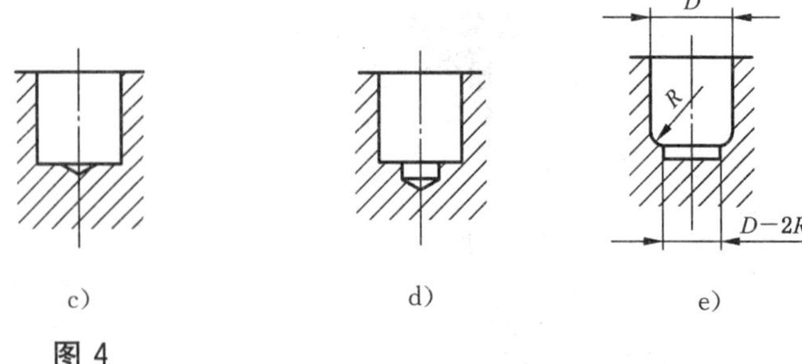

图 4

10.3 埋头孔平面。

图样标注：

允许数个埋头孔表面铣削成一个平面。下面是应用举例：

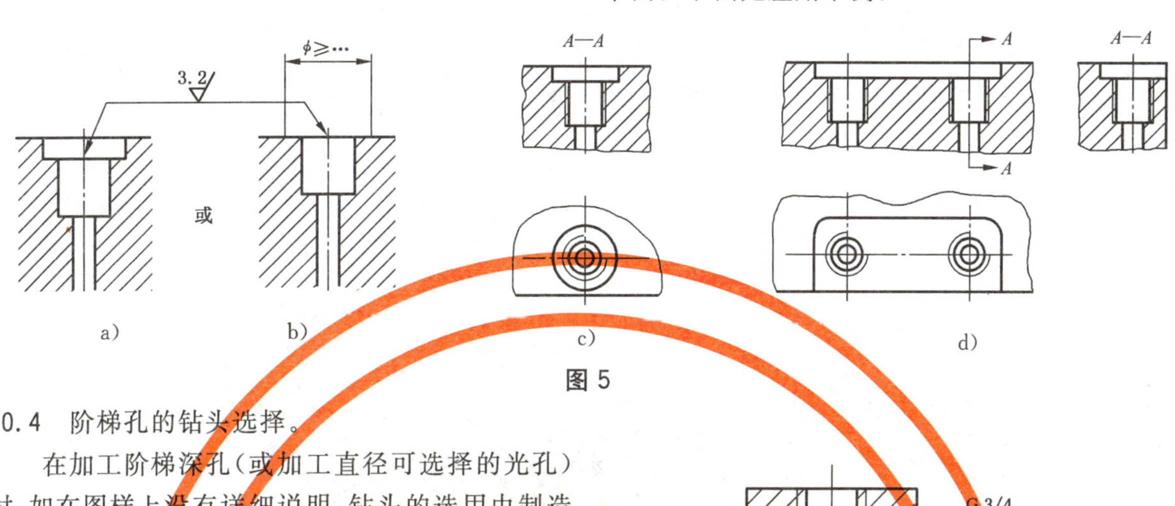

图 5

10.4 阶梯孔的钻头选择。

在加工阶梯深孔（或加工直径可选择的光孔）时，如在图样上没有详细说明，钻头的选用由制造厂决定。

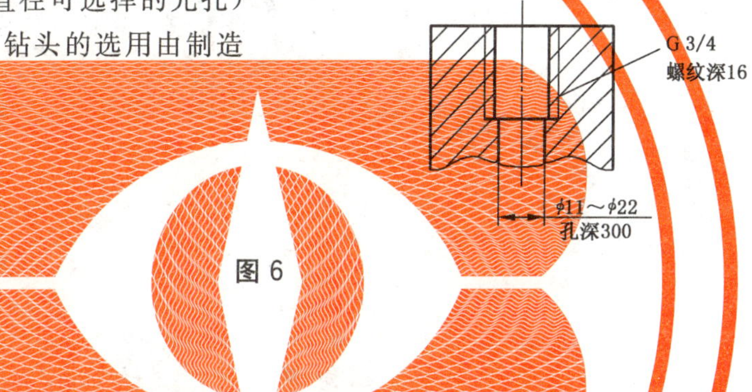

图 6

11 滚压

11.1 滚压方法和目的

滚压分光整和强化两种方法，两种方法的实质区别在于其达到的目的不同。

光整的目的是取得规定的粗糙度。强化的目的是形成残余压应力和提高表面硬度。

强化是指采用机械方式对表面层进行压实，它是一种可靠有效的方法。它的作用是基于三个组合在一起同时起效果的物理效应。

——形成残余压应力；

——通过变形提高表面硬度；

——通过消除不平度达到光滑。

11.2 滚压准备

首先进行车削、钻孔、镗孔。

建议工件在切削加工完时，在机器上张紧，进行光整和强化。有滚压要求时，应在图样上注明光整滚压或强化滚压。

11.3 滚压表面

滚压时要在整个过程中对加工参数不断进行检查（压力，进给量，速度和滚压效果）。

用滚压方法精加工的表面，滚压后不得有脱皮现象。一般光整加工滚压次数为 1 次～2 次，强化加工最好不超过 3 次～5 次。强化滚压约提高表面硬度 30%。

ICS 25.120.20
H 90
备案号:21704—2007

中华人民共和国机械行业标准

JB/T 5000.10—2007
代替 JB/T 5000.10—1998

重型机械通用技术条件
第 10 部分:装配

Heavy machinery general technical conditions—
Part 10:Assembly

2007-08-28 发布 2008-02-01 实施

中华人民共和国国家发展和改革委员会 发布

前　　言

JB/T 5000《重型机械通用技术条件》分为 15 部分：

——第 1 部分：产品检验；

——第 2 部分：火焰切割件；

——第 3 部分：焊接件；

——第 4 部分：铸铁件；

——第 5 部分：有色金属铸件；

——第 6 部分：铸钢件；

——第 7 部分：铸钢件补焊；

——第 8 部分：锻件；

——第 9 部分：切削加工件；

——第 10 部分：装配；

——第 11 部分：配管；

——第 12 部分：涂装；

——第 13 部分：包装；

——第 14 部分：铸钢件无损检测；

——第 15 部分：锻钢件无损检测。

本部分为 JB/T 5000《重型机械通用技术条件》的第 10 部分。

本部分代替 JB/T 5000.10—1998《重型机械通用技术条件　装配》。

本部分与 JB/T 5000.10—1998 相比，主要技术内容变化如下：

——增加"输送介质的孔要用照明法或通气法检查是否畅通"的内容(本版 3.7)；

——增加"装配后无法再进入的部位要事先涂底漆和面漆"的内容(本版 3.8)；

——补充和完善了装配部件未注形位公差的内容(本版第 4 章)；

——在附录 A 中表 A.1 增加了 A2-70 不锈钢螺栓的拧紧力矩，在螺栓直径中增加了"M 80×6～M 160×6"七种大规格螺栓，扩大螺栓直径的适用范围。

本部分的附录 A～附录 E 均为资料性附录。

本部分由中国机械工业联合会提出。

本部分由机械工业冶金设备标准化技术委员会归口。

本部分起草单位：上海重型机器厂有限公司。

本部分主要起草人：叶志强、周震、简萍、陈延炳。

本部分所代替标准的历次版本发布情况为：

——JB/T 5000.10—1998。

重型机械通用技术条件
第10部分:装配

1 范围

JB/T 5000的本部分规定了重型机械产品装配的一般要求、装配部件的形位公差、装配连接方法、典型部件装配、总装及试车等通用技术要求。

本部分适用于重型机械产品的装配。

除产品图样、技术文件和订货技术条件有特殊要求外,均应符合本部分的规定。

2 规范性引用文件

下列文件中的条款通过JB/T 5000的本部分的引用而成为本部分的条款。凡是注日期的引用文件,其随后所有的修改单(不包括勘误的内容)或修订版均不适用于本部分。然而,鼓励根据本部分达成协议的各方研究是否可使用这些文件的最新版本。凡是不注日期的引用文件,其最新版本适用于本部分。

GB/T 9239.1—2006 机械振动 恒态(刚性)转子平衡品质要求 第1部分:规范与平衡允差的检验(ISO 1940-1:2003,IDT)

JB/T 5000.3 重型机械通用技术条件 第3部分:焊接件

JB/T 5000.9 重型机械通用技术条件 第9部分:切削加工件

JB/T 5000.11—2007 重型机械通用技术条件 第11部分:配管

JB/T 6996 重型机械液压系统通用技术条件

JB/T 7929 齿轮传动装置清洁度

3 装配的一般要求

3.1 进入装配的零件及部件(包括外购件、外协件),均必须具有检验部门的合格证方能进行装配。

3.2 零件在装配前必须清理和清洗干净,不得有毛刺、飞边、氧化皮、锈蚀、切屑、油污、着色剂、防锈油和灰尘等。

3.3 装配前应对零、部件的主要配合尺寸,特别是过盈配合尺寸及相关精度进行复查。经钳工修整的配合尺寸,必须由检验部门复检。

3.4 装配过程中的机械加工工序应符合JB/T 5000.9的规定;焊接工序应符合JB/T 5000.3的规定。

3.5 除有特殊要求外,装配前必须将零件的尖角和锐边倒钝。

3.6 装配过程中零件不允许磕碰、划伤和锈蚀。

3.7 输送介质的孔要用照明法或通气法检查是否畅通。

3.8 装配后无法再进入的部位要先涂底漆和面漆。油漆未干的零、部件不得进行装配。

3.9 机座、机身等机器的基础件,装配时应校正水平(或垂直)。其校正精度,对结构简单、精度低的机器不低于0.2 mm/m;对结构复杂、精度高的机器不低于0.1 mm/m。

3.10 零、部件的各润滑点装配后必须注入适量的润滑油(或脂)。

4 装配部件的形位公差

4.1 本形位公差是指装配部件被测要素的未注形位公差,主参数$L \leqslant 1\ 000$ mm见表1,主参数

L>1 000 mm～10 000 mm 见表 2。

4.2 形位公差主参数是指装配时相关部件被测要素的长度尺寸。

4.3 当相关技术文件中未注明形位公差时，一般使用公差等级中的 m 等级，如与 m 等级不相符的形位公差要求时，应在所属产品图样或检验大纲中注明。

表 1 装配部件的未注形位公差（L≤1 000 mm） 单位为毫米

特性	公差等级			
	sf	f	m	g
平面度公差	0.05	0.1	0.2	0.5
平行度公差	0.03	0.1	0.2	0.5
垂直度公差	0.05	0.1	0.2	0.5
倾斜度公差	0.03	0.1	0.2	0.5
水平度公差	0.05	0.1	0.2	0.5
同轴度公差	0.03	0.1	0.2	0.5

表 2 装配部件的未注形位公差（L>1 000 mm～10 000 mm） 单位为毫米

主参数 L		>1 000～1 600	>1 600～2 500	>2 500～4 000	>4 000～6 300	>6 300～10 000
公差等级	sf(0.05 mm/m)	0.08	0.11	0.14	0.22	0.35
	f(0.10 mm/m)	0.16	0.21	0.28	0.40	0.70
	m(0.20 mm/m)	0.32	0.43	0.56	0.88	1.40
	g(0.50 mm/m)	0.80	1.06	1.40	2.20	3.50
注：表 1 的特性适用于表 2。						

5 装配连接方法

5.1 螺钉、螺栓连接

5.1.1 螺钉、螺栓和螺母紧固时严禁打击或使用不合适的旋具和扳手。紧固后螺钉槽、螺母和螺钉、螺栓头部不得损坏。

5.1.2 图样或工艺文件中有规定拧紧力矩要求的紧固件，必须采用力矩扳手并按规定的拧紧力矩紧固；未规定拧紧力矩的紧固件，其拧紧力矩可参考附录 A。

5.1.3 同一零件用多件螺钉（螺栓）紧固时，各螺钉（螺栓）需交叉、对称、逐步、均匀拧紧。如有定位销，应从靠近该销的螺钉（螺栓）开始。

5.1.4 螺钉、螺栓和螺母拧紧后，其支承面应与被紧固零件贴合。

5.1.5 螺母拧紧后，螺栓、螺钉头应露出螺母端面 2 个～3 个螺距。

5.1.6 沉头螺钉紧固后，沉头不得高出沉孔端面。

5.1.7 严格按照图样及技术文件上规定性能等级的紧固件装配，不允许用低性能紧固件替代高性能紧固件。

5.2 销连接

5.2.1 圆锥销装配时应与孔进行涂色检查，其接触率不应小于配合长度的 60%，并应分布均匀。

5.2.2 定位销的端面一般应突出零件表面。带螺尾圆锥销装入相关零件后，其大端应沉入孔内。

5.2.3 开口销装入相关件后，其尾部须分开，其扩角为 60°～90°。

5.3 键联结

5.3.1 平键装配时，不得配制成阶梯形。

5.3.2 平键与轴上键槽两侧面应均匀接触，其配合面不得有间隙。钩头键、楔键装配后，其接触面积应不小于工作面积的 70%，且不接触部分不得集中于一段。外露部分应为斜面的 10%～15%。

5.3.3 花键装配时，同时接触的齿数不小于 2/3，接触率在键齿的长度和高度方向不得低于 50%。

5.3.4 滑动配合的平键（或花键）装配后，相配件须移动自如，不得有松紧不匀现象。

5.4 铆钉连接

5.4.1 铆接时不得损坏被铆接零件的表面，也不得使被铆接的零件变形。

5.4.2 除特殊要求外，一般铆接后不得出现松动现象，铆钉头部必须与被铆零件紧密接触并应光滑圆整。

5.5 粘合连接

5.5.1 粘结剂牌号必须符合设计或工艺要求并采用在有效期限内的粘合剂。

5.5.2 被粘接的表面必须做好预处理，彻底清除油污、水膜、锈迹等杂质。

5.5.3 粘接时粘结剂应涂得均匀。固化的温度、压力、时间等必须严格按工艺或粘接剂使用说明的规定执行。

5.5.4 粘接后应清除流出的多余粘结剂。

5.6 过盈连接

5.6.1 压装

5.6.1.1 压装时压装的方法可参考附录 B 选取，压入力的计算可参考附录 C。

5.6.1.2 压装的轴或套允许有引入端，其导向锥角 10°～20°，导锥长度等于或小于配合长度的 15%。

5.6.1.3 实心轴压入盲孔时允许开排气槽，槽深不大于 0.5 m。

5.6.1.4 压入件表面除特殊要求外，压装时须涂清洁的润滑剂。

5.6.1.5 采用压力机压装时，其压力机的压力一般为所需压入力的 3 倍～3.5 倍。压装过程中压力变化应平稳。

5.6.2 热装

5.6.2.1 热装的加热方法可参考附录 B 选取。

5.6.2.2 热装零件的加热温度根据零件材质、结合直径、过盈量及热装的最小间隙等确定，确定方法见附录 D。

5.6.2.3 用油加热零件的加热温度须比所用油的闪点低 20 ℃～30 ℃。

5.6.2.4 热装后零件应自然冷却，不准急冷。

5.6.2.5 零件热装后必须紧靠轴肩或其他相关定位面，冷缩后的间隙不得大于配合长度尺寸的 0.3 mm/m。

5.6.3 冷装

5.6.3.1 冷装时常用的冷却方法可参考附录 B 选取。

5.6.3.2 冷装时零件的冷却温度及时间的确定方法可参见附录 E。

5.6.3.3 被冷却零件取出后应立即装入包容件。对零件表面有厚霜者，不得装配，应重新冷却。

5.6.4 胀套

5.6.4.1 胀套与结合件的配合表面必须干净无污物，无腐蚀，无损伤。装前均匀涂一层不含 MoS_2 等添加剂的润滑油。

5.6.4.2 胀套螺栓必须使用力矩扳手，并对称、交叉、逐步、均匀拧紧。

5.6.4.3 螺栓的拧紧力矩 T_A 值按设计图样或工艺文件规定，亦可参考附录 A 并按下列步骤进行：

a) 以 $1/3T_A$ 值拧紧；

b) 以 $1/2T_A$ 值拧紧；

c) 以 T_A 值拧紧；

d) 以 T_A 值检查全部螺栓。

6 典型部件装配

6.1 滚动轴承装配

6.1.1 轴承外圈与开式轴承座及轴承盖的半圆孔不准有卡住现象，装配时允许整修半圆孔，修整尺寸不应超过表 3 规定值。

表 3 轴承盖(座)修整尺寸

单位为毫米

轴承外径 D	b	h
≤120	≤0.10	≤10
>120～260	≤0.15	≤15
>260～400	≤0.20	≤20
>400	≤0.25	≤30

6.1.2 轴承外圈与开式轴承座及轴承盖的半圆孔应接触良好，用涂色检验时，与轴承座对称于中心线 120°、与轴承盖在对称于中心线 90°的范围内应均匀接触。在上述范围内用塞尺检查时，0.03 mm 的塞尺不得插入外圈宽度的 1/3。

6.1.3 轴承内圈端面应紧靠轴向定位面，其允许最大间隙：对圆锥滚子轴承和角接触球轴承为 0.05 mm；其他轴承为 0.1 mm。

6.1.4 轴承外圈装配后与定位端轴承盖端面应接触均匀。

6.1.5 采用润滑脂润滑的轴承，装配后应注入相当于轴承空腔容积约 30%～50%的符合规定的清洁润滑脂。凡稀油润滑的轴承，不准加润滑脂。

6.1.6 轴承热装时，其加热温度应不高于 100 ℃。轴承冷装时，其冷却温度应不低于−80 ℃。

6.1.7 可拆卸轴承装配时，必须严格按原组装位置，不得装反或与别的轴承混装。对可调头装的轴承，装配时应将轴承的标记端朝外。

6.1.8 在轴的两端装配径向间隙不可调的向心轴承，且轴向位移是以两端端盖限定时，其一端必须留有轴向间隙 C(见图 1)。C 值的大小按式(1)计算。

$$C = \alpha \cdot \Delta t \cdot L + 0.15 \qquad \cdots\cdots (1)$$

式中：

α——轴材料线膨胀系数，单位为每摄氏度(℃$^{-1}$)，对钢：$\alpha = 12 \times 10^{-6}$/℃；

Δt——轴最高工作温度与环境温度之差，单位为摄氏度(℃)；

L——两轴承中心距，单位为毫米(mm)；

0.15——轴热胀后剩余间隙，单位为毫米(mm)。

一般情况取 Δt=40 ℃，故装配时只需根据 L 尺寸，即可按简易公式(2)计算 C 值。

$$C = 0.000\,5L + 0.15 \qquad \cdots\cdots (2)$$

6.1.9 单列圆锥滚子轴承、角接触球轴承、双向推力球轴承轴向游隙按表 4 调整。双列和四列圆锥滚子轴承装配时应检查其轴向游隙并应符合表 5 和表 6 的要求。

6.1.10 滚动轴承装好后用手转动应灵活、平稳。

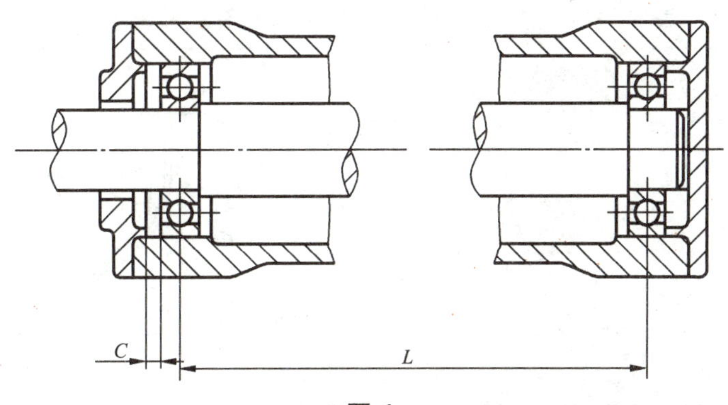

图 1

表 4 角接触球轴承、单列圆锥滚子轴承、双向推力球轴承轴向游隙 单位为毫米

轴承内径	角接触球轴承轴向游隙		单列圆锥滚子轴承轴向游隙		双向推力球轴承轴向游隙	
	轻系列	中及重系列	轻系列	轻宽中及中宽系列	轻系列	中及重系列
≤30	0.02～0.06	0.03～0.09	0.03～0.10	0.04～0.11	0.03～0.08	0.05～0.11
＞30～50	0.03～0.09	0.04～0.10	0.04～0.11	0.05～0.13	0.04～0.10	0.06～0.12
＞50～80	0.04～0.10	0.05～0.12	0.05～0.13	0.06～0.15	0.05～0.12	0.07～0.14
＞80～120	0.05～0.12	0.06～0.15	0.06～0.15	0.07～0.18	0.06～0.15	0.10～0.18
＞120～150	0.06～0.15	0.07～0.18	0.07～0.18	0.08～0.20	—	—
＞150～180	0.07～0.18	0.08～0.20	0.09～0.20	0.10～0.22	—	—
＞180～200	0.09～0.20	0.10～0.22	0.12～0.22	0.14～0.24	—	—
＞200～250	—	—	0.18～0.30	0.18～0.30	—	—

表 5 双列圆锥滚子轴承轴向游隙 单位为毫米

轴承内径	轴向游隙		轴承内径	轴向游隙	
	一般情况	内圈比外圈温度高 25 ℃～30 ℃		一般情况	内圈比外圈温度高 25 ℃～30 ℃
≤80	0.10～0.20	0.30～0.40	＞225～315	0.30～0.40	0.70～0.80
＞80～180	0.16～0.25	0.40～0.50	＞315～580	0.40～0.50	0.90～1.00
＞180～225	0.20～0.30	0.50～0.60			

表 6 四列圆锥滚子轴承的轴向游隙 单位为毫米

轴承内径	轴向游隙	轴承内径	轴向游隙
＞120～180	0.15～0.25	＞500～630	0.30～0.40
＞180～315	0.20～0.30	＞630～800	0.35～0.45
＞315～400	0.25～0.35	＞800～1 000	0.35～0.45
＞400～500	0.30～0.40	＞1 000～1 250	0.40～0.50

6.2 滑动轴承装配

6.2.1 上、下轴瓦应按加工时的配对标记装配。

6.2.2 上、下轴瓦的接合面要紧密贴合，用 0.05 mm 塞尺检查不得插入。

6.2.3 轴瓦垫片应平整无棱刺，形状应与瓦口相同，其宽度和长度比瓦口面的相应尺寸小 1 mm～2 mm。垫片与轴颈必须有 1 mm～2 mm 的间隙，两侧厚度应一致，其允差应小于 0.2 mm。

6.2.4 用定位销固定轴瓦时，应在保证瓦口面和端面与相关轴承孔的开合面和端面保持平齐状态下钻铰、配销。销钉装入后不得松动，销端面应低于轴瓦内孔 1 mm～2 mm。

6.2.5 上、下轴瓦外圆与相关轴承座孔应接触良好，在允许接触角内的接触率应符合表 7 要求。

6.2.6 上、下轴瓦内孔与相关轴颈接触 α 以外的部分均需加工出油楔（表 8 图示之 C_1）。楔形从瓦口开始由最大逐步过渡到零，楔形最大值按表 8 规定。

表 7　上、下轴瓦外圆与相关轴承座孔的接触要求

项目		接触要求	
		上瓦	下瓦
接触角 α	稀油润滑	130°±5°	150°±5°
	油脂润滑	120°±5°	140°±5°
α 角内接触率		≥60%	≥70%
瓦侧间隙 b/mm		D≤200 mm 时，0.05 mm 塞尺不准插入	
		D>200 mm 时，0.10 mm 塞尺不准插入	

表 8　上、下轴瓦油楔尺寸

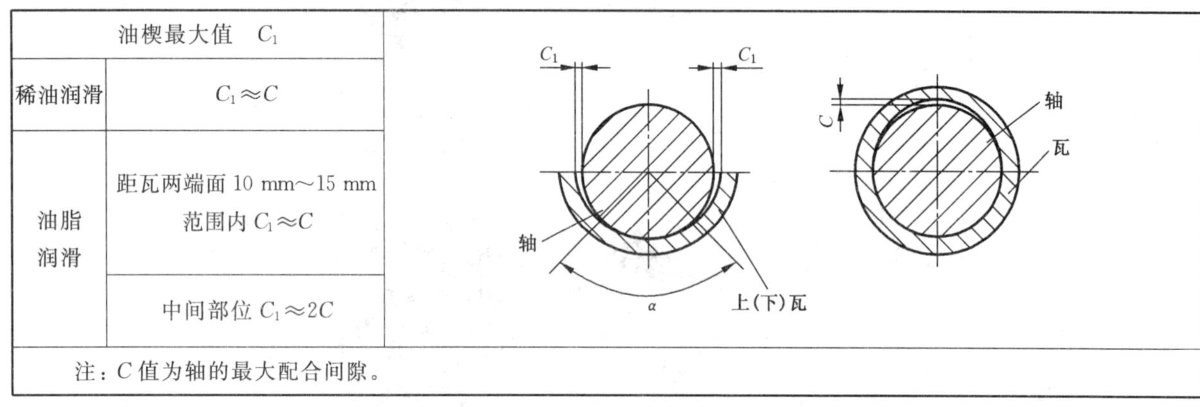

油楔最大值 C_1	
稀油润滑	$C_1 \approx C$
油脂润滑	距瓦两端面 10 mm～15 mm 范围内 $C_1 \approx C$
	中间部位 $C_1 \approx 2C$

注：C 值为轴的最大配合间隙。

6.2.7　轴瓦内孔刮研后，应与相关轴颈接触良好。在接触角范围内的接触斑点按表 9 规定。

6.2.8　整体轴套的装配可根据过盈的大小采用压装或冷装。

6.2.9　轴套装入机件后，轴套内径与轴配合应符合设计要求，必要时可以适当的修刮来保证。两件结合面经着色研合，接触痕迹应均匀分布，其未接触部分按限定区域内不得超过表 10 限定的方块值。

表 9　上下轴瓦内孔与相关轴颈的接触要求

接触角 α		α 角范围内接触斑点　点数/25 mm×25 mm			
稀油润滑 120°	油脂润滑 90°	轴转速/(r/min)	轴瓦内径/mm		
			≤180	>180～360	>360～500
		≤300	4	3	2
		>300～500	5	4	3
		>500～1 000	6	5	4
		>1 000	8	6	5

表 10　均匀接触限定值

单位为毫米

长度参数范围	限定方块值	长度参数范围	限定方块值
≤200	25×25	>800～1 600	80×80
>200～400	40×40	>1 600	100×100
>400～800	60×60		

注 1：长度参数范围系指长方形平面的长度，对于圆柱面和弧面按其展开图形的长度。

注 2：如果结合面宽度尺寸小于或等于所选档次中限定方块值的边长时，可降到相应档次（结合面）的宽度大于限定方块值边长的档次使用。

6.2.10　球面轴承的球体与球面座应均匀接触，用涂色法检查，其接触率不应小于 70%。

6.2.11　合金轴承衬的刮研接触要求按 6.2.7。刮削量不得大于合金轴承衬壁厚的 1/30。

6.2.12　合金轴承衬表面呈黄色时不准使用，在规定的接触角内不准有缝隙现象；在接触角外的缝隙面积不得大于非接触区总面积的 10%。

6.3　齿轮与齿轮箱装配

6.3.1　齿轮(蜗轮)基准端面与轴肩(或定位套端面)应贴合，用 0.05 mm 塞尺检查不得插入，并应保证齿轮基准端面与轴线的垂直度要求。

6.3.2　相啮合的圆柱齿轮副，两齿宽中心平面的轴向位置偏差应符合如下规定：

a)　当齿宽 $B \leqslant 100$ mm 时，位置偏差 $\Delta B < 0.05B$；

b)　当齿宽 $B > 100$ mm 时，位置偏差 $\Delta B < 5$ mm。

6.3.3　齿轮(蜗轮)副啮合时的齿面接触斑点不小于表 11 的规定。接触斑点的分布位置应趋近于齿面中部，齿顶和齿端棱边不允许有接触。

表 11　齿面接触斑点

<table>
<tr><th rowspan="3">精度等级</th><th colspan="2">圆柱齿轮</th><th colspan="2">圆锥齿轮</th><th colspan="2">蜗轮</th></tr>
<tr><th>沿齿高</th><th>沿齿长</th><th>沿齿高</th><th>沿齿长</th><th>沿齿高</th><th>沿齿长</th></tr>
<tr><th colspan="6">%</th></tr>
<tr><td>5</td><td>55</td><td>80</td><td>65～85</td><td>60～80</td><td rowspan="2">65</td><td rowspan="2">60</td></tr>
<tr><td>6</td><td>50</td><td>70</td><td rowspan="2">55～75</td><td rowspan="2">50～70</td></tr>
<tr><td>7</td><td>45</td><td>60</td><td rowspan="2">55</td><td rowspan="2">50</td></tr>
<tr><td>8</td><td>40</td><td>50</td><td rowspan="2">40～70</td><td rowspan="2">30～65</td></tr>
<tr><td>9</td><td>30</td><td>40</td><td rowspan="2">45</td><td rowspan="2">40</td></tr>
<tr><td>10</td><td>25</td><td>30</td><td rowspan="2">30～60</td><td rowspan="2">25～55</td></tr>
<tr><td>11</td><td>20</td><td>30</td><td>30</td><td>30</td></tr>
</table>

6.3.4　齿轮(蜗轮)副装配后应检查齿侧间隙，并符合图样或工艺文件要求。

6.3.5　圆锥齿轮应按加工配对编号装配。

6.3.6　齿轮箱与盖的结合面应接触良好。在自由状态下，箱盖与箱体的间隙不应超过表 12 的规定值；紧固后用 0.05 mm 塞尺检查，局部插入不应超过结合面宽的三分之一。

表 12　箱盖与箱体在自由状态下的允许间隙　　单位为毫米

齿轮箱长度	≤1 000	>1 000～2 000	>2 000～3 000	>3 000～4 000
箱体与箱盖间隙	≤0.08	≤0.12	≤0.15	≤0.20

6.3.7　齿轮传动装置装配后，应按设计或工艺要求进行空运转试车。应运转平稳、无异常噪声。

6.3.8　齿轮箱的清洁度应符合 JB/T 7929 的规定。

6.4　带轮与链传动装配

6.4.1　平行传动轴的带轮，两轴线平行度公差为 $0.15L/1\ 000$(L 为两轴中心距，单位为 mm)，两轮的轮宽中间平面应在同一平面上，公差为 0.5 mm。

6.4.2　主动链轮与从动链轮的齿宽中心平面应重合，其偏移误差不大于 $1.5L/1\ 000$(L 为两链轮的中心距，单位为 mm)。

6.4.3　链条与链轮啮合时，链条工作边必须拉紧并应保证啮合平稳。

6.4.4　链条非工作边的初垂度按两链轮中心距的 1%～5%调整。

6.5　联轴器装配

6.5.1　每套联轴器在拆装过程中，必须与原装配组合一致。

6.5.2 刚性联轴器装配时，两轴线的径向位移应小于 0.03 mm。

6.5.3 挠性、齿式、轮胎、链条联轴器装配时，其装配精度应符合表 13 规定。

表 13 联轴器装配精度

<table>
<tr><th>联轴器轴孔直径/mm</th><th>两轴线的同轴度公差(圆跳动)/mm</th><th>两轴线的角度偏差</th></tr>
<tr><td>≤100</td><td rowspan="3">0.05</td><td rowspan="2">0.05°</td></tr>
<tr><td>>100～180</td></tr>
<tr><td>>180～250</td><td rowspan="2">0.10°</td></tr>
<tr><td>>250～315</td><td rowspan="2">0.10</td></tr>
<tr><td>>315～450</td><td>0.15°</td></tr>
<tr><td>>450～560</td><td rowspan="2">0.15</td><td rowspan="2">0.20°</td></tr>
<tr><td>>560～630</td></tr>
<tr><td>>630～710</td><td rowspan="2">0.20</td><td>0.25°</td></tr>
<tr><td>>710～800</td><td>0.30°</td></tr>
<tr><td colspan="3">注 1：两个半联轴器均须做转动测量，这样可以补偿其外圆的圆度偏差。
注 2：用百分表测量，两轴线间差值是表列公差之半。
注 3：两轴线的角度偏差可用百分表检测或塞尺检查联轴器两法兰间的间隙。</td></tr>
</table>

6.6 制动器和离合器装配

6.6.1 制动带与制动板铆接后必须贴紧，局部间隙应符合以下要求：

a) 制动轮直径<500 mm 时，局部间隙≤0.3 mm；

b) 制动轮直径≥500 mm 时，局部间隙≤0.5 mm；

c) 塞尺插入深度小于等于带宽的 1/3，且全长上不得多于两处。

6.6.2 制动带与制动板铆接时，铆钉头应埋入制动带厚度的 1/3，制动带不许有铆裂现象。

6.6.3 带式制动器在自由状态时，制动带与制动轮之间的间隙为 1 mm～2 mm。

6.6.4 块式制动器在自由状态时，制动块与制动轮之间的间隙为 0.25 mm～0.50 mm。

6.6.5 片式摩擦离合器在自由状态时，主动盘与被动盘必须彻底分离。

6.6.6 干式摩擦片必须干燥、清洁，工作面不允许沾上油污和杂物。

6.6.7 离合器的摩擦片接触面积不小于总摩擦面积的 75%。

6.7 液压缸、气缸及密封件装配

6.7.1 组装前严格检查并清除零件加工时残留的锐角、毛刺和异物，保证密封件装入时不被擦伤。

6.7.2 装配时必须十分注意密封件的工作方向，对 O 形圈与保护挡环并用时应注意挡环的位置。

6.7.3 对弹性较差的密封件，必须采用具有扩张或收缩功能的工装进行装配。

6.7.4 带双向密封圈的活塞装入盲孔油缸时，应采用引导工装，不允许用螺钉旋具硬塞。

6.7.5 液压缸、气缸装配后要进行密封及动作试验，达到如下要求：

a) 行程符合要求；

b) 运行平稳，无卡阻和爬行现象；

c) 无外部渗漏现象，内部渗漏按图样要求。

6.7.6 各种密封毡圈、毡垫、石棉绳、皮碗等密封件装配前必须浸透油；钢纸板用热水泡软；紫铜垫作退火处理。

6.8 管路装配

管路装配要求应符合 JB/T 5000.11、JB/T 6996 的规定。

7 其他

7.1 平面刮研

7.1.1 平面刮研时必须使用相应精度等级的平板或平尺。推拉平板或平尺时应沿水平方向施力，严禁在平板或平尺顶面施力。

7.1.2 相关两个平面需要互研时，只能在两个平面各自按平板或平尺刮研接近合格后方准互研。

7.1.3 被刮研表面的接触斑点不少于表14规定。

表14 刮研表面接触斑点

单位为点数/25 mm×25 mm

滑动速度/(m/s)	接触面积 ≤0.2 m^2	接触面积 >0.2 m^2
≤0.5	3	2
0.5～1.5	4	3

7.2 锥轴伸与轴孔配合表面接触应均匀，着色研合检验时其接触率不低于70%。

7.3 平衡实验要求

7.3.1 有平衡力矩要求的零、部件，装配时应按规定进行静平衡或动平衡试验。

7.3.2 对有静平衡试验要求而未注明具体要求时，则按GB/T 9239.1—2006中G16级执行。

7.3.3 对转动零部件的不平衡质量可用下述方法进行校正：

a) 用补焊、喷镀、粘接、铆接、螺纹连接等加配质量(配重)；

b) 用钻削、磨削、铣削、锉削等去除局部质量(去重)；

c) 在平衡槽中改变平衡块的数量或重量。

7.3.4 用加配质量的方法校正时，必须固定可靠，以防在工作过程中松动或飞出。

7.3.5 用去除质量的方法校正时，注意不得影响零件的刚度、强度和外观。

7.3.6 对组合式转动体，经总体平衡后不得再任意移动、调换零件。

7.4 装配打印

7.4.1 机器在装配中如有不允许用户在安装时互换的零件或变更相关件的装配位置，且这些零、部件装配后又需拆开包装的，则必须打出能够容易识别原装配关系的钢印或粘贴标签。

7.4.2 装配中已配好的管路又需拆开包装的，在联接处必须粘贴标签或牵挂钢印标牌。

7.4.3 同一打印组的编号必须一致，同一台产品中不同打印组的编号不得重复。

7.4.4 打印的字迹必须清晰、整齐。

7.4.5 打印的位置应靠近相关件联接处的非滑动面上。若毛坯，则在磨出的平面上打印；若在大件上打印，则应用红漆圈上方框。各打印处不准涂油漆或腻子，但必须涂防锈油。

8 总装及试车

8.1 产品出厂前必须进行总装。对于特大型产品或成套的设备，因受制造厂条件所限而不能总装的，应进行试装。试装时必须保证所有连接或配合部位均应符合设计要求。

8.2 产品总装后均应按产品标准和有关技术文件的规定进行试车和检验。对于特大型产品或成套的设备，因受制造厂条件限制而不能试车时，则应按有关合同或协议执行。

8.3 试车一般要求：

8.3.1 产品的运转为双向旋转的，必须双向试车；运转为单向的，试车方向必须与工作方向一致。

8.3.2 拖动产品的试车工具的转速应符合产品工作要求，允许偏差为±10%。

8.3.3 随机的气、液管路应按JB/T 5000.11—2007的规定进行清洗和防锈处理。

8.3.4　产品试车前，随机的润滑管、液压管应先单独进行循环清洗。清洁度应符合JB/T 5000.11—2007的规定。

8.4　空运转试车

8.4.1　凡机器产品（包括成套设备中的单机），都应按相关技术文件的要求在装配后进行空运转试车（包括手动盘车试验）。

8.4.2　单机空运转试车，对需手动盘车设备，不少于三个全行程；对连续运转的设备，试车时间不少于2 h；对往复运动的设备，全行程往复不少于五次。

8.4.3　对有多种动作程序的设备，各动作要进行联动程序的连续操作或模拟操作，运转五次以上，各动作应平稳、到位、无故障。

8.5　负荷及工艺性试车按产品标准、技术文件或合同规定进行。

8.6　在试车过程中轴承温度应符合图样或工艺要求，在图样及工艺未作规定时应符合表15规定。

8.7　有压力要求的设备（如液压机），应对密封及系统进行密封耐压试验。如技术文件无明确试压要求时，其试验压力为工作压力的100%～125%。保压5 min～10 min，不得渗漏。

8.8　产品在总装及试车过程中，应做好关键件配合尺寸、单配件尺寸及试车的各项记录并作为产品技术档案存档。

表15　轴承试车时的温升要求

项目		温升	最高温度
		℃	
滚动轴承	空运转试车	≤35	≤85
	负荷试车	≤45	≤85
滑动轴承	空运转试车	≤20	≤70
	负荷试车	≤30	≤70

注1：最高温度是指实测最高温度。

注2：运转规定时间内每相隔30 min测温一次，做好记录。若30 min内温度变化≤0.5 ℃，则为最终温度。

附　录　A
（资料性附录）
一般连接螺栓拧紧力矩

一般连接螺栓拧紧力矩见表 A.1。

表 A.1

力学性能等级	螺纹规格 d/mm												
	M6	M8	M10	M12	M16	M20	M24	M30	M36	M42	M48	M56	M64
	拧紧力矩 T_A/(N·m)												
5.6	3.3	8.5	16.5	28.7	70	136.3	235	472	822	1 319	1 991	3 192	4 769
8.8	7	18	35	61	149	290	500	1 004	1 749	2 806	4 236	6 791	10 147
10.9	9.9	25.4	49.4	86	210	409	705	1 416	2 466	3 957	5 973	9 575	14 307
12.9	11.8	30.4	59.2	103	252	490	845	1 697	2 956	4 742	7 159	11 477	17 148
A2-70	5	12.8	24.9	43.3	105.8	205.9	355	713	1 242	1 992	3 008	4 822	7 204

力学性能等级	螺纹规格 d/mm							
	M72×6	M80×6	M90×6	M100×6	M110×6	M125×6	M140×6	M160×6
	拧紧力矩 T_A/(N·m)							
5.6	6 904	9 573	13 861	19 327	25 756	37 733	53 263	80 383
8.8	14 689	20 368	29 492	41 122	54 799	80 284	113 326	171 027
10.9	20 712	40 494	41 584	57 982	77 267	113 200	159 790	241 148
12.9	24 824	34 422	49 841	69 496	92 610	135 680	191 521	289 036
A2-70	10 429	14 461	20 939	29 197	38 907	57 002	80 461	121 429

注 1：适用于粗牙螺栓、螺钉。

注 2：拧紧力矩允许偏差为±5%。

注 3：摩擦系数为 μ=0.125。

注 4：所给数值为使用润滑剂的螺栓，对于无润滑剂的螺栓的拧紧力矩应为表中值的 133%。

附 录 B
（资料性附录）
过盈连接各种装配方法的工艺特点及适用范围

过盈连接各种装配方法的工艺特点及适用范围见表 B.1。

表 B.1

装配方法		主要设备和工具	工艺特点	使用范围
压装	冲击压入	手锤或用重物冲击	简便，但导向性不易控制，易出现歪斜	适用于配合面要求较低或其长度较短、过渡配合的连接件，如销、键、短轴等，多用于单件生产
	工具压入	螺旋式、杠杆式、气动式压入工具	导向性比冲击压入好，生产率较高	适用于不宜用压力机压入的小尺寸连接件，如小型轮圈、轮毂、齿轮、套筒、连杆、衬套和一般要求的滚动轴承等。多用于小批生产
	压力机压入	齿条式、螺旋式、杠杆式、气动式压力机和液压机	压力范围由 10 kN～10 000 kN，配合夹具可提高导向性	适用于中型和大型连接件，如车轮、飞轮、齿圈、轮毂、连杆衬套、滚动轴承等，易于实现压合过程自动化，成批生产中广泛采用
	液压垫压入	液压垫（一般用厚 2 mm～3 mm 的钢板制成空心，注入压力液体）	压力常在 10 000 kN 以上	用于压入行程短的大型、重型连接件，多用于单件或小批生产以代替大型压力机
热装	火焰加热	喷灯、氧乙炔、丙烷加热器炭炉	加热温度低于 350 ℃，丙烷（或其他气体燃料）。加热器热量集中，加热温度易于控制，操作简便	适用于局部受热和热胀尺寸要求严格控制的中型和大型连接件，如汽轮机、鼓风机、透平压缩机的叶轮、组合式曲轴的曲柄等
	介质加热	沸水槽，蒸汽加热槽，热油槽	沸水槽加热温度 80 ℃～100 ℃，蒸汽加热槽可达 120 ℃，热油槽加热可达 90 ℃～320 ℃，均可使连接件除油干净、热胀均匀	适用于过盈量较小的连接件，如滚动轴承、液体静压轴承、连杆衬套、齿轮。对忌油连接件，如氧压缩机上的连接件，需用沸水槽或蒸汽加热槽加热
	电阻加热和辐射加热	电阻炉，红外线辐射加热箱	加热温度可达 400 ℃以上，热胀均匀，表面洁净，加热温度易于自动控制	适用于小型和中型连接件，大型连接件需专用设备，成批生产中广泛应用
	感应加热	感应加热器	加热温度可达 400 ℃以上，加热时间短，调节温度方便，热效率高	适用于采用特重型和重型过盈配合的中型和大型连接件，如汽轮机叶轮、大型压榨机部件等
冷装	干冰冷缩	干冰冷缩装置（或以酒精、丙酮、汽油为介质）	可冷至－78 ℃，操作简便	适用于过盈量小的小型连接件和薄壁衬套等
	低温箱冷缩	各种类型低温箱	可冷至－40 ℃～－140 ℃。冷缩均匀，表面洁净，冷缩温度易于自动控制，生产率高	适用于配合面精度较高的连接件，在热态下工作的薄壁套筒件，如发动机气门座圈等
	液氮冷缩	移动式或固定式液氮槽	可冷至－195 ℃，冷缩时间短，生产率高	适用于过盈量较大的连接件，如发动机主、副连杆衬套等，在过盈连接装配自动化中常采用
	液氧冷缩	移动式或固定式液氧槽	可冷至－180 ℃，冷缩时间短，生产率高	

附　录　C
（资料性附录）
压装时压入力的计算公式

C.1　压入力 P 的计算按式(C.1)：

$$P = p_{fmax}\pi d_f L_f \mu \qquad (C.1)$$

式中：

P——压入力，单位为牛(N)；

p_{fmax}——结合表面承受的最大单位压力，单位为牛每平方毫米(N/mm^2)；

d_f——结合直径，单位为毫米(mm)；

L_f——结合长度，单位为毫米(mm)；

μ——结合表面摩擦系数，见表C.1。

表 C.1

材　料	摩擦系数 μ		材　料	摩擦系数 μ	
	无润滑	有润滑		无润滑	有润滑
钢-钢	0.07～0.16	0.05～0.13	钢-青铜	0.15～0.20	0.03～0.06
钢-铸钢	0.11	0.07	钢-铸铁	0.12～0.15	0.05～0.10
钢-结构钢	0.10	0.08	铸铁-铸铁	0.15～0.25	0.05～0.10
钢-优质结构钢	0.11	0.07	—	—	—

C.2　最大单位压力 p_{fmax} 的计算按式(C.2)：

$$p_{fmax} = \frac{\delta_{max}}{d_f\left(\frac{C_a}{E_a} + \frac{C_i}{E_i}\right)} \qquad (C.2)$$

式中：

δ_{max}——最大过盈量，单位为毫米(mm)；

C_a、C_i——系数，见式(C.3)、式(C.4)；

E_a、E_i——分别为包容件和被包容件的材料弹性模量，单位为牛每平方毫米(N/mm^2)，见表C.2。

C.3　系数 C_a、C_i 的计算按式(C.3)和式(C.4)：

$$C_a = \frac{d_a^2 + d_f^2}{d_a^2 - d_f^2} + \nu \qquad (C.3)$$

$$C_i = \frac{d_f^2 + d_i^2}{d_f^2 - d_i^2} - \nu \qquad (C.4)$$

式中：

d_a、d_i——分别为包容件外径和被包容件内径(实心轴 $d_i = 0$)，单位为毫米(mm)；

ν——泊松系数，见表C.2。

表 C.2

材　料	弹性模量 E/(kN/mm²)	泊松系数 ν	线膨胀系数 α/(10^{-6}/℃)	
			加热	冷却
碳钢、低合金钢、合金结构钢	200～235	0.30～0.31	11	−8.5
灰铸铁　HT150、HT200	70～80	0.24～0.25	11	−9
灰铸铁　HT250、HT300	105～130	0.24～0.26	10	−8
可锻铸铁	90～100	0.25		
非合金球墨铸铁	160～180	0.28～0.29		
青铜	85	0.35	17	−15
黄铜	80	0.36～0.37	18	−16
铝合金	69	0.32～0.36	21	−20
镁铝合金	40	0.25～0.30	25.5	−25

附　录　D
（资料性附录）
热装时加热温度和时间的确定

D.1　热装时包容件的加热温度可按推荐公式(D.1)计算：

$$t_n = \frac{e_{ot}}{\alpha d_f} + t = \frac{\Delta_1 + \Delta_2}{\alpha d_f} + t \qquad \cdots\cdots (D.1)$$

式中：

t_n——包容件加热温度，单位为摄氏度(℃)；

e_{ot}——包容件内径的热胀量，单位为毫米(mm)(等于过盈量 Δ_1 与热装时的最小间隙 Δ_2 之和)；

α——材料的线膨胀系数，单位为每摄氏度(℃$^{-1}$)，见表 C.2(加热)；

d_f——结合直径，单位为毫米(mm)；

t——环境温度，单位为摄氏度(℃)。

D.2　热装时所需的最小间隙 Δ_2 按表 D.1 选取。

表 D.1

单位为毫米

结合直径 d_f	>80～100	>100～120	>120～150	>150～180	>180～220	>220～260	>260～310	>310～360	>360～440	>440～500	>500～560
装配间隙 Δ_2	0.1	0.12	0.20	0.25	0.30	0.38	0.46	0.54	0.66	0.75	0.84
结合直径 d_f	>560～630	>630～710	>710～800	>800～900	>900～1 000	>1 000～1 120	>1 120～1 250	>1 250～1 400	>1 400～1 600	>1 600～1 800	>1 800～2 000
装配间隙 Δ_2	0.94	1.10	1.20	1.40	1.60	1.80	2.00	2.20	2.60	2.90	3.20
注：热装时所需的最小间隙的 Δ_2 经验数据为配合直径的 1/1 000 mm～1.5/1 000 mm。											

D.3　加热和保温时间的经验数据，一般可按每厚 10 mm 需要 10 min 的加热时间，每厚 40 mm 需要 10 min的保温时间。

D.4　应用举例

已知包容件为钢制件，其结合直径 d_f＝150 mm，最大过盈量 Δ_t＝0.117 mm，求热装时加热温度。

解：查表 C.2，钢制零件受热时的线膨胀系数 $\alpha = 11\times10^{-6}$/℃，

查表 D.1，热装时所需的最小间隙 Δ_2＝0.20 mm，

取环境温度 t＝25 ℃

$$t_n = \frac{\Delta_1 + \Delta_2}{\alpha d_f} + t = \frac{0.117 + 0.20}{11\times10^{-6}\times150} + 25 = 217\ ℃$$

附　录　E
（资料性附录）
冷装时冷却温度和时间的确定

E.1　冷装时的冷却温度应控制合适，可按推荐公式（E.1）计算：

$$t_c = \frac{e_{it}}{\alpha d_f} = \frac{2\Delta_1}{\alpha d_f} \quad \cdots\cdots（E.1）$$

式中：

t_c——冷却温度，单位为摄氏度（℃）；

e_{it}——被包容件外径的冷缩量，单位为毫米（mm），（按经验数据取为结合面过盈量 Δ_1 的二倍）；

α——材料的线膨胀系数，单位为每摄氏度（$℃^{-1}$），见表 C.2（冷却）；

d_f——结合直径，单位为毫米（mm）。

E.2　零件的冷却时间按式（E.2）计算：

$$T_c = k\delta + 6 \quad \cdots\cdots（E.2）$$

式中：

T_c——零件冷却所需的时间，单位为分钟（min）；

δ——被冷却零件的最大半径或壁厚，单位为毫米（mm）；

k——与零件材质和冷却介质有关的综合系数（见表 E.1），单位为分钟每毫米（min/mm）。

表 E.1　综合系数 *k*

零件材质		钢	铸铁	黄铜	青铜
冷却介质	液态氮	1.2	1.3	0.8	0.9
	液态氧	1.4	1.5	1.0	1.1

E.3　冷却剂工作温度见表 E.2。

表 E.2

干冰加酒精或丙酮　−78 ℃	液态氨　−120 ℃
液态氧　−180 ℃	液态氮　−195 ℃

E.4　应用举例

已知被包容件为钢制件，其结合直径 d_f=150 mm，最大过盈量 Δ_1=0.090 mm，求冷装时冷却温度和冷却时间。

解：查表 C.2，钢制零件冷却时的线膨胀系数 $\alpha=-8.5\times10^{-6}/℃$，

则　　零件的冷却温度：

$$t_c = \frac{2\Delta_1}{\alpha d_f} = \frac{2\times0.090}{-8.5\times10^{-6}\times150} = -141\ ℃$$

采用液态氮冷却，则零件冷却时间：

$$T_c = k\delta + 6 = 1.2\times75+6 = 96\ \text{min}$$

ICS 25.120.20
H 90
备案号:21705—2007

中华人民共和国机械行业标准

JB/T 5000.11—2007
代替 JB/T 5000.11—1998

重型机械通用技术条件 第11部分:配管

Heavy mechanical general techniques and standards—
Part 11: Attached piping

2007-08-28 发布 2008-02-01 实施

中华人民共和国国家发展和改革委员会 发布

前　　言

JB/T 5000《重型机械通用技术条件》分为15部分：

——第1部分：产品检验；
——第2部分：火焰切割件；
——第3部分：焊接件；
——第4部分：铸铁件；
——第5部分：有色金属铸件；
——第6部分：铸钢件；
——第7部分：铸钢件补焊；
——第8部分：锻件；
——第9部分：切削加工件；
——第10部分：装配；
——第11部分：配管；
——第12部分：涂装；
——第13部分：包装；
——第14部分：铸钢件无损检测；
——第15部分：锻钢件无损检测。

本部分为JB/T 5000的第11部分。

本部分代替JB/T 5000.11—1998《重型机械通用技术条件　配管》。

本部分与JB/T 5000.11—1998相比，主要变化如下：

——去掉了表1中的断面平面度；
——增加了管路未注公差要求和配管制作要求；
——增加了缺陷焊缝补焊要求；
——增加了附录B配管预制品图。

本部分的附录A和附录B为规范性附录。

本部分由中国机械工业联合会提出。

本部分由机械工业冶金设备标准化技术委员会归口。

本部分负责起草单位：第一重型机械集团公司。

本部分参加起草单位：西安重型机械研究所。

本部分主要起草人：刘震、王桐伟。

本部分所代替标准的历次版本发布情况为：

——JB/T 5000.11—1998。

重型机械通用技术条件
第11部分:配管

1 范围

JB/T 5000的本部分规定了配管的技术和安全要求。

本部分适用于重型机械产品本体上的油润滑、脂润滑、液压、气动和工业用水配管。

本部分不适用于压力容器配管。

2 规范性引用文件

下列文件中的条款通过JB/T 5000的本部分的引用而成为本部分的条款。凡是注日期的引用文件,其随后所有的修改单(不包括勘误的内容)或修订版均不适用于本部分,然而,鼓励根据本部分达成协议的各方研究是否可使用这些文件的最新版本。凡是不注日期的引用文件,其最新版本适用于本部分。

GB/T 3765—1983 卡套式管接头技术条件

GB/T 7306.1 55°密封管螺纹 第一部分:圆柱内螺纹与圆锥外螺纹 GB/T 7306.1—2000,eqv ISO 7-1:1994)

GB/T 7306.2 55°密封管螺纹 第二部分:圆锥内螺纹与圆锥外螺纹(GB/T 7306.2—2000,eqv ISO 7-1:1994)

GB/T 7307 55°非密封管螺纹(GB/T 7307—2001,eqv ISO 228-1:1994)

GB/T 12716 60°密封管螺纹(GB/T 12716—2002,eqv ASME B 1.20.1:1992)

GB/T 14383 锻钢制承插焊管件

JB/T 5000.1 重型机械通用技术条件 第1部分:产品检验

JB/T 5000.3 重型机械通用技术条件 第3部分:焊接件

JB/T 5000.12 重型机械通用技术条件 第12部分:涂装

3 配管制作技术要求

3.1 管材、零部件配管前的检查

3.1.1 制造厂自制的零部件,应经质量检验部门检验合格后方可装配。

3.1.2 外购的材料和零部件,应符合JB/T 5000.1的规定。

3.1.3 确认管子的管径、材质及壁厚。

3.2 管子应用锯切割,也可以使用砂轮切割,但不允许使用火焰切割。切割管子断面的垂直度应符合表1的规定。

表1

项 目	图 示	要 求
断面与管子轴线垂直度	Δα	$\Delta\alpha \leqslant 30'$

3.3 装配前所有管子应去除管端飞边、毛刺并倒角。用压缩空气或其他方法清除管子内壁附着的杂物及浮锈。不锈钢管路的制作与碳钢管路的制作应隔离，防止不锈钢管路受到污染。管子下料时，应考虑留有足够的余量，便于弯曲夹持，调整补偿。

3.4 管子弯曲半径及公差

3.4.1 管子弯曲一般应在弯管机上常温下进行。弯曲半径 R 按图 1、式(1)和式(2)的规定。管子热弯时，应符合 JB/T 5000.3 的有关规定。

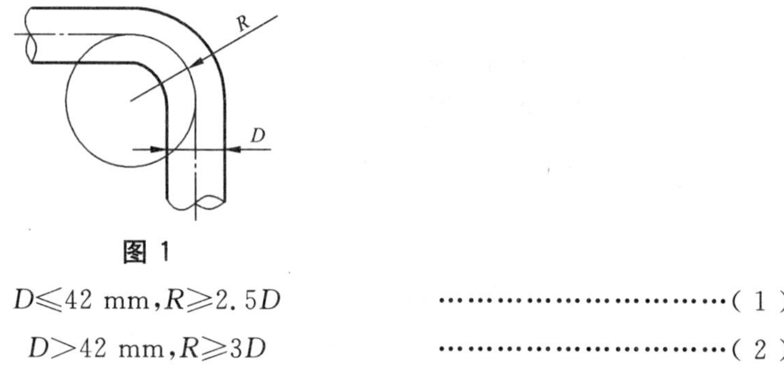

图 1

$$D \leqslant 42\ \text{mm}, R \geqslant 2.5D \tag{1}$$

$$D > 42\ \text{mm}, R \geqslant 3D \tag{2}$$

式中：

R——弯曲半径；

D——管子外径。

3.4.2 弯制焊接钢管时，应使焊缝位于弯曲方向的侧面。

3.4.3 弯曲半径偏差：

a) 管子外径 D 不小于 30 mm 时，弯曲半径偏差应符合 JB/T 5000.3 的规定；

b) 管子外径 D 小于 30 mm 时，弯曲半径偏差不大于±1 mm。

3.5 管子弯曲处圆度公差及波纹深度

3.5.1 管子外径 D 不小于 30 mm 时，圆度公差及波纹深度应符合 JB/T 5000.3—2007 中表 4 的规定。

3.5.2 管子外径 D 小于 30 mm 时，圆度公差 E 不大于 10%，应符合图 2 和式(3)的规定，并不允许出现波纹和扭曲。

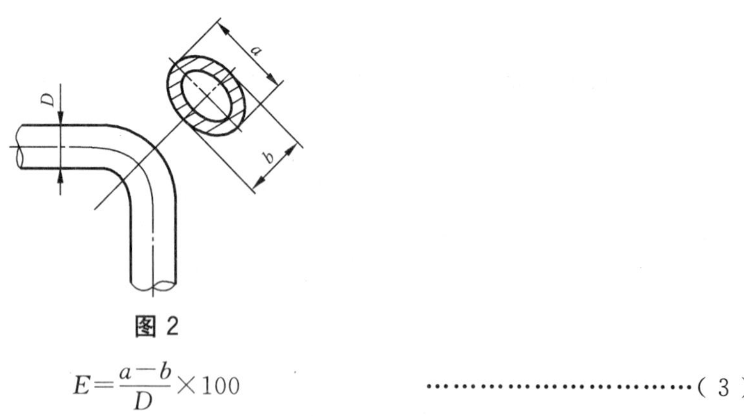

图 2

$$E = \frac{a-b}{D} \times 100 \tag{3}$$

式中：

E——圆度公差，%；

D——管子外径，单位为毫米(mm)；

a——长轴直径，单位为毫米(mm)；

b——短轴直径，单位为毫米(mm)。

3.6　管子冷弯曲壁厚减薄率 C 不大于 15%，按式(4)计算：

$$C=\frac{T-T_1}{T}\times 100\% \qquad (4)$$

式中：

C——壁厚减薄率，%；

T——弯曲前管子壁厚，单位为毫米(mm)；

T_1——弯曲后管子壁厚，单位为毫米(mm)。

注：用管头做试件弯曲后解剖检查，也可用超声波测厚仪检查。

3.7　管路未注公差

对于未完全确定尺寸并可以自由敷设的管路，主要应确保其功能。长度尺寸未注公差应符合表 2(外部尺寸、内部尺寸、台阶尺寸)中 C 级、角度尺寸未注公差应符合表 3 中 C 级，直线度、平面度和平行度公差应符合表 4 中 F 级。

对于完全确定了尺寸的管路(例如：预制管图)，长度尺寸未注公差应符合表 2(外部尺寸、内部尺寸、台阶尺寸)中 B 级、角度尺寸未注公差应符合表 3 中 B 级，直线度、平面度和平行度公差应符合表 4 中 F 级。

表 2

单位为毫米

长度尺寸极限偏差											
公差等极	2～30	>30～120	>120～400	>400～1 000	>1 000～2 000	>2 000～4 000	>4 000～8 000	>8 000～12 000	>12 000～16 000	>16 000～20 000	>20 000
B	±1	±2	±2	±3	±4	±6	±8	±10	±12	±14	±16
C	±1	±3	±4	±6	±8	±11	±14	±18	±21	±24	±27

表 3

公差等级	角度公差					
	公称尺寸范围(短边长度)/mm					
	≤400	>400～1 000	>1 000	≤400	>400～1 000	>1 000
	允许偏差			允许偏差的正切值/mm		
B	±45′	±30′	±20′	0.013	0.009	0.006
C	±1°	±45′	±30′	0.018	0.013	0.009

表 4

单位为毫米

公差等极	直线度、平面度、平行度公差									
	公称尺寸范围(面的长边长度)									
	>30～120	>120～400	>400～1 000	>1 000～2 000	>2 000～4 000	>4 000～8 000	>8 000～12 000	>12 000～16 000	>16 000～20 000	>20 000
F	1	1.5	3	4.5	6	8	10	12	14	16

3.8　安装接头时要注意螺纹的清洁、润滑以及制造厂的装配说明。安装不锈钢接头时，螺纹及接头锁紧螺母的接触面要涂上足够的润滑剂，以防止接头锁死。

3.9　使用由两种不同材料制成的法兰，留在管子上的部分(法兰和焊缝金属)出于酸洗的原因必须与管子的材料相同。酸洗过程之前可以拆卸下来的所有管路元件(法兰等)均可用表面处理过的(镀锌、镀铬、镀镍等)钢制成。

3.10　管螺纹加工应分别符合 GB/T 7306.1、GB/T 7306.2、GB/T 7307 和 GB/T 12716 的规定。

3.11 用于固定管夹、支座等部件的机体表面应平直，不应影响管路整齐排列，否则应修整。预制完成的管路在储运过程中应防止磕碰，踩压和弯曲变形。

3.12 在机体上排列的各种管路应相互不干涉，又便于拆装。同平面交叉的管路不得接触。自重回油管道，在配管时应有最小 1∶100 的斜度。

3.13 装配前，所有钢管(包括预制成型管路)都要进行酸洗、中和、清洗吹干及防锈处理。焊后的不锈钢管只清洗，不防锈。镀锌管、不锈钢管及铜管不酸洗，不防锈。酸洗按 JB/T 5000.12—2007 中附录 A 的规定进行。为了不使防锈漆产生化学分解，在酸洗磷化处理 48h 后，外表面才可涂防锈漆。磷化膜的质量应保证包装、涂装前不生锈。涂装应符合 JB/T 5000.12 的规定。

3.14 装配时，对管夹、支座、法兰及接头等用螺纹连接固定的部位要拧紧，防止松动。对于压力大于等于 16 MPa 的液压管路应使用端面带有弹性密封件的连接件。直边尺寸及角度偏差应符合图 3 和图 4 的规定。

图 3　　　　图 4

3.15 用胶带密封的螺纹接头不得留有胶带毛边。密封带缠绕时，应保持密封带清洁，不许粘附灰尘及其他杂物。

3.16 管螺纹部位缠绕密封带时，应从根部向前右缠绕，管端剩 1 牙～2 牙，见图 5。对小于 3/8 的管螺纹在缠绕密封胶带时，用 1/2 胶带宽度进行缠绕。

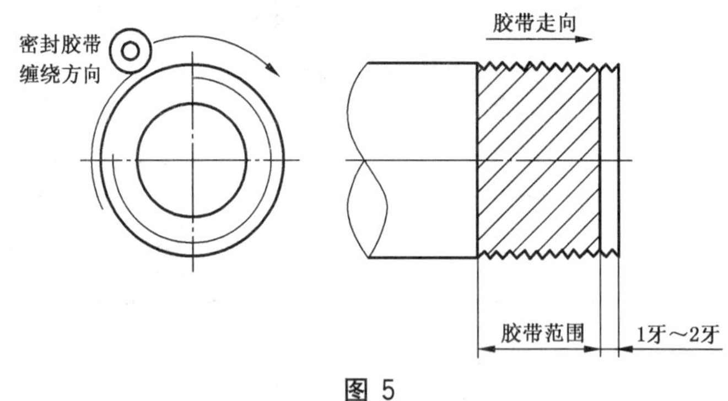

图 5

3.17 已密封的零件需修复时，要将内、外螺纹上附着的密封带完全除去。

3.18 采用卡套式管接头连接的钢管应先酸洗，然后将卡套预先紧固在管端上。卡套式管接头应按 GB/T 3765—1983 中附录 A 装配。装配时应先将卡套用专用工具或手工挤压在管端上，挤压后保证卡套在管端上沿轴向不窜动，径向能稍转动。挤压卡套前，先将压紧螺母套在管子上，卡套方向不要装错，各接触部位涂少量润滑油。

3.19 密封及耐压试验

3.19.1 预制完成的管子焊接部位都要进行耐压试验。试验压力为工作压力的 1.5 倍，保压 10 min，应无泄漏及其他异常现象发生。试验完成的管子应做标记。

3.19.2 对装配完成的管路按不同的系统做密封及耐压试验。

3.19.2.1 对脂润滑管路双线式系统试验压力为系统工作压力的 1.25 倍。非双线式系统试验压力为系统工作压力。达到试验压力后，保压 10 min，检查各处应无泄漏。

3.19.2.2 油润滑系统管路以工作压力的1.25倍进行压力试验，保压10 min，再降至工作压力进行全面检查，应无泄漏及其他异常现象发生。

3.19.2.3 对气压系统管路，以工作压力的1.15倍进行压力试验，保压10 min，再降至工作压力进行全面检查应无泄漏和变形。

3.19.2.4 液压及工业用水系统管路试验压力应符合表5要求。保压10 min，应无泄漏。

表5

单位为兆帕

系统工作压力 p_s	<16.0	16.0～31.5	>31.5
试验压力	$1.50p_s$	$1.25p_s$	$1.15p_s$

3.20 配管解体或转运时，必须将管路的分离口用胶布或塑料管堵封口，防止任何杂物进入，并拴标签。标签上记入装配位置号。

3.21 固定管件用的支架、管夹等，若图样中未规定布置方式，管子外径大于25 mm时两个固定点的间距不得超过表6中给出的数值。在可以松开的连接件和弯路附近亦应加装固定件。具体位置可按实际需要调整。管子外径不大于25 mm的管夹装配位置及装配方法见附录A。

表6

管子外径 ϕ/mm	>25～38	>38～89	>89
最大间距/m	1.5	2.5	3.0

3.22 对分解包装发运的管路，应将设计图样给出的打印记号书写在印刷的纸标签上，并装入塑料袋中，拴在管子上。

3.23 冲洗检验：工业用水管路经酸洗、预装完成后，要进行通水冲洗检验（阀类件除外），保证达到管路清洁度要求，见表7。对于脂润滑系统，在配管完成后，拆下各给脂装置（分配阀等）入口的连接，进行油脂清洗。直至流出的油脂清洁无异色后再进行连接。对于普通油润滑，液压系统应通油清洗，清洗一段时间后用清洗液清洗过的烧杯或玻璃杯采100 mL的清洗液放在明亮的场所30 min后，目测确认无杂质后为合格。对于清洁度高于此要求的油润滑，液压系统应在图样上注明清洁度要求。

表7

管路名称	入口压力、流量	出口处液体状态	出口液体过滤要求	备　注
等通径的工业用水管路	选择适当的压力和流量，使管内液体达到紊流状态	液柱离开管口水平喷射长度不小于100 mm	用180目～240目的过滤网接2 min目测，无残留物为合格	在冲洗过程中，用木棒或塑料棒逐段敲击，使杂质冲洗下去

3.24 完全按图样预装完成的管路，要结合总装要求，留出调整管，最后确定尺寸。

4 配管焊接技术要求

4.1 焊工应经过专门培训，合格后，才能担任配管的焊接工作。

4.2 焊接钢管时，对于液压、润滑管路必须用钨极氩弧焊或钨极氩弧焊打底，压力超过21 MPa时应同时在管内部通约5 L/min氩气。其他管路一般也采用钨极氩弧焊或钨极氩弧焊打底。焊缝单面焊双面成型。焊缝不得有未熔合、未焊透、夹渣等缺陷。有缺陷的焊缝必须清除缺陷后再补焊。补焊焊缝应整齐一致并应去除表面飞溅物。

4.3 配管对接焊的坡口形状、尺寸，见表8。

表 8

单位为毫米

管壁厚 t	焊缝符号	图示	用焊条电弧焊焊接的坡口形状	用气体保护焊焊接的坡口形状
≤2.0	I 型焊缝 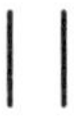	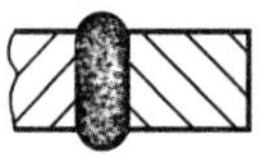	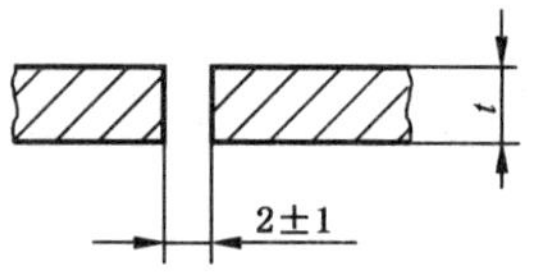 2 ± 1; t	
>2.0～20	Y 型焊缝 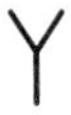	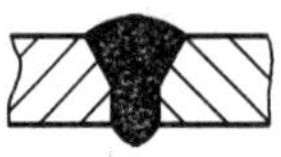	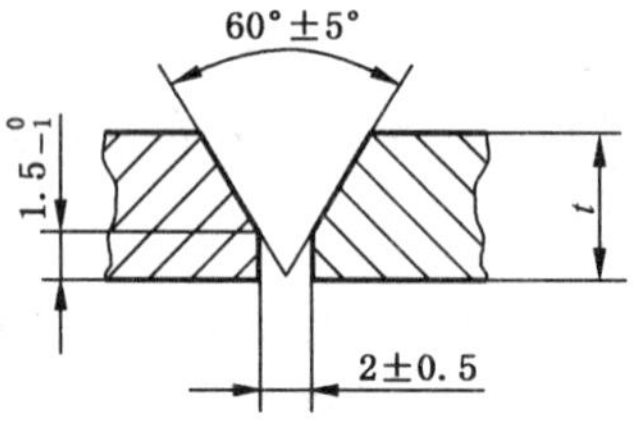 $60°\pm5°$; $1.5_{-1}^{\ 0}$; t; 2 ± 0.5	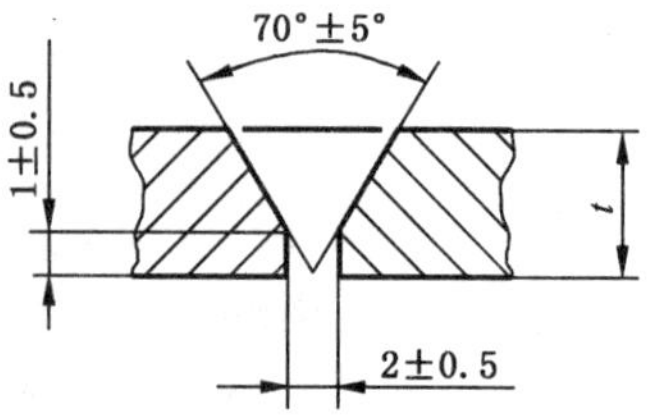 $70°\pm5°$; 1 ± 0.5; t; 2 ± 0.5
>20	U 型焊缝 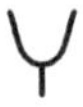	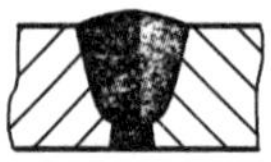	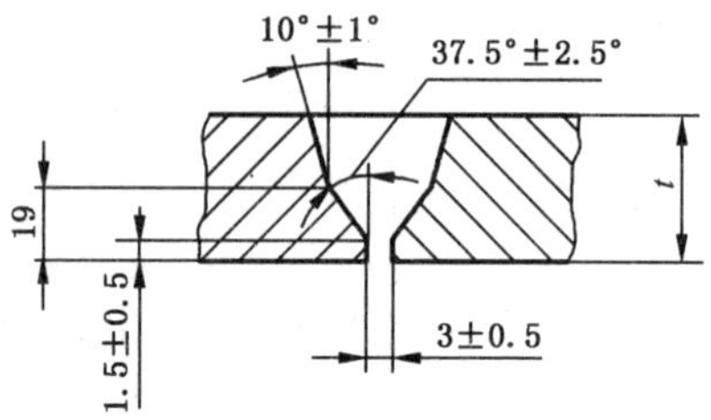 $10°\pm1°$; $37.5°\pm2.5°$; 19; 1.5 ± 0.5; t; 3 ± 0.5	

4.4 管与管(或接头)对接焊的错位公差 e 不大于 $0.15t$,最大不超过 1.5 mm,见图 6。

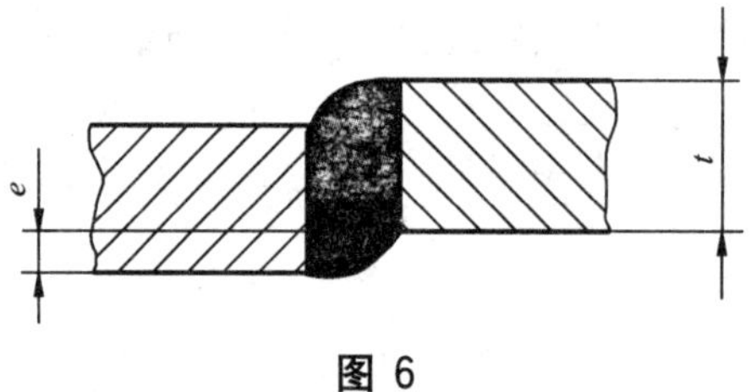

图 6

4.5 管子与法兰插入焊焊接要求见图 7(适用于 t 不大于 16 mm)、式(5)、式(6)与式(7):

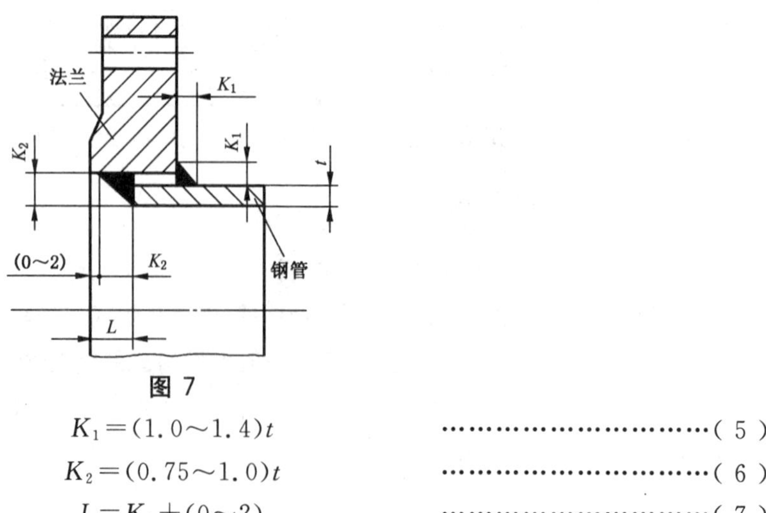

图 7

$$K_1=(1.0\sim1.4)t \quad\quad (5)$$

$$K_2=(0.75\sim1.0)t \quad\quad (6)$$

$$L=K_2+(0\sim2) \quad\quad (7)$$

式中：

t——管壁厚，单位为毫米(mm)；

K_1——外侧焊脚高，单位为毫米(mm)；

K_2——内侧焊脚高，单位为毫米(mm)；

L——管插入后的余量，单位为毫米(mm)。

4.6 法兰焊接位置偏差

4.6.1 焊接法兰时，如图样无特殊要求，其螺栓孔中心线不得与管子的铅垂、水平中心线相重合，而应如图8所示对称配置。

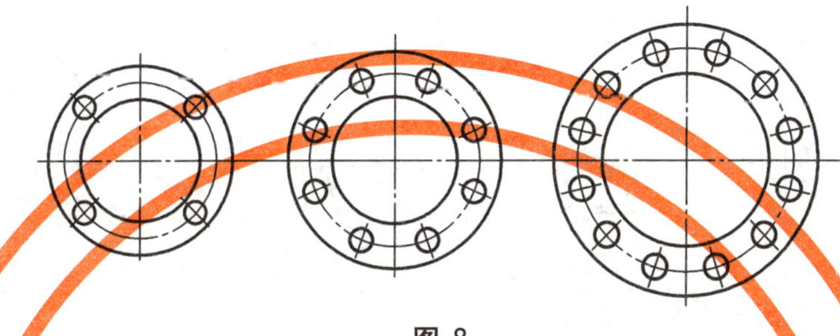

图 8

4.6.2 法兰焊接后，螺栓孔的位置偏差 $\Delta\alpha$ 不大于30′或符合表9规定的公差 a 值。

表 9

单位为毫米

螺孔直径 d	图　示	公　差　a
≤26		≤1.0
>26		≤1.5

4.6.3 法兰焊接倾斜度 $\Delta\beta$ 不大于30′或符合表10规定的公差 a 值。

表 10

单位为毫米

管子外径	图　示	公　差　a
≤48		≤0.6
60～89		≤0.8
114～159		1

4.7 管子对接焊时，焊缝外凸高 a 和内凸高 b 应符合表11规定值；当焊缝外凸高 a 和内凸高 b 超差时，应用砂轮修磨达到要求。

表 11

单位为毫米

管壁厚 t	图　　示	外凸高 a	内凸高 b
≤12		0.5～1.5	0～1.0
>12～25		0.5～2.5	

4.8 管子对接焊缝外观检查应符合表 12 规定。焊接飞溅物应清除。

表 12

单位为毫米

项目图示	焊缝弧坑凹陷	裂纹	咬边	焊瘤	未焊满	鳞状波纹高低不一致或太高，波纹形成不均匀	焊缝宽窄不均匀
要求	不允许	不允许	e_2≤0.3	不允许	不允许	≤1.2	±2

4.9 管子角焊缝外观检查应符合表 13 规定。焊接飞溅物应清除。

表 13

单位为毫米

项目图示	焊缝弧坑凹陷	裂纹	咬边	焊瘤	角焊缝下凹	焊脚 Z_1、Z_2 不等边 $\Delta Z=Z_2-Z_1$	角焊缝加高公差 e_4	鳞状波纹不一致
要求	不允许	不允许	e_2≤0.3	不允许	不允许	a≤4 ΔZ≤2； a=5～8 ΔZ≤3； a=9～12 ΔZ≤3.5；	a≤4 e_4≤2； a=5～8 e_4≤2； a=9～12 e_4≤2.5；	≤1.2

4.10 支管焊接在主管上，其支管中心线对主管中心线左或右的偏差 ΔA 不大于 1 mm，见图 9。角度及垂直度公差 $\Delta\alpha$ 不大于 30′，见图 10 和图 11。

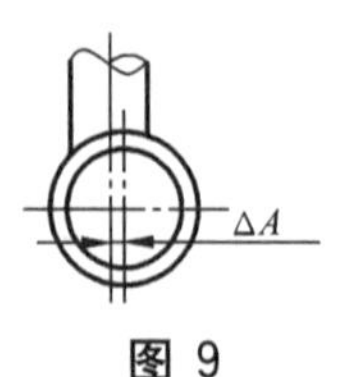

图 9

图 10

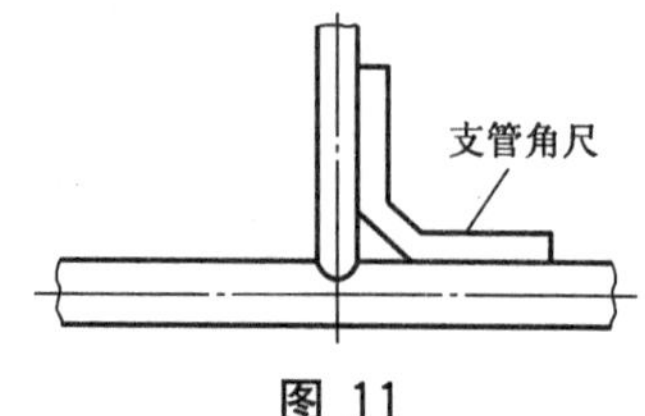

图 11

4.11 装配及定位点焊，一般应在平台上进行。

4.12 管子的定位点焊既要注意能恢复到规定公差内，又要在圆周均匀分布。只要在搬运及焊接中不产生歪斜，点焊定位的点数应尽量少，且焊接强度要小。耐压部分的焊接接头点焊部分与正式焊接焊缝熔为一体，所以点焊应与正式焊接的条件相同。

4.13 重要部位的定位点焊应避免在正式焊接部位上或者在正式焊接时考虑将点焊部分加工掉，也可以采用 4.14 的方法。

4.14 附具的点焊应尽量避免在应力集中部位。焊缝不应有多余长度。注意点焊处钢管不应发生咬边。管子对接焊后，去掉临时定位附具，并将点焊处打磨光滑，见图 12。

4.15 直管点焊定位时，要用直尺等工具修正管子外径的错位，应符合 4.4 的要求，见图 13。

4.16 法兰点焊定位时，利用管法兰角尺和水平尺相对管子中心线直角装焊。弯头点焊定位时，用角尺保证直角装焊。垂直度公差均为 30′，见图 14 和图 15。

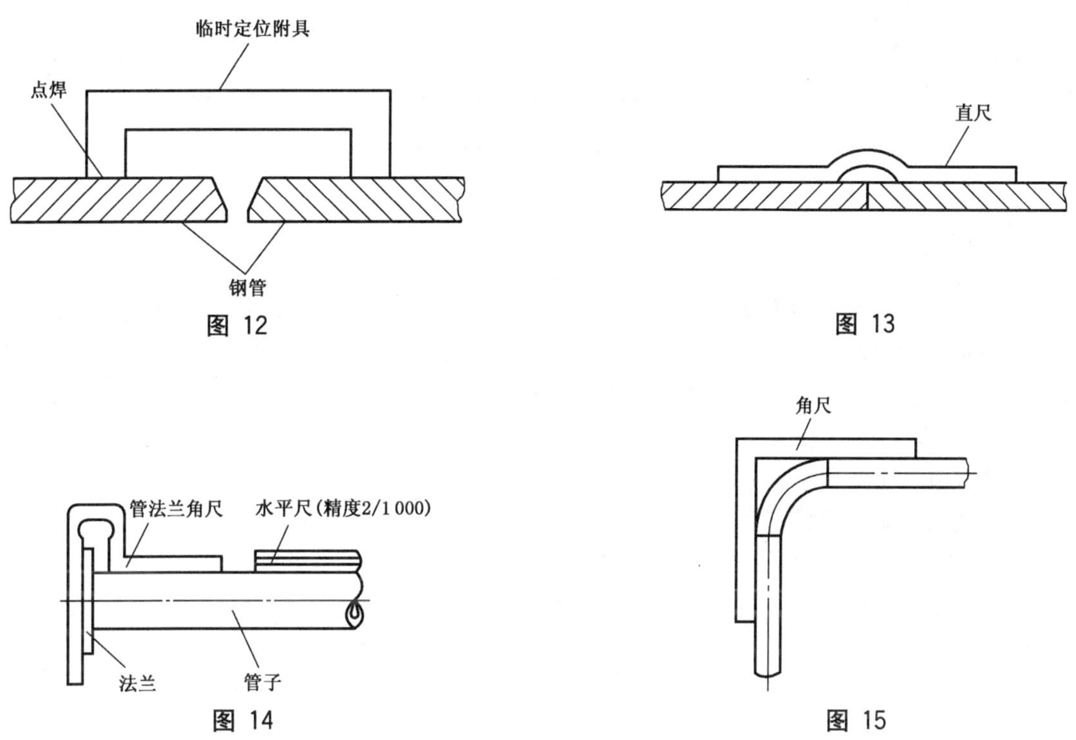

图 12

图 13

图 14

图 15

4.17 利用水平尺或弯尺，保证法兰上螺栓孔位置偏差符合 4.6.2 要求后点焊定位，见图 16。

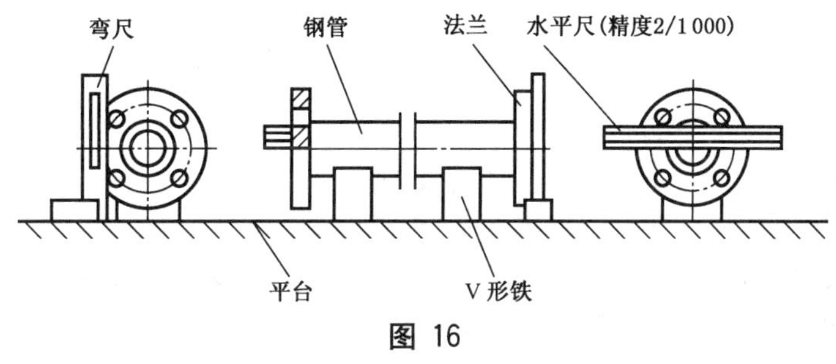

图 16

4.18 利用支管长度标尺控制插入焊的支管长度尺寸，见图17。

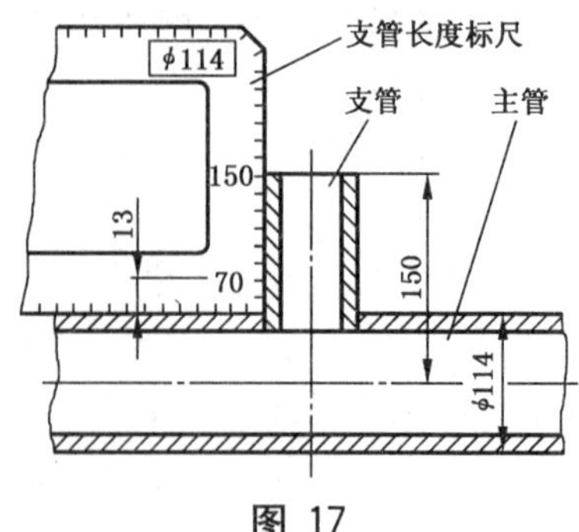

图 17

4.19 支座等部件点焊定位时，点焊长度 L_1 为 5 mm～10 mm，点焊距离 L 为 100 mm，见图18。管子点焊定位时可沿圆周均匀点焊3点～4点。

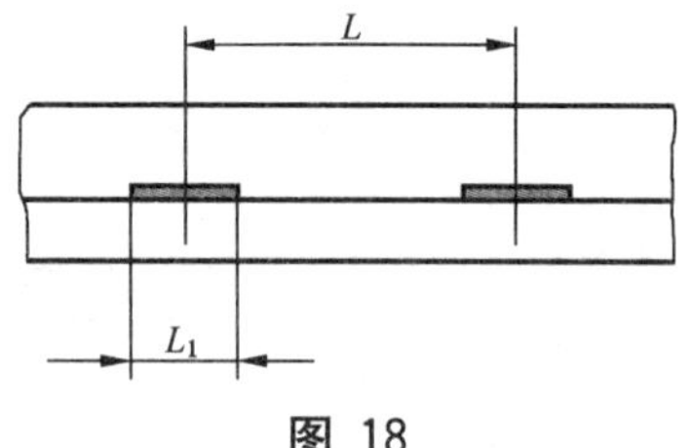

图 18

4.20 支架焊接后的尺寸公差和形状、位置公差应符合JB/T 5000.3—2007中第7章未注公差的规定。

4.21 焊接时的注意事项：

a) 当钢管温度低于0 ℃时，不准焊接；

b) 焊接位置尽量采用平焊；

c) 严禁在管子上打火引弧；

d) 不同焊层的起点和终点不要集中在一处，应错开10 mm～20 mm；

e) 在下次焊层开始焊接前，应彻底清除焊渣和各种缺陷；

f) 清除咬边、凹坑等缺陷时，应在缺陷前后10 mm～20 mm范围内用砂轮打磨扩展，然后进行补焊。

5 安全要求

5.1 配管安全要求

5.1.1 如在高处配管，要准备好脚手架、防护网及防护人员的安全带等安全物品。

5.1.2 严禁用配管的管路、泵、阀及管路附件做脚手架和攀登物。

5.1.3 尽量避免上、下两层作业，如必须进行时，要联系好、戴安全帽、两层中间放置可靠的隔离物。以防工具等物坠落伤人。

5.1.4 使用弯管机、切割机等机床工具时，要按使用要求进行，严禁违章作业。

5.2 焊接安全要求

5.2.1 严格按焊接安全操作规程的有关规定进行施工。

5.2.2 严禁用管路(特别是装有易燃介质的管路)作为地线。

5.2.3 为防止弧光伤害，除焊工戴好防护用具外，对周围的人要设遮光装置。

5.2.4 与焊工配合的其他操作者，在施工时应戴好防护眼镜。

5.2.5 焊接镀锌钢管或钢板时，可能引起氧化锌中毒。除戴防毒口罩外，作业场所应注意通风排气。

5.2.6 因火花可能造成火灾或爆炸危险时，采取防止火花落下措施或请专人看守，准备好消防器材。

5.3 试压安全要求

5.3.1 试压现场应有明显的标志，严禁非工作人员进入试压区域内，试压件四周应设置防护板。泵和操作人员应距防护板 5 m～10 m。

5.3.2 试压要有专人指挥，专人操作。

5.3.3 试压时要逐级增压(5 MPa 为一级)，每级持续 2 min～3 min，严禁超压。达到试验压力后，保压时间按 3.19 的规定。

5.3.4 管路应设放气阀，充液体的管路内气体应排尽，泵和管路末端各装一块压力表(刻度极限值应大于试验压力的 1.5 倍)。

5.3.5 试压时，如发现有异常现象应立即停止试验，查明原因并及时处理。

5.3.6 试压前仔细检查预制件螺纹紧固及支架的牢固性，防止试压时由于支架不稳造成不良后果。

5.3.7 试压过程中，不准敲击振动及焊补焊缝。

5.3.8 试压过程中，如发现有泄漏处要先卸压，确认无压力后再进行处理。

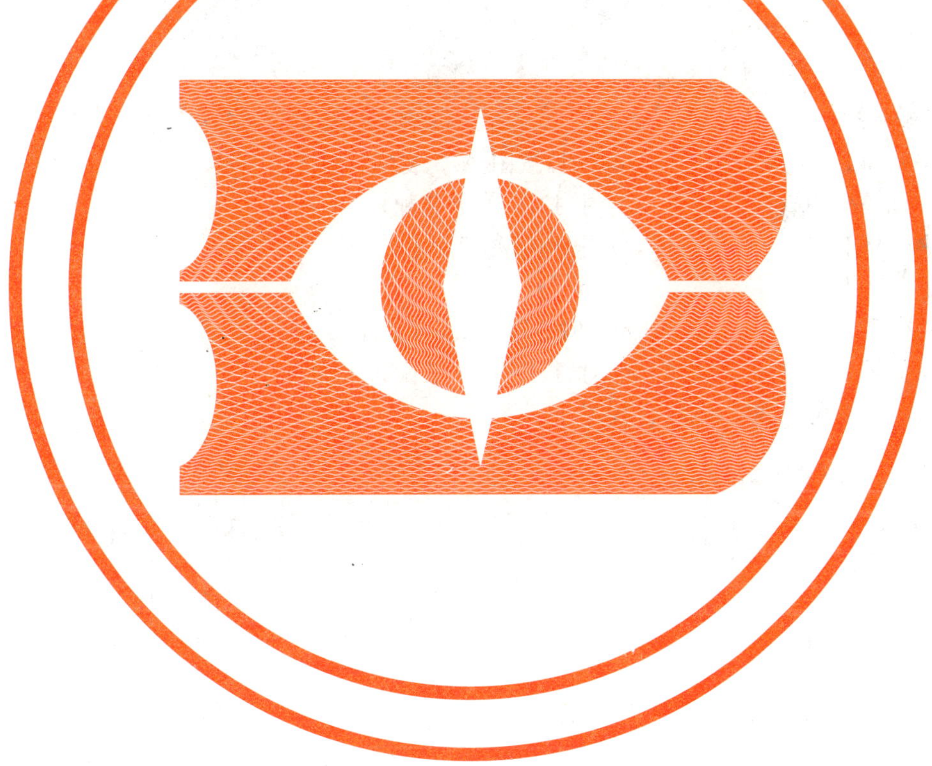

附　录　A
(规范性附录)
管夹装配位置及装配方法

A.1　本附录适用于管子外径不大于25 mm配管用管夹的装配。

A.2　连续直线配管没有接头的场合

A.2.1　水平配管时，间隔应小于1 500 mm，见图A.1。

A.2.2　垂直配管时，间隔应小于2 000 mm，见图A.2。

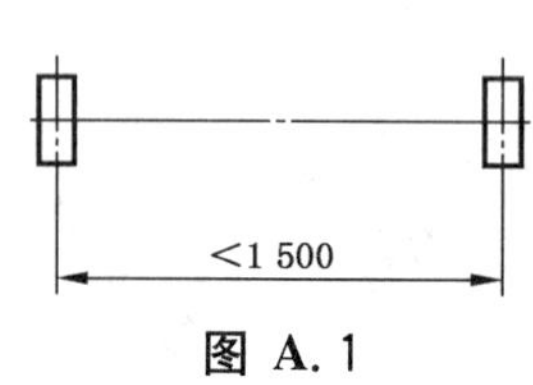

图 A.1

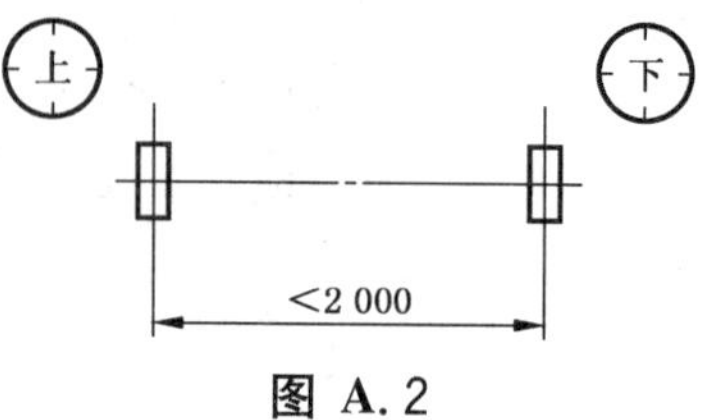

图 A.2

A.3　连续直线配管有管接头的场合

A.3.1　水平配管时：

a)　接头间隔为600 mm～1 500 mm时，按图A.3装配；

b)　接头间隔为300 mm～600 mm时，按图A.4装配；

c)　接头间隔不大于300 mm时，按图A.5装配。

A.3.2　垂直配管时：

a)　接头间隔为600 mm～2 000 mm时，按图A.6装配；

b)　接头间隔为300 mm～600 mm时，按图A.4装配；

c)　接头间隔不大于300 mm时，按图A.5装配。

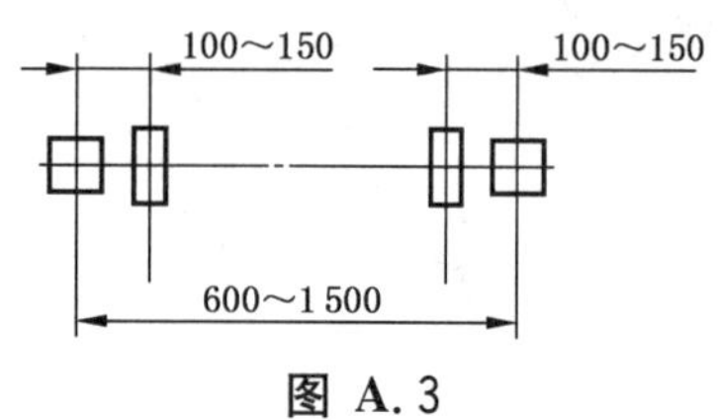

图 A.3

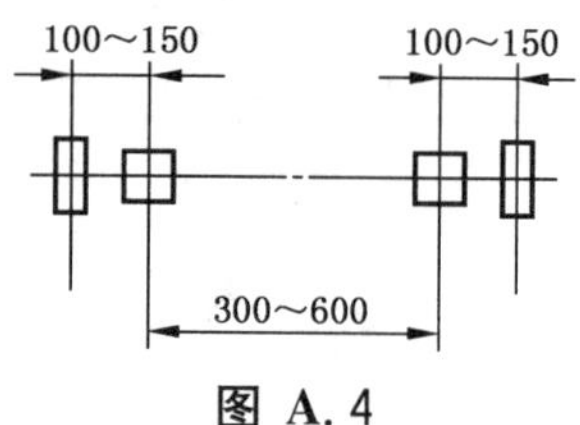

图 A.4

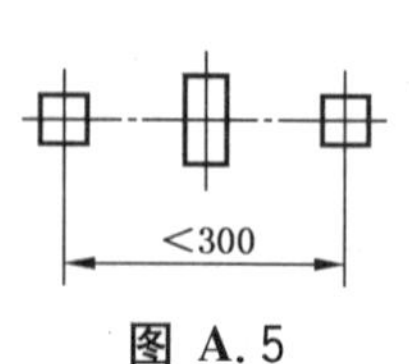

图 A.5

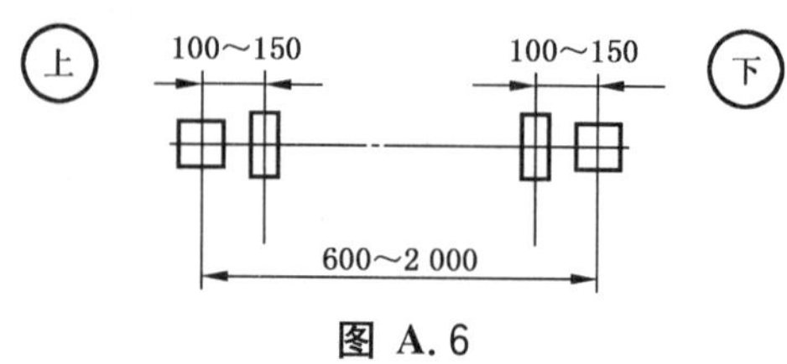

图 A.6

A.4　不是直线配管的场合

A.4.1　当L_1不大于300 mm，且L_2不大于350 mm时，按图A.7装配；当L_1大于300 mm，且L_2大于350 mm时，按图A.8装配。

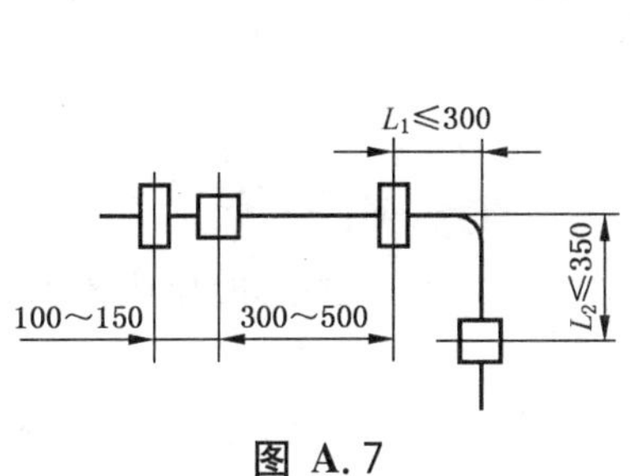

图 A.7

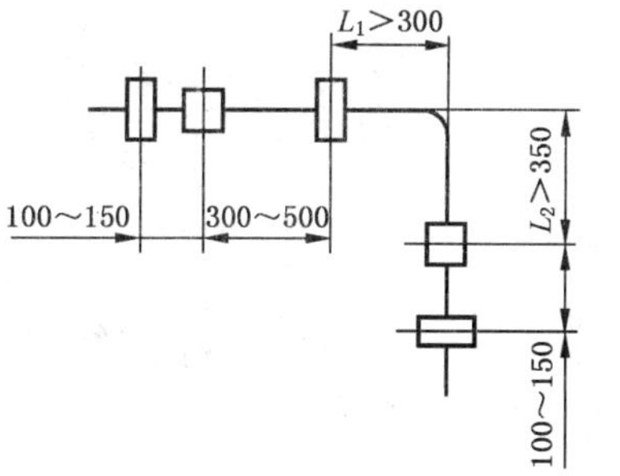

图 A.8

A.4.2 其他情况的配管按图 A.9 和图 A.10 装配管夹。

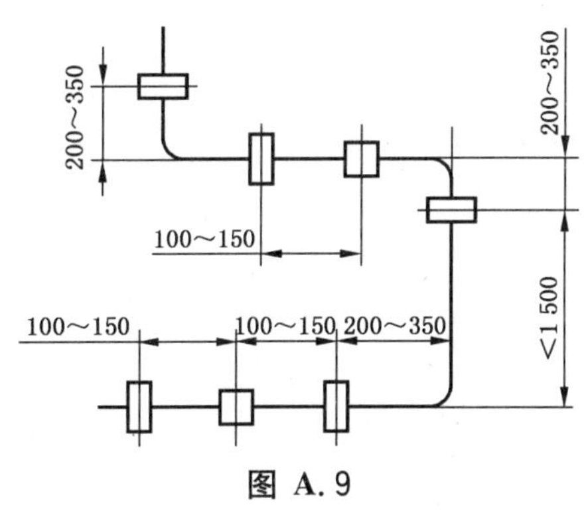

图 A.9

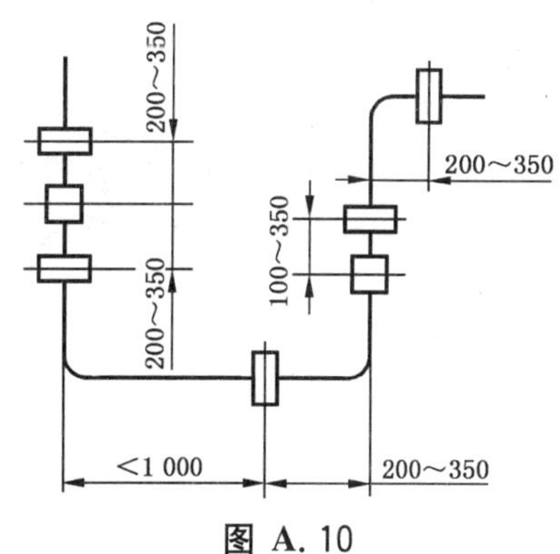

图 A.10

A.5 运转时(包括试运转)，管子的振动振幅大于 1 mm 时，应在其发生最大振幅附近装配管夹。

附　录　B
（规范性附录）
配管预制品图

B.1　绘制配管预制品图，有利于缩短配管工作时间，有利于改善产品装配、配管的作业环境，也是采用数控弯管机的前提条件。

配管预制品图主要适用于重复生产产品，适用于产品配管预制过程中测量、记载、记录配管走向和尺寸。重复生产产品的配管预制品图，要根据首台配管的记录和经验绘制。

B.2　配管预制品图的投影法选用正等轴测图，正等轴侧图的坐标及画法见图 B.1、图 B.2，图形绘制列表说明见表 B.1。

B.3　管路零、部件的表示符号：

在配管预制品图中，管路各种零部件的表示符号按表 B.2 图形符号、表 B.3 管夹的表示符号和表 B.4 其他管路零部件的表示符号规定。

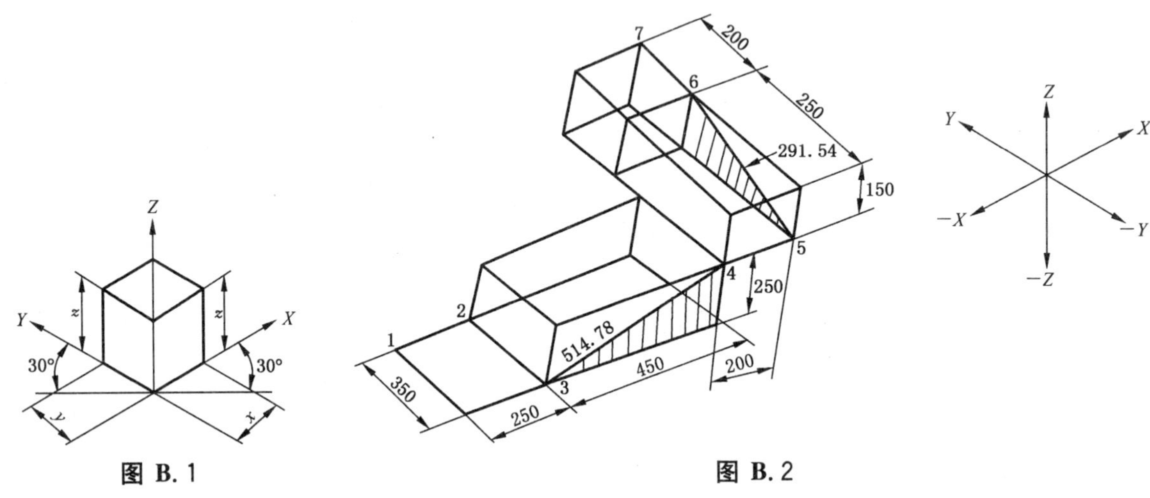

图 B.1　　　　图 B.2

表 B.1

线　段	坐标方位	坐标上的尺寸/mm	线段实际长度/mm
1-2	$+x$	205	250
2-3	$-y$	350	350
3-4	$+x$	450	514.78
	$+z$	250	
4-5	$+x$	200	200
5-6	$+y$	250	291.54
	$+z$	150	
6-7	$+y$	200	200

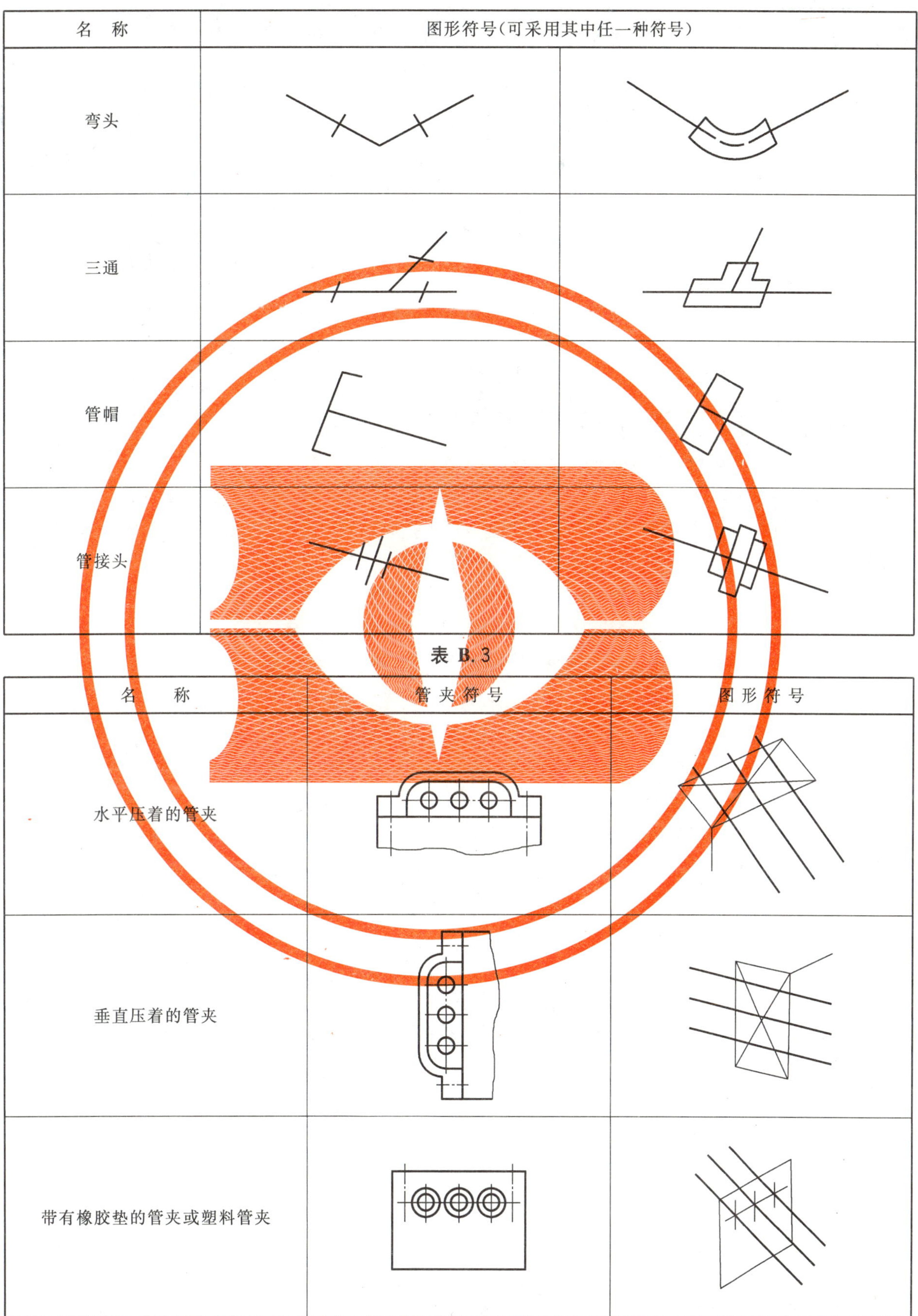

表 B.2

名　称	图形符号(可采用其中任一种符号)	
弯头		
三通		
管帽		
管接头		

表 B.3

名　　称	管 夹 符 号	图 形 符 号
水平压着的管夹		
垂直压着的管夹		
带有橡胶垫的管夹或塑料管夹		

表 B.4

名　　称	图形符号（可采用其中任一种符号）	
法兰盘		
截止阀		
液压缸		

B.4 配管预制品图的画法举例及说明：

图 B.3 是连铸机中扇形段 4 段和 7 段部分配管预制品图。

图 B.3 配管预制品图可分为三条主管路(1)、(2)、(3)，以法兰盘、截止阀和三通为分离点，又可分为若干小段。例 H47-2-A(其中“H”表示扇形段。47 表示 4 段和 7 段，2 表示第二条主管路，A 表示第一小段)。

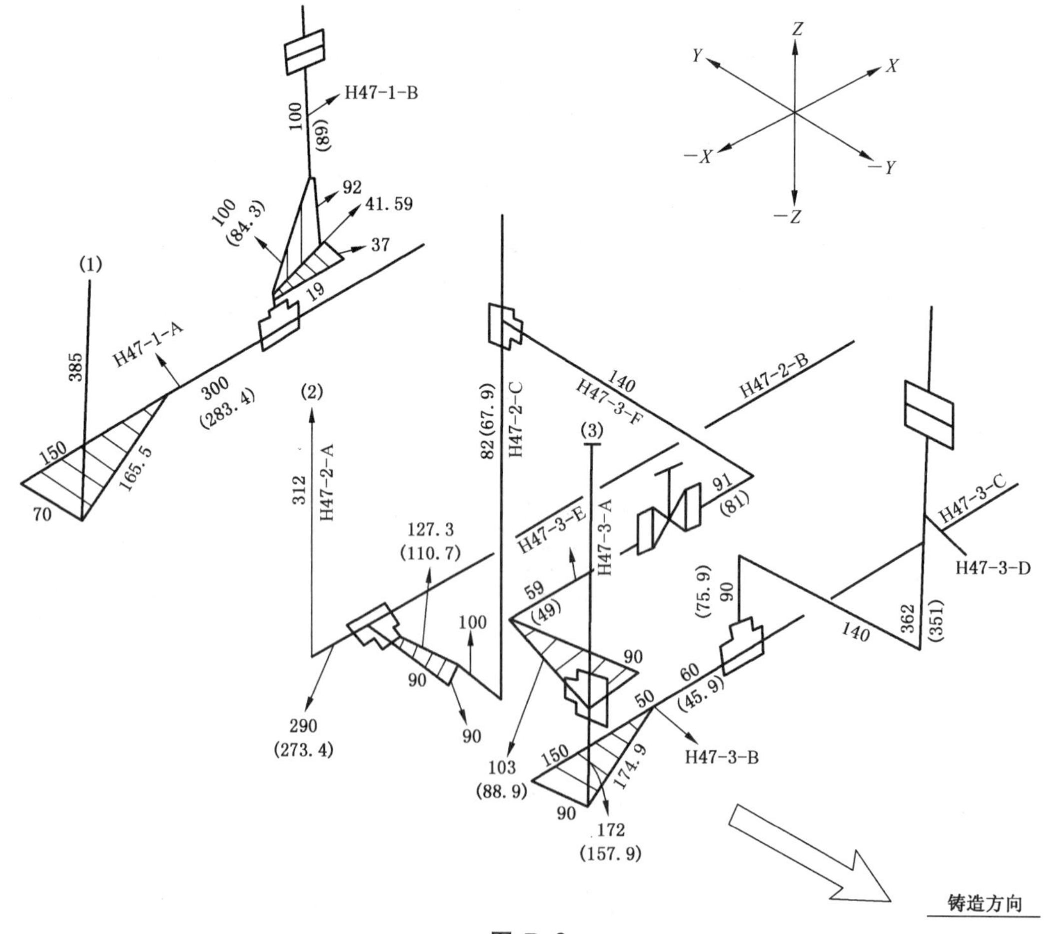

图 B.3

说明 1:主管路几段尺寸的计算和标注:

a) H47-1-A 中,接近三通的一段管子设计尺寸为 300,查 GB/T 14383,三通中心到管子插入部端面为 16,考虑到焊接时的热膨胀影响,管子端面与三通结合面留有间隙 0.5～1.0,现取 0.6,则管子实际长度为 283.4,计算得:300-16-0.6＝283.4。

b) H47-1-B 管子与三通插入焊设计尺寸为 100.9,管子实际长度 84.3,由计算得:$\sqrt{19^2+37^2}=41.59$,$\sqrt{41.59^2+92^2}-16-0.6=84.3$。

说明 2:主管路几段尺寸的计算和标注:

a) H47-2-A 中,接近三通的一段管子,设计尺寸为 290,管子实际长度由计算得:290－16－0.6＝273.4。

b) H47-2-C 中,接近三通的一段管子,设计尺寸为 127.3,管子实际长度由计算得:$\sqrt{90^2+90^2}-16-0.6=110.7$。

说明 3:主管路几段尺寸的计算和标注:

a) H47-3-D 中,接近法兰盘的一段管子是插入焊,设计尺寸为 362,管子实际尺寸由法兰盘中心减去 11,计算得:362－11＝351。

b) H47-3-E 中,接近截止阀的一段管子是插入焊,设计尺寸为 59,管子实际尺寸由截止阀中心减去 10,计算得:59－10＝49。

ICS 25.120.20
H 90
备案号:21706—2007

中华人民共和国机械行业标准

JB/T 5000.12—2007
代替 JB/T 5000.12—1998

重型机械通用技术条件
第12部分:涂装

Heavy mechanical general techniques and standards—
Part 12: Paint

2007-08-28 发布 2008-02-01 实施

中华人民共和国国家发展和改革委员会 发布

前　　言

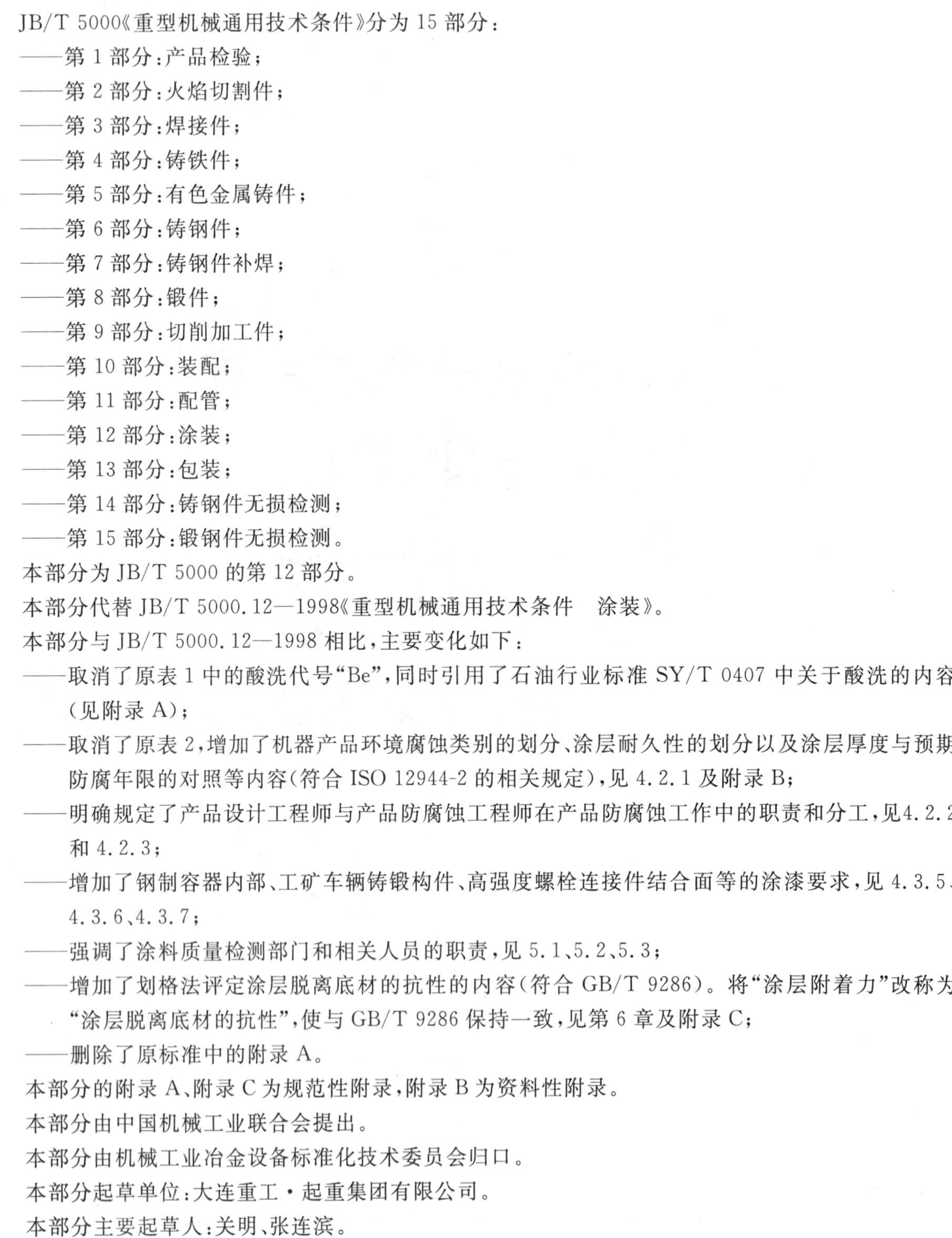

JB/T 5000《重型机械通用技术条件》分为15部分：

——第1部分：产品检验；

——第2部分：火焰切割件；

——第3部分：焊接件；

——第4部分：铸铁件；

——第5部分：有色金属铸件；

——第6部分：铸钢件；

——第7部分：铸钢件补焊；

——第8部分：锻件；

——第9部分：切削加工件；

——第10部分：装配；

——第11部分：配管；

——第12部分：涂装；

——第13部分：包装；

——第14部分：铸钢件无损检测；

——第15部分：锻钢件无损检测。

本部分为JB/T 5000的第12部分。

本部分代替JB/T 5000.12—1998《重型机械通用技术条件　涂装》。

本部分与JB/T 5000.12—1998相比，主要变化如下：

——取消了原表1中的酸洗代号“Be”，同时引用了石油行业标准SY/T 0407中关于酸洗的内容（见附录A）；

——取消了原表2，增加了机器产品环境腐蚀类别的划分、涂层耐久性的划分以及涂层厚度与预期防腐年限的对照等内容（符合ISO 12944-2的相关规定），见4.2.1及附录B；

——明确规定了产品设计工程师与产品防腐蚀工程师在产品防腐蚀工作中的职责和分工，见4.2.2和4.2.3；

——增加了钢制容器内部、工矿车辆铸锻构件、高强度螺栓连接件结合面等的涂漆要求，见4.3.5、4.3.6、4.3.7；

——强调了涂料质量检测部门和相关人员的职责，见5.1、5.2、5.3；

——增加了划格法评定涂层脱离底材的抗性的内容（符合GB/T 9286）。将“涂层附着力”改称为“涂层脱离底材的抗性”，使与GB/T 9286保持一致，见第6章及附录C；

——删除了原标准中的附录A。

本部分的附录A、附录C为规范性附录，附录B为资料性附录。

本部分由中国机械工业联合会提出。

本部分由机械工业冶金设备标准化技术委员会归口。

本部分起草单位：大连重工·起重集团有限公司。

本部分主要起草人：关明、张连滨。

本部分所代替标准的历次版本发布情况为：

——JB/T 5000.12—1998。

重型机械通用技术条件
第 12 部分:涂装

1 范围

JB/T 5000 的本部分规定了重型机械产品及其零部件的涂装技术要求及检测要求。

本部分主要适用于钢铁产品的表面涂装。凡合同文件无特殊要求的,其产品表面的涂装均应符合本部分的规定。

2 规范性引用文件

下列文件中的条款通过 JB/T 5000 本部分的引用而成为本部分的条款。凡是注日期的引用文件,其随后所有的修改单(不包括勘误的内容)或修订版均不适用于本部分,然而,鼓励根据本部分达成协议的各方研究是否可使用这些文件的最新版本。凡是不注日期的引用文件,其最新版本适用于本部分。

GB 2893 安全色(GB/T 2893—2001,neq ISO 3864:1984)

GB/T 5206.1 色漆和清漆 词汇 第一部分 通用术语(GB/T 5206.1—1985,eqv ISO 4618-1:1978)

GB/T 5206.4 色漆和清漆 词汇 第四部分 涂料及涂膜物化性能术语(GB/T 5206.4—1989,neq ISO 4618-1:1984)

GB/T 5206.5 色漆和清漆 词汇 第五部分 涂料及涂膜病态术语(GB/T 5206.5—1991,neq ISO 4618-2:1984)

GB 6514 涂装作业安全规程 涂漆工艺安全及其通风净化(GB 6514—1995,neq NFPA 33:1989)

GB/T 7231 工业管道的基本识别色、识别符号和安全标识

GB 7692 涂装作业安全规程 涂漆前处理工艺安全及其通风净化

GB/T 8264 涂装技术术语

GB/T 8923 涂装前钢材表面锈蚀等级和除锈等级(GB/T 8923—1988,eqv ISO 8501-1:1988)

GB/T 9286 色漆和清漆 漆膜的划格试验(GB/T 9286—1998,eqv ISO 2481:1992)

SY/T 0407 涂装前钢材表面预处理规范

GSB 05-1426 漆膜颜色标准样卡

ISO 12944-2 色漆及清漆防护漆体系对钢结构腐蚀防护 第 2 部分:环境分类

ISO 12944-5 色漆及清漆防护漆体系对钢结构腐蚀防护 第 5 部分:防护漆体系

3 术语和定义

GB/T 5206.1、GB/T 5206.4、GB/T 5206.5、GB/T 8264 中确立的术语和定义适用于本部分。

4 技术要求

4.1 涂装前的表面处理

所有用于设备制造的钢铁原材料,涂漆前均需进行表面除锈处理。

所有需要进行涂装的钢铁原材料或制件表面,在涂漆前必须将铁锈、氧化皮、油脂、灰尘、泥土、盐和

污物等清除干净。

4.1.1 除锈前,应先用有机溶剂、碱液、乳化剂、蒸汽等除去钢铁表面的油脂、污垢。

4.1.2 钢铁表面除锈方法、除锈等级及适用范围见表1。表1中Sa及St各等级的除锈要求及评定方法按GB/T 8923的规定。

酸洗除锈方法及处理要求详见附录A。

4.1.3 焊接件在组装焊接后需要进行热处理的,应将除锈工序放在热处理之后进行。

表1 除锈方法、除锈等级及适用范围

除锈方法	除锈等级 GB/T 8923	适用范围
喷射或抛射除锈	Sa2	辅助部件或辅助设备及用于轻度腐蚀性环境中的钢铁制件表面; 与混凝土接触或埋入其中的钢铁制件表面
	Sa2 1/2	主要部件或主要设备及用于腐蚀性较强的环境中的钢铁制件表面; 长期在潮湿、潮热、盐雾等环境下作业的钢铁制件表面; 与高温接触并且需要涂耐热漆的钢铁制件表面
	Sa3	与液体介质或腐蚀性介质接触的表面,如油箱、减速机箱、水箱等内表面
手工或动力工具除锈	St2	与高温接触但不需要涂耐热漆的钢铁制件
	St3	受设备限制,无法进行喷丸除锈的特大钢铁构件; 钢铁构件形状特殊无法进行喷丸除锈的部位
酸洗除锈	—	设备上的各类钢制管道;不能喷丸的薄板件(壁厚小于5 mm); 结构复杂的中、小型零件

4.1.4 喷(抛)丸除锈用的磨料可采用铸铁(钢)丸粒、钢丝段、铜矿渣等,所用弹丸应带有棱角。铸、锻件用的钢铁弹丸直径不得大于2 mm;钢板及型钢用的钢铁弹丸直径为0.6 mm~1.2 mm;喷砂用的石英砂、铜矿渣直径不得大于2.5 mm。处理后的表面粗糙度不得大于100 μm。

4.1.5 经喷丸或手工除锈、动力工具除锈后的待涂表面,应立即涂底漆,其间隔时间不得大于6 h(空气相对湿度大于70%的环境区域,其间隔时间不得大于4 h)。酸洗除锈后经过磷化处理的待涂表面,涂底漆的间隔时间不得小于48 h(在北方冬季寒冷的气候环境下,其间隔时间不得小于72 h),涂漆前表面不得出现返锈和污染现象。

4.1.6 用于制造机器构件的钢铁板材及型材,厚度大于5 mm的,应预先进行喷(抛)丸除锈,除锈质量等级应达到Sa2 1/2级;厚度小于5 mm的,可进行化学处理(酸洗、冲洗、中和、钝化或磷化等),其除锈质量等级应达到附录A的有关规定,并在规定的时间范围内涂保养底漆(车间底漆)。预处理时的漆膜厚度及涂料选择推荐如下:

a) 推荐漆膜(干膜)厚度:15 μm~25 μm;

b) 推荐涂料品种:无机硅酸锌(车间)底漆、环氧底漆、环氧富锌底漆、磷酸锌底漆、铁红环氧脂底漆等;

c) 所用的底漆必须是产品配套漆系中的品种或与配套漆系中的底漆相适应的漆种。

4.2 机器产品的防腐蚀涂层设计

4.2.1 机器产品的环境腐蚀类别见表2。常用涂料推荐品种见表3。推荐面漆颜色见表4。涂层耐久性与预期防腐年限及涂层厚度的对应关系见附录B。

4.2.2 产品设计工程师应根据表2确定机器产品的环境腐蚀类别,根据表4选择产品的主体面漆颜色,并将所确定的内容在产品图样或技术文件中予以注明。如:"产品使用环境类别为C3,面漆颜色为59橘黄(YR04)"。

4.2.3 产品防腐蚀工程师应根据产品设计工程师对产品环境腐蚀类别、主体面漆颜色的要求，参考附录B及表3的有关规定，进行产品的防腐蚀设计。该设计包括：

a) 确定涂料配套漆系（涂料品种、涂层厚度）；

b) 确定产品主体及各部位、各系统颜色；

c) 编制"产品涂装工艺说明"。

表2 机器产品的环境腐蚀类别

类别	典型环境
C1	空气洁净、有保温设施的建筑物内部(室内)
C2	边远地区，低污染区域
C3	城市及工业环境。二氧化硫含量、湿度为中等程度的生产区域
C4	工业及沿海区域、化工厂
C5I	高湿度的工业区域及严酷环境
C5M	高盐度的海洋、近海、港湾、沿海区域
注：本表中的类别及典型环境的划分符合 ISO 12944-2 的规定。	

表3 常用涂料推荐品种

类别	推荐品种	厚度要求
底漆	铁红醇酸底漆、铁红环氧脂底漆、硅酸锌防锈漆、磷酸锌底漆、环氧富锌底漆等	各种涂料的涂层厚度(干膜)，根据涂料配套漆系确定
中间漆	环氧云母氧化铁漆、环氧中间漆、磷酸锌底漆等	
面漆	醇酸磁漆、氯化橡胶面漆、聚氨脂面漆、丙烯酸磁漆、醇酸铝粉漆、环氧面漆等	
耐油漆	过氯乙烯油箱漆、环氧耐油漆、聚氨酯耐油漆，硝基内用磁漆(底、面漆应配套，且涂层不易太厚)等	
耐高温漆	无机硅酸锌底漆、有机硅耐热漆、醇酸铝粉漆、各色硼钡漆等	
耐潮湿漆	氯化橡胶漆、焦油环氧沥青防锈漆等	

4.2.4 所选定的涂料配套漆系中的所有涂料，原则上应是同一厂家或同一品牌的产品。

4.3 机器产品特殊部位的涂装要求

4.3.1 铆接件相互接触的表面，在连接前必须涂以厚度为 30 μm～40 μm 的底漆。所用涂料品种应是涂料配套漆系中的漆种。搭接边缘应用油漆、腻子或粘合剂封闭。在加工或焊接过程中损坏的漆面，应重新进行表面处理和涂装。

4.3.2 不封闭的箱形梁、箱形结构的内表面、各类安全罩的内表面等，无特殊要求的，一般须涂 60 μm～80 μm 厚的底漆；封闭的箱形梁、箱形结构的内表面不涂漆。

4.3.3 装配后不能靠近、无法涂装的部位，应在装配前完成涂漆。

4.3.4 有涂漆要求的有色金属表面，应根据不同情况，选用相适应的底漆、面漆。如锌表面应选用磷化底漆或磷酸锌底漆等。面漆（或中间漆）要与底漆配套。

4.3.5 钢制容器内部的涂装（无人孔的除外），应根据容器内工作介质的性质选择油漆或涂硬膜防锈油。不锈钢容器不涂漆。

4.3.6 工矿车辆、冶金车辆的碰头车钩以及转向架中的铸造侧架、铸造摇枕、车轮、轮轴等，如无特殊要求，应涂清油或清漆，涂层厚度不低于 30 μm。

4.3.7 高强度螺栓联接件结合面，应根据摩擦系数的不同或按图样要求，在喷砂后涂高固体份、高锌粉含量(80%)的无机富锌底漆(如 Interzinc22 * 底漆),厚度为 60 μm。或者涂刷两层过氯乙烯可剥清漆(两层之间贴一层纱布)加以保护,联接前再将可剥清漆剥除。必要时,表面还应使用薄铁皮加以覆盖。

4.3.8 属下列情况之一的,不进行涂装:

a) 产品或部件与混凝土接触或埋入混凝土中的部位、紧贴耐火材料的部位;

b) 机械加工的配合面、工作面、摩擦面;

c) 配管的各种阀、泵及法兰表面;

d) 不锈钢制件表面;

e) 钢丝绳、地脚螺栓及其底板;

f) 电镀表面、无特殊要求的有色金属表面;

g) 非金属制件表面;

h) 电动机等外购机电配套件表面。

4.4 涂漆颜色要求

4.4.1 机器产品的面漆颜色应符合合同要求。合同中无规定的,按表 4 的推荐选取颜色。

4.4.2 除用户有特殊要求外,"产品涂装工艺说明"中提到的油漆颜色,均应符合 GSB 05-1426 中标示的颜色。

表 4 机器产品的推荐面漆颜色

产品类别	推荐面漆颜色
热轧设备	30 淡绿(G02)、24 湖绿(BG02)、28 苹果绿(G01)、32 中绿(G04)、31 艳绿(G03)
冷轧设备	24 湖绿(BG02)、28 苹果绿(G01)、40 豆绿(GY01)、10 天(酞)蓝(PB09)
装卸机械	59 橘黄(YR04)、60 橘红(R05)、72 中灰(B02)、57 棕(YR05)
连铸设备	28 苹果绿(G01)、38 纺绿(GY02)、银白、30 淡绿(G02)
冶金机械	28 苹果绿(G01)、73 淡灰(B03)、黑色
锻压机械	28 苹果绿(G01)、30 淡绿(G02)、24 湖绿(BG02)、32 中绿(G04)、6 海蓝(PB05)
矿山设备	28 苹果绿(G01)、40 豆绿(GY01)、48 淡黄(Y06)、60 橘红(R05)、黑色
焦炉机械、煤气设备	72 中灰(B02)、28 苹果绿(G01)、38 纺绿(GY02)、淡海(铁)蓝(B11)
工矿车辆	59 橘黄(YR04)、60 橘红(R05)、32 中灰(B02)、黑色
冶金车辆	黑色
破碎机械	73 淡灰(B03)
造矿烧结设备	38 纺绿(GY02)
人造板设备	24 湖绿(BG02)
橡胶设备	24 湖绿(BG02)
水泥设备	73 淡灰(B03)

4.4.3 机器产品的特殊部位按表 5 的规定选择面漆颜色。

表 5 机器产品特殊部位的推荐面漆颜色

产品特殊部位名称	面漆颜色
油箱、减速机内壁及其内部零件的涂漆表面	奶油色(Y03)
栏杆、扶手	黄色(Y06、07、08)
操纵室的顶棚及内壁	半光浅色漆
操纵室地板	铁红色(R01)

表 5（续）

产品特殊部位名称	面漆颜色
盖板、走台板、铺板、楼梯板	与主机同色或绿色(GY02)
机械停止按钮、制动及停车装置的操纵手柄；机器转动部件的裸露部分，如飞轮、齿轮、带轮等的轮幅部分；指示器上各种表头的极限位置的刻度	大红色(R03)
注：表中有关大红色的使用规定符合 GB 2893 的相关规定。	

4.4.4 有暂时或永久性危险的机械部位或装置，应涂以宽度约 100 mm、与水平面成 45°斜角、颜色为黄、黑相间的“虎皮”状警示条纹。同一条棱线两侧的条纹倾斜方向应相反。如果表面面积较小，条纹宽度可以适当缩小，但黄条纹与黑条纹每种不得少于两条。

前述有暂时或永久性危险的机械部位或装置包括：各种机械在工作或移动时容易产生碰撞的部位，如移动式起重机的外伸腿、起重机的吊钩滑轮侧板、起重臂的顶端、四轮配重；平顶拖车的排障器及侧面栏杆；门式起重机门架下端；剪板机的压紧装置；冲床的滑块等。

4.4.5 机器产品配管的面漆颜色应与机器的面漆颜色相同。距机器 1 m 以外的配管颜色，应符合表 6 关于基本识别色的规定。

表 6 八种基本识别色及其色标

输送介质种类	基本识别色	色标(GSB 05-1426)
水	艳绿	G03
水蒸气	大红	R03
空气	淡灰	B03
气体	中黄	Y07
酸或碱	紫	P02
可燃液体	棕	YR05
其他液体	黑	—
氧	淡蓝	PB06
注：本表符合 GB/T 7231 的规定。		

4.5 涂装施工要求

4.5.1 环境要求

4.5.1.1 一般情况下，涂装施工环境温度不得低于 5 ℃，相对湿度应不大于 85%。对北方地区的冬季施工，应尽量选用适合低温下施工和固化的油漆。

4.5.1.2 雨、雪、雾天气及风力超过 4 级时，禁止在室外施工。待涂装表面有结霜、结露的，不许施工。

4.5.1.3 涂装及固化过程中，涂装件表面温度不得超过 60 ℃。禁止漆膜在烈日下暴晒。

4.5.1.4 施工区域必须保持空气流通。涂装及固化过程中应无粉尘及其他异物飞扬。

4.5.2 施工要求

4.5.2.1 涂装时，应严格遵守各种涂料对温度、湿度等的要求，遵守重涂间隔时间及调配方法的有关规定。

4.5.2.2 施工前，如发现涂料出现胶化、结块等异常现象，应停止调配和施工。

4.5.2.3 涂装施工过程中，应注意各种施工方法对漆膜的影响。要尽量保证漆膜的均匀，不可漏涂。对于边、角、夹缝、螺钉头、铆接缝、焊缝等部位要先涂刷，然后再大面积涂装。

4.5.2.4 对焊后或装配后无法涂漆的构件部位，应在焊前或组装前涂漆。

4.5.2.5 两种不同颜色的涂层交界处，其界面必须明显、整齐。

4.5.2.6 需经常拆装的零件,其相互连接处的油漆面必须平整。缝线应明显,不得出现漆膜崩落、界线不分或漆成一片等现象。

4.5.2.7 喷涂施工时,应对产品不需涂装的部位进行遮盖,防止误涂。

4.5.2.8 机器产品表面是否需要刮腻子,应在图样或技术文件中注明。刮腻子时,应先涂底漆,底漆干燥后再进行刮腻子操作。刮腻子一般进行 1 次～2 次,每次厚度约为 0.5 mm～1 mm,局部最大总厚度不得超过 5 mm。腻子干燥后须对表面进行打磨,打磨后的腻子表面应平整、光滑、牢固、无裂纹。

4.5.2.9 机器产品的最后一遍面漆一般应在总装试车完成后再进行涂装。

4.5.2.10 对安装过程中损坏的漆膜应进行修补。修补前应对表面进行清理。修补部分对周围涂层的覆盖宽度应不少于 50 mm(损坏面积较小时,修补的面积应比损坏的面积大一倍以上)。修补应符合相关工艺或标准的规定。补漆部位的颜色、涂层厚度应与周围的颜色、涂层厚度一致。

4.5.3 涂装安全及通风要求

涂装预处理的施工安全及通风要求按 GB 7692 的规定执行。

涂装施工中的安全及通风要求按 GB 6514 的规定执行。

5 涂装质量控制与检测

5.1 涂料质量的检测按涂料说明书规定的方法进行。

a) 涂料说明书中规定的检测方法,必须符合相关国家标准的规定;

b) 对于配套漆系中的涂料,若其说明书中无检测项目或指标,而使用厂防腐蚀工程师认为确有必要了解的,则涂料供应商应无条件提供由国家质量技术监督部门出具的该项目或指标的检测报告。

5.2 涂料供应商在向使用厂提供涂料时,必须附带本批次涂料的产品合格证和检测报告,否则涂料使用厂有权拒收。

5.3 使用涂料的企业的质量管理部门,对涂料供应商提供的涂料产品质量负有日常监督职责。

5.4 涂料的调配应严格按照说明书的规定和要求进行。

5.5 施工时,应经常用湿膜测厚仪测定漆膜厚度,以便更准确地控制干膜厚度。

5.6 漆膜的干膜厚度检测,应在涂料说明书规定的干燥时间以外进行。

5.7 漆膜外观应满足以下要求:底漆、中层漆、面漆漆膜不允许有针孔、气泡、裂纹、咬底、渗色、漏涂、流挂、局部剥落等缺陷;面漆表面应平整均匀、漆膜丰满、色泽一致。检查方法经协商可采用肉眼或用五倍放大镜观察。

5.8 涂层厚度的检测应在每一涂层干燥后进行。全部涂层涂装完毕后,再检测总厚度。检测方法是:用电磁式膜厚仪检测,每 10 m^2(漆膜面积不足 10 m^2 的按 10 m^2 计)作为一处,管路等细长体每 3 m～4 m长作为一处,每处测 3 点～5 点。每处所测各点厚度的平均值,不得低于规定涂层总厚度的 90%,且不高于 120%。每处所测各点厚度中的最小值不应小于规定涂层总厚度的 70%。

6 涂层脱离底材的抗性评定

涂层脱离底材的抗性评定按以下方法进行:选六块规格为 200 mm×200 mm 的试板,经表面处理后,涂上与产品相同的涂层漆系。抗性评定在漆膜实干后进行(根据用户要求,可分层逐次评定或最终一次性评定),最终的评定经协商可采用画叉法或划格法进行。

画叉法:用锋利的刀片或保险刀片在试板表面划一个夹角为 60°的叉,刀痕要划至钢板,然后贴上宽度为 25 mm 的专业压敏胶带,使胶带贴紧漆膜,然后用手迅速扯起,刀痕两边涂层被揭下的总宽度若不超过 2 mm 即为合格。

划格法:按 GB/T 9286 的规定进行评定。其评定结果应不低于附录 C 中的 2 级要求。

附 录 A
（规范性附录）
酸 洗

A.1 适用范围及质量要求

A.1.1 本附录符合 SY/T 0407 的规定，适用于钢材表面的酸洗处理。

A.1.2 可用化学和电解两种方法做酸洗处理。酸洗后钢材表面应没有肉眼可见的氧化皮、锈和旧涂层。

A.1.3 钢材表面的腐蚀程度应适合规定的涂装要求。

A.1.4 允许酸洗后的钢材表面在颜色的均匀性上受钢材的钢号、原始锈蚀程度、外形、轧制或加工痕迹以及腐蚀方式的影响。

A.2 酸洗前的表面处理

A.2.1 按照 SY/T 0407 中规定的方法，除掉钢材表面上绝大部分油、油脂、润滑剂和其他污物（不包括氧化皮、氧化物和锈）。

A.2.2 宜用工具除锈方法或喷（射）除锈方法（只要求达到 Sa1 级），除掉表面上大部分氧化皮、锈和旧涂层，以缩短酸洗除锈的时间。

A.3 酸洗方法及要求

A.3.1 将钢材表面浸入常温下的硫酸、盐酸或磷酸溶液中，酸洗液中应加入足量缓蚀剂，以减少对基层金属的腐蚀，直到所有的氧化皮和锈全部除掉后，用淡水充分冲洗，再做钝化处理。

A.3.2 将钢材表面浸入 60 ℃以上、浓度为 5%～10%（按质量计）的硫酸溶液中，酸洗液中应加入足量缓蚀剂，直至所有的氧化皮和锈全部除掉后再用淡水充分冲洗，最后将钢材表面放在 80 ℃左右、含 0.3%～0.5%磷酸铁、浓度为 1%～2%（按质量计）的磷酸溶液中浸泡（1～5）min。

A.3.3 将钢材表面浸入（75～80）℃、体积分数为 5%的的硫酸溶液中，酸洗液中应加入足量缓蚀剂，直至所有的氧化皮和锈全部除掉后再用（75～80）℃的热水冲洗 2 min，最后用 85 ℃以上的钝化液浸泡 2 min以上。钝化液中应含有 0.75%的重铬酸钠或 0.5%左右的正磷酸。

A.3.4 将钢材放置在酸或碱电解槽中电解。电解中若工件作为阴极，应做适当处理以防止或减少氢脆现象的发生。如果在碱溶液中进行电解，电解后需用热水充分冲洗，接着在稀磷酸或稀重铬酸盐的溶液中浸泡，直至残留在表面上的碱迹全部清除为止。

A.3.5 酸洗处理应满足下列要求：

a） 硫酸槽中所溶铁的含量不应超过 6%，盐酸槽中所溶铁的含量不应超过 10%。
b） 必须用纯净的淡水或蒸馏水做溶液或冲洗液。在冲洗过程中，必须连续不断地向冲洗槽中注入清水，使每升水中携带的酸及可溶盐的总量不超过 2 g。
c） 从酸洗槽中取出的钢材应在该槽上方短时悬挂，沥净大部分酸洗液。
d） 酸洗后必须除掉有害的酸洗残渣、未发生反应的酸或碱、金属沉积物和其他有害污物。
e） 不应将酸洗后的钢材垒起来使表面互相接触，应在表面完全干燥后再重叠。
f） 必须在可见锈出现之前进行涂装。

A.4 安全措施

A.4.1 应设置足够的通风设施，以保证工作人员的身体健康并应限制氢气的浓度，使其在爆炸的极限范围以下。

A.4.2　操作人员应戴护目镜。

A.4.3　工作人员必须穿戴橡胶围裙、橡胶靴子、橡胶手套。

A.4.4　酸洗和电解过程中所产生的废液的排放，应按国家现行的有关标准执行。

A.4.5　酸洗和电解过程所使用的化学药品的搬运和储存应符合国家现行的有关规定。

A.4.6　必须将浓酸缓慢地倒入水或稀酸中，而且应边倒边搅动。

附　录　B
（资料性附录）
涂层耐久性

涂层耐久性与预期防腐年限及涂层厚度的对应关系符合 ISO 12944-5 的规定。

B.1　涂层耐久性与预期防腐年限的对应关系见表 B.1。

表 B.1　涂层耐久性与预期防腐年限的对应关系

类　别	预期防腐年限
高耐久性	预期防腐年限为 15 年以上
中耐久性	预期防腐年限为 5 年～15 年
低耐久性	预期防腐年限为 5 年以下

B.2　涂层厚度与预期防腐年限的对应关系见表 B.2。

预期防腐年限的选择应符合合同的规定。合同无规定的，按低档年限(2～5)年进行涂层设计。

表 B.2　涂层厚度与预期防腐年限的对应关系

环　境　类　别	厚　度　范　围/μm	预 期 防 腐 年 限
C2	80	低(2 年～5 年)
	80～120	中(5 年～15 年)
	160～200	高(＞15 年)
C3	120～160	低(2 年～5 年)
	160～200	中(5 年～15 年)
	200～240	高(＞15 年)
C4	160～200	低(2 年～5 年)
	200～240	中(5 年～15 年)
	240～320	高(＞15 年)
C5I C5M	200	低(2 年～5 年)
	240～280	中(5 年～15 年)
	280～400	高(＞15 年)
注：因 C1 为空气洁净的室内环境，所以在本表中未列出其涂层厚度与预期防腐年限的对应关系。		

附 录 C
（规范性附录）
漆膜划格试验结果分级

漆膜的划格试验结果分级符合 GB/T 9286 的规定。

漆膜的划格试验结果分级见表 C.1。

表 C.1 试验结果分级

分级	说明	发生脱落的十字交叉切割区的表面外观
0	切割边缘完全平滑，无一格脱落	
1	在切口交叉处有少许涂层脱落，但交叉切割面积受影响不能明显大于 5%	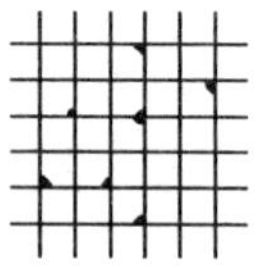
2	在切口交叉处和/或沿切口边缘有涂层脱落，受影响的交叉切割面积明显大于 5%，但不能明显大于 15%	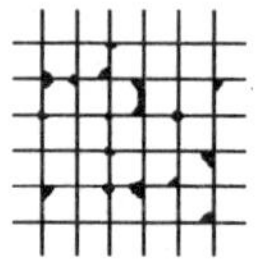
3	涂层沿切割边缘部分或全部以大碎片脱落，和/或在格子不同部位上部分或全部剥落，受影响的交叉切割面积明显大于 15%，但不能明显大于 35%	
4	涂层沿切割边缘大碎片脱落，和/或一些方格部分或全部出现脱落。受影响的交叉切割面积明显大于 35%，但不能明显大于 65%	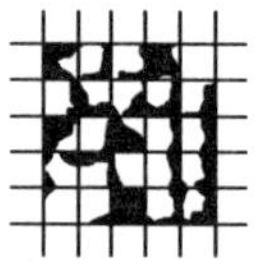
5	剥落的程度超过 4 级	

ICS 25.120.20
H 90
备案号:21707—2007

中华人民共和国机械行业标准

JB/T 5000.13—2007
代替 JB/T 5000.13—1998

重型机械通用技术条件 第13部分:包装

Heavy mechanical general techniques and standards— Part 13: Packing

2007-08-28 发布 2008-02-01 实施

中华人民共和国国家发展和改革委员会 发布

前　言

JB/T 5000《重型机械通用技术条件》分为15部分：

——第1部分：产品检验；

——第2部分：火焰切割件；

——第3部分：焊接件；

——第4部分：铸铁件；

——第5部分：有色金属铸件；

——第6部分：铸钢件；

——第7部分：铸钢件补焊；

——第8部分：锻件；

——第9部分：切削加工件；

——第10部分：装配；

——第11部分：配管；

——第12部分：涂装；

——第13部分：包装；

——第14部分：铸钢件无损检测；

——第15部分：锻钢件无损检测。

本部分为JB/T 5000的第13部分。

本部分代替JB/T 5000.13—1998《重型机械通用技术条件　包装》。

本部分与JB/T 5000.13—1998相比，主要变化如下：

——将包装按产品的精度及储运条件要求分成13类；

——增加了包装材料木材的缺陷限度以及除虫害处理；

——增加了各种运输条件下产生惯性力的加速度值；

——增加了对滑木与端木、滑木与枕木把合螺栓用孔大小的规定；

——增加了对箱板色差及毛刺、虫眼的要求；

——增加了各种防护包装要求，如：防护、防水、防霉、防锈、防潮、防震等；

——增加了试验、检验方法。

本部分的附录C为规范性附录，附录A和附录B为资料性附录。

本部分由中国机械工业联合会提出。

本部分由机械工业冶金设备标准化技术委员会归口。

本部分起草单位：沈阳重型机械集团有限责任公司。

本部分主要起草人：魏国君、邬丽蛟、刘晨龙、巴雅琴。

本部分所代替标准历次版本的发布情况为：

——JB/T 5000.13—1998。

重型机械通用技术条件
第13部分:包装

1 范围

JB/T 5000的本部分规定了重型机械产品的运输包装方式、技术要求和试验方法等。

本部分适用于重型机械产品的运输包装。

2 规范性引用文件

下列文件中的条款通过JB/T 5000的本部分的引用而成为本部分的条款。凡是注日期的引用文件,其随后所有的修改单(不包括勘误的内容)或修订版均不适用于本部分,然而,鼓励根据本部分达成协议的各方研究是否可使用这些文件的最新版本。凡是不注日期的引用文件,其最新版本适用于本部分。

GB 190 危险货物包装标志

GB/T 191 包装储运图示标志(GB/T 191—2000,eqv ISO 780:1997)

GB/T 1413 系列1集装箱 分类、尺寸和额定质量(GB/T 1413—1998,idt ISO 668:1995)

GB/T 4768 防霉包装

GB/T 4857.21 包装 运输包装件 防霉试验方法

GB/T 4879 防锈包装

GB/T 5048 防潮包装

GB/T 5398 大型运输包装件试验方法

GB/T 6388 运输包装收发货标志

GB/T 7284 框架木箱

GB/T 7350 防水包装

GB/T 8166 缓冲包装设计方法

GB/T 9846.3—2004 胶合板 第3部分:普通胶合板通用技术条件

GB/T 12339 防护用内包装材料

GB/T 12464 普通木箱

GB/T 13123 竹编胶合板

GB/T 13384 机电产品包装通用技术条件

GB/T 15172 运输包装件抽样检验

GB/T 18925 滑木箱(GB/T 18925—2002,JIS Z 1402:1990,MOD)

3 包装类别

3.1 一类包装:用衬有防水材料的木板箱包装,货物装在铝箔或等效的铝箔袋中并放入相应的干燥剂;保证期为24个月。木板箱按GB/T 7284、GB/T 18925或GB/T 12464的规定。

适宜货物:易生锈的机器设备和电气材料,装配管子等。

3.2 二类包装:在一类包装的基础上,再加一层木板箱,箱与箱之间使用按货物易损程度选定的缓冲垫层材料(要标注加速度值),为悬浮式包装。

适宜货物:极易损坏的电气和控制材料等。

3.3　三类包装:在一类包装的基础上再装入 0.2 mm 厚的聚乙烯袋中(或者等效的铝箔);保证期为 24 个月。

适宜货物:易生锈的机器设备和电气材料,装配管子等。

3.4　四类包装:用衬有防水材料的木板箱包装,但不带铝箔和聚乙烯袋装,箱子上加通风罩。

适宜货物:耐冲击,抗腐蚀的零部件(简单的机械结构件、螺栓、管道等)。

3.5　五类包装:花格箱,按 GB/T 7284、GB/T 18925 或 GB/T 12464 的规定。

适宜货物:抗腐蚀并对一般的运输性机械损伤也不敏感的部件,各种类型的容器等。

3.6　六类包装:捆装。

适宜货物:按长度计算的钢管(未酸洗)和不锈钢管,不要求为防止一般性机械损伤采取保护措施,而只是作为发货单元放在一起的结构件、支架等。

3.7　七类包装:敞装(托盘结构)。

适宜货物:不易损坏、抗锈蚀或尺寸超出通常的装载截面的机器部件。

3.8　八类包装:局部包装。

适宜货物:单件质量超过 30 t 及尺寸超出通常的装载截面的部件。这些部件对锈蚀及运输中的机械损伤均不敏感。只将其机加工面用板条围起来。

3.9　九类包装:危险品包装。

适宜货物:各种运输途径(海运、陆运、铁路运输和空运)所规定的危险品。

3.10　十类包装:裸装。

适宜货物:运输过程中无需特别保护的部件。

3.11　十一类包装:运输包装(不保证库存防锈期)。

适宜货物:只需考虑装卸、运输过程中的保护而不需考虑储存的部件。要对这些部件采取必要的运输保护,如:使用挂车须用的支座及吊装用的吊具和护具等保护措施,使其不因气候影响和运输过程中的机械作用而受损害。

3.12　十二类包装:集装箱包装。装在运输船底部,货物应用铝箔密封并放入适量干燥剂,确保耐用六个月。

适宜货物:易生锈的机器设备和电气材料,装配管子等。

3.13　十三类包装:拖船包装。

适宜货物:用可以直接存放货物的载重设备运输的部件。要对这些部件采取必要的适合拖船装卸、运输的保护措施。

3.14　常见包装型式的结构示例及适用范围见附录 A。

4　包装材料

4.1　木材

4.1.1　种类

框架木箱主要受力构件用材以落叶松、松木、冷杉、云杉、槭木、榆木为主,也可使用其强度与之相同或更大的木材,其他构件用材应在保证箱强度的前提下选用适当材料。

4.1.2　含水率

木材的含水率一般不大于 20%,但滑木、辅助滑木、花格箱等用的木材含水率可在 24%以下。

4.1.3　缺陷

木材的允许缺陷限度按 GB/T 13384 的规定。但出口包装不能有树皮、腐朽、虫眼等缺陷。

4.1.4　尺寸偏差

木构件的宽度与厚度尺寸偏差按表 1 的规定。

4.1.5 **木材的许用强度**

木箱用木材的许用强度应不低于表2的规定。

表1 木构件的宽度与厚度尺寸偏差

单位为毫米

尺寸范围	偏差
≤20	−1～+2
>20～100	±2
>100	±3

表2 木材的许用强度

单位为兆帕

抗弯强度 f_b	(顺纹)抗压强度 f_c	(顺纹)抗压强度 f_t
11.0	7.0	14.0

4.1.6 **木材的除虫害处理**

需要时,应对所使用的木材进行药物熏蒸、加热等除虫害处理。

4.2 **胶合板**

胶合板一般选用GB/T 9846.3—2004中规定的Ⅲ类或性能与之同等以上的其他胶合板及其他材质的胶合板,如选用竹胶板,其性能应符合GB/T 13123的规定。

4.3 **适用于九类包装的材料**

只能使用按规定经过了结构形式检验的容器。

5 包装件的结构

5.1 概况

5.1.1 包装件极限尺寸和极限质量如下:

长1 190 cm、宽240 cm、高240 cm、质量20 000 kg。

5.1.2 对超极限的包装件,应由包装方案制定部门在包装前与运输或用户等有关部门协商确定包装件的尺寸和质量。

5.1.3 空运包装件最大尺寸要逐件与空运或用户等有关部门协商确定。

5.2 一类至四类和十三类包装用木板箱

5.2.1 木板箱的结构型式特点如下:

——这些木板箱至少应能两个叠放运输;

——木板箱和花格箱的叠放压力可达10 kN/m²,顶盖载荷5 kN/m²。

——质量达到3 t的木板箱要加起吊护铁,盖上要加护棱(钢板最小厚度3 mm);

——木板箱应能承受装卸时绳子的紧固力;

——木板箱可用起重装置及平地运输工具搬运。

5.2.2 箱子的端木与滑木要用螺栓紧固,其螺栓直径及钻孔最大直径见表3。

表3 螺栓直径及钻孔最大直径

包装货物净重/kg	螺栓规格	钻孔最大直径/mm
≤700	M10	11
>700～7 500	M12	13
>7 500～25 000	M16	17
>25 000	M20	21

5.2.3 箱盖底面要用密封剂防潮。

5.2.4 箱底要留出冷凝水和逸入潮气的排出孔或排出槽，箱子的这些部位要采取防止害虫侵入的措施。

5.3 五类用的花格箱

木板箱(见5.2)的结构也适用于相同尺寸的花格箱。作为承重部位，花格箱的箱底应完全封闭。端面、侧面和箱盖用板不少于面积的2/3，有时为了堆码起见，花格箱的箱盖可采用完全封闭形式。

5.4 六类包装用的捆装

5.4.1 结构特点：

——这些货捆至少应能两个叠放运输；

——这些货捆在装卸时应能承受绳子的紧固力；

——可用起重装置及平地运输工具搬运。

5.4.2 捆装包括木夹、槽钢夹、钢带捆扎、镀锌铁线捆扎等。

5.4.3 捆扎适用于管材、圆钢、型钢及简易结构件的包装发运。

5.4.4 长度小于5.5 m的产品应捆扎或紧固不少于三处，5.5 m～10 m的产品应捆扎不少于五处，大于10 m的产品相隔3 m应捆扎一处。

5.4.5 直径不等的管材捆扎时，先将直径小的捆在一起，捆扎应牢固，经多次起吊搬运后，不得出现可能窜出件的松动和散捆。

5.4.6 在捆扎和紧固处应利用适当的减震材料保护，以防直接与产品接触。

5.4.7 按产品质量适当加木材、胶合板或橡胶制品等来进行中间垫层并用夹紧螺栓固定防滑。

5.4.8 用螺栓固定时，其外露部分要用带槽盖板护住，盖板用钉子固定。

5.4.9 薄壁管材不允许捆扎，应用木箱包装，管子层数以不大于20层为宜，以防压扁、压弯。

5.4.10 水泥磨、球磨机中数量多的带孔衬板，可用螺柱将其串成若干个包装单元，每串质量控制在2 500 kg以下，并在两端加起吊角钢(槽钢)。

5.5 七类包装用托盘结构

5.5.1 托盘的结构特点如下：

——这些托盘至少应能两个叠放运输；

——质量超过3 t时捆绳部位要加起吊护铁；

——这些托盘在装卸时应能承受绳子的紧固力；

——可用起重装置及平地运输工具搬运。

5.5.2 托盘结构用木材和钢材均可。

5.5.3 托盘上若无法直接用螺栓固定，可用钢带与其固定在一起，但要避免产品与钢带直接接触。

5.5.4 托盘的长度和宽度一般不小于产品的尺寸。

5.5.5 托盘端部要倒成45°角，其尺寸不小于滑木厚度的30%。

5.5.6 必要时要在产品与托盘之间及产品与固定材料之间加相应的缓冲垫。

5.6 八类包装用的局部包装

5.6.1 局部包装的结构特点如下：

——质量超过3 t时捆绳部位要加起吊护铁；

——包装件应能承受装卸时绳子的紧固力；

——可用起重装置及平地运输工具搬运。

5.6.2 机加工表面在进行防腐或防锈处理后要全部进行围装保护。

5.6.3 仪表配件和外凸部分要全部围装并加缓冲垫。

5.7 九类包装用的危险品包装

在制定装箱单时要特别注意有关危险品组合包装最大量的规定。

5.8 十一类包装用的运输包装

运输包装的特点如下：

——运输包装件至少应能两个叠放运输；

——在装卸时应能承受绳子的紧固力；

——可用起重装置及平地运输工具搬运；

——采取防止气候影响和运输过程中机械作用的保护措施。

5.9 十二类包装用的集装箱包装

集装箱包装时，集装箱的内部尺寸应考虑。

6 包装件的固定

6.1 计算负荷

对运输安全起关键作用的惯性力来自实际情况中的加速度值和减速度值。表4列出各种运输方式中出现的加速度值。

表4 出现加速度时的 a 值（正常运行时的最大值） 单位为米每二次方秒

运输方式	加速度 a 值		
	水平方向		垂直方向
	向前或向后	侧向	
铁路运输	4.0	0.5	0.3
公路运输	0.8	0.5	1.0
远洋航运	0.25	0.25	1.0
空运	1.5	1.5	3
注：多种方式联合运输时考虑最高值。			

6.2 包装件的固定

6.2.1 产品应垫稳、卡紧、固定于包装箱内，防止货物在运输过程中窜动或移动。常用的方法参见附录B。

6.2.2 产品要经分散载荷的枕木与箱底结构用螺栓紧固在一起。螺栓之间及螺栓与木纹方向上负载边缘的最小间距为 7 d（d 为螺栓直径），但至少为 4 cm。

6.2.3 产品中可运动部分的固定，应达到固定在包装箱底部结构上的要求。

6.2.4 底部有地脚孔的产品，应利用该孔将其固定在包装底座上，固定用螺栓应用快干油漆封严，以防螺栓松动。对木夹、垫木上及衬板串装上的螺栓，拧紧后应用点焊防止松动。

6.2.5 产品与加固件的接触部分要用缓冲材料保护，固定部位的选择要考虑对产品的影响。

7 包装要求

7.1 一般包装要求

7.1.1 产品包装应根据产品的特点及储运条件采用不同的包装型式和防护方法。

7.1.2 产品包装应符合科学、经济、牢固、美观、适销的要求。在正常储运条件下，应保证产品自制造厂包装之日起 12 个月内不至因包装不善而产生锈蚀、长霉、降低精度、残损或散失等现象。特殊情况按供需双方协议执行。

7.1.3 包装设计应根据产品特点、储运、装卸条件和用户要求进行，做到包装紧凑、防护周密、安全可靠。

7.1.4 包装箱顶部型式一般为平顶，如不经海运且无堆码要求时也可采用非平顶。

7.1.5 同一包装箱的箱板色泽应基本一致，外表面应平整，无明显毛刺和虫眼(已修补的虫眼例外)。

7.1.6 产品经检验合格，做好防护和其他有关内包装，随机文件齐全，并符合内销或出口要求，方可进行外包装。

7.1.7 采用集装箱运输的产品，应符合集装箱的要求。集装箱外部尺寸、额定质量和最小内部尺寸要求按 GB/T 1413 的规定。

7.1.8 产品包装环境应清洁、干燥，无有害介质。包装箱内应清洁、干燥、无异物。

7.1.9 包装箱或产品零部件的最大外形尺寸、质量应符合国内外运输方面有关超限超重的规定。

7.1.10 特大、特重零部件，以铁路运输需用特殊车辆时，应绘出装车加固结构图，并注明最大外形尺寸、质心位置。

7.1.11 焊、铸件或加工精度较低的零部件，应尽量采用裸装、捆扎等包装形式。

7.1.12 装箱件的清点以装箱单为依据(不管任何一种包装形式，均应填写装箱单)。装箱编号以分数形式表示——其分母为总箱数，分子为顺序数。

7.1.13 产品应按包装设计图样要求进行包装，图中无法绘出的加固方法应在技术要求中加以说明。

7.1.14 在一个包装箱(件)中只能装同台次产品的零部件。

7.1.15 内销产品在储运、装卸条件允许的情况下，尽量以完整的机器(部件)包装发至用户。在一般的情况下，分箱越少越好。但对经海运又多次装卸的产品，其每箱质量不大于 3 000 kg 为宜。

7.1.16 为缩小包装件的体积，产品的突出部分尽可能拆下，单独做油封包装，固定在同一箱内或另装其他箱中。

7.1.17 电器、仪器、仪表与机械产品混装时，应带有原包装或做单独包装处理。对已安装在机械设备上的电器件或仪器、仪表，如其位置突出且易被碰着时，则应采取特殊的防护措施。

7.1.18 设备上有特殊防护要求的零部件应尽可能拆下，按特殊要求另行包装。

7.1.19 包装前应除去产品在试车时各部分积存的各种污物。如：润滑油、乳化液、水、铁屑、棉纱等。并应按 GB/T 4879 的要求进行防锈、清洗、涂油。

7.1.20 产品应在油漆干燥、检验合格并经采取防锈、防霉等防护措施后，方可按装箱单进行装箱。装箱时应有人监装，以防漏装、错装。

7.1.21 包装箱内每一单体零部件均应系有识别标签。

7.1.22 包装箱内所装实物的名称、规格、数量与标签及装箱单所列的内容三者应完全一致。

7.1.23 产品装箱时应使其重心位置居中靠下，重心偏高者应尽可能采用卧式包装或采取稳固措施。

7.1.24 需要堆放包装的零部件，应将精度低、质量大、体积大的零部件放在下部。

7.1.25 在不影响精度的情况下，产品上能够运动的零部件应移至使其具有最小外形尺寸的位置，并加以固定。

7.1.26 需拆下的螺栓、螺母、垫圈等紧固件及其他易散失的小件，应先分类用聚乙烯薄膜或防潮蜡纸包扎，系好标签，集中装入小麻袋或聚丙烯编织袋内，再放入包装箱中。也可装入纸板盒内或小包装箱中，再装入大包装箱内。

7.1.27 以金属结构型式的包装架或托盘进行包装的产品，应将产品与包装架或托盘固定在一起(卡压或螺栓连接等)。

7.1.28 加工精度较高或怕磕碰的零件装箱时，应采取隔垫措施。清洗或酸洗过的钢管两端用塑料盖(管堵)封死。所有带螺纹的管件、杆件、地脚螺栓等全部螺纹，采取防锈措施后，均用塑料网套、聚丙烯编织布或强度较好的其他防护材料缠绕，然后扎紧，以防碰伤螺纹。

7.1.29 密封罩若被固定元件(如螺栓)戳破，则应在罩内、罩外均用密封件和密封剂修补完全，使其不透水蒸气(见图 1)。穿过橡胶垫的螺栓用孔直径不得大于螺栓杆的直径。

7.1.30 传动带、橡胶运输带等应拆下用牛皮纸(不得用油纸)或塑料薄膜包装，固定在箱内适当的位置，切勿与油脂接触。

7.1.31　电动机、电器装置等，应用塑料罩、绝缘纸或防水纸等密封好。对密封包装的产品，其密封袋或密封箱内应放入干燥剂。

7.1.32　一般情况下，装箱时零部件不得与箱板或框架木方直接接触，其距离为 30 mm～50 mm。

7.1.33　裸装件、敞装件和花格箱内的机件上的润滑油孔、螺孔、销孔等，采取防锈措施后，全部用塑料堵（盖）、复合胶带或其他防护材料封死，以防沙尘及雨水侵入。

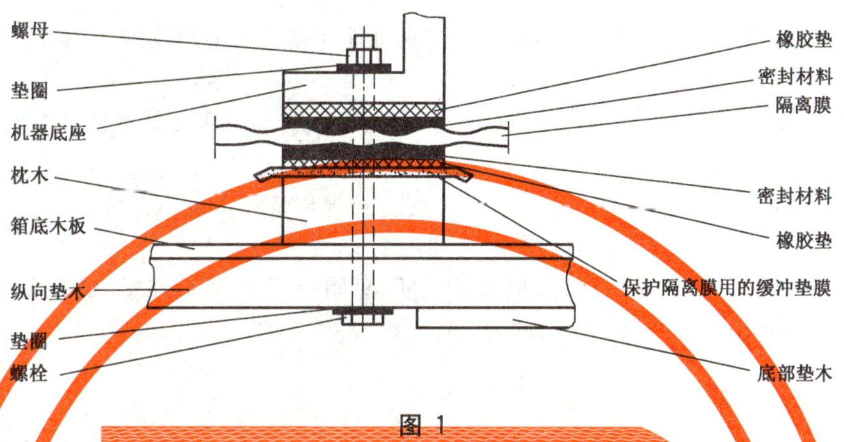

图 1

7.1.34　包装准备工作一切就绪后，应经检查人员进行检查，其检查的内容应包括制箱材料、结构、尺寸和组装情况，产品的装箱状况及产品在箱内的固定、防护包装等。检查的结果应符合包装图样和本部分的有关规定，方可封箱。

7.2　**特殊包装要求**

7.2.1　防护包装：内包装材料应符合 GB/T 12339 的规定。

7.2.2　防水包装：应符合 GB/T 7350 的规定。对于出口包装箱的防水等级，普通封闭箱应选用 B 类 3 级以上，滑木箱应选用 B 类 2 级以上。

7.2.3　防潮包装：应符合 GB/T 5048 的规定。出口包装的防潮等级应为 1、2 级。

7.2.4　防霉包装：应符合 GB/T 4768 的规定。

7.2.5　防锈包装：应符合 GB/T 4879 的规定。产品重要的金属加工表面不得与包装箱底板、紧固木方或压板直接接触。应用防锈、防潮及缓冲材料加以衬垫隔开（见图 2）。

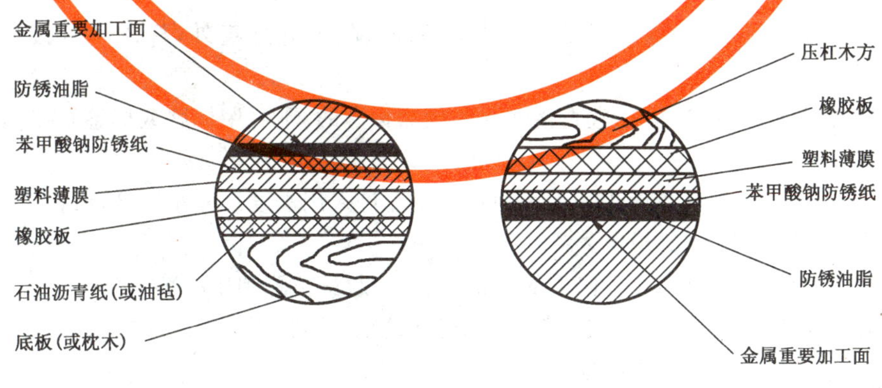

图 2

7.2.6　防震包装：

——防震包装可采用衬垫缓冲材料、泡沫塑料成型盒或弹簧悬吊等；

——缓冲材料应具有质地柔软、不易虫蛀、不易长霉和不易疲劳变形等特点。常用缓冲材料有：干木丝、聚苯乙烯泡沫塑料、高发泡聚胺酯塑料、低发泡和高发泡聚乙烯、聚丙烯、复合发泡塑料、海绵橡胶、塑料气垫、气垫薄膜、金属弹簧等。缓冲材料应紧贴（或紧固）于产品（或内包装箱、盒)和外包装箱内壁之间。

7.2.7 防震包装的设计方法可采用 GB/T 8166 规定的方法。

7.3 铁路运输包装要求

7.3.1 凡经铁路运输的产品,均应符合铁路部门运输的有关规定,确保产品安全地运到用户。

7.3.2 包装设计时,要根据产品实际最大外形尺寸和总质量选用各种车辆,应充分利用容积和载重量。

7.3.3 对包装长度在 3.2 m 以内的机件,应特别注意机件在箱内横向窜动或滚动,应采取相应措施加以固定。

7.3.4 装车时应注意体积小、质量大的零件与车体接触的面积,如砧座之类零件会出现质量集中现象,应采取措施增加该类件与车体接触面积。

7.3.5 装车时产品应配置均衡,不得偏重一侧或一端。必要时应采取配重措施。

7.3.6 产品装车后,重车的质心高从轨面起不得超过 2 m。

7.3.7 设计产品包装时,应不超过机车车辆限界尺寸(见附录 C 中图 C.1)。如无法解决时,可按一、二级超限的装载限界进行包装(见图 C.2、图 C.3)。

8 试验方法

应根据产品本身特点和要求,以及实际流通环境条件,按 GB/T 4857.21、GB/T 5048、GB/T 4879 和 GB/T 5398 的规定试验。

9 抽样方法和检验规则

按运输包装件抽样检验标准 GB/T 15172 的规定进行。

10 包装标志

10.1 包装标志应包括产品标志、包装储运指示标志和收发货标志。

10.2 产品所有发货件应喷涂或系挂相应的发货标志和储运标志。在漏模上,应用黑色或红色油墨或油漆清晰地喷涂。字迹要清楚、整齐、美观。

10.3 采用封闭箱及花格箱包装时,在箱的两侧面喷涂包装标志。花格箱无法喷涂时,可在标志处钉胶合板。

10.4 对于敞装件或裸装件,如果表面涂层在现场完成,除另有规定外,标志可直接喷涂在设备的两侧。

10.5 对敞装件,捆扎件或裸装件,不宜直接在件上喷涂标志的,则可用标牌或标签系挂在件上,每个件至少系挂两个。

10.6 喷涂文字的尺寸,根据书写面积的大小而定。不允许采用高度尺寸小于 2 cm 的字体。

10.7 发货标志按 GB/T 6388 的规定。

10.8 对于质量超过 3 t 或接近 3 t 且偏重的货物,需喷涂起吊位置和质心。

10.9 包装箱起吊线的位置无论上部或下部均应对称于质心的两侧。

10.10 储运标志应符合 GB/T 191 的规定。

10.11 危险货物包装标志,应符合 GB 190 的规定。

10.12 外购件利用原包装箱时,应换成主机厂的标志。

10.13 箱面应注明油封日期,便于按时维修保养。

11 随机文件

11.1 有关随机文件,应放在总箱数的第一箱内,并应在此箱面上注明“随机文件在此”的字样。

11.2 随每台产品供给用户的随机文件(产品证明书、说明书、安装图、易损件图、装箱单等)应用塑料袋封装,放在总箱数的第一箱内。

11.3 一台产品如分多箱包装,应有一份总装箱单放入第一箱内。

11.4 每个包装单元(包括封闭箱、花格箱、敞装、捆扎等)均应带一份本箱所包装零部件的装箱单,用塑料袋包装好后,装入装箱单罩内,然后将罩钉在箱的端壁上方。无箱壁的包装可钉在滑木侧面或其他方木上。

附 录 A
（资料性附录）
包装型式

A.1 包装型式见表A.1。

表 A.1 包装型式

包装型式			适用范围	结构示例
箱装	普通木箱	封闭箱	内尺寸长、宽、高之和在2 600 mm以下、内装物在200 kg以下的木箱。适用于有防雨、防潮、防锈、防震等防护要求的产品附件	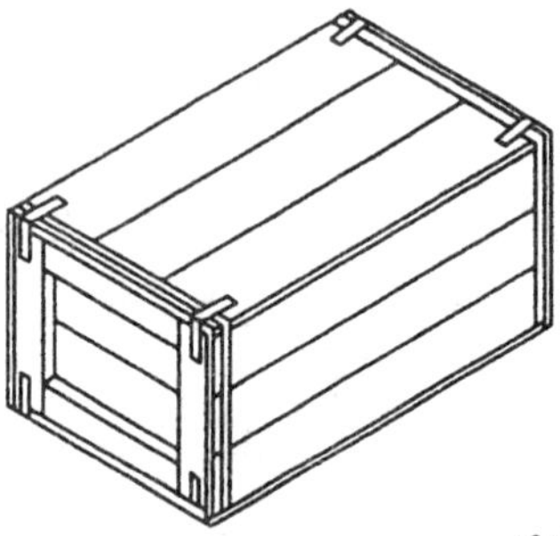 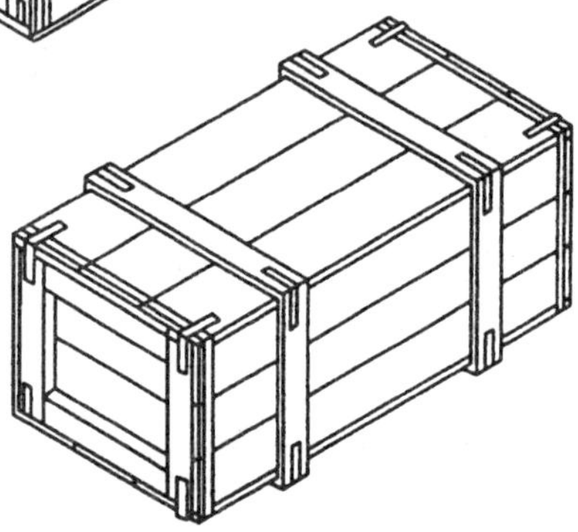
	滑木箱	封闭箱	适用于内装物质量在1 500 kg以下的滑木箱。主要用于需要防水、防潮的内装物，或用于防止内装物脱落的情况	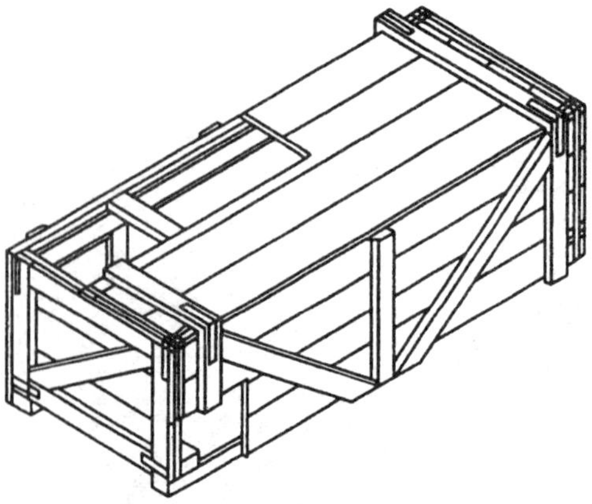

表 A.1（续）

包装型式			适用范围	结构示例
箱装	框架木箱	封闭箱	质量在 500 kg 以上，有防雨、防潮、防锈、防震等防护要求的大型产品	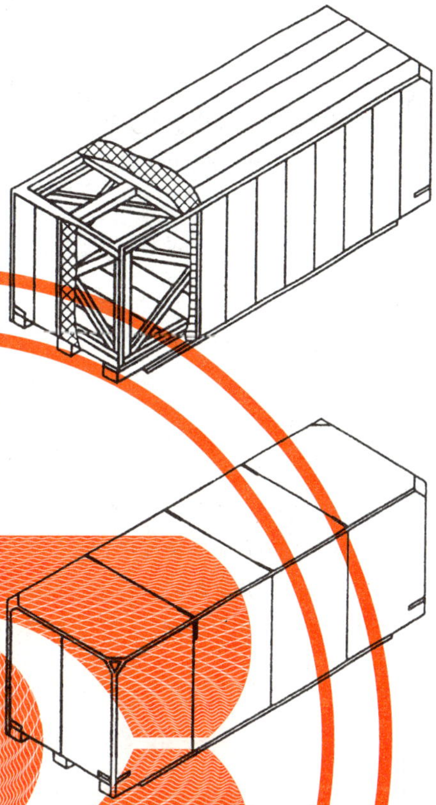
箱装	框架木箱	花格箱	质量在 500 kg 以上，无防雨、防潮、防锈、防震等防护要求或仅需局部保护的大型产品	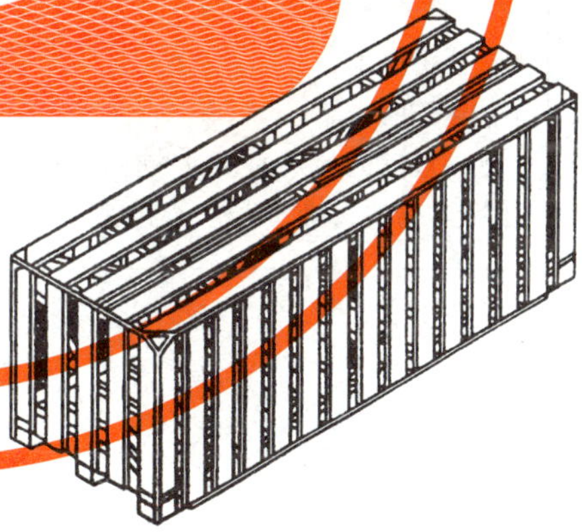
局部包装			裸装和敞装中，局部进行特殊防护包装的产品，如：球磨机中的中空轴轴颈、大型减速器的入轴、出轴端等	

表 A.1（续）

包装型式	适用范围	结构示例
敞装	需要固定在包装底盘上方可进行吊运与放置的产品，如：焊接的大型圆柱形筒体等	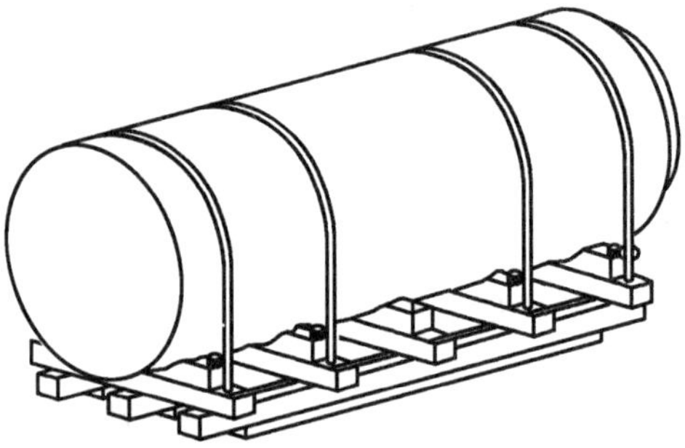
捆装（包装木夹板式包装）	外表粗糙或用聚丙烯编织布或其他强度较好的耐用材料防护后进行捆扎的产品，如：金属结构件、管束、各种杆件、铸造件等	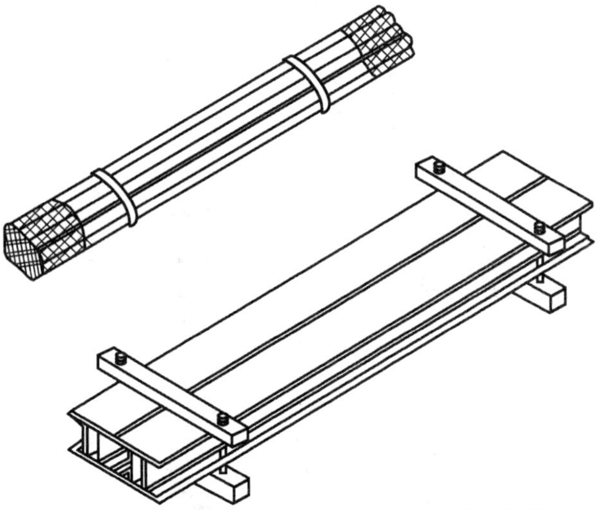
裸装	无防护要求，不需要或受体积限制不能装箱的产品。 如一般露天使用的设备、超重机桥架、大型桁架、铸件、砧座、焊接件等	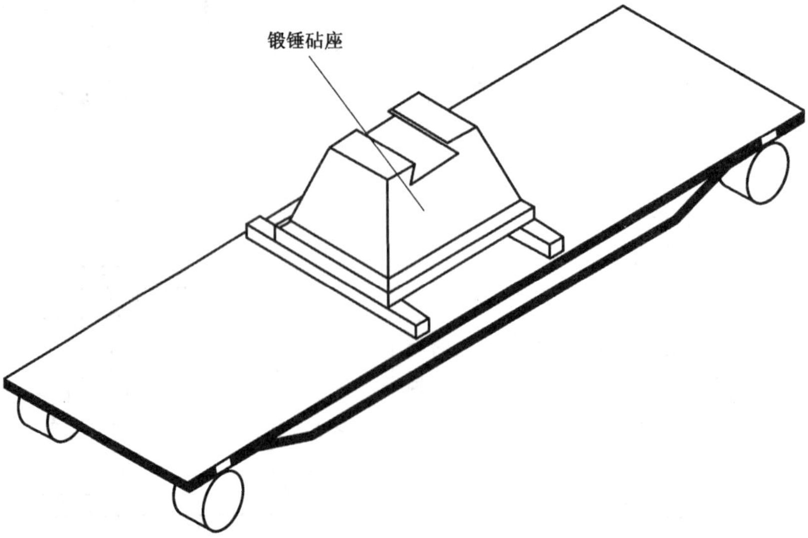 锻锤砧座

附　录　B
（资料性附录）
产品的紧固方法

机电产品在包装箱内的紧固方法有：螺栓紧固、压杆紧固、挂钩紧固、木块定位紧固和钢带紧固等。应根据产品的特点、储运装卸条件选择单项或组合使用：

B.1　螺栓紧固是机电产品最常见的一种紧固方法。利用产品的地脚螺栓孔，将产品固定在包装底座（包装底盘）上，主要有两种类型：

a）借用于螺栓、螺母和垫圈，利用产品的地脚螺栓孔，将产品固定在滑木上，见图 B.1；

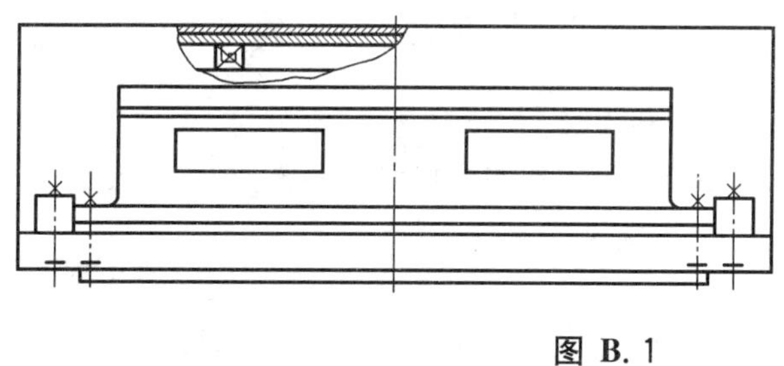
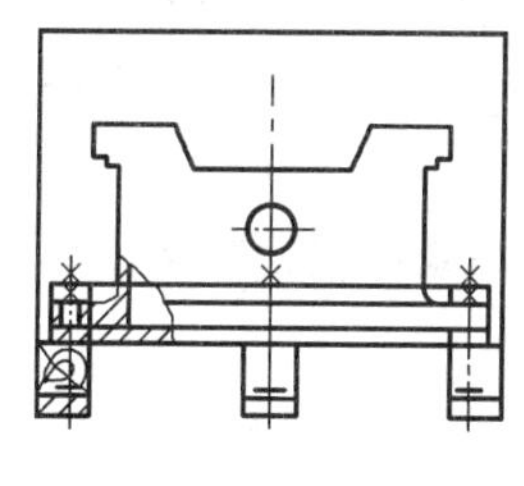

图 B.1

b）利用地脚螺栓孔将产品固定在承载枕木上，见图 B.2。

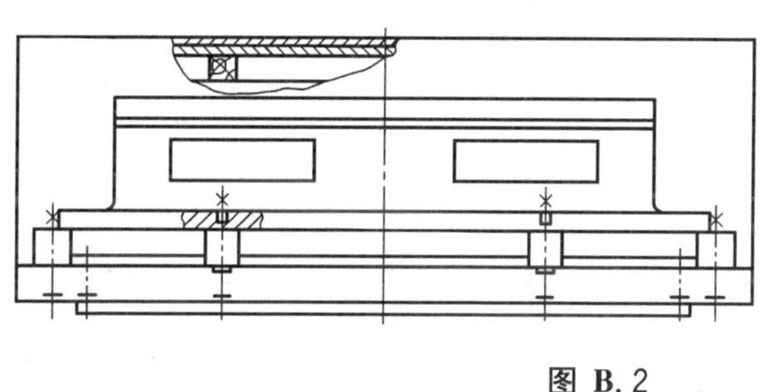
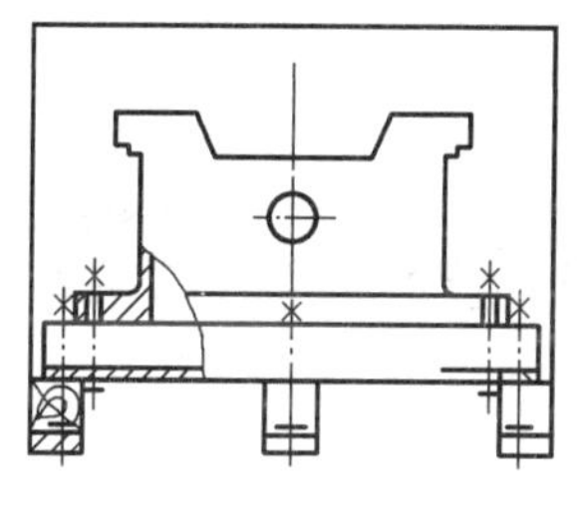

图 B.2

B.2　压杆紧固是利用压杆将产品固定在包装底座上，见图 B.3。

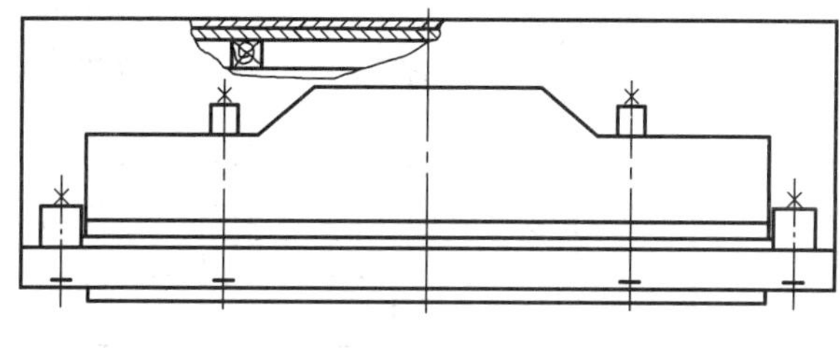
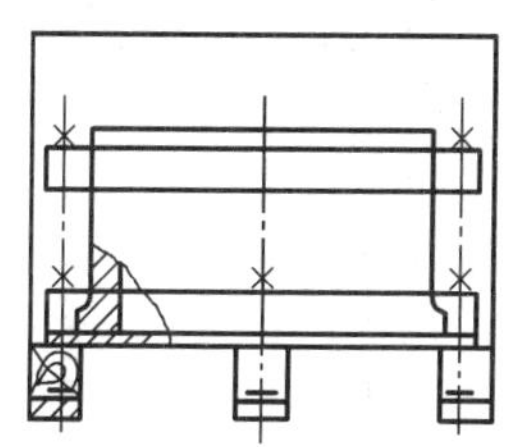

图 B.3

B.3　木块定位紧固是用与产品轮廓相吻合的木块将产品卡紧的紧固方法，见图 B.4。木块与包装底座可用钢钉钉合，但大型产品应用螺栓紧固。

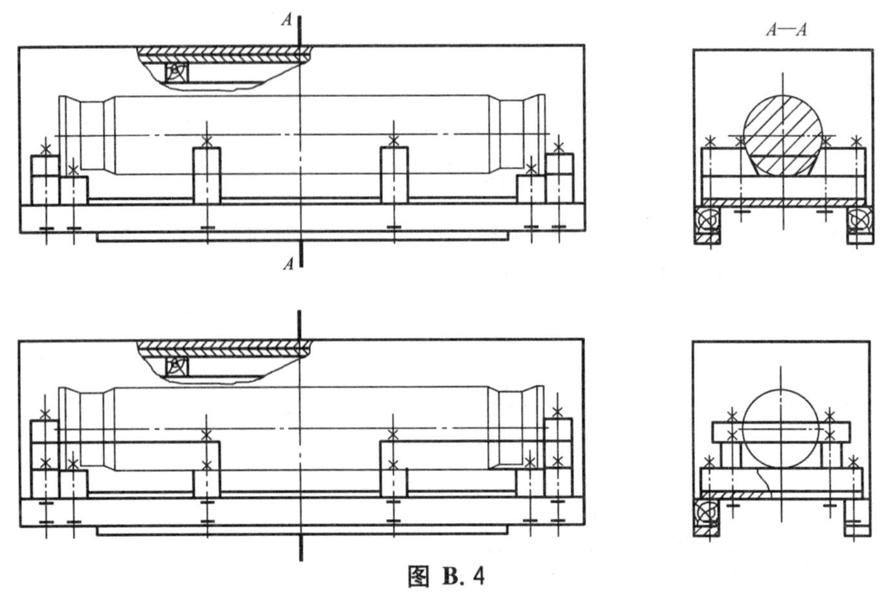

图 B.4

B.4 钢带紧固是利用钢带将外形呈圆柱形的产品固定在包装底盘上的紧固方法，见图 B.5。

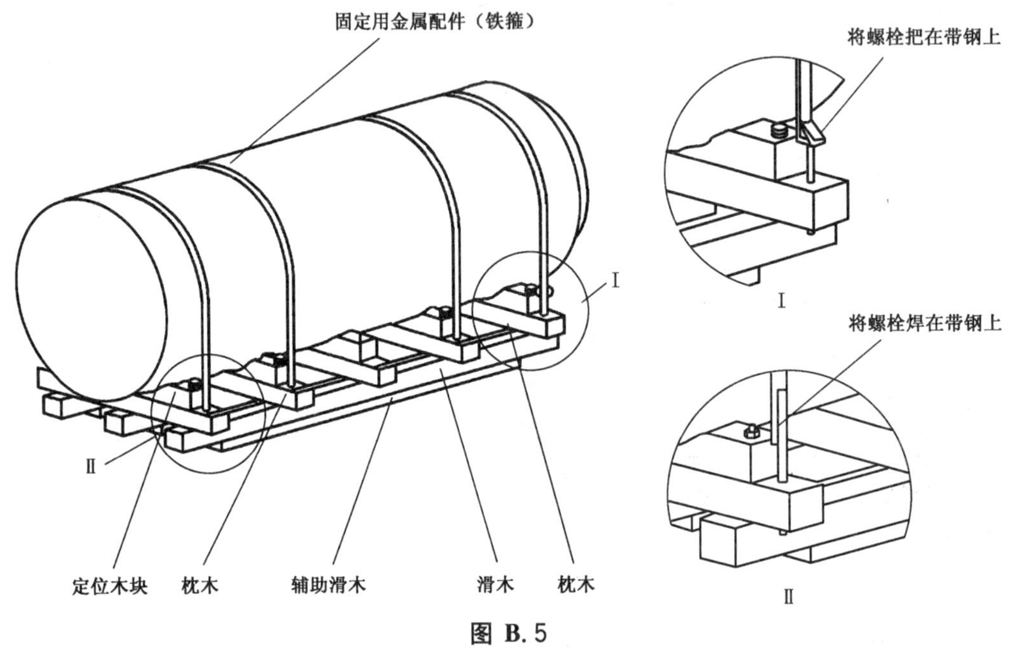

图 B.5

B.5 几种紧固方法的组合使用，见图 B.6。

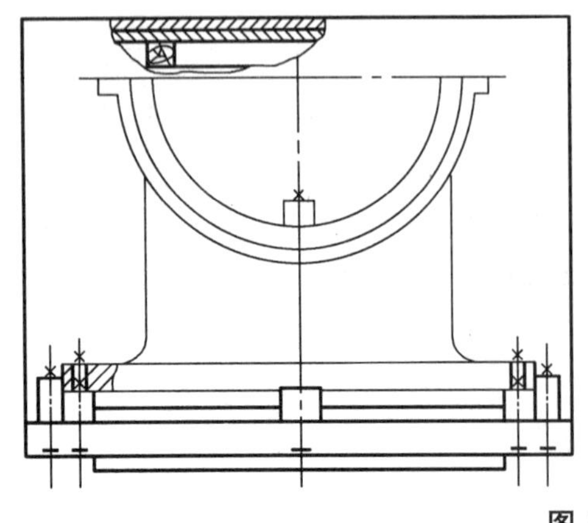

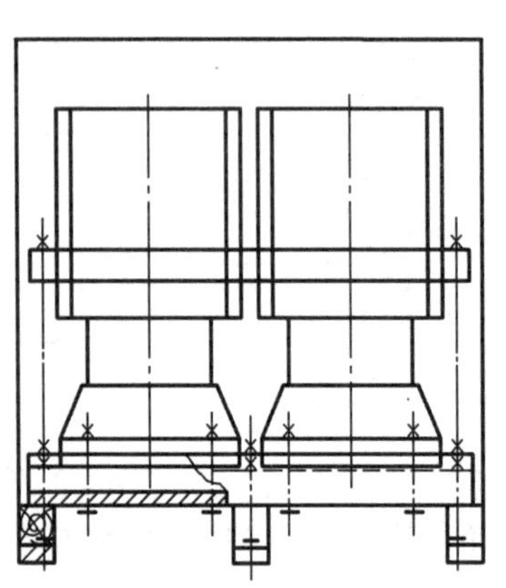

图 B.6

附　录　C
（规范性附录）
限界图

C.1　机车车辆限界(见图 C.1)。

单位为毫米

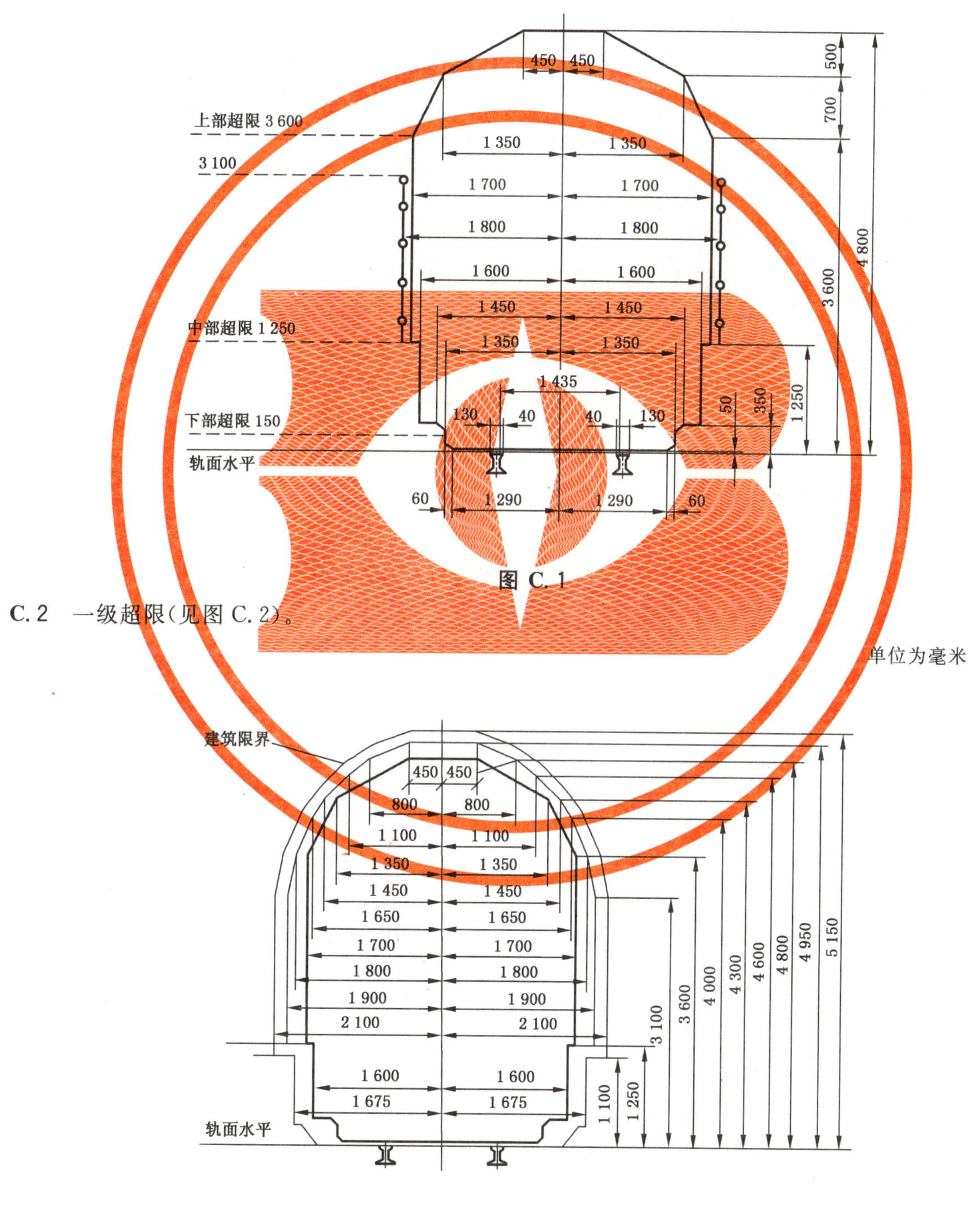

图 C.1

C.2　一级超限(见图 C.2)。

单位为毫米

图 C.2

C.3 二级超限(见图 C.3)。

单位为毫米

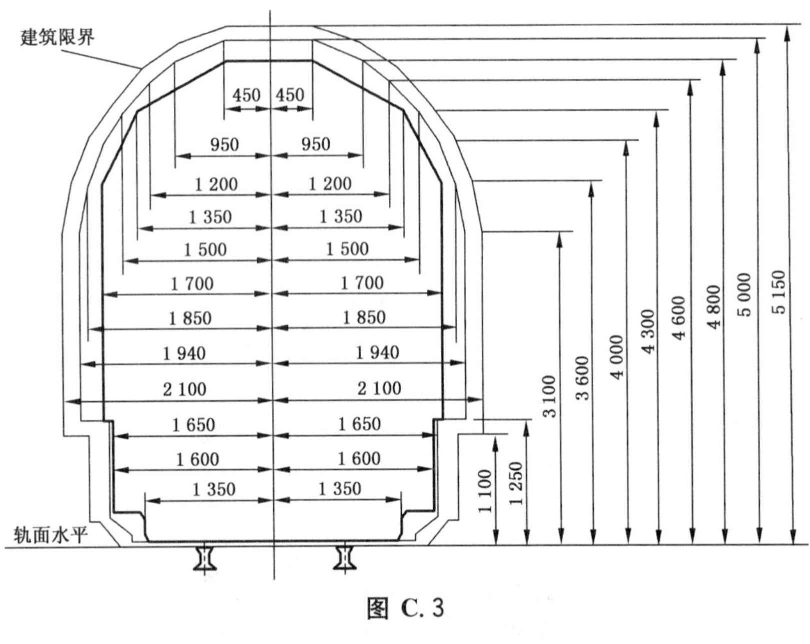

图 C.3

ICS 25.120.20
H 90
备案号：21708—2007

中华人民共和国机械行业标准

JB/T 5000.14—2007
代替 JB/T 5000.14—1998

重型机械通用技术条件
第14部分：铸钢件无损检测

Heavy mechanical general techniques and standards—
Part 14：Non-destructive inspection of cast steel

2007-08-28 发布　　　　2008-02-01 实施

中华人民共和国国家发展和改革委员会　　发布

前　言

JB/T 5000《重型机械通用技术条件》分为15部分：
——第1部分：产品检验；
——第2部分：火焰切割件；
——第3部分：焊接件；
——第4部分：铸铁件；
——第5部分：有色金属铸件；
——第6部分：铸钢件；
——第7部分：铸钢件补焊；
——第8部分：锻件；
——第9部分：切削加工件；
——第10部分：装配；
——第11部分：配管；
——第12部分：涂装；
——第13部分：包装；
——第14部分：铸钢件无损检测；
——第15部分：锻钢件无损检测。

本部分为JB/T 5000的第14部分。

本部分代替JB/T 5000.14—1998《重型机械通用技术条件　铸钢件无损探伤》。

本部分与JB/T 5000.14—1998相比，主要变化如下：
——将缺陷信号的分类和定义进行修订；
——将缺陷质量等级、记录限和验收限进行修订。

本部分附录A、附录B、附录C、附录D均为规范性附录。

本部分由中国机械工业联合会提出。

本部分由机械工业冶金设备标准化技术委员归口。

本部分起草单位：中国第二重型机械集团公司。

本部分主要起草人：范吕慧、赵晓辉、杨鋆、陈冲。

本部分所代替标准的历次版本发布情况为：
——JB/T 5000.14—1998。

重型机械通用技术条件 第14部分:铸钢件无损检测

1 范围

JB/T 5000的本部分规定了铸钢件的超声波检测、射线检测、磁粉检测和渗透检测及其相应的质量等级。

本部分适用于重型机械用铸钢件。其中,超声波检测适用于厚度不小于30 mm的碳钢和低合金钢铸件;不适用于奥氏体铸钢件。射线检测适用于厚度5 mm～300 mm的铸钢件。磁粉检测适用于铁素体铸钢件表面及近表面缺陷的检验。渗透检测适用于铸钢件表面开口性缺陷的检验。

凡采用本部分规定的无损检测方法,应在产品图样、技术文件和订货技术条件中注明检测方法、部位、深度范围及质量等级等。

2 规范性引用文件

下列文件中的条款,通过JB/T 5000的本部分的引用而成为本部分的条款。凡是注日期的引用文件,其随后所有的修改单(不包括勘误的内容)或修订版均不适用于本部分,然而,鼓励根据本部分达成协议的各方研究是否可使用这些文件的最新版本。凡是不注日期的引用文件,其最新版本适用于本部分。

GB/T 5097—1985 黑光源的间接评定方法(eqv ISO 3059:1974)

GB/T 19348.1 工业射线照相胶片 第1部分:工业射线照相胶片系统的分类(GB/T 19348.1—2003,ISO 11699-1:1998,IDT)

JB/T 6063 无损检测 磁粉检测用技术条件

JB/T 7902 无损检测 射线照相检测用线型象质计

JB/T 7903 工业射线照相底片 观片灯(JB/T 7093—1999,eqv ISO 5580:1985)

3 术语和定义

下列术语和定义适用于本部分。

3.1

线性显示 linear indication

线性缺陷显示,其长度应大于其宽度的三倍。

3.2

非线性显示 nonlinear indication

非线性缺陷显示,其长度应小于其宽度的三倍

3.3

密集缺陷显示 cluster of defect indications

当相邻两个缺陷显示之间的距离小于其中较大缺陷显示长度的两倍时,这类缺陷显示即为密集缺陷显示。

3.4

成排缺陷显示 array defect indications

至少三个线性缺陷显示或者非线性缺陷显示,且它们在连线上的间距小于2 mm者,即可认为是成

排缺陷显示。

4 一般要求

4.1 应用原则

4.1.1 检测方法和质量验收等级的选择应就锻件的具体使用和种类确定，并符合相应技术文件的要求。

4.1.2 凡要求用表面检测的铁磁性锻件，应优先选用磁粉检测方法。若因结构形状及资源条件等原因不能使用磁粉检测时，才选用渗透检测。

4.2 检测档案

4.2.1 当按本部分对锻件进行检测时，必要时可按本部分的规定制定出符合有关规范要求的无损检测规程。

4.2.2 检验程序及结果应正确、完整并有相应责任人员签名认可。检测记录、报告等保存期不得少于五年。五年后，若用户需要可转交用户保管。

4.2.3 检测档案中，对于检测人员承担检测项目的相应资格等级和有效期应有记录。

4.2.4 检验所用仪器、设备的性能应定期检定，并有检定记录，合格后才能使用。

4.3 检测人员

4.3.1 凡从事无损检测的人员，应持有国家相关部门颁发的相应资格证书。

4.3.2 无损检测人员技术等级分为高、中、初级。取得不同无损检测方法的各技术等级人员只能从事与该等级相对应的无损检测工作，并负相应的技术责任。

4.3.3 凡从事无损检测工作的人员，除具有良好的身体素质外，视力必须满足下列要求。

4.3.3.1 校正视力不得低于5.0(小数记录值为1.0)，并一年检查一次。

4.3.3.2 凡从事表面检测工作的人员不得有色盲。

5 质量等级

5.1 等级分类

外部质量等级的分类，应依据表1和表2的规定进行磁粉检测或渗透检测。有异议时，表1和表2中的值应是强制性的。

内部质量等级的分类，应依据表3和表4中的规定进行超声波检测或射线检测。

5.2 质量等级的选择

5.2.1 关于铸钢件外部和内部允许的缺陷，可在材料标准中或者在按5.1划分质量等级的订单中予以规定。为此应根据负荷的大小、方式和分布考虑下列各项：

5.2.1.1 对于铸件的不同区域可商定不同的质量等级。在这种情况下，应明确规定有关的区域，即

——给出其位置、长度和宽度；

——对于焊缝各端面和5.2.3所述和特殊边缘区，另外给出其深度。

5.2.1.2 对于内部和外部的质量，可以商定为相同的质量等级也可以商定为不同的质量等级。

5.2.1.3 质量等级1级仅用于焊接和按照5.2.3的特殊边缘区。

5.2.1.4 铸件的形状影响其质量和可探性。此外，铸件的可探性也与其表面状态有关。

5.2.2 如果订货时没有商定质量等级，而且材料标准也没有其他规定，则应适用质量等级5的要求。

5.2.3 在特殊情况下，对于图1的边缘区外层(或称特殊边缘区)，对剩余壁厚可以商定一个较高的、即数字较低的质量等级，例如制造厂的机械加工面。

5.2.4 对于焊接件的制造，只要订货时没有其他要求，应与基体材料的要求相同。

表 1　按附录 A 作磁粉检测时最大允许缺陷显示（评定框尺寸：105 mm×148 mm）

质量等级	应记录的最小缺陷显示的直径或长度	非线性缺陷显示（成排缺陷显示除外）		线性缺陷显示或成排缺陷显示					
				最大允许长度					
		总面积	单个缺陷显示的长度	单个线性缺陷显示或成排缺陷显示	全部线性缺陷显示或成排缺陷显示	单个线性缺陷显示或成排缺陷显示	全部线性缺陷显示或成排缺陷显示	单个线性缺陷显示或成排缺陷显示	全部线性缺陷显示或成排缺陷显示
		（非决定性的）		受检部位的铸件厚度/mm					
				≤16		＞16～50		＞50	
	mm	mm^2	mm	mm					
0.1	0.3	—	1	1	1	1	1	2	2
1	1.5	10	2	2	4	3	6	5	10
2	2	35	4	4	6	6	12	10	20
3	3	70	6	6	10	9	18	15	30
4	5	200	10	10	18	18	27	30	45
5	5	500	16	16	25	27	40	45	70

注 1：在评定框内最多可以有两个达到允许最大长度的缺陷显示。

注 2：在一组成排缺陷显示的第一个缺陷显示开始到最后一个缺陷显示末端之间距离称为成排缺陷显示长度。

注 3：质量等级 01 仅用于承受高负荷的小铸件和机械加工面。

表 2　按附录 B 进行渗透检测时最大允许缺陷显示（评定框尺寸：148 mm×105 mm）

质量等级	应记录的最小缺陷显示的直径或长度	非线性缺陷显示（成排缺陷显示除外）		线性缺陷显示或成排缺陷显示					
				最大允许长度					
		缺陷显示个数	缺陷显示长度	单个线性缺陷显示或成排缺陷显示	全部线性缺陷显示或成排缺陷显示	单个线性缺陷显示或成排缺陷显示	全部线性缺陷显示或成排缺陷显示	单个线性缺陷显示或成排缺陷显示	全部线性缺陷显示或成排缺陷显示
		（非决定性的）		受检部位的铸件厚度/mm					
				≤16		＞16～50		＞50	
	mm	个	mm	mm					
0.1	0.3	—	1	1	1	1	1	2	2
1	1.5	8	3	2	4	3	6	5	10
2	2	8	6	4	6	6	12	10	20
3	3	12	9	6	10	10	18	18	30
4	5	20	14	10	18	18	27	30	45
5	5	32	21	18	25	27	40	45	70

注 1：在一组成排缺陷显示的第一个缺陷显示开始到最后一个缺陷显示末端之间的距离，称为成排缺陷显示长度。

注 2：质量等级 01 仅用于承受高负荷的小铸件和机械加工面。

注 3：单个缺陷显示大小的分布频率应大致符合附录 B 图例的说明，但不得有缺陷显示大于本表指出的值。

如果在评定框面积内除非线性缺陷显示外还有线性缺陷显示，则应满足线性缺陷显示的要求，此外，还应将非线性缺陷显示数量包括在内。

表 3　按附录 C 进行超声波检测时缺陷的最大允许值

评定项目		区域（见图 1）	质量等级												
			1	2			3			4			5		
			受检部位的铸件壁厚/mm												
			a	≤50	>50～100	>100～600	≤50	>50～100	>100～600	≤50	>50～100	>100～600	≤50	>50～100	>100～600
按附录 C 的检验等级															
1			Ⅰ										Ⅱ		
非延伸性缺陷															
2	最大平底孔当量直径/mm	中心	≤3	参看序号 10 d)									非决定性作用		
		边缘													
3	每 1 dm² 受检面积中记录的缺陷数目	中心	a) 如果在任何情况下缺陷间距 A(见图 2)大于声束直径，则下列最大值应有效：												
		中心	≤3	≤3	≤3	≤3	≤5	≤5	≤5	非决定性作用					
		边缘				≤3			≤5						
		边缘	b) 当二个或多个缺陷之间的距离 A(见图 2)等于或小于声束直径时，即使 a)条最大值未被超过，也按序号 10 和序号 11 行执行。												
延伸性缺陷															
4	最大平底孔当量直径/mm	中心	不允许	参看序号 10 d)									非决定性作用		
		边缘	<3												
5	2 MHz 时底波表减量，如果不是由于铸件形状或耦合不良引起的	中心 边缘	6 dB (50%)	12 dB (75%)									20 dB (90%)		
6	缺陷深度与受检部位铸件厚度之比的最大值/%	中心	不允许	15	15	15	15	15	15	15	15	15	25	25	25
		边缘		10	10	10	10	10	10	10	10	10	15	15	15
7	缺陷宽度 B≤声束直径时的缺陷最大长度 L/mm	中心		75	75	100	75	75	120	100	100	150	100	100	150
		边缘		75	75	75	75	75	75	75	75	75	75	75	75
8	最大单个缺陷面积/cm²(见图 2)	中心		100	100	150	150	150	200	150	150	200	300	300	400
		边缘		6	10	10	6	20	20	20	20	20	40	40	40
9	缺陷总面积最大值/cm²(见图 2)	中心		100	150	150	150	200	200	150	200	200	300	400	400
		边缘		100	100	100	100	100	100	100	150	150	150	200	200
	评定框面积/cm²			1 500 (≈39×39)			1 000 (≈32×32)								
特殊评定的缺陷															
10	有缺陷显示区域： a) 认为铸件中的缺陷对声束反射不利； b) 认为长度或深度有明显面积性密集缺陷存在；														

表 3（续）

评定项目	区域（见图 1）	质 量 等 级												
		1	2			3			4			5		
		受检部位的铸件壁厚/mm												
		a	≤50	>50~100	>100~600	≤50	>50~100	>100~600	≤50	>50~100	>100~600	≤50	>50~100	>100~600
10	c) 认为裂纹或有明显影响铸件可用性的其他缺陷存在，例如泄漏； d) 壁厚≤50 mm，平底孔当量直径超过 8 mm 的缺陷，或壁厚>50 mm，平底孔当量直径超过 8 mm 且位于边缘区内的缺陷。 即使以上缺陷没有超过本的记录限，也应作记录，并需与用户商定。裂纹是不允许的，除非断裂力学试验证明该裂纹是无妨碍的。													
11	如果结果不明确或与上述要求不符，则应增加射线检验。 如果超声波检验发现有能测出面积的缺陷，而射线检验又检测又不出缺陷，不能排除存在着裂纹，应按序号 10 行的规定执行。													
注 1：当对延伸性缺陷和非延伸性缺陷分类以及序号 3 中的 a) 和 b) 所列根据非延伸性缺陷间距进行子分类存在疑问时，应使用直径为 24 mm，频率为 2 MHz～2.25 MHz 的直探头，或使用声速特性与上述探头相同的探头进行检验。 注 2：在缺陷显示范围内，对于质量等级为 2 到 5 的区域，允许局部底波衰减量为 100%。 注 3：在质量等级 2 级到 5 级时，从中心到边缘区的缺陷在厚度方向上最大尺寸为壁厚的 15%（最大 50 mm），而位于边缘区的缺陷，其尺寸不得超过壁厚的 10%（最大 25 mm）。 注 4：如果中心区的单个缺陷，在厚度方向上的尺寸≤10% 的壁厚，并且判定为中心缩孔，在质量等级为 2 到 4 时，则允许比本表规定值高出 50%。当质量等级为 5 时，其允许值不受限制。														
[a] 参看 5.2.1.3。														

表 4　按附录 D 进行射线检测时缺陷的最大允许值

缺陷类型	公称厚度/mm	质 量 等 级				
		1	2	3	4	5
气孔	≤10	3	4	6	9	14
	>10～20	4	6	9	14	21
	>20～40	6	10	15	22	32
	>40～80	8	16	24	32	42
	>80～120	10	19	28	38	49
	>120	12	22	32	42	56
夹砂、夹渣	≤10	3	4	6	9	14
	>10～20	4	6	9	14	21
	>20～40	6	10	15	22	32
	>40～80	8	16	24	32	42
	>80～120	10	19	28	38	49
	>120	12	22	32	42	56

表 4（续）

缺陷类型	公称厚度/mm	质量等级				
		1	2	3	4	5
线状缩孔	≤10	12	23	45	75	120
	>10～20					
	>20～40	18	36	63	100	145
	>40～80	30	63	110	160	230
	>80～120					
	>120	50	110	145	180	250
树枝状缩孔	≤10	250	450	800	1 600	3 600
	>10～20					
	>20～40	600	900	1 650	2 700	6 300
	>40～80	800	1 350	2 700	5 400	9 000
	>80～120					
	>120	1 000	2 000	3 000	8 000	12 000

注 1：裂纹、冷铁完全未熔合和泥芯撑完全未溶合性质的缺陷不允许。

注 2：气孔、夹砂和夹渣类缺陷以点数计。

注 3：线状缩孔缺陷以 mm 为单位计。

注 4：树枝壮缩孔缺陷以 mm^2 为单位计。

注 5：缺陷位于评定框边界时，框外部分应计算。

6 检验方法

6.1 磁粉检测或渗透检测

为了证实铸钢件已经满足表 1 或表 2 规定的外部质量要求，应使用附录 A 规定的磁粉检测或附录 B 规定的渗透检测。对于不能磁化的钢种应使用渗透检测，对于可以磁化的钢种（铁磁性的）应优先使用磁粉检测。

检验机械加工表面时，如果没有其他商定应使用磁粉检测。

6.2 超声波检测或射线检测

6.2.1 如果订货时没有其他商定，则应由制造厂来选定检验方法。这时应当注意下列各项：

对于奥氏体材料，只能用射线检测。

对于铁素体钢（包括珠光体钢和马氏体钢）应由供需双方商定采用超声波检测或射线检测。

6.2.2 超声波检测

超声波检测应按附录 C 进行。

Ⅰ级检测适用质量等级 1 到 4，Ⅱ级检测适用质量等级 5。

6.2.3 射线检测

射线检测应按附录 D 进行。

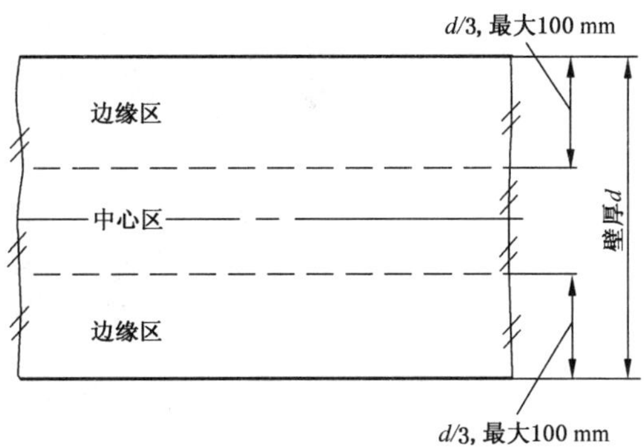

图 1 铸件壁厚区域划分

(壁厚区域的划分以铸件加工后的尺寸为基准)

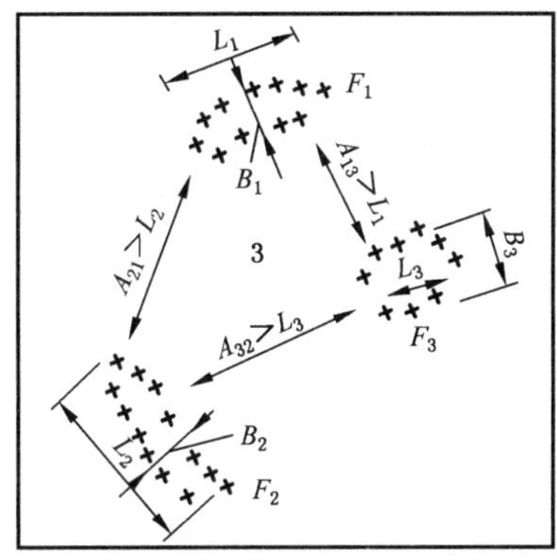

单个面积 F 指其与相邻面积的距离 A 大于两个相邻面积中任一最大尺寸 L 的面积。示例中 F_1,F_2,F_3 是单个面积而总面积缺陷面积的尺寸 L,B 头扫查该缺陷时从其中心点连线得出的。声程大时应考虑声学特性测定实际的缺陷面积。

图 2 表 3 中缺陷的“单个面积”和“总面积”的说明

附 录 A
（规范性附录）
铸钢件表面磁粉检测

A.1 方法原理

在被磁化的工件上，当缺陷垂直切割磁力线时，缺陷处即产生漏磁通。不同的磁粉检测方法，其磁化方法和为显示漏磁场所使用的检验介质的种类也各不相同。

缺陷显示的形态与钢铸件中相对于磁力线方向的缺陷取向密切相关。平行于磁力线方向的缺陷不能被显示出来，所以应选择合适的磁力线方向。

A.2 检验前的商定

——检验范围；

——铸件的受检部位；

——铸件受检部位缺陷的允许尺寸和个数；

——必要时，应进行退磁。

A.3 磁化装置

应熟知磁化装置的各项参数。

A.4 磁化方法

可采用下列磁化方法：

——直接通电周向磁化；

——触头和磁轭磁化；

——通电导棒磁化。

A.5 磁化电流的种类

可采用下列磁化电流：

——直流电；

——交流电；

——非滤波的脉动直流电：

半波整流；

全波整流；

——脉冲电流。

A.6 磁化的校验

通过下述方法来证实是否已磁化：

——测定切向磁场强度；

——磁化装置制造厂提供的技术资料；

——计算评定或者；

——测定电流强度。

A.7 显示漏磁场的检验介质

磁粉和载液的混合物组成检验介质。

按照载液的种类,检验介质可分为湿式检验介质和干式检验介质。

根据磁粉的目视特性,检验介质又可分为荧光检验介质和非荧光检验介质。

注:检测灵敏度由于检验介质的性能而受到影响,所以校核检验介质的性能是必要的。检验介质的性能及其测定在JB/T 6063中已予阐述。检验介质性能的有效监测可采用相适应的试块予以进行,在用泵进行循环时尤为必要。

A.8 受检表面的准备

受检表面应干净,油、油脂、沙粒和氧化皮及其他妨碍缺陷磁痕辩认的物质均不允许存在。所需的表面状态可通过喷丸、打磨或机械加工的方法予以达到。

注:所需的表面状态取决于是否易于识别或确定缺陷。对于表面状态的要求,建议按表面粗糙度试块在订货时商定表面粗糙度。

受检表面与检验介质之间应有足够的对比度。必要时应施加对比介质。光滑的非金属涂层,例如涂料或者对比剂,其厚度可允许约为30 μm,但应注意检验灵敏度的降低。

A.9 检测操作

A.9.1 磁化

如果在订货时没有其他规定,应在受检表面上两个相互垂直的方向进行磁化。

切向磁场强度应为2 kA/m~6 kA/m。

对于电流强度和磁场强度,建议测定并指明是实际值或是有效值,假如测定值为其他值时,应加以说明。例如算术平均值或者最大值。

注:磁粉检测时,如果采用触头法磁化时,则应根据采用电流的种类和强度决定触头间距,推荐每25 mm触头间距的磁化电流为90 A~110 A,以保证工件充分被磁化,并应按A.6进行校核。

为避免灼伤工件,触头与受检表面接触且有效导电后,才应施加电压,在切断电流后才应将电极移去。建议使用铜质或铝质的易熔触头。如有必要,应检查铸件上触头触点处是否有灼烧点,若发现灼烧点可进行打磨,并采用磁轭法磁化和触头法磁化或渗透检测方法对该处重新进行检验。

A.9.2 检验介质的施加

磁化时,湿式检验介质以浇流方式施加,干式检验介质可采用喷粉器加以喷洒,磁悬液中的磁粉在使用前应很好地进行搅拌,在磁化过程中检验介质的施加时间应约为3 s,喷洒结束和磁化结束之间的时间称之为后磁化时间,后磁化时间应至少为1 s。

如果使用直流电,经整流的交流电或磁轭和触头磁化,且材料具有足够的剩磁(如具有高矫顽力的硬磁材料),则可采用剩磁法进行检查。这时检验介质是在磁化后施加。

A.9.3 受检表面的照明度

缺陷评定时,受检区域应有足够的照明。使用非荧光检验介质,其照明强度应至少为500 lx(勒克司)。

使用荧光检验介质,应在暗室使用紫外光进行检查。在受检表面测定其强度应至少为8 W/m^2,如有可能,为15 W/m^2。紫外光强度的测定装置必须匹配有一套紫外辐射源。

A.10 缺陷显示的评定

缺陷显示应按照其大小和个数加以评定。缺陷显示的允许尺寸和个数应在订货时商定,评定的质量等级见表1。

A.11 退磁

检验结束后，铸件还存在剩磁。如果剩磁对铸件的使用性有影响，则铸件必须退磁，这种要求应在订货时予以规定。

A.12 检验报告

检验报告至少包括以下资料：

A.12.1 铸件的资料：

——工件名称、熔炼炉号和材质，必要时模型号或图号和序号；

——受检铸件的订货依据和检验报告。

A.12.2 检验任务的资料：

——检验范围；

——受检部位；

——允许限；

——必要时，其他内容。

A.12.3 检验规程和结果判定的资料：

——表面状态；

——磁化方法种类；

——检验装置；

——检验介质；

——磁化的校验；

——与本部分的偏差；

——检验结果及其判定；

——检验地点、日期和检验员姓名。

附 录 B
（规范性附录）
铸钢件渗透检测

B.1 检验的型式和目的

采用渗透剂检查表面裂纹的方法用于检查工件表面的开口性缺陷，例如裂纹、铸疤、折痕、气孔、粘砂缺陷。

B.2 检验前的商定

在订货时应商定下列各项：

——检验范围；

——铸件需检验部位；

——铸件受检部位的缺陷显示的允许尺寸和个数（见 B.9）。

B.3 渗透探伤剂及其检查

渗透探伤剂包括渗透剂、乳化剂、清洗剂、显像剂。不同型号渗透探伤剂不能混用。并且，渗透剂、显像剂的质量必须进行控制。

B.3.1 渗透剂的控制

a) 参比渗透剂：每一批新的渗透剂中取 500 mL 作为样品。贮藏在密封的玻璃容器中，贮存温度为 16 ℃～52 ℃，并避免阳光照射。

b) 各种渗透剂的比重应根据制造厂说明书的规定经常校验并保持其比重不变。校验方法是采用比重计测定。

c) 各种渗透剂的浓度应根据制造厂说明书规定经常校验。

d) 着色渗透剂的浓度的校验方法：将 10 mL 校验的渗透剂和参比渗透剂分别注入到盛有 90 mL 无色煤油或其他惰性溶剂的量筒中，搅拌均匀。然后把两种试剂分别放在比色计纳式试管中进行颜色浓度的比较。如果被校验渗透剂与参比渗透剂的颜色浓度差超过 20%，就应作为不合格。

e) 对正在使用的渗透剂应做外观检验。如发现有明显的混浊或沉淀物、变色或难以清洗，应予报废。

f) 对荧光渗透剂的荧光性能也应经常校验，其荧光效率不得低于 75%。校检的方法按 GB/T 5097—1985 的附录 A 测定。

g) 对渗透剂中氯、氟、硫含量需加以限制时，可由制造厂和用户双方协商决定。

h) 各种渗透剂用对比试块与参比渗透剂进行性能对比试验，当被检渗透剂显示缺陷的能力低于参比渗透剂时应报废。

B.3.2 显像剂的控制

a) 对干式显像剂应经常检查，如发现粒子凝聚、有显著残留荧光、性能低下者要废弃。

b) 显像剂的浓度应保持在制造厂规定的工作浓度范围内，其密度也应经常进行校验。
渗透剂必须装在密封容器中，放在低温暗处保存。显像剂和快干显像剂必须装在密闭容器中保存。

B.4 受检表面的准备

受检表面的质量和状态可在订货时加以确定。各种妨碍检测的表面异物必须清理干净，表面粗糙度的准备范围应从规定的检测部位四周向外扩展 25 mm。

B.5 检验方法和操作

B.5.1 渗透检测方法

B.5.1.1 检测方法的分类

检测前应考虑铸钢件表面出现的缺陷类型和大小、铸钢件的用途、表面粗糙度、数量和尺寸以及探伤剂的性质，按表 B.1 和表 B.2 选择检测方法并可将表 B.1 和表 B.2 的符号组合起来表示检测方法。

例如：FA-W 表示用水洗型荧光渗透液和湿式显像剂的方法。

B.5.1.2 渗透检测方法的选用

渗透检测方法的选用可根据被检工件的表面粗糙度、要求达到的检测灵敏度、检测批量大小和检测现场的水源、电源等条件来决定。

表 B.1 按渗透剂种类分类的检测方法

名 称	方 法	符 号
荧光渗透检测	水洗型荧光渗透液方法	FA
	后乳化型荧光渗透液方法	FB
	水洗型着色渗透液方法	FC
着色渗透检测	水洗型着色渗透液方法	VA
	溶剂去除型着色渗透液方法	VC
注：后乳化型荧光渗透液的乳化剂有油基和水基两种。		

表 B.2 按显像方法分类的检测方法

名 称	方 法	符 号
干式显像法	干式显像剂方法	D
湿式显像法	湿式显像剂方法	W
	快干式显像剂方法	S
无显像法	不用显像剂方法	N

B.5.1.3 对于表面光洁且检测灵敏度要求高的工件宜采用后乳化型着色法或后乳化型荧光法，也可采用溶剂去除型荧光法。

B.5.1.4 对于表面粗糙且检测灵敏度要求低的工件宜采用水洗型着色法或水洗型荧光法。

B.5.1.5 对于现场无水源电源的场所检测方法宜采用溶剂去除型着色法。

B.5.1.6 对于大型工件的局部检测，宜采用溶剂去除型着色法或溶剂去除型荧光法。

B.5.1.7 对于批量大的检测件，宜采用水洗型着色法或水洗型荧光法。

B.5.1.8 荧光渗透法比着色渗透法有较高的检测灵敏度。

B.5.2 检测操作

根据不同的检测方法按表 B.3 确定检测操作程序。

表 B.3 检测操作程序

所使用的渗透剂和显像剂种类	检测方法符号	检测操作程序									
		前处理	渗透	乳化	清洗	去除	干燥	显像	干燥	观察	后处理
水洗型荧光渗透剂-干湿显像剂	FA-D	○	○		○		○	○		○	○
水洗型荧光渗透液或水洗型着色渗透液-湿式显像剂	FA-W VA-W	○	○		○			○	○	○	○

表 B.3（续）

所使用的渗透剂和显像剂种类	检测方法符号	检测操作程序									
		前处理	渗透	乳化	清洗	去除	干燥	显像	干燥	观察	后处理
水洗型荧光渗透液或水洗型着色渗透液-快干式显像剂	FA-S VA-S	○	○		○		○	○		○	○
水洗型荧光渗透液-不用显像剂	FA-N	○	○		○		○			○	○
后乳化型荧光渗透液-干式显像剂	FB-D	○	○	○	○		○	○		○	○
后乳化型荧光渗透液-湿式显像剂	FB-W	○	○	○	○			○	○	○	○
后乳化型荧光渗透液-快干式显像剂	FB-S	○	○	○	○		○	○		○	○
溶剂去除型荧光渗透液-干式显像剂	FC-D	○	○			○		○		○	○
溶剂去除型荧光渗透液或溶剂去除型着色渗透液-湿式显像剂	FC-W VC-W	○	○			○		○	○	○	○
溶剂去除型荧光渗透液或溶剂去除型着色渗透液-快干式显像剂	FC-S VC-S	○	○			○		○		○	○
溶剂去除型荧光渗透液-不用显像剂	FC-N	○	○			○				○	○

B.5.2.1 前处理

a) 铸钢件表面在施加渗透剂前，必须彻底清除妨碍渗透剂渗入缺陷的油脂及污物等附着物以及残留在缺陷中的油脂及水分。

b) 根据附着物的种类、污染程度不同，可分加采用溶剂清洗、蒸汽清洗、涂膜剥离、碱洗和酸洗等方法进行清除处理。

c) 铸钢件渗透检测前不宜喷丸。如喷丸，渗透前必须进行酸洗处理。

d) 铸钢件表面进行局部检测时，前处理范围应从要求检测部位向外扩展 25 mm。

e) 处理后铸钢件表面上残留的溶剂、清洗剂和水分等必须充分干燥。

B.5.2.2 渗透处理

a) 渗透处理可根据铸钢件的数量、尺寸、形状及渗透剂的种类选用浸渍、喷洒和涂刷等方法，要求检测部位必须全部被渗透剂湿润，渗透要充分。

b) 渗透时间取决于渗透剂的种类、渗透方式，在 16 ℃～52 ℃范围内渗透时间通常在 5 min～25 min之内。渗透时间不应少于渗透剂制造厂推荐的时间。

c) 在进行乳化或清洗处理前，铸件表面所附着的残余渗透剂尽可能滴干。

B.5.2.3 乳化处理

a) 乳化处理前先用水予以清洗，然后采用浸渍、喷洒等方法将乳化剂施加于铸钢件表面，乳化必须均匀。

b) 乳化时间取决于乳化剂和渗透剂的性能及铸钢件的表面粗糙度。规定乳化时间是指便于清洗处理的最长时间，原则上用油基乳化剂的乳化时间在 2 min 之内；用水基乳化剂的乳化时间在 5 min 之内。

B.5.2.4 清洗处理及去除处理

——清洗处理是为了除去附着在被检物表面的残余渗透剂，在处理过程中既要防止处理不足而造成对缺陷显示迹痕识别的困难，也要防止处理过度而使渗入缺陷中的渗透剂也被洗掉。用荧光渗透剂时，可在紫外线照射下观察清洗程度。

——水洗型及后乳化型渗透液均用水清洗。使用喷嘴时的水压不大于 340 kPa，水温最好为 40 ℃～50 ℃。

——采用清洗剂去除渗透液时应使用蘸有清洗剂的布或纸按同一方向擦拭，不得将被检件浸于清洗剂中或过量地使用清洗剂。

B.5.2.5 干燥处理

——铸钢件表面的干燥温度应在 52 ℃以下，干燥时间通常为 5 min～10 min；

——使用干式或快干式显像剂时，干燥处理应在显像处理前进行；

——用清洗剂时，应自然干燥或用布、纸按同一方向擦干，不得加热干燥。

B.5.2.6 显像处理

——用干式显像剂时，把铸钢件埋在显像剂中或者喷成粉雾均匀地覆盖在整个铸钢件表面上，并保持一定时间。

——用湿式显像剂时，铸钢件经过清洗处理后可直接浸入湿式显像剂中，也可选用喷洒和涂刷的方法。显像时应使附着于铸钢件表面的显像剂迅速干燥。

——用快干式显像剂时，干燥后再喷洒或涂刷显像剂但不可把清洗后的铸钢件浸于显像剂中。喷涂上显像剂后应进行自然干燥或用室温空气吹干。

——用湿式及快干式显像剂时，显像剂应喷涂薄而均匀，以略能看出铸钢件表面为宜，不要在同一部位上反复涂敷。

——显像时间取决于显像剂的种类、预计的缺陷种类和大小以及处理的温度等因素。在 16 ℃～52 ℃范围内一般显像时间 75 min～15 min，但不能低于显像剂制造厂家所规定的显示时间。

B.5.2.7 观察

——观察显示的迹痕应在显像剂施加后 7 min～30 min 内进行。如显示迹痕的大小不过分扩大，则可超过上述时间观察。

——荧光渗透检测时，在黑光灯下进行观察，观察前要有 5 min 以上时间使眼睛适应暗室环境。黑光灯的紫外线波长应为 320 nm～400 nm。距黑光灯滤光板 400 mm 处的黑光辐射照度应不低于 800 $\mu W/cm^2$。

——着色渗透检测时，被检表面可见光照度不少于 500 lx。

——当出现显示迹痕时，必须确定此痕迹是真缺陷还是假缺陷显示。必要时应使用 5～10 倍放大镜进行观察。如无法确定，则应进行复验或用其他方法进行验证。

B.5.2.8 复验

发现下列情况必须从前处理开始重新进行检验：

——发现检测过程中操作方法有错误；

——难以确定迹痕是真缺陷还是假缺陷；

——如果对缺陷显示迹痕难于按标准进行等级分类时，也必须通过复验或用其他适当的方法加以验证；

——经返修后的部位；

——检测结束时，用对比试块验证渗透剂已失效；

——其他的必要进行复验的部位。

B.5.2.9 后处理

——观察后，为了防止残留的渗透剂和显像剂对铸钢件表面产生腐蚀或影响其使用，应采用 B.5.2.4方法给予清除；

——铸钢件加工表面去除显像剂后工件应予以干燥，必要时加以防腐保护。

B.6　缺陷显示的评定

缺陷显示应按其大小和个数予以评定，缺陷显示的允许尺寸和个数在订货时予以确定，评定的质量等级见本部分表2。

B.7　检验报告

检验报告应参照本规范并至少包括以下数据：

B.7.1　铸件数据：

——工件名称、熔炼炉号和材质，必要时，模型号或图号和序号；

——受检铸件的订货依据和检验报告。

B.7.2　检验任务的资料：

——检验范围；

——受检部位；

——允许限；

——必要时，其他内容。

B.7.3　检验规程和结果判定的资料：

——表面状况；

——渗透剂检测型号；

——渗透时间和显像时间，必要时乳化时间；

——铸件的检验温度；

——与本部分的偏差；

——检验结果及其判定；

——检验地点、日期和检验员姓名。

附 录 C
（规范性附录）
铸钢件超声波检测

C.1 检验原则与目的

本附录叙述了采用脉冲回波法，对铁素体钢铸件内部缺陷进行检查的超声波检测方法。

C.2 适用范围

本规范适用于厚壁≤600 mm 经热处理的合金和非合金铁素体钢铸件的检验。对于厚壁>600 mm 的铸件，应对记录限和检验方法另行加以商定。

有关铸件超声可探性以及应记录的回波记录限问题，按照 C.7 和 C.8.6 划分检验等级。这种分级是取决于铸件实际使用时承受的载荷，订货时供需双方必须予以商定。

如有偏离本部分的规定，供需双方也可协商。

C.3 检验前的协商

订货时需商定下列事宜：

——检验范围（见 C.8.1）；

——检验等级（见 C.8.6）；

——评定标准（见 C.11）。

C.4 受检铸件的准备

C.4.1 在超声波探伤之前，铸钢件应至少进行一次奥氏体化热处理。

C.4.2 最终验收的超声波检测的检测时期应安排在最终热处理和粗加工之后进行。

C.4.3 铸件应安排在外观检查合格后进行超声波检测，铸件的检测面及底面应无影响超声波检测的异物，已加工的表面应达到 *Ra* 值不大于 6.3 μm，未加工的表面应达到 *Ra* 值等于或小于 12.5 μm。

C.4.4 妨碍超声波检测的机械加工工序应安排在超声波检测之后进行。

C.5 检验系统

C.5.1 超声波检测设备

超声波检测设备必须具有下列性能：

——在钢中纵、横波调整范围从 20 mm～2 m 连续可调；

——增益按 2 dB 分档，可调节范围至少为 80 dB，调节精度为 1 dB；

——水平线性和垂直线性应优于调整范围的 5%或示波屏高度的 5%；

——对于脉冲回波法，可采用公称频率为 1 MHz～6 MHz 单晶片探头以及双晶直探头。

C.5.2 探头与检验频率

根据铸件不同的几何形状和需检出缺陷类别的差异，可分别采用直探头或斜探头，或两种探头同时采用，近表面区也可使用 SE（双晶）直探头或斜探头。

横波检验时，斜探头折射角可在 35°～70°之间，公称频率应在 1 MHz～6 MHz 范围内。

C.5.3 灵敏度的检定

检验系统的灵敏度检定必须至少保证能调整到第 C.8.4 所要求的检验灵敏度。

C.5.4 耦合剂

耦合剂应能润湿整个受检表面，并且具有足够的导声性能。

调整仪器和检验工件时应采用同一种耦合剂。

C.6 探伤仪的调整

C.6.1 距离的校准

探伤仪示波屏上距离的校准必须采用直探头或斜探头在标准试块上进行。

有时，还应考虑铸件与标准试块的声速差异。

采用直探头时，距离的校准可直接在铸件本体上进行。

C.6.2 增益的校准

被检深度范围内的回波高度，通过一个以 mm 为单位的平底孔的直径，用 AVG 方法加以表示。

C.7 超声可探性的确认

检测前必须进行可探性判断，符合要求后才能进行检测。先将仪器"抑制"旋钮置于零位，使用频率 2 MHz～2.5 MHz 中任一频率的纵波直探头，对铸钢件的最大探测距离处（最厚处）或反射杂波最多处进行探测；若此时的噪声信号反射幅度比选定为纵波同声程检测灵敏度的反射回波低 8 dB 以上时，则该铸件适合超声波检测（即可探性符合要求）。

如果不能满足上述要求，可降低检测频率至 1 MHz 再按上述方法测试，若此时满足上述要求的话，可以采用这种频率检测，但这时必须在检测报告中加以说明。

如果降低频率测试的结果仍不能满足超声波可探性的要求，则应采用热处理的方法来改善铸件透声性，并在满足超声波检测的可探性要求后才能进行超声波检测。

C.8 检验的实施

C.8.1 检验范围

经商定的铸件受检部位，采用最合适的检测方法时，只要铸件形状允许的区域都应全部进行检验。

C.8.2 检验规程概述

声波入射方向和合适探头的选择取决于铸件的外形、可能发生的铸件缺陷和可能在制造焊接时发生的缺陷。因此，最合适的检验规程应由制造厂决定。应注意铸件的关键部位，最好的办法是编制书面的检验规程。制造焊接以及制造过程中有可能产生裂纹的所有部位，可采用斜探头检验。

对于检验等级Ⅰ级，铸件需检查的部位应尽可能至少用直探头从两面进行检验。对于只能从一面进行检验的部位，采用直探头和双晶探头检查近表面区域的缺陷。对于只能从一面进行检验，而且壁厚＜60 mm 的部位，只用双晶探头即可。铸件采用单面检测时，如探头近区出现反射点话，则应使用近区分辨力的探头。

如果铸件的最终用途要求特殊的检验方法，需方必须及时通知制造厂。

C.8.3 扫查速度

检验时，探头移动速度不得大于 10 cm/s，扫查线应彼此紧靠且重叠，以便扫查全部受检体积。一般来说，约重叠晶片直径的 1/4。但在特殊情况下，还需根据探头的结构而定。

C.8.4 检验灵敏度

应在铸件上调节检验系统灵敏度。

扫查时，应把增益提高到在示波屏能见到干扰背景（扫查灵敏度）。

最大被检深度处的平底孔的回波高度应至少为示波屏高度的 2/5，即表示有足够超声波可探性。

检查缺陷时，当底波衰减超过允许值，这时不得不局部地采用降低检验灵敏度进行检查，在这种情况下应定量地求出底波衰减值。

在调定斜探头检验灵敏度时应注意到：垂直于耦合面的平面状缺陷的回波高度应小于 3 mm 平底孔当量直径的记录限。

此时，检验灵敏度应调整得使这种反射体在示波屏上能清晰地见到其动态回波图形（见图 C.3）。

推荐斜探头的灵敏度直接在实际的平面状缺陷（在深度方向延伸的裂纹）或在垂直于耦合面并对声束而言无限远的壁上进行校核，同时还应使探头底面能与铸件外形相吻合。

注：如果既检查缺陷而又同时观察底波时，则最好使用带有可调节底波下降量的仪器。

如果由于受检部位的不同而表面质量有所变化，可能造成检验灵敏度的急剧变化。这种情况下，应遵守本条款第二段所述的调节扫查灵敏度的条件。

采用双晶直探头检验时，灵敏度应在铸件上耦合面与底面尽可能是准确平行的部位内进行调整。如果不可能，则要使用有平行面的试块或钻浅孔的试块。

C.8.5 各类回波

有下列几种回波可能在铸件检测时出现：

a) 缺陷回波；

b) 不是因为铸件形状或耦合而引起的底波衰减。

以上两种回波既可单独出现，也可同时出现，都应注意并分别予以评定。

回波高度以平底孔当量直径大小表示；底波衰减量是由底波高度的下降量以 dB 表示。

C.8.6 记录限及应记录的回波

除另有协定外，凡是达到或超过下列限定的所有回波或底波衰减量均应加以记录。

不论回波高度大小如何，下列回波均应予以记录。

a) 带有纵向或深度方向延伸的连成一片的缺陷回波；

b) 处于声波入射不合适位置的铸造缺陷回波。

凡是在表 C.1 规定的记录限以上的回波高度均应加以记录。

所有探出应记录的缺陷部位均应作出标记，并应在检验报告中加以说明，缺陷位置用网格框加以表示。并以草图或照片的形式提供资料。

C.9 缺陷的检验

所有探出应记录的缺陷均需进行详尽的分析，以便对这些缺陷的形状、种类、大小和位置有全面的了解。这可以通过改变超声波检测方法和用射线检测方法予以实施。

C.10 测定缺陷大小

注：要借助足够精度的超声波检测方法测定缺陷尺寸，只有在一定的条件下才有可能（例如：对缺陷类型的了解，缺陷的基本几何形状，声束对缺陷的最佳入射等）。通常，钢铸件不能满足这些条件。大的铸造缺陷也可把它看成是许多小的应记录缺陷。通过改变扫查方向或角度，有助于对缺陷的全面了解。为了简化和统一全部操作程序，达成了下列协议。

C.10.1 按延伸情况划分缺陷

C.10.1.1 非延伸性缺陷

实际尺寸小于或等于探头在缺陷处声束直径的缺陷称为非延伸缺陷。声束直径可以从相应的探头说明书或声波曲线图中查出。

声束直径（−6 dB）与声程的关系，对于最常用的探头见图 C.1，或用下述方程式标出：

$$D_B(-6\ \mathrm{dB}) \approx \frac{\lambda \cdot S}{D} = \frac{D \cdot S}{4 \cdot N} \qquad \text{(C.1)}$$

式中：

$D_B(-6\ \mathrm{dB})$——声束直径；

λ——波长；

D——晶片直径；

S——声程；

N——近场区长度 $\left(N \approx \frac{D^2}{4\lambda}\right)$。

表 C.1 铁素体钢铸件超声波检测记录限

壁　厚/mm	记 录 限				
	检验等级Ⅰ		检验等级Ⅱ		检验等级Ⅰ和Ⅱ
	平底孔当量直径				底波衰减量/dB
	非延伸性[a]/mm	延伸性[a]/mm	非延伸性[a]/mm	延伸性[a]/mm	
≤100	4	3	8	6	12
＞100～600	6	3	6	6	12
焊接坡口	3	3	3	3	12

[a] 见 12.1。

C.10.1.2 延伸性缺陷

实际尺寸大于探头在缺陷处声束直径的缺陷称为延伸性缺陷。

C.10.2 平行于受检面的缺陷尺寸的测定

在确定缺陷尺寸时，建议尽可能采用近场区长度尽量与入射到缺陷的声程相一致的探头。通过探头在受检面上扫查，确认底波下降部位。

——回波高度下降至表 C.1 规定记录限以下 6 dB 的缺陷，必须予以记录；

——回波高度下降至最大回波高度以下 6 dB(半波高法)的按 C.8.6a)和 b)所述的缺陷。

关于底波衰减，一般采用半波高法。尽可能准确地对这些探测点作出标记(例如：直探头的探头中心，斜探头的入射点)。

将各标记点连成一条外形轮廓线即给出缺陷的延伸尺寸。对于斜探头，只要被检工件的几何外形允许，将缺陷的各边沿点利用距离投影原理将其投影到检测面上。

标记点间距峰值已列入图 C.1，图 C.1 表示所测得的缺陷的声程。

若所测得的峰值间距位于探头声束直径曲线以下或者正好在曲线上，或者此距离小于或等于按公式(C.1)根据测得的声程计算出来的声束直径，那么，这种缺陷定义为非延性缺陷。若位于曲线以上或大于按公式(C.1)的计算值，则应记录测得的延伸尺寸。

C.10.3 垂直于受检面的缺陷尺寸的测定

推荐采用在缺陷部位声束直径尽可能小的探头(聚焦探头的焦点或双晶斜探头的自然焦点)。

依缺陷种类不同，可采用下列方法：

——从两相对面(图 C.2)垂直入射声波；

——斜角入射声波。

平面状缺陷的深度方向上的延伸尺寸，通过斜角入射声波可以在缺陷边沿上各自测得的声程差而求得。

对于深度约为 50 mm 以内的近表面缺陷，可采用下法来评定其深度方向上的延伸尺寸。

采用双晶斜探头(具有顶角；横波)，把被测缺陷深度方向的最大回波高度调至 100%示波屏高度，通过探头对缺陷的垂直移动，找出回波高度下降至 10%示波屏高度处，从声程 S_1 和 S_2 以及折射角即可算出缺陷在深度方向上的延伸尺寸(图 C.3)。

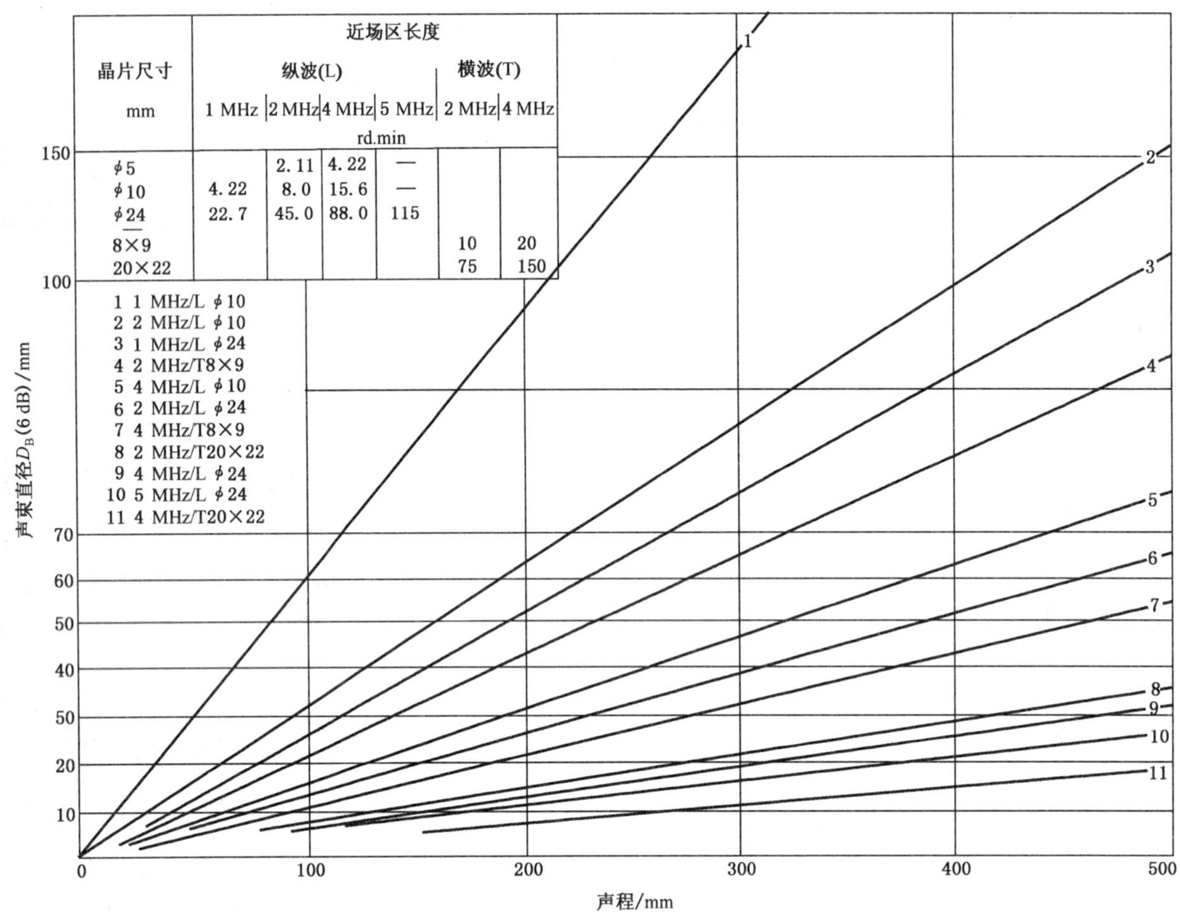

图 C.1 近场区长度和常用单晶片探头远场区声束直径(6 dB)与声程关系的近似值

(曲线 4、7、8 和 11 为双轴椭圆声束截面的小型斜探头绘制而成的)

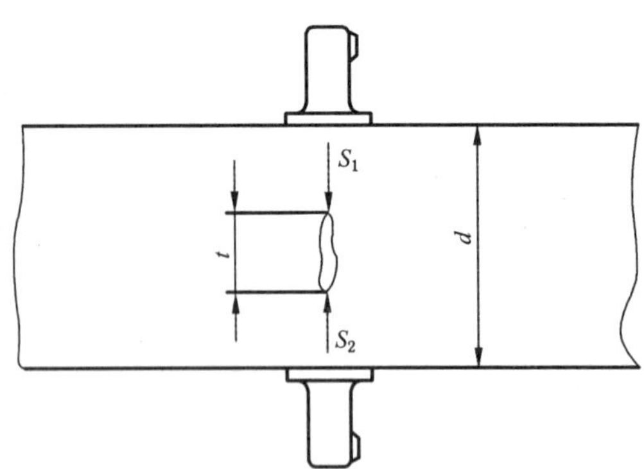

图 C.2 直探头测定深度方向的延伸尺寸 $t=d-(S_1+S_2)$

C.11 回波的评定

有关回波的评定及其准确性的约定,应由供需双方商定,评定的质量等级见本部分正文表 3。

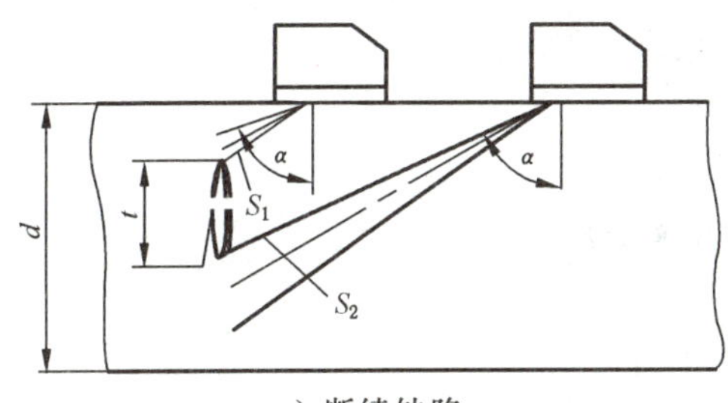

a）断续缺陷

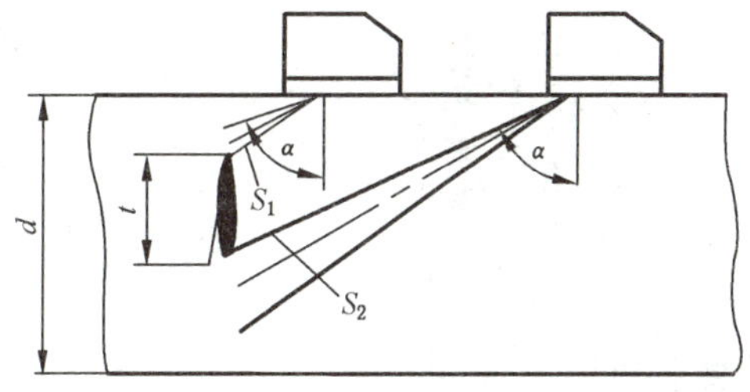

b）连续缺陷

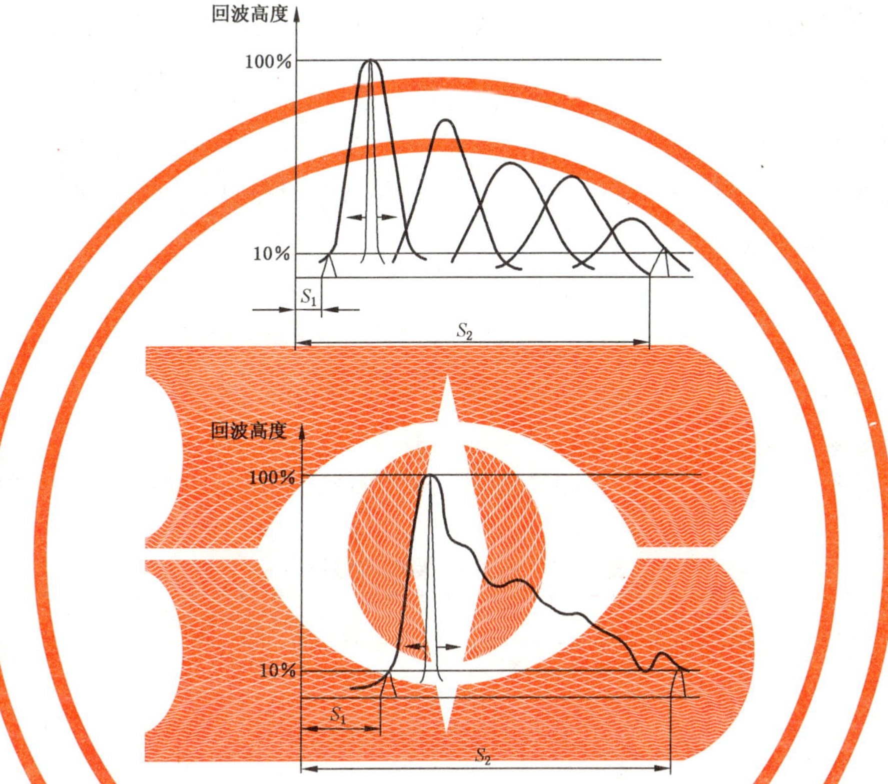

图 C.3　斜探头测定垂直于受检面的延伸性缺陷的延伸尺寸和回波动态特性曲线延伸尺寸 $t=(S_2-S_1)\cos\alpha$

C.12　检验报告

检验报告必须包括下列数据：

a）　受检工件的标识数据；

b）　检验范围；

c）　采用的探伤仪型号；

d）　探头型号、检验方法和检验部位；

e）　灵敏度调节所需的全部数据；

f）　超声可探性的数据；

g）　需记录回波的缺陷位置的记述（例如：草图或照片）以及所有能表示特性的数据，例如：平底孔当量直径、底波衰减量、深度位置和深度方向上的延伸尺寸、长度和面积（在检验等级Ⅱ级中关于缺陷的记述，可另行商定）；

h）　检验日期和检验人员姓名。

附　录　D
（规范性附录）
铸钢件射线透照检测及其质量等级

D.1　像质级别

射线照相相质分为A级和B级。A级适用于结构复杂、检验区厚度差较大的工件，一般照相技术即可达到A级要求；B级适用于检验区厚度差小、近似于平板的工件，A级照相检出能力不充分的场合。

D.2　合约双方协定

合约双方应事先进行协商，对铸件射线照相检测范围、像质级别、照相方法、缺陷允许范围进行规定。

D.3　设备与器材

D.3.1　透照设备

可使用X光机、电子加速器和γ射线装置。

D.3.2　感光材料

按GB/T 19348.1规定的工业射线照相胶片，选用金属箔增感屏。A级或B级照相适用的胶片与增感屏组合见表D.1规定。

表D.1　胶片等级与增感屏

<table>
<tr><th rowspan="2">射线装置</th><th rowspan="2">透照厚度/mm</th><th colspan="2">胶片等级[a]</th><th colspan="2">金属箔增感屏种类与厚度</th></tr>
<tr><th>A级照相</th><th>B级照相</th><th>A级照相</th><th>B级照相</th></tr>
<tr><td>≤100 kV
X射线装置</td><td rowspan="3"></td><td rowspan="3">T3</td><td rowspan="3">T2</td><td colspan="2">不使用，或使用厚度≤0.03 mm的铅箔增感前屏及后屏</td></tr>
<tr><td>>100 kV～150 kV
X射线装置</td><td colspan="2">≤0.15 mm，铅前屏及后屏</td></tr>
<tr><td>>150 kV～250 kV
X射线装置</td><td colspan="2">0.02 mm～0.15 mm，铅前屏及后屏</td></tr>
<tr><td rowspan="2">>250 kV～500 kV
X射线装置</td><td>≤50</td><td rowspan="2">T3</td><td>T2</td><td colspan="2">0.02 mm～0.2 mm，铅前屏及后屏</td></tr>
<tr><td>>50</td><td>T3</td><td colspan="2">0.1 mm～0.3 mm，铅前屏[b]
0.02 mm～0.3 mm，铅后屏</td></tr>
<tr><td rowspan="2">^{192}Ir</td><td rowspan="2"></td><td rowspan="2">T3</td><td rowspan="2">T2</td><td>0.02 mm～0.2 mm，铅前屏</td><td>0.1 mm～0.2 mm 铅前屏[b]</td></tr>
<tr><td colspan="2">0.02 mm～0.2 mm 铅后屏</td></tr>
<tr><td rowspan="2">^{60}Co</td><td>≤100</td><td rowspan="2">T3</td><td rowspan="2">T3</td><td colspan="2" rowspan="2">0.25 mm～0.7 mm 钢或铜，前屏及后屏[c]</td></tr>
<tr><td>>100</td></tr>
<tr><td rowspan="2">>1 MeV～4 MeV
X射线装置</td><td>≤100</td><td rowspan="2">T3</td><td rowspan="2">T2</td><td colspan="2" rowspan="2">0.25 mm～0.7 mm 钢或铜，前屏及后屏[c]</td></tr>
<tr><td>>100</td></tr>
</table>

表 D.1（续）

<table>
<tr><th rowspan="2">射线装置</th><th rowspan="2">透照厚度/
mm</th><th colspan="2">胶片等级[a]</th><th colspan="2">金属箔增感屏种类与厚度</th></tr>
<tr><th>A 级照相</th><th>B 级照相</th><th>A 级照相</th><th>B 级照相</th></tr>
<tr><td rowspan="3">>4 MeV～12 MeV
X 射线装置</td><td>≤100</td><td>T2</td><td>T2</td><td colspan="2" rowspan="3">≤1 mm，钢、铜或钛前屏[d]
≤1 mm 铜、钢，或
≤0.5 mm 钛后屏[d]</td></tr>
<tr><td>>100～300</td><td rowspan="2">T3</td><td>T2</td></tr>
<tr><td>>300</td><td>T3</td></tr>
<tr><td rowspan="3">>12 MeV
X 射线装置</td><td>≤100</td><td>T2</td><td>—</td><td colspan="2" rowspan="2">≤1 mm 钛前屏[e]，不用后屏</td></tr>
<tr><td>>100～300</td><td rowspan="2">T3</td><td>T2</td></tr>
<tr><td>>300</td><td>T3</td><td colspan="2">≤1 mm 钛前屏[e]，≤0.5 mm 钛后屏</td></tr>
<tr><td colspan="6">[a] 不妨使用更高级别的胶片。
[b] 简装胶片前放置≤0.03 mm 铅前屏时，不妨在工件与胶片间放置 0.1 mm 的铅质滤光板。
[c] A 级照相时，可以使用 0.5 mm～2.0 mm 的铅屏。
[d] A 级照相时，经合约双方协商，可以使用 0.5 mm～1.0 mm 的铅屏。
[e] 经协商也可使用钨屏。</td></tr>
</table>

D.3.3 像质计

使用 JB/T 7902 规定的一般选用 R′20 的 FE 型像质计。

D.3.4 观片灯

应满足 JB/T 7903 的规定，或具有同等性能。

D.4 透照方法

D.4.1 透照方向

射线束应对准检验区中心，并与工件表面垂直。但当认为从别的方向进行透照更有利于缺陷的检出时，则不受此条款限制。

D.4.2 像质计放置

D.4.2.1 按图 D.1～图 D.4 所示照相布置，将含有应识别钢丝（见表 D.3 规定）在内的象质计置于工件源侧表面，与工件一起被透照。如果像质计难于放置在源侧表面，则可以紧贴胶片侧表面放置，但透照时像质计至胶片的距离应为应识别钢丝线径（见表 D.3 规定）的 10 倍以上，同时要在像质计上放置标记“F”且其影像应出现在底片上。

D.4.2.2 透照厚度变化较小时，在能代表透照厚度的部位放置一个像质计。

D.4.2.3 透照厚度变化较大时，在能代表透照厚度较厚的部位和较薄的部位分别放置一个像质计。

D.4.2.4 筒形工件按图 D.2 进行周向全景照相时，一般放置四个像质计，分布在圆周的四等份位置。

D.4.3 照相布置

射线源、像质计、胶片间的相对位置见图 D.1～图 D.4。

a) 射线源至工件的最短距离（L_1），由焦点尺寸 f、工件源侧表面至胶片的距离 L_2 决定，必须满足下述公式（D.1）或公式（D.2）的要求

$$\text{A 级照相：}\frac{L_1}{f} \geqslant 7.5L_2^{2/3} \qquad \text{(D.1)}$$

$$\text{B 级照相：}\frac{L_1}{f} \geqslant 15L_2^{2/3} \qquad \text{(D.2)}$$

式中，f、L_1、L_2 的单位为 mm。

L_2 小于公称厚度的 1.2 倍时，上述公式及图 D.5 中的 L_2 值取公称厚度值。

b） 可以用图 D.5 查出射线源至工件的最短距离 L_1 值。

c） 上述几何条件不能满足时，如果像质要求能够满足，则可不受该最短距离 L_1 值规定的限制。

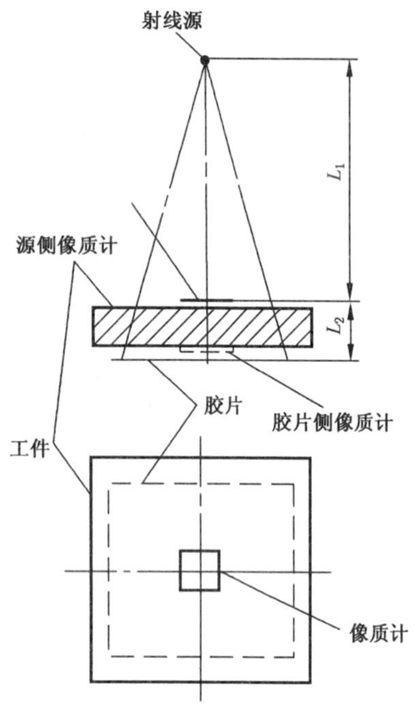

图 D.1 平板形工件照相布置

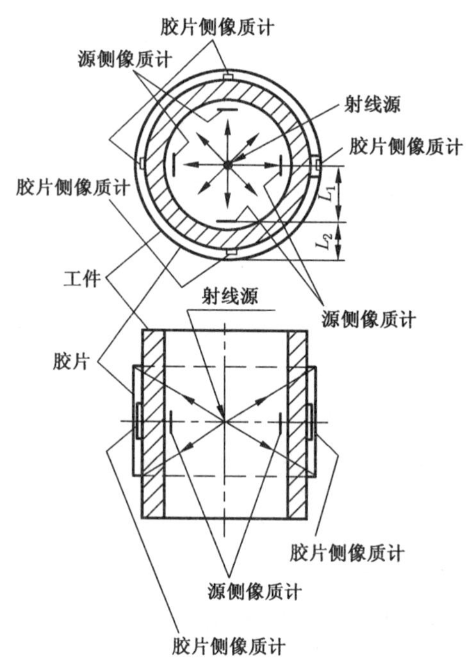

图 D.2 筒形工件照相布置（内透法）

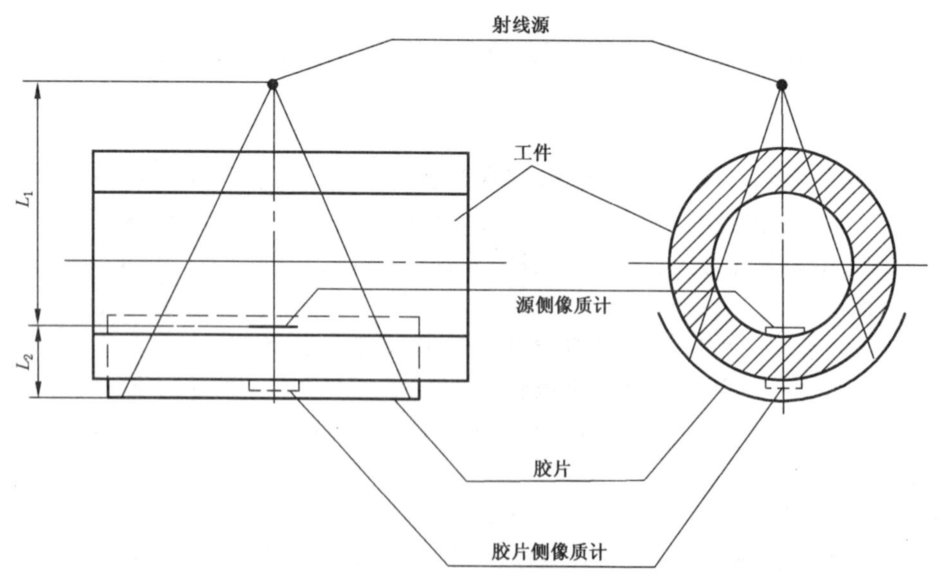

图 D.3 筒形工件照相布置（双壁单影法）

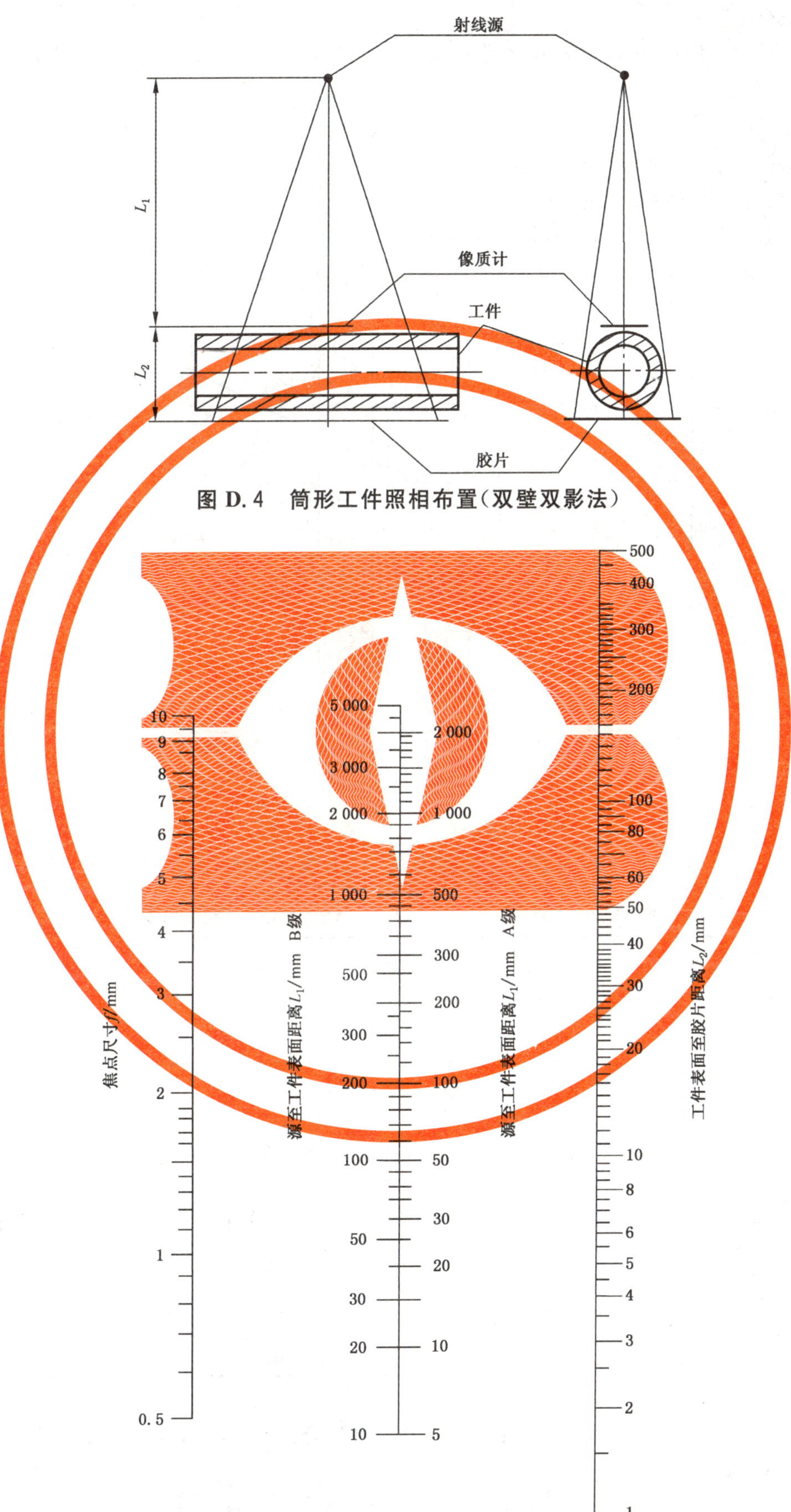

图 D.4 筒形工件照相布置(双壁双影法)

图 D.5 由工件表面至胶片的距离(L_2)和射线源尺寸(f)决定源至工件表面最短距离(L_1)的诺模图

D.4.4 透照区标记

照相时,检验区表面应放置标记,其影像应出现在照相底片上。照相底片必须与检验区一一对应。

D.4.5 胶片搭接

需要两张或两张以上胶片对工件进行分割照相检验时,胶片间必须有一定的重叠区,此时,在工件表面放置的搭接标记应出现在底片上。

D.4.6 X射线管电压及射线源的选择

最高允许X射线管电压不得超过图D.6规定。此外,γ射线和1 MeV以上X射线适用透照厚度范围见表D.2规定。但如果表D.3的像质要求能够满足,则可不受此限制。

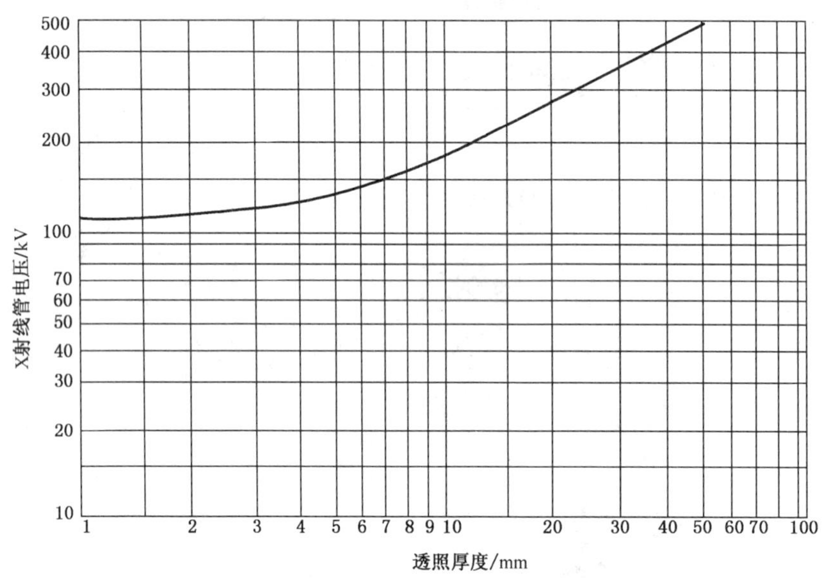

图D.6 500 kV以下X射线装置最高管电压与透照厚度的关系

表D.2 γ射线和1 MeV以上X射线适用透照厚度

射线源	适用透照厚度/mm	
	A级检验	B级检验
^{192}Ir	20～100	20～90
^{60}Co	40～200	60～150
X射线1 MeV～4 MeV	30～200	50～180
X射线4 MeV～12 MeV	50以上	80以上
X射线12 MeV以上	80以上	150以上

D.4.7 胶片与增感屏

X射线、γ射线与不同透照厚度对应的胶片及增感屏组合由表D.1规定。但如果满足表D.3的像质要求,则可不受此限制。

表 D.3 应识别的像质计最小线径

透照厚度/mm		应识别最小线径	透照厚度/mm		应识别最小线径
A级	B级		A级	B级	
<5	<6.4	0.10	≥50~63	≥56~70	1.00
≥5~6.4	≥6.4~8	0.125	≥63~80	≥70~90	1.25
≥6.4~8	≥8~10	0.16	≥80~100	≥90~120	1.60
≥8~10	≥10~13	0.20	≥100~140	≥120~150	2.00
≥10~13	≥13~16	0.25	≥140~180	≥150~190	2.50
≥13~16	≥16~20	0.32	≥180~225	≥190~240	3.20
≥16~20	≥20~25	0.40	≥225~280	≥240~300	4.00
≥20~26	≥25~32	0.50	≥280~360	≥300~380	5.00
≥26~32	≥32~45	0.63	≥360	≥380	6.30
≥32~50	≥45~56	0.80			

D.4.8 多层胶片法

工件形状复杂、厚度变化较大时，可以采用图 D.7 所示的多层胶片法进行照相。该方法是将两张或两张以上感光度相同或不同的胶片装入同一暗盒进行照相。

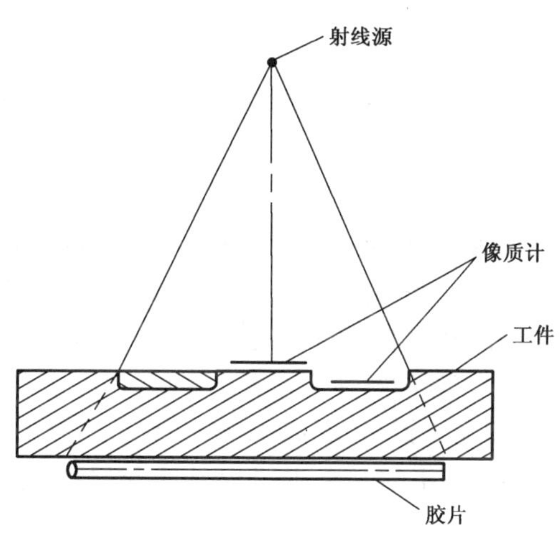

图 D.7 多张胶片照相法

D.5 底片质量要求

D.5.1 应识别的像质计最小线径

射线底片上应识别的像质计最小线径必须在表 D.3 规定值以下。

D.5.2 底片黑度

a) 检验区内缺陷影像外的底片黑度必须在表 D.4 规定范围内。但若能达到 D.5.1 规定的像质要求，也可不受此限制。

表 D.4 黑度范围

检 验 级 别	黑 度 范 围
A级	1.0~4.0
B级	1.5~4.0

b) 多张胶片照相法，单片观察时底片黑度必须满足表 D.4 要求；叠片观察时单片黑度最低应在 0.8 以上、叠片黑度最高应在 4.0 以下。

D.5.3 胶片处理

不能产生妨碍缺陷评定的伪缺陷影像。

D.6 底片观察

D.6.1 观片灯

根据底片黑度，按表 D.5 类别，使用 D.3.4 规定的观片灯对底片进行观察。

表 D.5 观片灯的适用范围

底 片 黑 度	观片灯亮度/(cd/m^2)
≤1.5	1 000
≤2.5	10 000
≤3.5	30 000
≤4.5	300 000

D.6.2 观察方法

在暗室使用适合底片尺寸的遮光罩对底片进行观察。

D.7 散射线屏蔽

使胶片感光的散射线是引起像质降低的一个重要原因，尤其对 150 kV～400 kV 范围的 X 射线更为明显。

降低散射线影响的方法如下：

a) 在 X 射线装置窗口放置照射筒或准直装置，将射线束控制在检验区所需的最小范围内。另外，在暗盒背面、侧面放置 1 mm～4 mm 厚铅版，以屏蔽来自物体反射的散射线。

b) 周向全景曝光中无法使用限制射线束的装置时，在尽可能在宽敞的透照室内进行照相。工件尽可能远离周围物体，相距较近的物体应覆盖上铅版。

c) 用铅字“B”验证背散射的影响。铅字“B”高 10 mm、最小厚度 1.5 mm，紧贴暗盒背面放置。胶片处理后若底片上看不到该铅字的影像，则可认为未受到背散射的影响。

D.8 缺陷影像质量评级方法

D.8.1 评级步骤

缺陷影像（以下简称缺陷）的质量评级按如下步骤进行：

a) 按 D.6 规定观察底片。

b) 确认底片符合 D.5 的像质要求。

c) 确定缺陷性质，缺陷分为气孔、夹砂及夹渣、缩孔、裂纹。

d) 确认被检铸件的公称厚度值。

e) 评定视野由公称厚度值决定，且取最小公称厚度值。

f) 测量缺陷尺寸，并规定：

——观片后，仅对判断为缺陷的影像进行测量，不明阴影排除在外。

——仅对影像的清晰部分进行测量，虚影部分不计入。

——两个或两个以上缺陷在底片上重叠时，分别进行测量。

g) 缺陷评级方法如下：

——气孔类缺陷按 D.8.2.1 换算出缺陷点数，然后按表 4 评级。

——夹砂及夹渣类缺陷按 D.8.2.1 换算出缺陷点数，然后按表 4 评级。

——缩孔类缺陷，先按其影像形状分为线状缩孔或树枝状缩孔。线状缩孔按 D.8.2.2 测量长度，然后再按表 4 评级；树枝状缩孔按 D.8.2.2 测量面积，然后按表 4 评级。

——气孔、夹砂及夹渣、缩孔类缺陷评级时，表 D.8 和表 D.10 给出了不计入评定的最大缺陷尺寸。当按表中“1 级”对应尺寸去除不计缺陷后评定结果为 1 级时即定为 1 级；按表中“1 级”对应尺寸去除不计缺陷后评定结果为 2 级或 2 级以上、按表中“2 级和 2 级以上”对应尺寸去除不计缺陷后评定结果为 1 级时，则应定为 2 级；评定结果为 2 级或以上时，其结果即为最终级别。

——如果同时存在两种或以上缺陷，就应当分别评级。在有必要确定其综合级别时，可取其中级别数较大(等级低)者为其综合级别。

在同一评定视野内，最低等级包括两种以上缺陷时，综合级别应降低 1 级。但是，在各种缺陷都独自为 1 级时，只有超过缺陷点数、缺陷长度或缺陷面积允许限度 1/2 的缺陷在两种以上时，综合级别才定为 2 级。

此外，按表 D.8 和表 D.10 中“2 级和 2 级以上”对应尺寸去除不计缺陷后评为 1 级、但按“1 级”对应尺寸去除不计缺陷后评为 2 级时，如果还有混合存在的缺陷定为 2 级，则综合级别应降低到 3 级。

D.8.2 缺陷点数、缺陷长度、缺陷面积

D.8.2.1 气孔、夹砂及夹渣类缺陷的点数

换算缺陷点数时，应将表 D.6 规定的评定框置于检验区内缺陷点数最多的区域。单个缺陷，根据其尺寸按表 D.7 换算其点数。表 D.8 规定了不计点数的缺陷尺寸，在测量缺陷尺寸以确定是否计入其点数时，仅测量缺陷影像黑度较高区域的尺寸，不包括周围的虚影部分。

表 D.6 气孔、夹砂夹渣类缺陷评定框

单位为毫米

公称厚度	≤10	>10～20	>20～40	>40～80	>80～120	>120
评定框直径	20	30	50		70	

表 D.7 缺陷尺寸与点数

缺陷尺寸/mm	≤2.0	>2.0～4.0	>4.0～6.0	>6.0～8.0	>8.0～10.0	>10.0～15.0	>15.0～20.0	>20.0～25.0	>25.0～30.0
缺陷点数	1	2	3	5	8	12	16	20	40

表 D.8 不计点数的缺陷的最大尺寸

单位为毫米

评定级别	公称厚度					
	≤10	>10～20	>20～40	>40～80	>80～120	>120
1 级	0.4	0.5	1.0		1.5	
2 级和 2 级以上	0.7	1.0	1.5		2.0	

评定框内存在多个缺陷时，将各单个缺陷的点数相加，换算其总点数。

评级时，只计算评定框内缺陷的总点数，但如果评定框外的缺陷正好位于评定框的边界上，则该缺陷的点数应计入总点数中。

D.8.2.2 缩孔类缺陷的长度和面积

评定框应置于检验区内缩孔长度或面积最大的区域。两个以上缩孔密集分布时，评定框内应尽可能多地包括最长的和面积最大的缺陷。当大缺陷的尺寸超过评定框的直径时，最大缺陷置于评定框的中心位置。评定框的尺寸见表 D.9 规定。不评定缺陷的最大长度或面积见表 D.10 规定。

a) 线状缩孔的长度，取连续状态的缺陷的最大长度。两个以上的缩孔，取各自长度的总和为该组线状缩孔的总长度。如果评定框外的缺陷正好位于评定框边界上，框外缺陷也应测量进去。

b) 树枝状缩孔的面积，应取连续状态缺陷的最大长度与垂直方向上最大宽度的乘积。如果评定框外的缺陷正好位于评定框边界上，测量时框外缺陷应包括在内。当树枝状缩孔中混存有线状缩孔时，将线状缩孔当作树枝状缩孔处理，但只取其 1/3 长度值，以 mm 为单位并圆整为整数值。

表 D.9 缩孔类缺陷评定框

单位为毫米

公称厚度	≤10	>10～20	>20～40	>40～80	>80～120	>120
评定框直径	50		70			

表 D.10 不评定缺陷的最大长度或面积

<table>
<tr><th rowspan="2" colspan="2">评定级别</th><th colspan="6">公称厚度/mm</th></tr>
<tr><th>≤10</th><th>>10～20</th><th>>20～40</th><th>>40～80</th><th>>80～120</th><th>>120</th></tr>
<tr><td rowspan="2">1 级</td><td>线状/mm</td><td colspan="6">5.0</td></tr>
<tr><td>树枝状/mm²</td><td colspan="6">10</td></tr>
<tr><td rowspan="2">2 级和 2 级以上</td><td>线状/mm</td><td>5.0</td><td colspan="2">10</td><td colspan="3">20</td></tr>
<tr><td>树枝状/mm²</td><td>30</td><td colspan="2">50</td><td colspan="3">90</td></tr>
</table>

D.8.3 缺陷影像分级

D.8.3.1 气孔类缺陷

根据气孔缺陷的点数，按表 4 评级。此外，单个气孔尺寸超过 1/2 公称厚度或 15 mm，即为不允许。

D.8.3.2 夹砂及夹渣类缺陷

根据夹砂或夹渣缺陷的点数，按表 4 评级。此外，单个夹砂或夹渣的尺寸超过公称厚度值或 30 mm，即为不允许。

D.8.3.3 缩孔类缺陷

线状缩孔和树枝状缩孔按表 4 评级。

D.8.3.4 裂纹类缺陷

裂纹类缺陷不允许。

D.9 记录

检测报告中应记录以下事项：

a) 检验实施部门；

b) 产品名称；

c) 照相日期；

d) 底片编号；

e) 材质；

f) 公称厚度；

g) 透照厚度；

h) 照相设备；

i) 射线源尺寸；

j) 管电压或 γ 源类别；

k） 管电流或γ源活度；

l） 曝光时间；

m） 胶片等级；

n） 增感屏；

o） 像质计；

p） 源至胶片距离；

q） 底片像质(像质计可识别的最小线径、黑度范围)；

r） 检验部位及相关事项；

s） 检验人员资格及签名；

t） 其他事项。

ICS 25.120.20
H 90
备案号：21709—2007

中华人民共和国机械行业标准

JB/T 5000.15—2007
代替 JB/T 5000.15—1998

重型机械通用技术条件
第15部分：锻钢件无损检测

Heavy mechanical general techniques and standards—
Part 15: Non-destructive inspection of forged steel

2007-08-28 发布　　2008-02-01 实施

中华人民共和国国家发展和改革委员会　发布

前　言

JB/T 5000《重型机械通用技术条件》分为15部分：

——第1部分：产品检验；

——第2部分：火焰切割件；

——第3部分：焊接件；

——第4部分：铸铁件；

——第5部分：有色金属铸件；

——第6部分：铸钢件；

——第7部分：铸钢件补焊；

——第8部分：锻件；

——第9部分：切削加工件；

——第10部分：装配；

——第11部分：配管；

——第12部分：涂装；

——第13部分：包装；

——第14部分：铸钢件无损检测；

——第15部分：锻钢件无损检测。

本部分为JB/T 5000的第15部分。

本部分代替JB/T 5000.15—1998《重型机械通用技术条件　锻钢件无损探伤》。

本部分与JB/T 5000.15—1998相比，主要变化如下：

——将缺陷信号的分类和定义进行了修订；

——将缺陷质量等级、记录限和验收限进行了修订。

本部分的附录A为规范性附录。

本部分由中国机械工业联合会提出。

本部分由机械工业冶金设备标准化技术委员归口。

本部分起草单位：中国第二重型机械集团公司。

本部分主要起草人：范吕慧、赵晓辉、陈冲。

本部分所代替标准的历次版本发布情况为：

——JB/T 5000.15—1998。

重型机械通用技术条件
第15部分:锻钢件无损检测

1 范围

JB/T 5000的本部分规定了锻钢件的超声波、磁粉和渗透检测方法及其质量等级。

本部分适用于重型机械用锻钢件的无损检测。

采用本部分规定的无损检测方法,可能会涉及危害性材料、操作及设备,参加无损检测人员应遵守有关安全防护和保健规程。

对锻件无损检测的方法、部位及质量等级应在锻件图样、技术文件和订货技术条件中注明。

2 规范性引用文件

下列文件中的条款,通过JB/T 5000的本部分的引用而成为本部分的条款。凡是注日期的引用文件,其随后所有的修改单(不包括勘误的内容)或修订版均不适用于本部分,然而,鼓励根据本部分达成协议的各方研究是否可使用这些文件的最新版本。凡是不注日期的引用文件,其最新版本适用于本部分。

GB/T 5097 黑光源的间接评定方法(GB/T 5097—1985,eqv 3059:1974)

GB/T 11259 超声波检验用钢制对比试块的制作与校验(GB/T 11259—1999,eqv ASTME 428:1992)

JB/T 8290 磁粉探伤机

JB/T 9214 A型脉冲反射式超声探伤系统工作性能测试方法

JB/T 9216 控制渗透探伤材料质量的方法(GB/T 9216—1999,eqv ISO 3453:1984)

JB/T 10061 A型脉冲反射式超声波探伤仪通用技术条件(JB/T 10061—1999,eqv ASTME 758:1980)

JB/T 10062 超声探伤用探头性能测试方法

3 术语和定义

下列术语和定义适用于本部分。

3.1

单个缺陷 single defect

间距大于50 mm,当量直径不小于起始记录当量的缺陷。

3.2

密集区缺陷 a cluster of defects

在荧光屏扫描线相当于50 mm声程范围内同时有五个或五个以上缺陷反射信号;或在50 mm×50 mm检测面上同一深度内有五个或五个以上缺陷反射信号。

3.3

延伸性缺陷 extended defect

缺陷连续回波高度至少在一个方向上不得低于起始记录当量值,其延伸长度应大于缺陷容许的最大当量直径。延伸性缺陷的延伸尺寸采用半波高度法测定(6 dB法)。在测定延伸尺寸时应考虑探头的声域特性进行修正。

3.4

缺陷引起的底波降低量BG/BF(dB)　loss of back reflection caused by defects BG/BF(dB)

在缺陷附近完好区内第一次底波幅度BG与缺陷区内第一次底波幅度BF之比,用声压级(dB)表示。

4　一般要求

4.1　选择原则

4.1.1　检测方法和质量验收等级的选择应就锻件的具体使用和种类确定,并符合相应技术文件的要求。

4.1.2　凡要求用表面检测的铁磁性锻件,应优先选用磁粉检测方法。若因结构形状及资源条件等原因不能使用磁粉检测时,才选用渗透检测。

4.2　检测档案

4.2.1　当按本部分对锻件进行检测时,必要时可按本部分的规定制定出符合有关规范要求的无损检测规程。

4.2.2　检验程序及结果应正确、完整并有相应责任人员签名认可。检测记录、报告等保存期不得少于五年。五年后,若用户需要可转交用户保管。

4.2.3　检测档案中,对于检测人员承担检测项目的相应资格等级和有效期应有记录。

4.2.4　检验所用仪器、设备的性能应定期检定,并有检定记录,合格后才能使用。

4.3　检测人员

4.3.1　凡从事无损检测的人员,应持有国家相关部门颁发的相应资格证书。

4.3.2　无损检测人员技术等级分为高、中、初级。取得不同无损检测方法的各技术等级人员只能从事与该等级相对应的无损检测工作,并负相应的技术责任。

4.3.3　凡从事无损检测工作的人员,除具有良好的身体素质外,视力必须满足下列要求。

4.3.3.1　校正视力不得低于5.0(小数记录值为1.0),并一年检查一次。

4.3.3.2　凡从事表面检测工作的人员不得有色盲。

5　超声波检测及其质量等级

5.1　检验依据

5.1.1　用户或设计工艺部门对锻钢件超声波检测的有关要求。

5.1.2　建立灵敏度的方法、仪器设备的选用、性能的测试等应与本部分中规定一致。

5.2　仪器设备

5.2.1　使用脉冲反射式超声波探伤仪,至少具有1 MHz～5 MHz的频率范围。

5.2.2　超声波探伤仪的垂直线性至少在屏高80%内呈线性显示,其误差在±5%以内,水平线性误差为±2%。仪器的线性应按JB/T 10061的要求进行检定。

5.2.3　仪器的灵敏度余量应在30 dB以上,其测定方法按JB/T 10061的要求进行。

5.3　探头

5.3.1　各种探头应在标定的频率下使用,原则上采用2 MHz～2.5 MHz、晶片直径10 mm～30 mm的直探头。斜探头的折射角应为35°～70°,斜探头的有效晶片面积应为20 mm^2～625 mm^2。

5.3.2　探头主声束应无明显的双峰,声束线偏斜应小于2°。

5.3.3　可更换其他探头来评定缺陷和对缺陷准确定位。

5.3.4　探头性能测试方法按JB/T 10062的规定。

5.4　耦合剂

5.4.1　耦合剂应具有良好的润湿性,可使用全损耗系统用油、甘油、浆糊或水作为耦合剂。对于成品锻件推荐使用全损耗系统用油 L-AN46 作为耦合剂。

5.4.2 不同的耦合剂不能进行对比，因此，检测系统性能测试、灵敏度调节和校正等必须和检测时使用的耦合剂相同。

5.5 试块

5.5.1 试块应采用与被检工件相同或近似声学性能的材料制成。该材料用直探头检测时，不得有大于 ϕ2 mm 平底孔当量直径的缺陷。

5.5.2 校准用反射体可采用平底孔和 V 形槽等，校准时探头主声束应对准反射体，且与平底孔的反射面相垂直，与 V 形槽轴线相垂直。

5.5.3 试块的外形尺寸应能代表被检工件的特征，试块厚度应与被检工件的厚度相对应。其误差不超过探测厚度的 10%。

5.5.4 试块的制造要求应符合 GB/T 11259 的规定。

5.5.5 现场检测时，也可采用其他型式的等效试块。

5.6 系统组合性能的测试

系统组合性能的测试按 JB/T 9214 的规定。

5.7 检测前锻件的准备

5.7.1 除定货时另有规定外，轴类锻件径向检测时应加工出圆柱形表面，轴向检测时两端面应加工成与锻件轴向垂直的平面，饼形和矩形锻件其表面加工成平面，且相互平行。

5.7.2 除定货时另有规定外，锻件表面的粗糙度 Ra 值不得超过 6.3 μm。

5.7.3 锻件检测面应无异物存在，如氧化皮、油漆、污物等。

5.8 检测规程

5.8.1 一般规则

5.8.1.1 除由于倒圆、钻孔等造成锻件的截面和局部外形改变而不可能进行检测外要尽可能对整个锻件进行超声波检测。

5.8.1.2 锻件应在力学性能热处理后(不包括去应力处理)、精加工成形前进行超声波检测，如果经热处理后锻件的外形不可能进行全面检测，则允许在性能热处理前进行超声波检测，但热处理后应尽可能全面地对锻件进行超声波复检。

5.8.1.3 探头每次移动至少有 15%的重合，以确保能完全扫查整个锻件。探头扫查速度：手工操作时不得超过 150 mm/s，自动检测时不得超过 1 000 mm/s。

5.8.1.4 要尽可能在两个相互垂直的方向上对锻件的所有截面进行扫查。

5.8.1.5 对于饼形锻件，除至少从一个平面扫查外，还应尽可能从圆周面进行径向扫查。

5.8.1.6 对于圆柱形实心或空心锻件进行检测时，除要从径向进行扫查外，还应从轴向进行辅助扫查。

5.8.1.7 对于环形和筒形锻件的检测，要同时参照附录 A 执行。

5.8.1.8 制造厂或用户进行复查或重新评定时，要尽可能用可比较的仪器、探头和耦合剂。

5.8.1.9 锻件检测可在静止状态下进行，也可在转动状态下(用车床或转胎转动)进行。如果用户未作规定，制造厂可以任意选择。

5.8.1.10 锻件厚度大于 400 mm 时，应从相互平行的相对面进行检测。

5.8.2 检测灵敏度

5.8.2.1 原则上采用 AVG 法确定检测灵敏度，对于因几何形状所限和探测厚度接近近场区长度的锻件则采用试块比较法。

5.8.2.2 检测灵敏度以起始记录当量值为准，其基准波高不得低于满屏高的 40%。

5.8.2.3 对缺陷进行评定时，应在锻件完好部位调节评价灵敏度。

5.8.2.4 检测灵敏度的重新校验：

a) 遇下列情况之一时，必须对检测灵敏度进行重新校验：

——校正后的探头、耦合剂和仪器旋钮等发生任何改变时；
——外部电源电压波动较大或操作者怀疑检测灵敏度有变动时；
——连续工作达 4 h 及工作结束时。

b) 当检测灵敏度降低 2 dB 以上时，应重新对锻件进行全面复探；提高 2 dB 以上时，应对所有的记录信号进行重新评定。

5.8.2.5 检测灵敏度的调节方法：

a) 对于实心圆柱形和检测面与反射面平行的锻件，当声程大于 3 倍近场时计算所需增加的 dB 值应使用式(1)：

$$dB=20\ \lg \frac{2\lambda \cdot S}{\pi \phi^2} \tag{1}$$

式中：
S——声程，单位为毫米(mm)；
λ——波长，单位为毫米(mm)；
ϕ——检测灵敏度当量直径，单位为毫米(mm)。

b) 对于空心圆柱形锻件，当声程大于 3 倍近场时，计算所需增加的 dB 值应使用式(2)：

$$dB=20\ \lg \frac{2\lambda \cdot S}{\pi \phi^2} \pm 10\ \lg \frac{D}{d} \tag{2}$$

式中：
D——工作外径，单位为毫米(mm)；
d——工作内径，单位为毫米(mm)；
$+$——内孔探测，凹面反射；
$-$——工件外圆径向探测，凸面反射。

5.8.3 锻件可探性的测定

当检测灵敏度确定之后，以检测灵敏度为基准，信噪比大于或等于 6 dB，则认为该锻件具有足够的可探性，否则由供需双方协商处理。

5.8.4 材质衰减系数的测定

5.8.4.1 当声程大于 3 倍近场时，在锻件无缺陷区域内，至少选取三处具有代表性的部位测出 B_1/B_2 之 dB 差值，即第一次底波高度 B_1 与第二次底波高度 B_2 之间的 dB 差值。

材质衰减系数 α(dB/mm)的计算应按式(3)：

$$\alpha=\frac{B_1/B_2-6}{2S} \tag{3}$$

式中：
S——声程，单位为毫米(mm)。

5.8.4.2 当材质衰减系数 α 超过 0.004 dB/mm 时，必须对检测结果给予修正。

5.8.5 远场区声束直径的计算

6 dB 声束直径的计算应使用式(4)：

$$d6=\frac{\lambda \cdot S}{T_s} \tag{4}$$

式中：
T_s——晶片直径，单位为毫米(mm)；
$d6$——6 dB 声束直径，单位为毫米(mm)。

5.8.6　缺陷当量大小的确定

5.8.6.1　AVG 法定量

当声程大于 3 倍近场时，计算缺陷当量直径的大小应使用式(5)：

$$B/B_f = 20\ \lg\frac{2\cdot\lambda\cdot x_f^2}{\pi S\cdot\phi_f^2} + 2\alpha(x_f - S) \quad\cdots\cdots(5)$$

式中：

α——材质衰减系数，单位为分贝每毫米(dB/mm)；

x_f——缺陷深度，单位为毫米(mm)；

ϕ_f——缺陷当量直径，单位为毫米(mm)；

B/B_f——底波与缺陷回波的 dB 差，单位为分贝(dB)。

5.8.6.2　试块法定量

a)　当声程大于 3 倍近场时，计算缺陷当量直径的大小应使用式(6)：

$$\Delta = 40\ \lg\frac{\varphi_f\cdot x}{\varphi\cdot x_f} + 2\alpha x - 2\alpha_f x_f \quad\cdots\cdots(6)$$

式中：

Δ——缺陷与试块平底孔之 dB 差值，单位为分贝(dB)；

α——材质衰减系数(对比试块)，单位为分贝每毫米(dB/mm)；

α_f——缺陷处材质衰减系数，单位为分贝每毫米(dB/mm)；

x——平底孔的深度，单位为毫米(mm)。

b)　当声程小于 3 倍近场时，应用试块直接比较或用实测的 AVG 曲线来定缺陷当量直径的大小。

5.9　缺陷的记录

5.9.1　记录当量直径不小于起始记录当量的缺陷及其在锻件上的坐标位置。

5.9.2　密集区缺陷的记录：

a)　记录密集区的分布范围；

b)　记录密集区中最大当量直径的缺陷深度、当量及其在锻件上的坐标位置。

5.9.3　延伸性缺陷的记录：

记录延伸性缺陷的深度、长度范围、最大当量及起点和终点的位置坐标。

5.9.4　缺陷引起的底波降低量 BG/BF(dB)的记录：

记录缺陷附近完好区内第一次底波幅度 BG 与缺陷区内第一次底波幅度 BF 达同一基准波高时的 dB 差值。

5.10　质量等级

5.10.1　锻件中小于起始记录当量的单个、分散缺陷不计。

5.10.2　凡判定为裂纹、白点、缩孔类型的缺陷不允许存在。

5.10.3　除因几何原因造成底波衰减外，任何底波衰减不允许超过 26 dB。

5.10.4　表 1 中给出锻钢件中不同缺陷类型的质量等级的容许值。

表 1　不同缺陷类型的质量等级划分

缺陷类型	等级				
	Ⅰ	Ⅱ	Ⅲ	Ⅳ	Ⅴ
起始记录当量值 ϕ/mm	1.6	2	3	5	8
单个缺陷最大允许当量值 ϕ_f/mm	2	3	5	8	12
缺陷任一方向上延伸的最大长度/mm	不允许	30	40	60	80

表 1（续）

缺陷类型	等级				
	Ⅰ	Ⅱ	Ⅲ	Ⅳ	Ⅴ
缺陷处底波降低量的最大允许值/dB	6	8	12	16	20
密集区缺陷最大允许范围 $\times 10^3/mm^3$	125	250	500	1 000	3 000

注 1：不同缺陷类型的质量等级是相互独立的，由设计等部门根据工件实际情况规定不同缺陷类型的质量等级。

注 2：密集区缺陷范围的计算是以密集区最大长度范围×最大宽度范围×最大深度范围。相邻密集区间的间距不得小于 150 mm。否则，应视为一个密集区。存在多个密集区时，应分别计算其密集区范围，然后累积求和，按累积值评定。若密集区深度范围小于等于 50 mm 时，则按 50 mm 计算其深度范围；若密集区长度范围小于等于 50 mm 时，则按 50 mm 计算其长度范围。

注 3：由于超声波探伤存在局限性和不足，除了从生产工艺、缺陷产生的部位及其大致走向和分布能对缺陷性质进行估判外，纯粹从超声波探伤技术上是无法对缺陷进行定性的，因此，在使用 5.11.2 时，最好要用其他有效方法对缺陷定性进行辅助说明，如缺陷已露出表面、金相检验等方法。

注 4：用户有特殊要求时，其质量验收条款也可由供需双方具体制定。

5.11 超声波检测报告

超声波检测报告中应包含以下内容。

5.11.1 检验所使用的规范标准，要求的质量验收等级，所用的检验方法，所用探头的规格、频率、检测灵敏度及其调节方法、仪器型号、锻件表面状态和检验时期。

5.11.2 制造厂标志号、产品合同号、锻件名称、图号、材质、炉号、卡号等。

5.11.3 应绘出工件草图，标明锻件的实际外形尺寸，因几何形状等因素影响而未检测区域的尺寸及缺陷定位坐标原点。

5.11.4 缺陷记录应包含坐标位置、当量以及大致分布状况。

5.11.5 检验结果的评定。

5.11.6 检验日期与检验人员签名。

6 磁粉检测及其质量等级

6.1 检验依据

6.1.1 用户或设计工艺部门对锻钢件磁粉检测的有关要求。

6.1.2 建立灵敏度的方法、仪器设备的选用、磁化方法的选择、磁场强度的要求等应与本部分一致。

6.1.3 要说明是否有退磁要求和退磁需要达到的程度。

6.2 检测表面要求

6.2.1 磁粉检测的灵敏度同受检锻件的表面状态有很大关系。若不规则的表面状态影响缺陷的显示或评定时，则必须用打磨、机械加工或其他方法处理受检表面。

6.2.2 被检区表面及邻近 50 mm 范围内应无脏物、油脂、棉纤维、氧化皮或其他影响磁粉检测的异物存在。

6.2.3 对异物的清除可采用任何不影响磁粉检测的方法进行处理。

6.2.4 为了能检测出细小的缺陷，锻件表面的粗糙度 Ra 值一般不得大于 6.3 μm。

6.2.5 检测表面的温度：干法时，应小于 300 ℃；湿法时，应小于 10 ℃～50 ℃。

6.3 检验时期

6.3.1 除需方另有规定外，磁粉验收检测应在锻件经最终热处理和精加工后进行。

6.3.2 采用半波整流、直流及直接磁化时，磁粉验收检验可以在精加工前但加工余量不得超过 3 mm。

6.4 **设备和磁粉**

6.4.1 磁粉检测设备以及特殊类型的设备必须符合 JB/T 8290 的要求。

6.4.2 设备校验按国标要求，至少每年校验一次。若停止使用一年以上，则在第一次使用前进行校验。

6.4.3 磁粉及磁悬液：

6.4.3.1 磁粉应具有高导磁率和低剩磁性质，磁粉之间应无相互吸引。用磁粉称量法检验时，其称量值应大于 7 g。

6.4.3.2 磁粉粒度应均匀，湿法用磁粉的平均粒度为 2 μm～10 μm，最大粒度应小于 45 μm；干法用磁粉的平均粒度应小于 90 μm，最大粒度应小于 180 μm。

6.4.3.3 磁粉颜色可选用红、黄、蓝、白、黑等，选取原则应视工件表面而定，与工件表面颜色必须具有较高的对比度。

6.4.3.4 湿粉法应以煤油或水作为分散媒介。以水为媒介时，应加入适当的防锈剂和表面活性剂，磁悬液黏度应控制在 5 000 Pa·s～20 000 Pa·s 内(25 ℃)。

6.4.3.5 磁悬液浓度应根据磁粉种类、粒度、施加方法和时间具体确定，一般情况下，非荧光：10 g/L～25 g/L；荧光：1 g/L～3 g/L，其分散媒介不得具有荧光特性。

6.4.3.6 对于循环使用的磁悬液，应定期对磁悬液浓度进行测定，测定前应充分搅拌均匀(搅拌时间不少于 30 min)。一般情况下，要求每 100 mL 磁悬液中，非荧光磁粉的沉淀体积为 1.2 mL～2.4 mL，荧光为 0.1 mL～0.5 mL。

6.4.3.7 荧光法检测时，所使用的紫外线灯在工件表面的紫外线强度应不低于 1 000 $\mu W/cm^2$ 其波长应在 320 nm～400 nm 的范围内。其间接评定方法按 GB/T 5097 的规定。

6.4.4 辅助设备：

为保证磁粉检测工作的顺利进行，应具备如下辅助设备：

a) 磁场强度计；
b) 灵敏度试片(试块)；
c) 磁悬液浓度测定管；
d) (2～10)倍放大镜；
e) 光照度计；
f) 紫外线灯；
g) 紫外线强度计。

6.5 **磁化方法**

6.5.1 **方法和材料**

6.5.1.1 作为检验介质使用的铁磁粉既可以是干的，也可以是湿的；并且可以是荧光的，也可以是非荧光的。

6.5.1.2 可以在工件上直接通以电流，使锻件磁化；也可以用中心导体或线圈在工件上产生感应磁场，使锻件磁化。可以用交流电作磁化电源，也可以用直流电作磁化电源。在周向磁化中，由于交流电的“集肤效应”会降低探测缺陷的最大深度，所以在主要探测表层以下的缺陷时应采用直流电源。

6.5.1.3 可采用下列五种磁化方法的一种或几种的组合：

a) 触头法；
b) 纵向磁化法；
c) 周向磁化法；
d) 磁轭法；
e) 多向磁化法。

6.5.2 磁粉检测方法

6.5.2.1 连续法

在磁化电流不中断、外加磁场起作用的同时，在受检锻件表面施用磁粉或磁悬液进行检查。在提供连续电流的情况下，最短的通电持续时间应为 1/5 s～1/2 s。

6.5.2.2 波动法

本方法仅限于采用直流电时。先施以较高的磁化力，然后把磁化力降至较低值并在保持这一较低的磁化力值的条件下施加磁粉或磁悬液。

6.5.2.3 剩磁法

在切断磁化电流、移去外加磁场后施加检验介质，利用工件上的剩磁进行检查。此方法一般不用来检查锻件，若要使用，必须取得用户同意。

6.5.3 磁化方向

除多向磁化法外，对每个检验部位至少应分别检验两次，磁化方向应大致垂直。不允许同时进行两个或两个以上方向的磁化。

6.5.4 磁化类型

6.5.4.1 纵向磁化

磁力线一般平行于锻件轴线，有确定的磁极。一般用螺线管(见图 1)、磁轭(见图 2)或直接缠绕电缆线来进行磁化(见图 3)。

6.5.4.2 周向磁化

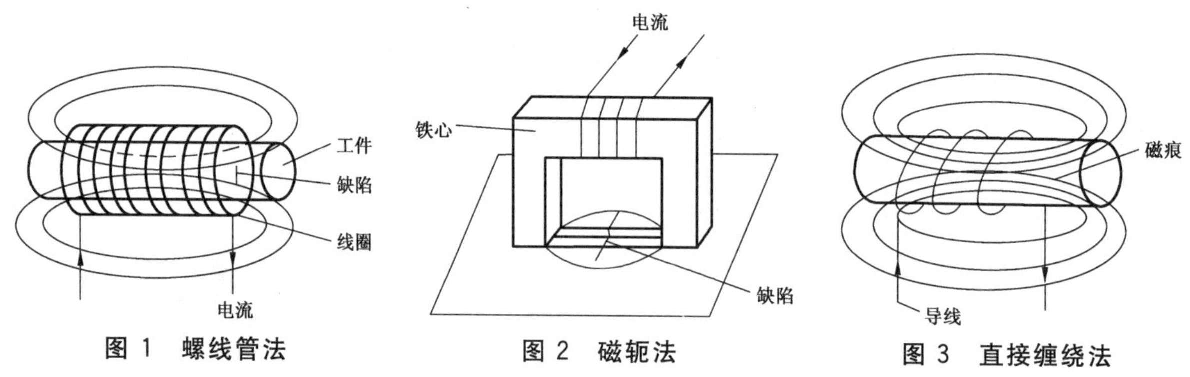

图 1 螺线管法　　图 2 磁轭法　　图 3 直接缠绕法

磁力线一般垂直于锻件轴线，无确定的磁极，一般用工件直接通电法(见图 4)、导体感应法(见图 5)、导线穿孔感应法(见图 6)或触头法来实现磁化(见图 7)。

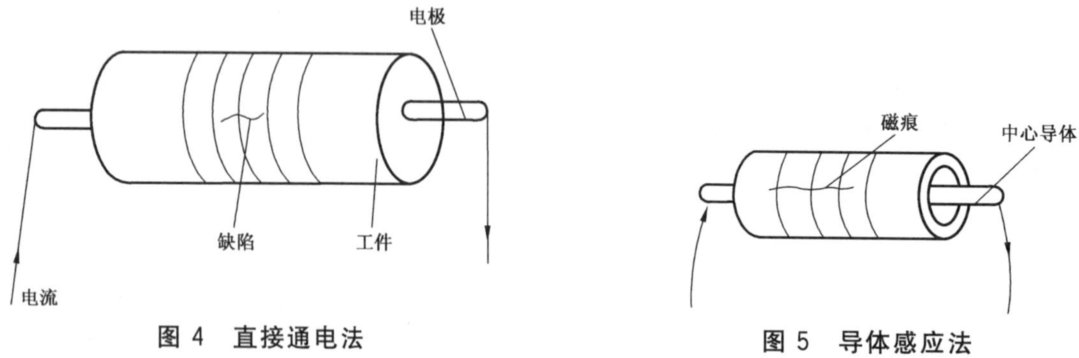

图 4 直接通电法　　图 5 导体感应法

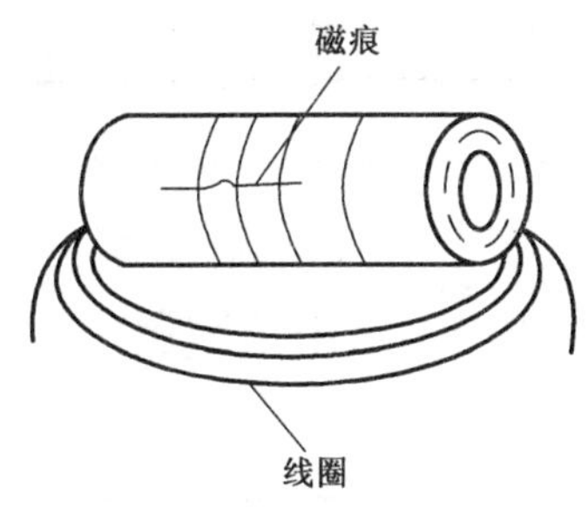

图 6 导线穿孔感应法

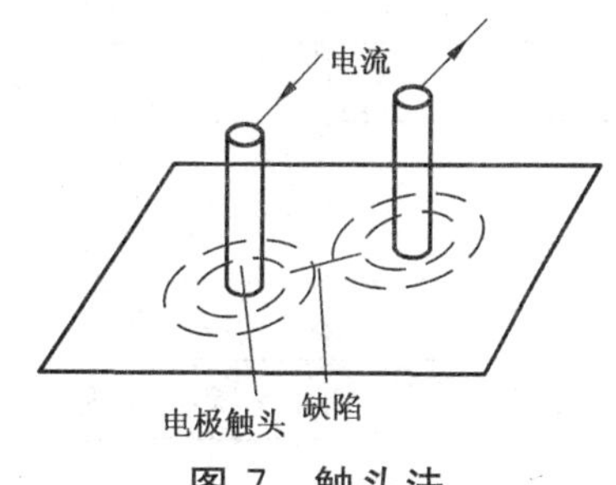

图 7 触头法

6.6 灵敏度试片

6.6.1 A 型灵敏度试片

A 型灵敏度试片仅适用于连续法，以测定被检工件表面的有效磁场强度和方向、有效检测范围以及磁化方向是否能有效检出缺陷。磁化电流应能使试片的磁痕清晰显示。A 型灵敏度试片分高、中、低三档，其几何尺寸见图 8，型号及槽深见表 2。

6.6.2 C 型灵敏度试片

由于尺寸关系，A 型灵敏度试片使用不便时可用 C 型灵敏度试片，其几何尺寸见图 9，型号及槽深见表 3。

单位为毫米

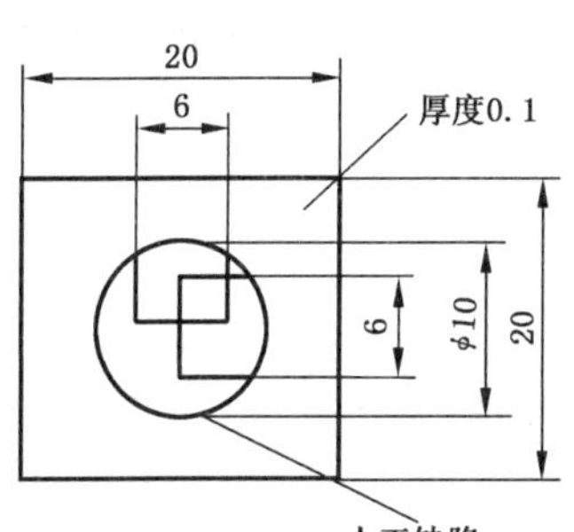

图 8 A 型灵敏度试片

单位为毫米

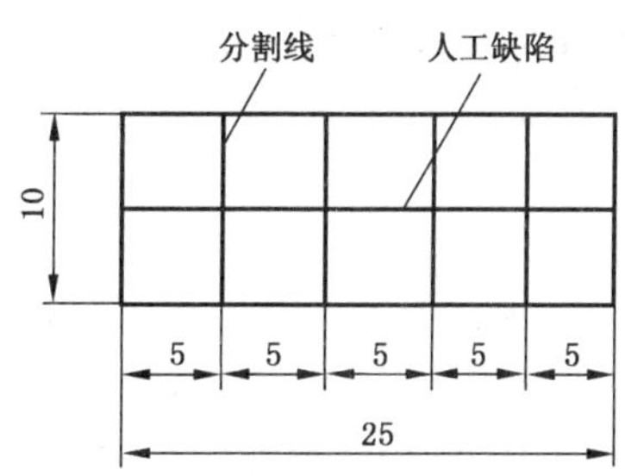

图 9 C 型灵敏度试片

6.6.3 磁场指示器

只能粗略的检验工件表面的磁场方向、有效检测范围以及磁化方法是否正确，不能作为磁场强度及其分布的定量指标，其几何尺寸见图 10。

单位为毫米

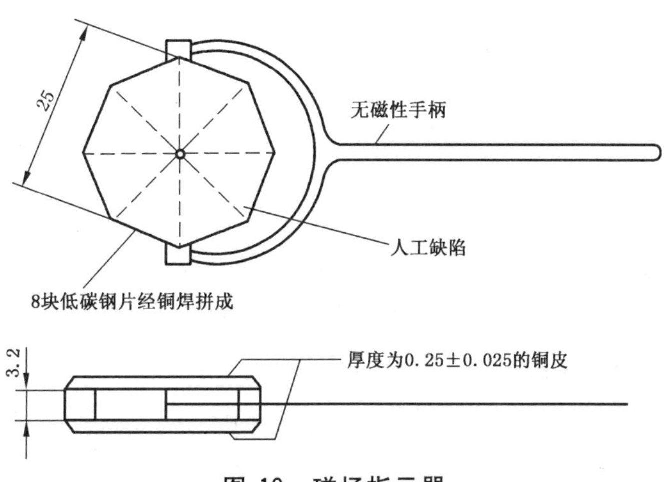

图 10 磁场指示器

表 2 A 型灵敏度试片

型　　号	相对槽深/μm	灵 敏 度	材　　质
A—15/100	15/100	高	超高纯低碳纯铁，$C<0.03\%$ $H_0<80$ A/m，经退火处理
A—30/100	30/100	中	
A—60/100	60/100	低	
注：相对槽深中分子表示刻槽深度，分母表示试片厚度。			

表 3 C 型灵敏度试片

型　　号	厚　度/μm	人工缺陷深度/μm	材　　质
C	50	8	超高纯低碳纯铁，$C<0.03\%$，$H_0<80$ A/m，经退火处理

6.6.4　灵敏度试片使用方法

6.6.4.1　使用 A 型或 C 型灵敏度试片时，应将人工缺陷一面紧贴工件表面。为确保接触良好，可使用不影响人工缺陷显示的任何有效方法将试片贴紧。测试时应使用连续法。

6.6.4.2　使用磁场指示器时，应将其平放在被检面上，以是否出现"*"形磁痕显示来判定工件磁化适当与否。

6.7　磁场强度

6.7.1　采用的最小磁场强度应能显示所有有异议的缺陷并能加以区分。最大的磁场强度应恰好低于磁粉在工件表面开始产生过度粘附这一临界点。

6.7.2　磁化参数

6.7.2.1　线圈法

a)　低填充线圈法

当采用低填充线圈法对工件进行纵向磁化时，工件的直径（或截面对角线上的最大尺寸）应不大于固定环状线圈内径的 10%。工件可偏心放置在线圈中。

偏心放置时，计算安匝数应使用式(7)：

$$NI=\frac{45\ 000}{L/D}\pm 10\% \qquad \cdots\cdots(7)$$

正中放置时，计算安匝数应使用式(8)：

$$NI=\frac{1\ 720R}{6(L/D)-5}\pm 10\% \qquad \cdots\cdots(8)$$

式中：

N——线圈匝数；

I——电流值，单位为安(A)；

L——工件长度，单位为毫米(mm)；

D——工件直径或截面对角线上最大尺寸，单位为毫米(mm)；

R——线圈半径，单位为毫米(mm)。

b)　高填充线圈法

当采用高填充线圈法或电缆缠绕式线圈法对工件进行纵向磁化时，计算安匝数应使用式(9)：

$$NI=\frac{35\ 000}{L/D+2}\pm 10\% \qquad \cdots\cdots(9)$$

c)　上述公式适用于 $D<460$ mm 且(L/D)大于或等于 3 的锻件。对于(L/D)小于 3 的锻件，可利用磁极加长块来提高长径比或采用灵敏度试片实测来决定安匝数；对于(L/D)大于或等于 10 的锻件，(L/D)的值只取 10。

d)　线圈的有效磁化区距线圈端部一个线圈半径内。

e）锻件较长时，应分段磁化且应有10%检测长度的重叠区。

6.7.2.2 对于大锻件（D>460 mm），磁化电流应当在12 000安匝～45 000安匝范围内。一般采用灵敏度试片来校验磁场强度（见6.6）。

6.7.2.3 对于采用绕制线圈进行周向磁化时，所用磁化电流是6.7.2.1b）给定的安匝数除以线圈匝数所得的商。

6.7.2.4 如果电流直接通过锻件进行磁化，则每毫米直径（或与电流相垂直的截面对角线上最大尺寸）D所使用的电流值见表4。

对于空心锻件应按工件壁厚计算。在上述各种情况下，都应使用灵敏度试片来验证磁化力是否适当（见6.6）。

表4 不同直径的磁化电流值

工件外径 D/mm	交流电流值 I/（A/mm）	直流或整流电流值 I/（A/mm）
≤125	12～18	24～36
>125～250	8～12	16～24
>250	2～8	4～16

6.7.2.5 中心导体法

中心导体被广泛使用于磁粉检测，它提供：

a）管状零件内径上的一个周向磁场，用直接通电法是不能实现这一点的。

b）一种零件非接触的磁化方法，能有效地消除烧伤零件的可能性。

c）对于环形零件，在工序上它比直接通电法好得多。

d）一般希望中心导体安放在中心以能一次磁化零件的整个圆周。所得到的磁场相对于零件的轴线是同心的，并且在内径处达到最大。用设置在中心的中心导体时，磁化电流的要求和具有同样外径的实心零件一样，因此可应用相同的准则（见6.7.2.4）。中心导体安放在中心的各种方法是很容易设计的。

e）当磁化电流能力不足时，常借助偏移中心导体的方法，例如在零件外径很大以及为了对小零件方便的情况。对这些例子，表5提供了有关使用偏移中心导体法的磁化准则。要注意的是由于整个圆周都应被检查到，因此要将零件反复多次放置在中心导体上，并允许有10%的磁性重叠。

沿圆周的磁化有效检测区大约为中心导体直径的4倍。

表5 使用中心导体法时选择电流值的准则

中心导体直径/mm	试件截面厚度/mm	安培值±10%/A	中心导体直径/mm	试件截面厚度/mm	安培值±10%/A
12.5	3	500	37.5	3	1 000
	6	750		6	1 250
	9	1 000		9	1 500
	12	1 250		12	1 750
25	3	750	50	3	1 250
	6	1 000		6	1 500
	9	1 250		9	1 750
	12	1 500		12	2 000

注：对于壁厚大于12.5 mm的空心试件，每增加3 mm，电流值增加250 A（表5中数值适用于经热处理达到124 MPa或更高值的材料；对于较低热处理值的材料，必须另行确定其合适的电流值）。

6.7.2.6 触头法

a) 用触头进行局部周向磁化时，磁场强度同所采用的电流强度成正比，也随两触头的间距和被检截面厚度的不同而变化。

b) 材料厚度小于 20 mm 时，每毫米触头间距应选用 3 A～4 A 的磁化力；大于 20 mm 时，选用 4 A～5 A 的磁化力。

c) 触头间距应控制在 75 mm～200 mm 之间，通电时间不宜过长。为避免烧伤工件，可采用不影响检测灵敏度的任何有效方法使触头与工件保持良好的接触。断路电压不得超过 24 V。

d) 检验时应当有足够的重叠区，以保证在设定灵敏度下达到 100％的覆盖。

6.7.2.7 磁轭法

a) 磁极间距应控制在 50 mm～200 mm 之间，在此间距内磁轭的提升力：交流电磁铁磁轭至少应有 45 N；直流电磁铁磁轭至少应有 180 N。

b) 有效检查区域应限制在两磁极连线两侧 1/4 最大磁极间距内。磁极间距每次应有 25 mm 以上的重叠。

6.8 磁粉、磁悬液的施加

6.8.1 当锻件得到适当磁化后，可采用下述方法之一施加磁粉。

6.8.1.1 用干粉法时，可以使用手动筛、机械筛、喷粉器或机械鼓风器等施加磁粉。筛子只能用于朝上平放的表面，喷粉器和鼓风器则可用于立面和朝下的表面。磁粉应均匀地施加到锻件表面上；干粉的颜色应具有适当的对比度；磁粉不宜施加得过多；吹去多余的磁粉时，应注意操作，不要破坏磁痕。

6.8.1.2 用湿法时，磁悬液应采用软管浇淋或浸渍法施加于试件上，使整个被检表面被完全覆盖。

6.8.1.3 用连续法时，磁化电流应在施加磁悬液之前接通，然后一边施加磁悬液一边磁化，使被检面被磁悬液覆盖，且至少反复磁化两次，磁化时间为 1 s～3 s。停施磁悬液后，应继续磁化 1 s 以上。施加磁悬液时应注意流动的磁悬液不得破坏已形成的磁痕。

6.8.1.4 用剩磁法时，磁化 0.25 s～1.0 s 后，切断磁化电流，施加磁粉。当采用冲击电流时，磁化时间应不少于 0.01 s，且至少反复磁化三次以上。必须注意在施加磁粉或磁悬液之前，任何磁性物体不得接触被检工件的检测面。

6.9 退磁

6.9.1 当工件中的残余剩磁影响后续的加工或对工件使用有影响时，应予进行退磁处理。

6.9.2 退磁效果一般用剩磁检查仪或强度计测定，具体数值应根据加工和使用的具体情形而定。

6.9.3 退磁方法可选用任何有效的方法。

6.10 复验

当出现下列情况之一时，需进行复验：

a) 检测结束时，用灵敏度试片验证检测灵敏度不符合要求；

b) 发现检测过程中操作方法有误或操作技术条件改变时；

c) 不能确认的磁痕显示；

d) 供需双方有争议或认为有其他需要时；

e) 经返修后的部位。

6.11 磁痕分类

以下规则应适用(见图 11)。

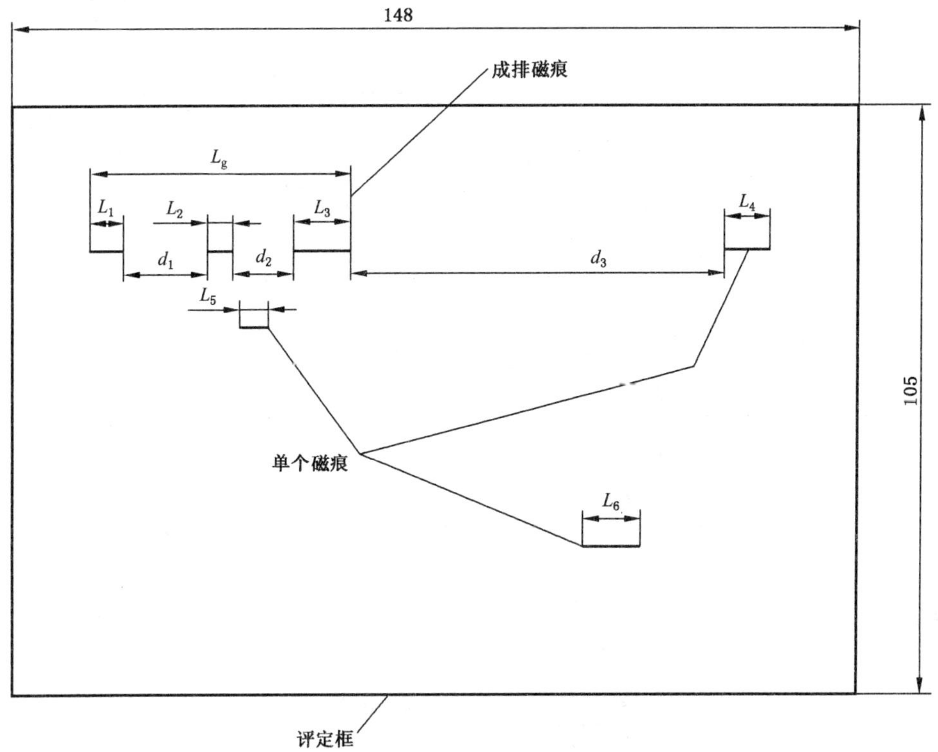

解释：

a) 评定框＝148 mm×105 mm(即 A6 图幅)。

b) $d_1<5L_1$；$d_2<5L_3$；$d_3>5L_3$。

c) L_1，L_2 和 L_3＝排列性磁痕的单个磁痕长度。

d) 成排磁痕的总长 $L_g=(L_1+d_1)+(L_2+d_2)+L_3$。

e) L_4，L_5 和 L_6＝单个磁痕的长度。

f) $L_g+L_4+L_5+L_6$＝评定框内的磁痕的累积长度。

g) 评定框内缺陷总数是 4(标识是 L_g，L_4，L_5 和 L_6)，见表 6。

图 11 线性磁痕的分类

a) 当一个磁痕不与其他任何磁痕排成一行，或虽与另一磁痕排成一行，但彼此间距大于两磁痕中较长磁痕长度的 5 倍时，应视为“单个”磁痕。

b) 成排磁痕是两个(或更多)排成一行的磁痕，如果两磁痕间的距离小于较长磁痕长度的 5 倍时，应视为一个连续磁痕来评定。成排磁痕的长度为两个最外侧磁痕相对两端的距离。

c) 累积长度是评定框(即，148 mm×105 mm，或＝A6 图幅)内检出的所有磁痕长度的总和。

注：锻件中的缺陷磁痕通常是线性的。因此，本部分只考虑线性磁痕，即磁痕长度至少是其宽度的 3 倍。

d) 检验者应进行所需的检验和观察，以消除伪磁痕。

注：由于磁写、截面变化处或不同导磁性的材料边界处的乱真影响，可能产生伪磁痕。

6.12 记录限和验收标准

五种质量等级应适用于锻件或锻件的各部分。

检验前，供方和需方应就适用的质量等级达成协议。表 6 列出了应适用于五种质量等级的记录限和验收标准，如果达成协议，可以采用不同于表 6 的记录限和验收标准。

表 6

参数	质量等级				
	1[a]	2[b]	3	4	5
记录限：磁痕长度/mm	≥1	≥2	≥2	≥3	≥5
单个磁痕允许的最大长度 L 和成排磁痕允许的最大长度 L_g/mm	2	4	8	12	20
评定框内允许的磁痕累积最大长度/mm	5	24	36	50	75
评定框内允许的最大磁痕数量	5	7	10	12	15

[a] 质量等级不适用于单边机械加工余量大于 1 mm 的受检表面。

[b] 质量等级不适用于单边机械加工余量大于 3 mm 的受检表面。

6.13 磁粉检测报告

磁粉检测报告中应包含以下内容。

6.13.1 检验所使用的规范标准，要求的质量验收等级，所用的仪器名称与规格、型号，锻件表面状态和检验时期。

6.13.2 磁粉种类和磁悬液浓度以及施加方法、磁化方法与规范要求、检测灵敏度校验与试片规格型号。

6.13.3 制造厂标志号、产品合同号、锻件名称、图号、材质、炉号、卡号。

6.13.4 缺陷记录与工件草图、检验结果的评定。

6.13.5 检验日期与检验人员签名。

7 渗透检测及其质量等级

7.1 检验依据

用户或设计工艺部门对锻钢件渗透检测的有关要求。

7.2 检测表面要求

7.2.1 被检区表面及邻近 25 mm 范围内应干燥且无脏物、油脂、棉纤维、氧化皮、油或其他掩盖表面开口缺陷的异物。

7.2.2 对异物的清除可采用任何不影响渗透检测的方法进行清洗。

7.2.3 锻件机加面粗糙度 Ra 值最大为 6.3 μm，若能证明其表面状态不影响渗透检测，可不受此限制。

7.2.4 检测表面的温度应控制在 15 ℃～50 ℃内。

7.3 检测材料

7.3.1 渗透检测材料一般包括渗透剂、乳化剂、清洗剂和显像剂。

7.3.2 渗透检测材料的质量控制应符合 JB/T 9216 的要求。

7.3.3 检测剂必须具有良好的检测性能，对工件无腐蚀；对人体基本无毒害作用。

7.3.4 对于镍基合金材料，一定量检测剂蒸发后残渣中的硫元素含量的质量比不得超过 1%。如有更高要求，可由供需双方另行商定。

7.3.5 对于奥氏体钢和钛及钛合金材料，一定量检测剂蒸发后残渣中的氯、氟元素含量的质量比不得超过 1%。如有更高要求，可由供需双方另行商定。

7.3.6 检测剂中氟、氯、硫元素含量的测定方法可按下述进行：

取检测剂试样 100 g，放在直径 150 mm 的表面蒸发皿中沸水浴加热 60 min，进行蒸发，如蒸发后留下的残渣超过 0.005 g，则应分析氟、氯、硫元素的含量。

7.3.7 对于同一检测工件，不能混用不同类型的检测剂。

7.4 **对比试块**

7.4.1 对比试块主要用于检验检测剂性能及操作工艺。

7.4.2 对比试块分为铝合金试块和镀铬试块。

7.4.3 对比试块的制作

a) 铝合金试块

将一块 LY12 硬铝合金试块用喷灯在上半部和下半部的中央部位加热至 510 ℃～530 ℃，然后迅速投入冷水中，通过淬火处理使试块表面产生条状和网状裂纹；再在试块中间加工一个直槽，使得试块分成两部分，并分别标以 A、B 记号，以便进行不同检测剂及不同工艺的对比试验。其规格尺寸如图 12 所示。

单位为毫米

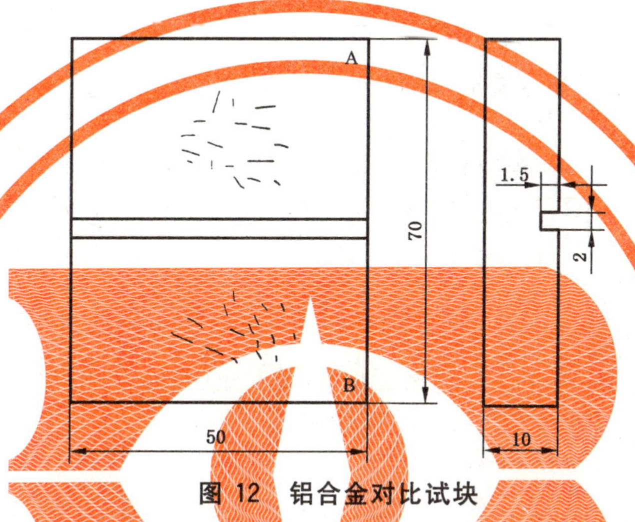

图 12 铝合金对比试块

b) 镀铬试块

将一块尺寸为 130 mm×40 mm×4 mm、材料为 0Cr18Ni9Ti 或其他不锈钢材料的试块上单面镀镍(30±1.5)μm，在镀镍层上再镀铬 0.5 μm，然后退火。在未镀面上，以直径 10 mm 的钢球，用布氏硬度法按 7 500 N、10 000 N、12 500 N 打三点硬度，使镀层上形成三处辐射状裂纹。

7.4.4 对比试块的清洗和保存

对比试块使用后要进行彻底清洗。清洗时，通常是用丙酮仔细擦洗后，再放入装有丙酮和无水酒精的混合液(混合比为 1∶1)的密闭容器中保存，或用其他等效方法保存。

7.5 **渗透检测方法分类及选用**

7.5.1 **渗透检测方法分类及代号**

7.5.1.1 按渗透剂种类分为着色渗透(V)和荧光渗透(F)；按操作分为水洗型(A)、后乳化型(B)、溶剂去除型(C)。以上一共可组合成六种渗透检测方法。

7.5.1.2 按显像剂类型分为干式(D)、快干式(S)、湿式(W)、无显像式(N)渗透检测.

7.5.1.3 各种方法组合的检测步骤：

a) 渗透检测的检测步骤一般有前处理、渗透、乳化、去除多余渗透剂、干燥、显像、干燥、观察、后处理；

b) 各种组合方法的检测步骤均包括：前处理、渗透、去除多余渗透剂、观察、后处理；

c) 后乳化型在渗透后要进行乳化；

d) 水洗型和后乳化型在显像前要进行干燥；

e) 无显像式均无显像和干燥处理；

f) 湿法显像后要进行干燥处理。

7.5.2 渗透检测方法的选用

7.5.2.1 渗透检测方法的选用应根据被检工件表面粗糙度、渗透检测灵敏度、检验批量大小和检验环境等条件来决定。

7.5.2.2 对于表面光洁且检验灵敏度要求高的工件，宜采用后乳化型着色法或后乳化型荧光法，也可采用溶剂去除型荧光法。

7.5.2.3 对于表面粗糙且检验灵敏度要求较低或批量较大的工件，宜采用水洗型着色法或后乳化水洗型荧光法。

7.5.2.4 现场无水源、电源的检验宜采用溶剂去除型着色法。

7.5.2.5 大工件局部检验宜采用溶剂去除型着色法或溶剂去除型荧光法。

7.6 操作规程

7.6.1 预清洗

7.6.1.1 所有待检区域在涂敷渗透剂前必须按 7.2 要求进行预清洗。

7.6.1.2 清洗后的干燥：

清洗好的工件应进行干燥。干燥的方法一般有在干燥炉内加热工件、采用红外线灯烘烤、用热压缩空气吹干或在环境温度下晾干等。但施加渗透剂前工件温度不得超过 50 ℃。

7.6.2 施加渗透剂

7.6.2.1 施加渗透剂的有效方法有多种，诸如浸渍、涂刷、淋流或喷涂等，具体应根据工件大小、形状、数量以及检测部位等来选择施加方法。

7.6.2.2 渗透剂在工件上的保持时间(渗透作用时间)的长短由制造厂推荐。一般情况下，在 15 ℃～50 ℃内，渗透时间应不少于 10 min。在渗透期间内，必须保持渗透剂湿润。

7.6.3 去除多余渗透剂

7.6.3.1 在清洗工件被检表面多余的渗透剂时，应注意防止过度清洗而使检测质量下降，同时也注意防止清洗不足而影响缺陷识别。用荧光渗透剂时，可在紫外灯照射下边观察边清洗。

7.6.3.2 水洗型和后乳化型渗透剂可直接用水冲洗工件，冲洗时可用自动、半自动手工喷水或浸渍装置去除多余渗透剂。清除的程度取决于水压、水温和冲洗时间。无特殊要求时，水压不得超过 0.34 MPa。冲洗时，水柱与工件表面应有一定角度，不能垂直于受检表面冲洗。

7.6.3.3 在特殊应用的场合中，如果没有合适的水洗装置，也可用一种干净的吸湿材料蘸水擦试表面上的渗透剂直至除去多余渗透剂为止。

7.6.3.4 使用后乳化型渗透剂时，乳化剂应采用喷涂或浸渍的方法施加，乳化时间取决于乳化剂的类型(快反应式、慢反应式、油基式或水基式)、缺陷类型以及工件表面状态。一般要求在 5 min 以内完成。

7.6.3.5 清除多余溶剂清洗型渗透剂时，可用干净不起毛的擦布尽可能把绝大部分多余渗透剂擦去，之后用擦布蘸些溶剂再擦工件表面，直至完全除去多余渗透剂。为了防止将渗入缺陷内的渗透剂去除掉，禁止往复擦拭或直接用溶剂冲洗工件表面。

7.6.4 工件的干燥

7.6.4.1 在施加湿态显像剂之后或施加干式显像剂之前，工件都要进行干燥处理。

7.6.4.2 干燥处理的方法和要求按 7.6.1.2。

7.6.4.3 采用溶剂清洗时，应自然干燥。

7.6.4.4 干燥时间通常为 5 min～10 min。

7.6.5 显像

7.6.5.1 使用干式显像剂时，须先经干燥处理，再用适当方法将显像剂均匀地喷洒在整个被检表面上并保持一段时间。

7.6.5.2 使用湿式显像剂时，在被检面经过清洗处理后，可直接将显像剂喷洒或涂刷到被检面上或将工件浸入到显像剂中，然后迅速排除多余显像剂，再进行干燥处理。

7.6.5.3 使用快干式显像剂时，经干燥处理后，再将显像剂喷洒或涂刷到被检面上然后应进行自然干燥或用低温空气吹干。

7.6.5.4 显像剂在使用前应充分搅拌均匀，施加显像剂时应薄而均匀，不可在同一部位反复多次施加显像剂。

7.6.5.5 喷施显像剂时，喷嘴离被检面距离为 300 mm～400 mm，喷洒方向应与被检面成 30°～40°夹角。

7.6.5.6 禁止在被检面上倾倒快干式显像剂，以免冲洗或溶解掉缺陷内的渗透剂。

7.6.5.7 显像时间取决于显像剂种类、缺陷大小以及被检工件表面温度，一般不应少于 7 min。

7.6.6 观察

7.6.6.1 观察显示迹痕应在显像剂施加后 7 min～30 min 内进行。若显示迹痕的大小不发生变化，观察时间可适当延长。

7.6.6.2 着色渗透检测时，观察应在被检表面可见光照度大于 500 lx 的条件下进行。

7.6.6.3 荧光渗透检测时，所用紫外灯在工件表面的紫外线强度应大于 1 000 $\mu W/cm^2$，紫外线波长应在 0.32 μm～0.40 μm 的范围内。观察前要有 5 min 以上时间使眼睛适应暗室。暗室内可见光照度应小于 20 lx。

7.6.6.4 当出现显示迹痕时，必须确定显示迹痕是真缺陷还是假缺陷。必要时应用 2～10 倍放大镜进行观察或进行复验。

7.6.7 复验

7.6.7.1 当出现下列情况之一时，需进行复验：

a) 检测结束时，用对比试块验证渗透剂已失效；
b) 发现检测过程中操作方法有误或操作技术条件改变时；
c) 供需双方有争议或认为有其他需要时；
d) 经返修后的部位。

7.6.7.2 当决定进行复验时，必须对被检面进行彻底清洗，以去除前次检测时所留下的痕迹。必要时，应用有机溶剂进行浸泡。当确认清洗干净后，按 7.6.1～7.6.6 的规定进行复验。

7.6.8 后处理

检测结束后，为防止残留的渗透剂和显像剂腐蚀被检工件表面或影响其使用，必须对工件上的检测剂进行清除。清除时可采用对工件使用或后续工序无影响的任何有效方法进行。

7.7 液痕分类

以下规则应适用(见图 13)。

a) 当一个线性液痕不与其他任何线性液痕排成一行，或虽与另一线性液痕排成一行，但彼此间距大于两液痕中较长液痕长度的 5 倍时，应视为“单个”液痕。
b) 成排线性液痕是两个(或更多)排成一行的线性液痕，如果两液痕间的距离小于或等于较长液痕长度的 5 倍时，应视为一个连续液痕来评定。成排液痕的长度为两个最外侧液痕相对两端的距离。
c) 线性液痕累积长度是评定框(即，148 mm×105 mm，或＝A6 图幅)内检出的所有线性液痕长度的总和。

注：线性液痕是长度至少是其宽度的 3 倍的液痕。

d) 圆形液痕是长度小于或等于其宽度 3 倍的液痕。
e) 不应考虑由于零件的几何外形原因(截面变化或凹槽等)或表面粗糙度(疤痕或机械加工刀痕)产生的伪液痕。

7.8 记录限和验收标准

五种质量等级应适用于锻件或锻件的各部分。

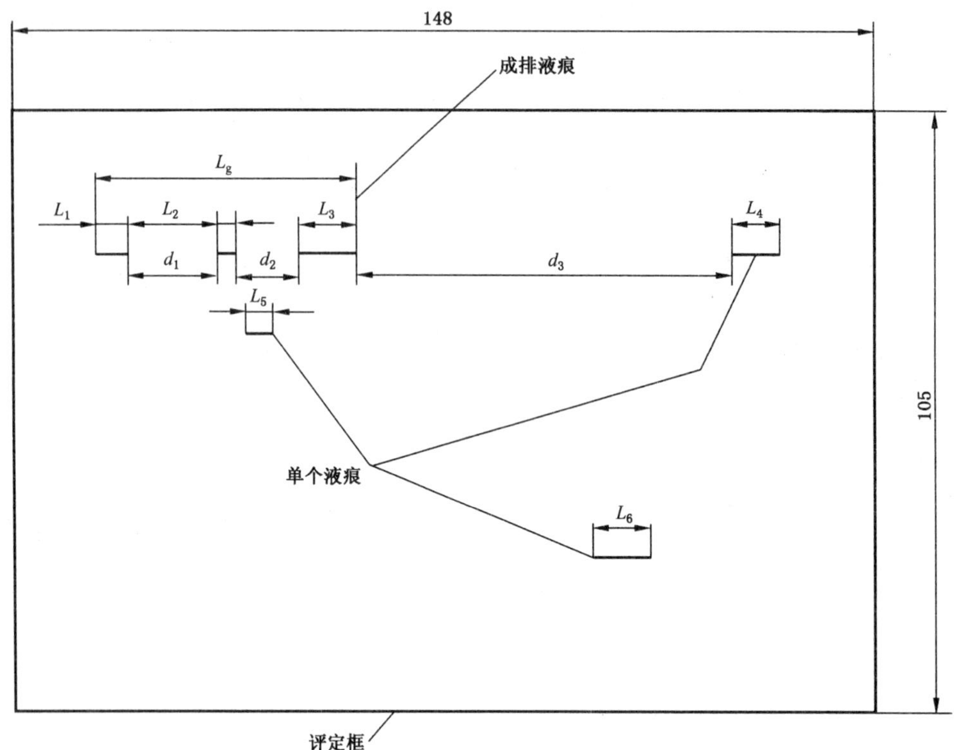

解释：

a) 评定框＝148 mm×105 mm(即 A6 图幅)。

b) $d_1<5L_1$；$d_2<5L_3$；$d_3>5L_3$。

c) L_1，L_2 和 L_3＝成排液痕的单个液痕长度。

d) 成排液痕的总长 $L_g=(L_1+d_1)+(L_2+d_2)+L_3$。

e) L_4，L_5 和 L_6＝单个液痕的长度。

f) $L_g+L_4+L_5+L_6$＝评定框内的液痕的累积长度。

g) 评定框内缺陷总数是 4(标识是 L_g，L_4，L_5 和 L_6)，见表 7。

图 13 线性液痕的分类

检验前，供方和需方应就适用的质量等级达成协议。表 7 列出了应适用于五种质量等级的记录限和验收标准。注：如果达成协议，可以采用不同于表 7 的记录限和验收标准。

表 7

参数	质量等级				
	1[a]	2	3	4	5
记录限/mm[b]	≥1	≥3	≥3	≥5	≥7
单个线性液痕允许的最大长度 L 和成排液痕允许的最大长度 L_g/mm[b]	2	4	8	12	20
评定框内允许的线性液痕累积最大长度/mm[b]	5	24	36	50	75
评定框内允许的单个圆形液痕的尺寸/mm[b]	3	8	12	20	30
评定框内[c] 允许的最大液痕数量	5	7	10	12	15

[a] 质量等级 1 级不适用于单边机械加工余量≥0.5 mm 的受检区域。

[b] 表内的值适用于液痕尺寸，不适用于缺陷的表面范围。

[c] 评定框＝148 mm×105 mm(即 A.6 图幅)。

7.9 渗透检测报告

渗透检测报告中应包含以下内容。

7.9.1 检验所使用的规范标准、要求的质量验收等级、所用的检验方法及检测剂的名称与规格型号、锻件表面状态和检验时期(热处理状态)。

7.9.2 制造厂标志号、产品合同号，锻件名称、图号、材质、炉号、卡号。

7.9.3 缺陷记录与工件草图、检验结果的评定。

7.9.4 检验日期与检验人员签名等。

附 录 A
（规范性附录）
锻钢件横波检测方法和质量验收要求

A.1 适用范围

凡轴向长度大于 50 mm，内外直径之比不小于 75％的筒形环形锻件，均可选用本附录所规定的方法，沿锻钢件圆周面进行超声横波检测。

A.2 探头

A.2.1 探头频率主要为 2.5 MHz，也可用 2 MHz。
A.2.2 探头晶片面积为 100 mm^2～400 mm^2。
A.2.3 原则上采用 K_1 探头，但根据锻钢件几何形状的多样性，也可采用其他 K 值探头，以能检测整个锻件体积为选用原则。

A.3 校验试块

A.3.1 可利用被探锻件的壁厚或长度上的加工余量部分制作校验试块，在锻件的内外表面分别沿轴向和周向加工出平行的 V 形槽作为标准刻槽。V 形槽长度为 25 mm，角度为 60°，深度为锻件最大壁厚的 3％或 6 mm（二者取较小值），具体制作见图 A.1。

单位为毫米

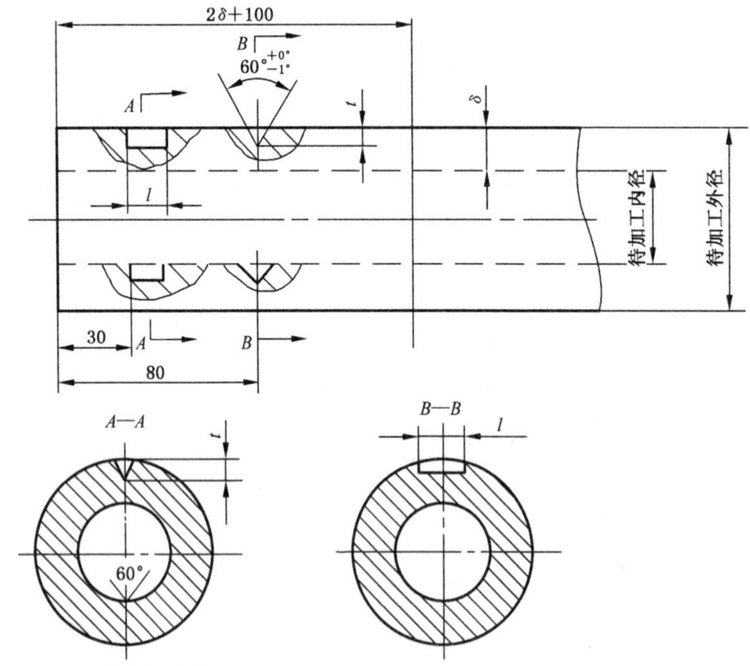

注 1：$t=3\%\delta$ 或 6 mm，二者取较小值。
注 2：槽深公差范围：$t^{\ 0}_{-2\%}$；但不应大于 $t^{\ 0}_{-0.03}$。
注 3：$l=25$ mm。
注 4：V 形角度为：$60°{}^{\ 0°}_{-1.0°}$。
注 5：槽底部的平面宽度不能大于 V 形槽深度 t 的 20％。

图 A.1 V 形校正槽示意图

A.3.2 也可使用单独的校验试块，其试块的材质、热加工工艺和壁厚均与被探锻件相同，表面粗糙度应与被探锻件相近，但不得优于被探锻件。

A.3.3 生产一批同类锻件时，可取其中一件制作单独的校验试块。

A.4 检测灵敏度调节

将探头从锻件外圆面对准内圆面的 V 形槽，移动探头并调整增益，使最大反射波高达全屏高的 75%，将该波高值在面板上描一点；再移动探头对准外圆面的 V 形槽，保持仪器增益不变，将最大反射波高值在面板上再描一点；然后过这两点作一直线，称为全波幅灵敏度参考线。再下降 6 dB 作一平行于全波幅灵敏度参考线的直线，称为半波幅灵敏度参考线。

A.5 检测操作

A.5.1 检测扫查方向如图 A.2 所示。

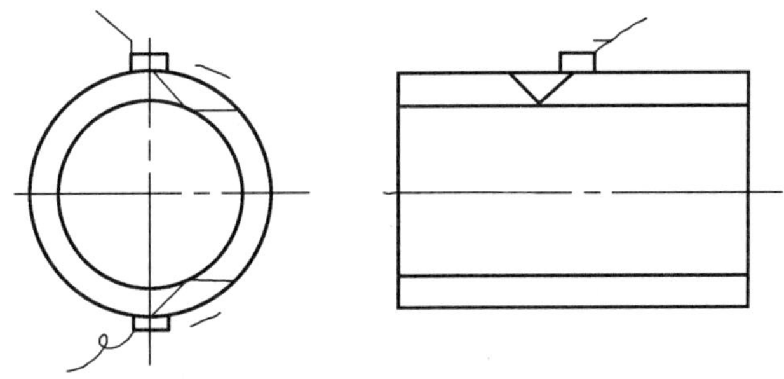

图 A.2 检测扫查方向示意图

A.5.2 手工检测时，探头扫查速度不得超过 150 mm/s。

自动检测时，探头扫查速度不得超过 1 000 mm/s。

A.5.3 扫查时探头晶片要有 15%的重叠。

A.6 记录及评定

A.6.1 记录超过半波幅灵敏度参考线的缺陷信号和位置分布。

A.6.2 锻件存在超过全波幅灵敏度参考线的缺陷时为缺陷超标件。

A.6.3 判定存在裂纹的锻件为不合格件。

ICS 21.120.99
J 10
备案号:20238—2007

中华人民共和国机械行业标准

JB/T 6136—2007
代替 JB/T 6136—1992

过盈配合的油压装卸

Interference fits using oil under pressure on assemblies

2007-03-06 发布　　2007-09-01 实施

中华人民共和国国家发展和改革委员会　发布

前　言

本标准代替 JB/T 6136—1992《过盈配合的油压装卸》。

本标准与 JB/T 6136—1992 相比，其技术内容没有变化，仅做了编辑性的修改。

本标准的附录 A 是资料性附录。

本标准由中国机械工业联合会提出。

本标准由机械工业冶金设备标准化技术委员会归口。

本标准起草单位：西安重型机械研究所。

本标准主要起草人：苏静、张启明。

本标准所代替标准的历次版本发布情况为：

——JB/T 6136—1992。

过盈配合的油压装卸

1 范围

本标准规定了过盈配合油压装卸的结构设计规范和装卸要求等内容。

本标准适用于按照 GB/T 5371 计算和选用的锻钢件和铸钢件过盈配合的油压装卸。

2 规范性引用文件

下列文件中的条款通过本标准的引用而成为本标准的条款。凡是注日期的引用文件，其随后所有的修改单(不包括勘误的内容)或修订版均不适用于本标准，然而，鼓励根据本标准达成协议的各方研究是否可使用这些文件的最新版本。凡是不注日期的引用文件，其最新版本适用于本标准。

GB/T 5371　极限与配合　过盈配合的计算和选用

GB/T 11334—2005　产品几何量技术规范(GPS)圆锥公差

GB/T 11852—2003　圆锥量规公差与技术条件

3 结构设计规范

3.1 过盈联结型式

过盈联结共分为五种型式，见图 1～图 5。其中图 1 所示型式仅适用于油压拆卸；图 2、图 3、图 4 和图 5 四种型式可用油压直接安装和拆卸。

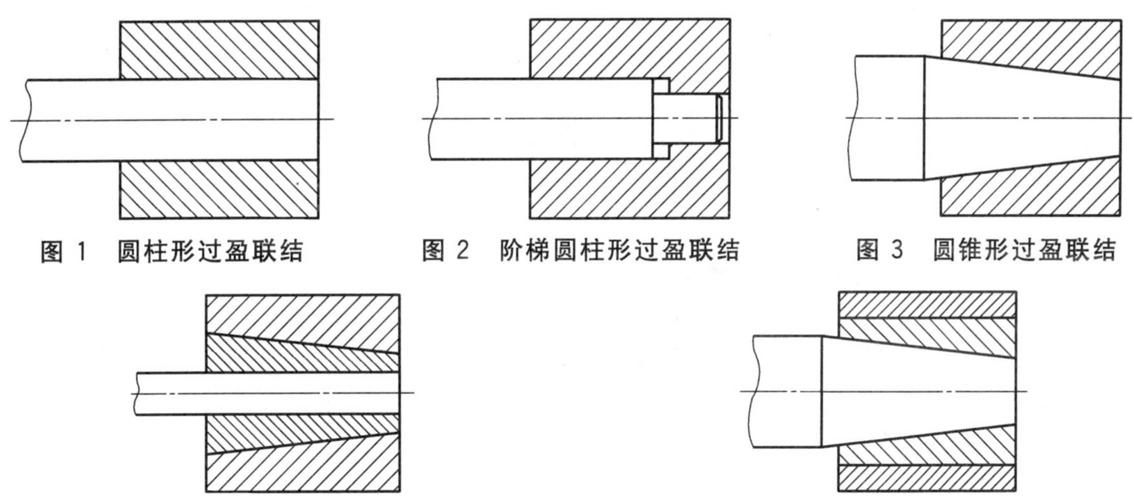

图 1　圆柱形过盈联结　　图 2　阶梯圆柱形过盈联结　　图 3　圆锥形过盈联结

图 4　外圆锥形带中间套过盈联结　　图 5　内圆锥形带中间套过盈联结

3.2 环形槽和油孔

环形槽应布置在一个零件上，并与油孔相通，型式见图 6、图 7。环形槽和油孔的尺寸见表 1。

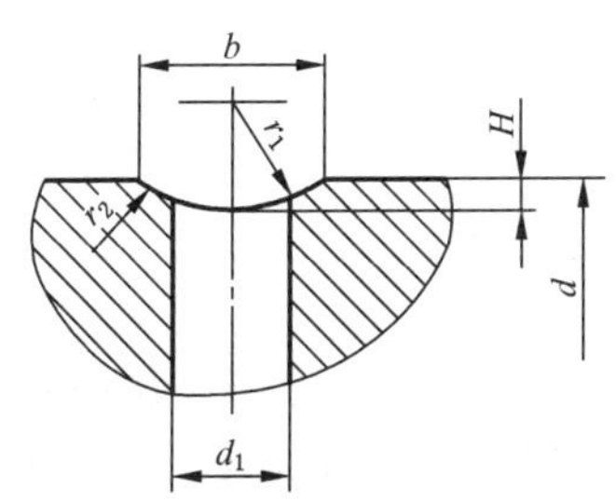

图 6　轴上的环形槽和油孔

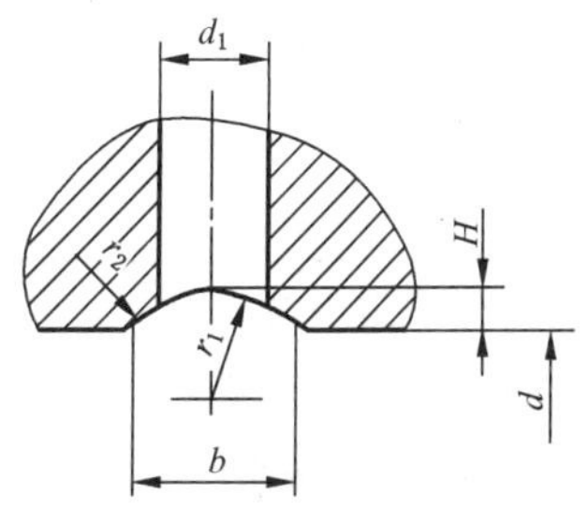

图 7　孔上的环形槽和油孔

表 1 环形槽和油孔尺寸

mm

d	b	d_1	H	r_1	r_2
≤30	2.5	2	0.5	2	0.4
>30～50	3	2.5	0.5	2.5	0.4
>50～100	4	3	0.8	3	0.6
>100～150	5	4	1	4	1
>150～200	6	5	1.25	4.5	1
>200～250	7	5	1.5	5	1.6
>250～300	8	6	1.5	6	1.6
>300～400	10	7	2	7	1.6
>400～500	12	8	2.5	8	2.5
>500～650	14	10	3	10	2.5
>650～800	16	12	3	12	2.5
>800～1 000	18	12	4	12	2.5

3.3 进(排)油口联接螺纹

进(排)油口联接螺纹型式、尺寸见图 8 和表 2,螺纹规格适用的轴径见表 3。

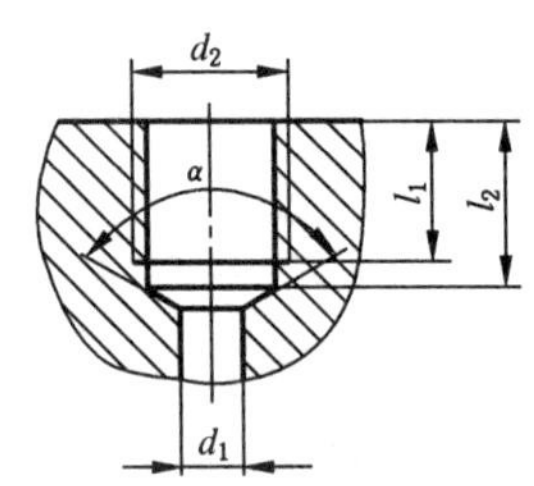

图 8 进(排)油口联接螺纹

表 2 进(排)油口联接螺纹尺寸

d_2	d_1/mm	α	l_1/mm	l_2/mm
M10×1-6H	≤5	120°	10	12
M14×1.5-6H	≤8	120°	12	15
M18×1.5-6H	≤8	120°	16	19
M27×2-6H	≤12	120°	18	22

3.4 环形槽的数量及分布

环形槽的数量及分布取决于联结零件的结构形状和结合长度,环形槽的分布应保证在安装和拆卸过程中使整个结合面上有分布均匀的压力油膜。因此环形槽应布置在零件拆卸开时最后接触的接合端附近。

表 3 螺纹规格适用的轴径

d/mm	进(排)油口联接螺纹			
	M10×1-6H	M14×1.5-6H	M18×1.5-6H	M27×2-6H
≤30	△	△	△	—
>30～50	△	△	△	—
>50～100	△	△	△	—
>100～150	△	△	△	—
>150～200	△	△	△	—
>200～250	—	△	△	—
>250～300	—	△	△	△
>300～400	—	△	△	△
>400～500	—	△	△	△
>500～650	—	—	—	△
>650～800	—	—	—	△
>800～1 000	—	—	—	△

3.4.1 圆柱形过盈联结环形槽的分布见图 9～图 12，分布尺寸见表 4。对于壁厚不均匀的包容件，布置环形槽时应考虑改善压力的分布，环形槽应布置在辐板和凸缘的下方，见图 13～图 15。

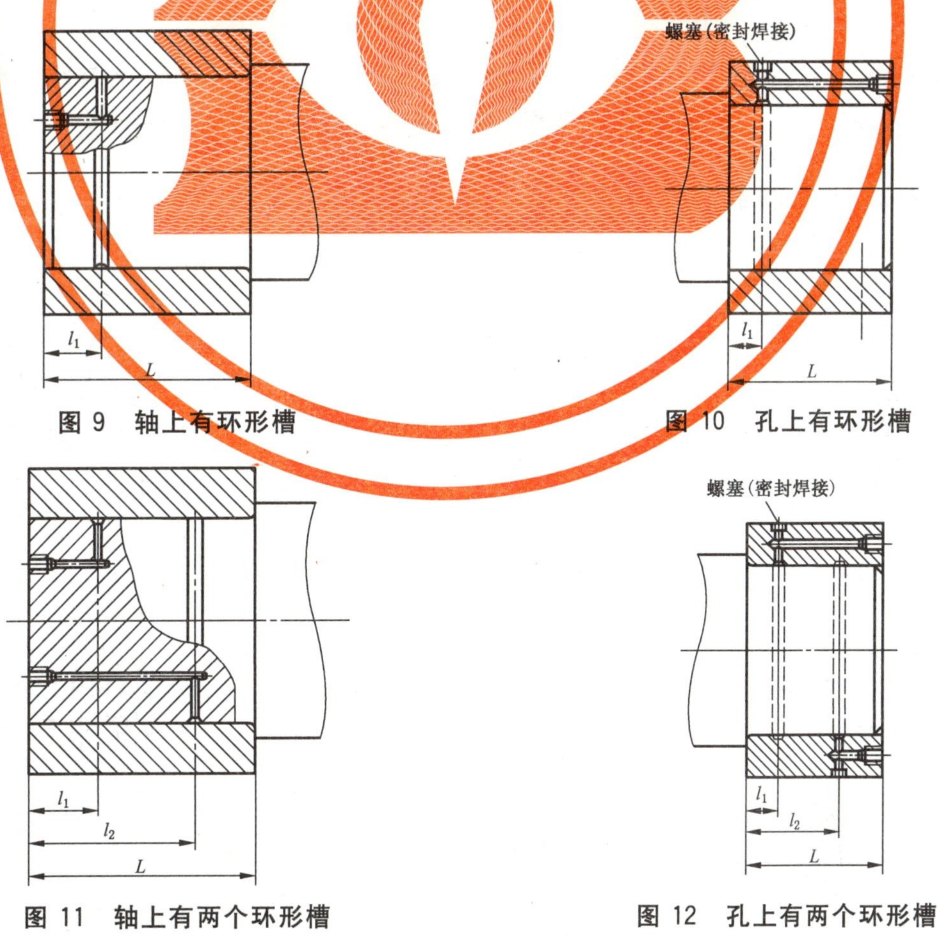

图 9 轴上有环形槽

图 10 孔上有环形槽

图 11 轴上有两个环形槽

图 12 孔上有两个环形槽

表 4　圆柱形过盈联结环形槽的分布尺寸

mm

图　号	L	l_1	l_2	环形槽数量
图 9、图 10	≤100	(0.3～0.4)L	—	1
图 11、图 12	>100～300	0.25 L	(0.5～0.6)L	2
	>300～600	0.20 L		3
	>600	0.15 L		4
注：当环形槽的数量为三或四个时，其第三和第四环形槽应均匀布置在 l_1～l_2 之间。				

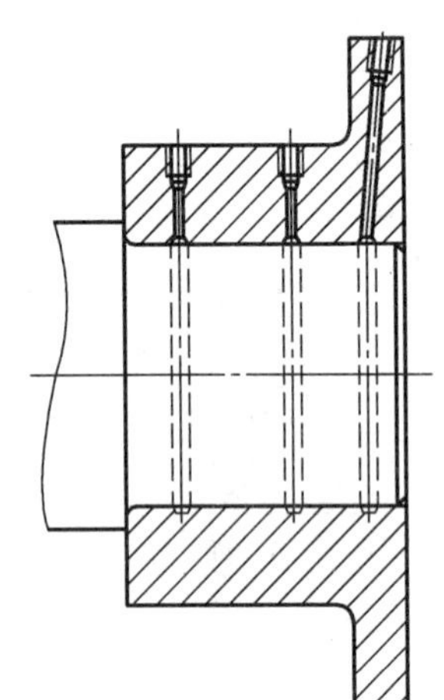

图 13　包容件侧面有凸缘的圆柱形过盈联结

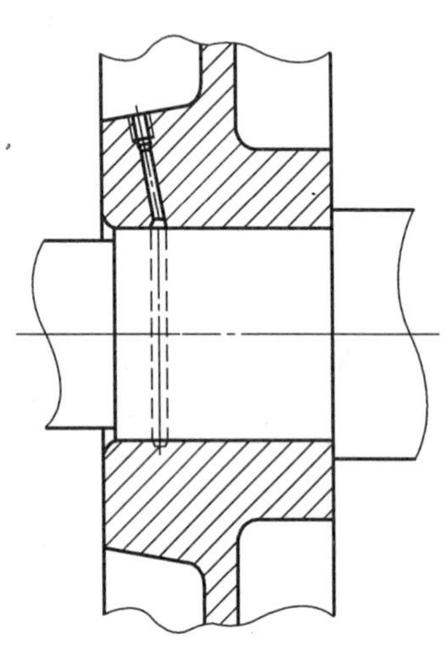

图 14　包容件带单辐板的圆柱形过盈联结

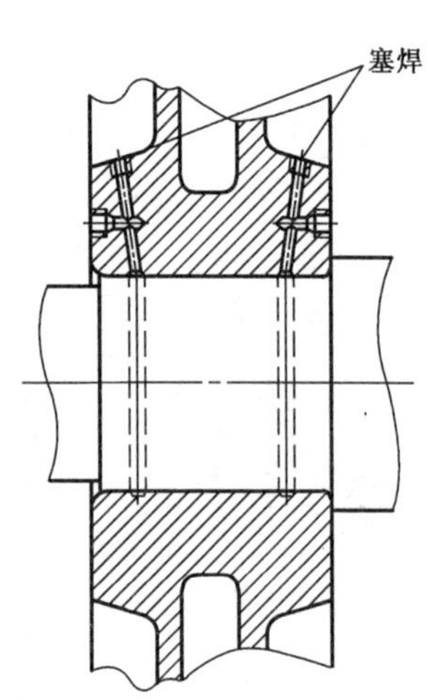

图 15　包容件带双辐板的圆柱形过盈联结

3.4.2　滚动轴承用圆柱形过盈联结环形槽的分布见图 16～图 18，尺寸见表 5。

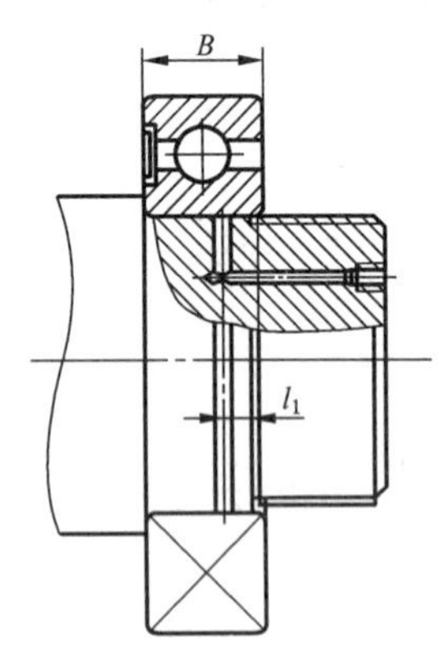

图 16　一个滚动轴承的圆柱形轴（有一个环形槽）

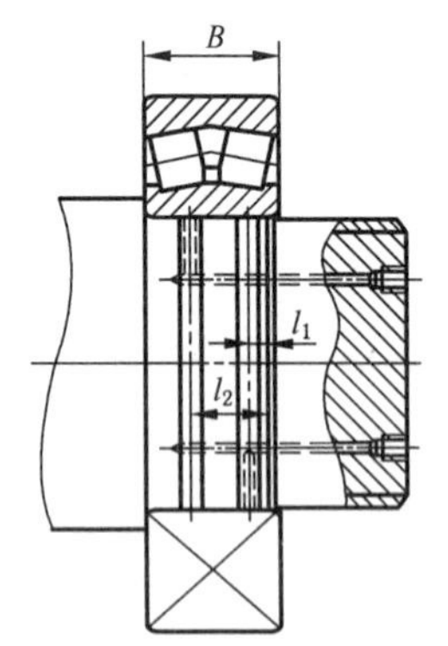

图 17　一个滚动轴承的圆柱形轴（有两个环形槽）

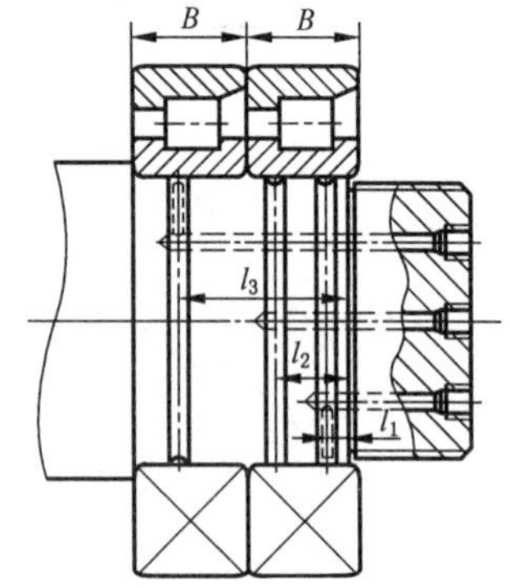

图 18　两个滚动轴承的圆柱形轴（有三个环形槽）

3.4.3　圆锥形过盈联结在包容件壁厚均匀时，布置一个环形槽，l_1＝(0.3～0.4)L 或 l_1＝(0.3～0.4)B，见图 19～图 24。当包容件的壁厚变化时，应布置两个环形槽，见图 25。

表 5　滚动轴承用圆柱形过盈联结环形槽的分布尺寸　　mm

图　　号	B	l_1	l_2	l_3
图 16	≤100	(0.3～0.4)B	—	—
图 17	>100	0.2 B	(0.5～0.6)B	—
图 18	任意	0.2 B	0.6 B	(1.2～1.3)B

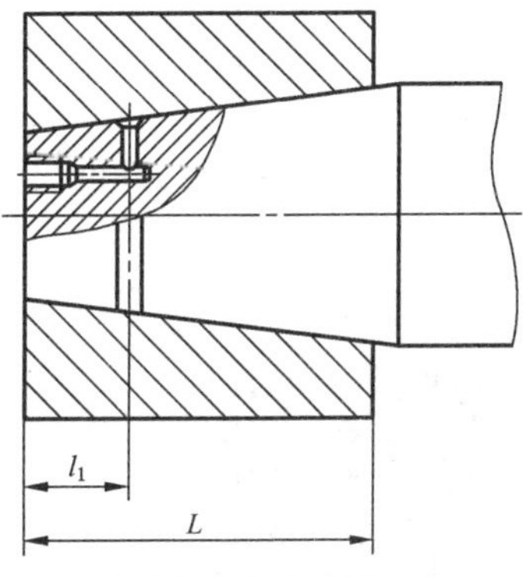

图 19　圆锥形轴上有环形槽的过盈联结

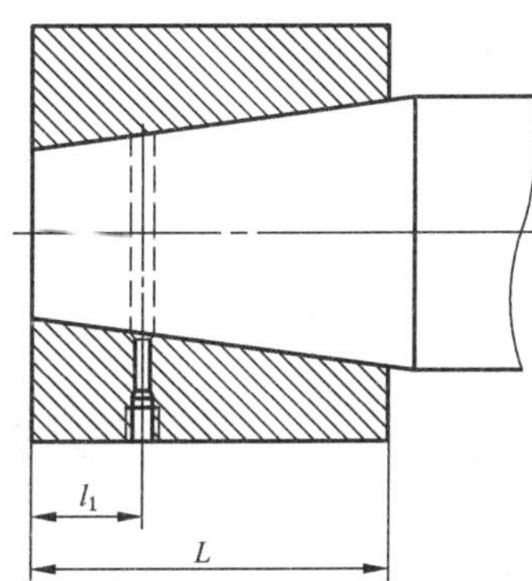

图 20　圆锥形孔上有环形槽的过盈联结

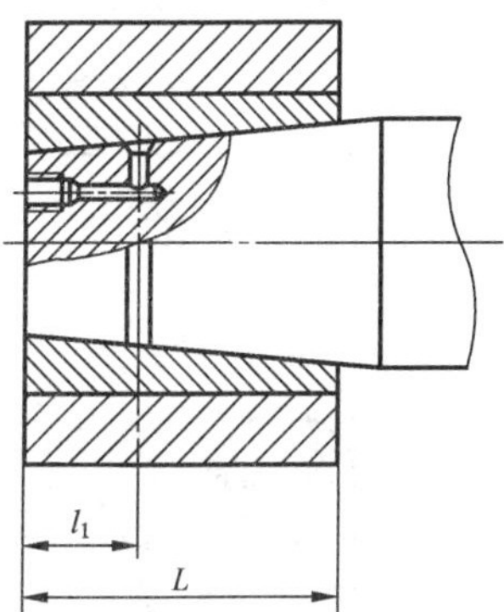

图 21　外圆锥形带中间套轴上有环形槽的过盈联结

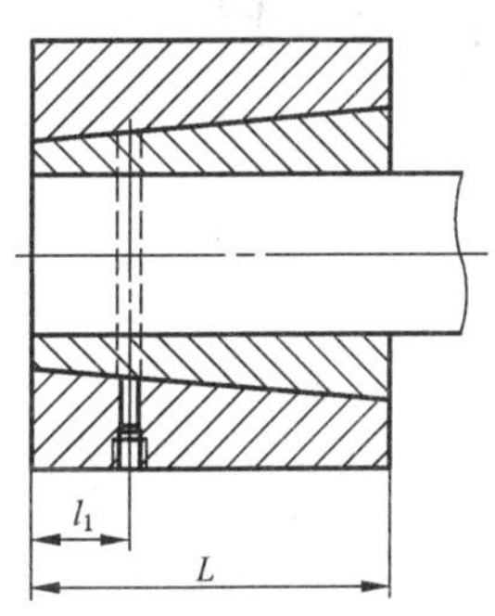

图 22　外圆锥形带中间套孔上有环形槽的过盈联结

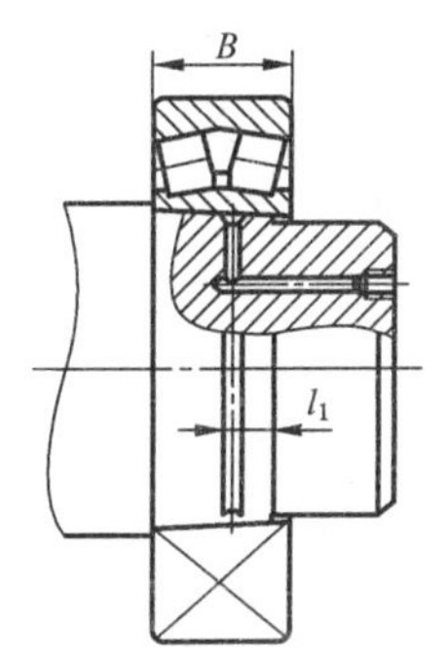

图 23　圆锥形轴上装一个滚动轴承的过盈联结

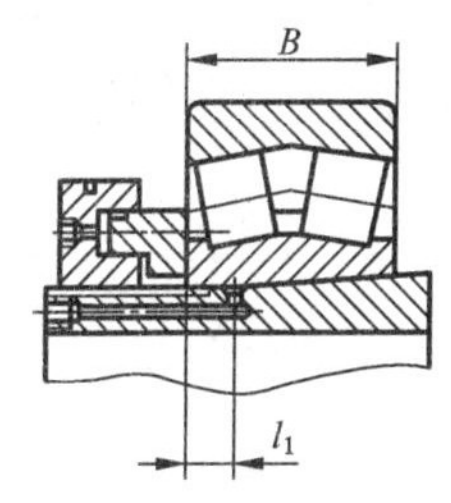

图 24　在紧定套上装一个滚动轴承的过盈联结

3.4.4　为便于拆卸，设计时应注意包容件的孔表面不超出被包容件上相对应的结合表面，见图 26、图 27。

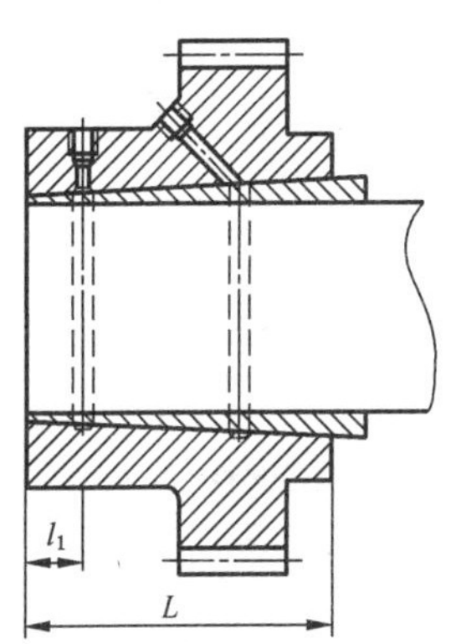

图 25　带中间套、包容件侧面有凸缘的外圆锥形过盈联结

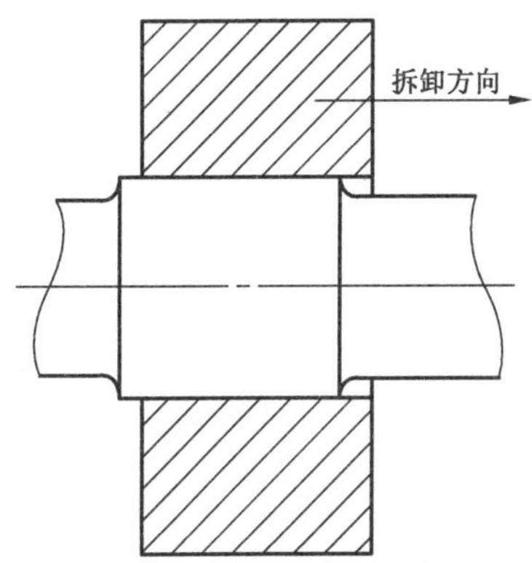

图 26　无轴肩的过盈联结

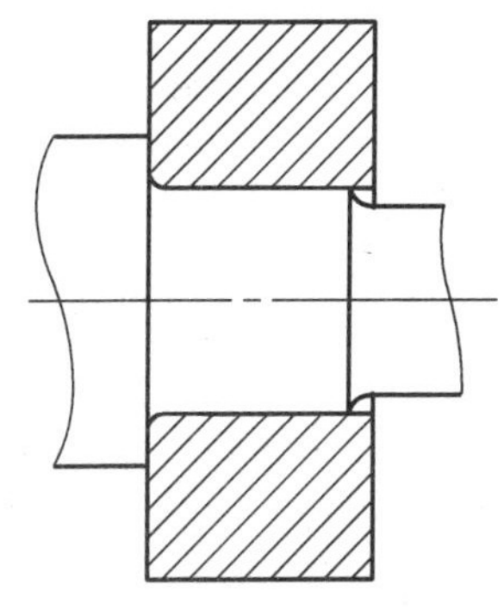
图 27　有轴肩的过盈联结

3.4.5　为了使装配完成后，结合面间的高压油易于排出，包容件或被包容件的结合面上应有与环形槽

相通的螺旋油槽。但油槽不得延伸到结合面外。尺寸见图 28。

3.5 阶梯圆柱形过盈联结尺寸

阶梯圆柱形过盈联结尺寸见图 29。

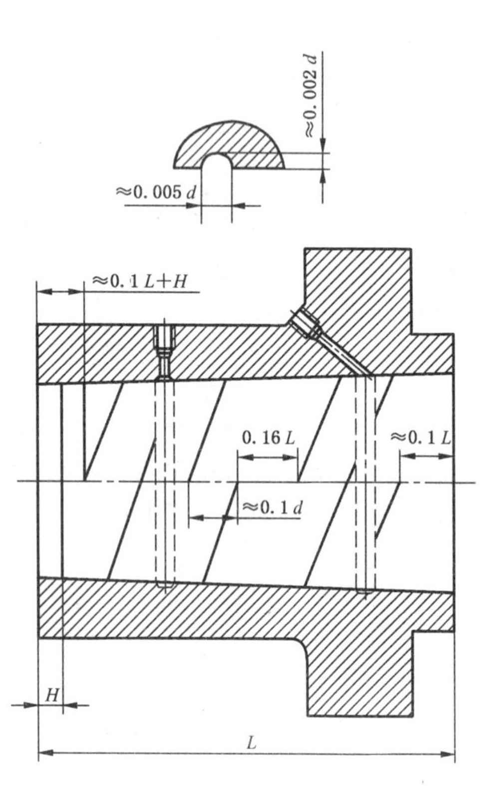

H——压入行程。

图 28

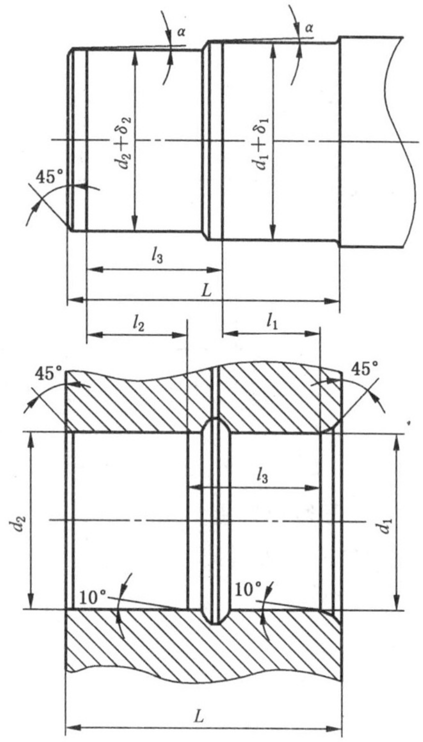

d_1、d_2——直径；

δ_1、δ_2——过盈尺寸；

l_1、l_2——接合长度；

l_3——密封锥间的距离；

α——密封锥倾角，$\alpha=0.5°\sim1.5°$（根据过盈量的大小选择）。

图 29 阶梯圆柱形过盈联结尺寸

4 装卸要求

4.1 一般要求

4.1.1 安装前应清除油孔及环形槽的杂质和毛刺，用 NY-190 号溶剂油仔细地清洗净结合面、油孔及环形槽。安装完后用螺塞将油孔堵塞死。

4.1.2 结合面不得有裂纹、划痕和缺陷。

4.1.3 为了安全地进行安装和拆卸，安装和拆卸前必须采取安全预防措施，应由有经验的人员操作和监视。

4.1.4 油压安装和拆卸用的介质，应选用运动黏度为$(46\sim68)\times10^{-6}$ m^2/s（温度为 40 ℃时）的矿物油。结合压力高时宜选用黏度较大的矿物油。

4.1.5 计算材料是否产生塑性变形，应以安装拆卸时的油压力计算。

4.1.6 计算压入力和压出力时，应按安装和拆卸时的摩擦系数进行计算。

4.1.7 高压油泵的加压应逐渐连续的加压，达到要求的计算压力后并保持稳定，方可安装和拆卸。

4.2 圆柱形过盈联结的安装和拆卸

4.2.1 圆柱形过盈联结，一般是采用加热包容件或冷却被包容件的方法进行安装。

4.2.2 拆卸时，可同时向圆柱面和轴向加压，但轴向的油压力 $P2$ 约为圆柱面油压力 $P1$ 的五分之一，当圆柱面的油压力达到计算的拆卸压力时，即可将包容件（或被包容件）不间断的拉出，在拉出过程中应特别注意安全，同时应保持油的压力稳定（见图 30）。

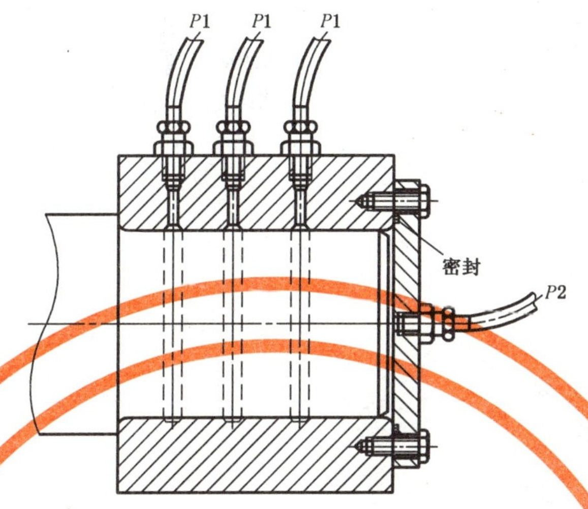

图 30 圆柱形过盈联结的拆卸

4.3 阶梯圆柱形过盈联结的安装与拆卸

4.3.1 阶梯圆柱形过盈联结和结合长度为 l_1 和 l_2（见图 29），安装过程油压是通过包容件的 10°导向锥与被包容件的 α 锥体良好接触形成密封获得的。两个零件的 l_3 尺寸应符合要求。

4.3.2 旋紧手柄使包容件 10°导向锥与被包容件的 α 锥体部分良好接触形成压力区域，压力油使包容件和被包容件变形形成油膜，在轴向力的作用下，使包容件或被包容件轴向移动完成安装（见图 31）。

4.3.3 拆卸时，当压力油使两个零件产生变形形成油膜后，在轴向力的作用下轴开始移动，这时应特别注意由于阶梯形圆柱 d_1、d_2 尺寸不同，在轴向产生的力将大于开始施加的轴向力，所以在拆卸时，事先应采取好安全措施，防止拆卸结束后，轴（或轴套）被弹出。

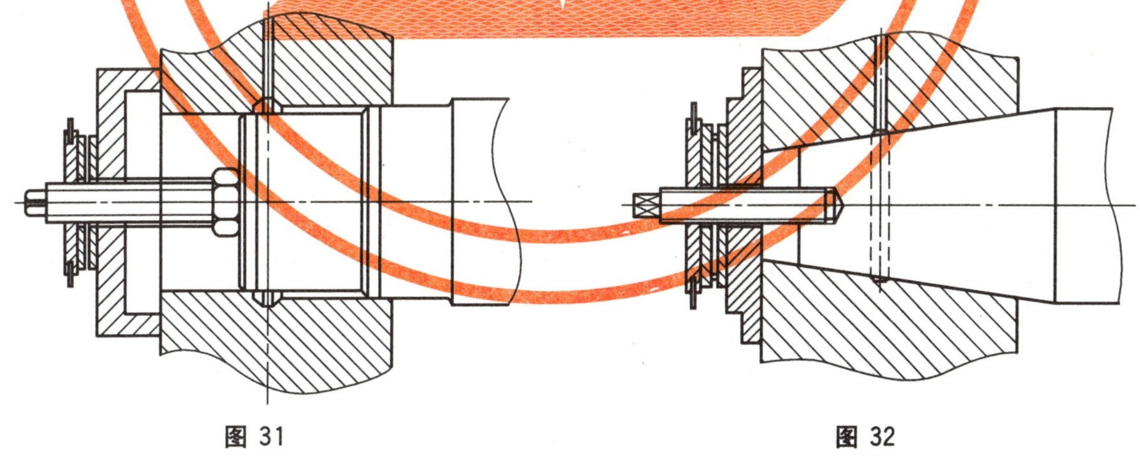

图 31　　　　图 32

4.4 圆锥形过盈联结的安装与拆卸（见图 32）

4.4.1 安装时压入行程的起点，根据联结情况采用以下方法之一：

a) 以中间套的平均直径位置为压入行程的起点；

b) 用手推移包容件和中间套至不动为止，以此状态下的位置为压入行程的起点；

c) 施加压入力的 5%的力，以此状态下的位置为压入行程的起点。

4.4.2 在连续注入压力油的同时，用安装工具（或液压装置）推动轴和中间套达到规定的装配位置。

4.4.3 安装时的压入力按式(1)计算：

$$P_1=(p_{fmin}+\Delta p_f+U\cdot p_{fmin})\pi d_m l_f(\mu+c/2) \quad\cdots\cdots(1)$$

式中：

P_1——压入力，单位为N；

p_{fmin}——传递负荷所需的最小结合压力，单位为MPa；

Δp_f——中间套变形所需的压力(无中间套的圆锥联结，无此值)，单位为MPa；

$U\cdot p_{fmin}$——油压增量，单位为MPa，U 值见图33，应选其小值；

d_m——圆锥结合面的平均直径，单位为mm；

l_f——结合长度，单位为mm；

μ——液体摩擦系数；

c——结合圆锥的锥度。

4.4.4 拆卸时的压出力按式(2)计算：

$$P_2=(p_{fmin}+\Delta p_f+U\cdot p_{fmin})\pi d_m l_f(\mu-c/2) \quad\cdots\cdots(2)$$

式中：

P_2——压出力，单位为N；

p_{fmin}——传递负荷所需的最小结合压力，单位为MPa；

Δp_f——中间套变形所需的压力(无中间套的圆锥联结，无此值)，单位为MPa；

$U\cdot p_{fmin}$——油压增量，单位为MPa，U 值见图33，应选其大值；

d_m——圆锥结合面的平均直径，单位为mm；

l_f——结合长度，单位为mm；

μ——液体摩擦系数；

c——结合圆锥的锥度。

4.4.5 结合面锥度大的联结，当 $\mu-c/2<0$ 时，有自卸能力，拆卸时应采取安全措施，防止联结件弹出。

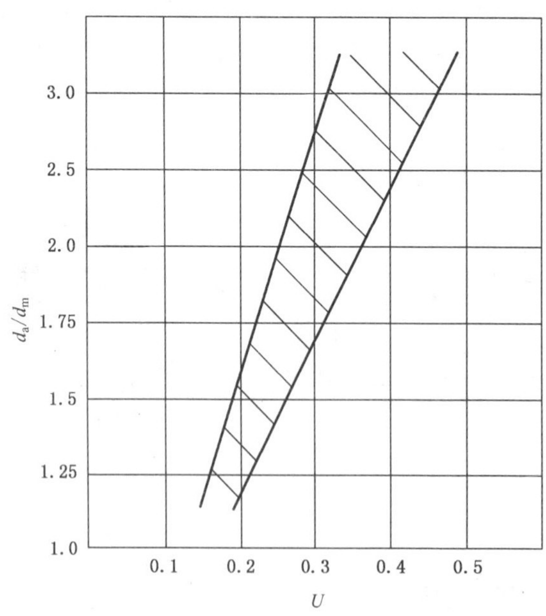

注：图中 d_m 为包容件外径，单位为mm。

图33

附　录　A
（资料性附录）
实现过盈联结的尺寸公差和表面要求

A.1　尺寸公差

A.1.1　圆柱面过盈联结

A.1.1.1　当采用基轴制时，被包容件的尺寸公差带为：

$d \leqslant 180$ mm，取 h6；

$d > 180$ mm，取 h7。

包容件的公差等级为：

$d \leqslant 180$ mm，取 IT6；

$d > 180$ mm，取 IT7。

A.1.1.2　当采用基孔制时，包容件的尺寸公差带为：

$d \leqslant 180$ mm，取 H6；

$d > 180$ mm，取 H7。

被包容件的公差等级为：

$d \leqslant 180$ mm，取 IT6；

$d > 180$ mm，取 IT7。

A.1.1.3　圆柱结合面的圆柱度公差应小于或等于尺寸公差的四分之一。

A.1.2　圆锥面过盈联结

A.1.2.1　中间套与相关件圆柱面的公差配合

$L \leqslant 180$ mm 时，一般取 H7/h6；

$L > 180$ mm 时，外锥面中间套取 F8/h7，内锥面中间套取 H8/f7。

A.1.2.2　圆锥结合面的公差是指平均直径的公差，当采用基轴制时，被包容件的公差带为：

$d_m \leqslant 180$ mm，取 h6；

$d_m > 180$ mm，取 h7。

包容件的公差等级为：

$d_m \leqslant 180$ mm，取 IT6；

$d_m > 180$ mm，取 IT7。

A.1.2.3　圆锥结合面的圆锥角公差为 GB/T 11334—2005 中的 AT5，用圆锥环规（或者塞规）检验时，研合的轴向力应不大于 100 N，涂层厚度应符合 GB/T 11852—2003 附录 A 的规定，圆锥面的接触率不小于 75%。

A.2　表面粗糙度

A.2.1　环形槽圆角处的表面粗糙度参数 Ra 值为 3.2 μm。

A.2.2　圆柱结合面的表面粗糙度：

轴的表面粗糙度参数 Ra 值为 0.8 μm。

$d \leqslant 180$ mm 时，孔表面粗糙度参数 Ra 值为 0.8 μm；

$d > 180$ mm 时，孔表面粗糙度参数 Ra 值为 1.6 μm。

A.2.3　圆锥结合面的表面粗糙度参数 Ra 值为 0.4 μm。

ICS 21.100.20
J 11
备案号:28416—2010

中华人民共和国机械行业标准

JB/T 8874—2010
代替 JB/T 8874—2000

滚动轴承　剖分立式轴承座　技术条件

Rolling bearings—Split type plummer block housings—Specifications

2010-02-11 发布　　2010-07-01 实施

中华人民共和国工业和信息化部　发布

前 言

本标准代替 JB/T 8874—2000《滚动轴承座　技术条件》。

本标准与 JB/T 8874—2000 相比，主要变化如下：

——修改了标准名称(2000 年版和本版的封面及首页)；

——修改了部分符号(2000 年版和本版的第 4 章)；

——修改了结构示意图(2000 年版和本版的图 1)；

——删除了轴承座内孔轴心线对底面的平行度 t_2 的要求及其测量方法(2000 年版的 5.2.3 和 6.1.2.2)；

——增加了铸钢材料(见 5.1)；

——增加了轴承座内孔单一宽度偏差 g_s 的要求及其测量方法(见 5.2.1 和 6.1.2)。

本标准由中国机械工业联合会提出。

本标准由全国滚动轴承标准化技术委员会(SAC/TC 98)归口。

本标准起草单位：洛阳轴承研究所、洛阳轴研科技股份有限公司。

本标准主要起草人：宋玉聪。

本标准所代替标准的历次版本发布情况为：

——ZB J11 003—1987；

——JB/T 8874—1999、JB/T 8874—2000。

滚动轴承　剖分立式轴承座　技术条件

1　范围

本标准规定了外形尺寸符合 GB/T 7813—2008 的二螺柱和四螺柱剖分立式轴承座(以下简称轴承座)的技术要求、测量方法、检验规则和标志、包装及贮存等。

本标准适用于轴承座的生产制造、检验和用户验收。

2　规范性引用文件

下列文件中的条款通过本标准的引用而成为本标准的条款。凡是注日期的引用文件,其随后所有的修改单(不包括勘误的内容)或修订版均不适用于本标准,然而,鼓励根据本标准达成协议的各方研究是否可使用这些文件的最新版本。凡是不注日期的引用文件,其最新版本适用于本标准。

GB/T 275—1993　滚动轴承与轴和外壳的配合

GB/T 1800.2—2009　产品几何技术规范(GPS)　极限与配合　第 2 部分:标准公差等级和孔、轴极限偏差表(ISO 286-2:1988,MOD)

GB/T 2828.1—2003　计数抽样检验程序　第 1 部分:按接受质量限(AQL)检索的逐批检验抽样计划

GB/T 4199—2003　滚动轴承　公差　定义(ISO 1132-1:2000,Rolling bearings—Tolerances—Part 1:Terms and definitions,MOD)

GB/T 6930—2002　滚动轴承　词汇(ISO 5593:1997,IDT)

GB/T 7811—2007　滚动轴承　参数符号(ISO 15241:2001,IDT)

GB/T 7813—2008　滚动轴承　剖分立式轴承座　外形尺寸(ISO 113:1999,NEQ)

GB/T 8597—2003　滚动轴承　包装

GB/T 9439—1988　灰铸铁件

GB/T 11352—2009　一般工程用铸造碳钢件(ISO 3755:1991,ISO 4990:2003,MOD)

3　术语和定义

GB/T 4199 和 GB/T 6930 中确立的术语和定义适用于本标准。

4　符号(见图 1)

GB/T 7811—2007 中所确立的以及下列符号适用于本标准。

除另有说明外,图 1 中所示符号(公差除外)均表示公称尺寸。

D_{as} :轴承座内孔单一直径;

g_s :轴承座内孔单一宽度;

H_s :安装面到轴承座内孔直径中心线的实际距离;

H_{3s} :轴承座内孔底部轮廓线到安装底面的实际距离;

t :轴承座内孔圆柱度;

t_1 ：轴承座内孔孔肩端面圆跳动；

Δ_{Das}：轴承座内孔单一直径偏差（$\Delta_{Das}=D_{as}-D_a$）；

Δ_{Hs}：安装面到轴承座内孔直径中心线的实际距离偏差（$\Delta_{Hs}=H_s-H$）；

Δ_{gs} ：轴承座内孔单一宽度偏差（$\Delta_{gs}=g_s-g$）。

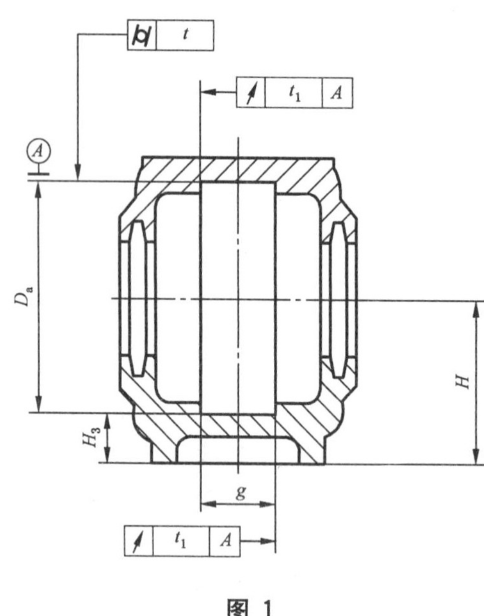

图 1

5 技术要求

5.1 材料

轴承座采用 HT 200 或 ZG200～ZG400 制造，其力学性能不应低于 GB/T 9439 或 GB/T 11352 的规定。轴承座亦可采用与其性能相同或优越的其他材料制造。

轴承座毛坯在机加工前应进行时效处理。

5.2 公差

5.2.1 轴承座内孔直径的极限偏差 Δ_{Das}应符合 GB/T 275—1993 中表 A2、表 A4 中 H8 的规定；内孔宽度的极限偏差 Δ_{gs}应符合 GB/T 1800.2—2009 表 6 中 H13 的规定。

轴承座的内孔圆柱度 t 及内孔端面圆跳动 t_1 应符合 GB/T 275—1993 中表 6 的规定。

5.2.2 安装面到轴承座内孔直径中心线的极限偏差 Δ_{Hs}应符合 GB/T 1800.2—2009 表 22 中 h13 的规定。

5.2.3 其他尺寸

孔按 H14；轴按 h14；其他按 JS14 执行。

5.3 表面粗糙度

5.3.1 轴承座内孔和孔肩端面的表面粗糙度应符合 GB/T 275—1993 中表 7 的规定。

5.3.2 轴承座上盖底面与底座的配合面以及底座底面的表面粗糙度 Ra 为 6.3 μm。

5.4 外观质量

5.4.1 轴承座上的型砂，浇、冒口、结疤和夹砂等均应去除，清理后的毛坯表面应平整、光洁。

5.4.2 轴承座外表面不允许有裂纹、气孔、缩孔、渣眼、夹砂和浇铸不足以及其他能降低轴承座强度和明显损害外观的铸造缺陷存在。无损于轴承座强度和外观的微小铸造缺陷可以不加修整，但缺陷的数量和大小由用户与制造厂协商确定。

轴承座加工后的表面不应有砂眼、毛刺和锐边。

5.4.3 轴承座外表面应涂油漆或喷漆，内部非加工表面涂防锈漆；油漆颜色由制造厂与用户协商确定。

5.4.4 轴承座上铸出的字体（如轴承座型号、制造厂商标等）应完整、清晰。

5.4.5 轴承座上盖与底座相配后，其铸件外形不应有明显错位；轴承座内孔与其铸件外缘不应有明显偏心；轴向不应有明显偏移。

5.4.6 轴承座检验合格后，应在加工面上作防锈处理，并应在毡槽内采取防护措施，以防止灰尘杂物侵入。

6 测量方法

6.1 公差的测量

6.1.1 轴承座内孔单一直径 D_{as}

检查时，将上盖和底座用螺栓固定，然后在内孔中部按两点测量法测量。

6.1.2 轴承座内孔单一宽度 g_s

用游标卡尺在内孔中测量。

6.1.3 轴承座内孔圆柱度 t

按两点测量法在内孔全宽度上的不同截面和角位置上测量，$t=D_{asmax}-D_{asmin}$。

6.1.4 内孔孔肩端面圆跳动 t_1

将标准件装入轴承座内，再将上盖和底座用螺栓定位（不拧紧），用塞尺分别测量标准件端面与轴承座内孔两端轴肩间隙，最大间隙值与最小间隙值之差即为 t_1。

6.1.5 安装面到轴承座内孔直径中心线的实际距离 H_s（见图 2）

测量时，将轴承座的底座置于平台上，用高度测量仪测量轴承座内孔底部轮廓线与平台面间的实际距离，并按式(1)计算 H_s：

$$H_s=H_{3s}+D_{as}/2 \qquad (1)$$

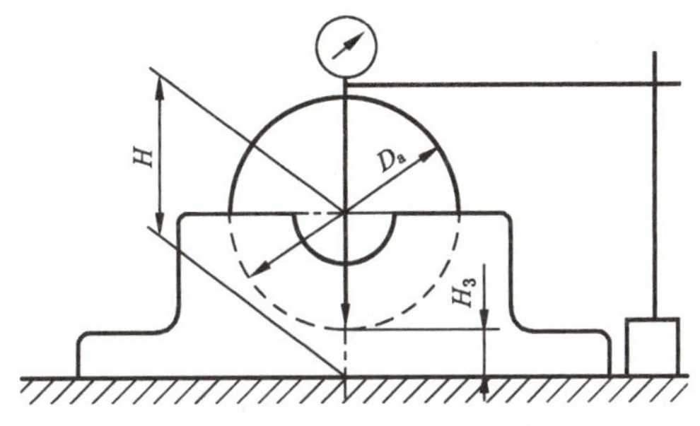

图 2

6.2 表面粗糙度的测量

轴承座的表面粗糙度在散光灯下用表面粗糙度比较块目测检查。

7 检验规则

轴承座的成品检验抽样方法应按 GB/T 2828.1 的规定，检查水平为一般检查水平Ⅰ级，其主要项目的接受质量限 AQL 值为 2.5，次要项目为 4.0。主、次要检查项目按表 1 的规定。

表 1 轴承座的主、次要检查项目

序号	主要检查项目	序号	次要检查项目
1	轴承座内孔单一直径偏差 Δ_{Ds}	1	其他加工表面的表面粗糙度
2	内孔圆柱度 t	2	外观质量
3	内孔孔肩端面圆跳动 t_1		
4	安装面到轴承座内孔直径中心线的实际距离偏差 Δ_{Hs}		
5	内孔配合表面粗糙度		

8 标志、防锈包装及贮存

8.1 轴承座上应标记型号和商标(或其制造厂代号)，其位置和尺寸应符合产品图样的规定。

8.2 成品轴承座应按 GB/T 8597 进行防锈和包装。防锈期自出厂之日起计算，应保证在一年内不生锈。